Krause/Krause

Die Prüfung der Industriemeister

Sie finden uns im Internet unter: www.kiehl.de

Sie erreichen die Autoren unter: www.pruefungsbuecher.net

www.kiehl.de

Prüfungsbücher für Betriebswirte und Meister

Die Prüfung der Industriemeister

Basisqualifikationen

7., aktualisierte und erweiterte Auflage

Von Diplom-Sozialwirt Günter Krause und
Diplom-Soziologin Bärbel Krause

kiehl

Zur Herstellung dieses Buches wurde chlor- und säurefrei gefertigtes Recyclingpapier, zur Umschlagkaschierung eine Folie verwendet, die bei der Entsorgung keine Schadstoffe entstehen lässt. Auf diese Weise wollen wir einen aktiven Beitrag zum Schutz unserer Umwelt leisten.

ISBN 978-3-470-**54057-3** · 7., überarbeitete Auflage 2009

Herstellung: Präzis-Druck, Karlsruhe – wa

Vorwort zur 7. Auflage

Die „Prüfung der Industriemeister – Basisqualifikationen" hat sich mittlerweile als Standardwerk für die Weiterbildung der Meister am Markt etabliert. Auch die 6. Auflage war bereits nach einem Jahr erneut vergriffen. Die Vorauflage wurde gründlich überarbeitet und im Übungsteil erweitert. Auf Wunsch einiger Leser haben wir das Thema „Innerbetriebliche Leistungsverrechnung" (IBL) ergänzt. Bei der Aktualisierung wurden vor allem Änderungen im Arbeits- und Sozialrecht, das Gesetz zur Modernisierung des GmbH-Rechts und zur Bekämpfung von Missbräuchen (MoMiG) sowie relevante Aspekte der Unternehmensteuerreform 2008 berücksichtigt.

Neustrelitz, im März 2009

Diplom-Sozialwirt Günter Krause
Diplom-Soziologin Bärbel Krause

Vorwort zur 4. Auflage

Die im März 2005 erschienene 3. Auflage des Titels war erneut rasch vergriffen. Die Vorauflage wurde sorgfältig überarbeitet, aktualisiert und zum Teil erweitert. Die Qualifikationselemente 1.3 Sozialversicherungsrecht und 1.4 Arbeits- und sicherheitsrechtliche Vorschriften wurden völlig neu gefasst. Zu beachten waren insbesondere folgende, rechtliche Änderungen:

- Neue Gesetze und Novellierungen im Arbeitsschutz- und Umweltrecht *(ArbStättV, BetrSichG, GPSG, ElektroG)*,
- Novellierung des Berufsbildungsgesetzes,
- Änderungen im Steuer-, Arbeits- und Sozialrecht sowie Gesetzesvorhaben der „Großen Koalition" vom November 2005.

Dabei haben wir Hinweise der Leser berücksichtigt. Anregungen und Kritik werden auch weiterhin gerne aufgenommen.

Neustrelitz, im März 2006

Diplom-Sozialwirt Günter Krause
Diplom-Soziologin Bärbel Krause

Vorwort zur 1. Auflage

Dieses Buch enthält wichtige Informationen zur Vorbereitung auf die Industriemeister-Prüfung im Prüfungsteil „Fachrichtungsübergreifende Basisqualifikationen". Es gliedert sich in fünf Prüfungsbereiche:

1. Rechtsbewusstes Handeln
2. Betriebswirtschaftliches Handeln
3. Anwendung von Methoden der Information, Kommunikation und Planung
4. Zusammenarbeit im Betrieb
5. Berücksichtigung naturwissenschaftlicher und technischer Gesetzmäßigkeiten

Die Gliederung und der Inhalt des Buches orientieren sich eng an der Rechtsverordnung über die Prüfung zum anerkannten Abschluss „Geprüfter Industriemeister/Geprüfte Industriemeisterin" und dem aktuellen Rahmenstoffplan des DIHK.

Im *ersten Teil* des Buches, gedruckt auf weißem Papier, wird der Lernstoff in bewährter Frage-Antwort-Form wiederholt. Übersichten, Schaubilder, Aufzählungen und Struktogramme erleichtern das Lernen und machen Zusammenhänge deutlich.

Im *zweiten Teil* (auf blauem Papier gedruckt) wird der Lernstoff anhand klausurtypischer Fragestellungen vertieft und angewendet, um so eine fundierte Vorbereitung auf die Prüfung zu gewährleisten und um den Übergang zu den handlungsspezifischen Qualifikationen, die im 3. Prüfungsteil gefordert sind, zu festigen.

Im *dritten Teil* hat der Leser die Möglichkeit durch die Bearbeitung der „Musterklausuren", die sich exakt an den Prüfungsanforderungen ausrichten, die Situation in der Prüfung zu simulieren und seine Kenntnisse unter „Echtbedingungen" zu kontrollieren.

Auf das Grundlagenfach „Arbeitsmethodik" wurde bewusst verzichtet, da es nicht Bestandteil der Prüfung ist. Ebenfalls ausgeklammert wurde der berufs- und arbeitspädagogische Prüfungsteil, da hierzu ein eigenes Prüfungsbuch im Kiehl Verlag erschienen ist (*Ruschel, A., Die Ausbildereignungsprüfung, ISBN 3 470 51752 5*).

Das umfangreiche Stichwortverzeichnis erlaubt dem Leser, sich selektiv auf Einzelthemen zu konzentrieren oder sich im Ganzen auf die Prüfung vorzubereiten. Außerdem sind die Inhalte so umfassend aufbereitet, dass das Buch zusätzlich eine Grundlage zur Vorbereitung auf den Prüfungsteil „Handlungsspezifische Qualifikationen" (dies gilt speziell für die Handlungsbereiche „Organisation" sowie „Führung und Personal") bietet. Noch ein Wort an die Leserinnen dieses Buches: Wenn im Text von „dem Industriemeister" gesprochen wird, so umfasst diese maskuline Bezeichnung auch immer die angehende Industriemeisterin. Die vereinfachte Bezeichnung soll lediglich den sprachlichen Ausdruck entkrampfen.

Wir wünschen allen Leserinnen und Lesern eine erfolgreiche Prüfung und die Realisierung der persönlichen Berufsziele in den klassischen Managementbereichen des Industriemeisters.

Anregungen und konstruktive Kritik sind willkommen und erreichen uns über das Internet oder direkt an den Verlag.

Neustrelitz, im Juli 2003

Diplom-Sozialwirt Günter Krause
Diplom-Soziologin Bärbel Krause

Inhaltsverzeichnis

Verzeichnis der Abkürzungen

A

AC	Assessmentcenter
AEntG	Arbeitnehmer-Entsendegesetz
AEVO	Ausbildereignungsverordnung
AFBG	Aufstiegsfortbildungsgesetz (sog. Meister-Bafög)
AG	Arbeitgeber; auch: Aktiengesetz
AGB	Allgemeine Geschäftsbedingungen
AGG	Allgemeines Gleichbehandlungsgesetz
AltEinkG	Alterseinkünftegesetz
AltTzG	Altersteilzeitgesetz
AN	Arbeitnehmer
ArbGG	Arbeitsgerichtsgesetz
ArbnErfG	Arbeitnehmererfindungsgesetz
ArbPlSchG	Arbeitsplatzschutzgesetz
ArbSchG	Arbeitsschutzgesetz
ArbStättV	Arbeitsstättenverordnung
ArbZG	Arbeitszeitgesetz
ASiG	Arbeitssicherheitsgesetz
AT-Angestellter	Außertariflicher Angestellter
AÜG	Arbeitnehmerüberlassungsgesetz
AufenthG	Aufenthaltsgesetz
AV	Arbeitslosenversicherung
AWbG	Arbeitnehmerweiterbildungsgesetz

B

BA	Bundesagentur für Arbeit
BAB	Betriebsabrechnungsbogen
BaföG	Bundesausbildungsförderungsgesetz
BAG	Bundesarbeitsgericht
BBiG	Berufsbildungsgesetz
BDSG	Bundesdatenschutzgesetz
BEEG	Bundeselterngeld- und Elternzeitgesetz
BSchG	Beschäftigtenschutzgesetz
BetrAVG	Betriebsrentengesetz
BetrVG	Betriebsverfassungsgesetz
BG	Berufsgenossenschaft
BGB	Bürgerliches Gesetzbuch
BGB	Bürgerliches Gesetzbuch
BR	Betriebsrat
BUrlG	Bundesurlaubsgesetz
BVW	Betriebliches Vorschlagswesen

C

CBT	Computer Based Training

D

DGFP	Deutsche Gesellschaft für Personalführung
DIN	Deutsche Industrie-Norm
DrittelbG	Drittelbeteiligungsgesetz

E

EDV	Elektronische Datenverarbeitung
EFZG	Entgeltfortzahlungsgesetz
EGV	Vertrag zur Gründung der Europäischen Gemeinschaft (EG-Vertrag)
EU	Europäische Union
EuGH	Europäischer Gerichtshof

G

GewO	Gewerbeordnung
GG	Grundgesetz
GKV-WSG	Gesetzliche Krankenversicherung-Wettbewerbsstärkungsgesetz
GleichbehRL	Gleichbehandlungs-Richtlinie
GmbH	Gesellschaft mit beschränkter Haftung
GmbH & Co. KG	Gesellschaft mit beschränkter Haftung und Compagnie Kommanditgesellschaft
GmbH & Co. KGaA	Gesellschaft mit beschränkter Haftung und Compagnie Komanditgesellschaft auf Aktien
GuV	Gewinn und Verlust
GWB	Gesetz gegen Wettbewerbsbeschränkungen

H

HAG	Heimarbeitsgesetz
HGB	Handelsgesetzbuch
HWO	Handwerksordnung

I

IMS	Integriertes Managementsystem
InsO	Insolvenzordnung
IT	Informationstechnologie
IT-ArGV	Verordnung über die Arbeitsgenehmigung für hoch qualifizierte ausländische Fachkräfte der Informations- und Kommunikationstechnologie

J

JArbSchG	Jugendarbeitsschutzgesetz
JAV	Jugend- und Auszubildendenvertretung

JIT	Just-in-Time

K

KAPOVAZ	Kapazitätsorientierte variable Arbeitszeit
KG	Kommanditgesellschaft
KGaA	Komanditgesellschaft auf Aktien
KorrekturG	Korrektur- und Sicherungsgesetz
KSchG	Kündigungsschutzgesetz
KSt	Kirchensteuer
KV	Krankenversicherung
KVP	Kontinuierlicher Verbesserungsprozess

L

LadSchlG	Ladenschlussgesetz
LE	Leistungseinheiten

M

MA	Mitarbeiter
MBR	Mitbestimmungsrechte
MitbestErgG	Mitbestimmungsergänzungsgesetz
MitbestG 1976	Mitbestimmungsgesetz 1976
MIS	Management-Informationssystem
MontanMitbestG	Montan-Mitbestimmungsgesetz
MTM	Methods-Time-Measurement
MuSchG	Mutterschutzgesetz
MuSchV	Verordnung zum Schutze der Mütter am Arbeitsplatz
MWR	Mitwirkungsrechte

N

NachwG	Nachweisgesetz
NZA	Neue Zeitschrift für Arbeits- und Sozialrecht

O

OE	Organisationsentwicklung
OECD	Organisation für wirtschaftliche Zusammenarbeit und Entwicklung
OHG	Offene Handelsgesellschaft

P

PE	Personalentwicklung
PIS	Personalinformationssystem
PR	Public Relations
PSA	Personalserviceagentur
PSVaG	Pensionssicherungsverein auf Gegenseitigkeit
PV	Pflegeversicherung

R

REFA	Verband für Arbeitsstudien und Betriebsorganisation
ROI	Return on Investment
RV	Rentenversicherung
RVO	Reichsversicherungsordnung

S

SchwarzArbG	Schwarzarbeitsgesetz
SGB III	Sozialgesetzbuch Drittes Buch - Arbeitsförderung
SGB IX	Sozialgesetzbuch Neuntes Buch - Rehabilitation und Teilhabe behinderter Menschen
SolZ	Solidaritätszuschlag
SprAuG	Sprecherausschussgesetz
SV	Sozialversicherung

T

Teilzeit-RL	Teilzeitrichtlinie
TVG	Tarifvertragsgesetz
TzBfG	Teilzeit- und Befristungsgesetz

U

UmwG	Umwandlungsgesetz
UN	United Nations
UV	Unfallversicherung
UWG	Gesetz gegen den unlauteren Wettbewerb

W

WF	Work Factor
WTO	World Trade Organisation

V

VermBG	Vermögensbildungsgesetz

Z

ZPO	Zivilprozessordnung

1. Rechtsbewusstes Handeln

Prüfungsanforderungen:

Nachweis folgender Fähigkeiten:

- Der Teilnehmer soll nachweisen, dass er in der Lage ist, im Rahmen seiner Handlungen einschlägige Rechtsvorschriften zu berücksichtigen.
- Er soll die Arbeitsbedingungen seiner Mitarbeiter und Mitarbeiterinnen unter arbeitsrechtlichen Aspekten gestalten.
- Außerdem soll er nach rechtlichen Grundlagen die Arbeitssicherheit, den Gesundheitsschutz und den Umweltschutz gewährleisten sowie die Zusammenarbeit mit den entsprechenden Institutionen sicherstellen.

Qualifikationsschwerpunkte (Überblick)

1.1 Berücksichtigen arbeitsrechtlicher Vorschriften und Bestimmungen bei der Gestaltung individueller Arbeitsverhältnisse und bei Fehlverhalten von Mitarbeitern, insbesondere unter Berücksichtigung des Arbeitsvertragsrechts, des Tarifvertragsrechts und betrieblicher Vereinbarungen

1.2 Berücksichtigen der Vorschriften des Betriebsverfassungsgesetzes, insbesondere der Beteiligungsrechte betriebsverfassungsrechtlicher Organe

1.3 Berücksichtigen rechtlicher Bestimmungen der Sozialversicherung, der Entgeltfindung und der Arbeitsförderung

1.4 Berücksichtigen arbeitsschutz- und arbeitssicherheitsrechtlicher Vorschriften und Bestimmungen in Abstimmung mit betrieblichen und außerbetrieblichen Institutionen

1.5 Berücksichtigen der Vorschriften des Umweltrechts

1.6 Berücksichtigen einschlägiger wirtschaftlicher Vorschriften und Bestimmungen (Produktverantwortung, Produkthaftung, Datenschutz)

1.1 Arbeitsrechtliche Vorschriften und Bestimmungen bei der Gestaltung individueller Arbeitsverhältnisse und bei Fehlverhalten von Mitarbeitern

1.1.1 Rechtsgrundlagen

→ 4.5.6

01. Was sind Rechtsgrundlagen und welche Arten von Rechtsgrundlagen werden unterschieden?

Rechtsgrundlagen geben Aufschluss über Gebote und Verbote. Man unterscheidet:

a) *das geschriebene Recht* (Gesetze, Verordnungen, Satzungen),

b) *Gewohnheitsrecht* und *Richterrecht* (insbesondere das Recht der obersten Bundesgerichte),

c) *vereinbartes Recht*, z. B. Kaufverträge, Arbeitsverträge.

Rechtsgrundlagen

↓ **Geschriebenes Recht** | ↓ **Gewohnheitsrecht, Richterrecht** | ↓ **Vereinbartes Recht**

02. Wie wird das Recht generell unterteilt?

a) *Öffentliches und privates* Recht:

- Das Arbeitsrecht enthält sowohl Vorschriften aus dem öffentlichen als auch aus dem privaten Recht.

  Der Arbeitsvertrag ist privates Recht, der Tarifvertrag öffentliches Recht.
- Öffentliches Recht ist z. B. das Baurecht und das Straßenverkehrsrecht.
- Privates Recht sind z. B. BGB und HGB.

b) Das *materielle Recht* besagt, wann ein Anspruch besteht und das *formelle* Recht, wie dieser Anspruch durchgesetzt werden kann. Das BGB enthält z. B. materielles Recht, die Zivilprozessordnung formelles Recht.

Rechtsgrundlagen • Rechtsbereiche

↓ **Öffentliches Recht** | ↓ **Privates Recht** | ↓ **Materielles Recht** | ↓ **Formelles Recht**

03. In welchen Bundesgesetzen sind arbeitsrechtliche Tatbestände geregelt?

a) *Allgemeine Gesetze*, z. B.: BGB, HGB (Regelungen für kaufmännische Angestellte und Handelsvertreter), Gewerbeordnung (Bestimmungen für gewerbliche Arbeitnehmer), Handwerksordnung, Seemannsordnung.

b) *Spezielle Gesetze*, z. B.: Kündigungsschutzgesetz; Arbeitsgerichtsgesetz; Gesetz über gewerbsmäßige Arbeitnehmerüberlassung; Berufsbildungsgesetz; Betriebsverfassungsgesetz; Personalvertretungsgesetz; Bundesurlaubsgesetz; Jugendarbeitsschutzgesetz; Mutterschutzgesetz; Bundeselterngeld- und Elternzeitgesetz (BEEG); Tarifvertragsgesetz; Mitbestimmungsgesetz; Heimarbeitsgesetz; Gesetz über die Festlegung von Mindestarbeitsbedingungen; Sozialgesetzbuch; Entgeltfortzahlungsgesetz, Arbeitszeitgesetz.

c) *Sonstige Gesetze* mit arbeitsrechtlichen Auswirkungen, z. B.: Sozialgesetzbuch Drittes Buch; Insolvenzordnung; Arbeitssicherheitsgesetz; Geräte- und Produktsicherheitsgesetz (GPSG), Gesetz über Arbeitnehmererfindungen; Vermögensbildungsgesetz; Arbeitsplatzschutzgesetz.

04. Welche Funktionen erfüllt eine Rechtsordnung?

Funktionen der Rechtsordnung

↓ **Ordnungsfunktion**

↓ **Sicherheitsfunktion**

↓ **Ausgleichsfunktion**

05. Welche Artikel des Grundgesetzes können im Arbeitsrecht Bedeutung erlangen?

Dies sind insbesondere folgende Verfassungsnormen:

Arbeitsrechtlich relevante Artikel des Grundgesetzes

Persönlichkeitsrecht	Gleichheitsgrundsatz	Glaubens-/Gewissensfreiheit	Meinungsfreiheit	Schutz von Ehe und Familie	Koalitionsfreiheit	Berufsfreiheit
Art. 2	Art. 3	Art. 4	Art. 5	Art. 6	Art. 9 Abs. 3	Art. 12

Beispiel: Der Gleichbehandlungsgrundsatz von Mann und Frau ist z. B. bei der Entlohnung zu beachten (vgl. Art. 3 GG).

06. Welche Bestimmungen des BGB sind arbeitsrechtlich relevant?

Arbeitsrechtlich relevante Bestimmungen des BGB

BGB Zweites Buch Schuldverhältnisse Sechster Teil	BGB Zweites Buch Schuldverhältnisse z. B.	BGB Erstes Buch Allgemeiner Teil z. B.
Dienstvertrag §§ 611 - 630 (bitte lesen!)	§ 242 Leistung nach Treu und Glauben §§ 315 - 327 Einseitige Leistungsbestimmungsrechte	§ 113 Dienst- oder Arbeitsverhältnis Minderjähriger § 195 Regelmäßige Verjährungsfrist (3 Jahre) § 201 Beginn der Verjährungsfrist § 208 Hemmung der Verjährung

07. Was ist das Arbeitsrecht?

Das Arbeitsrecht ist das Sonderrecht der abhängig und weisungsgebundenen Beschäftigten, die für fremde Rechnung arbeiten.

08. Was zählt zu den Rechtsquellen des Arbeitsrechts?

Charakteristisch für die heutige Arbeits- und Wirtschaftsverfassung ist die Selbstverwaltung des Arbeitslebens durch Arbeitgeber- und Arbeitnehmerorganisationen. Deshalb sind es neben den staatlichen Vorschriften insbesondere die autonomen Regelungen, die die Beziehungen zwischen Arbeitgebern und Arbeitnehmern sowie den rechtlichen Rahmen und die Bedingungen der zu leistenden Arbeit festlegen.

Neben den staatlichen Gesetzen und Verordnungen sind insbesondere die autonom zu Stande gekommenen *Tarifverträge*, *Betriebsvereinbarungen* und *Unfallverhütungsvorschriften* der Berufsgenossenschaften Quellen des Arbeitsrechts. Hinzu kommen aber auch die Grundsätze des Richterrechts und hier vorrangig die des Bundesarbeitsgerichts.

Einteilung des Arbeitsrechts		
Das **Individualarbeitsrecht**	regelt die Rechtsbeziehungen zwischen dem Arbeitgeber und einem einzelnen Arbeitnehmer.	Arbeitsvertragsrecht
		Arbeitnehmerschutzrechte
		Arbeitssicherheitsgesetze
Das **Kollektive Arbeitsrecht**	regelt die Beziehungen zwischen Gruppen wie zum Beispiel den Betriebsräten und Arbeitgebern bzw. den Gewerkschaften und den Arbeitgeberverbänden.	Betriebsverfassungsgesetz
		Sprecherausschussverfassung
		Unternehmensverfassung
		Tarifvertragsrecht
		Arbeitskampfrecht

09. Was versteht man unter dem Individualarbeitsrecht?

Das Individualarbeitsrecht ist der Teil des Arbeitsrechts, der die Beziehungen zwischen *Arbeitgebern* und *einzelnen Arbeitnehmern* regelt.

10. Was versteht man unter dem kollektiven Arbeitsrecht?

Das kollektive Arbeitsrecht ist der Teil des Arbeitsrechts, der die Beziehungen zwischen *Gewerkschaften* und *Arbeitgeberverbänden* bzw. einzelnen Arbeitgebern und zwischen Betriebsräten und Arbeitgebern regelt. Hierunter fällt insbesondere das Zustandekommen von Gesamtvereinbarungen.

11. Welchen Einfluss hat das kollektive Arbeitsrecht auf das Individualarbeitsrecht?

Durch das Einwirken arbeitsrechtlicher Gesetze und Kollektivvereinbarungen hat der individuelle Vertrag einen schwächeren Einfluss auf den Inhalt des einzelnen Arbeitsverhältnisses als dies z. B. zwischen Verkäufer und Käufer oder Vermieter und Mieter der Fall ist. *Ein Individualar-*

beitsvertrag muss sich daher immer an den übergeordneten Normen orientieren und mit deren Inhalten übereinstimmen.

12. Welche Rechtsbereiche fallen unter das kollektive Arbeitsrecht?

a) Das *Berufsverbandsrecht*; dies sind die Rechtsnormen, die die interne Organisation der Arbeitgeberverbände und Gewerkschaften regeln;

b) das *Tarifvertragsrecht*; das sind die Vorschriften, die die Befugnisse der Tarifvertragsparteien zur Schaffung arbeitsrechtlicher Normen und die Wirkung dieser Normen regeln;

c) das *Arbeitskampfrecht*.

13. Wer ist Arbeitnehmer im Sinne des Arbeitsrechts?

Als Arbeitnehmer gelten die Personen, die einem anderen haupt- oder nebenberuflich aufgrund eines privatrechtlichen Vertrages für eine gewisse Dauer zur Arbeitsleistung verpflichtet sind. Ein Arbeitsverhältnis setzt im Regelfall die Zahlung eines Entgelts voraus. *Jedes Arbeitsverhältnis ist ein Dienstverhältnis im Sinne des BGB* (§§ 611 ff.), sodass die dortigen Vorschriften auf den Arbeitsvertrag zur Anwendung kommen, sofern nicht der besondere Charakter des Arbeitsverhältnisses dem entgegensteht.

Keine Arbeitnehmer sind z. B.:

- Selbstständige
- Freiberufler
- Organmitglieder (z. B. Vorstand einer AG)
- Richter, Beamte, Soldaten, Zivildienstleistende

14. Welche Rangfolge gilt bei den arbeitsrechtlichen Gestaltungsquellen?

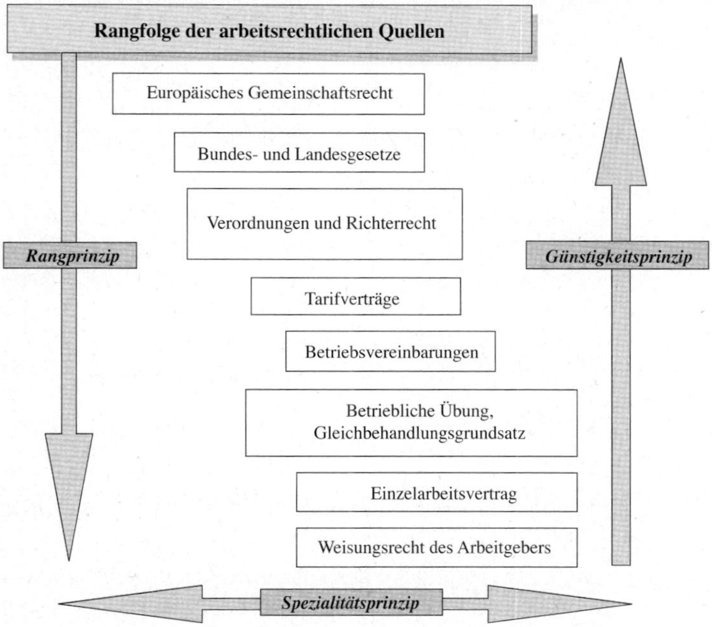

- *Rangprinzip*:
  die ranghöhere Rechtsquelle geht der rangniedrigeren Rechtsquelle vor; z. B. gelten die Bestimmungen eines Tarifvertrages vor den Regelungen des Arbeitsvertrages.
- *Günstigkeitsprinzip*:
  die rangniedrigere Rechtsquelle geht der ranghöheren Rechtsquelle vor, wenn sie für den Arbeitnehmer günstiger ist (Abweichung vom Rangprinzip); z. B. rangiert die Urlaubsregelung des Einzelarbeitsvertrages vor der entsprechenden Bestimmung des Bundesurlaubsgesetzes, wenn sie für den Arbeitnehmer günstiger ist.
- *Spezialitätsprinzip*:
  Konkurrieren zwei Rechtsquellen auf gleicher Rangstufe, so gilt die spezielle vor der allgemeineren bzw. die neuere vor der älteren Regelung. Beispiel: In einem Betrieb besteht Tarifkonkurrenz zwischen zwei Tarifverträgen (z. B. Metalltarif und Chemietarif). Anwendung findet der Tarifvertrag, der räumlich, fachlich und persönlich dem Betrieb am nächsten steht. *Maßgebend ist also die Art der Arbeit, die der überwiegende Teil der Arbeitnehmer leistet.*

1.1.2 Wesen und Zustandekommen des Arbeitsvertrages

01. Wie wird ein Arbeitsverhältnis begründet?

Ein Arbeitsverhältnis wird durch *Abschluss eines Arbeitsvertrages* begründet, der durch Angebot und Annahme zu Stande kommt. Aus dem Arbeitsvertrag ergeben sich die beiderseitigen Rechte und Pflichten.

Mit der Kontaktaufnahme zwischen Bewerber und Arbeitgeber entsteht ein *vorvertragliches Vertrauensverhältnis* (= Anbahnungsschuldverhältnis). Pflichtverletzungen (z. B. Vertraulichkeit, Datenschutz, Beschränkung des Fragerechts, Wahrheitspflicht, Offenbarungspflicht) können hier zu Schadenersatzansprüchen führen. Einen Einstellungsanspruch kann der Bewerber daraus nicht ableiten.

Bei Übereinstimmung der Vorstellungen von Bewerber und Arbeitgeber kann der Arbeitsvertrag geschlossen werden – vorbehaltlich der Zustimmung des Betriebsrates und evtl. notwendiger Eignungsuntersuchung.

1. Schritt		*2. Schritt*		*3. Schritt*
Anbahnungs-schuldverhältnis	→	**Abschluss des Arbeitsvertrages**	→	**Arbeitsaufnahme**
↑		↑		
Vorvertragliches Vertrauensverhältnis		Übereinstimmung der Willenserklärungen; vorbehaltlich der Zustimmung des BR und ggf. Einstellungsuntersuchung		

02. Was ist bei der Anbahnung eines Arbeitsverhältnisses nach dem BGB zu beachten?

Im BGB ist verankert, dass der Arbeitgeber Arbeitsplätze weder öffentlich noch intern <u>nur</u> für Männer oder Frauen ausschreiben darf (§ 611 b BGB; Ausnahme: § 611 a BGB, bitte lesen).

03. Was bedeutet die so genannte Abschlussfreiheit im Arbeitsvertragsrecht?

Abschlussfreiheit bedeutet, dass der Arbeitgeber grundsätzlich nicht verpflichtet ist, bestimmte Personen einzustellen.

04. Was versteht man unter Abschlussgeboten?

Ein Abschlussgebot ist die Forderung an den Arbeitgeber, bestimmte Personen unter bestimmten Voraussetzungen einzustellen, wie z. B. behinderte Menschen (vgl. SGB IX).

05. Was versteht man unter Abschlussverboten?

Ein Abschlussverbot ist das Verbot, bestimmte Personen für bestimmte Tätigkeiten einzustellen bzw. sie nur unter bestimmten Bedingungen einzustellen. So ist z. B. die Beschäftigung von Kindern nach dem Jugendarbeitsschutzgesetz, die Beschäftigung ausländischer Arbeitnehmer bestimmter Nationalitäten ohne Arbeitserlaubnis, die Beschäftigung von Minderjährigen oder Frauen zu bestimmten (Nacht-) Zeiten ebenso verboten wie Akkord- und Fließarbeit für werdende Mütter und Jugendliche.

06. Welche Bedeutung hat der Personalfragebogen?

Personalfragebögen enthalten Fragestellungen, die z. T. in der Bewerbung nicht angesprochen wurden, aber für das Unternehmen von Bedeutung sind. Übliche und erlaubte Fragen in Personalfragebögen sind:

- gekündigtes oder ungekündigtes Arbeitsverhältnis als ...,
- Fragen nach einem Wettbewerbsverbot oder einer Konkurrenzklausel,
- wiederholte Bewerbung im Unternehmen,
- Frage nach Schwerbehinderung, Krankenkasse, Einkommenswunsch,
- Frage nach Ableistung des Wehr- oder Zivildienstes.

07. Welche Fragen dürfen Bewerbern nicht bzw. nur eingeschränkt gestellt werden? Welche Auskunft muss der Bewerber auch ungefragt geben?

Fragerecht	
Grundsätzlich	gilt: Es dürfen nur solche Fragen gestellt werden, an deren Beantwortung der Arbeitgeber zur Beurteilung der Eignung und Befähigung des Arbeitnehmers *ein objektiv berechtigtes Interesse hat.*
Religions-zugehörigkeit	Die Frage nach der Religionszugehörigkeit ist im Allgemeinen nicht zulässig, es sei denn, es handelt sich um konfessionelle Einrichtungen, wie Kindergärten, Schulen oder Krankenhäuser (sog. Tendenzbetriebe).
Schulden	Die Frage nach Schulden ist nur bei Positionen im finanziellen Bereich, wie z. B. bei Bankkassierern, erlaubt.
Schwangerschaft	Die Frage nach einer Schwangerschaft *ist unzulässig*. Ausnahme: Die Frage nach der Schwangerschaft ist dann zulässig, wenn sie objektiv dem gesundheitlichen Schutz der Bewerberin und des ungeborenen Kindes dient (BAG, NZA 1993, 933, Tätigkeit einer Arzthelferin im Umgang mit infektiösem Material).

Verdienst	Ebenso unzulässig ist die Frage nach der Höhe des bisherigen Verdienstes. Dies gilt zumindest dann, wenn die frühere Vergütung keinen Aufschluss über die notwendige Qualifikation gibt und der Bewerber nicht seine bisherige Vergütung zur Mindestvergütung für seine neue Eingruppierung macht.
Vorstrafen	Zulässig ist die Frage nach Vorstrafen nur dann, wenn es sich um einschlägige Vorstrafen handelt, die im Bundeszentralregister noch nicht gelöscht sind, wie z. B. die Frage nach Alkoholstrafen bei Berufskraftfahrern und nach Verurteilungen wegen Vermögensdelikten bei Buchhaltern.
Krankheiten	Fragen nach Krankheiten sind nur gestattet, soweit sie tatsächlich die Arbeitsleistung beeinflussen können.

Eigenständige Auskunftspflicht (ohne Fragen); sog. Offenbarungspflicht
Auch ohne ausdrückliche Fragen des Arbeitgebers muss der Arbeitnehmer *Umstände mitteilen, die die Erfüllung seiner Arbeitsleistung infrage stellen können,* z. B. Kurantritt, ansteckende Krankheit, Schwerbehinderung in bestimmten Berufen (z. B. Lagerarbeiter, Mannequin, Sportlehrerin) oder Vorstrafen in bestimmten Berufen (z. B. wegen Sittlichkeitsdelikten bei Erziehern) sowie bestehende einschlägige Wettbewerbsverbote.

Generell gilt:
• Zulässigerweise gestellte Fragen sind wahrheitsgemäß zu beantworten.
• Unzulässig gestellte Fragen sind nicht zu beantworten bzw. können wahrheitswidrig beantwortet werden.

08. Ist die Wirksamkeit eines Arbeitsvertrages an eine bestimmte Form gebunden?

Grundsätzlich ist der Arbeitsvertrag *an keine Form gebunden*. Ein Arbeitsvertrag kann daher rechtswirksam zu Stande kommen, wenn er

- mündlich oder fernmündlich,
- schriftlich oder
- durch schlüssiges Handeln entsteht. Die Juristen sagen „konkludentes Handeln".

Zu dieser generellen Regelung gibt es *Ausnahmen*:

1. Die sog. *Konkurrenzklausel* (Wettbewerbsverbot) nach § 74 (1) HGB bedarf der *Schriftform.*

2. Daneben schreiben sehr viele *Tarifverträge* vor, dass Arbeitsverträge grundsätzlich *schriftlich* geschlossen werden müssen. Aber: Auch in diesem Fall kommt der Arbeitsvertrag bereits durch mündliche, übereinstimmende Erklärung zu Stande.

3. § 10 f. BBiG schreibt vor, dass *Ausbildungsverträge* schriftlich nachvollzogen werden müssen. Auch hier führt die mündliche, übereinstimmende Erklärung beider Parteien bereits zum Abschluss des Vertrages.

4. Weiterhin hat der Arbeitgeber spätestens einen Monat nach dem vereinbarten Beginn des Arbeitsverhältnisses die wesentlichen Vertragsbedingungen schriftlich niederzulegen (§ 2 Nachweisgesetz; NachwG). Folgende Angaben sind erforderlich:

1. der Name und die Anschrift der Vertragsparteien,
2. der Zeitpunkt des Beginns des Arbeitsverhältnisses,
3. bei befristeten Arbeitsverhältnissen: die vorhersehbare Dauer des Arbeitsverhältnisses,
4. der Arbeitsort,
5. die Beschreibung der zu leistenden Tätigkeit,
6. die Zusammensetzung und die Höhe des Arbeitsentgelts,
7. die vereinbarte Arbeitszeit,
8. die Dauer des jährlichen Erholungsurlaubs,
9. die Fristen für die Kündigung,
10. ein in allgemeiner Form gehaltener Hinweis auf die Tarifverträge und Betriebsvereinbarungen, die auf dieses Arbeitsverhältnis anzuwenden sind.

Von den Vorschriften dieses Gesetzes darf nicht zu Ungunsten des Arbeitnehmers abgewichen werden; Beispiel: Wird ein Arbeitsvertrag mündlich für eine bestimmte Zeit geschlossen (befristeter Arbeitsvertrag) und versäumt der Arbeitgeber die Schriftform nach § 3 NachwG, so kann er sich gegenüber dem Arbeitnehmer nicht auf die Befristung berufen (§ 5 NachwG, § 14 Abs. 4 TzBfG).

5. *Befristete Arbeitsverträge* müssen schriftlich geschlossen werden (§ 14 Abs. 4 TzBfG).

09. Welche Rechtswirkung hat die betriebliche Übung auf den Arbeitsvertrag?

Die betriebliche Übung (= Betriebsübung; umgangssprachlich auch: „Gewohnheitsrecht„) ergänzt die Entgeltbedingungen des Arbeitsvertrages z. B. durch Gratifikationen, Weihnachtsgeld usw. Wenn der Arbeitgeber *wiederholt und ohne Vorbehalt mindestens drei Jahre* lang eine solche Gratifikation zahlt, erwächst dem Arbeitnehmer der so genannte *Vertrauenstatbestand*: Er hat in der Folgezeit einen Anspruch auf Weiterzahlung dieser Gratifikation.

Die konkrete Ausgestaltung derartiger Gratifikationen *unterliegt nicht der Mitbestimmung* des Betriebsrates nach § 87 Abs. 1 Nr. 10 BetrVG.

10. Mit welchen rechtlichen Mängeln kann ein vereinbarter Arbeitsvertrag ggf. behaftet sein und welche Rechtsfolgen ergeben sich daraus?

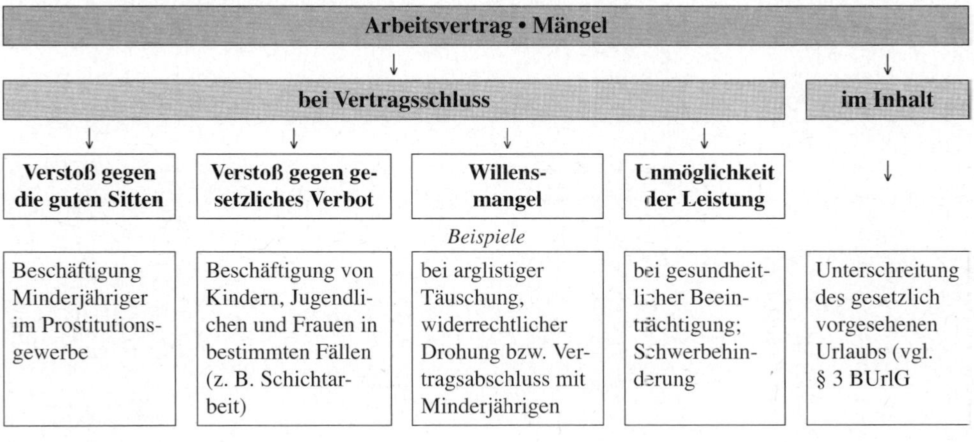

- *Mängel bei Vertragsabschluss* führen zur Nichtigkeit des gesamten Vertrages mit Wirkung für die Zukunft (= *faktisches Arbeitsverhältnis*).

- *Mängel im Inhalt* führen zur Teilnichtigkeit der mit Mängeln behafteten Regelung. Es gilt die gesetzlich oder tariflich vorgeschriebene Regelung.

11. Welche Arten des Arbeitsvertrages lassen sich unterscheiden?

Bezogen auf die *Dauer* kann der Arbeitsvertrag grundsätzlich als

- unbefristeter oder
- befristeter Vertrag

geschlossen werden.

- Der *unbefristete Arbeitsvertrag* endet durch einseitige Erklärung (Kündigung) des Arbeitgebers oder des Arbeitnehmers oder durch eine vertragliche Aufhebung.

- Der *befristete Arbeitsvertrag* wird von vornherein für eine bestimmte Zeitdauer geschlossen und endet ohne eine bestimmte Erklärung entweder

  - unmittelbar mit Ablauf der Frist oder
  - mittelbar,

  indem z. B. auf das Ende eines Projektes bzw. auf die Rückkehr einer Mitarbeiterin aus dem Mutterschaftsurlaub abgestellt wird. In diesem Fall endet der Arbeitsvertrag mit der Projekterfüllung bzw. dem Wegfall des sog. sachlichen Grundes (Mutterschaft).

Grundsätzlich dürfen *befristete Arbeitsverträge* nur abgeschlossen werden, wenn

A. ein *sachlicher Grund* vorliegt:

· Aushilfe,
· Probezeit,
· auf Wunsch des Arbeitnehmers,
· Vertretung (z. B. wegen Auslandseinsatz, Elternzeit, Mutterschutz u. Ä.),
· Fortbildung des Stelleninhabers,
· bei Saisontätigkeiten.

B. Unabhängig vom Vorliegen eines sachlichen Grundes bestimmt

das Teilzeit- und Befristungsgesetz (TzBfG) die Möglichkeit der Befristung von Arbeitsverträgen bis zur Dauer von *24 Monaten* auch ohne Vorliegen eines sachlichen Grundes. Bis zur Gesamtdauer von zwei Jahren ist die *dreimalige Verlängerung* eines befristeten Arbeitsvertrages zulässig (§ 14); Ausnahme: Existenzgründer (§ 14 Abs. 2a).

Der Arbeitsvertrag kann abgeschlossen werden als

- *tariflich gebundener Vertrag*. Er enthält in diesem Fall nur wesentliche Bestimmungen und weist im Übrigen ergänzend auf die Bestimmungen des einschlägigen Tarifvertrages hin. Speziell für Führungskräfte, die oberhalb der Gehaltsgruppierungen des entsprechenden Tarifvertrages liegen, kann ein sog.

- *außertariflicher Vertrag* (kurz: „AT-Vertrag“) geschlossen werden. Da diese Führungskräfte sich oberhalb der Mindestgehaltsnorm des Tarifvertrages befinden, können in diesem Fall vom Tarifvertrag abweichende Inhaltsbestandteile vereinbart werden.

Arbeitnehmer haben nach § 6 TzBfG einen *Rechtsanspruch auf Teilzeitarbeit.* Der Gesetzgeber hat bestimmt, dass Beschäftigte in Betrieben mit mehr als 15 Angestellten eine kürzere Arbeitszeit auch gegen den Willen des Arbeitgebers einfordern können; dies gilt auch für Leitende. Dem dürfen aber keine betrieblichen Gründe entgegenstehen.

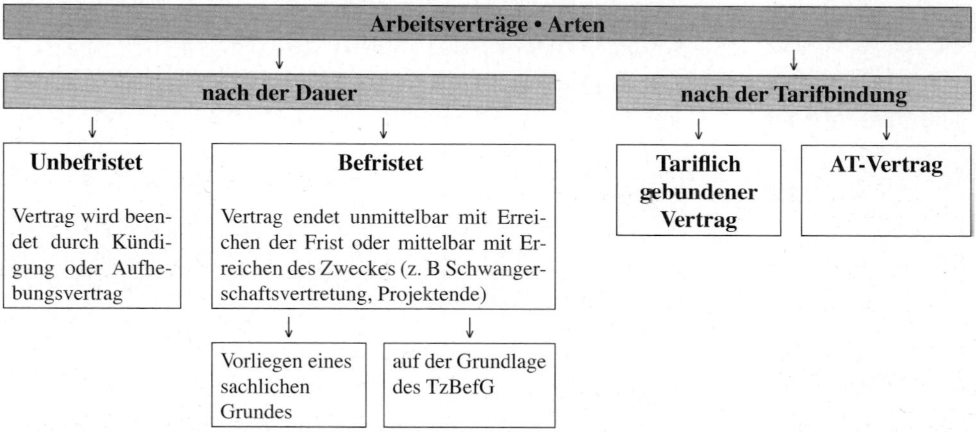

12. Welche besonderen Arten von Arbeitsverhältnissen lassen sich unterscheiden?

Aufgrund der Interessenslage der Vertragsparteien haben sich *besondere Arten von Arbeitsverhältnissen herausgebildet*, die gesetzlich nur unvollständig geregelt sind, z. B.:

- *Aushilfsarbeitsverhältnis* (AAV); zu beachten ist:
  - kann zeitbezogen (befristet) oder zweckbezogen sein,
  - sachlicher Grund (Erkrankung eines Mitarbeiters) oder nach dem TzBfG,
  - besteht das AAV nicht länger als drei Monate kann eine kürzere als die gesetzliche Kündigungsfrist von vier Wochen vereinbart werden (zum 15. oder zum Monatsende),
  - bei einer Dauer von mehr als einem Monat besteht Anspruch auf Urlaub, Feiertagsbezahlung und Entgeltfortzahlung,
  - nur bei einem echten, betrieblichen Bedürfnisse kann mehrfach hintereinander ein AAV abgeschlossen werden; dies gilt nicht bei einem Dauerbedarf (Kettenarbeitsverhältnis).

- *Probearbeitsverhältnis*; zu beachten ist:
  - ist abzugrenzen vom Arbeitsverhältnis mit vorgeschalteter Probezeit
  - ist von der Natur her ein befristeter Vertrag
  - Dauer der Probezeit: i.d.R. 3 bis 6 Monate; in Ausnahmefällen bis zu einem Jahr
  - ordentliche Kündigung ist ausgeschlossen
  - nach sechs Monaten „greift“ der allgemeine Kündigungsschutz

- *Praktikanten*; zu beachten ist:
  Das Praktikum ist ein Ausbildungsverhältnis im Rahmen einer Ausbildung. Ist das Praktikum Bestandteil eines Studiums findet das Arbeitsrecht keine Anwendung. Der Betrieb ist i. d. R.

nicht zur Ausbildung verpflichtet, sondern soll nur „Gelegenheit geben, dass sich der Praktikant die erforderlichen Kenntnisse verschaffen kann“. Das Praktikum kann als Ausbildungsverhältnis nach § 26 BBiG ausgestaltet sein. Der Praktikant hat dann Anspruch auf eine angemessene Vergütung.

- *Volontäre*; zu beachten ist:
  Das Volontariat ist ein Ausbildungsverhältnis, das zur Vorbereitung auf Erwerbstätigkeiten dient (z. B. in der Redaktion einer Zeitung), die keine anerkannten Ausbildungsberufe haben. Es besteht ein Vergütungsanspruch nach §§ 19, 10 BBiG.

- *Freie Mitarbeiter*; zu beachten ist:
  Sie sind dann Arbeitnehmer, wenn sie in persönlicher Abhängigkeit stehen (in die betriebliche Organisation eingebunden – z. B. nach Zeit, Ort), auch wenn der Vertrag als freier Mitarbeiter geschlossen wurde.

- *Heimarbeitsverhältnis*:
  Heimarbeiter gehören zu den sog. arbeitnehmerähnlichen Personen; es gilt das HAG.

- *Teilzeitarbeitsverhältnis*; zu beachten ist:
  - Teilzeit ist jede Verkürzung der regelmäßigen Arbeitszeit
  - Vergleichsmaßstab ist die betriebsübliche Wochenarbeitszeit
  - es besteht ein Gleichbehandlungsgrundsatz gegenüber Vollzeitbeschäftigten
  - der Vergütungsanspruch richtet sich nach der Arbeitszeitdauer
  - im Krankheitsfall besteht Anspruch auf Entgeltfortzahlung (ebenso: Feiertagsvergütung)
  - der Urlaubsanspruch besteht in gleicher Höhe wie bei Vollzeitbeschäftigten
  - die Einführung von Teilzeitarbeit unterliegt der Mitbestimmung des BR
  - i. d. R. ist die Verpflichtung zur Mehrarbeit ausgeschlossen
  - die Beendigung von Teilzeitarbeitsverhältnissen unterliegt dem allgemeinen Kündigungsschutz

- *Variable Arbeitszeitsysteme*; zu beachten ist:
  - KAPOVAZ = kapazitätsorientierte variable Arbeitszeit
  - Voraussetzungen:
    · Arbeitsdauer wird ohne feste Arbeitszeit vereinbart
    · Abruffrist: vier Tage
    · Mindestarbeitsdauer: drei aufeinander folgende Stunden

- *Arbeitsverhältnisse mit ausländischen Arbeitnehmern*; zu beachten ist:
  - für Arbeitnehmer innerhalb der EU besteht Freizügigkeit; für Arbeitnehmer aus Staaten der EU-Osterweiterung gibt es Beschränkungen/Übergangsfristen
  - für andere Personen ist erforderlich: Arbeitserlaubnis oder Arbeitsberechtigung (vgl. Aufenthaltsgesetz, AufenthG)
  - bei fehlender Arbeitserlaubnis besteht Beschäftigungsverbot
  - erfolgt die Beschäftigung trotz fehlender Arbeitserlaubnis, so ist sie illegal
  - zu beachten ist das Schwarzarbeitsbekämpfungsgesetz (SchwarzArbG).

1.1.3 Rechte und Pflichten aus dem Arbeitsverhältnis

01. Welche Rechte und Pflichten ergeben sich aus § 611 BGB?

Durch den Dienstvertrag wird nach § 611 BGB derjenige, welcher Dienste zusagt, zur *Leistung* der versprochenen Dienste, der andere Teil zur Gewährung der vereinbarten *Vergütung* verpflichtet.

Haupt- und Nebenpflichten nach § 611 BGB		
	Hauptpflichten	*Nebenpflichten*
Arbeitgeber	**Entgeltzahlungspflicht**	- Treuepflicht, - Verschwiegenheitspflicht, - Unterlassung von ruf- und kreditschädigenden Äußerungen, - Verbot der Schmiergeldannahme, - Wettbewerbsverbot, - Pflicht zur Anzeige drohender Schäden (Anzeigepflicht).
Arbeitnehmer	**Arbeitspflicht**	- Fürsorgepflicht, Schutz für Leben und Gesundheit, - Beschäftigungspflicht, - Fürsorge für Eigentum des Arbeitnehmers, - Gleichbehandlungsgrundsatz, - Gewährung von Erholungsurlaub, - Informations- und Anhörungspflicht, - Pflicht zur Zeugniserteilung.

02. Wie bestimmt sich die Art der zu leistenden Arbeit?

Welche Arbeit der Arbeitnehmer im Einzelnen zu leisten hat, bestimmt sich in erster Linie *nach dem Arbeitsvertrag*. Ist die Tätigkeit des Arbeitnehmers im Arbeitsvertrag fachlich umschrieben, so kann der Arbeitgeber ihm sämtliche Arbeiten zuweisen, die innerhalb des vereinbarten Berufsbildes nach der Verkehrssitte in dem betreffenden Wirtschaftszweig von Angehörigen dieses Berufes geleistet zu werden pflegen. *Je genauer die Tätigkeit des Arbeitnehmers vereinbart ist, umso eingeschränkter ist das Recht des Arbeitgebers*, im Einzelnen die zu leistende Arbeit zu bestimmen. Selbst wenn die Arbeitsleistung nur ganz allgemein umschrieben ist oder der Arbeitgeber sonst befugt ist, dem Arbeitnehmer einen anderen Arbeitsplatz zuzuweisen, ist dies grundsätzlich *nur zulässig, wenn es sich nicht um eine niedriger bezahlte Arbeit handelt*. Der genaue Inhalt der Arbeitspflicht sowie Ort und Zeit der Arbeitsleistung werden in dem Maße durch *Weisungen des Arbeitgebers* festgelegt, wie sie im Arbeitsvertrag, in Gesetzen, Tarifverträgen und Betriebsvereinbarungen noch nicht festgelegt sind.

Durch dieses *Weisungsrecht* wird in erster Linie die jeweils konkret zu erbringende Arbeit und die Art und Weise ihrer Erledigung festgelegt. Auch die Ordnung im Betrieb wird einseitig vom Arbeitgeber im Rahmen seines Weisungsrechts festgelegt, soweit dem keine Mitbestimmungsrechte des Betriebsrates entgegenstehen. Bei der Ausübung des Weisungsrechts steht dem Arbeitgeber regelmäßig ein weiter Rahmen zur einseitigen Gestaltung der Arbeitsbedingungen zu. Die Arbeitsgerichte können aber auf die entsprechende Klage eines Arbeitnehmers Maßnahmen des Weisungsrechts auf ihre Billigkeit hin kontrollieren.

03. Wie ist der Umfang der zu leistenden Arbeit bestimmt?

Der Arbeitnehmer hat während der gesetzlichen, tariflichen, betrieblichen oder einzelvertraglichen Arbeitszeit Arbeit in einem Umfang zu leisten, der *nach Treu und Glauben* billigerweise von ihm erwartet werden kann. Einerseits ist er nicht berechtigt, seine Arbeitskraft bewusst zurückzuhalten; er muss vielmehr unter angemessener Anspannung seiner Kräfte und Fähigkeiten arbeiten, andererseits braucht er sich bei seiner Arbeit nicht zu verausgaben und Raubbau mit seinen Kräften zu treiben.

„Jede Nebentätigkeit bedarf der schriftlichen Genehmigung durch den Arbeitgeber." Diese Standardformulierung steht in vielen Arbeitsverträgen, entfaltet aber im Zweifelsfalle nur wenig Wirkung. Nebentätigkeiten sind trotz dieser arbeitsvertraglichen Standardformulierung nur dann zu unterlassen, wenn

- der Arbeitnehmer dadurch sein Leistungsvermögen überschreitet,
- die Höchstarbeitszeit des Arbeitszeitgesetzes (ArbZG; maximal 48 Stunden pro Woche) überschritten wird,
- dadurch eine Konkurrenzsituation zum Arbeitgeber entsteht oder
- dadurch der Zweck des Erholungsurlaubs beeinträchtigt wird.

04. An welchem Ort ist die Arbeit zu leisten?

Die Arbeit ist im Normalfall *im Betrieb des Arbeitgebers* zu leisten. Aus dem Arbeitsvertrag kann sich jedoch auch ein anderer Arbeitsort ergeben. Eine Versetzung in eine andere Stadt ist im Allgemeinen nur zulässig, wenn dies ausdrücklich oder stillschweigend vereinbart ist oder der Arbeitnehmer im Einzelfall einverstanden ist. Dagegen wird eine Versetzung von einer Betriebsstätte zu einer anderen in ein und derselben Stadt zulässig sein, wenn damit keine besonderen Erschwernisse für den Arbeitnehmer verbunden sind.

05. Wie muss die Verpflichtung zur Entgeltzahlung vom Arbeitgeber erfüllt werden?

- Die Vergütung wird erst fällig, wenn die Arbeitsleistung erbracht worden ist. Damit ist der Arbeitnehmer grundsätzlich zur Vorleistung verpflichtet.

- Für *angeordnete* Mehrarbeit ist ein Zuschlag zu zahlen.

- Es besteht ein Entgeltanspruch auch dann, wenn keine Arbeit geleistet wurde, z. B.:
  · an gesetzlichen Feiertagen, die nicht auf einen Sonntag oder arbeitsfreien Samstag fallen;
  · bei vorübergehender Verhinderung des Arbeitnehmers;
  · in den Fällen von Krankheit.

06. In welcher Form hat der Arbeitgeber seiner Unterrichtungspflicht nachzukommen?

Der Arbeitgeber hat den Arbeitnehmer über dessen Aufgabe und Verantwortung sowie über die Art seiner Tätigkeit und ihre Einordnung in den Arbeitsablauf des Betriebes zu unterrichten und über die Unfallgefahren zu belehren (§ 81 BetrVG).

07. Was besagt die Wettbewerbsklausel?

Generell besteht nach Beendigung eines Arbeitsverhältnisses *kein Wettbewerbsverbot*. Ein nachträgliches Wettbewerbsverbot entsteht dann, wenn zwischen den Parteien eine sog. *Wettbewerbsklausel* nach *§ 74 HGB* (bitte lesen!) vereinbart wurde. Diese Klausel ist nur dann wirksam, wenn sie folgende *Voraussetzungen* erfüllt:

1. *Vereinbarung* wurde wirksam geschlossen;
2. in Schriftform *(Urkunde)*;
3. der Arbeitnehmer erhält eine sog. *Karenzentschädigung* (Einzelheiten regeln die §§ 74 a - 75 h HGB).

08. Welche Freistellungssachverhalte mit Fortzahlung der Vergütung gibt es?

Der Arbeitnehmer hat Anspruch auf Entgeltfortzahlung, wenn er für eine verhältnismäßig nicht erhebliche Zeit unverschuldet an der Leistung seiner Arbeit verhindert ist (die Erbringung der Leistung ist unmöglich oder nicht zumutbar). Dazu gehören z. B.:

- Geburts- und Sterbefall in der Familie, schwere Erkrankung in der Familie,
- eigene Hochzeit/Silberhochzeit,
- gerichtliche Ladung als Zeuge,
- Arztbesuch ohne Arbeitsunfähigkeit, wenn nicht außerhalb der Arbeitszeit möglich,
- Umzug mit eigenem Hausstand.

Einzelheiten dazu sind in Tarifverträgen geregelt.

Weiterhin gibt es Freistellungssachverhalte bei Fortzahlung der Bezüge aufgrund besonderer gesetzlicher Regelungen, z. B.:

- Arbeitsunfähigkeit wegen Krankheit (EntgeltfortzahlungG),
- Bildungsurlaub (nur in bestimmten Bundesländern),
- Erholungsurlaub (BUrlG), Feiertage, Kuren,
- Wehrerfassung und Musterung, Wehrübungen,
- Wiedereingliederung in das Erwerbsleben,
- Freistellung Jugendlicher und Auszubildender (z. B. Berufsschulunterricht, Prüfungen),
- Tätigkeit als freigestelltes Betriebsratsmitglied (BetrVG).

09. Welche Fälle von Lohnersatzleistungen gibt es?

Bei Lohnersatzleistungen wird von dritter Seite geleistet – anstelle des üblicherweise zu zahlenden Entgelts. Infrage kommen:

- Kurzarbeitergeld, Saison-Kurzarbeitergeld,
- Winterausfallgeld, Wintergeld,
- Krankengeld,
- Übergangsgeld,
- Verletztengeld,
- Mutterschaftsgeld.

10. Welche Leistungsstörungen im Arbeitsverhältnis sind denkbar?

Leistungsstörungen im Arbeitsverhältnis

Nichtleistung:	**Zuspätleistung:**	**Schlechtleistung:**	**Vorvertragliche Pflichtverletzung:**	**Zweckstörung:**
Fragen der Unmöglichkeit	Fragen des Verzugs	Positive Vertragsverletzung	Culpa in Contrahendo	Wegfall der Geschäftsgrundlage

Beispiele

Dem Arbeitnehmer fehlt die Befähigung (z. B. fehlende Fahrerlaubnis)	Der Arbeitnehmer ist verpflichtet die Leistung in eigener Person, *zur rechten Zeit,* am rechten Ort und in der rechten Weise zu leisten.	Haftung des Arbeitnehmers für Vorsatz und grobe Fahrlässigkeit	Störung des Vertrauensverhältnisses während der Vertragsanbahnung	vgl. die Gründe zur ordentlichen/außerordentlichen Kündigung

11. Welche Rechtsfolgen können sich aus einer Verletzung der Pflichten aus dem Arbeitsverhältnis ergeben?

- Bei *Pflichtverletzungen des Arbeitnehmers*:
  - Entgeltminderung,
  - Einbehaltung des Entgelts,
  - Abmahnung,
  - Kündigung,
  - Schadensersatzansprüche,
  - Unterlassungsklage,
  - ggf. Betriebsbußen.

- Bei *Pflichtverletzungen des Arbeitgebers*:
  - Zurückhaltung der Arbeitskraft,
  - Kündigung,
  - Verlangen nach Erfüllung der Pflichten,
  - Schadensersatzansprüche,
  - Bußgelder nach den gesetzlichen Bestimmungen.

12. Wann haftet der Arbeitnehmer für Schäden aus betrieblich veranlasster Tätigkeit?

- Bei *Vorsatz:* → unbeschränkte Haftung
- bei *grober Fahrlässigkeit:* → i.d.R. unbeschränkte Haftung
  Ausnahme:
  wenn der Verdienst des Arbeitnehmers in deutlichem Missverhältnis zum Schadensrisiko steht
- bei *mittlerer Fahrlässigkeit:* → Aufteilung des Schadens unter besonderer Berücksichtigung der Umstände des Einzelfalls
- bei *leichter Fahrlässigkeit:* → keine Haftung

13. Kann der Arbeitgeber verlangen, dass eine einheitliche Arbeitskleidung getragen wird?

Die *Arbeitskleidung (im engeren Sinne)* ist zu unterscheiden von der *persönlichen Schutzausrüstung* (PSA), die nach verschiedenen Unfallverhütungsvorschriften vom Arbeitgeber gestellt und gereinigt (gewartet) werden muss und vom Arbeitnehmer zu tragen ist.

Die *Arbeitskleidung im engeren Sinne* wird getragen zur Schonung der Privatkleidung und/oder aus CI-Gründen (Corporate Identity) oder weil sie sich für bestimmte Berufe als zweckmäßig erwiesen hat (z. B. Friseure, Zimmerleute, Kellner). Der Arbeitnehmer darf nur dann kostenmäßig beteiligt werden, wenn der Arbeitgeber Vorteile einräumt, die über seine gesetzliche Verpflichtung hinausgehen (z. B. Tragen in der Freizeit).

Rechte und Pflichten zur Stellung und zum Tragen von Arbeitskleidung ist vielfach *tariflich geregelt* oder hat sich *aufgrund betrieblicher Übung* ergeben. Im Regelfall unterliegt die Frage der Arbeitskleidung der *erzwingbaren Mitbestimmung* des Betriebsrates nach § 87 Abs. 1 Nr. 1 BetrVG. Aussehen und Zuschnitt der Kleidung darf nicht die *Persönlichkeitsrechte* des Arbeitnehmers/der Arbeitnehmerin beinträchtigen (z. B. lächerliche oder figurbetonte Wirkung).

1.1.4 Beendigung des Arbeitsverhältnisses und die daraus folgenden Rechte und Pflichten

01. Auf welche Weise kann ein Arbeitsverhältnis beendet werden?

02. Was ist eine Kündigung?

Eine Kündigung ist eine einseitige, empfangsbedürftige Willenserklärung eines Vertragspartners gegenüber dem anderen Partner, das Arbeitsverhältnis zu beenden.

03. Welche Kündigungsarten gibt es?

Kündigung • Arten			
Ordentliche Kündigung	**Außerordentliche Kündigung**	**Änderungs-kündigung**	**Massen-entlassung**

04. Welche Kündigungsfristen bestehen für Arbeiter und Angestellte?

- Die regelmäßige Kündigungsfrist für Arbeiter und Angestellte beträgt *vier Wochen – jeweils zum 15. oder zum Ende eines Kalendermonats.*

- Die Kündigungsfrist verlängert sich mit zunehmender Betriebszugehörigkeit (vgl. dazu § 622 BGB).

05. Welche Tatbestände können einen wichtigen Grund darstellen, die den Arbeitgeber zu einer außerordentlichen Kündigung berechtigen?

Beispiele (es sind immer die Umstände des Einzelfalles zu prüfen):

- Abwerbung
- Alkoholmissbrauch bei Vorgesetzten und Kraftfahrern (ansonsten: Trunksucht ist eine Krankheit, die nur eine ordentliche Kündigung unter erschwerten Voraussetzungen ermöglicht)
- gravierende Arbeitsverweigerung
- schwerwiegender Verstoß gegen Arbeitssicherheitsbestimmungen
- Beleidigungen in schwerwiegender Form
- private Ferngespräche in größerer Form auf Kosten des Arbeitgebers
- Schmiergeldannahme sowie Spesenbetrug und Straftaten im Betrieb
- Urlaubsüberschreitungen sowie Verstoß gegen Wettbewerbsverbot

06. In welchen Fällen kann der Arbeitnehmer aus wichtigem Grund außerordentlich kündigen?

- Lohnrückstände trotz Aufforderung zur Zahlung
- Insolvenz des Arbeitsgebers, wenn er die Vergütung nicht zahlt/nicht zahlen kann
- schwerwiegende Vertragsverletzungen (z. B. zugesagte Beförderung wird nicht eingehalten)

07. Wer ist berechtigt, nach dem Kündigungsschutzgesetz zu klagen?

Nach dem Kündigungsschutzgesetz sind alle Arbeitnehmer klageberechtigt, deren Arbeitsverhältnis in demselben Betrieb oder Unternehmen ohne Unterbrechung *länger als sechs Monate* bestanden hat; das Kündigungsschutzgesetz findet keine Anwendung in Betrieben mit fünf oder weniger Beschäftigten (vgl. § 23 KSchG).

Der Kündigungsschutz *gilt für neue Beschäftigungsverhältnisse* ab 1.1.2004 erst in Betrieben mit mehr als zehn Beschäftigten (= Aufweichung des Schwellenwertes des § 23 KSchG aufgrund des Gesetzes zur Reform am Arbeitsmarkt vom 1.1.2004).

08. In welchen Fällen ist eine ordentliche Kündigung sozial gerechtfertigt?

die ordentliche Kündigung ist **sozial** nur **gerechtfertigt**, wenn folgende Gründe vorliegen:

- **personenbedingte** Gründe
- **verhaltensbedingte** Gründe
- **betriebsbedingte** Gründe

09. Was können Beispiele für personenbedingte Gründe sein?

Beispiele (es sind immer die Umstände des Einzelfalles zu prüfen):

- fehlende Arbeitserlaubnis bei ausländischen Mitarbeitern
- fehlende Eignung für die Aufgaben (fachlich/charakterlich)
- in Tendenzbetrieben: besondere Eignungsmängel
- bei Krankheit, Trunksucht, Drogenabhängigkeit (unter bestimmten Voraussetzungen)

10. Was können Beispiele für verhaltensbedingte Gründe sein?

Beispiele (es sind immer die Umstände des Einzelfalles zu prüfen):

- Arbeitsverweigerung, Alkoholmissbrauch sowie mangelnder Leistungswille
- Nichteinhaltung eines Alkohol-/Rauchverbots
- Verletzung von Treuepflichten sowie Störung des Betriebsfriedens
- häufige Lohnpfändungen, die die Verwaltungsarbeit massiv stören
- Schlechtleistungen trotz Abmahnung sowie unbefugtes Verlassen des Arbeitsplatzes
- Missbrauch von Kontrolleinrichtungen (Stempeluhr, Zeiterfassung)

11. Was können Beispiele für betriebsbedingte Gründe sein?

Es muss sich um dringende betriebliche Erfordernisse handeln, z. B. Umsatzrückgang, neue Fertigungsverfahren, Rationalisierung. *Neu:* Künftig ist die *Sozialauswahl* auf folgende vier Merkmale *beschränkt*: Dauer der Betriebszugehörigkeit, Lebensalter, Unterhaltspflichten und eine evtl. Schwerbehinderteneigenschaft. Außerdem gilt ab 1.1.2004: Der Arbeitnehmer erhält bei einer betriebsbedingten Kündigung eine Abfindung, wenn der Arbeitgeber ihm dies in der Kündigung anbietet. Damit erfolgt eine „Quasi-Honorierung" des Verzichts auf die Kündigungsschutzklage (vgl. § 1a KSchG).

12. Was ist eine Änderungskündigung?

Beispiel: Ein Unternehmen kündigt einem Innendienstmitarbeiter fristgerecht und unterbreitet ihm im Kündigungsschreiben das Angebot, nach Ablauf der Kündigungsfrist im Außendienst bei einer anderen Niederlassung zu arbeiten.

Die Änderungskündigung hebt ab auf eine *Fortsetzung des Arbeitsverhältnisses zu geänderten Arbeitsbedingungen* (§ 2 KSchG). Sie ist eine Kündigung des Arbeitsverhältnisses unter Einhaltung der Kündigungsfrist, verbunden mit dem Angebot, das Arbeitsverhältnis nach Ablauf der Kündigungsfrist zu neuen Bedingungen (z. B. Inhalt oder Ort der Tätigkeit, geändertes Gehalt u. Ä.) fortzusetzen.

Der Arbeitnehmer hat in dieser Situation drei Möglichkeiten zu reagieren:

1. Er *lehnt* die Änderungskündigung *ab*. Dies birgt das Risiko, dass der Arbeitnehmer bei einer Kündigungsschutzklage verliert. Damit würde er seinen Arbeitsplatz verlieren.
2. Er *nimmt* die Änderungsbedingungen *an*. Dies führt dazu, dass er zu geänderten Arbeitsbedingungen tätig bleibt.
3. Er *nimmt* die Änderungskündigung *unter dem Vorbehalt an*, dass sie sozial gerechtfertigt ist. In diesem Fall sind die Rechtsfolgen der Kündigungsschutzklage zu berücksichtigen. Folge: Der Arbeitnehmer behält auf jeden Fall seinen Arbeitsplatz – entweder zu den alten oder zu den neuen Arbeitsbedingungen.

13. Welche formalen Wirksamkeitsvoraussetzungen sind bei einer Kündigung zu prüfen?

1. *Zugang* der schriftlichen Kündigungserklärung (§ 623 BGB)
2. Ablauf der *Kündigungsfrist nach § 622 BGB* (bei ordentlicher Kündigung)
3. *Beachtung von Kündigungsverboten*, z. B.:
   - für werdende Mütter
   - für Elternzeitberechtigte (§ 18 BEEG)
4. *Ausschluss der ordentlichen Kündigung*, z. B.:
   - bei Wehrpflichtigen
   - bei Berufsausbildungsverhältnissen
   - bei Mitgliedern des Betriebsrates usw.
   - bei Ausschluss aufgrund des Arbeitsvertrages
5. *Zustimmungserfordernis*, z. B.:
   - bei der a. o. Kündigung von Mitgliedern des Betriebsrates usw.
     (→ Zustimmung des Betriebsrates)
   - bei der Kündigung eines schwerbehinderte Menschen
     (→ Zustimmung des Integrationsamtes)
6. *Beachtung des Kündigungsschutzes* (→ KSchG)
7. *Anzeigepflicht* bei Massenentlassungen
8. *Anhörung des Betriebsrates* nach § 99 BetrVG

14. Welche Tatbestände kann der Arbeitnehmer anführen, um die Unwirksamkeit einer Kündigung zu rügen?

- fehlende Anhörung des Betriebsrates (§ 102 BetrVG)
- fehlende Vollmacht des Kündigenden
- Versäumnis der Anhörung des Arbeitnehmers (nur bei einer Verdachtskündigung)
- Nichteinhaltung der Kündigungserklärungsfrist

- Versäumnis der Angabe von Kündigungsgründen (nur bei außerordentlicher Kündigung von Berufsausbildungsverhältnissen)
- Verstoß gegen ein gesetzliches Verbot (z. B. MuSchG)
- Verstoß gegen die guten Sitten (z. B. Umgehung des KSchG)
- fehlende Abmahnung
- fehlende oder fehlerhafte Sozialauswahl (bei betriebsbedingter Kündigung)
- Verstoß gegen die Anzeigepflicht bei Massenentlassungen

15. Innerhalb welcher Frist muss eine Kündigungsschutzklage erhoben werden?

Eine Kündigungsschutzklage, in der ein Arbeitnehmer gerichtlich geltend machen will, dass die Kündigung sozial ungerechtfertigt ist, muss *innerhalb von drei Wochen* nach Zugang der Kündigung beim zuständigen Arbeitsgericht erhoben werden (§ 4 KSchG).

Beispiel (verkürzt) einer Kündigungsschutzklage:

Arbeitsgericht Mönchengladbach
Postfach

47447 Mönchengladbach

Klage

des Buchhalters Horst Otto Meier, Gerichtsstr. 11, 47447 Mönchengladbach

gegen

Im- und Export GmbH TRIEBEN, Hohenzollerndamm 20, 47443 Mönchengladbach

wegen Kündigung

Streitwert: 7.500 €

Es wird Antrag gestellt, festzustellen

dass das Arbeitsverhältnis durch die am 02.05.20.. auf den 30.06.20 .
ausgesprochene Kündigung nicht aufgelöst worden ist, sondern unverändert fortbesteht.

Begründung:
Der Kläger ist seit dem 1.1.1995 bei der Beklagten mit einem Bruttoentgelt von 2.500 € beschäftigt. Der Kläger ist verheiratet und hat drei Kinder. Die Beklagte hat die Kündigung, zugegangen am 04.05.20.., ohne Anhörung des Betriebsrates ausgesprochen.
Die Beklagte beschäftigt regelmäßig mehr als 80 Mitarbeiter. Die Auftragslage ist positiv. Die Beklagte hat keine Gründe für die Kündigung angegeben. Die Kündigung ist daher unbegründet.

16. Für welche Personen besteht ein besonderer Kündigungsschutz?

Ein besonderer Kündigungsschutz besteht

- für werdende und junge Mütter,
- Betriebsräte,

- schwerbehinderte Menschen,
- Personen in Berufsausbildung,
- Vertrauenspersonen der schwerbehinderten Menschen.

17. Wie kann ein Arbeitsverhältnis mit einer werdenden oder jungen Mutter aufgelöst werden?

Wenn die für den Arbeitsschutz zuständige oberste Landesbehörde oder die von ihr bestimmte Stelle *in besonderen Fällen ausnahmsweise* die Kündigung gemäß § 9 Abs. 3 MuSchG für zulässig erklärt (bitte lesen!).

18. Unter welchen Voraussetzungen kann einem schwerbehinderten Menschen gekündigt werden?

Die Kündigung eines schwerbehinderten Menschen durch den Arbeitgeber bedarf nach § 85 SGB IX der vorherigen *Zustimmung des Integrationsamtes.* Das Integrationsamt muss auch bei außerordentlichen Kündigungen zustimmen. Gemäß § 86 SGB IX beträgt die Kündigungsfrist mindestens vier Wochen.

19. Unter welchen Voraussetzungen kann einem Betriebsratsmitglied fristlos gekündigt werden?

Einem Betriebsratsmitglied kann nur dann fristlos gekündigt werden, wenn *der Betriebsrat* als Gremium der Kündigung nach § 103 BetrVG *zustimmt.*

20. Welches Mitbestimmungsrecht hat der Betriebsrat bei Kündigungen?

Der Betriebsrat *ist vor jeder Kündigung zu hören.* Der Arbeitgeber hat ihm die Gründe der Kündigung mitzuteilen. *Eine ohne Anhörung des Betriebsrats ausgesprochene Kündigung ist unwirksam* (§ 102 BetrVG). Zu beachten ist: Eine Kündigung ist auch dann unwirksam, wenn die *Anhörung des Betriebsrats fehlerhaft ist* (z. B.: der Betriebsratsvorsitzende stimmt der Kündigung sofort im Gespräch mit dem Arbeitgeber zu, ohne sich zuvor mit seinen Betriebsratskollegen zu beraten) und dieser Fehler nicht im Verantwortungsbereich des Arbeitgebers liegt.

Hat der Betriebsrat gegen eine *ordentliche Kündigung* Bedenken, so hat er diese unter Angabe der Gründe *spätestens innerhalb einer Woche* schriftlich mitzuteilen. Äußert er sich innerhalb dieser Frist nicht, gilt seine Zustimmung zur Kündigung als erteilt. Hat der Betriebsrat gegen eine *außerordentliche Kündigung* Bedenken, so hat er diese unter Angabe der Gründe dem Arbeitgeber *innerhalb von 3 Tagen* mitzuteilen.

21. Unter welchen Voraussetzungen kann der Betriebsrat einer Kündigung widersprechen?

Der Betriebsrat kann nach § 102 Abs. 3 BetrVG *innerhalb einer Woche* einer ordentlichen Kündigung widersprechen, wenn:

1. der Arbeitgeber *soziale Gesichtspunkte* bei der Auswahl des zu kündigenden Mitarbeiters nicht ausreichend berücksichtigt hat,

2. die Kündigung gegen besondere *Richtlinien* verstößt,

3. der zu kündigende Arbeitnehmer an einem anderen Arbeitsplatz im selben Betrieb oder in einem anderen Betrieb des Unternehmens *weiterbeschäftigt werden kann*;

4. die *Weiterbeschäftigung* des Arbeitnehmers nach zumutbaren Umschulungs- oder Fortbildungsmaßnahmen *möglich* ist oder

5. eine *Weiterbeschäftigung* des Arbeitnehmers *unter geänderten Vertragsbedingungen möglich* ist und der Arbeitnehmer sein Einverständnis hiermit erklärt hat (§ 102 Abs. 3 BetrVG).

22. Welche Verpflichtung hat der Arbeitgeber, wenn der Betriebsrat einer Kündigung widersprochen hat?

Kündigt der Arbeitgeber, obwohl der Betriebsrat der Kündigung widersprochen hat, so hat er dem Arbeitnehmer mit der Kündigung eine Abschrift der Stellungnahme des Betriebsrats auszuhändigen (§ 102 Abs. 4 BetrVG).

23. Welche inhaltlichen Aspekte sind bei der Erstellung eines Zeugnisses zu beachten?

Das Arbeitsrecht unterscheidet zwei Zeugnisarten:

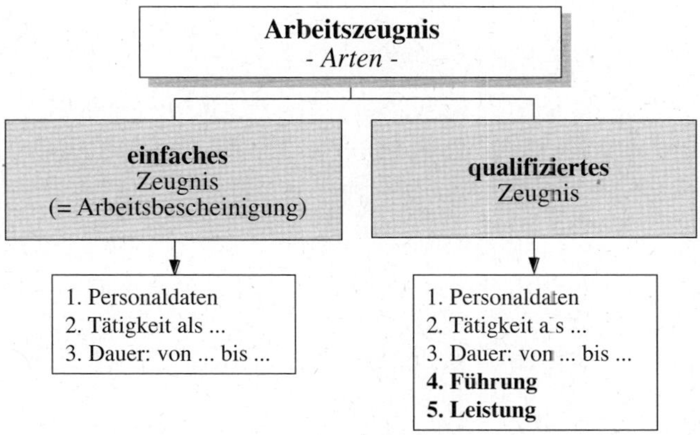

Weitere Einzelheiten zur Zeugniserstellung vgl.: 4. Prüfungsfach, Zusammenarbeit im Betrieb, Ziffer 4.5.5, Frage 08.

24. Wann hat ein Arbeitnehmer Anspruch auf bezahlte Freizeit zur Stellensuche?

Es muss sich gemäß § 629 BGB um ein dauerhaftes Arbeitsverhältnis handeln und das Arbeitsverhältnis muss gekündigt sein.

25. Wann besteht ein Anspruch auf Ausstellung eines Zeugnisses?

Ein Anspruch auf ein Zeugnis besteht in der Regel bei Beendigung der Tätigkeit bzw. bei Beendigung der Berufsausbildung.

26. Wann besteht ein Anspruch auf eine frühere Zeugnisausstellung?

Bei fristgerechter Kündigung soll das Zeugnis dazu dienen, die Stellensuche zu erleichtern. *Daher muss das Zeugnis unmittelbar nach der Kündigung ausgefertigt werden.* Bei fristloser Kündigung entsteht in der Regel auch ein sofortiger Anspruch auf ein Zeugnis, es sei denn, der Arbeitnehmer wäre treuebrüchig geworden. In diesem Fall steht ihm das Zeugnis nicht vor dem Zeitpunkt zu, in dem sein Arbeitsverhältnis bei regulärer Kündigungsfrist hätte gekündigt werden können.

27. Darf ein Zeugnis negative Aussagen enthalten?

Zwar soll das Zeugnis das Fortkommen des Arbeitnehmers nicht behindern, doch ist es keinesfalls gestattet, wahrheitswidrige wesentliche Tatsachen zu verschweigen, wie z. B. die Trunksucht des Fahrers, die Unehrlichkeit des Buchhalters (Grundsatz: *Wahrheit geht vor Wohlwollen*). Es müssen in einem Zeugnis alle Tatsachen aufgenommen werden, die für die Beurteilung des Arbeitnehmers von Bedeutung sind. Durch Weglassen sich wiederholender bestimmter negativer Umstände würde das Zeugnis dem Wahrheitsgrundsatz widersprechen. In höchstrichterlichen Urteilen ist diese Auffassung bestätigt worden und hat zu Schadensersatzansprüchen gegen den Aussteller geführt.

28. Was kann ein Arbeitnehmer tun, der mit seinem Zeugnis nicht einverstanden ist?

Er kann ein verbessertes Zeugnis anfordern oder notfalls arbeitsgerichtlich die Berichtigung seines Zeugnisses verlangen. Der Arbeitnehmer kann jedoch keine bestimmten Formulierungen verlangen, sofern diese nicht allgemein- oder branchenüblich sind. Er wird jedoch Anspruch auf die Formulierung „... zur ... Zufriedenheit“ (sog. Zeugniscodierung) haben, wenn derartige Aussagen fehlen.

1.1.5 Geltungsbereich und Rechtswirksamkeit von Tarifverträgen

01. Was sind autonome Rechtsquellen im Bereich des Arbeitsrechts?

Autonome Rechtsquellen im Bereich des Arbeitsrechts sind insbesondere *Tarifverträge* und *Betriebsvereinbarungen.*

02. Was versteht man unter Tarifverträgen?

Tarifverträge sind Verträge zwischen Arbeitgeberverbänden oder einzelnen Arbeitgebern einerseits und Gewerkschaften andererseits, die arbeitsrechtliche Normen enthalten (normativer Teil) und Rechte und Pflichten der Tarifparteien untereinander regeln (schuldrechtlicher oder obligatorischer Teil).

Tarifvertrag • Inhalte

Normativer Teil	**Schuldrechtlicher Teil**
- Inhaltsnormen - Abschlussnormen - Betriebsnormen - Betriebsverfassungsrechtliche Normen - Normen über gemeinsame Einrichtungen	- Friedenspflicht - Durchführungs- und Einwirkungspflicht

03. Was ist die Rechtsgrundlage des Tarifvertrages?

Rechtsgrundlage für Tarifverträge ist das Tarifvertragsgesetz von 1969. Der Tarifvertrag ist ein privatrechtlicher Vertrag, für den die allgemeinen Vorschriften des bürgerlichen Rechts zur Anwendung kommen.

04. Welche Funktionen erfüllt ein Tarifvertrag?

Ein Tarifvertrag erfüllt:

- eine *Schutzfunktion* des Arbeitnehmers gegenüber dem Arbeitgeber,
- eine *Ordnungsfunktion* durch Typisierung der Arbeitsverträge,
- die *Friedensfunktion*, denn der Tarifvertrag schließt während seiner Laufzeit Arbeitskämpfe und neue Forderungen hinsichtlich der in ihm geregelten Sachverhalte aus.

05. Wer kann Tarifverträge abschließen?

Tarifverträge können auf Arbeitnehmerseite nur die Gewerkschaften abschließen, auf Arbeitgeberseite dagegen sowohl Arbeitgeberverbände (als Verbandstarif) als auch jeder einzelne Arbeitgeber (als Firmen-, Werk- oder Haustarif). Darüber hinaus kommen als Tarifvertragsparteien die Spitzenorganisationen, d.h. die Zusammenschlüsse von Arbeitgeberverbänden oder von Gewerkschaften, in Betracht. Tariffähig sind ferner Handwerksinnungen und Innungsverbände.

06. Welche Formvorschriften müssen Tarifverträge erfüllen?

Der Tarifvertrag bedarf zu seiner Wirksamkeit einer von beiden Vertragsparteien eigenhändig unterschriebenen Vertragsurkunde. Abschluss, Änderung, Beendigung und Allgemeinverbindlichkeitserklärung werden in einem beim Bundesminister für Arbeit und Sozialordnung geführten *Tarifregister* eingetragen. Die Eintragung hat jedoch für die Wirksamkeit des Tarifvertrages keine Bedeutung. Die Tarifverträge können von jedermann kostenlos eingesehen werden. Von den Länderarbeitsministerien werden ebenfalls Tarifregister geführt.

07. Welche Regelungen kann der normative Teil eines Tarifvertrages enthalten?

- Normen über den Inhalt, den Abschluss und die Beendigung von Arbeitsverhältnissen;
- Normen über betriebliche und betriebsverfassungsrechtliche Fragen;
- Normen über gemeinsame Einrichtungen der Tarifvertragsparteien.

08. Welche Regelungen kann der schuldrechtliche Teil eines Tarifvertrages enthalten?

Der schuldrechtliche Teil eines Tarifvertrages begründet nur Rechte und Pflichten der Tarifvertragsparteien untereinander. Den Tarifvertragsparteien steht es grundsätzlich frei, beliebige Rechte und Pflichten gegeneinander zu begründen. Die wichtigsten sind: Abschluss, Durchführung und Beendigung des Tarifvertrages, Friedenspflicht, Schlichtungsabkommen, Einwirkungspflicht.

09. Wie wirken sich Tarifverträge auf einzelne Arbeitsverhältnisse aus?

Tarifverträge können gelten:

1. *kraft Organisationszugehörigkeit;* Tarifverträge werden von den Tarifvertragsparteien nur für ihre Mitglieder abgeschlossen,
2. *durch Allgemeinverbindlichkeit;* in diesem Fall gilt der Tarifvertrag unmittelbar und zwingend auch für solche Arbeitgeber und Arbeitnehmer, die nicht Mitglied einer Tarifvertragspartei sind,
3. *durch einzelvertragliche Vereinbarung;* die Anwendung eines Tarifvertrages kann auch auf bestimmte Teile beschränkt bleiben. Während also bei zwingender Anwendung eines Tarifvertrages infolge Organisationszugehörigkeit oder Allgemeinverbindlichkeit einzelvertragliche Regelungen nur noch getroffen werden können, wenn diese für den Arbeitnehmer günstiger sind oder der Tarifvertrag eine solche ungünstigere Regelung ausdrücklich gestattet, sind bei Fehlen dieser Voraussetzungen im Falle einzelvertraglicher Regelungen ungünstigere Lösungen möglich.

10. Unter welchen Voraussetzungen haben Tarifverträge eine unmittelbare und zwingende Wirkung?

Derartige Normen gelten für Arbeitsverhältnisse, wenn Arbeitgeber und Arbeitnehmer

1. tarifgebunden sind,
2. unter den räumlichen Geltungsbereich des Tarifvertrages,
3. unter den betrieblichen Geltungsbereich des Tarifvertrages,
4. unter den fachlichen Geltungsbereich eines Tarifvertrages fallen.

11. Wer ist tarifgebunden?

Tarifgebunden sind die Mitglieder der Tarifvertragsparteien und der Arbeitgeber, wenn er selbst Partei des Tarifvertrages ist.

12. Was bedeutet der räumliche Geltungsbereich?

Der räumliche Geltungsbereich kann sich auf einen bestimmten Bezirk oder ein Bundesland beschränken, er kann sich aber auch auf das ganze Bundesgebiet erstrecken.

13. Was bedeutet der betriebliche Geltungsbereich?

Der betriebliche Geltungsbereich ist in jedem Tarifvertrag bestimmt, indem festgelegt ist, für welche Betriebe er gelten soll. In der Regel erfasst ein Tarifvertrag die Betriebe eines ganzen Wirtschaftszweiges.

14. Was bedeutet der fachliche Geltungsbereich?

Der fachliche Bereich nimmt Bezug auf einen bestimmten Wirtschaftszweig und erfasst dort sämtliche Berufs- oder Tätigkeitsbereiche. Gilt z .B. in einem Betrieb ein Lohn- und Gehaltstarif für die metallverarbeitende Industrie, so fallen alle Betriebsangehörigen – z. B. auch die Küchen- und Reinigungskräfte – unter diesen Tarifvertrag.

15. Was bedeutet Allgemeinverbindlichkeit eines Tarifvertrages?

Zunächst gilt ein Tarifvertrag in seinem räumlichen, betrieblichen und fachlichen Geltungsbereich nur, wenn Arbeitgeber und Arbeitnehmer tarifgebunden sind. Der Bundesminister für Arbeit und Sozialordnung kann jedoch einen Tarifvertrag unter bestimmten Voraussetzungen für allgemein verbindlich erklären. Die Allgemeinverbindlichkeit bedeutet, dass der Tarifvertrag nunmehr in seinem räumlichen, betrieblichen und fachlichen Geltungsbereich für alle Arbeitnehmer gilt. Unerheblich ist, ob Arbeitgeber und Arbeitnehmer tarifgebunden sind.

16. Unter welchen Voraussetzungen kann eine Allgemeinverbindlichkeitserklärung eines Tarifvertrages vorgenommen werden?

- Es muss eine Tarifvertragspartei einen entsprechenden Antrag stellen.
- Die tarifgebundenen Arbeitgeber müssen mindestens die Hälfte der unter den Geltungsbereich des Tarifvertrages fallenden Arbeitnehmer beschäftigen.
- Die Allgemeinverbindlichkeit muss im öffentlichen Interesse geboten erscheinen.

1.1.6 Rechtliche Rahmenbedingungen von Arbeitskämpfen

01. Was ist ein Streik?

Ein Streik ist die gemeinsame und planmäßige Arbeitsniederlegung durch eine größere Anzahl von Arbeitnehmern mit dem Ziel, einen bestimmten Kampfzweck zu erreichen und nach Erreichung des Kampfzweckes die Arbeit wieder aufzunehmen. Der Streik muss zu einer ernsthaften Störung des Arbeitsprozesses führen.

02. Wann ist ein Streik rechtmäßig?

Der Streik ist ein legitimes Mittel der Arbeitnehmer zur Durchsetzung von Forderungen. Da ein Streik erhebliche Störungen des Arbeitsablaufs mit sich bringt, werden strenge Anforderungen an die *Rechtsmäßigkeit eines Streiks* gestellt. Diese sind:

- Der Streik muss *von einer Gewerkschaft* geführt werden, d. h. die Gewerkschaft muss den mit der Arbeitsniederlegung verbundenen Kampfzweck selbst erstreben und entweder den Streik von vornherein billigen oder ihn noch vor seiner Beendigung genehmigen.
- Der Streik muss sich *gegen einen Sozialpartner*, nämlich den Arbeitgeber oder den Arbeitgeberverband, richten, d. h. der Sozialpartner muss auch in der Lage sein, das Kampfziel des Streiks zu erfüllen, was etwa bei politischen Anlässen nicht erreichbar wäre.
- Mit dem Streik muss die *kollektive Regelung* von Arbeitsbedingungen erstrebt werden, d. h. es kann sich nicht um irgendwelche individuellen Fälle handeln.
- Der Streik darf *nicht gegen die Grundregeln* des Arbeitsrechts *verstoßen.*
- Der Streik darf nicht gegen das Prinzip der *fairen Kampfführung* verstoßen.
- Der Streik darf nur geführt werden, wenn die Gewerkschaft *alle Möglichkeiten* der friedlichen Einigung *ausgeschöpft* hat.

03. Wie ist die Rechtslage bei Beendigung des Streiks?

Ein Streik ist beendet, wenn die weitaus überwiegende Mehrzahl der streikenden Arbeitnehmer ihre Arbeit wieder aufnimmt. Erklärt die Gewerkschaft, die einen Streik durchführt, den Streik für beendet, sind alle streikenden Arbeitnehmer verpflichtet, ihre Arbeit wieder aufzunehmen. Nimmt ein Arbeitnehmer trotzdem die Arbeit nicht wieder auf, kann er wegen Arbeitsvertragsbruchs fristlos entlassen werden.

04. Was ist eine Aussperrung?

Die Aussperrung ist das Kampfmittel der Arbeitgeber gegen die Arbeitnehmer und Gewerkschaften. Unter Aussperrung versteht man den planmäßigen Ausschluss einer größeren Anzahl Arbeitnehmer von der Arbeit durch einen oder mehrere Arbeitgeber mit dem Ziel, einen bestimmten Kampfzweck zu erreichen und nach Erreichung des Kampfzweckes wieder die Arbeitnehmer zur Aufnahme der Arbeit aufzufordern bzw. über ihre Wiedereinstellung zu verhandeln. Die Aussperrung kann daher zur *Suspendierung des Arbeitsverhältnisses* oder zur *Auflösung des Arbeitsverhältnisses* führen.

05. Wann ist eine Aussperrung rechtmäßig?

An die Rechtmäßigkeit einer Aussperrung gelten die gleichen Voraussetzungen wie an die Rechtmäßigkeit eines Streiks. Im Einzelnen gilt:

- Die Aussperrung muss *von einem Arbeitgeber* vorgenommen werden;
- Die Aussperrung, die zwar die Arbeitnehmer unmittelbar trifft, muss sich letztlich *gegen eine Gewerkschaft* richten, die in der Lage sein muss, das Kampfziel der Aussperrung zu erfüllen;

- Mit der Aussperrung muss die *kollektive Regelung* von Arbeitsbedingungen erstrebt werden;
- Die Aussperrung darf *nicht gegen die Grundregeln des Arbeitsrechts* verstoßen;
- Die Aussperrung darf *nicht gegen das Prinzip der fairen Kampfführung* verstoßen;
- Die Aussperrung muss *das letzte Mittel* sein, um das erstrebte Kampfziel zu erreichen.

06. Was ist ein Boykott im Rahmen von Arbeitskämpfen?

Ein Boykott ist die Ablehnung von Vertragsabschlüssen mit der Gegenseite.

07. Was versteht man unter dem „Schlichtungsrecht"?

Die Schlichtung ist im Arbeitsrecht die Hilfeleistung zur Beendigung einer Gesamtstreitigkeit der Sozialpartner (z. B. Streik) durch Abschluss einer Gesamtvereinbarung (z. B. Tarifvertrag). Eine staatliche Zwangsschlichtung zur Beendigung von Arbeitskämpfen ist nach geltendem Recht unzulässig, weil sie gegen die in Art. 9 GG garantierte Tarifautonomie, d. h. die kollektive Selbstbestimmung der Tarifpartner, verstoßen würde.

08. Was versteht man unter der „Friedenspflicht"?

Die relative Friedenspflicht verpflichtet die Tarifvertragsparteien, während der Dauer eines Tarifvertrages arbeitsrechtliche Kampfmaßnahmen zur Aufhebung oder Änderung der vereinbarten Tarifnormen zu unterlassen und auf ihre Mitglieder einzuwirken, dass sie den Arbeitsfrieden wahren. Maßnahmen einer Tarifvertragspartei (z. B. Streiks), die dieser Pflicht widersprechen, sind rechtswidrig und verpflichten zum Schadensersatz, wenn dadurch dem Vertragspartner oder seinen Mitgliedern ein Schaden entsteht.

09. Was versteht man unter der „Durchführungspflicht"?

Die Durchführungspflicht verpflichtet die Tarifvertragsparteien, ihre Mitglieder zur Einhaltung der tariflichen Bestimmungen anzuhalten, insbesondere wenn Mitglieder gegen tarifliche Bestimmungen verstoßen. So sind z. B. unverzüglich mit In-Kraft-Treten eines neuen Tarifvertrages die aktuellen tarifvertraglichen Regelungen (z. B. höhere Löhne oder Gehälter) anzuwenden.

10. Welche Rechtsfolgen ergeben sich aus Arbeitskampfmaßnahmen?

Rechtmäßiger Streik/Aussperrung:	→	suspendierende Wirkung: Arbeitspflichten bzw. Lohnpflichten ruhen
Rechtmäßige Aussperrung mit lösender Wirkung:	→	Beendigung des Arbeitsverhältnisses
Rechtswidriger Streik:	→	Der Arbeitgeber hat das Recht auf Schadensersatz und Unterlassung gegen die Gewerkschaft oder die Streikteilnehmer; weiterhin besteht die Möglichkeit, ordentlich oder außerordentlich zu kündigen.
Rechtswidrige Aussperrung:	→	Der Arbeitgeber gerät in Annahmeverzug und muss den Lohn für die Zeit der Aussperrung zahlen (§ 615 BGB).

1.1.7 Bedeutung der Betriebsvereinbarung

01. Was ist eine Betriebsvereinbarung?

Die Betriebsvereinbarung ist ein schriftlicher Vertrag zwischen Arbeitgeber und Betriebsrat über generelle Regelungen der betrieblichen Arbeitsverhältnisse oder der betrieblichen Ordnung (§ 77 BetrVG). Der Vertrag ist von beiden Seiten zu unterzeichnen und vom Arbeitgeber an geeigneter Stelle auszulegen. Die Betriebsvereinbarung ist damit die bedeutendste und häufigste Form der Ausübung von Mitbestimmungsrechten. Sie ist sozusagen „der kleine Bruder des Tarifvertrages" auf der Betriebsebene. Eine Betriebsvereinbarung kann entweder durch freiwilligen Vertragsabschluss oder durch den Spruch der Einigungsstelle zu Stande kommen. Betriebsvereinbarungen über freiwillige Angelegenheiten (§ 88 BetrVG) wirken nicht nach (beispielsweise Vereinbarungen über freiwillige Leistungen des Arbeitgebers, u. a. freiwilliges Urlaubsgeld oder freiwillige Förderung der Vermögensbildung).

Nach Ablauf einer freiwilligen Betriebsvereinbarung haben die Arbeitnehmer keinen Anspruch mehr auf die im Vertrag geregelten Leistungen. Die Betriebsvereinbarung gilt zu Gunsten aller aktiven Arbeitnehmer eines Betriebes unmittelbar und zwingend – mit Ausnahme der leitenden Angestellten. Die Betriebsvereinbarung wirkt also als „Gesetz des Betriebes" auf die Arbeitsverhältnisse ein, ohne Bestandteil der Arbeitsverträge zu sein. Der Verzicht aus Ansprüchen aus einer Betriebsvereinbarung ist nur mit Zustimmung des Betriebsrates statthaft. Die Abweichung von Normen einer Betriebsvereinbarung ist einzelvertraglich nur zu Gunsten des Arbeitnehmers möglich. Die Durchführung der Betriebsvereinbarung liegt allein in der Hand des Arbeitgebers. Der Betriebsrat darf nicht durch einseitige Handlungen in die Leitung des Betriebes eingreifen.

Von einer erzwingbaren Betriebsvereinbarung wird dann gesprochen, wenn sie notfalls – ausgehend vom Arbeitgeber oder vom Betriebsrat – über die Einigungsstelle durchgesetzt werden kann. Beispiel: Eine Betriebsvereinbarung über die Lage der Pausen – nach § 87 BetrVG – kann vom Betriebsrat erzwungen werden, ohne dass sich der Arbeitgeber diesem Bestreben entziehen kann.

Bei einer freiwilligen Betriebsvereinbarung hat keine der beiden Seiten einen Rechtsanspruch auf den Abschluss einer Vereinbarung, § 88 BetrVG.

Die Betriebsvereinbarung endet wie jede andere Vereinbarung auch

- mit Ablauf der vereinbarten Zeit
  (z. B. von vornherein befristete Betriebsvereinbarungen),
- mit Zweckerreichung
  (z. B. Verlegung der Arbeitszeit im Rahmen eines Sonderprojektes),
- bei Kündigung der Vereinbarung
  (Hauptfall der Beendigung),
- durch Aufhebungsvertrag zwischen Arbeitgeber und Betriebsrat,
- durch endgültigen und dauernden Wegfall des Betriebsrates (z. B. weniger als fünf wahlberechtigte Arbeitnehmer),
- durch Stilllegung des Betriebes
  (mit Ausnahme von Betriebsvereinbarungen, die über die Stilllegung hinaus wirken; z. B. Interessenausgleich und Sozialplan),

- durch Abschluss einer neuen Betriebsvereinbarung über denselben Regelungstatbestand oder

- durch Abschluss eines Tarifvertrages über denselben Regelungstatbestand.

Die *Kündigung* kann von jeder Seite – soweit nichts anderes vereinbart wurde – mit einer *Frist von drei Monaten* erfolgen (§ 77 Abs. 5 BetrVG). Liegen besonders schwerwiegende Gründe vor, ist eine außerordentliche Kündigung möglich. Die *„Nachwirkung von Betriebsvereinbarungen" gilt nur* in den Angelegenheiten, in denen der Spruch der Einigungsstelle die Einigung zwischen Arbeitgeber und Betriebsrat ersetzt - also *in den Fällen erzwingbarer Mitbestimmung.*

1.2 Vorschriften des Betriebsverfassungsgesetzes

1.2.1 Rechte und Pflichten des Betriebsrates

01. Was ist der Grundgedanke des Betriebsverfassungsrechts?

Das Betriebsverfassungsgesetz regelt die Zusammenarbeit zwischen dem Arbeitgeber und der Belegschaft im Betrieb. Diese wird dabei durch den von ihr zu wählenden Betriebsrat repräsentiert. Arbeitgeber und Betriebsrat arbeiten unter Beachtung der geltenden Tarifverträge vertrauensvoll und im Zusammenwirken mit den im Betrieb vertretenen Gewerkschaften und Arbeitgebervereinigungen zum Wohl der Arbeitnehmer und des Betriebs zusammen.

02. Wer ist Arbeitnehmer im Sinne des Betriebsverfassungsgesetzes?

Arbeitnehmer im Sinne des Gesetzes sind Arbeiter und Angestellte einschließlich der zu ihrer Berufsausbildung Beschäftigten (§ 5 Abs. 1 BetrVG).

03. Wer ist leitender Angestellter?

Leitender Angestellter ist, wer nach Arbeitsvertrag und Stellung

1. zur selbstständigen Einstellung und Entlassung von im Betrieb beschäftigten Arbeitnehmern berechtigt ist, oder

2. Generalvollmacht oder Prokura hat und die Prokura auch im Verhältnis zum Arbeitgeber nicht unbedeutend ist, oder

3. regelmäßig sonstige Aufgaben wahrnimmt, die für den Bestand und die Entwicklung des Unternehmens oder eines Betriebs von Bedeutung sind und deren Erfüllung besondere Erfahrungen und Kenntnisse voraussetzen, wenn er dabei entweder die Entscheidungen im Wesentlichen frei von Weisungen trifft oder sie maßgeblich beeinflusst (§ 5 Abs. 3, 4 BetrVG).

04. Welche allgemeinen Aufgaben hat der Betriebsrat?

Der Betriebsrat hat:

- darüber zu wachen, dass die zu Gunsten der Arbeitnehmer geltenden Gesetze, Verordnungen, Unfallverhütungsvorschriften, Tarifverträge und Betriebsvereinbarungen durchgeführt werden;
- Maßnahmen, die dem Betrieb und der Belegschaft dienen, beim Arbeitgeber zu beantragen;
- Anregungen von Arbeitnehmern und der Jugend- und Auszubildendenvertretung und Auszubildenden entgegenzunehmen und, falls sie berechtigt erscheinen, durch Verhandlungen mit dem Arbeitgeber auf eine Erledigung hinzuwirken; er hat die betreffenden Arbeitnehmer über den Stand der Verhandlungen und das Ergebnis zu unterrichten;
- die Eingliederung Schwerbehinderter und sonstiger schutzbedürftiger Personen zu fördern;
- die Wahl einer Jugend- und Auszubildendenvertretung vorzubereiten und durchzuführen;
- die Beschäftigung älterer Arbeitnehmer im Betrieb zu fördern;
- die Eingliederung ausländischer Arbeitnehmer im Betrieb und das Verständnis zwischen ihnen und den deutschen Arbeitnehmern zu fördern (§ 80 BetrVG).

05. Welche Rechte hat der Betriebsrat nach dem Betriebsverfassungsgesetz?

Das Betriebsverfassungsgesetz regelt im Einzelnen *Mitwirkungs- und Mitbestimmungsrechte* der Arbeitnehmervertretung und legt Beteiligungsrechte des Betriebsrates in personellen, sozialen und wirtschaftlichen Bereichen fest.

06. Welche Beteiligungsrechte hat der Betriebsrat (Überblick)?

Vereinfacht lassen sich folgende Bereiche und Stufen der Beteiligung unterscheiden:

Beteiligungsrechte des Betriebsrates		
Mitwirkungsrechte (MWR)	Die Entscheidungsbefugnis des Arbeitgebers bleibt unberührt.	Informationsrecht
		Beratungsrecht
		Anhörungsrecht
		Vorschlagsrecht
Mitbestimmungsrechte (MBR)	Der Arbeitgeber kann eine Maßnahme nur im gemeinsamen Entscheidungsprozess mit dem Betriebsrat regeln.	Vetorecht
		Zustimmungsrecht
		Initiativrecht

Beteiligungsrechte des Betriebsrates im Überblick (§§ BetrVG)		
Beteiligung in ...	**Mitwirkung**	**Mitbestimmung**
Soziale Angelegenheiten	§ 89 Arbeits-/Umweltschutz	§ 87, z. B. Fragen der ... - Ordnung - Arbeitszeit - Urlaubsgrundsätze - Sozialeinrichtungen - Lohngestaltung

Personellen Angelegenheiten		§ 93 Interne Stellenausschreibung
		§ 94 Personalfragebogen
	§ 92 Personalplanung	§ 94 Beurteilungsgrundsätze
	§ 93 a Beschäftigungssicherung	§ 95 Auswahlrichtlinien
	§ 96 Förderung der Berufsbildung	§ 97 II Berufsbildung (Einführung)
	§ 97 I Einrichtungen der Berufsbildung	§ 98 I Berufsbildung (Durchführung)
	§ 105 Leitende	§ 98 II Bestellung von Ausbildern
		§ 99 Einstellung, Eingruppierung ...
		§ 102 Kündigung
		§ 103 Kündigung (Betriebsrat)
Wirtschaftliche Angelegenheiten	§ 106 Wirtschaftsausschuss	§ 112 Sozialplan
	§ 112 Interessenausgleich	§ 112 a Erzwingbarer Sozialplan
Arbeitsorganisatorische Angelegenheiten	§ 90 Unterrichtung/Beratung	§ 91 Mitbestimmung

07. Welche Mitbestimmungsrechte hat der Betriebsrat in sozialen Angelegenheiten?

Der Betriebsrat hat, soweit eine gesetzliche oder tarifliche Regelung nicht besteht, in folgenden Angelegenheiten *mitzubestimmen* (§ 87 BetrVG):

1. Fragen der Ordnung des Betriebs und des Verhaltens der Arbeitnehmer im Betrieb;
2. Beginn und Ende der täglichen Arbeitszeit einschließlich der Pausen sowie Verteilung der Arbeitszeit auf die einzelnen Wochentage;
3. vorübergehende Verkürzung oder Verlängerung der betriebsüblichen Arbeitszeit;
4. Zeit, Ort und Art der Auszahlung der Arbeitsentgelte;
5. Aufstellung allgemeiner Urlaubsgrundsätze und des Urlaubsplans für einzelne Arbeitnehmer, wenn zwischen dem Arbeitgeber und dem beteiligten Arbeitnehmer kein Einverständnis zu erzielen ist;
6. Einführung oder Anwendung von technischen Neuerungen, die dazu bestimmt sind, das Verhalten oder die Leistung der Arbeitnehmer zu überwachen;
7. Regelungen über die Verhütung von Arbeitsunfällen und Berufskrankheiten sowie über den Gesundheitsschutz;
8. Form, Ausgestaltung und Verwaltung von Sozialeinrichtungen;
9. Zuweisung und Kündigung von Wohnräumen, die im Hinblick auf das Arbeitsverhältnis vermietet wurden;
10. Fragen der betrieblichen Lohngestaltung, insbesondere die Aufstellung von Entlohnungsgrundsätzen und die Einführung und Anwendung von neuen Entlohnungsmethoden sowie deren Änderung;

11. Festsetzung der Akkord- und Prämiensätze und vergleichbarer leistungsbezogener Entgelte einschließlich der Geldfaktoren;

12. Grundsätze über das betriebliche Vorschlagswesen;

13. Grundsätze über die Durchführung von Gruppenarbeit.

08. Welche Beteiligungsrechte gelten bei personellen Einzelmaßnahmen?

In Betrieben mit in der Regel mehr als 20 wahlberechtigten Arbeitnehmern hat der Arbeitgeber den Betriebsrat vor jeder Einstellung, Eingruppierung, Umgruppierung und Versetzung *zu unterrichten*, ihm die erforderlichen Bewerbungsunterlagen vorzulegen und Auskunft über die Person der Beteiligten zu geben. Er hat dem Betriebsrat unter Vorlage der erforderlichen Unterlagen Auskunft über die Auswirkungen der geplanten Maßnahme zu geben und *die Zustimmung des Betriebsrats zu der geplanten Maßnahme* einzuholen. Bei Einstellungen und Versetzungen hat der Arbeitgeber insbesondere den in Aussicht genommenen Arbeitsplatz und die vorgesehene Eingruppierung mitzuteilen (§ 99 BetrVG).

09. Welche Aufgaben hat der Betriebsrat beim Arbeits- und betrieblichen Umweltschutz?

Der Betriebsrat hat *sich dafür einzusetzen*, dass die Vorschriften über den Arbeitsschutz und die Unfallverhütung im Betrieb sowie über den betrieblichen Umweltschutz *durchgeführt werden* (Hinweis: § 89 BetrVG wurde neu gefasst mit Wirkung vom 28.07.2001; bitte lesen!).

10. Welche Beteiligungsrechte bestehen im Hinblick auf die Gestaltung von Arbeitsplatz, Arbeitsablauf und Arbeitsumgebung?

Der Arbeitgeber hat den Betriebsrat über die Planung von:

a) Neu-, Um- und Erweiterungsbauten von Fabrikations-, Verwaltungs- und sonstigen betrieblichen Räumen,

b) technischen Anlagen,

c) Arbeitsverfahren und Arbeitsabläufe oder der Arbeitsplätze rechtzeitig unter Vorlage der erforderlichen Unterlagen *zu unterrichten*.

Der Arbeitgeber hat mit dem Betriebsrat die vorgesehenen Maßnahmen und ihre Auswirkungen auf die Arbeitnehmer, insbesondere auf die Art ihrer Arbeit sowie die sich daraus ergebenden Anforderungen an die Arbeitnehmer so rechtzeitig *zu beraten*, dass Vorschläge und Bedenken des Betriebsrats bei der Planung berücksichtigt werden können.

Werden die Arbeitnehmer durch Änderungen der Arbeitsplätze, des Arbeitsablaufs oder der Arbeitsumgebung, die den gesicherten Erkenntnissen über die menschengerechte Gestaltung der Arbeit offensichtlich widersprechen, in besonderer Weise belastet, *so kann der Betriebsrat* angemessene Maßnahmen zur Abwendung, Minderung oder zum Ausgleich der Belastung *verlangen* (§§ 90, 91 BetrVG).

11. Welche Vorschriften bestehen im Hinblick auf die Personalplanung?

Der Arbeitgeber hat den Betriebsrat über die Personalplanung, insbesondere über den gegenwärtigen und künftigen Personalbedarf sowie über die sich daraus ergebenden personellen Maßnahmen und Maßnahmen der Berufsbildung anhand von Unterlagen rechtzeitig und umfassend *zu unterrichten* (§ 92 BetrVG).

12. Welche Vorschriften bestehen im Hinblick auf die Ausschreibung von Arbeitsplätzen?

Der Betriebsrat *kann verlangen*, dass Arbeitsplätze, die besetzt werden sollen, allgemein oder für bestimmte Arten von Tätigkeiten vor ihrer Besetzung innerhalb des Betriebs ausgeschrieben werden (§ 93 BetrVG).

13. Welche Vorschriften bestehen im Hinblick auf Personalfragebogen und Beurteilungsgrundsätze?

Personalfragebogen bedürfen der *Zustimmung* des Betriebsrats. Dasselbe gilt für persönliche Angaben in schriftlichen Arbeitsverträgen, die allgemein im Betrieb verwendet werden sollen, sowie für die Aufstellung allgemeiner Beurteilungsgrundsätze (§ 94 BetrVG).

14. Welche Vorschriften gelten für Auswahlrichtlinien?

Richtlinien über die personelle Auswahl bei Einstellungen, Versetzungen, Umgruppierungen und Kündigungen bedürfen der *Zustimmung* des Betriebsrats. In Betrieben mit mehr als 500 Arbeitnehmern *kann* der Betriebsrat solche Richtlinien über die Beachtung fachlicher und persönlicher Voraussetzungen und sozialer Gesichtspunkte *verlangen*.

15. Welche besonderen Rechte hat der Betriebsrat in Fragen der Berufsbildung?

Der Betriebsrat hat darauf *zu achten*, dass den Arbeitnehmern unter Berücksichtigung der betrieblichen Notwendigkeiten die Teilnahme an betrieblichen oder außerbetrieblichen Maßnahmen der Berufsbildung ermöglicht wird; (neu eingefügt wurde die *Mitbestimmung* in den Fällen des § 97 Abs. 2 BetrVG; bitte lesen!).

Der Arbeitgeber hat mit dem Betriebsrat über die Einrichtung und Ausstattung betrieblicher Einrichtungen zur Berufsbildung, die Einführung betrieblicher Berufsbildungsmaßnahmen und die Teilnahme an außerbetrieblichen Berufsbildungsmaßnahmen *zu beraten*.

Der Betriebsrat hat bei der Durchführung betrieblicher Bildungsmaßnahmen *ein Mitbestimmungsrecht* (§ 98 Abs. 1 BetrVG). Er kann ferner der Bestellung einer mit der Durchführung der betrieblichen Berufsbildung beauftragten Person *widersprechen* oder ihre Abberufung *verlangen*, wenn diese die persönliche, fachliche oder berufs- und arbeitspädagogische Eignung nicht besitzt, oder ihre Aufgaben vernachlässigt (§ 98 Abs. 2 BetrVG). Außerdem hat der Betriebsrat ein *Initiativrecht* bei der Qualifizierung der Beschäftigten sowie ein *Mitbestimmungsrecht* bei der Durchführung von Gruppenarbeit (§ 92 a BetrVG).

16. Welche Grundsätze gelten für die Behandlung der Betriebsangehörigen?

Arbeitgeber und Betriebsrat haben darüber *zu wachen*, dass alle im Betrieb tätigen Personen nach den Grundsätzen von Recht und Billigkeit behandelt werden und dass jede unterschiedliche Behandlung unterbleibt. Sie haben ferner darauf *zu achten*, dass Arbeitnehmer nicht wegen Überschreitung bestimmter Altersstufen benachteiligt werden (§ 75 BetrVG).

17. Welche Rechte hat der einzelne Arbeitnehmer?

Das Betriebsverfassungsrecht gibt dem einzelnen Arbeitnehmer ein eigenes *Unterrichtungs-, Anhörungs- und Erörterungsrecht* in Angelegenheiten, die ihn und seinen Arbeitsplatz unmittelbar betreffen (§§ 81 - 86 a BetrVG).

Dazu gehören im Einzelnen:

1. Der Arbeitgeber hat den Arbeitnehmer über dessen Aufgabe und Verantwortung sowie über die Art seiner Tätigkeit und ihre Einordnung in den Arbeitsablauf des Betriebs *zu unterrichten*. Er hat ihn ferner vor Beginn der Beschäftigung auf die Unfall- und Gesundheitsgefahr bei seiner Beschäftigung hinzuweisen.
2. Der Arbeitnehmer ist über Veränderungen in seinem Arbeitsbereich rechtzeitig *zu unterrichten*.
3. Der Arbeitgeber hat den Arbeitnehmer über die aufgrund einer Planung von technischen Anlagen, von Arbeitsverfahren und Arbeitsabläufen oder der vorgesehenen Maßnahmen und ihre Auswirkungen auf seinen Arbeitsplatz, die Arbeitsumgebung sowie auf Inhalt und Art seiner Tätigkeit *zu unterrichten*.
4. Der Arbeitnehmer hat das Recht in betrieblichen Angelegenheiten, die seine Person betreffen, von den hierzu zuständigen Personen *gehört zu werden*.
5. Der Arbeitnehmer hat das Recht in die über ihn geführte *Personalakte Einsicht zu nehmen*. Er kann hierzu ein Mitglied des Betriebsrats hinzuziehen.
6. Jeder Arbeitnehmer hat nach § 86 a BetrVG das Recht, dem Betriebsrat Themen zur Beratung vorzuschlagen.

18. Welches Beschwerderecht steht dem Arbeitnehmer zu?

Jeder Arbeitnehmer hat das Recht sich bei den zuständigen Stellen des Betriebs *zu beschweren*, wenn er sich vom Arbeitgeber oder von Arbeitnehmern des Betriebes benachteiligt oder ungerecht behandelt oder in sonstiger Weise beeinträchtigt fühlt (§ 84 BetrVG).

19. Welche Änderungen enthält die Novellierung des Betriebsverfassungsgesetzes?

Der Bundestag hat am 5.7.2001 mehrheitlich folgende Änderungen beschlossen:

- Das *Wahlverfahren* wird entbürokratisiert: Die Trennung zwischen Arbeitern und Angestellten wird aufgehoben. In kleineren Betrieben (bis 50 Beschäftigte) ist es möglich, den Betriebsrat in einer Betriebsversammlung zu wählen.

- *Frauen* müssen entsprechend ihrem Anteil an der Belegschaft im Betriebsrat vertreten sein.
- *Beschäftigte von Fremdfirmen* (zum Beispiel Leiharbeitnehmer) sind stärker durch den Betriebsrat des Entleih-Betriebes vertreten.
- *Die Jugend- und Auszubildendenvertretungen* (JAVs) werden gestärkt:
  Das Wahlrecht wird einfacher, sie können Ausschüsse bilden, die Gesamt-Jugend- und Auszubildendenvertretung kann auch für Betriebe ohne JAV zuständig sein, und es ist die Möglichkeit gegeben, eine Konzern-Jugend- und Auszubildendenvertretung zu bilden.
- Schon *ab 200* Beschäftigten gibt es *freigestellte Betriebsratsmitglieder* (bisher: ab 300 Beschäftigten); Teilfreistellungen sind möglich.
- Der Betriebsrat soll leichter *moderne Informations- und Kommunikationstechniken* nutzen können.
- Der Betriebsrat hat *ein Initiativrecht (!) bei der Qualifizierung* der Beschäftigten.
- Bei der *Durchführung* von Gruppenarbeit kann der Betriebsrat *mitbestimmen* (!), nicht allerdings bei der *Einführung*.
- Bei Beschäftigungsförderung, Umweltschutz und Gleichstellung werden die Vorschlags- und Beratungsrechte des Betriebsrats verbessert.
- Der Betriebsrat erhält das Recht, bei befristeten Einstellungen die Zustimmung zu verweigern, falls der Arbeitgeber bei unbefristeten Einstellungen gleich geeignete befristete Beschäftigte nicht berücksichtigt.
- Sachkundige Arbeitnehmer können leichter in die Arbeit des Betriebsrats einbezogen werden. Der Betriebsrat kann auch *Mitbestimmungsrechte* an Arbeitsgruppen *delegieren*.
- Es ist künftig einfacher, Sachverständige einzuschalten; dies gilt nur bei Betriebsänderungen.
- Die Möglichkeiten des Betriebsrats, gegen Rassismus und Fremdenfeindlichkeit vorzugehen, wurden verbessert.

20. Was besagt das „Verbot der parteipolitischen Betätigung im Betrieb"?

Der Betriebsrat darf seine Stellung nicht zur Durchsetzung politischer oder gewerkschaftlicher Ziele missbrauchen. Alle Organe der Betriebsverfassung haben sich im Betrieb jeder parteipolitischen Betätigung zu enthalten (§ 74 Abs. 2 Satz 2 BetrVG).

21. Welche Rechte haben im Betrieb vertretene Gewerkschaften?

Eine Gewerkschaft ist bereits dann im Betrieb vertreten, wenn *ein Arbeitnehmer der Gewerkschaft angehört*. Das Betriebsverfassungsgesetz verlangt von den Betriebsverfassungsorganen, dem Arbeitgeber und seinen Vereinigungen sowie den im Betrieb vertretenen Gewerkschaften eine *vertrauensvolle Zusammenarbeit*.

Im Betrieb vertretene Gewerkschaften haben *folgende Rechte*:

- *Zutrittsrecht* zum Betrieb zur Wahrnehmung der Aufgaben und Interessen:

· Die Betriebsleitung muss (rechtzeitig) informiert werden, Zustimmung ist nicht erforderlich.
· Das Zutrittsrecht erstreckt sich auf den gesamten Betrieb und alle Arbeitnehmer.
· Es kann nur in Ausnahmefällen verwehrt werden (z. B. zwingende Sicherheitsvorschriften).

- *Recht zur Wahlwerbung* vor Betriebsratswahlen
- *Recht zur Mitgliederwerbung*
- *Initiativrecht zur Bildung von Betriebsräten*

22. Welche Gesetze regeln die Unternehmensverfassung?

- Das *Drittelbeteiligungsgesetz*,
- das *Bundespersonalvertretungsgesetz*,
- das *Montan-Mitbestimmungsgesetz*
  = Gesetz über die Mitbestimmung der Arbeitnehmer in den Aufsichtsräten und Vorständen der Unternehmen des Bergbaus und der Eisen- und Stahlerzeugenden Industrie,
- das *Mitbestimmungsergänzungsgesetz*
  = Gesetz zur Änderung des Gesetzes über die Mitbestimmung der Arbeitnehmer in den Aufsichtsräten und Vorständen der Unternehmen des Bergbaus und der Eisen- und Stahlerzeugenden Industrie,
- das *Mitbestimmungsgesetz*
  = Gesetz über die Mitbestimmung der Arbeitnehmer; gilt für Unternehmen außerhalb des Montanbereiches mit mehr als 2.000 Arbeitnehmern,
- das *Gesetz über Sprecherausschüsse der leitenden Angestellten.*

23. In welchen Punkten unterscheiden sich die einzelnen Mitbestimmungssysteme?

Aus historischen Gründen existieren in Deutschland mehrere Mitbestimmungssysteme auf Unternehmensebene nebeneinander, die sich in folgenden Punkten unterscheiden:

- Geltungsbereich des Gesetzes
- Verteilung der Aufsichtsratsmandate (Anteilseigner/Arbeitnehmervertretung)
- Wahlverfahren zum Aufsichtsrat
- Wahl des Arbeitsdirektors

Mitbestimmung auf Unternehmensebene				
Gesetz	*von ...*	*gilt für ...*	*Aufsichtsrat*	*Vorstand*
Montan-Mitbestimmungsgesetz	1951	AG, GmbH im Montansektor	**Paritätische Besetzung + 1 * neutrales Mitglied:** - 10 = 5 + 5 + 1* - 15 = 7 + 7 + 1* - 21 = 10 + 10 + 1*	**Arbeitsdirektor** ist vorgeschrieben.

Montan-Mitbestimmungs-ergänzungsgesetz	1956	**Für** alle Gesellschaften, die selbst keine Montanunternehmen sind, aber einen Montankonzern beherrschen (sog. **Obergesellschaften von Montanunternehmen) gilt die Montan-Mitbestimmung.**		
Mitbestimmungs-gesetz	1976	AG, GmbH, KGaA, Genossenschaften mit > 2.000 AN	**Paritätische Besetzung:** - bis 10.000 AN: 6 + 6* - bis 20.000 AN: 8 + 8* - > 20.000 AN: 10 + 10** * 2 Gewerkschaftsvertreter ** 3 Gewerkschaftsvertreter	**Arbeitsdirektor** ist vorgeschrieben (nicht bei KGaA).
Drittelbeteiligungs-gesetz	2004	AG, GmbH, KGaA, Genossenschaften mit > 500 AN	**1/3-Vertretung** der Arbeitnehmer im Aufsichtsrat	–

24. Was ist das Ziel der Regelungen zur Unternehmensverfassung?

Mithilfe der gesetzlichen Regelungen der Unternehmensmitbestimmung soll den Arbeitnehmern eine Beteiligungsform an wichtigen unternehmerischen Planungen und Entscheidungen gesichert werden.

25. Welche Regelungen enthält das Montan-Mitbestimmungsgesetz?

Das Gesetz über die Mitbestimmung der Arbeitnehmer in den Aufsichtsräten und Vorständen der Unternehmen des Bergbaus und der Eisen- und Stahlerzeugenden Industrie vom 21. Mai 1951 (zuletzt geändert durch Gesetz vom 23.07.2001) sieht für diesen Bereich eine *paritätische Mitbestimmung* der Arbeitnehmer vor. Der dem Vorstand angehörende Arbeitsdirektor kann nicht gegen die Mehrheit der Arbeitnehmervertreter im Aufsichtsrat bestellt oder abberufen werden. Die paritätische Mitbestimmung erstreckt sich auf die Aufsichtsräte. Das Gesetz gilt für Unternehmen, die in der Rechtsform einer AG, einer GmbH oder einer Bergrechtlichen Gewerkschaft betrieben werden und in der Regel mehr als eintausend Arbeitnehmer beschäftigen. Die Aufsichtsräte der vom Montan-Mitbestimmungsgesetz erfassten Unternehmen bestehen aus 11 Mitgliedern, die bei größeren Unternehmen auf 15 oder 21 erhöht werden können. Bei einem Aufsichtsrat aus *11 Mitgliedern* sind je *5 Mitglieder von der Seite der Anteilseigner und von der Arbeitnehmerseite zu benennen*; 2 Arbeitnehmervertreter müssen Mitarbeiter des Unternehmens sein.

26. Welche Regelung enthält das Mitbestimmungsergänzungsgesetz?

Das Gesetz erfasst solche Unternehmen, die selbst nicht der Montanmitbestimmung unterliegen, die aber an der Spitze eines Konzerns stehen, dem auch montan-mitbestimmte Unternehmen angehören. Voraussetzung ist ferner, dass der Zweck des Konzerns durch den Anteil der montan-mitbestimmten Konzernunternehmen an der Wertschöpfung des Konzerns geprägt ist. Für solche Konzerne ist eine dem Montan-Mitbestimmungsgesetz entsprechende paritätische Mitbestimmung einzuführen.

27. Welche Regelungen enthält das Mitbestimmungsgesetz?

Das Gesetz über die Mitbestimmung der Arbeitnehmer vom 4. Mai 1976 führt für Unternehmen und Konzerne außerhalb des Montanbereiches und mit mehr als 2.000 Arbeitnehmern in der Rechtsform einer AG, KG auf Aktien, GmbH, Bergrechtlichen Gewerkschaft, Erwerbs- oder Wirtschaftsgenossenschaft eine gegenüber der Regelung des Betriebsverfassungsgesetzes erweiterte Mitbestimmung ein. Sie ist gekennzeichnet durch eine Besetzung der Aufsichtsräte mit der gleichen Zahl von Vertretern der Anteilseigner und der Arbeitnehmer, durch ein Übergewicht der Anteilseigner im Konfliktfall im Aufsichtsrat und durch Zuordnung eines leitenden Angestellten zur Arbeitnehmerseite im Aufsichtsrat. Für Unternehmen und Konzerne mit weniger als 2.000 Arbeitnehmern verbleibt es bei der Ein-Drittel-Beteiligung.

28. Welchen Inhalt hat das Drittelbeteiligungsgesetz?

Das Betriebsverfassungsgesetz von 1952 wurde durch das Drittelbeteiligungsgesetz (DrittelbG) ersetzt. Es bestimmt, dass *der Aufsichtsrat zu einem Drittel aus Arbeitnehmervertretern bestehen muss.* Das Gesetz gilt für folgenden Unternehmen: Aktiengesellschaften, Kommanditgesellschaften auf Aktien, Gesellschaften mit beschränkter Haftung, Versicherungsvereine auf Gegenseitigkeit sowie Erwerbs- und Wirtschaftsgenossen-schaften *mit in der Regel mehr als 500 Arbeitnehmern.*

1.2.2 Aufgaben und Stellung des Betriebsrates und das Wahlverfahren

01. Welche allgemeinen Aufgaben hat der Betriebsrat?

Der Betriebsrat hat

- darüber zu wachen, dass die geltenden Gesetze, Verordnungen usw. eingehalten werden,
- Maßnahmen zu beantragen, die dem Betrieb und der Belegschaft dienen,
- die Gleichberechtigung von Frauen und Männern zu fordern (spezielle Ergänzung seit September 1994; vgl. § 80 Abs. 2 a, 2 b BetrVG; bitte lesen!),
- Anregungen der Arbeitnehmer und der Jugend- und Auszubildendenvertretung entgegenzunehmen,
- die Eingliederung von Schwerbehinderten zu fördern,
- die Wahl der Jugend- und Auszubildendenvertretung vorzubereiten,
- die Beschäftigung älterer Arbeitnehmer sowie die Eingliederung ausländischer Arbeitnehmer zu fördern.

02. Was sind Betriebsverfassungsorgane?

Die Betriebsverfassungsorgane vertreten die verschiedenen Belegschaftsgruppen:

- Betriebsrat,
- Gesamtbetriebsrat,
- ggf. Konzernbetriebsrat,
- Jugend- und Auszubildendenvertretung,

- Schwerbehindertenvertretung,
- Sprecherausschuss für Leitende.

03. Unter welchen Voraussetzungen können Betriebsräte gewählt werden?

In Betrieben mit in der Regel mindestens fünf ständig wahlberechtigten Arbeitnehmern, von denen drei wählbar sind, werden Betriebsräte gewählt (§ 1 BetrVG).

04. Wer ist wahlberechtigt und wer ist wählbar?

Wahlberechtigt sind alle Arbeitnehmer, die das 18. Lebensjahr vollendet haben. *Wählbar* sind alle Wahlberechtigten, die dem Betrieb sechs Monate angehören (§ 7 BetrVG).

05. Wie setzt sich der Betriebsrat zahlenmäßig zusammen?

Der Betriebsrat besteht nach § 9 BetrVG in Betrieben mit in der Regel 5 - 20 wahlberechtigten Arbeitnehmern aus einer Person, bei 21 - 50 wahlberechtigten Arbeitnehmern aus 3 Mitgliedern, bei 51 - 100 aus 5 Mitgliedern und steigt bei einer Beschäftigtenzahl von 7.001 bis 9.000 Arbeitnehmern auf 35 Mitglieder. Diese Zahl erhöht sich je angefangene weitere 3.000 Arbeitnehmer um 2 Mitglieder.

06. Wie lange dauert die Amtszeit des Betriebsrates?

Die Amtszeit des Betriebsrats dauert *vier Jahre.*

07. Wann finden Betriebsratswahlen statt?

Die regelmäßigen Betriebsratswahlen finden alle vier Jahre in der Zeit vom 1. März bis 31. Ma statt (§ 13 BetrVG).

08. Welche Grundsätze gelten für die Zusammenarbeit zwischen Arbeitgeber und Betriebsrat?

Arbeitgeber und Betriebsrat sollen mindestens einmal im Monat zu einer Besprechung zusammentreten. Sie haben über strittige Fragen mit dem ernsten Willen zur Einigung zu verhandeln und Vorschläge für die Beilegung von Meinungsverschiedenheiten zu machen. Es gilt generell der Grundsatz der vertrauensvollen Zusammenarbeit (§ 74 BetrVG).

09. Welche Geheimhaltungspflicht besteht für Mitglieder des Betriebsrates?

Die Mitglieder und Ersatzmitglieder des Betriebsrats sind verpflichtet, Betriebs- oder Geschäftsgeheimnisse, die ihnen wegen ihrer Zugehörigkeit zum Betriebsrat bekannt geworden und die vom Arbeitgeber ausdrücklich als geheimhaltungsbedürftig bezeichnet worden sind, nicht zu offenbaren und nicht zu verwerten (§ 79 BetrVG).

10. Wie führen die Betriebsräte ihre Tätigkeit aus?

Die Mitglieder des Betriebsrats führen ihr Amt unentgeltlich als Ehrenamt. Mitglieder des Betriebsrats sind von ihrer beruflichen Tätigkeit ohne Minderung des Arbeitsentgelts zu befreien, sofern dies zur ordnungsgemäßen Durchführung ihrer Aufgaben erforderlich ist (§ 37 BetrVG).

11. Darf der Betriebsrat Sprechstunden abhalten?

Der Betriebsrat kann während der Arbeitszeit Sprechstunden einrichten. Ort und Zeit sind mit dem Arbeitgeber zu vereinbaren (§ 39 BetrVG).

12. Wer trägt die Kosten des Betriebsrats?

Der Arbeitgeber trägt die Kosten für die Tätigkeit des Betriebsrats (§ 40 BetrVG).

13. Wann können betriebliche Jugend- und Auszubildendenvertretungen gebildet werden und was ist deren Aufgabe?

In Betrieben mit in der Regel mindestens fünf Arbeitnehmern, die das 18. Lebensjahr noch nicht vollendet haben oder die zu ihrer Berufsausbildung beschäftigt sind und das 25. Lebensjahr noch nicht vollendet haben, werden Jugend- und Auszubildendenvertretungen gewählt. Wählbar sind alle Arbeitnehmer, die das 25. Lebensjahr noch nicht vollendet haben.

Aufgabe der Jugend- und Auszubildendenvertretungen ist es, Maßnahmen, die den jugendlichen Arbeitnehmern oder den Auszubildenden dienen und insbesondere Fragen der Berufsbildung, beim Betriebsrat zu beantragen und darüber zu wachen, dass die für den Personenkreis geltenden Gesetze, Verordnungen, Unfallverhütungsvorschriften, Tarifverträge und Betriebsvereinbarungen durchgeführt werden (§ 70 BetrVG).

14. In welchen Zeiträumen sind Betriebsversammlungen vorgesehen?

Der Betriebsrat hat *einmal in jedem Kalendervierteljahr* eine Betriebsversammlung einzuberufen und in ihr einen Tätigkeitsbericht zu erstatten (§ 43 BetrVG).

15. Was ist die Aufgabe der Betriebsversammlung?

Die Betriebsversammlung ist *eine nicht öffentliche Versammlung der Arbeitnehmer* des Betriebs, die von dem Betriebsratsvorsitzenden geleitet wird. Außer den Arbeitnehmern des Betriebs können auch Beauftragte der im Betrieb vertretenen Gewerkschaften an allen Betriebsversammlungen teilnehmen. In der Betriebsversammlung dürfen alle Fragen und Angelegenheiten behandelt werden, die den Betrieb oder seine Arbeitnehmer berühren.

16. Wann ist ein Wirtschaftsausschuss zu bilden?

In allen Unternehmen mit in der Regel mehr als einhundert ständig beschäftigten Arbeitnehmern ist ein Wirtschaftsausschuss zu bilden (§ 106 BetrVG).

17. Was ist die Aufgabe des Wirtschaftsausschusses?

Der Wirtschaftsausschuss hat die Aufgabe, wirtschaftliche Angelegenheiten mit dem Arbeitgeber zu beraten und den Betriebsrat zu unterrichten. Die Unterrichtungspflicht erstreckt sich auf alle wirtschaftlichen Probleme und erfordert die Beifügung aller erforderlichen Unterlagen sowie die Darstellung der Auswirkungen auf die Personalplanung, soweit sich nicht eine Gefährdung des Betriebs- oder Geschäftsgeheimnisses ergibt (§ 106 ff. BetrVG).

18. Welche Angelegenheiten sind vom Wirtschaftsausschuss zu beraten?

1. Die wirtschaftliche und finanzielle Lage des Unternehmens;
2. die Produktions- und Absatzlage;
3. das Produktions- und Investitionsprogramm;
4. Rationalisierungsvorhaben;
5. Fabrikations- und Arbeitsmethoden, insbesondere die Einführung neuer Arbeitsmethoden;
6. die Einschränkung oder Stilllegung von Betrieben oder Betriebsteilen;
7. der Zusammenschluss von Betrieben;
8. die Verlegung von Betrieben oder Betriebsteilen;
9. die Änderung der Betriebsorganisation oder des Betriebszwecks sowie
10. sonstige Vorgänge und Vorhaben, welche die Interessen der Arbeitnehmer des Unternehmens wesentlich berühren können (§ 106 BetrVG).

19. Wie oft tagt der Wirtschaftsausschuss und wie setzt er sich zusammen?

Der Wirtschaftsausschuss soll monatlich einmal zusammentreten. Er besteht aus *mindestens drei und höchstens sieben Mitgliedern*, die dem Unternehmen angehören müssen, darunter mindestens einem Betriebsratsmitglied. Die Mitglieder des Wirtschaftsausschusses werden vom Betriebsrat für die Dauer seiner Amtszeit bestimmt.

1.2.3 Grundlagen der Arbeitsgerichtsbarkeit

01. Für welchen Aufgabenbereich sind die Arbeitsgerichte zuständig?

Nach der Gerichtsverfassung hat jedes Gericht eine bestimmte Funktion zugewiesen bekommen. Nur innerhalb dieses Aufgabenbereichs kann es angerufen und tätig werden. Die Gerichte für Arbeitssachen sind aus der ordentlichen Gerichtsbarkeit ausgegliedert und tragen mit ihrer sachlichen und ausschließlichen Rechtsentwicklung in der Herausbildung des Sonderrechts für die Arbeitnehmer Rechnung.

02. Für welche Sachverhalte sind die Arbeitsgerichte zuständig?

Gemäß § 2 ArbGG gehören u. a. zur Zuständigkeit der Arbeitsgerichte:

a) bürgerliche Rechtsstreitigkeiten zwischen Tarifvertragsparteien über tarifrechtliche Fragen;

b) bürgerliche Rechtsstreitigkeiten zwischen Arbeitnehmern und Arbeitgebern aus dem Arbeitsverhältnis;

c) bürgerliche Rechtsstreitigkeiten zwischen Arbeitnehmern aus gemeinsamer Arbeit aus unerlaubten Handlungen, soweit diese mit dem Arbeitsverhältnis im Zusammenhang stehen;

d) die Tariffähigkeit von Vereinigungen.

03. Welche Vorschriften gelten für Verfahren vor Arbeitsgerichten?

Es gelten für das Verfahren vor Arbeitsgerichten grundsätzlich die Vorschriften der Zivilprozessordnung über das Verfahren vor Amtsgerichten.

Daneben bestehen folgende Besonderheiten:
Die mündliche Verhandlung beginnt mit einer *Güteverhandlung* vor dem Vorsitzenden allein. An die Stelle der Güteverhandlung tritt bei Streitigkeiten zwischen Ausbildenden und Auszubildenden aus einem bestehenden Ausbildungsverhältnis die Verhandlung vor einem *Schlichtungsausschuss der zuständigen Stelle* (z. B. IHK). Führt die Güteverhandlung bzw. die Schlichtungsverhandlung zu keiner Einigung, so wird der Rechtsstreit vor der Kammer des Arbeitsgerichts weiterverhandelt.

04. Was sind typische Streitfälle, die vor Arbeitsgerichten verhandelt werden?

• *Ansprüche des Arbeitnehmers* auf:
  - den Arbeitsverdienst oder auf Zulagen,
  - Erteilung eines Zeugnisses,
  - Aushändigung der Arbeitspapiere.

• *Ansprüche des Arbeitgebers* auf:
  - Rückzahlung zu viel gezahlten Lohns,
  - Herausgabe von Geräten und Werkzeugen,
  - Zahlung von Vertragsstrafen,
  - Schadensersatz.

• *Streitigkeiten zwischen Arbeitgeber und Arbeitnehmer*:
  - über das Bestehen oder Nichtbestehen eines Arbeitsverhältnisses,
  - aus Vorverhandlungen über den Abschluss eines Arbeitsverhältnisses,
  - aus den Nachwirkungen eines Arbeitsverhältnisses,
  - über die Zahlung von Altersruhegeld,
  - in Verbindung mit Wettbewerbsklauseln.

05. Wie ist die Zuständigkeit der verschiedenen Instanzen geregelt?

• *Arbeitsgericht* = 1. Instanz
  Der Bezirk deckt sich oft mit dem Arbeitsamtsbezirk, jedoch gelegentlich auch mit dem Amtsgerichtsbezirk.

- *Landesarbeitsgericht* = 2. Instanz
  Der Bezirk deckt sich mit den Ländergrenzen.
- *Bundesarbeitsgericht*
  Es hat die Zuständigkeit für das gesamte Bundesgebiet. Der Sitz ist Erfurt.

06. Welche Regelungen gelten für die 1. Instanz?

Die Arbeitsgerichte sind in erster Instanz allein zuständig für alle Arbeitssachen ohne Rücksicht auf den Streitwert und die Natur der Streitigkeiten.

Jede Kammer des Arbeitsgerichts ist mit einem Vorsitzenden und zwei Arbeitsrichtern besetzt. Der Vorsitzende ist Berufsrichter, während die Arbeitsrichter als Laienrichter aus Kreisen der Arbeitgeber und Arbeitnehmer bestimmt werden.

07. Welche Regelungen gelten für die 2. Instanz?

Die Landesarbeitsgerichte sind zuständig für Berufungen gegen Urteile der Arbeitsgerichte sowie Beschwerden gegen Beschlüsse der Arbeitsgerichte.

Jede Kammer des Landesarbeitsgerichts ist mit einem Vorsitzenden und zwei Landesarbeitsrichtern besetzt. Der Vorsitzende ist Berufsrichter. Die beiden Landesarbeitsrichter sind Laienrichter und werden aus Kreisen der Arbeitnehmer und Arbeitgeber bestimmt.

08. Wann ist eine Berufung zulässig?

Die Berufung ist u.a. zulässig, wenn der vom Arbeitsgericht festgesetzte Streitwert den Betrag von 600 € übersteigt oder die Berufung wegen der grundsätzlichen Bedeutung der Rechtssache durch das Arbeitsgericht zugelassen worden ist. Die Berufungsfrist und die Frist für die Berufungsbegründung betragen je einen Monat (§§ 64 ff. ArbGG).

09. Welche Regelungen gelten für die 3. Instanz?

Das Bundesarbeitsgericht behandelt in erster Linie Revisionen gegen Urteile der Landesarbeitsgerichte. Die Revision ist zulässig, wenn sie entweder durch das Landesarbeitsgericht oder durch das Bundesarbeitsgericht zugelassen worden ist.

Das Landesarbeitsgericht hat die Revision zuzulassen, wenn

- die Rechtssache grundsätzliche Bedeutung hat oder
- ein Fall der sog. Divergenz vorliegt.

Die Frist zur Einlegung der Revision beträgt einen Monat, die Frist einer Begründung der Revision einen weiteren Monat, wobei eine nochmalige Verlängerung der Begründungsfrist um einen weiteren Monat möglich ist.

Jeder Senat ist besetzt mit einem Vorsitzenden (Berufsrichter), zwei berufsrichterlichen Beisitzern und je einem ehrenamtlichen Richter aus den Kreisen der Arbeitnehmer und der Arbeitgeber.

Der Große Senat entscheidet, wenn ein Senat in einer Rechtsfrage von der Entscheidung eines anderen Senats oder des Großen Senats abweichen will.

10. Was versteht man unter einer Sprungrevision?

Sprungrevision bedeutet Einlegung der Revision beim Bundesarbeitsgericht gegen ein Urteil des Arbeitsgerichts unter Übergehung des Landesarbeitsgerichts. Diese Möglichkeit ist nur unter bestimmten Voraussetzungen gegeben (§ 76 ArbGG).

11. Wie kann eine Klage beim Arbeitsgericht erhoben werden?

Eine Klage beim Arbeitsgericht kann *in Schriftform* durch Zustellung erhoben oder bei der Geschäftsstelle des Arbeitsgerichts *mündlich zu Protokoll* gegeben oder auch an ordentlichen Gerichtstagen unmittelbar *durch mündlichen Vortrag* erhoben werden.

12. Welchen Inhalt muss eine Klageschrift haben?

Der Inhalt einer Klageschrift muss die nachstehenden Bestandteile enthalten (vgl. auch 1.1.4/ Frage 14):

- die Bezeichnung der Parteien und des Gerichts,
- die bestimmte Angabe des Gegenstands und den Grund der Klage,
- einen bestimmten Antrag.

13. Welche Klagearten werden unterschieden?

Man unterscheidet:

a) *Leistungsklagen*, bei der die Verurteilung des Gegners zu einer Leistung angestrebt wird (z.B. Lohnzahlung),

b) *Feststellungsklagen*, bei der es um die Feststellung eines Rechtsverhältnisses geht (z. B. Feststellung, dass das Arbeitsverhältnis durch eine Kündigung nicht aufgehoben wurde).

14. Wie wird bei Einreichung der Klage verfahren?

a) Es erfolgt die Einreichung der Klageschrift beim Arbeitsgericht;

b) der Vorsitzende setzt einen Termin fest;

c) die Klageschrift wird dem Beklagten zugestellt.

15. Wie ist der Ablauf einer Güteverhandlung?

Der Vorsitzende hat zum Zweck der mündlichen Verhandlung *zuerst eine Güteverhandlung* abzuhalten. In der Güteverhandlung sollen sich die Parteien gütlich einigen; dabei soll der Vorsitzende mit den Parteien unter freier Würdigung aller Umstände den Rechtsstreit erörtern. Er kann zur Aufklärung des Sachverhalts alle Handlungen vornehmen, die sofort erfolgen können.

16. Was kann das Ergebnis einer Güteverhandlung sein?

a) Die Parteien einigen sich; es wird ein *Vergleich* abgeschlossen, der den Rechtsstreit beendet;

b) die Parteien einigen sich darauf, *dass der Vorsitzende ohne Beisitzer* entscheidet.

Die Entscheidung des Rechtsstreits *durch den Vorsitzenden allein* ist nur dann zulässig, wenn das Urteil ohne streitige Verhandlung aufgrund

- eines Versäumnisses,
- eines Anerkenntnisses,
- einer Zurücknahme der Klage,
- eines Verzichts einer Partei

ergeht oder wenn die Entscheidung in der an die Güteverhandlung sich anschließenden Verhandlung erfolgen kann und wenn die Parteien diese Entscheidung durch den Vorsitzenden allein übereinstimmend beantragen und wenn ferner dieser Antrag in die Verhandlungsniederschrift aufgenommen worden ist.

17. Wie verläuft eine streitige Verhandlung?

Der Kläger trägt seinen bereits in der Klageschrift enthaltenen *Antrag* nochmals vor und beantragt die entsprechende Verurteilung des Gegners. Der Beklagte gibt seine *Einwendungen* gegen die Klageforderungen bekannt und beantragt erfahrungsgemäß die Abweisung der Forderungen des Gegners. Danach zieht sich das Gericht, wenn es zuvor evtl. noch *Zeugen* vernommen und sonstige Einwendungen geprüft hat, zur Beratung zurück und formuliert die zu treffende Entscheidung und gibt anschließend das Urteil bekannt.

18. Welche Sachverhalte werden im Urteil genannt?

Im Urteil und in der Urteilsbegründung wird all das, was das Gericht aufgrund der Verhandlung als erwiesen ansieht, deutlich. Das Urteil kann ein *Endurteil* sein, wenn über die ganze Klage entschieden ist, oder ein *Teilurteil*, wenn nur ein Teil des Rechtsstreits erledigt wird. Im letzteren Fall ist bei der Streitwertfestsetzung nur derjenige Teil des Anspruchs zu Grunde zu legen, der durch das Urteil erledigt ist und nicht der ganze Anspruch. Im Übrigen ist der Wert mehrerer Ansprüche zusammenzurechnen, wenn sie gemeinsam eingeklagt werden, und es ist ein Gesamtstreitwert festzusetzen.

Im Einzelnen enthält das Urteil folgende Angaben:

- die Entscheidung über den streitigen Anspruch,
- die Festsetzung der Kosten,
- den Streitwert,
- die Festsetzung einer Entschädigung für den Fall der Missachtung des Urteils,
- die Entscheidung über die Zulassung der Berufung.

Das Urteil muss die Rechtslage zutreffend wiedergeben und ist von Amts wegen zuzustellen. Das Urteil des Arbeitsgerichts ist im Gegensatz zu den Urteilen der Amtsgerichte ohne weiteres vollstreckbar.

1.2.4 Grundzüge der Sozialgerichtsbarkeit

01. Wie ist die Sozialgerichtsbarkeit geregelt?

Das Sozialgerichtsverfahren ist ein besonderes *Verwaltungsgerichtsverfahren.* Die Sozialgerichte werden tätig in Angelegenheiten der Sozialversicherung, ferner in der Kriegsopferversorgung, der Soldatenversorgung, im Bundesgrenzschutz, Zivildienst, bei Impfschäden, der Häftlingshilfe sowie beim Kindergeld.

Die Klagen werden von Versicherten, Arbeitgebern oder Versicherungsträgern eingereicht, wenn sie Ansprüche auf Sozialleistungen durchsetzen oder Verwaltungsakte der Behörden anfechten wollen. Den Sozialgerichtsverfahren geht ein *außergerichtliches Vorverfahren* (*Widerspruchsverfahren*) voraus, um die Rechtmäßigkeit und Zweckmäßigkeit der Entscheidung des jeweiligen Sozialversicherungsträgers zu überprüfen. Die Sozialversicherungsträger treffen ihre Entscheidungen durch einen Verwaltungsakt, der im Widerspruchsverfahren vor der Inanspruchnahme der Sozial- oder Verwaltungsgerichte überprüft wird.

02. Wie ist die Sozialgerichtsbarkeit aufgebaut?

- *Sozialgerichte* als erste Instanz.
  Sie sind besetzt mit einem Berufsrichter und zwei ehrenamtlichen Richtern.

- *Landessozialgerichte* als Berufungsinstanz.
  Sie sind mit drei Berufsrichtern und mit zwei ehrenamtlichen Richtern besetzt.

- Das *Bundessozialgericht* in Kassel als Revisionsinstanz.
  Es ist mit drei Berufsrichtern und zwei ehrenamtlichen Richtern besetzt.

03. Welche Besonderheiten bestehen beim Aufbau der Sozial- und Landessozialgerichte?

Die ehrenamtlichen Richter werden von der Landesregierung aufgrund von Vorschlagslisten der Gewerkschaften und der Arbeitgeberverbände, der Kassenärztlichen Vereinigungen und von den Zusammenschlüssen der Krankenkassen berufen. In den Kammern für Angelegenheiten der Sozialversicherung werden je ein ehrenamtlicher Richter aus dem Kreis der Versicherten und der Arbeitgeber beteiligt, in den Kammern für Angelegenheiten des Kassenarztrechts wirkt je ein ehrenamtlicher Richter aus den Kreisen der Krankenkassen und der Kassenärzte mit.

Bei den Landessozialgerichten, die in zweiter Instanz über die Berufungen gegen die Urteile und über Beschwerden gegen andere Entscheidungen der Sozialgerichte entscheiden, sind Senate für bestimmte sozialrechtliche Bereiche gebildet worden.

04. In welchen Fällen entscheidet das Bundessozialgericht?

Das Bundessozialgericht entscheidet in dritter Instanz über die Rechtsmittel der Revision sowie über Beschwerden gegen die Nichtzulassung der Revision. Es bestehen ebenfalls Senate für die verschiedenen sozialrechtlichen Bereiche.

05. Wie ist die örtliche und sachliche Zuständigkeit der Sozialgerichte festgelegt?

Die *örtliche Zuständigkeit* der Sozialgerichte wird durch den Wohnsitz des Klägers oder des Versicherten bestimmt. Die *sachliche Zuständigkeit* richtet sich nach dem Streitgegenstand. Die Sozialgerichte entscheiden über öffentlich-rechtliche Streitigkeiten in Angelegenheiten der Sozialversicherung, der Arbeitslosenversicherung und der übrigen Aufgaben der Bundesanstalt für Arbeit und Sozialordnung sowie über Rechtsstreitigkeiten zwischen Ärzten, Zahnärzten und Krankenkassen aus dem Kassenarztrecht und über öffentlich-rechtliche Streitigkeiten aufgrund des Entgeltfortzahlungsgesetzes.

06. Welche Klagearten sind vor Sozialgerichten möglich?

a) *Anfechtungsklage.*
Sie zielt auf die Aufhebung oder Änderung eines Verwaltungsaktes ab.

b) *Verpflichtungsklage.*
Sie richtet sich gegen die Untätigkeit eines Sozialleistungsträgers.

c) *Nichtigkeitsklage.*
Sie zielt auf die Nichtigkeit eines Verwaltungsaktes.

d) *Feststellungsklage.*
Sie dient der Feststellung des zuständigen Sozialversicherungsträgers.

e) *Leistungsklage.*
Sie ist auf die Gewährung einer bestimmten Leistung gerichtet.

f) *Ersatzleistungsklage.*
Sie betrifft Streitigkeiten zwischen Sozialleistungsträgern.

g) *Aufsichtsklage.*
Mit dieser Klage wendet sich ein Sozialleistungsträger gegen Maßnahmen der Aufsichtsbehörde.

1.3 Rechtliche Bestimmungen der Sozialversicherung, der Entgeltfindung sowie der Arbeitsförderung

1.3.1 Grundlagen der Sozialversicherung

01. Welche Zweige der gesetzlichen Sozialversicherung gibt es?

Die Zweige der gesetzlichen Sozialversicherung finden sich nunmehr vollständig im Sozialgesetzbuch (SGB). Es enthält folgende Teile:

1.	SGB I	Allgemeiner Teil
2.	SGB II	Grundsicherung für Arbeitssuchende
3.	SGB III	**Arbeitsförderung**
4.	SGB IV	Gemeinsame Vorschriften
5.	SGB V	**Gesetzliche Krankenversicherung**
6.	SGB VI	**Gesetzliche Rentenversicherung**
7.	SGB VII	**Gesetzliche Unfallversicherung**
8.	SGB VIII	Kinder- und Jugendhilfe
9.	SGB IX	**Rehabilitation und Teilhabe behinderter Menschen**
10.	SGB X	Sozialverwaltungsverfahren
11.	SGB XI	**Soziale Pflegeversicherung**
12.	SGB XII	Sozialhilfe

02. Wie ist die Selbstverwaltung in der Sozialversicherung gestaltet?

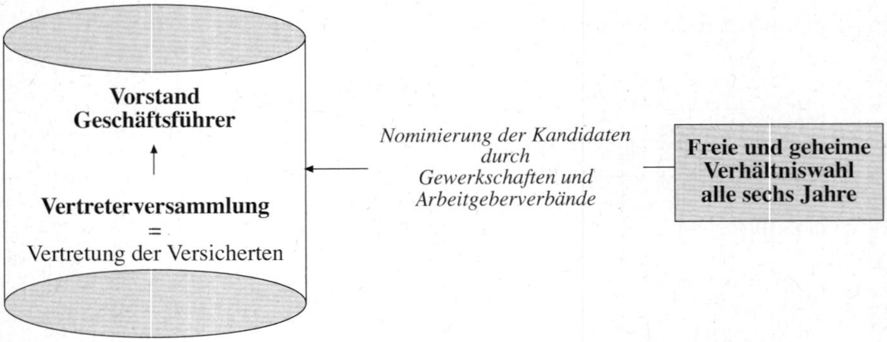

03. Wie erfolgt die Aufsicht über die Sozialversicherung?

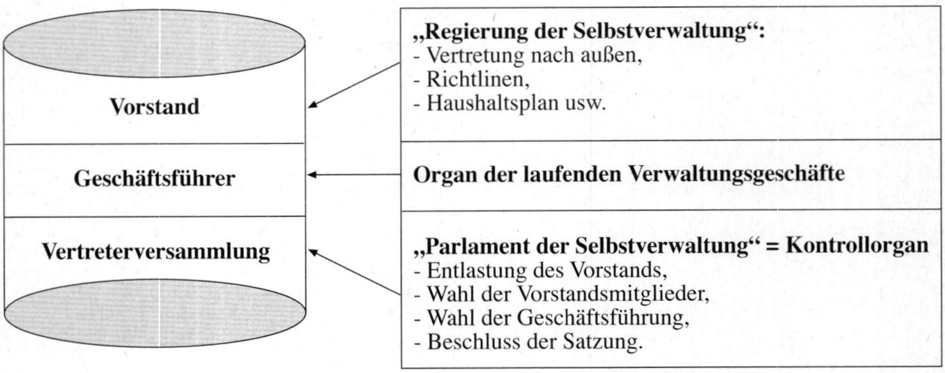

1.3.2 Ziele und Aufgaben der Krankenversicherung

01. Welche Merkmale gelten für die gesetzliche Krankenversicherung (KV, SGB V)?

Die gesetzliche Krankenversicherung

- ist nach folgenden Prinzipien organisiert: Sachleistungs-, Kosten-, Selbstverwaltungs-, Solidaritätsprinzip und Prinzip der gegliederten Kassenarten
- ist Auskunftsstelle für alle sozialen Angelegenheiten des SGB
- übernimmt das Meldewesen der Sozialdaten und den Einzug der Gesamt-SV-Beiträge
- entscheidet über Versicherungspflicht und Beitragshöhe in der SV
- erstattet ggf. den Ausgleich von AG-Aufwendungen bei Entgeltfortzahlung an kleinere Betriebe
- unterliegt hinsichtlich der Kassenwahl der Wahlfreiheit seit 1.1.1996

Merkmale der gesetzlichen Krankenkasse					
Träger	Beiträge	Sätze	Leistungen	Versicherungspflichtig sind ...	Versicherungsfrei sind ...
Ortskrankenkassen			Verhütung von Krankheiten	alle Einwohnerinnen und Einwohner der BRD	Beamte, Richter, Soldaten auf Zeit, Berufssoldaten
Betriebskrankenkassen	Arbeitgeber und Arbeitnehmer zu je 50 %	15,5 %	Früherkennnung von Krankheiten		
Innungskrankenkassen			Behandlung von Krankheiten		
See-Krankenkasse			Empfängnisverhütung, Schwangerschaftsabbruch, Sterilisation		
Landwirtschaftliche Krankenkassen	Arbeitnehmer und Rentner zahlen zusätzlich 0,9 %	Zuzahlungen nach § 61 SGB V			
Rentenversicherung Knappschaft-Bahn-See			Kostenerstattung, Krankengeld, Vorsorgeleistungen, häusliche Krankenpflege, Reha-Maßnahmen, ggf. Fahrkosten		
Ersatzkassen					

02. Was ändert sich durch das neue Bundeselterngeld- und Erziehungsgeldgesetz (BEEG)?

Am 01.01.2007 löste das neue Elterngeld das (alte) Erziehungsgeld ab (vgl. ErziehungsgeldG). Es gilt für alle Eltern, deren Kinder nach dem 01.01.2007 geboren sind. Für Kinder, die davor geboren sind, gilt weiterhin das Erziehungsgeld. Nachfolgend die wichtigsten Punkte zum neuen Elterngeld:

- Väter und Mütter erhalten bis zu 14 Monaten Elterngeld, wenn sie für die Kinderbetreuung im Beruf aussetzen. Ein Elternteil kann höchstens zwölf Monate Elterngeld beziehen, zwei weitere Monate sind als Option für den anderen Partner reserviert.
- Das Elterngeld beträgt 67 % vom Nettoeinkommen, jedoch maximal 1.800 EUR monatlich.

• Die *Gesundheitsreform 2004/2005* führte zu folgenden Änderungen in der gesetzlichen Krankenversicherung:
  - Zuzahlungen zum Arzneimittelpreis zwischen 5,– und 10,– Euro (§ 61 SGB V).
  - Praxisgebühr von 10,– Euro pro Quartal.
  - Zuzahlung bei Krankenhausaufenthalten: 10,– EUR pro Tag für max. 28 Tage.
  - Fahrtkosten zum Arzt, Zuschüsse für Brillengläser, Sterbegeld und Entbindungsgeld entfallen.
  - Die Zuschüsse der Krankenkasse zum Zahnersatz werden eingeschränkt (Festbeträge).

• Die *Gesundheitsreform 2007* trat am 1. April 2007 in Kraft (GKV-Wettbewerbsstärkungsgesetz (GKV-WSG) und brachte wesentliche Reformen:
  - Einführung einer Krankenkassenpflicht für alle.
  - Reform der Versorgungsstrukturen und der Kassenorganisation.
  - Reform der Finanzierungsordnung (u. a. Anhebung der Beitragssätze um 0,5 Prozentpunkte; im Durchschnitt 14,7 %).
  - Ärztevergütung: Festlegung von Pauschalen je Krankheit/Leistung/Patient; die Apotheken müssen einen höheren Rabatt an die gesetzlichen Krankenkassen abgeben.

• *Gesundheitsfond:*
  Die Finanzierung der gesetzlichen Krankenversicherung (GKV) wird mit der Einführung des Gesundheitsfonds neu gestaltet. *Ab dem 1. Januar 2009 zahlen alle Beitragszahler den gleichen Beitragssatz (15,5 %).*

03. Welche wesentlichen Bestimmungen enthält das Entgeltfortzahlungsgesetz?

1. Der Arbeitnehmer hat Anspruch auf Entgeltfortzahlung durch den Arbeitgeber für die Dauer von *sechs Wochen*; Voraussetzung: Arbeitsunfähigkeit infolge Krankheit ohne Verschulden. Leichte Fahrlässigkeit (z. B. Sportunfall) steht dem nicht entgegen. Bei grober Fahrlässigkeit (z. B. Trunkenheit am Steuer) kann der Arbeitgeber die Entgeltfortzahlung ablehnen. Der Anspruch entsteht erst *nach vierwöchiger* ununterbrochener Dauer des Arbeitsverhältnisses.

2. *Fortsetzungskrankheit*:

a) Erkrankt ein Arbeitnehmer innerhalb von 12 Monaten mehrfach an derselben Krankheit und liegen zwischen den Erkrankungsterminen *keine sechs Monate*, so werden die Einzelarbeitsunfähigkeiten zusammengerechnet, bis der Gewährungszeitraum von sechs Wochen verbraucht ist.

b) Sind seit der ersten Arbeitsunfähigkeit aufgrund derselben Erkrankung 12 Monate vergangen, so entsteht der Anspruch auf Entgeltfortzahlung erneut.

04. Welche Möglichkeiten bestehen für den Arbeitgeber, wenn er Zweifel an der Arbeitsunfähigkeitsbescheinigung des Arbeitnehmers hat?

In der Regel entscheidet der Arzt über die Arbeitsunfähigkeit eines Arbeitnehmers. Wenn der Arbeitgeber aber Zweifel an der Arbeitsunfähigkeit hat, kann er die Krankenkasse einschalten. Diese ist dann verpflichtet, aktiv zu werden und eine Untersuchung des Arbeitnehmers durch den *arbeitsmedizinischen Dienst* anzuordnen. Daneben besteht die Möglichkeit, eine *Detektei* einzuschalten bzw. ein sog. *Rückkehrgespräch* zu führen.

Gründe für eine Prüfung können sein:

- fachfremde Atteste,
- auffällig häufige Atteste eines Arztes,
- auffällig häufige Erkrankungen eines Mitarbeiters,
- Beginn der Arbeitsunfähigkeit fällt häufig auf „kritische" Tage (Montag oder Freitag),
- vorherige Ankündigung der Krankheit.

Der Arbeitnehmer hat nach dem EFZG die Krankheit dem Arbeitgeber *unverzüglich* anzuzeigen. Dauert die Krankheit länger als drei Kalendertage, hat der Arbeitnehmer die ärztliche Bescheinigung spätestens am 4. Krankheitstag vorzulegen. Der Arbeitgeber kann die Vorlage allerdings schon vom 1. Tag an verlangen. Nichtvorlage berechtigt den Arbeitgeber zur Verweigerung der Entgeltfortzahlung (vorläufiges Leistungsverweigerungsrecht). Die Verweigerung kann nicht auf eine etwaige Unvollständigkeit der ärztlichen Bescheinigung gestützt werden.

Bei Erkrankung im Ausland gilt die unverzügliche Information des Arbeitgebers ebenso; außerdem ist die gesetzliche Kasse zu informieren (vgl. § 5 Abs. 2 EFZG).

1.3.3 Ziele und Aufgaben der Pflegeversicherung

01. Welche Merkmale gelten für die soziale Pflegeversicherung (PV, SGB XI)?

- Pflegebedürftig ist, wer wegen einer körperlichen, geistigen oder seelischen Krankheit oder Behinderung für die gewöhnlichen und regelmäßig wiederkehrenden Verrichtungen im Ablauf des täglichen Lebens auf Dauer (voraussichtlich: mind. sechs Monate) in erheblichem oder höherem Maße der Hilfe bedarf.

- Es gibt drei Pflegestufen; die Einteilung erfolgt durch den medizinischen Dienst der Krankenkassen:
  · Pflegestufe I: erhebliche Pflegebedürftige
  · Pflegestufe II: Schwerpflegebedürftige
  · Pflegestufe III: Schwerstpflegebedürftige

<table>
<tr><th colspan="6">Merkmale der sozialen Pflegeversicherung (Überblick)</th></tr>
<tr><th>Träger</th><th>Beiträge</th><th>Sätze</th><th>Leistungen ....
(insbesondere)</th><th>versicherungs-pflichtig sind ...</th><th>versicherungs-frei sind ...</th></tr>
<tr><td rowspan="8">Pflege-kassen der Kranken-kassen</td><td rowspan="8">Im Regelfall:
Arbeitgeber und Arbeitnehmer zu je 50 %
+
sonstige Einnahmen</td><td rowspan="8">1,70 %
1,95 %
ab 1.7. 2008</td><td rowspan="3">Häuslicher Pflege:
- Pflegesachleistung 384,–/921,–/1.432,–
- Pflegegeld für Pflegehilfen: 205,–/410,–/665,–
- Pflegehilfsmittel</td><td>Arbeiter</td><td rowspan="8">Freiwillig Versicherte haben ein Wahlrecht zur privaten Pflegever-sicherung</td></tr>
<tr><td>Angestellte</td></tr>
<tr><td>Auszubildende</td></tr>
<tr><td rowspan="3">Teilstationäre Pflege und Kurzzeitpflege:
- Tagespflege/Nachtpflege 384,–/921,–/1.432,–
- Kurzzeitpflege</td><td>Arbeitslose</td></tr>
<tr><td>Landwirte</td></tr>
<tr><td>Selbstständige Künstler</td></tr>
<tr><td>Vollstationäre Pflege</td><td rowspan="2">Behinderte Menschen</td></tr>
<tr><td>Pflege in vollstationären Einrichtungen</td></tr>
</table>

Die *Reform der Pflegeversicherung* 2004/2005 führte zu folgenden Änderungen:

- Rentner zahlen ab 1.4.2004 den vollen Beitrag zur Pflegeversicherung selbst.
- Kinderlose zwischen 22 und 65 Jahren zahlen einen Sonderzuschlag zur PV in Höhe von 0,25 %.

Die *Reform der Pflegeversicherung 2007*, die zum 1. Juli 2008 in Kraft trat, führte zu folgenden Veränderungen:

Der Beitrag steigt zum 1.7.2008 auf 1,95 %; Anspruch auf eine unbezahlte, kurzzeitige Freistellung für bis zu zehn Arbeitstagen (Pflegeorganisation) sowie auf eine sechsmonatige Pflegezeit (unbezahlte, sozialversicherte Freistellung). Die Pflegesätze werrden bis 2012 schrittweise angehoben: 384 → 450 EUR, 921 → 1.100 EUR, 1.432 → 1.550 EUR. Weitere Verbesserungen: Qualität der Pflege (Festlegung von Standards); Einrichtung von Pflegestützpunkten (Beratung); Leistungen für altersverwirrte Menschen.

Dauerbaustelle

Die Sozialversicherungssysteme zählen zu den Dauerbaustellen der Politik. Ein wichtiger Pfeiler für die immer älter werdende Gesellschaft ist die Pflegeversicherung. Mit der Reform zum ersten Juli 2008 stiegen sowohl die Leistungen als auch die Beitragssätze – letztere für Versicherte mit Kindern auf 1,95 Prozent (maximal 70,20 Euro im Monat), für Kinderlose auf 2,2 Prozent (maximal 79,20 Euro).

In Sachsen ist – wie bisher – die Beitragslast der Arbeitnehmer höher. Sie tragen 1,475 % bzw. 1,725 % (Kinderlose), während der Arbeitgeberanteil 0,475 % beträgt.

Die **Pflegesätze** werden schrittweise bis 2012 folgendermaßen angehoben.

Bei der ambulanten Pflege durch einen **Pflegedienst**:

Pflegestufe	**bis 30.6.2008**	**Ab 1.7.2008**	**Ab 1.1.2010**	**Ab 1.1.2012**
Stufe I	384,– €	420,– €	440,– €	450,– €
Stufe II	921,– €	980,– €	1.040,– €	1.100,– €
Stufe III	1.432,– €	1.470,– €	1.510,– €	1.550,– €

Bei selbst **betreuenden Angehörigen**:

Pflegestufe	**bis 30.6.2008**	**Ab 1.7.2008**	**Ab 1.1.2010**	**Ab 1.1.2012**
Stufe I	205,– €	215,– €	225,– €	235,– €
Stufe II	410,– €	420,– €	430,– €	440,– €
Stufe III	665,– €	675,– €	685,– €	700,– €

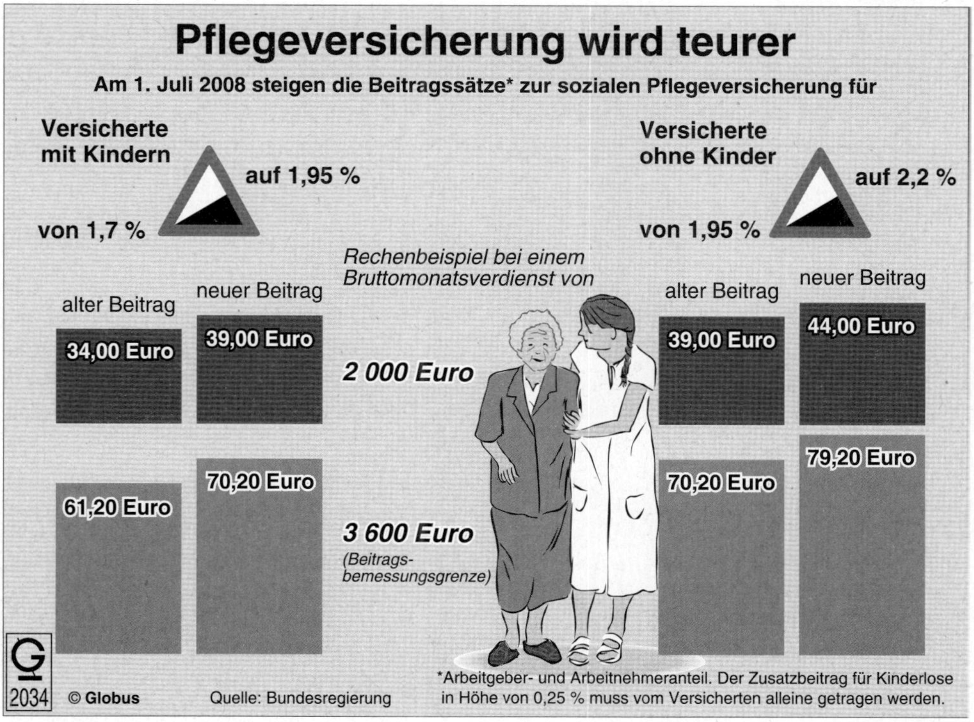

1.3.4 Ziele und Aufgaben der Unfallversicherung

01. Welche Merkmale gelten für die gesetzliche Unfallversicherung (UV, SGB VII)?

- Die *Aufgaben* sind:
  - Arbeitsunfälle und Berufskrankheiten verhüten
  - Gesundheit und Leistungsfähigkeit nach Versicherungsfällen wiederherstellen
  - Versicherte und Hinterbliebene entschädigen

- Die UV ist der einzige Träger, der die *Behandlung* bei einem bestimmten Arzt/Krankenhaus vorschreiben kann.

- *Voraussetzungen* für den Versicherungsfall sind:
  - versicherte Tätigkeit
  - Arbeitsunfall/Wegeunfall/Berufskrankheit
  - Kausalität:
    · *haftungsbegründend*: Kausalzusammenhang „Tätigkeit und Versicherungsfall"
    · *haftungsausfüllend*: Kausalzusammenhang „Versicherungsfall und Schaden"

Merkmale der gesetzlichen Unfallversicherung (Überblick)					
Träger	*Beiträge*	*Sätze*	*Leistungen*	*Versichert sind:*	*Nicht versichert sind:*
Berufsgenossenschaften nach Branchen gegliedert	Arbeitgeber zu 100 %	Umlageverfahren: Jahresentgeltsumme + Gefahrenklassen	Heilbehandlung	Arbeitnehmer	Beamte, Richter, Selbstständige
			Reha-Behandlung	Auszubildende	
			Pflege	Behinderte	
			Geldleistungen	Schüler	
			Renten	Studierende	
			Beihilfen	Heimarbeiter	
			Abfindungen	Ehrenamtliche	

02. Was ist ein Arbeitsunfall? → 1.4.1

Ein Arbeitsunfall ist ein auf *äußere Einwirkungen* beruhendes, körperlich schädigendes zeitlich begrenztes Ereignis, dass sich längstens innerhalb einer Arbeitsschicht zugetragen hat. Zwischen der versicherten Tätigkeit und dem Unfallgeschehen sowie zwischen dem Unfallgeschehen und dem Körperschaden muss jeweils ein *ursächlicher Zusammenhang* bestehen.

03. Was ist ein Wegeunfall?

Als Wegeunfälle gelten Unfälle auf einem mit der versicherten *Tätigkeit zusammenhängendem Weg nach und von dem Ort der Tätigkeit*. Umwege, die der Versicherte (Arbeitnehmer) macht, weil eine *Fahrgemeinschaft* gebildet ist, schließen die Versicherung nicht aus.

04. Was ist eine Berufskrankheit?

Eine Berufskrankheit ist eine Krankheit, die in der *Berufskrankheitenverordnung* aufgeführt ist und die ein Versicherter (Arbeitnehmer) bei der versicherten Tätigkeit erleidet; die Bundesregierung veröffentlicht die Liste mit den anerkannten Berufskrankheiten. Ist die Erkrankung nicht in der Berufskrankheitenverordnung aufgeführt, kann sie im Einzelfall nach neuen medizinischen Erkenntnissen anerkannt werden (zum Thema „Unfallverhütung und Erste Hilfe" siehe unter Ziffer 1.4.2).

1.3.5 Ziele und Aufgaben der Rentenversicherung

01. Welche Merkmale gelten für die gesetzliche Rentenversicherung (RV, SGB VI)?

Die gesetzliche Rentenversicherung folgende Aufgaben:

- Erhaltung, Verbesserung und Wiederherstellung der Erwerbstätigkeit der Versicherten
- Gewährung von Renten
- Förderung der Gesundheit der Versicherten
- Gewährung von Leistungen für die Kindererziehung

Im Überblick:

Merkmale der gesetzlichen Rentenversicherung					
Träger	*Beiträge*	*Sätze*	*Leistungen*	*Versicherungs-pflichtig sind:*	*Versicherungs-frei sind:*
Renten-versicherung der - Arbeiter - Angestellten - Knappschaft - Seeleute - Landwirte	Im Regelfall: Arbeitgeber und Arbeitnehmer zu je 50 % + Zuschüsse des Bundes	19,9 %	Renten wegen: - Alters - Erwerbs-minderung - Todes	Arbeitnehmer Auszubildende Behinderte Lehrer	Beamte, Richter, Selbstständige
			Reha-Leistungen	Erzieher	
			Beratung, Information	Künstler	

02. Zu welchen Änderungen führte die Reform der Rentenversicherung 2004/2005?

- Neurentner ab 1.4.2004 erhalten die Rente erst am Ende des Monats.
- Die Anpassung der Renten erfolgt zukünftig nach einer neuen Formel, die einen „Nachhaltigkeitsfaktor" enthält wegen der ungünstigen Entwicklung von Beitragszahlern und Rentnern.
- Die Frühverrentung wird erschwert: die Grenze für Rente wegen Altersteilzeit oder Arbeitslosigkeit wird schrittweise von 60 auf 63 Jahre angehoben.
- Das Alterseinkünftegesetz regelt die Besteuerung der Rente: Nicht mehr die Beiträge werden besteuert, sondern zukünftig die spätere Rente; dabei sind hohe Freibeträge eingearbeitet, sodass schätzungsweise 75 % der Rentnerhaushalte steuerfrei bleiben.

1.3.6 Ziele und Aufgaben der Arbeitslosenversicherung und der Arbeitsförderung

01. Welche Merkmale gelten für die Arbeitsförderung (AV, SGB III)?

• Die *Grundsätze*:
- Die Aufgaben der Förderung und Vermittlung haben Vorrang vor Entgeltersatzleistungen.
- Langzeitarbeitslosigkeit ist zu vermeiden.
- Arbeitgeber haben eine Mitverantwortung/Mitwirkungspflicht (z. B. betriebliche Förderung der Leistungsfähigkeit der Mitarbeiter, Meldepflichten).
- ebenso: Arbeitnehmer (z. B. „zumutbare Beschäftigung"; bestehende Arbeitsverhältnisse nicht vorzeitig beenden).
- Pflichten der Arbeitslosen: Meldepflicht und Erscheinen zu Terminen.
- Es besteht eine Auskunftspflicht Dritter.

• Die *Leistungen* im Einzelnen (§ 3 SGB III):

1. *Leistungen an Arbeitnehmer*:
   - Berufsberatung, Vermittlung (Arbeit, Ausbildung),
   - Trainingsmaßnahmen zur Verbesserung der Eingliederungsaussichten,
   - Mobilitätshilfen und Arbeitnehmerhilfe zur Aufnahme einer Beschäftigung,
   - Überbrückungsgeld zur Aufnahme einer selbstständigen Tätigkeit
   - Zuschüsse bei der Gründung einer „ Ich-AG",
   - Berufsausbildungsbeihilfe während einer beruflichen Ausbildung oder einer berufsvorbereitenden Bildungsmaßnahme,
   - Übernahme der Weiterbildungskosten und Unterhaltsgeld während der Teilnahme an einer beruflichen Weiterbildung (bei Vollzeitmaßnahmen),
   - allgemeine und besondere Leistungen zur beruflichen Eingliederung behinderter Menschen
   - Arbeitslosengeld,
   - Kurzarbeitergeld bei Arbeitsausfall,
   - Insolvenzgeld bei Zahlungsunfähigkeit des Arbeitgebers,
   - Wintergeld und Winterausfallgeld in der Bauwirtschaft.

2. *Leistungen an Arbeitgeber*:
   - Arbeitsmarktberatung sowie Ausbildungs- und Arbeitsvermittlung,
   - Zuschüsse zu den Arbeitgeberentgelten bei Eingliederung von leistungsgeminderten Arbeitnehmern sowie bei Neugründungen,
   - Erstattung von Arbeitsentgelt für die Zeiten ohne Arbeitsleistung,
   - Zuschüsse zur Ausbildungsvergütung bei Durchführung von Ausbildungsmaßnahmen und für behinderte Menschen.

3. *Leistungen an Träger* der Arbeitsförderung:
   - Darlehen und Zuschüsse zu zusätzlichen Maßnahmen der betrieblichen Ausbildung,
   - Übernahme der Kosten für die Ausbildung in einer außerbetrieblichen Einrichtung,
   - Darlehen und Zuschüsse für Einrichtungen der beruflichen Aus- und Weiterbildung oder zur beruflichen Eingliederung behinderter Menschen,
   - Zuschüsse zu Eingliederungsmaßnahmen aufgrund eines Sozialplans,
   - Darlehen und Zuschüsse zu Arbeitsbeschaffungsmaßnahmen sowie zu Strukturanpassungsmaßnahmen.

Im Überblick:

<table>
<tr><th colspan="6">Merkmale der gesetzlichen Arbeitslosenversicherung, Arbeitsförderung</th></tr>
<tr><th>Träger</th><th>Beiträge</th><th>Sätze</th><th>Leistungen</th><th>Versicherungs-pflichtig sind ...</th><th>Versicherungs-frei sind ...</th></tr>
<tr><td rowspan="6">Agenturen für Arbeit</td><td rowspan="6">Arbeitgeber und Arbeit-nehmer zu je 50 %
+
Bundes-mittel</td><td rowspan="6">ab 1.1.09: 2,8 %</td><td rowspan="6">§ 3 SGB III:
• Leistungen an Arbeit-nehmer:
- Berufsberatung,
- Eignungsfeststellung,
- Trainingsmaßnahmen,
- Mobilitätshilfen,
- Überbrückungsgeld,
- Berufsausbildungsbeihilfe,
- Weiterbildungskosten,
- Leistungen für Behinderte,
- Arbeitslosengeld,
- Kurzarbeitergeld,
- Insolvenzgeld,
- Winter-/Winterausfallgeld,
• Leistungen an Arbeitgeber
• Leistungen an Träger von Arbeitsförderungsmaß-nahmen</td><td>Arbeiter</td><td rowspan="3">Richter, Soldaten auf Zeit, Berufs-soldaten, Vorstände einer AG</td></tr>
<tr><td>Angestellte</td></tr>
<tr><td>zu ihrer Berufs-ausbildung Be-schäftigte</td></tr>
<tr><td>Arbeitslose</td><td>Studenten, ggf. Rentner</td></tr>
<tr><td>Behinderte</td><td>Sonstige Per-sonen nach §§ 27, 28 SGB III</td></tr>
<tr><td>Sonstige Personen nach § 26 SGB III</td><td>Personen, die das 65 Lj. vollendet haben</td></tr>
</table>

02. Welche Änderungen erfuhr die Arbeitsförderung in den Jahren 2003 - 2005?

Die Agenda 2010, die Gesetze Hartz I - IV sowie die Gesetze zu Reformen am Arbeitsmarkt führten u.a . zu folgenden Änderungen:

1. Erstes Gesetz für moderne Dienstleistungen am Arbeitsmarkt (*Hartz I*, 2003):
   Ausweitung der Zeitarbeit; Einrichtung von Personal-Service-Agenturen (PSA), die mit den Arbeitsämtern Verträge abschließen, Arbeitslose einstellen und diese verleihen bzw. weiterbilden. Die Wirkung der PSA ist umstritten (Presseberichte vom Jan. 2006).

2. Zweites Gesetz für moderne Dienstleistungen am Arbeitsmarkt (*Hartz II*, 2003):
   Neuregelungen für geringfügig und kurzfristig Beschäftigte: Anhebung der Grenze für Mini-Jobs auf 400 Euro und Einführung der Ich-AG (die Ich-AG wurde zwischenzeitlich aufgehoben).

3. Drittes Gesetz für moderne Dienstleistungen am Arbeitsmarkt (*Hartz III*, 2004):
   Umbau der Bundesanstalt für Arbeit: Sie soll „schlanker" werden, die Vermittlungsarbeit soll verbessert werden,; außerdem soll sie arbeitsfähige Sozialhilfeempfänger mit betreuen.

4. Viertes Gesetz für moderne Dienstleistungen am Arbeitsmarkt (*Hartz IV*, 2005):
   Zusammenlegung von Arbeitslosenhilfe und Sozialhilfe (= Arbeitslosengeld II):
   Das Alg II erhält, wer länger als ein Jahr arbeitslos und erwerbsfähig ist; die Angehörigen erhalten das zugehörige Sozialgeld. Angerechnet werden eigenes Vermögen und Einkommen

unter Berücksichtigung von Freibeträgen. Generell ist jede Arbeit zumutbar; wer diese ablehnt oder keine Eigeninitiative zeigt, dem wird das Alg II jeweils um ca. 100,– EUR für drei Monate gekürzt.

5. *Ein-Euro-Jobs:*
   Langzeitarbeitslose, die keine reguläre Arbeit finden, können gemeinnützige Tätigkeiten verichten und erhalten dafür eine Aufwandsentschädigung von ein bis zwei Euro pro Stunde (keine Anrechnung auf ALG II). Die Wirkung der Ein-Euro-Jobs ist umstritten.

6. Die Gesetze zu Reformen am Arbeitsmarkt vom 1.1.2004 führten zu folgenden Änderungen:

   - *Änderung des Kündigungsschutzes*:
     · Aufweichung des Schwellenwertes (§ 23 KSchG):
       Der Kündigungsschutz nach dem KSchG gilt für neue Mitarbeiter erst in Betrieben mit mehr als zehn Beschäftigten.
     · Begrenzung der Auswahlkriterien im Rahmen der Sozialauswahl bei betriebsbedingten Kündigungen (§ 1 Abs. 3 KSchG) (vgl. unter 3.3.1).

   - *Arbeitslosengeld I:*
     Die Bezugsdauer wurde verkürzt auf höchstens 12 Monate; bei über 55-Jährigen beträgt sie 15 bzw. 18 Monate (vgl. § 127 SGB III; bitte lesen).

   - Existenzgründern werden befristete Einstellungen erleichtert (vgl. § 14 Abs. 2a TzBfG).

   - Nach der Reform der Handwerksordnung gibt es den „Meisterzwang“ nur noch in 41 statt bisher in 94 Berufen.

03. Welche Arten von Arbeitslosigkeit werden unterschieden?

Man unterscheidet:

- die *Fluktuationsarbeitslosigkeit*: sie entsteht durch den Wechsel zwischen Arbeitsplätzen und Berufen,
- die *friktionale Arbeitslosigkeit*, die durch den freiwilligen Wechsel zwischen Regionen, Berufen oder unterschiedlichen Stadien des Lebenszyklus entsteht (familiär bedingte Entscheidung),
- die *saisonale Arbeitslosigkeit* (z. B. beim Bau in den Wintermonaten),
- die *strukturelle Arbeitslosigkeit*: sie entsteht dadurch, dass die Arbeitslosen keine den Anforderungen entsprechende Vorbildung haben,
- die *konjunkturell bedingte Arbeitslosigkeit*,
- die *Arbeitslosigkeit aus persönlichen Gründen* (Unfähigkeit, kriminelle Handlungen).

04. Welche Bedeutung hat die Arbeitsmarktpolitik?

Arbeitsmarktpolitik ist die Gesamtheit der Maßnahmen, die auf eine dauerhafte, den individuellen Neigungen und Fähigkeiten entsprechende Beschäftigung aller Arbeitsfähigen und Arbeitswilligen gerichtet sind und das Entstehen struktureller Arbeitsmarktungleichgewichte verhindern oder beseitigen sollen.

Hierzu dienen Berufsaufklärung, Berufsberatung, Arbeitsberatung, Arbeitsvermittlung, Mobilitätsförderung sowie die Förderung der beruflichen Umschulung und Fortbildung. Die von den Arbeitsverwaltungen angebotenen sachlichen und finanziellen Hilfen tragen in vielfacher Weise zur Wiedereingliederung von Arbeitslosen bei. Die Grenzen der Arbeitsmarktpolitik liegen dort, wo die Politik die Voraussetzungen für verbesserte Rahmenbedingungen liefern muss. Da die Arbeitslosigkeit in Deutschland und in den meisten europäischen Ländern überwiegend strukturelle Ursachen hat, kann die Geldpolitik die Arbeitslosigkeit kaum vermindern, da sie die Preisstabilität gefährdet. Mithilfe finanzieller Maßnahmen kann nur das Los der einzelnen Arbeitslosen verbessert werden. Zu bedenken ist auch, dass als Folge der Globalisierung die Arbeitsmarktpolitik mit zusätzlichen Schwierigkeiten zu kämpfen hat. Durch die Globalisierung werden Nationalstaaten und Sozialsysteme z. T. „ausgehebelt".

05. Welche Entwicklung zeigt der Arbeitsmarkt in Deutschland?

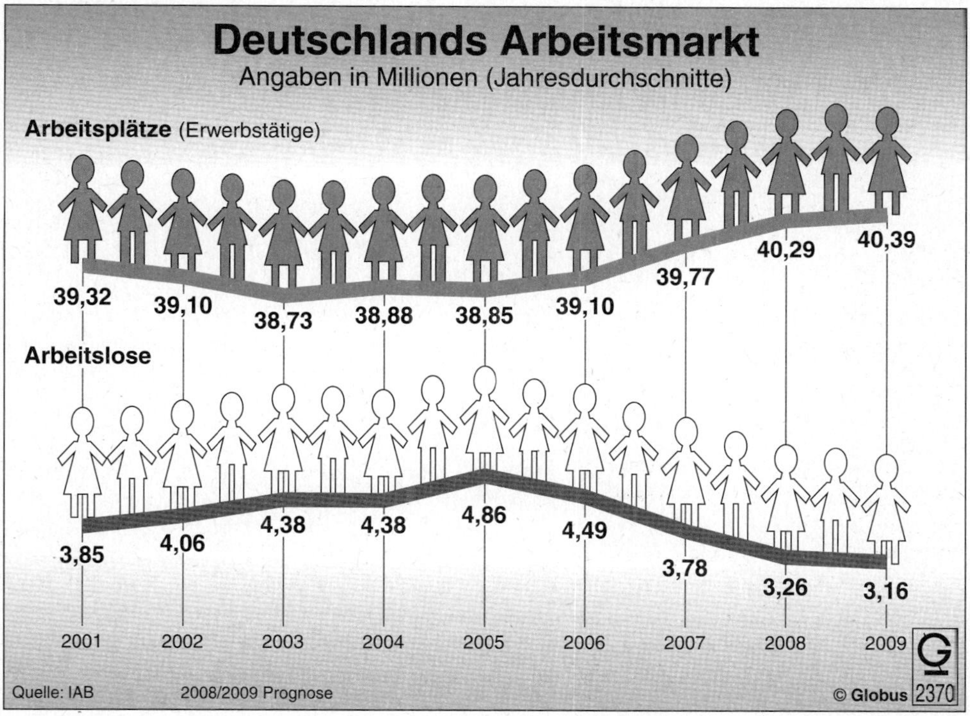

Aufschwung stützt den Arbeitsmarkt

Der Aufschwung ist auch auf dem Arbeitsmarkt angekommen. Im Durchschnitt des vergangenen Jahres gab es fast 700.000 Jobs mehr als im Vorjahr, und die Zahl der Arbeitslosen ging auf 3,8 Millionen zurück. Im laufenden Jahr wird es nochmals einen deutlichen Zuwachs bei den Arbeitsplätzen geben: Das Plus könnte gut eine halbe Million betragen. Um eben diese Zahl wird auch die Zahl der Arbeitslosen zurückgehen. Das geht aus neuen Berechnungen des Instituts für Arbeitsmarkt- und Berufsforschung (IAB) hervor. Die Experten erwarten, dass sich die positive Entwicklung auch im kommenden Jahr fortsetzt: Die Zahl der Arbeitsplätze wird dann noch einmal um rund 100.000 zunehmen. Die Arbeitslosenquote könnte weiter auf 7,6 Prozent sinken. Allerdings bleiben die großen Unterschiede zwischen West und Ost bestehen. Während in den alten Bundesländern die Quote schätzungsweise 6,3 Prozent betragen wird, ist sie in den neuen Ländern mit 12,9 Prozent mehr als doppelt so hoch wie im Westen.

Als Auswirkung der internationalen Finanzmarktkrise wird für 2009 mit einer Verschlechterung auf dem deutschen Arbeitsmarkt gerechnet.

1.4 Arbeitsschutz- und arbeitssicherheitsrechtliche Vorschriften

1.4.1 Ziele und Aufgaben des Arbeitsschutzrechtes und des Arbeitssicherheitsrechtes

01. Welche Bedeutung hat der Arbeitsschutz in Deutschland?

Das *Grundgesetz* der Bundesrepublik Deutschland sieht das Recht der Bürger auf *Schutz der Gesundheit und körperliche Unversehrtheit* als ein *wesentliches Grundrecht* an. Die Bedeutung dieses Grundrechtes kommt auch dadurch zum Ausdruck, dass es in der Abfolge der Artikel des Grundgesetzes schon an die zweite Stelle gesetzt wurde.

> *„Jeder hat das Recht auf Leben und körperliche Unversehrtheit."*
> Art. 2 Abs. 2 GG

02. Wie ist das deutsche Arbeitsschutzrecht gegliedert?

Es gibt kein einheitliches, in sich geschlossenes Arbeitsschutzrecht in Deutschland. Es umfasst eine Vielzahl von Vorschriften. Grob unterteilen lassen sich die Arbeitsschutzvorschriften in:

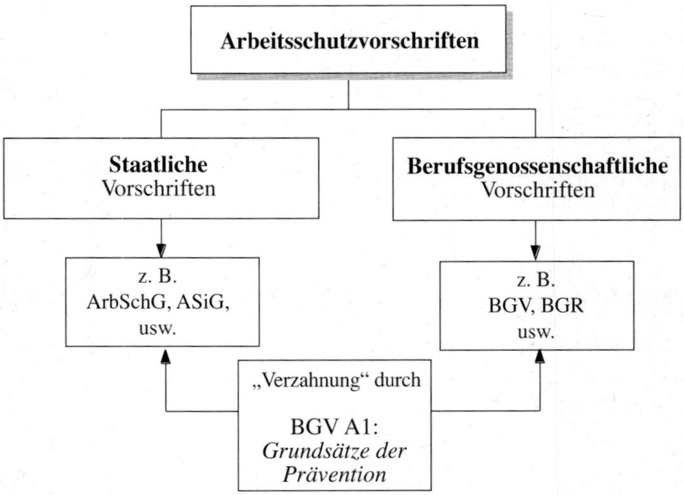

- *Staatliche Vorschriften*, z. B.:

- Arbeitsschutzgesetz	ArbSchG
- Arbeitssicherheitsgesetz (Gesetz über Betriebsärzte, Sicherheitsingenieure und andere Fachkräfte für Arbeitssicherheit)	ASiG
- Betriebssicherheitsverordnung	BetrSichV
- Arbeitsstättenverordnung	ArbStättV
- Gefahrstoffverordnung	GefStoffV
- Geräte- und Produktsicherheitsgesetz	GPSG
- Chemikaliengesetz	ChemG
- Bildschirmarbeitsverordnung	BscharbV
- Bundesimmissionsschutzgesetz	BImSchG
- Jugendarbeitsschutzgesetz	JArbSchG
- Mutterschutzgesetz	MuSchG
- Betriebsverfassungsgesetz	BetrVG
- Sozialgesetzbuch Siebtes Buch (Gesetzliche Unfallversicherung)	SGB VII
- Sozialgesetzbuch Neuntes Buch (Rehabilitation und Teilhabe behinderter Menschen)	SGB IX
- EU-Richtlinien	

- *Berufsgenossenschaftliche Vorschriften*, z. B.:

- Berufsgenossenschaftliche Vorschriften (Unfallverhütungsvorschriften) gem. § 15 SGB VII	BGV
- Berufsgenossenschaftliche Regeln	BGR
- Berufsgenossenschaftliche Informationen	BGI
- Berufsgenossenschaftliche Grundsätze	BGG

Die „Verzahnung" des berufsgenossenschaftlichen Regelwerkes mit den staatlichen Rechtsnormen erfolgt durch die Unfallverhütungsvorschrift BGV A1 „Grundsätze der Prävention".

> Die BGV A1 ist somit die wichtigste und grundlegende Vorschrift der Berufsgenossenschaften und kann daher als „Grundgesetz der Prävention" bezeichnet werden.

03. Nach welchem Prinzip ist das Arbeitsschutzrecht in Deutschland aufgebaut?

Der Aufbau des Arbeitsschutzrechtes in Deutschland folgt streng dem *„Prinzip vom Allgemeinen zum Speziellen"*. Diese Rangfolge ist ein wesentlicher Grundgedanke in der deutschen Rechtssystematik und wird vom Gesetzgeber deswegen durchgängig verwendet:

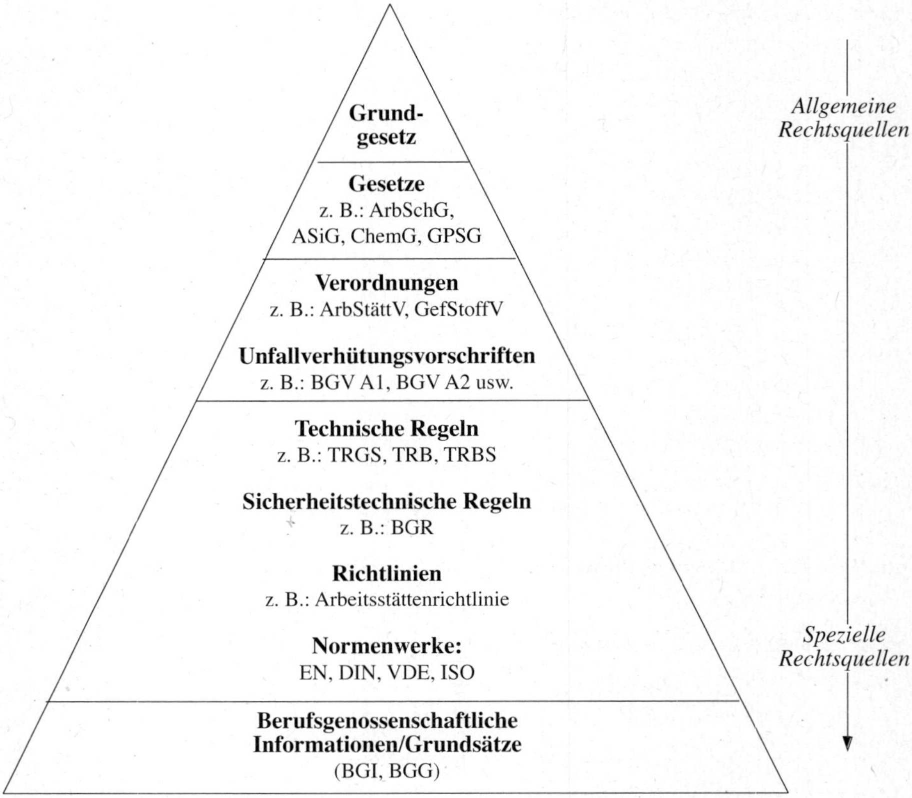

Den allgemeinen Rechtsrahmen stellt das Grundgesetz dar. Alle gesetzgeberischen Akte, auch die gesetzlichen Regelungen für den Arbeitsschutz, müssen sich am Grundgesetz messen lassen. Ebenso muss jede nachfolgende Rechtsquelle mit der übergeordneten vereinbar sein *(Rangprinzip)*.

Die Gesetze und Vorschriften unterteilen sich in Regeln des *öffentlichen Rechts* (regelt die Beziehungen des Einzelnen zum Staat) und allgemein anerkannte Regeln des *Privatrechts* (Rechtsbeziehungen der Bürger untereinander). Der Arbeitnehmerschutz und die Arbeitssicherheit gehören zum öffentlichen Recht.

04. Welche Schwerpunkte hat der Arbeitsschutz?

Die Schwerpunkte des Arbeitsschutzes sind:

- *Unfallverhütung* (klassischer Schutz vor Verletzungen)
- Schutz vor *Berufskrankheiten*
- Verhütung von *arbeitsbedingten Gesundheitsgefahren*
- Organisation der *Ersten Hilfe*

05. Wie lässt sich der Arbeitsschutz in Deutschland unterteilen?

Arbeitsschutz in Deutschland
- Gliederung -

Unfallverhütung	**Gesundheitsschutz**	**Sozialer Arbeitsschutz**
- Allgemeine Arbeitssicherheit - Technischer Arbeitsschutz/Maschinensicherheit - Brandschutz - Explosionsschutz	- Arbeitsmedizinische Vorsorge - Gesundheitsfürsorge - Arbeitsgestaltung - Ergonomie - Raumgestaltung - Klima-, Licht- und Lärmschutz	- Arbeitszeitschutz, z. B. Arbeitspausen, Nachtarbeit - Schutz für besondere Gruppen von Beschäftigten, z. B. Kinder, Jugendliche, Frauen, behinderte Menschen

06. Welcher Unterschied besteht zwischen Rechtsvorschriften und Regelwerken im Arbeitsschutz?

• *Rechtsvorschriften* (Gesetze, Verordnungen) schreiben allgemeine Schutzziele vor.

- Dabei sind *Gesetze* ihrer Natur gemäß mit einem weitaus höheren Allgemeinheitsgrad versehen als Verordnungen.
- *Verordnungen* sind vom Gesetzgeber schon etwas *spezieller formuliert.* Aus Anwendersicht sind sie jedoch immer noch sehr allgemein gehalten und eng am *Schutzziel* orientiert.
- Die *Unfallverhütungsvorschriften* der Berufsgenossenschaften sind lediglich eine *besondere Form* von Rechtsvorschriften und *im Range von Verordnungen* zu sehen.

Die *Befolgung der Forderungen* von Gesetzen und Verordnungen ist *zwingend.*

• *Regelwerke:*

Um dem Anwender Hilfestellung zu geben auf welche Weise er die Vorschriften einhalten kann, werden von staatlich oder berufsgenossenschaftlich autorisierten Ausschüssen *Regelwerke* erarbeitet. Sie geben dem Unternehmer *Orientierungshilfen*, die ihm die *Erfüllung* seiner Pflichten im Arbeitsschutz *erleichtern.*

Beachtet der Unternehmer die im Regelwerk angebotenen Lösungen, löst dies die sog. *Vermutungswirkung* aus. Es wird in diesem Fall *vermutet*, dass er die ihm obliegenden *Pflichten* im Arbeitsschutz *erfüllt* hat, weil er die Regel befolgt hat.

Anders als es die Gesetzesvorschrift oder die Verordnung notwendig macht, muss der Unternehmer dem Regelwerk jedoch *nicht zwingend* folgen. Er kann *in eigener Verantwortung* genau die *Maßnahmen auswählen*, die er in seinem Betrieb für geeignet erachtet. Dass der Unternehmer von der Regel abweichen kann, ist vom Gesetzgeber gewollt, weil dazu die Notwendigkeit besteht. Diese Möglichkeit, *von der Regel abweichen* zu können, ist sehr wichtig, um den *wissenschaftlichen und technischen Fortschritt nicht* zu *behindern.*

• *Normenwerke:*
Die Aussagen über die Regelwerke gelten gleichermaßen für die in den bekannten Normenwerken festgehaltenen technischen und sicherheitstechnischen Regeln.

Die Fachausschüsse für Prävention der Berufsgenossenschaften haben eine Fülle von Regeln für Sicherheit und Gesundheit bei der Arbeit erarbeitet, die den Unternehmern im konkreten Fall Orientierungshilfen bei der Erfüllung der Unfallverhütungsvorschriften geben können.

- *TRBS:*
  Die vom Bund autorisierten Ausschüsse für Betriebssicherheit ermitteln regelmäßig *Technische Regeln für Betriebssicherheit* (TRBS), um Orientierungshilfen zur Erfüllung der Betriebssicherheitsverordnung zu geben.

- *TRGS:*
  Die *Ausschüsse für Gefahrstoffe* ermitteln regelmäßig *Technische Regeln* für den sicheren *Umgang mit Gefahrstoffen* (TRGS), die dem Unternehmer helfen, die *Gefahrstoffverordnung* richtig anzuwenden.

- *BGR:*
  Die berufsgenossenschaftlichen Ausschüsse für Prävention bereiten die Rechtsetzung der Unfallverhütungsvorschriften vor und ermitteln *berufsgenossenschaftliche Regeln* (BGR).

Sowohl in den berufsgenossenschaftlichen als auch in den staatlich autorisierten Ausschüssen ist dafür gesorgt, dass alle relevanten gesellschaftlichen Gruppen an der Regelfindung beteiligt sind. So sind in den Gremien Arbeitgeber, Gewerkschaften, die Wissenschaft und die Behörden angemessen vertreten.

07. In welchem Verhältnis stehen die Regelungen der deutschen Arbeitsschutzgesetzgebung zum Gemeinschaftsrecht der Europäischen Union?

Die nationalen gesetzlichen Regelungen der Mitgliedsstaaten setzen im Arbeitsschutz das gültige Gemeinschaftsrecht der Europäischen Union um. Das Gemeinschaftsrecht für den Arbeitsschutz wird in der Hauptsache durch *EG-Richtlinien* bestimmt.

• *Technischer Arbeitsschutz* nach Artikel 95 EG-Vertrag:
Die wesentlichsten Regeln, die die Sicherheit von Maschinen und Anlagen betreffen, wie z. B. die EG-Maschinenrichtlinie, sind Regeln nach Artikel 95 EG-Vertrag und ihrem Charakter nach sog. *„Binnenmarktrichtlinien"*. Sie haben ihren gesetzgeberischen Ursprung in der *Generaldirektion III* (GD III). Diese hat die Aufgabe, den freien Warenverkehr in den Mitgliedsländern sicherzustellen.

Beispielsweise wurde durch die EG-Maschinenrichtlinie dafür gesorgt, dass nur *„sichere Maschinen und Anlagen"* frei verkehren dürfen. Details sind der *Normung* vorbehalten. So wird das *technische Arbeitsschutzrecht* ganz wesentlich von *Binnenmarktregeln* bestimmt.

Die nachfolgende Abbildung zeigt die Umsetzung des europäischen Rechts in nationales Recht – dargestellt am Beispiel des technischen Arbeitsschutzes:

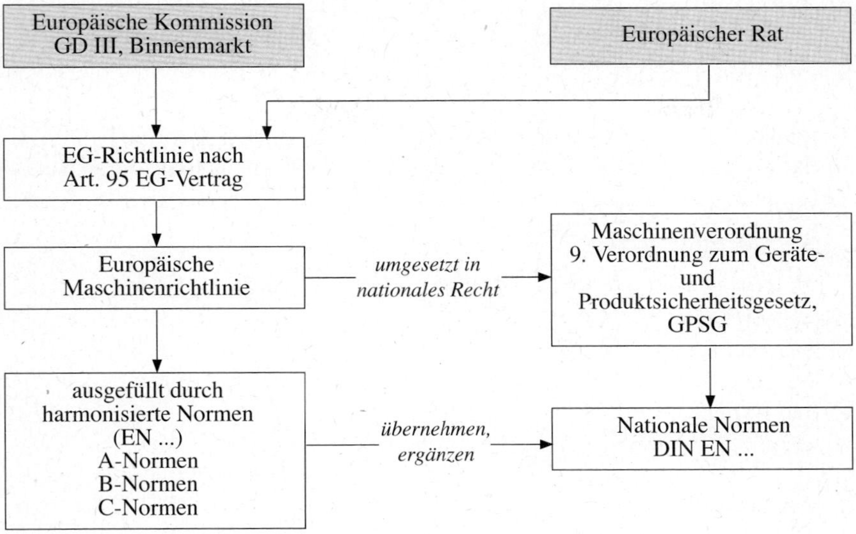

- *Sozialer Arbeitsschutz* nach Artikel 137 EG-Vertrag:
Nationale *Arbeitsschutzvorschriften*, die das *soziale Arbeitsschutzrecht* betreffen, setzen das soziale Gemeinschaftsrecht nach Artikel 137 EG-Vertrag um. Die Richtlinien, die den sozialen Arbeitsschutz im weiteren Sinne betreffen, stammen aus der *Generaldirektion V* (GD V) der Europäischen Kommission. Sie sollen helfen, die *sozialen Standards* der Union zu *vereinheitlichen.*

Die nachfolgende Abbildung zeigt die Umsetzung des europäischen Rechts in nationales Recht – dargestellt am Beispiel des sozialen Arbeitsschutzes:

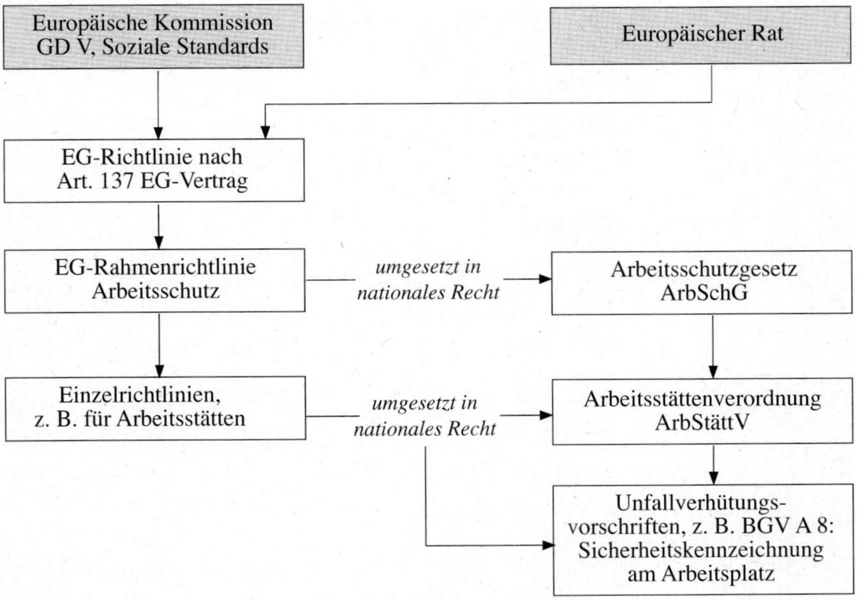

08. Welche Bestimmungen enthält das Sozialgesetzbuch SGB VII?

Die gesetzliche Unfallversicherung ist im 7. Buch des SGB geregelt (vgl. dazu auch oben, Ziffer 1.3.4). Wesentliche Inhalte des SGB VII sind (bitte die zentralen Paragrafen lesen):

§ 1
- Verhütung von Arbeitsunfällen und Berufskrankheiten
- Rehabilitation und Entschädigung nach Arbeitsunfällen und Berufskrankheiten

§ 2 Versichert sind kraft Gesetzes (Zwangsmitgliedschaft):
- alle Beschäftigten
- Lernende in der Aus- und Fortbildung

§ 3 Versicherungsfall:
- Arbeitsunfall
- Wegeunfall
- Berufskrankheit

§ 14 Grundsatz der Prävention („Verhütung geht vor Leistung")

§ 15 Unfallverhütungsvorschriften als autonomes Recht

§ 22 Sicherheitsbeauftragte

Drittes Kapitel:	Leistungen nach Eintritt eines Versicherungsfalls (§§ 26 - 103): - Heilbehandlung - Heilmittel - Arznei und Verbandmittel - Hilfsmittel - Häusliche Krankenpflege - Kraftfahrzeughilfe - Wohnungshilfe, Haushaltshilfe, Kinderbetreuungskosten - Reisekosten - Pflege - Verletztengeld - Renten an Versicherte - Abfindungen
Viertes Kapitel:	Haftung von Unternehmern, Unternehmensangehörigen und anderen Personen (§§ 104 - 113)
Fünftes Kapitel:	Organisation (Träger der gesetzlichen Unfallversicherung; §§ 114 - 149 a)
Sechstes Kapitel:	Aufbringung der Mittel (Finanzierung der gesetzlichen Unfallversicherung; §§ 150 - 187)
Siebtes Kapitel:	Zusammenarbeit der Unfallversicherungsträger mit anderen Leistungsträgern (§§ 188 - 198)
Achtes Kapitel:	Datenschutz (§§ 199 - 208)
Neuntes Kapitel:	Bußgeldvorschriften (§§ 209 - 211)
Zehntes Kapitel:	Übergangsrecht (§§ 212 - 220)

09. Was ist ein Arbeitsunfall?

Ein *Arbeitsunfall* liegt vor, wenn

o eine *versicherte Person* bei einer

o *versicherten Tätigkeit* durch ein

o *zeitlich begrenztes, von außen* her einwirkendes Ereignis

o einen *Körperschaden* erleidet.

Beispiel:

o Ein Schlosser arbeitet in einer Metallwarenfabrik.	→	*Versicherte Person (Schlosser)* *Versicherte Tätigkeit* +
o Er klemmt sich an einer Maschine die Hand.	→	*Unfallereignis* +
o Die Hand wird leicht gequetscht und blutet.	→	*Körperschaden*

⇨ Der Unfall des Schlossers war ein Arbeitsunfall.

10. Was ist ein Wegeunfall?

Unfälle auf dem Weg zur Arbeitsstelle und auf dem Weg zurück zur Wohnung sind dem Arbeitsunfall gleichgestellt. Sie werden von den Berufsgenossenschaften wie *Arbeitsunfälle* entschädigt und tragen die Bezeichnung *Wegeunfälle*.

11. Wann liegt eine Berufskrankheit vor?

Eine *Berufskrankheit* liegt vor, wenn

o eine versicherte Person durch ihre berufliche Tätigkeit

o gesundheitlich geschädigt wird und

o die Erkrankung in der Berufskrankheiten-Verordnung (BeKV) der Bundesregierung ausdrücklich als Berufskrankheit bezeichnet ist.

Beispiel:

o Ein Schlosser arbeitet viele Jahre in einem Stahlwerk und führt Reparaturarbeiten an Elektrolichtbogenöfen aus, die extreme Lärmpegel von bis zu 120 dB(A) erzeugen.	→	*Versicherte Person* (Schlosser) + *langjährige Lärmeinwirkung am Arbeitsplatz* + *Versicherte Tätigkeit*
o Lärm gilt ab einem Pegeln von 85 dB(A) als gesundheitsschädigend. Der Schlosser wird infolge des gesundheitsschädigenden Lärms an seinem Arbeitsplatz schwerhörig.	→	*Körperschaden*

o Die *Lärmschwerhörigkeit* ist eine der wichtigsten und *häufigsten Berufskrankheiten* in der Metallindustrie und im Metallhandwerk. Sie gilt schon sehr lange als Berufskrankheit und ist in der BeKV ausdrücklich verzeichnet. → *in der BeKV erfasst*

➪ *Bei dem Schlosser liegt eine Berufskrankheit vor.*

Der wesentliche *Unterschied* zwischen Arbeitsunfällen und Berufskrankheiten ist im *Zeitfaktor* zu sehen. Während der *Körperschaden* beim Arbeitsunfall *plötzlich* verursacht wird, geschieht dies bei der *Berufskrankheit* über *längere Zeiträume* hinweg.

12. Welche Bestimmungen enthält die Reichsversicherungsordnung (RVO)?

Die RVO stammt aus dem Jahr 1924 und wurde in vielen Teilen aufgrund neuer Gesetze aufgehoben – so zum Beispiel durch die Integration der gesetzlichen Krankenversicherung und der gesetzlichen Unfallversicherung in das SGB.

Wesentliche Inhalte der RVO sind (bitte die zentralen §§ lesen):

§§ 1 - 194	aufgehoben (ehemals: Gemeinsame Vorschriften, Krankenversicherung)
§§ 195 - 200	Schwangerschaft und Mutterschaft
§§ 537 - 1160	aufgehoben (ehemals: Gesetzliche Unfallversicherung)

13. Welche Bestimmungen enthält das Arbeitsschutzgesetz (ArbSchG)?

Das „Gesetz über die Durchführung von Maßnahmen des Arbeitsschutzes zur Verbesserung der Sicherheit und des Gesundheitsschutzes der Beschäftigten bei der Arbeit“ (kurz: Arbeitsschutzgesetz, ArbSchG) hat folgende, zentrale Inhalte (die zentralen §§ bitte lesen; Einzelheiten dazu vgl. auch Ziffer 1.4.2 ff. lt. Rahmenplan):

§ 1 *Zielsetzung und Anwendungsbereich*
„... dient dazu, Sicherheit und Gesundheitsschutz der Beschäftigten bei der Arbeit ... zu sichern und zu verbessern.“

§ 2 *Begriffsbestimmungen*
„Maßnahmen des Arbeitsschutzes ... sind ... Verhütung von Unfällen ..., arbeitsbedingte Gesundheitsgefahren ... Maßnahmen der menschengerechten Gestaltung der Arbeit.“

§ 3 *Grundpflichten des Arbeitgebers*
- alle erforderlichen Maßnahmen des Arbeitsschutzes zu treffen
- auf ihre Wirksamkeit hin zu überprüfen und ggf. anzupassen
- für eine geeignete Organisation zu treffen
- Vorkehrungen zu treffen, dass die Maßnahmen bekannt sind und beachtet werden
- trägt die Kosten des Arbeitsschutzes

§ 4 *Allgemeine Grundsätze*

§ 5 *Beurteilung der Arbeitsbedingungen*
- der Arbeitgeber hat eine Beurteilung der Gefährdung zu ermitteln
- hat die Beurteilung je nach Art der Tätigkeit vorzunehmen

§ 6 *Dokumentation*
- Ergebnis der Gefährdungsbeurteilung und die Maßnahmen des Arbeitsschutzes und das Ergebnis der Überprüfung ist in Unterlagen festzuhalten
- bestimmte Unfälle hat der Arbeitgeber zu erfassen (bei Todesfolge und bei Arbeitsunfähigkeit > 3 Tage)

§ 10 Erste Hilfe und sonstige Notfallmaßnahmen
- der Arbeitgeber hat die erforderlichen Maßnahmen zu treffen (Erste Hilfe, Brandbekämpfung, Evakuierung)
- ... hat die Verbindung zu außerbetrieblichen Stellen herzustellen (Erste Hilfe, medizinische Notversorgung, Bergung, Brandbekämpfung)
- ... hat geeignetes Personal für die o. g. Maßnahmen zu benennen

§ 11 Arbeitsmedizinische Vorsorge
Arbeitnehmer haben ein grundsätzliches Recht, sich regelmäßig arbeitsmedizinisch untersuchen zu lassen.

§ 12 Unterweisung
Der Arbeitgeber muss die Beschäftigten regelmäßig unterweisen (bei der Einstellung, bei Veränderungen, bei neuen Arbeitsmitteln/Technologien).

§ 15 Pflichten der Beschäftigten
- haben für Sicherheit und Gesundheit Sorge zu tragen
- haben Maschinen, Schutzvorrichtungen usw. bestimmungsgemäß zu verwenden

Hinweis: Mit Inkrafttreten des ArbSchG sind die Vorschriften der §§ 120, 120 a GewO weggefallen.

14. Welche Bestimmungen enthält die Gewerbeordnung (GewO)?

Die Gewerbeordnung ist das älteste Gesetz, das sich mit der Gestaltung der Arbeitsverhältnisse beschäftigt. Durch das am 21.08.1996 in Kraft getretene Arbeitsschutzgesetz (ArbSchG) wurden Teile der Gewerbeordnung aufgehoben.

Insbesondere wurde die *„Generalklausel" der Gewerbeordnung* („ ... der Unternehmer verpflichtet ist, Arbeitsräume, ... so zu regeln, dass die Arbeitnehmer gegen Gefahren für Leben und Gesundheit ... geschützt sind ...") *ersetzt durch die zeitgemäßeren Vorschriften der §§ 1 ff. des ArbSchG.*

Von der Gesetzesnovellierung *nicht berührt und somit weiterhin gültig* sind u. a. folgende Bestimmungen der Gewerbeordnung:

- § 120b GewO *Rücksicht auf Sitte und Anstand*, z. B.: Betriebsordnung, Trennung der Geschlechter in Sanitärräumen, genügend Umkleide- und Waschräume, hygienische Toiletten in genügender Anzahl

- § 120c GewO *Gemeinschaftsunterkünfte*, z. B.: hygienisch einwandfrei und in ausreichender Anzahl, erforderliche Beleuchtung, Belüftung, ausreichende Wasser- und Energieversorgung, Kochgelegenheiten.

15. Welche Bedeutung haben weitere Gesetze für den Arbeitsschutz und die Arbeitssicherheit?

Hinweis:
Der Rahmenplan nennt unter Ziffer 1.4.1 eine Fülle für den Arbeitsschutz relevanter Gesetze in ungeordneter Reihenfolge mit der Taxonomie „kennen". Zum Teil werden einzelne dieser Gesetze in den nachfolgenden Ziffern 1.4.2 ff. erneut aufgeführt, zum Teil sind diese Gesetze zwischenzeitlich vom Gesetzgeber aufgehoben, zum Teil verwendet der Rahmenplan falsche Gesetzesbezeichnungen. Von daher erscheint uns eine *Übersicht* geboten, in welcher Weise die zu behandelnden Gesetze und Bestimmungen in diesem Buch bearbeitet werden:

<table>
<tr><th colspan="4">Weitere Gesetze für den Arbeitsschutz und die Arbeitssicherheit</th></tr>
<tr><td>Bezeichnung</td><td>Abkürzung</td><td>Fundstelle</td><td>Kommentar</td></tr>
<tr><td>Bildschirmarbeitsverordnung</td><td>BscharbV</td><td colspan="2" rowspan="2">vgl. Frage 16., 17.</td></tr>
<tr><td>Arbeitszeitgesetz</td><td>ArbZG</td></tr>
<tr><td>Betriebsverfassungsgesetz</td><td>BetrVG</td><td>1.4.2</td><td rowspan="6"></td></tr>
<tr><td>Mutterschutzgesetz</td><td>MuSchG</td><td rowspan="3">1.4.3</td></tr>
<tr><td>Teilhabe und Rehabilitation</td><td>SGB IX</td></tr>
<tr><td>Jugendarbeitsschutzgesetz</td><td>JArbSchG</td></tr>
<tr><td>Gesetz über Betriebsärzte, Sicherheitsingenieure und andere Fachkräfte der Arbeitssicherheit</td><td>ASiG</td><td>1.4.4</td></tr>
<tr><td>Gefahrstoffverordnung</td><td>GefStoffV</td><td rowspan="2">1.4.5</td></tr>
<tr><td>Arbeitsstättenverordnung</td><td>ArbStättV</td><td>wurde novelliert</td></tr>
<tr><td>Gesetz über technische Arbeitsmittel</td><td>[GSG]</td><td rowspan="3">1.4.6</td><td rowspan="2">wurde aufgehoben und durch das GPSG ersetzt</td></tr>
<tr><td>Produktsicherheitsgesetz</td><td>[ProdSG]</td></tr>
<tr><td>Betriebssicherheitsverordnung</td><td>BetrSichV</td><td>wurde novelliert</td></tr>
<tr><td>Bundesimmissionsschutzgesetz</td><td>BImSchG</td><td colspan="2">1.5</td></tr>
</table>

16. Was ist in der Bildschirmarbeitsverordnung (BscharbV) geregelt? → 3.6.1

Die BscharbV (= Verordnung über Sicherheit und Gesundheitsschutz bei der Arbeit an Bildschirmgeräten) enthält spezielle Schutzbestimmung für Bildschirmarbeitsplätze (Beschaffenheit der Arbeitsmittel, Augenuntersuchung, vorgeschriebene Pause). Bildschirmarbeitsplätze sind abzugrenzen von Arbeitsplätzen, an denen gelegentlich mithilfe des Bildschirms gearbeitet wird. Ergänzende Bestimmungen sind in Tarifverträgen sowie in den BG-Regeln 535 und 618 enthalten.

Vgl. dazu auch im 3. Prüfungsfach, Ziffer 3.6.1, Nr. 24.

17. Welche Inhalte sind im Arbeitszeitgesetz geregelt?

Das Gesetz verfolgt den Zweck, die Sicherheit und den Gesundheitsschutz der Arbeitnehmer bei der Arbeitszeitgestaltung zu gewährleisten und die Rahmenbedingungen für flexible Arbeitszeiten zu verbessern sowie den Sonntag und die staatlich anerkannten Feiertage als Tage der Arbeitsruhe zu schützen.

Aus diesem Grund gilt:

- die werktägliche Arbeitszeit der Arbeitnehmer darf acht Stunden nicht überschreiten. Sie kann jedoch auf bis zu zehn Stunden verlängert werden, wenn innerhalb von 6 Kalendermonaten oder innerhalb von 24 Wochen im Durchschnitt acht Stunden werktäglich nicht überschritten werden;
- die Arbeitszeit ist durch im Voraus feststehende Ruhepausen von mindestens 30 Minuten bei einer Arbeitszeit von mehr als sechs bis zu neun Stunden und von 45 Minuten bei einer Arbeitszeit von mehr als neun Stunden insgesamt zu unterbrechen;
- die Arbeitnehmer müssen nach Beendigung der täglichen Arbeitszeit eine ununterbrochene Ruhezeit von mindestens elf Stunden haben. Begrenzte Ausnahmen bestehen für Krankenhäuser. Gaststätten, in Verkehrsbetrieben und in der Landwirtschaft.

18. Welche Bestimmungen enthält das Nichtraucherschutzgesetz?

Das Gesetz wurde bundesweit zum 1.1.2008 umgesetzt. Ziel des Gesetzes ist der Schutz der Nichtraucher vor den schädlichen Auswirkungen des Passivrauchens. Gaststätten müssen nunmehr als Nichtrauchergaststätten geführt werden. In allen Räumlichkeiten (Küche, Aufenthaltsräume für das Personal usw.) ist das Rauchen grundsätzlich untersagt. Es kann aber ein baulich abgetrennter Raum geschaffen werden, um Rauchern den Aufenthalt angenehm gestalten zu können. Personen unter 18 Jahren ist der Zugang zu Tabakwaren zu verwehren (Änderung des Jugendschutzgesetzes).

1.4.2 Verantwortung für den Arbeitschutz und die Arbeitssicherheit

01. Welche Pflichten hat der Arbeitgeber im Rahmen des Arbeits- und Gesundheitsschutzes?

Der Arbeitgeber trägt – vereinfacht formuliert – die Verantwortung dafür, dass „seine Mitarbeiter am Ende des Arbeitstages möglichst genauso gesund sind, wie zu dessen Beginn“. Er hat dazu alle erforderlichen Maßnahmen zur Verhütung von

- Arbeitsunfällen,
- Berufskrankheiten und
- arbeitsbedingten Gesundheitsgefahren sowie für
- wirksame Erste Hilfe

zu ergreifen.

Das *Arbeitsschutzgesetz* (ArbSchG) legt die *Pflichten des Arbeitgebers im Arbeits- und Gesundheitsschutz* als Umsetzung der Europäischen Arbeitsschutz-Rahmenrichtlinie fest. Die *Grundpflichten des Unternehmers sind also Europa weit harmonisiert.* Nach dem Arbeitsschutzgesetz kann man die Verantwortung des Arbeitgebers für den Arbeitsschutz in Grundpflichten, besondere Pflichten und allgemeine Grundsätze gliedern:

- *Grundpflichten des Arbeitgebers* nach § 3 ArbSchG:
  Die Grundpflichten des Unternehmers sind im § 3 des Arbeitsschutzgesetzes genau beschrieben. Danach muss der Unternehmer

  - alle notwendigen *Maßnahmen* des Arbeitsschutzes *treffen*,
  - diese Maßnahmen auf ihre *Wirksamkeit überprüfen* und ggf. *anpassen*,
  - dafür sorgen, dass die Maßnahmen den *Mitarbeitern* bekannt sind und *beachtet* werden,
  - für eine *geeignete Organisation* im Betrieb sorgen,
  - die *Kosten* für den Arbeitsschutz *tragen*.

- *Besondere Pflichten des Arbeitgeber*s nach §§ 4 - 14 ArbSchG, z. B.:
  Um sicher zu stellen, dass wirklich geeignete und auf die Arbeitsplatzsituation genau zugeschnittene wirksame Maßnahmen ergriffen werden, schreibt § 5 des Arbeitsschutzgesetzes vor, dass der Arbeitgeber

  - die *Gefährdungen* im Betrieb *ermittelt* und
  - die *Gefährdungen beurteilen* muss.

  Der Arbeitgeber ist verpflichtet, *Unfälle* zu *erfassen*. Dies betrifft insbesondere *tödliche Arbeitsunfälle*, Unfälle mit *schweren Körperschäden* und Unfälle, die dazu geführt haben, dass der Unfallverletzte *mehr als drei Tage arbeitsunfähig* war. Für Unfälle, die diese Bedingungen erfüllen, besteht gegenüber der Berufsgenossenschaft eine *Anzeigepflicht*. Der Arbeitgeber muss für eine *funktionierende Erste Hilfe* und die erforderlichen *Notfallmaßnahmen* in seinem Betrieb sorgen (§ 10 ArbSchG).

- *Allgemeine Grundsätze* nach § 4 ArbSchG:
  Der Arbeitgeber hat bei der Gestaltung von Maßnahmen des Arbeitsschutzes folgende allgemeine Grundsätze zu beachten:

  1. Eine Gefährdung ist möglichst zu vermeiden; eine verbleibende Gefährdung ist möglichst gering zu halten.
  2. Gefahren sind an ihrer Quelle zu bekämpfen.
  3. Zu berücksichtigen sind: Stand der Technik, Arbeitsmedizin, Hygiene sowie gesicherte arbeitswissenschaftliche Erkenntnisse.
  4. Technik, Arbeitsorganisation, Arbeits- und Umweltbedingungen sowie soziale Beziehungen sind sachgerecht zu verknüpfen.
  5. Individuelle Schutzmaßnahmen sind nachrangig.
  6. Spezielle Gefahren sind zu berücksichtigen.
  7. Den Beschäftigten sind geeignete Anweisungen zu erteilen.
  8. Geschlechtsspezifische Regelungen sind nur zulässig, wenn dies biologisch zwingend ist.

Pflichten des Arbeitgebers nach dem ArbSchG im Überblick			
Grundpflichten	**Besondere Pflichten**		**Allgemeine Grundsätze**
§ 3 ArbSchG	§§ 5 - 14 ArbSchG		§ 4 ArbSchG
- Maßnahmen treffen - Wirksamkeit kontrollieren - Verbesserungspflicht - Vorkehrungs-/Bereitstellungspflicht - Kostenübernahme	- Gefährdungsbeurteilung, Analyse, Dokumentation - sorgfältige Aufgabenübertragung - Zusammenarbeit mit anderen Arbeitgebern - Vorkehrungen bei besonders gefährlichen Arbeitsbereichen - Erste Hilfe - arbeitsmedizinische Vorsorge - Unterweisung der Mitarbeiter	§§ 5 - 6 § 7 § 7 § 9 § 10 § 11 § 12	- Gefährdungsvermeidung - Gefahrenbekämpfung - Überprüfen des Technikstandes - Planungspflichten - Schutz besonderer Personengruppen - Anweisungspflicht - Diskriminierungsverbot

02. Welche Bedeutung hat die Übertragung von Unternehmerpflichten nach § 7 Arbeitsschutzgesetz?

Dem Unternehmer/Arbeitgeber sind vom Gesetzgeber Pflichten im Arbeitsschutz auferlegt worden. Diese Pflichten obliegen ihm *persönlich.* Im Einzelnen sind dies (vgl. oben, Grundpflichten):

- die *Organisationsverantwortung*,
- die *Auswahlverantwortung* (Auswahl der „richtigen" Personen) und
- die *Aufsichtsverantwortung* (Kontrollmaßnahmen)

Je größer das Unternehmen ist, desto umfangreicher wird natürlich für den Unternehmer das Problem, die sich aus der generellen Verantwortung ergebenden Pflichten im betrieblichen Alltag persönlich wirklich wahrzunehmen.

In diesem Falle überträgt er seine persönlichen Pflichten auf *betriebliche Vorgesetzte* und/oder *Aufsichtspersonen.* Er beauftragt sie mit seinen Pflichten und bindet sie so in seine Verantwortung mit ein.

- § 13 der Unfallverhütungsvorschrift BGV A1 „Grundsätze der Prävention" legt fest, dass der *Verantwortungsbereich* und die *Befugnisse*, die der Beauftragte erhält, um die beauftragten Pflichten erledigen zu können, vorher *genau festgelegt* werden müssen. Die *Pflichtenübertragung* bedarf der *Schriftform.* Das Schriftstück ist vom Beauftragten zu unterzeichnen. Dem Beauftragten ist ein Exemplar auszuhändigen.
- Die Pflichten von Beauftragten, also Vorgesetzten und Aufsichtspersonen, bestehen jedoch rein rechtlich auch ohne eine solche schriftliche Beauftragung, also unabhängig von § 13 BGV A1. Dies ist deswegen der Fall, weil sich die *Pflichten des Vorgesetzten* bzw. der Aufsichtsperson aus deren Arbeitsvertrag ergeben. Alle Vorgesetzten, und dazu gehören insbesondere die Industriemeister, sollten ganz genau wissen, dass sie ab Übernahme der Tätigkeit in ihrem

Verantwortungsbereich nicht nur für einen geordneten Arbeits- und Produktionsablauf verantwortlich sind, sondern auch für die Sicherheit der unterstellten Mitarbeiter.

- Um dieser Verantwortung gerecht zu werden, räumt der Unternehmer dem Vorgesetzten *Kompetenzen* ein. Diese *Kompetenzen* muss der Vorgesetzte *konsequent einsetzen*. Aus der *persönlichen Verantwortung* erwächst immer auch die *persönliche Haftung*. Eine wichtige Regel für den betrieblichen Vorgesetzten lautet:

„3-K-Regel" nach Nordmann: „Wer *Kompetenzen* besitzt und diese *Kompetenzen* nicht nutzt, muss im Ernstfall mit *Konsequenzen* rechnen, die er gegebenenfalls ganz allein zu tragen hat."

03. Welche Pflichten sind den Mitarbeitern im Arbeitsschutz auferlegt?
→ §§ 15 f. ArbSchG, BGV A1

• *Rechtsquellen:*

- Die *Pflichten* der Mitarbeiter sind in § 15 ArbSchG *allgemein* beschrieben.
- § 16 ArbSchG legt *besondere Unterstützungspflichten* der Mitarbeiter dem Unternehmer gegenüber fest. Natürlich sind alle Mitarbeiter verpflichtet, im innerbetrieblichen Arbeitsschutz aktiv mitzuwirken.
- Die §§ 15 und 18 der berufsgenossenschaftlichen Unfallverhütungsvorschrift „Grundsätze der Prävention" (BGV A1) regeln die diesbezüglichen Verpflichtungen der Mitarbeiter im betrieblichen Arbeitsschutz. Das 3. Kapitel der berufsgenossenschaftlichen Unfallverhütungsvorschrift BGV A1 „Grundsätze der Prävention" regelt die Pflichten der Mitarbeiter ausführlich.

• *Pflichten der Mitarbeiter im Arbeitsschutz:*

- Die Mitarbeiter müssen die *Weisungen* des Unternehmers für ihre Sicherheit und Gesundheit befolgen. Die Maßnahmen, die der Unternehmer getroffen hat, um für einen wirksamen Schutz der Mitarbeiter zu sorgen, sind von den Mitarbeitern zu unterstützen. Sie dürfen sich bei der Arbeit nicht in einen Zustand versetzen, durch den sie sich selbst oder andere gefährden können (Pflicht zur Eigensorge und Fremdsorge). Dies gilt insbesondere für den Konsum von Drogen, Alkohol, anderen berauschenden Mitteln sowie die Einnahme von Medikamenten (§ 15 Abs. 1 ArbSchG).

  § 15 der BGV A1 sieht in der neuesten Fassung vom 01.01.2004 derartige Handlungen als Ordnungswidrigkeiten an. Deswegen ist es möglich, dass Mitarbeiter, die bei der Arbeit unter Alkohol- bzw. Drogeneinfluss stehen, durch die Berufsgenossenschaft mit einem Bußgeld belegt werden können.

- Die Mitarbeiter müssen Einrichtungen, Arbeitsmittel und Arbeitsstoffe sowie Schutzvorrichtungen bestimmungsgemäß benutzen und dürfen sich an gefährlichen Stellen im Betrieb nur im Rahmen der ihnen übertragenen Aufgaben aufhalten; die persönliche Schutzausrüstung ist bestimmungsgemäß zu verwenden (§ 15 Abs. 2 ArbSchG).
- Gefahren und Defekte sind vom Mitarbeiter unverzüglich zu melden (§ 16 ArbSchG).

- Die Mitarbeiter haben gemeinsam mit dem Betriebsarzt (BA) und der Fachkraft für Arbeitssicherheit (Sifa) den Arbeitgeber in seiner Verantwortung zu unterstützen; festgestellte Gefahren und Defekte sind dem BA und der Sifa mitzuteilen (§ 16 Abs. 2 ArbSchG).

04. Welche Rechtsfolgen ergeben sich bei Verstößen und Ordnungswidrigkeiten im Rahmen des Arbeitsschutzes?

a) *Ordnungswidrig* handelt, wer vorsätzlich oder fahrlässig gegen Verordnungen des Arbeitsschutzes verstößt (betrifft Arbeitgeber und Beschäftigte; § 25 ArbSchG).

b) *Ordnungswidrigkeiten* werden mit Geldstrafe bis zu 5.000 EUR, in besonderen Fällen bis zu 25.000 EUR geahndet (§ 25 ArbSchG).

c) Wer dem Arbeitsschutz zu wider laufende Handlungen beharrlich wiederholt oder durch vorsätzliche Handlung Leben oder Gesundheit von Beschäftigten gefährdet, wird mit *Freiheitsstrafe bis zu einem Jahr oder mit Geldstrafe* bestraft.

Zu beachten ist weiterhin:

Ein Arbeitgeber kann bei Nichtbeachtung der Arbeitsschutzvorschriften unter Umständen von der Berufsgenossenschaft in Regress genommen werden (Rückforderung von Leistungen); außerdem besteht ggf. ein Schadensersatzanspruch des Arbeitnehmers, falls dieser eine gesundheitliche Schädigung erleidet.

1.4.3 Sonderschutzrechte für schutzbedürftige Personen

01. Welche Sonderregelungen des sozialen Arbeitsschutzes für besondere Personengruppen bestehen im Einzelnen?

Sonderschutzrechte für besondere Personengruppen	
Wehrdienstleistende	Der Arbeitsplatz der Arbeitnehmer, die zum Grundwehrdienst oder zu einer Wehrübung einberufen werden, ist durch das *Arbeitsplatzschutzgesetz* (ArbPlSchG) besonders geschützt. Diese Arbeitnehmer genießen überdies einen besonderen Kündigungsschutz.
Mütter	Werdende und junge Mütter genießen den besonderen Schutz des *Mutterschutzgesetzes* (MuSchG) hinsichtlich der Art ihrer Beschäftigung und der Arbeitszeit sowie im Hinblick auf den Kündigungsschutz.
Schwerbehinderte Menschen	Das *SGB IX* sichert den schwerbehinderten Menschen berufliche Förderung und den Arbeitsplatz. Auch bestehen besondere Kündigungsschutzbestimmungen.
Heimarbeiter	Das *Heimarbeitsgesetz* (HAG) schützt die Heimarbeiter vor besonderen Gefahren im Hinblick auf das Entgelt und einen beschränkten Kündigungsschutz.
Auszubildende, Jugendliche	Auszubildende werden nach dem *Berufsbildungsgesetz* (BBiG), Jugendliche nach dem *Jugendarbeitsschutzgesetz* (JArbSchG) und dem Gesetz über den Schutz der Jugend in der Öffentlichkeit (JSchG) und ferner durch das Jugendgerichtsgesetz besonders geschützt.
Mitglieder des Betriebsrates und der JAV	Das *Betriebsverfassungsgesetz* (BetrVG) wiederum gibt den Betriebsräten und den Jugend- und Auszubildendenvertretungen (JAV) besonderen Kündigungsschutz.

02. Welchen besonderen Schutz genießen Frauen?

a) *Gleichbehandlungsgrundsatz:* - Art 3,6 GG
- Allgemeines Gleichbehandlungsgesetz (AGG)

b) *Förderung:* - Frauenförderungsgesetz (FFG)

c) *Mütter:* - Mutterschutz, Bundeserziehungsgeld bzw. Elterngeld

Der Schutz im Zusammenhang mit der Geburt und Erziehung eines Kindes ist im *Mutterschutzgesetz* und im *BEEG* geregelt. Insbesondere finden sich folgende Bestimmungen:

- das MuSchG gilt für alle Frauen, die in einem Arbeitsverhältnis stehen,
- der Arbeitsplatz ist besonders zu gestalten (Leben und Gesundheit der werdenden/stillenden Mutter ist zu schützen),
- es existiert ein *relatives* und ein *absolutes Beschäftigungsverbot* für werdende Mütter,
- Anspruch auf Arbeitsfreistellung für die Stillzeit,
- Entgeltschutz: Verbot finanzieller Nachteile,
- absolutes Kündigungsverbot (während der Schwangerschaft und vier Monate danach),
- es besteht Anspruch auf Erziehungsgeld und Elternzeit.

03. Welche Änderungen enthält das Schwerbehindertenrecht?

Zum 1. Juli 2001 wurden die Vorschriften für Behinderte aus mehreren Gesetzen zusammengefasst – insbesondere wurde das Schwerbehindertengesetz eingearbeitet – und in das Sozialgesetzbuch (SGB, Teil IX) integriert.

Maßgeblich sind folgende Änderungen:

• Damit *Leistungen schnellstmöglich erbracht werden*, soll das Verwaltungsverfahren durch eine rasche Zuständigkeitsklärung verkürzt werden. Zahlt der Leistungsträger (Krankenkasse, BfA oder andere) nicht rechtzeitig, kann der Berechtigte sich selbst darum kümmern. Er bekommt seinen Aufwand nachträglich ersetzt, muss dem Leistungsträger aber vorher eine Frist setzen.

• *Sachleistungen* gibt es nun auch im *Ausland*, wenn sie dort bei gleicher Qualität und Wirksamkeit wirtschaftlicher erbracht werden können.

• In allen Städten und Landkreisen sollen Behinderte über alle für sie in Betracht kommenden Rehabilitationsleistungen umfassend durch gemeinsame *Servicestellen* der verschiedenen Rehabilitationsträger beraten werden. *Die Servicestellen werden vernetzt.*

• Die bisherigen berufsfördernden Leistungen zur Rehabilitation heißen nun *„Leistungen zur Teilhabe am Arbeitsleben"*, die Hauptfürsorgestellen *„Integrationsämter"*.

Neue Leistungen:

- die „Arbeitsassistenz" zur Arbeitsaufnahme (etwa eine Vorlesekraft für Blinde)
- ein Überbrückungsgeld als Leistung für berufliche Rehabilitation mit der Aufnahme einer selbstständigen Tätigkeit (bisher nur Arbeitsämter)
- Arbeitgebern stehen höhere Eingliederungszuschüsse zu

- Übergangsgeld besteht grundsätzlich zeitlich unbegrenzt und kann auch bei ambulanter Rehabilitation gezahlt werden.

04. Welche wichtigen Einzelbestimmungen enthält das Jugendarbeitsschutzgesetz?

1. *die tägliche Arbeitszeit:*
   8 Stunden täglich, die tägliche Arbeitszeit kann auf 8 ½ Stunden erhöht werden, wenn an einzelnen Tagen weniger als 8 Stunden gearbeitet wird,

2. *die wöchentliche Arbeitszeit:*
   40 Stunden wöchentlich (zu beachten ist § 21a JArbSchG; bitte lesen),

3. *die Ruhepausen:*
   Bei mehr als 4 ½ bis 6 Stunden eine Pause von 30 Minuten, bei mehr als 6 Stunden eine Pause von 60 Minuten; Pausen betragen mindestens 15 Minuten und müssen im Voraus festgelegt werden,

4. *die Samstagsarbeit:*
   Jugendliche dürfen an Samstagen nicht beschäftigt werden; Ausnahmen sind z. B. offene Verkaufsstellen, Gaststätten, Verkehrswesen; mindestens zwei Samstage sollen beschäftigungsfrei sein, dafür aber Freistellung an einem anderen berufsschulfreien Arbeitstag,

5. *die Sonntagsarbeit:*
   Jugendliche dürfen an Sonntagen nicht beschäftigt werden; Ausnahmen sind z. B. im Gaststättengewerbe. Mindestens zwei Sonntage im Monat müssen beschäftigungsfrei sein. Bei Beschäftigung an Sonntagen ist Freistellung an einem anderen berufsschulfreien Arbeitstag derselben Woche sicherzustellen,

6. *der Urlaub:*
   Mindestens 30 Werktage, wer zu Beginn des Kalenderjahres noch nicht 16 Jahre alt ist; mindestens 27 Werktage, wer noch nicht 17 Jahre alt ist; mindestens 25 Werktage, wer noch nicht 18 Jahre alt ist. Bis zum 1. Juli voller Jahresurlaub, ab 2. Juli $^1/_{12}$ pro Monat.

7. *der Berufsschulbesuch:*
   Jugendliche sind für die Teilnahme am Berufsschulunterricht freizustellen und nicht zu beschäftigen:

   1) an einem vor 9 Uhr beginnenden Unterricht,
   2) an einem Berufsschultag mit mehr als 5 Unterrichtsstunden von mindestens je 45 Minuten Dauer einmal in der Woche,
   3) in Berufsschulwochen mit Blockunterricht von 25 Stunden an 5 Tagen. Berufsschultage werden mit 8 Stunden auf die Arbeitszeit angerechnet.

8. *Freistellungen für Prüfungen:*
   Freistellung muss erfolgen für die Teilnahme an Prüfungen und an dem Arbeitstag, der der schriftlichen Abschlussprüfung unmittelbar vorangeht.

9. *die Nachtruhe:*
   Jugendliche dürfen nur in der Zeit von 6 - 20 Uhr beschäftigt werden, im Gaststättengewerbe bis 22 Uhr. In mehrschichtigen Betrieben dürfen nach vorheriger Anzeige an die Aufsichtsbehörde Jugendliche über 16 Jahren ab 5:30 Uhr oder bis 23:30 Uhr beschäftigt werden, soweit sie hierdurch unnötige Wartezeiten vermeiden können.

10. *die Feiertagsbeschäftigung:*
    Am 24. und 31. Dezember nach 14 Uhr und an gesetzlichen Feiertagen keine Beschäftigung. Ausnahmen bestehen für Gaststättengewerbe, jedoch nicht am 25.12., 01.01., ersten Ostertag und am 1. Mai.

11. *ärztliche Untersuchungen und gesundheitliche Betreuung:*
    Beschäftigungsaufnahme nur, wenn innerhalb der letzten 14 Monate eine erste Untersuchung erfolgt ist und hierüber eine Bescheinigung vorliegt. Ein Jahr nach Aufnahme der ersten Beschäftigung Nachuntersuchung, sie darf nicht länger als 3 Monate zurückliegen (nur bis zum 18. Lebensjahr).

12. *gefährliche Arbeiten:*
    Verbot der Beschäftigung mit gefährlichen Arbeiten.

13. *Unterweisung über Gefahren:*
    Vor Beginn der Beschäftigung und in regelmäßigen Abständen hat eine Unterweisung über Gefahren zu erfolgen; zu beachten ist : § 28a JArbSchG.

14. *häusliche Gemeinschaft:*
    Bei Aufnahme in die häusliche Gemeinschaft muss ein Zimmer zur Verfügung stehen und die ärztliche Versorgung sichergestellt sein.

15. *Aushänge und Verzeichnisse:*
    Auszuhändigen sind: Jugendarbeitsschutzgesetz, Mutterschutzgesetz, Anschrift der Berufsgenossenschaft, tägliche Arbeitszeit; es ist ein Verzeichnis der beschäftigten Jugendlichen mit Angabe deren täglicher Arbeitszeit zu führen.

05. Welches Ziel hat das Allgemeine Gleichbehandlungsgesetz (AGG)?

Ziel des Gesetzes ist es, „Benachteiligungen aus Gründen der Rasse oder wegen der ethnischen Herkunft, des Geschlechts, der Religion oder Weltanschauung, einer Behinderung, des Alters oder der sexuellen Identität zu verhindern oder zu beseitigen." (§ 1 AGG)

06. Welchen Schutz hat der Arbeitnehmer bei sexueller Belästigung am Arbeitsplatz?

Als sexuelle Belästigung wird angesehen: Strafrechtlich relevantes Verhalten und „sonstige sexuelle Handlungen und Aufforderungen zu diesen, sexuell bestimmte körperliche Berührungen, Bemerkungen sexuellen Inhalts sowie Zeigen und Anbringen pornografischer Darstellungen, die von den Betroffenen erkennbar abgelehnt werden (§ 2 Abs. 2 Satz 2 BSchG; Beschäftigtenschutzgesetz).

Betroffene Arbeitnehmer können sich bei den zuständigen Stellen im Betrieb, z. B. dem Arbeitgeber oder dem Betriebsrat, beschweren (§ 13 AGG; § 75 Abs. 2 BetrVG). Es besteht ein Recht auf Schadenersatz und Unterlassung. Arbeitgeber und Vorgesetzte haben die Beschwerde zu prüfen und geeignete Maßnahmen zu treffen, um die Wiederholung einer festgestellten, sexuellen Belästigung zu verhindern. Geeignete Maßnahmen des Arbeitgebers sind (§ 4 Abs. 1 BSchG): Ermahnung, Abmahnung, Versetzung, ordentliche oder außerordentliche Kündigung.

Unterlässt der Arbeitgeber geeignete Maßnahmen zur Verhinderung sexueller Belästigung, hat der Arbeitnehmer/die Arbeitnehmerin ein Zurückbehaltungsrecht (keine Pflicht zur Arbeit; trotzdem Anspruch auf Arbeitsentgelt).

Sexuelle Belästigung am Arbeitsplatz • Beispiele aus der Rechtsprechung		
Einmalige Belästigung durch sexuelle Witze gegen den Willen der/des Betroffenen.	→	**Ermahnung**
- Piksen, Streicheln, Hinterherpfeifen - Sich in den Weg stellen mit sexuellen Anspielungen - Arm auf die Schulter legen und streicheln	→	**Abmahnung**
- Einstellungsgespräch in der Sauna - Wiederholtes Umarmen gegen den Willen der Kollegin/des Kollegen	→	**Ordentliche Kündigung**
- Exhibitionistische Handlungen - Obszönes Ausfragen von Arbeitnehmerinnen/Arbeitnehmern nach sexuellen Aktivitäten in der vergangenen Nacht verbunden mit obszönen Angeboten und Bemerkungen	→	**Außerordentliche Kündigung**

1.4.4 Bestimmungen des Arbeitssicherheitsgesetzes (ASiG)

01. Welche zentralen Bestimmungen enthält das Arbeitssicherheitsgesetz?

Das Gesetz regelt insbesondere die *Pflichten der Arbeitgeber* zur Bestellung von *Betriebsärzten* und *Fachkräften für Arbeitssicherheit* (= SIFA) sowie die Pflicht zur Gründung eines Koordinationsgremiums des innerbetrieblichen Arbeitsschutzes – dem *Arbeitschutzsausschuss*. Das Gesetz bestimmt damit die grundsätzlichen Strukturen der Organisation des betrieblichen Arbeitsschutzes, indem es die Verantwortlichen, ihre Aufgaben und ihre Zusammenarbeit festlegt.

Durch das Arbeitssicherheitsgesetz soll dem verantwortlichen Arbeitgeber eine fachliche qualifizierte Unterstützung zur Seite gestellt werden. *Betriebsärzte und Fachkräfte* für Arbeitssicherheit stehen ihm als *Berater* zur Verfügung. *Leitgedanke des Gesetzes ist die Prävention* im betrieblichen Arbeits- und Gesundheitsschutz.

Mit der Revision des Arbeitssicherheitsgesetzes im Jahre 1996 wurden die *Aufgaben der Betriebsärzte und Fachkräfte für Arbeitssicherheit beträchtlich erweitert*. Sie haben die Pflicht, den Arbeitgeber beim Arbeitsschutz und bei der Unfallverhütung in allen Fragen des Gesundheitsschutzes und der Arbeitssicherheit einschließlich der menschengerechten Arbeitsgestaltung *zu unterstützen*. Hierzu zählt auch die Unterstützung des Arbeitgebers bei der Verhütung arbeitsbedingter Erkrankungen und der Gefährdungsanalyse.

Im Einzelnen legt das Arbeitssicherheitsgesetz fest:

- die Bestellung von Betriebsärzten und Fachkräften für Arbeitssicherheit mit Zustimmung des Betriebsrats
- die Anforderungen an Betriebsärzte und Fachkräfte für Arbeitssicherheit
- ihre Unabhängigkeit

- ihre Verpflichtung zur gegenseitigen Zusammenarbeit und zur Zusammenarbeit mit dem Betriebsrat
- die Pflicht zur Bildung des Arbeitsschutzausschusses in Betrieben, seine Zusammensetzung und seine Aufgaben
- behördliche Anordnungen, Auskunfts- und Besichtigungsrechte
- die Möglichkeiten, überbetriebliche Dienste zur Erfüllung der Aufgaben von Betriebsärzten und Fachkräften für Arbeitssicherheit in Anspruch zu nehmen

02. Wann sind Sicherheitsbeauftragte (Sibea) zu bestellen und welche Aufgaben haben sie? **→ § 20 BGV A1**

- *Pflicht zur Bestellung von Sicherheitsbeauftragten:*
  Wann Sicherheitsbeauftragte (Sibea) zu bestellen sind, ist durch § 20 der berufsgenossenschaftlichen Unfallverhütungsvorschrift BGV A1 „Grundsätze der Prävention" genau geregelt:

  Sicherheitsbeauftragte sind vom Arbeitgeber zu bestellen, wenn im Betrieb mehr als *20 Mitarbeiter* beschäftigt werden, d. h. die Verpflichtung, Sicherheitsbeauftragte zu bestellen, erwächst dem Unternehmer genau dann, wenn er den 21. Mitarbeiter einstellt.

  Es hat sich in größeren Betrieben als sehr praktisch erwiesen, Sicherheitsbeauftragte speziell für die einzelnen Abteilungen, Werkstätten bzw. den kaufmännischen Bereich zu bestellen. Die Anzahl der zu bestellenden Sicherheitsbeauftragten richtet sich danach, in welche Gefahrklasse der Gewerbezweig eingestuft ist.

  Es gilt grob die Regel:

Je *gefährlicher* der *Gewerbezweig*, desto *mehr Sicherheitsbeauftragte* müssen bestellt werden.

- *Aufgaben der Sicherheitsbeauftragten:*
  Sie haben die *Aufgabe*, den Arbeitgeber bei der Durchführung des Arbeitsschutzes über das normale Maß der Pflichten der Mitarbeiter im Arbeitsschutz hinaus zu unterstützen

  - Die Sicherheitsbeauftragten arbeiten *ehrenamtlich* und wirken auf *kollegialer Basis* auf die Mitarbeiter des Betriebsbereiches ein, für den sie bestellt worden sind.
  - Der Sicherheitsbeauftragte ist in der betrieblichen Praxis ein *wichtiger Partner* für den *Industriemeister* und hinsichtlich der Erfüllung der Pflichten des Meisters im Arbeitsschutz ein wichtiges *Bindeglied* zu den Mitarbeitern.
  - Das erforderliche *Grundwissen* für die Tätigkeit im Unternehmen erwirbt sich der Sicherheitsbeauftragte in einem kostenfreien Ausbildungskurs der *Berufsgenossenschaft.* Weiterhin bieten die Berufsgenossenschaften Fortbildungskurse für Sicherheitsbeauftragte an und stellen zahlreiche Arbeitshilfen zur Verfügung.

03. Wann sind Sicherheitsfachkräfte (Sifa) zu bestellen und welche Aufgaben haben sie?
→ § 5 ASiG, BGV A2

- *Pflicht zur Bestellung von Sicherheitsfachkräften:*
  Fachkräfte für Arbeitssicherheit (Sicherheitsfachkräfte; Sifa) muss grundsätzlich *jedes Unternehmen*, das *Mitarbeiter beschäftigt*, bestellen. Der Grundsatz der Bestellung sowie die Forderungen an die Fachkunde der Sicherheitsfachkräfte werden in einem *Bundesgesetz*, dem *Arbeitssicherheitsgesetz* (ASiG), geregelt.

  Regeln für die betriebliche Ausgestaltung der Bestellung liefert die *Unfallverhütungsvorschrift „Betriebsärzte und Fachkräfte für Arbeitssicherheit"* BGV A2.

  Die Berufsgenossenschaften legen hier fest, wie viele Sicherheitsfachkräfte für welche Einsatzzeit im Unternehmen tätig sein müssen. Wichtigste Anhaltspunkte für diese Einsatzgrößen sind die *Betriebsgröße* und der *Gewerbezweig* (Gefährlichkeit der Arbeit).

  Die Berufsgenossenschaften eröffnen kleinen Unternehmen in dieser Unfallverhütungsvorschrift die Wahlmöglichkeit zwischen der so genannten *Regelbetreuung* durch eine Sicherheitsfachkraft oder *alternativen Betreuungsmodellen*, bei denen der Unternehmer des Kleinbetriebes selbst zum Akteur werden kann.

- *Aufgaben der Sicherheitsfachkraft:*
  - Die Sicherheitsfachkraft ist für den Unternehmer *beratend* tätig in allen Fragen des Arbeits- und Gesundheitsschutzes und schlägt Maßnahmen zur Umsetzung vor.
  - Die Sicherheitsfachkraft ist darüber hinaus in der Lage, die *Gefährdungsbeurteilung* des Unternehmens *systematisch* zu betreiben, zu dokumentieren, konkrete Vorschläge zur Umsetzung der notwendigen Maßnahmen zu unterbreiten und deren *Wirksamkeit* im Nachgang zielorientiert zu überprüfen.
  - Der *Industriemeister ist gut beraten, das Potenzial* der Sicherheitsfachkraft für seine Arbeit zu nutzen und eng mit ihr zusammen zu arbeiten.
  - Die Sicherheitsfachkraft ist *weisungsfrei* tätig. Sie trägt demzufolge *keine Verantwortung* im Arbeitsschutz; diese hat der Arbeitgeber. Die Sicherheitsfachkraft muss jedoch die Verantwortung dafür übernehmen, dass sie ihrer Beratungsfunktion richtig und korrekt nachkommt.
  - Sicherheitsfachkräfte müssen entweder einen *Abschluss als Ingenieur, Techniker oder Meister* erworben haben (§ 5 Abs. 1 ASiG). Erst damit besitzen sie die *Zugangsberechtigung* zur Teilnahme an einem berufsgenossenschaftlichen oder staatlichen *Ausbildungslehrgang* zur Fachkraft für Arbeitssicherheit. Mit dem Abschluss eines solchen Ausbildungslehrganges erwirbt die Sicherheitsfachkraft ihre *Fachkunde*; sie ist die gesetzlich geforderte Mindestvoraussetzung, um als Sicherheitsfachkraft tätig sein zu dürfen.
  - Die Ausbildungslehrgänge zum *Erwerb der Fachkunde* umfassen *drei Ausbildungsstufen*:
    - die *Grundausbildung*,
    - die *vertiefende Ausbildung* und
    - die *Bereichsausbildung*.

    Ein begleitendes *Praktikum* und eine schriftliche sowie mündliche *Abschlussprüfung* runden die Ausbildung ab. *Wichtigster Ausbildungsträger* für diese Ausbildung sind *die gewerblichen Berufsgenossenschaften.*

- Die Sicherheitsfachkraft muss dem Unternehmer regelmäßig über die Erfüllung ihrer übertragenen Aufgaben *schriftlich berichten.*
- Die Sicherheitsfachkraft kann *im Unternehmen angestellt* sein (Regelfall in Großbetrieben, häufigster Fall für den Industriemeister Metall) oder sie kann extern vom Unternehmen *vertraglich verpflichtet* werden. Externe Sicherheitsfachkräfte sind *entweder freiberuflich tätig* oder *Angestellte* sicherheitstechnischer Dienste. *Diese* bieten ihre Dienstleistungen sowohl *regional* als auch *überregional* an.

04. Wann muss ein Arbeitsschutzausschuss gebildet werden, wie setzt er sich zusammen und wie oft muss er tagen? → **§ 11 ASiG**

Der *Arbeitsschutzausschuss* (ASA) nach § 11 ASiG vereint alle Akteure des betrieblichen Arbeitsschutzes und dient der Beratung, Harmonisierung und Koordinierung der Aktivitäten im Unternehmen.

Sind in einem Unternehmen *mehr als 20 Mitarbeiter* beschäftigt, ist ein Arbeitsschutzausschuss zu bilden. Er setzt sich wie folgt zusammen:

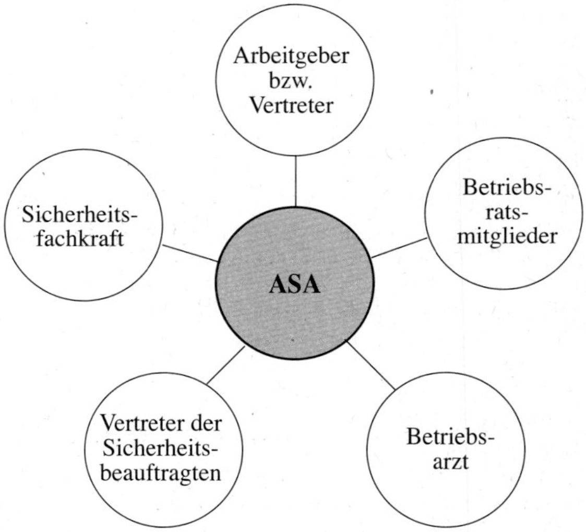

Das Arbeitssicherheitsgesetz schreibt vor, dass der Arbeitsschutzausschuss einmal *vierteljährlich* tagt.

05. Welche Personen und Organe tragen die Verantwortung für den Arbeits-, Umwelt- und Gesundheitsschutz im Betrieb (Überblick)?

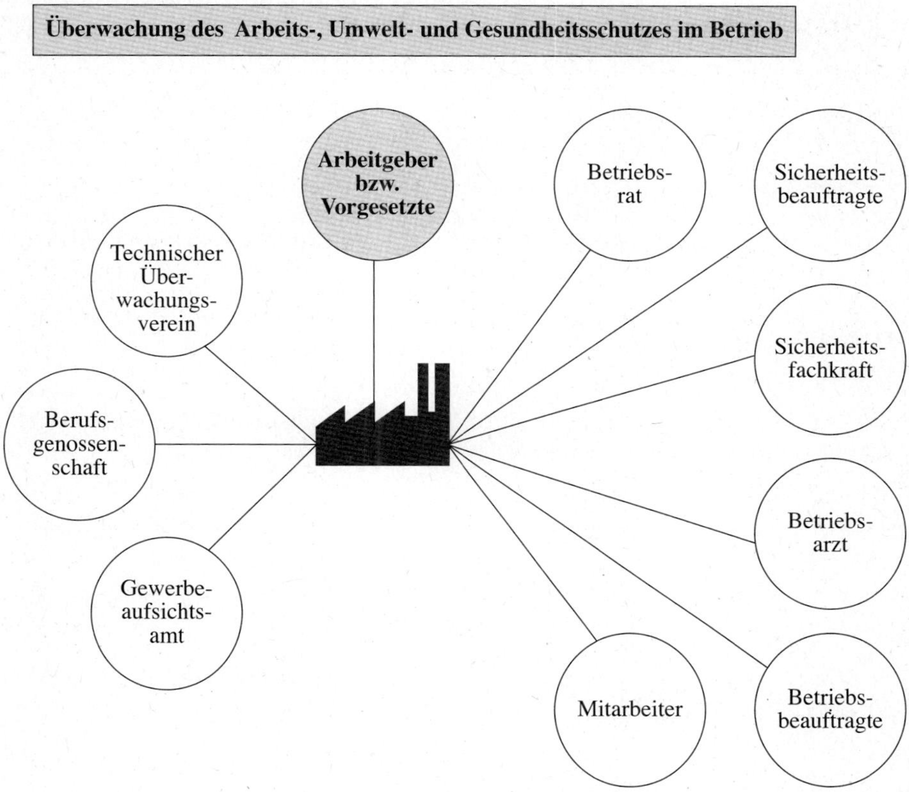

06. Wann muss ein Betriebsarzt bestellt werden? → **§ 2 ASiG, BGV A2**

Grundsätzlich *muss jedes Unternehmen*, das *Mitarbeiter beschäftigt*, einen Betriebsarzt bestellen. Diese *Verpflichtung* erwächst dem Unternehmer, genau wie die Verpflichtung zur Bestellung von Sicherheitsfachkräften, aus dem *Arbeitssicherheitsgesetz* (vgl. §§ 2 ff. ASiG).

Die Berufsgenossenschaften regeln mit der *Unfallverhütungsvorschrift BGV A2* „Betriebsärzte und Fachkräfte für Arbeitssicherheit", wie viele Betriebsärzte für welche Einsatzzeit bestellt werden müssen und konkretisieren damit die Rahmenbedingungen für die betriebsärztliche Tätigkeit.

Sehr *kleinen Unternehmen* räumt die BGV A2 die *Möglichkeit* ein, anstelle der Bestellung eines Betriebsarztes (Regelmodell) ein *alternatives Betreuungsmodell* zu wählen.

07. Wer darf als Betriebsarzt bestellt werden? **→ § 4 ASiG**

Als Betriebsarzt darf nur ein Mediziner bestellt werden, der über die *arbeitsmedizinische Fachkunde* verfügt; in der Regel ist der Betriebsarzt *Facharzt für Arbeitsmedizin.*

Betriebsärzte sind, sofern sie nicht Angestellte des Unternehmens sind, für das sie arbeiten, entweder freiberuflich tätig oder in Arbeitsmedizinischen Diensten angestellt. Diese arbeiten sowohl regional als auch überregional – große Dienste sogar bundesweit.

Große Unternehmen verfügen über *angestellte Betriebsärzte*, in sehr großen Unternehmen arbeiten sogar mehrere Betriebsärzte in firmeninternen arbeitsmedizinischen Einrichtungen. *Kleine und mittlere Unternehmen haben* in der Regel Betriebsärzte *vertraglich verpflichtet.*

08. Welche Aufgaben haben die Betriebsärzte?

Die Betriebsärzte (BA) haben die Aufgabe, den Unternehmer/Arbeitgeber und die Fachkräfte in allen Fragen des betrieblichen Gesundheitsschutzes zu unterstützen. Sie sind bei dieser Tätigkeit genauso *beratend tätig* wie die Fachkräfte für Arbeitssicherheit.

- Betriebsärzte sind gehalten, im Rahmen ihrer Tätigkeit Arbeitnehmer *zu untersuchen, arbeitsmedizinisch zu beurteilen und zu beraten* sowie die Untersuchungsergebnisse auszuwerten und zu dokumentieren.
- Sie sollen die Durchführung des Arbeitsschutzes im Betrieb beobachten und sind eine wichtige Hilfe für den Unternehmer bei der *Beurteilung der Arbeitsbedingungen.*
- Sie eröffnen dem Unternehmer die Thematik *aus arbeitsmedizinischer Sicht* und unterstützen ihn natürlich bei der *Organisation der Ersten Hilfe* im Betrieb.
- Sie arbeiten in der Regel eng mit den Sicherheitsfachkräften zusammen und sind für den *Industriemeister* ein *wichtiger Partner.*

Zu den Aufgaben des Arbeitsmediziners gehört es *ausdrücklich nicht, Krankmeldungen* der Arbeitnehmer auf ihre Berechtigung *zu überprüfen.*

09. Was muss der Unternehmer/Arbeitgeber für die Erste Hilfe tun?
→ § 10 ArbSchG, BGV A1, BGR V A1

Die Pflicht, für eine wirksame Erste Hilfe zu sorgen, erwächst dem Unternehmer allgemein aus § 10 ArbSchG, der die allgemeine Fürsorgepflicht des Unternehmers vertieft.

Die Unfallverhütungsvorschrift „Grundsätze der Prävention" BGV A1 beschreibt die *Unternehmerpflichten für die Erste Hilfe* genauer:

- Der 3. Abschnitt dieser Vorschrift gibt dem Unternehmer auf, dass er in seinem Unternehmen Maßnahmen
  - zur *Rettung aus Gefahr* und
  - zur *Ersten Hilfe*

  treffen muss.

• Er hat dazu

- die erforderlichen *Einrichtungen* und *Sachmittel* sowie
- das erforderliche *Personal*

zur *Verfügung* zu stellen und organisatorisch deren *funktionelle Verzahnung* zu gewährleisten.

• Er muss weiterhin dafür sorgen, dass

- nach einem Unfall *unverzüglich* Erste Hilfe geleistet wird,
- Verletzte *sachkundig transportiert* werden
- die erforderliche *ärztliche Versorgung* veranlasst und
- die Erste Hilfe *dokumentiert* wird.

Die *BG-Regel* „Grundsätze der Prävention" BGR V A1 beschreibt als Orientierungshilfe genau, was zu tun ist, was zu den notwendigen Einrichtungen und Sachmitteln zählt und was zu veranlassen sowie zu dokumentieren ist.

10. Wie viele Ersthelfer müssen bestellt werden und wie werden sie aus- und fortgebildet?

- Arbeiten in einem Unternehmen *2 bis 20 Mitarbeiter*, muss ein *Ersthelfer* zur Verfügung stehen.

- Bei *mehr als 20 Mitarbeitern* müssen *5 % der Belegschaft* als Ersthelfer zur Verfügung stehen, wenn der Betrieb ein *Verwaltungs- oder Handelsbetrieb* ist.

- In *Handwerks- und Produktionsbetrieben*, hierzu zählen die Betriebe der Metallindustrie, müssen *10 % der Belegschaft* Ersthelfer sein.

Ersthelfer sind Personen, die bei einer von der Berufsgenossenschaft zur Ausbildung von Ersthelfern ermächtigten Stelle ausgebildet worden sind.

Ausbildende Stellen sind z. B. das Deutsche Rote Kreuz, der Arbeiter-Samariter-Bund, die Johanniter-Unfallhilfe sowie der Malteser Hilfsdienst. Die Ausbildung in einem Erste-Hilfe-Lehrgang dauert acht Doppelstunden. Hinweis: Die kurze Schulung, die Führerscheinbewerber nach § 19 Abs. 1 der Fahrerlaubnis-Verordnung (FeV) erhalten, reicht als Ausbildung nicht aus!

Der Unternehmer muss dafür sorgen, dass die Ersthelfer in *Zeitabständen von zwei Jahren fortgebildet* werden. Die Fortbildung besteht aus der Teilnahme an einem vier Doppelstunden dauernden Erste-Hilfe-Training. Wird die 2-Jahres-Frist überschritten, ist ein neuer Lehrgang erforderlich. Die gewerblichen *Berufsgenossenschaften übernehmen die Kosten* für Ersthelfer-Lehrgänge und -trainings.

11. Welche Einrichtungen und Sachmittel zur Ersten Hilfe müssen im Betrieb vorhanden sein (Erste-Hilfe-Ausrüstung)? → BGV A1, BGR A1, DIN 13169, 13175

§ 25 der Unfallverhütungsvorschrift „Grundsätze der Prävention" BGV A1 schreibt allgemein die erforderlichen Einrichtungen und Sachmittel vor; in der Regel BGR A1 sind sie näher bezeichnet:

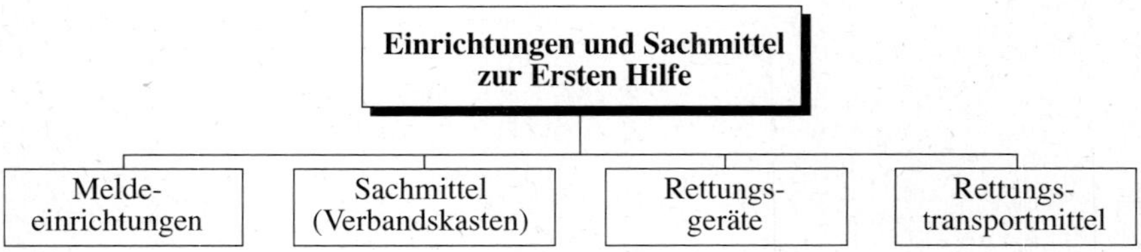

- Wesentliche Einrichtungen sind die *Meldeeinrichtungen*. Über sie wird sichergestellt, dass
  - Hilfe herbeigerufen und
  - an den Einsatzort geleitet werden kann.

  Zu den *Meldeeinrichtungen* zählen vor allem die allgemein gebräuchlichen, mittlerweile in ihrer Ausführung breit gefächerten modernen Kommunikationsmittel bis hin zu Personen-Notsignal-Anlagen.

- Zu den wichtigsten *Sachmitteln* gehören die allgemein bekannten *Verbandskästen*. Sie enthalten Erste-Hilfe-Material in leicht zugänglicher Form und in ausreichend gegen schädigende Einflüsse schützender Verpackung. Die Baugrößen, die der Vertrieb bereit hält, sind in Deutschland genormt.
  - Es gibt den *„kleinen" Verbandskasten* nach DIN 13157 und
  - den *„großen" Verbandskasten* nach DIN 13169.

  Richtwerte, wann der „kleine" und wann der „große" Verbandskasten zur Anwendung kommen muss, liefert die berufsgenossenschaftliche *Regel* BGR A1. Wichtigste Hilfsgrößen zur Ermittlung sind dabei die Anzahl der Mitarbeiter und die Art des Betriebes (Verwaltung, Handwerk/Produktion, Baustelle).

- *Rettungsgeräte* kommen zum Einsatz, wenn bei besonderen Gefährdungen besondere Maßnahmen erforderlich werden. Beispiele dafür sind:
  - *Gefahrstoffunfälle*
  - *Höhenrettung*
  - Rettung aus *tiefen Schächten*
  - Gefahren durch *extrem heiße oder kalte Medien.*

  Zu den Rettungsgeräten gehören z. B.:

  - *Notduschen*
  - *Rettungsgurte*
  - *Atemschutzgeräte.*
  - *Löschdecken*
  - *Sprungtücher*

- Wichtige Sachmittel sind auch *Rettungstransportmittel.* Sie dienen dazu, den Verletzten dorthin zu transportieren, wo ihn der Rettungsdienst übernehmen kann. Die *einfachsten* Rettungstransportmittel sind *Krankentragen.*

12. Wann muss ein Sanitätsraum vorhanden sein?

- Ein *Sanitätsraum* muss vorhanden sein, wenn in einer Betriebsstätte *mehr als 1.000 Beschäftigte* arbeiten.
- Gleichfalls muss ein Sanitätsraum vorhanden sein, wenn in der Betriebsstätte nur zwischen *100 und 1.000 Mitarbeiter* tätig sind, aber die *Art und Schwere der zu erwartenden Unfälle* einen solchen gesonderten Raum erfordern.
- Arbeiten auf einer *Baustelle mehr als 50 Mitarbeiter*, schreibt die Unfallverhütungsvorschrift BGV A1 ebenfalls einen Sanitätsraum vor.

Der *Sanitätsraum* muss mit Rettungstransportmitteln *leicht erreichbar* sein.

13. Wann muss ein Betriebssanitäter zur Verfügung stehen und wie werden Betriebssanitäter ausgebildet? → BGG 949

- Arbeiten in einer Betriebsstätte *mehr als 1.500 Mitarbeiter*, muss ein *Betriebssanitäter* zur Verfügung stehen.
- Gleiches gilt für Betriebsstätten zwischen *250 und 1.500 Mitarbeitern*, wenn die *Art und Schwere der zu erwartenden Unfälle* den Einsatz von Sanitätspersonal erfordern.
- Arbeiten mehr als *100 Mitarbeiter* auf *einer Baustelle*, muss ein *Sanitäter* zur Verfügung stehen.

Betriebssanitäter nehmen an einer Grundausbildung von 63 Unterrichtseinheiten und einem Aufbaulehrgang von 52 Unterrichtseinheiten teil. Die Anforderungskriterien sind im berufsgenossenschaftlichen Grundsatz BGG 949 „Aus- und Fortbildung für den betrieblichen Sanitätsdienst" zusammengefasst.

14. Wie ist die Erste Hilfe zu dokumentieren? → § 24 Abs. 6 BGV A1, BGI 511-1, 2

Die Erste-Hilfe-Leistungen sind *lückenlos* zu dokumentieren. Die Dokumentation ist gemäß § 24 Abs. 6 der Unfallverhütungsvorschrift BGV A1 „Grundsätze der Prävention" *fünf Jahre lang* aufzubewahren. Für die Dokumentation eignet sich das so genannte *Verbandsbuch. Verbandsbücher* sind im Fachhandel kartoniert unter der Bezeichnung BGI 511-1 oder gebunden als BGI 511-2 erhältlich.

Achtung! Die Daten sind vertraulich zu behandeln und müssen gegen den Zugriff Unbefugter gesichert werden.

1.4.5 Ziel und wesentliche Inhalte der Arbeitsstättenverordnung

01. Welche zentralen Bestimmungen enthält die Arbeitsstättenverordnung?

Die Arbeitsstättenverordnung (ArbStättV) und die hierzu herausgegebenen Arbeitsstätten-Richtlinien (ASR) verpflichten den Arbeitgeber,

- die Arbeitsstätten entsprechend den geltenden Arbeitsschutz- und Unfallverhütungsvorschriften einzurichten und dabei anerkannte sicherheitstechnische, medizinische und hygienische Regeln zu beachten,
- die in der Verordnung näher beschriebenen Räume und Einrichtungen zur Verfügung zu stellen und entsprechend einzurichten (z. B. Pausen-, Bereitschafts-, Liege-, Sanitär-/Sanitätsräume).

So enthält die ArbStättV zum Beispiel folgende Bestimmungen:
Vorschriften über Raumtemperaturen, Pendeltüren mit Sichtfenster, Vermeidung von Stolperstellen, abschließbare Toiletten.

02. Welche Regelungen enthält die novellierte Fassung der Arbeitsstättenverordnung (ArbStättV)?

Wie eine Arbeitsstätte eingerichtet und betrieben werden muss, regelt die *Arbeitsstättenverordnung*. Sie *wurde im Jahr 2004 völlig neu erstellt* und setzt ebenfalls europäisches Recht um. Die EG-Arbeitsstättenrichtlinie 89/654/EWG gibt dabei das Modell für die deutsche Arbeitsstättenverordnung ab. Sie ist modern und kurz gehalten und enthält nur ganze acht Paragrafen.

- Geregelt werden:
  - Einrichten und Betreiben von Arbeitsstätten,
  - besondere Anforderungen (spezielle Arbeitsstätten),
  - Nichtraucherschutz (völlig neue Regelung),
  - Arbeits- und Sozialräume
- Ein *Anhang* in fünf Abschnitten konkretisiert die Verordnung zu:
  - Allgemeinen Anforderungen (Abmessungen von Räumen, Luftraum, Türen, Tore, Verkehrswege)
  - Schutz vor besonderen Gefahren (Absturz, Brandschutz, Fluchtwege, Notausgänge)
  - Arbeitsbedingungen (Beleuchtung, Klima, Lüftung)
  - Sanitär-, Pausen-, Bereitschaftsräume, Erste-Hilfe-Räume, Unterkünfte, Toiletten
  - Arbeitsstätten im Freien (z. B. Baustellen)

Die Regelungen der neuen Arbeitsstättenverordnung sind mit mehr Flexibilität und mehr Gestaltungsspielraum versehen worden.

- Für den Praktiker waren bislang die *Arbeitsstättenrichtlinien* (ASR) wichtig, die die Verordnung konkretisieren. Diese Richtlinien sind noch nicht erneuert worden und deshalb momentan noch gültig.
- In der Neugestaltung befindet sich ein *„Regelwerk Arbeitsstätten"*. Der Ausschuss „Arbeitsstätten" erarbeitet dieses Regelwerk und ist beauftragt, es aktuell zu halten. Die derzeitig gültigen Arbeitsstättenrichtlinien werden nach und nach durch das neue Regelwerk ersetzt.

Hinweis:
Achten Sie bitte in den nächsten Jahren auf neu erscheinende Regeln zu den Arbeitsstätten.

03. Welche Regelungen enthält die Gefahrstoffverordnung?

Die Gefahrstoffverordnung ist die bedeutendste Regel für den sicheren Umgang mit gefährlichen Arbeitsstoffen für Industrie und Handwerk in Deutschland. Die Gefahrstoffverordnung ist dem deutschen Chemikaliengesetz als Leitvorschrift nachgeordnet.

Auch die Gefahrstoffverordnung stellt die Beurteilung der konkreten Gefährdungen vor Ort wie auch alle anderen Gesetze, die den deutschen Arbeitsschutz regeln, in den Mittelpunkt.

Industrie und Handwerk sind durch den Gesetzgeber von „sturer" Erfüllung vieler Vorschriften befreit worden. Der Gesetzgeber definiert Schutzziele, die erreicht werden müssen. Art und Umfang der Gefährdungen ermitteln die Unternehmen selbst und legen Schutzmaßnahmen fest. Amtlich anerkannte, aber auch andere Regelwerke helfen, herauszufinden, welche Schutzmaßnahmen tauglich und verwendbar sind. Dadurch ist den Unternehmen viel mehr Handlungsfreiheit gewährt, aber auch wesentlich mehr Verantwortung auferlegt worden.

Die wichtigsten gefährlichen Eigenschaften von Gefahrstoffen sind:

sehr giftig, giftig, gesundheitsschädlich

T+
Sehr giftig

T
Giftig

Xn
Gesundheits-
schädlich

ätzend, reizend

C
Ätzend

Xi
Reizend

explosionsgefährlich, Brand fördernd

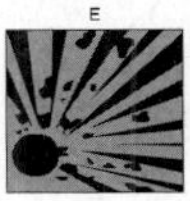
F
Explosions-
gefährlich

O
Brand-
fördernd

hochentzündlich, leichtentzündlich, entzündlich

F+
Hochent-
zündlich

F
Leicht-
entzündlich

Ent-
zündlich

Krebs erzeugend, sensibilisierend

T
Krebs
erzeugend

Xi; Xn
sensibili-
sierend

Erbgut verändernd, fortpflanzungsgefährdend

T
Erbgut verändernd
fortpflanzungsgefährdend

umweltgefährlich

N
Umwelt-
gefährlich

Das deutsche Gefahrstoffrecht verpflichtet die Unternehmen, die Gefahrstoffe herstellen bzw. vertreiben, die Gebinde mit Gefahrensymbolen zu kennzeichnen. Diese Kennzeichen sind für den Verwender ein erster wichtiger Hinweis auf eine vom Arbeitsstoff ausgehende Gefahr. Ergänzt werden die Kennzeichen durch die sog. R- und S-Sätze, sodass der Hinweis auf die Gefährdungslage für erfahrene Mitarbeiter oft schon hinreichend beschrieben ist. Darüber hinaus sind die Händler verpflichtet, Herstellerinformationen und Sicherheitsdatenblätter an die Verwender zu geben. Diese enthalten die wichtigsten Gefahren und notwendigen Schutzmaßnahmen sowie Hinweise für den Gefahrfall und die erste Hilfe. Auch Informationen über die richtige Entsorgung sind im Sicherheitsdatenblatt enthalten.

Die Mitarbeiter müssen über den sicheren Umgang mit Gefahrstoffen und die Schutzmaßnahmen gründlich unterwiesen werden. Die *Unterweisung* muss vor der erstmaligen Beschäftigung und danach mindestens 1 x jährlich erfolgen. Die Unternehmen sind gesetzlich verpflichtet, *Betriebsanweisungen* für den sicheren Umgang mit Gefahrstoffen zu erstellen und in geeigneter Weise zur Kenntnis zu geben. Die im Industriebetrieb stets vorhandenen betrieblichen Beauftragten können dem Verantwortlichen vor Ort, beispielsweise dem Meister, bei der Lösung von Spezialproblemen wie Gefahrstofftransporten weiterhelfen.

1.4.6 Bestimmungen des Geräte- und Produktionssicherheitsgesetzes (GPSG)

01. Welche Regelungen enthält das Geräte- und Produktsicherheitsgesetz (GPSG)?

Das Geräte- und Produktsicherheitsgesetz (GPSG) setzt die Produktsicherheitsrichtlinie 2001/95/EG in deutsches Recht um.

Bislang waren die beiden Bereiche *Gerätesicherheit* und *Produktsicherheit* in zwei einzelnen Gesetzen geregelt (GSG und ProdSG). Dies führte zu nicht hinnehmbaren Zuordnungsproblemen und Mehrfachregelungen. Mit dem 01.05.2004 gibt es für die Bundesrepublik Deutschland nunmehr nur noch ein Gesetz für die Gerätsicherheit und die Produktsicherheit.

Bitte beachten Sie:
Das Gerätesicherheitsgesetz und das Produktsicherheitsgesetz sind seit dem Jahr 2004 außer Kraft.

Das Geräte- und Produktsicherheitsgesetz (GPSG) ist ein umfassendes Gesetz für die Sicherheit technischer Produkte. Es umfasst nicht nur *technische Arbeitsmittel* sondern auch *Gebrauchsgegenstände*. Es dient sowohl dem *Schutz von Verbrauchern* als auch dem *Schutz der Beschäftigten*. Vom alten Produktsicherheitsgesetz hat es die Auffangfunktion für Produkte, für die es kein Spezialrecht gibt, übernommen.

Kernpunkt ist die Sicherheit der technischen Arbeitsmittel und der Verbraucherprodukte. Diese müssen so beschaffen sein, dass sie bei *bestimmungsgemäßer Verwendung* den Benutzer *nicht gefährden*. In die Pflicht genommen werden Hersteller, Inverkehrbringer (auch Importeure) und Aussteller der Produkte. Auf Grundlage des neuen Gesetzes hat der Bund inzwischen eine ganze Reihe *spezieller Verordnungen* zum GPSG erlassen.

Die wichtigsten sind:
- 1. VO zum GPSG: Verordnung über das Inverkehrbringen elektrischer Betriebsmittel
- 3. VO zum GPSG: Maschinenlärminformationsverordnung
- 6. VO zum GPSG: Verordnung über das Inverkehrbringen einfacher Druckbehälter
- 8. VO zum GPSG: Verordnung über das Inverkehrbringen von Persönlichen Schutzausrüstungen
- 9. VO zum GPSG: Maschinenverordnung
- 11. VO zum GPSG: Explosionsschutzverordnung
- 12. VO zum GPSG: Aufzugsverordnung

02. Welche Bestimmungen enthält die Betriebssicherheitsverordnung (BetrSichV)?

• Die *Betriebssicherheitsverordnung* regelt Sicherheit und Gesundheitsschutz
  - bei der Bereitstellung von Arbeitsmitteln,
  - bei der Benutzung von Arbeitsmitteln bei der Arbeit sowie
  - die Sicherheit beim Betrieb überwachungsbedürftiger Anlagen.

• *Die Betriebssicherheitsverordnung regelt vor allem folgende Einzeltatbestände:*
  - Gefährdungsbeurteilung
  - Anforderungen an die Bereitstellung und Benutzung von Arbeitsmitteln
  - Explosionsschutz inkl. Explosionsschutzdokument
  - Anforderungen an die Beschaffenheit von Arbeitsmitteln
  - Schutzmaßnahmen
  - Unterrichtung/Unterweisung
  - Prüfung der Arbeitsmittel
  - Betrieb überwachungsbedürftiger Anlagen (Druckbehälter, Aufzüge, Dampfkessel)

- Wie auch in allen anderen modernen Arbeitsschutzgesetzen und -verordnungen *wurde die Gefährdungsbeurteilung in den Mittelpunkt gerückt.*

- Folgende wichtige Verordnungen wurden integriert und somit als Einzelverordnung abgeschafft:

  - Druckbehälterverordnung (DruckbehV)
  - Dampfkesselverordnung (DampfKV)
  - Aufzugsverordnung (AufzV)
  - Ex-Schutz-Verordnung

Die Verordnung dient der Umsetzung einer ganzen Reihe von europäischen Richtlinien in deutsches Recht und sorgt dafür, dass *viele deutsche Einzelverordnungen abgeschafft werden konnten.* Die Betriebssicherheitsverordnung ermöglicht es weiterhin, *eine große Anzahl von speziellen Unfallverhütungsvorschriften der Berufsgenossenschaften außer Kraft zu setzen.* Somit hat diese Verordnung eine große Bedeutung für die Rechtsvereinfachung auf dem Gebiet des Arbeits- und Gesundheitsschutzes und insgesamt für die Entbürokratisierung.

- Neu ist:

  - Das Anlagensicherheitsrecht ist in Deutschland erstmalig einheitlich geregelt.
  - Für die Anlagensicherheit gibt es nur noch ein Technisches Regelwerk.
  - Die Verordnung ist sehr modern.
  - Die Trennung „Beschaffenheit“ (Bau- und Ausrüstung) und „Betrieb“ der Arbeitsmittel ist klar vollzogen.
  - Das Recht für überwachungsbedürftige Anlagen ist neu geordnet.
  - Mindestvorschriften für den betrieblichen Explosionsschutz, für hochgelegene Arbeitsplätze und für die Benutzung der Arbeitsmittel sind geschaffen worden.
  - Es findet eine Deregulierung des Marktes der Prüfung und Überwachung statt. Maßstab ist grundsätzlich der Stand der Technik.
  - Die Rechtsvorschriften sind widerspruchsfrei in sich und ihrer Systematik; das Vorschriftenwerk ist durchgängig gleich und logisch aufeinander aufbauend konstruiert.
  - Die Eigenverantwortung der Unternehmen und ihre Eigeninitiative werden gestärkt.
  - Das Schutzkonzept ist übergreifend. Starres Vorschriftendenken soll Gestaltungsspielräumen für die Unternehmen weichen. Im gegebenen Rahmen kann der Arbeitsschutz besser betriebsspezifisch organisiert werden.

- Überflüssig wurden:

  - 17 Verordnungen
  - ca. 70 Unfallverhütungsvorschriften

1.4.7 Gesetzliche Grundlagen der Gewerbeaufsicht

01. Wer überwacht die Einhaltung der Vorschriften und Regeln des Arbeitsschutzes?

Das Arbeitsschutzsystem in Deutschland ist dual aufgebaut. Man spricht vom „Dualismus des deutschen Arbeitsschutzsystems”. Diese Struktur ist in Europa einmalig:

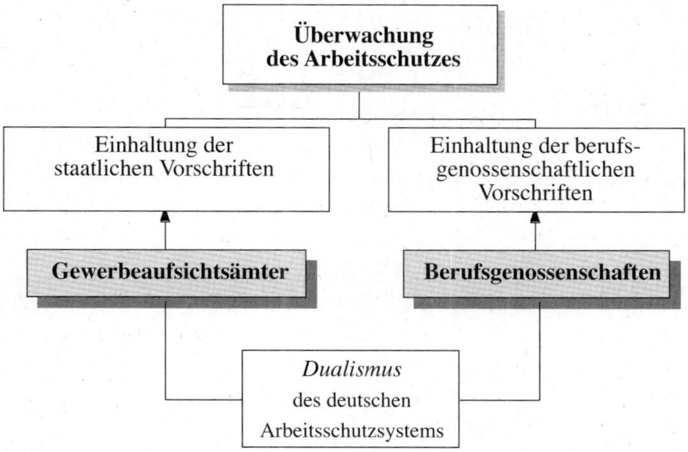

- Dem dualen Aufbau folgend wird die *Einhaltung der staatlichen Vorschriften von den staatlichen Gewerbeaufsichtsämtern* überwacht. Die Gewerbeaufsicht unterliegt der Hoheit der Länder.

- *Die Einhaltung der berufsgenossenschaftlichen Vorschriften wird von den Berufsgenossenschaften* überwacht. Die Berufsgenossenschaften sind Körperschaften des öffentlichen Rechts und agieren hoheitlich wie staatlich beauftragte Stellen.

  Die Berufsgenossenschaften sind nach Branchen gegliedert. Sie liefern Prävention und Entschädigungsleistungen aus „einer Hand". Sie arbeiten als bundesunmittelbare Verwaltungen, d. h. sie sind entweder bundesweit oder aber zumindest in mehreren Bundesländern tätig.

02. Welche Aufgaben und Befugnisse hat die Gewerbeaufsicht?

Die Gewerbeaufsicht hat die *Einhaltung des technischen und sozialen Arbeitsschutzes zu überwachen.* Die zuständigen Ämter sind bei den Bundesländern eingerichtet (Gewerbeaufsichtsämter bzw. Ämter für Arbeitsschutz; unterschiedliche Bezeichnung je nach Bundesland).

- *Aufgaben:*
  - Überwachung des Arbeitsschutzes durch Inspektion der Betriebe
  - Beratung der Arbeitgeber in Fragen des Arbeitsschutzes inkl. praktischer Lösungsvorschläge

- *Befugnisse:*

  Die Mitarbeiter des Gewerbeaufsichtsamts
  - dürfen den Betrieb unangemeldet betreten, besichtigen und prüfen,
  - dürfen Unterlagen einsehen, Daten erheben und Stoffproben entnehmen,
  - dürfen Sachverständige hinzuziehen
  - können erforderliche Arbeitsschutzmaßnahmen anordnen und ggf. zwangsweise durchsetzen („polizeiliche Befugnisse", z. B. Ersatznahme, Zwangsgeld, unmittelbaren Zwang)

1.4.8 Gesetzliche Grundlagen und Aufgaben der Berufsgenossenschaft

→ 1.4.2

01. Welche Aufgaben hat die Berufsgenossenschaft und welche Leistungen gewährt sie?

Die Berufsgenossenschaft (BG) ist eine öffentlich-rechtliche Einrichtung. Sie verlangt vom Arbeitgeber die Einhaltung der Unfallverhütungsvorschriften und ist Träger der Unfallversicherung.

Gliederung der Berufsgenossenschaft (BG)		
↓	↓	↓
BG der **gewerblichen Betriebe**	BG der **landwirtschaftlichen Betriebe**	BG der **staatlichen Betriebe**
↑ Gliederung nach Branchen		

Jeder Betrieb ist „Zwangsmitglied" der zuständigen Berufsgenossenschaft. Die Beiträge werden im nachträglichen Umlageverfahren erhoben und vom Arbeitgeber allein beglichen. Jeder Beschäftigte im Betrieb ist daher bei Arbeitsunfällen automatisch versichert.

Beiträge der BG = f (Lohnsumme; Gefährdungsgrad des Betriebes; Zahl, Kosten und Schwere der Unfälle)

Jeder Betrieb muss per Aushang Name und Anschrift der zuständigen BG sichtbar machen.

Die *Leistungen* der BG sind:

- Träger der Unfallversicherung für Arbeitsunfälle und Berufskrankheiten
- Behandlung von Unfallopfern in eigenen Reha-Einrichtungen
- Umschulungsmaßnahmen für Verletzte
- Pflicht zur Beratung des Arbeitgebers und Recht auf Anordnung und Zwangsmaßnahmen durch eigene technische Aufsichtsbeamte
- Herausgabe von Unfallverhütungsvorschriften und Bestimmungen über ärztliche Vorsorgemaßnahmen
- Informationsdienst: kostenlose Ausgabe der UVVn, Broschüren, Videos, Filme, Plakate usw. zur Unfallverhütung
- Schulung der Mitarbeiter und Vorgesetzten
- Ausbildung von „Ersthelfern"

02. Welche Berufsgenossenschaften sind für die Metallindustrie tätig?

Die *Metallberufsgenossenschaften* sind die *Unfallversicherer* der *Metallindustrie* und des *Metallhandwerks*. Sie erledigen als moderne Dienstleister nicht nur die *Unfallversicherung*, sondern arbeiten, wie der Gesetzgeber es vorschreibt, mit allen geeigneten Mitteln an der *Prävention* von *Arbeitsunfällen, Berufskrankheiten* und *arbeitsbedingten Gesundheitsgefahren*.

Regional sind sie grob gegliedert in den Bereich Norddeutschland, Süddeutschland und Westdeutschland:

- *Norddeutsche Metall-Berufsgenossenschaft* (NMBG):
  In den nördlichen Bundesländern Niedersachsen, Hamburg, Bremen, Schleswig-Holstein, Mecklenburg-Vorpommern, Berlin und Brandenburg arbeitet die *Norddeutsche Metall-Berufsgenossenschaft* (NMBG).

- *Metall-Berufsgenossenschaft Süd* (BGMS):
  In Bayern, Baden-Württemberg, Rheinland-Pfalz, Hessen, Thüringen, dem Saarland und Teilen von Sachsen arbeitet die *Metall-Berufsgenossenschaft Süd* (BGMS).

- Die *Maschinenbau- und Metall-Berufsgenossenschaft* (MMBG)
  konzentriert sich auf die Länder Nordrhein-Westfalen, Sachsen-Anhalt und Teile des Landes Sachsen.

- *Vereinigung der Metall-Berufsgenossenschaften* (VMBG):
  Alle Metall-Berufsgenossenschaften besitzen sehr ähnliche Strukturen, arbeiten nach den gleichen Prinzipien und erbringen gleiche Dienstleistungen. Gemeinschaftsaufgaben erbringen sie in der Vereinigung der Metall-Berufsgenossenschaften (VMBG).

  Die regionalen Metall-Berufsgenossenschaften haben die *Vereinigung zu einer bundesweiten Metall-Berufsgenossenschaft* im Frühjahr 2007 durchgeführt.

1.4.9 Aufgaben technischer Überwachungsvereine

01. Welche Aufgaben haben die technischen Überwachungsvereine?

Die technischen Überwachungsvereine (z. B. TÜV, DEKRA) sind privatrechtliche Einrichtungen zur Prüfung überwachungsbedürftiger Anlagen. Die Durchführung von Prüfungen erfolgt durch staatlich anerkannte Sachverständige. Obwohl den technischen Überwachungsvereinen zum Teil hoheitliche Aufgaben übertragen wurden, haben sie kein Weisungsrecht gegenüber dem Betrieb, sondern müssen ggf. die Gewerbeaufsicht bzw. die Berufsgenossenschaft einschalten.

1.5 Vorschriften des Umweltrechts

1.5.1 Ziel und Aufgaben des Umweltschutzes

01. Was versteht man unter dem Begriff „Umweltschutz"?

Der Umweltschutz umfasst alle Maßnahmen zur Erhaltung der natürlichen Lebensgrundlagen von Menschen, Pflanzen und Tieren.

Der Umweltschutz ist in Deutschland ein Staatsziel. Er ist deshalb in Art. 20 a des Grundgesetzes festgeschrieben. Im Gegensatz zum Arbeitsschutzrecht zielt der Begriff nicht nur auf den Schutz von Menschen als Lebewesen, sondern schließt den Schutz von Tieren und Pflanzen sowie den Schutz des Lebensraumes der Bürger ein.

02. Welche Aufgabe verfolgt die Umweltpolitik?

Aufgabe der Umweltpolitik im engeren Sinne ist der *Schutz vor den schädlichen Auswirkungen der ökonomischen Aktivitäten des Menschen auf die Umwelt.*

Hierbei haben sich

- die Maßnahmen zur Bewahrung von *Boden und Wasser* vor Verunreinigung durch chemische Fremdstoffe und Abwasser,
- die Reinhaltung der *Luft*,
- die Reinhaltung der *Nahrungskette*,
- die *Lärmbekämpfung*,
- die *Müllbeseitigung*, die Wiedergewinnung von Abfallstoffen *(Recycling)* und
- mit besonderer Aktualität der *Strahlenschutz*

herausgebildet.

Ferner gehören hierzu Vorschriften und Auflagen zur Erreichung größerer Umweltverträglichkeit von *Wasch- und Reinigungsmitteln*. In der Textilindustrie und dem Handel kommt deshalb dem Umweltschutz eine große und vielfältige Bedeutung zu.

03. Nach welchen Gesichtspunkten lässt sich der Umweltschutz unterteilen?

Unterteilen kann man den Umweltschutz in die Bereiche:

- *Medialer* Umweltschutz:
  → Schwerpunkt ist der Schutz der Lebenselemente Boden, Wasser und Luft
- *Kausaler* Umweltschutz:
  → Schwerpunkt ist die Prävention von Gefahren
- *Vitaler* Umweltschutz:
  → Naturschutz, Landschaftsschutz und Waldschutz zählen zum vitalen Umweltschutz.

04. Welche Sachgebiete des Umweltschutzes gibt es?

Als Sachgebiete des Umweltschutzes gelten:

- Immissionsschutz
- Strahlenschutz
- Gewässerschutz
- Abfallwirtschaft und Abfallentsorgung
- Naturschutz
- Landschaftspflege
- Wasserwirtschaft

05. An welchen Phänomenen lässt sich heute die globale Umweltbelastung festmachen?

Menschliches Leben und Wirtschaften ist an einem Punkt angelangt, an dem es Gefahr läuft, sich seiner eigenen, natürlichen Grundlagen zu berauben.

Auch wenn die Beeinträchtigung der Umwelt durch menschliches Handeln seit Jahrzehnten bekannt ist, erscheint es doch bemerkenswert, dass z. B. die Anfänge des modernen Umweltschutzes in Deutschland nur bis in die 60er-Jahre zurückreichen.

Heute zeigt sich die Umweltkrise im Wesentlichen in folgenden Phänomenen:

Phänomene der Umweltbelastung		
Betrachtungsobjekte, z. B.:		*Beispiele zur Umweltschädigung:*
Boden		Bodenverseuchung und -versiegelung, Kontaminierung, Landschaftszersiedelung und -verbrauch; Erosion landwirtschaftlicher Nutzfläche und Vordringen der Wüsten
Luft, Klima		Verringerung der Ozonschicht, Erwärmung der Erdoberfläche, Treibhauseffekt, Emissionen (z. B. CO_2-Ausstoß, Feinstaub); Ansteigen der mittleren globalen Lufttemperatur um 0,3 bis 0,6 Grad Celsius seit Ende des 19. Jahrhunderts
Wasser, Weltmeere		Gewässerverunreinigung, weltweite Wasserverknappung; Ansteigen des Meeresspiegels um 10 bis 25 Zentimeter in den letzten 100 Jahren (Abschmelzen der Eisschicht an den Pc-len)
Flora, Fauna		Artenvernichtung, Überfischung der Weltmeere, saurer Regen, Waldsterben
Ressourcen		Rückgang der weltweiten Ressourcen und Energieträger, insbesondere bei Erdöl und Gas; Abholzen der Tropenwälder

Der Umweltschutz ist und bleibt daher die zentrale Schicksalsfrage der Menschheit.

Daran ändern auch Entwicklungen wie die im Herbst 2008 aufgetretene weltweite Krise der Finanzmärkte nichts.

06. Welche Zielsetzung hat der Umweltschutz?

Das Postulat (Forderung) heißt *Nachhaltigkeit.* Ökologie, Ökonomie und soziale Sicherheit bilden eine untrennbare Einheit. Dies ist der wesentliche Kern des Leitbildes der nachhaltigen Entwicklung, auf das sich die Staatengemeinschaft 1992 in Rio verständigt hat. Nachhaltig ist eine Entwicklung, die diese drei Aspekte zusammenführt.

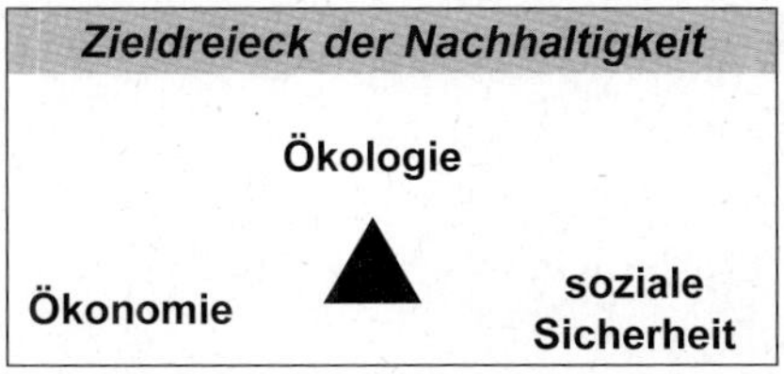

Die Verbesserung der ökonomischen und sozialen Lebensbedingungen muss mit der langfristigen Sicherung der natürlichen Lebensgrundlagen in Einklang gebracht werden. *Den Weg zur Nachhaltigkeit muss dabei jede Gesellschaft für sich definieren.* Er *hängt von den jeweiligen geografischen, wirtschaftlichen, sozialen und kulturellen Gegebenheiten* ab und sieht für Entwicklungsländer und Industrieländer aufgrund ihrer unterschiedlichen Ausgangslage unterschiedlich aus.

Einigkeit besteht in der Staatengemeinschaft darüber, dass umweltgerechtes Leben und Wirtschaften zumindest drei grundlegenden Kriterien genügen muss, die auch als die *Managementregeln der Nachhaltigkeit* bezeichnet werden:

- Die *Nutzung erneuerbarer Naturgüter* (z. B. Wälder oder Fischbestände) darf auf Dauer nicht größer sein als ihre Regenerationsrate – andernfalls ginge diese Ressource zukünftigen Generationen verloren.
- Die *Nutzung nicht-erneuerbarer Naturgüter* (z. B. fossile Energieträger oder landwirtschaftliche Nutzfläche) darf auf Dauer nicht größer sein als die Substitution ihrer Funktionen. (Beispiel: denkbare Substitution fossiler Energieträger durch Wasserstoff aus solarer Elektrolyse)
- Die *Freisetzung von Stoffen und Energie* darf auf Dauer nicht größer sein als die Anpassungsfähigkeit der natürlichen Umwelt (Beispiel: Anreicherung von Treibhausgasen in der Atmosphäre oder von säurebildenden Substanzen in Waldböden.

07. Welche Prinzipien gelten im Umweltschutz und daraus folgend im Umweltrecht?

Prinzipien im Umweltschutz

Verursacherprinzip	**Vorsorgeprinzip**	**Kooperationsprinzip**	**Gemeinlastprinzip**
Der Verursacher hat für die Beseitigung der von ihm verursachten Umweltschäden zu sorgen und die Kosten dafür zu tragen.	Vorbeugende Maßnahmen müssen ergriffen werden, damit Umweltschäden erst gar nicht entstehen.	Zwischen Betreibern umweltgefährdender Anlagen und den zuständigen Behörden ist die Zusammenarbeit vorgeschrieben. Gleichzeitig müssen Nachbarländer bei grenzüberschreitenden Problemen zusammen arbeiten.	Die Kosten der Beseitigung von Umweltschäden werden von der Allgemeinheit getragen (Bund, Länder, Gemeinden); Dies gilt bei Altlasten, wenn der Verursacher nicht zu ermitteln ist oder wenn die Kosten die wirtschaftliche Leistungsfähigkeit des Verursachers/Betreibers übersteigen.

08. Was unterscheidet Emissionen von Immissionen?

Emissionen	sind alle von einer Anlage ausgehenden Luftverunreinigungen, Geräusche, Erschütterungen, Licht, Wärme, Strahlen und ähnliche Erscheinungen.
Immissionen	sind auf Menschen, Tiere und Pflanzen, den Boden, das Wasser sowie die Atmosphäre einwirkende Luftverunreinigungen, Geräusche und ähnliche Belastungen.

09. Welche Rechtsvorschriften prägen das Umweltrecht?

Gesetze, Normen und Regelwerke zum Umweltschutz	
BGB	§§ 906, 907 BGB Beeinträchtigungen in Form von Gasen, Dämpfen, Gerüchen, Rauch, Ruß, Geräusch, Erschütterungen usw.
StGB	Strafgesetzbuch, 28. Abschnitt: Straftaten gegen die Umwelt
BImSchG	Das Bundesimmissionsschutzgesetz ist das bedeutendste Recht auf dem Gebiet des Umweltschutzes. Es bestimmt den Schutz vor Immissionen und regelt den Betrieb genehmigungsbedürftiger Anlagen sowie die Pflichten der Betreiber von nicht genehmigungsbedürftigen Anlagen. Zweck ist es, Menschen, Tiere und Pflanzen, den Boden, das Wasser, die Atmosphäre sowie Kultur- und Sachgüter vor schädlichen Umwelteinwirkungen zu schützen sowie vor den Gefahren und Belästigungen von Anlagen.
TA Luft, TA Lärm, Abfall, Störfallverordnung	Durchführungsverordnungen zum BImSchG
BbodSchG	Zielsetzung ist, die Beschaffenheit des Bodens nachhaltig zu sichern bzw. wiederherzustellen.
KrW-/AbfG	Förderung der Kreislaufwirtschaft, Vermeidung von Abfällen bzw. Sicherung der umweltverträglichen Verwertung
WHG	Vermeidung von Schadstoffeinleitungen in Gewässer
WRMG	Gesetz über die Umweltverträglichkeit von Wasch- und Reinigungsmitteln
ChemG	Gesetz zum Schutz vor gefährlichen Stoffen; regelt die Vermarktung umweltgefährdender Stoffe.
Verpackungsverordnung	Reduzierung der Verpackungsmengen und Rückführung in den Stoffkreislauf (Wieder-/Weiter-/verwendung/-verwertung).

Öko-Adit-Verordnung, EMAS	Die Verordnung geht über die DIN ISO 14001 hinaus. Die Zertifizierung nach EMAS (Eco-Management and Audit Scheme) ist im Gegensatz zur DIN ISO 14001 öffentlich-rechtlich geregelt.
DIN ISO 14001	International gültiger Forderungskatalog für ein systematisches Umweltmanagement (UM). Wird im Rahmen des TQM voll in das Qualitätsmanagement integriert.
Internationale Abkommen	• Montral-Protokoll von 1987: Schrittweiser Ausstieg aus der Produktion und Verwendung von FCKW • Konferenz der Vereinigten Nationen für Umwelt und Entwicklung (UNCED) von 1992 in Rio: Verabschiedung einer Klimarahmenkonvention zur Vermeidung von Treibhauseffekten. • Kyoto-Protokoll von 1997: Festlegung detallierter Ziele zur Begrenzung der Treibhausgasemissionen (→ Handel mit Emissionsrechten).

10. Welchen Inhalt hat das Umweltstrafrecht?

Das Umweltstrafrecht wurde 1980 in das Strafgesetzbuch eingearbeitet. *Bestraft werden können nur natürliche Personen.* Straftatbestand kann ein bestimmtes Handeln, aber auch ein bestimmtes Unterlassen sein. Die Geschäftsleitung haftet stets in umfassender Gesamtverantwortung.

Bestraft werden z. B. folgende Tatbestände:

- Verunreinigung von Gewässern,
- Boden- und Luftverunreinigung,
- unerlaubtes Betreiben von Anlagen,
- umweltgefährdende Beseitigung von Abfällen.

11. Welchen Inhalt hat das Umwelthaftungsrecht?

Es regelt die *zivilrechtliche Haftung bei Umweltschädigungen.* Hier *können auch juristische Personen verklagt* und in Anspruch genommen *werden.*

Die Ansprüche gliedern sich in drei Bereiche:

- Gefährdungshaftung,
- Verschuldenshaftung,
- nachbarrechtliche Ansprüche.

12. Welche Bedeutung hat das europäische Umweltrecht?

Die Umweltpolitik hat innerhalb der EU an Bedeutung gewonnen. Mit dem Vertrag von Maastricht wurden der EU umfangreichere Regelungskompetenzen übertragen. Zurzeit existieren etwa 200 *europäische Rechtsakte* mit umweltpolitischem Bezug. Diese Rechtsakte regeln nicht nur das Verhältnis zwischen den Staaten, sondern sie sind auch verbindlich für den einzelnen Bürger und die Unternehmen. Die europäischen Rechtsakte haben unterschiedlichen Verbindlichkeitscharakter:

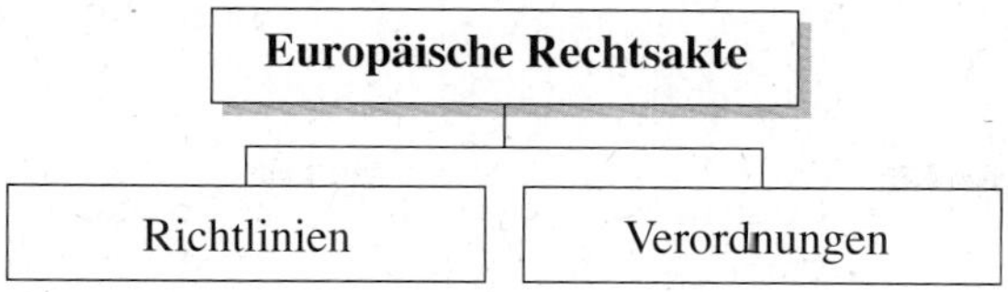

- *EU-Richtlinien* sind Aufforderungen an die Mitgliedsstaaten der EU, innerhalb einer bestimmten Frist ein bestimmtes Ziel in nationales Recht umzusetzen (z. B. UVP-Richtlinie → UVP-Gesetz).
- *EU-Verordnungen* gelten unmittelbar in allen Mitgliedsstaaten; gegebenenfalls werden sie durch nationales Recht ergänzt (z. B. Öko-Audit-Verordnung).

13. Welcher Zusammenhang lässt sich zwischen Produktion, Konsum und Umweltbelastungen herstellen?

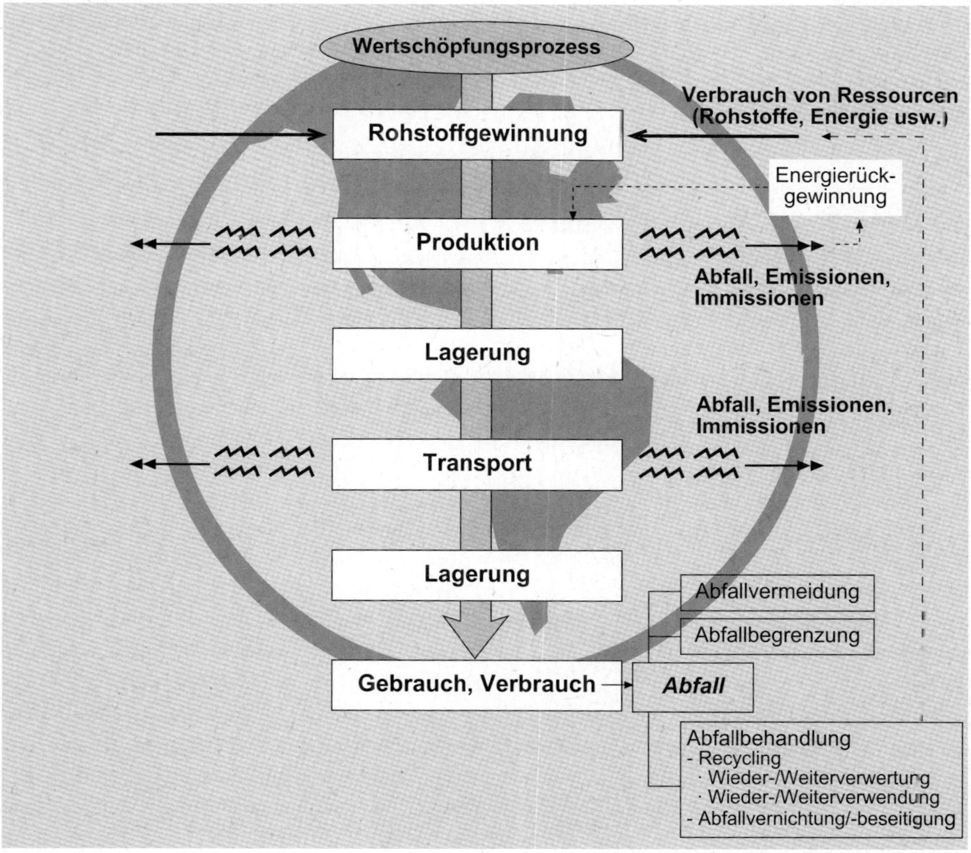

14. Welches ist der wesentliche Berührungspunkt zwischen Umweltschutz und Arbeitsschutz?

Die Immissionen, also die *Einwirkungen* von Belastungen *aus der Umwelt* (hier Arbeitsumwelt) *auf die Menschen*, ist der wesentliche Berührungspunkt zwischen Arbeitsschutz und Umweltschutz.

Berührungspunkte in der Praxis der Metallbranche sind:

- *Luftverunreinigungen*, die von Arbeitsprozessen verursacht werden.
  Beispiel: Schweißrauche in der Metallindustrie wirken als Schadstoffe auf die Atmungsorgane der Schweißer.

- *Lärm*, der durch den Arbeitsprozess verursacht wird.
  Beispiel: Lärm, der durch Pressen und Stanzen in der Metallfertigung entsteht, wirkt langfristig schädigend auf das Hörvermögen der Mitarbeiter – die Berufskrankheit Lärmschwerhörigkeit kann entstehen.

> Immissionsschutz und Arbeitsschutz haben besonders in der Metallindustrie einen engen Zusammenhang.

15. Warum ist ein betriebliches Umweltmanagement erforderlich und was versteht man darunter? → EU-Öko-Audit-Verordnung, DIN EN ISO 14001, EMAS-Verordnung

Es hat sich gezeigt, dass das Vorhandensein *gesetzlicher Bestimmungen* der Unternehmen zum Umweltschutz *allein nicht ausreichend* ist. Umweltschutz muss in das Management integriert werden. Weiterhin zeigt die Erfahrung, dass der betriebliche Umweltschutz nur sicher und wirtschaftlich gelenkt werden kann, wenn er *systematisch* betrieben wird.

Umweltmanagement ist eine besondere Form der Betriebsorganisation, bei der alle Mitarbeiter dem Ziel der Verbesserung des betrieblichen Umweltschutzes verpflichtet werden (Öko-Audit). Damit sich das Engagement der Mitarbeiter nicht in kurzfristigen Aktionen erschöpft und über einen längeren Zeitraum aufrecht erhalten werden kann, soll das Umweltmanagementsystem als automatisch ablaufender Prozess im Unternehmen integriert werden. Kriterien für ein fortschrittliches Umweltmanagement enthalten die EU-Öko-Audit-Verordnung und die DIN EN ISO 14001.

Das Umweltmanagement *berücksichtigt* bei der Planung, Durchsetzung und Kontrolle der Unternehmensaktivitäten in allen Bereichen *Umweltschutzziele* zur Verminderung und Vermeidung der Umweltbelastungen und *zur langfristigen Sicherung der Unternehmensziele*. Mit der EMAS-Verordnung der EU und der ISO 14000-Normenreihe wurde eine umfassende, systematische Konzeption für das betriebliche Umweltmanagement vorgelegt und zugleich normiert. Der Grundgedanke der Verordnung ist Ausdruck einer geänderten politischen Haltung: Weg von Verboten und Grenzwerten, *hin zu marktwirtschaftlichen Anreizen*. Betriebliche Eigenverantwortung und Selbststeuerung sollen (aufgrund der besseren Ausbildung aller Mitarbeiter) in Zukunft für globale Veränderungen (Verbesserungen) mehr bewirken als unflexible staatliche Top-down-Steuerungen.

Modern geführte Industrieunternehmen haben schon lange Umweltschutzmanagementsysteme implementiert, die der Norm DIN EN ISO 14001 entsprechen.

16. Was sind integrierte Managementsysteme?

Integrierte Managementsysteme fassen zwei oder *mehrere einzelne Managementsysteme* zusammen, um *Synergieeffekte* zu erzielen. Sehr häufig werden Arbeitsschutz- und Umweltmanagementsysteme zusammengefasst. Durch die natürlichen Berührungspunkte zwischen beiden Gebieten ist diese Variante sehr praktikabel.

Voll integrierte Managementsysteme fassen das Qualitätsmanagement, das Umwelt- und das Arbeitsschutzmanagement für das gesamte Unternehmen in einem System zusammen und erzielen damit *sehr hohe Synergieeffekte.*

Praktisch ist dabei, dass sich die Methoden der einzelnen Managementsysteme sehr gleichen. Qualitäts- und Umweltmanagementsysteme sind weltweit genormt. Für Arbeitsschutzmanagementsysteme gibt es bislang nur Ansätze von einzelnen wenigen nationalen Normungsgremien. Harmonisierte EN-Normen gibt es für Arbeitsschutzmanagementsysteme bisher nicht.

17. Welche veränderte Denkhaltung ist in der Umweltdiskussion erforderlich?

In allen Nationen, Regierungen und Unternehmen sowie Einzelpersonen muss eine Abkehr von traditionellem Denken erfolgen:

- Die *klassische Sichtweise* ist, dass Unternehmen erfolgreich sein sollen, und sie sind es dann, wenn sie kurzfristig ihren Gewinn maximieren ohne Rücksicht auf andere und auf die Umwelt. Die Natur wird zu einem beliebig nutzbaren Produktionsfaktor, den man hemmungslos ausgebeutet. Als Bewahrer der Umwelt wird der Staat gesehen, der mit Anreizen (z. B. Subventionierung der Solarenergie als „Zuckerbrot") oder Verboten („Peitsche") für die Bewahrung der Umwelt zuständig ist. Diese Konkurrenz unter den Unternehmen ist weltweit auch zwischen den Nationen vorherrschend. Beispiel: Die USA haben das Kyoto-Protokoll nicht ratifiziert. Indien und die VR China haben keine Verpflichtung zur Reduktion der Treibhausemissionen abgegeben.

- Die *wirtschaftlich und umweltpolitisch gleichermaßen ausgerichtete Denkweise* muss *nachhaltig sein:* Unternehmen sind dann erfolgreich, wenn
  - sie ihre Existenz langfristig sichern können (damit ist der angemessene Gewinn und nicht der Maximalgewinn angesprochen) und
  - von allen Bezugsgruppen (Mitarbeiter, Aktionäre/Kapitalgeber, Staat, Nachbarstaaten) auf Dauer akzeptiert werden.

Damit wird zugleich deutlich, dass ein wirksamer Umweltschutz nur im Schulterschluss aller Nationen erreichbar ist. Umweltpolitik ist nur als globales Instrument wirksam.

18. Vor welchen Problemen stehen die deutschen Unternehmen heute beim Umweltschutz?

Die Unternehmen müssen auf der Grundlage von streng formulierten gesetzlichen Vorschriften arbeiten, die in der Regel viel gravierender als die Vorschriften in vergleichbaren Industrienationen sind und daher höhere Kosten verursachen.

Beim Export aber auch bei importierten Erzeugnissen konkurrieren die deutschen Unternehmen mit Produzenten, die zum Teil geringeren Auflagen und geringeren Kosten unterliegen. Die Unternehmen müssen daher alle Rationalisierungsreserven ausnutzen und ihre Bemühungen zur Vermeidung unerwünschter Nebenwirkungen verstärken.

19. Warum muss bei der Betrachtung der Umweltschutzkosten zwischen betriebswirtschaftlicher und volkswirtschaftlicher sowie kurz- und langfristiger Sichtweise unterschieden werden?

Die Kosten für den Umweltschutz können nach folgenden Aspekten gegliedert werden:

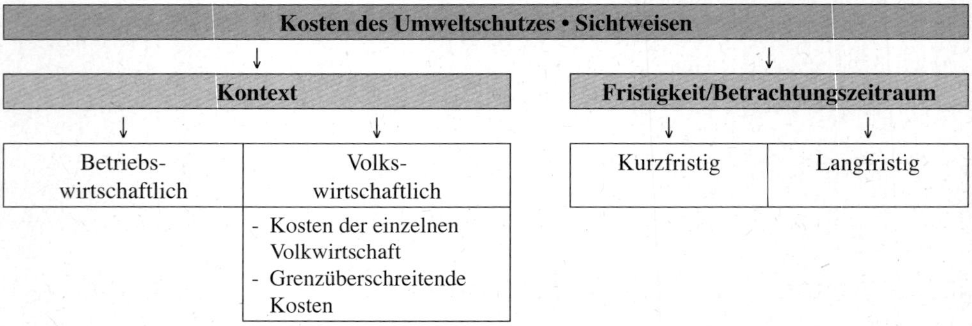

Dazu einige Thesen:

Maßnahmen des Umweltschutzes

- sind betriebswirtschaftlich zunächst *Kosten* bzw. führen zu einem Kostenanstieg; dies kann kurzfristig zu einer Wettbewerbsverzerrung führen;
- können langfristig vom Betrieb als *Wettbewerbsvorteil* genutzt werden – bei verändertem Verhalten der Endverbraucher (z. B. Gütesiegel, Blauer Engel, chlorarm, ohne Treibgas, biologisch abbaubar);
- werden z. T. *nicht verursachergerecht* umgelegt – je nach den politischen Rahmenbedingungen; z. B.:
  - die Nichtbesteuerung von Flugbenzin wird beklagt,
  - es wird argumentiert, dass die durch die Lkws verursachten Straßenschäden nicht verursachergerecht belastet werden und es deshalb zu einer Wettbewerbsverzerrung zwischen „Straße" und „Schiene" kommt;
- werden *nicht in erforderlichem Umfang* durchgeführt; das führt kurzfristig zu einzelwirtschaftlichen Gewinnen und langfristig zu volkswirtschaftlichen Kosten (z. B.: Atomenergie und die bis heute ungeklärten Kosten der Entsorgung von Brennstäben; Altlastensanierung der industriellen Produktion in den Gebieten der ehemaligen DDR).

20. In welcher Form ist der Umweltschutzes durch die Unternehmen sicherzustellen?

Betrieblicher Umweltschutz

1. muss vom Gedanken der *Nachhaltigkeit* geprägt sein;

2. darf nicht mehr zufällig erfolgen, sondern ist in einem *Umweltschutzmanagementsystem* zu etablieren, das wiederum Bestandteil eines integrierten Managementsystems ist (IMS; Integration der im Betrieb vorhandenen Managementsysteme: Qualitätsmanagement, Finanzmanagement usw.);
3. *hat alle Stufen der Wertschöpfung zu erfassen* – von der Produktion über die Logistik bis hin zur Entsorgung;
4. hat Ökonomie und Ökologie in tragfähiger Weise zu vereinigen: Zielsetzung ist *nicht ein maximaler Gewinn sondern ein auskömmlicher,* der die Unternehmensexistenz sichert. Das Gewinnstreben muss nachhaltig vereinbar sein mit den Anforderungen der Gesellschaft nach Lebensqualität und den Erfordernissen der Natur;
5. hat die Aufgabe, neue *umweltschonende Produktionsverfahren* und Produkte zu entwickeln und auf diese Weise neue Beschäftigungsmöglichkeiten zu schaffen. Tatsächlich ist dies in weiten Bereichen gelungen: viele Unternehmen stellen erfolgreich umweltschonende Produkte her, die qualitativ hochwertig sind. Eines der Mittel zur Durchsetzung umweltschonender Produkte ist die *Senkung des Energieverbrauchs.* Aber auch andere Maßnahmen, wie z. B. ein konsequentes *Umweltcontrolling, Öko-Audit, Öko-Bilanz,* haben in vielen Betrieben zu Kostenentlastungen geführt.

1.5.2 Wichtige Gesetze und Verordnungen zum Umweltschutz

01. Welche Rechtsnormen existieren im Bereich der Abfallwirtschaft?

Rechtsnormen der Abfallwirtschaft	Stichworte zum Inhalt
Kreislaufwirtschafts- und Abfallgesetz	Leitgesetz für den Abfallbereich
Verordnung über Betriebsbeauftragte für Abfall	Pflicht zur Bestellung eines Beauftragten
Verpackungsverordnung	Verpflichtung zur Rücknahme von Verpackungen
Abfallbestimmungsverordnung	Zusammenstellung spezieller Abfallarten
Reststoffbestimmungsverordnung	Zusammenstellung spezieller Reststoffe
TA Abfall, Teil 1	Vorschriften zur Lagerung, Behandlung, Verbrennung usw.

02. Welche Rechtsnormen existieren im Bereich der Luftreinhaltung?

Rechtsnormen zur Luftreinhaltung	Stichworte zum Inhalt
Bundesimmissionsschutzgesetz	Leitgesetz zur Luftreinhaltung
Verordnung über genehmigungsbedürftige Anlagen	Spezielle Regelungen
Emissionserklärungsverordnung	Spezielle Regelungen
Verordnung über das Genehmigungsverfahren,	Konkretisierung des Genehmigungsverfahrens
Verordnung über Immissionsschutz- und Störfallbeauftragte	Spezielle Regelungen
TA Luft	Verwaltungsvorschrift (Emissions/Immissionswerte)

03. Welche Rechtsnormen existieren im Bereich des Gewässerschutzes?

Rechtsnormen zum Gewässerschutz	Stichworte zum Inhalt
Wasserhaushaltsgesetz	Nutzung von Gewässern
Klärschlammverordnung	Aufbringen von Klärschlamm; Grenzwerte
Abwasserabgabengesetz	Abgabe für Direkteinleiter
Allgemeine Rahmenverwaltungsvorschrift über Mindestanforderungen an das Einleiten von Abwasser in Gewässer	Konkretisierung von Anforderungen

04. Wie ist der Begriff „Abfall“ definiert?

Der Abfallbegriff ist in § 1 AbfG (Gesetz über die Vermeidung und Entsorgung von Abfällen) von 1986 definiert: Danach sind unter Abfall „alle beweglichen Sachen, deren sich der Besitzer entledigen will oder deren geordnete Entsorgung zur Wahrung des Wohls der Allgemeinheit, insbesondere des Schutzes der Umwelt, geboten ist“ zu verstehen.

05. In welche Teilbereiche lässt sich die Abfallwirtschaft gliedern?

Abfallwirtschaft • Teilbereiche		
1. Abfallbegrenzung		
2. Abfallbehandlung (Entsorgung)	**Recycling**	Wiederverwertung/Weiterverwertung
		Wiederverwendung/Weiterverwendung
	Abfallvernichtung	Physikalische Abfallvernichtung
		Chemische Abfallvernichtung
		Elektrotechnische Abfallvernichtung
		Biologische Abfallvernichtung
		Thermische Abfallvernichtung
	Abfallbeseitigung	Abfalldiffusion und -lagerung
		Abfallablagerung

06. Was versteht man unter Recycling? Welche Ziele werden damit verfolgt?

Unter Recycling versteht man die Wiedergewinnung von Rohstoffen aus Abfällen für den Produktionsprozess. Im Idealfall soll durch Recycling ein nahezu geschlossener Kreislauf hergestellt werden, bei dem kaum noch Restabfälle entstehen. Man realisiert damit folgende Ziele:

- Es müssen weniger Reststoffe vernichtet oder deponiert werden; dadurch wird die Belastung der Umwelt reduziert.
- Der Wiedereinsatz von recycelten Materialien führt im Produktionsprozess zu Kostenersparnissen.
- Es entstehen weniger Entsorgungskosten.

Recycling • Formen	
Wiederverwendung	Die gebrauchten Materialien werden in derselben Art und Weise mehrfach wiederverwendet, z. B. Paletten, Fässer, Behälter, Flaschen und andere Verpackungsmaterialien. Die Wiederverwendung ist innerbetrieblich relativ problemlos zu organisieren. Auch im Warenverkehr zwischen Unternehmen können wiederverwendbare Materialien eingesetzt werden. Das Rückholsystem oder Sammelsystem kann ggf. mit Kosten verbunden sein, die höher sind als der Einsatz von Einwegmaterialien. Aus ökologischer Sicht ist die Wiederverwendung allen anderen Formen der Abfallentsorgung vorzuziehen
Weiterverwendung	Die gebrauchten Materialien bzw. Abfälle werden für einen anderen Zweck weiterverwendet (Beispiele: Abgase zur Energiegewinnung, Abwärme zum Heizen, Schlacken im Bauwesen). eingesetzt. Der Weiterverwendung sind Grenzen gesetzt sind: Materialien und Abfälle, die mit Umweltschadstoffen belastet sind, können meist nicht weiterverwendet werden.
Wiederverwertung	Gebrauchte Materialien und Abfälle werden aufgearbeitet, sodass sie im Produktionsprozess erneut entsprechend ihrem ursprünglichen Zweck eingesetzt werden können; Beispiele: Gebrauchte Reifen werden zerkleinert und wieder als Rohstoff eingesetzt; analog: Kunststoffolien, Altöl. Die Regenerierung hat Grenzen: Mit jeder Aufbereitung verschlechtert sich in der Regel die Qualität der Ausgangsmaterialien.
Weiterverwertung	Die gebrauchten Materialien/Abfälle werden aufgearbeitet und einem anderen als dem ursprünglichen Verwendungszweck zugeführt. Es handelt sich dabei meist um Materialien, deren Qualität bei der Aufarbeitung stark abnimmt, sodass die wiedergewonnenen Rohstoffe nicht mehr für den ursprünglichen Zweck verwendet werden können. Aus Regenerat von Kunststoffgemischen oder verunreinigten Kunststoffen werden z. B. Tische und Bänke oder Schallschutzwände produziert.

07. Welche Aktionsfelder des betrieblichen Umweltschutzes lassen sich nennen?

Beispiele:

- *Produktgestaltung:*
  Sparsamer Materialeinsatz, höhere Funktionalität, höhere Lebensdauer, Einsatz umweltfreundlicher Materialien;

- *Produktionsmengengestaltung:*
  Anpassung der Mengen an den tatsächlichen Bedarf;

- *Verfahrensgestaltung:*
  Optimierung der organisatorischen und technischen Abläufe, Einsatz umweltschonender Hilfs- und Betriebsstoffe, energiesparende Prozesse, Verringerung von Ausschuss und Abfällen, Verzicht auf gesundheitsgefährdende Stoffe;

- *Recycling* von Abfällen.

Die Möglichkeiten der Wieder- und Weiterverwertung sind um so besser, je reiner die zu verwertenden Materialien sind. Aus diesem Grunde sollte schon bei der Produktentwicklung darauf geachtet werden, dass möglichst reine Materialien eingesetzt werden und diese gut voneinander zu trennen sind. Weiterhin eine große Rolle spielt die umweltgerechte Montage von Bauteilen: Es werden überwiegend nur solche Fügeverfahren eingesetzt, die eine kostenschonende Trennung der Materialarten zulassen.

08. Welche Elemente müssen in einer Entsorgungskette dokumentiert sein?

Elemente der Entsorgungskette	
Elemente:	*Beispiele:*
Ermittlung des Ist-Zustandes	• Aufzeichnung der Abfallentstehungsorte • Aufstellung der Abfallmengen und -arten • Lage der Abfallzwischenlager • Entsorgungswege
Erfassung der Ist-Organisation	• Standorte aller Abfallsammelbehälter • zentrale oder dezentrale Abfallsammlung • Maßnahmen zum Sortieren der Abfälle • Beauftragte der Abfallentsorgung • beauftragte Firmen
Bewertung des Ist-Zustandes	• Einhaltung der Rechtsvorschriften • liegen Defizite vor; z. B.: - ungenügende Verwertung - ungenügende Sortierung
Festlegen des Soll-Zustandes	• Planung der Abfallbegrenzung und -entsorgung • Planung der Entsorgungsintervalle • Planung geeigneter Sammelstelle
Durchführung des Systems	siehe oben
Kontrolle des Systems	• Kontrolle der Wege • Kontrolle der Füllstände • Kontrolle der Transportgenehmigungen

09. Welche wesentlichen Bestimmungen enthält das Bundesimmissionsschutzgesetz?

Das Bundesimmissionsschutzgesetz (BImSchG; Gesetz zum Schutz vor schädlichen Umwelteinwirkungen durch Luftverunreinigungen, Geräusche, Erschütterungen und ähnliche Vorgänge) *ist das bedeutendste Recht auf dem Gebiet des Umweltschutzes.* Es bestimmt den *Schutz vor Immissionen* und regelt *den Betrieb genehmigungsbedürftiger Anlagen* (früher in der Gewerbeordnung enthalten) sowie die Pflichten der Betreiber von nicht genehmigungsbedürftigen Anlagen.

• *Zweck* des Gesetzes ist es,

Menschen, Tiere und Pflanzen, den Boden, das Wasser, die Atmosphäre sowie Kultur- und Sachgüter vor schädlichen Umwelteinwirkungen zu schützen sowie vor den Gefahren und Belästigungen von Anlagen.

• *Geltungsbereich:* Die Vorschriften des Gesetzes gelten für

- die Errichtung und den Betrieb von Anlagen,
- das Herstellen, Inverkehrbringen und Einführen von Anlagen, Brennstoffen und Treibstoffen,
- die Beschaffenheit, die Ausrüstung, den Betrieb und die Prüfung von Kraftfahrzeugen und ihren Anhängern und von Schienen-, Luft- und Wasserfahrzeugen sowie von Schwimmkörpern und schwimmenden Anlagen und
- den Bau öffentlicher Straßen sowie von Eisenbahnen und Straßenbahnen

10. Welche Bestimmungen zum „Bodenschutz" gibt es?

- Das Bundes-Bodenschutzgesetz (BBodSchG) soll die Zielsetzung erfüllen, die Beschaffenheit des Boden nachhaltig zu sichern bzw. wiederherzustellen.
- Strafgesetzbuch: Bodenverunreinigungen sind unter Strafe gestellt nach § 324 StGB.
- Weitere Gesetze: Der Schutz des Bodens ist mittelbar geregelt durch das Bundesnaturschutzgesetz, durch die Naturschutz- und Landschaftsschutzgesetze der Länder.

11. Welchen wesentlichen Inhalt hat das Gesetz über die Umweltverträglichkeit von Wasch- und Reinigungsmitteln (WRMG)?

Die zentralen Vorschriften des WRMG sind:

- vermeidbare Beeinträchtigung der Gewässer oder Kläranlagen durch Wasch- und Reinigungsmittel hat zu unterbleiben,
- der Einsatz von Wasch-/Reinigungsmittel, Wasser und Energie ist vom Verbraucher zu minimieren,
- Waschmittelverpackungen müssen Hinweise zur Dosierung enthalten,
- Wasserversorgungsunternehmen haben den Verbraucher über den Härtegrad des Wassers zu unterrichten,
- Wasch- und Reinigungsmittel müssen Mindestnormen über die biologische Abbaubarkeit und den Phosphatgehalt erfüllen.

12. Welchen wesentlichen Zweck und Inhalt haben die Vorschriften zur Vermeidung von Arbeits- und Verkehrslärm?

Lärm vermindert die Konzentration, macht krank und kann zur Schwerhörigkeit führen.
Weitere Einzelaspekte:

- die akustische Verständigung wird durch Lärm behindert,
- Schreckreaktionen können zu Unfällen führen,
- die kritische Grenze liegt bei 85 dB(A),
- ab 90 dB(A) sind Gehörschutzmittel zu verwenden; außerdem besteht die Verpflichtung zu Gehörvorsorgeuntersuchungen.

Vorschriften über den Lärmschutz finden sich

- im BImSchG, IV. Teil (Betrieb von Fahrzeugen, Verkehrsbeschränkungen, Verkehrslärmschutz),
- in der Technischen Anleitung zum Schutz gegen Lärm (TA-Lärm; sie dient dem Schutz der Allgemeinheit und legt Richtwerte für das Betreiben von Anlagen fest),
- in der Arbeitsstättenverordnung.

Der Vorgesetzte sollte es sich daher zur Aufgabe machen, den Lärmpegel in der Produktion so gering wie möglich zu halten; z. B.:

- durch *technische Maßnahmen*
  (z. B. beim Neukauf von Anlagen: nur lärmarme Maschine)
- durch *Schallschutzmaßnahmen*
  (z. B. Kontrolle, ob die Gehörschutzmittel getragen werden; Einsatz von Schallschutzhauben)
- durch *organisatorische Maßnahmen*
  (zeitliche Verlagerung lärmintensiver Arbeiten; Vermeidung von Lärm während der Nachtarbeit)

13. Welche Rechtsgrundlagen regeln den Strahlenschutz?

- *Atomgesetz:* Zweck des Gesetzes ist die friedliche Verwendung der Kernenergie und der Schutz gegen ihre Gefahren.
- *Strahlenschutzvorsorgegesetz:* Zweck des Gesetzes ist es, die Radioaktivität in der Umwelt zu messen (Bundes- und Landesbehörden) zum Schutz der Bevölkerung.
- Die *Strahlenschutzverordnung* regelt den Umgang und den Verkehr mit radioaktiven Stoffen (Genehmigungstatbestände für Ein-/Ausfuhr, Beförderung, Beseitigung, Errichtung von Anlagen). Kern der Strahlenschutzverordnung ist das Strahlenvermeidungsgebot sowie das Strahlenminimierungsgebot. Weiterhin sind Dosisgrenzwerte zum Schutz der Bevölkerung festgelegt.

14. Welchen wesentlichen Zweck und Inhalt hat das Chemikaliengesetz?

Das Chemikaliengesetz (ChemG; Gesetz zum Schutz vor gefährlichen Stoffen) gilt sowohl für den privaten als auch für den gewerblichen Bereich und soll Menschen und Umwelt vor gefährlichen Stoffen und gefährlichen Zubereitungen schützen. Stoffe bzw. Zubereitungen sind dann gefährlich, wenn sie folgende Eigenschaften haben (§ 4 GefStoffV): explosionsgefährlich, brandfördernd, giftig, sehr giftig, reizend, entzündlich, hoch entzündlich usw. Hersteller und Handel haben die Eigenschaften der in Verkehr gebrachten Stoffe zu ermitteln und entsprechend zu verpacken und zu kennzeichnen. Mit der Einführung der (neuen) *Arbeitsplatzgrenzwerte* und der (neuen) *biologischen Grenzwerte* hat sich der Gesetzgeber von den Jahrzehnte lang geltenden MAK-Werten (Maximale Arbeitsplatzkonzentration), BAT-Werten (Biologische Arbeitsstoff-Toleranz-Werte) und TRK-Werten (Technische Richtkonzentration) abgewendet.

- *Arbeitsplatzgrenzwert:*
  Der mit Abstand häufigste Weg in den menschlichen Körper führt über die Atmungsorgane in die Lunge des Menschen. Daher sind die meisten Grenzwerte Luftgrenzwerte, also Werte, bei denen der Beschäftigte im Allgemeinen gesund bleibt.
- *Biologischer Grenzwert:*
  Gemessen wird bei diesem Grenzwert die Konzentration von Gefahrstoffen oder ihrer Metaboliten in Körperflüssigkeiten. Wird dieser biologische Grenzwert eingehalten, bleibt der Beschäftigte nach arbeitsmedizinischen Erkenntnissen im Allgemeinen gesund.

15. Wann ist ein Umweltschutzbeauftragter zu bestellen?

In verschiedenen Gesetzen und Verordnungen ist die schriftliche Bestellung von Betriebsbeauftragten unter bestimmten Bedingungen vorgeschrieben:

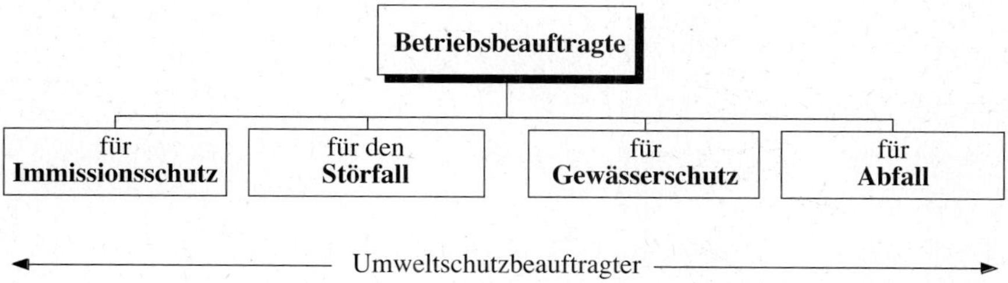

- *Betriebsbeauftragter für Immissionsschutz* nach § 53 BImSchG sowie 5. BImSchV:
  → muss bestellt werden, wenn eine in der Verordnung bezeichnete genehmigungsbedürftige Anlage betrieben wird (vgl. Anhang zur 5. BImSchV);
- *Betriebsbeauftragter für den Störfall* nach § 58 a BImSchG sowie 5. BImSchV:
  → wenn in der genehmigungsbedürftigen Anlage bestimmte Stoffe vorhanden sein können oder ein Störfall entstehen kann (Störfallverordnung);
- *Betriebsbeauftragter für Gewässerschutz* nach § 21 WHG:
  → ist zu bestellen, wenn mehr als 750 m^3 Abwässer täglich in öffentliche Gewässer eingeleitet werden.
- *Betriebsbeauftragter für Abfall* nach § 54 Krw-/AbfG:
  → wenn im Betrieb regelmäßig überwachungsbedürftige Abfälle anfallen (z. B. Abfälle, die luft- oder wassergefährdend, brennbar usw. sind).

Der *Umweltschutzbeauftragte* ist als Begriff in den einschlägigen Gesetzen und Verordnungen nicht genannt, sondern hat sich als Terminus der Praxis herausgebildet. Er ist der „Betriebsbeauftragte für alle Fragen des Umweltschutzes" im Betrieb (Abfall-, Gewässer-, Immissionsschutz usw.).

16. Welche Rechte und Pflichten hat der Umweltschutzbeauftragte?

Der Umweltschutzbeauftragte hat nach dem Gesetz keine Anordnungsbefugnis, sondern er *berät* die Leitung/den Betreiber sowie die Mitarbeiter in allen Fragen des Umweltschutzes und *koordiniert* die erforderlichen Maßnahmen (Stabsfunktion; vgl. dazu analog: Sicherheitsbeauftragte, → 6.1.1/17.). Seine Aufgaben werden von einem *fachkundigen Mitarbeiter* des Unternehmens oder einem Externen wahrgenommen.

Die Bestellung des Beauftragten ist der Behörde anzuzeigen. Sie prüft, ob der Beauftragte *zuverlässig und fachkundig* ist. Bei der Fachkunde wird z. B. in der 5. BImSchV die Qualifikation näher bestimmt (Abschluss als Ingenieur der Fachrichtung Chemie oder Physik, Teilnahme an vorgeschriebenen Lehrgängen und 2-jährige Praxis an der Anlage).

Neben der umfassenden Beratung des Betreibers und der Mitarbeiter hat der Umweltschutzbeauftragte folgende *Rechte und Pflichten*:

- der Beauftragte muss frühzeitig und umfassend in alle Entscheidungen, die den Umweltschutz tangieren, einbezogen werden,
- zu Investitionsentscheidungen ist er zu hören,
- er hat jährlich einen Bericht über seine Tätigkeit vorzulegen,
- lehnt die Geschäftsleitung Vorschläge des Betriebsbeauftragten ab, muss sie ihm diese Ablehnung begründen,
- geschützt wird der Betriebsbeauftragte durch ein Benachteiligungsverbot und eine besonderen Kündigungsschutzregelung.

1.6 Wirtschaftsrechtliche Vorschriften und Bestimmungen

1.6.1 Wesentliche Bestimmungen des Kreislaufwirtschafts- und Abfallgesetzes

Hinweis: Vgl. zum Thema „Abfallwirtschaft" auch Ziffer 1.5.2

Das Kreislaufwirtschafts- und Abfallgesetz (KrW-/AbfG; Gesetz zur Förderung der Kreislaufwirtschaft und Sicherung der umweltverträglichen Beseitigung von Abfällen) setzt EU-Richtlinien in nationales Recht um und verfolgt das *Ziel, Ressourcen zu schonen und eine umweltverträgliche Beseitigung von Abfällen zu sichern.*

Hersteller und Vertreiber tragen die *Produktverantwortung* mit folgenden Zielvorgaben:

- Erzeugnisse sollen mehrfach verwendbar, technisch langlebig, umweltverträglich und nach Gebrauch schadlos verwertbar sein.
- Bei der Herstellung sind vorrangig verwertbare Abfälle und sekundäre Rohstoffe einzusetzen.
- Hersteller und Vertreiber müssen hinweisen auf
  - Rücknahme der Produkte nach Gebrauch,
  - Rücknahme der Abfälle,
  - Wiederverwertung,
  - Weiterverwendung,
  - Pfandregelung,
  - Teilnahme am Dualen System („Grüner Punkt")

Aufgrund des § 23 KrW-/AbfG können durch *besondere Rechtsverordnung* Verbote, Beschränkungen und Kennzeichnungen erlassen werden (z. B. Verpackungsverordnung: Rücknahmepflicht; Rücknahme von Altautos (AltautoV); Dosenpfand; Rücknahme von Batterien; in der Diskussion sind Rücknahmen von Druckerzeugnissen).

1.6.2 Wesentliche Bestimmungen des Produkthaftungsgesetzes

01. Was bezweckt das Produkthaftungsgesetz?

Das Produkthaftungsgesetz vom 01. Januar 1990 ist eine Umsetzung der EG Richtlinie „Angleichung der Rechts- und Verwaltungsvorschriften der Mitgliedstaaten über die Haftung für fehlerhafte Produkte“ (Produkthaftungsrichtlinie) in nationales Recht. Somit wurde der Verbraucherschutz EG-weit vereinheitlicht.

02. Was sind die Schwerpunkte des Produkthaftungsgesetzes?

Das Produkthaftungsgesetz ist als *verschuldenunabhängige Haftung* (*Gefährdungshaftung*) ausgelegt. D. h. Produzenten haften allein aufgrund des Umstandes, dass sie Produkte in den Verkehr bringen und hierdurch Personen- oder Sachschäden hervorgerufen werden.

03. Welches sind die Rechtsgrundlagen der Produkthaftung?

Die Haftung von Herstellern für die Fehlerfreiheit und damit auch für die Sicherheit von Produkten wird durch unterschiedliche Regelungen begründet:

Zum einen können Ansprüche aus speziellen gesetzlichen Sondervorschriften, wie z. B. das *Produkthaftungsgesetz,* abgeleitet werden.

Zum anderen kann die Haftung für ein fehlerhaftes Produkt im *BGB* begründet sein. Hierbei ist noch zwischen Ansprüchen aus den gesetzlichen Gewährleistungsansprüchen und Ansprüchen aus dem vertragsunabhängigem BGB-Deliktrecht § 823 zu unterscheiden.

04. Was folgt aus der Generalklausel der deliktischen Haftung nach BGB für die Produkthaftung?

§ 823 Abs. 1 BGB legt fest:

Wer vorsätzlich oder fahrlässig das Leben, den Körper die Gesundheit, die Freiheit, das Eigentum oder ein sonstiges Recht eines anderen widerrechtlich verletzt, ist dem anderen zum Ersatz des daraus entstehenden Schadens verpflichtet.

Daraus kann für die Hersteller von Produkten folgendes abgeleitet werden:

Er muss sich so verhalten und dafür Sorge tragen, dass nicht innerhalb seines Einflussbereiches widerrechtlich Ursachen für Personen- und Sachschäden gesetzt werden.

05. Welche Ausnahmen gibt es bei der Produkthaftung?

Bei der Produkthaftung gibt es folgende Ausnahmen:

- der Hersteller hat das Produkt nicht in den Verkehr gebracht,
- das Produkt hat den Fehler noch nicht gehabt, als es in den Verkehr gebracht wurde,

- das Produkt wurde nicht zum Verkauf oder zu einer anderen wirtschaftlichen Nutzung hergestellt,
- der Fehler beruht darauf, dass das Produkt zwingenden Rechtsvorschriften entsprochen hat,
- der Fehler konnte nach dem Stand der Technik und der Wissenschaft zu dem Zeitpunkt, an dem der Hersteller das Produkt in den Verkehr brachte, nicht erkannt werden.

1.6.3 Notwendigkeit und Zielsetzung des Datenschutzes → 3.6.1

01. Auf welchen Rechtsquellen basiert der Datenschutz?

Der Datenschutz ist als Bundesgesetz im Bundesdatenschutzgesetz (BDSG) sowie in den jeweiligen Landesdatenschutzgesetzen geregelt. Er basiert auf dem allgemeinen Persönlichkeitsrecht nach Art. 2 Abs, 1 GG. Die Sonderregelungen des Datenschutzes sind: Bank-, Brief-, Post-, Fernmelde-, Steuer- Betriebs-/Geschäftsgeheimnis.

02. Was versteht man unter Datenschutz?

Beim Datenschutz geht es nicht um den Schutz von Daten, sondern *um den Schutz des Persönlichkeitsrechts des Bürgers beim Umgang mit seinen personenbezogenen Daten.* Aus diesem Grunde wurde eine Gesetzgebung zum Datenschutz geschaffen.

Aus Sicht des Datenschutzes lautet die erste Frage immer, ob Daten überhaupt erhoben werden dürfen oder sollen. Erst dann ist die Frage zu stellen, wie Daten gegen Missbrauch zu schützen sind.

03. Worin liegt der Unterschied zwischen Datenschutz und Datensicherheit?

Bei der *Datensicherheit* gilt es, Daten vor den unterschiedlichen Risiken zu schützen. Beim *Datenschutz* gilt es, das Persönlichkeitsrecht der Bürger zu schützen. Da personenbezogene Daten wie andere Daten auch durch Datensicherheitsmaßnahmen geschützt werden, *ergeben sich teilweise Überschneidungen zwischen Datenschutz und Datensicherheit.* Werden zum Beispiel vertrauliche Daten verschlüsselt abgespeichert, so ist dies eine Maßnahme der Datensicherheit. Handelt es sich bei den Daten um personenbezogene Daten, so ist die Verschlüsselung auch gleichzeitig eine Maßnahme des Datenschutzes.

04. Welchen Zweck verfolgt das Bundesdatenschutzgesetz?

§ 1 (1) Bundesdatenschutzgesetz (BDSG) lautet:

„Zweck dieses Gesetzes ist es, den Einzelnen davor zu schützen, dass er durch den Umgang mit seinen personenbezogenen Daten in seinem Persönlichkeitsrecht beeinträchtigt wird."

Das BDSG bezieht sich auf die Erhebung, Verarbeitung und Nutzung personenbezogener Daten.

05. Welchen Anwendungsbereich hat das Bundesdatenschutzgesetz?

Das Bundesdatenschutzgesetz (BDSG) formuliert in § 1 (2):

„Dieses Gesetz gilt für die Erhebung, Verarbeitung und Nutzung personenbezogener Daten durch

1. *öffentliche Stellen des Bundes,*
2. *öffentliche Stellen der Länder, soweit der Datenschutz nicht durch Landesgesetz geregelt ist und soweit sie a) Bundesrecht ausführen oder b) als Organe der Rechtspflege tätig werden und es sich nicht um Verwaltungsangelegenheiten handelt,*
3. *nicht-öffentliche Stellen, soweit sie die Daten in oder aus Dateien geschäftsmäßig oder für berufliche oder gewerbliche Zwecke verarbeiten oder nutzen."*

06. Welche Rechte hat ein Betroffener bezüglich seiner personenbezogenen Daten?

Das BDSG beschreibt diese Rechte in verschiedenen Paragrafen sehr ausführlich. Die Rechte umfassen:

- unabdingbare Rechte (§ 6),
- Benachrichtigung des Betroffenen (§ 33),
- Auskunft an den Betroffenen (§ 34 bzw. § 19) und
- Berichtigung, Löschung und Sperrung von Daten (§ 35 bzw. § 20).

07. Was versteht man unter personenbezogenen Daten?

Das BDSG beschreibt personenbezogene Daten in § 3 (1):

„Personenbezogene Daten sind Einzelangaben über persönliche oder sachliche Verhältnisse einer bestimmten oder bestimmbaren natürlichen Person (Betroffener)."

- *Personenbezogen* heißt, dass es eine Beziehung zwischen einem Datum und einer Person gibt. Natürliche Personen sind Menschen mit Namen, Geschlecht, Anschrift etc. Daten über juristische Personen werden nicht durch das BDSG geschützt, hier gelten andere gesetzliche Vorschriften.
- *Bestimmbar* heißt, dass eine Person z. B. nicht namentlich genannt wird, aber durch weitere Angaben eindeutig zu bestimmen ist. Wohnt z. B. eine Person in einem Einfamilienhaus, ist

sie leicht durch zusätzliche Angaben wie die Anschrift und das Geschlecht bestimmbar, wohnt sie in einem Mehrfamilienhochhaus, ist dies nicht eindeutig möglich.

08. Welche Bedeutung hat der Begriff „Datei" für die Verarbeitung personenbezogener Daten?

Personenbezogene Daten sind nur dann durch das Gesetz geschützt, wenn sie in Dateien verwaltet werden. Eine Datei ist in diesem Zusammenhang eine Sammlung personenbezogener Daten, die durch automatisierte Verfahren nach bestimmten Merkmalen ausgewertet werden kann oder jede sonstige Sammlung personenbezogener Daten, die gleichartig aufgebaut und nach bestimmten Merkmalen geordnet, umgeordnet und ausgewertet werden kann. Akten sind keine Dateien, solange sie nicht automatisiert, umgeordnet und ausgewertet werden können.

09. Wie erklärt das BDSG die Erhebung, Verarbeitung und Nutzung von Daten?

Das BDSG legt in § 3 (4), (5) und (6) fest:

(4) *Erheben* ist das Beschaffen von Daten über den Betroffenen.

(5) *Verarbeiten* ist das Speichern, Verändern, Übermitteln, Sperren und Löschen personenbezogener Daten. Im Einzelnen ist das (ungeachtet der dabei angewendeten Verfahren):

1. *Speichern* = das Erfassen, Aufnehmen oder Aufbewahren personenbezogener Daten auf einem Datenträger zum Zwecke ihrer weiteren Verarbeitung oder Nutzung;
2. *Verändern* = das inhaltliche Umgestalten gespeicherter personenbezogener Daten;
3. *Übermitteln* = das Bekanntgeben gespeicherter oder durch Datenverarbeitung gewonnener personenbezogener Daten an einen Dritten (Empfänger) in der Weise, dass
   a) die Daten durch die speichernde Stelle an den Empfänger weitergegeben werden oder
   b) der Empfänger von der speichernden Stelle zur Einsicht oder zum Abruf bereit gehaltene Daten einsieht oder abruft;
4. *Sperren* = das Kennzeichnen gespeicherter personenbezogener Daten, um ihre weitere Verarbeitung oder Nutzung einzuschränken,
5. *Löschen* = das Unkenntlichmachen gespeicherter personenbezogener Daten.

(6) *Nutzen* = jede Verwendung personenbezogener Daten, soweit es sich nicht um deren Verarbeitung handelt.

10. Wann ist die Verarbeitung und Nutzung personenbezogener Daten zulässig?

Das BDSG schreibt in § 4 (1) vor:

„Die Erhebung, Verarbeitung und Nutzung personenbezogener Daten sind nur zulässig, soweit dieses Gesetz oder eine andere Rechtsvorschrift dies erlaubt oder anordnet oder der Betroffene eingewilligt hat."

Es handelt sich hier um ein *Verbot mit Erlaubnisvorbehalt.* Ein Vorbehalt ist die gesetzliche Erlaubnis. Mit „dieses Gesetz" ist das BDSG gemeint. Andere Rechtsvorschriften sind z. B.

- das Einwohnermeldegesetz,
- die Straßenverkehrsordnung,
- das Wehrerfassungsgesetz oder
- das Volkszählungsgesetz.

Das alles sind Gesetze, die die Speicherung personenbezogener Daten auch ohne Einwilligung des Betroffenen erlauben.

Der *andere Erlaubnisvorbehalt* bezieht sich auf die Einwilligung der Betroffenen. Dies ist z. B immer dann automatisch der Fall, wenn eine vertragliche oder vertragsähnliche Beziehung zu einer speichernden Stelle besteht und diese zur Erfüllung einer vertraglichen Leistung personenbezogene Daten verarbeitet. Dabei dürfen jedoch nur solche Daten gespeichert werden, die erforderlich sind, das Vertragsverhältnis zu erfüllen.

11. Was bedeutet die Verpflichtung auf das Datengeheimnis?

Die speichernden Stellen sind verpflichtet, *Mitarbeiter*, die mit der Verarbeitung personenbezogener Daten zu tun haben, *über Vorschriften des BDSG zu informieren.* Dieses geschieht in der Regel durch Aushändigung eines Merkblattes und eines Formulares, das vom Mitarbeiter zu unterschreiben ist.

Das BDSG schreibt in § 5 vor:

„Den bei der Datenverarbeitung beschäftigten Personen ist untersagt, personenbezogene Daten unbefugt zu verarbeiten oder zu nutzen (Datengeheimnis). Diese Personen sind, soweit sie bei nicht-öffentlichen Stellen beschäftigt werden, bei der Aufnahme ihrer Tätigkeit auf das Datengeheimnis zu verpflichten. Das Datengeheimnis besteht auch nach Beendigung ihrer Tätigkeit fort."

Aufgrund dieser Maßnahme können sich Mitarbeiter, die personenbezogene Daten verarbeiten, nicht darauf berufen, sie hätten in Unkenntnis der gesetzlichen Bestimmungen gehandelt. Der Gesetzgeber überträgt somit die Verantwortung auf die Mitarbeiter.

12. Welche technischen und organisatorischen Maßnahmen sind zu treffen, um personenbezogene Daten automatisiert zu verarbeiten?

Das BDSG schreibt zur Sicherstellung des Datenschutzes in Unternehmen in § 9 den speichernden Stellen vor:

„Öffentliche und nicht-öffentliche Stellen, die selbst oder im Auftrag personenbezogene Daten verarbeiten, haben die technischen und organisatorischen Maßnahmen zu treffen, die erforderlich sind, um die Ausführung der Vorschriften dieses Gesetzes, insbesondere die in der Anlage zu diesem Gesetz genannten Anforderungen, zu gewährleisten. Erforderlich sind Maßnahmen nur, wenn ihr Aufwand in einem angemessenen Verhältnis zu dem angestrebten Schutzzweck steht."

Bei den technischen und organisatorischen Maßnahmen handelt es sich um solche, die geeignet sind, unbefugte Einsichtnahme, unrechtmäßige Verarbeitung oder Nutzung und Verlust von Daten zu verhindern. Dabei liegt das Interesse der zu verarbeitenden Stellen darin, neben den personenbezogenen Daten auch die nicht-personenbezogenen Daten zu schützen. Technische und organisatorische Maßnahmen ergänzen sich. Keine Maßnahme ist alleine für sich ausreichend; nur die Summe der getroffenen Maßnahmen ermöglicht es, Datenschutz und auch Datensicherheit zu erzielen.

In der Anlage des BDSG zu § 9 Satz 1 ist ein entsprechender Maßnahmenkatalog (Achtung: Neu gefasst mit Wirkung vom 23.05.2001; bitte lesen!) aufgeführt:

„Werden personenbezogene Daten automatisiert verarbeitet oder genutzt, ist die innerbehördliche oder innerbetriebliche Organisation so zu gestalten, dass sie den besonderen Anforderungen des Datenschutzes gerecht wird. Dabei sind insbesondere Maßnahmen zu treffen, die je nach der Art der zu schützenden personenbezogenen Daten oder Datenkategorien geeignet sind, ...

Der Maßnahmenkatalog enthält folgende Einzelbestimmungen (hier in Stichworten dargestellt):

1.	Zutrittskontrolle	5.	Eingabekontrolle
2.	Zugangskontrolle	6.	Auftragskontrolle
3.	Zugriffskontrolle	7.	Verfügbarkeitskontrolle
4.	Weitergabekontrolle	8.	Getrennte Verarbeitung

13. Welche gesetzlichen Aufgaben hat der Beauftragte für den Datenschutz?

Gesetzliche Aufgaben des Beauftragten für den Datenschutz

Überwachung			**Schulung**	**Mitwirkung**
der Ausführung der Bestimmungen des BDSG	der ordnungsgemäßen Anwendung der Programme	bei der Einführung neuer Verfahren	der Mitarbeiter	bei der Auswahl von Mitarbeitern

Hinweis: Das Thema „Datenschutz und Datensicherung wird ausführlich unter Ziffer 3.6.1 behandelt.

2. Betriebswirtschaftliches Handeln

Prüfungsanforderungen:

Nachweis folgender Fähigkeiten:

- Der Teilnehmer soll nachweisen, dass er in der Lage ist, betriebswirtschaftliche Gesichtspunkte in seinen Handlungen zu berücksichtigen und volkswirtschaftliche Zusammenhänge herzustellen.
- Er soll Unternehmensformen darstellen sowie deren Auswirkungen auf seine Aufgabenwahrnehmung analysieren und beurteilen können.
- Weiterhin soll er in der Lage sein, betriebliche Abläufe nach wirtschaftlichen Gesichtspunkten zu planen, zu beurteilen und zu beeinflussen...

Qualifikationsschwerpunkte (Überblick)

2.1 Berücksichtigen der ökonomischen Handlungsprinzipien von Unternehmen unter Einbeziehung volkswirtschaftlicher Zusammenhänge und sozialer Wirkungen

2.2 Berücksichtigen der Grundsätze betrieblicher Aufbau- und Ablauforganisation

2.3 Nutzen und Möglichkeiten der Organisationsentwicklung

2.4 Anwenden von Methoden der Entgeltfindung und der kontinuierlichen, betrieblichen Verbesserung

2.5 Durchführen von Kostenarten-, Kostenstellen- und Kostenträgerzeitrechnungen sowie von Kalkulationsverfahren

2.1 Ökonomische Handlungsprinzipien von Unternehmen

2.1.1 Unternehmensformen und deren Weiterentwicklung

01. Welche Rechtsformen der Unternehmen werden unterschieden?

Rechtsformen der Unternehmen		
Einzelunternehmen		
Personengesellschaften	Offene Handelsgesellschaft	OHG
	Stille Gesellschaft	
	Kommanditgesellschaft	KG
	Gesellschaft bürgerlichen Rechts	GbR
	Partnergesellschaft	PartnG
Kapitalgesellschaften	Aktiengesellschaft	AG
	Gesellschaft mit beschränkter Haftung Unternehmergesellschaft (Neu! vgl. MoMiG)	GmbH UG
	Kommanditgesellschaft auf Aktien	KGaA
Mischformen	Doppelgesellschaft	
	AG & Co. KG	
	GmbH & Co. KG	
Sonstige Rechtsformen	Genossenschaft	e. G.
	Versicherungsverein auf Gegenseitigkeit	VVaG
	Stiftung	
	Verein	e. V.

02. Was sind die Merkmale beim Einzelunternehmen?

Einzelunternehmen	
Das Einzelunternehmen ist in Deutschland die am häufigsten anzutreffende Rechtsform.	
Vorteile	- kein gesetzlich vorgeschriebenes Gründungskapital, - alleinige Geschäftsführung und Gewinnverwendung;
Nachteile	- unbeschränkte Haftung, - Verluste müssen allein getragen werden, - begrenzte Möglichkeiten der Kapitalbeschaffung.

03. Was sind die charakteristischen Merkmale der offene Handelsgesellschaft?

OHG • Offene Handelsgesellschaft • Merkmale	
Zweck	Eine OHG ist eine *Personengesellschaft*, deren Zweck auf den Betrieb eines *Handelsgewerbes* unter gemeinschaftlicher Firma gerichtet ist.
Gründung	§§ 105 ff. HGB; ergänzend §§ 705 ff. BGB (bitte lesen) Gründung durch zwei oder mehr Gesellschafter; Gesellschaftsvertrag ist nicht zwingend vorgeschrieben; wichtige Regeln der Geschäftsführung sollten jedoch schriftlich fixiert werden. Mindestkapital ist nicht erforderlich. Die OHG entsteht mit der Aufnahme der Geschäfte oder mit der Eintragung der Gesellschaft in das HR. Sie ist nicht rechtsfähig, aber teilrechtsfähig, das heißt, sie kann - eigene Rechte erwerben, - Verbindlichkeiten eingehen, - klagen und verklagt werden.
Firma	muss den Zusatz „offene Handelsgesellschaft" oder „OHG" o.Ä. enthalten.
Geschäftsführung/ Vertretung	- gewöhnliche Geschäfte: Einzelgeschäftsführung aller Gesellschafter mit Vetorecht der anderen - außergewöhnliche Geschäfte: Gesamtgeschäftsführung - der Gesellschaftervertrag kann Abweichungen vorsehen - grundsätzlich: Einzelvertretung aller Gesellschafter - Vertretungsmacht kann (inhaltlich) nicht beschränkt werden - Gesamtvertretung aller/einzelner Gesellschafter kann vereinbart werden und ist im HR einzutragen. Die Gesellschafter der OHG haben Wettbewerbsverbot, d. h. ohne Einwilligung des anderen Gesellschafters dürfen im gleichen Handelszweig keine Geschäfte auf eigene Rechnung durchgeführt oder in anderen Unternehmen der Branche Beteiligungen aufgenommen werden. Ansonsten entsteht ein Schadenersatzanspruch und die Ausschlussmöglichkeit.
Haftung	- OHG selbst: mit Gesellschaftsvermögen - jeder Gesellschafter: unbeschränkt, unmittebar, gesamtschuldnerisch
Ergebnisverteilung	- Jeder Gesellschafter erhält zunächst 4 % seines Kapitalanteils, der verbleibende Gewinn wird gleichmäßig nach Köpfen verteilt. - Der Verlust wird nach Köpfen verteilt.
Auflösung	Auflösungsgründe sind u. a.: - Ablauf der vereinbarten Zeit - Auflösungsbeschluss der Gesellschafter - Eröffnung des Insolvenzverfahrens - Kündigung eines Gesellschafters bei einer 2-Mann-OHG Der Tod eines Gesellschafters führt nicht zur Auflösung der OHG.
Liquidation	vgl. §§ 145 ff. HGB

04. Was sind die charakteristischen Merkmale der stillen Gesellschaft?

Stille Gesellschaft • Merkmale
Eine stille Gesellschaft (§§ 230 - 236 HGB; bitte lesen) ist nach außen nicht erkennbar. Sie entsteht, indem sich ein stiller Gesellschafter an dem Handelsgewerbe eines anderen mit einer *Einlage beteiligt*, die in das Vermögen des Inhabers des Handelsgewerbes übergeht. Der stille Gesellschafter wird nicht Miteigentümer am Vermögen des anderen. Er erhält vertraglich einen Anteil des Gewinns Eine Verlustbeteiligung kann ausgeschlossen werden oder bis zur Höhe der Einlage vereinbart werden. Wird sie ausgeschlossen, kann der stille Gesellschafter im Insolvenzfall die Einlage als Insolvenzforderung geltend machen. Der stille Gesellschafter ist an der Geschäftsführungsbefugnis nicht beteiligt, falls nichts anderes vereinbart wird. Ist der stille Gesellschafter an der Gesellschaft beteiligt liegt der Fall einer *atypischen* stillen Gesellschaft vor. Der stille Gesellschafter hat Kontrollrechte wie ein Kommanditist. Durch den Tod des stillen Gesellschafters wird die Gesellschaft nicht aufgelöst.
Auf die Kündigung der Gesellschaft durch einen der Gesellschafter finden die Vorschriften der §§ 132, 134 und 135 HGB entsprechende Anwendung. So kann z. B. die Kündigung durch einen Gesellschafter entweder am Schluss eines Geschäftsjahres erfolgen, wenn eine Gesellschaft für unbestimmte Zeit eingegangen wurde. Auflösungsgründe: Auflösungsvertrag, Kündigung, Eröffnung des Insolvenzverfahrens, Tod des Geschäftsinhabers (nicht: Tod des stillen Gesellschafters).

05. Was sind die charakteristischen Merkmale der Kommanditgesellschaft?

KG • Kommanditgesellschaft • Merkmale	
Zweck	wie OHG
Gründung	§§ 161 ff. HGB; mit vielen Verweisen zur OHG (bitte lesen) Die KG ist eine Handelsgesellschaft, deren Gesellschafter teils unbeschränkt (*Vollhafter*, Komplementär), teils beschränkt (Teilhafter, Kommanditist) haften. Die Kommanditgesellschaft muss mindestens einen Komplementär und mindestens einen Kommanditisten (haftet nur mit seiner Kapitaleinlage) haben. Abschluss eines Gesellschaftsvertrages. im Übrigen: wie OHG
Firma	muss den Zusatz „Kommanditgesellschaft" oder „KG" o.Ä. enthalten.
Geschäftsführung/ Vertretung	- Komplementär: wie OHG - Kommanditist: keine Vertretung/Geschäftsführung, nur Kontrollrechte; nur bei außergewöhnlichen Geschäften besteht ein Widerspruchsrecht (im Außenverhältnis ohne Wirkung); der Gesellschaftsvertrag kann die Kommanditisten an der Geschäftsführung beteiligen.
Haftung	- KG selbst: mit Gesellschaftsvermögen - Komplementär: wie OHG - Kommanditist: nur mit Einlage - Klagemöglichkeiten: wie OHG
Ergebnisverteilung	- Gewinn: 4 % der Einlage, der Rest in angemessenem Verhältnis (z. B. Höhe der Einlage und Arbeitsleistung) - Verlust: in angemessenem Verhältnis - der Gesellschaftsvertrag kann etwas Anderes regeln

Auflösung	Auflösungsgründe sind u. a.: - Ablauf der vereinbarten Zeit - Auflösungsbeschluss der Gesellschafter - Eröffnung des Insolvenzverfahrens - Kündigung des einzigen Komplementärs/Kommanditisten Der Tod eines Gesellschafters führt nicht zur Auflösung der KG.
Liquidation	wie OHG

06. Was sind die charakteristischen Merkmale der BGB-Gesellschaft?

GbR • Gesellschaft bürgerlichen Rechts (BGB-Gesellschaft) • Merkmale	
Zweck	Sie ist eine Personengesellschaft und nicht im Handelsregister eingetragen. Gegenstand ist der Zusammenschluss mehrerer Personen, die beabsichtigen, ein gemeinsames Ziel zu verfolgen (kein Handelsgewerbe). Von daher kann zu jedem gesetzlich zulässigen Zweck ein BGB-Gesellschaft gegründet werden.
Gründung	§§ 705 ff. BGB (bitte lesen) Entsteht durch Gesellschaftsvertrag von mindestens zwei Gesellschaftern (kein Formzwang); Durch Gesellschaftsvertrag verpflichten sich die Gesellschafter - die Erreichung des gemeinsamen Zieles zu fördern (z. B. Arbeitsgemeinschaft, sog. „Arge" bei einem Bauvorhaben) sowie - die vereinbarten Beiträge zu leisten (z. B. Mietanteile für ein gemeinsames Büro). - Mindestkapital nicht erforderlich
Firma	Kann keine Firma führen (Gesellschafter sind keine Kaufleute). Tritt im Geschäftsverkehr unter dem Namen ihrer Gesellschaft auf (oder unter einer anderen Bezeichnung). Der Zusatz GbR ist nicht erforderlich.
Vertretung	- Geschäftsführung und Vertretung: i.d.R. gemeinschaftlich - abweichende Regelung im Gesellschaftsvertrag möglich
Haftung	Die Haftung der GbR ist wie bei der OHG: unbeschränkt, unmittelbar und solidarisch.
Ergebnis-verteilung	- gleiche Anteile an Gewinn und Verlust - abweichende Regelung im Gesellschaftsvertrag möglich
Auflösung	Auflösungsgründe sind u. a.: - Auflösungsvertrag - Erreichen des vereinbarten Ziels, - Tod und die Kündigung eines Gesellschafters - Insolvenzeröffnung über das Vermögen eines Gesellschafters Ist für die Gesellschaftsdauer eine Zeitdauer bestimmt, kann die Kündigung nur aus wichtigem Grund erfolgen. Der Gesellschaftsvertrag kann für den Fall des Todes eines Gesellschafters auch den Fortbestand der GbR regeln.
Liquidation	vgl. §§ 733 ff. BGB

07. Was ist eine Partnergesellschaft?

Natürliche Personen, die freiberuflich tätig sind und kein Gewerbe ausüben (Ingenieure, Ärzte, Unternehmensberater, Anwälte u. Ä.), können sich zu einer Partnerschaft zusammenschließen. Der Gesellschaftsvertrag muss schriftlich geschlossen werden. Zweck der Zusammenarbeit kann sein: Nutzung gemeinsamer Büroorganisation, Räume, Kundenbeziehungen, Arbeitsteilung u. Ä. Die Eintragung erfolgt in ein Partnerschaftsregister bei den Amtsgerichten. Der Name der Partnerschaft besteht aus dem Namen mindestens eines Partners und dem Zusatz „Partner" oder „Partnerschaft". Außerdem müssen die Berufsbezeichnungen aller Partner aufgeführt werden.

08. Was sind die charakteristischen Merkmale der Gesellschaft mit beschränkter Haftung?

GmbH • Gesellschaft mit beschränkter Haftung • Merkmale	
Zweck	- ist eine juristische Person (Formkaufmann; wie bei AG) - im Unterschied zur AG ist das Stammkapital nicht in Aktien verbrieft - kann jeden beliebigen (rechtlich zulässigen) Zweck verfolgen
Gründung	GmbH-Gesetz (GmbHG) Eine GmbH kann auch durch eine einzige Person gegründet werden. Das *Stammkapital* beträgt mindestens 25.000,- €. Sollen Sacheinlagen geleistet werden, so sind im Gesellschaftsvertrag (notarielle Beurkundung) der Gegenstand der *Sacheinlage* sowie der Betrag der *Stammeinlage*, auf die sich die Sacheinlage bezieht, festzustellen. - Mit der Kapitalaufbringung ist die GmbH *errichtet,* aber noch nicht gegründet (GmbH i. G). Wer die „werdende GmbH" im Geschäftsverkehr vertritt, haftet persönlich. - Die Gesellschafter müssen einen (oder mehrere) Geschäftsführer bestellen. - Der Antrag auf Eintragung in das HR ist zu stellen. - Mit der Eintragung entsteht die GmbH als juristische Person.
HR-Eintragung	Eintragung ist Pflicht (Formkaufmann)
Firma	muss den Zusatz „Gesellschaft mit beschränkter Haftung" oder „GmbH" o. Ä. enthalten.
Organe	- *Gesellschafterversammlung* ist das Beschlussorgan; Beschlüsse mit einfacher Mehrheit. Bei Änderung des Gesellschaftsvertrages ist eine 3/4-Mehrheit erforderlich. Aufgaben: · Bestellung/Abberufung von Geschäftsführern (GF), · Weisungsrecht gegenüber GF, · Beschluss über Ergebnisverwendung und · Erteilung von Handlungsvollmacht/Prokura. - Die *Geschäftsführung* ist das Leitungsorgan und der gesetzliche Vertreter der GmbH. - In einzelnen Fällen ist auch ein *Aufsichtsrat* vorgesehen und zwar nach dem Betriebsverfassungsgesetz bei mehr als 500 Arbeitnehmern.
Geschäftsführung/ Vertretung	- Gesamtgeschäftsführung/-vertretung - Die Vertretungsmacht ist nach außen unbeschränkbar.
Haftung	Den Gläubigern haftet ausschließlich das Gesellschaftsvermögen. Nur im Innenverhältnis kann eine Nachschusspflicht vorgesehen sein.

Ergebnis-verwendung	- Die Verwendung eines Jahresüberschusses (Rücklage, Ausschüttung, Gewinnvortrag) unterliegt dem Beschluss der Gesellschafterversammlung. - Die Gewinnverteilung erfolgt nach dem Anteil der Geschäftsanteile. - Ein Verlust wird aus den Rücklagen gedeckt oder vorgetragen.
Auflösung	Auflösungsgründe sind u. a.: - Ablauf der Zeit lt. Gesellschaftsvertrag - Auflösungsbeschluss der Gesellschafterversammlung (3/4-Mehrheit) - gerichtliches Urteil - Eröffnung des Insolvenzverfahrens - Verfügung des Registergerichts (Mangel im Gesellschaftervertrag, Nichteinhalten von Verpflichtungen)
Liquidation	vgl. §§ 70 ff. GmbHG

09. Welche Regelungen enthält das Gesetz zur Modernisierung des GmbH-Rechts und zur Bekämpfung von Missbräuchen (MoMiG)?

Der Bundestag hat am 26.6.2008 die Änderung des GmbHG beschlossen. Es handelt sich um die bislang umfangreichste Erneuerung des Gesetzes. Kernanliegen der Novelle ist die Erleichterung und Beschleunigung von Unternehmensgründungen. Das Gesetz ist am 01.11.2008 in Kraft getreten. Das GmbHG bleibt in vielen Punkten bestehen, erlaubt aber eine GmbH-Variante ohne Mindeststammkapital und bietet ein Musterprotokoll für die Standard-GmbH-Gründung. Damit soll die GmbH-Rechtsform attraktiver gemacht und ein Gegengewicht zur englischen Limited Company (Ltd.) geschaffen werden. Entfallen ist die Vorschrift, nach der eine deutsche GmbH ihren Sitz nicht im Ausland haben kann.

In Zukunft ist die Gründung der sog. *Unternehmergesellschaft* (UG) *ohne ein Mindeststartkapital möglich.* Wird bei der Gründung das Gesellschaftskapital von 25.000 € unterschritten, muss die Firma den Firmenzusatz „Unternehmergesellschaft (haftungsbeschränkt)“ führen. 25 % des Jahresüberschusses müssen jährlich in eine Rücklage eingestellt werden bis das volle Haftungskapital der GmbH erreicht ist. Für die GmbH mit maximal drei Gesellschaftern und einem Geschäftsführer wird es ein gesetzliches Musterprotokoll mit einer Standardlösung und ein vereinfachtes Gründungsverfahren geben. Kosten und Zahl der beizubringenden Dokumente sind hierbei reduziert. Um diese Vereinfachungen nutzen zu können, dürfen an der Standardsatzung keine Änderungen vorgenommen werden. Auch dieses Musterprotokoll muss notariell beurkundet werden.

Die Gesellschafter werden in Zukunft stärker in die Haftung genommen. Dies gilt insbesondere für die Einzahlung und den Erhalt des vollen Einlagekapitals. Die verdeckte Sacheinlage wird zukünftig strenger sanktioniert. Auch die Vorschriften gegen die *missbräuchliche „Bestattung“* der GmbH werden verschärft. Zukünftig müssen die Gesellschafter bei „Führungslosigkeit“ in Zukunft selbst Insolvenzantrag stellen. Die Gesellschafter dürfen für die Dauer des Insolvenzverfahrens – höchstens für ein Jahr – nicht ihr Aussonderungsrecht an zum Gebrauch überlassenen Gegenständen geltend machen, wenn diese zur Betriebsfortführung der GmbH von erheblicher Bedeutung sind (vgl. auch: www.nwb.de/service/nwb-news/gesetzgebung).

10. Was sind die charakteristischen Merkmale der Aktiengesellschaft?

	AG • Aktiengesellschaft • Merkmale
Zweck	Die AG ist eine *Kapitalgesellschaft* mit eigener Rechtspersönlichkeit (juristische Person). Die Aktiengesellschaft hat ein in Aktien (Urkunden) zerlegtes *Grundkapital*. Die Aktiengesellschaft ist die typische Rechtsform der Großbetriebe. Für die Kapitalaufbringung ist die Zerlegung in eine Vielzahl kleiner Anteile mit leichter Veräußerung und die Börsenzulassung besonders günstig. Die Beschränkung der Haftung auf das Gesellschaftsvermögen, die eindeutige Trennung von Geschäftsführung und Beteiligung sowie die gesetzlich erzwungene Transparenz durch umfangreiche Publizitäts-, Rechnungslegungs- und Prüfungspflichten sind weitere Gesichtspunkte. Das Mitbestimmungsrecht ist bei der AG am weitesten entwickelt (vgl. §§ 95 ff. AktG, MitbestG, MontanMitbestG). Aktiengesellschaften als Großbetriebe sind in der Industrie, im Handel, in der Bank- und Versicherungswirtschaft zu finden. Auch bei Holdinggesellschaften und Betrieben der öffentlichen Hand sind sie anzutreffen. Aber auch Familienaktiengesellschaften und die seit dem Jahre 1995 zugelassenen 1-Personen- Aktiengesellschaften (§ 2 AktG) nutzen die Vorteile einer kleinen AG in der Hinsicht, dass die Haftung als „eigener Aktionär" der Unternehmung beschränkt und überschaubar bleibt sowie die Leitungsbefugnisse unkompliziert sind.
Gründung	Aktiengesetz (AktG) Das Grundkapital ist das in der Satzung der AG ziffernmäßig festgelegte Geschäftskapital, das durch die Einlagen der Aktionäre aufgebracht wird. Der Mindestnennbetrag ist Gründungsvoraussetzung: - es genügt ein Gründer - Mindestkapital: 50.000,- €. - notariell beurkundete Satzung - der Gründungsvorgang ist stark reglementiert (vgl. §§ 8 f. AktG)
HR-Eintragung	Eintragung ist Pflicht (Formkaufmann)
Firma	muss den Zusatz „Aktiengesellschaft" oder „AG" enthalten.
Organe	Eine Aktiengesellschaft hat drei Organe: - den Vorstand, d. h. die Unternehmensleitung, - den Aufsichtsrat als Überwachungsorgan (vier Jahre) und - die Hauptversammlung (HV) als die Vertretung der Kapitaleigner. Die Gründer bestellen den Aufsichtsrat, dieser ernennt den Vorstand (notarielle Beurkundung).
Geschäftsführung/ Vertretung	Der Vorstand ist Leitungsorgan und gesetzlicher Vertreter (Amtszeit: fünf Jahre).
Haftung	- Die AG haftet gegenüber Dritten nur mit dem Gesellschaftsvermögen (Summe der Aktiva; nicht Grundkapital), - die Aktionäre der Gesellschaft gegenüber Dritten nur mit dem Nennwert der Aktien (bei Stückaktien nach der Zahl der Aktien). Nach § 41 Abs. 1 AktG haftet persönlich, wer vor Eintragung der AG handelt (wie GmbH).

Ergebnis-verwendung	Bei *Jahresüberschuss:* - Ausgleich eines Verlustvortrags - vom verbleibenden Rest sind 5 % in die gesetzliche Rücklage einzustellen (soweit noch erforderlich) - vom dann verbleibenden Betrag: Einstellung in die satzungsmäßigen Rücklagen - über die Verwendung des Bilanzgewinns entscheidet die HV (z. B. Gewinnrücklage, Dividendenzahlung, Gewinnvortrag)	Bei *Jahresfehlbetrag:* - Ausgleich durch Rücklagen und - ggf. Verlustvortrag
Auflösung	Auflösungsgründe sind u. a.: - Beschluss der Hauptversammlung (3/4-Mehrheit) - Eröffnung des Insolvenzverfahrens - satzungsmäßige Auflösungsgründe - rechtskräftige Verfügung des Registergerichts	
Liquidation	vgl. §§ 264 AktG	

11. Worin liegen die Unterschiede zwischen einer AG und einer GmbH?

Im Wesentlichen liegen folgende Unterschiede vor:

- die Gründung einer GmbH ist *einfacher* und *billiger* als die Gründung einer Aktiengesellschaft,
- die *GmbH-Anteile sind keine Wertpapiere* wie die Aktien, ihre Übertragung ist erschwert, sie sind zum Börsenhandel nicht zugelassen,
- die Gesellschafter einer GmbH können zu *Nachschüssen* herangezogen werden, während Aktionäre niemals zur Nachzahlung auf Aktien verpflichtet sind,
- durch das Bilanzrichtlinien-Gesetz nähert sich die GmbH im Hinblick auf die Gliederung von Bilanz und GuV-Rechnung, die Prüfungspflicht für mittlere und große GmbHs sowie die Pflicht zur Veröffentlichung der Bilanz und des Lageberichts sehr stark den Vorschriften für die AG.

12. Was ist eine Kommanditgesellschaft auf Aktien?

Eine KGaA ist eine juristische Person, bei der *mindestens ein Gesellschafter unbeschränkt* haftet, während die übrigen, die Kommanditaktionäre, nur an dem in Aktien zerlegten Grundkapital beteiligt sind. Für die Kommanditgesellschaft auf Aktien gelten weitgehend die Vorschriften des Aktienrechts.

13. Was ist eine GmbH & Co. KG?

Die GmbH & Co. KG ist eine Rechtsform der Praxis. Rechtlich gesehen handelt es sich um *eine Kommanditgesellschaft* und somit um eine *Personengesellschaft*. Der persönlich haftende Gesellschafter ist jedoch *eine GmbH*, die Kommanditisten sind meist natürliche Personen. Die GmbH ist zur Geschäftsführung innerhalb der KG berechtigt. Sowohl die GmbH als auch die Kommanditisten haften nur bis zur Höhe der Einlagen.

14. Was ist das Wesen einer Genossenschaft?

Genossenschaften (e. G.) sind keine Handelsgesellschaften, da sie keine Gewinne erzielen, sondern einem bestimmten Personenkreis *wirtschaftliche Vorteile durch gemeinsames Handeln bringen wollen*. Sie sind eine Einrichtung der wirtschaftlichen Selbsthilfe und beruhen auf einem freiwilligen Zusammenschluss insbesondere von Kaufleuten, Handwerkern, Landwirten, Mietern, Verbrauchern. Genossenschaften sind nicht im Handelsregister, sondern in einem besonderen Genossenschaftsregister eingetragen.

15. Welche Arten von Genossenschaften werden unterschieden?

Genossenschaften • Arten

↓ **Zielsetzung** ↓

- Erwerbs- und
- Wirtschaftsgenossenschaften.

↓ **Funktion** ↓

- Bezugs-,
- Kredit-,
- Betriebs- und
- Baugenossenschaften.

16. Wer entscheidet über die Wahl der Rechtsform?

Grundsätzlich entscheiden der oder die Unternehmer bzw. die Eigentümer über die Wahl der Rechtsform. Sie müssen sich jedoch vor der endgültigen Festlegung darüber im Klaren sein, dass *jede Rechtsform mit Vor- und mit Nachteilen verbunden* ist und dass jede spätere Änderung der Rechtsform mit Kosten, veränderten Steuern und auch mit Organisationsproblemen verbunden ist. Deshalb müssen die Vor- und Nachteile der einzelnen Gesellschaftsformen nach betriebswirtschaftlichen, handelsrechtlichen, steuerlichen und ggf. erbrechtlichen Gesichtspunkten sorgfältig abgewogen werden.

17. Welche Entscheidungskriterien sind bei der Wahl der Rechtsform zu beachten?

- die Haftung,
- die Leitungsbefugnis,
- die Gewinn- und Verlustbeteiligung,
- die Finanzierungsmöglichkeiten,
- die Steuerbelastung,
- die Aufwendungen der Rechtsform (Gründungs- und Kapitalerhöhungskosten, besondere Aufwendungen für die Rechnungslegung, wie z. B. Pflichtprüfung durch einen Wirtschaftsprüfer und Veröffentlichung des Jahresabschlusses).

18. Welche Rechtsformen eignen sich in besonderer Weise für mittelständische Unternehmen?

Vor allem:

- Die *BGB-Gesellschaft* als vertraglicher Zusammenschluss von natürlichen oder juristischen Personen zur Förderung eines von den Gesellschaftern gemeinsam geförderten Zwecks. Der *Gesellschaftsvertrag ist an keine Form gebunden.* Die Gesellschaft des bürgerlichen Rechts kann nicht in das Handelsregister eingetragen werden. Die Gesellschafter haften persönlich mit ihrem gesamten Privatvermögen.

- Die *OHG und die KG.* Günstig ist z. B. die KG deshalb, weil die Haftung der Kommanditisten auf die im Handelsregister eingetragene Kapitaleinlage beschränkt ist und sich deshalb Kommanditisten in der Regel leicht finden lassen.

- Die *Stille Gesellschaft*, bei der die Einlage des stillen Gesellschafters in das Vermögen des Einzelunternehmers übergeht und in der Bilanz nur ein einziges Eigenkapitalkonto ausgewiesen ist. Auch an einer Kapitalgesellschaft ist eine stille Beteiligung möglich. Aus der Firma ist das Gesellschaftsverhältnis grundsätzlich nicht zu erkennen. Der stille Gesellschafter muss stets am Gewinn beteiligt sein; dagegen kann eine Verlustbeteiligung ausgeschlossen bleiben. Der stille Gesellschafter kann eine Abschrift des Jahresabschlusses verlangen und deren Richtigkeit durch Einsicht in die Bücher prüfen.

- Die *Mischformen* GmbH & Co. KG und AG & Co. KG, bei denen die Haftung ebenfalls begrenzt ist.

- Neuerdings ist auch die *Unternehmergesellschaft* (UG) für kleine und mittlere Unternehmen geeignet (vgl. MoMiG).

19. Wie lassen sich die Unterschiede der Unternehmensformen im Überblick darstellen?

Unterschiede der Unternehmensformen						
Eigenschaften, Rechtsform	*Anzahl der Gründer*	*Gründungskapital*	*Haftung*	*Gewinn- und Verlustverteilung*	*Geschäftsführung*	*Steuern*
Einzelunternehmen	1		unbeschränkt	allein		Einkommensteuer
GbR	mind. 2					
OHG	mind. 2		unmittelbar unbeschränkt	Gewinn nach Vertrag; Verlust solidarisch	alle in gleicher Weise	
KG	mind. 2 (1 Komplementär; 1 Kommanditist)		Komplementär (Vollhafter); Kommanditist (Teilhafter mit Kapitaleinlage)	in angemessenem Verhältnis oder nach Vertrag	Komplementär allein; Kommanditist nur Einsichts- und Widerspruchsrecht	Einkommensteuer
AG	mind. 1	mind. 50.000 €	Gesellschaft mit Vermögen	Gewinnverwendung beschließt die Hauptversammlung; Verluste als Vortrag gebucht oder aus Rücklagen gedeckt	Vorstand, der vom Aufsichtsrat bestellt wird	Körperschaftsteuer
GmbH Beachte Novellierung des GmbHG!		mind. 25.000 €		Gesellschafterversammlung beschließt über Gewinnverwendung; Verluste als Vortrag gebucht oder aus Rücklagen gedeckt	Geschäftsführer, den die Gesellschafterversammlung einsetzt	
Genossenschaft	mind. 3		Genossenschaft mit Vermögen; Status kann Haftsumme festlegen	Generalversammlung beschließt über Gewinnverwendung; Verluste belasten Geschäftsguthaben der Mitglieder	Vorstand, von der Generalversammlung gewählt	

20. Was versteht man unter „Konzentration“ bzw. „Kooperation“?

- Als *Konzentration* bezeichnet man den Zusammenschluss zweier oder mehrerer Unternehmen durch Kapitalbeteiligung, bei denen einer oder mehrere der Beteiligten die wirtschaftliche Selbstständigkeit verliert/verlieren.

- Von *Kooperation* spricht man, wenn die wirtschaftliche Selbstständigkeit der beteiligten Unternehmen weitgehend erhalten bleibt und bestimmte *Formen der Zusammenarbeit* vereinbart werden, z. B. Absprache über einheitliche Liefer- und Zahlungsbedingungen.

21. Welche Ziele können mit der Konzentration bzw. der Kooperation verbunden sein?

Z. B.:

- Stabilisierung und Erweiterung des Absatzmarktes
- Errichtung gemeinsamer Vertriebsstützpunkte
- Beschränkung und Ausschaltung des Wettbewerbs
- Sicherung der Beschäftigung durch gemeinsame Auftragserfüllung (z. B. ARGE)
- gemeinsame Grundlagenforschung
- Zusammenarbeit zum Zweck der Rationalisierung

22. Welche Formen der Konzentration gibt es?

Man unterscheidet horizontale und vertikale Zusammenschlüsse:

Unternehmenszusammenschlüsse (1)	
↓	↓
Horizontale Zusammenschlüsse	**Vertikale Zusammenschlüsse**
↓	↓
Gleiche Produktions- oder Handelsstufen, z. B.: - Maschinenbau + Stahlbau, - Einkaufsgenossenschaft + Einkaufsgenossenschaft	**Aufeinanderfolgende** Produktions- oder Handelsstufen, z. B.: - Maschinenbau + Maschinenbau - Großhandel * Einzelhandel

Die Konzentrationsformen der Wirtschaft sind vielfältig:

Unternehmenszusammenschlüsse (2)	
Interessen-gemeinschaft	Unternehmenszusammenschluss zur Förderung gemeinsamer Interessen
Verbundene Unternehmen	Von verbundenen Unternehmen spricht man, wenn kapitalmäßige oder personelle Verflechtungen bestehen.
Beteiligung	Die Beteiligung erfolgt über den Kauf von Geschäftsteilen (unter 50 % der Kapitalanteile und ohne Konzernbildung).
Kartell	Vereinbarung von Unternehmen über einen gemeinsamen Zweck (z. B. Absatz; vgl. GWB).
Gemeinschafts-unternehmen	Mehrere Unternehmen leiten ein anderes Unternehmen gemeinsam.
Konsortium	Das Konsortium ist der zeitlich begrenzte, horizontale Zusammenschluss mehrerer Unternehmen zur Erfüllung einer gemeinsamen Aufgabe, z. B. Vereinigung mehrerer Banken zur Durchführung gemeinsamer Geschäfte.
Fusion	Mehrere Unternehmen schließen sich zusammen zu einem neuen Unternehmen Die „alte" Rechtsform der beteiligten Unternehmen geht unter.
Trust	Zusammenfassung von Unternehmen unter Aufgabe der wirtschaftlichen und rechtlichen Selbstständigkeit.
Konzern	Beim Konzern sind mehrere rechtlich selbstständige Unternehmen unter einer Leitung zusammengeschlossen.

23. Welche Entwicklungen werden mit den Begriffen „Internationalisierung“ und „Globalisierung“ umschrieben?

Mit Globalisierung bzw. Internationalisierung bezeichnet man die *Zunahme der internationalen Verflechtung der Wirtschaft* und das *Zusammenwachsen der Märkte* über die nationalen Grenzen hinaus. Einerseits versuchen die Unternehmen ihre internationale *Präsenz auf den Absatzmärkten* zu festigen durch Gründung von Tochtergesellschaften im Ausland, Firmenzusammenschlüsse und Joint Ventures, andererseits ist man bestrebt, sich neue *Einkaufsquellen* zu erschließen, um dem wachsenden Kostendruck zu entgehen. Als Folge der Globalisierung sind folgende Tendenzen zu verzeichnen:

- Zunahme der *Informationsgeschwindigkeit* (Computervernetzung),
- internationale *Arbeitsteilung* (z. B. in Deutschland: Konstruktion eines neuen Produktes; Herstellung der Teile in Polen und Tschechien; Montage in Spanien; Vertrieb weltweit),
- Zunahme des internationalen Verkehrsaufkommens und der Bedeutung der *Logistik,*
- *wachsende Abhängigkeit* der nationalen Unternehmens- und Wirtschaftsentwicklung vom Weltmarkt (z. B. Abhängigkeit der deutschen Wirtschaft von den Entwicklungen in den USA und in Japan),
- Tendenz zur *Verlagerung deutscher Produktionsstandorte* in das Ausland mit einhergehenden Chancen und Risiken (Abbau von Arbeitsplätzen am nationalen Standort, Kostenvorteile, ggf. Qualitätsprobleme),
- *Konkurrenz der Standorte* und des Produktionsfaktors Arbeit (z. B. unterschiedliches Lohnniveau deutscher, holländischer und polnischer Bauarbeiter).

2.1.2 Hauptfunktionen des Industriebetriebes

01. Welche betrieblichen Funktionen werden unterschieden?

Der in der Betriebswirtschaftslehre verwendete Begriff *„Funktion“ bezeichnet die Betätigungsweise und die Leistung von Organen eines Unternehmens.*

Man unterscheidet im Wesentlichen folgende betriebliche Grundfunktionen (ohne Anspruch auf Vollständigkeit):

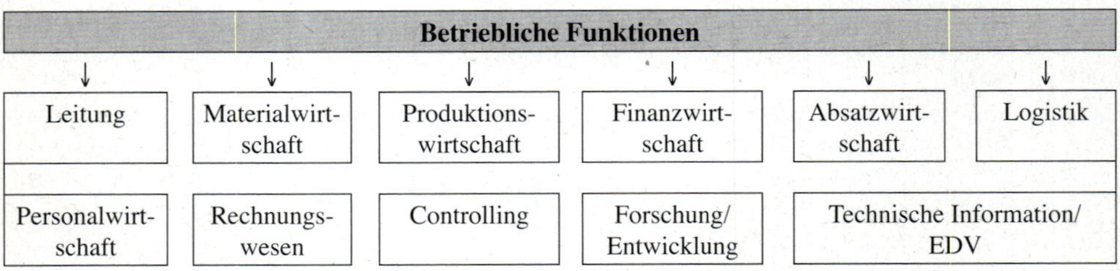

02. Welche charakteristischen Merkmale weisen die betrieblichen Hauptfunktionen auf und welchen Beitrag zur Wertschöpfung haben sie zu leisten?

Leitung

Die *Leitung* eines Unternehmens gehört mit zu den dispositiven Produktionsfaktoren. Die begriffliche Verwendung ist unterschiedlich:

- Leitung = Begriff der Organisationslehre; bezeichnet das oberste Weisungsorgan eines Unternehmens
  = Tätigkeitsbegriff = Führung des Unternehmens; synonym mit dem Begriff „Unternehmensführung"
- Unter Führung versteht man das zielgerichtete Steuern, Beeinflussen und Lenken von Menschen oder Systemen.
- Unternehmensführung bezeichnet damit die Gesamtheit aller Handlungen zur „zielorientierten Gestaltung und Steuerung eines sozio-technischen Systems".
- Management ist ein anglo-amerikanischer Begriff und wird meist synonym im Sinne „Unternehmensleitung/-führung" verwendet.

Materialwirtschaft

auch: Beschaffung und Lagerhaltung

Als *Beschaffung im weiteren Sinne* bezeichnet man alle betrieblichen Tätigkeiten, die die Besorgung von Produktionsfaktoren und Finanzmitteln zum Ziel haben, um den betrieblichen Zweck bestmöglich zu erfüllen.

Als *Beschaffung im engeren Sinne* bezeichnet man den Einkauf von Werkstoffen und Betriebsmittel. Umfassender ist der Begriff (die Funktion) Materialwirtschaft. Er schließt die Lagerhaltung und -überwachung mit ein.

Produktionswirtschaft

Die *Produktionswirtschaft* ist bei den Industriebetrieben die Kernfunktion der Leistungserstellung. Zwischen Produktion und Fertigung besteht folgender Unterschied:

- Produktion umfasst alle Arten der betrieblichen Leistungserstellung. Produktion erstreckt sich somit auf die betriebliche Erstellung von materiellen (Sachgüter/Energie) und immateriellen Gütern (Dienstleistungen/Rechte).
- Fertigung i.S. von Herstellung meint nur die Seite der industriellen Leistungserstellung, d. h. der materiellen, absatzreifen Güter und Eigenerzeugnisse.

Forschung und Entwicklung

Die Forschung und Entwicklung ist eng mit der Produktionsfunktion verbunden. Sie hat die Aufgabe, bestehende Produkte zu „pflegen" und weiter zu entwickeln (Serienbetreuung) sowie neue Produkte zu schaffen (Neuentwicklung). Diese Funktion ist erforderlich, weil die Mehrzahl der Produkte eine begrenzte Lebensdauer am Markt hat (Produktlebenszyklus) und bereits lange vor dem „Auslaufen" bestehender Produkte „Nachfolger" entwickelt werden müssen, um die zukünftige Ertragssituation des Unternehmens zu gewährleisten.

Streng genommen sind Forschung und Entwicklung zwei Teilfunktionen. Sie sind eng miteinander verknüpft. In der Praxis werden jedoch nur Großunternehmen über eine Forschung im Sinne von Grundlagenforschung verfügen.

Absatzwirtschaft

Zwischen den Begriffen Marketing und Absatz(wirtschaft) bestehen folgende Unterschiede:

- *Absatzwirtschaft* ist der ältere Begriff und bezeichnet die betriebliche Grundfunktion, durch den Verkauf der Produkte und Dienstleistungen am Markt einen angemessenen Kapitalrückfluss zur Entlohnung der Produktionsfaktoren zu erhalten. Mit der Ergänzung „-wirtschaft" wird abgehoben auf einen Bereich als organisatorische Einheit eines Unternehmens.
- Die Verwendung des Begriffs *Marketing* stellt ab auf einen grundlegenden Wandel in der Unternehmensführung: Von der früher vorherrschenden Produktionsorientierung hin zur heute notwendigen Marktorientierung. Im Mittelpunkt des Marketings der Anfänge stand zunächst das Produkt und nicht der Kunde, d.h., die Erfordernisse und Bedürfnisse des Marktes besaßen eine zweitrangige Bedeutung. Dieses Selbstverständnis hat sich seit dem Ende der siebziger Jahre als Folge langfristiger Strukturverschiebungen (globaler, intensiver Wettbewerb, gesättigte Märkte, „Information" als neuer Elementarfaktor) grundlegend gewandelt. Hatte das Marketing bis dahin die Initiative zum Geschäftsabschluss weitgehend dem Kunden überlassen (Verkäufermarkt), so ist nun eine Marketingphilosophie erforderlich, deren Zielsetzung es ist, einerseits möglichst viele Kunden zu gewinnen und andererseits gewonnene Kundenbeziehungen zu sichern (Käufermarkt). Der eingeleitete Wechsel vom Verkäufer- zum Käufermarkt wurde und wird von staatlicher Seite durch eine Abschaffung der weitgehenden Sonderstellungen einzelner Branchen (z. B. Privatisierung der Telekom; Liberalisierung der Strommärkte) begleitet.

  Marketing ist (nach Meffert) die bewusst marktorientierte Führung des gesamten Unternehmens, die sich in Planung, Koordination und Kontrolle aller auf die aktuellen und potenziellen Märkte ausgerichteten Unternehmensaktivitäten niederschlägt.

Personalwirtschaft

Alle Aufgaben, die (direkt oder indirekt) mit der Betreuung und Verwaltung des Produktionsfaktors Arbeit anfallen, werden mit Begriffen wie Personalarbeit, Personalwirtschaft, Personalmanagement, Personalwesen, Human Resource Management (HRM) usw. umschrieben.

Rechnungswesen

Das Rechnungswesen (RW) eines Betriebes erfasst und überwacht sämtliche Mengen- und Wertbewegungen zwischen dem Betrieb und seiner Umwelt sowie innerhalb des Betriebes. Nach deren Aufbereitung liefert es Daten, die als Entscheidungsgrundlage für die operative Planung dienen. Neben diesen betriebsinternen Aufgaben hat das RW externe Aufgaben: Aufgrund gesetzlicher Vorschriften dient das RW als externes Informationsinstrument, mit dem die Informationsansprüche der Öffentlichkeit (z. B. Gläubiger, Aktionäre, Finanzamt) befriedigt werden können. Das Rechnungswesen gliedert sich in zwei Teile:

- Der *pagatorische Teil* (pagatorisch = auf Zahlungsvorgängen beruhend) umfasst die Bilanz und die Erfolgsrechnung,
- der *kalkulatorische Teil* umfasst die Kosten- und Leistungsrechnung.

Controlling

Der Begriff Controlling stammt aus dem Amerikanischen („to control") und bedeutet so viel wie „Unternehmenssteuerung". Controlling ist also „mehr" als der deutsche Begriff Kontrolle. Zum Controlling gehört, über alles informiert zu sein, was zur Zielerreichung und Steuerung des Unternehmens wesentlich ist.

Controlling wird heute als Prozess begriffen:
Unternehmensteuerung ist nur dann möglich, wenn klare Ziele existieren. Zielfestlegungen machen nur dann Sinn, wenn Abweichungsanalysen (Soll-Ist-Vergleiche) erfolgen. Die aus der Kontrolle ggf. resultierenden Abweichungen müssen die Grundlage für entsprechende Korrekturmaßnahmen sein.

Controlling als Instrument der Unternehmensteuerung ist damit ein Regelkreis mit den untereinander vernetzten Elementen der Planung, Durchführung, Kontrolle und Steuerung.

Finanzierung und Investition

Finanzierung umfasst alle Maßnahmen der Mittelbeschaffung und Mittelrückzahlung. Sie ist unbedingte Voraussetzung für Investitionen in Sachgüter zur Leistungserstellung (Anlagen, Vorräte, Fremdleistungen) oder für Finanzinvestitionen in Form von Beteiligungen. Auch die immaterielle Investition darf nicht vergessen werden, zu der Forschung und Entwicklung, Werbung und Ausbildung zählen. Sie ist auf der Passivseite der Bilanz unter dem Begriff Kapitelherkunft zu finden.

Demzufolge befindet sich die *Investition* auf der Aktivseite der Bilanz, im Anlage- und im Umlaufvermögen, wofür in der Literatur auch der Begriff Kapitalverwendung benutzt wird.

Logistik

Eine der wichtigen Aufgaben in einem Unternehmen ist die reibungslose Gestaltung des Material-, Wert- und Informationsflusses, um den betrieblichen Leistungsprozess optimal realisieren zu können. Die Umschreibung des Begriffs „Logistik" ist in der Literatur uneinheitlich: Ältere Auffassungen sehen den Schwerpunkt dieser Funktion im „Transportwesen" - insbesondere in der Beförderung von Produkten und Leistungen zum Kunden (= reine Distributionslogistik). Die Tendenz geht heute verstärkt zu einem *umfassenden Logistikbegriff*, der folgende Elemente miteinander verbindet – und zwar nicht als Aneinanderreihung von Maßnahmen/Instrumenten sondern als ein in sich geschlossenes logisches Konzept:
- Objekte (Produkte/Leistungen, Personen, Energie, Informationen),
- Mengen, Orte, Zeitpunkte,
- Kosten, Qualitätsstandards.

Logistik ist daher die Vernetzung von planerischen und ausführenden Maßnahmen und Instrumenten, um den Material-, Wert- und Informationsfluss im Rahmen der betrieblichen Leistungserstellung zu gewährleisten. Dieser Prozess stellt eine eigene betriebliche Funktion dar.

Technische Information/Kommunikation und EDV-Informationstechnologien und -management

Die Optimierung der Informationsgewinnung und -verarbeitung als Grundlage ausgewogener unternehmerischer Entscheidungen hat sich heute zu einer eigenständigen betrieblichen Funktion entwickelt. Die Gründe dafür sind bekannt und z. B. in folgenden Entwicklungen zu sehen:

- rasant wachsende Entwicklung der Kommunikationstechniken (Internet, Intranet),
- zunehmende Globalisierung und Abhängigkeit der Güter- und Geldmärkte,
- Verdichtung von Raum und Zeit.

Von daher bestimmt die Rechtzeitigkeit und die Qualität der erforderlichen Informationen wesentlich mit über den Erfolg eines Unternehmens. „Insellösungen" sind überholt – verlangt wird ein Informationsmanagement.

2.1.3 Produktionsfaktor Arbeit

01. Welche Formen der Arbeit lassen sich unterscheiden?

Formen der Arbeit

- manuelle / geistige
- dispositive / operative
- selbstständige / unselbstständige

02. Welche Produktionsfaktoren unterscheidet die Betriebswirtschaftslehre?

Betriebliche Produktionsfaktoren

- **Dispositiver Faktor**
  - **Unternehmensleitung**
    - Planung
    - Leitung
    - Organisation
    - Kontrolle
- **Elementarfaktoren**
  - Ausführende **Arbeit**
  - **Werkstoffe**
    - Rohstoffe
    - Hilfsstoffe
    - Betriebsstoffe
  - **Betriebsmittel**
    - Maschinen
    - Anlagen
    - Vorrichtungen

03. Welche Bedeutung hat der dispositive Faktor?

Der dispositive Faktor ist erforderlich um die übrigen Produktionsfaktoren so miteinander zu kombinieren, dass ein optimaler Unternehmenserfolg erzielt werden kann.

04. Wie wirken die Produktionsfaktoren im Betrieb zusammen?

Je nach dem Zweck des Unternehmens (Produktions- oder Handelsunternehmen) müssen unterschiedliche Grundsatzüberlegungen zur optimalen Kombination der Produktionsfaktoren angestellt werden:

- *Bei Produktionsunternehmungen* sind Entscheidungen über die Wahl und die Gestaltung der Erzeugnisse sowie bei der Vorbereitung und dem Ablauf des Produktionsprozesses in Verbindung mit kostenmäßigen und finanzwirtschaftlichen Überlegungen anzustellen. Das optimale Produktionsprogramm kann mithilfe rechnerischer Verfahren bestimmt werden.

- *Bei Handelsunternehmen* sind Entscheidungen im Hinblick auf das anzustrebende Absatzziel und die zur Erreichung dieses Zieles einzusetzenden Mittel zu treffen.

Von daher haben die einzelnen Produktionsfaktoren und Funktionen je nach dem Betriebszweck und nach der Art des Betriebes eine unterschiedliche Bedeutung. So tritt z. B. im Handelsbetrieb die Fertigungsfunktion in den Hintergrund, während die Lagerhaltung von besonderer Wichtigkeit ist.

05. Welchen Bedingungen unterliegt heute die menschliche Arbeitsleistung? Welche Veränderungen sind erkennbar?

Beispiele:

1. Die qualifizierte *Handarbeit* verliert an Bedeutung. Eine fortschreitende Mechanisierung, Automatisierung und Rationalisierung ist zu verzeichnen.

2. Der *Grad der Arbeitsteilung* wächst; ganzheitliche Arbeit ist zunehmend weniger vorhanden.

3. Der Faktor Arbeit ist für viele Unternehmen der *Kostenfaktor* Nr. 1. Damit wächst der Druck im Hinblick auf Rationalisierungsmaßnahmen und Ersatz des Faktors Arbeit durch Kapital. Ebensfalls ansteigend ist die Tendenz zur Intensivierung der Arbeit (Anstieg der Verrichtungen pro Zeiteinheit).

4. Neue *Formen der Arbeitsorganisation* entstehen (Teilzeit, Altersteilzeit, unterschiedliche Formen der Gruppenarbeit, Teamorganisation).

5. Die *Formen der Arbeitsstrukturierung* werden differenzierter (vgl. unten).

06. Welchen Formen der Arbeitsstrukturierung unterliegt der Produktionsfaktor Arbeit?

Unter Arbeitsstrukturierung versteht man die zeitliche, örtliche und logische Anordnung/Zuordnung von Arbeitsvorgängen nach grundlegenden Prinzipien. Es gibt folgende *Möglichkeiten, die auszuführende Arbeit anzuordnen und zu gliedern*:

- nach dem Umfang der *Delegation*:
  Aufteilung in ausführende (operative) und entscheidende (dispositive) Tätigkeit

- nach dem *Interaktionsspielraum*, den die Mitarbeiter haben:
  - Einzelarbeitsplatz
  - Gruppenarbeitsplatz
  - Teamarbeit

- nach der *Arbeitsfeldvergrößerung/-verkleinerung:*
  - Job-Enlargement
  - Job-Enrichment
  - Job-Rotation
  - teilautonome Gruppe

- Prinzipien der *Art- und Mengenteilung:*
  - Arbeitsteilung:
    · *Artteilung:*
    Jeder Mitarbeiter führt nur einen Teil der Gesamtarbeit aus; repetetive Teilarbeit.
    · *Mengenteilung:*
    Jeder Mitarbeiter erledigt den gesamten Arbeitsablauf und davon eine bestimmte Menge.
  - Arbeitszerlegung
  - Flussprinzip
  - Verrichtungsprinzip
  - Objektprinzip

• Prinzip der *Bildung von Einheiten:*
  - soziale Einheiten
  - funktionale Einheiten

07. Welche Elemente umfasst das Arbeitssystem und welche Zusammenhänge bestehen?

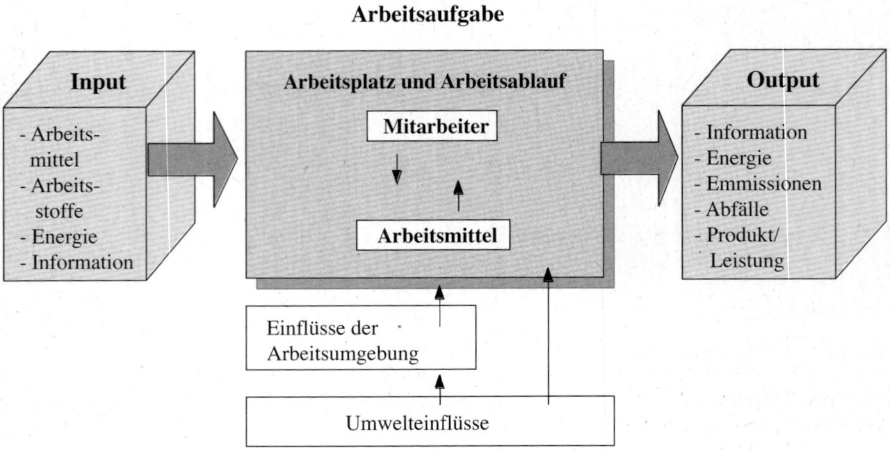

08. Was ist Leistung?

Im physikalischen Sinne ist

$$\text{Leistung} = \frac{\text{Arbeit}}{\text{Zeit}}$$

Nach REFA ist die

$$\text{Arbeitsleistung} = \frac{\text{Arbeitsergebnis}}{\text{Zeit}}$$ bzw.

$$\text{Mengenleistung} = \frac{\text{Menge}}{\text{Zeit}}$$

09. Was ist der Wirkungsgrad?

Der Wirkungsgrad eines Arbeitssystems ist das Verhältnis von Ausgabe (Arbeitsergebnis) zu Eingabe (Arbeitsgegenstand):

$$\text{Wirkungsgrad} = \frac{\text{Ausgabe}}{\text{Eingabe}}$$

10. Nach welchen Merkmalen wird der menschliche Leistungsgrad ermittelt?

Der Leistungsgrad L eines Arbeitenden ist die Beurteilung des Verhältnisses der Istleistung zur Bezugsleistung (i.d.R. = Normalleistung):

$$\text{Leistungsgrad in \%} = \frac{\text{beobachtete (Ist-)Leistung}}{\text{Bezugs- (Normal-)Leistung}} \cdot 100$$

Die Beurteilung des Leistungsgrades erfolgt i.d.R. nur bei Vorgängen, die vom Menschen beeinflussbar sind. Der Leistungsgrad ist abhängig von *subjektiver* Bewertung und setzt voraus, dass der Mitarbeiter *eingearbeitet*, hinreichend *geübt, motiviert* ist und geeignete *Arbeitsbedingungen* vorliegen. Der Leistungsgrad sollte während einer Zeitaufnahme laufend geschätzt werden.

Die Höhe des Leistungsgrades hängt von zwei Faktoren ab:

- der Intensität,
- der Wirksamkeit.

- *Intensität* äußert sich in der Bewegungsgeschwindigkeit und der Kraftanspannung der Bewegungsausführung.

- *Wirksamkeit* ist der Ausdruck für die Ausführungsgüte. Sie ist daran zu erkennen, wie geläufig, zügig, beherrscht usw. gearbeitet wird.

Die Bezugs-Mengenleistung (Normalleistung) hat den Leistungsgrad 100 %. Sie kann

- als *Durchschnittsleistung* über viele Ist-Leistungserfassungen,
- als *Standard-Leistung* (System vorbestimmter Leistungen auf Basis von Ist-Leistungen) oder
- als *REFA-Normalleistung*

gebildet werden.

11. Wie ist die REFA-Normalleistung definiert?

Unter der REFA-Normalleistung wird eine Bewegungsausführung verstanden, die dem Beobachter hinsichtlich der Einzelbewegungen, der Bewegungsfolge und ihrer Koordination besonders harmonisch, natürlich und ausgeglichen erscheint. Sie kann erfahrungsgemäß von jedem in erforderlichem Maße geeigneten, geübten und voll eingearbeiteten Arbeiter auf die Dauer und im Mittel der Schichtzeit erbracht werden, sofern er die für persönliche Bedürfnisse und ggf. auch für Erholung vorgegebenen Zeiten einhält und die freie Entfaltung seiner Fähigkeit nicht behindert wird.

12. Wie wird die Normalzeit ermittelt?

Bei allen gemessenen Ablaufabschnitten müssen die gemessenen Istzeiten mithilfe des Leistungsgrades in Normalzeiten umgerechnet werden:

$$\text{Normalzeit} = \frac{\text{Leistungsgrad} \cdot \text{gemessene Istzeit}}{100}$$

13. Wie wird der Zeitgrad errechnet?

Der Zeitgrad ist das Verhältnis von Vorgabezeit (Sollzeit) zur tatsächlich erzielten Zeit (Istzeit).

$$\text{Zeitgrad in \%} = \frac{\sum \text{Vorgabezeiten (Normalzeiten)}}{\sum \text{Istzeiten}} \cdot 100$$

Der Zeitgrad ist also Ausdruck der Soll-Zeit in Prozenten der Istzeit. Er wird i.d.R. für einen zurückliegenden Zeitraum berechnet und kann sich auf einen Auftrag, einen Mitarbeiter, eine Abteilung oder einen Betrieb beziehen.

Merke:

Der Leistungsgrad wird beurteilt/geschätzt! Der Zeitgrad wird berechnet!

2.1.4 Die Bedeutung des Produktionsfaktors Betriebsmittel

01. Welche Betriebsmittelarten gibt es?

Beispiele:

- Grundstücke und Gebäude
- Ver- und Entsorgungsanlagen
- Maschinen und maschinelle Anlagen
- Werkzeuge, Vorrichtungen
- Transport- und Fördermittel
- Lagereinrichtungen
- Mess-, Prüfmittel, Prüfeinrichtungen
- Büro- und Geschäftsausstattung

02. Welche Formen der Investition unterscheidet man?

- Begriff:
  Investition ist die Verwendung finanzieller Mittel für betriebliche Zwecke.
- Nach der *Art der Vermögensgegenstände*, für deren Beschaffung finanzielle Mittel verwendet werden, trennt man zwischen
  - Sachinvestitionen,
  - Finanzinvestitionen und
  - immateriellen Investitionen.

- Anhand der *Investitionsanlässe* unterscheidet man:

Nettoinvestitionen	
sind I., die erstmals im Unternehmen vorgenommen werden. Man unterscheidet:	
Gründungsinvestitionen	sind erforderlich bei der Gründung oder dem Kauf eines Unternehmens.
Erweiterungsinvestitionen	ergeben sich aus der Notwendigkeit der Erweiterung des Produktionspotenzials.

Reinvestitionen	
dienen dem Erhalt/der Sicherung des bestehenden Produktionspotenzials.	
Ersatzinvestitionen	dienen dem Ersatz verbrauchter Produktionsmittel (z. B. Ersatz eines Lkws).
Rationalisierungsinvestitionen	bestehende Leistungspotenziale werden durch neue, technisch effizientere Verfahren ersetzt.
Umstellungsinvestitionen	sind bedingt durch eine mengenmäßige Verschiebung des Produktionsprogramms.
Diversifikationsinvestitionen	sind bedingt durch die Erweiterung der Produktpalette.
Sicherungsinvestitionen	dienen der wirtschaftlichen Existenzsicherung, z. B. Einführung eines neuen Schweißverfahrens zur Sicherung der Qualitätsstandards.

Bruttoinvestitionen	**= Nettoinvestitionen + Reinvestitionen**

03. Welche Bedeutung haben Investitionen?

- *Bedeutung für den Kapitaleigner:*

  Investitionen sind Mittelverwendungen für betriebliche Zwecke. Der Betrieb muss sicherstellen, dass die Betriebsmittel so gestaltet sind, dass die Ziele erreicht werden können. Dazu gehört z. B., dass rechtzeitig erkannt wird, wann Ersatz- oder Neuinvestitionen erforderlich sind, um die Wettbewerbsfähigkeit zu sichern.

  Investitionen werden nach den Gesichtspunkten
  - der Liquidität,
  - der Sicherheit und
  - der Rentabilität

  beurteilt.

- *Bedeutung für die Produktionstechnik:*

  Die Art der Investition bestimmt u. a.:
  - den Grad der Spezialisierung
  - den Automationsgrad
  - den Energieverbrauch
  - die Arbeitsgeschwindigkeit

  der Betriebsmittel.

- *Bedeutung für die Mitarbeiter:*

  Die Art der Investition bestimmt u. a.:

  - die Monotonie der Arbeit
  - den Grad der Arbeitsteilung
  - den Grad der Arbeitszufriedenheit
  - den Interaktionsspielraum zwischen den Arbeitern
  - das Maß an Stress bei der Arbeitsausführung
  - den Grad der Eigen-/Fremdbestimmung

04. Welche Bedeutung hat die Kapazitätsauslastung aus betriebswirtschaftlicher Sicht?

- *Kapazität*
  bezeichnet das Leistungsvermögen eines Betriebes in Einheiten pro Zeitabschnitt. Sie wird bestimmt durch die Art und Menge der derzeit vorhandenen Produktionsfaktoren (Stoffe, Betriebsmittel, Arbeitskräfte).

- Mit *Beschäftigungsgrad*
  ist das Verhältnis von tatsächlicher Erzeugung (= Beschäftigung) zu möglicher Erzeugung (= Kapazität) gemeint.

  Beispiel:

$$\text{Beschäftigungsgrad} = \frac{\text{Beschäftigung} \cdot 100}{\text{Kapazität}}$$

$$= \frac{90.000 \text{ Einheiten} \cdot 100}{120.000 \text{ Einheiten}} = 75\ \%$$

- Mit *Kapazitätsabstimmung*
  (= Kapazitätsabgleich) bezeichnet man die kurzfristige Planungsarbeit, in der die vorhandene Kapazität mit den vorliegenden und durchzuführenden Werkaufträgen in Einklang gebracht werden muss.

- Im Fall der Werkstattfertigung stellt sich das Kapazitätsproblem insbesondere in Form der so genannten *Maschinenbelegung* (*Scheduling*).

  Beispiel:
  Bei fünf Aufträgen, die drei Werkzeugmaschinen durchlaufen sollen, ist die Maschinenbelegung so auszuführen, dass jeder Auftrag in der kürzesten Zeit fertig wird, es möglichst nur geringe Stillstandszeiten pro Maschine gibt. Bei überschaubarer Anzahl von Maschinen und Aufträgen lässt sich das Problem im Näherungsverfahren lösen; in der betrieblichen Praxis bedient man sich bei komplexen Fragestellung der dv-gestützten Berechnung.

Der Betrieb wird also dann besonders *wirtschaftlich arbeiten, wenn* er

- seine Kapazitäten voll ausnutzt (Beschäftigungsgrad = 100 %; i. d. R.: wirtschaftliche Kapazität ≤ technische Kapazität) und
- seine Betriebsmittelnutzungszeiten optimiert (keine Störungen, Unterbrechungen)

Ansonsten ergeben sich wirtschaftliche *Nachteile/Risiken:*

- Die Zinskosten sind zu hoch in Relation zur Ausnutzung der Betriebsmittel („investiertes Kapital liegt brach und erwirtschaftet keine Erträge"),
- buchmäßige Abschreibung der Anlagen und tatsächlicher Werteverzehr fallen auseinander,
- Anlagen veralten, bevor sie voll genutzt wurden.

2.1.5 Die Bedeutung der Werkstoffe in der Produktion

01. Welche Bedeutung haben die Werkstoffe im Rahmen der Produktion?

Werkstoffe sind neben den Arbeitskräften und Betriebsmitteln der „dritte" Faktor im Rahmen der Fertigungsversorgung:

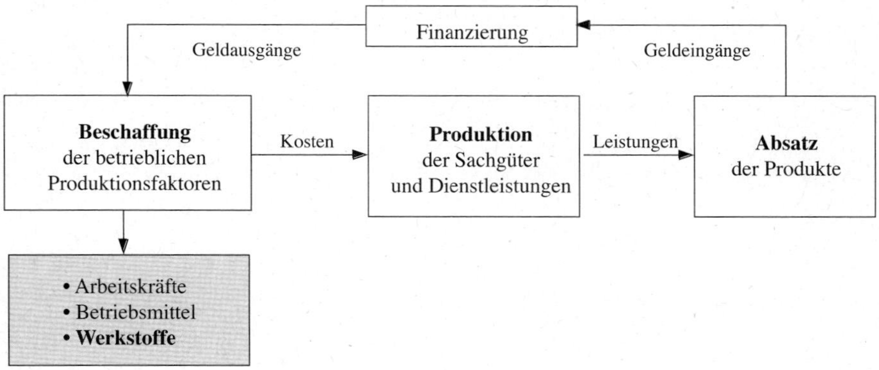

02. Welche Werkstoffe müssen im Rahmen der Fertigungsversorgung geplant werden?

Werkstoffe	
Rohstoffe	*Hauptbestandteil* der Fertigungserzeugnisse, z. B. Holz bei der Möbelherstellung
Hilfsstoffe	*Nebenbestandteile* der Fertigerzeugnisse, z. B. Leim bei der Möbelherstellung
Betriebsstoffe	gehen nicht in das Produkt ein, sondern werden bei der Fertigung verbraucht, z. B. Energie (Strom, Dampf, Luftdruck).

03. Welche wirtschaftlichen Probleme sind bei der Bewirtschaftung der Werkstoffe zu berücksichtigen?

- Das *Zeitproblem (Werkstoffzeit), u. a.:*
  hohe Lieferbereitschaft versus Lagerkosten; Lagermittel, Packmittel, Materiallogistik, Bestellvorgänge; Bedarfsermittlung, Bestandsrechnung, Bestellenmengenrechnung, Bestellterminrechnung, Fehlmengenkosten, Organisation des Einkaufs usw.
- Das Problem der *Materialverluste* und des *Recyclings*, u. a.:
  - Vermeidung von Materialverlusten u.a. durch: Planung der Materialnutzung, Optimierung der Lagerkontrolle, Anreizsysteme, Lieferantenaudit, TQM im Einkauf

- Beim *Abfall* an Roh- und Hilfsstoffen ist anzustreben, dass diese soweit wie möglich *vermieden, wiederverwertet, wiederverwendet bzw. fachgerecht entsorgt* werden. Im Idealfall wird aus dem Abfall ein verkaufbarer Wertstoff, der dem Kreislauf wieder zugeführt wird.
- Zum *Sondermüll* gehören gesundheits-, luft- und wassergefährdende, explosive oder brennbare Abfälle. Die Entsorgung von Sondermüll unterliegt der Nachweispflicht, z. B. bei Industrieschlämmen, Säuren, Laugen, Lackresten, Lösungsmitteln usw.
- Grundprinzipien des *Recycling* sind:
  - *Wiederverwendung:* Glas, Europaletten, Mehrwegverpackungen
  - *Weiterverwendung:* runderneuerte Reifen, Tonerkassetten für Kopierer/Drucker
  - *Weiterverwertung:* Altpapier zu Recyclingpapier, Textilreste zu recyceltem Mischgewebe

2.2 Grundsätze betrieblicher Aufbau- und Ablauforganisation

2.2.1 Grundstrukturen betrieblicher Organisation

01. Wie lassen sich Aufbau- und Ablauforganisation unterscheiden?

- *Aufbauorganisation* = Regelungen für den Betriebsaufbau; legt Orga-Einheiten, Zuständigkeiten und Ebenen fest.
- *Ablauforganisation* = Regelungen für den Betriebsablauf; regelt den Ablauf von Vorgängen nach den Kriterien Ort, Zeit oder Funktion zwischen Orga-Einheiten, Bereichen usw.

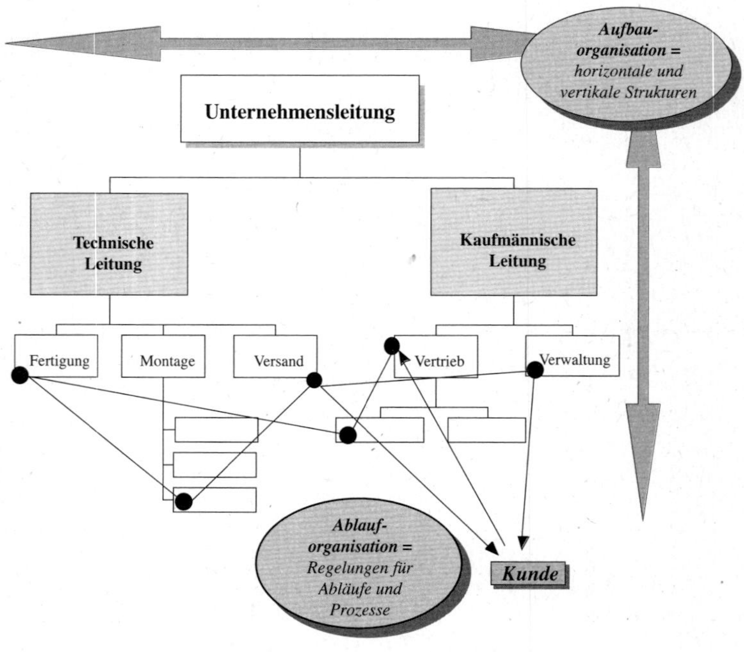

2.2.2 Methodisches Vorgehen im Rahmen der Aufbauorganisation

01. Was versteht man unter der Aufgabenanalyse?

Die Gesamtaufgabe des Unternehmens (z. B. Herstellung und Vertrieb von Elektrogeräten) wird in

- *Hauptaufgaben*, z. B. - Montage, Vertrieb, Verwaltung, Einkauf, Lager
- *Teilaufgaben 1. Ordnung* - Marketing, Verkauf, Versand usw.
- *Teilaufgaben 2. Ordnung,*
- *Teilaufgaben 3. Ordnung usw.*

zerlegt.

Gliederungsbreite und Gliederungstiefe sind folglich abhängig von der Gesamtaufgabe, der Größe des Betriebes, dem Wirtschaftszweig usw. und haben sich am Prinzip der Wirtschaftlichkeit zu orientieren. In einem Industriebetrieb wird z. B. die Aufgabe „Produktion", in einem Handelsbetrieb die Aufgabe „Einkauf/Verkauf" im Vordergrund stehen.

02. Was versteht man unter der Aufgabensynthese?

Im Rahmen der Aufgabenanalyse wurde die Gesamtaufgabe nach unterschiedlichen Gliederungskriterien in Teilaufgaben zerlegt (vgl. oben). Diese Teilaufgaben werden nun in geeigneter Form in sog. organisatorische Einheiten zusammengefasst (z. B. Hauptabteilung, Abteilung, Gruppe, Stelle). Diesen Vorgang der Zusammenfassung von Teilaufgaben zu Orga-Einheiten bezeichnet man als *Aufgabensynthese*. Den Orga-Einheiten werden dann *Aufgabenträger* (Einzelperson, Personengruppe, Kombination Mensch/Maschine) zugeordnet.

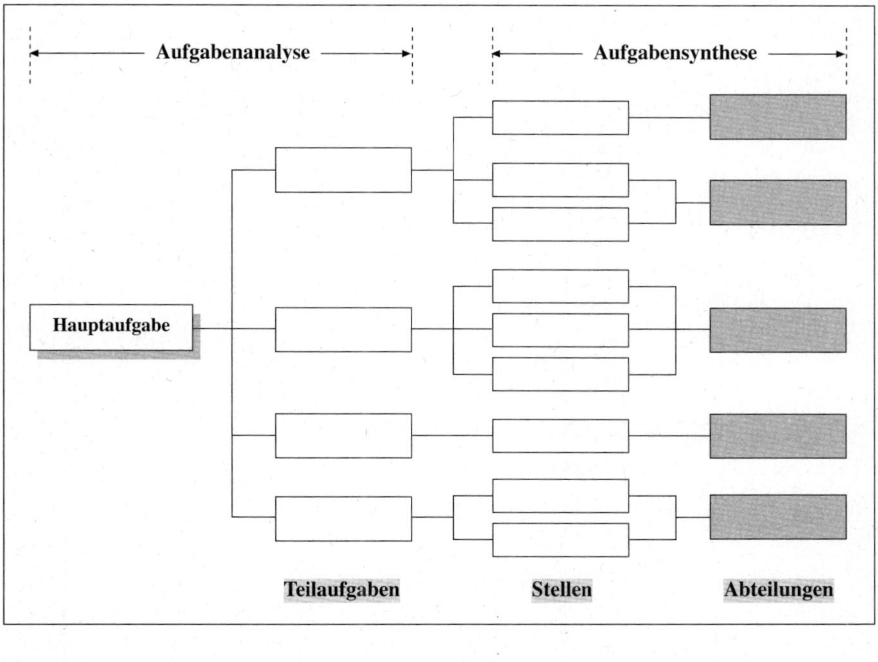

03. Welche Gliederungskriterien gibt es?

Die Aufgabenanalyse (und die spätere Einrichtung von Stellen; vgl. Organigramme, unten, Ziffer 2.2.3) kann nach folgenden *Gliederungskriterien* vorgenommen werden:

- *nach der Verrichtung* (Funktion):
  Die Aufgabe wird in „Teilfunktionen zerlegt", die zur Erfüllung dieser Aufgabe notwendig sind.

- *nach dem Objekt:*
  Objekte der Gliederung können z. B. sein:
  - Produkte (Maschine Typ A, Maschine Typ B),
  - Regionen (Nord, Süd; Nielsen-Gebiet 1, 2, 3 usw.; Hinweis: Nielsen Regionalstrukturen sind Handelspanel, die von der A. C. Nielsen Company erstmals in den USA entwickelt wurden),
  - Personen (Arbeiter, Angestellte) sowie
  - Begriffe (z. B. Steuerarten beim Finanzamt).

- *nach der Zweckbeziehung:*
  Man geht bei diesem Gliederungskriterium davon aus, dass es zur Erfüllung der Gesamtaufgabe (z. B. „Produktion") Teilaufgaben gibt, die unmittelbar dem Betriebszweck dienen (z. B. Fertigung, Montage) und solche, die nur mittelbar mit dem Betriebszweck zusammenhängen (z. B. Personalwesen, Rechnungswesen, DV).

- *nach der Phase*:
  Jede betriebliche Tätigkeit kann den Phasen „Planung, Durchführung und Kontrolle" zugeordnet werden. Bei dieser Gliederungsform zerlegt man also die Aufgabe in Teilaufgaben, die sich an den o. g. Phasen orientieren (z. B. Personalwesen: Personalplanung, Personalbeschaffung, Personaleinsatz, Personalentwicklung, Personalfreisetzung).

- *nach dem Rang:*
  Teilaufgaben einer Hauptaufgabe können einen unterschiedlichen Rang haben. Eine Teilaufgabe kann einen ausführenden, entscheidenden oder leitenden Charakter haben. Als Beispiel sei hier die Hauptaufgabe „Investitionen" angeführt. Sie kann z. B. in Investitionsplanung sowie Investitionsentscheidung gegliedert werden.

- *Mischformen*:
  In der Praxis ist eine bestehende Aufbauorganisation meist das Ergebnis einer Aufgabenanalyse, bei der verschiedene Gliederungskriterien verwendet werden.

Gliederungskriterien

Sachliche Kriterien	**Formale Kriterien**
- Verrichtung (Funktion)	- Zweckbeziehung
- Objekt	- Phase
	- Rang

04. Wie erfolgt die Stellenbildung?

Eine *Stelle ist die kleinste betriebliche Orga-Einheit.* Die Anzahl der Teilaufgaben muss nicht notwendigerweise identisch mit der Anzahl der Stellen sein. Je nach Größe des Betriebes kann eine Teilaufgabe die Bildung mehrerer Stellen erfordern, oder mehrere Teilaufgaben werden in einer Stelle zusammengefasst.

Man unterscheidet zwischen

- *Leitungsstellen* (= Anordnungsrechte und -pflichten) und
- *Ausführungsstellen* (= keine Leitungsbefugnis).

05. Wie erfolgt die Bildung von Gruppen und Abteilungen?

Die in einem Betrieb gebildeten Stellen werden zu Bereichen zusammengefasst. In der Praxis ist die Zusammenfassung zu *Gruppen, Abteilungen, Hauptabteilungen, Ressorts* usw. üblich.

06. Welchen Inhalt hat eine Stellenbeschreibung? Welchen Zweck verfolgt sie?

Die Stellenbeschreibung (auch Aufgaben- oder Funktionsbeschreibung genannt) enthält die Hauptaufgaben der Stelle, die Eingliederung in das Unternehmen und i.d.R. die Befugnisse der Stelle. In der Praxis hat sich keine eindeutige Festlegung der inhaltlichen Punkte einer Stellenbeschreibung herausgebildet. Üblich ist folgender Inhalt:

Stellenbeschreibung	
I.	**Beschreibung der Aufgaben:**
	1. Stellenbezeichnung 2. Unterstellung An wen berichtet der Stelleninhaber? 3. Überstellung Welche Personalverantwortung hat der Stelleninhaber? 4. Stellvertretung - Wer vertritt den Stelleninhaber? (passive Stellvertretung) - Wen muss der Stelleninhaber vertreten? (aktive Stellvertretung) 5. Ziel der Stelle 6. Hauptaufgaben und Kompetenzen 7. Einzelaufträge 8. Besondere Befugnisse
II.	**Anforderungsprofil:**
	Fachliche Anforderungen: - Ausbildung - Berufspraxis - Weiterbildung - Besondere Kenntnisse ... **Persönliche Anforderungen:** - Kommunikationsfähigkeit - Führungsfähigkeit - Analysefähigkeit ...

Wichtig ist, dass die Stellenbeschreibung *sachbezogen, also vom Stelleninhaber unabhängig ist,* und darauf geachtet wird, dass sie wirklich nur die „wichtigsten Zuständigkeiten“ nennt (Problem: Pflegeaufwand, Aktualisierung).

Stellenbeschreibungen werden als Instrument der Organisation sowie als personalpolitisches Instrument für vielfältige Zwecke eingesetzt, z. B.:

- Kompetenzabgrenzung,
- Personalauswahl,
- Personalentwicklung,
- Organisationsentwicklung,
- Stellenbewertung,
- Lohnpolitik/Gehaltsfindung,
- Mitarbeiterbeurteilung,
- Feststellung des Leitenden-Status,
- interne und externe Stellenausschreibung.

2.2.3 Die Bedeutung der Leitungsebenen

01. Was ist eine „Stelle“?

Eine Stelle ist die kleinste organisatorische Einheit.

02. Was versteht man unter folgenden Begriffen: Instanz, Hierarchie, Leitungsspanne, Instanzentiefe/-breite?

Begriffe der Organisationslehre	
Instanz	eine Stelle mit Leitungsbefugnissen; Instanzen können verschiedenen Leitungsebenen (= Managementebenen) zugeordnet sein.
Leitungsspanne	die Zahl der direkt weisungsgebundenen Stellen. Je höher die Ausbildung der Mitarbeiter und je anspruchsvoller ihr Aufgabengebiet ist, desto kleiner sollte die Leitungsspanne sein. Eine zu große Leitungsspanne hat zur Folge, dass die notwendigen Führungsaufgaben nicht angemessen wahrgenommen werden können.
Instanzentiefe	die Anzahl der verschiedenen Rangebenen
Instanzenbreite	die Anzahl der (gleichrangigen) Leitungsstellen pro Ebene
Hierarchie	Struktur der Leitungsebenen. Eine starke Hierarchie mit vielen Instanzen kann zu schwerfälligen Informations- und Entscheidungsprozessen führen. Eine zu geringe Hierarchie – insbesondere bei großer Leitungsspanne – überlastet die Führungskräfte (Problem beim Ansatz „Lean Management“). Im Wesentlichen unterscheidet man drei Leitungsebenen (Hierarchien):
	Top-Management (oberste Leitungsebene), z. B.: Vorstand, Geschäftsleitung, Unternehmensinhaber.
	Middle-Management (mittlere Leitungsebene), z. B.: Bereichsleiter, Ressortleiter, Abteilungsleiter.
	Lower-Management (untere Leitungsebene), z. B.: Gruppenleiter, Meister.

03. Was bezeichnet man als Dezentralisierung (Zentralisierung) von Aufgaben?

Mit *Dezentralisierung* bezeichnet man die Verteilung von Teilaufgaben nicht auf eine (zentrale) Stelle sondern auf verschiedene. Diese Verteilung kann dabei z. B. nach dem Objekt (= *Objekt-*

Dezentralisierung; z. B.: Jede Niederlassung eines Konzerns vertreibt alle Produkte) oder nach der Verrichtung (= *Verrichtungs-Dezentralisierung;* z. B.: In jeder Niederlassung eines Konzerns sind alle wesentlichen, kaufmännischen Grundfunktionen vorhanden) vorgenommen werden. In der Praxis hat sich bei Großunternehmen aufgrund der positiven Erfahrung eine zunehmende Tendenz zur Dezentralisierung herausgebildet.

04. Was ist ein Organigramm und welche Darstellungsformen gibt es?

Die in einem Betrieb vorhandenen Stellen, ihre Beziehung untereinander und ihre Zusammenfassung zu Bereichen wird bildlich in Form eines *Organisationsdiagramms* (kurz: Organigramm) dargestellt. In der Praxis ist die sog. *vertikale Darstellung* am häufigsten anzutreffen („von oben nach unten"); hier stehen gleichrangige Stellen nebeneinander. Daneben kennt man die *horizontale Darstellung* („von links nach rechts"; gleichrangige Stellen stehen untereinander).

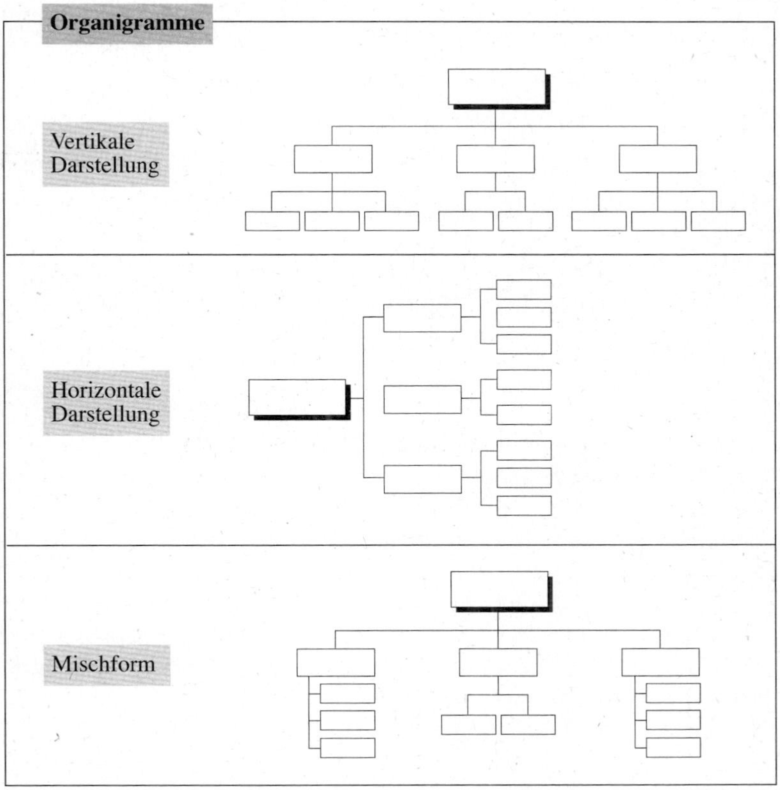

05. Was sind Leitungssysteme und welche Organisationsformen gibt es?

Leitungssysteme (auch „Weisungssysteme" oder „Organisationssysteme" genannt) sind dadurch gekennzeichnet, in welcher Form Weisungen von „oben nach unten" erfolgen.

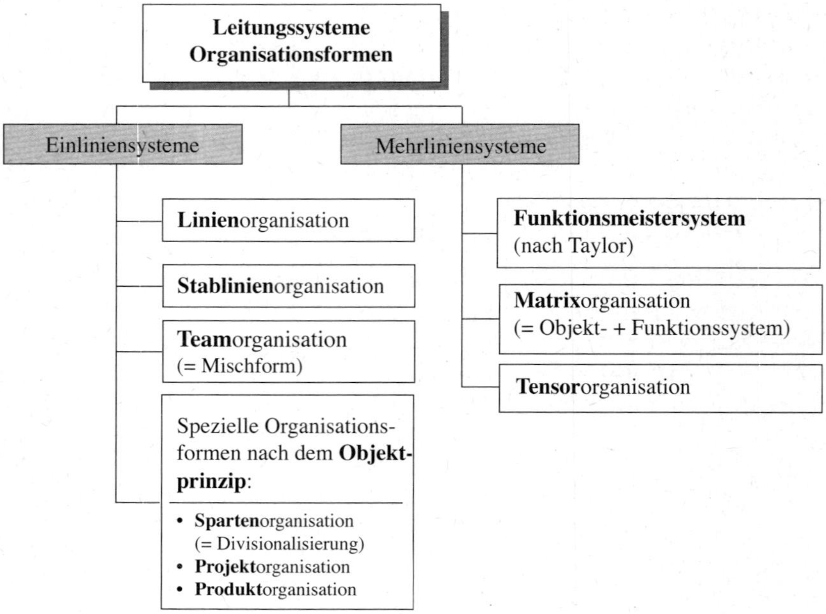

- *Bei der Einlinienorganisation* hat jeder Mitarbeiter nur einen Vorgesetzten; es führt nur „eine Linie von der obersten Instanz bis hinunter zum Mitarbeiter und umgekehrt". Vom Prinzip her sind damit gleichrangige Instanzen gehalten, bei Sachfragen über ihre gemeinsame, übergeordnete Instanz zu kommunizieren.

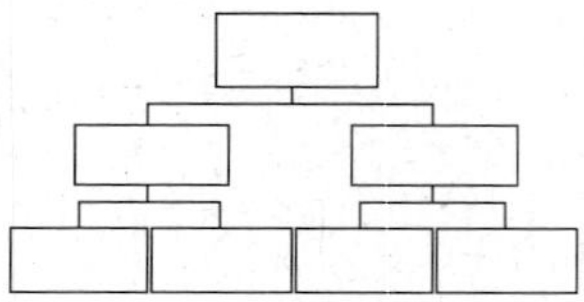

- *Die Stablinienorganisation*
  ist eine Variante des Einliniensystems. Bestimmten Linienstellen werden Stabsstellen ergänzend zugeordnet.

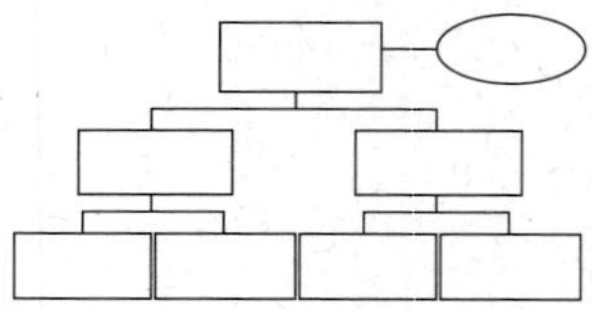

- *Stabsstellen*
  sind Stellen ohne eigene fachliche und disziplinarische Weisungsbefugnis. Sie haben die Aufgabe, als „Spezialisten" die Linienstellen zu unterstützen. Meist sind Stabsstellen den oberen Instanzen zugeordnet. Stabsstellen sind in der Praxis im Bereich Recht, Patentwesen, Unternehmensbeteiligungen, Unternehmensplanung und Personalgrundsatzfragen zu finden.

- *Das Mehrliniensystem*
  basiert auf dem Funktionsmeistersystem des Amerikaners Taylor (1911) und ist heute höchstens noch in betrieblichen Teilbereichen anzutreffen. Der Mitarbeiter hat zwei oder mehrere Fachvorgesetzte, von denen er *fachliche* Weisungen erhält.

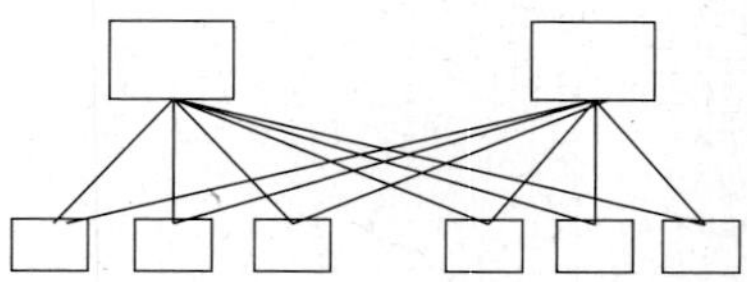

Die Disziplinarfunktion ist nur einem Vorgesetzten vorbehalten. Der Rollenkonflikt beim Mitarbeiter, der „zwei oder mehreren Herren dient", ist vorprogrammiert, da jeder Fachvorgesetzte „ein Verhalten des Mitarbeiters in seinem Sinne" erwartet.

- *Bei der Spartenorganisation (Divisionalisierung)*
  wird das Unternehmen nach Produktbereichen (sog. Sparten oder Divisionen) gegliedert. Jede Sparte wird als eigenständige Unternehmenseinheit geführt. Die für das Spartengeschäft „nur" indirekt zuständigen Dienstleistungsbereiche wie z. B. Recht, Personal oder Rechnungswesen sind bei der Spartenorganisation oft als *verrichtungsorientierte Zentralbereiche* vertreten.

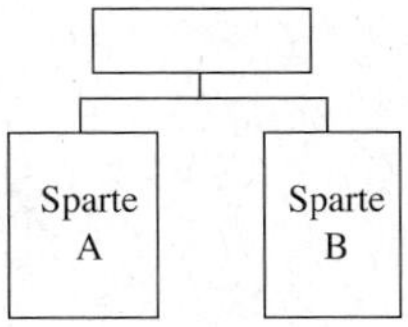

- *Die Projektorganisation*
  ist eine Variante der Spartenorganisation (vgl. oben). Das Unternehmen oder Teilbereiche des Unternehmens ist/sind nach Projekten gegliedert. Diese Organisationsform ist häufig im Großanlagenbau (Kraftwerke, Staudämme, Wasseraufbereitungsanlagen, Straßenbau, Industriegroßbauten) anzutreffen.

  Die Projektorganisation ist abzugrenzen von der „Organisation von Projektmanagement".

- *Die Produktorganisation*
  ist eine Variante der Spartenorganisation bzw. der Projektorganisation; sie kann als Einliniensystem oder – bei Vollkompetenz der Produktmanager – als Matrixorganisation ausgestaltet sein.

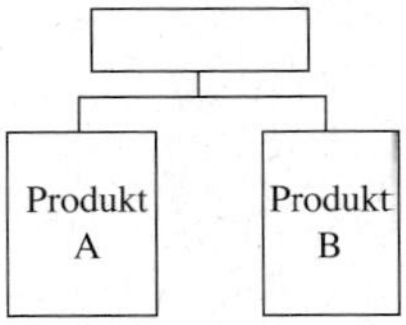

- *Die Matrixorganisation*
  ist eine Weiterentwicklung der Spartenorganisation und gehört zur Kategorie „Mehrliniensystem". Das Unternehmen wird in „Objekte" und „Funktionen" gegliedert. Kennzeichnend ist: Für die Spartenleiter und die Leiter der Funktionsbereiche besteht bei Entscheidungen Einigungszwang. Beide sind gleichberechtigt. Damit soll einem Objekt- oder Funktionsegoismus vorgebeugt werden. Für die nachgeordneten Stellen kann dies u. U. bedeuten, dass sie zwei unterschiedliche Anweisungen erhalten (Problem des Mehrliniensystems).

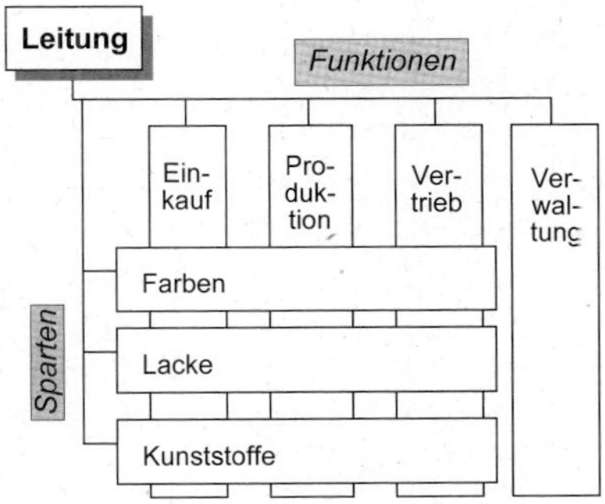

- *Teamorganisation*:
  Hier liegt die disziplinarische Verantwortung für Mitarbeiter bei dem jeweiligen Linienvorgesetzten (vgl. Linienorganisation). Um eine verbesserte Objektorientierung (oder Verrichtungsorientierung) zu erreichen, werden überschneidende Teams gebildet. Die fachliche Weisungsbefugnis für das Team liegt bei dem betreffenden Teamleiter. Beispiel (verkürzt): Ein Unternehmen der Informationstechnologie hat die drei Funktionsbereiche Hardware, Software und Dokumentation.

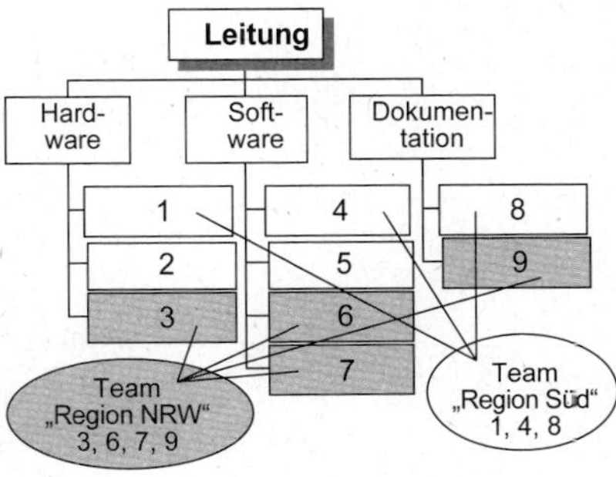

  Um eine bessere Marktorientierung und Ausrichtung auf bestimmte Großkunden (oder Regionen) zu realisieren, werden z. B. zwei Teams gebildet: Team „Region NRW" und Team „Region Süd". Die Zusammensetzung und zeitliche Dauer der Teams kann flexibel sein.

06. Was sind ergebnisorientierte Organisationseinheiten?

Zur Verantwortung einer Leitungsstelle gehört in der Regel, dass der Stelleninhaber für die Kosten seines Bereichs verantwortlich zeichnet. Meistens ist dies so geregelt, dass z. B. einem Meisterbereich ein bestimmter Kostenrahmen (= Budget) zugewiesen wird; der Meister ist gehalten, diesen Kostenrahmen nicht zu überschreiten. Die Kosten sind dabei nach Kostenarten (Personalkosten, Sachkosten, Umlagen) gegliedert.

- Die Unternehmensleitung steuert also bestimmte Kostenstellen nach dem sog. *Costcenter-Prinzip.*

Das Costcenter-Prinzip hat erhebliche Nachteile: Es besteht oft kein Anreiz, die Kosten zu unterschreiten; außerdem geht der Zusammenhang zwischen „Kosten und Leistungen" der Abteilung verloren.

Um diese Nachteile zu vermeiden werden heute zunehmend bestimmte Organisationseinheiten in der Produktion und im Vertrieb als geschlossene Einheit gefasst, die nur über die Ergebnissteuerung geführt werden.

- Dieses Prinzip nennt man *„Ergebnisorientierung"* oder *„Profitcenter-Prinzip"*.

Der Leiter eines Profitcenters ist der Geschäftsführung „nur noch" hinsichtlich des erwirtschafteten Ergebnisses verantwortlich. Welche Maßnahmen er dazu ergreift, sprich „welche Kosten er dabei produziert", ist zweitrangig. Das angestrebte Ergebnis wird im Wege der Zielvorgabe oder der Zielvereinbarung (= Management by Objectives) festgeschrieben. Der Gewinn, sprich „Profit", ist der Saldo von „Leistungen ./. Kosten" bzw. „Umsatz ./. Kosten".

Beispiel (vereinfacht):
Der Meisterbereich „Montage 1" wird ergebnisorientiert geführt: Die geplanten Gesamtkosten für das Geschäftsjahr ergeben sich aus der Summe von 700 TEUR Personalkosten, 1,4 Mio. EUR Sachkosten und 400 TEUR Umlagen. Da der Meisterbereich nicht direkt an den Kunden verkauft, wurde ein innerbetrieblicher Verrechnungspreis pro Leistungseinheit kalkuliert: Im vorliegenden Fall liegt die Planzahl bei 5.750 Montageeinheiten zu einem Verrechnungspreis von 480 EUR. Unterstellt man, das dieser Meisterbereich „exakt im Plan" liegen würde, so ergäbe sich folgende Ergebnisrechnung:

Profitcenter „Montage"		
		[in TEUR]
	Leistungen (5.750 · 480,00 EUR)	2.760,00
./.	Personalkosten	- 700,00
./.	Sachkosten	- 1.400,00
./.	Umlage	- 400,00
=	**Ergebnis**	**260,00**

2.2.4 Aufgaben der Arbeitsplanung

01. Welche betriebliche Kernfunktion erfüllt die industrielle Produktion?

Die Produktion ist das *Bindeglied* zwischen den betrieblichen Funktionen „*Beschaffung*" und „*Absatz*". Im Prozess der betrieblichen Leistungserstellung erfüllt sie die Funktion der „*Transformation*": Der zu beschaffende Input wird transformiert in den am Markt anzubietenden Output:

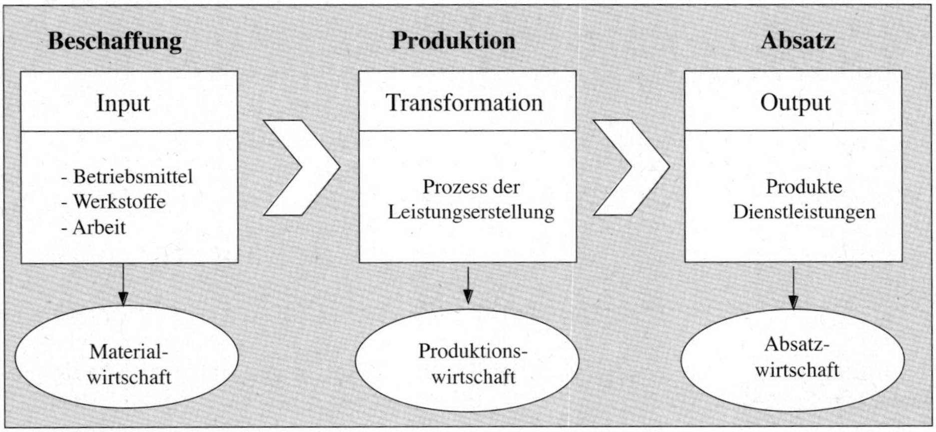

02. Welcher Unterschied besteht zwischen „Produktion" und „Fertigung"?

- *Produktion* umfasst *alle Arten* der betrieblichen Leistungserstellung. Produktion erstreckt sich somit auf die betriebliche Erstellung von *materiellen* (Sachgüter/Energie) und *immateriellen* Gütern (Dienstleistungen/Rechte).

- *Fertigung* meint nur die Seite der *industriellen* Leistungserstellung, d. h. der materiellen, absatzreifen Güter und Eigenerzeugnisse.

Der Unterschied zwischen diesen Begriffen muss hier vernachlässigt werden, da er im Rahmenplan ebenfalls keine Berücksichtigung findet.

03. Welche Hauptaufgaben bearbeitet die Produktionswirtschaft? Welche „Nebenaufgaben" muss sie dabei berücksichtigen? Wie lässt sich der Zusammenhang der einzelnen Planungsgrundlagen grafisch darstellen?

Die Hauptaufgaben der Produktionswirtschaft sind – entsprechend dem Management-Regelkreis:

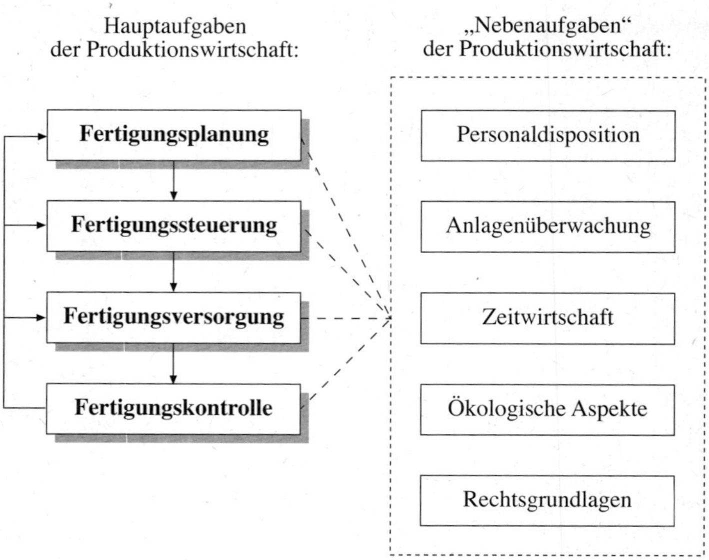

04. Wie ergibt sich der Produktionsplan (das Produktvolumen) im Rahmen der Unternehmens-Gesamtplanung?

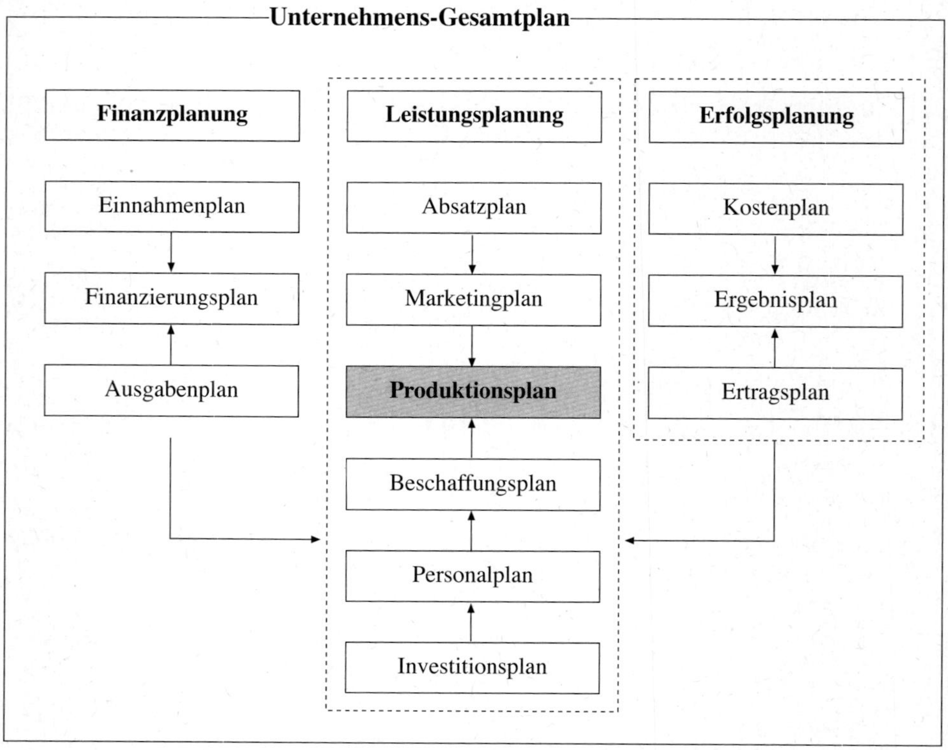

05. Welche Teilpläne sind innerhalb der Fertigungsplanung zu bearbeiten?

Fertigungsplanung ist die Gesamtheit der auf die Realisierung produktionswirtschaftlicher Ziele gerichteten Entscheidungen zur betrieblichen Leistungserstellung; sie wird i. d. R. in folgende Teilpläne gegliedert:

Fertigungssteuerung • Teilpläne		
Fertigungs-programmplanung	**Ausstattungs-planung**	**Fertigungs-prozessplanung**
		↑ Fertigungsverfahren

06. Mit welchen Fragestellungen und Entscheidungen muss sich die Fertigungsprogrammplanung beschäftigen?

Die Fertigungsprogrammplanung beschäftigt sich vor allem mit den Fragen:

- Welche Erzeugnisse,
- in welchen Mengen,
- zu welchen Terminen,
- mit welchen Verfahren,
- bei welchen Kapazitäten,
- mit welchem Personal

sollen gefertigt werden?

Wichtige Merkmale der Fertigungsprogrammplanung sind:

Fertigungsprogrammplanung				
Programm-arten	**Anpassungs-formen**	**Programm-inhalte**	**Programm-dimensionen**	**Stufen der Programmplanung**
- langfristig - mittelfristig - kurzfristig	- Korrektur-programme - Alternativ-programme - gleitende Programme	- Erzeugnisse - Termine - Mengen	- Programm-umfang - Programm-breite - Programm-tiefe	- Vorbereitung - Ausarbeitung - Optimierung

07. Die Fertigungsprogrammplanung wird in langfristige, mittelfristige und kurzfristige Programmpläne aufgeteilt. Welchen Inhalt haben diese unterschiedlichen Teilpläne?

(Produktions-) Fertigungsplanung	
Fristigkeit	*Aufgaben/Inhalte*
Strategische Produktionsplanung *Langfristige Planung:* *4 – 10 Jahre*	Schafft den Rahmen für die operative Planung.
	Festlegen der Produktfelder (SGF)
	Generelle Strukturierung des Produktionssystems: - Produktionsorganisation - Produktionstyp
	Langfristige Dimensionierung der Kapazität
	Genereller Ablauf der Produktionsprozesse
Mittelfristige (taktische) Programmplanung *1 – 3 Jahre*	- Entwurf/Konstruktion des Produktes - Eigen-/Fremdfertigung (Make-or-buy-Analyse; MOB) - Altersstruktur, Lebenszyklus
Operative Produktionsplanung *Kurzfristige Planung:* *1 Monat – 1 Jahr*	Setzt die strategische Produktionsplanung in konkrete Produktionsabläufe um. Dabei sollen die vorhandenen Leistungspotenziale (Betriebsmittel, Personal usw.) ausgeschöpft und angepasst werden.
	Festlegen der Mengen je Produkt: - Losgrößenfestlegung - Auslastung der Kapazitäten - Fertigungsfolgen
	Bereitstellen der Produktionsfaktoren: - R-H-B-Stoffe - Betriebsmittel - Personal
	Terminplanung
Arbeitsvorbereitung (AV)	Die AV entlastet die Werkstatt von grundsätzlichen Überlegungen über die Wahl des Fertigungsverfahrens, der einzusetzenden Maschinen, der Materialbereitstellung usw.
	- Auftragsvorbereitung, -koordination - Stücklistenvorbereitung - Arbeitszeitermittlung - Datenverwaltung - Arbeitspläne

08. Wie lässt sich der Werdegang eines Produktes beschreiben/grafisch darstellen?

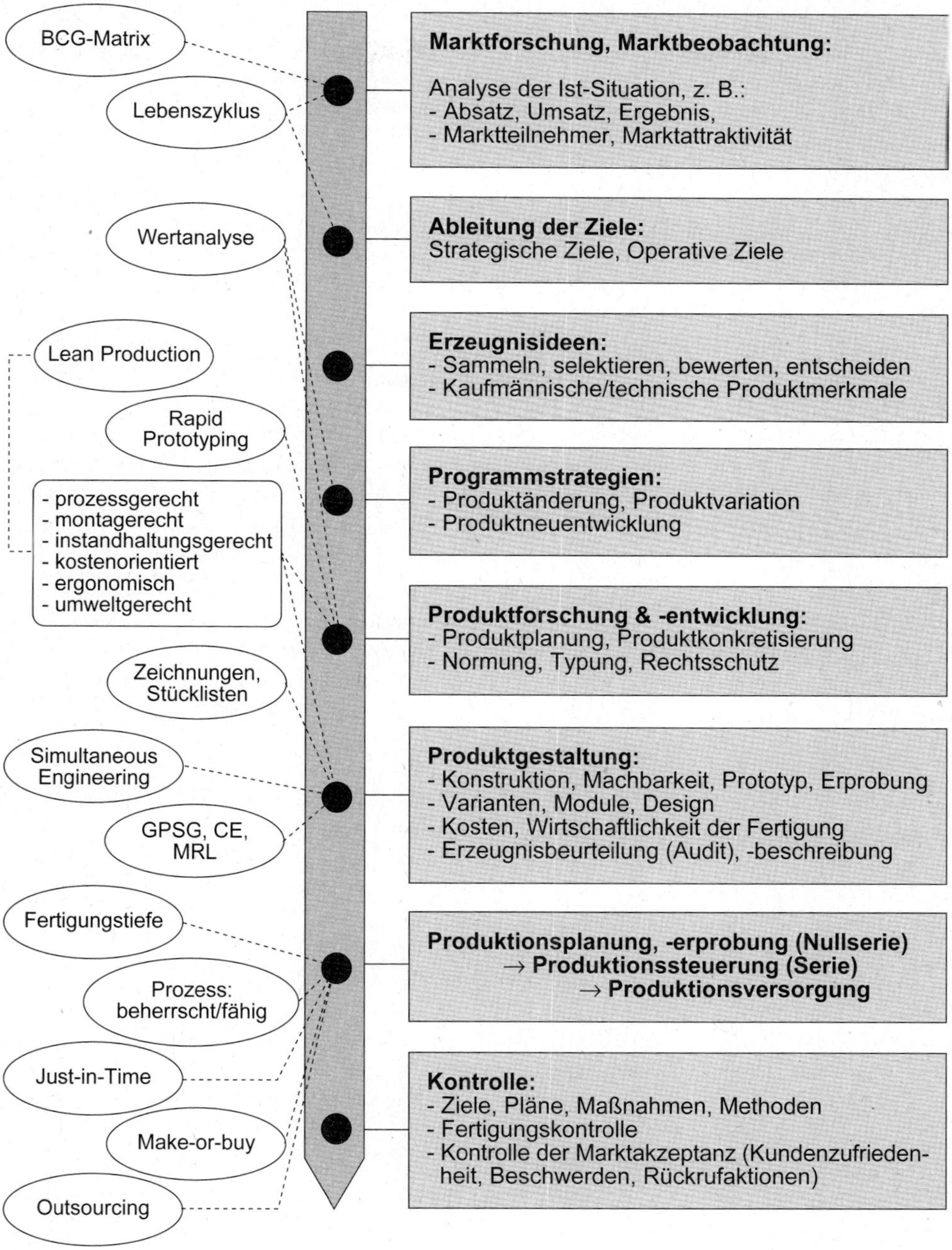

09. Was ist der Inhalt der Produktpolitik?

Die Produktpolitik hat die Aufgabe, *bestehende Produkte zu verbessern*, sei es im Hinblick auf die technischen Eigenschaften oder sei es im Hinblick auf die Erweiterung der Verwendungsmöglichkeiten. Ferner sollen *neue Produkte* entwickelt werden. Ein Unternehmen kann nur dann auf Dauer bestehen, wenn es rechtzeitig Produkte für morgen plant und Erzeugnisse entwickelt, die zukünftigen Anforderungen entsprechen.

10. Welche Produkteigenschaften bestimmen über den Verkaufserfolg?

Im Einzelnen können folgende Produkteigenschaften für den Verkaufserfolg entscheidend sein:

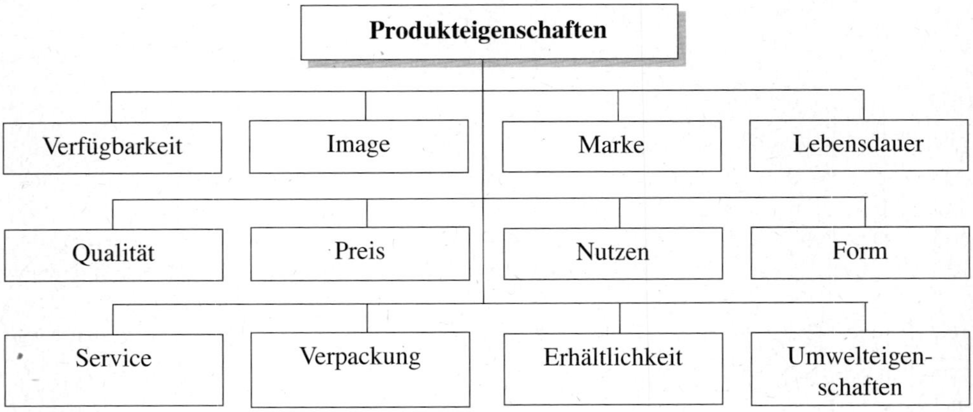

11. Welchen Formen der Produktpolitik gibt es?

1. *Produktinnovation*
   = Neuentwicklung und Einführung
   1.1 *Produktdifferenzierung*
       = Erweiterung innerhalb einer *bestehenden* Produktgruppe
   1.2 *Produktdiversifikation*
       = Erweiterung durch neue Produkte
       1.2.1 horizontale Diversifikation
             = auf gleicher Wirtschaftsstufe medial (= neu, artverwandt) oder lateral (= neu, artfremd)
       1.2.2 vertikale Diversifikation
             = auf vor- oder nachgelagerte Wirtschaftsstufe
2. *Produktvariation*
   = Veränderung bestehender Produkte
3. *Produktelimination*
   = Herausnahme von Produkten/Produktgruppen

12. Was ist eine Erzeugnisstruktur?

Nach DIN 199, Teil 5 ist die Erzeugnisstruktur die Gesamtheit der Beziehungen zwischen Gruppen und Teilen eines Erzeugnisses, die nach bestimmten Gesichtspunkten festgelegt sind.

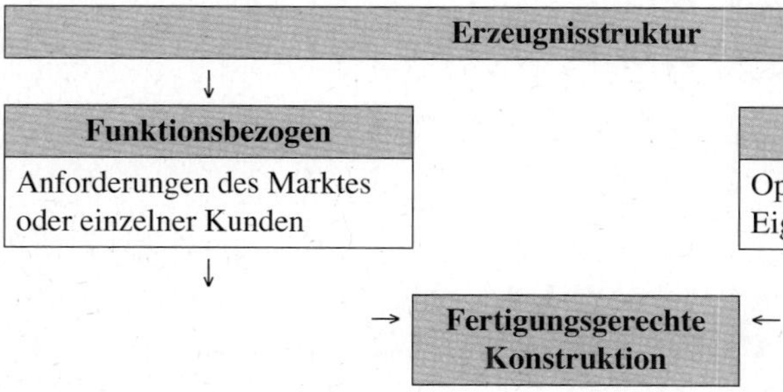

13. Wozu ist eine Erzeugnisgliederung erforderlich?

- *Wirtschaftlichkeit* der Montageprozesse,
- *Verbesserung der Kalkulation* für ähnliche Erzeugnisse auf der Grundlage vorhandener, vergleichbarer Baugruppen,
- Grundlage der Klassifizierung von Baugruppen zur *Erhöhung der Mehrfachverwendung*,
- Verbesserung der *Terminplanung* hinsichtlich der Angebotstermine und der Durchlaufzeiten.

Durch das Aufgliedern von Erzeugnissen in Baugruppen, Einzelteile und Material ergeben sich verschiedene *Gliederungsebenen*. In Abhängigkeit der entsprechenden Bedingungen können die einzelnen Komponenten eines Erzeugnisses den unterschiedlichen Erzeugnisebenen zugeordnet werden.

14. Wie sieht eine typische Erzeugnisgliederung aus?

0. Gliederungsebene	*Erzeugnis*	*Bsp.:* Handbohrmaschine
1. Gliederungsebene	*Hauptbaugruppe*	*Bsp.:* Elektromotor
2. Gliederungsebene	*Baugruppe*	*Bsp.:* Netzkabel
3. Gliederungsebene	*Unterbaugruppe*	*Bsp.:* Schalter
4. Gliederungsebene	*Einzelteil*	*Bsp.:* Aderendhülse
5. Gliederungsebene	*Material*	*Bsp.:* Blech (Halbzeug)

Die Anzahl der Gliederungsebenen sowie deren Bezeichnung und die Arten der Gliederung sind in den Unternehmen unterschiedlich.

15. Welche einheitlichen Definitionen beschreibt die DIN 199, Teil 2?

Die DIN 199, Teil 2 gibt folgende Definitionen:

Erzeugnis	„Ein Erzeugnis ist ein durch Fertigung entstandener gebrauchsfähiger bzw. verkaufsfähiger Gegenstand." Synonym für Erzeugnis stehen auch die Begriffe Produkt, Ware, Gut u. a. Sie alle kennzeichnen materielle Güter sowie auch immaterielle Güter (Dienstleistungen).
Gruppe	„Eine (Bau-)Gruppe ist ein aus zwei oder mehr Teilen oder Gruppen niedrigerer Ordnung bestehender Gegenstand." Diese Gruppe kann sowohl montiert sein, als auch aus losen Teile bestehen, die z. B. in einen Beutel verpackt werden.
Teil	„Ein (Einzel-)Teil ist ein Gegenstand, für dessen weitere Aufgliederung aus Sicht des Anwenders dieses Begriffes kein Bedürfnis entsteht." Ein Einzelteil ist nicht zerstörungsfrei zerlegbar.
Rohstoff	„Der Rohstoff ist das Ausgangsmaterial, aus dem ein Einzelteil erstellt wird." Er wird unterteilt in Grundstoff, Rohmaterial und Halbzeug. Die DIN zählt auch Vorarbeits- und Umarbeitsteile sowie Rohteile zu den Rohstoffen.
Grundstoff	„Der Grundstoff ist ein Material ohne definierte Form, das gefördert, abgebaut, angebaut oder gezüchtet wird und als Ausgangssubstanz für Rohmaterial dient."
Rohmaterial	„Das *Rohmaterial* ist ein *aufbereiteter Grundstoff* in geformtem Zustand, der zur Weiterbearbeitung oder als *Ausgangssubstanz für Hilfs- und Betriebsstoffe* dient."
Halbzeug	„*Halbzeug* ist der Sammelbegriff für Gegenstände mit *bestimmter Form*, bei denen mindestens noch ein Maß unbestimmt ist." Es wird insbesondere durch erste, technologische *Bearbeitungs*stufen wie Walzen, Pressen, Schmieden, Weben usw. hergestellt. Beispiele: Stangenmaterial, Bleche, Seile, Tuche.
Rohteil	„Ein *Rohteil* ist ein zur Herstellung eines bestimmten Gegenstandes *spanlos* gefertigtes Teil, das noch einer Bearbeitung bedarf." Beispiele: Guss- und Pressteile, Schmiederohlinge.
Vorarbeitsteil	„Ein *vorgearbeitetes Teil* ist ein Gegenstand, der aus fertigungstechnischen Gründen in einem definierten Zwischenzustand vorliegt."
Umarbeitsteil	„Ein *Umarbeitsteil* ist ein Gegenstand, der aus einem Fertigteil durch weitere Bearbeitung entsteht."
Wiederholteil	„Ein *Wiederholteil* ist ein Gegenstand, der in verschiedenen Gruppen verwendet wird." Diese Teile haben eine so genannte *Mehrfachverwendung*. In diesem Zusammenhang kann man bei Gruppen mit Mehrfachverwendung von *Wiederhol(bau)gruppen* sprechen.
Variante	„*Varianten* sind Gegenstände ähnlicher Form oder Funktion mit einem in der Regel hohen Anteil identischer Gruppen oder Teile." Sie stellen Ausführungsunterschiede eines Erzeugnisses dar, die aus konstruktiven Unterschieden in den untergeordneten Gliederungsebenen resultieren. Es werden *Muss*-Varianten (veränderte Basisversionen) und *Kann*-Varianten (erweiterbare Basisversionen) unterschieden.

16. Was ist innerhalb der Erzeugnisgliederung unter einem logischen Ordnungssystem zu verstehen?

Es handelt sich hier um ein Zuordnungssystem, welches unter dem Begriff *Zeichnungsnummernsystem* bekannt ist.

- *Ziele:*
  - *Eindeutige* Identifizierung der Teile, Baugruppen, Erzeugnisse und Varianten über ein (alpha)numerisches Nummernsystem,
  - einfache Zuordnung zu Baugruppen höherer Ordnung bzw. zum Erzeugnis durch den logischen Aufbau des Systems,

- Schaffung eines *durchgängigen* Ordnungssystems, von der Entwicklung über den Einkauf und die Fertigung bis zum Versand,
- einfache Ablage, Verwaltung und Recherche der zugehörigen Dokumentationen (Zeichnungen, Arbeitspläne u. Ä.).

• Der *Aufbau*
eines Zeichnungsnummernsystems ist unternehmensbezogen unterschiedlich. Auch die Bezeichnung unterscheidet sich dementsprechend. Andere Begriffe für *Zeichnungsnummer* sind beispielsweise:

- Artikelnummer,
- Identifikationsnummer,
- Identnummer,
- *Teilenummer* und *Sachnummer* (beide auch für Baugruppen).

Beispiel: Zeichnungsnummernaufbau „Handbohrmaschine Version 12“

Ebene 0	*Erzeugnis*	Handbohrmaschine	Z.Nr. ***12***.00.00.00.00-00
Ebene 1	*Hauptbaugruppe*	Elektromotor	Z.Nr. 12.***01***.00.00.00-00
Ebene 2	*Baugruppe*	Netzkabel	Z.Nr. 12.02.***02***.00.00-00
Ebene 3	*Unterbaugruppe*	Schalter	Z.Nr. 12.02.01.***03***.00-00
Ebene 5	*Einzelteil*	Aderendhülse	Z.Nr. 12.02.02.01.***04***-00
			↑ Änderungskennzeichen

Ein völlig *ungeeignetes System* in diesem Sinne *ist die Vergabe von fortlaufenden Zählnummern*, die beim Anlegen eines Teiles, einer Baugruppe oder eines Erzeugnisses im Konstruktions- oder PPMS-System automatisch vergeben werden. Eine strukturelle Zuordnung ist in keinem Fall erkennbar und möglich.

Beispiel:

Handbohrmaschine	Sachnummer	625897-01
Netzkabel	Sachnummer	398524-00
Aderendhülse	Sachnummer	469870-08

Sollte eine strukturelle Ablage der *Konstruktionsunterlagen* erforderlich werden, wäre ein *zusätzliches* logisches System nach o. g. Beispiel erforderlich.

17. Was ist der Inhalt technischer Zeichnungen?

In technischen Zeichnungen wird das Erzeugnis nach DIN-Zeichnungsnormen oder anderen Symbolen unter Angabe von Maßen, Toleranzen, der Oberflächengüte und -behandlung, der Werkstoffe und Werkstoffbehandlungen *grafisch* dargestellt.

18. Welche Arten von technischen Zeichnungen werden unterschieden?

Zusammenstellungs-zeichnungen	zeigen die Größenverhältnisse, die Lage und das Zusammenwirken der verschiedenen Teile.
Gruppen-zeichnungen	zeigen die verschiedenen Teilkomplexe auf.
Einzelteil-zeichnungen	enthalten die vollständigen und genauen Angaben für die Fertigung des einzelnen Erzeugnisses.

19. Was ist eine Stückliste?

Die technische Zeichnung ist für die kaufmännischen Abteilungen wie Einkauf, Materialwirtschaft, Kostenrechnung keine ausreichende Grundlage. Sie wird daher durch die Stückliste ergänzt.

Die Stückliste ist die Aufstellung der benötigten Werkstoffe eines Erzeugnisses oder Erzeugnisteiles auf der Grundlage der Zeichnungen. Sie gibt *in tabellarischer Form* einen vollständigen *Überblick* über *alle Teile* unter Angabe der Zeichnungs- oder DIN-Nummer, des Werkstoffes sowie der Häufigkeit des Vorkommens in einem Erzeugnis. Die Stückliste ist in der Regel nach dem Aufbau des Erzeugnisses, d. h. nach technischen Funktionen, gegliedert. Die Grundform einer Stückliste enthält drei Bestandteile:

Erzeugnis/Baugruppe ↓

Schermesser	
Messer, links	1
Messer, rechts	1
Grundplatte	1
Seitenteil	4

↑ *Komponente* ↑ *Mengenangabe*

20. Welche Arten von Stücklisten werden unterschieden?

Stücklisten (1) • Im Hinblick auf den Aufbau unterscheidet man:	
Baukastenstückliste	Sie ist in der Zusammenstellungszeichnung enthalten und zeigt, aus welchen Teilen sich ein Erzeugnis zusammensetzt. Die Mengenangaben beziehen sich auf eine Einheit des zusammengesetzten Produkts.
Strukturstücklisten	geben Aufschluss über den Produktionsaufbau und zeigen, auf welcher Produktionsstufe das jeweilige Teil innerhalb des Produkts vorkommt.
Mengenstücklisten	In ihr sind alle Teile aufgelistet, aus denen ein Produkt besteht und zwar mit der Menge, mit der sie jeweils insgesamt in eine Einheit eines Erzeugnisses eingehen.
Variantenstücklisten	werden eingesetzt, um geringfügig unterschiedliche Produkte in wirtschaftlicher Form aufzulisten (als: Baukasten-, Struktur- oder Mengenstückliste).

Stücklisten (2) • Im Hinblick auf die Anwendung im Betrieb unterscheidet man:	
Konstruktionsstückliste	Sie gibt Aufschluss über alle zu einem Erzeugnis gehörenden Gegenstände.
Fertigungsstückliste	Sie zeigt, welche Erzeugnisse im eigenen Betrieb gefertigt werden müssen und welche von Zulieferern beschafft werden müssen.
Einkaufsstücklisten	zeigen, welche Teile die Beschaffungsabteilung einkaufen muss.
Terminstückliste	Sie zeigt, zu welchem Termin bestimmte Gegenstände beschafft werden müssen.

21. Welchen Inhalt haben „Fremdbedarfsliste, Teilebereitstellungsliste und Teileverwendungsnachweis"?

Fremdbedarfsliste	enthält die in Eigenleistung zu fertigenden Teile.
Teilebereitstellungsliste	regelt Ort, Menge und Reihefolge der Teilebereitstellung.
Teileverwendungsnachweis	gibt Auskunft darüber, in welchem Erzeugnis ein bestimmtes Teil vorkommt.

22. Welche Aufgaben hat die Produktionssteuerung?

Die Produktionssteuerung (auch: Fertigungssteuerung) hat operativen Charakter. *Sie ist der Übergang von der Produktionsplanung zur Produktionsdurchführung*. Im Gegensatz zur Planung befasst sich die Steuerung unmittelbar mit der Vorbereitung, Lenkung und Überwachung der Produktionsdurchführung.

Produktionssteuerung		
Veranlassen	**Überwachen**	**Sichern**
↓	↓	↓
Programm-/Auftragsbildung Terminermittlung Bedarfsermittlung Bereitstellung Arbeitsverteilung	Datenerfassung Mengenüberwachung Terminüberwachung Kostenüberwachung Qualitätsprüfung/-überwachung Arbeitsbedingungen überwachen	Störungen beheben Eingreifen Plankorrektur Qualitätssicherung

Die Produktionssteuerung ist vom Charakter her ein geschlossener Regelkreis, der die Elemente Produktionsplanung (das *Soll*) mit der Produktionsdurchführung (das Ist) im Wege der Produktionskontrolle (der *Soll-Ist-Vergleich*) miteinander verbindet. Immer dann, wenn die Produktionsdurchführung vom Plan abweicht (Termine, Qualitäten, Mengen usw.) – wenn also Störungen im Prozess erkennbar sind – müssen über Korrekturmaßnahmen die Störungen beseitigt und (möglichst) zukünftig vermieden werden; mitunter kommt es aufgrund von Soll-Ist-Abweichungen auch zu Änderungen in der (ursprünglichen) Planung:

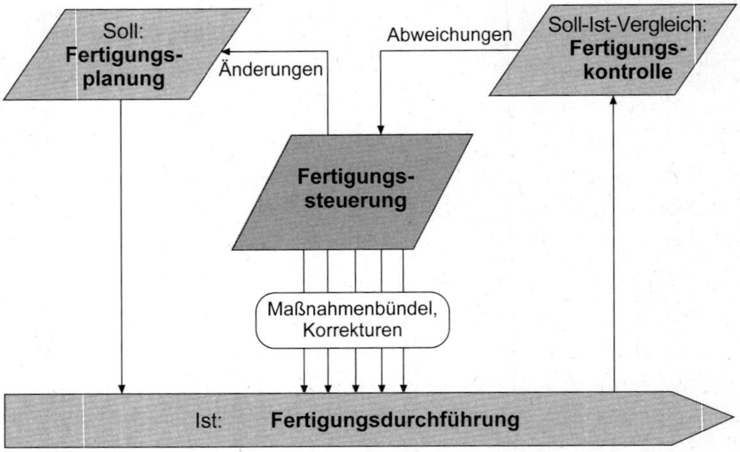

23. Welche Ziele hat die Produktionssteuerung?

Die *Ziele der Produktionssteuerung* leiten sich aus den Unternehmenszielen ab und sind auf ihre Vereinbarkeit mit diesen zu gestalten:

Minimierung	der Rüstkosten und der Durchlaufzeiten
Maximierung	der Materialausnutzung des Nutzungsgrades der Betriebsmittel
Optimierung	der Lagerbestände und der Nutzung vorhandener Fertigungskapazitäten
Einhaltung	der Termin- und Qualitätsvorgaben
Humanisierung	der Arbeit
Gewährleistung	der Sicherheit am Arbeitsplatz
Ergonomie	der Fertigung

Die optimale Realisierung dieser Ziele verschafft Wettbewerbsvorteile am Absatzmarkt und gehört daher zu den *Erfolgsfaktoren der industriellen Fertigung*.

24. Welche Zielkonflikte können innerhalb des Zielbündels der Produktionssteuerung bestehen?

Die Ziele der Produktionssteuerung sind nicht immer indifferent oder komplementär; zum Teil gibt es konkurrierende Beziehungen (*Zielkonflikte*), z. B.:

kurze Durchlaufzeiten	↔	kontinuierliche Auslastung der Kapazitäten
kontinuierliche Kapazitätsauslastung	↔	Einhaltung der Termine
optimale Lagerbestandsführung	↔	hohe Lieferbereitschaft
Minimierung der Fertigungskosten	↔	Ergonomie der Fertigung

2.2.5 Grundlagen der Ablaufplanung

01. Was ist das Ziel der Fertigungsablaufplanung?

Das Ziel der Fertigungsablaufplanung die *Minimierung der Fertigungskosten* durch:

- Bestmögliches Zusammenwirken von Mensch, Betriebsmitteln und Werkstoffen
- wirtschaftlichster Betriebsmittel-Einsatz
- Wahl bestgeeigneter Fertigungsverfahren
- Wahl geringster Fertigungs-Durchlaufzeiten
- Problemlosigkeit der Arbeitsdurchführung

02. Wie unterscheiden sich strategische und operative Fertigungsablaufplanung?

- Gegenstand der *strategischen Fertigungsablaufplanung* ist die Wahl geeigneter Fertigungsverfahren und die Planung zur Bereitstellung der benötigten Produktionsmittel.

- Gegenstand der *operativen Fertigungsablaufplanung* ist die konkrete, kurzfristige und auf einen Werkauftrag bezogene Planung und Steuerung der Arbeitsabläufe, Arbeitsinhalte, der Transporte und des Belegwesens. Für die kurzfristige Fertigungsablaufplanung verwendet man in der Praxis den Begriff *„Arbeitsplan"*.

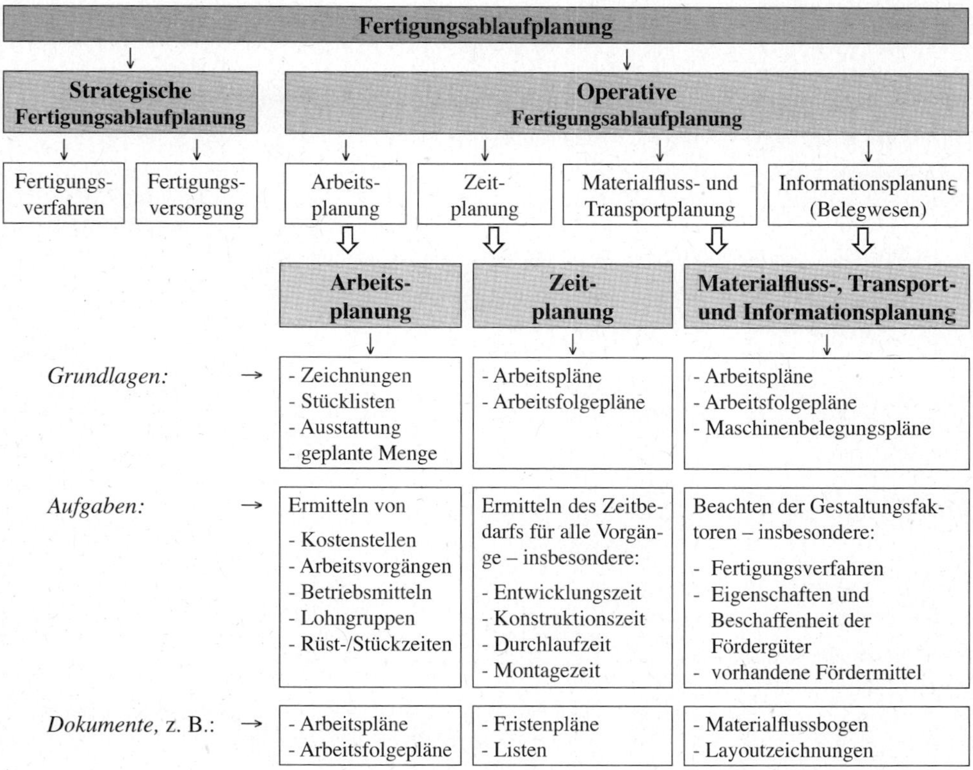

Erforderlich für: →	- Materialbereitstellung - Lieferzeitermittlung - Wahl des innerbetrieblichen Transportweges - Angebotskalkulation - Personalplanung - Arbeitsbegleitpapiere	- Terminplanung	Verbesserung der - Ergonomie - Wirtschaftlichkeit

03. Welche Fragen müssen im Rahmen der Arbeitsplanung beantwortet werden?

Die Arbeitsplanung legt kurzfristig und konkret für jedes Teil, Halbfabrikat und Enderzeugnis fest,

- in welcher Weise? → Arbeitsgänge
- in welcher Reihenfolge? → Arbeitsablauf (Arbeitsfolgeplanung)
- auf welchen Maschinen? → Arbeitsplätze
- mit welchen Hilfsmitteln? → Werkzeuge/Vorrichtungen
- in welcher Zeit? → Durchlaufzeit

gefertigt werden soll.

04. Welche Konzepte der verfahrensorientierten Rationalisierung sind einsetzbar?

Verfahrensorientierte Ansätze der Rationalisierung

↓ **Arbeitsteilung**

↓ **Arbeitszerlegung**

↓ **REFA-Studien**
↓
- Ablaufstudien
- Zeitstudien

↓ **Konzepte der Gruppenarbeit**

↓ **Optimierung der Fertigungstiefe**
↓
z. B.
- MOB-Entscheidungen

	Arbeitsteilung und Arbeitszerlegung (1)
Arbeitsteilung (Mengenteilung)	Bei der Arbeitsteilung wird der zu erledigende (gleiche) Arbeitsgang auf mehrere Mitarbeiter verteilt, weil er die Leistungsfähigkeit einer Person übersteigt. Jeder Mitarbeiter verrichtet die gleiche Arbeit.
	Beispiel: Drei Mitarbeiter beschaffen Montageteile für zehn Montagestraßen.
Arbeitszerlegung (Artteilung)	Bei der Arbeitszerlegung wird die zu erledigende Gesamtaufgabe zerlegt in unterschiedliche Teilaufgaben; jeder Mitarbeiter erledigt eine bestimmte (unterschiedliche) Teilaufgabe.
	Beispiel: Gesamtaufgabe = Montage eines Rasenmähers, bestehend aus 12 Teilen; Teilaufgabe 1 = Montieren der Räder an die Bodenplatte; Teilaufgabe 2 = Montage des Motors usw.

Arbeitsteilung und Arbeitszerlegung (2)	
Vorteile, z. B.:	- Geschwindigkeit (Spezialisierung der Verrichtung) aufgrund stets gleicher Tätigkeit (Zeitersparnis) - Kostenreduktion: Einsatz ungelernter und angelernter Arbeiter
Nachteile, z. B.:	- Monotonie der Arbeit - sinkende Motivation - einseitige Beanspruchung der Muskulatur - Sinnentleerung

05. Aus welchen Elementen setzt sich die Durchlaufzeit zusammen?

Die Durchlaufzeit ist die Zeitdauer, die sich bei der Produktion eines Gutes zwischen Beginn und Auslieferung eines Auftrages ergibt.

Für einen betrieblichen Fertigungsauftrag setzt sich also die Durchlaufzeit aus folgenden Einzelzeiten zusammen:

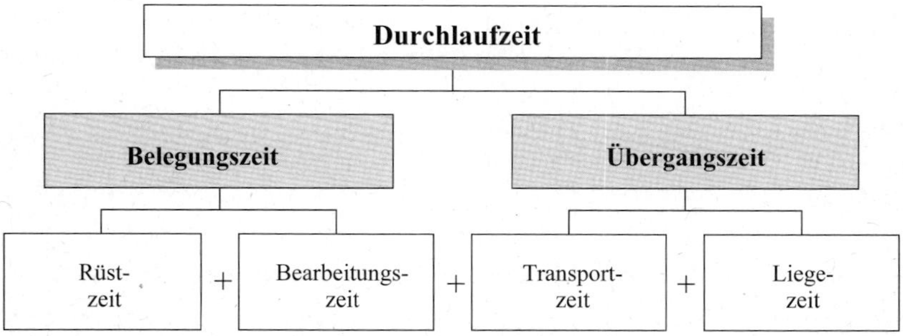

- Die *Rüstzeit* ist das Vor- und Nachbereiten einer Maschine oder eines Arbeitsplatzes; z. B. Einspannen des Bohrers in das Bohrfutter, Demontage des Bohrfutters, Ablage des Bohrers.

- Die *Bearbeitungszeit* ergibt sich aus der Multiplikation von Auftragsmenge mal Stückzeit mal Leistungsgrad.

Bearbeitungszeit = Auftragsmenge · Stückzeit · Leistungsgrad

- Die *Transportzeit* ist der Zeitbedarf für die Ortsveränderung des Werkstücks. Es gilt:

Transportzeit = Förderzeit + Transportwartezeit

- Die *Liegezeit* ergibt sich aus den Puffern, die daraus resultieren, dass ein Auftrag nicht sofort begonnen wird bzw. transportiert wird. Ursachen dafür sind:

  - nicht alle Einzelvorgänge können exakt geplant werden
  - es gibt kurzzeitige Störungen
  - es gibt notwendige (geplante) Puffer zwischen einzelnen Arbeitsvorgängen (so genannte Arbeitspuffer)

06. Wie ist die Auftragszeit nach REFA gegliedert?

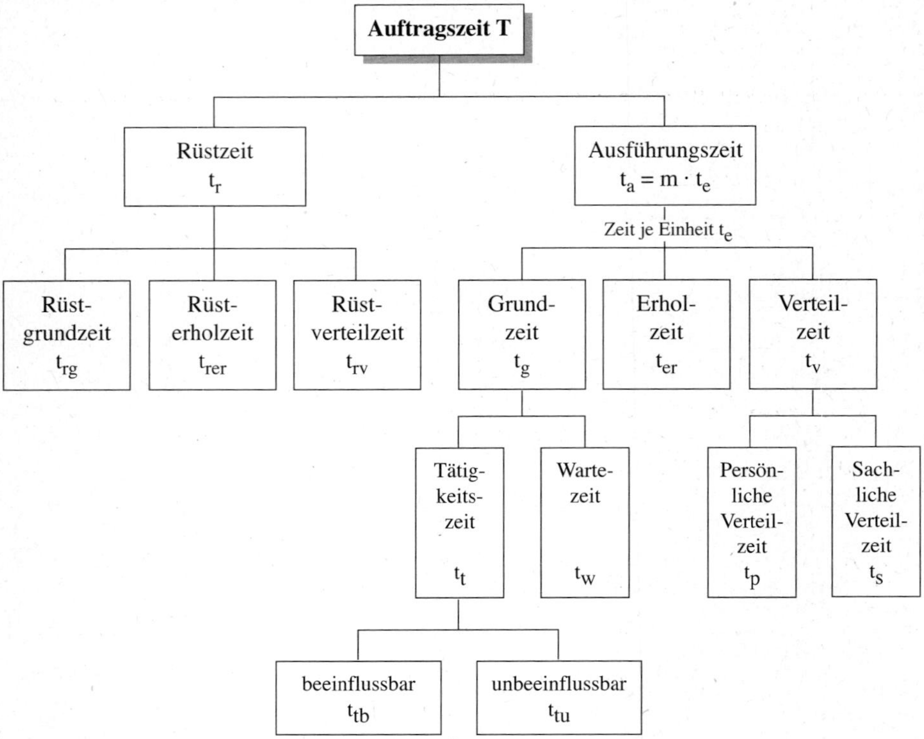

Dabei gelten folgende *Definitionen und Begriffe nach REFA* (REFA: Verband für Arbeitsstudien und Betriebsorganisation e.V.):

Menge m Anzahl der zu fertigenden Einheiten (Losgröße des Auftrags)

Zeit je Einheit t_e Stückzeit (wird meist gebildet aus der Grundzeit tg und prozentualen Zuschlägen für t_{er} und t_v bezogen auf t_g)

Rüstzeit t_r Ist die Zeit, während das Betriebsmittel gerüstet (vorbereitet) wird, z. B. Arbeitsplatz einrichten, Maschine einstellen, Werkzeuge bereit stellen und Herstellen des ursprünglichen Zustandes nach Auftragsausführung; i.d.R. einmalig je Auftrag.

Grundzeit t_g Ist die Zeit, die zum Ausführen einer Mengeneinheit durch den Menschen erforderlich ist, z.B. Rohling einlegen, Maschine einschalten, Rohling bearbeiten usw.

Erholzeit t_{er} Ist die Zeit, die für das Erholen des Menschen erforderlich ist, z. B. planmäßige Pausen.

Verteilzeit t_v Ist die Zeit, die zusätzlich zur planmäßigen Ausführung erforderlich ist:

- sachliche Verteilzeit: zusätzliche Tätigkeit, störungsbedingtes Unterbrechen; z. B. unvorhergesehene Störung an der Maschine.
- persönliche Verteilzeit: persönlich bedingtes Unterbrechen; z. B. Übelkeit, Erschöpfung

Beispiel 1:
Bei der Durchführung eines Auftrags fallen folgende Ablaufabschnitte an; sie sind sachlogisch zu gliedern und den richtigen Zeitarten zuzuordnen:

Nr	Ablaufabschnitte	Rüstzeit t_r			Ausführungszeit t_e				
		t_{rg}	t_{rv}	t_{rer}	t_g		t_{er}	t_v	
					t_t	t_w		t_p	t_s
	1 min ausruhen - nach Fehlerbehebung an der Justiereinrichtung								
	Werkzeug holen und bereit legen								
	Bohren ohne Überwachung								
	Justiereinrichtung klemmt; Fehler beheben								
	Maschine einschalten								
	Arbeitsplan lesen								
	Werkzeug einspannen								
	1. Werkstück aufnehmen und spannen								
	Maschine nachjustieren								
	Bohrvorgang und Überwachung des Bohrvorgangs								
	Maschine einrichten								
	Vor der 2. Werkstückbearbeitung zur Toilette gehen								
	Nach Bearbeitung der Werkstücke Arbeitskarte ausfüllen und abzeichnen								
	Nachjustierung erfolglos; neues Werkzeug holen und einspannen								
	1. Werkstück ablegen								
	9:15 Planmäßige Pause, 15 min								
	Werkzeug ausspannen und ablegen								
	1. Werkstück abspannen								
	2. Werkstück aufnehmen und spannen								
	Von der Toilette zurück kommen								
	1. Werkstück prüfen								

Nr	Ablaufabschnitte	Rüstzeit t_r			Ausführungszeit t_e				
		t_{rg}	t_{rv}	t_{rer}	t_g		t_{er}	t_v	
					t_t	t_w		t_p	t_s
1	Arbeitsplan lesen	•							
2	Werkzeug holen und bereit legen	•							
3	Maschine einrichten	•							
4	Justiereinrichtung klemmt; Fehler beheben		•						
5	1 min ausruhen – nach Fehlerbehebung an der Justiereinrichtung		•						
6	Werkzeug einspannen	•							
7	1. Werkstück aufnahmen und spannen				•				
8	Maschine einschalten				•				
9	Bohrvorgang und Überwachung des Bohrvorgangs				•				
10	Bohren ohne Überwachung					•			
11	1. Werkstück abspannen				•				
12	1. Werkstück prüfen				•				
13	1. Werkstücke ablegen				•				
14	Maschine nachjustieren	•							
15	Nachjustierung erfolglos; neues Werkzeug holen und einspannen		•						
16	Vor der 2. Werkstückbearbeitung zur Toilette gehen							•	
17	Von der Toilette zurück kommen							•	
18	2. Werkstück aufnehmen und spannen				•				
...	...								
...	9:15 Planmäßige Pause, 15 min						•		
...	Nach Bearbeitung der Werkstücke Arbeitskarte ausfüllen und abzeichnen	•							
...	Werkzeug ausspannen und ablegen	•							

Beispiel 2:
Zu ermitteln ist die Auftragszeit T für den Auftrag „Drehen von 20 Anlasserritzeln" nach folgenden Angaben:

Lfd. Nr.	Vorgangsstufen	Sollzeit in min
1	Zeichnung lesen	4,0
2	Werkzeugstahl einspannen	1,5
3	Maschine einrichten	2,0
4	Rohling einspannen	0,5
5	Maschine einschalten	0,2
6	Ritzel drehen	4,5
7	Maschine ausschalten	0,2
8	Ritzel ausspannen und ablegen	0,4
9	Werkzeugstahl ausspannen und ablegen	0,5
10	Maschine endreinigen	3,0
Verteilzeitzuschlag für Rüsten: 20 %		
Verteilzeitzuschlag für Ausführungszeit: 10 %		

Lösung:

Vorgangsstufen		Sollzeit in min	Rüstzeit			Ausführungszeit		
			t_{rg}	t_{rv}	t_{rer}	t_g	t_v	t_{er}
1	Zeichnung lesen	4,0	4,0					
2	Werkzeugstahl einspannen	1,5	1,5					
3	Maschine einrichten	2,0	2,0					
4	Rohling einspannen	0,5				0,5		
5	Maschine einschalten	0,2				0,2		
6	Ritzel drehen	4,5				4,5		
7	Maschine ausschalten	0,2				0,2		
8	Ritzel ausspannen und ablegen	0,4				0,4		
9	Werkzeugstahl ausspannen und ablegen	0,5	0,5					
10	Maschine endreinigen	3,0	3,0					
	Summe t_{rg} bzw. t_G		11,0			5,8		
	Verteilzeitzuschlag: 20 % bzw. 10 %			2,2			0,58	
	Summe t_r bzw. t_e			13,2			6,38	
$T = t_r + t_a = t_r + 20 \cdot t_e = 13{,}2$ min $+ 20 \cdot 6{,}38$ min $= 140{,}8$ min								

Beispiel 3:
Zu berechnen ist die Auftragszeit T nach folgenden Angaben:

Anzahl der zu fertigenden Einheiten	100 E
Einspannen des Rohlings	0,20 min/E
Maschinenlaufzeit	1,50 min/E
Erholzeit	5 %
Verteilzeit	15 %
Rüstzeit	20 min

Lösung: $T = t_r + m \cdot t_e$

$= t_r + m\,(tg + t_{er} + t_v)$ mit: tg_1 Rohling einspannen

$= t_r + m\,(t_{g1} + t_{g2} + t_{er} + t_v)$ t_{g2} Maschinenlaufzeit

$= 20\text{ min} + 100\,(1{,}7 + 0{,}05 \cdot 1{,}7 + 0{,}15 \cdot 1{,}7)$

$= 224\text{ min}/100\text{ E}$

07. Nach welchen Merkmalen werden Fertigungsverfahren unterschieden?

Fertigungsverfahren • Überblick

nach der **Fertigungstechnik**	hinsichtlich der **Fertigungstypen**	hinsichtlich der **Fertigungsorganisation**	nach **DIN 8580**
- Handarbeit - Mechanisierung - Automation	- Einzelfertigung - Mehrfachfertigung: · Serienfertigung · Sortenfertigung · Massenfertigung	- Werkstattfertigung - Fließfertigung: · Reihenfertigung · Fließbandfertigung - Gruppenfertigung: · Fertigungsinseln · Boxenfertigung · Sternfertigung · Bearbeitungszentren · flexible Fertigungszellen · Teilautonome Gruppen - Baustellenfertigung	- Urformen - Umformen - Trennen - Fügen - Beschichten - Stoffeigenschaft ändern

Fertigungstechnik	
Handarbeit	Bei der „reinen“ Handarbeit werden keine Werkzeuge eingesetzt; in der industriellen Fertigung kaum vorhanden.
Mechanisierung	Einsatz menschlicher Arbeitskraft in Verbindung mit Maschinen.
Automation	Es erfolgt eine selbsttätige Steuerung von Arbeitsvorgängen. Man unterscheidet zwischen - **vollautomatischer** Fertigung, bei der menschliches Eingreifen nur noch zur Überwachung notwendig ist und - **halbautomatischer** Fertigung, bei der sich die menschliche Tätigkeit auf Ein- und Ausspannen sowie das Wiederingangbringen des Automaten erstreckt, während die Arbeit selbst automatisch erfolgt.

08. Welche charakteristischen Merkmale haben die einzelnen Formen der Fertigungsorganisation (Detaildarstellung)?

1. Bei der *Werkstattfertigung* (auch: *Werkstättenfertigung*) wird der Weg der Werkstücke vom Standort der Arbeitsplätze und der Maschinen bestimmt. Als Werkstattfertigung werden daher die Verfahren bezeichnet, bei denen die zur Herstellung oder zur Be- bzw. Verarbeitung erforderlichen Maschinen an einem Ort, der Werkstatt, zusammengefasst sind. Die Werkstücke werden von Maschine zu Maschine transportiert. Dabei kann die gesamte Fertigung in einer *einzigen Werkstatt* erfolgen oder *auf verschiedene Spezialwerkstätten* verteilt werden.

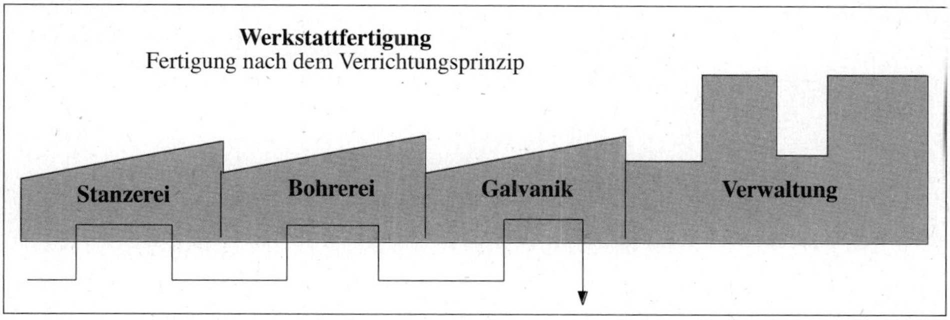

Die Werkstattfertigung ist dort zweckmäßig, wo eine Anordnung der Maschinen nicht nach dem Arbeitsablauf erfolgen kann und eine genaue zeitliche Abstimmung der einzelnen Arbeitsgänge nicht möglich ist, weil die Zahl der Erzeugnisse mit unterschiedlichen Fertigungsgängen sehr groß ist. Bei der Werkstattfertigung sind *längere Transportwege* meist unvermeidlich. Gelegentlich müssen einzelne Werkstücke auch mehrmals zwischen den gleichen Werkstätten hin- und her transportiert werden. Werkstattfertigungen haben oftmals auch eine längere Produktionsdauer, sodass meist *Zwischenlagerungen für Halberzeugnisse* notwendig werden.

Voraussetzungen:

- Einsatz von Universalmaschinen
- hohe Qualifikation der Mitarbeiter, flexibler Einsatz
- optimale Maschinenbelegung

Werkstattfertigung	
Vorteile	**Nachteile**
- geeignet für Einzelfertigung und Kleinserien - flexible Anpassung an Kundenwünsche - Anpassung an Marktveränderungen - geringere Investitionskosten - hohe Qualifikation der Mitarbeiter	- relativ hohe Fertigungskosten - lange Transportwege - Zwischenläger erforderlich - hoher Facharbeiterlohn - aufwändige Arbeitsvorbereitung - aufwändige Kalkulation (Preisgestaltung)

2. Die *Fließfertigung* ist eine örtlich fortschreitende, *zeitlich bestimmte, lückenlose Folge von Arbeitsgängen.* Bei der Fließfertigung ist der Standort der Maschinen vom Gang der Werkstücke abhängig und die *Anordnung der Maschinen und Arbeitsplätze wird nach dem*

Fertigungsablauf vorgenommen, wobei sich der Durchfluss des Materials vom Rohstoff bis zum Fertigprodukt von Fertigungsstufe zu Fertigungsstufe ohne Unterbrechung vollzieht. Die Arbeitsgänge erfolgen pausenlos und sind zeitlich genau aufeinander abgestimmt, sodass eine *Verkürzung der Durchlaufzeiten* erfolgen kann.

Sonderformen der Fließfertigung:

2.1 Bei der *Reihenfertigung* (auch: *Straßenfertigung* = Sonderform der Fließfertigung – ohne zeitlichen Zwangsablauf) werden die Maschinen und Arbeitsplätze dem gemeinsamen Arbeitsablauf aller Produkte entsprechend angeordnet. Eine zeitliche Abstimmung der einzelnen Arbeitsvorgänge ist wegen der unterschiedlichen Bearbeitungsdauer nur begrenzt erreichbar. Deshalb sind Pufferlager zwischen den Arbeitsplätzen notwendig, um Zeitschwankungen während der Bearbeitung auszugleichen.

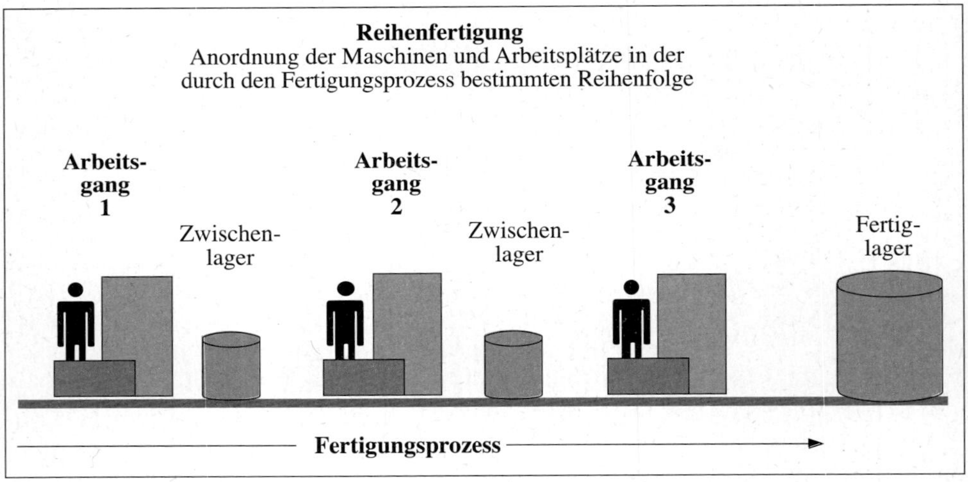

Reihenfertigung	
Vorteile	**Nachteile**
- geeignet für größere Serien - Verkürzung der Durchlaufzeit - Spezialisierung der Tätigkeiten - verbesserte Maschinenauslastung - verbesserter Materialfluss	- Flexibilität der Fertigung nimmt ab - höhere Investitionskosten für Maschinen - Anfälligkeit bei Störungen - höhere Lagerkosten (Zwischenläger) - repetetive Teilarbeit

2.2 Die *Fließbandfertigung* ist eine Sonderform der Fließfertigung – *mit vorgegebener Taktzeit.* Die Voraussetzungen sind:

- große Stückzahlen,
- weitgehende Zerlegung der Arbeitsgänge,
- Fertigungsschritte müssen abstimmbar sein.

Fließbandfertigung

Taktgebundene Fließbandarbeit mit genauer Taktabstimmung ohne Zwischenlager

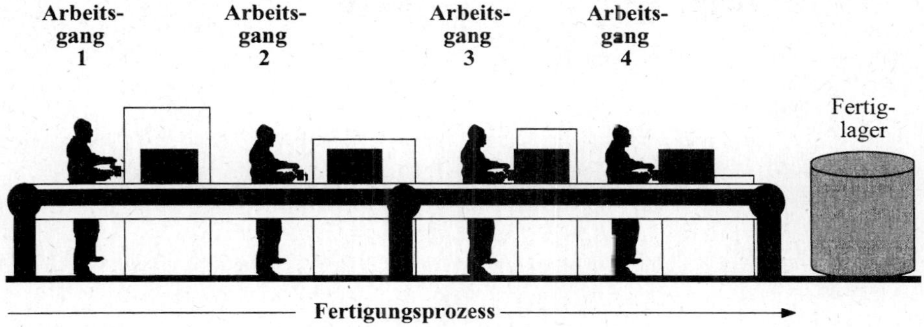

Nach REFA ist die *Taktzeit* die Zeitspanne, in der jeweils eine Mengeneinheit fertiggestellt wird:

$$\text{Solltaktzeit} = \frac{\text{Arbeitszeit je Schicht}}{\text{Sollmenge je Schicht}} \cdot \text{Bandwirkungsfaktor}$$

Der Bandwirkungsfaktor berücksichtigt Störungen der Anlage, die das gesamte Fließsystem beeinträchtigen. Er ist deshalb immer kleiner als 1,0. Die ideale Taktabstimmung wird in der Praxis nur selten erreicht. Entscheidend ist eine optimale Abstimmung der einzelnen Bearbeitungs- und Wartezeiten.

Beispiel: Die Arbeitszeit einer Schicht beträgt 480 Minuten, die Soll-Ausbringung 80 Stück und der Bandwirkungsfaktor 0,9.

$$\text{Solltaktzeit} = \frac{\text{Arbeitszeit je Schicht}}{\text{Sollmenge je Schicht}} \cdot \text{Bandwirkungsfaktor}$$

$$= \frac{480\ \text{min}}{80\ \text{Stk.}} \cdot 0{,}9 = 5{,}4\ \text{min}$$

3. Die *Gruppenfertigung* ist eine *Zwischenform zwischen Fließfertigung und Werkstattfertigung*, die die Nachteile der Werkstattfertigung zu vermeiden sucht. Bei diesem Verfahren werden verschiedene Arbeitsgänge zu Gruppen zusammengefasst und innerhalb jeder Gruppe nach dem Fließprinzip angeordnet.

Schematische Darstellung einer **Gruppenfertigung als Inselfertigung**

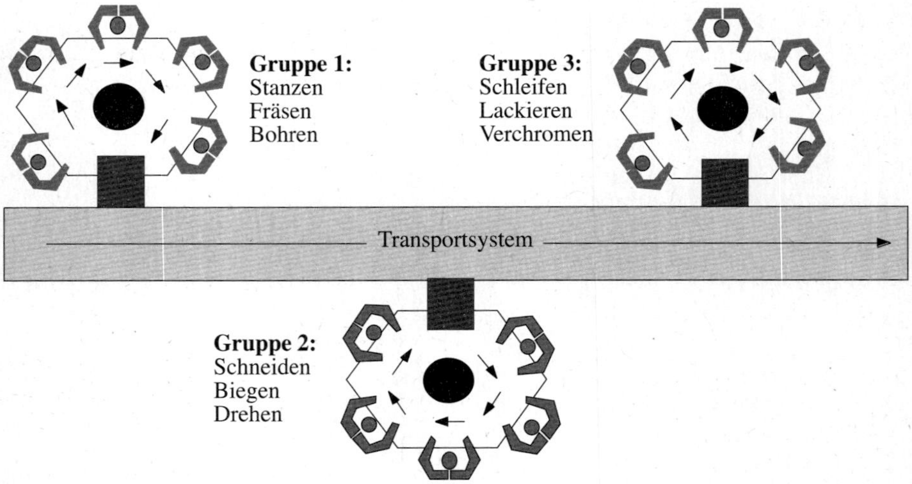

Gruppenfertigung	
Vorteile	**Nachteile**
- Eigenverantwortung der Gruppe - Motivation der Mitarbeiter - Abwechslung durch Rotation - Einsatz des Gruppenakkords	- Verantwortungsdiffusion: Zuordnung der Leistung zu einer Einzelperson ist nicht mehr möglich - setzt intensive Vorbereitung voraus: Ausbildung, Teamentwicklung, Gruppendynamik

Sonderformen der Gruppenfertigung:

3.1 *Fertigungsinseln:* Bestimmte Arbeitspakete (z. B. Motorblock) werden – ähnlich der ursprünglichen Werkstattfertigung – gebündelt. Dazu werden die notwendigen Maschinen und Werkzeuge zu so genannten Inseln zusammengefügt. Erst nach Abschluss mehrerer Arbeitsgänge verlässt das (Zwischen-)Erzeugnis die Fertigungsinsel.

3.2 Bei der *Boxen-Fertigung* werden bestimmte Fertigungs- oder Montageschritte von einer oder mehreren Personen – ähnlich der Fertigungsinsel – räumlich zusammengefasst. Typischerweise wird die Boxen-Fertigung bzw. -Montage bei der Erzeugung von Modulen/Baugruppen eingesetzt (z. B. in der Automobilproduktion).

3.3 Die *Stern-Fertigung* ist eine räumliche Besonderheit der Fertigungsinsel bzw. der Boxen-Fertigung, bei der die verschiedenen Werkzeuge und Anlagen nicht insel- oder box-förmig, sondern im Layout eines Sterns angeordnet werden.

3.4 *Bearbeitungszentren:* Nicht nur die Bearbeitungsmaschine arbeitet computergesteuert, sondern auch der Wechsel der Arbeitsstücke sowie der Werkzeuge erfolgt automatisch. Es lassen sich damit komplexe Teile in Kleinserien bei relativ hoher Fertigungselastizität herstellen.

Die Überwachung mehrerer Bearbeitungszentren kann von einem Mitarbeiter oder einer Gruppe durchgeführt werden.

3.5 *Flexible Fertigungszellen* haben zusätzlich zum Automatisierungsgrad der Bearbeitungszentren eine automatische Zu- und Abführung der Werkstücke in Verbindung mit einem Pufferlager. Diese Systeme können auch in Pausenzeiten der Belegschaft weiterlaufen.

3.6 *Teilautonome Arbeitsgruppen* sind ein mehrstufiges Modell, das den Mitgliedern Entscheidungsfreiräume ganz oder teilweise zugesteht; u. a.:

- selbstständige Verrichtung, Einteilung und Verteilung von Aufgaben (inklusive Anwesenheitsplanung: Qualifizierung, Urlaub, Zeitausgleich usw.)
- selbstständige Einrichtung, Wartung, teilweise Reparatur der Maschinen und Werkzeuge
- selbstständige (Qualitäts-)Kontrolle der Arbeitsergebnisse.

4. Bei der *Baustellenfertigung* ist der *Arbeitsgegenstand* entweder völlig *ortsgebunden* oder kann zumindest während der Bauzeit nicht bewegt werden. Die Materialien, Maschinen und Arbeitskräfte werden an der jeweiligen Baustelle eingesetzt. Die Baustellenfertigung ist in der Regel bei Großprojekten im Hoch- und Tiefbau, bei Brücken, Schiffen, Flugzeugen sowie dem Bau von Fabrikanlagen anzutreffen.

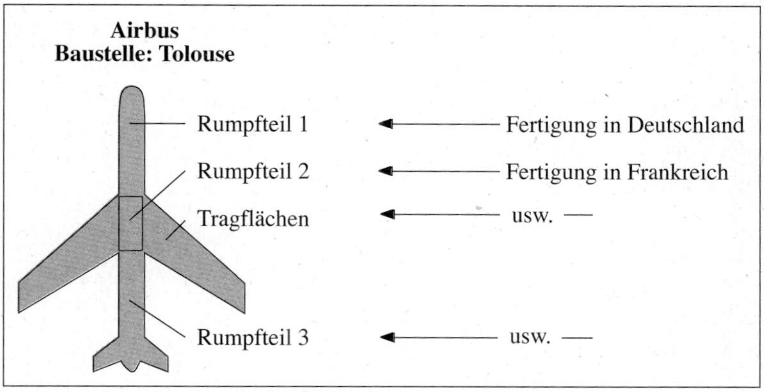

Baustellenfertigung	
Vorteile	**Nachteile**
- Einsatz von Normteilen - Einsatz vorgefertigter Teile - rationelle Fertigung durch Standards - internationale Arbeitsteilung (z. B. Airbus)	- Kosten: Errichtung/Abbau der Baustelle - Transportkosten für Stoffe, Mitarbeiter und Betriebsmittel (Logistikaufwand)

09. Was bezeichnet man als Fertigungssegmentierung?

Segmentierung ist die Zerlegung eines Ganzen in Teilen. Die Fertigungssegmentierung ist die Zerlegung (Gliederung) des Fertigungsprozesses in Teilprozesse nach dem Verrichtungs- oder dem Objektprinzip. Zur Optimierung des gesamten Prozesses ist es von Bedeutung, die Teilprozesse zu optimieren und sie nach dem Fließprinzip zu verknüpfen. Die Fertigungssegmentierung kann auch dazu führen, dass ganze Teile der Herstellung ausgelagert werden: Verlagerung eigener Betriebsteile in das Ausland, Vergabe an Zulieferer (Prinzip der verlängerten Werkbank; Entscheidungen über Make-or-buy).

Beispiel (Automobilbau; verkürzt): Zerlegung des Gesamtprozesses in Teilprozesse: Rahmen, Motorblock, Zusatzaggregate. Vollautomatisierte Fertigung der Motorteile auf Fertigungsstraßen; Montage des Motorblocks in Fertigungsinseln usw.

10. Welche zusätzlichen Gesichtspunkte müssen bei der Gestaltung von Ablaufstrukturen der Fertigung berücksichtigt werden?

Bei der Ablaufstrukturierung des Fertigungsprozesses sind laufend *Überlegungen der Optimierung* zu beachten:

- *Zentralisierungen/Dezentralisierungen in der Aufbaustruktur* führen zu Vor-/Nachteilen in der Ablauforganisation, z. B.: Die Verlagerung eines Profitcenters in das Ausland stellt erhöhte Anforderungen an die Logistik der Komponenten an den Ort der zentralen Montage.

- *Entscheidungen über die Segmentierung der Fertigung* verlangen einen erhöhten Aufwand bei der Synchronisation externer und interner Stellen, z. B.: Materialbereitstellung just in time, einheitliche Qualitätsstandards der beteiligten Stellen, erhöhter Informations- und Datenfluss.

11. Welche Maschinenkonzepte bilden die Bausteine der automatisierten Fertigung?

In Abhängigkeit von der Komplexität der Prozesse und dem Grad der Automatisierung werden grundsätzlich folgende Maschinenkonzepte unterschieden:

1. *Einstufige Maschinenkonzepte*:
   Das Werkstück wird an einer Station bearbeitet; Beispiele:
   - NC-/CNC-Einzelmaschinen
   - Bearbeitungszentren
   - flexible Fertigungszellen.

2. *Mehrstufige Maschinenkonzepte*:
   Das Werkstück wird an mehreren Stationen bearbeitet; Beispiele:
   - Flexible Fertigungssysteme
   - flexible Transferstraßen.

In Bezug auf Losgröße und Produktivität sowie Flexibilität und Varianz der Teile lassen sich diegenannten *Maschinenkonzepte* in einem *Stufenmodell* darstellen:

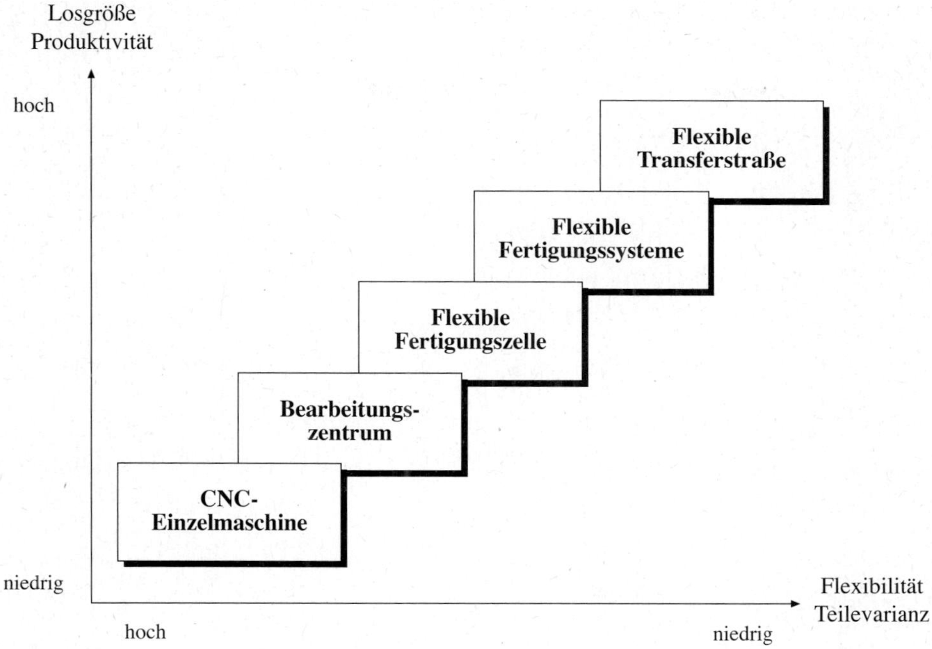

12. Welche Faktoren sind bei der Planung des Materialflusses zu berücksichtigen?

- *Räumliche Einflussfaktoren*, z. B.:
  - der Standort des Betriebes und die Infrastruktur der Betriebsumgebung (Straße, Schiene, Kanäle usw.)
  - die Lage und Bauweise der Betriebsgebäude (Anordnung, Zahl der Geschosse usw.)
  - die Art der Betriebseinrichtungen und der Beförderungsmittel (innerbetriebliche Logistik)
- *Fertigungstechnische Einflussfaktoren*, z. B.:
  - Art der Fertigungsverfahren (vgl. oben, Frage 07.)
  - Fertigungsprinzipien (Flussprinzip, Verrichtungsprinzip)
- *Fördertechnische Einflussfaktoren*, z. B.:
  - Art der Fördersysteme:
    - ortsgebundene/mobile
    - flurgebundene/flurfrei

13. Welche Transportmittel des innerbetrieblichen Transportes sind zu unterscheiden?

- *Hubwagen*:
  - Handhubwagen
  - Elektrohubwagen
  - Elektrogabelhubwagen
  - Hochhubwagen (bis ca. 3 m)
- *Stetigförderer/Förderanlagen:*
  - Förderband
  - Rollenförderer
  - Rollenbahn
- *Kisten- und Sackkarre*

- *Flurförderfahrzeuge*:
  - Hochregalstapler (ca. 7,5 bis 12 m)
  - Hubstapler
  - Schlepper
  - fahrerlose Kommissioniersysteme
- *Hebezeuge:*
  - Kräne
  - Aufzüge
  - Hebebühnen

14. Welche Arten von Arbeitssystemen lassen sich unterscheiden?

Hinweis: Zum Begriff „Arbeitssystem" vgl. oben, Ziffer 2.1.3, Frage 07.

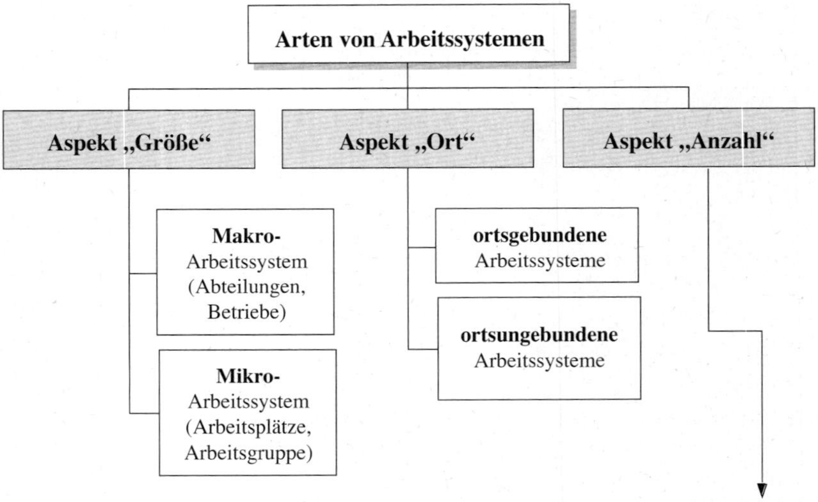

Arten von Arbeitssystemen: Aspekt „Anzahl"		
	ein Mensch	**mehrere Menschen**
eine Stelle	einstellige Einzelarbeit	einstellige Gruppenarbeit
mehrere Stellen	mehrstellige Einzelarbeit	mehrstellige Gruppenarbeit

2.2.6 Elemente des Arbeitsplanes

01. Welche Elemente enthält der Arbeitsplan?

Das Ergebnis der Arbeitsplanung mündet in den *Arbeitsplan*, der gemeinsam mit den Zeichnungen und Stücklisten die Grundlage der Fertigung bildet. Die nachfolgende Abbildung zeigt schematisch den *Ablauf der Arbeitsplanung* bzw. die *Erstellung des Arbeitsplanes*:

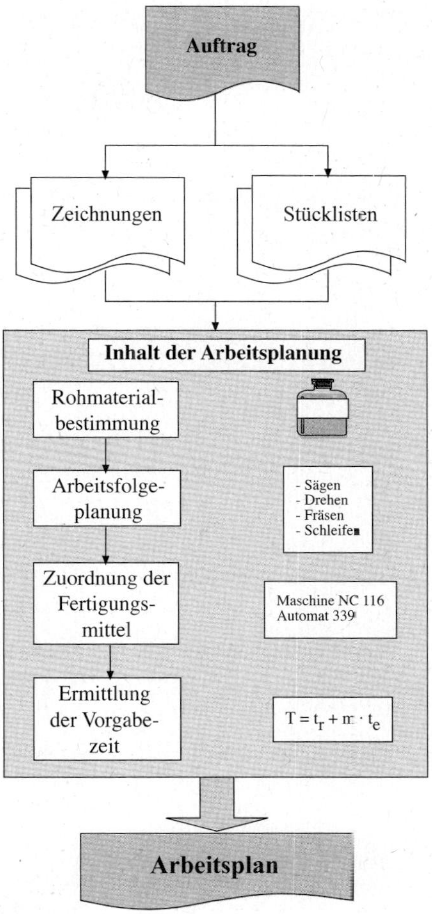

Kopfdaten ***Materialdaten*** ***Fertigungsdaten***

Arbeitsplan	Nr.	*BZ 34*	**Auftrags-Nr.**		*09.02.3874*
Erzeugnis	Sach-Nr.	*BZ 129.5*			
Material	Sach-Nr.	*MA 12.34*			
	Mengeneinheit	*Stück*			
				Zeiten [Minuten]	
Kostenstelle	Arbeitsgang-Nr.	Betriebsmittel	Lohngruppe	Rüstzeit	Bearbeitungszeit
4712	1	BO-54	7	5	120
4718	2	FR-68	4	12	40
3419	3	DR-45	5	8	75
...	...	...	...	...	...

2.2.7 Grundsätze zur Gestaltung des Arbeitsplanes und des Arbeitsvorganges

01. Welche Aspekte sind bei der Arbeitsplatzgestaltung zu berücksichtigen?

- *Arbeitsbedingungen*
  (vgl. dazu ausführlich: 4. Prüfungsfach, Ziffer 4.2.2, Nr. 02., Ziffer 4.5.8, Nr. 03.)
- *Arbeitsmethoden*
  (Prinzipien zur Durchführung der Arbeit, z. B. ergonomische, wirtschaftliche)
- *Arbeitsweisen*
  (individuelle Arbeitsweise des arbeitenden Menschen; vgl. dazu „Leistungsgrad", Ziffer 2.1.3, Nr. 08.)
- *Arbeitsverfahren*
  (Formung, Formgebung, spanlos/spangebende usw.)
- *Arbeitsplatztypen*
  (vgl. Ziffer 2.2.5, Nr. 10)

2.2.8 Aufgaben der Bedarfsplanung

01. Welche Aufgaben hat die Personalplanung?

Planung ist die gedankliche Vorwegnahme von Entscheidungen. Sie zeichnet sich aus durch

- Zukunftsorientierung,
- Systematik und die
- Gestaltung von Maßnahmen.

Somit ist *Personalplanung* der Teil der Personalarbeit, in dem

- systematisch,
- vorausschauend, zukunftsorientiert,
- alle wesentlichen, „den Faktor Arbeit betreffenden" Entscheidungen vorbereitet werden.

Die Fragestellung heißt: Welche zukünftigen Erfordernisse ergeben sich – abgeleitet aus den Unternehmenszielen – für den Personalsektor. Personalplanung hilft, notwendige Maßnahmen frühzeitig vorzubereiten und damit deren Qualität zu verbessern und Konfliktpotenziale zu mildern.

Aus dem Charakter der Personalplanung ergibt sich deren *Zielsetzung*: Dem Unternehmen ist vorausschauend das Personal

- in der erforderlichen Anzahl *(Quantität)*
- mit den erforderlichen Qualifikationen *(Qualifikation)*
- zum richtigen *Zeitpunkt*
- am richtigen *Ort*

zur Verfügung zu stellen.

02. Welche Aufgaben muss die Personalplanung erfüllen?

Zu den wichtigsten Aufgaben der Personalplanung gehören:

- die Planung des Personal*bedarfs* (quantitativ und qualitativ),
- die Planung der Personal*beschaffung* (intern und extern),
- die Planung der Personal*anpassung* (z. B. Freisetzung und/oder Beschaffung und/oder Personalentwicklung),
- die Planung des Personal*einsatzes* sowie
- die Planung der Personal*kosten*.

Dabei werden die Personalbedarfsplanung und die Personalkostenplanung als Hauptsäulen der Personalplanung angesehen.

03. Welche Einflussfaktoren bestimmen das Ergebnis der Personalplanung?

Man unterscheidet interne und externe Determinanten der Personalplanung. Zu den wichtigsten gehören:

Determinanten der Personalplanung	
Externe Faktoren	**Interne Faktoren**
Marktentwicklung	Unternehmensziele
Technologie	Investitionen
Arbeitsmarkt	Fluktuation
Sozialgesetze	interne Altersstruktur
Tarifentwicklung	Fehlzeiten
Personalzusatzkosten	Fertigungspläne
Alterspyramide	Rationalisierungen
… usw.	Personal-Ist-Bestand
	Arbeitszeitsysteme
	Personalkostenstruktur
	… usw.

04. In welchen Schritten und nach welchem Berechnungsschema wird die Ermittlung des Nettopersonalbedarfs durchgeführt?

Die Ermittlung des Nettopersonalbedarfs vollzieht sich generell in drei Arbeitsschritten:

1
Stellenbestand
+/- Veränderungen
= Bruttopersonalbedarf

–

2
Personalbestand
+/- Veränderungen
= fortgeschriebener Personalbestand

=

3
Nettopersonalbedarf

↓

> 0: Beschaffungsbedarf
< 0: Abbaubedarf

1. Schritt: Ermittlung des Bruttopersonalbedarfs *(Aspekt „Stellen“)*:
Der gegenwärtige Stellenbestand wird aufgrund der zu erwartenden Stellenzu- und -abgänge „hochgerechnet“ auf den Beginn der Planungsperiode. Anschließend wird der Stellenbedarf der Planungsperiode ermittelt.

2. Schritt: Ermittlung des fortgeschriebenen Personalbestandes *(Aspekt „Mitarbeiter“)*:
Analog zu Schritt 1 wird der Mitarbeiterbestand „hochgerechnet“ aufgrund der zu erwartenden Personalzu- und -abgänge.

3. Schritt: Ermittlung des Nettopersonalbedarfs *(= „Saldo“)*:
Vom Bruttopersonalbedarf wird der fortgeschriebene Personalbestand subtrahiert. Man erhält so den Nettopersonalbedarf (= Personalbedarf i.e.S.).

Man verwendet folgendes Berechnungsschema, das hier durch ein einfaches Zahlenbeispiel ergänzt wurde:

Im dargestellten Beispiel ist also ein Personalabbau von drei Mitarbeitern (Vollzeit-„Köpfe“) erforderlich.

Berechnungsschema zur Ermittlung des Nettopersonalbedarfs		
Lfd. Nr.	Berechnungsgröße	Zahlenbeispiel
1	Stellenbestand	28
2	+ Stellenzugänge (geplant)	2
3	– Stellenabgänge (geplant)	– 5
4	Bruttopersonalbedarf	25
5	Personalbestand	27
6	+ Personalzugänge (sicher)	4
7	– Personalabgänge (sicher)	– 2
8	– Personalabgänge (geschätzt)	– 1
9	Fortgeschriebener Personalbestand	28
10	**Nettopersonalbedarf (Zeile 4 – 9)**	**– 3**

05. Worin unterscheidet sich die globale Bedarfsprognose von der differenzierten Bedarfsprognose?

- Bei den Verfahren zur *globalen Bedarfsprognose* werden die Unternehmens-Gesamtdaten der Vergangenheit, die globalen Charakter haben, der Ermittlung des Stellenbedarfs zu Grunde gelegt (z. B.: Umsatz pro Mitarbeiter gesamt, Umsatz pro Mitarbeiter pro Geschäftsbereich).

- Die Verfahren zur *differenzierten Bedarfsprognose* sind meist kurz- oder mittelfristig angelegt und beziehen sich auf detaillierte und begrenzte Personalbereiche, in denen einigermaßen zuverlässige Datenrelationen hergestellt werden können (z. B. Mengenleistung pro Mitarbeiter in der Montage, verkaufte Stück pro Mitarbeiter in der Region Süd).

06. Welche Verfahren der globalen Bedarfsprognose werden in der Praxis eingesetzt?

Prognose des Bruttopersonalbedarfs • Globale Verfahren

Schätzverfahren	**Trendverfahren**	**Regressions- und Korrelationsrechnung**	**Globale Kennzahlen**

07. Welche Verfahren der differenzierten Bedarfsprognose gibt es?

Prognose des Bruttopersonalbedarfs • Differenzierte Verfahren

Stellenplanmethode	**Personalbemessung**	**Differenzierte Kennzahlen**

08. Welche Grundsätze und Regelungen sind bei der Gestaltung von Schichtplänen zu berücksichtigen?

Bei Schichtarbeit wird in aufeinander folgenden Phasen gearbeitet; je Arbeitsphase ist eine andere Belegschaft eingesetzt. Schichtarbeit ist erforderlich aufgrund der Notwendigkeit der Arbeitsbereitschaft am Markt/gegenüber dem Kunden (Feuerwehr, Polizei, Krankenhäuser) oder aufgrund der generellen Entwicklung in der industriellen Fertigung: Kapitalintensive Anlagen sollen wirtschaftlich genutzt werden. Dies führt zu einem immer stärkeren *Auseinanderdriften von individueller täglicher Arbeitszeit* (i.d.R. zwischen 7 bis 8 Stunden) und *der Betriebsmittelnutzungszeit* (in Extremen 24 Stunden). Bei der Gestaltung von Schichtplänen sind folgende *Einflussfaktoren* zu berücksichtigen:

Einflussfaktoren auf die Geschaltung von Schichtplänen

Betriebliche Erfordernisse	**Menschliche Erfordernisse**	**Gesetzliche Rahmenbedingungen**	**Datengerüst**

• *Betriebliche Erfordernisse*, z. B.:

- maximale Nutzung der technischen *Kapazität* der Betriebsmittel (Maximierung der Betriebsmittelnutzungszeit),
- Reduktion der *Kosten* für den Einsatz der Betriebsmittel und die Lage der Schichtzeiten (AfA-Kosten, Zuschläge für Nachtarbeit usw.),
- *verfahrenstechnologische* Erfordernisse (hohe Anfahrkosten für Anlagen, Einhalten thermischer Zustände der Anlagen z. B. in der Chemie und der Stahlerzeugung),
- Notwendigkeit, gegenüber dem Markt/dem Kunden das *Leistungsangebot* über acht Stunden täglich hinaus aufrecht zu erhalten (Wachdienste, Handel, Verkehr, Gesundheitswesen, Instandhaltung usw.).

• *Erfordernisse aus der Sicht der Mitarbeiter,* z. B.:

- *ergonomische* Gestaltung der Arbeitsplätze und -zeiten
- *biologische* Erfordernisse:
  · verminderte, körperliche und geistige Leistungsfähigkeit in der Nacht (Biorhythmus)
  · ausreichender Wechsel von Arbeit, Erholung, Schlaf, Freizeit

- Notwendigkeit, *soziale Isolierung* durch Schichtarbeit zu vermeiden (Familie, Ehepartner, Freunde, soziale Kontakte)
- Gestaltung eines *Schichtwechselzyklusses*, der den gen. menschlichen Erfordernissen Rechnung trägt (z. B. Vermeidung von Wechselschichten, die psychisch und physisch besonders belastend sind)

• *Gesetzliche Rahmenbedingungen*, z. B.:

- *Mitbestimmung* des Betriebsrates bei der Lage der Arbeitszeit (§ 87 BetrVG)
- Einhaltung der *Schutzgesetze*, z. B.: ArbZG, JArbSchG, MuSchG
- Beispiele:
  · Verbot der Nachtarbeit in bestimmten Fällen
  · die Regelarbeitszeit beträgt 8 Stunden; sie kann auf 10 Stunden täglich ausgedehnt werden, wenn innerhalb von sechs Kalendermonaten oder 24 Wochen im Durchschnitt 8 Stunden nicht überschritten werden (§ 3 ArbZG)
  · Nachtzeit ist die Zeit von von 23 bis 6 Uhr; Nachtarbeit ist jede Arbeit, die mehr als zwei Stunden der Nachtzeit umfasst (§ 2 ArbZG).

• Bei der *Berechnung* konkreter Schichtmodelle und Schichteinsatzpläne ist folgendes *Datengerüst* zu berücksichtigen:

- Anzahl
  · der Arbeitsplätze
  · der Schichten
  · der Mitarbeiter (Voll-/Teilzeit)
- Besetzungsstärke je Arbeitsplatz/je Betriebsmittel
- Arbeitszeit der Mitarbeiter (einzelvertraglich oder nach Tarif)
- Abwesenheitsquote
- Urlaub und sonstige Ausfallzeiten

• Im Allgemeinen unterscheidet man folgende *zeitliche Lagen* bei *der Schichtgestaltung*:

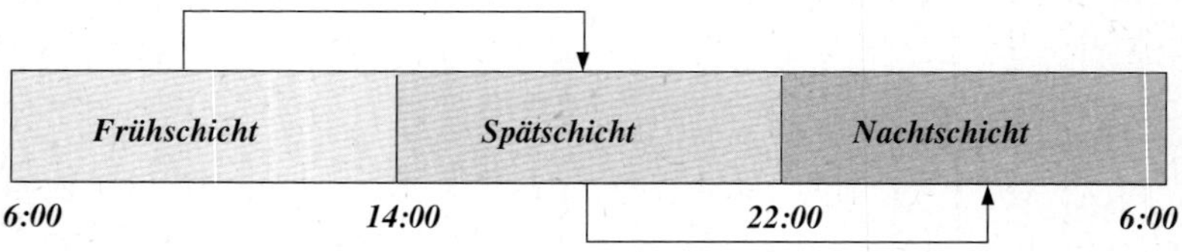

Wechselschicht oder rollierendes Schichtsystem

09. Welche Aufgabe hat die Betriebsmittelplanung?

Aufgabe der Betriebsmittelplanung ist die Planung

- des Betriebsmittel*bedarfs*
- der Betriebsmittel*beschaffung* (Auswahl der Lieferanten; Finanzierung durch Kauf, Miete oder Leasing; Beschaffungszeitpunkte usw.)
- des Betriebsmittel*einsatzes*
- der *Einsatzbereitschaft* der Betriebsmittel (Instandhaltung, Instandsetzung)

10. Welche Fragen müssen bei der qualitativen Betriebsmittelplanung beantwortet werden?

Fragestellungen, Beispiele:

- Handgesteuerte oder teil- bzw. vollautomatische Maschinen?
- Bearbeitungszentren und/oder flexible Fertigungszellen/-systeme/-Tránsferstraßen?
- Größendegression der Anlagen (Senkung der Kosten bei Vollauslastung)?
- Spezialisierungsgrad der Anlagen (Spezialmaschine/Universalanlage)?
- Grad der Umrüstbarkeit der Anlagen?
- Aufteilung des Raum- und Flächenbedarfs in Fertigungsflächen, Lagerflächen, Verkehrsflächen, Sozialflächen und Büroflächen?

11. Welche Aufgaben hat die Materialplanung?

Aufgabe der Materialplanung ist die Planung

- des *Materialbedarfs*
  (z. B. Methoden der Bedarfsermittlung, Werkstoffarten)
- der *Materialbeschaffung*, vor allem:
  · Lieferantenauswahl
  · Beschaffungszeitpunkte
  · Bereitstellungsprinzipien (Bedarfsfall, Vorratshaltung, JIT usw.)
  · Bereitstellungssysteme/Logistik (Bring-/Holsysteme)

2.2.9 Produktionsprogrammplanung, Auftragsdisposition und deren Instrumente

01. Welchen Inhalt hat die Fertigungsprogrammplanung?

Im Fertigungs(produktions)programm wird festgelegt,

- welche Erzeugnisse
- in welchen Mengen
- in welchem Zeitraum (Termine)

herzustellen sind. Das Fertigungsprogramm ist entscheidend für den Erfolg und das wirtschaftliche Überleben eines Unternehmens.

02. Welche Fristigkeiten unterscheidet man bei der Fertigungsprogrammplanung? Welchen Inhalt haben die einzelnen Pläne?

Bezüglich des Zeitraumes unterscheidet man

- langfristige (Geltungsdauer z. B. über 4 Jahre),
- mittelfristige (z. B. 6 Monate bis 4 Jahre) und
- kurzfristige Programme (z. B. die nächsten 6 Monate):

Fertigungsprogrammplanung • Fristigkeiten		
Langfristige Fertigungsprogrammplanung	**Mittelfristige Fertigungsprogrammplanung**	**Kurzfristige Fertigungsprogrammplanung**

- *Langfristige Programmplanung:*

  Die Planung des langfristigen Produktionsprogramms beginnt mit grundsätzlichen unternehmerischen Entscheidungen. Ganz am Anfang wird festgelegt, welcher *Branche* das Unternehmen angehören soll, anschließend in welchem *Produktfeld* innerhalb der Branche es tätig wird und schließlich welche *Produktgruppe* aus diesem Produktfeld belegt werden soll.

  Beispiel:

  Branche: → Textilindustrie
  Produktfeld: → Herrenoberbekleidung
  Produktgruppe: → Hemden
  Produktidee: → Hemden mit besonderer Textilfaser und neuartigen Manschetten

  An der Entwicklung der *Produktideen* sind mehrere Seiten beteiligt:

  - der Absatzmarkt (Kundenbefragung, Marktforschung, Wettbewerbsanalyse usw.)
  - der Beschaffungsmarkt (Lieferanten, Produkte)
  - die interne Forschung und Entwicklung

Als grundsätzliche *Möglichkeiten zur Entwicklung einer Produktidee* (Produktstrategien) bieten sich folgende Lösungen an:

Produktstrategien		
1. Produktinnovation	Entwicklung eines Neu-Produktes oder Aufnahme eines Produktes in das Programm, das so oder ähnlich bereits am Markt vorhanden ist (Me-too-Strategie)	
1.1 Produktdifferenzierung	Erweiterung innerhalb einer bestehenden Produktgruppe	Kfz; Fahrzeug mit Hybridantrieb
1.2 Produktdiversifikation	Erweiterung durch neue, andersartige Produkte	Kfz; zusätzlich Motorräder
1.2.1 horizontale Diversifikation	auf gleicher Wirtschaftsstufe mit/ohne engem sachlichen Zusammenhang: - medial (= neu, artverwandt) oder - lateral (= neu, artfremd)	
1.2.2 vertikale Diversifikation	auf vor- oder nachgelagerte Wirtschaftsstufe	
2. Produktvariation	Veränderung bestehender Produkte	z. B. neue Funktionen, Design, Anwendung, Qualität
3. Produktelimination	Herausnahme von Produkten/Produktgruppen	Gründe, z. B.: - Umsatzrückgang - Kundenwünsche - Produktzyklus

- Mittelfristige Programmplanung:

  Aufgabe der mittelfristigen Fertigungsprogrammplanung ist es, ein *Produktkonzept*, d. h. eine Gesamtplanung des Erzeugnisses und seiner Varianten festzusetzen. Dazu müssen die herzustellenden Produkte im Einzelnen entworfen (→ Konstruktion), die Zahl der unterschiedlichen Erzeugnisse oder Erzeugnisgruppen fixiert (*Programmbreite*) und die verschiedenen Abwandlungen eines Erzeugnisses festgelegt (= *Programmtiefe*) werden.

  Außerdem wird entschieden, welche Bauteile
  - *selbst gefertigt* und
  - welche *fremd bezogen* werden
  (= Entscheidung über die Fertigungstiefe = Anzahl der Fertigungsstufen; „Make-or-buy-Analyse"):

  Mit *Fertigungstiefe* ist die Stufenzahl einer Fertigung gemeint. Typische Fertigungsstufen sind Teilefertigung, Bauelementefertigung, Baugruppenmontage, Enderzeugnismontage. Der Ausdruck *„Make or buy"* (= „Machen oder kaufen") kennzeichnet denselben Sachverhalt. Meist wird u.a. eine *Kostenvergleichsrechnung* durchgeführt. Die Gesamtkosten der Fremdbeschaffung müssen den Gesamtkosten der Eigenfertigung gegenübergestellt werden. Außerdem sind Qualitätsaspekte und Termintreue zu berücksichtigen.

  Zur mittelfristigen Fertigungsprogrammplanung gehört ebenfalls die Einschätzung über den voraussichtlichen *Lebenszyklus des Produktes*: Zuerst muss das Produkt entwickelt und eingeführt werden. Anschließend folgt die Wachstums- und die Reifephase usw. (Stichwort: „Produktlebenszyklus"; BCG-Matrix = Boston-Consulting-Matrix).

- *Kurzfristige Programmplanung:*

  Die kurzfristige Fertigungsprogrammplanung bestimmt, welche Produkte in welchen Mengen innerhalb der nächsten Zeit (z. B. innerhalb der nächsten sechs Monate) hergestellt werden sollen. Die Planung richtet sich in erster Linie nach dem Absatz, muss aber auch vorhersehbare Engpasssituationen in der Fertigung berücksichtigen.

  - *Absatzorientierung* in der kurzfristigen Programmplanung
    liegt dann vor, wenn keine Kapazitätsbeschränkungen gegeben sind und die Produkte gefertigt werden, die den größten Deckungsbeitrag (DB) erbringen.

  - *Engpassorientierung* in der kurzfristigen Programmplanung
    liegt dann vor, wenn die Kapazität einer Fertigungsstelle (z. B. einer Maschine) nicht ausreicht, um alle Produkte mit einem Deckungsbeitrag > 0 herzustellen. Es wird das Produktprogramm ausgewählt, dass – unter Beachtung des Engpasses (= relativer Deckungsbeitrag) – zum größten Gesamtertrag führt.

03. Welche Ziele, Aufgaben und Funktionen hat die Materialdisposition?

- *Begriff:*
  Unter Materialdisposition sind alle Tätigkeiten zu verstehen, die benötigt werden um ein Unternehmen mit den Objekten der Materialwirtschaft nach Art und Menge termingerecht zu versorgen.

- *Aufgaben:*
  - Optimale Kombination der Materialwirtschaftszielsetzungen „hohe Lieferbereitschaft und niedrige Lagerhaltungskosten“,
  - Art, Menge und Zeitpunkt des Bedarfs feststellen und unter Berücksichtigung der Lagerbestände in Bestellmengen und -termine umsetzen.
- *Ziele:*
  - Gewährleistung einer hohen Lieferbereitschaft,
  - Minimierung der Lagerhaltungskosten.
- *Funktionen:*
  - *Bedarfsermittlung:* Ermittlung einer Menge an Material, die zu einem bestimmten Termin für eine bestimmte Periode benötigt wird;
  - *Bestandsrechnung:* durch Vergleich des Bruttobedarfs mit dem verfügbaren Bestand wird ermittelt, welcher Bedarf (Nettobedarf) zugekauft werden muss;
  - *Bestellmengenrechnung:* der Nettobedarf wird kostenoptimiert auf eine gewisse Anzahl von Bestellungen verteilt.

04. Wie unterscheidet man Roh-, Hilfs- und Betriebsstoffe?

Stoffe		
Rohstoffe	**Hilfsstoffe**	**Betriebsstoffe**
Sind Stoffe, die unmittelbar in das zu fertigende Erzeugnis eingehen und dessen Hauptbestandteil bilden.	Sind Stoffe, die ebenfalls unmittelbar in das Erzeugnis eingehen, aber im Vergleich zu den Rohstoffen lediglich eine Hilfsfunktion erfüllen, da ihr mengen- und wertmäßiger Anteil gering ist.	Sind selbst kein Bestandteil des Erzeugnisses, sondern werden bei Herstellung mittelbar oder unmittelbar verbraucht.

05. Wie unterscheiden sich Primär-, Sekundär- und Tertiärbedarf?

Der Primär-, Sekundär- und Tertiärbedarf sind zentrale Begriffe der *plangesteuerten Bedarfsermittlung*. Es gibt folgende Zusammenhänge:

Bedarfsarten (1)			
	Primärbedarf	**Sekundärbedarf**	**Tertiärbedarf**
Begriff, Inhalt	Bedarf des Marktes an verkaufsfertigen Erzeugnissen	Bedarf an Rohstoffen, Baugruppen und Ersatzteilen, der zur Deckung des Primärbedarfs erforderlich ist.	Bedarf an Hilfs- und Betriebsstoffen sowie Verschleißwerkzeugen, der bei der Fertigung notwendig ist.
Basis der Bedarfsermittlung	Kunden-, Lageraufträge	Aus dem Primärbedarf abgeleiteter Bedarf	Ergibt sich aufgrund von Vergangenheitswerten

06. Welche Materialbedarfsarten werden unterschieden?

	Bedarfsarten (2)	
	Sekundärbedarf	Bedarf an Rohstoffen, Baugruppen, Ersatzteilen – abgeleitet aus dem Primärbedarf
+	Zusatzbedarf	Ungeplanter Bedarf aufgrund von Mehrbedarf für - Wartung und Reparatur - Nebenbedarf für Sonderzwecke (Versuche usw.) - Minderlieferung wegen Ausschuss, Schwund usw.
=	**Bruttobedarf**	Bedarf der sich aus Sekundär- und Zusatzbedarf ergibt.
–	Lagerbestände	Bestände, die auf Lager tatsächlich vorhanden sind.
–	Bestellbestände	Bestellungen, die in Kürze eintreffen werden.
+	Vormerkbestände	Bestände, die für andere Aufträge vorgemerkt sind.
=	**Nettobedarf**	Bedarf, der von den beschaffenden Stellen zugekauft werden muss, um den Primärbedarf zu decken.

07. Von welchen Faktoren ist die Wiederbeschaffungszeit abhängig?

Die Wiederbeschaffungszeit von Materialien ist von folgenden Faktoren abhängig:

- *Bedarfsrechnungszeit* = Zeit, die benötigt wird, den Bedarf unter Zuhilfenahme der jeweiligen Bedarfsrechnungsverfahren zu bestimmen.

- *Bestellabwicklungszeit* = Zeit, die der Einkauf benötigt, um eine rechtsverbindliche Bestellung an den Lieferanten zu übermitteln.

- *Übermittlungszeit zum Lieferanten* = Zeit, die benötigt wird, um die Bestellung dem Lieferanten zu übermitteln.

- *Lieferzeit* = Zeit, die der Lieferant benötigt, um die Ware vom Eintreffen der Bestellung zum Versand zu bringen.

- *Ein-, Ab- und Auslagerungszeit* = Zeit, die benötigt wird, um die angelieferte Ware der weiteren Verarbeitung zuzuführen.

08. Welche zentralen Unterschiede bestehen zwischen der deterministischen und der stochastischen Bedarfsermittlung?

	Verfahren der Materialbedarfsermittlung (2)	
	Stochastische Bedarfsermittlung	**Deterministische Bedarfsermittlung**
Bezugsbasis	Verbrauchsorientiert	Auftragsorientiert auch: programmgesteuert
	Der Bedarf wird ohne Bezug zur Produktion aufgrund von Vergangenheitswerten ermittelt. Relevant sind: - Vorhersagezeitraum - Vorhersagehäufigkeit - Verlauf der Vergangenheitswerte	Der Bedarf wird aufgrund des Produktionsprogrammes exakt ermittelt.
Vor-, Nachteile	- einfaches Verfahren - kostengünstig - kann mit Fehlern behaftet sein	- sorgfältiges und genaues Verfahren - kostenintensiv und zeitaufwändig
Informationsbasis	- auf der Basis von Lagerstatistiken - bestellt wird bei Erreichen des Lagerbestandes	1. Produktionsprogramm: - Lageraufträge - Kundenaufträge 2. Erzeugnisstruktur - Stücklisten - Verwendungsnachweise - Rezepturen
Anwendung	- Tertiär- und Zusatzbedarf – wenn deterministische Verfahren nicht anwendbar oder nicht wirtschaftlich sind	Bei allen Roh- und Hilfsstoffen lässt sich ein direkter Zusammenhang zum Primärbedarf herstellen; meist dv-gestützt.
Dispositionsverfahren	Verbrauchsgesteuerte Disposition: **- Bestellpunktverfahren** **- Bestellrhythmusverfahren**	Programmgesteuerte Disposition: - auftragsgesteuerte Disposition - plangesteuerte Disposition
Methoden	Mittelwertbildung: - arithmetischer Mittelwert · gewogen/ungewogen - gleitender Mittelwert · gewogen/ungewogen	Analytische Materialbedarfsauflösung → Stücklisten
	Regressionsanalyse: - lineare - nicht-lineare	Synthetische Materialbedarfsauflösung → Verwendungsnachweise
	Exponentielle Glättung: - 1. Ordnung - 2. Ordnung	

09. Welche Dispositionsverfahren werden unterschieden?

Im Wesentlichen werden folgende Dispositionsverfahren (auch: Verfahren der Bestandsergänzung) unterschieden:

Verfahren der Materialbedarfsermittlung			
Stochastische Bedarfsermittlung		**Deterministische Bedarfsermittlung**	
1. Verbrauchsgesteuerte Disposition:		**2. Programmgesteuerte Disposition:**	
	1.1 Bestellpunktverfahren		2.1 Auftragsgesteuerte Disposition
	1.2 Bestellrhythmusverfahren		2.2 Plangesteuerte Disposition
		→ Soll-Eindeckungstermin → Ist-Eindeckungstermin	

1. *Verbrauchsgesteuerte Disposition:*

Der Bestand eines Lagers wird zu einem bestimmten Termin oder bei Erreichen eines bestimmten Lagerbestandes ergänzt. Das Verfahren ist nicht sehr aufwändig. Die Ergebnisse sind jedoch ungenau. Es ist mit erhöhten Sicherheitsbeständen zu planen. Voraussetzung für diese Dispositionsverfahren sind eine aktuelle und richtige Fortschreibung der Lagerbuchbestände.

1.1 *Bestellpunktverfahren:*

Hierbei wird bei jedem Lagerabgang geprüft, ob ein bestimmter Bestand (Meldebestand oder Bestellpunkt) erreicht oder unterschritten ist.

Merkmale:
- feste Bestellmengen
- variable Bestelltermine

Ermittlung des Bestellpunktes:

Bestellpunkt (Meldebestand)	=	ø Verbrauch pro Zeiteinheit	·	Beschaffungszeit	+	Sicherheitsbestand
BP	=	DV · BZ + SB				

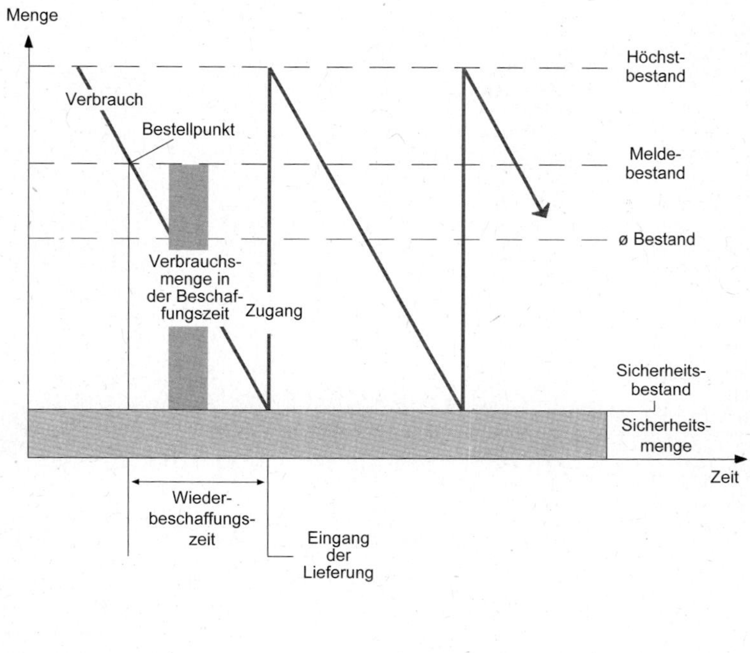

1.2 *Bestellrhythmusverfahren:*
Hierbei wird der Bestand in festen zeitlichen Kontrollen überprüft. Er wird dann auf einen vorher fixierten Höchstbestand aufgefüllt.

Merkmale:
- feste Bestelltermine
- variable Bestellmengen

Berechnung des Höchstbestandes:

$$\text{Höchstbestand} = \begin{matrix}\text{ø Verbrauch}\\ \text{pro Zeiteinheit}\end{matrix} \cdot \left(\begin{matrix}\text{Beschaffungs-}\\ \text{zeit}\end{matrix} + \begin{matrix}\text{Überprüfungs-}\\ \text{zeit}\end{matrix}\right) + \begin{matrix}\text{Sicherheits-}\\ \text{bestand}\end{matrix}$$

$$HB = DV \cdot (BZ + ÜZ) + SB$$

2. *Programmgesteuerte Disposition:*

2.1 *Auftragsgesteuerte Disposition:*
Bestelltermine und Bestellmengen werden entsprechend der Auftragssituation festgelegt. Bestellmengen sind fast immer identisch mit den Bedarfsmengen. In der Regel gibt es keine Sicherheitsbestände, da es weder Überbestände noch Fehlmengen geben kann. Zu unterscheiden ist weiterhin in:
- Einzelbedarfsdisposition
- Sammelbedarfsdisposition

2.2 *Plangesteuerte Disposition:*
Ausgehend von einem periodifizierten Produktionsplan und dem deterministisch ermittelten Sekundärbedarf wird der Nettobedarf unter Berücksichtigung des verfügbaren Lagerbestandes ermittelt.

10. Was versteht man unter dem Soll-Eindeckungstermin?

Der Soll-Eindeckungstermin ist der Tag, bis zu dem der verfügbare Lagerbestand ausreichen muss, um in der nächsten Periode zeitlich normale Bestellungen abwickeln zu können.

11. Was ist der Ist-Eindeckungstermin?

Der Ist-Eindeckungstermin ist der Tag, bis zu dem der verfügbare Lagerbestand den zu erwartenden Bedarf deckt.

12. Wie ist der Soll-Liefertermin definiert?

Der Soll-Liefertermin ist der letztmögliche Termin, der die Lieferbereitschaft sicherzustellen in der Lage ist. Er ergibt sich aus dem Ist-Eindeckungstermin abzüglich einer Sicherheits-, Einlager- und Überprüfungszeit.

13. Welche Auswirkungen können Fehler in der Bedarfsermittlung haben?

Fehler in der Materialbedarfsermittlung und mögliche Folgen	
Vorhersagewert zu hoch:	**Vorhersagewert zu niedrig:**
- Bestände steigen	- Fehlmengenkosten
- Lagerhaltungskosten steigen	- Zusatzkäufe
- Liquidität sinkt	- Kundennachfrage wird nicht befriedigt
	- Absatzrückgang
Gefährdung der Wirtschaftlichkeit	**Gefährdung der Leistungsfähigkeit**

14. Welchen Einflussfaktoren unterliegt die Bestellmenge?

Bestellmenge • Einflussfaktoren			
Materialpreise	Lagerhaltungskosten	Beschaffungskosten	Bestellkosten
Rabatte	Losgrößeneinheiten	Fehlmengenkosten	Finanzvolumen

15. Was sind Bestell(abwicklungs)kosten?

- Bestellkosten sind Kosten, die innerhalb eines Unternehmens für die Materialbeschaffung anfallen.
- Sie sind von der Anzahl der Bestellungen abhängig und nicht von der Beschaffungsmenge.

Bei größeren Bestellmengen x sinken die Bestellkosten je Stück, erhöhen aber die Lagerkosten und umgekehrt. Bestellkosten und Lagerkosten entwickeln sich also gegenläufig. Die optimale Bestellmenge x_{opt} ist grafisch dort, wo die Gesamtkostenkurve aus Bestellkosten und Lagerkosten ihr Minimum hat:

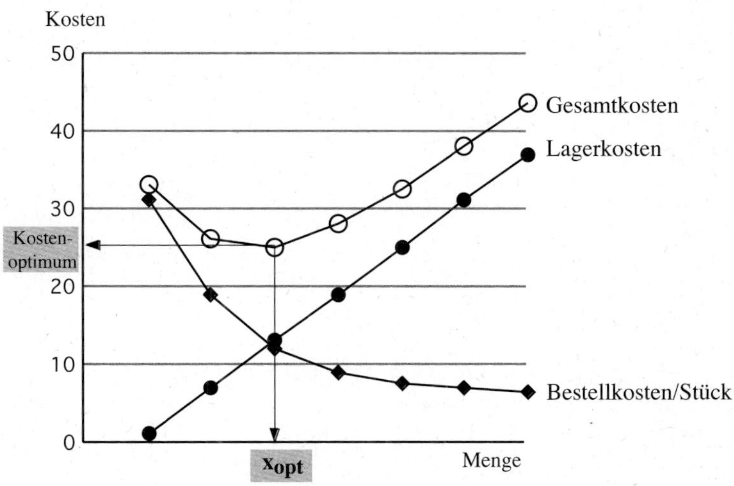

16. Was sind Fehlmengenkosten und welche Folgen können daraus resultieren?

Fehlmengenkosten entstehen, wenn das beschaffte Material den Bedarf der Fertigung nicht deckt, wodurch der Leistungsprozess teilweise oder ganz unterbrochen wird. Die Folgen sind:

- mögliche Preisdifferenzen
- entgangene Gewinne
- Konventionalstrafen
- Goodwill-Verluste

17. Mit welchen Verfahren lässt sich die Beschaffungsmenge optimieren?

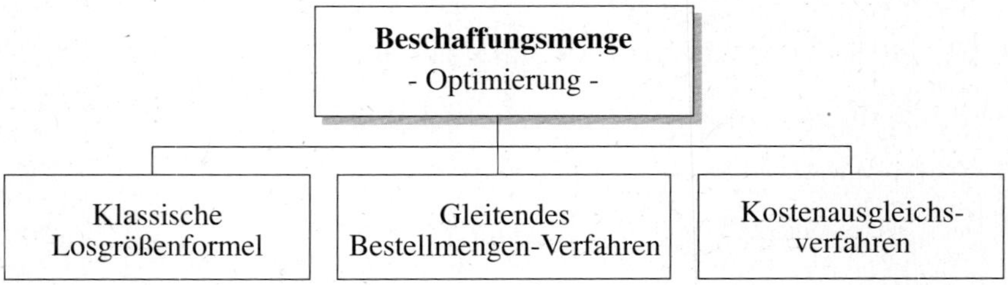

18. Wie lautet die Formel zur Berechnung der optimalen Bestellmenge nach Andler?

$$x_{opt} = \sqrt{\frac{200 \cdot M \cdot K_B}{E \cdot L_{HS}}}$$

x_{opt} = optimale Beschaffungsmenge
M = Jahresbedarfsmenge
E = Einstandspreis pro ME
K_B = Bestellkosten/Bestellung
L_{HS} = Lagerhaltungskostensatz

19. Wie lässt sich die optimale Bestellhäufigkeit errechnen?

Die optimale Bestellhäufigkeit lässt sich als Abwandlung der Andler-Formel wie folgt errechnen:

$$N_{opt} = \sqrt{\frac{M \cdot E \cdot L_{HS}}{200 \cdot K_B}}$$

N_{opt} = optimale Beschaffungshäufigkeit
M = Jahresbedarfsmenge
E = Einstandspreis pro ME
K_B = Bestellkosten/Bestellung
L_{HS} = Lagerhaltungskostensatz

Ferner gilt auch:

$$N_{opt} = \frac{M}{X_{opt}}$$

M = Jahresbedarfsmenge
X_{opt} = Optimale Bestellmenge

20. Wie ist die Vorgehensweise bei der Bestellmengenoptimierung unter Anwendung des gleitenden Beschaffungsmengenverfahrens?

Die Ermittlung der optimalen Bestellmenge erfolgt in einem schrittweisen Rechenprozess, indem die Summe der anfallenden Bestell- und Lagerhaltungskosten pro Mengeneinheit für jede einzelne Periode ermittelt wird. Die Kosten werden für jede Periode miteinander verglichen. In der Periode mit den geringsten Kosten wird die Rechnung abgeschlossen. Der bis dahin aufgelaufene Bedarf ist die optimale Beschaffungsmenge.

21. Wie ist der Sicherheitsbestand definiert?

Der Sicherheitsbestand, auch eiserner Bestand, Mindestbestand oder Reserve genannt, ist der Bestand an Materialien, der normalerweise nicht zur Fertigung herangezogen wird. Er stellt einen Puffer dar, der die Leistungsbereitschaft des Unternehmens bei Lieferschwierigkeiten oder sonstigen Ausfällen gewährleisten soll.

22. Welche Funktion hat der Sicherheitsbestand?

Er dient zur Absicherung von Abweichungen verursacht durch:

- Verbrauchsschwankungen
- Überschreitung der Beschaffungszeit
- quantitative Minderlieferung
- qualitative Mengeneinschränkung
- Fehler innerhalb der Bestandsführung

23. Welche Folgen können aus einem zu ungenau bestimmten Sicherheitsbestand entstehen?

- Der Sicherheitsbestand ist im Verhältnis zum Verbrauch *zu hoch*:
  → es erfolgt eine unnötige Kapitalbindung.
- Der Sicherheitsbestand ist im Verhältnis zum Verbrauch *zu niedrig*:
  → es entsteht ein hohes Fehlmengenrisiko.

24. Wie kann der Sicherheitsbestand bestimmt werden?

- Bestimmung aufgrund subjektiver Erfahrungswerte
- Bestimmung mittels grober Näherungsrechnungen:
  · durchschnittlicher Verbrauch je Periode · Beschaffungsdauer
  · errechneter Verbrauch in der Zeit der Beschaffung + Zuschlag für Verbrauchs- und Beschaffungsschwankungen
  · längste Wiederbeschaffungszeit:
  herrschende Wiederbeschaffungszeit · durchschnittlicher Verbrauch je Periode
  · arithmetisches Mittel der Lieferzeitüberschreitung je Periode · durchschnittlicher Verbrauch je Periode

- mathematisch nach dem Fehlerfortpflanzungsgesetz
- Bestimmung durch eine pauschale Sicherheitszeit
- Festlegung eines konstanten Sicherheitsbestandes
- Festlegung eines konstanten Sicherheitsbestandes nach dem Fehlerfortpflanzungsgesetz
- statistische Bestimmung des Sicherheitsbestandes

25. Wie ist der generelle Ablauf bei der Beschaffung (Beschaffungsprozess)?

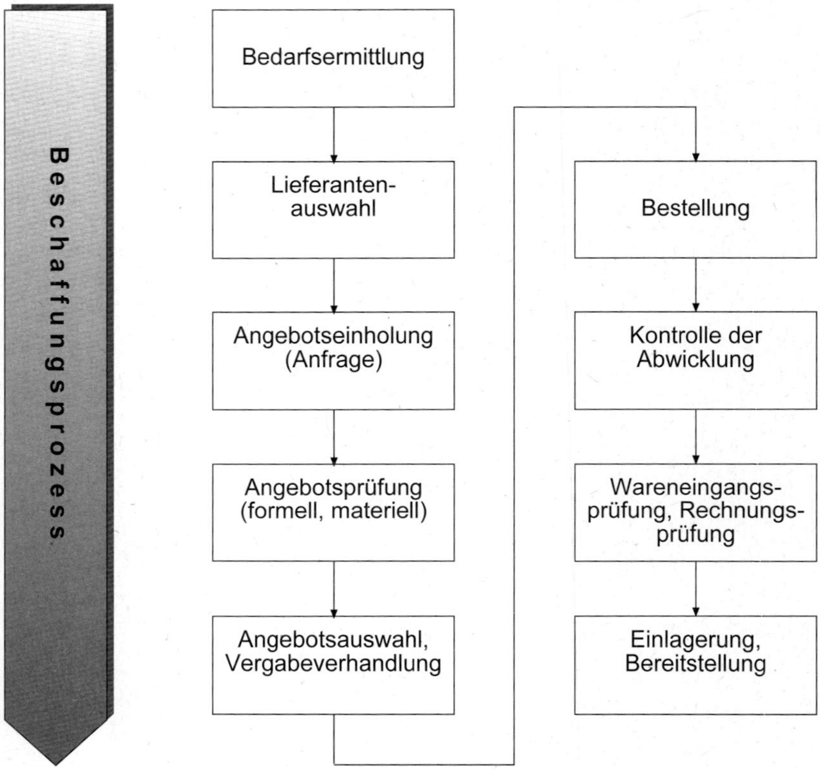

2.2.10 Wirtschaftsschutz und betrieblicher Selbstschutz

01. Welche Objekte sind im Rahmen des betrieblichen Sicherheitswesens zu schützen?

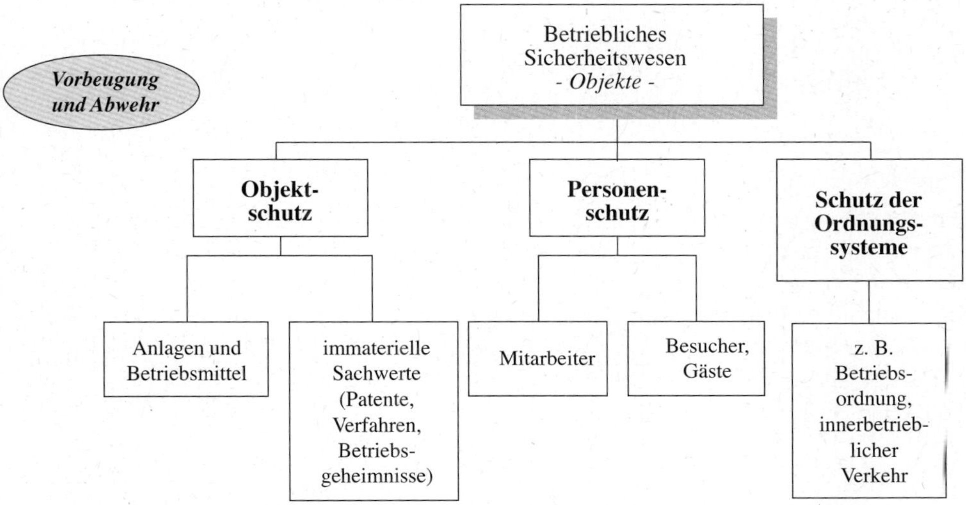

02. Welche schutzwürdigen Interessen sind zu beachten?

Es lassen sich folgende, schutzwürdige Interessen, in denen Maßnahmen der *Vorbeugung* und der *Abwehr* zu treffen sind, nennen:

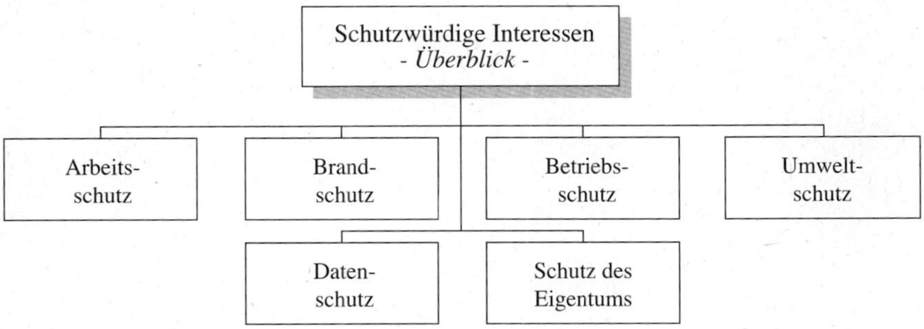

03. Welche Aufgaben hat der Werkschutz?

Beispiele:

- Vorbeugender *Schutz und Sicherung* von Objekten und Personen
- Wahrnehmung von innerbetrieblichen *Ordnungsfunktionen*, z. B.:
  - Torkontrollen
  - Wach-/Streifendienst
  - Verkehrsdienste (fließender und ruhender Verkehr im Betrieb; Güter-, Personen-, Warenverkehr)
  - ggf. Postdienste

- Wahrnehmung von *Informations- und Meldeaufgaben*, z. B.:
  - Alarmeingang, -aufnahme, -weiterleitung, -register
- *Mitwirkung*
  - bei Verstößen gegen die Betriebsordnung
  - bei innerbetrieblichen Unfällen und Straftaten
  - beim Brand-, Katastrophen-, Umwelt- und Arbeitsschutz

04. Welche Befugnisse hat der Werkschutz?

Der Werkschutz kann aus Angestellten des Betriebes bestehen oder es kann ein externer Schutzdienst damit beauftragt sein. Im Verhältnis zum Recht Dritter kann der Werkschutz nur den Schutz des privaten Eigentums wahrnehmen; er *besitzt keine öffentlich-rechtlichen Befugnisse.* Der Werkschutz ist also keine „Hilfspolizei"; zum Beispiel kann er bei Straftaten auf dem Betriebsgelände den Täter nur an der Flucht mit angemessenen Mitteln hindern und muss dann auf das Eintreffen der Polizei warten.

2.3 Nutzen und Möglichkeiten der Organisationsentwicklung

2.3.1 Grundgedanken der Organisationsentwicklung

01. Was versteht man unter Organisationsentwicklung?

- *Begriff:*
  Organisationsentwicklung (OE) ist ein *langfristig* angelegter *systemorientierter Prozess* zur *Veränderung der Strukturen* eines Unternehmens und *der* darin arbeitenden *Menschen*. Der Prozess beruht auf der Lernfähigkeit aller Betroffenen durch direkte Mitwirkung und praktische Erfahrung.

  Damit gehören zur Organisationsentwicklung auch Einstellungs- und Verhaltensänderungen im Umgang mit Arbeitsanforderungen, der eigenen Leistungsfähigkeit, mit Gesundheit und Krankheit. Dies kann durch eine enge Verknüpfung der technischen, ergonomischen, arbeitsorganisatorischen und betriebsklimatischen Elemente bei der Verbesserung der Arbeitsbedingungen erfolgen.

> Organisationsentwicklung ist ein *langfristig angelegter Entwicklungsprozess.*
>
> Er zielt ab auf die notwendige Anpassung der bestehenden Organisationsformen *(Hard facts)* sowie die Veränderung der Organisationskultur *(Soft facts).*
>
> Organisationsentwicklung wird getragen vom Gedanken der *lernenden Organisation* (gemeinsames Lernen, Erleben und Umsetzen).

- *Ziel:*
  Das Ziel besteht in einer gleichzeitigen *Verbesserung der Leistungsfähigkeit der Organisation* (Effektivität) und der *Qualität des Arbeitslebens.* Unter der Qualität des Arbeitslebens bzw. der Humanität versteht man nicht nur materielle Existenzsicherung, Gesundheitsschutz und persönliche Anerkennung, sondern auch Selbstständigkeit (angemessene Dispositionsspielräume), Beteiligung an den Entscheidungen sowie fachliche Weiterbildung und berufliche Entwicklungsmöglichkeiten.

02. Worin unterscheiden sich die Ansätze der klassischen Organisationslehre von denen der Organisationsentwicklung?

Die klassische Organisationslehre hat einen *betriebswirtschaftlichen* Ansatz und setzt an bei einer mehr formalen *Optimierung der Aufbau- und Ablaufstrukturen* (Linien-/Matrixorganisation, Gliederungsbreite/-tiefe, Zentralisation/Dezentralisation usw.), ohne in der Regel den Mitarbeiter selbst im Mittelpunkt von Veränderungsprozessen zu sehen.

Die OE hat einen *ganzheitlichen Ansatz:* Angestrebt wird eine Anpassung der formalen Aufbau- und Ablaufstrukturen *und* der Verhaltensmuster der Mitarbeiter an Veränderungen der Umwelt (Kunden, Märkte, Produkte).

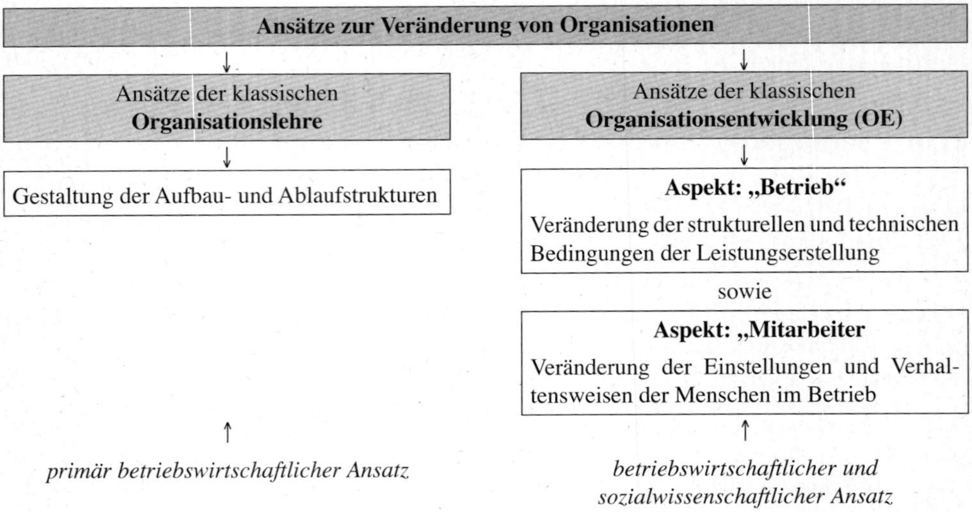

03. Welche Überlegungen stehen hinter dem Begriff „lernende Organisation“?

Der Begriff „lernende Organisation“ wird oft synonym für „Organisationsentwicklung“ verwendet und hebt primär ab auf die notwendige Veränderung der Lernprozesse.

Lernen im Rahmen der Organisationsentwicklung heißt:

- Vom Kunden lernen, von Kollegen lernen, von der Konkurrenz lernen!
- Lernen erfolgt im Team!
- Lernen erfolgt im System (ganzheitliche Betrachtung)!

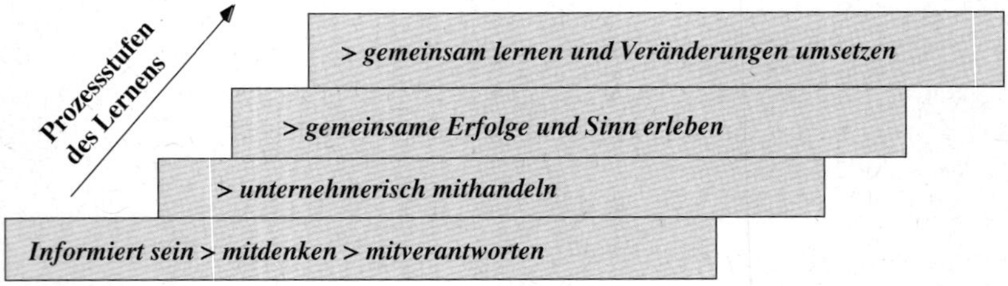

04. Welche Phasen hat ein Organisationszyklus?

Maßnahmen der Organisationsentwicklung müssen systematisch bearbeitet werden. Die Literatur enthält dazu eine kaum noch überschaubare Fülle an Phasenmodellen. Bei genauerer Betrachtung existieren kaum Unterschiede in den einzelnen Modellen: Mitunter variiert die *Anzahl der Phasen* sowie die *Bezeichnung pro Phase*.

Generell weist jedes der Phasenmodelle mehr oder weniger ausgeprägt den Zyklus des *Management-Regelkreises* auf:

Ziele setzen > planen > organisieren > realisieren > kontrollieren

Auf die Organisationsentwicklung übertragen bedeutet dies, dass OE-Prozesse sich permanent in folgenden Phasen wiederholen (= *Zyklus der OE*):

1. Situationsanalyse
2. Organisationsanalyse
3. Zielformulierung
4. Lösungsansätze
5. Bewertung
6. Entscheidung
7. Realisierung
8. Kontrolle der Ansätze im Hinblick auf die Zielformulierung

Hinweis:
Ausführlich werden die Methoden der Problemlösung und Entscheidungsfindung u.a. im 3. Prüfungsfach behandelt; vgl. dort unter Ziffer 3.5.2 (Problemlösungszyklus im Rahmen des Projektmanagements) sowie Ziffer 3.2.2 (Ablauf der Wertanalyse).

05. Welche Strategieansätze der Organisationsentwicklung sind grundsätzlich denkbar?

- *Top-down* („von oben nach unten"):
  Veränderungsansätze werden von der Spitze des Unternehmens her entwickelt und schrittweise in den nachgelagerten Ebenen mit entwickelt und umgesetzt.

- *Bottom-up* („von unten nach oben"):
  Veränderungsprozesse gehen primär von der Basis aus und werden nach oben hin in Gesamtpläne verdichtet.

- *Center-out* („von Kernprozessen ausgehen")
  Bei diesem Ansatz geht man von den Kernprozessen der Wertschöpfung aus und setzt dort mit den notwendigen Veränderungsprozessen an.

- *Multiple-nucleus* (übersetzt: mehrfache Kerne/Keimzellen; sog. „Flecken-Strategie"):
  Veränderungsprozesse gehen von unterschiedlichen „Keimzellen" im Unternehmen aus und werden miteinander verbunden; Keimzellen sind z. B. Abteilungen, die besonders innovativ, kritisch-kreativ sind und bestehende Strukturen und Abläufe hinterfragen.

OE-Maßnahmen können bisweilen zu deutlichen Änderungen über alle Funktionen und Ebenen des Unternehmens führen. Werden derartige markante Änderungen umgesetzt, bezeichnet man dies auch als „*Politik der vertikalen Schnitte*".

06. Welche Unterschiede und Gemeinsamkeiten bestehen zwischen Organisations- und Personalentwicklung?

Der Begriff/Ansatz der Personalentwicklung (PE) ist umfassender als der der Aus-/Fortbildung und Weiterbildung. PE vollzieht sich innerhalb der Organisationsentwicklung und diese wiederum ist in die Unternehmensentwicklung eingebettet.

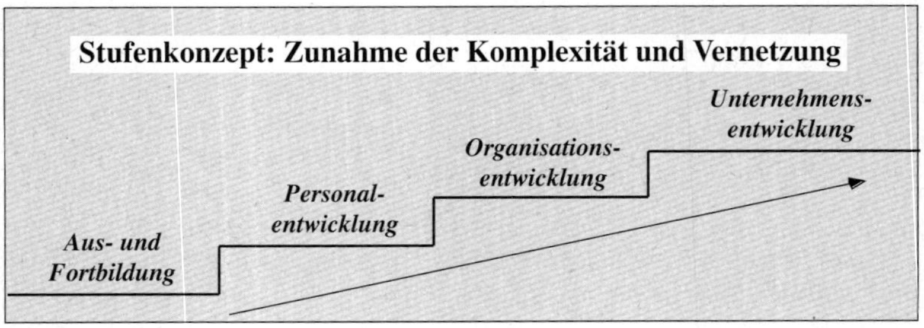

07. Welche Erfolgs- und Misserfolgsfaktoren des organisatorischen Wandels lassen sich nennen?

- *Erfolgsfaktoren*, z. B.:
  - Konsens zwischen Mitarbeitern und Führungskräften über die Notwendigkeit von Veränderungen
  - Konsens über die Bewertung der Umwelt
  - Führungskräfte sind Wegbereiter für Veränderungsprozesse (*Change Agent*)
  - Mitarbeiter erleben spürbar, transparent und gemeinsam den Erfolg richtig eingeleiteter Maßnahmen
  - die Informationspolitik ist geprägt von Offenheit, Feedback und Konfliktfähigkeit
  - Zielsetzungen/Visionen werden der Belegschaft klar und verständlich präsentiert
  - die Ansätze der OE sind ganzheitlich und integrativ

- *Misserfolgsfaktoren:*

  Hier sind zunächst einmal alle oben genannten Aspekte mit „umgekehrtem Vorzeichen" zu nennen; weitere Beispiele für fehlende Voraussetzungen/Misserfolgsfaktoren von OE sind:

  - Nichterkennen der Probleme („blinder Fleck") bei den Beteiligten
  - fehlende Bereitschaft zur Veränderung/mangelnder Leidensdruck
  - fehlende Kunden- und Marktorientierung
  - falsche Strategie (ausschließlicher Top-down-Ansatz)
  - Mitarbeiter werden nicht „wirklich" eingebunden
  - Blockade durch Verteidigung von Besitzständen
  - unrealistische Zeitvorgaben für Veränderungsprozesse
  - das Management steht nicht ehrlich hinter den eingeleiteten Prozessen (Alibi-Projekte)
  - die Mitarbeiter haben keine Teamerfahrung und -fähigkeit
  - die Zusammenarbeit mit dem Betriebsrat ist mangelhaft

2.3.2 Organisationsentwicklung in den Tätigkeitsfeldern betrieblicher Abläufe

01. Wie können sich Maßnahmen der Organisationsentwicklung auf betriebliche Prozesse und Funktionen auswirken?

1. *Der OE-Ansatz nutzt einerseits die Instrumente und Methoden der klassischen Organisationslehre* (vgl. oben, Frage 02.), andererseits ist er von Fall zu Fall genötigt, diese *Ansätze infrage zu stellen und zu prüfen*, ob die formale Änderung von Prozesse von einer *wirklichen Änderung im Denken und Handeln der Mitarbeiter* begleitet ist.

   Beispiel:
   OE nutzt die bekannten Methoden der klassischen Organisationslehre, z. B.:
   - Optimierung der Aufbau- und Ablaufprozesse nach Raum, Zeit und Kosten
   - Einsatz der Instrumente: Fluss-, Balken-, Block-, Arbeitsablaufdiagramme, Netzplantechnik usw.
   - Einsatz und Optimierung der Arbeitspapiere und Belege: Laufkarten, Materialentnahmescheine, Lohnzettel, Terminkarten

   Ausführlich werden die Methoden und Instrumente der klassischen Organisationslehre im 3. Prüfungsfach behandelt (Überschneidung im Rahmenplan).

2. *Organisationsentwicklung in Reinkultur darf weder vor Hierarchien noch vor Besitzständen Halt machen. OE muss das gesamte Unternehmen erfassen.*

02. Welche Trends sind heute in der Organisationsentwicklung der Unternehmen erkennbar?

Die Veränderung der Märkte und der generellen Umwelt verlangt heute neue Strukturen der Aufbau-, Ablauf- und Arbeitsorganisation sowie einen Wandel im Hierarchie- und Rollenverständnis aller Führungskräfte und Mitarbeiter. In der Praxis finden sich dazu Ansätze unter folgenden Schlagworten:

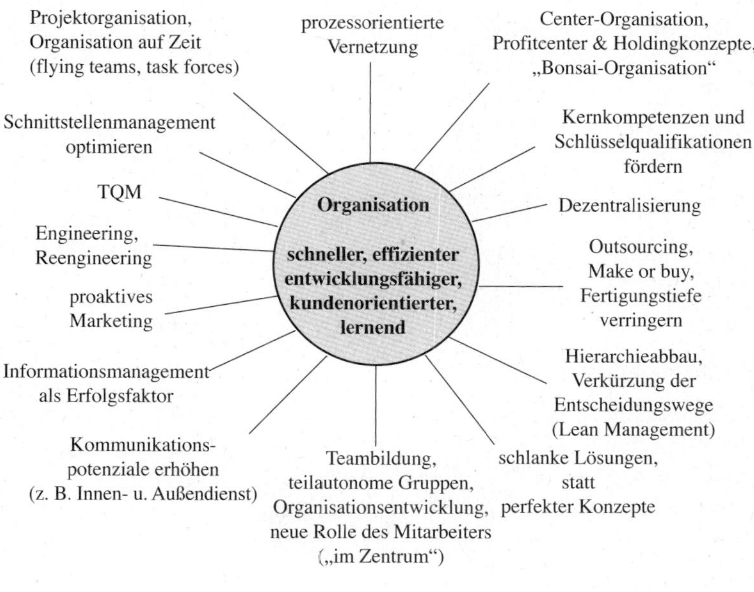

2.4 Anwenden von Methoden der Entgeltfindung und der kontinuierlichen, betrieblichen Verbesserung

2.4.1 Aspekte ergonomischer Arbeitsplatzgestaltung

Vgl. zum Thema „ergonomische Arbeitsplatzgestaltung“ auch die Übersicht, oben, Ziffer 2.2.7, Nr. 01. sowie ausführlich unter 4.1, 3.6.1, Nr. 24. ff , 4.1.3, Nr. 04. und 4.2.2, Nr. 01. ff (mehrfache Überschneidung im Rahmenplan).

01. Welche Aspekte ergonomischer Arbeitsplatzgestaltung sind zu berücksichtigen?

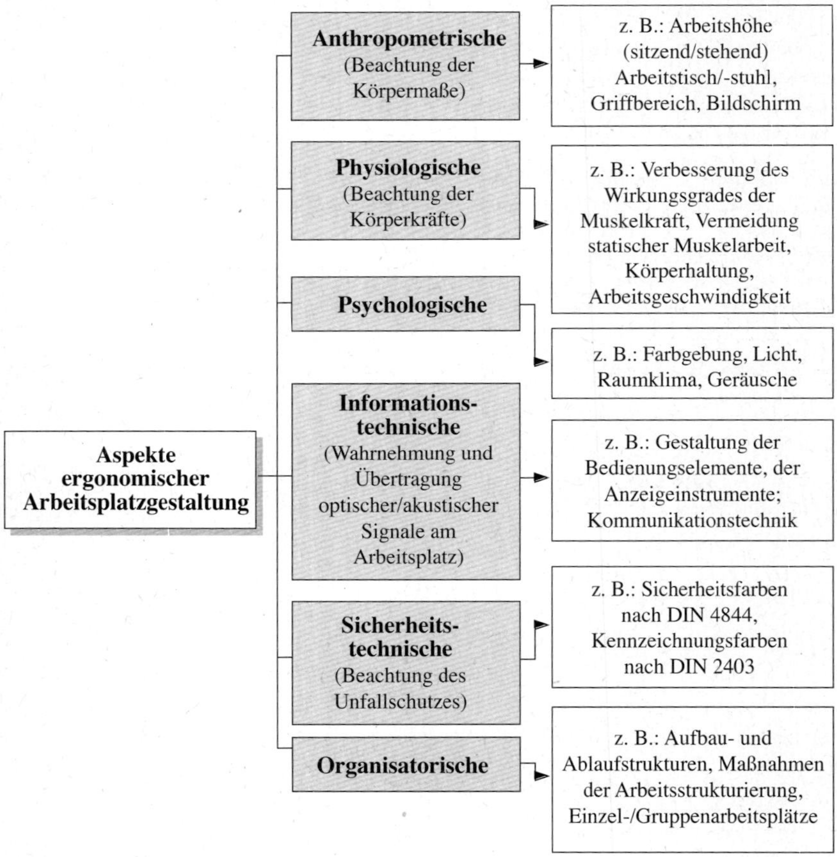

02. Welchen Inhalt haben Arbeitszeitstudien?

Im Rahmen der Ablaufplanung (vgl. Ziffer 2.2.5) ist die Ermittlung der Zeiten erforderlich, d.h., die Ablaufarten sind mit Zeitwerten zu versehen. Dies erfolgt im Rahmen von Arbeitszeitstudien, die nach drei Themenfeldern zu differenzieren sind:

Zeitstudien		
Ermittlung von **Vorgabezeiten**	Ermittlung von **Istzeiten**	**Systeme vorbestimmter Zeiten (SVZ)**

03. Wie ist das Verfahren auf der Grundlage von „Systemen vorbestimmter Zeiten (SvZ)"?

Neben der Ermittlung der *Vorgabezeit* nach REFA gibt es das Verfahren auf der Grundlage von Systemen vorbestimmter Zeiten: Der *Grundgedanke* ist, *dass manuelle Tätigkeiten des Menschen systematisch bestimmbar sind.* Man geht in zwei Arbeitsschritten vor:

1. Analyse des Bewegungsablaufs
2. Zuordnung der Zeiten

In Deutschland sind vor allem gebräuchlich:

a) WF: Work-Factor-Verfahren
b) MTM: Methods-Time-Measurement

Für die Anwendung derartiger Systeme müssen *sechs Voraussetzungen* gegeben sein:

1. Die Standardzeiten der Verfahren müssen mithilfe eines *Umrechnungsfaktors* an die REFA-Normalleistungszeit angepasst werden.

2. Die Arbeitsabläufe müssen *konstant und reibungslos* sein. Die SvZ benötigen für ihre starre Methodik „genormte" Arbeiten. Etwaige Unregelmäßigkeiten müssen in der Häufigkeit ihres Auftretens bestimmbar sein.

3. Die Konstanz des Arbeitsablaufs bedingt wiederum *stationäre Arbeitsplätze*, an denen Werkzeuge, Vorrichtungen und Teilebehälter stets im gleichen, „normalen" Griffbereich des Arbeiters liegen.

4. Ebenso muss der zu bearbeitende *Werkstoff* in seinen Abmessungen und Qualitätskriterien stets *einheitlich* sein.

5. Die SvZ beziehen sich *nur auf geistige oder manuelle Bearbeitungszeiten.*
   Alle anderen Zeiten (Erhol-, Verteil-, Wartezeiten usw.) werden mithilfe von Stoppuhr oder Multimomentaufnahme errechnet und den Tabellenwerten (meist prozentual) zugeschlagen.

6. Die SvZ analysieren *nur die menschliche Bewegungsleistung*.

04. Welche Ergebnisse können mithilfe der Arbeitsplatzgestaltung realisiert werden?

Beispiele:

- Bewegungsvereinfachung
- Bewegungsverdichtung
- Mechanisierung/Teilmechanisierung
- Aufgabenerweiterung

- Verbesserung
  · der Ergonomie
  · des Wirkungsgrades menschlicher Arbeit
  · der Sicherheit am Arbeitsplatz
  · der Motivation
- Vermeidung von Erkrankungen/Berufskrankheiten
- Reduzierung des Absentismus

2.4.2 Formen der Entgeltfindung

01. Was bedeutet „relative Lohngerechtigkeit"?

Eine *absolute Lohngerechtigkeit ist nicht erreichbar*, da es keinen absolut objektiven Maßstab zur Lohnfindung gibt. Bestenfalls ist eine relative Lohngerechtigkeit realisierbar. „Relativ" heißt vor allem, dass

- unterschiedliche Arbeitsergebnisse zu unterschiedlichem Lohn führen,
- unterschiedlich hohe Arbeitsanforderungen differenziert entlohnt werden.

02. Welche Bestimmungsgrößen werden bei der Entgeltdifferenzierung eingesetzt?

• *Leistung des Mitarbeiters („Leistungsgerechtigkeit"):* Bei gleichem Arbeitsplatz (gleichen Anforderungen) soll eine unterschiedlich hohe Leistung differenziert entlohnt werden. Dazu bedient man sich

  - der Arbeitsstudien (Stichwort: Normalleistung),
  - unterschiedlicher Verfahren der Leistungsbeurteilung oder auch
  - dem Instrument der Zielvereinbarung i.V.m. ergebnisorientierter Entlohnung,

  um die Leistung des Mitarbeiters „objektiv zu messen". Im Ergebnis führt dies zu unterschiedlichen Lohnformen (Leistungslohn, Zeitlohn, erfolgsabhängige Entlohnung, Prämie, Tantieme usw.).

• *Anforderungen des Arbeitsplatzes („Anforderungsgerechtigkeit"):* Mithilfe der *Arbeitsbewertung* soll die relative Schwierigkeit einer Tätigkeit erfasst werden. Über verschiedene Methoden der Arbeitsbewertung (summarisch oder analytisch; Prinzip der Reihung oder Stufung) werden die unterschiedlichen Anforderungen eines Arbeitsplatzes erfasst. Im Ergebnis führt dies zu unterschiedlichen „Lohnsätzen" (z. B. Gehaltsgruppen), und zwar je nach Schwierigkeitsgrad der zu leistenden Arbeit auf dem jeweiligen Arbeitsplatz.

• *Soziale Überlegungen („Sozialgerechtigkeit"):* Neben den Kriterien „Anforderung" und „Leistung" können soziale Gesichtspunkte wie Alter, Familienstand, Betriebszugehörigkeit des Arbeitnehmers herangezogen werden.

• *Leistungsmöglichkeit (Arbeitsumgebung):* Bei gleicher Anforderung und gleicher Leistungsfähigkeit wird eine bestimmte Tätigkeit trotzdem zu unterschiedlichen Leistungsergebnissen führen, wenn die *Arbeits- und Leistungsbedingungen unterschiedlich sind*, z. B.:

- Ausstattung des Arbeitsplatzes,
- Unternehmensorganisation,
- Betriebsklima usw.
- Führungsstil,
- Informationspolitik,

In der Praxis ist dieser Sachverhalt bekannt. Da er sich kaum oder gar nicht quantifizieren lässt, wird er meist nur ungenügend bei der Entgeltbemessung berücksichtigt.

- *Sonstige Bestimmungsfaktoren*: Darüber hinaus gibt es weitere Faktoren, die im speziellen Fall bei der Lohnfindung eine Rolle spielen können, z. B.:

  - *Branche* (z. B. Handel oder Chemie),
  - *Region* (z. B. München oder Emden),
  - *Tarifzugehörigkeit*,
  - spezielle *Gesetze* sowie
  - *Qualifikation* (Entgeltdifferenzierung nach allgemein gültigen Bildungsabschlüssen).

03. Welche Entlohnungsformen lassen sich unterscheiden?

Man unterscheidet u.a. folgende Lohnformen (synonym: Entgeltformen, Vergütungsarten):

Lohnformen

Zeitlohn	**Leistungslohn**	**Sonderformen**
- „reiner" Zeitlohn - Zeitlohn mit Zulagen	- Akkordlohn · Zeit-/Geldakkord · Einzel-/Gruppenakkord - Prämienlohn - Pensumlohn	z. B.: - Zuschläge - Sozialzulagen - Erfolgsbeteiligung

- Beim *Zeitlohn* wird die im Betrieb verbrachte Zeit vergütet – unabhängig von der tatsächlich erbrachten Leistung. Ein mittelbarer Bezug zur Leistung besteht nur insofern, als „ein gewisser normaler Erfolg laut Arbeitsvertrag geschuldet wird". Der Zeitlohn wird insbesondere bei

  - besonderer Bedeutung der Qualität des Arbeitsergebnisses,
  - erheblicher Unfallgefahr,
  - kontinuierlichem Arbeitsablauf,
  - nicht beeinflussbarem Arbeitstempo,
  - nicht vorherbestimmbarer Arbeit,
  - quantitativ nicht messbarer Arbeit,
  - schöpferisch-künstlerischer Arbeit

  usw. gezahlt.

  Löhne und Gehälter können als „reiner Lohn" gezahlt werden – oder in Verbindung mit einer Zulage und/oder einer Prämie. Bei den Zulagen kommt vor allem die (meist tariflich vorgeschriebene) *Leistungszulage* in Betracht.

Bruttolohn = Lohn je Stunde · Anzahl der Stunden

oder

Bruttolohn = vereinbarter Monatslohn

- Der *Akkordlohn* ist ein echter Leistungslohn. Die Höhe des Entgelts ist von der tatsächlichen Arbeitsleistung direkt abhängig.

  Im Gegensatz zum

  - Einzelakkord werden beim
  - Gruppenakkord

  die Akkordminuten aller Gruppenmitglieder in einem „Topf" gesammelt und entsprechend der Arbeitszeit und der Lohngruppe auf die Gruppenmitglieder aufgeteilt. Die Aufteilung kann z. B. über Äquivalenzziffern (auf Basis der Tariflöhne) erfolgen.

Akkordrichtsatz = Akkordgrundlohn + Akkordzuschlag

A. *Berechnung beim Stückgeld-Akkord:*

$$\textbf{Geldakkordsatz je Stück} = \frac{\text{Akkordrichtsatz}}{\text{Normalleistung je Stunde}}$$

Bruttolohn = Geldakkordsatz je Stück · Stückzahl

B. *Berechnung beim Stückzeit-Akkord:*

$$\textbf{Minutenfaktor} = \frac{\text{Akkordrichtsatz}}{\text{60 Minuten}}$$

$$\textbf{Zeitakkordsatz} = \frac{\text{60 Minuten}}{\text{Normalleistung je Stunde}}$$

Bruttolohn = Minutenfaktor · Zeitakkordsatz · Stückzahl

- Der *Prämienlohn* besteht aus
  - einem leistungsunabhängigen Teil, dem *Grundlohn* und
  - einem leistungsabhängigen Teil, der *Prämie*:

  Der Prämienlohn kann immer dann eingesetzt werden, wenn
  - die Leistung vom Mitarbeiter (noch) beeinflussbar ist aber
  - die Ermittlung genauer Akkordsätze nicht möglich oder unwirtschaftlich ist.

  Anwendungsgebiete des Prämienlohns können sein:

  - Mengenprämie,
  - Qualitätsprämie (= Güteprämie),
  - Ersparnisprämie,
  - Nutzungsprämie,
  - Termineinhaltungsprämie,
  - Umsatzprämie usw.

Das Grundprinzip bei der Prämiengestaltung ist, dass der Nutzen der erbrachten Mehrleistung zwischen Arbeitgeber (Zusatzerlöse) und Arbeitnehmer (Prämie) planmäßig in einem bestimmten Verhältnis aufgeteilt wird (z. B. konstant 50:50). Die Prämie kann an quantitative oder qualitative Merkmale gebunden sein.

Je nachdem, wie der Arbeitgeber das Leistungsverhalten des Arbeitnehmers beeinflussen will, wird der Verlauf der Prämie unterschiedlich sein:

- Beim *progressiven Verlauf* soll der Arbeitnehmer zu maximaler Leistung angespornt werden. Mehrleistungen im unteren Bereich werden wenig honoriert.
- Beim *proportionalen Verlauf* besteht ein festes (lineares) Verhältnis zwischen Mehrleistung und Prämie. Der Graf dieser Prämie ist eine Gerade mit konstanter Steigung. Maßnahmen zur Steuerung der Mehrleistung sind hier nicht vorgesehen.
- Beim *degressiven Prämienverlauf* wird angestrebt, dass möglichst viele Arbeitnehmer eine Mehrleistung (im unteren Bereich) erzielen. Mehrleistungen im oberen Bereich werden zunehmend geringer honoriert – die Kurve flacht sich ab.
- Der *s-förmige Prämienverlauf* ist eine Kombination von progressivem, proportionalem und degressivem Verlauf. Der Arbeitgeber will erreichen, dass möglichst viele Arbeitskräfte eine Mehrleistung im Bereich des Wendepunktes der Kurve erzielen.

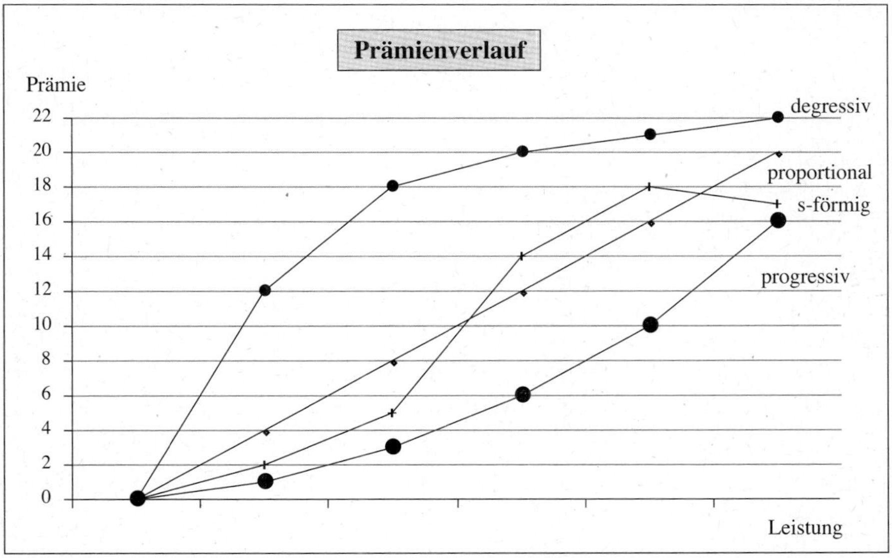

- Neben dem Zeitlohn und dem Leistungslohn gibt es vielfältige Formen von *Sondervergütungen*, z. B.:

  - Gratifikationen
  - Erfindervergütungen
  - Boni
  - Tantiemen
  - Zahlungen aus dem Betrieblichen Vorschlagwesen (BVW).

• Außerdem gibt es *Sondervergütungen zu bestimmten Anlässen* wie z. B.:

- Weihnachten
- Urlaub
- Geschäftsjubiläen
- Dienstjubiläen
- Heirat
- Geburt eines Kindes usw.

04. Wie wirken sich Zeitlohn und Leistungslohn auf die Kalkulation, die Leistung des Mitarbeiters und auf den Verdienst aus?

	Zeitlohn	Leistungslohn
Verdienst des Mitarbeiters		
Verdienst je Stunde	*konstant*	*der tarifliche Mindestlohn ist garantiert lt. TV; bei Überschreiten der Normalleistung variiert der Lohn im Verhältnis zur Leistung*
Verdienst-risiko	*kaum vorhanden; nur bei anhaltendem Leistungsabfall besteht Gefahr der Versetzung, Zurückstufung*	*bei Normalleistung:* *→ Verdienstgarantie* *oberhalb der Normalleistung:* *→ schwankendes Einkommen in Abhängigkeit von der Leistung*
Leistung des Mitarbeiters		
Vergütung der Mehrleistung	*keine; ggf. werden Leistungszulagen gezahlt*	*direkt abhängig von der Akkord- bzw. Prämiengestaltung (linear, proportional, progressiv, degressiv)*
Anreiz zur Mehrleistung	*gering; ggf. über die Leistungsbeurteilung/Potenzialbeurteilung*	*Akkordlohn: → direkt* *Prämienlohn: → indirekt*
Kalkulation		
Kalkulations-risiko	*Risiko für den Arbeitgeber, da kein konstantes Verhältnis von Lohn und Leistung; Minderleistungen gehen zu Lasten des Arbeitgebers*	*Akkordlohn:* *kein Risiko, da konstante Äquivalenz zwischen Lohn und Leistung.* *Prämienlohn:* *geringes Risiko, da zwischen Lohn und Leistung ein mittelbarer Zusammenhang besteht*
Entwicklung der Stückkosten	vgl. Text unten	

Entwicklung der Lohnstückkosten:

A. Beim *Zeitlohn*
- sinken die Lohnstückkosten mit steigendem Leistungsgrad und
- steigen mit sinkendem Leistungsgrad

Beispiel:
Der Stundenlohn (L) beträgt 12,00 EUR pro Stunde; die Normalleistung liegt bei 60 Stück (x). Es wird vorausgesetzt, dass die Mengenleistung pro Stunde messbar ist. Die Lohnstückkosten (L : x) entwickeln sich invers.

B. Beim *Akkordlohn*
- sind die Lohnstückkosten konstant, wenn sich der Lohn proportional zur Leistungssteigerung verhält (sog. Proportionalakkord)

C. Beim *Prämienlohn*
können die Lohnstückkosten fallend, steigend oder konstant verlaufen, je nachdem wie der Prämienverlauf gestaltet wird (progressiv, degressiv oder proportional).

05. Welche Ziele und Aufgaben hat die Arbeitsbewertung?

Nach REFA dient die Arbeits(platz)bewertung – unter Berücksichtigung der Zeitermittlungsdaten und der Nennung von Leistungskriterien –

- der betrieblichen Lohnfindung,
- der Personalorganisation und
- der Arbeitsgestaltung.

Die Arbeitsbewertung beantwortet zwei Fragen:

a) Mit welchen Anforderungen wird der Mitarbeiter konfrontiert?
b) Wie hoch ist der Schwierigkeitsgrad einer Arbeit im Verhältnis zu einer anderen?

Dabei bleiben der Mitarbeiter, seine persönliche Leistungsfähigkeit, sein Schwierigkeitsempfinden und die Leistungsbeurteilung durch Vorgesetzte außer Acht. Konkret werden z. B. die Arbeiten eines Entwicklungsingenieurs und eines Einkäufers verglichen und entweder als gleich eingestuft oder als relativer Stufenabstand festgestellt. Bei der Untersuchung der Arbeitsanforderungen wird von der Gesamtaufgabe des Arbeitsplatzes ausgegangen; sie wird in Teilaufgaben zerlegt, um festzustellen, welche Tätigkeiten vorgenommen werden müssen, damit die gestellte Aufgabe erfüllt werden kann und welche Anforderungen an den Mitarbeiter damit im Einzelnen verbunden sind.

Der Umfang der Untersuchung hängt vor allem von vier Faktoren ab:

- der Vielseitigkeit der Aufgaben
- dem Grad der Arbeitsteilung
- dem Sachmitteleinsatz
- der Häufigkeit mit der diese Aufgabe anfällt.

Die Untersuchung von Aufgaben und den daraus folgenden Arbeiten ist erforderlich, weil sich daraus Konsequenzen ergeben hinsichtlich

- der Arbeitsgestaltung
- des Mitarbeitereinsatzes
- der Unterweisung
- der Mitarbeiterbeurteilung.

06. Welche Verfahren der Arbeitsbewertung sind üblich?

Man unterscheidet zwei grundsätzliche Arten der Arbeitsbewertung:

- die summarische Arbeitsbewertung und
- die analytische Arbeitsbewertung.

- Die *summarische Arbeitsbewertung* nimmt den Arbeitsinhalt als Ganzes. Alle Arbeitsplätze werden miteinander in Bezug gesetzt (en bloc). Vorteilhaft ist dabei die einfache Durchführung dieses Verfahrens. Von Nachteil ist, dass sich einzelne Ausprägungen nur ungewichtet auf den Gesamtwert auswirken. Insofern ist die summarische Arbeitsbewertung ein grobes Verfahren.

  Es gibt zwei Varianten der summarischen Arbeitsbewertung:

  - das Rangfolgeverfahren und
  - das Katalog-/Lohngruppenverfahren

- Bei der *analytischen Arbeitsbewertung* wird die Gesamtbeanspruchung durch die Arbeit in einzelne Anforderungsarten zerlegt und jede Anforderungsart getrennt bewertet. Der Gesamtarbeitswert wird durch Addition der Einzelwerte für die verschiedenen Anforderungsarten ermittelt. Die Anforderungsarten müssen dabei so festgelegt werden, dass sie eine repräsentative Aussage über die Schwierigkeit einer Tätigkeit zulassen.

  Nach REFA erfolgt die analytische Arbeitsbewertung über drei Stufen:

  1. Arbeitsbeschreibung:
     Beschreiben des Arbeitssystems und gegebenenfalls dessen Arbeitssituation
  2. Anforderungsanalyse:
     Ermitteln von Daten für einzelne Anforderungsarten
  3. Quantifizierung der Anforderungen:
     Bewerten der Anforderungen und Errechnen der Anforderungswerte.

  Die Anforderungsarten sind nicht einheitlich definiert. Zumeist wird auf das *„Genfer Schema der Arbeitsschwere"* zurückgegriffen, das die folgenden sechs Anforderungsarten nennt:

- Geistige Anforderungen	1. Können
	2. Belastung
- Körperliche Anforderungen	3. Können
	4. Belastung
- Verantwortung	5. Belastung
- Arbeitsbedingungen	6. Belastung

  Somit werden geistige und körperliche Arbeitsinhalte sowohl nach Können als auch nach Belastungsgraden analysiert. Verantwortung und Arbeitsbedingungen setzen im Genfer Schema kein Können voraus, hier zählt nur der Belastungsgrad. Beim Können kommt es auf den höchsten Anforderungsgrad, unabhängig von der Auftretenshäufigkeit und -dauer an. Zum Beispiel muss ein Bilanzbuchhalter ggf. nur einmal im Jahr die Bilanz erstellen, braucht dann aber das gesamte Wissen um alle Bestimmungen. Bei der Belastung kommt es auf den durchschnittlichen Grad und die Dauer an, z. B. Verantwortungsbreite und -tiefe einer Führungskraft.

  REFA hat aus dem Genfer Schema folgendes Beschreibungssystem mit sechs Anforderungen abgeleitet:

1. Kenntnisse
2. Geschicklichkeit
3. Verantwortung
4. geistige Belastung
5. muskelmäßige Belastung
6. Umgebungseinflüsse.

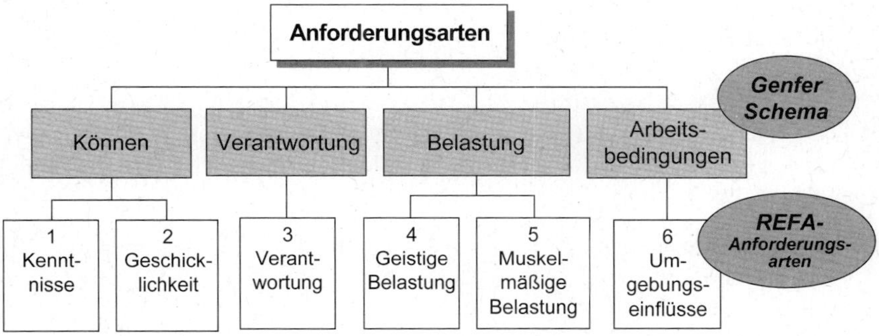

07. Wie wird das Rangfolgeverfahren durchgeführt?

Das Rangfolgeverfahren ist ein einfaches Verfahren ohne erheblichen Zeitaufwand. Die schwierigste Arbeit steht am oberen Ende der „Treppe", die leichteste am unteren. Neu hinzukommende Arbeiten werden in den Maßstab eingeordnet. Es erfolgt keine Gewichtung der einzelnen Stufenabstände zueinander, sodass es zur Lohnfindung nur bedingt tauglich ist.

08. Wie wird das Katalogverfahren durchgeführt?

Beim Katalogverfahren (= Lohngruppenverfahren) wird der umgekehrte Weg beschritten: Ausgangspunkt sind immer feststehende, beschriebene Lohngruppen-Merkmale, mit denen ein Arbeitsplatz verglichen wird. Die Lohngruppen-Merkmale werden nach den Schwierigkeitsgraden der Arbeitsinhalte gebildet.

Ausschlaggebend sind die erforderliche Qualifikation und Erfahrung des Mitarbeiters. Beispiele mit Querverweisen zu anderen Branchen (sog. „Brückenbeispiele") ergänzen den Katalog, um eine Vielzahl der in der Praxis vorkommenden Arbeitsinhalte abzudecken. Im Anwendungsfall dieses Verfahrens werden zuerst die Tätigkeiten des Betriebes beschrieben und mithilfe der Brückenbeispiele den Lohngruppen zugeordnet.

09. Wie erfolgt die Arbeitsbewertung nach dem Rangreihenverfahren?

Hier wird für jede der sechs Anforderungsarten (vgl. Genfer Schema) eine separate Rangreihe gebildet. Die Rangreihen enthalten Kriterien mit unterschiedlich hoher Bepunktung (z. B. von 100 bis 10). Jede Stelle wird mithilfe dieser Ränge bewertet, verbunden mit einem Gewichtungsfaktor – entsprechend der Bedeutung des Kriteriums für eine Stelle (z. B. 0,5; 0,4; 0,3 usw.). Die Summe der Einzelbewertungen pro Anforderungsart inkl. Gewichtung ergibt den Gesamtstellenwert.

10. Wie wird das Stufenwertzahlverfahren durchgeführt?

Hier wird ähnlich dem Katalogverfahren entweder eine für alle Anforderungsarten gültige oder pro Anforderungsart separate Abstufung gewählt. Der Bewertungsstufe, z. B. „äußerst gering" bis „extrem groß", wird eine Wertzahl, z. B. von „0" bis „10" zugeordnet. Eventuell erfolgt zusätzlich eine Gewichtung pro Stelle. Aus den (gewichteten) Wertzahlen pro Anforderungsart wird der Gesamtstellenwert errechnet. Die ermittelten Gesamtwerte pro Stelle werden zur Lohnfindung entweder mit einem Lohnfaktor multipliziert oder gemäß vorgegebener Spannen in eine Lohntabelle eingeordnet.

11. Wie lassen sich die Verfahren der summarischen und analytischen Arbeitsbewertung im Quervergleich darstellen – unter Berücksichtigung der Prinzipien Reihung und Stufung?

Unterstellt man z. B. die Ausgangslage, dass in einem Betrieb sechs Arbeitsplätze (A, B, ..., F) bewertet werden sollen, so lässt sich folgende Übersicht der prinzipiellen Möglichkeiten der Arbeitsbewertung anfertigen:

	Verfahren	
Prinzip	**Summarisch**	**Analytisch**
Reihung Vergleich der Anforderungen *untereinander*	**Rangfolgeverfahren:** A < B = F < D < E = C	**Rangreihenverfahren:** 1. Anforderungsart: *Geistige Anforderungen* A < B = F < D < E = C 20 40 40 80 80 100 2. Anforderungsart: *Körperliche Anforderungen* ... 3. Anforderungsart: ...
Stufung Vergleich der Anforderungen mit einem *Maßstab*	**Lohngruppenverfahren:** A, B, C, D, E, F **Maßstab** Lohngruppe 1 Lohngruppe 2 Lohngruppe 3 Lohngruppe 4 Lohngruppe 5 ...	**Stufenwertzahlverfahren:** Arbeitsplatz A: *Anforderungsart 1* Arbeitsplatz A: *Anforderungsart 2* Arbeitsplatz A: *Anforderungsart 3* ... ... **Maßstab** äußerst gering 0 gering 2 mittel 4 groß 6 sehr groß 8 extrem groß 10

2.4.3 Innovation und kontinuierlicher betrieblicher Verbesserungsprozess

01. Welcher Ansatz verbirgt sich hinter dem Begriff „KVP“?

Der *kontinuierliche Verbesserungsprozess* (KVP), der insbesondere im Automobilbau im Einsatz ist, erfordert einen neuen Typ von Mitarbeitern und Vorgesetzten:

Abgeleitet aus der japanischen Firmenkultur der *starken Einbindung der Mitarbeiter,* das heißt, ihrer Ideen und Kenntnisse „vor Ort“, die dem Wissen jeder Führungskraft regelmäßig überlegen sind, hat der Kaizen-Gedanke (KAIZEN = „Vom Guten zum Besseren“) auch in europäischen Industriebetrieben Einzug gehalten. Die Idealvorstellung ist der qualifizierte, aktive, eigenverantwortliche und kreative Mitarbeiter, der für seinen Einsatz eine differenzierte und individuelle Anerkennung und Entlohnung findet. *Fehler sind nichts Schlechtes, sondern notwendig um das Unternehmen weiter zu entwickeln.*

KVP bedeutet, die eigene Arbeit ständig neu zu überdenken und Verbesserungen entweder sofort selbst, mit dem Team oder unter Einbindung von Vorgesetzten umzusetzen. Gerade kleine Verbesserungen, die wenig Geld und zeitlichen Aufwand kosten, stehen im Vordergrund. In der Summe werden aus allen kleinen Verbesserungen dann doch deutliche Wettbewerbsvorteile. KVP wird entweder in *homogenen Teams* (aus demselben Arbeitsgebiet/derselben Abteilung) *oder in heterogenen* (unterschiedliche betriebliche Funktionen und/oder Hierarchien) gestaltet.

In den Zeiten der Fahrzeugbau-Krise, Anfang der 90er-Jahre, gelangte der *KVP-Workshop* zum Einsatz, bei dem ein Moderator (Facharbeiter, Angestellter oder eine Führungsnachwuchskraft) im direkten (Produktion) oder indirekten Bereich (z. B. Vertrieb, Personalwesen, Logistik usw.) Linienabschnitte oder Prozesse auf Verbesserungspotenziale hin untersuchte. *Noch während des Workshops setzen die Mitglieder eigene Ideen um.* Dienstleister (Planer, Logistiker, Instandhalter, Qualitätssicherer usw.) und Führungskräfte müssen sich im Hintergrund zur Verfügung halten, um bei Bedarf in die Workshop-Diskussion hereingerufen zu werden. Dort *schreiben sie sich erkannte Problemfelder auf* und *verpflichten sich zusammen mit einem Workshop-Teilnehmer als Paten zur Umsetzung.* Klare Verantwortlichkeiten werden namentlich auf Maßnahmenblättern festgehalten. Der Workshop-Moderator fasst am Ende die – in Geld bewerteten – Ergebnisse zusammen. Workshop-Teilnehmer präsentieren am Ende der Woche vor dem Gesamtbereich und dritten Gästen das Workshop-Resultat.

Das besondere Kennzeichen der KVP-Workshops ist die zeitweilige Umkehr der Hierarchie für die Woche: *Die Gruppe trifft Entscheidungen, die Führung setzt um.* Die Verbesserungsvorschläge dürfen sich beim KVP auf die Produktbestandteile, Prozesse und – indirekt – auf Organisationsstrukturen beziehen. Kultur- und Strategie-Änderungen dürfen nicht angeregt werden.

Kostenreduktion, Erhöhung der Produktqualität und Minimierung der Durchlaufzeiten sowie die Verbesserung der Mitarbeitermotivation sind die wichtigsten Faktoren von KVP. Vor allem letzteres soll durch eine stärkere Integration der Basis in Entscheidungsprozesse erreicht werden – eine weitgehend *optimierte Form des betrieblichen Vorschlagswesens sozusagen.* Als Initiator des neuen Denkens in den westlichen Chefetagen gilt der Japaner Masaahii Imai, der in seinem Buch „Kaizen“ beschrieb, was die „Japan AG“ so stark machte – nämlich die *uneingeschränkte Kundenorientierung* und den *Mitarbeiter im Mittelpunkt der Innovation.*

02. Welchen Ansatz verfolgt das „Betriebliche Vorschlagswesen" (BVW)?

Das traditionelle Betriebliche Vorschlagswesen (BVW) beteiligt den Mitarbeiter bereits seit Jahrzehnten am Unternehmensgeschehen. Wer eine Idee zur Verbesserung betrieblicher Zustände und Abläufe hat, kann diese auf vorgefertigten Formularen beschreiben und beim BVW einreichen. Dort wird die Zweckmäßigkeit und Umsetzbarkeit gemeinsam mit Fachbereichen und dem Betriebsrat geprüft und gegebenenfalls nach einem gestaffelten Prämienkatalog in Geld oder Sachwerten vergütet.

In der Regel sind die prämienfähigen *Vorschlagstypen jedoch auf die Arbeitsumgebung begrenzt: Nicht prämiert werden alle Vorschläge, die in den Arbeitsbereich des Mitarbeiters fallen* sowie alle Vorschläge, die auf Strategien, Kultur, Organisation (Struktur) und Führungskräfte bezogen sind.

Aus der Gesamtheit aller grundsätzlichen Gestaltungsfelder eines Unternehmens – nämlich Produkt, Strategie, Struktur, Kultur und Prozess – kann der Mitarbeiter dann eigentlich nur modifizierende Verbesserungen am Produkt bzw. Prozess vorschlagen. Somit ist das BVW nur ein erster Schritt zur Beteiligung des Mitarbeiters und zur Verbesserung der gesamten Leistungsprozesse. Es ist wichtig, aber nicht ausreichend. Das Konzept der kontinuierlichen Verbesserung (vgl. oben) geht hier weiter.

03. Welche Unterschiede bestehen zwischen KVP und BVW?

Beispiele:

Betriebliches Vorschlagswesen (BVW) ⇔ Kontinuierlicher Verbesserungsvorschlag (KVP)		
	BVW	**KVP**
Verbesserungsvorschläge	beziehen sich nur auf fremde Arbeitsgebiete.	können sich auch auf das eigene Arbeitsgebiete beziehen.
Ideen	entstehen eher spontan und nicht gesteuert.	sind integraler Bestandteil des Denkens und Handelns (Pflicht!) und werden im Team bearbeitet.

04. Welchen Ansatz verfolgt die Wertanalyse?

Die Wertanalyse ist ein systematischer Ansatz zum Vergleich von Funktionsnutzen und Funktionskosten. Zentrales Element der wertanalytischen Untersuchung ist die Vorgehensweise in sechs Hauptschritten (*Arbeitsplan nach DIN 69919*).

Vgl. dazu ausführlich im 3. Prüfungsfach, Ziffer 3.2.2, Frage 06. (Überschneidung im Rahmenplan).

2.4.4 Bewertung von Verbesserungsvorschlägen

01. Wie ist der Ablauf bei der Bearbeitung von Verbesserungsvorschlägen im Rahmen des Betrieblichen Vorschlagswesens?

Die Regelungen des Betrieblichen Vorschlagswesens sind im Allgemeinen in einer *Betriebsvereinbarung* festgeschrieben. Das nachfolgende Diagramm zeigt den typischen Verlauf der Bearbeitung von Verbesserungsvorschlägen (VV) und die daran beteiligten Personen/Ausschüsse:

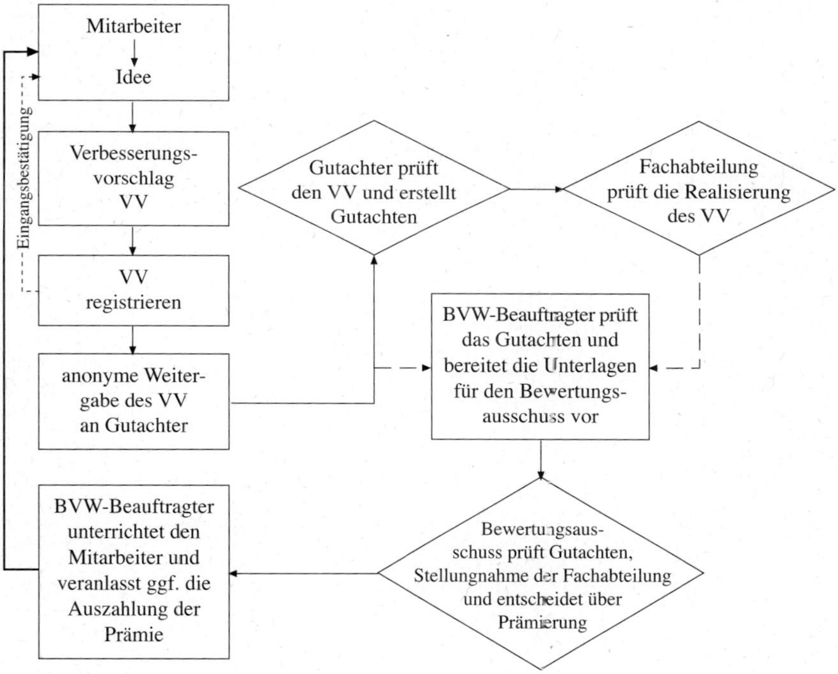

02. Wie werden Prämien im Rahmen des Betrieblichen Vorschlagswesens honoriert?

Jedes Unternehmen, das ein Betriebliches Vorschlagswesen einführt, wird dies nach seinen speziellen Erfordernissen und *unter Beachtung der Mitbestimmung* entwickeln. Nachfolgend wird eine mögliche Form der Gestaltung beschrieben (sinngemäßer Auszug aus der Betriebsvereinbarung eines großen Unternehmens):

- *Prämienberechtigt* sind
  - alle Belegschaftsmitglieder

- *Nicht prämienberechtigt* sind
  - Vorschläge, die in den eigenen Aufgabenbereich fallen
  - Vorschläge, deren Lösungen bereits nachweislich gefunden wurden
  - Vorschläge des BVW-Beauftragten
  - Vorschläge von leitenden Mitarbeitern

- *Prämienarten:*
  a) Geldprämien
  b) Zusatzprämien in Geld
  (bei Reduzierung der eigenen Leistungsvorgabe)
  c) Vorabprämien
  (wenn der Nutzen des VV nicht in angemessener Zeit ermittelt werden kann)
  d) Anerkennungsprämien
  e) Anerkennung
  (z. B. Teilnahme an einer jährlich stattfindenden Verlosung)

- *Arten von Verbesserungsvorschlägen* und Ermittlung der Prämie:

  a) Bei VV mit *errechenbarem Nutzen* wird die *Nettoersparnis* zu Grunde gelegt:

  Nettoersparnis = Bruttoersparnis$_{\text{(z. B. im 1. Jahr)}}$ – *Einführungskosten*

  Ggf. wird die Nettoersparnis noch mit einem *Faktor* multipliziert, der die Stellung des Mitarbeiters berücksichtigt, z. B.:

  Faktor 1,0 → für Auszubildende
  Faktor 0,9 → für Tarifangestellte
  Faktor 0,8 → für AT-Angestellte

  Von dem so ermittelten Wert (= korrigierte Nettoersparnis) wird eine Prämie von 25 % ausgezahlt.

  b) Bei VV mit *nicht errechenbarem Nutzen* wird die Prämie über einen *Kriterienkatalog* ermittelt (vgl. dazu Beispiel unten):

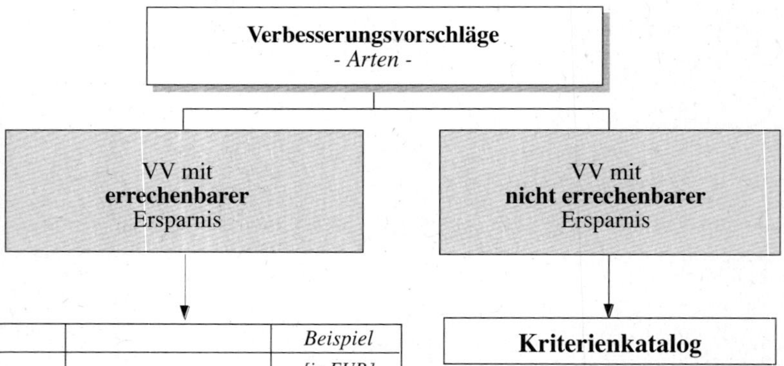

		Beispiel
		[in EUR]
	Bruttoersparnis	80.000
–	Einführungskosten	-35.000
=	**Nettoersparnis**	**45.000**
x	Faktor	0,9
=	korr. Nettoersparnis	40.500
davon:	25 %	
=	**Prämie**	**10.125**

- *Kriterienkatalog bei der Ermittlung nicht berechenbarer VV* (Beispiel):

1. Schritt: Jeder VV ist nach folgender *Tabelle* zu bewerten („*Vorschlagswert*"):

Vorschlagswert	einfache Verbesserung	gute Verbesserung	sehr gute Verbesserung	wertvolle Verbesserung	ausgezeichnete Verbesserung
Anwendung einmalig	1	4	10	25	53
Anwendung in kleinem Umfang	1,5	5	13	32	63
Anwendung in mittlerem Umfang	2.5	7	18	41	75
Anwendung in großem Umfang	4	10	25	**53** ← ***Beispiel***	90
Anwendung in sehr großem Umfang	6	14	35	70	110

2. Schritt: Für jeden VV ist die Summe der Punkte folgender Merkmale zu ermitteln („*Merkmalswert*"):

Merkmalsliste		
1. Neuartigkeit:	*Punkte*	*Beispiel*
Gedankengut ...		
- übernommen	2	
- neuartig	4	
- völlig neuartig	7	**7**
2. Durchführbarkeit:		
Durchführbar ...		
- sofort	4	**4**
- mit Änderungen	2	
- mit erheblichen Änderungen	1	
3. Einführungskosten:		
- keine	4	
- geringe	3	**3**
- beträchtliche	2	
- sehr hohe	1	
Summe		**14**

3. Schritt: Bei jedem VV ist die *Stellung des Mitarbeiters* zu berücksichtigen (vgl. oben):

Faktor 1,0 → *für Auszubildende*
Faktor 0,9 → *für Tarifangestellte* (Beispiel)
Faktor 0,8 → *für AT-Angestellte*

4. Schritt: Maßgeblich für die Ermittlung des Geldwertes ist der *Ecklohn* des Mitarbeiters lt. Tarif.

Im Beispiel wird ein Ecklohn von 12,00 EUR pro Stunde angenommen.

5. Schritt: *Berechnung der Prämie:*

Prämie =
[Vorschlagswert] x [Merkmalswert] x [Faktor$_{(Stellung)}$] x [Ecklohn]
= 53 · 14 · 0,9 · 12
= 8.013,60 EUR

2.5 Durchführen von Kostenarten-, Kostenstellen- und Kostenträgerzeitrechnungen sowie Kalkulationsverfahren

2.5.1 Ziele und Aufgaben der Kostenrechnung

01. In welche Teilgebiete wird das Rechnungswesen gegliedert und wie ist die Abgrenzung?

Teilgebiete des Rechnungswesens			
↓	↓	↓	↓
Buchführung	**Kostenrechnung**	**Statistik**	**Planungsrechnung**

Buchführung	
Zeitrechnung	Alle Aufwendungen und Erträge sowie alle Bestände der Vermögens- und Kapitalteile werden für eine bestimmte Periode erfasst (Monat, Quartal, Geschäftsjahr).
Dokumentation	Aufzeichnung aller Geschäftsvorfälle nach Belegen; die Buchführung liefert damit das Datenmaterial für die anderen Teilgebiete des Rechnungswesens.
Rechenschaftslegung	Nach Abschluss einer Periode erfolgt innerhalb der Buchführung ein Jahresabschluss (Bilanz und Gewinn- und Verlustrechnung), der die Veränderung des Vermögens und des Kapitals sowie des Unternehmenserfolges darlegt.

Kostenrechnung (auch: Kosten- und Leistungsrechnung, KLR):	
Stück- und Zeitraumrechnung:	Erfasst pro Kostenträger (Stückrechnung) und pro Zeitraum (Zeitrechnung) den Werteverzehr (Kosten) und den Wertezuwachs (Leistungen), der mit der Durchführung der betrieblichen Leistungserstellung und Verwertung entstanden ist.
Überwachung der Wirtschaftlichkeit	Die Gegenüberstellung von Kosten und Leistungen ermöglicht die Ermittlung des Betriebsergebnisses und die Beurteilung der Wirtschaftlichkeit innerhalb einer Abrechnungsperiode.

Statistik	
Auswertung	Verdichtet Daten der Buchhaltung und der KLR und bereitet diese auf (Diagramme, Kennzahlen).
Vergleichsrechnung	Über Vergleiche mit zurückliegenden Perioden (innerbetrieblicher Zeitvergleich) oder im Vergleich mit anderen Betrieben der Branche (Betriebsvergleich) wird die betriebliche Tätigkeit überwacht (Daten für das Controlling) bzw. es werden Grundlagen für zukünftige Entscheidungen geschaffen.

Planungsrechnung
Aus den Istdaten der Vergangenheit werden Plandaten (Sollwerte) für die Zukunft entwickelt. Diese Plandaten haben Zielcharakter. Aus dem Vergleich der Sollwerte mit den Ist-Werten der aktuellen Periode können im Wege des Soll-Ist-Vergleichs Rückschlüsse über die Realisierung der Ziele gewonnen werden bzw. es können angemessene Korrekturentscheidungen getroffen werden.

02. Was ist das Hauptziel der Kosten- und Leistungsrechnung (KLR)?

Die Kostenrechnung wird auch als *Kosten- und Leistungsrechnung (KLR)* bezeichnet. Ihr *Hauptziel* ist die *Erfassung aller Aufwendungen und Erträge*, die mit der Tätigkeit des Betriebes in engem Zusammenhang stehen.

In engem Zusammenhang mit der Tätigkeit eines Industriebetriebes stehen alle Aufwendungen und Erträge, die sich im Rahmen der Funktionen

Beschaffung ⇨ **Produktion** ⇨ **Absatz**

ergeben.

- Die *betriebsbezogenen Aufwendungen* werden als *Kosten* bezeichnet (z.B. Fertigungsmaterial, Fertigungslöhne).

- Die *betriebsbezogenen Erträge* nennt man *Leistungen* (z.B. Umsatzerlöse, Mehrbestände an Erzeugnissen, Eigenverbrauch).

- *Hauptziel der KLR ist also die periodenbezogene Gegenüberstellung der Kosten und Leistungen und die Ermittlung des Betriebsergebnisses:*

Leistungen	>	**Kosten**	⇒	**Betriebsgewinn**
Leistungen	<	**Kosten**	⇒	**Betriebsverlust**

03. Welche Aufgaben hat die KLR?

Aus dem Hauptziel der KLR, der periodenbezogenen Ermittlung des Betriebsergebnisses, ergeben sich folgende Aufgaben:

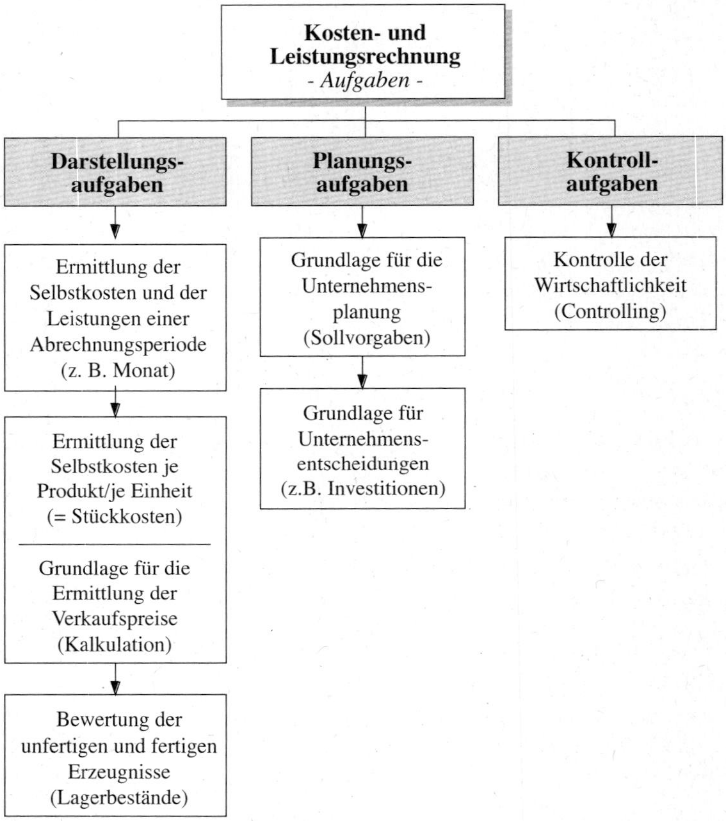

2.5.2 Grundbegriffe der Kosten- und Leistungsrechnung

01. Welche Grundbegriffe der KLR muss der Industriemeister unterscheiden können?

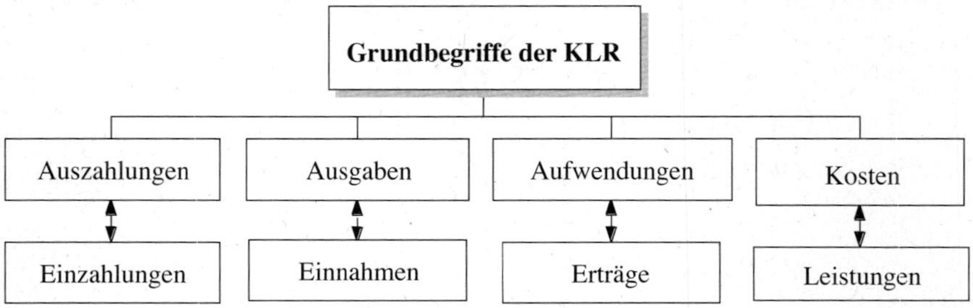

- *Auszahlungen* sind tatsächliche Abflüsse
  Einzahlungen sind tatsächliche Zuflüsse von Zahlungsmitteln

- *Einnahmen* sind Mehrungen,
  Ausgaben sind Minderungen des Geldvermögens.

  Beispiel:

  Der Betrieb kauft am 1. Okt. eine Maschine mit einem Zahlungsziel von vier Wochen:
  Der Kauf führt zu einer *Ausgabe am 1. Okt.* (Minderung des Geldvermögens). Der tatsächliche Abfluss von Zahlungsmitteln (*Auszahlung*) erfolgt *am 1. November*.

Im Gegensatz zur Finanzbuchhaltung will man in der KLR den tatsächlichen Verbrauch von Werten (= *Werteverzehr)* für Zwecke der Leistungserstellung festhalten. Dies führt dazu, dass die Begriffe der KLR und der Finanzbuchhaltung auseinander fallen:

- *Aufwendungen* sind der gesamte Werteverzehr; er ist zu unterteilen in den *betriebsfremden* Werteverzehr (= nicht durch den Betriebszweck verursacht; z. B. Spenden) und den *betrieblichen* Werteverzehr (= durch den Betriebszweck verursacht; z. B. Miete für eine Produktionshalle, Betriebssteuern).

  Die betrieblichen Aufwendungen werden noch weiter unterteilt in
  - *ordentliche Aufwendungen*
    (= Aufwendungen die üblicherweise im „normalen" Geschäftsbetrieb anfallen) und
  - *außerordentliche Aufwendungen*
    (= Aufwendungen, die unregelmäßig vorkommen oder ungewöhnlich hoch auftreten; z. B. periodenfremde Steuernachzahlungen, Aufwendungen für einen betrieblichen Schadensfall).

  Die betrieblichen, ordentlichen Aufwendungen bezeichnet man auch als *Zweckaufwendungen*. Die betriebsfremden sowie die betrieblich-außerordentlich bedingten Aufwendungen ergeben zusammen die *neutralen Aufwendungen*.

  Die Zweckaufwendungen bezeichnet man als *Grundkosten*, da sie den größten Teil des betrieblich veranlassten Werteverzehrs darstellen. Da sie unverändert aus der Finanzbuchhaltung (Kontenklasse 4) in die KLR übernommen werden, heißen sie auch *aufwandsgleiche Kosten* (Aufwand = tatsächlicher, betrieblicher Werteverzehr = Kosten).

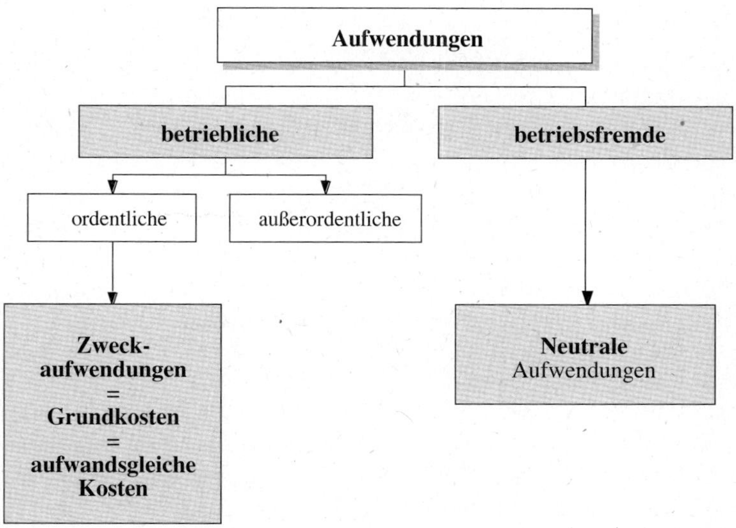

- Die Erträge werden analog zu den Aufwendungen gegliedert:
  Erträge sind der gesamte Wertezuwachs in einem Betrieb. Betrieblich bedingte, ordentliche Erträge sind *Leistungen*. Betriebsfremde Erträge sowie betrieblich bedingte, außerordentliche Erträge sind *neutrale Erträge:*

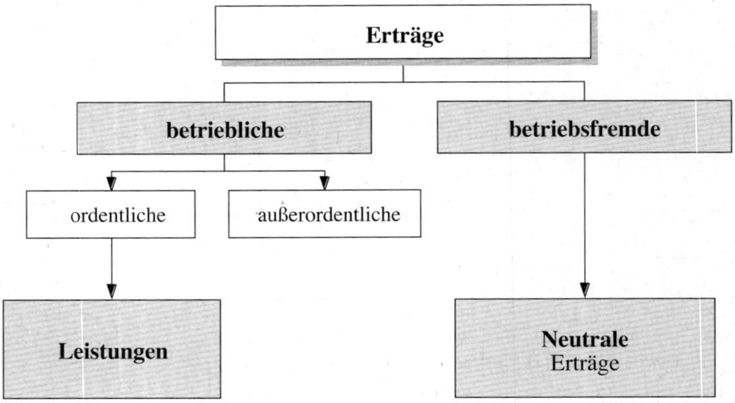

- *Kosten* sind der tatsächliche Werteverzehr für Zwecke der Leistungserstellung. Ein Teil der Kosten kann unmittelbar aus der Finanzbuchhaltung übernommen werden; Aufwand und Kosten sind hier gleich; dies ist der sog. Zweckaufwand = *Grundkosten* (vgl. oben).

  Für die Erfassung des tatsächlichen Werteverzehrs reicht dies jedoch nicht aus:

  (1) *Zusatzkosten:*
  Es gibt auch Kosten, denen kein Aufwand gegenübersteht (der Werteverzehr führt nicht zu Ausgaben). Sie heißen daher *aufwandslose Kosten* und zählen zur Kategorie der *Zusatzkosten.*

  Beispiele:

  - *Kalkulatorischer Unternehmerlohn*:
    Bei einem Einzelunternehmen erbringt der Inhaber durch seine Tätigkeit im Betrieb eine Leistung. Dieser Leistung steht jedoch keine Lohnzahlung (= Kosten) gegenüber. Damit trotzdem die Äquivalenz von Kosten und Leistungen gesichert ist, wird „kalkulatorisch" der Werteverzehr der Unternehmertätigkeit berechnet und in die KLR als „kalkulatorischer Unternehmerlohn" eingestellt.

  - *Kalkulatorische Zinsen:*
    Wenn eine Personengesellschaft Fremdkapital von der Bank erhält, zahlt sie dafür Zinsen (= Kosten). Wenn der Inhaber Eigenkapital in das Unterenehmen einbringt, muss auch hier der Werteverzehr erfasst werden, obwohl keine Aufwendungen vorliegen: Man erfasst also *rein rechnerisch („kalkulatorisch")* die Verzinsung des Eigenkapitals in der KLR, obwohl keine Aufwendungen dem gegenüberstehen.

  (2) *Anderskosten:*
  Bei den Anderskosten liegen zwar Aufwendungen vor, jedoch entsprechen die Zahlen der Finanzbuchhaltung nicht dem tatsächlichen Werteverzehr und müssen deshalb „anders" in der KLR berücksichtigt werden. Man nennt sie daher Anderskosten bzw. *aufwandsungleiche Kosten (Aufwand ≠ Kosten).*

Beispiel:
In der Finanzbuchhaltung wurde der Aufwand für den Werteverzehr der Anlagen (bilanzielle Abschreibung) gebucht. Diese Zahlen können jedoch z.B. nicht in die KLR übernommen werden, *weil der tatsächliche Werteverzehr anders ist*. Aus diesem Grunde wird ein anderer Berechnungsansatz gewählt („kalkulatorischer Wertansatz" → kalkulatorische Abschreibung). Analog berücksichtigt man z. B. kalkulatorische Wagnisse.

Die nachfolgende Übersicht gibt die Gesamtkosten im Sinne der KLR wieder:

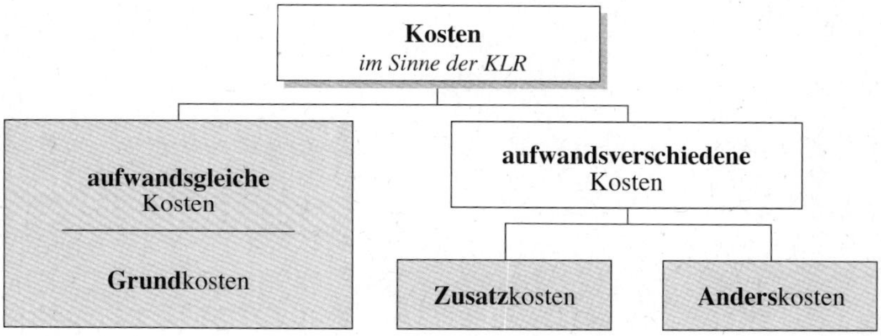

In Verbindung mit den oben dargestellten Ausführungen über „Aufwendungen" ergibt sich folgendes Bild:

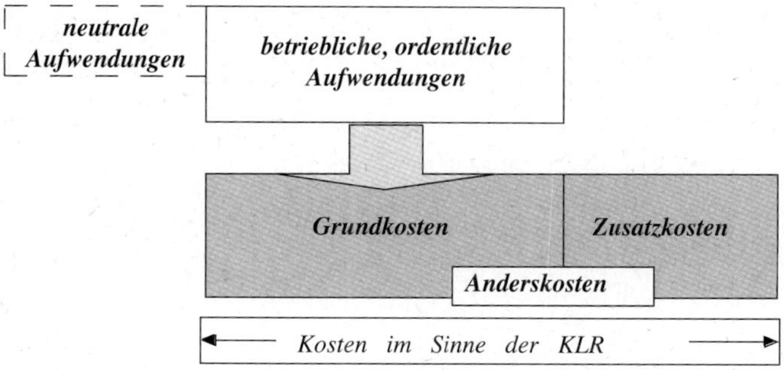

Leistungen sind betriebsbedingte Erträge. Dies sind in erster Linie die Erträge aus *Absatzleistungen* sowie der *Mehrbestand an Erzeugnissen* (= Fertigung auf Lager). Daneben kann es z.B. vorkommen, dass der Vorgesetzte den Bau einer Vorrichtung für Montagezwecke durch eigene Leute veranlasst; diese Vorrichtung verbleibt im Betrieb und wird nicht verkauft: Es liegt also ein betrieblich bedingter Werteverzehr (= Kosten, z. B. Material- und Lohnkosten) vor, dem jedoch keine Umsatzerlöse gegenüberstehen. Von daher wird diese *innerbetriebliche Leistungserstellung* als „*kalkulatorische Leistungserstellung*" in die KLR eingestellt (vgl. dazu analog oben, kalkulatorischer Unternehmerlohn).

In Verbindung mit der oben dargestellten Abbildung „Aufwendungen" ergibt sich folgende Struktur der *Leistungen*:

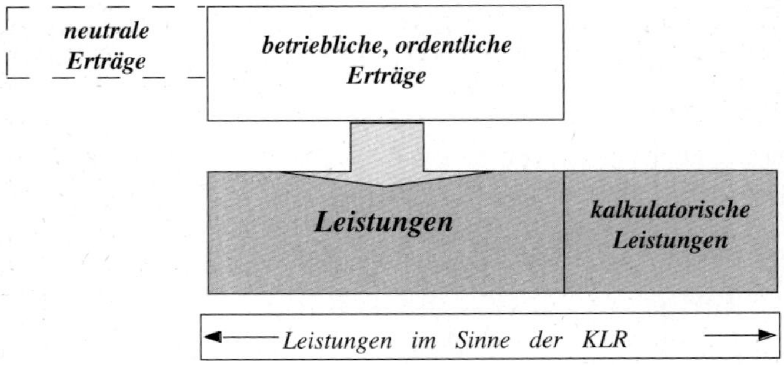

02. Wie setzt sich das Unternehmensergebnis (Gesamtergebnis) zusammen?

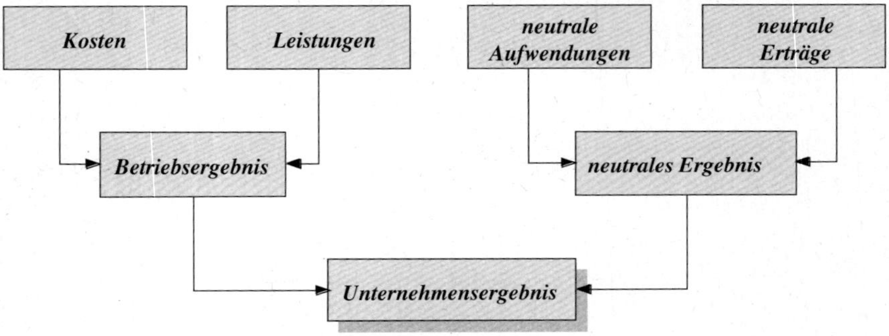

2.5.3 Teilgebiete der Kostenrechnung

01. Welche Stufen/Teilgebiete umfasst die KLR?

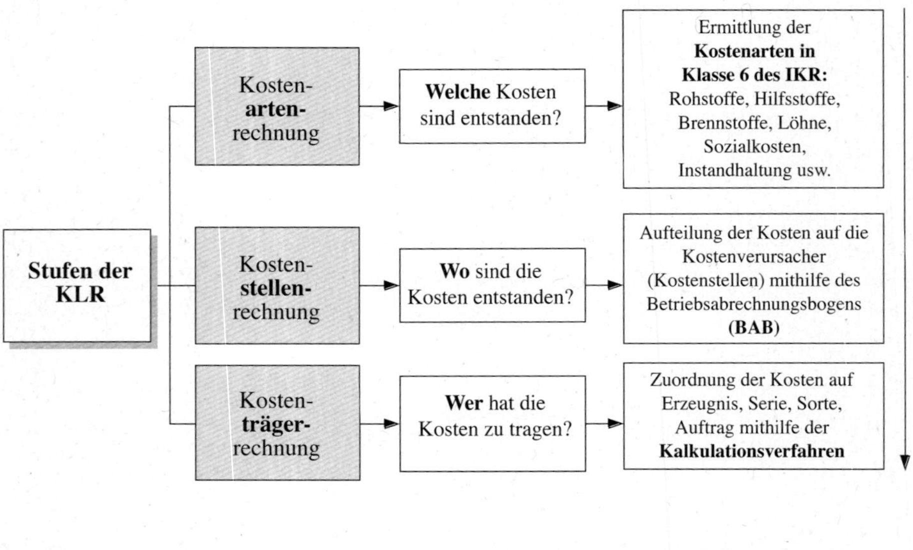

02. Was muss der Vorgesetzte bei der Erfassung von Kostendaten sowie bei der Verwendung von Belegen und Datensätzen beachten?

Die Finanzbuchhaltung und die KLR können ihren Aufgaben nur dann gerecht werden, wenn am Ort der Datenentstehung die Kosten richtig erfasst und weitergeleitet werden. Für den Vorgesetzten heißt das:

- *alle Kosten erfassen*;
  also z. B. auch Kosten der innerbetrieblichen Leistungserstellung.

- *alle Kostenbelege richtig und vollständig ausfüllen und weiterleiten*;
  z. B. Lohnscheine, Materialentnahmescheine (Auftrags-Nr., Kunden-Nr., Materialart/-menge, Datum, Kostenstelle, Unterschrift usw.).

2.5.4 Techniken der Betriebsabrechnung

01. Welche Aufgabe hat die Kostenartenrechnung?

Die Kostenartenrechnung hat die Aufgabe, alle Kosten zu erfassen und in Gruppen systematisch zu ordnen.

Die Fragestellung lautet: ***Welche** Kosten sind entstanden?*

02. Nach welchen Merkmalen können Kostenarten gegliedert werden?

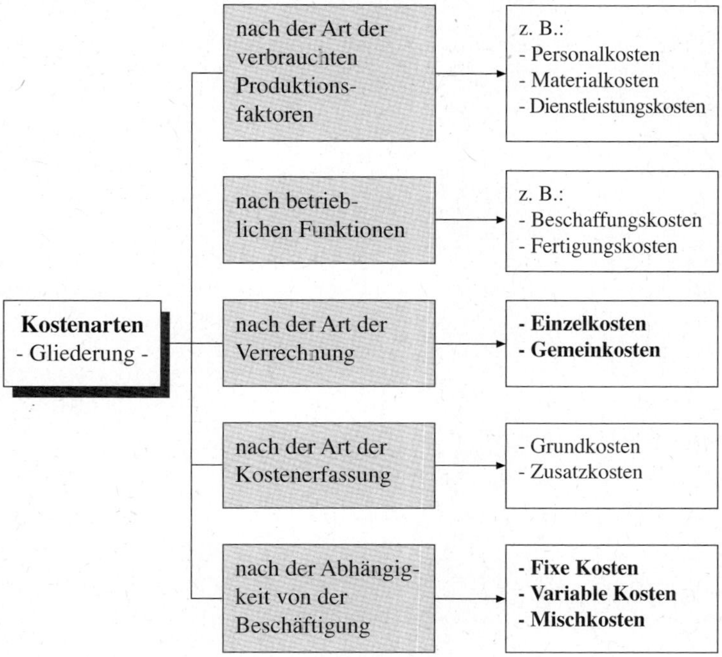

Der Unterschied zwischen Grundkosten und Zusatzkosten wurde bereits behandelt (vgl. oben, 2.5.2, Nr. 01.). Für den Vorgesetzten ist es wichtig, Einzel- und Gemeinkosten sowie fixe und variablen Kosten zu unterscheiden:

- *Einzelkosten können* dem einzelnen Kostenträger (Produkt, Auftrag) *direkt zugerechnet* werden, z. B.:

Einzelkosten, z. B.		Zurechnung, z. B. über
Fertigungsmaterial	→	Materialentnahmescheine, Stückliste
Fertigungslöhne	→	Lohnzettel/-listen, Auftragszettel
Sondereinzelkosten	→	Auftragszettel, Eingangsrechnung

- *Gemeinkosten* fallen für das Unternehmen insgesamt an und *können* daher *nicht direkt* einem bestimmten Kostenträger *zugerechnet werden.* Man erfasst die Gemeinkosten zunächst als Kostenart auf bestimmten Konten der Finanzbuchhaltung. Anschließend werden die Gemeinkosten über bestimmte *Verteilungsschlüssel* auf die Hauptkostenstellen umgelegt (vgl. unten: Betriebsabrechnungsbogen; BAB) und später den Kostenträgern prozentual zugeordnet.

  Beispiele: Gemeinkostenmaterial, Steuern, Versicherungen, Gehälter, Hilfslöhne, Sozialkosten, kalkulatorische Kosten

- *Fixe Kosten sind beschäftigungsunabhängig* und für eine bestimmte Abrechnungsperiode konstant (z. B. Kosten für die Miete einer Lagerhalle). Bei steigender Beschäftigung führt dies zu einem Sinken der fixen Kosten pro Stück (sog. *Degression der fixen Stückkosten*).

- *Variable Kosten verändern sich mit dem Beschäftigungsgrad*; steigt die Beschäftigung so führt dies z.B. zu einem Anstieg der Materialkosten und umgekehrt. Bei einem proportionalen Verlauf der variablen Kosten sind die variablen Stückkosten bei Änderungen des Beschäftigungsgrades konstant.

  Die Abbildung auf der nächsten Seite zeigt *schematisch den Verlauf der fixen und variablen Kosten* sowie *der jeweiligen Stückkosten* bei Veränderungen der Beschäftigung.

- *Mischkosten* sind solche Kosten, die fixe und variable Bestandteile haben (z. B. Kommunikationskosten: Grundgebühr + Gesprächseinheiten nach Verbrauch; ebenso: Stromkosten).

		Gesamtkosten	Durchschnittskosten	Grenzkosten
Fixe Kosten	Absolut fixe Kosten	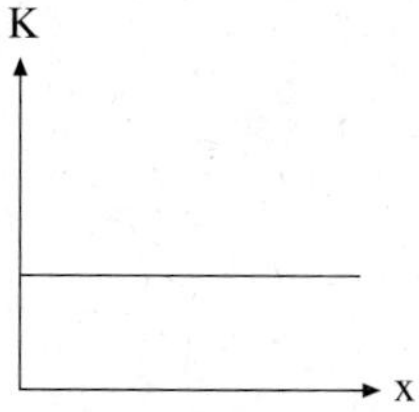 verlaufen konstant	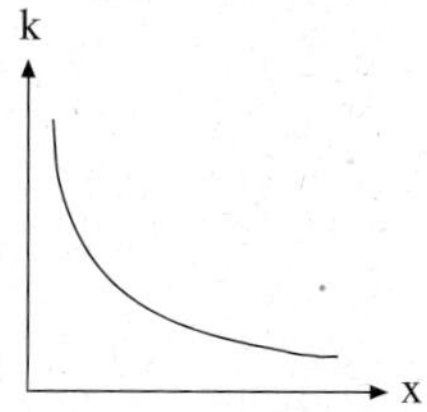 verlaufen degressiv	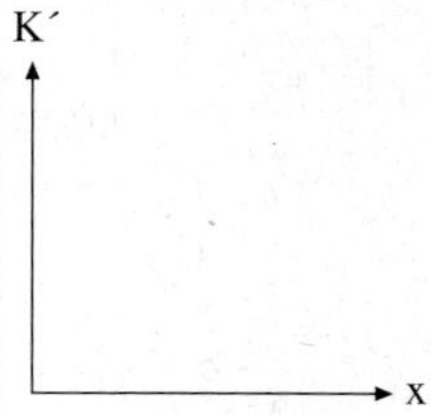 fallen nicht an
	Sprungfixe Kosten	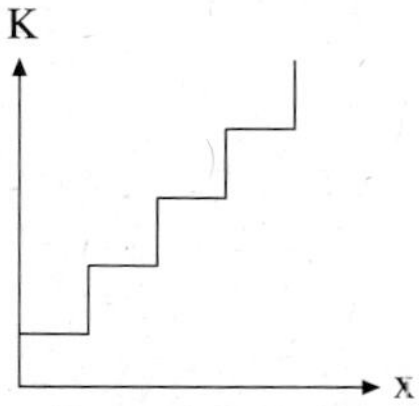 konstant je Intervall	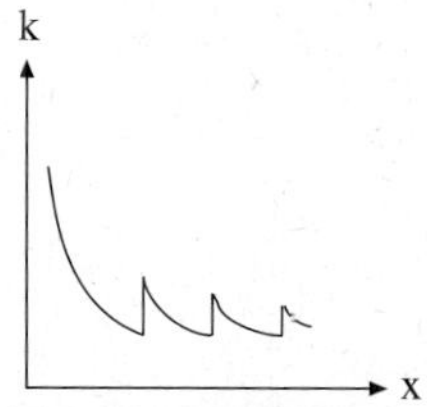 sinken degressiv je Intervall mit sprungweisem Anstieg	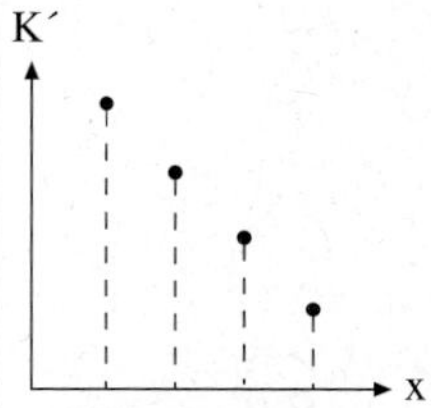 fallen nur an bei Anstieg der Gesamtkosten
Variable Kosten	Proportionaler Verlauf	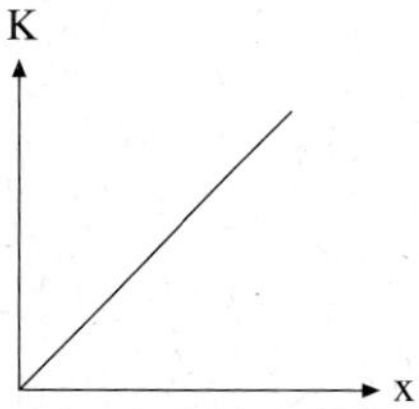 steigen in gleichem Maß wie die Beschäftigung	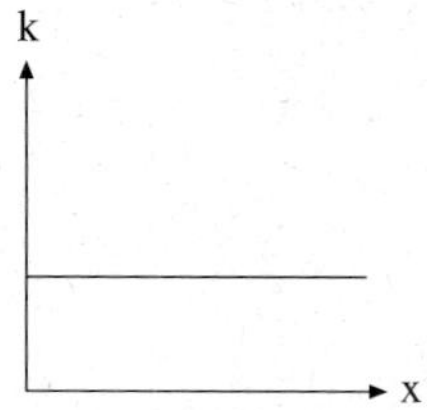 konstant	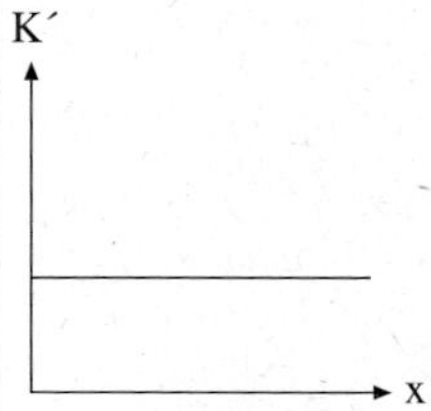 konstant
	Degressiver Verlauf	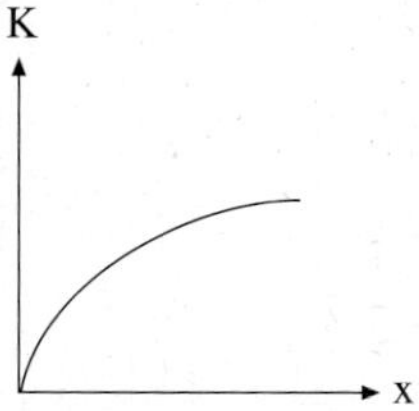 steigen geringer als die Beschäftigung	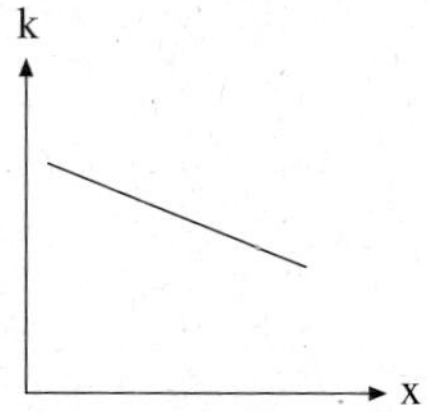 fallen degressiv	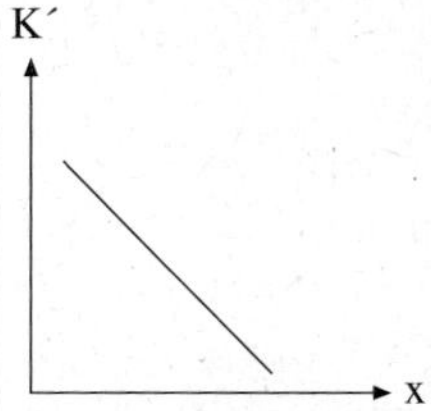 fallen degressiv mit K´< k
	Progressiver Verlauf	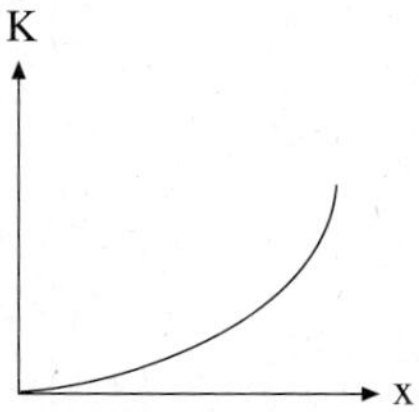 steigen stärker als die Beschäftigung	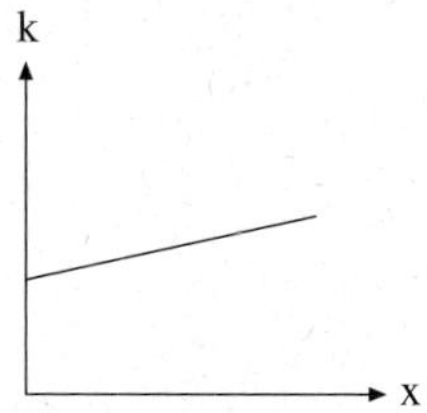 steigen	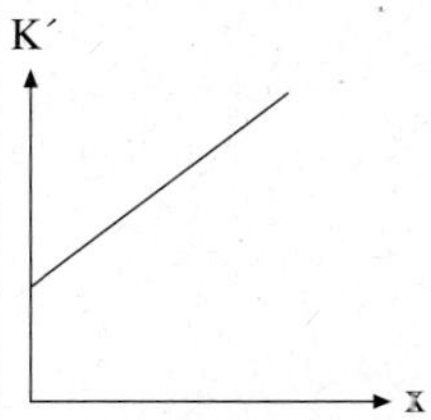 steigen mit K´> k

03. Wie werden die kalkulatorischen Kosten ermittelt?

Kalkulatorische Abschreibung	- FiBu: Ausgangspunkt ist der Anschaffungswert (AW) - KLR: Ausgangspunkt ist der Wiederbeschaffungswert (WB)
Kalkulatorische Zinsen	Die Kostenrechnung verrechnet im Gegensatz zur Erfolgsrechnung, in die nur die Fremdkapitalzinsen als Aufwand eingehen, Zinsen für das gesamte, betriebsnotwendige Kapital. Die Verzinsung des betriebsnotwendigen Kapitals erfolgt in der Regel zu dem Zinssatz, den der Eigenkapitalgeber für sein eingesetztes Kapital bei anderweitiger Verwendung am freien Kapitalmarkt erhalten würde.
	Das *betriebsnotwendige Kapital* kann folgendermaßen ermittelt werden: Betriebsnotwendiges Anlagevermögen + Betriebsnotwendiges Umlaufvermögen = Betriebsnotwendiges Vermögen – Abzugskapital = Betriebsnotwendiges Kapital
Kalkulatorische Wagnisse*	Die mit jeder unternehmerischen Tätigkeit verbundenen Risiken lassen sich im Wesentlichen in zwei Gruppen einteilen: 1. Das allgemeines Unternehmerrisiko (-wagnis) ist aus dem Gewinn abzudecken. 2. Spezielle Einzelwagnisse, die sich aufgrund von Erfahrungswerten oder versicherungstechnischen Überlegungen bestimmen lassen. 2.1 Deckung auftretender Schäden durch Dritte (Versicherungen). 2.2 Deckung durch *kalkulatorische Wagniszuschläge* als eine Art Selbstversicherung. Dabei wird langfristig ein Ausgleich zwischen tatsächlich eingetretenen Wagnisverlusten und verrechneten kalkulatorischen Wagniszuschlägen angestrebt.
Kalkulatorischer Unternehmerlohn	Während bei Kapitalgesellschaften das Gehalt der Geschäftsführung als Aufwand in der Erfolgsrechnung verbucht wird, muss die Arbeit des Unternehmers bei Einzelunternehmungen oder Personengesellschaften aus dem Gewinn gedeckt werden. In der Kostenrechnung ist jedoch das Entgelt für die Arbeitsleistung des Unternehmers als Kostenfaktor zu berücksichtigen. Maßstab für die Höhe ist in der Regel das Gehalt eines leitenden Angestellten in vergleichbarer Funktion.
Kalkulatorische Miete	Werden eigene Räume des Gesellschafters oder des Einzelunternehmers für betriebliche Zwecke zur Verfügung gestellt, sollte dafür eine kalkulatorische Miete in ortsüblicher Höhe angesetzt werden.

* Für die Einzelwagnisse werden folgende Bezugsgrößen gewählt:

Einzelwagnis:	*Beschreibung, Beispiele:*	*Bezugsbasis:*
Anlagenwagnis	Ausfälle von Maschinen aufgrund vorzeitiger Abnutzung, vorzeitiger Überalterung	Anschaffungskosten
Beständewagnis	Senkung des Marktpreises, Überalterung, Schwund, Verderb	Bezugskosten
Entwicklungswagnis	Fehlentwicklung	Entwicklungskosten
Fertigungswagnis	Mehrkosten durch Ausschuss, Nacharbeit, Fehler	Herstellkosten
Vertriebswagnis	Forderungsausfälle, Währungsrisiken	Umsatz zu Selbstkosten
Gewährleistungswagnis	Preisnachlässe aufgrund von Mängeln, Zusatzleistungen, Ersatzlieferungen	
Berechnung$_{\text{allgemein}}$	= Wagniskostenzuschlag = „Verlust" : Bezugsbasis · 100	

04. Welche Aufgabe erfüllt die Kostenstellenrechnung?

Die *Kostenstellenrechnung* ist nach der Kostenartenrechnung d*ie zweite Stufe* innerhalb der Kostenrechnung. Sie hat die Aufgabe, die Gemeinkosten *verursachergerecht auf die Kostenstellen zu verteilen*, die jeweiligen Zuschlagssätze zu ermitteln und den Kostenverbrauch zu überwachen.

Der BAB erfüllt in Einzelnen folgende Aufgaben:

- Verteilung der Gemeinkosten auf die Kostenstellen,
- innerbetriebliche Leistungsverrechnung,
- Ermittlung der Ist-Gemeinkostenzuschlagssätze für die Kalkulation,
- Berechnung der Abweichungen der Ist-Gemeinkostenzuschlagssätze von den Normal-Gemeinkostenzuschlagssätzen (Kostenüber- bzw. Kostenunterdeckung),
- kostenstellenbezogene Kostenkontrolle,
- Basis für Wirtschaftlichkeits- und Verfahrensvergleiche.

05. Was ist eine Kostenstelle?

Kostenstellen sind nach bestimmten Grundsätzen abgegrenzte Bereiche des Gesamtunternehmens, in denen die dort entstandenen Kostenarten verursachungsgerecht gesammelt werden.

06. Welchen Kostenstellen werden verrechnungstechnisch unterschieden?

Hauptkostenstellen	sind Kostenstellen, an denen unmittelbar am Erzeugnis gearbeitet wird, z. B.: Lackiererei, Montage.
Hilfskostenstellen	sind nicht direkt an der Produktion beteiligt, z. B.: Arbeitsvorbereitung, Konstruktion.
Allgemeine Kostenstellen	können den Funktionsbereichen nicht unmittelbar zugeordnet werden, z. B. Werkschutz, Fuhrpark.

07. Nach welchen Merkmalen können Kostenstellen gebildet werden?

Gliederung des Betriebes in Kostenstellen nach ...			
Funktionen	**räumlichen Merkmalen**	**organisatorischen Merkmalen**	**verrechnungstechnischen Merkmalen**

08. Welche Prinzipien gelten bei der Bildung von Kostenstellen?

Die Kostenstellenrechnung muss ihrer besonderen Kontrollfunktion gerecht werden: Die Kostenabweichungen müssen dort ermittelt werden, wo sie tatsächlich entstehen. Aus diesem Grunde müssen drei Prinzipien (auch: Gliederungsgrundsätze) bei der Bildung von Kostenstellen eingehalten werden:

1. Es müssen genaue Maßstäbe als Bezugsgröße zur Kostenverursachung festgelegt werden. Als Bezugsgrößen kommen z.B. infrage: Der Fertigungslohn, die Fertigungszeit, die Erzeugniseinheit. Die Bezugsgröße sollte zur Leistung der Kostenstelle proportional sein.
2. Jede Kostenstelle ist ein eigenständiger Verantwortungsbereich.
3. Kostenbelege müssen je Kostenstelle problemlos gebucht werden können.

09. Welche Kostenbereiche werden im Betriebsabrechnungsbogen gebildet?

Meist werden folgende Kostenbereiche im Betriebsabrechnungsbogen (BAB) eines Industrieunternehmens gebildet:

Kostenbereiche im BAB					
Allgemeiner Bereich	**Materialbereich**	**Fertigungsbereich**		**Verwaltungsbereich**	**Vertriebsbereich**
Allgemeine Kostenstellen	Materialkostenstellen	Fertigungshilfsstellen	Fertigungshauptstellen	Verwaltungsstellen	Vertriebsstellen
- Grundstücke - Gebäude - Sozialeinrichtungen - Energiestationen	- Einkauf - Lager	- Instandhaltung - Arbeitsvorbereitung	- Mechanische Bearbeitung - Montage - Lackiererei	- Kfm. Leitung - Buchhaltung - Poststelle - Botendienst - EDV/IT	- Werbung - Verkauf - Fertiglager - Versand - Logistik

Allgemeiner Bereich	Er enthält die Kostenstellen, die keiner der vier Funktionen (Material, Fertigung, Verwaltung, Vertrieb) zugeordnet werden können.
Hauptkostenstellen	Hier wird direkt an der Produktherstellung gearbeitet.
Unterkostenstellen	Sie werden in großen Betrieben gebildet und sind eine weitere Unterteilung von Hauptkostenstellen.
Hilfskostenstellen	Sie leisten nur einen mittelbaren Beitrag zur Produktion und dienen z. B. der Vorbereitung und Aufrechterhaltung der Fertigung.

Nebenkostenstellen	Gelegentlich werden Nebenkostenstellen geführt: Sie erfassen z. B. Kosten von Neben-/Ergänzungsprodukten, z. B.: Abfallverwertung; Wäscherei in einem Waschmittelwerk; Verkauf von Sägespänen bei der Holzverarbeitung.

10. Welche Aufgabe hat der Betriebsabrechnungsbogen (BAB)?

Der BAB ist die tabellarische Form der Kostenstellenrechnung. Er wird monatlich oder jährlich erstellt und ist *nach Kostenstellen* und *nach Kostenarten* gegliedert. Im BAB werden die Gemeinkosten nach Belegen oder nach geeigneten Verteilungsschlüsseln auf die Kostenstellen verteilt. Anschließend erfolgt die Berechnung der Zuschlagssätze als Grundlage für die Kostenträgerstück- bzw. Kostenträgerzeitrechnung.

11. Wie erfolgt die Verteilung der Kostenarten auf die Kostenstellen?

Verteilung der Kostenarten auf die Kostenstellen

↓ **Buchhalterisches Verfahren** ↑ Klasse 9 IKR

↓ **Statistisch-tabellarisches Verfahren** ↑ BAB

- *Buchhalterische* (kontenmäßige) *Aufteilung*:

  Die Kosten der Kostenartenkonten werden verteilt auf die Kostenstellen-Konten und weiterhin auf die Kostenträgerkonten. Unter Berücksichtigung der Lagerzu- und -abgänge und der Umsatzerlöse erfolgt eine Saldierung auf dem Konto Betriebsergebnis.

  Unterstellt man vereinfacht, dass es keine Lagerbestände an fertigen und unfertigen Erzeugnissen gibt, d. h. alle in der Periode hergestellten Erzeugnisse auch verkauft wurden, weist daher lt. IKR das Konto 9900 Betriebsergebnis auf der Sollseite alle Kosten der Herstellung, des Vertriebs und der Verwaltung (Klasse 6/7) und auf der Habenseite die Umsatzerlöse/Leistungen (Klasse 5) aus.

Klasse 6/7 **Kosten**	Klasse 5 **Leistungen**
Klasse 9 **Betriebsergebnis**	

- *Statistisch-tabellarisches* Verfahren unter Verwendung des BAB:
  Im BAB werden die Gemeinkosten der Kostenartenrechnung auf die im Unternehmen eingerichteten Kostenstellen verteilt:

12. Wie erfolgt die Verrechnung der Kostenarten auf die Kostenstellen im Betriebsabrechnungsbogen (BAB)?

A. *Einzelkosten* aus der Kostenartenrechnung werden direkt dem Kostenträger zugerechnet; sie müssen nicht im BAB aufgeführt sein. Achtung: Häufig werden die Einzelkosten trotzdem zu Informationszwecken in den BAB übernommen, da sie Basis für die Berechnung der Gemeinkostenzuschläge sind.

B. *Bereich 1 des BAB:*
Kostenstellen-Einzelkosten werden aufgrund von Belegen den Kostenstellen direkt zugerechnet, z. B. Hilfs-, Betriebsstoffe, Hilfslöhne, Gehälter, kalkulatorische Abschreibung, Ersatzteile.

C. *Bereich 2 des BAB:*
Kostenstellen-Gemeinkosten werden nach verursachungsgerechten Verteilungsschlüsseln auf die Kostenstellen umgelegt, z. B. Raumkosten, Steuer, Versicherungsprämien.

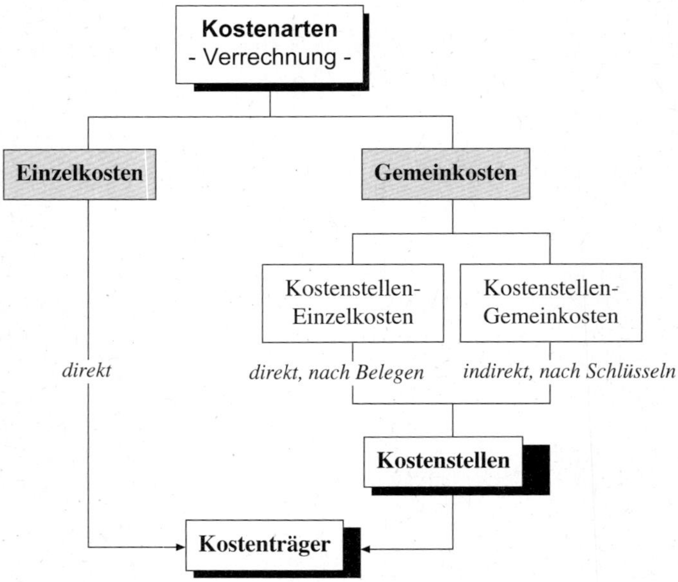

Die Reihenfolge der Verrechnung nach dem Stufenleitersystem (auch Treppenverfahren) ist dabei zu beachten:

1. Umlage der Allgemeinen Kostenstelle auf die Hilfs- und Hauptkostenstellen
2. Umlage der Hilfskostenstellen (= Vorkostenstellen) auf die Hauptkostenstellen
3. Es werden die Summen der Hauptkostenstellen (=Stellenendkosten) ermittelt.

D. *Bereich 3 des BAB:*
Durch Gegenüberstellung der Einzelkosten und der Summe der Gemeinkosten je Kostenstelle werden die Zuschlagssätze für die Kostenträgerrechnung ermittelt; Beispiel:

Materialgemeinkostenzuschlag	Materialgemeinkosten · 100 : Materialeinzelkosten
MGKZ	MGK · 100 : MEK

Erstellung des Betriebsabrechnungsbogens im Überblick:

	Kostenstellen					
	Allgemeiner Bereich	Material-bereich	Fertigungsbereich		Verwaltungs-bereich	Vertriebs-bereich
Kostenarten	Allgemeine Kostenstellen	Material-kostenstellen	Fertigungs-hilfsstellen	Fertigungs-hauptstellen	Verwaltungs-stellen	Vertriebs-stellen
Verrechnung der Kostenstellen-Einzelkosten	**Bereich 1 des BAB: Verrechnung nach Belegen**					
Verrechnung der Kostenstellen-Gemeinkosten	**Bereich 2 des BAB: Verrechnung nach Verteilungsschlüsseln**					
Summe der Hauptkosten-stellen		...	...	...	...	...
	Bereich 3 des BAB: Ermittlung der Zuschlagssätze für die Erzeugniskosten					
		MGK · 100 : MEK	FGK · 100 : FEK		VwGK · 100 : HKU	VtrGK · 100 : HKU

13. Welche Erfassungsgrundlagen bzw. Verteilungsschlüssel sind für die Verrechnung der Gemeinkosten auf die Kostenstellen geeignet?

Beispiele:

Gemeinkosten	**Verrechnung**		**Verrechnungsgrundlage** Beispiele
	direkt	**indirekt**	
Hilfslöhne	x		Lohnbelege, Lohnlisten
Gehälter	x		Gehaltslisten
Hilfsstoffe	x		Entnahmescheine
Betriebsstoffe	x		Entnahmescheine
Fremdleistungen	x		Eingangsrechnungen
Kalkulatorische Abschreibungen	x		Anlagenkartei/-datei
Kalkulatorische Zinsen (Betriebsmittel)	x		Anschaffungswerte, Kapitalbindung
Raumkosten		x	Flächennutzung in m^2
Gesetzliche Sozialleistungen	x		Lohn-/Gehaltslisten
Freiwillige Sozialleistungen			Anzahl der Mitarbeiter je Kostenstelle
Heizung		x	Raumgröße in m^3
Elektrische Energie		x	Anzahl der Verbraucher, Verbrauch je kWh
Sachversicherungen		x	Anlagendatei, Anlagenwerte
Steuern		x	Kapitalbindung

14. Wie ist der Betriebsabrechnungsbogen (BAB) als Hilfsmittel der Kostenstellenrechnung aufgebaut?

Die inhaltlichen und rechnerischen Zusammenhänge werden anhand eines einfachen BAB dargestellt (vier Kostenstellen, ohne Hilfskostenstellen, ohne allgemeine Kostenstellen; die im BAB eingezeichneten Pfeile verdeutlichen die Berechnung des Zahlenmaterials):

Allgemeines Beispiel:

Gemeinkostenarten	Zahlen der Buchhaltung in EUR	Verteilungsschlüssel	**Kostenstellen**			
			I	II	III	IV
			Material	**Fertigung**	**Verwaltung**	**Vertrieb**
Hilfsstoffe	18.398	Mat.entn.scheine	1.850	16.350	0	198
Hilfslöhne	41.730	Lohnlisten	14.150	26.580	520	480
AfA	63.460	Anlagendatei	6.210	43.450	6.380	7.420
...	...		...	...	...	...
usw.	...		...	...	...	...
Summe	245.396	*aufgeschlüsselt:*	**23.903**	**142.700**	**60.610**	**18.183**
			MGK	FGK	VwGK	VtGK
		Zuschlagsgrundlage:	MEK	FEK	HKU	
			217.300	170.000	363.660	363.660
		Zuschlagssätze:	*11,00 %*	*83,94 %*	*16,67 %*	*5,00 %*

	MEK	217.300
+	MGK	23.903
+	FEK	170.000
+	FGK	142.700
-	BV	- 190.243
=	HKU	**363.660**

Beispiel 1 (einfacher BAB):
In einer Rechnungsperiode liefert die KLR nachfolgende Gemeinkosten, die entsprechend den angegebenen Schlüsseln zu verteilen sind; es existieren vier Hauptkostenstellen: Material, Fertigung, Verwaltung und Vertrieb:

Gemeinkosten	**EUR**	**Verteilungsschlüssel**
Gemeinkostenmaterial	9.600	3 : 6 : 2 : 1
Hilfslöhne	36.000	2 : 14 : 5 : 3
Sozialkosten	6.600	1 : 3 : 1,5 : 0,5
Steuern	23.100	1 : 3 : 5 : 2
Sonstige Kosten	7.000	2 : 4 : 5 : 3
Abschreibung (AfA)	8.400	2 : 12 : 6 : 1

Die Verteilung der Gemeinkosten auf die Kostenstellen erfolgt beim einfachen BAB in folgenden Schritten:

1. Erstellen des BAB- Schemas
2. Verteilung der Gemeinkosten nach den vorgegebenen Schlüsseln
3. Addition der Kosten der Hauptkostenstellen
4. Probe: Die Summe aller Gemeinkosten aus der Buchhaltung ist gleich der Summe aller Kosten der Hauptkostenstellen.

Einfacher BAB (Beispiel 1)						
Gemeinkosten	Zahlen der Buchhaltung	Verteilungsschlüssel	Material	Fertigung	Verwaltung	Vertrieb
Gemeinkostenmaterial	9.600	3 : 6 : 2 : 1	2.400	4.800	1.600	800
Hilfslöhne	36.000	2 : 14 : 5 : 3	3.000	21.000	7.500	4.500
Sozialkosten	6.600	1 : 3 : 1,5 : 0,5	1.100	3.300	1.650	550
Steuern	23.100	1 : 3 : 5 : 2	2.100	6.300	10.500	4.200
Sonstige Kosten	7.000	2 : 4 : 5 : 3	1.000	2.000	2.500	1.500
AfA	8.400	2 : 12 : 6 : 1	800	4.800	2.400	400
Summen	**90.700**		**10.400**	**42.200**	**26.150**	**11.950**

Beispiel 2 (mehrstufiger BAB):
In einer Rechnungsperiode liefert die KLR nachfolgende Gemeinkosten, die entsprechend den angegebenen Schlüsseln zu verteilen sind; es existieren die Kostenstellen: Allgemeine Kostenstelle, Materialstelle, Fertigungshilfsstelle, Fertigungsstelle A und B, Verwaltungsstelle und Vertriebsstelle. Die Umlage der Allgemeinen Kostenstelle ist nach dem Schlüssel 6 : 15 : 10 : 8 : 6 : 5 durchzuführen; die Fertigungshilfsstelle ist auf die Fertigungsstellen A und B im Verhältnis 6 : 4 zu verteilen.

Gemeinkosten	**EUR**	**Verteilungsschlüssel**
Gemeinkostenmaterial (GKM)	50.000	1 : 3 : 8 : 4 : 0 : 0 : 0
Gehälter	200.000	2 : 4 : 3 : 3 : 2 : 8 : 3
Sozialkosten	45.000	2 : 4 : 3 : 3 : 2 : 8 : 3
Steuern	60.000	1 : 2 : 3 : 2 : 1 : 2 : 1
Abschreibung (AfA)	160.000	2 : 4 : 6 : 7 : 2 : 3 : 1

Die Verteilung der Gemeinkosten auf die Kostenstellen erfolgt beim mehrstufigen BAB in folgenden Schritten:

1. Erstellen des BAB-Schemas
2. Verteilung der Gemeinkosten nach den vorgegebenen Schlüsseln
3. Umlage der Allgemeinen Kostenstelle
4. Umlage der Hilfskostenstelle
5. Addition der Kosten der Hauptkostenstellen
6. Probe: Die Summe aller Gemeinkosten aus der KLR ist gleich der Summe aller Kosten der Hauptkostenstellen.

Mehrstufiger BAB (Beispiel 2								
Gemeinkosten	Zahlen der KLR	Allgemeine Kostenstelle	Hilfskostenstelle	Material	Fertigungsstellen		Verwaltung	Vertrieb
					A	B		
GMK	50.000	3.125	9.375	25.000	12.500	–	–	–
Gehälter	200.000	16.000	32.000	24.000	24.000	16.000	64.000	24.000
Sozialkosten	45.000	3.600	7.200	5.400	5.400	3.600	14.400	5.400
Steuer	60.000	5.000	10.000	15.000	10.000	5.000	10.000	5.000
AfA	160.000	12.800	25.600	38.400	44.800	12.800	19.200	6.400
Summe	515.000	40.525	84.175					
Umlage der Allgemeinen Kostenstelle			4.863	12.157,50	8.105,00	6.484,00	4.863,00	4.052,50
Summe			89.038					
Umlage der Fertigungshilfsstelle					53.422,80	35.615,20		
Summe				119.957,50	158.227,80	79.499,20	112.463,00	44.852,50

15. Wie werden die Zuschlagssätze für die Kalkulation ermittelt?

Bei der differenzierten Zuschlagskalkulation (= selektive Zuschlagskalkulation) werden die Gemeinkosten nach Bereichen getrennt erfasst und die Zuschlagssätze differenziert ermittelt:

Materialgemeinkostenzuschlag	Materialgemeinkosten · 100 : Materialeinzelkosten
MGKZ	MGK · 100 : MEK

Fertigungsgemeinkostenzuschlag	Fertigungsgemeinkosten · 100 : Fertigungseinzelkosten
FGKZ	FGK · 100 : FEK

Verwaltungsgem.kostenzuschlag	Verwaltungsgem.kosten · 100 : Herstellkosten des Umsatzes
VwGKZ	VwGK · 100 : HKU

Vertriebsgemeinkostenzuschlag	Vertriebsgemeinkosten · 100 : Herstellkosten des Umsatzes
VtGKZ	VtGK · 100 : HKU

Dabei sind die Herstellkosten des Umsatzes:

Materialeinzelkosten + Materialgemeinkosten + Fertigungseinzelkosten + Fertigungsgemeinkosten
= Herstellkosten der Erzeugung – Bestandsveränderungen (+ Minderbestand/– Mehrbestand)
= Herstellkosten des Umsatzes

Sind keine Bestandsveränderungen zu berücksichtigen – sind also alle in der Periode hergestellten Erzeugnisse verkauft worden – so gilt:

Herstellkosten der Erzeugung = Herstellkosten des Umsatzes

16. Wie können innerbetriebliche Leistungen verrechnet werden?

Findet ein Leistungsaustausch zwischen Kostenstellen statt, so ist eine Verrechnung der innerbetrieblichen Leistungen notwendig. Die innerbetriebliche Leistungsverrechnung (IBL) kann in folgender Weise durchgeführt werden:

Innerbetriebliche Leistungsverrechnung

1. Einseitige Leistungsverrechnung	**2. Gegenseitige Leistungsverrechnung**
- Kostenartenverfahren - Kostenstellenumlageverfahren - Kostenstellenausgleichsverfahren - Kostenträgerverfahren	- Verrechnungspreisverfahren - Mathematisches Verfahren

1. *Einseitige Leistungsverrechnung:*
   Hier wird vorausgesetzt, dass die leistende Kostenstelle keine Leistung von der empfangenden Kostenstelle erhält (Leistungen fließen nur in eine Richtung). Daher ist die richtige Reihung der Kostenstellen im BAB zu beachten.

Kostenarten-verfahren	Das Verfahren ist einfach aber ungenau und nur anwendbar, wenn die innerbetrieblichen Leistungen in Hauptkostenstellen erbracht werden: Nur die Einzelkosten der Eigenleistungen werden erfasst und auf die leistungsempfangenden Kostenstellen als Gemeinkosten verrechnet. Die Gemeinkosten der leistenden Kostenstelle werden nicht weiterverrechnet, sondern verbleiben an dieser Stelle.
Kostenstellen-umlageverfahren	Im Gegensatz zum Kostenartenverfahren werden die gesamten primären Gemeinkosten der Hilfskostenstellen erfasst und als sekundäre Gemeinkosten auf die Hauptkostenstellen weiterverrechnet.
	Anbauverfahren: Hilfskostenstellen werden nur über die Hauptkostenstellen abgerechnet. in.betr. Verr.satz = primäre Ko. : (Gesamtleistung ./. Abgabe an Hilfskostenst.)
	Stufenleiterverfahren (vgl. Beispiel nächste Seite): Näherungsmethode zur schrittweisen Berechnung der innerbetrieblichen Verrechnungssätze. Dabei werden bei jeder abzurechnenden Hilfskostenstelle die empfangenen Leistungen der Hilfskostenstellen, die noch nicht abgerechnet sind, vernachlässigt. $\text{Kosten pro LE} = \frac{(\text{primäre K.} + \text{empfange LE} \cdot \text{Kosten dieser LE})}{\text{abgegeben Leistungen}}$
Kostenstellen-ausgleichsverfahren	Ebenso wie beim Kostenartenverfahren werden den leistungsempfangenden Kostenstellen die Einzelkosten unmittelbar belastet. Es werden allerdings auch die Gemeinkosten auf die empfangenden Kostenstellen verrechnet. Da diese aber schon in den Gemeinkosten der leistenden Stellen verbucht sind, müssen sie bei den leistenden Stellen abgesetzt (Gutschrift) und den empfangenden Stellen zugeschrieben (Belastung) werden.
Kostenträger-verfahren	Innerbetriebliche Leistungen werden als Kostenträger behandelt und wie Absatzleistungen abgerechnet. Die entstandenen Kosten werden, wenn die Leistungen in der gleichen Periode verbraucht werden, den empfangenen Stellen belastet und den leistenden Stellen gutgeschrieben.

Beispiel eines BAB mit Stufenleiterverfahren:
Hinweis: Dieses Beispiel wurde aufgenommen, um die Berechnungsweise beim Stufenleiterverfahren zu zeigen; das Beispiel selbst ist nicht prüfungsrelevant.

Nr.	Kostenart	Summe	Mengenverteilung							Allgemeine Kostenstellen			Hauptkostenstellen			
			W	K	R	H	P	V	V	Wache	Kantine	Reparatur	Hauptlager	Produktion	Verwaltung	Vertrieb
1	Fertigungsmaterial	330.000											330.000			
2	Fertigungslöhne	150.000												150.000		
3	LohnGK	18.000	2	1	2	4	12	2	6	1.241,38	620,69	1.241,38	2.482,76	7.448,28	1.241,38	3.724,14
4	Sozialkosten	60.000	3	1	2	5	10	2	7	6.000,00	2.000,00	4.000,00	10.000,00	20.000,00	4.000,00	14.000,00
5	Instandhaltung	10.000	1	2	1	3	8	5	4	416,67	833,33	416,67	1.250,00	333,33	2.083,33	1.666,67
6	Energie	77.000	2	4	2	3	20	3	5	3.948,72	7.897,44	3.948,72	5.923,08	3.948,72	5.923,08	9.871,79
7	KFZ	65.000	8	0	1	12	2	15	22	8.666,67	0,00	1.083,33	13.000,00	2.166,67	16.250,00	23.833,33
8	Versicherung	35.000	2	3	1	32	15	4	10	1.044,78	1.567,16	522,39	16.716,42	7.835,82	2.089,55	5.223,88
9	Sonstiges	51.000	2	5	2	12	28	5	3	1.789,47	4.473,68	1.789,47	10.736,84	25.052,63	4.473,68	2.684,21
10	Kalk. AfA	22.000	2	3	1	14	42	10	6	564,10	846,15	282,05	3.9848,72	11.846,15	2.820,51	1.692,31
11	Kalk. Zins	12.000	1	2	1	8	16	12	8	250,00	500,00	250,00	2.000,00	4.000,00	3.000,00	2.000,00
12	Summe GK 1	350.000,00								23.921,78	18.738,46	13.534,01	66.057,81	121.170,06	41.881,54	64.696,33
13	Uml. Wache	23.921,78		1	1	12	25	6	3		498,37	498,37	5.980,45	12.459,26	2.990,22	1.495,11
14	Summe GK 2	350.000,00									19.236,83	14.032,38	72.038,26	133.629,32	44.871,76	66.191,44
15	Uml. Kant.	19.236,83			2	8	32	2	8			739,88	2.959,51	11.838,05	739,88	2.959,51
16	Summe GK 3	350.000,00										14.772,26	74.997,77	145.467,37	45.611,64	69.150,96
17	Uml. Repar.	14.772,26				10	33	0	2				3.282,72	10.832,99	0,00	656,54
18	Summe GK 4	350.000,00											78.280,50	156.300,36	45.611,64	69.807,50
19	Gesamtkosten	830.000,00											408.280,50	306.300,36	45.611,64	69.807,50
20	HKU														740.580,86	
21	Ist-Zuschlagssätze												**23,72 %**	**104,20 %**	**61,16 %**	**9,43 %**

Informationen		*Wert*	*Bestandsänderung*
Lager Halbprodukte	AB	45.000,00	-20.000,00
	SB	25.000,00	
Lager Fertigprodukte	AB	66.000,00	-6.000,00
	SB	60.000,00	

Erläuterungen zum Beispiel „Stufenleiterverfahren“:	
Das Stufenleiterverfahren ist ein einfaches Abrechnungsverfahren und besteht in der Vorwärtsverrechnung aller allgemeinen- und Hilfskostenstellen unter Vernachlässigung der Rückverrechnungen. Nach jeder einzelnen Verrechnungsstufe ist eine Zwischensumme zu bilden. Da sich auf diese Art ein treppen- oder stufenartiges Rechenschema ergibt, spricht man auch von der sog. Treppenumlage.	
Zeile 12	Im Beispiel gibt es die allgemeinen Kostenstellen Wache (Werkschutz), Kantine und Reparatur. Die Summe der direkt der Wache zugeordneten Kosten betragen 23.921,78 €. Diese Summe wird in Zeile 13 nach einem Verrechnungsschlüssel auf die anderen Kostenstellen übertragen. Dadurch wird die Wache abgerechnet.
Zeile 14	Die Kosten der Kantine betragen 18.738,46 €, zzgl. der von der Wache empfangenen Leistung im Wert von 498,37 €. Insgesamt ist die Kantine also 19.236,83 DM wert Diese Summe wird ebenfalls auf die nachfolgenden Kostenstellen verrechnet, aber nicht zurück an die Wache. Die Kosten der Leistung der Kantine an die Wache wird also vernachlässigt.
Zeile 16	Die Reparaturkostenstelle verursacht zunächst Kosten in Höhe von 13.534,01 €, zu denen aber noch 498,37 € Leistung der Wache und 739,88 € Leistung der Kantine hinzukommen. Insgesamt verrechnet die Reparatur also eine Kostensumme von 14.772,26 € auf den Rest des Betriebes. Rückverrechnungen, d. h., eine Leistung der Reparatur an die Wache und die Kantine oder eine Leistung der Kantine an die Wache, werden vernachlässigt. Das macht das Rechenverfahren einfach, aber ungenau. Um die diese Ungenauigkeit zu reduzieren, sollte bei Anwendung des Stufenleiterverfahrens eine Anordnung der Kostenstellen gewählt werden, in der möglichst wenig tatsächliche Rückleistungen vorkommen.
Zeilen 3 bis 11	Die Summe der Gemeinkosten in Zeile 12 des Beispieles (GK 1) heißt **Primärgemeinkosten,** weil sie durch die Primärverrechnung in den Zeilen 3 bis 11 entstanden sind.
Zeilen 13, 15 und 17	Die in den Zeilen 13, 15 und 17 verrechneten Umlagen heißen auch **Sekundärgemeinkosten,** weil sie erst im Wege einer innerbetrieblichen Leistungsverrechnung den Kostenstellen zugeordnet worden sind.
Zeilen 18, 21	Die Gemeinkostensumme in Zeile 18 (GK 4) enthält die Summe aller Gemeinkosten der Hauptkostenstellen. In dieser Zeile kommen keine allgemeinen- oder Hilfskostenstellen mehr vor. Die Summe „GK 4“ eignet sich also zur Anwendung der Zuschlagsformeln. Die Zuschlagssätze in Zeile 21 weisen also die zur Erzielung einer Vollkostendeckung erforderlichen Höhe auf. Auch in den Herstellkosten des Umsatzes sind die Sekundärgemeinkosten enthalten.

2. *Gegenseitige Leistungsverrechnung:*

Verrechnungspreis-Verfahren:
Vor allem in größeren Unternehmen, deren Betriebe und Kostenstellen in stärkerem Maße Leistungen untereinander austauschen, werden zur Abrechnung des Leistungsaustausches im voraus innerbetriebliche Verrechnungspreise gebildet, die dann für einen längeren Zeitraum gelten (fester Verrechnungspreis). Nachteil der Festpreisbildung: Die Abrechnung führt auf den Hilfskostenstellen zu Kostenüber-/Kostenunterdeckungen. Die Festpreisbildung kann sich orientieren an Marktpreisen, Plankosten oder Normalkosten.

Mathematisches Verfahren (auch: *Gleichungsverfahren*):
Zur Lösung des Problems der Leistungsverrechnung wird ein Gleichungssystem aufgestellt, das in der Praxis mit Unterstützung der EDV bearbeitet wird. Für n verschiedene, in den Leistungsaustausch einbezogene Kostenstellen, soll z.B. folgendes Gleichungssystem gelten:

$$A_1x_1 = B_1 + a_{11}x_1 + a_{12}x_2 + ... + a_{1n}x_n$$

$$A_2x_2 = B_2 + a_{21}x_1 + a_{22}x_2 + ... + a_{2n}x_n$$

. . . . .

. . . . .

. . . . .

$$A_nx_n = B_n + a_{n1}x_1 + a_{n2}x_2 + ... + a_{nn}x_n$$

Dabei ist:

A_i Gesamtleistung der Kostenstelle i in Mengeneinheiten pro Abrechnungsperiode
B_i Primäre Kosten der Kostenstelle i
a_{ij} Leistung der Kostenstelle j an Kostenstelle i in Mengeneinheiten pro Abrechnungsperiode
x_i Verrechnungspreis pro Leistungseinheit der Kostenstelle i

A_i, B_i und a_{ij} müssen bekannt sein.
Anstelle des Gleichungsverfahrens lässt sich auch das *Iterationsverfahren* einsetzen: Man wendet den Rechengang der Divisionskalkulation mehrfach auf die verflochtenen Kostenstellen an, bis der entstehende Fehlbetrag klein genug ist.

17. Was ist der Unterschied zwischen Istgemeinkosten und Normalgemeinkosten?

- *Istgemeinkosten* sind die in einer Periode tatsächlich anfallenden Kosten; sie dienen zur Ermittlung der Ist-Zuschlagssätze.
- *Normalgemeinkosten* sind statistische Mittelwerte der Kosten zurückliegender Perioden; sie dienen zur Ermittlung der Normal-Zuschlagssätze. Dies bewirkt eine Vereinfachung im Rechnungswesen. Kurzfristige Kostenschwankungen werden damit ausgeschaltet.

18. Wie wird die Kostenüber- bzw. Kostenunterdeckung ermittelt?

Am Ende einer Abrechnungsperiode werden die Normalgemeinkosten (auf der Basis von Normal-Zuschlagssätzen) mit den Istgemeinkosten (auf der Basis der Ist-Gemeinkostenzuschläge) verglichen. Es gilt im Rahmen der *Kostenkontrolle:*

Normalgemeinkosten	>	Istgemeinkosten	→	Kostenüberdeckung
Normalgemeinkosten	<	Istgemeinkosten	→	Kostenunterdeckung

Berechnung der Normalgemeinkosten:

1. Normalmaterialgemeinkosten	=	Istkosten/Material · Normalzuschlag
2. Normalfertigungsgemeinkosten	=	Istkosten/Fertigung · Normalzuschlag
3. Normalverwaltungsgemeinkosten	=	Normalkosten/Herstellung · Normalzuschlag
4. Normalvertriebsgemeinkosten	=	Normalkosten/Herstellung · Normalzuschlag

Berechnung der Istgemeinkosten:

1. Istmaterialgemeinkosten	=	Istkosten/Material · Istzuschlag
2. Istfertigungsgemeinkosten	=	Istkosten/Fertigung · Istzuschlag
3. Istverwaltungsgemeinkosten	=	Istkosten/Herstellung · Istzuschlag
4. Istvertriebsgemeinkosten	=	Istkosten/Herstellung · Istzuschlag

19. Welche Aufgabe erfüllt die Kostenträgerrechnung?

Die Kostenträgerrechnung hat die Aufgabe zu ermitteln, ***wofür*** *die Kosten angefallen sind*, d. h. *für welche Kostenträger* (= Produkte oder Aufträge). Sie wird in zwei Bereiche unterteilt:

Kostenträgerrechnung • Gliederung	
Kostenträgerzeitrechnung	**Kostenträgerstückrechnung**

- Die *Kostenträgerzeitrechnung* (= kurzfristige Ergebnisrechnung) überwacht laufend die Wirtschaftlichkeit des Unternehmens: Sie stellt die Kosten und Leistungen (Erlöse) *einer Abrechnungsperiode* (i. d. R. ein Monat) gegenüber – insgesamt und getrennt nach Kostenträgern. Sie ist damit die Grundlage zur Berechnung der Herstellkosten, der Selbstkosten und des Betriebsergebnisses einer Abrechnungsperiode. Außerdem kann der Anteil der verschiedenen Erzeugnisgruppen an den Gesamtkosten und am Gesamtergebnis ermittelt werden.

  Bei der Gegenüberstellung von Kosten und Erlösen tritt ein Problem auf: Die Erlöse beziehen sich auf die *verkaufte Menge*, während sich die Kosten auf die *hergestellte Menge* beziehen. Das heißt also, *das Mengengerüst von hergestellter und verkaufter Menge ist nicht gleich* (Stichwort: *Bestandsveränderungen*). Um dieses Problem zu lösen, gibt es zwei Verfahren zur Ermittlung des Betriebsergebnisses:

  (1) Die Erlöse werden an das Mengengerüst der Kosten angepasst (*Gesamtkostenverfahren*).

  (2) Die Kosten werden an das Mengengerüst der Erlöse angepasst (*Umsatzkostenverfahren*).

Kostenträgerzeitrechnung • Verfahren	
Gesamtkostenverfahren	**Umsatzkostenverfahren**
Erlöse	Erlöse
± Bestandsveränderungen zu Herstellungskosten	– Herstellkosten der „umgesetzten“ Produkte
– Kosten (gesamte primäre Kosten)	– Vertriebs- und Verwaltungskosten
= Betriebsergebnis	= Betriebsergebnis

- Die *Kostenträgerstückrechnung* ermittelt die *Selbstkosten je Kostenträgereinheit*. Sie kann als Vor-, Zwischen- oder Nachkalkulation aufgestellt werden:

Arten/Aufgaben der Kalkulation

Vorkalkulation auch: Angebotskalkulation		**Nachkalkulation**	**Zwischenkalkulation**
Ermittlung der Angebotspreise	Entscheidung, ob ein Auftrag angenommen wird (Deckungsbeitragsrechnung)	Kontrolle der Kosten Plankosten ⇕ Istkosten	Lfd. Ermittlung der Istkosten und Vergleich mit den Sollkosten (auch: mitlaufende Kalkulation)

Je nach Produktionsverfahren werden verschiedene Kalkulationsverfahren angewendet (das Produktionsverfahren bestimmt das Kalkulationsverfahren), z. B.:

Kalkulationsverfahren (lt. Rahmenplan)

Zuschlagskalkulation	**Divisionskalkulation**
- summarische - differenzierte - mit Maschinenstundensätzen	- einstufige - mehrstufige - mit Äquivalenzziffern

2.5.5 Zuschlagskalkulation und weitere Kalkulationsverfahren

01. Wie ist das Verfahren bei der Divisionskalkulation?

- *Einstufige Divisionskalkulation:*

Voraussetzungen:
- Massenfertigung; Einproduktunternehmen
- einstufige Fertigung
- keine Kostenstellen
- keine Aufteilung in Einzel- und Gemeinkosten
- produzierte Menge = abgesetzte Menge; $x_P = x_A$

Berechnung: Die Stückkosten (k) ergeben sich aus der Division der Gesamtkosten (K) durch die in der Abrechnungsperiode produzierte (und abgesetzte) Menge (x).

$$\text{Stückkosten} = \frac{\text{Gesamtkosten}}{\text{Ausbringungsmenge}}$$

$$k = \frac{K}{x} \text{ EUR/Stk.}$$

Beispiel: Ein Einproduktunternehmen produziert und verkauft im Monat Januar 1.200 Stück bei 360.000 EUR Gesamtkosten. Die Stückkosten betragen:

$$k = \frac{K}{x} \text{ EUR/Stk.} = \frac{360.000 \text{ EUR}}{1.200 \text{ Stück}} = 300 \text{ EUR/Stk.}$$

- *Mehrstufige Divisionskalkulation:*

Voraussetzungen:
- Massenfertigung; Einproduktunternehmen
- zwei oder mehrstufige Fertigung
- produzierte Menge ≠ abgesetzte Menge; $x_P \neq x_A$
- Aufteilung der Gesamtkosten (K) in Herstellkosten (K_H) sowie Vertriebskosten ($K_{Vertr.}$) und Verwaltungskosten ($K_{Verw.}$)
- die Herstellkosten werden auf die produzierte Menge (x_P) bezogen, die Vertriebs- und Verwaltungskosten auf die abgesetzte Menge (x_A).

Berechnung: Bei einer zweistufigen Fertigung ergibt sich folgende Berechnung:

$$\text{Stückkosten} = \frac{\text{Herstellkosten}}{\text{produzierte Menge}} + \frac{\text{Vertriebs- u. Verwaltungskosten}}{\text{abgesetzte Menge}}$$

$$\text{Stückkosten} = \frac{K_H}{x_P} + \frac{K_{Vertr.} + K_{Verw.}}{x_A}$$

Beispiel: Ein Betrieb produziert im Monat Januar 1.200 Stück, von denen 1.000 verkauft werden Die Herstellkosten betragen 240.000 EUR, die Vertriebs- und Verwaltungskosten 120.000 EUR. Die Stückkosten sind:

$$\text{Stückkosten} = \frac{240.000 \text{ EUR}}{1.200 \text{ Stück}} + \frac{120.000 \text{ EUR}}{1.000 \text{ Stück}} = 200 \text{ EUR/Stk.} + 120 \text{ EUR/Stk.}$$

$$= 320 \text{ EUR/Stk.}$$

Analog geht man bei einer *n-stufigen Fertigung* vor: Die Kosten je Fertigungsstufe werden auf die entsprechenden Stückzahlen bezogen:

$$\text{Stückkosten} = \frac{K_{H1}}{x_{P1}} + \frac{K_{H2}}{x_{P2}} + \ldots + \frac{K_{Hn}}{x_{Pn}} + \frac{K_{Vertr.} + K_{Verw.}}{x_A}$$

- *Divisionskalkulation mit Äquivalenzziffern:*

Voraussetzungen:
- Sortenfertigung (gleichartige, aber nicht gleichwertige Produkte)
- die Stückkosten der einzelnen Sorten stehen langfristig in einem konstanten Verhältnis; man geht aus von einer Einheitssorte (Bezugsbasis), die die Äquivalenzziffer 1 erhält; alle anderen Sorten erhalten Äquivalenzziffern im Verhältnis zur Einheitssorte; sind z. B. die Stückkosten einer Sorte um 40 % höher als die der Einheitssorte, so erhält sie die Äquivalenzziffer 1,4 usw.
- produzierte Menge = abgesetzte Menge; $x_P = x_A$

Beispiel: In einer Ziegelei werden drei Sorten hergestellt. Die Gesamtkosten betragen in der Abrechnungsperiode 104.400 Stück. Die produzierten Mengen sind: 30.000, 15.000, 20.000 Stück. Das Verhältnis der Kosten beträgt 1 : 1,4 : 1,8.

Sorte	produzierte Menge [in Stk.]	Äquivalenz-ziffer	Rechen-einheiten	Stückkosten [in EUR/Stk.]	Gesamt-kosten
	[1]	*[2]*	*[3]*	*[4]*	*[5]*
I	30.000	1	30.000	1,20	36.000
II	15.000	1,4	21.000	1,68	25.200
III	20.000	1,8	36.000	2,16	43.200
Σ			87.000		104.400

Erläuterung des Rechenweges:

1. Schritt: Ermittlung der Äquivalenzziffern bezogen auf die Einheitssorte.
2. Schritt: Die Multiplikation der Menge je Sorte mit der Äquivalenzziffer ergibt die Recheneinheit je Sorte (= Umrechnung der Mengen auf die Einheitssorte).
3. Schritt: Die Division der Gesamtkosten durch die Summe der Recheneinheiten (RE) ergibt die *Stückkosten der Einheitssorte*:
   104.400 EUR : 87.000 RE = 1,20 EUR/Stk.
4. Schritt: Die Multiplikation der Stückkosten der Einheitssorte mit der Äquivalenzziffer je Sorte ergibt die Stückkosten je Sorte: 1,20 · 1,4 = 1,68

   Spalte [5] zeigt die anteiligen Gesamtkosten je Sorte. Die Summe muss den gesamten Produktionskosten entsprechen (rechnerische Probe der Verteilung).

02. Wie ist das Verfahren bei der Zuschlagskalkulation?

- *Summarische Zuschlagskalkulation:*

  Voraussetzungen:

  Die summarische Zuschlagskalkulation ist ein sehr einfaches Verfahren, das bei Serien- oder Einzelfertigung angewendet wird. Die Gesamtkosten werden in Einzel- und Gemeinkosten getrennt. Dabei werden die Einzelkosten der Kostenartenrechnung entnommen und dem Kostenträger direkt zugeordnet. Die Gemeinkosten werden als eine Summe („summarisch"; en bloc) erfasst und den Einzelkosten in einem Zuschlagssatz zugerechnet. *Es gibt nur eine Basis zur Berechnung des Zuschlagssatzes: entweder das Fertigungsmaterial oder die Fertigungslöhne oder die Summe [Fertigungsmaterial + Fertigungslöhne].*

  In dem nachfolgenden Fallbeispiel wird angenommen, dass Möbel in Einzelfertigung hergestellt werden. Die verwendeten Einzel- und Gemeinkosten wurden in der zurückliegenden Abrechnungsperiode ermittelt und sollen als Grundlage zur Feststellung des Gemeinkostenzuschlages dienen:

  Fall A:

$$\text{Gemeinkostenzuschlag} = \frac{\text{Gemeinkosten} \cdot 100}{\text{Fertigungsmaterial}}$$

z. B.:

$$\text{Gemeinkostenzuschlag} = \frac{120.000 \text{ EUR} \cdot 100}{340.000 \text{ EUR}} = 35{,}29\ \%$$

Fall B:

$$\text{Gemeinkostenzuschlag} = \frac{\text{Gemeinkosten} \cdot 100}{\text{Fertigungslöhne}}$$

z. B.:

$$\text{Gemeinkostenzuschlag} = \frac{120.000 \text{ EUR} \cdot 100}{260.000 \text{ EUR}} = 46{,}15\ \%$$

Fall C:

$$\text{Gemeinkostenzuschlag} = \frac{\text{Gemeinkosten} \cdot 100}{\text{Fertigungsmaterial} + \text{Fertigungslöhne}}$$

z. B.:

$$\text{Gemeinkostenzuschlag} = \frac{120.000 \text{ EUR} \cdot 100}{340.000 \text{ EUR} + 260.000 \text{ EUR}} = 20{,}0\ \%$$

Es ergeben sich also unterschiedliche Zuschlagssätze – je nach Wahl der Bezugsbasis:

	Zuschlagsbasis	**Gemeinkostenzuschlagssatz**
Fall A:	Fertigungsmaterial	35,29 %
Fall B:	Fertigungslöhne	46,15 %
Fall C:	[Fertigungsmaterial + Fertigungslöhne]	20,00 %

In der Praxis wird man die summarische Zuschlagskalkulation nur dann einsetzen, wenn relativ wenig Gemeinkosten anfallen; im vorliegenden Fall darf das unterstellt werden.

Als Basis für die Berechnung des Zuschlagssatzes wird man *die Einzelkosten* nehmen, *bei denen der stärkste Zusammenhang zwischen Einzel- und Gemeinkosten gegeben ist* (z. B. proportionaler Zusammenhang zwischen Fertigungsmaterial und Gemeinkosten).

Beispiel: Das Unternehmen hat einen Auftrag zur Anfertigung einer Schrankwand erhalten. An Fertigungsmaterial werden 3.400 EUR und an Fertigungslöhnen 2.200 EUR anfallen. Es sollen die Selbstkosten dieses Auftrages alternativ unter Verwendung der unterschiedlichen Zuschlagssätze (siehe oben) ermittelt werden (Kostenangaben in EUR).

Fall A:

	Fertigungsmaterial		3.400,00
+	Fertigungslöhne		2.200,00
=	Einzelkosten		5.600,00
+	Gemeinkosten	35,29 %	1.199,86
=	Selbstkosten des Auftrages		6.799,86

Fall B:

	Fertigungsmaterial		3.400,00
+	Fertigungslöhne		2.200,00
=	Einzelkosten		5.600,00
+	Gemeinkosten	46,15 %	1.015,30
=	Selbstkosten des Auftrages		6.615,30

Fall C:

	Fertigungsmaterial		3.400,00
+	Fertigungslöhne		2.200,00
=	Einzelkosten		5.600,00
+	Gemeinkosten	20,00 %	1.120,00
=	Selbstkosten des Auftrages		6.720,00

Ergebnisbewertung:

Man erkennt an diesem Beispiel, dass die Selbstkosten bei Verwendung alternativer Zuschlagssätze ca. im Intervall [6.600 ; 6.800] streuen – ein Ergebnis, das durchaus befriedigend ist. Die Ursache für die verhältnismäßig geringe Streuung ist in den relativ geringen Gemeinkosten zu sehen.

Bei höheren Gemeinkosten (im Verhältnis zu den Einzelkosten) wäre die beschriebene Streuung höher und könnte zu der Überlegung führen, dass eine summarische Zuschlagskalkulation betriebswirtschaftlich nicht mehr zu empfehlen wäre, sondern *ein Wechsel auf die differenzierte Zuschlagskalkulation vorgenommen werden muss.*

- *Differenzierte Zuschlagskalkulation:*

Die differenzierte Zuschlagskalkulation (= selektive Zuschlagskalkulation) liefert i.d.R. genauere Ergebnisse als die summarische Zuschlagskalkulation (vgl. oben). Voraussetzung dafür ist eine Kostenstellenrechnung. Die Gemeinkosten werden nach Bereichen getrennt erfasst und die Zuschlagssätze differenziert ermittelt:

Bereich	Gemeinkosten	Zuschlagsbasis
Materialbereich	Materialgemeinkosten	Materialeinzelkosten
Fertigungsbereich	Fertigungsgemeinkosten	Fertigungseinzelkosten
Verwaltungsbereich	Verwaltungsgemeinkosten	Herstellkosten des Umsatzes
Vertriebsbereich	Vertriebsgemeinkosten	Herstellkosten des Umsatzes

Demzufolge werden die differenzierten Zuschlagssätze folgendermaßen ermittelt:

$$\text{Materialgemeinkostenzuschlag} = \frac{\text{Materialgemeinkosten} \cdot 100}{\text{Materialeinzelkosten}}$$

$$\text{Fertigungsgemeinkostenzuschlag} = \frac{\text{Fertigungsgemeinkosten} \cdot 100}{\text{Fertigungseinzelkosten}}$$

$$\text{Verwaltungsgemeinkostenzuschlag} = \frac{\text{Verwaltungsgemeinkosten} \cdot 100}{\text{Herstellkosten des Umsatzes}}$$

$$\text{Vertriebsgemeinkostenzuschlag} = \frac{\text{Vertriebsgemeinkosten} \cdot 100}{\text{Herstellkosten des Umsatzes}}$$

Es wird folgendes *Schema für die Kalkulation (eines Auftrages)* verwendet, das Sie sich für die Prüfung einprägen sollten:

Zeile		Kostenart	Abk.	Berechnung
1		Materialeinzelkosten	MEK	
2	+	Materialgemeinkosten	MGK	Zeile 1 · MGK-Zuschlag
3	=	**Materialkosten**	MK	Zeile 1 + Zeile 2
4		Fertigungseinzelkosten (z. B. Fertigungslöhne)	FEK	
5	+	Fertigungsgemeinkosten	FGK	Zeile 4 · FGK-Zuschlag
6	+	Sondereinzelkosten der Fertigung	SEKF	Σ Zeilen 4 bis 6
7	=	**Fertigungskosten**	FK	
8		**Herstellkosten der Fertigung (... der Erzeugung)**	HKF	Zeile 3 + Zeile 7
9	–	Bestandmehrung/unfertige Erzeugnisse	BV-/unf.	
10	+	Bestandsminderung/unfertige Erzeugnisse	BV+/unf.	
11	–	Bestandmehrung/fertige Erzeugnisse	BV-/fert.	
12	+	Bestandminderung/fertige Erzeugnisse	BV+/fert.	
13	=	**Herstellkosten des Umsatzes**	HKU	Σ Zeilen 8 bis 12
14	+	Verwaltungsgemeinkosten	VwGK	Zeile 13 · VwGK-Zuschlag
15	+	Vertriebsgemeinkosten	VtGK	Zeile 13 · VtGK-Zuschlag
16	+	Sondereinzelkosten des Vertriebs	SEKV	
17	=	**Selbstkosten (des Auftrags)**	SK	Σ Zeile 13 bis 16
18	+	Gewinnzuschlag	G	Zeile 17 · G-Zuschlag
19	=	**Barverkaufspreis**	BVP	Zeile 17 + Zeile 18
20	+	Skonto	Sk	Zeile 21 · Sk-Zuschlag
21	=	**Zielverkaufspreis**	ZVP	Zeile 20 + 21
22	+	Rabatt	R	Zeile 23 · R-Zuschlag
23	=	**Listenpreis**	LVP	Zeile 21 + Zeile 22

Hinweise zur Berechnung:

Zeile 6: Sondereinzelkosten der Fertigung fallen nicht bei jedem Auftrag an, z. B. Einzelkosten für eine spezielle Konstruktionszeichnung.

Zeile 9 bis 12: Bestandsmehrungen sind zu subtrahieren (werden auf Lager genommen); Bestandsminderungen sind zu addieren (werden vom Lager genommen und verkauft).

Zeile 20: Skonto bezieht sich auf den Zielverkaufspreis, wird also bei der Berechnung vom Barverkaufspreis (Zeile 19) als % vom verminderten Wert berechnet.

Zeile 22: Analog zu Skonto.

Zeile 16: Sondereinzelkosten des Vertriebs (analog zu Zeile 6) fallen nicht generell an und werden dem Auftrag als Einzelkosten zugerechnet, z. B. Kosten für Spezialverpackung.

Zeile 18 - 23: Entfallen, wenn nur die Berechnung der Selbstkosten relevant ist.

Beispiel: Wir kehren noch einmal zurück zu der Möbelfirma (vgl. Beispiel „summarische Zuschlagskalkulation, oben): Das Unternehmen will den vorliegenden Auftrag über die Schrankwand nun mithilfe der differenzierten Zuschlagskalkulation berechnen.

Folgende Daten lagen aus der zurückliegenden Abrechnungsperiode vor:

Fertigungsmaterial	340.000 EUR
Fertigungslöhne	260.000 EUR

Aus dem BAB ergaben sich folgende Gemeinkosten:

Materialgemeinkosten	60.000 EUR
Fertigungsgemeinkosten	30.000 EUR
Verwaltungsgemeinkosten	10.000 EUR
Vertriebsgemeinkosten	20.000 EUR

Für den Auftrag werden 3.400 EUR Fertigungsmaterial und 2.200 EUR Fertigungslöhne anfallen. Bestandsveränderungen sowie Sondereinzelkosten liegen nicht vor. Zu kalkulieren sind die Selbstkosten des Auftrags.

1. Schritt: Ermittlung der Zuschlagssätze für Material und Lohn

$$\text{MGK-Zuschlag} = \frac{\text{MGK} \cdot 100}{\text{MEK}} = \frac{60.000 \cdot 100}{340.000} = 17{,}65\ \%$$

$$\text{FGK-Zuschlag} = \frac{\text{FGK} \cdot 100}{\text{MEK}} = \frac{30.000 \cdot 100}{260.000} = 11{,}54\ \%$$

2. Schritt:Ermittlung der Herstellkosten des Umsatzes als Grundlage für die Berechnung des Verwaltungs- und des Vertriebsgemeinkostensatzes

	Materialeinzelkosten	340.000,00
+	Materialgemeinkosten	60.000,00
+	Fertigungseinzelkosten	260.000,00
+	Fertigungsgemeinkosten	30.000,00
=	**Herstellkosten des Umsatzes**	**690.000,00**

$$\text{VwGK-Zuschlag} = \frac{\text{VwGK} \cdot 100}{\text{HUK}} = \frac{10.000 \cdot 100}{690.000} = 1{,}45\ \%$$

$$\text{VtGK-Zuschlag} = \frac{\text{VtGK} \cdot 100}{\text{HUK}} = \frac{20.000 \cdot 100}{690.000} = 2{,}90\ \%$$

3. Schritt: Kalkulation der Selbstkosten des Auftrages mithilfe des Schemas:

	Materialeinzelkosten		3.400,00
+	Materialgemeinkosten	17,65 %	600,10
=	**Materialkosten**		4.000,10
	Fertigungseinzelkosten		2.200,00
+	Fertigungsgemeinkosten	11,54 %	253,88
=	**Fertigungskosten**		2.453,88
	Herstellkosten der Fertigung		6.453,98
=	**Herstellkosten des Umsatzes**		6.453,98
+	Verwaltungsgemeinkosten	1,45 %	93,58
+	Vertriebsgemeinkosten	2,90 %	187,17
=	**Selbstkosten (des Auftrags)**		**6.734,73**

Bewertung des Ergebnisses:
Man kann an diesem Beispiel erkennen, dass die Selbstkosten auf Basis der differenzierten Zuschlagskalkulation nur wenig von denen auf Basis der summarischen Zuschlagskalkulation abweichen. Die Ursache ist darin zu sehen, dass wir im vorliegenden Fall einen Kleinbetrieb mit nur sehr geringen Gemeinkosten haben. Es lässt sich zeigen, dass bei hohen Gemeinkosten die differenzierte Zuschlagskalkulation eindeutig zu besseren Ergebnissen führt.

03. Wie wird die Kalkulation mit Maschinenstundensätzen durchgeführt?

Die Kalkulation mit Maschinenstundensätzen ist eine Verfeinerung der differenzierten Zuschlagskalkulation:

In dem oben dargestellten Schema der differenzierten Zuschlagskalkulation wurden in Zeile 5 die Fertigungsgemeinkosten als Zuschlag auf Basis der Fertigungseinzelkosten berechnet:

Bisher:

	Fertigungseinzelkosten (z. B. Fertigungslöhne)
+	Fertigungsgemeinkosten
=	Fertigungskosten

Bei dieser Berechnungsweise *wird übersehen, dass die Fertigungsgemeinkosten bei einem hohen Automatisierungsgrad nur noch wenig von den Fertigungslöhnen beeinflusst werden*, sondern vielmehr vom Maschineneinsatz verursacht werden. Von daher sind die Fertigungslöhne bei zunehmender Automatisierung nicht mehr als Zuschlagsgrundlage geeignet.

Man löst dieses Problem dadurch, indem die *Fertigungsgemeinkosten aufgeteilt werden* in maschinenabhängige und maschinenunabhängige Fertigungsgemeinkosten.

- Die *maschinenunabhängigen Fertigungsgemeinkosten* bezeichnet man als „Restgemeinkosten"; als Zuschlagsgrundlage werden die *Fertigungslöhne* genommen.
- Bei den *maschinenabhängigen Fertigungsgemeinkosten* werden als Zuschlagsgrundlage die Maschinenlaufstunden genommen. Es gilt:

$$\text{Maschinenstundensatz} = \frac{\text{maschinenabhängige Fertigungsgemeinkosten}}{\text{Maschinenlaufstunden}}$$

Das bisher verwendete Kalkulationsschema (vgl. Zeile 5) modifiziert sich. Es gilt:

Neu:		Fertigungslöhne	
	+	Restgemeinkosten	(in % der Fertigungslöhne)
	+	Maschinenkosten	(Laufzeit des Auftrages · Maschinenstd.satz)
	=	Fertigungskosten	

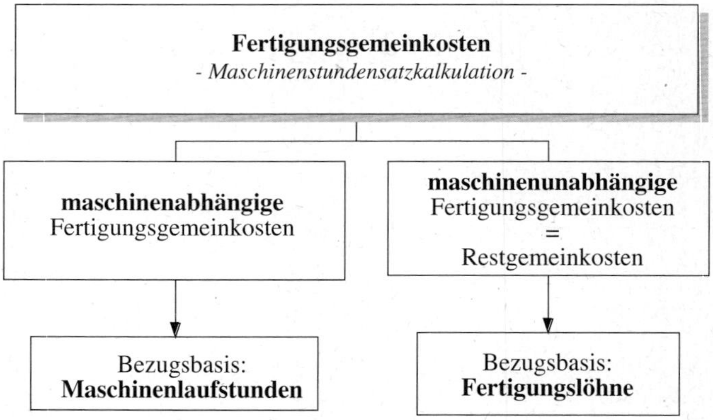

Beispiele für maschinenabhängige Fertigungsgemeinkosten:

- kalkulatorische Abschreibung (AfA; Absetzung für Abnutzung)
- kalkulatorische Zinsen
- Energiekosten
- Raumkosten
- Instandhaltung
- Werkzeuge

Beispiel *einer Zuschlagskalkulation mit Maschinenstundensatz:*

Auf einer NC-Maschine wird ein Werkstück bearbeitet. Die Bearbeitungsdauer beträgt 86 Minuten; der Materialverbrauch liegt bei 160,00 EUR. Der anteilige Fertigungslohn für die Bearbeitung beträgt 40,00 EUR (Einrichten, Nacharbeit). Es sind Materialgemeinkosten von 80 % und Restgemeinkosten von 60 % zu berücksichtigen. Zu kalkulieren sind die Herstellkosten der Fertigung.

1. Schritt: Berechnung des Maschinenstundensatzes

Zur Berechnung des Maschinenstundensatzes wird auf folgende Daten der vergangenen Abrechnungsperiode zurückgegriffen:

- Anschaffungskosten der NC-Maschine:	100.000 EUR
- Wiederbeschaffungskosten der NC-Maschine:	120.000 EUR
- Nutzungsdauer der NC-Maschine:	10 Jahre
- kalkulatorische Abschreibung:	linear
- kalkulatorische Zinsen:	6 % vom halben Anschaffungswert
- Instandhaltungskosten:	2.000 EUR p.a.
- Raumkosten:	
- Raumbedarf:	20 qm
- Verrechnungssatz je qm:	10 EUR/qm/Monat
- Energiekosten:	
- Energieentnahme der NC-Maschine:	11 kwh
- Verbrauchskosten:	0,12 EUR/kwh
- Jahresgrundgebühr:	220 EUR
- Werkzeugkosten:	6.000 EUR p.a., Festbetrag
- Laufzeit der NC-Maschine:	1.800 Std. p.a.

Berechnung:

1) $$\text{kalkulatorische Zinsen} = \frac{\text{Anschaffungskosten}}{2} \cdot \frac{\text{Zinssatz}}{100}$$

$$= \frac{100.000}{2} \cdot \frac{6}{100} = 3.000 \text{ EUR}$$

2) $$\text{kalkulatorische Abschreibung} = \frac{\text{Wiederbeschaffungskosten}}{\text{Nutzungsdauer}}$$

$$= \frac{120.000}{10} = 12.000 \text{ EUR}$$

3) Raumkosten = Raumbedarf · Verrechnungssatz/qm/Monat · 12 Monate

= 20 qm · 10 EUR/qm/Mon. · 12 Mon. = 2.400 EUR

4) Energiekosten

= Energieverbrauch/Std. · EUR/kwh · Laufleistung p.a. + Grundgebühr

= 11 kwh · 0,12 EUR/kwh · 1.800 Std. p.a. + 220 EUR = 2.596 EUR

5) Instandhaltungskosten = Festbetrag p.a.

= 2.000 EUR

6) Werkzeugkosten = Festbetrag p.a

= 6.000 EUR

Daraus ergibt sich folgender Maschinenstundensatz:

lfd. Nr.	maschinenabhängige Fertigungsgemeinkosten	EUR p.a.
1	kalk. Zinsen	3.000
2	kalk. Abschreibung	12.000
3	Raumkosten	2.400
4	Energiekosten	2.596
5	Instandhaltungskosten	2.000
6	Werkzeugkosten	6.000
	Σ	27.996
	Maschinenstundensatz	
	= 27.996 EUR : 1.800 Std. =	**15,55 EUR/Std.**

2. Schritt: Kalkulation der Herstellkosten der Fertigung

	Materialeinzelkosten		160,00
+	Materialgemeinkosten	80 %	128,00
=	**Materialkosten**		**288,00**
	Fertigungslöhne		40,00
+	Restgemeinkosten	60 %	24,00
+	Maschinenkosten	86 min. · 15,55 EUR/Std. : 60 min.	22,29
=	**Fertigungskosten**		**86,29**
	Herstellkosten der Fertigung		**374,29**

2.5.6 Zusammenhänge zwischen Erlösen, Kosten und Beschäftigungsgrad

01. Was versteht man unter dem Beschäftigungsgrad?

- Der *Beschäftigungsgrad* (= Kapazitätsausnutzungsgrad) ist das Verhältnis von tatsächlicher Nutzung der Kapazität zur verfügbaren Kapazität:

$$\text{Beschäftigungsgrad} = \frac{\text{genutzte Kapazität} \cdot 100}{\text{verfügbare Kapazität}}$$

oder

$$\text{Beschäftigungsgrad} = \frac{\text{Istleistung} \cdot 100}{\text{Kapazität}}$$

- Als *Kapazität* bezeichnet man (vereinfacht) das Leistungsvermögen eines Unternehmens.

02. Wie verändern sich fixe und variable Gesamtkosten und Stückkosten in Abhängigkeit vom Beschäftigungsgrad?

Bitte wiederholen Sie an dieser Stelle ggf. die Ausführungen oben, Ziffer 2.5.4, Nr. 02. (Überschneidung im Rahmenplan).

03. Wie lässt sich der Zusammenhang von Erlösen, Kosten und alternativen Beschäftigungsgraden darstellen (Break-even-Analyse)?

- Der *Break-even-Punkt* (= Gewinnschwelle) ist die Beschäftigung, bei der das Betriebsergebnis gleich Null ist. Die Erlöse sind gleich den Kosten (Hinweis: Die Break-even-Analyse erstreckt sich nur auf eine Produktart).
- *Rechnerisch gilt im Break-even-Punkt:*

  Betriebsergebnis = 0 = B

  Erlöse = Kosten

  $U = K$

  $U = \text{Menge} \cdot \text{Preis} = x \cdot p$

  $K = \text{fixe Kosten} + \text{variable Kosten} = K_f + K_v$

  $K_v = \text{Stückzahl} \cdot \text{variable Kosten/Stk.} = x \cdot K_{v/Stk.}$

  Daraus ergibt sich für die kritische Menge (= die Beschäftigung, bei der das Betriebsergebnis B gleich Null ist):

$$\begin{aligned} B &= U - K \\ &= x \cdot p - (K_f + K_v) \\ &= x \cdot p - K_f - K_v \\ &= x \cdot p - K_f - x \cdot K_{v/Stk.} \\ &= x\,(p - K_{v/Stk.}) - K_f \end{aligned}$$

Da im Break-even-Punkt B = 0 ist, gilt weiterhin:

$K_f = x\,(p - K_{v/Stk.})$

$$x = \frac{K_f}{p - K_{v/Stk.}}$$

Da die Differenz aus Preis und variablen Stückkosten der Deckungsbeitrag pro Stück ist ($DB_{Stk.}$) gilt:

$$x = \frac{K_f}{DB_{Stk}} = \frac{K_f}{db}$$

In Worten:

Im Break-even-Punkt ist die Beschäftigung (kritische Menge) gleich dem Quotienten aus fixen Gesamtkosten K_f und dem Deckungsbeitrag pro Stück db.

Beispiele:

Fall 1: Ein Unternehmen verkauft in einer Abrechnungsperiode 50.000 Stück zu einem Preis von 40,00 EUR pro Stück bei fixen Gesamtkosten von 400.000 EUR und variablen Stückkosten von 30,00 EUR.

Fall 2: In der nächsten Abrechnungsperiode muss das Unternehmen einen Beschäftigungsrückgang von 30 % hinnehmen und verkauft nur noch 35.000 Stück bei sonst unveränderter Situation.

Zu ermitteln ist jeweils das Betriebsergebnis im Fall 1 und 2. Bei welcher Beschäftigung ist das Betriebsergebnis (B) gleich Null?

Fall 1:
$$\begin{aligned} B &= x\,(p - K_{v/Stk.}) - K_f \\ &= 50.000\,(40 - 30) - 400.000 \\ &= 100.000 \text{ EUR} \end{aligned}$$

Fall 2:
$$\begin{aligned} B &= x\,(p - K_{v/Stk.}) - K_f \\ &= 35.000\,(40 - 30) - 400.000 \\ &= -50.000 \text{ EUR} \end{aligned}$$

Kommentar:
Im vorliegenden Fall führt ein Beschäftigungsrückgang um 30 % zu einem Rückgang des Betriebsergebnisses in Höhe von 150 % und damit zu einem Verlust von 50.000 EUR.

Kritische Menge (Gewinnschwelle):

$$x = \frac{K_f}{p - K_{v/Stk.}} = \frac{400.000}{40 - 30} = 40.000 \text{ Stück}$$

Kommentar:
Das Unternehmen erreicht den Break-even-Punkt bei einer Beschäftigung von 40.000 Stück. Oberhalb dieser Ausbringungsmenge ist das Betriebsergebnis positiv (Gewinnzone), unterhalb ist es negativ (Verlustzone).

- *Grafisch gilt im Break-even-Punkt* (bei linearen Kurvenverläufen):
  - Das Lot vom Schnittpunkt der Erlösgeraden mit der Gesamtkostengeraden auf die x-Achse zeigt die kritische Menge (= Beschäftigung im Break-even-Punkt), bei der das Betriebsergebnis gleich Null ist (B = 0 bzw. U = K), in diesem Fall bei x = 40.000 Stück.
  - Oberhalb dieses Beschäftigungsgrades wird die Gewinnzone erreicht; unterhalb liegt die Verlustzone.
  - Die fixen Gesamtkosten verlaufen für alle Beschäftigungsgrade parallel zur x-Achse (= konstanten Verlauf); hier bei K_f = 400.000 EUR.

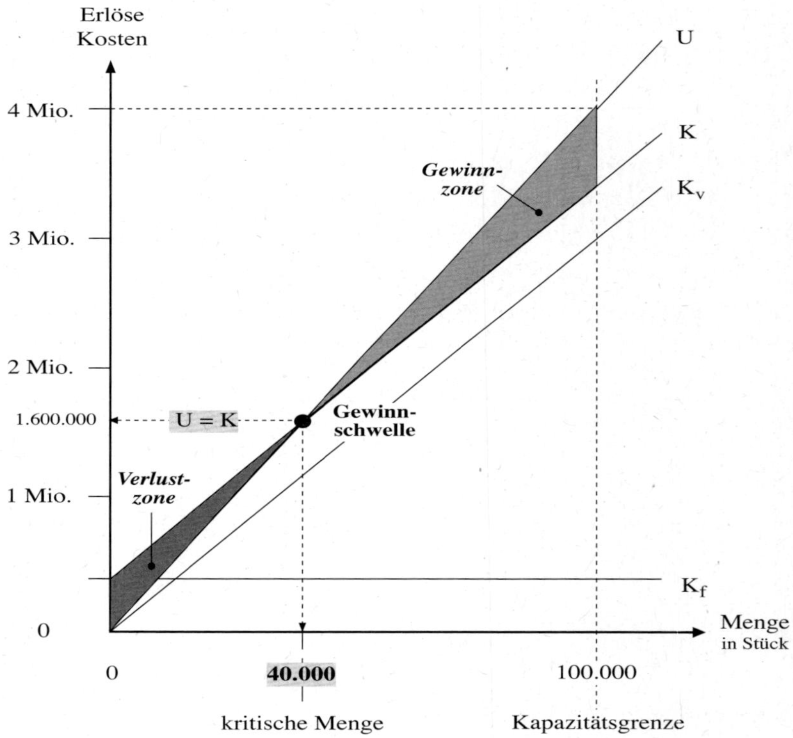

- *Fazit* zur Break-even-Analyse:

> *Die Gewinnschwellen-Analyse ist ein Instrument, mit dem leicht festgestellt werden kann, welche Absatzmenge ein Unternehmen pro Periode mindestens erzielen muss (= kritische Menge), um ein negatives Betriebsergebnis zu vermeiden.*

2.5.7 Grundzüge der Deckungsbeitragsrechnung

01. Was bezeichnet man als Deckungsbeitrag?

- Der *Deckungsbeitrag* (DB) gibt an, welchen Beitrag ein Kostenträger bzw. eine Mengeneinheit *zur Deckung der fixen Kosten beiträgt.*

- *Mathematisch* erhält man den Deckungsbeitrag (DB), wenn man *von den Erlösen eines Kostenträgers dessen variablen Kosten subtrahiert:*

Deckungsbeitrag = Erlöse – variable Kosten

- *Grafisch* lässt sich der DB folgendermaßen veranschaulichen:

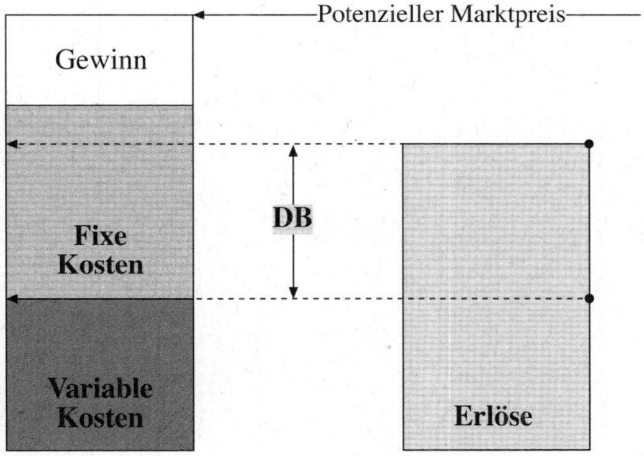

02. Welche Aufgabe erfüllt die Deckungsbeitragsrechnung als Instrument der Teilkostenrechnung?

Die oben unter Ziffer 2.5.5 dargestellten Kalkulationsverfahren gehen von dem *Vollkostenprinzip* aus, d.h. fixe und variable Kosten werden bei der Kalkulation (z.B. Ermittlung des Angebotspreises im Rahmen der Vorkalkulation) insgesamt berücksichtigt.

Die Deckungsbeitragsrechnung (DBR) ist eine *Teilkostenrechnung* und geht von der Überlegung aus, dass es *kurzfristig* und vorübergehend von Vorteil sein kann, *nicht alle Kosten* bei der Preisberechnung zu berücksichtigen.

Die Kosten werden unterteilt in fixe und variable Kosten (Voraussetzung der DBR). Die fixen Kosten entstehen, gleichgültig, ob der Betrieb produziert oder ruht. Das Unternehmen kann also kurzfristig die Entscheidung treffen, einen Einzelauftrag unter dem Marktpreis anzunehmen, wenn der Auftrag einen positiven DB liefert, d. h. die variablen Kosten dieses Auftrags abgedeckt werden und zusätzlich ein Beitrag zur „Deckung der fixen Kosten entsteht".

- *Langfristig* gilt jedoch:
  Nur die Vollkostenrechnung kann als dauerhafte Grundlage der Kostenkontrolle und der Kalkulation der Preise genommen werden.

- Die DBR kann als *Stückrechnung* (Kostenträgerstückrechnung) erfolgen:

Kalkulation einer Mengeneinheit (EUR/Stk.)			
	Verkaufspreis je Stück	p	54,00
–	variable Stückkosten	k_v	28,00
=	DB pro Stück	db	26,00
–	fixe Kosten pro Stück	k_f	16,00
=	Betriebsergebnis pro Stück	$BE_{Stk.}$	10,00

Dabei gilt *im Break-even-Punkt:*

$$x = \frac{K_f}{DB_{Stk.}} = \frac{K_f}{db}$$

oder

als *Periodenrechnung* (Kostenträgerzeitrechnung) durchgeführt werden (Beispiel: 2-Produkt-Unternehmen):

DBR als Periodenrechnung (Beispiel: 2-Produkt-Unternehmen)					
Produkt 1			Produkt 2		
Erlöse	$x_1 \cdot p_1$	100.000	Erlöse	$x_2 \cdot p_2$	200.000
– variable Kosten	K_{v1}	– 40.000	– variable Kosten	K_{v2}	– 120.000
= Deckungsbeitrag	DB_1	60.000	= Deckungsbeitrag	DB_2	80.000
Gesamtdeckungsbeitrag, GDB		140.000			
– fixe Gesamtkosten, $\sum K_f$		– 70.000			
= Gesamt-Betriebsergebnis, BE		**70.000**			

2.5.8 Kostenvergleichsrechnung und Verfahren der Wirtschaftlichkeitsrechnung

01. Welcher grundsätzliche Unterschied besteht zwischen den Kennzahlen „Produktivität, Wirtschaftlichkeit und Rentabilität"?

Hinweis: Die Darstellung der Unterschiede zwischen diesen Kennzahlen erscheint den Autoren notwendig, weil die Abgrenzung und Anwendung in der Praxis nicht immer „sauber" ist.

A.	**Produktivität**	Mengengröße : Mengengröße
		Die Produktivität ist eine *Mengenkennziffer.* Sie zeigt die *mengenmäßige Ergiebigkeit eines Faktoreinsatzes* (z. B. Anzahl der Maschinenstunden, Anzahl der Mitarbeiterstunden, Menge des verbrauchten Rohstoffes) zur erzeugten Menge (in Stückzahlen, in Einheiten u. Ä.). Als Einzelwert hat die Produktivität keine Aussagekraft; dies wird erst im Vergleich mit innerbetrieblichen Ergebnissen (z. B. der Vorperiode) oder im zwischenbetrieblichen Vergleich erreicht.

Wichtige *Teilproduktivitäten* sind:

A.1	**Arbeitsproduktivität**	= Erzeugte Menge [Stk., E] : Arbeitsstunden
A.2	**Materialproduktivität**	= Erzeugte Menge [Stk., E] : Materialeinsatz [t, kg, u.Ä.]
A.3	**Maschinenproduktivität**	= Erzeugte Menge [Stk., E] : Maschinenstunden

B.	**Wirtschaftlichkeit**	= Leistungen : Kosten oder = Ertrag : Aufwand
		Die Wirtschaftlichkeit ist eine *Wertkennziffer.* Sie misst die Einhaltung des ökonomischen Prinzips und ist der Quotient aus Leistungen und Kosten oder Ertrag und Aufwand.

C.	**Rentabilität**	Periodenerfolg : *gewählte Größe X* · 100
		Die Rentabilität (auch: Rendite) ist eine *Wertkennziffer* und misst die *Ergiebigkeit des Kapitaleinsatzes* (oder des Umsatzes) zum Periodenerfolg. Als Größen für den Periodenerfolg werden verwendet: Gewinn, Return (Gewinn + Fremdkapitalzinsen), Cashflow.

Es werden vor allem folgende Rentabilitätszahlen betrachtet:

C.1	**Eigenkapitalrentabilität**	= Gewinn : Eigenkapital · 100
		Zeigt die Beziehung von Gewinn (= Jahresüberschuss) zu Eigenkapital (= Grundkapital + offene Rücklagen).

C.2	**Gesamtkapital-rentabilität**	= (Gewinn + Fremdkapitalzinsen) : Gesamtkapital · 100
		Zeigt die Beziehung von Gewinn und Fremdkapitalzinsen zu Gesamtkapital; die Verzinsung des Gesamtkapitals zeigt die Leistungsfähigkeit des Unternehmens (vgl. Leverage-Effekt). Aus dieser Größe lässt sich durch Erweiterung des Quotienten mit dem Faktor Umsatz der Return on Investment (ROI) ableiten.
C.3	**Umsatz-rentabilität**	= Gewinn : Umsatzerlöse · 100
		Zeigt die relative Erfolgssituation des Unternehmens: Niedrige Umsatzrenditen bedeuten i. d. R. eine ungünstige wirtschaftliche Entwicklung (siehe: Branchenvergleich und Zeitvergleich über mehrere Jahre).
C.4	**ROI** **Return on Investment**	$\frac{\text{Return} \cdot 100}{\text{Umsatz}} \cdot \frac{\text{Umsatz}}{\text{Investiertes Kapital}}$ [Return = Gewinn + FK-Zinsen] = Umsatzrendite · Kapitalumschlag
		Rein rechnerisch ist der ROI (Return on Investment) identisch mit der Gesamtkapitalrentabilität. Die Aufspaltung in zwei Kennzahlen erlaubt eine verbesserte Analyse der Ursachen für Verbesserungen/Verschlechterungen der Gesamtkapitalrendite (vgl. Kennzahlensystem nach Du Pont).

02. Welches Schema hat das Kennzahlensystem nach Du Pont (ROI)?

Die Gesamtkapitalrentabilität ist definiert als:

Gesamtkapitalrentabilität	= (Gewinn + Fremdkapitalzinsen) : Gesamtkapital · 100 = Return* : Gesamtkapital · 100 = R : K · 100 *Return (R) = Gewinn + FK-Zinsen

Durch die Erweiterung des Quotienten [R · 100 : K] mit der Größe Umsatz (U) entsteht eine differenzierte Berechnungsgröße, die sich aus den Faktoren [Umsatzrendite] und [Kapitalumschlag] zusammensetzt:

$$\text{ROI} = \frac{R \cdot 100 \cdot U}{K \cdot U} \Rightarrow \text{ROI} = \frac{R \cdot 100}{U} \cdot \frac{U}{K}$$

Return on Investment (ROI)	(Return : Umsatz · 100) · (Umsatz : Kapitaleinsatz) · 100
	Umsatzrendite · Kapitalumschlag · 100

Das Kennzahlensystem ROI ist vom amerikanischen Chemieunternehmen Du Pont entwickelt worden. Es ermöglicht – im Gegensatz zur Kennzahl Gesamtkapitalrentabilität – die Aussage, ob Veränderungen in der Verzinsung des eingesetzten Kapitals auf einer Veränderung der Umsatzrendite oder des Kapitalumschlags beruhen.

Der ROI lässt sich auf folgendes Schema erweitern (Kennzahlensystem nach Du Pont):

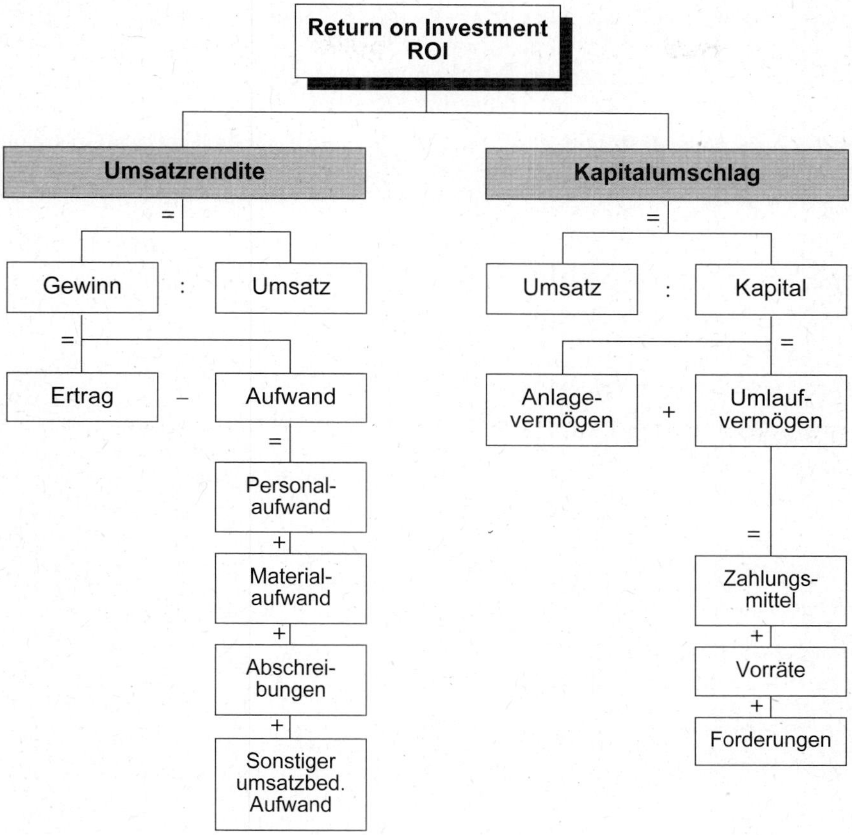

Aus dem Kennzahlensystem von Du Pont lassen sich Maßnahmen zur Verbesserung des ROI ableiten; die nachfolgenden Beispiele gelten unter der Voraussetzung, dass alle anderen Größen jeweils unverändert bleiben:

Der ROI steigt, wenn	
- die Umsatzrendite steigt,	- die Forderungsbestände sinken
- der Kapitalumschlag steigt,	- der Gewinn steigt,
- der Umsatz steigt,	- der Aufwand sinkt,
- der Kapitaleinsatz sich verringert,	- die Verbindlichkeiten steigen.

03. Welchen Zweck hat die Kostenvergleichsrechnung?

Die Kostenvergleichsrechnung hat den Zweck, die wirtschaftliche Zweckmäßigkeit von Investitionen zu überprüfen. Es werden die Kosten von zwei oder mehreren Investitionsobjekten/Verfahren gegenübergestellt und verglichen. Dasjenige Investitionsobjekt/Verfahren ist vorteilhafter, bei dem die Kosten geringer sind. Die Kostenvergleichsrechnung gehört zu den sog. *statischen Verfahren der Investitionsrechnung*.

04. Wie wird die Kostenvergleichsrechnung durchgeführt?

Ist die genutzte Kapazität (nicht die technische Kapazität) von zwei Anlagen gleich groß, wird ein Vergleich der Kosten pro Abrechnungsperiode oder pro Stück durchgeführt; es werden *alle relevanten Kosten*, die nicht identisch sind, *gegenübergestellt.*

Werden die Anlagen in unterschiedlicher Höhe genutzt, müssen die *Stückkosten* miteinander *verglichen werden.*

Relevant sind folgende Kostenkomponenten:

1. *Betriebskosten* (Material, Personal, Energie, Raumkosten) – unterschieden in:

   K_f fixe Kosten
   K_v variable Kosten
   k_v variable Kosten pro Stück bzw. pro Leistungseinheit

2. *Kalkulatorische Zinsen*:

   Sie werden auf das während der Nutzungsdauer durchschnittlich gebundene Kapital bezogen.

$$Z = \frac{AW + RW}{2} \cdot i$$

AW = Anschaffungswert
RW = Restwert
i = Kalkulationszins in Dezimalform

3. *Kalkulatorische Abschreibung*:
   Der Kapitalverzehr wird auf ein Jahr bezogen (lineare AfA).

$$AfA = \frac{AW - RW}{n}$$

n = Nutzungsdauer in Jahren

05. Welche Varianten der Kostenvergleichsrechnung sind vorherrschend?

Kostenvergleichsrechnung		
Varianten	*Situation*	*Auswahlentscheidung*
Variante 1	**Kostenvergleich identischer Anlagen:** Die *Kapazität* der betrachteten Anlagen ist *gleich.*	Kostenvergleich pro Periode
Variante 2	**Kostenvergleich nicht identischer Anlagen:** Die *Kapazität* der betrachteten Anlagen ist *verschieden.* Es wird eine Maximalkapazitätsausnutzung unterstellt.	Kostenvergleich pro Leistungseinheit
Variante 3	**Kritische Menge:** Die *Kapazität* der betrachteten Anlagen ist *verschieden*; der zukünftige Leistungsgrad ist ungewiss.	Bestimmung der kritischen Menge durch Vergleich der Gesamtkosten, die in fixe und variable Kosten zerlegt werden.
Variante 4	**Kostenvergleich bei der Ersatzinvestition** einer Anlage unter Beachtung des Restwertes der alten Anlage.	$Kosten_{Neuanlage} < Kosten_{Altanlage}$ - Bruttomethode - Nettomethode

Beispiel zu Variante 1: Zwei identische Anlagen, ohne Restwert (in EUR)

Kalkulationsangaben		Abk.	Anlage I	Anlage II
	Anschaffungswert (in EUR)	AW	50.000	80.000
	Leistung, Einheiten pro Jahr	E	40.000	40.000
	Nutzungsdauer	n	5	8
	kalkulatorischer Zinssatz	p	8 %	
		i	0,08	
	Restwert	RW	0	
Betriebskosten				
	Lohnkosten		8.000	6.000
	Instandhaltung		3.500	2.000
	Energie und Materialkosten		2.500	2.000
	Raumkosten		1.000	1.200
	Kalkulatorische AfA: Anlage 1: (50.000 - 0) : 5 Anlage 2: (80.000 - 0) : 8	(AW - RW) : n	10.000	10.000
	Kalkulatorische Zinsen: Anlage 1: (50.000 + 0) : 2 · 0,08 Anlage 2: (80.000 + 0) : 2 · 0,08	(AW + RW) : 2 · i	2.000	3.200
Gesamtkosten			**27.000**	**24.400**
Kostenvorteil				**2.600**

Ergebnis: *Anlage II ist vorteilhafter*. Dabei muss in der Praxis beachtet werden, dass bei geringen Kostenunterschieden der Investitionsalternativen kein „Automatismus“ der Entscheidung gilt. Ggf. muss die Kostenvergleichsrechnung erneut unter Best-case- und Worst-case-Bedingungen durchgeführt werden, denn das Ergebnis der Rechnung ist nur so zuverlässig wie die Prämissen (K, n, RW, Kapazität) Gültigkeit haben.

Beispiel zu Variante 2:
Zwei Anlagen mit unterschiedlicher Kapazität mit Restwert (in EUR); der Restwert > 0 reduziert die kalkulatorische AfA und erhöht die kalkulatorischen Zinsen; zu Übungszwecken werden ansonsten die gleichen Daten wie im Beispiel zu Variante 1 unterstellt.

Kalkulationsangaben		Abk.	Anlage I	Anlage II
	Anschaffungswert (in EUR)	AW	50.000	80.000
	Leistung, Einheiten pro Jahr	E	40.000	50.000
	Nutzungsdauer	n	5	8
	kalkulatorischer Zinssatz	p	8 %	
		i	0,08	
	Restwert	RW	5.000	10.000
Betriebskosten				
	Lohnkosten		8.000	6.000
	Instandhaltung		3.500	2.000
	Energie und Materialkosten		2.500	2.000
	Raumkosten		1.000	1.200
	Kalkulatorische AfA: Anlage I: (50.000 - 5.000) : 5 Anlage II: (80.000 - 10.000) : 8	(AW - RW) : n	9.000	8.750
	Kalkulatorische Zinsen: Anlage I: (50.000 + 5.000) : 2 · 0,08 Anlage II: (80.000 + 10.000) : 2 · 0,08	(AW + RW) : 2 · i	2.200	3.600
Gesamtkosten			**26.200**	**23.550**
Kosten pro Einheit			**0,66**	**0,47**
Kostenvorteil pro Einheit				**0,19**

Ergebnis: Anlage II ist vorteilhafter.

Beispiel zu Variante 3:
Vergleich von zwei Produktionsverfahren und Berechnung der Grenzstückzahl; Fragestellung: Welches Produktionsverfahren ist bei gegebener Losgröße kostengünstiger bzw. bei welcher Menge (Grenzstückzahl) sind beide Verfahren kostengleich?

		Verfahren I	Verfahren II
Rüsten	Vorgabezeit	0,5 Std.	6,5 Std.
	Stundensatz	20,00 EUR	42,00 EUR
Fertigen	Vorgabezeit	2,2 min/E	0,8 min/E
	Stundensatz	24,00 EUR	48,00 EUR

1. Schritt: Errechnen der variablen Stückkosten:

Verfahren I: 60 min – 24,00 EUR
2,2 min – k_{vI}

$$\Rightarrow k_{vI} = 24 \cdot 2{,}2 : 60 = 0{,}88 \text{ EUR}$$

Verfahren II: analog

$$\Rightarrow k_{vII} = 0{,}64 \text{ EUR}$$

2\. Schritt: Die Kosten für beide Verfahren werden gleichgesetzt; mit x wird die Stückzahl bezeichnet:

$$0{,}5 \cdot 20 + x \cdot 0{,}88 = 6{,}5 \cdot 42 + x \cdot 0{,}64$$

$$\Rightarrow \quad x = \text{rd. } 1.096 \text{ Stück}$$

In Worten: Bei rd. 1096 Stück (= Grenzstückzahl) sind die Kosten beider Verfahren gleich. Oberhalb der Grenzstückzahl ist Verfahren II wirtschaftlicher (Vorteil der variablen Stückkosten), unterhalb der Grenzstückzahl ist Verfahren I günstiger (Vorteil der geringeren Fixkosten).

Allgemein gilt rechnerisch:

$$\text{Grenzstückzahl} = \frac{\text{Fixkosten}_{II} - \text{Fixkosten}_{I}}{\text{var. Stückkosten}_{I} - \text{var. Stückkosten}_{II}}$$

$$x = \frac{K_{fII} - K_{fI}}{k_I - k_{II}} \quad \text{bzw.} \quad \frac{K_{fI} - K_{fII}}{k_{II} - k_I}$$

Allgemein gilt grafisch:

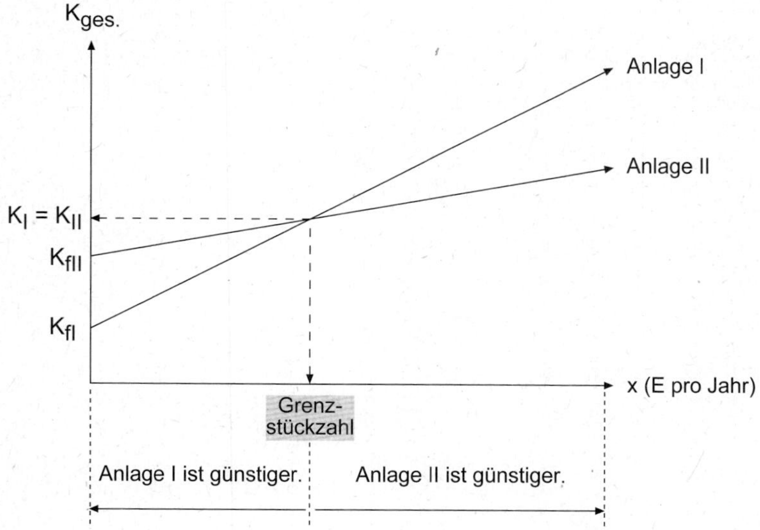

Beispiel zu Verfahren 4: Kostenvergleich bei Ersatzinvestition
Während der laufenden Nutzung einer Anlage (Altanlage) wird die Fragestellung untersucht, ob es günstiger ist, die Altanlage weiterhin zu nutzen oder durch eine Neuanlage zu ersetzen und wann der optimale Ersatzzeitpunkt vorliegt. Es gibt zwei Berechnungsvarianten:

- *Bruttomethode:*
  Die Kapital- und Betriebskosten der Altanlage werden mit den Kapital- und Betriebskosten der Neuanlage verglichen.

- *Nettomethode:*
  Es werden nur die Betriebskosten der Altanlage mit den Kapital- und Betriebskosten der Neuanlage verglichen. Diese Methode wird in jüngster Zeit favorisiert.

Ist davon auszugehen, dass für die Altanlage ein Liquidationserlös L erzielt werden kann, so ist er bei dem Kostenvergleich zu berücksichtigen. Begründung: Der Liquidationserlös sinkt mit zunehmender Nutzungsdauer. Man „belastet" also im Kostenvergleich die Altanlage mit der Differenz des Liquidationserlöses am Beginn und am Ende der Vergleichsperiode bezogen auf die Restnutzungsdauer:

$$L = \frac{RW_A + RW_E}{RND}$$

RW_A = Restwert am Anfang der Vergleichsperiode
RW_E = Restwert am Ende der Vergleichsperiode
RND = Restnutzungsdauer
L = durchschnittliche Verringerung des Liquidationserlöses (ø Restwertminderung)

Beispiel: Die Altanlage hat eine geplante Nutzungsdauer von 10 Jahren. Nach 6 Jahren soll die Vorteilhaftigkeit einer Ersatzinvestition geprüft werden. Der Liquidationserlös am Ende des 6. Jahres wird mit 20.000 EUR, am Ende der Nutzungsdauer mit 6.000 EUR angenommen:

$$L = \frac{20.000 - 6.000}{4} = 3.500 \text{ EUR}$$

Die kalkulatorischen Zinsen für die Altanlage beziehen sich auf das noch gebundene Kapital, wenn die Altanlage weiter genutzt wird. Sie sind abhängig vom Zinssatz und den Liquidationserlösen am Anfang und am Ende des Vergleichszeitraums:

$$Z = \frac{RW_A + RW_E}{2} \cdot i$$

RW_A = Restwert am Anfang der Vergleichsperiode
RW_E = Restwert am Ende der Vergleichsperiode
i = Kalkulationszins in Dezimalform

Beispiel (vgl. oben): Es wird ein Zinssatz von 8 % unterstellt.

$$Z = \frac{20.000 + 6.000}{2} \cdot 0{,}08 = 1.040 \text{ EUR}$$

Das nachfolgende Beispiel zeigt einen Gesamtkostenvergleich bei alternativer Ersatzinvestition (**Bruttomethode**):

Kalkulationsangaben		Abk.	Altanlage	Neuanlage
Anschaffungswert (in EUR)		AW	150.000	200.000
Leistung, Einheiten pro Jahr		E	5.000	
Nutzungsdauer		n	8	
kalkulatorischer Zinssatz		p	8 %	
Restwert am Anfang der Vergleichsperiode		RW_A	31.000	–
Restwert am Ende der Vergleichsperiode		RW_E	10.000	20.000
Betriebskosten				
Lohnkosten			40.000	40.000
Energie und Materialkosten			30.000	25.000
Sonstige variable Kosten			15.000	12.000
Fixkosten ohne AfA und Zinsen			20.000	18.000
Zwischensumme			105.000	95.000
∅ Restwertminderung	(31.000 - 10.000) : 3		7.000	–
Kalkulatorische AfA:	(200.000 - 20.000) : 8		–	22.500
Kalkulatorische Zinsen:	Altanlage: (31.000 + 10.000) : 2 · 0,08		1.640	–
	Neuanlage: (200.000 + 20.000) : 2 · 0,08		–	8.800
Gesamtkosten			**113.640**	**126.300**
Kostenvorteil			**12.660**	

Ergebnis: *Es ist zurzeit vorteilhafter, die Altanlage weiter zu nutzen.*

06. Wie wird die Gewinnvergleichsrechnung durchgeführt?

Die Gewinnvergleichsrechnung ergänzt die Kostenvergleichsrechnung um die Größe „Erlöse" und ist damit aussagefähiger. Zu wählen ist diejenige Investition, die den größten durchschnittlichen Gewinn erzielt. Bei gleichen Erlösen pro Leistungseinheit für beide Investitionsobjekte kommt sie selbstverständlich zur gleichen Bewertung wie die Kostenvergleichsrechnung. Die Gewinnvergleichsrechnung setzt voraus, dass die erzielbaren Erlöse je Investitionsalternative über den gesamten Planungszeitraum ermittelt werden können.

Der Gewinn ergibt sich als Differenz zwischen den Kosten und den Umsatzerlösen:

$$G = U - K$$
$$G = x \cdot p - K_f - x \cdot k_v$$

U = Umsatz
K = Gesamtkosten
K_f = Fixkosten
k_v = variable Stückkosten
x = Menge
p = Verkaufspreis

- Bei einer *Einzelinvestition* gilt:
  Die Vorteilhaftigkeit ist gegeben, wenn der Gewinn positiv ist bzw. ein bestimmter Mindestgewinn erreicht wird:

  $G > 0$ bzw. $G \geq$ Mindestgewinn

- Beim *Vergleich von zwei oder mehreren Investitionsobjekten* gilt:
  Es wird die Investition mit dem größeren Gewinn gewählt.

  $G_I > G_{II}$ ⇒ Anlage I ist vorteilhafter.
  $G_{II} > G_I$ ⇒ Anlage II ist vorteilhafter.

Beispiel:

Kalkulationsangaben			Anlage I	Anlage II
	Anschaffungswert		50.000	80.000
	Leistung, Einheiten pro Jahr		4.000	4.500
	Nutzungsdauer		5	7
	kalkulatorischer Zinssatz		8 %	
	Restwert		5.000	10.000
	Verkaufspreis pro Stück		21,00	24,00
Betriebskosten				
	Kalkulatorische AfA	(50.000 - 5.000) : 5	9.000	
		(80.000 - 10.000) : 7		10.000
	Kalkulatorische Zinsen	(50.000 + 5.000) : 2 · 0,08	2.200	
		(80.000 + 10.000) : 2 · 0,08		3.600
	Sonstige Fixkosten/Jahr		15.000	18.000
	Variable Kosten/Jahr		40.000	50.000
Gesamtkosten/Jahr			**66.200**	**81.600**
Umsatzerlöse/Jahr		4.000 · 21,00	**84.000**	
		4.500 · 24,00		**108.00**
Gewinn/Jahr			**17.800**	**26.400**
Gewinnvorteil/Jahr				**8.600**

Ergebnis: *Anlage II hat den größeren Gewinn und ist damit vorteilhafter.*

- Bei der *Lösung eines Ersatzproblems* (optimaler Ersatzzeitpunkt) werden die Erlöse der alten Anlage denen der neuen gegenübergestellt (vgl. Kostenvergleichsrechnung; Berücksichtigung der Restwertminderung der alten Anlage).

07. Welchen Aussagewert hat die Rentabilitätsvergleichsrechnung?

Die Rentabilitätsrechnung baut auf den Ergebnissen der Kostenvergleichs- bzw. Gewinnvergleichsrechnung auf und *berücksichtigt dabei den erforderlichen Kapitaleinsatz alternativer Investitionsobjekte*. Während also die Kostenvergleichsrechnung (nur) eine *relative Vorteilhaftigkeit* beim Vergleich alternativer Investitionsobjekte bietet, ermöglicht die *Rentabilitätsvergleichsrechnung* die Ermittlung der absoluten Vorteilhaftigkeit.

Die Rentabilitätsrechnung vergleicht die durchschnittliche jährliche Verzinsung des eingesetzten Kapitals alternativer Investitionsobjekte. Es gilt:

$$\text{Rentabilität} = \frac{\text{Return} \cdot 100}{\text{ø Kapitaleinsatz}}$$

- Die *Rentabilität R kann unterschiedlich definiert werden*, z. B.
  - als Rentabilität des Eigenkapitals, des Fremdkapitals, des Gesamtkapitals und als Umsatzrentabilität

  oder

  - als Return on Investment, ROI

- Die Größe „Return“ (Kapitalrückfluss) kann je nach Besonderheit des Betriebes oder des Sachverhaltes unterschiedlich definiert sein, z. B. als [Gewinn], [Gewinn + Abschreibungen], [Cashflow], [Erträge - Kosten].

- Bei Verwendung der Größe „Gewinn“ wird nach vorherrschender Meinung der „Gewinn vor Zinsen“ verwendet (keine Verminderung des Gewinns um die kalkulatorischen Zinsen):

$$\text{Rentabilität} = \frac{\text{Gewinn (vor Zinsen)} \cdot 100}{\text{ø Kapitaleinsatz}}$$

- Der durchschnittliche Kapitaleinsatz wird i. d. R. wie folgt ermittelt:

<table>
<tr><th colspan="2">Berechnung des ø Kapitaleinsatzes</th></tr>
<tr><td>Vermögenswert:</td><td>Wertansatz:</td></tr>
<tr><td>Nicht abnutzbare Anlagegüter</td><td rowspan="2">Anschaffungswert</td></tr>
<tr><td>Umlaufvermögen</td></tr>
<tr><td rowspan="2">Abnutzbare Anlagegüter</td><td>(Anschaffungswert + Restwert) : 2</td></tr>
<tr><td>(Wiederbeschaffungswert + Restwert) : 2</td></tr>
</table>

- Bei einer *Einzelinvestition* gilt:
  Die Vorteilhaftigkeit ist gegeben, wenn die Rentabilität R eine bestimmte Mindestverzinsung erreicht oder überschreitet.

  $R \geq$ Mindestverzinsung

- Beim *Vergleich von zwei oder mehreren Investitionsobjekten* gilt:

  Es wird die Investition mit der höheren Rentabilität gewählt. Auf Objekte, deren Rendite die geforderte Mindestverzinsung nicht erreicht, sollte verzichtet werden.

  $R_I > R_{II} \quad \Rightarrow$ Anlage I ist vorteilhafter.
  $R_{II} > R_I \quad \Rightarrow$ Anlage II ist vorteilhafter.

  Beispiel:
  Es werden zwei Anlagen miteinander verglichen; es liegen folgende Zahlen vor (in EUR):

	Anlage I	Anlage II
Anschaffungskosten	100.000,–	200.000,–
Wiederbeschaffungswert	151.336,–	200.000,–
Restwert	0,–	20.000,–
Abschreibungen	21.182,–	20.000,–
Periodengewinn vor Steuern	13.905,–	21.525,–

$$R_I = \frac{13.905 \cdot 100}{75.668} = 18{,}38\ \%$$

$$R_{II} = \frac{21.525 \cdot 100}{110.000} = 19{,}57\ \%$$

Als „Return" wird hier der Periodengewinn der Anlage genommen; der „Ø Kapitaleinsatz" ist gleich „Wiederbeschaffungswert plus Restwert : 2" (Vergleichbarkeit des Kapitaleinsatzes).

Daraus folgt: $R_I < R_{II}$, d. h., die Anlage II ist vorteilhafter.

08. Welchen Aussagewert hat die Amortisationsvergleichsrechnung?

Die *Amortisationsvergleichsrechnung (auch: Kapitalrückflussmethode, Payback-Methode/Payoff-Methode)* gehört ebenfalls zu den statischen Verfahren der Investitionsrechnung und baut auch auf den Ergebnissen der Kostenvergleichs- bzw. Gewinnvergleichsrechnung auf.

Die Vorteilhaftigkeit einer Investition wird an der Kapitalrückflusszeit t_w gemessen (= Amortisationszeit = die Zeit, in der das eingesetzte Kapital wieder in das Unternehmen zurückgeflossen ist). Je geringer die Kapitalrückflusszeit ist, desto vorteilhafter wird das Investitionsvorhaben beurteilt.

- Bei einer *Einzelinvestition* gilt:
  Die Vorteilhaftigkeit ist gegeben, wenn die Amortisationszeit t_w einen bestimmten Zeitwert t* nicht überschreitet:

  $t_w \leq t^*$

- Beim *Vergleich von zwei oder mehreren Investitionsobjekten* gilt:
  Es wird die Investition mit der geringeren Kapitalrückflusszeit gewählt. Auf Objekte, deren Amortisationsdauer den geforderten Zeitwert t* überschreitet, sollte verzichtet werden.

  $t_{wI} < t_{wII} \Rightarrow$ Anlage I ist vorteilhafter.
  $t_{wII} < t_{wI} \Rightarrow$ Anlage II ist vorteilhafter.

- Man unterscheidet zwei Berechnungsmethoden:

  1. Durchschnittmethode:

$$\text{Kapitalrückflusszeit (Jahre)} = \frac{\text{Kapitaleinsatz}}{\text{ø Return}}$$

  - Als Kapitaleinsatz wird i. d. R. der Anschaffungswert AW vermindert um den Restwert RW verwendet.
  - In der Regel wird als Größe für den ø Return die Summe aus [Ø Gewinn + jährliche Abschreibungen] genommen.

  Es gilt also:

$$\text{Kapitalrückflusszeit (Jahre)} = \frac{\text{Anschaffungswert - Restwert}}{\text{ø Gewinn + Abschreibungen (p. a.)}}$$

$$t_w = \frac{AW - RW}{G + AfA}$$

Beispiel:
Vergleich von zwei Investitionsobjekten
Es wird noch einmal das Zahlengerüst aus dem Beispiel „Rentabilitätsvergleich" genommen.

$$t_{wI} = \frac{100.000 - 0}{13.905 + 21.182} = 2{,}85 \text{ Jahre}$$

$$= \frac{200.000 - 20.000}{21.525 + 20.000} = 4{,}33 \text{ Jahre}$$

Ergebnis: $t_{wI} < t_{wII}$, d. h. aus der Sicht der Kapitalrücklaufzeit ist die Anlage I vorteilhafter (bitte betrachten Sie oben nochmals den Rentabilitätsvergleich der beiden Anlagen).

2. Kumulationsmethode:

Die geschätzten jährlichen Zahlungsströme werden solange aufaddiert, bis der Kapitaleinsatz erreicht ist. Die Kumulationsrechnung ist genauer, da sie nicht mit einem repräsentativen Mittelwert rechnet, sondern die geschätzten Rückflüsse den einzelnen Jahren gesondert zuordnet.

Beispiel: Für eine *Einzelinvestition* soll gelten: AW = 80.000; RW = 0; n = 5
Es werden folgende Rückflüsse pro Jahr geschätzt:

Jahr	t_1	t_2	t_3	t_4	t_5
Kapitalrückfluss	10.000	25.000	45.000	70.000	100.000
Kapitalrückfluss, kumuliert	10.000	35.000	**80.000**	150.000	250.000

Nach der Kumulationsmethode ergibt sich:

$t_w = t_3$

Nach der Durchschnittsmethode ist der durchschnittliche Kapitaleinsatz 50.000 (= 250.000 : 5). Daraus ergibt sich:

$$t_w = \frac{80.000}{50.000} = 1{,}6$$

Dies bedeutet: Wenn die Kapitalrückflüsse eine ungleichmäßige Verteilung innerhalb des Nutzungszeitraums aufweisen, kann die Durchschnittsmethode zu Fehlentscheidungen führen.

2.5.9 Zweck und Ergebnis betrieblicher Budgets

01. Welche Zielsetzung ist mit der Budgetierung verbunden?

- *Begriff:*
  Der Begriff „Budget" kommt aus dem Französischen und bedeutet übersetzt „Haushaltsplan, Voranschlag". Im Controlling kann *Budgetierung* gleichgesetzt werden mit *Planung*. Für den Meister bedeutet das, in seinem Bereich ein Gerüst von Zahlen zu erstellen (Planung), die für ihn Gradmesser des Erfolges sind.

- *Arten:*
  Unter Ziffer 2.2.3, Nr. 06. wurde bereits dargestellt, dass in der betrieblichen Praxis vor allem zwei Arten von Budgets geläufig sind (bitte den Abschnitt ggf. noch einmal nachlesen):

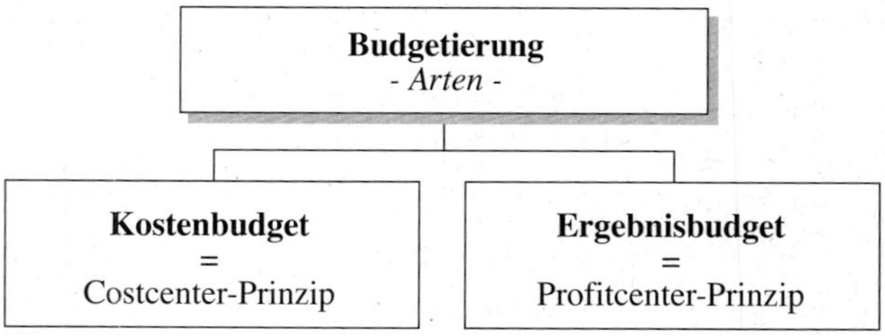

Allgemein enthält ein Budget Planzahlen für Kosten, Leistungen und Erfolge. Aber: Für die Struktur von Budgets gibt keine allgemein gültigen Regeln; das Budget kann differieren

- in *zeitlicher* Hinsicht, z. B.:
  Monats-, Quartals-, Jahresbudget

- in *sachlicher* Hinsicht:
  Kostenbudget/Ergebnisbudget, auf einen Bereich bezogen oder eine einzelne Kostenstelle usw.

Welche Daten letztendlich in einem bestimmten Budget zusammengestellt werden, hängt von der betrieblichen Funktion (z. B. Lager, Fertigung, Montage, Logistik usw.) und dem Verantwortungsbereich des Vorgesetzten ab.

Für den Meister ist insbesondere die Budgetierung und Kontrolle folgender Kosten/Daten relevant:

- Materialkosten
- Kosten der Anlagen
- Energiekosten
- Instandhaltungskosten
- Kosten des Umweltschutzes
- Lohnkosten
- Werkzeugkosten
- Beschäftigungsgrad
- Sondereinzelkosten der Fertigung

- Qualitätskosten:
  · Prüfkosten
  · Fehlerverhütungskosten
  · Fehlerkosten

• *Analyse des Soll-Ist-Vergleichs und Maßnahmen (Controlling):*

Der Vergleich der Plandaten (Soll) mit den tatsächlich realisierten Daten (Ist), zeigt, ob das unternehmerische Ziel erreicht wurde. Der Soll-Ist-Vergleich wird meist in absoluten und in relativen Zahlen (in % vom Plan) durchgeführt. Größere Abweichungen zeigen an, ob ggf. „Kurskorrekturen" vorzunehmen sind.

Controlling ist also die Aufstellung geeigneter Plandaten, die Analyse der Soll-Ist-Abweichungen und die Durchführung evt. Korrekturmaßnahmen.

Die zentralen Fragen des Meisters (des Controllers) bei der Überwachung des Budgets lauten:

→ *Wann* trat die Abweichung auf?
→ *Wo* trat die Abweichung auf?
→ *In welcher Ausmaß* trat die Abweichung auf?

• **Beispiel:** *Analyse eines Kostenbudgets*

Das nachfolgende Beispiel zeigt die Budgetierung einer Kostenstelle für das kommende Planjahr (Kostenbudget; vereinfachte Darstellung; Angaben in TEUR):

	Budget: Kostenstelle ...	***Plan 2007***
	Materialkosten	300
+	Personalkosten	288
+	Sondereinzelkosten	84
+	Sachkosten	36
+	Umlage	60
=	**Gesamtkosten**	**768**

Bei einer gleichmäßigen Verteilung über das Gesamtjahr kann das *Jahresbudget* in ein *Monatsbudget* aufgesplittet werden (vereinfacht: Division durch 12), sodass im Verlauf des kommenden Jahres die Monatsergebnisse im Ist mit den Plandaten verglichen werden können; aufwändige Budgetkontrollen nehmen folgende Vergleiche vor:

- Soll-Ist, monatlich
- Soll-Ist, aufgelaufen (z.B. kumulierte Werte von Jan. bis Mai)
- Ist-Ist, monatlich
- Ist-Ist, kumuliert

Nachfolgend ein vereinfachtes *Beispiel eines Soll-Ist-Vergleiches* des oben dargestellten Budgets.

Anfang April des lfd. Jahres erhält der Meister X den folgenden Report seiner Kostenstelle über die zurückliegenden drei Monate Jan. bis März (Abweichung absolut: Ist - Soll; Abweichung in % = [Ist - Soll] : Soll · 100):

Kostenstelle ...	**Plan (Soll)**		**Ist**				**Soll-Ist-Vergleich (Jan.- März aufgel.)**	
Kostenart	*p.a.*	*Σaufgel.*	*Jan.*	*Feb.*	*März*	*Σaufgel.*	*absolut*	*in %*
Materialkosten	300	75	25	32	28	85	10	13,33
Personalkosten	288	72	24	25	26	75	3	4,17
Sonder.e.kosten	84	21	4	4	2	10	-11	-52,38
Sachkosten	36	9	3	2	2	7	-2	-22,22
Umlage	60	15	5	5	5	15	0	0
Gesamtkosten	768	192				192	0	

Abweichungsanalyse und Beispiele für *Korrekturmaßnahmen zur Budgeteinhaltung*; dabei werden die Schlüsselfragen des Controllings eingesetzt (vgl. oben: Wo? Wann? In welchem Ausmaß?):

Abweichung	mögliche Ursache, z. B.:	Korrekturmaßnahme, z. B.:
1. Materialkosten um 10 TEUR bzw. rd. 13 % überschritten	• Preisanstieg:	> Lieferantenwechsel > Änderung des Bestellverfahrens (Menge, Zeitpunkt) > Verhandlung mit dem Lieferanten > ggf. Wechsel des Materials
	• Mengenanstieg:	> erhöhter Materialverbrauch (Störungen beim Fertigungsprozess: menschbedingt, maschinenbedingt) > Mängel in der Materialausnutzung
	• Anstieg der Gemeinkosten:	> z.B. Materialgemeinkosten, kalkulatorische Kosten
	• zu geringer Planansatz:	> ggf. Korrektur des Planansatzes
2. Personalkosten um 3 TEUR bzw. rd. 4 % überschritten	• Anstieg der Fertigungslöhne: - außerplanmäßige Lohnerhöhung (Tarif oder Einzelmaßnahme)	> Analyse der Lohnkosten/Lohnstruktur; ggf. Rationalisierung, Verbesserung der Produktivität, Verbesserung des Ausbildungsniveaus usw.

	• Anstieg der Sozialkosten (KV, RV, AV, PV, freiwillige Sozialkosten):	> ggf. längerfristige Korrektur im Bereich der betrieblichen Sozialleistungen oder Rationalisierung
	• Verschiebungen im Personaleinsatz:	> ggf. „zu teure Mitarbeiter" eingesetzt, Korrekturen im Mitarbeitereinsatz
	• zu geringer Planansatz:	> ggf. Korrektur des Planansatzes
3. Unterschreitung der Sondereinzelkosten und der Sachkosten:	• ggf. zeitliche Verschiebung der Ausgaben	> weiterhin beobachten und ggf. Feinanalyse der betreffenden Kostenart
	• zu geringer Planansatz:	> ggf. Korrektur des Planansatzes

Insgesamt zeigt die Analyse einen *klaren Handlungsbedarf im Bereich der Materialkosten*; die Abweichung im Bereich der Personalkosten ist weder absolut noch relativ besonders kritisch; die Entwicklung sollte aufmerksam beobachtet werden.

Neben den oben dargestellten Möglichkeiten der Kostenabweichung sind weitere Ursachen generell denkbar, z. B.:

- Abweichungen im Beschäftigungsgrad (Änderung der fixen Stückkosten)
- erhöhte Kosten durch fehlende/falsche Planung und Durchführung der Instandhaltung
- erhöhte Personalkosten pro Stück durch hohen Krankenstand
- Veränderung der Rüstzeiten, Vorgabezeiten usw.

3. Anwendung von Methoden der Information, Kommunikation und Planung

Prüfungsanforderungen:

Nachweis folgender Fähigkeiten:

- Der Teilnehmer soll nachweisen, dass er in der Lage ist, Projekte und Prozesse zu analysieren, zu planen und transparent zu machen.
- Er soll Daten aufbereiten, technische Unterlagen erstellen sowie entsprechende Planungstechniken einsetzen können.
- Er soll in der Lage sein, angemessene Präsentationstechniken anzuwenden.

Qualifikationsschwerpunkte (Überblick)

3.1 Erfassen, Analysieren und Aufbereiten von Prozess- und Produktionsdaten mittels EDV-Systemen und Bewerten visualisierter Daten

3.2 Bewerten von Planungstechniken und Analysemethoden sowie deren Anwendungsmöglichkeiten

3.3 Anwenden von Präsentationstechniken

3.4 Erstellen von technischen Unterlagen, Entwürfen, Statistiken und Diagrammen

3.5 Anwenden von Projektmanagementmethoden

3.6 Auswählen und Anwenden von Informations- und Kommunikationsformen einschließlich des Einsatzes entsprechender Informations- und Kommunikationsmittel

3.1 Erfassen, Analysieren und Aufbereiten von Prozess- und Produktionsdaten

3.1.1 Beschreibung eines Prozesses

01. Was ist ein Prozess?

a) Allgemeine Definition: Ein Prozess ist *eine strukturierte Abfolge von Ereignissen* zwischen einer Ausgangssituation und einer Ergebnissituation.
Eine sehr allgemeine Definition lautet: Ein Prozess ist *ein bestimmter Ablauf/ein bestimmtes Verfahren* mit gesetzmäßigem Geschehen.

b) Engere Definition im Rahmen der Industriebetrieblehre:
Im Sinne der Fertigungstheorie ist ein Prozess *das effiziente Zusammenwirken der Produktionsfaktoren* zur Herstellung einer bestimmten Leistung/eines bestimmten Produktes.

c) Man unterscheidet generell folgende *Prozessarten*:

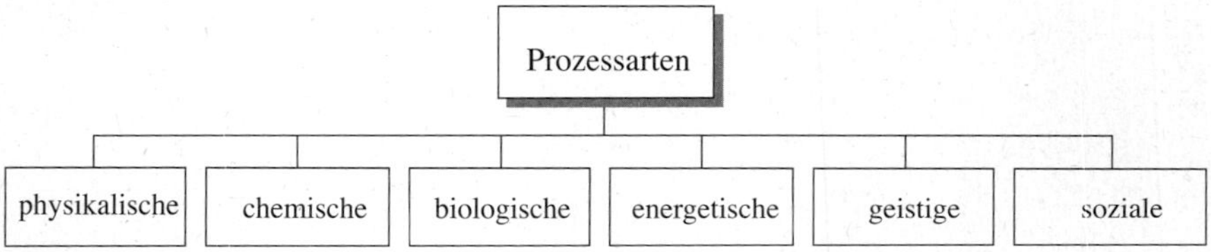

Beispiel für einen Prozess an einem Halbautomaten, an dem Anlasserritzel gefräst werden (vereinfachte Darstellung):

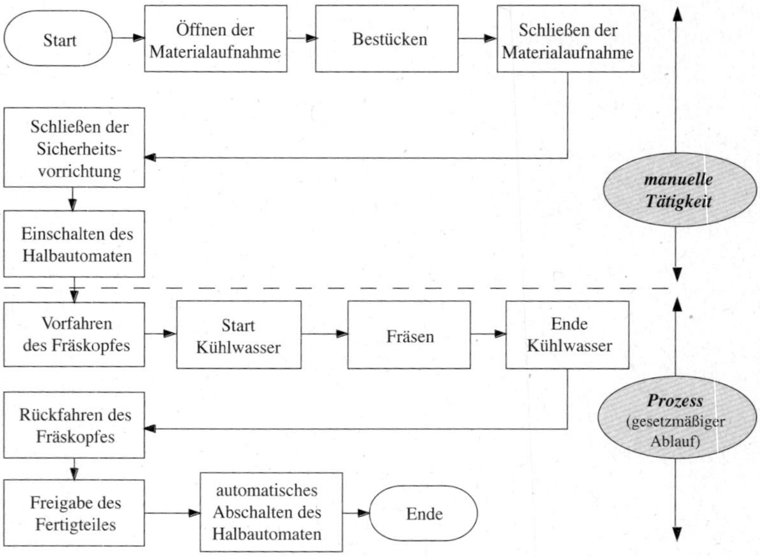

Beispiel für einen *chemischen Prozess:*

Chemische Prozesse sind dadurch gekennzeichnet, dass die Bindungen zwischen den Teilchen der Ausgangsstoffe gelöst werden. In den Reaktionsprodukten gehen die Teilchen dann neue chemische Bindungen ein:

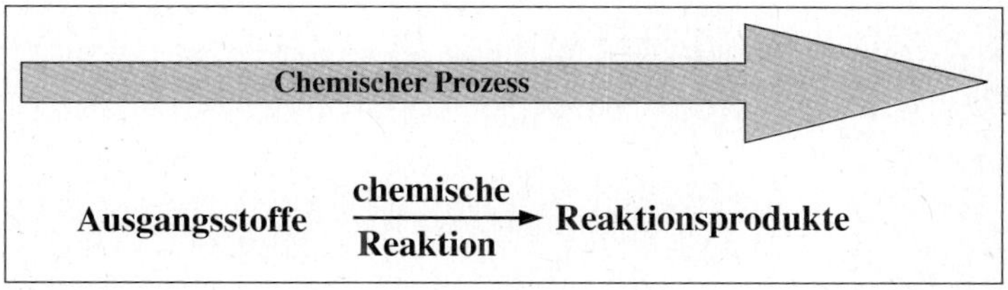

Zum Beispiel reagiert Wasserstoff mit Sauerstoff zu Wasser:

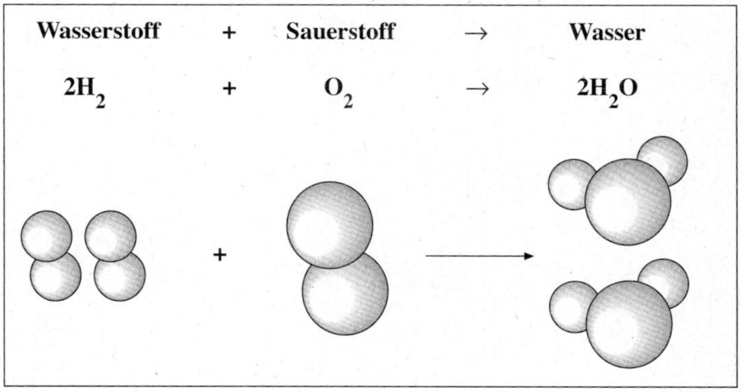

02. Warum müssen Prozesse dokumentiert werden?

- *Begriff:*
  Ein Dokument ist ein offizielles Schriftstück, das Ereignisse festhält und zusammenstellt.

Für die Dokumentation betrieblicher und fertigungstechnischer Prozesse gibt es eine Reihe von Gründen:

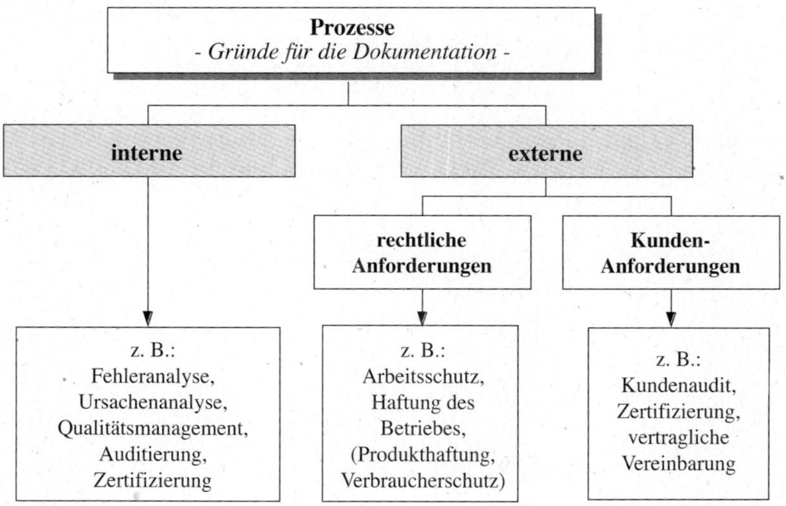

03. Welche Hilfsmittel und Medien können für die Dokumentation verwendet werden?

Beispiele:

- Handbücher
- Organisationspläne
- Datenflusspläne
- Dateibeschreibungen
- Listen
- Programmbeschreibungen
- Kommunikationsnetze
- Prüflisten
- Arbeitsanweisungen
- Stellenbeschreibungen
- Struktogramme
- Formulare
- Dateiinhalte
- Algorithmen (logische Zusammenhänge)
- Checklisten
- Quellenprogramme/Quellcodes

04. Welche Anforderungen werden an die Archivierung von Konstruktions- und Schaltungsunterlagen gestellt?

Im Wesentlichen sind dies folgende Anforderungen:

Vollständigkeit	Es muss sichergestellt sein, dass *alle relevanten Unterlagen* archiviert sind.
Konsistenz (Aktualität)	Es muss sichergestellt sein, dass von allen Dokumenten der letzte (*aktuelle*) *Revisionsstand* archiviert ist.
Verfügbarkeit (Zugreifbarkeit)	Die Dokumentation muss so archiviert sein, dass die Unterlagen auch nach einer langen Zeit *noch lesbar* sind. Auch bei einer Langzeitarchivierung in digitaler Form ist daher dafür Sorge zu tragen, dass die *Systeme und Programme* zur Verarbeitung der entsprechenden Datenformate noch *zur Verfügung stehen* oder jeweils eine Portierung auf das Nachfolgesystem erfolgt.

05. Wie sollte der Zugriff auf die Dokumentation erfolgen können?

Der Zugriff auf die Dokumentation sollte *nach Möglichkeit zentral* erfolgen können. Dies erleichtert die Forderung, dass stets mit aktuellen (konsistenten) Dokumenten gearbeitet wird. Die Konsistenz wird bei modernen Systemen automatisch sichergestellt: Ein Dokument kann nur einmal mit Vollzugriff, d. h. editierbar, geöffnet werden; andere Nutzer können gleichzeitig nur eine schreibgeschützte Kopie öffnen und erhalten eine entsprechende Meldung.

In gleicher Weise erfolgt das Revisionsmanagement in solchen Systemen automatisch: „Wer hat was wann geändert?“ Moderne Systeme verwenden darüber hinaus (Web-)Browser- Technologien, sodass der Zugriff nicht nur innerhalb eines Firmennetzwerks möglich ist, sondern mit der entsprechenden Berechtigung über das Internet jederzeit und von jedem Ort erfolgen kann.

06. In welcher Form können Konstruktions- und Schaltungsunterlagen archiviert werden?

1	**Papierdokumente, einzelnen Datenträger**	Dokumente werden in Papierform (Schaltpläne, Zeichnungen) oder auf einzelnen Datenträgern (Disketten, Magnetbänder z. B. für Programme) eingelagert (früher üblich).
		Nachteile sind neben dem hohen Platzbedarf und einer teilweise schlechten Haltbarkeit (Verblassen von Kopien, Datenverlust bei Magnetbändern) vor allem der hohe Aufwand beim Zugriff und bei der Sicherstellung der Konsistenz und Aktualität.
2	**Mikrofilme**	Mikroverfilmung der Dokumente bzw. der Ausdrucke (z. B. Programmlistings). Dies hat die gleichen Nachteile wie unter (1); es wird lediglich der Platzbedarf reduziert und die Langzeitstabilität ist gewährleistet.
3	**Digital bzw. digitalisiert**	Digital bzw. digitalisiert im jeweiligen Format auf speziellen Festplattenlaufwerken oder Servern.
		Vorteile: Geringer Platzbedarf und hohe Langzeitstabilität – bei Verwendung redundanter Hardware (z. B. gespiegelten Festplatten) und entsprechenden Datensicherungssystemen. Über entsprechende Zugriffsberechtigungen ist innerhalb des Firmennetzwerks ein zentraler Zugriff möglich.
4	**Dokumentenmanagementsysteme**	Vorteile wie unter (3), weiterhin: Vollautomatisches Revisionsmanagement, Sicherstellung der Konsistenz über entsprechende Zugriffsverwaltung, Retrieval (Suche nach Dokumenten) und – bei den modernen Systemen – zentraler Zugriff.

07. Welchen unterschiedlichen Zweck verfolgt die interne sowie die externe technische Dokumentation?

- *Interne technische Dokumentation:*
  - Inhalt: Erfassen der Produktentwicklung, der Konstruktionsunterlagen, Probeläufe, Entsorgung usw.
  - Zweck: Rückgriff bei neuen Produktvarianten, Dokumentation aufgrund gesetzlicher Vorgaben (CE-Kennzeichnung, GPSG, Produkthaftung, Umwelthaftung, Auditierung, Certifizierung).
- *Externe technische Dokumentation:*
  - Inhalt: Bedienungsanleitung, Handbücher, Wartung
  - Zweck: Fehlervermeidung in der Anwendung beim Kunden, Förderung des Absatzes, Umsetzen der technischen Details in „die Sprache des Kunden“.

08. Welche Prozessarten werden in der Betriebswirtschaftslehre unterschieden?

Prozessarten • Unterscheidung nach ...		
dem **Inhalt**	der **Bedeutung**	der **Hierarchie**
- Geschäftsprozesse - Projektprozesse - Logistikprozesse - Fertigungsprozesse	- Kernprozesse - Supportprozesse	- Hauptprozesse - Teilprozesse

Geschäftsprozesse	sind eine Folge von Aktivitäten zum Zwecke der Leistungserstellung, deren Wert (Beitrag zur Wertschöpfung) messbar ist. Es werden Geschäftsobjekte bearbeitet, z. B. Kundenauftrag, Produkt, Kundenreklamation.
Kernprozesse	(auch: Hauptprozesse, Schlüsselprozesse) erbringen einen unmittelbaren Beitrag zur Wertschöpfung und haben direkten Bezug zum Kunden. Beispiele: Produktionsprozesse, Absatzprozesse.
Supportprozesse	(auch: Unterstützungsprozesse, Serviceprozesse) erbringen einen *mittelbaren Beitrag* zur Wertschöpfung und haben *keinen direkten Bezug zum Kunden*. Beispiele: Informationsprozesse, Personalprozesse, Beschaffungsprozesse, Führungsprozesse, EDV-Prozesse, Administrationsprozesse.

Zusammengehörige *Teilprozesse* werden kostenstellenübergreifend zu *Hauptprozessen* zusammengefasst (Beispiele):

Teilprozesse	Hauptprozesse	
- Material disponieren - Material bestellen - Material annehmen, prüfen und lagern	1	**Material beschaffen**
- Fertigung planen - Fertigung veranlassen - Fertigung steuern - Teile/Baugruppen zwischenlagern - Baugruppen montieren - Versand vorbereiten - Versand ausführen (Transport)	2	**Fertigungsaufträge ausführen**
- Fertigungsauftrag fakturieren - Rechnung versenden - Zahlungseingang überprüfen - außergerichtliches Mahnwesen steuern - ggf. gerichtliche Mahnung veranlassen	3	**Debitorenbuchhaltung steuern**

3.1.2 Rahmenbedingungen von Prozessen

01. Wie lässt sich die Prozessanalyse unter edv-technischen Gesichtspunkten gestalten?

- *Begriff:*
  Die Beurteilung von Prozessen (allgemein: Arbeitsabläufen) wird als *Prozessanalyse* bezeichnet.

Dazu geht man (vereinfacht dargestellt) in folgenden Schritten vor:

1. Der Gesamtprozess wird in *Teilprozesse* zerlegt, damit er überschaubar wird.
2. Je Teilprozess werden die *charakteristischen Merkmale* identifiziert (Menge, Qualität, Termine, Zeiten, Kosten).
3. Je Merkmal wird eine – möglichst edv-gestützte – *Erfassung* der relevanten Daten festgelegt.
4. Bei der Durchführung des Prozesses werden die relevanten Daten erhoben, gespeichert, geordnet und ausgewertet.

Die „höchstentwickelte Form" der Prozessanalyse und -steuerung existiert als sog. computerintegrierte Fertigung (CIM). Vor Einführung eines solchen Systems müssen Aufwand und Nutzen sorgfältig abgewogen werden.

- CIM (= Computer Integrated Manufactoring) bedeutet computerintegrierte Fertigung. In dieser höchsten Automationsstufe sind alle Fertigungs- und Materialbereiche untereinander sowie mit der Verwaltung durch ein einheitliches Computersystem verbunden, dem eine zentrale Datenbank angeschlossen ist. Jeder berechtigte Benutzer kann die von ihm benötigten Daten aus der Datenbank abrufen und verwerten. CIM umfasst folglich ein Informationsnetz, das die durchgängige Nutzung von einmal gewonnenen Datenbeständen ohne erneute Erfassung zulässt. CIM ist kein fertiges Konzept, sondern es besteht aus einzelnen Bausteinen, die miteinander zu einem Ganzen kombiniert werden. Die CIM-Bausteine sind im Einzelnen:

- CAD (= Computer Aided Design = Computergestützte Konstruktion)
  bedeutet computergestütztes Konstruieren.

- CAP (= Computer Aided Planning = Computergestützte Arbeits- und Montageplanung):
  CAP-Systeme helfen bei der Erstellung von Arbeitsplänen, Prüfplänen, Programmen zur Maschinensteuerung und Testprogrammen für Prüfmaschinen.

- CAM (Computer Aided Manufacturing = Computergestützte Fertigungsdurchführung)
  bedeutet computerunterstützte Fertigung durch CNC-Maschinen und Industrieroboter. Mit CAM können viele Funktionen der Fertigung automatisiert werden. Dazu zählen u. a. die Werkstückbearbeitung, die Maschinenbe- und -entstückung, die Teile- und Baugruppenmontage, der Transport und die Fertigungszwischenlagerung. Es werden Daten benötigt über die Konstruktionsmerkmale, den Bedarf an Material, Betriebsmitteln und Personal, den Arbeitsablauf, die Termine, die Maschinenbelegung und die Fertigungsmenge.

- CAQ (= Computer Aided Quality Assurance = Computergestützte Qualitätssicherung)
  Auch im Rahmen der Qualitätskontrolle lässt sich der Computer einsetzen. Zu diesem Zweck werden CAQ-Systeme entwickelt. Sie helfen bei der Prüfplanung, Prüfprogrammierung und Qualitätsanalyse.

- CAE (= Computer Aided Engineering = Computergestütztes Ingenieurwesen in der Konstruktion) umfasst alle mit der Konstruktion verbundenen Berechnungen und Untersuchungen, die am Bildschirm durch Simulation dargestellt werden (z. B. Verbindung von Baugruppen, Belastungsberechnungen).

- PPS (= Produktionsplanung und -steuerung) umfasst die computergestützte Planung, Steuerung und Überwachung von Produktionsabläufen hinsichtlich Terminen, Mengen, Kapazitäten und Material.

- Unter BDE (= Betriebsdatenerfassung) versteht man die Erfassung von Fertigungs- und Betriebsdaten direkt an ihrem Entstehungsort. Diese Form der dezentralen Datenerfassung wird in der Regel von den Mitarbeitern im Produktionsprozess selbst vorgenommen (manuell oder automatisch).

In diesem Zusammenhang ist noch erwähnenswert, das für die Steuerungsart von Maschinen folgende Abkürzungen verwendet werden:

- CNC = Computer Numeric Control
  Computerausgeführte Steuerung von Maschinen und Robotern

- NC = Numeric Control
  Numerische Steuerung von Werkzeugmaschinen

- SPS = Speicherprogrammierbare Steuerung

CIM ist kein fertiges Konzept: Jedes Unternehmen muss – in Abhängigkeit von Größe, Produktprogramm, Art der Fertigung usw. – entscheiden, welche der CIM-Bausteine eingesetzt und verknüpft werden. Der Implementierungsaufwand ist beträchtlich. Für die Einsatzbereiche der CAX (Bausteine: CAQ, CAP usw.) gibt es eine hierarchische Struktur; in der Regel werden CAE und CIM als Oberbegriffe verwendet:

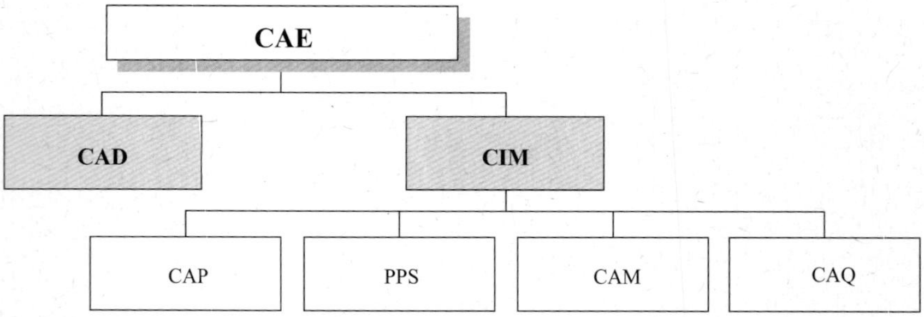

02. Was versteht man unter statistischer Prozesskontrolle?

Bei der statistischen Prozesskontrolle (SPC = Statistical Process Controll) wird nicht das Ergebnis des Fertigungsprozesses geprüft, sondern präventiv werden während der Fertigung laufend Qualitätsdaten gesammelt (z.B. mithilfe von: Sensoren, Messeinrichtungen, Betriebsdatenerfassung). Damit sollen Störungen frühzeitig und automatisch erkannt und abgestellt werden.

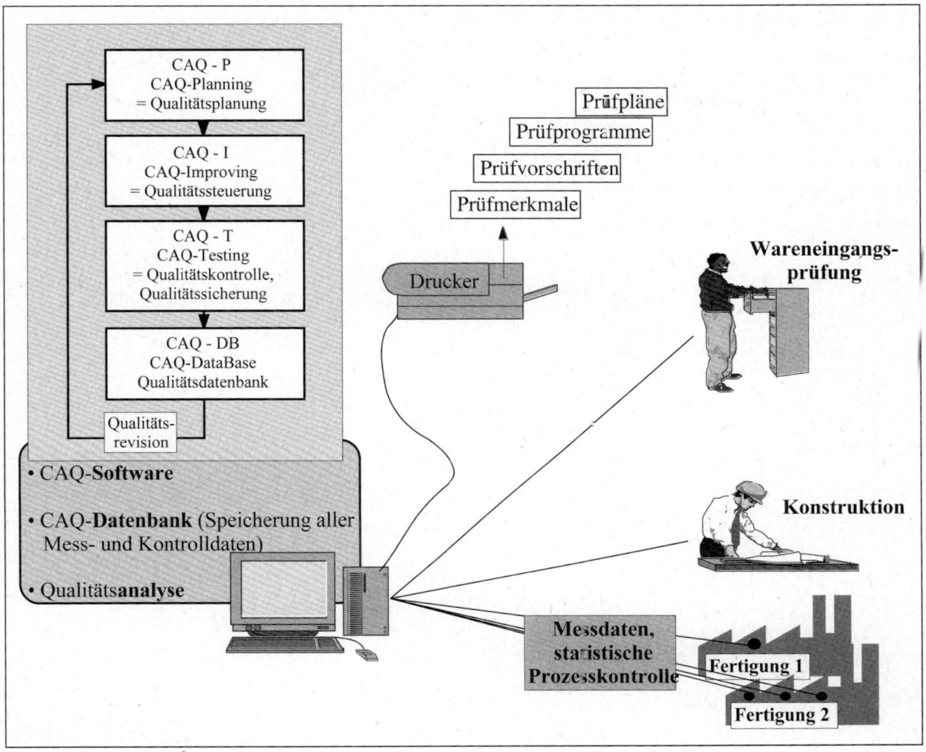

3.1.3 Daten eines Prozesses

01. Wie können die Daten eines Prozesses erfasst, verarbeitet und visualisiert werden?

- *Erfassung, z. B.:*
  - Barcodekarten, Magnetkarten, Stempelkarten
  - Aktoren: Laserstrahl, Taster, Transistoren
  - Sensoren: Klopfsensor, Thermometer, chemische Elemente
  - manuelle Erfassung

- *Verarbeitung, z. B.:*
  - *direkte, mechanische, chemische oder physikalische Reaktion* auf Prozessdaten (z. B.: ein Bimetall reagiert auf Temperaturveränderungen: wird eine bestimmte Temperatur erreicht, wird der Stromkreis geöffnet oder geschlossen);
  - *indirekte Verarbeitung* über ein Relais (z. B. Regelung einer Heizungsanlage über Außenfühler).

- *Visualisierung, z. B.:*

  Die erfassten Daten eines Prozesses, die Form der Verarbeitung sowie edv-bezogene Zusammenhänge werden *als Text, Formel oder Grafik dargestellt* (Plotter, Drucker, Charts, Monitoring);

3.1.4 Betriebssysteme zur Prozessverarbeitung

01. Welche Funktion hat ein Betriebssystem?

Ein Betriebssystem verwaltet die Betriebsmittel (Ressourcen) eines Computers und stellt diese den einzelnen Prozessen, die diese Betriebsmittel anfordern, zur Verfügung. Zur Verfügung stellen bedeutet, dass den Prozessen Betriebsmittel zugewiesen und auch wieder entzogen werden. Die Ressourcen eines Computers sind Rechenzeit (CPU-Zeit), Hauptspeicher, Festspeicher, Eingabegeräte (z. B. Tastatur, Maus und Scanner), Ausgabegeräte (z. B. Monitor und Drucker) und sonstige Peripheriegeräte (z. B. Modem und Soundkarte). Da die oft gleichzeitig ablaufenden Prozesse bzw. Tasks eines Computers dieselben Ressourcen in Anspruch nehmen wollen (z. B. CPU und Arbeitsspeicher), ist es Aufgabe des Betriebssystems zu entscheiden, wer für welchen Zeitraum auf die einzelnen Ressourcen zugreifen darf. Dabei versucht das Betriebssystem, unter Berücksichtigung von Prioritäten, die Ressourcen gleichmäßig und möglichst effizient zu verteilen.

Neben der Ressourcenverwaltung ist das Betriebssystem für die Steuerung des Ablaufs der Anwendungs-Software und die Steuerung der Peripheriegeräte über so genannte Geräte-Treiber zuständig.

Beim Wechsel auf ein anderes Betriebssystem ist insbesondere zu prüfen:

- Lauffähigkeit der derzeitigen und zukünftigen Programme unter dem neuen Betriebssystem?
- Ist die derzeitige Hardware für das neue Betriebssystem ausreichend dimensioniert (Arbeitsspeicher, Rechnergeschwindigkeit) und kompatibel zur EDV-Architektur im Unternehmen?
- Mit welchem Aufwand und in welcher Zeit sind die erforderlichen Mitarbeiterschulungen durchführbar?

3.1.5 Einteilung von Betriebssystemen und ihre Anwendungsgebiete

01. Wie kann man Multi-User erklären?

Multi-User bedeutet übersetzt *Mehrbenutzer*. Der Begriff tritt in Verbindung mit Betriebssystemen und Netzwerken auf. Ein Multi-User-Betriebssystem eignet sich für den Einsatz in einem Netzwerk und ist in der Lage, mehrere Benutzer gleichzeitig zu verwalten. Von einem Multi-User-Betrieb spricht man, wenn mehrere Anwender von ihren jeweiligen Arbeitsplatzrechnern über ein Netzwerk auf gemeinsame Datenbestände zugreifen wollen.

02. Was versteht man unter Multitasking?

Mit Multitasking bezeichnet man die *gleichzeitige Ausführung mehrerer Programme* (Tasks) auf einem Rechnersystem. Ein Beispiel hierzu: Während man in einer Datenbank auf die Ergebnisse von Suchabfragen wartet, kann man über die Textverarbeitung ein Dokument ausdrucken und gleichzeitig über ein Modem im Internet surfen.

Voraussetzung für Multitasking ist ein multitaskingfähiges Betriebssystem. Zu berücksichtigen ist natürlich auch, dass sich die Geschwindigkeit eines Rechnersystems beim Ausführen der einzelnen Tasks mit steigender Anzahl der gleichzeitig aktiven Tasks reduziert.

03. Was sind Hilfsprogramme?

Hilfsprogramme sind Dienstprogramme zur Abwicklung häufig vorkommender anwendungsneutraler Aufgaben bei der Benutzung des EDV-Systems, dazu zählen Editoren, Sortier-, Misch- und Kopierprogramme, Diagnose-, Test- und Dokumentationsprogramme.

04. Was bezeichnet man als „Echtzeitverarbeitung"?

Bei der Echtzeitverarbeitung (Real time processing) werden die Daten vom Betriebssystem in einem engen zeitlichen Zusammenhang zur realen Entstehung verarbeitet (im Gegensatz zur Stapelverarbeitung; Batch processing); findet Anwendung hauptsächlich bei der Steuerung von technischen Prozessen.

05. Was sind strategische und operative Systeme?

EDV-Anwendungen kommen für jede Betriebsgröße in Betracht. Selbstverständlich bestimmt die Unternehmensgröße und auch die dahinter stehenden eingesetzten EDV-Systeme die Auswahl und die Einsatzmöglichkeiten der möglichen Anwendungssoftware. Grundsätzlich können die Einsatzmöglichkeiten in die Bereiche „operativer Einsatz" und „strategischer Einsatz" differenziert werden.

Operativer Einsatz

- Administration
  - Buchführung
  - Finanzbuchhaltung
  - Monatsabschlüsse
  - Jahresabschlüsse
  - Personalwesen
  - Gehaltsabrechnungen
- Disposition
  - Bestelldisposition
  - Werkstattsteuerung
  - Belegung von Hochregalen

Strategischer Einsatz

- Planung
  - Mittel- und langfristige Planungsprozesse im Unternehmen wie z. B. Produktionsprogrammplanung in Fertigung, Produktionsplanung, Programmplanung in Vertrieb
- Information
  - Unternehmensinterne Daten aus Administration, Dispositions- und Planungssystemen,
  - externe Daten aus volkswirtschaftlichen Statistiken, Marktforschungsinstituten, Wirtschaftsdatenbanken, Internet

06. Welche grundlegenden Funktionen weisen die Betriebssysteme DOS, WINDOWS, UNIX und OS/2 auf?

- *DOS = Disk Operating System* ist ein Betriebssystem der älteren Generation. Der Anwender kommuniziert mit dem Betriebssystem über Texteingaben (= textorientiertes Betriebssystem); ist nur als Single-User-System einsetzbar, schwerfällig und kann die heutigen EDV-Anforderungen (z. B. bei anspruchvoller Software) nicht mehr erfüllen.
- *WINDOWS* ist ein Multi-User- und Multi-Tasking-System und hat eine grafische Benutzeroberfläche (Menueleisten, Fenstertechnik). Die Festplatte enthält Verzeichnisse (Ordner) und Dateien (z. B. Programme, Dokumente).

  Die Weiterentwicklungen von WINDOWS sind: WINDOWS NT, XP, Vista; die Programme wurden für Netzwerke entwickelt und erlauben den Zugriff auf andere Rechner.
- *UNIX* ist ein textorientiertes Betriebssystem und wurde ursprünglich für Großrechner entwickelt. Es ist ein Multi-User- und Multi-Tasking-System. Aufgrund seiner hohen Anpassungsfähigkeit an unterschiedlichste Hard- und Softwareerfordernisse ist der Einsatz auf PC-Systemen wieder angestiegen.
- *OS/2* wurde von IBM entwickelt, ist WINDOWS sehr ähnlich, aber deutlich weniger verbreitet.
- Mac OS X ist ein sehr leistungsfähiges Betriebssystem von Apple.

3.1.6 Einteilung von Software

01. Was versteht man unter dem Begriff „Anwendungs-Software"?

Als Anwendungs-Software bezeichnet man Programme, die von einem *Anwender* (Benutzer) zur Lösung seiner speziellen Aufgaben mittels eines Computers *eingesetzt werden.* Will ein Benutzer einen Brief schreiben, so steht ihm dafür als Anwendungs-Software ein Textverarbeitungsprogramm zur Verfügung. Sollen Adressdaten verwaltet werden, so kann ein Datenbankprogramm als Anwendungs-Software gewählt werden.

02. Wozu dient Standard-Software?

Unter Standard-Software versteht man Programme, die einen *festen Leistungsumfang* haben und die aufgrund ihrer allgemeinen Ausrichtung möglichst viele Anwender ansprechen sollen. Daher handelt es sich bei den Anwendungen der Standard-Software sehr häufig um Standard-Anwendungen wie z. B. Textverarbeitung, Tabellenkalkulation, Datenbankverwaltung etc. Da Standard-Software in hohen Stückzahlen produziert und verkauft werden kann, sind die Preise entsprechend gering.

03. Wo findet Individual-Software Anwendung?

Wie der Name sagt, handelt es sich hierbei um *speziell auf den einzelnen Anwender* zugeschnittene Software. Die Software wird meist nach den Wünschen des Anwenders entwickelt, sodass dieser auch den genauen Leistungsumfang vorgibt. In der Regel kommt eine solche Individual-Software auch nur bei einem Anwender zum Einsatz. Beispiel für den Einsatz von Individual-Software ist der Bereich der Betriebsdatenerfassung. Da eine Individual-Software für einen Anwender entwickelt wird, sind die Kosten entsprechend hoch.

04. Was sind Programmiersprachen?

Programmiersprachen werden zur Entwicklung von Computerprogrammen eingesetzt. Dabei formuliert ein Programmierer Algorithmen unter Einhaltung bestimmter Regeln, die die Programmiersprache vorgibt. Die Programmiersprache setzt sich aus vielen unterschiedlichen Programmbefehlen, die unterschiedliche Funktionen ausführen, zusammen. Die Programmbefehle sind in einer vorgegebenen Art und Weise zu verwenden (man nennt dies Syntaxregeln) und können über unterschiedliche Parameter gesteuert werden.

05. Welche Arten von Programmiersprachen werden unterschieden?

Programmiersprachen werden unterschieden in:

- *Maschinensprachen:* Befehlsfolgen werden in maschinenabhängigen Bit-Kombinationen eingegeben.
- *Assembler-Sprachen* (maschinenorientierte Sprachen): Dem Programmierer stehen eine gewisse Menge prozessorabhängiger, symbolischer Befehle zur Verfügung.
- *Höhere Programmiersprache*n (problemorientierte Sprachen): Relativ umfangreiche, leicht erlernbare und prozessorunabhängige Befehle ermöglichen Programmiertechniken wie strukturierte und objektorientierte Programmierung.

06. Welche Einsatzmöglichkeiten haben die verschiedenen Programmiersprachen?

Entsprechend dem Rahmenstoffplan wird hier eine Kurzübersicht über die Einsatzbereiche der Programmiersprachen C, Fortran, Cobol und Pascal gegeben:

Kurzbezeichnung	Langbezeichnung	Einsatzbereich
C/C++	C wurde Anfang der 70er und C++ Anfang der 80er Jahre entwickelt.	Ursprünglich für UNIX entwickelt; später: weite Verbreitung auf vielen Systemen.
Fortran	= Formular Translator; „Formelübersetzer"	Einsetzbar zur Lösung mathematischer, technischer und wissenschaftlicher Probleme; rechnerintensiv.
Cobol	Common Business oriented Language; allgemein kaufmännisch orientierte Programmiersprache.	Einsetzbar zur Lösung von Aufgaben aus dem kaufmännischen und dem verwaltenden Bereich; ein-/ausgabeintensiv.
Pascal	Programmiersprache, die Anfang der 70er Jahre an der Hochschule Zürich entwickelt wurde.	Allzwecksprache; speziell für die strukturierte Programmierung.

JAVA	Von SUN in den 90er Jahren entwickelt.	Ist plattformunabhängig, d. h. der Programmcode ist auf allen Systemen, die JAVA unterstützen, lauffähig; ist objektorientiert.

07. Was ist bei der Interpretation von Diagrammen zu beachten?

Hinweis: Das Thema „Diagramme" wird – entsprechend dem Rahmenplan – ausführlich behandelt unter Ziffer 3.4.4. Wir beschränken uns an dieser Stelle auf einige Hinweise zur Interpretation von Diagrammen.

1. Bei Diagrammen mit ungenauen Bezeichnungen und Angaben kann es zu *Fehlinterpretationen* kommen, z. B.:

   - Titel: Was soll im Diagramm dargestellt werden/sein?
   - Maßstab: Welcher Maßstab wurde gewählt?
     · auf der Ordinate?
     · auf der Abszisse?
     · natürliche Zahlen, Dezimalzahlen, Prozentzahlen, Logarithmen, Indexzahlen, Schrittfolge im Maßstab.

     Sind die *Proportionen der Achsen* zueinander so gewählt, dass keine Verzerrung entsteht?
     Sind die *Maßeinheiten* vorhanden, richtig gewählt und einheitlich (z. B. kg, t, EUR, TEUR usw.)?
   - Fläche: Existieren *Gitterlinien*, sodass Zahlenwerte aus dem Diagramm exakt ablesbar sind?
   - Diagrammart: Entspricht die Art des Diagramms dem darzustellenden Problem, z. B:
     · Anteile → Kreisdiagramm, Struktogramm
     · Zeitreihe → Liniendiagramm
     · Häufigkeit → Säulendiagramm, Stablinendiagramm

2. Diagramme müssen durch die Art ihrer Darstellung die *beabsichtigte Aussage* „dem Betrachter deutlich mitteilen". Mitunter sind Diagramme mit zu vielen Effekten überfrachtet, sodass der Aussagewert leidet (z. B. Schattierung, Rasterung, Schriftarten, 3-D-Darstellung).

3. Kreisdiagramme sind z. T. sehr effektvoll. Für den Betrachter lassen sich jedoch die *Proportionen* der Kreissegmente nur schwer *abschätzen*.

4. Der Betrachter sollte den Hintergrund des Datenmaterials kennen, z. B.:

   - Wann wurde das Datenmaterial erfasst?
   - Wie erfolgte die Erfassung (manuelle Messung, Sensoren u. Ä.)
   - Sind Urlistendaten dargestellt oder wurde das Datenmaterial bereits verdichtet (z. B. durch die Bildung von Merkmalsklassen)?
   - Welcher Prozess liegt zu Grunde?

Beispiel:

Die nachfolgend dargestellten Diagramme (Abb. 1 bis 3) zeigen denselben Sachverhalt und basieren auf demselben Datengerüst. Die Abbildungen sind zum Teil mit Fehlern behaftet, sodass der Betrachter zu Fehlinterpretationen kommen kann:

1. In Abbildung 2, unten, fehlt die Maßeinheit an der Abszisse, bei Abb. 1 und 3 fehlt die Maßeinheit an der Ordinate (vermutlich Prozent?); außerdem ist der Titel nicht aussagefähig (Ausschussquote: Wann? Bei welchem Prozess?).

2. Bei Abbildung 1 ist der Maßstab der Abszisse zu groß gewählt, sodass der Eindruck entstehen kann, dass kaum Schwankungen des Merkmals zu verzeichnen sind. Ein umgekehrtes Bild ergibt sich beim 3. Diagramm. Hier wurde der Maßstab der Abszisse zu klein gewählt im Verhältnis zur Ordinate.

3. Weiterhin wäre zu klären, welche Diagrammart den Sachverhalt deutlicher ausweist? Abbildung 2 hat z. B. den Vorteil, dass der Betrachter aufgrund der waagerechten Darstellung der Säulen und der horizontalen Gitterlinien die einzelnen Messwerte exakt aus dem Diagramm ablesen kann.

4. Für alle drei Diagramme stellt sich die Frage, warum der Ersteller der Abbildungen darauf verzichtet hat, das Datengerüst in Form einer Tabelle mit anzugeben?

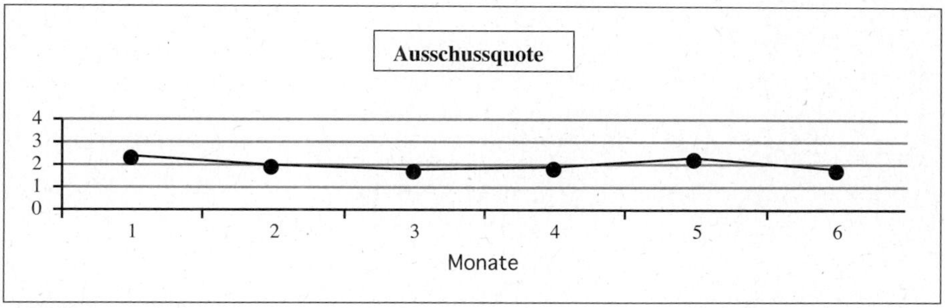

Abb.: 1

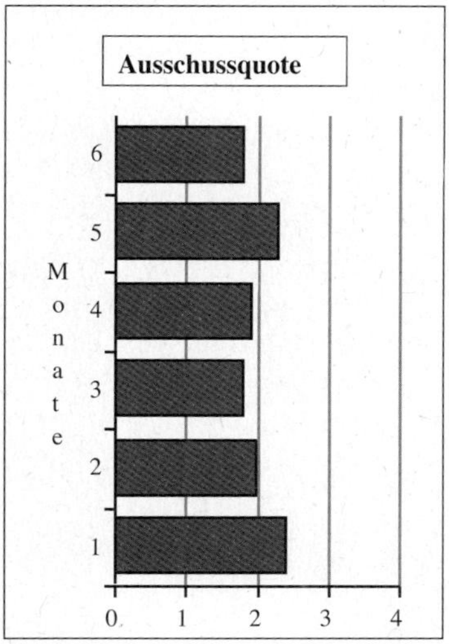

Abb.: 2

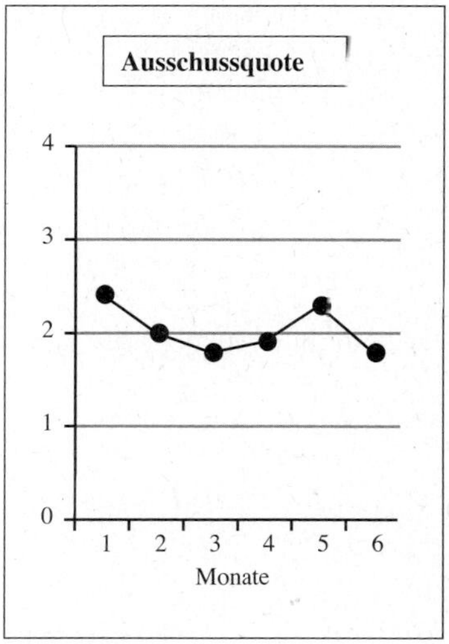

Abb.: 3

3.2 Planungstechniken und Analysemethoden sowie deren Anwendungsmöglichkeiten

3.2.1 Persönliche und sachliche Voraussetzungen zum optimalen Arbeiten

01. Welche fünf Hauptbereiche, aus denen sich für eine Führungskraft Störungsursachen in der Zeitverwendung ergeben können, sind zu unterscheiden?

Störfaktoren,

- die in der *eigenen Person* liegen (z. B. fehlende Motivation),
- die aus dem *privaten Umfeld* kommen,
- die von *Mitarbeitern* ausgehen,
- aus der Betriebs*organisation*,
- durch *Nicht-Beherrschen der* Zeitmanagement-*Techniken.*

02. Wie können Störungsursachen in der Zeitverwendung systematisch erkannt und abgebaut werden?

Störfaktoren kann man nur bearbeiten, wenn man sie kennt, d. h. wenn man sie sich bewusst macht. Dabei sollte man systematisch, z. B. folgendermaßen vorgehen:

1. Schritt: *Einteilen der Störfaktoren in die zwei Hauptgruppen:*
   - Außen (Organisation, Chef, Mitarbeiter, ...) und
   - Innen (eigene Person: Motivation, Unlust, Hektik, ...)

2. Schritt: *Quantitatives Erfassen der Störungsursachen:*
   Parallel zu den Tagesplänen: Auf einer „Checkliste der Störungen" werden jeweils am Ende eines Tages mit einer Strichliste Art und Häufigkeit der Störungen sichtbar gemacht. Dieses Aufschreiben sollte zwei Wochen lang durchgeführt werden.

3. Schritt: *Beseitigen oder Vermindern der Störungen:*
   Analysieren der Störungsursachen und Festlegen von Maßnahmen zur Eliminierung oder Verminderung. Dabei helfen z. B. die Fragen:
   - Welche Störungen behindern am meisten?
   - Welche Störungen lassen sich (unter den bestehenden Umständen) nicht beeinflussen?
   - Welche lassen sich beeinflussen, mindern, beseitigen? Wie? Wodurch?

03. Welche Techniken sind geeignet um die Zeitverwendung durch Setzen von Prioritäten zu verbessern und wie werden sie angewendet?

Techniken (1)

Prioritäten setzen:

- Eisenhower-Prinzip
- Pareto-Prinzip
- ABC-Analyse
- „Nein"-Sagen
- 4-Entlastungsfragen
- Einsparen gefühlsmäßiger und geistiger Energie

- *Das Eisenhower-Prinzip* ist ein einfaches, pragmatisches Hilfsmittel, um schnell Prioritäten zu setzen. Man unterscheidet bei einem Vorgang zwischen der
  - Dringlichkeit (Zeit-/Terminaspekt) und der
  - Wichtigkeit (Bedeutung der Sache)

  in den Ausprägungen „hoch" und „niedrig". Ergebnis ist eine 4-Felder-Matrix, die eine einfache aber wirksame Handlungsorientierung bietet:

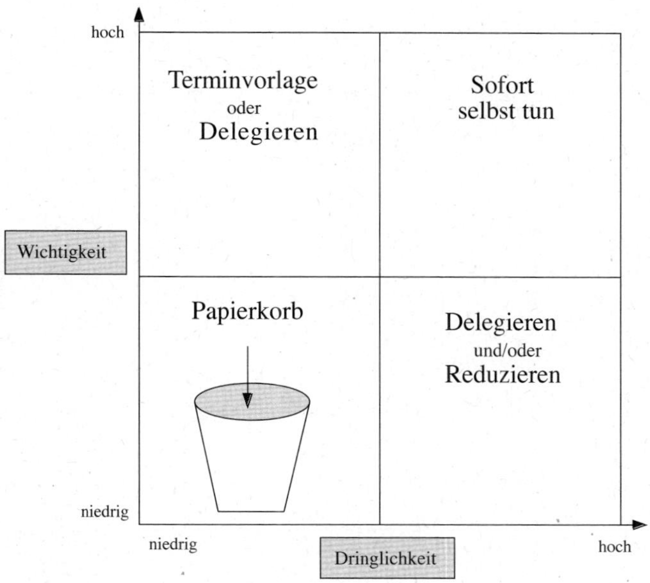

Die Vorfahrtsregel lautet: *Wichtigkeit geht vor Dringlichkeit*!

- *Das Pareto-Prinzip* (Ursache-Wirkungs-Diagramm)
(benannt nach dem italienischen Volkswirt und Soziologen Vilfredo Pareto, 1848-1923) besagt, dass wichtige Dinge normalerweise einen kleinen Anteil innerhalb einer Gesamtmenge ausmachen. Diese Regel hat sich in den verschiedensten Lebensbereichen als sog. 80:20-Regel bestätigt:

20 % der Kunden	bringen	80 % des Umsatzes
20 % der Fehler	bringen	80 % des Ausschusses

Überträgt man diese Regel auf die persönliche Arbeitssituation, so heißt das:

20 % der Arbeitsenergie bringen (bereits) 80 % des Arbeitsergebnisses
bzw.
die restlichen 80 % bringen nur noch 20 % der Gesamtleistung.

- Die *ABC-Analyse*
Das Pareto-Prinzip ist ein relativ grobes Verfahren zur Strukturierung der Aufgaben nach dem Kriterium „Wichtigkeit". Der ABC-Analyse liegt die Erfahrung zu Grunde, dass

15 %	aller Aufgaben	65 %	zur Zielerreichung beitragen
20 %	aller Aufgaben (nur)	20 %	zur Zielerreichung beitragen
65 %	aller Aufgaben (nur)	15 %	zur Zielerreichung beitragen.

Kriterien für A-Aufgaben, z. B.:

- Welche Aufgaben leisten den größten Zielbeitrag?
- Welche Einzelaufgaben können gleichzeitig mit anderen gelöst werden (Synergieeffekt)?
- Welche Aufgaben sichern langfristig den größten Nutzen?
- Welche Aufgaben bringen im Fall der Nichterledigung den größten Ärger/Schaden („Engpass-Prinzip")?

- *Nein-Sagen* fällt den meisten Menschen schwer. Die Folgen: Sie können sich oft nicht mehr aus dem Netz der sie umgebenden Erwartungshaltungen und Wünsche anderer befreien. Ein „gesunder" und vertretbarer Egoismus schafft oft ungeahnte Zeitreserven – indem man „Nein" sagt. Ein guter Ratgeber ist dabei die Überlegung: „Was passiert bei mir, wenn ich „Nein" sage?" „Welche Folgen hat das für den anderen?" Hier gilt es abzuwägen – bewusst, im konkreten Fall und immer wieder.

- *Die 4-Entlastungsfragen*
Häufig wiederkehrende Arbeiten werden oft unreflektiert versehen; man spricht von Routine. Es lohnt sich, das zu ändern, indem man sehr bewusst an die Tagesarbeit herangeht und sich jedesmal vor Beginn einer Aktivität die vier Entlastungsfragen stellt:

(1) Warum gerade ich?	Fazit: Delegieren!
(2) Warum gerade jetzt?	Fazit: Auf Termin legen!
(3) Warum so?	Fazit: Vereinfachen, „schlanke" Lösung, rationalisieren!
(4) Warum überhaupt?	Fazit: Weglassen, beseitigen!

- *Einsparen gefühlsmäßiger und geistiger Energie:*
Nicht jede Diskussion ist es wert, dass man sich zu 100 % engagiert. Nicht jeder Ärger ist so bedeutsam, dass man seinen Gefühlshaushalt völlig durcheinander bringt usw.

04. Mit welchen Techniken lassen sich Arbeitsvorgänge rationalisieren und wie werden sie angewendet?

Techniken (2)

Arbeit rationalisieren:
- 6-Info-Kanäle
- 3-Körbe-System
- Schreibtischmanagement
- Telefonmanagement
- Terminplanung, Arbeitsplanung
- Zielplanung

- *Die 6 Informationskanäle:*
  Was auf den Schreibtisch kommt, ist unterschiedlich wichtig und unterschiedlich dringend. Die „6-Info-Kanäle" kann man nutzen um die Papiermenge zu beherrschen:

  Kanal 1: Lesen und vernichten
  Kanal 2: Lesen und weiterleiten
  Kanal 3: Lesen und delegieren
  Kanal 4: Wiedervorlage
  Kanal 5: Laufende Vorgänge
  Kanal 6: Sofort selbst erledigen

- *Das 3-Körbe-System:*
  Der Schreibtisch hat drei Körbe:
  - den Eingangskorb
  - den Ausgangskorb
  - den Papierkorb

  Tipps:
  - Jedes Schriftstück kommt in den Eingangskorb.
  - Jeder Vorgang wird nur einmal in die Hand genommen.
  - Auf dem Schreibtisch liegt nur der Vorgang, an dem man gerade arbeitet.
  - Eingangskorb, Ausgangskorb und Schreibtisch sind jeden Abend leer.
  - „Der Papierkorb ist der Freund des Menschen".

- *Schreibtischmanagement:*
  Es gibt Menschen, die gehören zu den „Volltischlern". Ihr Schreibtisch gleicht einer Fundgrube, getreu nach dem Motto: „Nur ein kleines Hirn braucht Ordnung, ein Genie hat den Überblick über das ganze Chaos."

  Andere wiederum räumen ihren Schreibtisch ganz leer, um damit z. B. ihre Besucher zu beeindrucken. Das Chaos und die Fülle in den Schubladen kann der Besucher natürlich nicht sehen. Beide Formen sind natürlich Extreme und treffen nur für einen geringen Teil der „Schreibtischarbeiter" zu.

  Tipps für eine „unsichtbare Schreibtischeinteilung, z. B. so:
  - Eingangs-, Ausgangs-, Papierkorb sind rechts (in der Nähe der Tür)
  - das Telefon steht links
  - links ist ein „Korb" mit Notizen für Telefon-Gesprächsblöcke

- links ist ein „Korb“ mit den heute zu bearbeitenden Vorgängen
- man arbeitet immer von links nach rechts
- Der Schreibtisch ist jeden Abend leer.

• *Telefonmanagement:*
Für ein rationelles Telefonieren sind z. B. folgende Überlegungen hilfreich:

- Wann telefoniere ich?
- Wie plane ich das Telefonat?
- Wen will ich anrufen?
- Wie bereite ich mich vor?
- Welche Gesprächsregeln gelten für das Telefonieren?
- Wann und wie schirme ich mich vor Telefonaten ab?

• *Terminplanung:*
Die drei Schritte der Arbeits- und Terminplanung lauten:

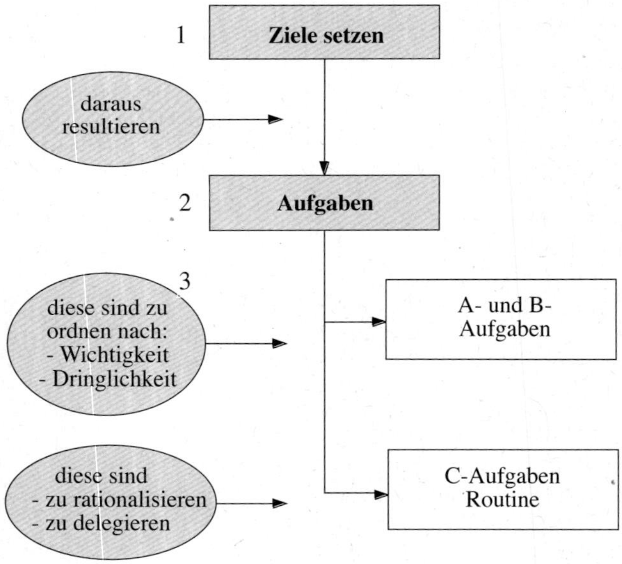

Die Prinzipien der Arbeits- und Terminplanung sind:

- Immer *schriftlich planen.*
- Nicht den ganzen Tag verplanen (*50:50 Regel*).

05. Warum muss der Meister in seinem Arbeitsbereich eine systematische Kontrolle durchführen?

Hinweis: Ausführlich wird das Thema Kontrolle behandelt im 4. Prüfungsfach unter Ziffer 4.5.3.

Kontrolle ist ein wichtiges Element innerhalb der Führungsaufgaben des Meisters. Es ist sehr eng mit den Themen Anerkennung, Kritik und Beurteilung verknüpft. In allen Fällen muss ein brauchbarer *Maßstab* vorliegen und es sind *Formen der Rückmeldung* (Feedback-Maßnahmen).

Kontrolle ist der Vergleich eines Ist-Zustandes mit einem Soll-Zustand und ggf. die Ableitung erforderlicher (Korrektur-)Maßnahmen.

Systematisch kontrollieren heißt,

- die unterschiedlichen *Formen der Kontrolle* richtig anwenden (Eigen-/Fremdkontrolle, Voll-/Stichprobenkontrolle, Ergebnis-/Tätigkeitskontrolle, End-/Fortschrittskontrolle usw.),
- den *Zeitpunkt der Kontrolle* richtig wählen (zu unterschiedlichen Tageszeiten, Wochentagen usw.)
- klare *Maßstäbe* vereinbaren oder setzen, die als Sollvorgabe gelten,
- alle unterstellten Funktionen *gleichgewichtig und gleichmäßig* beobachten und bewerten. Ein häufig anzutreffendes Phänomen in der Praxis ist die ungleichgewichtige und ungleichmäßige Kontrolle der unterstellten Funktionen:

Beispiel:

Meister X hat 20 Mitarbeiter. Ihm sind folgende Funktionen unterstellt: Montagegruppe Elektrik, Montagegruppe Mechanik, Lager, Verpackung. Aufgrund seiner Ausbildung und Vorerfahrung kennt Meister X die Aufgabenbereiche „Mechanik" und „Verpackung" bis ins Detail. Im Bereich Elektronik ist er fachlich unsicher. Von daher besteht die Neigung vieler Vorgesetzter, den Arbeitsbereich besonders intensiv zu kontrollieren, in dem sie „sich zu Hause fühlen". Mitunter hat dies fatale Folgen: Fehler werden nicht bemerkt, die „besonders kontrollierten Mitarbeiter" sind frustriert.

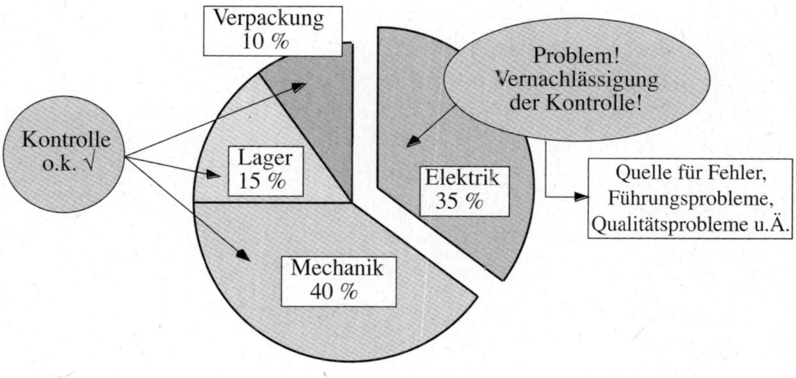

06. Welche Gesichtspunkte sind bei der Gestaltung des eigenen Arbeitsplatzes zu beachten?

Dazu einige *Beispiele* (vgl. dazu ausführlich im 2. Prüfungsfach unter Ziffer 2.2.7 und im 4. Prüfungsfach unter Ziffer 4.2.2.):

- Sind alle *Arbeitsgeräte* und -mittel *vorhanden und funktionsfähig*?
- Herrscht die notwendige *Ordnung und Sauberkeit*, die eine sichere *Aufbewahrung* der Arbeitsmittel sicher stellt und das *Auffinden* ermöglicht?
- Wer ist für *Wartung, Pflege* und *Inventarisierung* der Arbeitsmittel zuständig?
- Ist der Büroraum beim Verlassen gesichert?

- Entsprechen die *Luft- und Lichtverhältnisse* den Vorschriften?
- Sind der Bürostuhl und der Schreibtisch *ergonomisch* angeordnet und gestaltet? (Rückenprobleme und Ermüdung)
- Sind die *technischen Hilfsmittel* am Arbeitsplatz ausreichend vorhanden und werden sie sinnvoll genutzt? (Ablagesystem, Schreibgeräte, Terminplaner, Pinnwand, Schichtpläne, Plantafeln, Kommunikationsgeräte wie Fax, Telefon, „Pieper“, Handy, Kopierer, manuelle oder edv-gestützte Planungssysteme usw.)

07. Wie lässt sich die Arbeit mithilfe von Ablagesystemen und der PC-Technik erleichtern?

- Permante, organisierte und effektive *Ablage* stellt sicher, dass der Arbeitsplatz nicht „in Papier ertrinkt“ (vgl. dazu oben: „3-Körbe-System“ und die „6-Info-Kanäle“). Weiterhin sind neben der betrieblich bedingten Ablage die gesetzlichen Aufbewahrungsfristen zu beachten. Es ist zu prüfen, welche Formen der Ablage jeweils zweckmäßig sind, z. B.:

  Zentrale oder dezentrale Ablage; stehende/liegende/hängende Ablage, im Original, als Kopie, als Mikroverfilmung, als gescanntes Dokument (CD, Streamer, externe Festplatte); sortiert nach Vorgängen/Objekten/Verrichtungen; Dokumentation der Ablage; Ablage im Zusammenhang mit Zertifizierung.

- *PC-Technik:*
  Die PC-Technik ist heute soweit entwickelt, dass für fast jede Fragestellung und Anwendung eine geeignete Softwareunterstützung von den Herstellern angeboten wird. Bei der Nutzung derartiger Programme sollte im Betrieb darauf geachtet werden, *dass die PC-Welt von der Hardware und insbesondere von der Software einheitlich ist, untereinander vernetzt ist und – soweit erforderlich – einen Zugang zum Host hat* (Vermeidung von Wildwuchs in der betrieblichen PC-Landschaft sowie der Mehrfacheingabe von Daten, Pflege und Sicherung der Daten und der Programme, keine Insellösungen). Beispiele für edv-gestützte Programme:

  - Terminplanung und automatische Wiedervorlage mithilfe akustischer Signale,
  - Textverarbeitung, Dokumentenvorlagen (Fax, Protokoll, Bericht usw.; z. B. Word)
  - Präsentationstechnik (Folienvorlagen, Visualisierung)
  - Tabellenkalkulation (z.B. Excel, Open Access)
  - Software für Projektmanagement (z.B. MS Projekt)
  - Grafikprogramme für Aufbau- und Ablauforganisation, Netzplantechnik, Flussdiagramme, Meilensteindiagramme, Balkendiagramme
  - elektronische Wörterbücher und Übersetzungsprogramme
  - elektronische Ablage und Dokumentation
  - Adressverzeichnisse, Telefonbücher, Notizzettel
  - Hard- und Software zur Speicherung von Daten (Scanner, CD-Brenner, externes Laufwerk)
  - Schnittstellen für Kommunikation per Internet und Intranet
  - sog. Kombiprogramme mit einer Vielzahl von Anwendungen (z. B. MS-Office)

Beispiele für Vorlagen unter MS-Office:

Briefe & Faxe
Designs
Leere Präsentation
Präsentationen
Sonstige Dokumente
Tabellenvorlagen
Web-Seiten
Normal
Version 6
Memos

Auszug aus den Anwendungsprogrammen unter MS-Office:

Abfragen	Microsoft Help Runtime
Address Book Library	Microsoft Hilfe-Textmarke
Adressbuch-Konverter	Microsoft Office 2000
Assistenten	Microsoft Systeminformation
Erste Installation von Office	MS Organisationsdiagramm 2.0
Excel 409 Lexicon	MS Organization Chart 2.0 Help
Excel 7 Lexicon	MS Organization Chart Template
Excel Macro Scanner	MSInfo
Excel-Add-Ins	OE Address Book Lib
Favoriten	Rahmen
Graph 409 Lexicon	Standard-MS Office ACL (8)
Graph 7 Lexicon	Start
Hilfe	Translators
HTML	VBA Converter (1.0)
HTML Library	VBA Extensibility Library (1)
Klaenge	VBA Localization Library (1)
Microsoft C Runtime Library	VBA Object Library (1)
Microsoft Clip Gallery	VBA-Schluesselwoerterliste
Microsoft Conversion Library	Visual Basic for Applications
Microsoft Graph	Web Page Templates
Microsoft Help	

3.2.2 Methoden der Problemlösung und Entscheidungsfindung

01. Was ist ein Problem?

Ein Problem ist ein Hindernis, das der Realisierung einer Zielsetzung entgegensteht.

Beispiel: Eine neue Maschine soll erstmalig in Betrieb genommen werden (Ziel). Bei den Vorbereitungen stellt sich heraus, dass die Energieversorgung nicht ausreichend ist.

02. Welche Formen betrieblicher Probleme mit welchen Auswirkungen sind denkbar?

Beispiele:

Formen betrieblicher Probleme:		Auswirkungen:
Ist das Problem einmalig oder wiederkehrend?	→	generelle Lösung oder Lösung für den Einzelfall
Was ist das Problem? (Problemsachverhalt)		
- Besteht ein Informationsmangel?	→	Informationssuche
- Besteht ein Ressourcenmangel?	→	Suche nach weiteren Ressourcen oder Ersetzen einer Ressourcenart durch eine andere (z. B. der Faktor Arbeit wird durch den Faktor Kapital ersetzt)
- Besteht eine Mangel in der Planung?	→	Ungenügende Vorstellung über die Art des Vorgehens
- Liegt zwischen den Beteiligten ein Sachkonflikt oder ein Beziehungskonflikt vor?	→	Streit, Kampf, Demotivation usw.

03. In welchen logisch aufeinander folgenden Schritten ist ein Problem generell zu lösen?

Man unterscheidet fünf logisch aufeinander folgende Schritte und bezeichnet dieses System als *Problemlösungszyklus*:

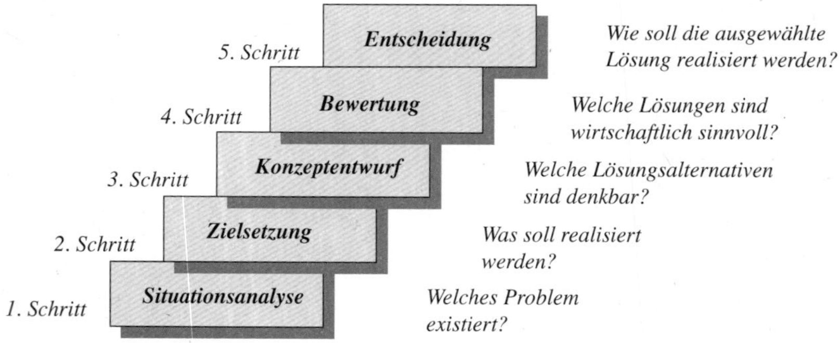

Vgl. dazu auch unten, Ziffer 3.5.2, Nr. 02: Schrittfolgen im Problemlösungszyklus.

04. Welche Methoden der Situationsbeschreibung sind denkbar?

Voraussetzung für die *Analyse* einer Situation (vgl. oben: 1. Schritt im Problemlösungszyklus) ist eine genaue, die Realität wiedergebende *Beschreibung* des gegenwärtig herrschenden Zustandes. Dafür sind folgende Methoden geeignet:

1. *Soll-Ist-Analyse:*

   Beschreibung eines Vergleichs zwischen dem tatsächlichen und dem gewünschten (geplanten) Zustand: Man bezeichnet diesen Vergleich als *Soll-Ist-Analyse*.

Beispiel: „Problem: Absatzrückgang beim Produkt Rasenmäher"
Bei einem Hersteller von motorisierten Gartengeräten soll eine neue Generation von Rasenmähern entwickelt werden, da die Konkurrenz deutliche Marktvorteile gewonnen hat. Nachfolgend ein Auszug aus der Soll-Ist-Analyse zur Entwicklung einer neuen Serie:

Gegenstand der Betrachtung:	Ist (Rasenmäher/alt)	Soll (Rasenmäher/neu)
• Gehäuse:	aus Blech	aus Kunststoff
• Gewicht:	18 kg	12 kg
• Antrieb:	Benzinmotor	Elektro- und Benzinmotor
• Schnittbreite:	40 cm	30, 40 und 50 cm
usw.		

2. *Flussdiagramm bzw. Datenflussdiagramm:*

Der Ist-Zustand verrichtungsorientierter Abläufe lässt sich mithilfe eines Flussdiagramms darstellen:

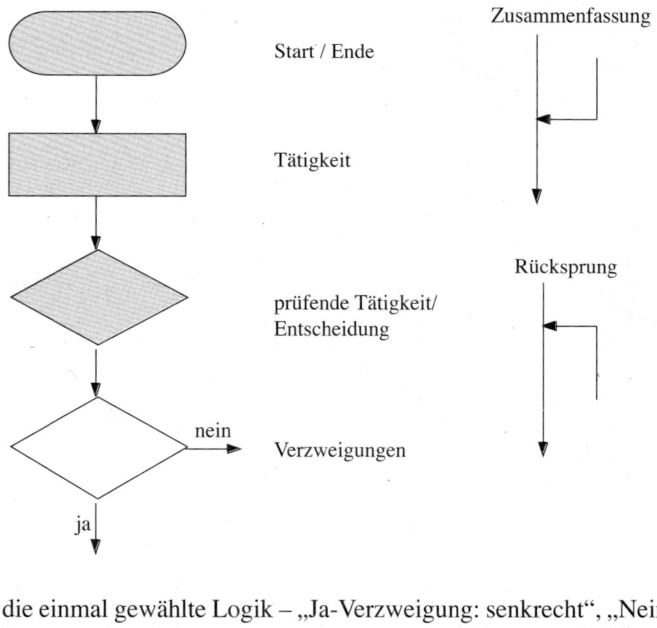

Dabei wird die einmal gewählte Logik – „Ja-Verzweigung: senkrecht", „Nein-Verzweigung: waagerecht" – im ganzen Diagramm beibehalten. Es werden die feststehenden Symbole nach DIN 66006 verwendet, die hier auszugsweise wiedergegeben sind (siehe oben).

Weitere Merkmale sind:

- Beginn und Ende des Vorgangs werden mit „Start" und „Ende" (Ellipse) gekennzeichnet.
- „Ja-Verzweigungen" (= senkrecht); „Nein-Verzweigungen" (= waagerecht).
- Vorgangsstufen werden mit Richtungspfeilen verknüpft.
- Bei den Vorgangsstufen wird zwischen „Tätigkeit" (= Rechteck) und „prüfender Tätigkeit" (= Entscheidungsraute) unterschieden.

- Das *Datenflussdiagramm* (= Datenflussplan) ist eine Variante des Flussdiagramms. Einzelheiten dazu sind der DIN 66001 zu entnehmen. Die Darstellung im Datenflussplan ähnelt der im Flussdiagramm mit dem Unterschied, dass zusätzliche Symbole aus der EDV verwendet werden (vgl. DIN 66001 und ANSI-Norm). Es lassen sich damit

  - Alternativen,
  - Schleifen und
  - Parallelvorgänge

  darstellen und man verwendet u.a. folgende Symbole:

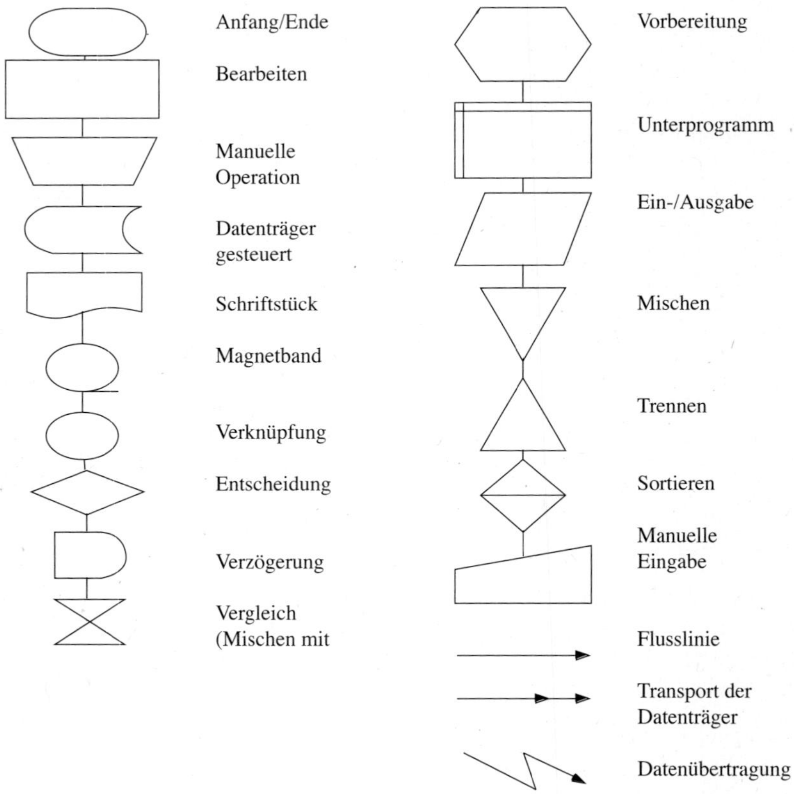

Die nachfolgende Abbildung zeigt (vereinfacht) den Datenflussplan „Versand einer Ware und Schreiben der Rechnung“:

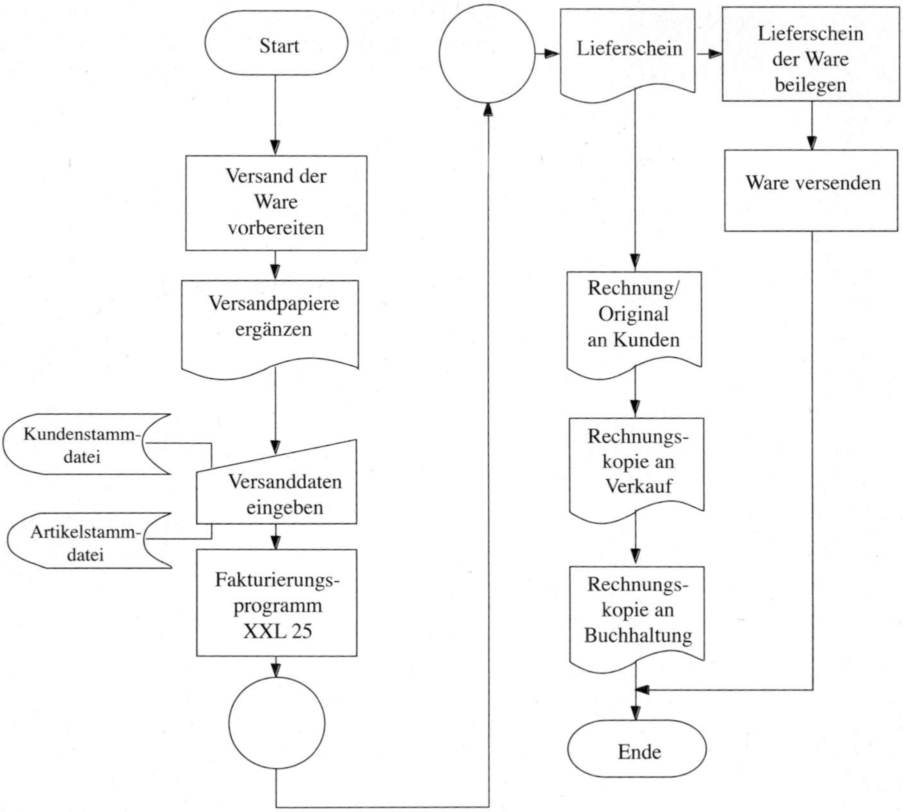

3. *Stärken-/Schwächenanalyse:*

Mithilfe der Stärken-/Schwächenanalyse beschreibt und bewertet man (subjektiv) den Vergleich zwischen relevanten Merkmalen des eigenen Unternehmens und denen eines Wettbewerbers (Wettbewerber = Marktführer oder Wettbewerber = Branchendurchschnitt). Die grafisch-verbale Darstellung wird in folgenden Schritten erarbeitet:

1. Festlegung der relevanten Merkmale
2. Auswahl des Wettbewerbers
3. Erhebung der Ist-Daten
4. Skalierung zur Vornahme der Bewertung (ggf. Bewertung der Merkmale)
5. Interpretation der Ergebnisse
6. Beschreibung der Maßnahmen

Stärken-/Schwächen-Analyse	***Subjektive Bewertung***							
		gering		*mittel*		*hoch*		
Bewertungsmerkmale	*Gewichtungs-faktor*	*1*	*2*	*3*	*4*	*5*	*eigene Firma*	*Wett-bewerber*
• Technik	20			○	●		80	60
• F + E	10			●		○	30	50
• Finanzkraft	10				●	○	40	50
• Marktanteil	20			●	○		60	80
• Standort	10		●		○		20	40
• Kostenstruktur	30			○	●		120	90
• Personal	30				● ○		120	120
usw.								
Legende:							470	490
eigene Firma: ●								
Wettbewerber ○								

05. Welche Methoden der Problemanalyse sind denkbar?

Beispiele:

- *Ishikawa-Diagramm (= Ursache-Wirkungs-Diagramm, „Fischgräten-Diagramm"):*

  Die Problemursachen werden nach Bereichen kategorisiert und in einer Grafik veranschaulicht. Die Einzelschritte sind:

  1. Problem definieren
  2. vier Ursachenbereiche unterscheiden:
     - Mensch
     - Maschine
     - Material
     - Methode
  3. mögliche Ursachen je Bereich erkunden
  4. grafisch darstellen

Beispiel:

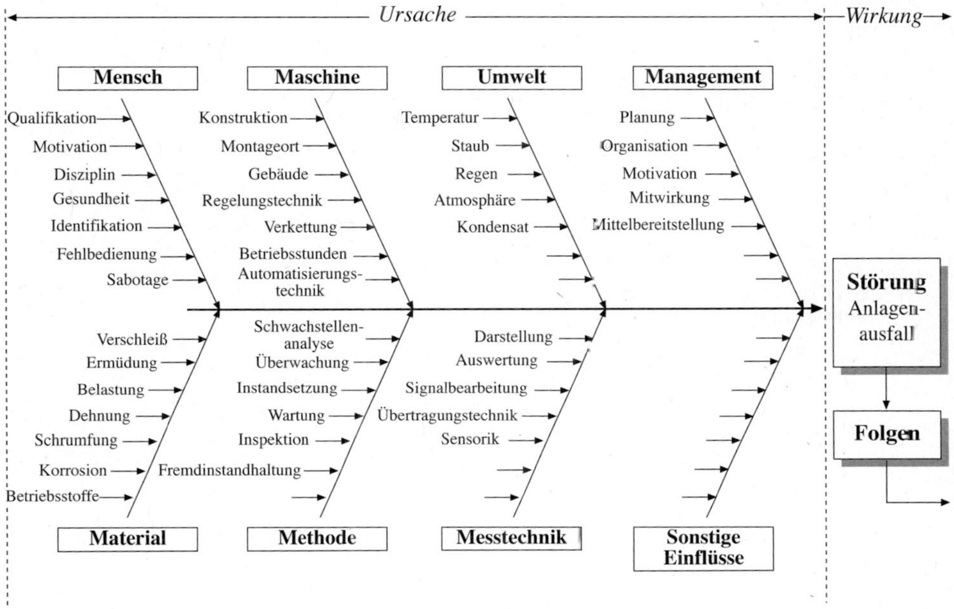

- *ABC-Analyse:*

  Die ABC-Analyse ist eine analytische Methode, um Schwerpunkte zu bilden und anhand dieser Prioritäten zu setzen.

  Das Ziel der ABC-Analyse ist:

  - Wesentliches vom Unwesentlichen zu unterscheiden,
  - Ermittlung von Schwerpunkten,
  - Konzentration auf Schwerpunkte von wirtschaftlicher Bedeutung,
  - Ansatzpunkte für Rationalisierungsmaßnahmen ermitteln,
  - Festlegung von Prioritäten,
  - Maßstab für die wirtschaftliche Bedeutung finden,
  - Vorgänge mit geringer Bedeutung vermindern oder vereinfachen helfen.

  Wie geht man bei der ABC-Analyse vor?

  1. Mengen und Werte werden ermittelt und kumuliert.
  2. Ordnung in Tabellen nach abfallenden Werten,
  3. Bildung von drei Gruppen:
     A: hochwertig
     B: mittelwertig
     C: geringwertig

  Hinweis: Ein Berechnungsbeispiel finden Sie im „Blauteil" dieses Buches.

06. Welche Methoden der Ideenfindung lassen sich einsetzen?

Am bekanntesten sind folgende Techniken:

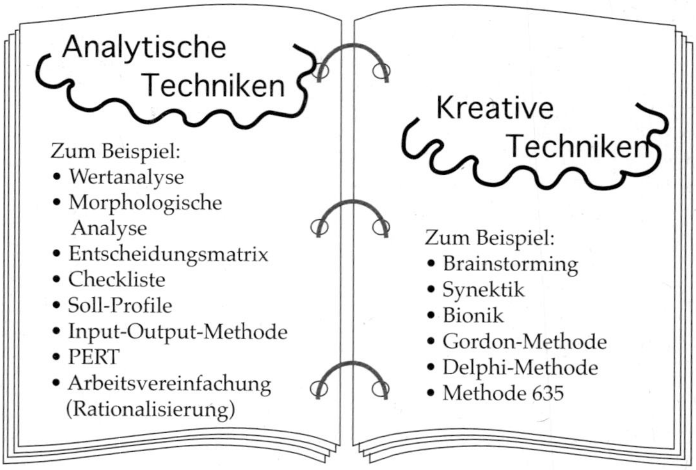

Dazu ausgewählte Beispiele (in Anlehnung an den Rahmenplan):

- *Wertanalyse:*

  Die Wertanalyse (WA) basiert auf folgender Grundüberlegung: Ein Produkt erfüllt bestimmte Funktionen und hat damit für den Verbraucher einen bestimmten Wert/Nutzen.

  Beispiel: Ein Feuerzeug erfüllt u. a. die Funktion Feuer, Wärme oder Licht zu spenden.

  Jede Funktion eines Produktes verursacht in der Herstellung spezifische Kosten. Die Wertanalyse verfolgt nun das *Ziel, den vom Verbraucher erwarteten Wert eines Produkts mit den geringsten Kosten herzustellen.*

  Anders als die traditionellen Kostensenkungsprogramme, bei denen eine isolierte Senkung der Kosten die Erlössituation verbessern sollte, geht es bei der WA um die gezielte Betrachtung der Funktionen und die Frage, wie Kosten reduziert werden können, ohne den Funktionswert zu mindern. Oder anders ausgedrückt: Es geht bei der WA um die *Maximierung der Differenz zwischen Funktionswert und den dafür erforderlichen Kosten.*

  Der Ablauf der Wertanalyse erfolgt nach DIN in sechs Hauptschritten mit jeweils speziellen Unterschritten (*Arbeitsplan nach DIN 69919*):

  1. Projekt vorbereiten:
     - Moderator, Koordinator und Team benennen
     - Grobziel, Rahmenbedingungen und Projektorganisation festlegen
     - Projektablauf planen
  2. Objektsituation analysieren:
     - Informationen über Objekt, Umfeld, Kosten sowie Funktionen beschaffen
     - lösungsbedingte Vorgaben ermitteln
     - den jeweiligen Funktionen die Funktionskosten zuordnen

3. Soll-Zustand beschreiben:
   - alle Informationen auswerten
   - alle Soll-Funktionen und lösungsbedingende Vorgaben festlegen
   - kostenzielenden Soll-Funktionen zuordnen

4. Lösungsideen entwickeln:
   - vorhandene Ideen sammeln
   - neue Ideen entwickeln

5. Lösungen festlegen:
   - Bewertungskriterien festschreiben
   - Lösungsideen bewerten
   - Lösungsansätze darstellen und bewerten
   - Lösungen ausarbeiten und bewerten
   - Entscheidungsvorlage aufbereiten
   - Entscheidung herbeiführen

6. Lösungen verwirklichen:
   - Umsetzung im Detail planen
   - Realisierung beginnen und kontrollieren
   - Projekt abschließen

Die Stärken des Instrumentes Wertanalyse liegen u. a. in der praktisch universellen Einsetzbarkeit sowie im Zwang zur Systematik. Schwächen ergeben sich aus der durch die Systematik produzierten „Quasi-Objektivität", aus der Möglichkeit zur Manipulation (z. B. durch die Auswahl der Nutzkriterien und durch deren Gewichtung) sowie aus dem relativ hohen Arbeits- und Zeitaufwand, der bei sorgfältiger Anwendung besteht.

- *Brainstorming:*

Vgl. dazu und zu weiteren Techniken der Kreativität im 4. Prüfungsfach, unter Ziffer 4.5.8.

07. Welche Methoden der Entscheidungsfindung sind denkbar?

Beispiele:

- Entscheidungstabellentechnik
- Entscheidungsbaumtechnik
- Delphi-Methode
- Szenario-Technik
- Verfahren der Investitionsrechnung
- Verfahren der Risikoabwägung

- *Nutzwertanalyse:*

Bei der Nutzwertanalyse wird ein Gegenstand hinsichtlich einer Reihe von Merkmalen untersucht. Für die Ausgestaltung des Gegenstandes (= Ziel) gibt es mehrere Varianten. Jede Variante erhält einen in Zahlen ausgedrückten Wert. Die Skalierung kann nominal, ordinal oder kardinal erfolgen. Hauptgruppen der Bewertung sind i.d.R.:

- wirtschaftliche Merkmale
- technische Merkmale
- rechtliche Merkmale
- soziale Merkmale

Eine Erweiterung der Bewertung kann dadurch vorgenommen werden, indem jedes Merkmal eine Gewichtung erfährt, die seiner Bedeutung bei der Problemlösung gerecht wird (vgl. dazu in Analogie die Vorgehensweise bei der analytischen Arbeitsbewertung).

Beispiel:
Eine Druckerei steht vor der Notwendigkeit, seine Kapazität zu erweitern. Die Entscheidung soll unter drei Maschinentypen (Offsetfarbendruck) getroffen werden:

Nutzwertanalyse	**Maschine 1**			**Maschine 2**			**Maschine 3**		
	hoch	*mittel*	*gering*	*hoch*	*mittel*	*gering*	*hoch*	*mittel*	*gering*
Merkmale	*30*	*20*	*10*	*30*	*20*	*10*	*30*	*20*	*10*
1. Technische Merkmale:									
- Papierlaufbreite	30				20			20	
- Oberflächenbeschaffenheit		20			20				10
- Bogenführung			10	30			30		
- Falztechnik		20		30					10
- Papierstapelanlage			10			10		20	
- elektronische Voreinstellung		20				10	30		
usw.									
2. Wirtschaftliche Merkmale:									
- Preis		20		30					10
- Lieferkonditionen		20			20		30		
usw.									
3. Rechtliche Merkmale:									
...									
4. Soziale Merkmale:									
...									
Summen:	150	220	90	180	200	50	120	260	110
Insgesamt:		**460**			**430**			**490**	

- *Muss-/Kann-Ziele* (Muss-/Wunsch-Ziele):

  Ziele sind der Maßstab für zukünftiges Handeln. Im Rahmen der Entscheidungsfindung kann man Ziele einteilen in Muss-Ziele (unbedingt erforderlich) und Kann-Ziele (Charakter von „sollte"/„gewünscht"). Man kann dieses Verfahren z. B. einsetzen bei der Gestaltung des Anforderungsprofils im Rahmen der Bewerberauswahl.

Beispiel:
Der Bewerber für eine bestimmte Meisterposition muss/sollte folgende Eignungsmerkmale erfüllen:

Anforderungsprofil	**„Muss"**	**„Kann"**
	notwendig	***erwünscht***
1. Fachliche Anforderungen:		
- Lehre, Metallberuf	x	
- mindestens 5 Jahre Praxis	x	
- Erfahrung in SPS		x
- AEVO		x
- Abschluss: Geprüfter Industriemeister		x
- Führungserfahrung	x	
usw.		
2. Persönliche Anforderungen:		
- Engagiert	x	
- flexibel, belastbar	x	
usw.		

3.2.3 Strategische Planung, Strukturplanung, operative Planung

01. Was versteht man unter „Planung" und was unter „Analyse"?

- *Planung* wird verstanden als die gedankliche Vorwegnahme von Entscheidungen unter Unsicherheit bei unvollständiger Information. Sie beruht auf Annahmen über den Eintritt zukünftiger Ereignisse und soll dazu dienen, alle Aktivitäten eines Unternehmens (einer Organisation) zu bündeln und klar am formulierten Ziel auszurichten. Planung hat somit den Charakter der

  - Zukunftsbezogenheit,
  - Systematik,
  - Gestaltung,
  - Abhängigkeit von Informationen.

- *Analyse* ist das Erkennen von Strukturen, Gesetzmäßigkeiten, Quasi-Gesetzmäßigkeiten und Zusammenhängen in real existierenden Daten durch subjektive Wahrnehmung und Bewertung.

02. Welche Chancen und Risiken können mit der Planung verbunden sein?

Planung	
Chancen, z. B.:	Risiken, z. B.:
Koordinierung Integration Methodik Systematik Kontrolle Soll-Ist-Vergleich Zielorientierung	unrealistische Annahmen hoher Planungsaufwand Planungsfrustration unrealistische Ziele

03. Welchen Einflussfaktoren unterliegt die Planung?

1. *Marktfaktoren:*

   Zu den Einflussfaktoren der Umwelt, die mehr oder weniger stark vom Unternehmen beeinflusst werden können, gehören in einer ersten Wirkungsebene die Systeme:

   - Beschaffungsmarkt
   - Arbeitsmarkt
   - Absatzmarkt
   - Geld- und Kapitalmarkt

2. *Generelle Umweltfaktoren:*

   Die zweite Wirkungsebene bilden die sog. generellen Einflussfaktoren:

   - Technologie
   - Wirtschaft
   - Kultur
   - Politik und Recht
   - Sozialpsychologie

   usw.

3. *Interne Faktoren:*

   Die internen Einflussgrößen und damit zugleich die internen Stärken und Schwächen des Unternehmens (vgl. dazu oben, „Stärken-/Schwächen-Analyse“) sind im Wesentlichen:

   - Materielle Ressourcen
   - Personelle Ressourcen
   - Technologien
   - Entwicklungsstand des Unternehmens
   - interne Kommunikation und Organisation
   - Standort
   - Organisations- und Führungskultur
   - Kostensituation
   - Produktivität

   usw.

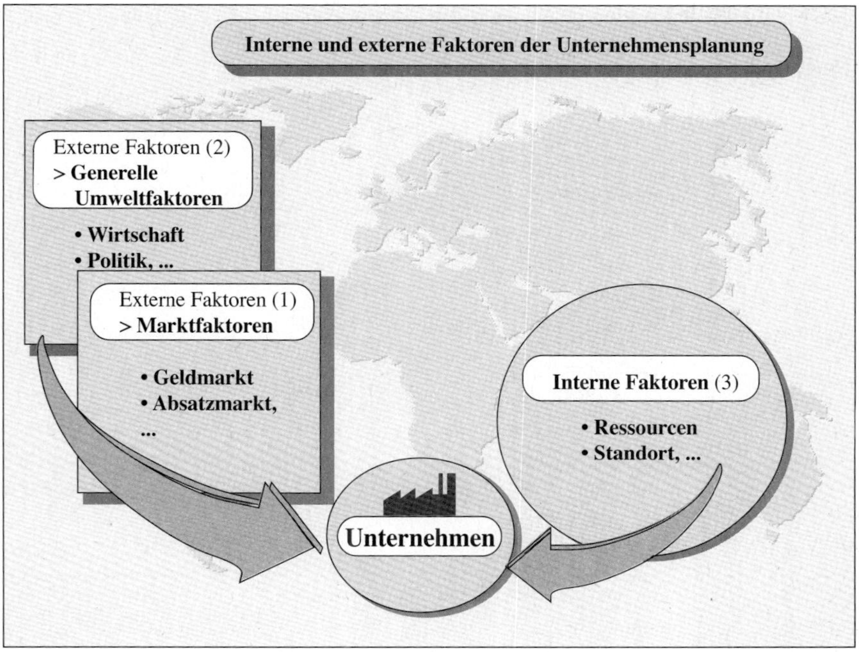

04. Welche vier Ebenen der Planung lassen sich unterscheiden?

- *Generelle Zielplanung:* Festlegung der Leitlinien, der Unternehmenskonzeption

- *Strategische Planung:* Festlegung von Geschäftsfeldern, von langfristigen Produktprogrammen; Ermittlung der Unternehmenspotenziale

- *Operative Planung:* Festlegung der kurzfristigen Programmpläne in den einzelnen Funktionsbereichen (z. B. Personalplanung)

- *Ergebnis- und Finanzplanung:* Abbild der oben genannten Planungsebenen in monetären Strukturen (z. B. betriebswirtschaftliche Kennziffern zur Beschreibung kurz-, mittel- und langfristiger Planungszustände)

05. Nach welchen Merkmalen lassen sich die Planungsarten differenzieren?

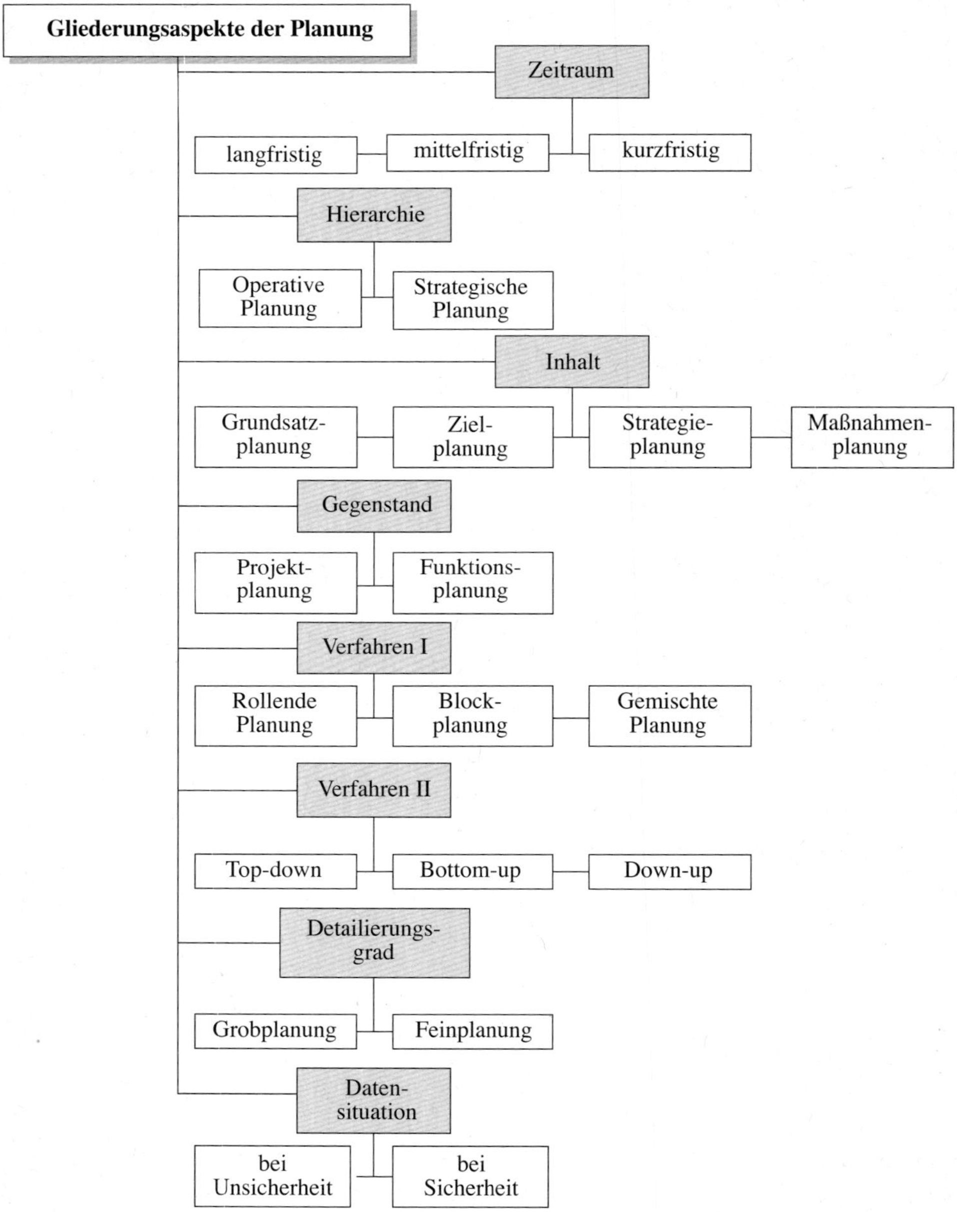

06. Wie lässt sich das Phasenmodell für globale bzw. für spezielle Teilprozesse darstellen?

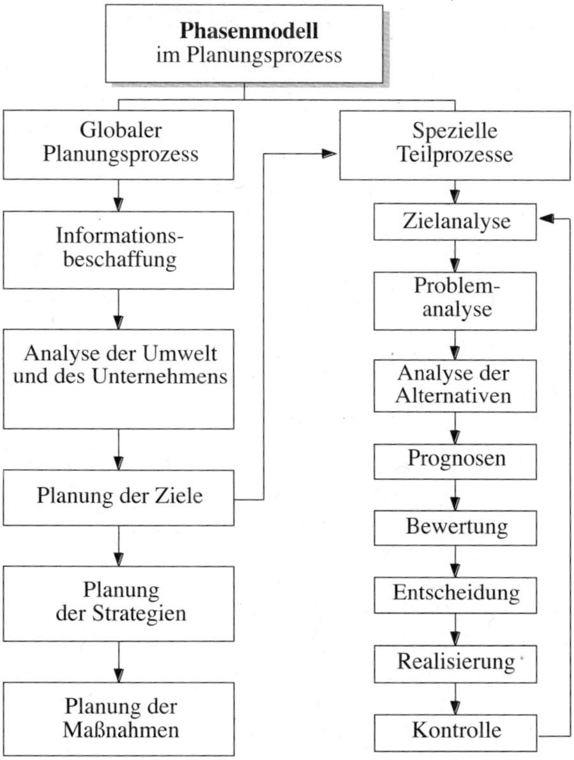

07. Welche Wechselwirkung besteht zwischen der strategischen und der operativen Planung?

Die strategische Planung kann von der operativen Planung über Kriterien wie

- Fristigkeit,
- Abstraktionsniveau und
- Vollständigkeit der Planung

abgegrenzt werden.

- Demzufolge betrachtet die *strategische Planung* überwiegend globale Ziele wie Standortwahl, Organisationsstruktur, Produktprogramme, Geschäftsfelder. Es geht darum, so früh wie möglich und so gut wie möglich die Voraussetzungen für den zukünftigen Unternehmenserfolg zu schaffen – also *Erfolgspotenziale zu bilden und zu erhalten.*
- Gegenstand der *operativen Planung*
  ist die Festlegung mehr oder weniger kurzfristiger Planungen der einzelnen Funktionsbereiche. Die operative Unternehmensführung orientiert sich also an der kurzfristigen Erfolgsrealisierung mit den zentralen Steuerungsgrößen *Liquidität und Erfolg.*

3.2.4 Planungstechniken und Analysemethoden

01. Welche Prinzipien sind bei der Planung zu berücksichtigen?

Grundsätze der Planung

- Langfristigkeit
- Vollständigkeit
- Flexibilität
- Stabilität
- Verbindlichkeit
- Kontrollierbarkeit
- Realisierbarkeit

02. Welche Methoden und Techniken der Planung und Analyse gibt es?

Die Methoden und Techniken, die bei der Bearbeitung und Lösung betrieblicher Probleme eingesetzt werden können, sind umfangreich. Sie werden nicht nur speziell im Rahmen der Planung, der Organisation und der Entscheidungsfindung verwendet, sondern sind meist generelle Verfahren im Rahmen der Unternehmensführung. Meist wird in der Literatur zwischen „Methode“, „Technik“ und „Instrument“ nicht explizit unterschieden.

Instrumente, Techniken und Methoden der Analyse, Planung und/oder Kontrolle im Überblick		
Bezeichnung:	*Kurzbeschreibung, Beispiele:*	
1. Quantitative Instrumente		
Kennzahlen	**Statistische Kennzahlen:**	
	- Verhältniszahlen - Gliederungszahlen	- Beziehungszahlen - Wertziffern und Indexzahlen
	Kennzahlen der Betriebswirtschaft:	
	- Finanzierungsanalyse - Investitionsanalyse - Finanzanalyse - Ergebnisanalyse - Rentabilitätskennzahlen	- Materialbeschaffung - Lagerwirtschaft - Absatzwirtschaft - Personalwirtschaft
Kostenanalysen, Kostenvergleiche	- Make-or-buy-Analyse (MOB) - Break-even-Analyse	- Kritische Menge (Kritische Werte-Rechnung)
Verfahren der Investitionsrechnung	- Statische Verfahren - Dynamische Verfahren	
ABC-Analyse	Technik zur wertmäßigen Klassifizierung von Objekten (Wertanteil : Mengenanteil) → Erkennen von Prioritäten.	
XYZ-Analyse	Entscheidungshilfe für die Festlegung der Beschaffungsart (X-Güter: gleichförmiger Bedarfsverlauf usw.).	
Wertanalyse	Verfahren zur Kostenreduzierung durch Gegenüberstellung von Funktionswert zu Funktionskosten (streng nach DIN bzw. VDI).	
Ursachenanalysen	Beispiele: Kommunikationsanalysen, Ursache-Wirkungsdiagramme (z. B. Ishikawa)	
FMEA	Fehler-Möglichkeits- und Einflussanalyse: Maßnahme zur Risikoerkennung und -bewertung; entstammt ursprünglich der technischen Qualitätssicherung.	

Nutzwertanalyse	Screening-Modelle, Scoring-Modelle
Stärken-Schwächen-Analyse	Es werden relevante Leistungsmerkmale des eigenen Unternehmens erfasst (z. B. Marketing, F & E, Mitarbeiter) und mithilfe einer Skalierung bewertet.
Marktanalyse	Ist die systematische Untersuchung der relevanten Märkte – einmalig oder fallweise. Erfasst werden Strukturgrößen wie z. B. Gliederung des Marktes, Marktanteile, Verbraucherverhalten.
Konkurrenzanalyse	Analog zur Stärken-Schwächen-Analyse werden relevante Wettbewerber mithilfe geeigneter Merkmale untersucht und bewertet, z. B. Qualität, Technologie, Preis.
Kundenzufriedenheitsanalyse	Mithilfe geeigneter Merkmale, die meist gewichtet sind, erfolgt eine Kundenbefragung mit anschließender dv-gestützter Auswertung; Beobachtungsmerkmale sind z. B.: Erreichbarkeit des Ansprechpartners für den Kunden. Qualität, Termineinhaltung, Beratungsumfang.
Wertschöpfungsanalysen	Betreffen den Innenbereich des Unternehmens: Die gesamte Wertschöpfungskette wird analysiert, um strategische Erfolgspotenziale aufzudecken, z. B. Verringerung der Fertigungstiefe, Angliederung/Ausgliederung von Fertigungsstufen.
Benchmarking	Benchmarking: Lernen von den Besten; Vergleich des eigenen Unternehmens mit dem Branchenprimus (kann quantitativ und/oder qualitativ durchgeführt werden); vgl. auch: Konkurrenzanalyse.
Früherkennungssysteme	Strategisches Instrument zum Erkennen relevanter Signale des internen und externen Umfeldes mithilfe geeigneter Faktoren, z. B. Reklamationen, Ausschuss/Konjunktur, soziale Entwicklung.
Planungstechniken	Netzplantechnik, Diagrammtechniken
Phasenmodelle zur Optimierung der Aufbau und Ablaufstrukturen	3-Phasen-Modell 5-Phasen-Modell 6-Stufen-Modell nach REFA
2. Qualitative Instrumente	
Problemlösungs- und Kreativitätstechniken	Brainstorming, Synektik, Bionik Morphologischer Kasten
Delphi-Modelle	Qualitative Prognosetechnik: Interne/externe Experten werden anonym und schriftlich befragt im Hinblick auf Entwicklungen bzw. Problemlösungen. Die Durchführung erfolgt in mehreren Phasen.
Produktlebenszyklus	Darstellung des idealtypischen Verlaufs eines Produktes und Ableitung von Erkenntnissen über Umsatz- und Gewinnentwicklung in den einzelnen Phasen.
Erfahrungskurve	Erkenntnis der Kostendegression bei ansteigenden Stückzahlen.
Portfolio-Methode (BCG-Matrix)	Portfolio: Wertpapierdepot. Aus der Verbindung der Ansätze [Produktlebenszyklus + Erfahrungskurve] wird eine 4-Felder-Matrix entwickelt, aus der sich Normstrategien für die Produktpolitik ableiten lassen.
Potenzialanalyse	Als Potenzialanalyse im Rahmen der Prozessgestaltung bezeichnet man die Diagnose, welche Ressourcen im Basisgeschäft gebunden sind und welche ggf. für strategische Aktionen noch (oder nicht mehr) zur Verfügung stehen.

03. Welche Gestaltungsprinzipien gelten für Netzpläne und was können Netzpläne leisten?

Netzpläne stammen aus den USA der 50er-Jahre, als die NASA die Apollo-Projekte zur Mondlandung vorbereitete. Heute werden Netzpläne bei allen größeren Projekten (z. B. Fabrik-, Brückenbau, AIRBUS-Entwicklung) angewendet. Sie sind anderen Darstellungstechniken dann vorzuziehen, wenn

- komplexe Aufgaben,
- vernetzte Abläufe,
- viele Terminvorgänge sowie
- häufige Änderungsnotwendigkeiten vorliegen.

Unter der Netzplantechnik versteht man ein Verfahren zur Planung und Steuerung von Abläufen auf der Grundlage der Grafentheorie; Einzelheiten enthält die DIN 69 900.

In der betrieblichen Praxis werden überwiegend zwei Darstellungsarten eingesetzt:

- Vorgangspfeiltechnik
- Vorgangsknotentechnik.

Netzpläne können manuell oder maschinell erstellt und verwaltet werden. Maschinelle Unterstützung sollte zur Durchlaufterminierung immer dann eingesetzt werden, wenn die Anzahl der Vorgänge 60 bis 100 übersteigt („Nutzenschwelle").

Bei der Vorgangsknotentechnik sieht die grafisch/verbale Darstellung folgendermaßen aus:

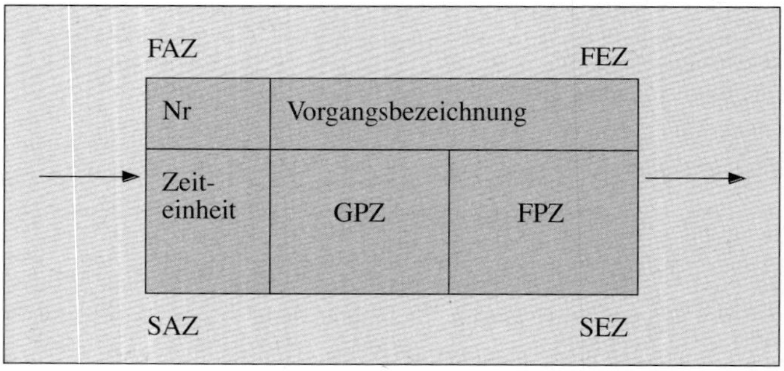

Nr = laufende Nr. in der Vorgangsliste
FAZ = früheste Anfangszeit
FEZ = früheste Endzeit
SAZ = späteste Anfangszeit
SEZ = späteste Endzeit
GPZ = Gesamtpufferzeit
FPZ = freie Pufferzeit

04. Welche Reihenfolge empfiehlt sich bei der Erarbeitung eines Netzplanes?

1. Erstellen des Projektstrukturplans
2. Erstellen der Vorgangsliste
3. Erstellen der Grafenstruktur (ohne Zeiten)

4. Bearbeiten der Zeiten:
   - Vorwärtsrechnung
   - Rückwärtsrechnung
   - Pufferzeiten
   - kritischer Weg

05. Wie erfolgt die Vorwärts- und Rückwärtsrechnung beim Netzplan sowie die Ermittlung der Pufferzeiten?

I Vorwärtsrechnung = Berechnung der Gesamtdauer (FAZ/FEZ)

- FAZ des 1. Knotens = 0
- FEZ = FAZ + Knotenzeit
- FAZ des folgenden Knotens = FEZ des Vorgängers
- bei mehreren Folge-Knoten wird mit der **größten** Zeit weitergerechnet

II Rückwärtsrechnung = Berechnung der SAZ/SEZ

- SEZ des Endknotens = FEZ des Endknotens
- SAZ = SEZ – Knotenzeit
- SEZ des folgenden Knotens = SAZ des Ausgangsknotens
- bei mehreren Folge-Knoten wird mit der **kleinsten** Zeit weitergerechnet

GPZ = Gesamtpufferzeit

Zeitpuffer **innerhalb** des Knotens

GPZ = SAZ – FAZ oder
GPZ = SEZ – FEZ

FPZ = Freie Pufferzeit

Zeitpuffer **zwischen** zwei Knoten

dabei sind A und B zwei hintereinander liegende Knoten

$FPZ_A = FAZ_B - FEZ_A$

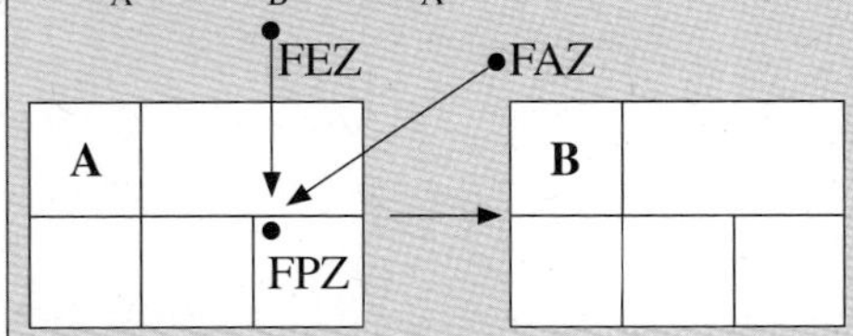

06. Wie ist die Berechnungsweise bei der PERT-Methode?

Die PERT-Methode (= Programm Evaluation and Review Technique) ist ein *Schätzverfahren* zur Ermittlung des *Zeitbedarfs*, z. B. bei der Personalplanung oder im Rahmen der Netzplantechnik.

Man benötigt dazu drei Angaben, die in der Praxis von Fachleuten (Schätzer, REFA-Fachleute) ermittelt werden:

- optimistische Zeitgröße, z. B. 30 Tage
- pessimistische Zeitgröße, z. B. 50 Tage
- Normalzeit, z. B. 40 Tage

Die Formel zur Berechnung des Zeitbedarfs ist eine *Mittelwertberechnung, bei der die Normalzeit überproportional berücksichtigt*, indem sie den Faktor „4" erhält; da insgesamt 6 Werte addiert werden, ergibt sich der Mittelwert aus der Division durch „6":

$$\text{Zeitbedarf} = \frac{\text{optim. Zeit} + \text{pess. Zeit} + 4 \cdot \text{Normalzeit}}{6} = \frac{30 + 50 + 160}{6}$$

$$= 40 \text{ Tage}$$

07. Wie kann ein Projektablauf grafisch mithilfe der Balkendiagrammtechnik geplant werden?

Gantt-Diagramm (einfache Balkendiagrammtechnik): Die Vorgänge werden entsprechend ihrer Dauer als Balken oder Strich abgebildet.

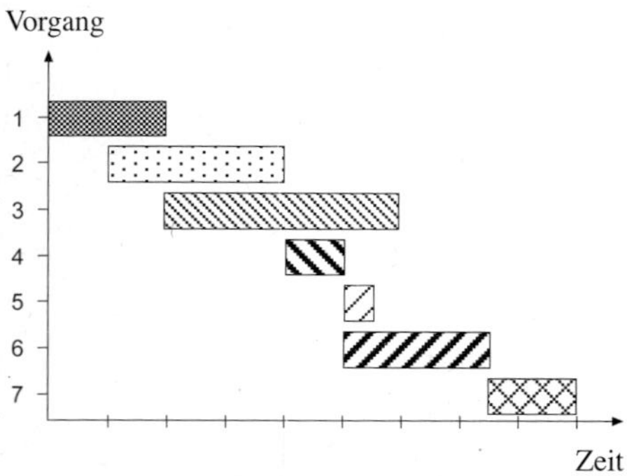

Plannet-Diagramm (Weiterentwicklung der Gantt-Technik): Zusätzlich werden die Abhängigkeiten sowie die Pufferzeiten ausgewiesen.

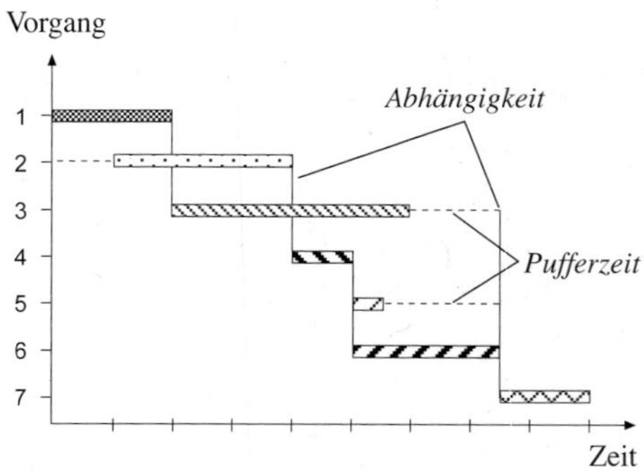

08. In welche Teilphasen (Stufen) lässt sich der Vorgang der Planung und Organisation zerlegen?

Es werden dazu in der Literatur vielfältige Modelle vorgeschlagen. Grundsätzlich gibt es von der gedanklichen Logik her kaum Unterschiede; manche Modelle nennen vier, andere bis zu neun Phasen der Planung und Organisation. Sehr bekannt ist die *„6-Stufen-Methode nach REFA"*:

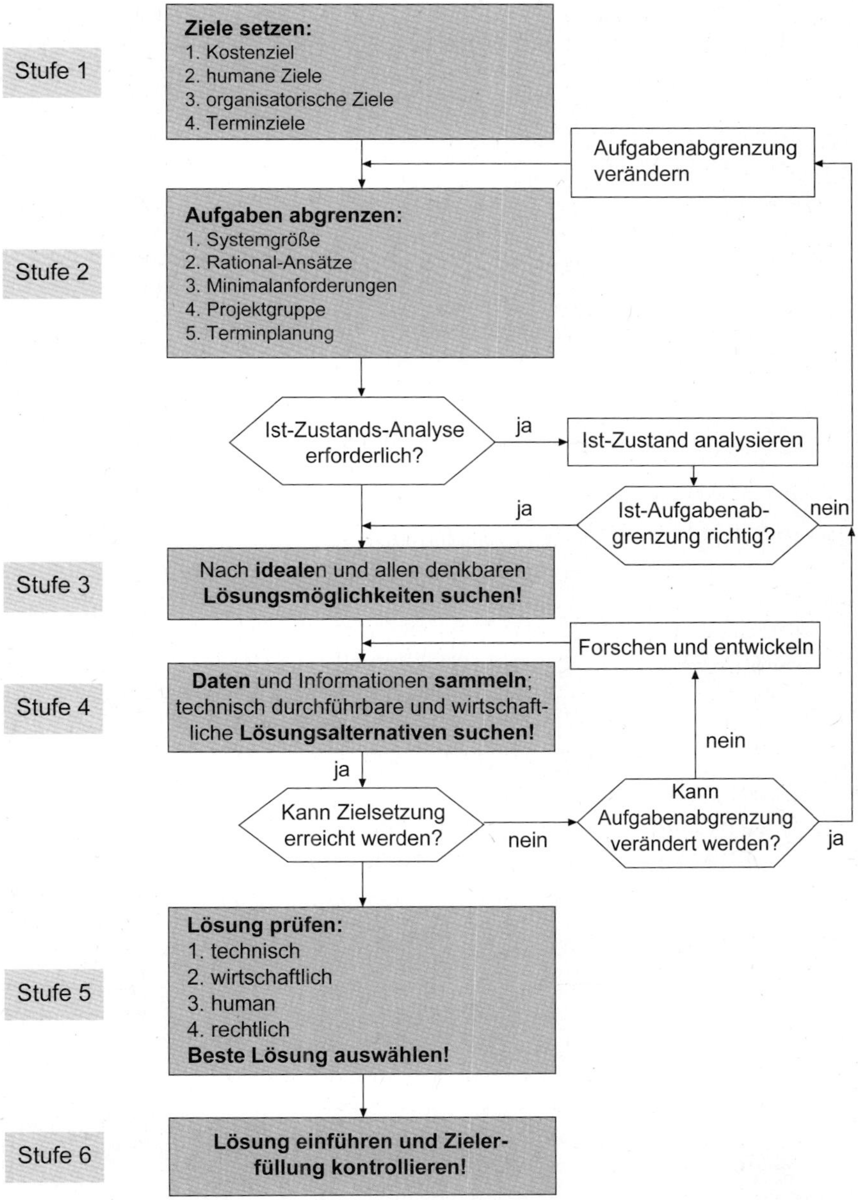

3.3 Anwenden von Präsentationstechniken

3.3.1 Ziel und Gegenstand einer Präsentation

01. Was ist Ziel der Präsentation?

Präsentieren heißt, *eine Idee zu verkaufen.* Der Begriff „Idee“ ist dabei gleichbedeutend mit „Konzept, Angebot, Entwurf, Vorschlag“ usw.

Merke:

- Jede Idee muss präsentiert werden, wenn der Urheber seine Idee auch realisieren will.
- Präsentieren ist also nicht nur: Weitergabe von Informationen.
- Präsentieren ist: Andere für seine Ideen begeistern.

Der Präsentator hat immer zwei Ziele:

- *Sachliche Präsentations-Ziele:*
    - Die anderen sollen verstehen, welchen Nutzen seine Idee für potenzielle Interessenten und für sie selbst hat.
    - Die Zuhörer sollen seine Idee akzeptieren.
    - Die Adressaten der Präsentation sollen sich für seine Idee entscheiden.
- *Persönliche Präsentations-Ziele:*
    - Der Präsentator will Anerkennung als Fachmann.
    - Der Präsentator will Bestätigung als Mensch.

Gerade die persönlichen Wirkungsmittel sind mitbestimmend für den Präsentationserfolg. Jeder, der eine Idee präsentiert, präsentiert auch sich selbst. Eine noch so gute Präsentationstechnik hilft nicht, wenn die Zuhörer unterschwellig spüren, dass man nicht hinter seiner Idee steht.

3.3.2 Voraussetzungen für eine erfolgreiche Präsentation

01. Welche Voraussetzungen müssen für eine erfolgreiche Präsentation erfüllt sein?

Eine Präsentation wird dann erfolgreich sein, wenn der Präsentator folgende Voraussetzungen sicherstellt:

1. *Adressatenanalyse:*
   Wen habe ich vor mir? Auf welchem Niveau kann ich präsentieren? Welche Zeit habe ich zur Verfügung?

2. *Fachlich gut vorbereitet sein:*
   Stichwortmanuskript o. k.? Raum und Medien vorbereitet? Funktioniert die Technik?

3. *Mental gut vorbereitet sein:*
   ausgeschlafen, positive Stimmung, munter, agil, innerlich „aufgeräumt”

4. *In der Präsentationstechnik geübt sein:*
   Vorher: üben, üben, ... Helfer suchen! (Kollegen, Familie); Vortragsweise, Wortwahl

5. *Visualisierungsmittel vorbereiten:*
   Overheadprojektor/Folien, Flipchart, Wandtafel, Pinnwand

Eine Präsentation ohne Visualisierung ist keine Präsentation!

02. Welche Grundlagen der Sprech- und Redetechnik sollte der Präsentator beherrschen?

- *Atmung:*
  Der Präsentator benötigt neben der *Erhaltungsatmung* noch die *Darbietungsatmung*, also eine Sprechatmung, die die Stimme und die Laute bildet. Zur Erhaltung der Sprechatmung macht der Präsentator an geeigneter Stelle Atempausen.

- *Artikulation:*
  Mit „Artikulation" bezeichnet man die Aussprache, genauer gesagt, die Bildung von Lauten. Dahinter steht die Aufforderung an den Präsentator, die einzelnen Laute eines Wortes deutlich auszusprechen, d. h. mit Zunge und Lippen „richtig zu formen", damit das gesprochene Wort einwandfrei verstanden werden kann, z. B.:

  - Endungen nicht „verschlucken" („en" statt „...n")
  - Vokale richtig formen, z. B.:
    · ein „i" ist ein „i" und kein „ü"
    · ein „er" ist ein „er" und kein „är"
    · ein „pf" ist ein „pf" und kein „f"
    · ein „ä" ist ein „ä" und kein „e"

  Übung:
  Richtig: *„Wir werden uns morgen bei der Kirche treffen*
  und die Kirschen abpflücken."
  Falsch: *„Wir wärn uns morjn bei´r Kürche treffn*
  un die Kürschn abflückn".

- *Resonanz:*
  Resonanz bedeutet „das Mitschwingen eines Körpers, der von Schwingungen eines anderen Körpers getroffen wird". Allgemein bedeutet Resonanz „den Anklang", den eine Sache findet.

  Empfehlungen:

  a) Machen Sie Ihren Körper zum Resonanzboden Ihrer Stimme. *Sprechen Sie mit der Bruststimme* (von innen heraus) statt mit der Kopfstimme.
  b) Suchen Sie sich Zuhörer für eine *Probepräsentation* und erproben Sie die Wirkung Ihrer Sprechtechnik, Ihrer Person und des Inhalts.

- *Sprechgestaltung:*
  - *Lautstärke und Sprechtempo:*
    Je mehr Zuhörer anwesend sind, um so deutlicher, lauter und langsamer sollte die Sprechweise sein.

- *Sprechpausen:*
  Der Zuhörer muss Gelegenheit haben, die vom Präsentator entwickelten Gedanken nachzuvollziehen und sie zu ordnen. „Phonetische Rülpser“ wie „eh, ähh, ehmm“ usw. sind zu vermeiden.
- *Satzbildung:*
  Die Devise muss lauten: Hauptsätze benutzen („kkp = kurz, konkret und präzise!“)
- *Überflüssiges:*
  Redundanzen (= überflüssige Wiederholungen) sowie vage, unbestimmte Äußerungen (vielleicht, evt., könnte, würde, ...) sind zu vermeiden.
- *Angewohnheiten:*
  Ebenso unwirksam sind modische Redewendungen und „Wortlieblinge“, z. B.: „Dies ist der erste Schritt in die richtige Richtung und wir bearbeiten daher schon heute die Probleme von morgen!“
- *Fragetechnik:*
  „Wer fragt, der führt!“ Daher: Geeignete Fragetechniken einsetzen.
  · offene oder geschlossene Fragen
  · W-Fragen: was, wer, wann, wie, wieso, wo, worüber, womit usw.
- *Hörerbezug:*
  · Die Sprache der Zuhörer benutzen,
  · Bilder und Vergleiche benutzen („Der Zahn der Zeit nagt bereits ...“),
  · Unangemessene Verwendung von Fremdworten vermeiden („Die konzertierte Führungs- und Organisationsproblematik geht einher mit einer permanenten und synchronisierten Identifikationskontingenz“).

- *Redeangst, Lampenfieber,* Schwierigkeiten bei *improvisierten Präsentationen:*
  Insbesondere das übersteigerte Lampenfieber hat häufig seine Ursachen in einem Mangel an Gelegenheiten, eine Rede zu halten. Gelegentlich ist es auch die eigene mangelnde Kompetenz oder ganz allgemein ein Minderwertigkeitskomplex (den man meint zu haben), der Unsicherheit hervorruft.

  Zu den Begleiterscheinungen zählen beim Lampenfieber Nervosität, Zittern der Hände, Schweißausbrüche, ein Druck in der Magengegend und mögliche andere körperliche Beschwerden. Das Lampenfieber „meistern“ gelingt am besten über folgende Techniken und Maßnahmen:

Bewusste und langsam durchgeführte Tiefvollatmung, sich auch kleinere Fehler erlauben, sich auf die Präsentation freuen und die eigene persönliche Schwachstelle durch Übung mildern (zu leises Sprechen, fehlende Körpersprache).

- *Körpersprache:*
  Die Körpersprache sollte das gesprochene Wort unterstützen Dazu einige Empfehlungen:
  - Die Intensität der Körpersprache (Gestik, Mimik) sollte der Situation angemessen sein (kleiner/großer Teilnehmerkreis usw.).
  - Der Augenkontakt zu den Teilnehmern sollte vorhanden sein (gleichmäßige Blickanteile).
  - Arme und Hände zeigen eine offene Körperhaltung und signalisieren Zuwendung und Interesse.
  - Die Füße stehen fest auf dem Boden (kein „Kippeln“ usw.).
  - Das Gesicht ist entspannt; die Mimik entspricht dem Gesprächsverlauf (fragend, erstaunt, zustimmend, ...). Mehr lächeln!
  - Nicht wirksam:
    · Hände auf dem Rücken („Oberlehrerhaltung“),
    · Hände vor dem Körper („Fußballspieler beim Elfmeter“),
    · Arme vor der Brust verschränkt,
    · Hände ständig im Gesicht, an der Nase, in den Hosentaschen usw.

Medien und Hilfsmittel vorbereiten und erproben; den Einsatz der Technik üben!

03. Welche Grundregeln gelten für die Visualisierung?

① Für die Präsentation gilt eine *im Volksmund bekannte Regel* in abgewandelter Form:

② In der Lerntheorie gilt im Allgemeinen (Bild rechts):

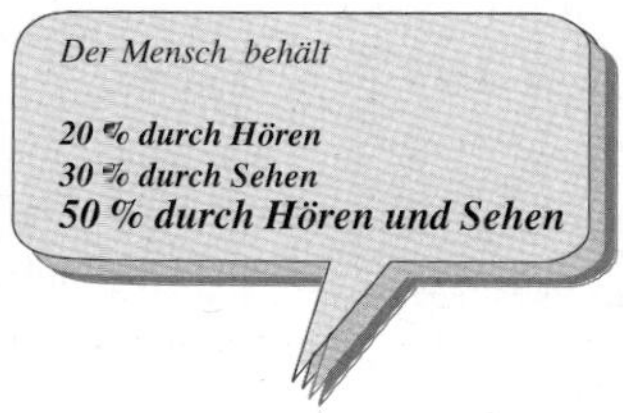

Für den Präsentator heißt dies: Das gesprochene Wort wird nicht nur durch Körpersprache unterstützt, sondern auch durch *geeignete Visualisierung*.

③ Einsatz geeigneter Hilfsmittel und Medien, wie z. B.:

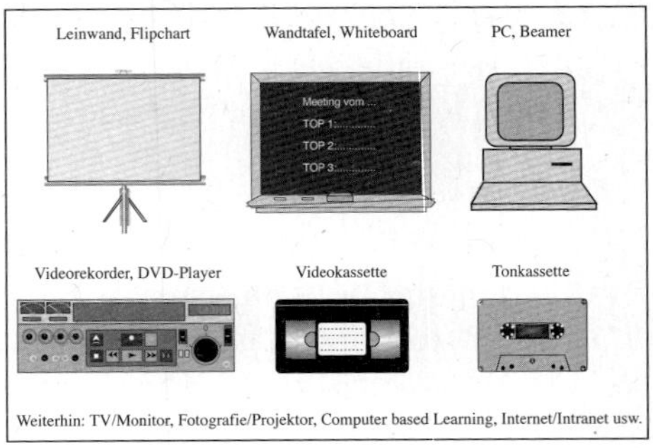

Medien und Hilfsmittel vorbereiten und *erproben;* den Einsatz der Technik üben!

④ *Gestaltungselemente der Visualisierung* richtig einsetzen, u. a.:

Text:

- gut lesbar
- richtige Schriftgröße (mind. Schriftgrad 16), möglichst serifenlose Schriftart wählen
- ggf. unterschiedliche Schriftgrößen
- Blöcke bilden, gliedern
- nicht überfrachten (z. B. bei der Transparentfolie: ca. 5 Zeilen)
- ggf. farbliche Markierung (sparsam!)

Freie Grafiken, Symbole, Diagramme und optische Pointierungen gezielt einsetzen:

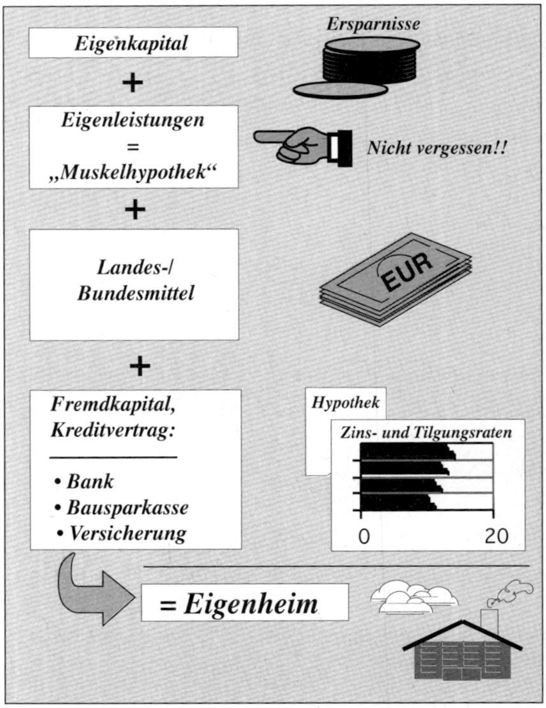

3.3.3 Vorbereitung einer Präsentation

01. Welche Einzelaspekte sind bei der Vorbereitung der Präsentation zu berücksichtigen?

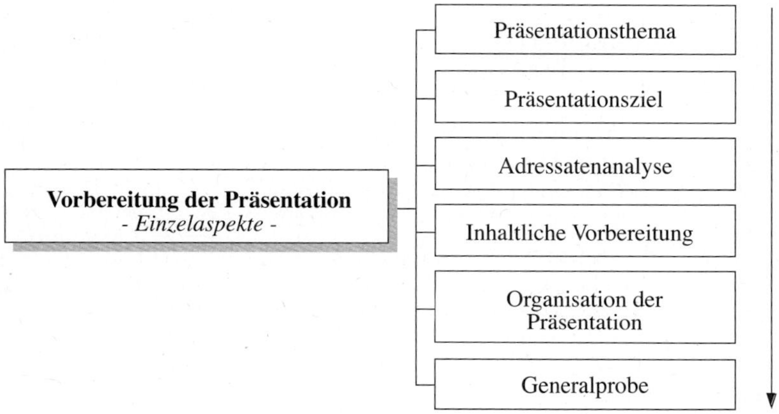

- *Ziel der Präsentation:*

  Die *exakte, möglichst messbare Zielformulierung* ist eigentlich eine Banalität; trotzdem wird sie häufig vernachlässigt. Hilfreich sind folgende Schlüsselfragen:

  - Was soll das *Resultat* der Präsentation sein?
  - Was sollen die Teilnehmer anschließend *denken* und/oder *tun*?
  - Worüber soll *informiert* werden?
  - Welcher *Nutzen* soll angeboten werden?

- *Adressatenanalyse:*

  Hilfreich ist die *„SIE-Formel":*

  - S ituation: Wie viel Personen? Welches Alter? Welches Geschlecht?
  - I nteresse: Was erwarten die Zuhörer? Welche Einstellungen bringen Sie mit? Gemeinsamkeiten und Interessen?
  - E igenschaften: Bildung? Ausbildung? Beruf? Vorwissen? Welche Medien passen?

  S ituation
  I nteresse
  E igenschaften

- *Inhaltliche Vorbereitung der Präsentation:*

  Die Stoffauswahl, die Bewertung und die Verdichtung einzelner Themenpunkte erfolgt in Verbindung mit der Zielsetzung und der Adressatenanalyse. Empfehlungen dazu: Der Stoffinhalt und -umfang lässt sich über die *„SAGE-FORMEL"* gestalten:

  S ammeln
  A uswählen
  G ewichten
  E inteilen

Die nächste Fragestellung, die innerhalb der Vorbereitung zu bearbeiten ist, heißt: „Wie präsentiere ich?“ Eine Gedankenbrücke dazu liefert die *„VLAK-Formel“*:

V erständlich
L ebendig
A nschaulich
K ompetent

Auf die Möglichkeiten der *Visualisierung* wurde bereits weiter oben eingegangen. Zur Vorbereitung gehört, die notwendigen Medien und Hilfsmittel auszuwählen, zu erproben und bereit zu legen (Flipchart, Folien, Unterlage für die Teilnehmer usw.).

Ablauflogik: Für die Präsentation gibt es verschiedene Möglichkeiten, seine Argumente logisch miteinander zu verknüpfen; in jedem Fall gilt: Der Stoff muss *gegliedert* dargeboten werden.

a) Generell gilt folgender Ablauf: Einleitung → Hauptteil → Schluss

b) Innerhalb des Hauptteils kann gegliedert werden nach:

- Ist → Fakten → Soll → Gründe → Maßnahmen + Nutzen ...
- Ist → Fakten → Soll/Pro-Argumente → Soll/Contra-Argumente → Bewertung ...

Im Allgemeinen ist es falsch, ein Wort-für-Wort-Manuskript zu erstellen. Besser ist es, *ein Stichwort-Manuskript als gut gegliedertes Drehbuch mit Regieanweisungen* zu gestalten:

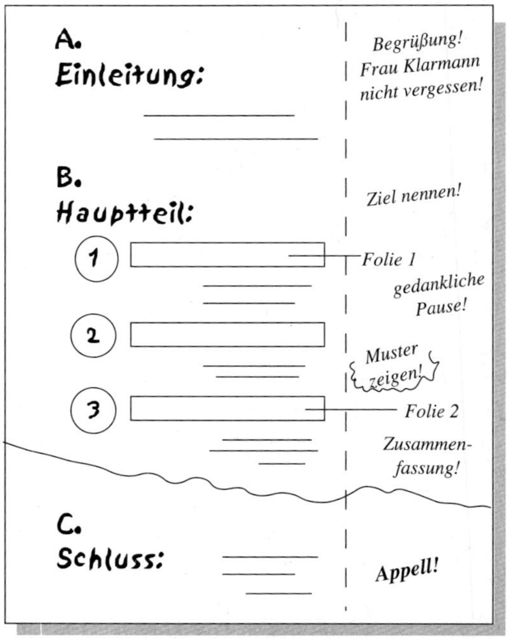

- *Der linke Teil* enthält das Themengerüst (sortiert nach Muss- und Kann-Themen).
- *Der rechte Teil* erinnert an Hilfsmittel, Medieneinsatz und besondere Aktivitäten (rhetorische Frage, Appell, Zusammenfassung).
- Mit einem *Textmarker* können besondere Punkte hervorgehoben werden. Sehr geeignet sind Karteikarten in DIN-A-5-Format.

• *Organisation der Präsentation:*

- Ist der *Ort* geeignet (ggf. Anreiseweg, gut zu finden usw.)?
- Ist der *Raum* rechtzeitig reserviert, groß genug (Teilnehmer, Medien)?
- Sind *Zeitpunkt und Dauer* richtig gewählt?
  (weniger geeignet z. B.: Freitag nachmittags, Anreise zu einer Zeit mit hoher Verkehrsdichte u. Ä.)
- Müssen *Pausen/Getränke* eingeplant werden?
- Sind die *Medien und Materialen* rechtzeitig fertig und im Raum vorhanden?
- Müssen *Unterlagen für die Teilnehmer* vorbereitet werden (sog. Handouts)?
- Ist der Präsentator persönlich vorbereitet?
  · Gut gelaunt?
  · Ausgeschlafen?
  · Hat er sich mit der Räumlichkeit vertraut gemacht?
  · Sind die Medien störungsfrei einsetzbar?
  (Ersatzbirne, ausreichend Flipchartpapier, Stifte nicht ausgetrocknet usw.)

Die organisatorische Seite erledigt der Präsentator am besten mithilfe einer *Checkliste*.

• *Generalprobe:*

Eine Präsentation, die auf dem Papier tadellos aussieht, kann trotzdem weniger erfolgreich verlaufen. Die Gründe können sein:

- Die Ausführungen fließen noch nicht in freier Rede. Dies muss geübt werden! Der Präsentator muss den Inhalt seiner Aussagen „im Schlaf können", damit er auch bei unvorhergesehenen Unterbrechungen den roten Faden wieder findet und er seine volle Konzentration der Sprechtechnik und den Zuhörern widmen kann.
- Die Verzahnung von Sprache und Visualisierung muss geübt werden. Die Regel heißt: „Erst sprechen, dann schreiben oder umgekehrt; nicht gleichzeitig".
- Erst im Echtbetrieb lassen sich Schwachstellen erkennen (zu wenig Licht, Bestuhlung nicht geeignet, Medien nicht richtig platziert, Schriftgröße der Folien ungeeignet u. Ä.).
- Es tauchen noch Schwachstellen in der persönlichen Wirkung auf (Sprache, Körpersprache).

Aus diesen Gründen sollte kein Präsentator auf die Generalprobe verzichten: Mithilfe von z. B. Kollegen aus dem Betrieb wird unter Echtbedingungen die Präsentation simuliert.

Diese „Helfer" geben Feedback und wirksame Verbesserungsmöglichkeiten; u. U. ist auch der Einsatz von Tonbandgerät oder Videoaufzeichnung sinnvoll.

3.3.4 Durchführung einer Präsentation

Jede erfolgreiche Präsentation ruht auf zwei Ebenen:

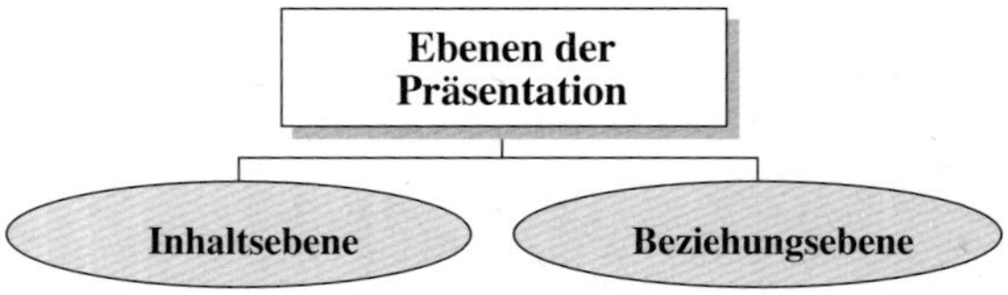

Die äußere Ebene bildet der Inhalt, das Thema; die innere Ebene wird durch die Beziehung zum Zuhörer gebildet. Daher sind vom Ablauf her folgende Punkte bei der Durchführung einer Präsentation zu beachten:

1. *Vor dem Beginn:*
   „Spannungspause“ und Blickkontakt aufnehmen; erst zu sprechen beginnen, wenn sich alle Teilnehmer zugewandt haben. Den Beginn der Präsentation signalisieren!
2. *Sich persönlich vorstellen:* Name, Funktion, Bezug zum Thema (kkp).
3. *Thema und Ziel* nennen sowie *Gliederung* aufzeigen.
4. *Zusammenfassungen* geben.
5. Präsentation *richtig abschließen.*

Es empfiehlt sich vor dem Beginn, die Teilnehmer persönlich zu begrüßen; dies schafft Kontakt. Überprüfen, ob das „Outfit“ o. k. ist. Die Kleidung sollte dem Anlass und der Zielgruppe entsprechen.

Anschließend hat der Präsentator Gelegenheit, seine Sprech- und Visualisierungstechnik unter Beweis zu stellen (vgl. dazu oben, Ziffer 3.3.2).

Der Schluss einer Präsentation hat besonderen Stellenwert. Der Präsentator sollte hierzu eine geeignete Formulierung eingeübt haben. Generell lautet die Aussage am Schluss immer:

„Zum Handeln, zum Denken, zum Überdenken auffordern!“

Die Aussage, „ich danke für Ihre Aufmerksamkeit“ ist zwar nicht falsch, wirkt aber müde und abgegriffen. Nachfolgend zwei Beispiele für eine richtige und eine falsche Schlussaussage:

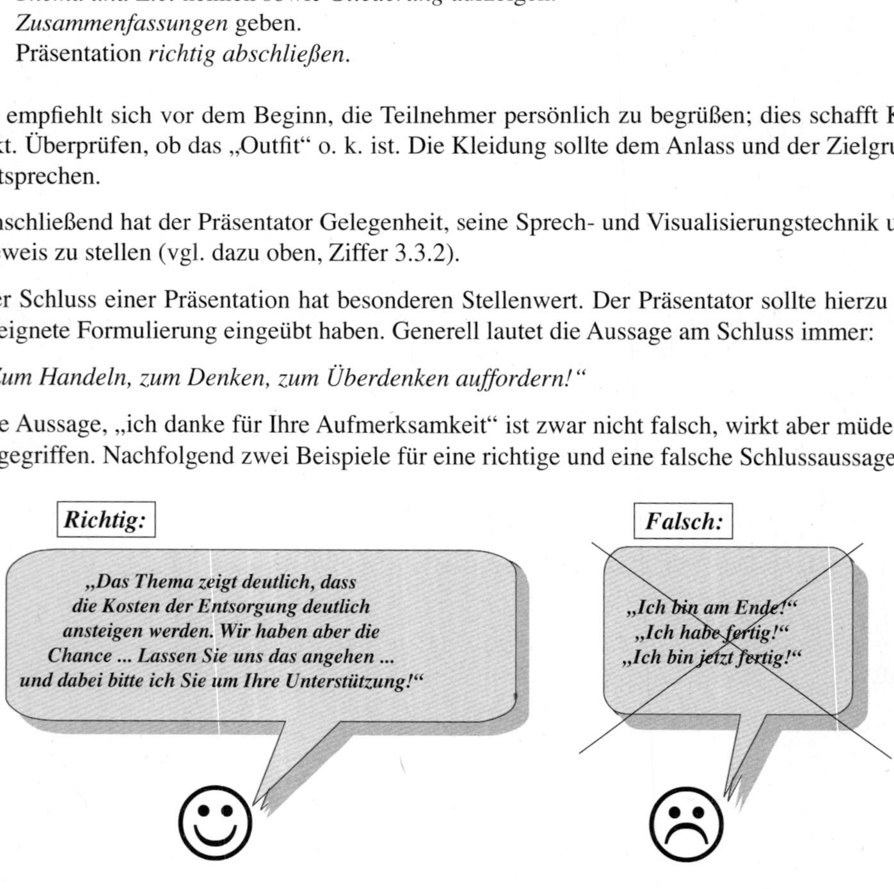

3.3.5 Nachbereitung einer Präsentation

01. Wie ist eine Präsentation nachzubereiten?

Die Nachbereitung der Präsentation umfasst eine Reihe von Anschlussarbeiten. Außerdem steht sie im Zeichen der „Verbesserung zukünftiger Präsentationen". Im Einzelnen sind folgende Fragen zu beantworten bzw. Arbeiten durchzuführen:

- War die Präsentation wirksam? Ist das Ziel erreicht worden?
- Was kann bei zukünftigen Präsentationen wirksamer gestaltet werden?

  Hier hilft die Bitte an die Teilnehmer, ein unmittelbares Feedback zu geben. Feedback erfolgt immer als „Ich-Botschaft" und muss sich an der Sache orientieren (vgl. dazu die Ausführungen zum Thema „Kritik" im 4. Prüfungsfach, Ziffer 4.5.4).
- Müssen die Teilnehmer ggf. ein Protokoll der anschließenden Diskussion erhalten?
- Welche Aktionen sollen/müssen aufgrund der Präsentation ausgelöst werden? Wer macht was, wie bis wann?

02. Welche Hauptaspekte müssen bei einer wirksamen Präsentation beachtet werden (Zusammenfassung zum Thema Präsentation)?

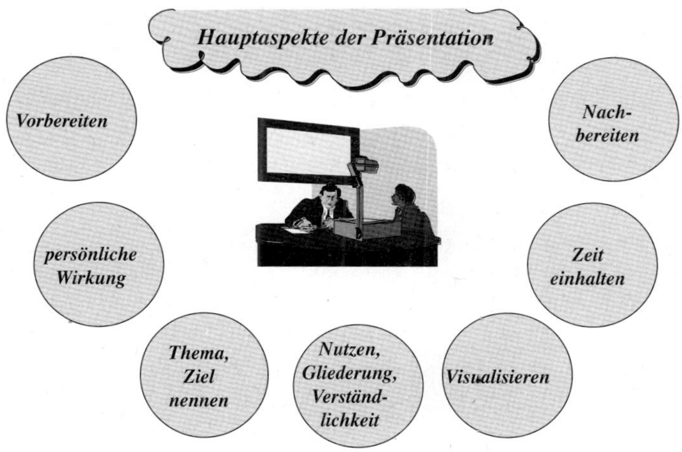

3.4 Erstellen von technischen Unterlagen, Entwürfen, Statistiken, Tabellen und Diagrammen

Hinweis: Vgl. zu diesem Thema auch das 5. Prüfungsfach, Ziffer 5.4

3.4.1 Technische Unterlagen

01. Welche technischen Unterlagen muss der Industriemeister kennen und anwenden können?

Technische Unterlagen (Beispiele)

Anleitungen	**Stücklisten**	**Technische Zeichnungen (Entwürfe)**	**Normen, Richtlinien**
- Bedienungsanleitung - Montageanleitung - Reparaturanleitung - Wartungsanleitung	- Mengenstückliste - Strukturstückliste - Baukastenstücklisten - Variantenstückliste	- Zusammenstellungszeichnung - Gruppenzeichnung - Einzelteilzeichnung	

• *Bedienungsanleitungen* enthalten z. B.
  - Beschreibungen zur Bedienung des Betriebsmittels
  - Anleitungen zur Störungserkennung und -behebung
  - Wartungsmaßnahmen und -intervalle
  - Überwachungs- und Sicherheitsmaßnahmen

• *Montageanleitungen* enthalten z. B.
  - Anleitungen zur Durchführung der Montage:
    Reihenfolge von Einzelteil > Baugruppe > Fertigteil
  - erforderliche Werkzeuge und Hilfsmittel/-vorrichtungen

• *Reparaturanleitungen* enthalten z. B.
  - Anleitungen zur Fehlerbehebung/Reparatur
  - Hinweise auf Störungsquellen und deren Behebung

• *Wartungsanleitungen* enthalten z. B.
  - Wartungsarbeiten, Wartungsintervalle
  - Schmierplan, Schmierstoffe, Füllstellen, Füllmengen

02. Was ist eine Stückliste?

Die technische Zeichnung ist für die kaufmännischen Abteilungen wie Einkauf, Materialwirtschaft, Kostenrechnung keine ausreichende Grundlage. Sie wird daher durch die Stückliste ergänzt.

Die Stückliste ist die Aufstellung der benötigten Werkstoffe eines Erzeugnisses oder Erzeugnisteiles auf der Grundlage der Zeichnungen.

Sie gibt *in tabellarischer Form* einen vollständigen *Überblick* über *alle Teile* unter Angabe der Zeichnungs- oder DIN-Nummer, des Werkstoffes sowie der Häufigkeit des Vorkommens in einem Erzeugnis. Die Stückliste ist in der Regel nach dem Aufbau des Erzeugnisses, d. h. nach technischen Funktionen, gegliedert.

Die Grundform einer Stückliste enthält drei Bestandteile:

Erzeugnis/Baugruppe

Schermesser	
Messer, links	1
Messer, rechts	1
Grundplatte	1
Seitenteil	4

Komponenten Mengenangabe

03. Welche Arten von Stücklisten werden unterschieden?

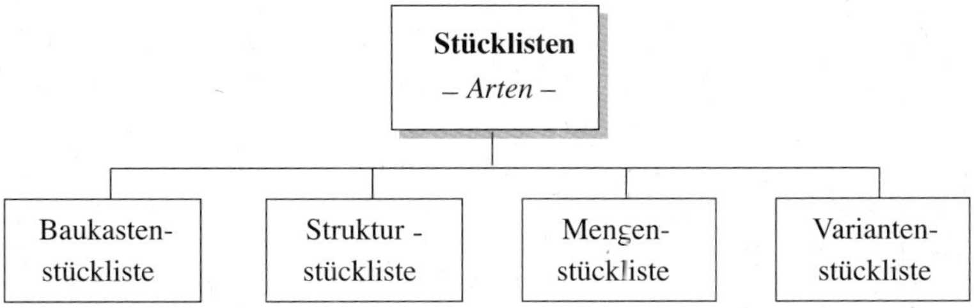

- im Hinblick auf den *Aufbau:*
  - *Baukastenstückliste*: Sie ist in der Zusammenstellungszeichnung enthalten und zeigt, aus welchen Teilen sich ein Erzeugnis zusammensetzt. Die Mengenangaben beziehen sich auf eine Einheit des zusammengesetzten Produkts.
  - *Struktur-Stücklisten*: Sie geben Aufschluss über den Produktionsaufbau und zeigen, auf welcher Produktionsstufe das jeweilige Teil innerhalb des Produkts vorkommt.
  - *Mengen-Stücklisten*: In ihr sind alle Teile aufgelistet, aus denen ein Produkt besteht und zwar mit der Menge, mit der sie jeweils insgesamt in eine Einheit eines Erzeugnisses eingehen (vgl. Abbildung auf der nachfolgenden Seite).
  - *Variantenstücklisten* werden eingesetzt, um geringfügig unterschiedliche Produkte in wirtschaftlicher Form aufzulisten (als: Baukasten-, Struktur- oder Mengenstückliste).

Stück	Benennung	Normblatt	Werkstoff	Pos.-Nr.	Bemerkung
2	S-Schr. M5x10	DIN 963	4.8	28	
1	Zyl-Schr. M4x6	DIN 84	4.8	27	
1	S-Schr. M5x10	DIN 963	4.8	26	
2	Zyl-Schr. M5x12	DIN 912	5.8	25	
2	6kt-Schr. M6x10	DIN 933	5.8	24	
4	Zyl-Schr. M6x10	DIN 912	5.8	23	
1	Zyl-Schr. M6x10	DIN 912	5.8	22	
4	6kt-Mu. M5	DIN 934		21	
4	S-Schr. M5x10	DIN 963	4.8	20	
4	Hutmutter M6	DIN 917		19	
1	Anhängerkupplung		USt 1303m	18	20x35x1.5
1	Fahrersitz	DIN 178	S235JRG1	17	20x143x3
2	Kotflügel	DIN 1028	S235JRG1	16	ø10x50 (1Stück ergibt 2Teile)
1	Schalldämpfer		AlMgSiPb	15	Rd ø12x48
2	Scheinwerfer		AlMgSiPb	14	1Stück ergibt 2Teile
2	Zwischenscheibe		PVC hart	13	von Teil 12
2	Zwischenscheibe		PVC hart	12	von Rundstange abgestochen
2	Vorderrad		AlMgSiPb	11	ø40x20
2	Hinterrad		AlMgSiPb	10	ø60x22
1	Vorderachse	DIN 668	9S20K	9	Rd ø8x88
1	Hinterachse	DIN 668	9S20K	8	Rd ø8x83
1	Achshalter vorne	DIN 1026	S235JRG1	7	U 40x20
1	Achshalter hinten	DIN 1026	S235JRG1	6	U 40x20
1	Fahrerkabine		USt 1303m	5	Blech 1.5x190x70
1	Kühler	DIN 174	S235JRG1	4	40x20x40
1	Motorblock	DIN 1026	S235JR	3	U 40
1	Bodenplatte	DIN 174	S235JRG1	2	Fl 40x20x54
1	Grundplatte	DIN 174	S235JRG1	1	Fl 40x8x84

Paßmaß	Abmaße	Allg.-Toler.:	Oberfl.:	Maßstab: Werkstoff: Halbzeug:	
		HAT	Datum	Name	Benennung: Stückliste	Zeichn. Nr.: T_ Blatt:
		Gez.	19.08.1997	Müller/Tholen		
		Gepr.				
		Norm				

- im Hinblick auf die *Anwendung* im Betrieb:
  - *Konstruktionsstückliste*: sie gibt Aufschluss über alle zu einem Erzeugnis gehörenden Gegenstände.
  - *Fertigungsstückliste*: sie zeigt, welche Erzeugnisse im eigenen Betrieb gefertigt werden müssen und welche von Zulieferern beschafft werden müssen.
  - *Einkaufsstücklisten*: sie zeigen, welche Teile die Beschaffungsabteilung einkaufen muss.
  - *Terminstückliste*: sie zeigt, zu welchem Termin bestimmte Gegenstände beschafft werden müssen.

04. Welchen Inhalt haben „Fertigungsstückliste, Fremdbedarfsliste, Teilebereitstellungsliste und Teileverwendungsnachweis"?

- *Fertigungsstückliste* = enthält die in Eigenleistung zu fertigenden Teile.
- *Fremdbedarfsliste* = enthält die Teile, die fremdbezogen werden.
- *Teilebereitstellungsliste* = regelt Ort, Menge und Reihefolge der Teilebereitstellung.
- *Teileverwendungsnachweis* = gibt Auskunft darüber, in welchem Erzeugnis ein bestimmtes Teil vorkommt.

3.4.2 Entwürfe

01. Was sind Entwürfe und Skizze?

- Ein *Entwurf* ist die Fassung eines Konzeptes, Textes oder einer Zeichnung, über deren endgültige Ausführung noch nicht entschieden wurde.

- *Skizzen* sind Entwürfe technischer Zeichnungen. Sie sollten vollständig sein, sind jedoch noch mit Ungenauigkeit im Maßstab behaftet.

02. Was ist der Inhalt technischer Zeichnungen?

In technischen Zeichnungen wird das Erzeugnis nach DIN-Zeichnungsnormen oder anderen Symbolen unter Angabe von Maßen, Toleranzen, der Oberflächengüte und -behandlung, der Werkstoffe und Werkstoffbehandlungen *grafisch* dargestellt.

03. Welche Arten von technischen Zeichnungen werden unterschieden?

a) *Zusammenstellungszeichnungen:* sie zeigen die Größenverhältnisse, die Lage und das Zusammenwirken der verschiedenen Teile.

b) *Gruppenzeichnungen:* sie zeigen die verschiedenen Teilkomplexe auf.

c) *Einzelteilzeichnungen:* sie enthalten die vollständigen und genauen Angaben für die Fertigung des einzelnen Erzeugnisses (vgl. Abb. auf der nächsten Seite).

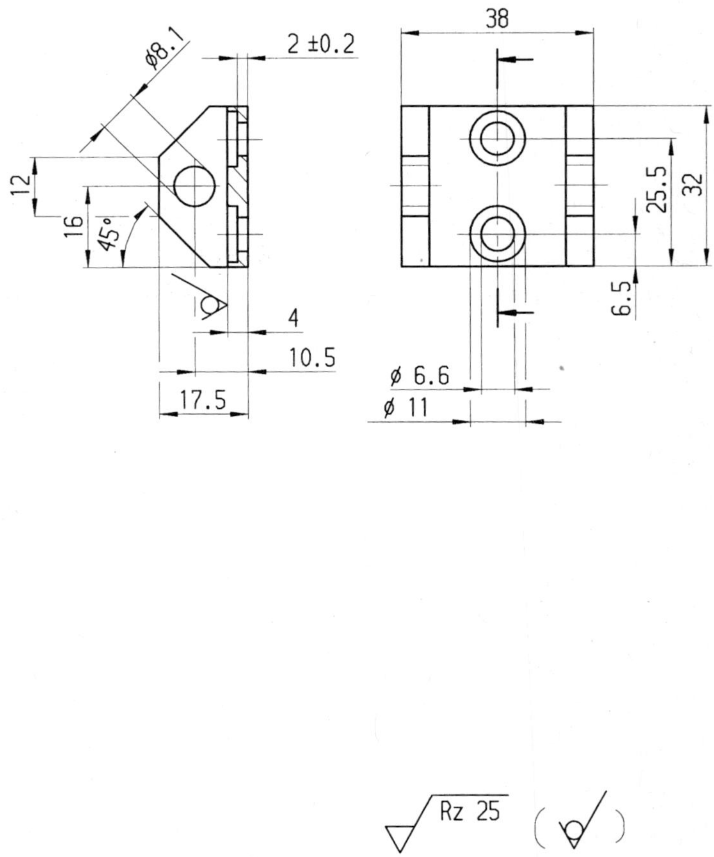

Allg.-Toler.: DIN ISO 2768-m	Oberfl.: DIN ISO 1302	Maßstab: 1 : 1 Werkstoff: S235JRG1 Halbzeug: U DIN 1026 40x20		Technische Berufsausbildung CAD
HAT	Datum	Name	Benennung:	Zeichn. Nr
Gez.	14.8.1997	A.Mueller	Achshalter	T
Gepr.				
Norm				Blatt:

Paßmaß	Abmaße

04. Wie werden Skizzen angefertigt?

- *Vorgehensweise:*

  1. Formen und Umrisse zunächst mit dünnen Linien
  2. Nachzeichnen mit dicken Linien und Maße eintragen
  3. Maßtoleranzen und Oberflächenzeichen eintragen
  4. Schnittflächen mit Schraffuren kennzeichnen

- *Hilfsmittel*, z. B.:

  - Transparentpapier, Bleistift, Tusche, Zirkel, Lineal, Dreieck
  - Zeichenplatte, Zeichentisch, Zeichenschiene, Schablonenlineale
  - Papierbögen im Format DIN A 0 bis DIN A 4
  - CAD-Software

05. Welche Zeichnungsnormen und -richtlinien müssen beachtet werden?

Dazu ausgewählte Beispiele:

- *Quellen*, z. B.:

  - DIN-Normen
  - VDI-Richtlinien
  - Berufsgenossenschaftliche Vorschriften (BGV)
  - VDMA-Einheitsblätter
  - VDE-Bestimmungen
  - RAL-Vereinbarungen

- Wahl des *Maßstabes*, z. B.:

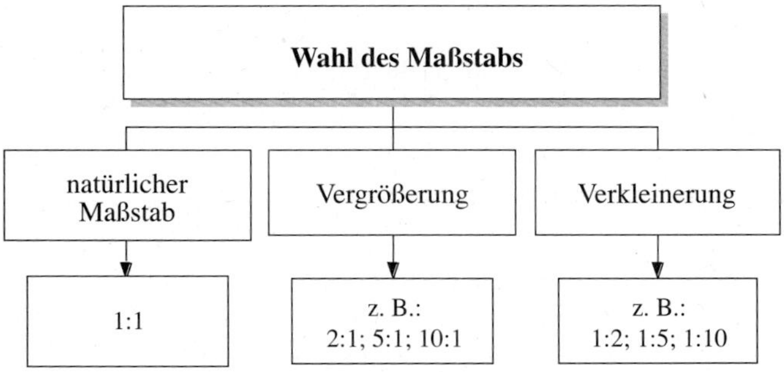

- Wahl der *Darstellung*, z. B.:

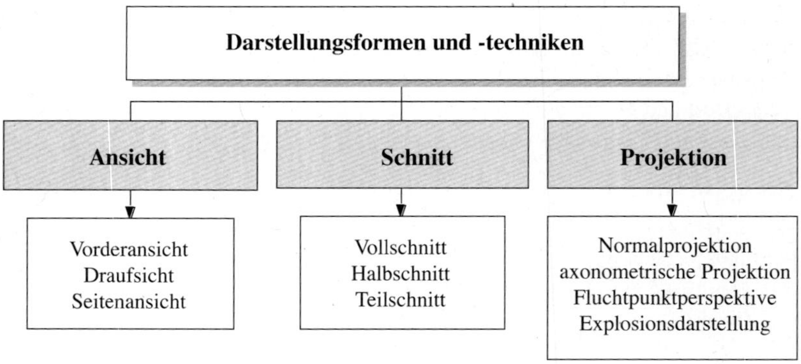

Beispiele:

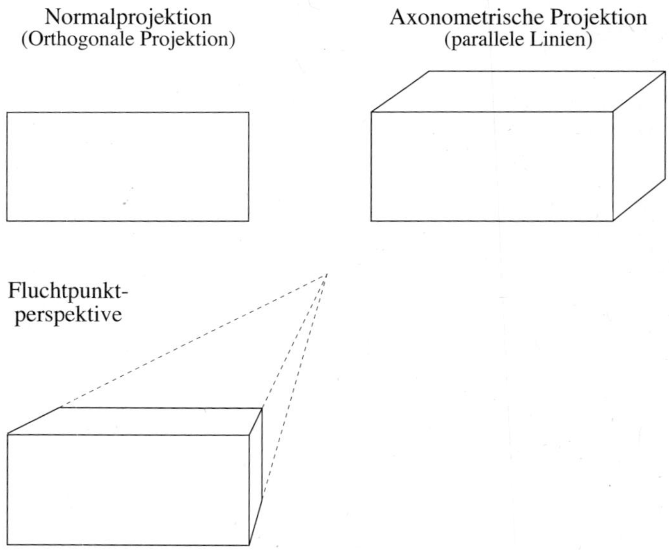

Die axonometrische Projektion wird unterschieden in die *isometrische* und die *dimetrische* Projektion.

- Wahl der *Linienart*, z. B.:

  Die Linienarten sind in der DIN 15 dargestellt. Dazu einige Beispiele und deren Anwendung:

	Linienart	**Anwendung**
A	Volllinie, breit	sichtbare Kanten, Umrisse, Hauptdarstellungen usw.
B	Volllinie, schmal	Maßlinien, Maßlinienbegrenzung, Schraffuren usw.
C	Freihandlinie, schmal	Begrenzung von abgebrochenen/unterbrochenen Schnitten
D	Zickzacklinie, schmal	Begrenzung von abgebrochenen/unterbrochenen Schnitten
...		
F	Strichlinie, schmal	verdeckte Kanten, Umrisse

- *Maßlinien usw.*, z. B.:

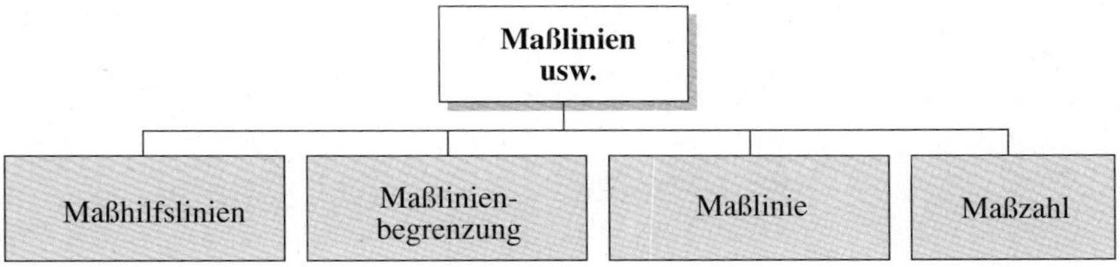

Beispiel 1:

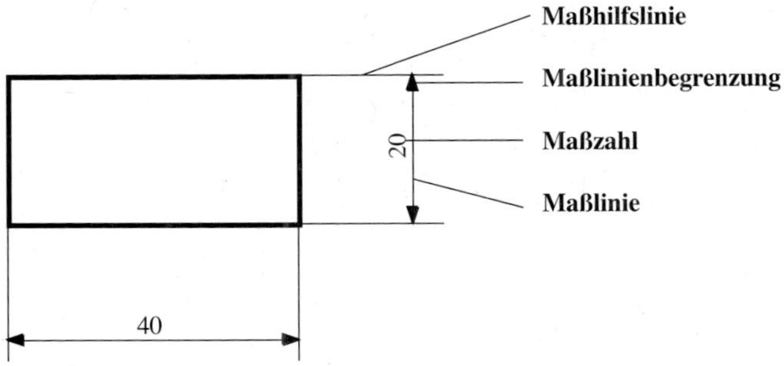

Beispiel 2:

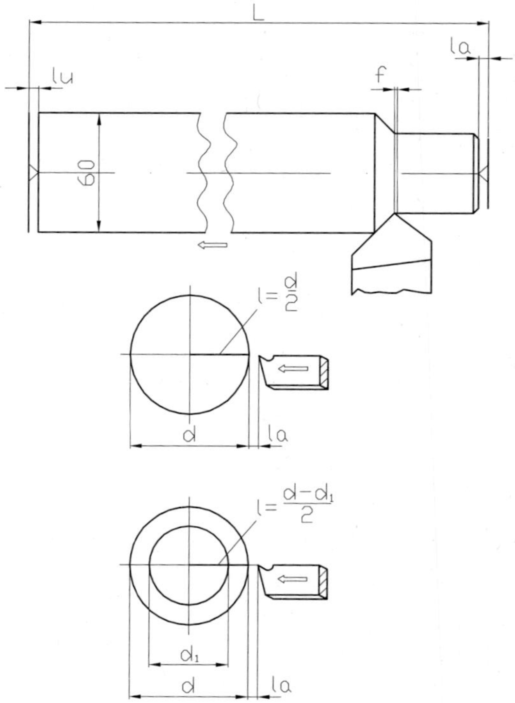

Merke:

- *Maßlinien:*
  - schmale Volllinien
  - Abstände: ≥ 10 mm zum Körper;
    ≥ 7 mm zwischen den einzelnen Maßlinien
- *Maßhilfslinien*:
  - schmale Volllinien
  - ohne Zwischenraum zu den Kanten des Körpers
  - ragen ca. 2 mm über die Maßlinie hinaus
  - dürfen nicht von anderen Linien durchzogen/gekreuzt werden
- *Maßlinien-begrenzungen:*
  - als offene oder gefüllte Maßpfeile/Schrägstrich oder offene Punkte
  - einheitliche Handhabung je Zeichnung
- *Maßzahlen:*
  - werden über die durchgezogene Maßlinien gesetzt
  - grundsätzlich: in mm ohne Angabe der Maßeinheit
    Ausnahme: in m, dann mit Maßeinheit
  - innerhalb einer Zeichnung: kein Wechsel der Maßeinheit

3.4.3 Statistiken und Tabellen

01. Was ist das Wesen und die Aufgabe der Statistik?

Mit Statistik (= lateinisch: „status“ = Zustand) bezeichnet man die Gesamtheit aller Methoden zur Untersuchung von Massenerscheinungen sowie speziell die Aufbereitung von Zahlen und Daten in Form von Tabellen und Grafiken.

Die Aufgabe der Statistik besteht darin, Bestands- und Bewegungsmassen systematisch zu gewinnen, zu verarbeiten, darzustellen und zu analysieren. Dabei sind *Bestandsmassen* diejenigen Massen, die sich auf einen Zeitpunkt beziehen, während *Bewegungsmassen* auf einen bestimmten Zeitraum entfallen.

02. Welchen Stellenwert hat die Betriebsstatistik?

Die Statistik ist ein Teilgebiet des Rechnungswesens und ein eigenständiges Instrument der Analyse, des Vergleichs und der Prognose. Kernfragen des betrieblichen Alltags können ohne die Methoden der Statistik nicht gelöst werden; z. B.:

- Mithilfe der *Stichprobentheorie* lässt sich von Teilgesamtheiten auf Grundgesamtheiten schließen.
- Mithilfe der *Indexlehre* können z. B. durchschnittliche Veränderungen der Preise zu einer einheitlichen Basis ermittelt werden.

03. In welchen Schritten erfolgt die Lösung statischer Fragestellungen?

1. *Analyse* der Ausgangssituation,
2. *Erfassen* des Zahlenmaterials,
3. *Aufbereitung*, d. h. Gruppierung und Auszählung der Daten und Fakten,
4. *Auswertung*, d. h. Analyse des Zahlenmaterials nach methodischen Gesichtspunkten.

04. Wie kann statistisches Ausgangsmaterial erfasst und aufbereitet werden?

- Die *Erfassung* des Zahlenmaterials kann

  - als Befragung,
  - als Beobachtung oder
  - als Experiment

  erfolgen. Dabei kann es sich um eine *Vollerhebung* oder um eine *Teilerhebung* (Stichprobe) handeln bzw. die Daten können *primärstatistisch* oder *sekundärstatistisch* erhoben werden.

- *Aufbereitung*:

  Das Zahlenmaterial kann erst dann ausgewertet und analysiert werden, wenn es in aufbereiteter Form vorliegt. Dazu werden die Merkmalsausprägungen geordnet – z. B. nach Geschlecht, Alter, Beruf, Region. Weitere Ordnungskriterien können sein:

- Ordnen des Zahlenmaterials in einer Nominalskala (qualitative Merkmale; „gleich/verschieden").
- Ordnen des Zahlenmaterials in einer Kardinalskala oder einer Ordinalskala.
- Unterscheidung in diskrete und stetige Merkmale.
- Aufbereitung in Form einer Klassenbildung (bei stetigen Merkmalen).
- Aufbereitung ungeordneter Reihen in geordnete Reihen.
- Bildung absoluter und relativer Häufigkeiten (Verteilungen).

Schrittfolge bei der Lösung statistischer Fragestellungen:

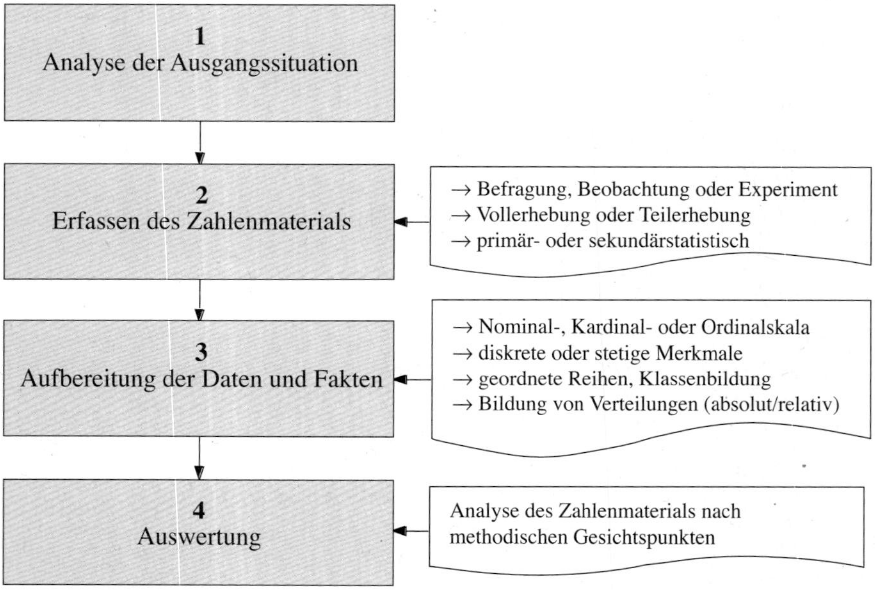

05. Welche Gesichtspunkte sind beim Aufbau einer statistischen Tabelle zu berücksichtigen?

- *Tabellen* bestehen aus Spalten und Zeilen.
  Zur besseren Übersicht können Zeilen und Spalten nummeriert werden. Die Schnittpunkte von Zeilen und Spalten nennt man Felder oder Fächer.

- Der *Tabellenkopf* ist die Erläuterung der Spalten. Er kann eine *Aufgliederung* (z. B. „Belegschaft gesamt", „davon weibliche Belegschaft", „davon männliche Belegschaft"), eine *Ausgliederung* („Belegschaft insgesamt", „darunter weiblich") oder eine *mehrstufige Darstellung* („Belegschaft gesamt"/„davon männlich", „davon ledig", „davon verheiratet" usw.) enthalten. Es sind auch noch stärkere Untergliederungen möglich. Zu beachten ist aber, dass die notwendige Übersicht nicht verloren geht. Die nachfolgende Abbildung zeigt den schematischen Aufbau einer Tabelle:

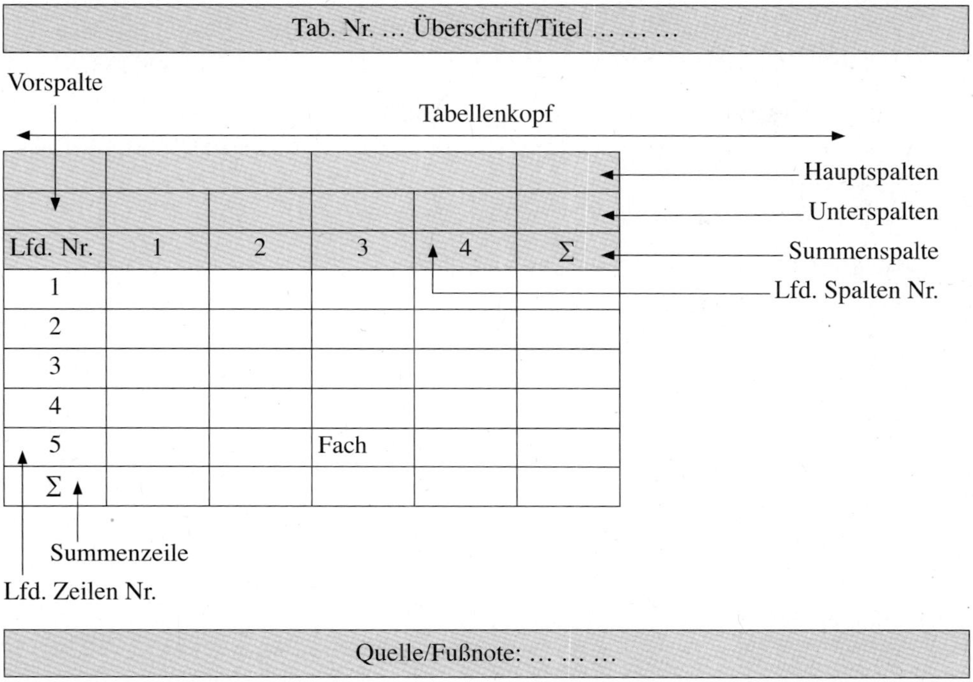

- *Tabellen können im Hoch- oder im Querformat* wiedergegeben werden. Das linke obere Feld (der Schnittpunkt von Vorspalte und Tabellenkopf) kann als

  - Kopf zur Vorspalte,
  - als Vorspalte zum Kopf oder
  - als Kopf zur Vorspalte/Vorspalte zum Kopf

  gestaltet sein. Im Zweifelsfall kann dieses Fach auch leer bleiben, bevor eine nicht eindeutig zutreffende Bezeichnung gewählt wird.

Kopf zur Vorspalte	Vorspalte zum Kopf		

Vorspalte zum Kopf / Kopf zur Vorspalte			

- Weitere Grundregeln zur Tabellengestaltung sind:
  - Jede Tabelle sollte eine Überschrift enthalten, aus der korrekt der Titel und ggf. weitere Inhaltspunkte hervorgehen.
  - Bei einer quer dargestellten Tabelle sollte die Vorspalte links liegen.
  - Erläuterungen, die sich auf die gesamte Tabelle beziehen, werden in einer Vorbemerkung wiedergegeben.
  - Erläuterungen, die sich auf einen Teil der Tabelle beziehen, stehen in der Fußnote.
- Weitere Hinweise zur Tabellengestaltung können der DIN 55301 entnommen werden.

3.4.4 Diagramme

01. Wie lassen sich statistische Ergebnisse grafisch darstellen?

Die grafische Darstellung statistischer Ergebnisse ist mithilfe von

- Strecken und Kurven (z. B. Linien-, Stab- bzw. Säulendiagramme),
- Flächen (z. B. Kreisdiagramme, Struktogramme),
- 3-dimensionalen Gebilden,
- Kartogrammen oder
- Bildstatistiken

möglich.

Beispiel: Balkendiagramm, vertikal

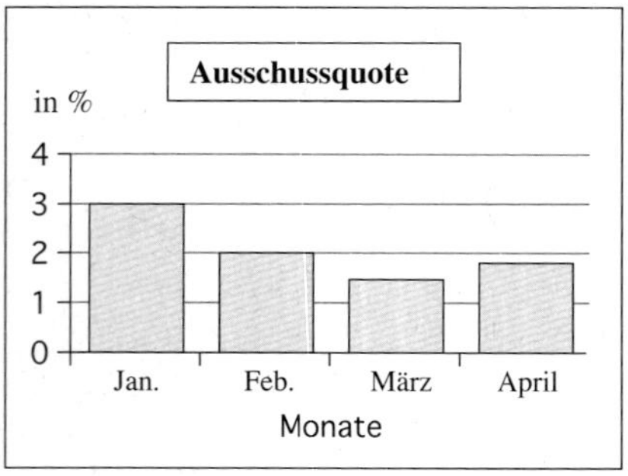

Beispiel: Balkendiagramm, horizontal

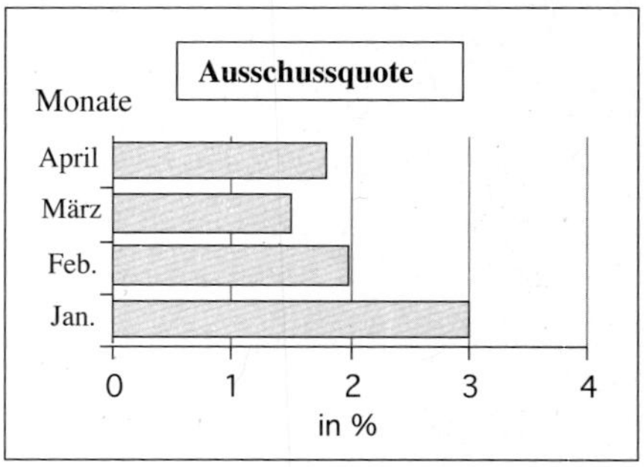

Hinweis: Das Balkendiagramm wird auch als Säulendiagramm bezeichnet.

Beispiel: Liniendiagramm

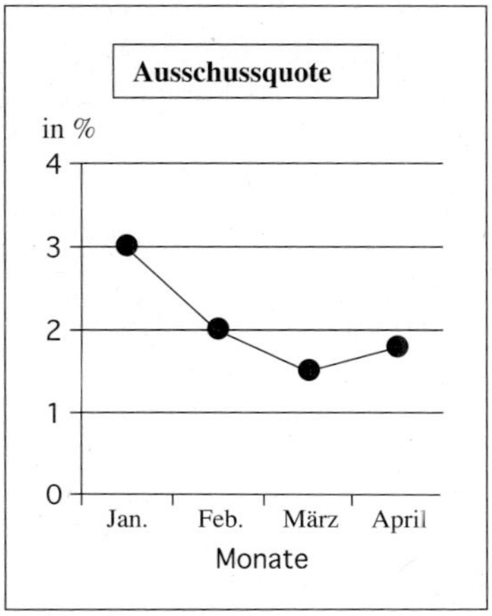

Beispiel: Flächendiagramm

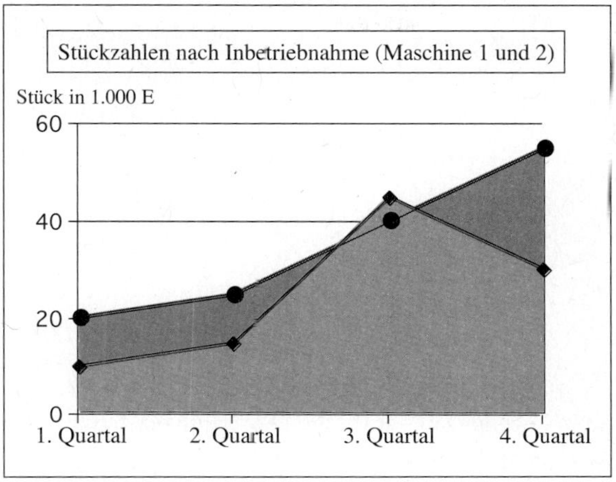

Beispiel: Kreisdiagramm, *Vergleich, mit explodiertem Segment, Kreise geneigt, mit Schatten*

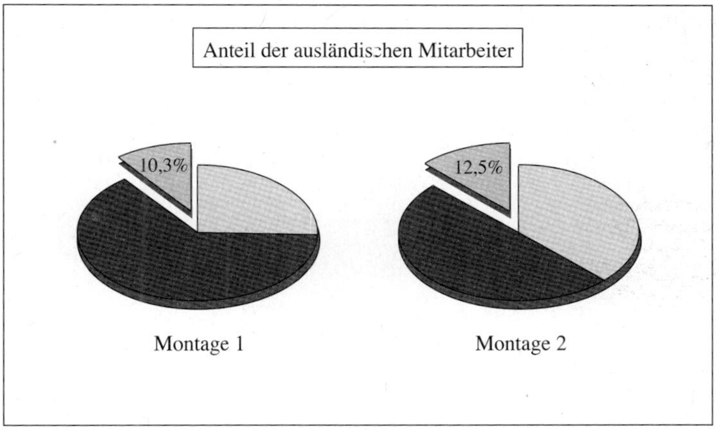

Beispiel: Flächendiagramm (hier: Struktogramm),
Vergleich,
mit Legende,
mit Normierung auf 100 %,
3-D-Darstellung

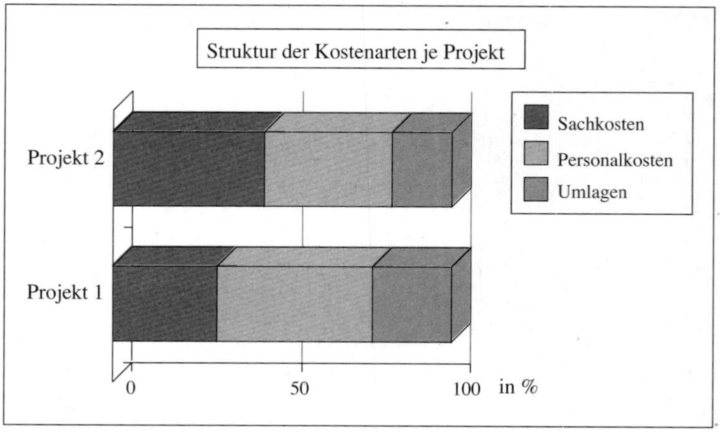

Nomogramme sind grafische Darstellungen funktionaler Zusammenhänge. Man verwendet sie für Zahlenrelationen, die häufig gebraucht werden. Ist die Grafik ausreichend genau dargestellt, kann ein bestimmter Zahlenwert direkt aus dem Nomogramm abgelesen werden.

Beispiel: Quadratwurzel aus einem Produkt

$\sqrt{ab} = c$

z. B.:

a	b	c
15,0	60,0	30,00
30,0	70,0	45,83

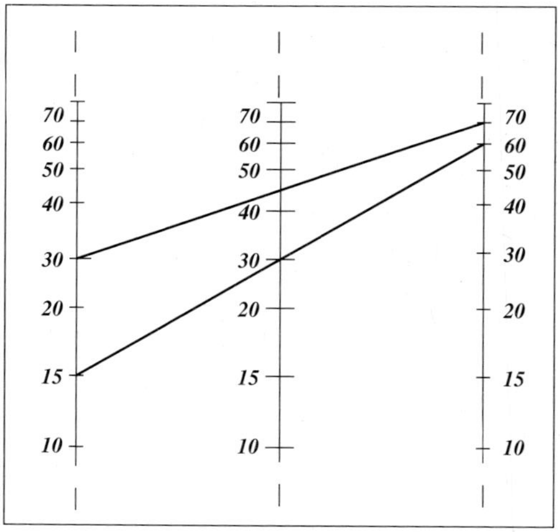

02. Welche Einzelaspekte sind bei der Erstellung von Diagrammen zu beachten?

1. Für die Ordinate (Senkrechte; y-Achse) und die Abszisse (Waagerechte; x-Achse) ist ein *geeigneter Maßstab* auswählen, so dass die grafische Darstellung die Entwicklung in der Realität wiederspiegelt.

2. Jede *Achse* ist zu *bezeichnen*.

3. Jedes Diagramm hat eine *Überschrift* und ggf. einen *Quellenhinweis* (Darstellung nach betriebsinternen Daten der Kostenrechnung).

4. Bei Konzeptarbeiten empfiehlt es sich, die Abbildungen zu *nummerieren*.

3.5 Projektmanagementmethoden

3.5.1 Nutzen und Anwendung von Projektmanagement

01. Welche Funktionen soll Projektmanagement erfüllen?

Mit Projektmanagement – als neuer Technik der Innenorganisation – sind insbesondere folgende Funktionen verbunden:

- geplanter Wandel
- steigende Produktivität
- erhöhte Flexibilität
- Impulse geben
- Prozesse der Zukunftssicherung gestalten
- Krisenresistenz.

02. Welche zwei Hauptziele hat Projektmanagement zu erfüllen?

Die Ziele von Projektmanagement heißen immer:

- Erfüllung des Sachziels (Projektauftrag; quantitativ, qualitativ)
- Einhaltung der Budgetgrößen (Termine, Kosten)

03. In welchem Spannungsfeld bewegen sich Projektsteuerung und -controlling?

Projektsteuerung und Projektcontrolling vollziehen sich im Spannungsfeld eines „magischen" Vierecks (Kontrollmerkmale der Projektsteuerung) mit den Veränderlichen: Zeit, Kosten, Quantität und Qualität.

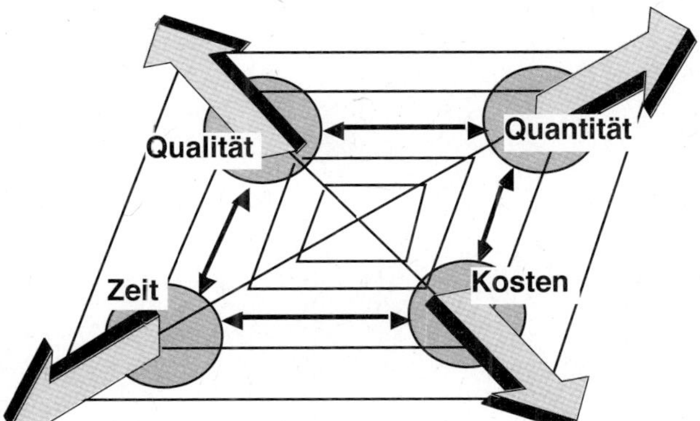

04. Wie kann Projektmanagement in die Aufbaustruktur integriert werden?

Hier ist die Aufgabe zu lösen: „Wer macht was und ist wofür verantwortlich?“, d. h. es ist eine zeitlich befristete und der Aufgabe/Zielsetzung angemessene Organisation von Projektmanagement zu schaffen. Für die organisatorische Eingliederung des Projektmanagers kommen in der Praxis drei grundsätzliche Formen infrage:

Organisatorische Eingliederung des Projektmanagers	Funktion des Projektmanagers	Form des Projektmanagers	Funktion der Linie
Stab	Information, Beratung	Einfluss-Projektmanagement	Entscheidung
Matrix	Projektverantwortung	Matrix-Projektmanagement	disziplinarische Weisungsbefugnis
Linie	Entscheidung (Vollkompetenz)	reines Projektmanagement	Information, Beratung

- *Einfluss-Projektmanagment:*
  Der Projektmanager hat gegenüber der Linie (nur) eine *beratende Funktion.* Die Entscheidungs- und Weisungsbefugnis verbleibt bei den Linienmanagern (Materialwirtschaft, Produktion usw.).

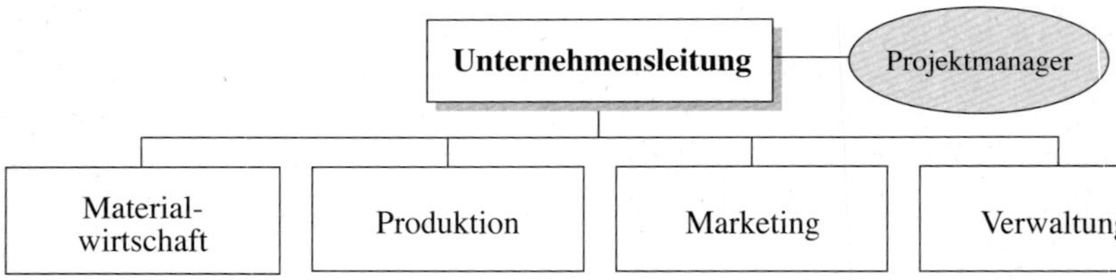

- *Reines Projektmanagement:*
  Das „Reine Projektmanagement“ ist der Gegenpol zum „Einfluss-Projektmanagement“: Der Projektmanager hat *volle Kompetenz* in allen Sach- und Ressourcenfragen *im Rahmen des Projektmanagements* und kann die Realisierung von Projektzielen ggf. auch gegen den Willen der Linienmanager durchsetzen. Dies betrifft auch den Zugriff auf Personalressourcen der Linie.

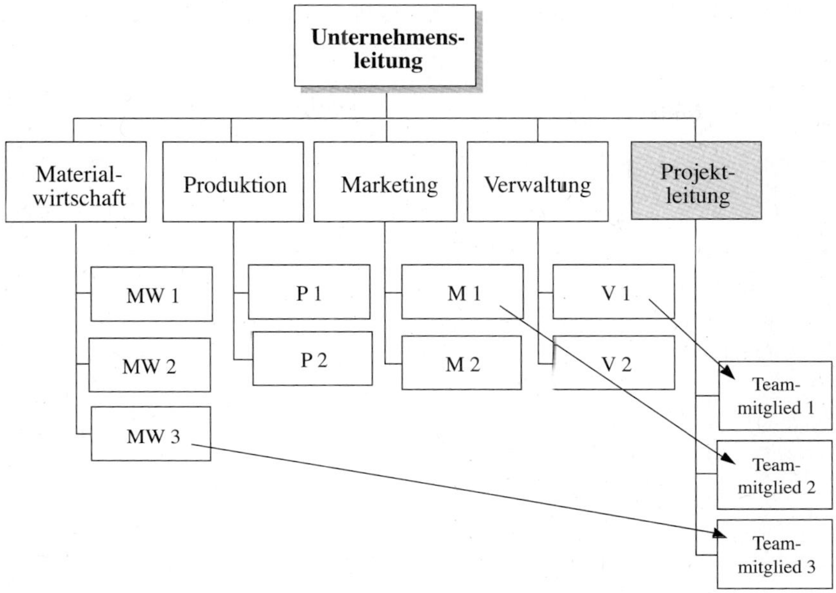

- *Matrix-Projektmanagement:*
  Dies ist eine Mischform aus „Einfluss-Projektmanagement" und „Reinem Projektmanagement": Der Projektleiter hat die volle Kompetenz in allen Fragen, die das Projekt betreffen (Kosten, Termine, Sachziele). Die Linienmanager haben die volle Kompetenz bezogen auf ihren Verantwortungsbereich (z. B. Weisungsbefugnis). Kennzeichnend für die Matrix-Organisation ist der „Einigungszwang": Projektmanager und Linienmanager müssen sich einigen bei der Lösung des Projektauftrages.

  Beispiel 1: Im vorliegenden Fall (s. Abb.) gehören Mitarbeiter der Abteilung V1, M1 und MW3 zum Projektteam. Über die Präsenz dieser Mitarbeiter in Teamsitzungen kann nicht allein der Projektleiter entscheiden, er muss sich mit dem jeweiligen Leiter von MW3, M1 bzw. V1 verständigen.

  Beispiel 2: Ein Teilauftrag des Projektes ist die Fragestellung, ob ein Ersatzteillager zentral oder dezentral eingerichtet werden soll; die Änderungen betreffen auch den Ressort Marketing und Vertrieb: Hier muss sich die Projektleitung mit dem Leiter Marketing und dem Leiter Materialwirtschaft einigen.

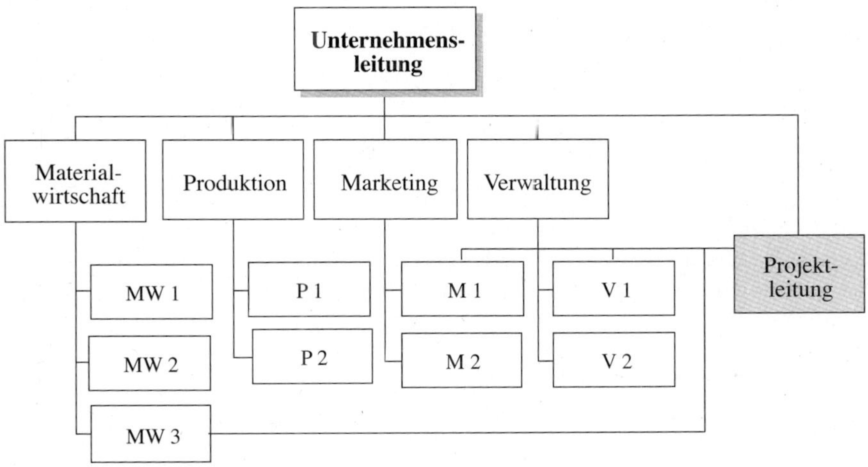

05. Was ist bei der Ablauforganisation von Projekten zu berücksichtigen?

Die Kernfragen lauten hier:

- Was ist wie zu regeln?
- Wie ist vorzugehen?
- Welche Teilziele werden abgesteckt?

usw., d.h. es ist der technisch und wirtschaftlich geeignete Projektablauf festzulegen. Dabei sind zwei grundsätzliche Formen denkbar:

a) *Sequenzielle* Ablaufgestaltung:
Teilprojekte bzw. Arbeitspakete werden *nacheinander*, schrittweise abgearbeitet.
Beurteilung: zeitaufwändig, aber sicherer.

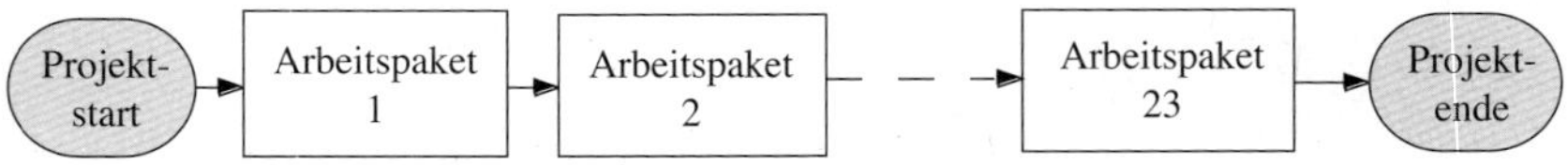

b) *Parallele (simultane)* Ablaufgestaltung:
Teilprojekte bzw. Arbeitspakete werden ganz oder teilweise gleichzeitig abgearbeitet.
Beurteilung: schneller Projektfortschritt, aber ggf. Risiken bei der Zusammenführung von Teillösungen zur Gesamtlösung.

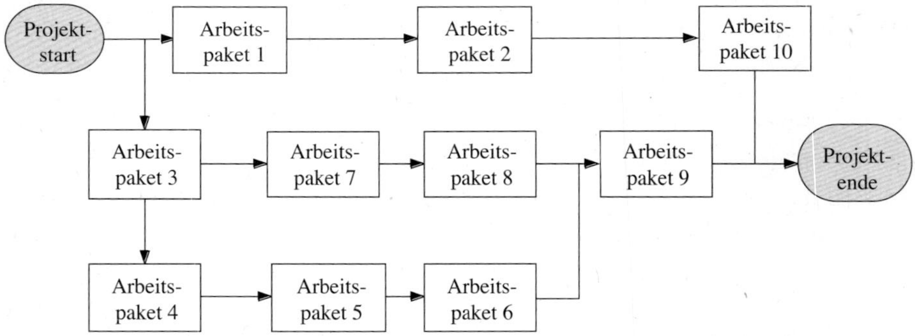

06. Durch welche Merkmale ist ein Projekt bestimmt?

- *Projekte* sind kurzlebige, zeitlich terminierte Aufgabenkomplexe, an denen Experten aus verschiedenen Fachbereichen und Hierarchiestufen arbeiten. Management umfasst alle planenden, organisierenden, steuernden, kontrollierenden und sanktionierenden Tätigkeiten zur Auftragserfüllung.

- *Projektmanagement* ist die überlebensnotwendige Kunst, all die Aufgaben zu lösen, die den Leistungsrahmen der klassischen Organisationsformen übersteigen. Projektmanagement dient daher vorrangig der Aufgabe, trotz gegebener Organisationsstruktur die unternehmerische Flexibilität und Zukunftssicherung zu erhalten.

In der Literatur werden vor allem folgende *Merkmale* hervorgehoben:

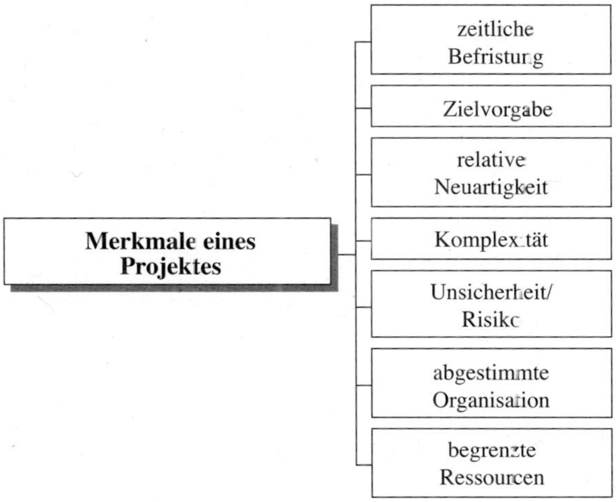

07. Wie erfolgt die Projektbestimmung durch Zielvorgaben?

Projekte haben eigenständige Zielsetzungen. Die Ziele liefern die Richtung für die Planung des Projekts, geben Orientierung für die Steuerung und liefern den Maßstab für die Kontrolle.

- Man unterscheidet *vier Zielfelder*; sie *konkurrieren* miteinander (vgl. oben: „Magisches Viereck des Projektmanagements"):

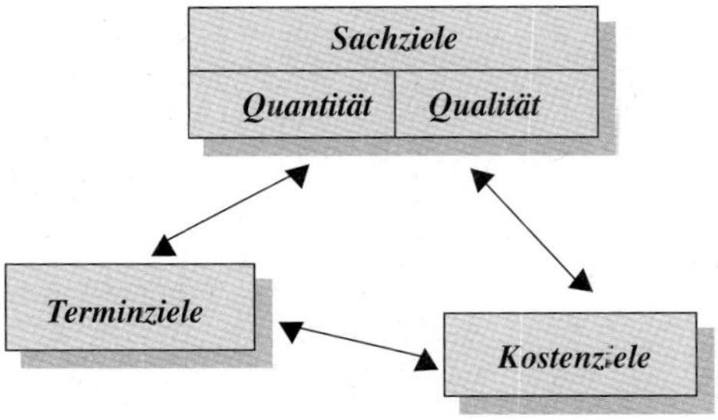

- Ziele können ihre Funktion nur erfüllen, wenn sie *operationalisiert*, d.h. *messbar*, sind. Messbar bedeutet, dass das Ziel hinsichtlich Inhalt, Ausmaß und Zeitaspekt eindeutig beschrieben ist.

Beispiel:

Falsch: Das Ziel „Die Kosten in der Montage müssen deutlich gesenkt werden" ist nicht operationalisiert. Was heißt „deutlich"? „Bis wann?"

Richtig:	Die Kosten	→	Zielinhalt
	müssen innerhalb von sechs Monaten	→	Zeitaspekt
	um 15 % gesenkt werden.	→	Ausmaß

3.5.2 Vorgehensweise bei der Abwicklung eines Projektes

01. In welche Haupt- und Teilphasen lässt sich Projektmanagement strukturieren?

Die Phasen des Projektmanagement folgen grundsätzlich der Logik des Management-Regelkreises (Ziele setzen-planen-organisieren-realisieren-kontrollieren). Die neuere Fachliteratur unterscheidet im Detail zwischen drei bis sieben Phasen (je nach Detaillierungsgrad), wobei die Unterschiede nicht grundlegend sind. Es gibt jedoch noch keine einheitliche Terminologie. Die nachfolgende Darstellung unterscheidet drei Hauptphasen:

(1) Projekte auswählen
(2) Projekte lenken
(3) Projekte abschließen

Hinter diesen Hauptphasen verbergen sich folgende Teilpläne und -aktivitäten (Gesamtübersicht des Phasenmodells):

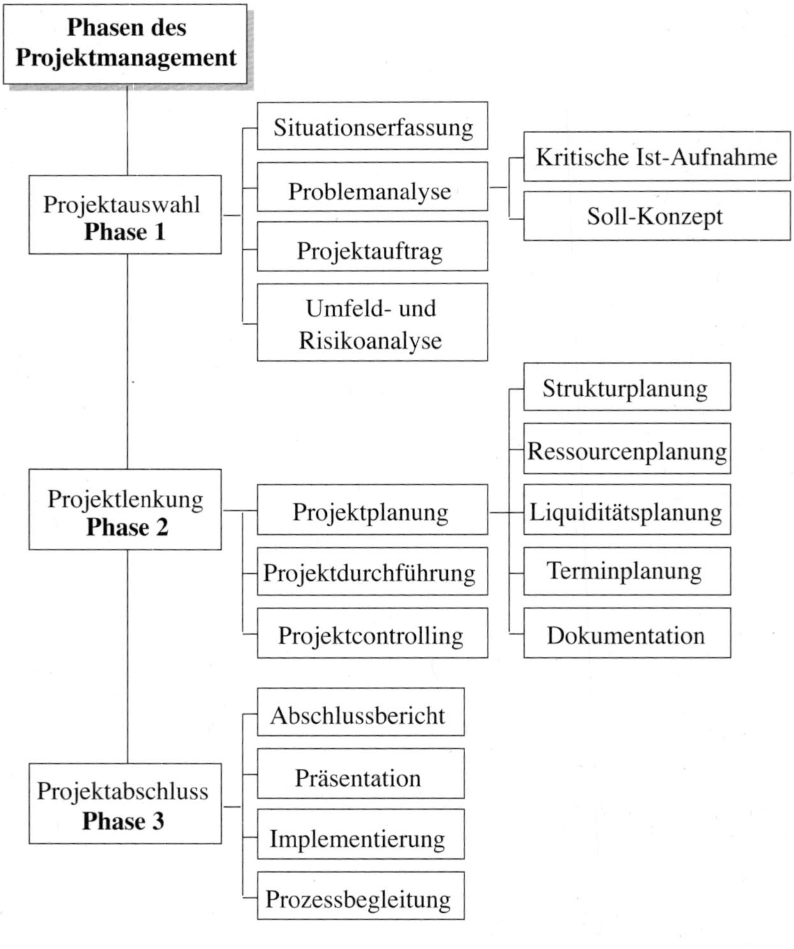

Weitere, bekannte Phasenmodelle sind nachfolgend dargestellt:

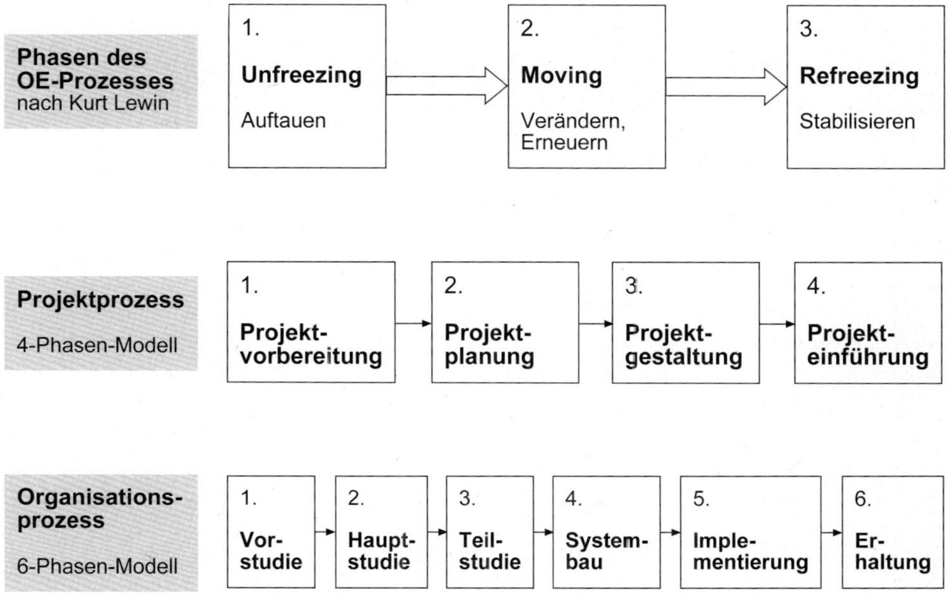

02. Was versteht man unter dem „Problemlösungszyklus"?

Der Problemlösungszyklus ist die *Schrittfolge* zur Realisierung der Ziele *je Projektphase*; er ist also *ein sich mehrfach wiederholender Prozess je Phase.*

Man kann das Phasenmodell des Projektmanagements auch bezeichnen als „Regelkreis im Großen" und den Problemlösungszyklus als „Regelkreis im Kleinen".

Man unterscheidet fünf Schrittfolgen im Problemlösungszyklus:

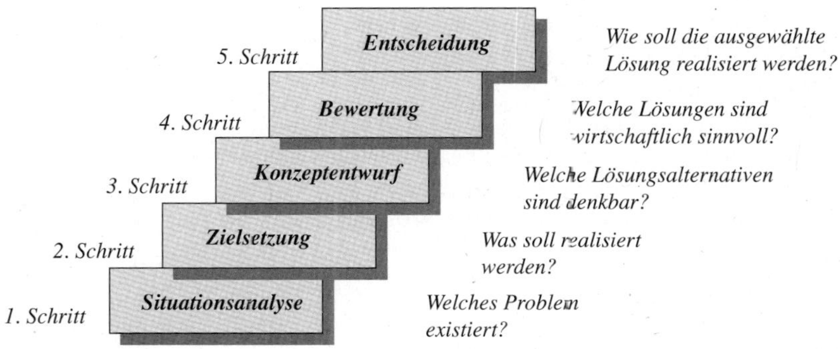

Zusammenfassung:

Die systematische Vorgehensweise bei der Projektbearbeitung wird also durch folgende Prinzipien gestaltet:

1. Strukturierung der Projektbearbeitung in Phasen (Phasenmodell).
2. Schritt für Schritt vorgehen, vom Ganzen zum Einzelnen, vom Groben zum Detail.
3. Je Phase wiederholt sich der Kreislauf der Problemlösung (Problemlösungszyklus).

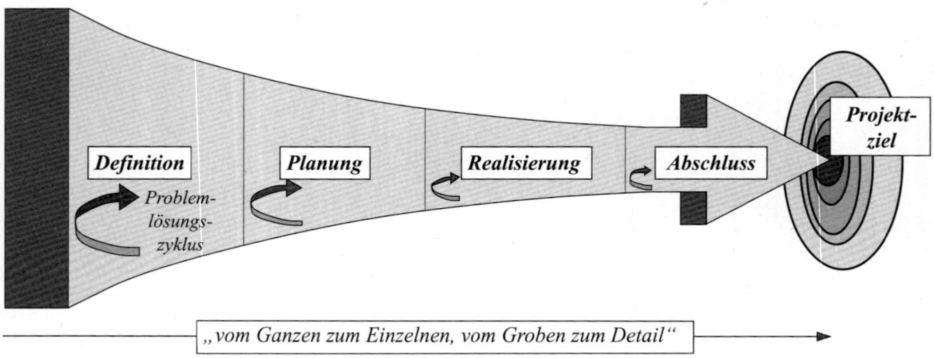

3.5.3 Aufbau eines Projektauftrages

01. Wie muss der Projektauftrag formuliert sein?

Bei der Formulierung des Projektauftrages sind insbesondere folgende Inhalte zu berücksichtigen:

- Projektleiter benennen.
- Budget festlegen.
- Die zu erbringende Leistung (Zielsetzung und Aufgaben) ist genau zu bezeichnen.
- Als Auftraggeber ist in jedem Fall ein Machtpromotor (ein Mitglied der Unternehmensleitung) namentlich anzuführen.
- Die Gesamtdauer des Projektes ist zu begrenzen.
- Die Befugnisse sind zu klären: Rolle des Projektmanagers, Rolle der unterstützenden Fachbereiche; eventuell Einsatz eines Projektsteuerungs- und -koordinierungsgremiums, das den Projektleiter vom Dokumentations- und Informationssuchaufwand freihält.

Projektauftrag

Projekt: ....Projekt-Nr.: ....

Projektleiter: ....Projektteam: ....

1. Beschreibung des Problems ....
2. Zielsetzung, Prioritäten ....
3. Umfeld- und Rahmenbedingungen ....
4. Erwartete Wirkung ....
5. Budget ....

Kostenarten	Grobplanung	Feinplanung	....
Personal			
Material			
Investitionen			
Fremdleistungen			
Sonstige Ausg.			
Summe			

6. Projektabschluss
7. Berichterstattung
8. Starttermin
9. Auftraggeber
10. Projektleiter
11. Verteiler

3.5.4 Umgang mit Konflikten

Hinweis: Vgl. zu diesem Thema auch die Ausführungen im 4. Prüfungsfach, Zusammenarbeit im Betrieb, Ziffer 4.6.5.

01. Was sind Konflikte?

- Konflikte sind *der Widerstreit gegensätzlicher Auffassungen*, Gefühle oder Normen von Personen oder Personengruppen.
- *Konflikte gehören zum Alltag eines Betriebes*. Sie sind normal, allgegenwärtig, Bestandteil der menschlichen Natur und nicht grundsätzlich negativ. Die Wirkung von Konflikten kann grundsätzlich *destruktiv* oder *konstruktiv* sein.

02. Wie ist der „typische" Ablauf bei Konflikten?

Kein Konflikt gleicht dem anderen. Trotzdem kann man im Allgemeinen sagen, dass folgendes Ablaufschema „typisch" ist:

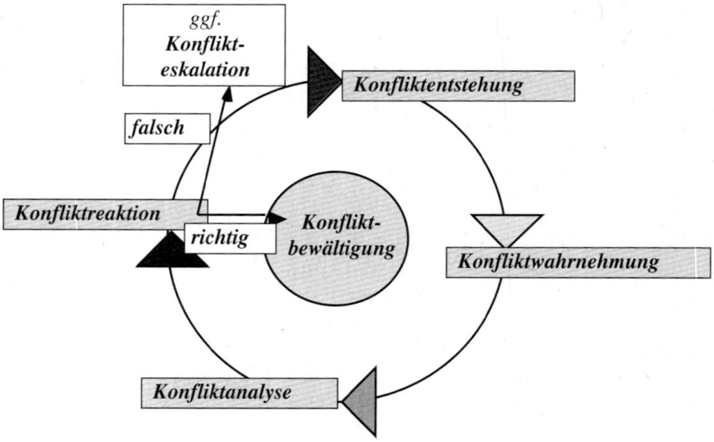

03. Wie lassen sich Konflikte bearbeiten/bewältigen?

Rein theoretisch sind folgende *Reaktionen der Konfliktparteien* denkbar:

Konfliktreaktionen der Beteiligten			
Konflikt	*unvermeidbar; Ausgleich nicht möglich*	*vermeidbar; Ausgleich nicht möglich*	*vermeidbar; Ausgleich möglich*
Reaktion: aktiv	Kämpfe	Rückzug: „Eine Partei gibt auf!“	**Problemlösung**
	Vermittlung, Schlichtung	Isolation	**tragfähiger Kompromiss**
Reaktion: passiv	zufälliges Ergebnis	Ignorieren des anderen	friedliche Koexistenz

- *Beispiele und Tipps zur Konfliktbewältigung in Projekten:*

- Der Projektleiter sollte sich im Erkennen von Konfliktsignalen trainieren!
- Der Projektleiter sollte eine klare Meinung von den Dingen haben, sich aber davor hüten, alles nur von seinem Standpunkt heraus zu betrachten! (Lernfähigkeit)
- Der Projektleiter sollte bei der Konfliktbewältigung keine „Verlierer“ zurück lassen. Verlierer sind keine Leistungsträger.
- Konflikte in Einzelgesprächen, ggf. in Gruppengesprächen, bearbeiten.
- Ggf. neutrale Person (Mittler, Coach) einbeziehen; evt. konfliktunfähiges Teammitglied auswechseln.

- Spielregeln der Zusammenarbeit vereinbaren.
- Je früher ein Konflikt erkannt und bearbeitet wird, umso besser sind die Möglichkeiten der Bewältigung.
- Konflikte bewältigen heißt „Lernen". Dafür ist Zeit erforderlich.

3.5.5 Projektplanung auf der Basis eines Projektauftrages

01. Welche Bestandteile hat die Projektplanung?

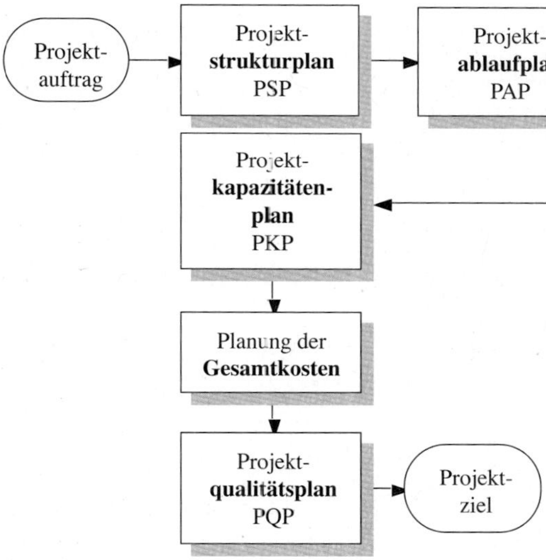

02. Welchen Inhalt haben die einzelnen Teilpläne der Projektplanung?

- Zu Beginn eines Projektes wird der *Projektstrukturplan* (PSP) erstellt; er legt
  - Teilprojekte
  - Arbeitspakete und
  - Vorgänge inkl. der Leistungsbeschreibungen

  fest und ist somit der *Kern eines jeden Projektes.*

  Inhaltlich kann der Projektstrukturplan funktionsorientiert, erzeugnis(objekt)orientiert oder gemischt-orientiert sein. Der Projektstrukturplan ist an unterschiedlichen Stellen unterschiedlich tief gegliedert. Kriterien für die Detaillierung können sein:

  - Dauer
  - Kosten
  - Komplexität
  - Überschaubarkeit des Ablaufs
  - Risiko
  - organisatorische Einbettung

Schematischer Aufbau eines Projektstrukturplanes:

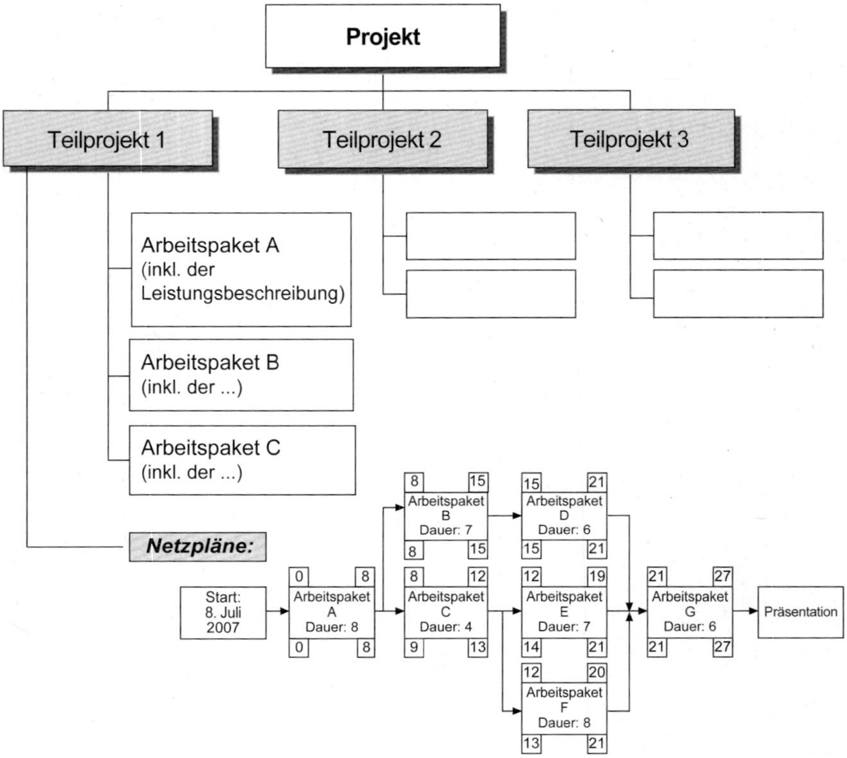

- Der *Projektablaufplan (PAP)* legt die logische Reihenfolge der Bearbeitung fest, z. B.:
  - Welche Arbeitspakete können parallel und welche sequenziell bearbeitet werden?
  - Wie ist der Zeitbedarf pro Arbeitspaket?
  - Welche Ressourcen werden pro Arbeitspaket benötigt?

- Der *Projektterminplan* (PTP)
  - legt die Anfangs- und Endtermine einzelner Teilprojekte und Arbeitspakete fest
  - und benennt die Verantwortlichen und Beteiligten.

  Als Hilfsmittel werden Terminlisten, Balkendiagramme oder Netzpläne eingesetzt.

- Die *Planung der Projektkapazitäten* (PKP) wird auch als Ressourcenplanung bezeichnet und enthält Schätzungen über die benötigten Ressourcen:
  - Qualifikation und Anzahl der Projektteam-Mitglieder
  - Dauer der Strukturelemente
  - Budget
  - Einsatzmittel (Materialien, Anlagen, EDV-Unterstützung)
  - Informationen
  - Räume

- Grundlage der *Gesamtkostenplanung* ist die vorausgegangene Planung der Kapazitäten und der Einzelkosten pro Arbeitspaket. Die Hauptprobleme, die bei dieser Planung auftreten können sind:
  - Zuordnung der Kosten auf die Vorgänge (Einzelkosten/Gemeinkosten)
  - Erfassungs- und Pflegeaufwand
  - unvollständige Kosten-Informationen
  - Kalkulationen unter Unsicherheit
  - Auswirkungen von Soll-Ist-Abweichungen
  - Erfassung von Änderungsaufträgen während der Projektrealisierung
- *Projektqualitätsplanung* (PQP):

  Projektmanagement kann nur dann die angestrebten Leistungen erbringen, wenn Mengen und *Qualitäten* der einzelnen Arbeitspakete *geplant, kontrolliert und gesichert* werden. Qualitätsstandards müssen also soweit wie möglich messbar beschrieben werden. Dazu verwendet man z. B. DIN-Normen oder Lieferantenbewertungen (Pflichtenhefte).

3.5.6 Funktion der Projektsteuerung

Der Oberbegriff ist Projektlenkung. Er umfasst den Regelkreis der Projektplanung, -durchführung/steuerung und -kontrolle als permanenten Soll-Ist-Vergleich.

- Das *Planungs-Soll* ist die Ausgangsbasis der Projektdurchführung und -überwachung.
- Bei der *Durchführung* wird periodisch ein *Ist* realisiert. Die *Projektüberwachung* gleicht ab, ob der Ist-Zustand bereits den Soll-Zustand erfüllt.
- Ist dies nicht der Fall, erfolgt eine Abweichungsinformation an die *Projektsteuerung* (ggf. ein besonderes Gremium im Betrieb). Hier wird entschieden, ob die Abweichung durch weitere Maßnahmenbündel behoben werden kann oder ein Änderungsauftrag an die Projektplanung geleitet wird.
- *Änderungsaufträge* an die Projektplanung beinhalten ein erhebliches Risikio für das Gesamtprojekt (Realisierung von Teilplanungen, Gesamtkosten, Abschlusstermin).

Die nachfolgende Abbildung zeigt schematisch den dynamischen Zusammenhang von Projektplanung, -durchführung, -überwachung und -steuerung:

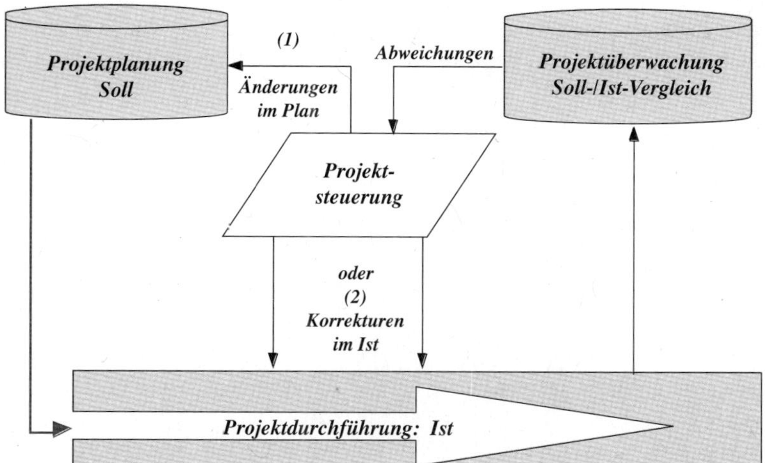

3.5.7 Projektabschluss

01. Welche Aufgaben hat der Projektleiter am Schluss?

1. Er muss die *Abnahmebedingungen* lt. Projektauftrag und Projektqualitätsplanung (PQP) überprüfen:

Abnahmebedingungen	*eingehalten?*
• Zielvorgaben, quantitativ	√
• Zielvorgaben, qualitativ	√
• Ressourcen	√
• Termine	√
• Kosten	√

2. Er muss den *Abschlussbericht* erstellen. Er besteht aus drei Hauptteilen:

   - *Dokumentation* von Projektauftrag und Projektverlauf:
     Ziele, Struktur, Daten, Termine
   - *Beschreibung* der Projektresultate:
     Ergebnisse, Leistungen, Erfahrungen, Kosten
   - *Wegweiser* zur Ergebnis-Implementierung und Akzeptanzsicherung:
     Prozessbegleiter, Projektabnahme (Unterschrift durch Auftraggeber)

   Der *Verteilerkreis* des Abschlussberichtes umfasst die Betroffenen und Beteiligten sowie evtl. im Projektverlauf hinzugekommene Personen und Fachbereiche. Keineswegs ist er nur an Mitglieder der Unternehmensleitung zu richten. Selbstverständlich kann der Umfang der einzelnen Hauptteile je nach Betroffenheitsgrad der Adressaten schwanken. Zu den direkt Beteiligten kommen alle Unterstützer des Projektes und alle von der Implementierung Betroffenen hinzu.

3. Er muss das Projektergebnis in einer *Abschlusssitzung* dem Auftraggeber präsentieren, d. h. Präsentation der Projektresultate und der geplanten Implementierungsschritte. Für die Praxis empfiehlt sich

   - die frühzeitige Einladung der an der Präsentation teilnehmenden Personen
   - eine geeignete Raum- und Zeitwahl
   - Auswahl der Präsentationsmedien und die Gestaltung der Präsentationsinhalte nach den Ansprüchen der Teilnehmer

4. Er muss sich in der Projektabschlusssitzung *Multiplikatoren* für die Umsetzung der Projektergebnisse *sichern:*

   Zu viele Projekte mit Veränderungswirkungen auf die Innenorganisation scheitern am Desinteresse oder der Abwehr von Führungskräften und/oder Mitarbeitern. Grundsätzlich gilt die Weisheit: „Der Mensch liebt den Fortschritt und hasst die Veränderung". Oft liegt die Abwehrhaltung in zwar unbegründeten, jedoch dominanten Ängsten. Dieses natürliche, menschliche Phänomen kommt während der Implementierungsphase regelmäßig in reduzierter Form vor, *wenn die Betroffenen vorher Beteiligte des Projektes waren.*

5. Er muss *Feedback von den Projektteammitgliedern* einholen:

Feedback zum Projekt „ ...."

1. In welchem Projektteam waren Sie beteiligt?
   ....

2. Waren Sie mit der Organisation des Projektes zufrieden?

nicht zufrieden				sehr zufrieden
1	*2*	*3*	*4*	*5*

3. Waren Sie mit der Betreuung zufrieden?

nicht zufrieden				sehr zufrieden
1	*2*	*3*	*4*	*5*

4. Waren Sie mit der Kommunikation zufrieden?

nicht zufrieden				sehr zufrieden
1	*2*	*3*	*4*	*5*

....

8. Welche Verbesserungen sollten bei zukünftigen Projektdurchführungen berücksichtigt werden?
   ....

6. Er muss sich bei dem *Projektteam bedanken* und die *Leistung* der Mitglieder *würdigen*:

Dank
Belohnung
Incentives
Beurteilung
Empfehlung

7. Er muss die *Reintegration der Projektteammitglieder* in die Linie rechtzeitig vorbereiten:

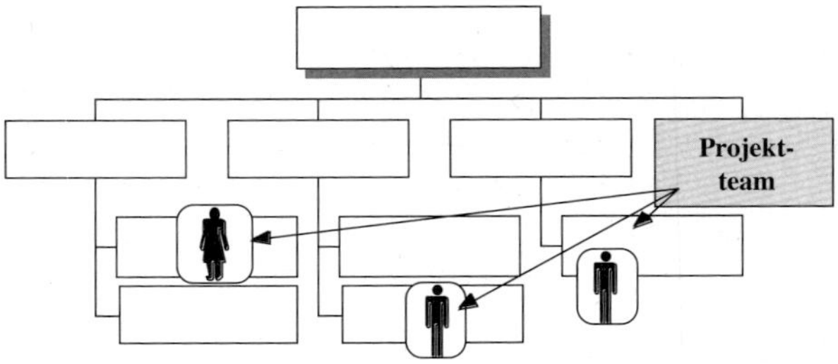

8. Er sollte dafür sorgen, dass die *positiven Erfahrungen und neues Know-how,* die im Rahmen der Projektrealisierung gemacht wurden, im Unternehmen *genutzt werden*:

   Eine Führunqskultur im Unternehmen, die Werte, Normen und Einstellungen wie Individualität, Beteiligung der Mitarbeiter, sachorientierte Lösung von Konflikten usw. präferiert, bietet eine gute Basis für Projektarbeit. Analog wird erfolgreiches Projektmanagement genau die Werte und Normen einer Führungskultur stärken, durch die es gestützt wird.

Zusammenfassung: Empfehlung für den Verlauf des Projektabschlusses

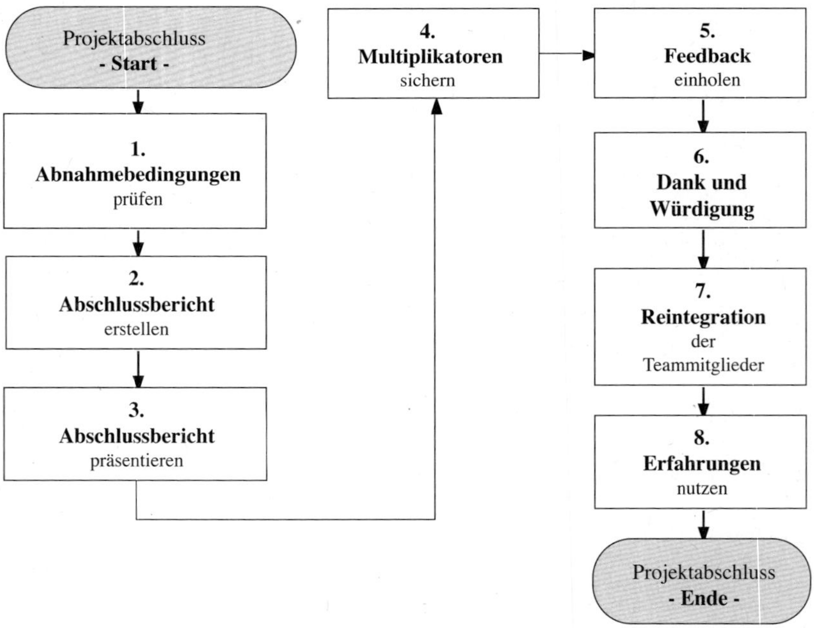

3.6 Informations-/Kommunikationsformen und -mittel

3.6.1 Aufgaben der Informationsverarbeitung

01. Welche Einsatzgebiete lassen sich heute für die EDV-gestützte Informationsverarbeitung nennen?

Dazu Beispiele:

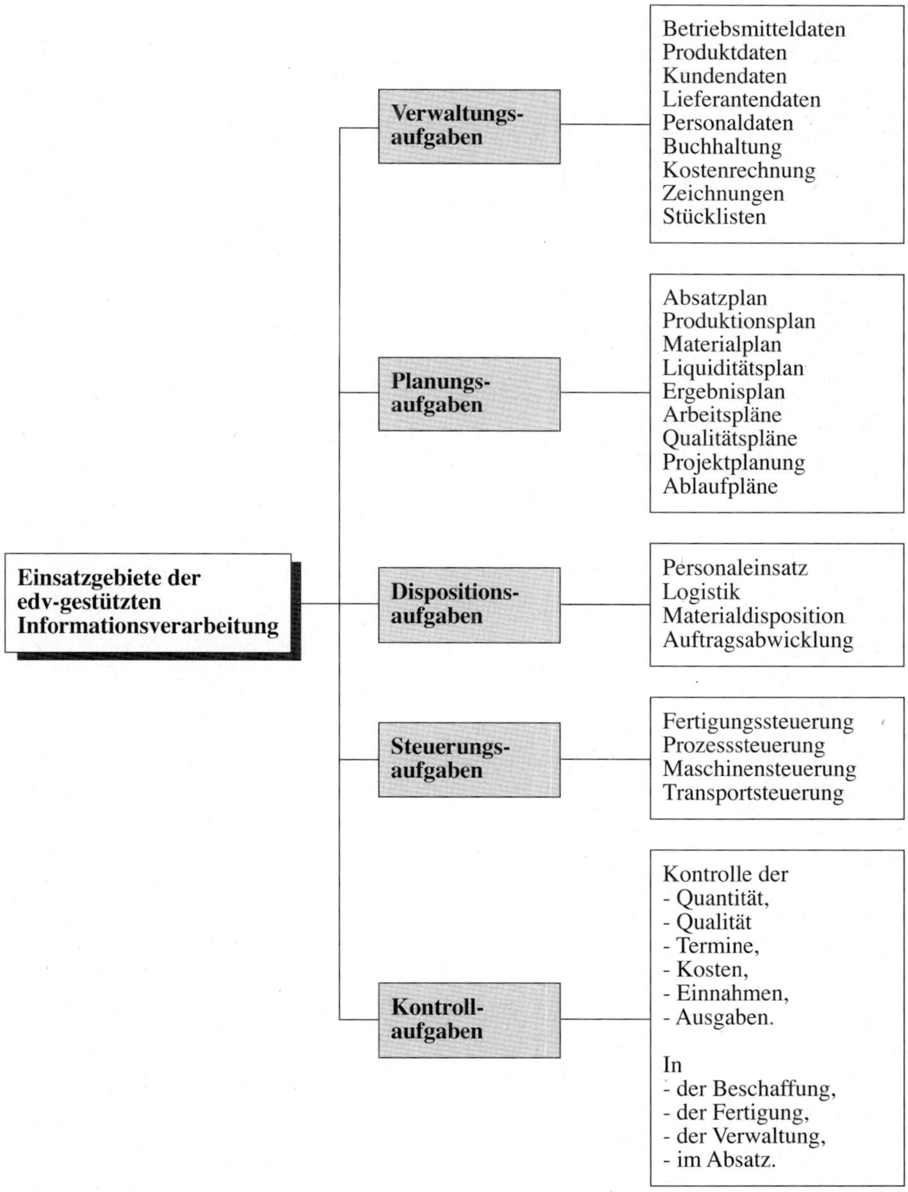

02. Welchen Nutzen kann die EDV-gestützte Informationsverarbeitung aus betrieblicher Sicht bieten?

Beispiele:

- Automatisierung sich wiederholender Prozesse
- Vereinfachung von Tätigkeiten und Abläufen (Rationalisierung)
- Beschleunigung der Informationsverarbeitung
- Verbesserung der Arbeitsproduktivität
- Reduzierung der Kosten
- Möglichkeit der Personalreduktion
- exakte Dokumentation und Reproduktion von Daten (z. B. Zeichnungen, Stücklisten)

03. Wie ist ein Computersystem aufgebaut?

1. *Hardware*
   = alle gegenständlichen Einrichtungen sowie alle fest geschalteten Funktionen; die Hardware-Komponenten sind:

   - *Gehäuse:*
     Befestigung der eingebauten Komponenten; Abschirmung gegen äußere Einflüsse (Störstrahlung, statische Elektrizität) und um die im Rechner entstehenden hochfrequenten Störungen nicht nach außen dringen zu lassen.

   - *Netzteil:*
     stellt Spannungen für die Komponenten zur Verfügung.

   - *Motherboard* (Hauptplatine):
     ist zentraler Bestandteil des PC und dient zur Verdrahtung und Befestigung von CPU, Speicher, Steuerungselektronik, Bussystem, diversen Steckkarten und Schnittstellen.

   - *CPU (= Central Processing Unit)*
     „Hirn" eines Rechners; führt arithmetische und logische Operationen durch; greift dabei auf die übrigen Komponenten zu; häufig verwendete Daten werden im Cache gespeichert.

   - *Cache* (frz. verstecken):
     schneller Pufferspeicher zwischen CPU und Motherboard; er führt zu schnelleren Programmen, wenn das gleiche Datum (Wert) zu dicht aufeinander folgenden Zeitpunkten wieder verwendet wird.

   - *Bussystem:*
     die einzelnen Baugruppen sind durch ein Bussystem miteinander verbunden, um Kommunikation und Datenaustausch zwischen den Komponenten zu ermöglichen.

   - *Arbeitsspeicher* (Hauptspeicher/Main memory; = „Kurzzeitgedächtnis"):
     hier abgelegte Daten sind schnell verfügbar, gehen aber beim Ausschalten verloren (temporäre Daten).

   - *Plattenspeicher* (= „Langzeitgedächtnis"):
     dient zur permanenten oder temporären Abspeicherung größerer Datenmengen; die Daten sind auch nach Abschalten des Rechners noch vorhanden (persistente Daten); der Zugriff ist wesentlich langsamer als der Zugriff auf den Arbeitsspeicher.

- *Platinen, Controller, Steckkarten*
  sind z. B. Grafikkarte, Netzwerkkarte, Soundkarte, internes Modem usw.

- *Schnittstellen:*
  - parallele Schnittstellen (z. B. für Drucker);
  - serielle Schnittstellen (z. B. externes Modem);
  - USB

- *Laufwerke:*
  - CD-ROM (= read-only-memory),
  - DVD-ROM,
  - Festplatte,
  - Diskettenlaufwerk,
  - ZIP-Laufwerk,
  - Streamer

  usw.

- *Peripherie:*
  - Eingabegeräte (z. B. Tastatur, Maus, Mikrofon usw.),
  - Ausgabegeräte (z. B. Drucker, Monitor, Plotter usw.),
  - Dialoggeräte (z. B. externes Modem usw.)

2. *Software*
   = alle nichtgegenständliche Bestandteile eines Computersystems (z. B. Betriebssystem, Programme, Daten).

   - *Das Betriebssystem* (z. B. MS-DOS, Windows, Unix, ...) dient der Verwaltung der Betriebsmittel eines Rechners; ist die Schnittstelle zwischen Benutzer und Hardware.
     - Betriebsmittel, physische: Drucker, Festplatten, Maus usw.
     - Betriebsmittel, logische: Dateien, Prozesse, Verzeichnisse usw.

   - *Programme:*
     Der Benutzer verwendet Programme, um Aufgaben zu lösen, Daten zu verarbeiten bzw. Informationen aus Daten zu erhalten (z. B. Tabellenkalkulation, Textverarbeitung, Grafik- und Videobearbeitung, Webbrowser usw.).

04. Nach welchen Gesichtspunkten lassen sich Hardware-Komponenten beurteilen?

Beispiele:

- Preis
- Verarbeitungsbreite (Bits pro Sekunde)
- Verarbeitungsleistung (MIPS = Millionen Instruktionen pro Sekunde)
- Kapazität des Arbeitsspeichers
- Anzahl der Prozessoren; Art des Prozessors
- Anzahl der Schnittstellen
- Kompatibilität

05. Wie erfolgt die Nutzung grafischer Oberflächen?

Die Benutzung grafischer Oberflächen wird als bekannt vorausgesetzt; daher folgen nur einige Hinweise:

- Mithilfe der *Maus* können in der *Menueleiste* Fenster geöffnet (Öffnen, Schließen, Kopieren, Ersetzen, Positionieren usw.) und die jeweiligen Prozeduren ausgewählt werden.
- Es werden Piktogramme, sog. *Ikons*, verwendet, die meist benutzerorientiert gestaltet sind („Papierkorb" usw.).
- Je nach eingesetzter Software kann die Maus unterschiedlich genutzt werden:
  - „einmal klicken" → auswählen
  - „doppelt klicken" → aktivieren/starten
  - „klicken und halten" → bewegen (sog. „Drag-and-Drop-Funktion")

06. Wie arbeitet man mit einem Tabellenkalkulationsprogramm?

Wenn man ein Tabellenkalkulationsprogramm aufruft (z. B. Excel) erhält man zunächst ein leeres Arbeitsblatt mit n Spalten (A, B, C, ...) und n Zeilen (1, 2. 3, ...). Damit ist jede Zelle durch ihre Koordinaten genau bestimmt (z. B. Zelle „A5").

Mit einem Mausklick wird die Zelle aktiviert und kann mit Inhalt gefüllt werden (Text, Zahlen, Formeln). Die Returntaste beendet die Eingabe. Weitere Befehle/Prozeduren sind: Gestaltung der Zahlenformate für bestimmte Zellbereiche (Dezimalzahlen, Prozent-Zahlen, Währungsangaben usw.), Bildung von Spalten- oder Reihensummen, Wiederholungen von Rechenoperationen, Übertragung von Dateninhalten/Rechenoperationen von einem Zellbereich in einen anderen usw.

Die gewonnenen Ergebnisse der Tabellenkalkulation können ohne erneute Dateneingabe mithilfe des „Diagramm-Assistenten" grafisch dargestellt werden.

Vorteile für den Anwender, u. a.:

- Verknüpfung von Tabellenkalkulationen mit Datenbanken und Möglichkeiten der Visualisierung
- einfache Durchführung von „Was-wäre-wenn-Betrachtungen" (bei Änderung eines Zellwertes werden automatisch die neuen Ergebnisse berechnet)
- Gestaltung/Formatierung der Arbeitsblätter nach individuellen Erfordernissen

07. Wie nutzt man ein Datenverwaltungsprogramm?

Eine Datenbank ist eine Ansammlung von Daten, die mithilfe einer Datenbank-Software innerhalb einer Datenbasis verwaltet werden. Die Datenbank ermöglicht

- die Eingabe von Daten (meist in vorgegebenen Formaten bzw. Masken),
- die Speicherung von Daten,
- den Zugriff auf bestimmte Daten,
- das Suchen nach Daten aufgrund spezieller Suchbegriffe und
- die Speicherverwaltung der Daten.

So lassen sich z. B. aus einer Kunden-Datenbank sehr schnell Kundendaten nach Kriterien wie Postleitzahl, Umsatzzahl oder zuständiger Sachbearbeiter selektieren. Die Selektion erfolgt über verknüpfte Suchabfragen, die in einer entsprechenden Syntax formuliert werden. So werden z. B. alle Kunden des Postleitzahlgebietes 4 über eine Abfrage „suche alle PLZ größer 39999 und kleiner 50000" ausgefiltert.

08. Welche Maßnahmen können zur Datensicherung ergriffen werden?

- *technische* Maßnahmen (z. B. Codierung der Daten, regelmäßige Backups und Firewalls)
- *bauliche* Maßnahmen (z. B. Safes, Alarmanlage und Klimaanlage)
- *organisatorische* Maßnahmen (z. B. Verfahrensanweisungen und Mitarbeiter-Ausweise)
- *personelle* Maßnahmen (z. B. kritische Mitarbeiterauswahl und Schulung der Mitarbeiter)

09. Welche Ursachen für einen Datenverlust sind denkbar?

- irrtümliches Löschen
- irrtümliches Überkopieren
- defekte Datenträger
- Verlust von Datenträgern

10. Wozu dienen Passwörter?

Ein Passwort ist ein geheimes Kennwort, das nicht schriftlich aufbewahrt werden sollte. In Verbindung mit ihrer Benutzeridentität können sich autorisierte Benutzer mit einem Passwort ausweisen. Um Zugang zu einem System zu erhalten, wird deswegen häufig nach der Identifizierung, z. B. mittels einer Codekarte oder eines Benutzernamens, ein Passwort abgefragt. Dies soll verhindern, dass Unbefugte in das System eindringen können.

11. Was versteht man unter Archivierung?

Bei der Archivierung werden Daten von der Festplatte eines Computers auf einen anderen Datenträger wie Streamerband oder beschreibbare CDs übertragen, katalogisiert und komprimiert und dann von der Festplatte gelöscht. Durch die Archivierung wird Speicherplatz wieder frei.

12. Was bezeichnet man als Backup?

Kein Speichermedium bietet eine hundertprozentige Datensicherheit. Aus diesem Grunde sollte insbesondere für wichtige Daten auf zusätzlichen Datenträgern eine Sicherheitskopie angelegt werden. Hierzu gibt es spezielle Backup-Software, die die Daten auf externe Datenträger wie Streamerbänder, beschreibbare CDs oder auch Disketten kopiert. Im Wesentlichen gibt es zwei Backup-Verfahren:

- *Vollständiges Backup:* Beim vollständigen Backup werden alle Daten der Festplatten auf das Sicherungsmedium übertragen. Der Vorteil dieses Verfahrens besteht darin, dass jederzeit der letzte Stand des Computers wiederherstellbar ist. Der Nachteil ist, dass es sehr lange dauert und sehr viel Speicherplatz benötigt wird, um eine vollständige Sicherungskopie anzulegen, insbesondere, weil es unwahrscheinlich ist, dass alle Daten seit der letzten Sicherung verändert wurden.

- *Inkrementelles Backup:* Basierend auf einer vollständigen Sicherung werden hierbei nur die Daten gespeichert, die sich seit dem letzten Backup verändert haben. Der Vorteil dieser Methode liegt darin, dass sie relativ schnell durchgeführt werden kann und mit relativ geringem Speicherplatz auf den Sicherungsmedien auskommt. Der Nachteil des inkrementellen Backups liegt darin, dass im Falle eines Ausfalls der Festplatte nicht ein Backup zur Rekonstruktion ausreicht, sondern die letzte Vollsicherung mit allen anschließend erfolgten inkrementellen Backups aufgespielt werden muss. Ist darüber hinaus ein Sicherungsmedium defekt, sind die darauf aufbauenden Sicherungen eventuell nicht mehr verwendbar. Aus diesen Gründen sollte man auch beim inkrementellen Backup von Zeit zu Zeit ein vollständiges Backup fahren.

13. Was bezeichnet man als Generationsprinzip?

Das Generations- oder auch Großvater-Vater-Sohn-Prinzip ist ein Rotationsprinzip, bei dem die jeweils benötigten Datenträger zyklisch wiederverwendet werden. Ein Satz von Sicherungsmedien enthält Kopien der sich täglich verändernden Dateien, das inkrementelle Backup. Auf diesem sind immer die aktuellen, also jüngsten Daten gesichert, sodass dieser Satz als Sohn-Generation bezeichnet wird. Jeder Datenträger dieser Generation kann wöchentlich wieder verwendet werden. Um ständig den kompletten Datensatz vorliegen zu haben, ist einmal wöchentlich ein vollständiges Backup auf einem zusätzlichen Datenträger erforderlich. Das kann z. B. freitagabends oder am Wochenende angelegt werden. Die nächste Gruppe Sicherungsmedien enthält diese einmal wöchentlich angelegten Vollsicherungen und wird als Vater-Generation bezeichnet. Im monatlichen Turnus rotieren auch diese Bänder und werden also wieder überschrieben. Die als Großvater-Generation bezeichnete Gruppe enthält monatliche Vollsicherungen. Aus dieser Generation werden in regelmäßigen Abständen Datenträger herausgenommen und dauerhaft aufbewahrt (z. B. quartalsweise oder halbjährlich).

14. Was ist Mirroring?

Mit dem Begriff Mirroring bezeichnet man ein Datensicherungsverfahren zur Spiegelung von Datenbeständen. Anwendung findet ein solches Spiegelfestplattensystem z. B. in Datei-Servern eines Netzwerks. Hierbei speichert eine Spiegelfestplatte parallel zur Hauptfestplatte den exakt gleichen Inhalt noch einmal. Diese Form der Datensicherung hat den Vorteil, dass bei einem Zwischenfall die Daten sofort und vollständig bereitstehen und zudem kein eigentlicher Sicherungslauf gefahren werden muss, da die Daten praktisch zeitgleich mit dem eigentlichen Programmlauf gesichert werden.

Eine andere Möglichkeit des Mirroring besteht darin, dass zum Beispiel die kompletten Daten der Festplatten von PCs in einem Netzwerk in jeweils unterschiedliche Verzeichnisse eines Datei-Servers gespiegelt werden. Auch hierbei liegt der Vorteil darin, dass bei einem Zwischenfall die Daten aktuell und vollständig verfügbar sind und Datensicherungen nicht extra gefahren werden müssen.

Eine weitere Form des Mirroring ist das Server-Mirroring. Auch hierbei wird durch Redundanz, in dem Fall von Servern, die Ausfallsicherheit erhöht. Das Prinzip des Server-Mirrorings ist dasselbe wie das des Festplatten-Mirrorings.

15. Welches Ziel verfolgt ein Raid-System?

Der Begriff Raid steht für *Redundant Array of Independent Disks*. Ziel dieses Datensicherungsverfahrens ist, Daten so über mehrere Festplattenlaufwerke zu verteilen, dass sie auch nach dem Ausfall eines Laufwerks aus den restlichen Informationen der anderen Laufwerke wieder rekonstruiert werden können. Man unterscheidet Raid-Systeme nach verschiedenen *Raid-Leveln*. Jeder Level hat seine spezifischen Vor- und Nachteile, was sich auf die Zugriffsgeschwindigkeit und Datensicherheit auswirkt.

16. Was sind Computerviren?

Computerviren sind Programme, die Schäden anrichten sollen. Bei den Schäden handelt es sich in erster Linie um den Verlust oder die Verfälschung von Daten oder Programmen. Die heute sehr verbreiteten PC-Computer sind am häufigsten Angriffsziel von Computerviren. Der „Angriff" beginnt mit dem Einschleichen in ein Computersystem. Beispiele hierfür sind Datei-Downloads aus dem Internet, das Öffnen eines E-Mail-Anhangs oder das Laden eines Word-Dokumentes von der Diskette. In beiden Fällen können die neuen Daten infiziert sein, d. h. einen Virus haben. Dieser vermehrt sich nun auf dem Computer, indem der Virus Teile seines Programmcodes unbemerkt in andere Programme einbindet. Dieser Vorgang kann sich beliebig oft wiederholen.

Ein Virus durchläuft drei Phasen:

1. die Infektion,
2. die Vermehrung und
3. die Schadensverursachung.

17. Welche verschiedenen Arten von Viren gibt es?

- *Programmviren:*
  Programmviren infizieren ausführbare Dateien (zu erkennen an der Dateierweiterung EXE oder COM). Programmviren verbreiten sich auf zwei unterschiedliche Weisen. Die einen hängen einen Virus direkt an die Datei an (am Anfang oder am Ende der Datei), die anderen überschreiben Teile des Dateicodes. Im ersten Fall ändert sich die Länge des Dateicodes. Anhand der veränderten Dateilänge kann ein solcher Virus einfach gefunden und die Datei desinfiziert werden. Im anderen Fall bleibt durch das Überschreiben die Dateilänge meist unverändert. Aufgrund dessen, dass alte Daten überschrieben wurden, sind diese nicht mehr zu rekonstruieren. Die Datei ist somit auch nicht mehr zu desinfizieren.

  Eine Variante der Programmviren stellen die Companionviren dar. Da beim Aufruf von Programmen aus einem Verzeichnis immer die COM-Dateien vor den EXE-Dateien gestartet werden, legt ein Companionvirus im selben Verzeichnis eine versteckte COM-Datei an. Diese wird beim Programmaufruf gestartet, führt den Virus aus und verzweigt dann in die EXE-Datei um das eigentliche Programm auszuführen.

- *Bootviren:*
  Jede unter DOS oder Windows formatierte Diskette oder Festplatte besitzt einen Bereich, in dem sich ein kleines Ladeprogramm befindet. Nach dem Einschalten des Rechners wird dieser Bootloader aufgerufen und lädt die Systemdateien des Betriebssystems. Bootviren befallen dieses Ladeprogramm und können sich so beim Rechnerstart in den Arbeitsspeicher einnisten.

Sie bleiben dort aktiv, bis der Rechner wieder ausgeschaltet wird. Ein Bootvirus kann sich nur verbreiten, wenn beim Rechnerstart eine infizierte Diskette oder eine infizierte bootfähige CD-ROM im Laufwerk liegt.

- *Makroviren:*
  Makroviren nutzen die Makrosprachen moderner Anwendungsprogramme wie Winword oder Excel und befallen Dokumente, Tabellen und Datenbanken. Häufig wird der Virus direkt schon beim Laden des Dokumentes aktiviert. Makroviren gehören heute zu den am meisten verbreiteten Viren.

18. Wie funktionieren Anti-Viren-Programme?

Anti-Viren-Programme verwenden verschiedene Techniken, um Viren auf die Spur zu kommen. Darüber hinaus versuchen sie auch, nach dem Entdecken eines Virus, den entstandenen Schaden wieder zu beheben. Der Einsatz von Anti-Viren-Programmen kann unterschiedlich organisiert sein. Sie können resident geladen sein und auf Servern eines Netzwerkes oder im Arbeitsspeicher eines einzelnen Rechners als Wächter im Hintergrund arbeiten oder müssen extra gestartet werden (z. B. nach jedem Rechnerstart).

Die im Folgenden aufgeführten Techniken werden von Anti-Viren-Programmen meist kombiniert verwendet.

- *Scanner:*
  Der Scanner ist das klassische Anti-Viren-Programm. Er arbeitet nach einem Muster-(Pattern-) Prinzip. Zu jedem bekannten Virus werden Zeichenfolgen erstellt, über die ein Virus identifiziert werden kann. Beim Durchsuchen (Scannen) von Datenträgern nach befallenen Dateien wird jede Datei auf bekannte Zeichenfolgen von Viren hin überprüft. Scanner sind jedoch nur in der Lage, bekannte Viren zu finden. Aus diesem Grunde ist es wichtig, dass die Viren-Pattern der Scanner ständig auf den neuesten Stand gebracht werden.

- *Prüfsummenverfahren:*
  Prüfsummenverfahren versuchen, Veränderungen an Dateien zu entdecken. Die Prüfsumme einer Datei kann aus verschiedenen Dateiinformationen, wie z. B. Dateigröße, Erstellungsdatum und Prüfsumme des Inhalts, berechnet werden. Ist eine Datei von einem Virus befallen, so ist in den meisten Fällen auch eine der Dateiinformationen verändert worden, sodass ein Vergleich der Datei-Prüfsummen die Veränderung der Datei anzeigt. Dieses Verfahren ist jedoch nur bei Programmdateien anwendbar. Bei Systemdateien oder Dokumenten, die häufig verändert werden, ist das Prüfsummenverfahren unbrauchbar.

- *Heuristische Suche:*
  Heuristische Suchverfahren analysieren Programmcodes auf virentypische Befehlsfolgen. So ist es zum Beispiel für „normale" Programme untypisch, dass Teile ihres Programmcodes in andere Programme eingebunden werden. Nach diesem virentypischen Verhalten sucht die Anti-Viren-Software und gibt Alarm, wenn solche Befehlsfolgen entdeckt werden. Der Vorteil dieses Verfahrens liegt darin, dass damit auch unbekannte Viren ausfindig gemacht werden können.

19. Welche Schäden können durch Computerviren entstehen?

- Datenverlust
- manipulierte Daten
- materieller und personeller Aufwand beim Suchen und Entfernen von Viren
- Kosten für Abwehrmaßnahmen
- Belegung von Platz im Hauptspeicher und auf Datenträgern

20. Was versteht man programmtechnisch unter einem „Trojanischen Pferd"?

Ein Trojanisches Pferd ist ein Programm, das mehr tut, als der Programmbenutzer glaubt. Es erfüllt nicht nur seine „normalen" Programmaufgaben, sondern hat darüber hinaus die Funktion, Schäden anzurichten. Im Unterschied zu Viren kopieren sich Trojanische Pferde nicht selbst, infizieren also keine anderen Programme. Häufig werden Trojanische Pferde zum Passwortdiebstahl eingesetzt. So wurde zum Beispiel ein Fall in Verbindung mit T-Online bekannt, bei dem Tool-Programme ein Trojanisches Pferd enthielten. Dieser Trojaner las die Zugangsdaten inklusive Passwort der T-Online-Benutzer von ihrem PC aus und übertrug sie an die Programmierer des Trojanischen Pferdes, sobald sich die Benutzer in T-Online einwählten.

21. Was verbirgt sich hinter dem Begriff „Firewall"?

Eine Firewall schützt ein internes Netzwerk vor dem Eindringen unberechtigter Benutzer von außen. Zu diesem Zweck erfolgt der Datenverkehr zwischen einem unsicheren fremden Netz (z. B. Internet) und dem eigenen sicheren Netz (z. B. Intranet bzw. LAN) ausschließlich über ein solches Firewall-System.

Mithilfe von Hard- und Software werden die Daten, die eine Firewall von außen passieren sollen, auf unterschiedlichen Protokollebenen bezüglich Zugangsberechtigung und erlaubter Dienste überprüft. Alle nicht explizit freigeschalteten Verbindungen werden nicht zugelassen. Darüber hinaus werden alle sicherheitsrelevanten Ereignisse protokolliert und bei möglichen Sicherheitsverstößen wird der Administrator alarmiert. Eine Firewall verfolgt die Strategie: Alles was nicht ausdrücklich erlaubt ist, ist verboten!

Beim Einsatz von Firewallsystemen können verschiedene Konzepte und Architekturen Verwendung finden. Um einen möglichst hohen Zugangsschutz zu erzielen, werden mehrere Konzepte miteinander verzahnt eingesetzt. Zu den Konzepten gehören in erster Linie Packet Filter und Application Level Gateways:

- *Packet Filter:* Ein Packet Filter analysiert und kontrolliert Datenpakete auf unterschiedlichen Ebenen nach Daten wie Absender- und Zieladresse und weiteren Protokollinformationen. In Abhängigkeit von Zulassungsregeln werden Dienste und Verbindungen erlaubt oder nicht zugelassen. Packet Filter stellen einen sehr preiswerten, jedoch nicht besonders großen Schutz vor Angriffen von außen dar. Dies gilt zum Beispiel für das IP-Address-Spoofing, bei dem vertrauenswürdige Absenderadressen vorgetäuscht werden.
- *Application Level Gateways:* Ein Application Level Gateway trennt das externe und interne Netz physikalisch und logisch. Es läuft auf einem so genannten Bastionsrechner. Dieser ist der einzige Rechner, der von außen (z. B. aus dem Internet) erreicht werden kann. Beim Zugang auf den Bastionsrechner muss sich ein Benutzer zuerst identifizieren und authentifizieren.

Anschließend überträgt beim Zugriff auf einen speziellen Dienst eine Software die Datenpakete von der einen Seite des Application Level Gateways zur anderen. Ein solches Programm heißt Proxy und muss für jeden gewünschten Dienst (z. B. FTP, Telnet, HTTP) des Internets implementiert sein.

22. Welche gesetzlichen Bestimmungen sind bezüglich Software-Lizenzen zu berücksichtigen?

Beim Kauf von Standardsoftware erwirbt der Käufer in der Regel nicht das Programm, sondern nur ein Nutzungsrecht mit der Verpflichtung, die Geschäftsbedingungen des Verkäufers einzuhalten. Es ist daher untersagt, gekaufte Softwareprogramme einem Dritte zu überlassen. Die Nutzung des Programms beschränkt sich ausschließlich auf den Käufer selbst und wird über eine Identnummer nachgewiesen. Eine gewisse Ausnahme davon gibt es nur beim Erwerb eines Softwareprogramms durch ein Unternehmen, das mit dem Käufer eine Gruppenlizenz vereinbart: Der Erwerber ist hier berechtigt, das Programm im Unternehmen an mehreren Arbeitsplätzen bzw. Betriebsteilen einzusetzen.

Der Rechtsschutz von Computerprogrammen ist in §§ 69 a ff. UrhG besonders geregelt.

23. Was versteht man unter Organisationsstrukturen in der Informatik?

In mittleren und großen Unternehmen würde es zu einem Wildwuchs der EDV-Anwendungen kommen, wenn die Informationsverarbeitung nicht nach strikten Regeln gestaltet wäre. Die Einhaltung dieser Strukturen und Zuständigkeiten sollte jeder Mitarbeiter verstehen und beachten. Dazu einige ausgewählte Beispiele:

- zentrale oder dezentrale Gestaltung der EDV
- Regelung der Zuständigkeiten:
  - Dateneingabe, -ablage, -zugriffsmöglichkeiten, -sicherung, -schutz
  - Dokumentation
  - Zugangsmöglichkeiten/-beschränkungen
  - Mitbestimmungsrechte des Betriebsrates
  - Normierung der Benutzeroberfläche, des Dokumenten-Layouts, der Formulare
  - Aktualisierung der Software
- Schulung der Mitarbeiter durch den Hersteller (bei Individualsoftware) oder durch externe Bildungsanbieter oder durch interne Mitarbeiter der EDV

24. Welche Bedeutung haben Support und Hotline?

- *Support*
  bedeutet übersetzt „Hilfe, Unterstützung". Sie wird vom Hersteller bei Hard- bzw. Softwarelieferungen in unterschiedlicher Weise gewährt:

  - Support im Rahmen der gesetzlichen Gewährleistungsfrist (2 Jahre; vgl. Schuldrechtsreform)
  - Support als kostenlose Serviceleistung
  - Support als bezahlte Leistung im Rahmen eines Vertrages

Der Support kann über folgende Kommunikationsformen/-medien erfolgen:
E-Mail, Diskette, Telefon, Bildtelefon, CD-ROM, Internet-Zugriff/Download

- Die *Hotline*
  ist eine besondere Form des Supports: Der Kunde hat die Möglichkeit, einen Experten des Herstellers direkt per Telefon um Unterstützung zu bitten, um eine sofortige Problemlösung zu erreichen. Die Abrechnung erfolgt z. B. pauschal innerhalb bestimmter Grenzen, nach Telefoneinheiten oder über eine 0190-er Telefonnummer.

25. Welche Gesichtspunkte sind bei der Organisation eines PC-Arbeitsplatzes zu berücksichtigen?

Der Vorgesetzte sollte bei sich selbst und seinen Mitarbeitern darauf achten, dass die grundlegenden Bestimmungen über PC-Arbeitsplätze eingehalten werden. Werden diese Vorschriften nicht beachtet, kann es schnell zu den bekannten körperlichen Beeinträchtigungen kommen: Rücken-/Nacken-/Augen-/Kopfschmerzen, Durchblutungsstörungen, vorzeitige Ermüdung oder Verkrampfungen.

- Für *PC-Arbeitsplätze* gelten wichtige Regeln/Empfehlungen:
  - *Arbeitstisch:*
    höhenverstellbar (Beine im rechten Winkel gebeugt; Unterarme waagerecht zur Tastatur; ggf. Fußstütze)
  - *Arbeitsstuhl:*
    nach DIN 4551 und 4552; verstellbar, mit Armlehnen, nur noch fünffüßige Drehstühle
  - *Beleghalter:*
    zwischen 15° und 75° zur Horizontalen
  - *Monitor:*
    blendfrei, flimmerfrei, vom Fenster abgewandt, dreh- und neigbar, strahlungsarm; Schrift Zeichen scharf und deutlich, ausreichender Zeilenabstand; Helligkeit und Kontrast einstellbar
  - *Maus:*
    ausreichende Arbeitsfläche, direkte Reaktion der Maus auf Bewegungen (keine Verschmutzung)
  - *Tastatur:*
    ergonomisch gestaltet, mit verstellbarem Winkel
  - *Raumbeleuchtung:*
    blendfrei, punktgenau

- Die *Ergonomie der Software* kann nach folgenden Gesichtspunkten beurteilt werden: Für die Ergonomie der Software kann folgender Anforderungskatalog als Beurteilungsgrundlage dienen:
  - Erfolgen Eingaben per Maus und Tastatur betriebssystemkonform?
  - Entspricht die Benutzer-Oberfläche der Software den üblichen Oberflächenmerkmalen des Betriebssystems in Bezug auf Farben, Schriftarten, Schriftgrößen, Symbolen (Icons), Menüs, Meldungen etc.?

- Beinhaltet die Software eine Hilfefunktion, nach Möglichkeit sogar eine kontextsensitive Hilfe?
- Beinhalten die Bildschirmmasken bzw. -anzeigen immer nur die erforderlichen und relevanten Daten und nicht eine zu hohe Informationsflut?
- Beinhaltet eine erforderliche Dateneingabe keine Eingabe-Redundanzen, also Daten, die aus bereits vorhandenen Daten ermittelt werden können?
- Ist es in der Dialogführung möglich, jede bereits gemachte Eingabe nachträglich nochmals zu korrigieren?
- Beinhaltet die Dialogführung sinnvolle oder häufig verwendete Standardeingaben als Vorbelegung der Eingabefelder?
- Werden Dateneingaben auf Plausibilität hin überprüft?
- Sind die Fehlermeldungen der Software verständlich?
- Erhält man aufgrund einer Fehlermeldung Lösungsvorschläge?

• Die *Bildschirmarbeitsverordnung*
ist dann zu beachten, wenn täglich zwei Stunden oder mehr am Bildschirmgerät gearbeitet wird (sog. Bildschirmarbeitsplatz); für gelegentliche Arbeiten am Bildschirm z. B. bei Bedienerplätzen von Maschinen gilt dies nicht. Die Anforderungen ab dem 1.1.2000 sind:

- Der Vorgesetzte hat die *Arbeitsbedingungen zu beurteilen* im Hinblick auf mögliche Gefährdungen des Sehvermögens sowie körperlicher/psychischer Belastungen
- Die Vorschriften über die *Gestaltung des PC-Arbeitsplatzes* sind zu beachten (s.o.).
- Regelmäßige *Pausen oder Unterbrechungen* durch andere Arbeiten sind vorgeschrieben.
- *Augenuntersuchungen* sind verpflichtend: vor Beginn und alle 5 Jahre; bei Personen über 45 Jahre: alle 3 Jahre.
- Eine *Bildschirmbrille* ist vorgeschrieben, falls ärztlich angezeigt.

26. Welche Phasen sind bei der Auswahl und Einführung von IT-Systemen einzuhalten?

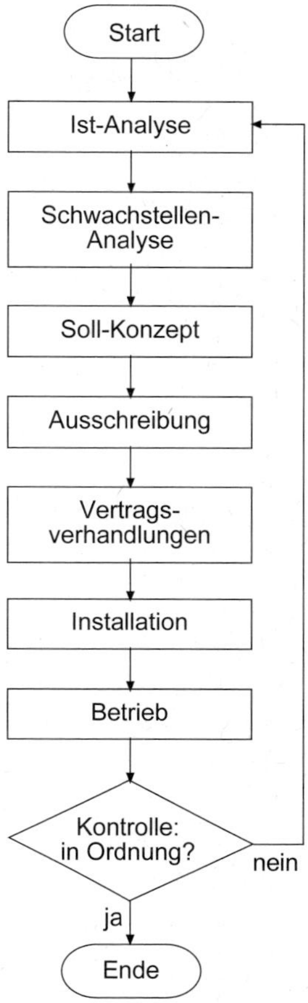

- *Ist-Analyse:*
Es wird der aktuelle Zustand des Bereiches, für den ein neues IT-System ausgewählt werden soll, analysiert und dokumentiert. Für die Software-Auswahl ist auch eine Aufnahme der vorhandenen Hardware erforderlich. Zur Erfassung des Ist-Zustandes können Datenflusspläne, Programmablaufpläne, Struktogramme und Case-Tools (Computer Aided Software Engineering) eingesetzt werden.

- *Schwachstellen-Analyse:*
Es werden aktuelle Probleme bei der Anwendung und im Prozessablauf ermittelt und dokumentiert.

- *Soll-Konzept:*
Basierend auf der Ist- und Schwachstellenanalyse werden Anforderungen erstellt. Die Anforderungen sollten nach Prioritäten geordnet werden, um mögliche spätere Kompromisse oder Abstriche (Kosten/Nutzen) schnell vornehmen zu können. Das Soll-Konzept umfasst das Organisationskonzept (Arbeitsprozesse; Art, Menge und Fluss der Daten), das technische Konzept (technische Lösungen, Komponenten, Kommunikationserfordernisse, Sicherheitskonzept) und das Dokumentationskonzept (Datenspeicherung, -verwaltung und -sicherung). Innerhalb des Pflichtenhefts werden beschrieben: Schnittstellen, Datenstrukturen, Datenschutz/Datensicherung, Software, Hardware, Anforderungen an Lieferanten usw.

- *Ausschreibung:*
Es werden mögliche Anbieter ausgesucht und angeschrieben. Aufgrund des notwendigen Aufwandes zur Auswertung von Angeboten, sollte die Anzahl der Anbieter nicht zu groß gewählt werden.

- *Angebotsgespräche:*
Können Fragen, die sich bei der Auswertung der Angebote ergeben haben, ggf. auch vor Ort geklärt werden?

- *Vertragsverhandlungen:*
Hierzu gehört die Festlegung des endgültigen Pflichtenheftes für den Anbieter, die Preisverhandlung und der Vertragsabschluss.

- *Installation:*
Je nach Vertrag wird die Installation vom Anbieter oder durch die eigene IT-Abteilung des Unternehmens durchgeführt. Im letzteren Fall ist sicherlich die Unterstützung des Anbieters oder des Software-Herstellers (Support-Leistung) hilfreich.

- *Betrieb:*
Es sollte ein Benutzer-Service eingerichtet werden, der Anwenderschulungen durchführt und für Fragen zur Software im betrieblichen Alltagsgeschäft zur Verfügung steht. Darüber hinaus müssen vermutlich von Zeit zu Zeit Software-Updates installiert werden.

27. Welche Kriterien sind bei der Auswahl von IT-Systemen grundsätzlich zu berücksichtigen?

Je nach betrieblicher Situation können folgende Aspekte bei der Auswahl von IT-Systemen eine Rolle spielen:

1. *Kosten:*

   Direkte Kosten, z. B.:
   - Beratungskosten bei der Vertragsanbahnung,
   - Preis/Anschaffungskosten (kalkulatorische AfA),
   - Lizenzkosten,
   - Installationskosten,
   - Kosten der Neu-/Umorganisation (Veränderung der Strukturen/Abläufe),
   - Schulungskosten,
   - Wartung, Updates.

   Indirekte Kosten, z. B.:
   - Außerplanmäßige Reparaturen,
   - Folgekosten bei Ausfall der neuen IT-Systeme.

2. Informationen über den *Hersteller* (Lieferanten), z. B.:
   - Werden bereits Systeme desselben Herstellers eingesetzt?
   - Wie sind die Erfahrungen?
   - Welche Referenzen hat der Hersteller?
   - Marktposition?
   - Gewährleistung, Kulanz?
   - Standort, Anfahrt (Zeiten, Kosten)?
   - Welche Serviceleistungen bietet der Hersteller (z. B. Support-Hotline)?

3. Informationen über das *IT-System*, z. B.:
   - *Reifegrad* der Software:
     Ist es die Version 1.0 oder handelt es sich um eine seit längerem verkaufte Software?
   - *Verfügbarkeit* der Software:
     Ist sie direkt verfügbar, gibt es Lieferzeiten zu berücksichtigen oder muss sie sogar noch entwickelt werden?
   - *Software-Ergonomie*,
   - *Dokumentation*,
   - *Schulungsangebot*,
   - *Pflege* der Software:
     Werden Updates angeboten? Wenn ja, zu welchem Preis?
   - *Hardware-Voraussetzungen:*
     Ist für den Einsatz der Software die aktuelle Hardware ausreichend oder muss neue angeschafft werden?
   - *Software-Kompatibilität:*
     Ist die Software bezüglich Schnittstellen oder Datenformate kompatibel zur vorhandenen Software?
   - *Leistungsumfang:*
     Deckt die Software die betrieblichen Anforderungen bzw. das Pflichtenheft ab?
   - *Netzwerkfähigkeit*?

- *Bearbeitungsgeschwindigkeit:*
  Ist die Geschwindigkeit während der Bearbeitung (z. B. Laden, Drucken, neue Vorgänge anlegen etc.) für die Anwender akzeptabel?
- *Datenschutz/Datensicherheit:*
  Werden diesbezügliche, betriebliche Anforderungen von der Software erfüllt?

28. Was ist ein technisches Pflichtenheft?

Nach DIN 69905 und VDA 6.1 sind in einem *Pflichtenheft* die vom „Auftraggeber erarbeiteten Realisierungsvorgaben" niedergelegt. Es geht hierbei um die Beschreibung der „Umsetzung des vom Auftraggeber vorgegebenen Lastenhefts".

29. Was ist ein Lastenheft?

Die DIN 69905 und VDA 6.1 definiert das *Lastenheft* als Beschreibung der „Gesamtheit der Forderungen an die Lieferungen und Leistungen eines Auftragnehmers".

30. Worin unterscheiden sich Lastenheft und Pflichtenheft?

Lastenheft		Pflichtenheft
- Wird vom Auftraggeber erstellt. - Bildet die Grundlage für die vom Auftragnehmer zu erbringende Leistung. - Enthält alle Forderungen einschließlich aller Randbedingungen.	➔	- Wird vom Auftragnehmer erstellt auf der Grundlage des Lastenheftes. - Enthält die Detaillierung der Anwenderforderungen aus dem Lastenheft und die Beschreibung, wie sie durch den Auftragnehmer realisiert werden soll.

31. Wofür werden Lastenhefte und Pflichtenhefte erstellt?

Der *Kunde* erstellt ein *Lastenheft* für die Entwicklung eines von ihm gewünschten *Erzeugnisses*. Der ausgewählte *Auftragnehmer* erstellt auf dieser Basis das *Pflichtenheft* zur Realisierung des *Erzeugnisses*. Daraus ergeben sich für den Auftragnehmer notwendige Investitionen für eine Montageanlage.

Der *Auftragnehmer* erstellt entsprechend seinen Anforderungen ein *Lastenheft* für die benötigte *Montageanlage*. Er wird zum *Auftraggeber* (Kunde) gegenüber dem Hersteller (der Montageanlage, der EDV-Konfiguration), der als *Auftragnehmer* (Lieferant) wiederum das *Pflichtenheft* für die Montageanlage (die EDV-Konfiguration usw.) daraus ableitet.

32. Was sind wesentliche Inhalte eines Pflichtenheftes?

- detaillierte Beschreibung der Produktanforderungen
- Beschreibung der technischen Randbedingungen und der Schnittstellen
- Produktstruktur
- Beschreibung von Softwareanforderungen
- Abnahme- und Inbetriebnahmebedingungen

- zulässige Fehlerhäufigkeiten (ppm) für definierte Einlaufabschnitte (Vorserie, Serienanlauf, Serie)

33. Wie ist der weitere Ablauf nach Erstellung des Pflichtenheftes?

Die Erarbeitung des Pflichtenheftes erfolgt in enger Zusammenarbeit mit dem Auftraggeber. Das Pflichtenheft wird nach seiner Erstellung einer *internen Prüfung* unterzogen und sozusagen intern freigegeben. Abschließend erfolgt die Abnahme und *Freigabe* des Pflichtenheftes *durch den Auftraggeber*. Erst dann ist es verbindlich und bildet die offizielle Grundlage für den weiteren Ablauf.

34. Was versteht man unter „Freeware", „Shareware" und „Open-Source-Software"?

Freeware	kann ohne Lizenzkosten genutzt werden.
Shareware	kann unter gewissen Einschränkungen unentgeltlich genutzt und getestet werden; zur uneingeschränkten Nutzung ist die Lizenz zu erwerben.
Open-Source-Software	entgeltliche Nutzung; außerdem ist der Quellcode frei verfügbar.

3.6.2 Betriebliche Kommunikation

01. Warum ist ein optimaler, innerbetrieblicher Informationsfluss notwendig?

Information und Kommunikation sind heute für den Unternehmenserfolg unerlässlich. Information ist eine der Grundvoraussetzungen für Leistung und Leistungsbereitschaft. Information schafft Motivation, bedeutet Anerkennung und verhindert Gerüchte. Anders gesagt:

- Mitarbeiten kann nur, wer mitdenken kann.
- Mitdenken kann nur, wer informiert ist.
- Nur informierte Mitarbeiter sind wirklich gute Mitarbeiter.

Dieser Tatsache hat bereits das Betriebsverfassungsgesetz Rechnung getragen, indem es nicht nur dem Betriebsrat Informationsrechte einräumt, sondern „schwarz auf weiß" die individuelle und kollektive Mitarbeiterinformation festschreibt (vgl. u. a. §§ 81, 82 BetrVG). Für die Führungskraft ist heute unbestritten, dass Information Chefsache ist. Information gehört zu den tragenden Führungsinstrumenten.

02. Welche Gefahren und Grenzen der innerbetrieblichen Kommunikation lassen sich aufzeigen?

- Die Fülle an Informationen nimmt permanent zu (Informationsflut). Dieser Zustand wird sich wohl kaum umkehren (lassen). Der Einzelne ist dazu aufgefordert, den richtigen (d. h. effektiven und effizienten) Umgang mit der Information zu lernen (vgl. Zeitmanagement; z. B. Umgang mit „Papier" und „Telefon"; Ziffer 3.2.1).

- Informationen werden in Computern gespeichert und vernetzt. Die Gefahr des Informations- und damit auch Machtmissbrauchs wächst und muss durch Zugriffssicherungen sowie Mitarbeiteraufklärung begrenzt werden (vgl. Ziffer 3.6.1).

03. Was ist Kommunikation?

Zielorientiert führen kann nur, wer die Grundlagen einer wirksamen Kommunikation beherrscht. Das Gespräch mit dem Mitarbeiter ist das zentrale Instrument in Führungssituationen.

- *Kommunikation* ist die Übermittlung von verbalen (sprachlichen) und nonverbalen (nichtsprachlichen) Reizen vom Sender zum Empfänger.

04. Welche Formen der Kommunikation gibt es?

Formen der Kommunikation

Verbale Kommunikation	**Nonverbale Kommunikation**
- Sprechverhalten - aktives Zuhören - Feedback	Körperverhalten

- Unter *verbaler Kommunikation*
  versteht man den sprachlichen Inhalt von Nachrichten. Von Bedeutung sind hier Wortschatz und Wortwahl, Satzbauregeln, Regeln für das Zusammenfügen von Wörtern (Grammatik) sowie Regeln für den Einsatz von Sprache (Pragmatik; z. B. aktive oder passive Verben).

  Der Sender hat immer die höhere Verantwortung für das Gelingen der Kommunikation; er muss sich hinsichtlich Wortwahl und Satzbau der Gesprächssituation/dem Empfängerkreis anpassen.

  Hinweis: vgl. dazu auch Abschnitt 3.3, Präsentationstechniken

- Unter *nonverbaler Kommunikation*
  versteht man alle Verhaltensäußerungen außer dem sprachlichen Informationsgehalt einer Nachricht (Körperhaltung, Mimik, Gestik, aber auch Stimmmodulation).

  Eigentlich ist der oft verwendete Begriff „Körpersprache" irreführend: Obwohl es in der Interpretation bestimmter Körperhaltungen z. T. ein erhebliches Maß an Übereinstimmung gibt (z. B. hochgezogene Augenbrauen, verschränkte Arme) unterliegen doch die Signale des Körpers einem weniger eindeutigen Regelwerk als das gesprochene Wort. Man unterscheidet folgende Aspekte der „Körpersprache":

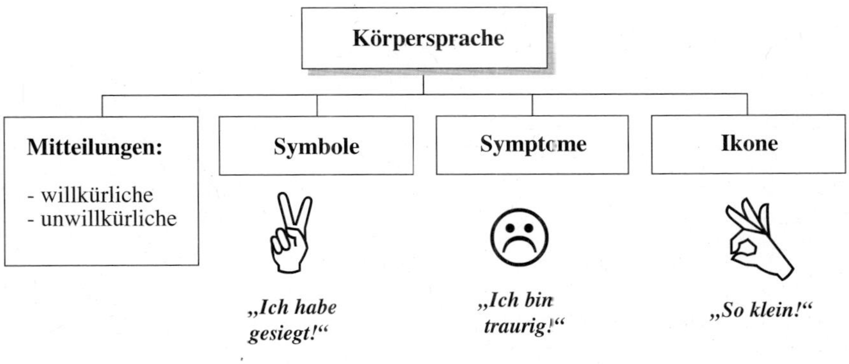

- Eine *willkürliche Mitteilung* ist eine absichtliche Kommunikation, z. B. bewusster Einsatz der Körpersprache.
- Eine *unwillkürliche Mitteilung* ist Ausdruck des inneren Zustandes, z. B. unbewusste Reaktionen des Körpers (Verlegenheit → Erröten).
- *Symbole* sind Zeichen mit fester Bedeutung (Handzeichen „V" = victory; flache ausgesteckte Hand = „Halt, stop!").
- *Symptome* sind unwillkürliche Ausdrucksformen des Körpers (offener Mund = „Staunen"; Mund verziehen = „Ekelgefühl" u. Ä.)
- *Ikonen* sind Zeichen, die die Nachricht „abbilden" sollen („Die Öffnung war so groß!" „Der Fisch war so klein!")

05. Welche Formen schriftlicher betrieblicher Kommunikation muss der Vorgesetzte kennen und umsetzen können?

Bericht
Im Bericht will man zuverlässige Informationen über Ereignisse oder/und Sachverhalte niederlegen, die in der Vergangenheit liegen. Es gilt: - *Tatsachen* möglichst vollständig sammeln und auflisten (was?). - *Anlass, Zweck und Empfänger* eines Berichtes festhalten (warum? wofür? für wen?). - Den richtigen *Aufbau* festlegen; dabei ist zu unterscheiden zwischen: · Vorgangsbericht (Arbeitsunfall) · Protokoll (Sitzung) · Rechenschaftsbericht. - Herkunft der Informationen nennen (Augenzeuge, Betroffener, Teilnehmer). - Es werden nur *Fakten* genannt. Die Wertung und Meinungsbildung wird dem Leser überlassen. - Als Zeitform wird die *Vergangenheit* gewählt, weil über bereits Vergangenes berichtet wird.

Protokoll	
Das Protokoll ist eine *Sonderform des Berichtes*. Dabei ist gegenüber dem Bericht zu unterscheiden:	
Zweck	- Niederschrift über das Ereignis - Gedächtnisstütze für Teilnehmer - Information für Abwesende
Formen	- *Ergebnisprotokoll* (es enthält lediglich die Ergebnisse einer Verhandlung oder eines Gesprächs) - *Verlaufsprotokoll* (es enthält eine lückenlose Wiedergabe des Verlaufs einer Sitzung oder eines Gesprächs); dazu gehören dann die einzelnen Diskussionsbeiträge und die Ergebnisse
Schema	- Überschrift: Protokoll über .... (Art/Gegenstand der Sitzung; Planung der Überstunden, des Jahresurlaubs der Mitarbeiter, Sonderschichten, etc.) - Ort, Tag, Uhrzeit: am ... von ... bis ... Uhr - Anwesende, Entschuldigte, ggf. Gäste: ...

Beispiel	***Protokoll*** ***Schichtwechselgespräch*** ***vom 27.06.2007*** von 06:00-06:30 Uhr, Halle 3 Teilnehmer: Muhrjahn, MTV Kurz, MTK Mende, MGL Krause, PL3 Verteiler: GL1, GL3 Protokoll: Kurz, MTK Leitung: Mende, MGL **Tagesordnung:** TOP 1: .... TOP 2: .... Ergebnis: .... Unterschriften ....

Aktennotiz	
Eine weitere *Sonderform des Berichts* ist die Aktennotiz, auch als Hausmitteilung oder Vermerk bekannt. In der Regel werden in der Aktennotiz wichtige Vorgänge (Ereignisse, Ergebnisse von Gesprächen) in schriftlicher Form für den hausinternen Gebrauch festgehalten. Die Aktennotiz wird ebenfalls übersichtlich gegliedert. Die Sprache ist dabei knapp – bis hin zum Telegrammstil. Folgendes Schema ist üblich:	
Schema	- Empfänger: .... - Datum (ggf. Uhrzeit): .... - Anlass: .... - Gegenstand: .... *z. B. Telefonat, persönliches Gespräch, Vorfall* - Information, Verlauf, Ergebnis: .... - Unterschrift: ....
Beispiel	***Interne Mitteilung*** von: Krause, Pl 3 Kopie: Dr. Jensen, GL an: Muhrjahn, MTV am: 27.06. 2009 *Zustand der Verpackungsmaschinen Halle 3* Beim Rundgang in Halle 3, Fr., 16:20 Uhr musste ich feststellen, dass .... Ich bitte, ... G. Krause

06. Welche Vor- und Nachteile bieten betriebliche Kommunikationsmedien wie z. B. Telefax, Telefonie, E-Mail und Briefversand?

<table>
<tr><th colspan="4">Betriebliche Kommunikationsmedien</th></tr>
<tr><th>Medium</th><th>Vorteile/Chancen, z. B.:</th><th colspan="2">Nachteile/Risiken, z. B.:</th></tr>
<tr><td>Brief, extern</td><td>- Verwendung von Anlagen unterschiedlicher Formate
- keine Kenntnisse der Datenaufbereitung erforderlich
- ausführliche Darstellung möglich</td><td>- kostenaufwändig:
Porto: 0,55 € bis 1,45 €; Verpackung
- Transportzeit: 2 – 3 Tage</td><td rowspan="3">Einwegkommunikation</td></tr>
<tr><td>Telefax</td><td>- Verwendung vorhandener Vorlagen
- Geschwindigkeit der Übertragung
- Rückmeldung über Versand (G3)
- einfaches Handling (Gerät immer arbeitsbereit)
- keine Zusatzkosten bei Flatrate</td><td>- Qualität der Nachricht beim Empfänger eingeschränkt
- bei Thermopapier: befristete Haltbarkeit</td></tr>
<tr><td>E-Mail</td><td>- schnelle Übertragungszeit
- Verknüpfung mit Anhängen
- Versenden an viele Absender ohne Mehraufwand
- automatische Dokumentation</td><td>- separates Schreiben der Nachricht (i. d. R.)
- Handling von PC und Netz erforderlich
- Probleme der Datensicherheit
-</td></tr>
<tr><td>Telefonie</td><td>- direkter Dialog mit Aktion und Reaktion möglich (Zweiwegkommunikation)
- direkter Kontakt (Stimmungen , Sprache, Befindlichkeiten)</td><td colspan="2">- keine automatische Dokumentation
- Anwesenheit des Empfängers erforderlich (gemildert durch Anrufbeantworter)</td></tr>
</table>

07. Welche weiteren Aspekte betrieblicher Kommunikation muss der Vorgesetzte kennen und umsetzen können?

Hinweis: Der Rahmenplan sieht abschließend die Behandlung folgender Themenpunkte vor:

- Wichtige Regeln zur Gestaltung, zum Aufbau und zur Formulierung von Texten/Grafiken (Verständlichkeit, Klarheit, Anschaulichkeit, Prägnanz)
- Anwendung und Einsatzmöglichkeiten schriftlicher Kommunikation und deren Hilfsmittel (Personalcomputer, Telekopierer)
- Entwerfen einer Rede/eines Kurzvortrages (Kurzvortrag, Referat; Vorbereitung, Aufbau, Stilmittel, Darbietung)
- Adressatengerechte Visualisierung von Ergebnissen aus Einzel- und Gruppenarbeiten (Text, Grafik, Schaubild, Diagramme, Farben, Formen)

Diese Themenpunkte werden unter Ziffer 3.3, Präsentationstechniken, ausführlich behandelt; vgl. außerdem im 4. Prüfungsfach unter 4.5, Gesprächsführung. Von daher wird an dieser Stelle der Stoff nicht erneut dargestellt. Lediglich der Aspekt „mit Formularen arbeiten“ wird abschließend behandelt:

- *Mit Formularen arbeiten:*
  Formulare sollen und können die Verständigung zwischen Mitarbeitern, Vorgesetzten und anderen Abteilungen erleichtern und vereinfachen, manchmal vereinheitlichen. Sie kommen gerade auch dem weniger sprachgewandten Mitarbeiter entgegen, da er nur noch vorbereitete Fragen, und zwar immer an der gleichen Stelle, beantworten muss und das oft auch nur in Stichworten.

Für den Betrieb und seine nachgeordneten Abteilungen vereinfachen Formulare die Verwaltungsarbeit, weil damit viele Betroffene auf gleiche Weise erfasst werden. Das Bestreben, dies in möglichst kurzer und platzsparender Form zu tun, bedeutet, dass die Sprache in Formularen meist stark verkürzt ist durch Abkürzungen, Fachausdrücke, Verzicht auf Nebensätze u.a. Den Vorteil des Platzgewinns bezahlt man möglicherweise mit dem Nachteil einer mangelnden Verständlichkeit. Formulare sollten zentral dokumentiert, von Zeit zu Zeit aktualisiert werden und adressatengerecht gestaltet sein („Der Nutzer entscheidet über die Zweckmäßigkeit eines Formulars, nicht der Konzeptor!").

4. Zusammenarbeit im Betrieb

Prüfungsanforderungen:

Nachweis folgender Fähigkeiten:

- Der Teilnehmer soll nachweisen, dass er in der Lage ist, Zusammenhänge des Sozialverhaltens zu erkennen, deren Auswirkungen auf die Zusammenarbeit zu beurteilen und durch angemessene Maßnahmen auf eine zielorientierte und effiziente Zusammenarbeit hinzuwirken.
- Er soll in der Lage sein, die Leistungsbereitschaft der Mitarbeiter zu fördern sowie betriebliche Probleme und soziale Konflikte zu lösen.
- Er soll Führungsgrundsätze berücksichtigen und angemessene Führungstechniken anwenden.

Qualifikationsschwerpunkte (Überblick)

4.1 Beurteilen und Fördern der beruflichen Entwicklung des einzelnen unter Beachtung des bisherigen Berufsweges und unter Berücksichtigung persönlicher und sozialer Gegebenheiten

4.2 Beurteilen und Berücksichtigen des Einflusses von Arbeitsorganisation und Arbeitsplatz auf das Sozialverhalten und das Betriebsklima sowie Ergreifen von Maßnahmen zur Verbesserung

4.3 Beurteilen von Einflüssen der Gruppenstruktur auf das Gruppenverhalten und die Zusammenarbeit sowie Entwickeln und Umsetzen von Alternativen

4.4 Auseinandersetzen mit eigenem und fremden Führungsverhalten, Umsetzen von Führungsgrundsätzen

4.5 Anwenden von Führungsmethoden und -techniken

4.6 Förderung der Kommunikation und Kooperation

4.1 Beurteilen und Fördern der beruflichen Entwicklung des Einzelnen

4.1.1 Zusammenhang von Lebenslauf, beruflicher Entwicklung und Persönlichkeitsentwicklung

Jeder Mensch entwickelt sich im Laufe seines Lebens *anlage- und umweltbedingt* zu einer unverwechselbaren Person/Persönlichkeit (Wesensart, Charakter, Denk- und Verhaltensweisen).

Als *Persönlichkeit* bezeichnet man

a) grundsätzlich: → alle für einen Menschen charakteristischen Eigenschaften

b) speziell: → einen Menschen mit herausragender Position in der Gesellschaft

Zwischen dem Lebenslauf, der beruflichen Entwicklung und der Persönlichkeitsentwicklung bestehen Zusammenhänge; dazu zwei Beispiele:

1. Lebenslauf eines Managers:

- geb. 1952 in der DDR
- Flucht in die BRD
- häufiger Schulwechsel
- Abitur
- Bundeswehr
- Studium
- Heirat, ein Kind
- Lehrkraft (Erwachsenenbildung)
- Leitungsfunktionen in Industrie und Handel:
  · Personalentwicklung
  · Controlling
  · Personalleitung
  Konzernunternehmen in Düsseldorf, Leverkusen, Essen und Hannover
- selbstständiger Unternehmensberater

Prägungen →

Persönlichkeit:

Ergeizig, aktiv, zielstrebig, mehr Einzelkämpfer, risikofreudig, leistungsorientiert, eher dominant, weniger Teamarbeiter

Man kann daraus folgende, vorsichtige Schlussfolgerung ziehen: Neben der genetisch bedingten Veranlagung prägten einige Stationen des persönlichen und beruflichen Werdegangs besonders nachhaltig die Persönlichkeitsentwicklung dieses Managers:

- Flucht/Schulwechsel: → Einzelkämpfer, sich behaupten müssen
- hohe Selbstständigkeit in den beruflichen Stationen; breites Wissensspektrum: → selbstständiger Unternehmensberater

2. Lebenslauf eines Chorleiters:

- 1956 in Erfurt geboren
- aufgewachsen in musikalischer Umgebung
- Abitur
- Ausbildung im Fach Klavier und Mitglied der Dresdner Kapellknaben, Orgelspiel und erste Dirigate
- Studium für Musik in Weimar: Diplom und Staatsexamen
- Lehrer an einer Kreismusikschule
- Kreismusikschuldirektor und Intendant des Preußischen Kammerorchesters

Prägungen →

Persönlichkeit:

???

Bitte entwickeln Sie eigene Vorstellungen davon, welche Persönlichkeit sich vermutlich hinter diesem Lebenslauf verbirgt!

4.1.2 Entwicklung des Sozialverhaltens

01. Welche Bereiche und Phasen menschlicher Entwicklung haben Einfluss auf das Sozialverhalten?

Menschen entwickeln sich im Laufe ihres Lebens. Diese Entwicklung vollzieht sich in mehreren

- *Bereichen:*

  A. *Organischer* Bereich: → Entwicklung der Organe und der Körperfunktionen

  B. Bereich des *Wissens:* → Entwicklung der kognitiven Fähigkeiten

  C. Bereich der *Fähigkeiten* zur Handhabung von Werkzeugen, Maschinen usw. → Psychomotorik

  D. Bereich des *Verhaltens*: → affektiver Bereich.

  Für die Entwicklung des *Sozialverhaltens* sind *insbesondere folgende Fragen von Bedeutung*:

  - Wie setzt sich jemand mit seiner Umwelt auseinander?
  - Welche Normen übernimmt er, welche lehnt er ab?
  - Ist er in der Lage, Verhaltensmuster zu entwickeln, die ihn in Einklang mit anderen bringen, ohne dass er dabei seine berechtigten Wünsche ständig zurückstellt?
  - Ist er in der Lage, über sein Verhalten und das anderer nachzudenken (zu reflektieren), um dabei schrittweise zu – für ihn und andere – erfolgreichen Verhaltensmustern zu gelangen (*soziales Lernen*)?

- *Phasen menschlicher Entwicklung:*

  Der Mensch entwickelt sich permanent weiter – es ist ein kontinuierlicher Prozess. Nun haben sich Wissenschaften wie u.a. die Psychologie und die Soziologie darum bemüht, *Erklärungsmodelle* für menschliche Verhaltensweisen aufzustellen. Diese Modelle – es gibt davon eine ganze Reihe – haben den Vorteil, dass sie zum Verständnis beitragen. *Sie ordnen und struktu-*

rieren menschliche Verhaltensmuster nach verschiedenen Phänomenen. Die Beschäftigung mit solchen Modellen kann z. B. dem Meister helfen, Ursachen für bestimmte Reaktionen besser zu verstehen.

Ein derartiges Modell ist die Gliederung der menschlichen Entwicklung in verschiedene Phasen. Dabei orientiert man sich einerseits an unterschiedlichen *Altersabschnitten* und versucht diesen, in der Realität „nachgewiesene" *Verhaltensmuster* zu zuordnen.

Die nachfolgende Abbildung zeigt einen vereinfachten Ausschnitt aus diesem Phasenmodell, wie es von der Wissenschaft schrittweise verfeinert wurde:

Phasen / ***Bereiche***	Pubertät: ca. 13-18 Jahre	Heranwachsender: 18-21 J.	Erwachsener: 21-40/50 J.
Werteorientierung	Kritik; Dinge in Frage stellen; Wechsel von Leitbildern	Entwicklung eigener Maßstäbe und Leitmotive	Eigene Maßstäbe, Gewohnheiten und Erfahrungen verfolgen
Sozialverhalten	Lösung von den Eltern; Suche nach neuer Gruppenzugehörigkeit; Geltungsbedürfnis; Drang nach Anerkennung und Bestätigung; gelegentlich extrem und intolerant	Entstehen eines eigenen Rollenverhaltens; Suche nach Freundschaft, Liebe und sozialen Kontakten	Streben nach stabilen Sozialbindungen; hohe Bedeutung des Arbeitslebens und der Familie
Körperliche Entwicklung	Längenwachstum, Ausbildung der Geschlechtsreife; ungelenke Bewegungen; allmähliche Proportionierung der körperlichen Gestalt	Abschließende Entwicklung der Innenorgane	Bis zum 30.- 40. Lebensjahr: Höhepunkt der Muskelkraft; danach: Abnahme der Muskelkraft und Nachlassen der Sinnesorgane
Emotionaler Bereich	Schwankende Gefühlswelt; instabile Emotionen; Drang nach Erlebnissen	Wachsende Selbstsicherheit; zunehmend emotionale Stabilität	Im Allgemeinen emotional stabil und ausgewogen
Gedächtnis	Noch schwankend in der Sicherheit und Ausdauer; später zunehmende Verbesserung der Gedächtnisleistung	Abschluss der Funktionssicherheit	Nachlassendes Lerntempo; nachlassendes Ultrakurzzeitgedächtnis; verstärkter Rückgriff auf das Langzeitgedächtnis

Bei der Beschäftigung mit solchen Modellen muss man berücksichtigen, dass sie keine exakten Gesetzmäßigkeiten wie in den Naturwissenschaften darstellen, sondern *Quasigesetze* sind, die in einer Mehrzahl von Fällen zutreffen – jedoch nicht immer. Die menschliche Entwicklung ist komplex und eben nicht „einfach erklärbar":

- der Einzelfall kann von den Grundzügen des Modells abweichen,
- es gibt „Früh- und Spätentwickler",
- es existieren fördernde und hemmende Entwicklungsfaktoren,
- die Entwicklung der Geschlechter (Jungen/Mädchen) verläuft unterschiedlich (Jungen entwickeln sich meist zwei Jahre später als Mädchen).

02. Welche Bedeutung haben Anlagen und Umwelteinflüsse für die menschliche Entwicklung?

Man könnte fast sagen, die Frage *„ob die Anlagen oder die Umwelt für die Prägung eines Menschen verantwortlich sind“*, ist so alt wie der Stammtisch und das Kaffeekränzchen. Menschen stellen sich diese Frage sehr häufig. Gesicherte Erkenntnis ist heute:

- Beide Faktoren sind erforderlich und prägen die Entwicklung eines Menschen.
- Nur wenn eine bestimmte Anlage vorhanden ist, kann sie sich überhaupt über die Umwelt ausprägen.
- Auch eine noch so günstige Veranlagung kann sich nicht entwickeln (wird zu keinem Ergebnis führen), wenn sie nicht auf günstige Umweltbedingungen trifft.

Die Entwicklung/das Verhalten des Menschen = f(Anlage + Umwelt)

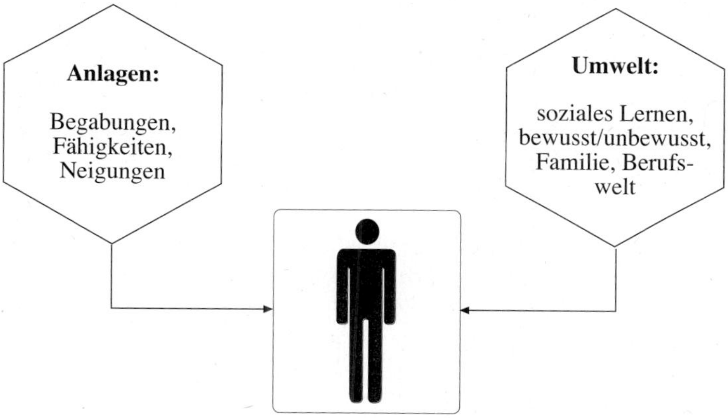

Sehr anschaulich wurde dieses Thema von Ralf Horn behandelt in: „Ausbildung der Ausbilder, Fernsehkurs im Medienverbund TR Verlagsunion 1973 , Heft 5.“ Trotz der Jahreszahl „1973“ ist die Aussage nicht veraltet: Die nachfolgende Abbildung (nach Horn, Ralf) zeigt drei mögliche Fälle menschlicher Prägung durch Anlage und Umwelt (die Höhe der Gläser bedeutet die Anlage von Mensch 1 und Mensch 2):

Fall 1: Eine *günstige Umwelt* sorgt dafür, dass sich die *Anlagen voll entwickeln*. Beide Gläser (Mensch 1 und Mensch 2) sind gefüllt. Der genetisch bedingte *Unterschied bleibt* bestehen.

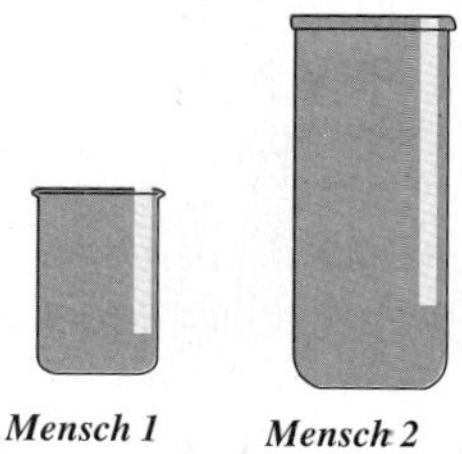

Fall 2: Eine ungünstige Umwelt verhindert, dass sich die Anlagen voll entwickeln. Beide Gläser sind nur teilweise gefüllt. Der genetisch bedingte *Unterschied bleibt* bestehen – allerdings auf einem niedrigen Level.

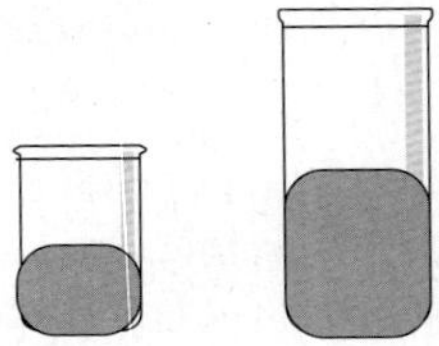

Mensch 1 *Mensch 2*

Fall 3: Das erste Glas ist voll gefüllt; das zweite Glas ist nur wenig gefüllt. Das heißt: Ein Mensch mit geringeren Anlagen kann durchaus mehr leisten als jemand, dessen größere Anlagen sich nicht voll entwickeln konnten aufgrund einer ungünstigen Umwelt.

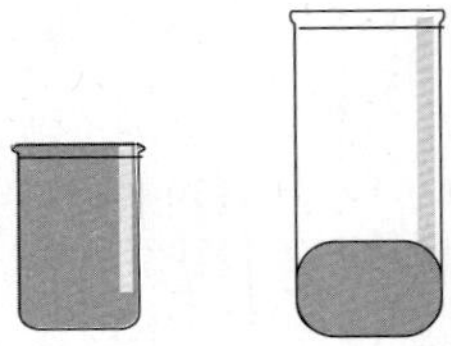

Mensch 1 *Mensch 2*

03. Welche entwicklungsfördernden und -hemmenden Faktoren sind zu berücksichtigen?

Der Meister hat es in seinem Verantwortungsbereich mit Jugendlichen und Erwachsenen zu tun. Von daher sind vor allem entwicklungsfördernde und -hemmende Faktoren für die Phase der *Pubertät* und des *Erwachsenenalters* von Bedeutung. Dazu Beispiele:

- *Fördernde Faktoren:*
  - positive Prägung durch die Familie (Kontakt, Hilfestellung, sich Zeit nehmen für die Fragen und Lernprozesse des Jugendlichen, Bildungsniveau und Berufswelt der Eltern)
  - positive Kontakte zu Gleichaltrigen, Anregungen, soziales Lernen
  - Förderung in der Schule und zu Beginn des Berufslebens
  - fachlich und persönlicher Erfolg in der Berufswelt, Anerkennung durch andere
  - Anregungen in der Freizeit, die sinnvoll und neigungsorientiert genutzt werden kann
  - Entwicklung eines positiven sozialen Netzes (Freundeskreis, Hobbys, Nachbarn, gegenseitige Hilfe und Anerkennung)

- *Hemmende Faktoren:*
  Grundsätzlich lassen sich alle oben genannten Faktoren negativ umkehren. Zusätzlich gibt es spezielle negative Umwelteinflüsse für die menschliche Entwicklung:
  - Erkrankungen des betreffenden Menschen, insbesondere bei langfristiger Nachwirkung
  - Erkrankungen oder Todesfälle innerhalb der Familie
  - Störungen oder Verlust sozialer Bindungen (Familie, Freunde)
  - Mangel an Anerkennung im gesellschaftlichen Umfeld
  - häufige Misserfolgserlebnisse in Schule und Beruf (z. B. durch permanente Über- oder Unterforderung)
  - mangelnde Fähigkeit/Bereitschaft, soziale Bindungen einzugehen

04. Was ist Lernen? Was ist soziales Lernen?

- *Lernen ist jede Veränderung des Verhaltens und der Einstellung*, die sich als Reaktion auf Reize der Umwelt ergibt.

Beispiel: Das Kind verbrennt sich an der Herdplatte den Finger. Die Mutter erklärt, dass die Herdplatte heiß ist, wenn ein rote Lampe „Restwärme“ anzeigt. Das Kind ändert sein Verhalten: Es fasst nicht mehr an die Herdplatte, wenn die rote Lampe brennt.

- *Soziales Lernen ist die Aneignung von Verhaltensnormen und Wissensbeständen*, die ein Mensch braucht, um in der Gesellschaft zu existieren.

  Beispiel: Ein Stadtmensch zieht in ein Dorf. Im Laufe der Zeit ändert er sein Verhalten in Bezug auf die Mitbewohner des Dorfes: Er gibt dem Drängen nach, doch endlich dem örtlichen Schützenverein beizutreten; er sorgt peinlich genau dafür, dass der Vorgarten gepflegt aussieht; jeden Freitag wird die Straße gekehrt usw. Dies wird von den Dorfbewohnern erwartet und belohnt mit einem freundlichen „Na, mal wieder fleißig!“

05. Welche Phasen des Lernprozesses sind beim sozialen Lernen zu berücksichtigen?

In der Lerntheorie kennt man zwei Grundrichtungen:

a) *Aneignung von Wissensinhalten:*
Lernen findet z. B. durch „Versuch und Irrtum“ statt; bekannt geworden sind hier die „4-Stufen-Methode des Lernen“ (vgl. AEVO) und die „6 Lernstufen nach H. Roth“.

b) *Aneignung von Werten und Verhaltensmustern:*
Im Bereich des sozialen Lernens, d. h. der Veränderung von Verhalten und Einstellungen eines Menschen, hat sich die Ansicht durchgesetzt, dass *Lernen die Folge von Konsequenzen ist.* Dazu drei grundsätzliche Erkenntnisse:

1. Der Mensch tut das, womit er Erfolg hat/was ihm angenehm ist.
   Mehrmaliger Erfolg führt also zu einer Stabilisierung des Verhaltens.

2. Der Mensch vermeidet das, womit er Misserfolg hat/was ihm unangenehm ist.
   Mehrmaliger Misserfolg führt zu einer Änderung des Verhaltens.

3. Erfolg ist das, was der einzelne Mensch als angenehm empfindet.
   Angenehm ist alles, was zur Befriedigung von Bedürfnissen führt (vgl. Maslow).

Dazu ein **Beispiel**:

Aktion: Ein Mitarbeiter kommt häufiger zu spät zu einer Besprechung. Dieses Verhalten ist unerwünscht; es ist dem Mitarbeiter aber angenehm (hat keine Lust zur Besprechung).

Reaktion 1: Der Vorgesetzte unternimmt nichts. Folge: Der Mitarbeiter kommt weiterhin zu spät. Das unerwünschte Verhalten ist erfolgreich/wird als angenehm empfunden und stabilisiert sich daher.

Reaktion 2: Der Vorgesetzte kritisiert das Fehlverhalten des Mitarbeiters. Wenn nun

a) pünktliches Erscheinen belohnt wird („ist angenehm“ → Stabilisierung) oder

b) bei weiterem unpünktlichen Erscheinen eine „Strafe“ droht (erneute, aber scharfe Kritik o. Ä.; „ist unangenehm“ → Vermeidung/Misserfolg), so kann unerwünschtes Verhalten geändert werden.

Die nachfolgende Grafik veranschaulicht den Vorgang von Aktion, Reaktion 1 und Reaktion 2, Fall a) und Fall b):

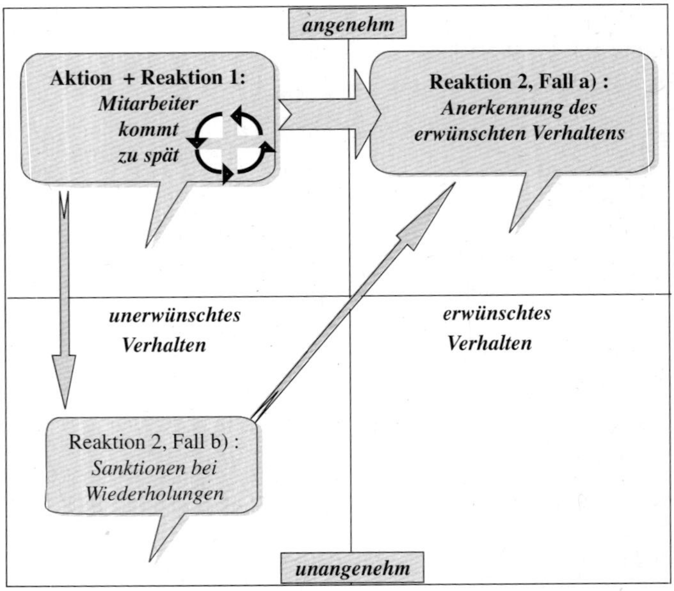

06. Was versteht man unter „Habitualisierung"?

Habitus bedeutet Gewohnheit. Mit Habitualisierung bezeichnet man also den Vorgang, dass ein bestimmtes Verhalten zur Gewohnheit wird; es wird verinnerlicht. Vorgesetzte müssen insbesondere die Qualifikationen verinnerlichen, die eine zentrale Bedeutung im Führungsprozess besitzen.

Beispiel:
Es reicht nicht aus, die Phasen eines Kritikgespräches „kopfmäßig" (kognitiv) zu lernen. Das wissensmäßige Erlernen ist nur der erste Schritt. Hinzukommen muss die permanente Übung mit ggf. notwendigen Korrekturen, bis sich das Verhaltensmuster „einschleift", verinnerlicht wird und dann im Laufe der Zeit auch ohne Anstrengung (unbewusst) abrufbar ist. Verdeutlichen kann man sich die Verinnerlichung motorischer Vorgänge, wenn man sich daran erinnert, wie lange es gedauert hat, bis ein „Führerscheinneuling" ohne Anstrengung fehlerfrei Auto fahren konnte.

07. Wie kann der Meister auf Einstellungen und Verhaltensweisen Einfluss nehmen?

1. Der Meister kann unterschiedliche *Arten des Lernens* (der Mitarbeiter) gezielt fördern:
   - Lernen durch Einsicht
   - Lernen durch Nachahmung (der Meister ist ein Vorbild)
   - Lernen durch Versuch und Irrtum (den Mitarbeiter selbst darauf kommen lassen, allerdings nur bei ungefährlichen Vorgängen)

2. Der Meister kann/muss
   - erwünschtes Verhalten stabilisieren (Anerkennung, Sinn der Arbeit, Folgen bei Fehlverhalten)
   - unerwünschtes Verhalten für den Mitarbeiter „unangenehm machen" (vgl. oben: Kritik, Sanktion, Einsicht erzeugen, Vereinbarungen treffen).

4.1.3 Psychologische und soziologische Aspekte bestimmter Personengruppen

01. Wie lässt sich die Integration jugendlicher Mitarbeiter fördern?

Zu den Jugendlichen zählen nach dem Gesetz die 15- bis unter 18-Jährigen. Ihre Entwicklung ist noch nicht abgeschlossen, wie wir oben unter Ziffer 4.1.2, Nr. 01., behandelt haben. Der Meister hat Jugendliche zu führen und zu betreuen als Auszubildende, Anzulernende, Praktikanten, jugendliche Facharbeiter u. Ä. Der Meister sollte bei Jugendlichen verstärkt auf folgende Punkte achten und dies ggf. auch dem „Stammpersonal" verdeutlichen:

- Die körperliche Reife (Größenwachstum) kann mitunter dazu führen, dass die Körperkraft oder die sonstige Leistungsfähigkeit des Jugendlichen überschätzt wird. Also: *keine Überforderung, keine Überbelastung*.
- Bei Jugendlichen sind besondere *Schutzbestimmungen* einzuhalten (vgl.: BBiG, ArbZG, JArbSchG; z. B. Zeiten für den Besuch der Berufsschule, Pausenzeiten, Gestaltung des Arbeitsplatzes).
- Jugendliche befinden sich *noch in einem Reife- und Lernprozess*. Daher: Geduld, ggf. auch mehrmals erklären, keine sofortige Fehlerfreiheit erwarten, ermuntern usw.
- Der Jugendliche befindet sich in der Phase des *Übergangs von Schule zum Berufsleben*. Er muss sich an den „8-Stunden-Tag" gewöhnen, Disziplin in der Aufgabenerfüllung erlernen usw.
- Bei Jugendlichen können verstärkt *Motivationsprobleme* auftreten: Stimmungsschwankungen, mangelnde Zukunftsaussichten auf dem Arbeitsmarkt, Misserfolge beim Erlernen von Fähigkeiten oder in der Berufsschule, familiäre/private Probleme u. Ä. Daher: Mut machen, Erfolge erleben lassen, Unterstützung geben, Sinn in der Arbeit vermitteln, häufiger Rückmeldung geben als bei Erwachsenen, richtige Verhaltensweisen stabilisieren.

02. Wie kann der Meister die Zusammenarbeit von Männer und Frauen fördern?

Zunächst einige Fakten zu diesem Thema:

- *Mehr als ein Drittel* aller Erwerbstätigen in der BRD sind Frauen. In der ehemaligen DDR war der Anteil der erwerbstätigen Frauen und Männer in etwa gleich groß.
- Die *Gleichberechtigung* von Frauen und Männern sowie die Verpflichtung zur Gleichbehandlung ist *gesetzlich* mehrfach *verankert:*

- Grundgesetz:	GG, Art. 3, Abs. II
- Allgemeines Gleichbehandlungsgesetz:	AGG
- Betriebsverfassungsgesetz:	BetrVG, § 75
- EG-Vertrag:	Art. 141 (Gleiches Entgelt ...)
- 45. EG-Richtlinie:	Art. 2 (Chancengleichheit ...)

Der Meister kann die Zusammenarbeit von Frauen und Männern fördern, indem er folgende Erkenntnisse berücksichtigt und diese auch in seinem Verantwortungsbereich nachdrücklich vermittelt:

- *Abbau von Vorurteilen*, z. B.:
  „Frauen sind weniger leistungsfähig!" „Frauen sind häufiger krank!" Derartige und ähnliche Vorurteile werden weder durch die Praxis noch durch wissenschaftliche Untersuchungen bestätigt. Nach Auskunft der AOK sind die Fehltage von Frauen geringer als die bei Männern, wenn man die schwangerschaftsbedingten Krankheitstage vernachlässigt.

  Richtig sind vielmehr folgende Fakten, die der Meister kennen und in seinem Führungsverhalten berücksichtigen sollte - dabei sind die nachfolgenden Aussagen zu verstehen im Sinne von *„im Allgemeinen", „in der Regel" bzw. „im Durchschnitt":*

  - Frauen haben eine *geringere Körperkraft* als Männer; ihre *Geschicklichkeit* bei *feinmotorischen Arbeiten* ist meist höher. Es gibt Untersuchungen, die die Vermutung stützen, dass Frauen sich schneller erholen und psychisch auf Dauer stärker belastbar sind; die Gründe werden in einem anderen Stoffwechsel sowie in einem veränderten Hormonhaushalt als bei Männern gesehen.
  - Die allgemeine Intelligenz von Frauen und Männern ist gleich. In den Punkten *„Einfühlungsvermögen" und „sprachliche Fähigkeiten"* schneiden Frauen etwas besser – bei den Segmenten „Abstraktion, mathematisch/physikalische Vorgänge" etwas schlechter ab als ihre männlichen Kollegen.
  - Unterschiede zwischen Frauen und Männern ergeben sich auch aus der *gesellschaftlichen Rollenzuweisung* der Frau und der biologischen Tatsache, dass Frauen die Kinder gebären.
  - Interessant ist: Neuere Untersuchungen gehen davon aus, dass Frauen eine *stärkere moderatorische Kompetenz* haben. Sie sind in ihrem Verhalten weniger auf Rivalität und Dominanz angelegt als ihre männlichen Kollegen. Dies hat in der Führung und Zusammenarbeit den Vorteil, dass betriebliche Themen mit mehr Einfühlungsvermögen und einer *stärkeren Bereitschaft zum tragfähigen Kompromiss* angegangen werden (unterschiedlicher kommunikativer Stil).
  - Frauen legen tendenziell mehr Wert auf äußere Erscheinung, freundliche und korrekte Umgangsformen, ansprechende Arbeitsräume und auf *„Wertschätzungen im Alltag"* (Begrüßen, zuhören, Aufmerksamkeit und Interesse zeigen).
  - Nicht vergessen werden darf auch die Tatsache, dass in der Zusammenarbeit zwischen Männern und Frauen auch die *geschlechterspezifische, natürliche Spannungssituation* eine Rolle spielt. Befragungen aus dem Berufsalltag zeigen immer wieder das Bild, dass „Mann" und „Frau" lieber in Arbeitsgruppen tätig sind, in denen beide Geschlechter vertreten sind. *Das Betriebsklima ist nachweislich besser,* wenn Frauen und Männer zusammenarbeiten und in Teams gleichermaßen vertreten sind.

- Man weiß heute, dass ein *emotionaler Rückhalt in der Familie* eine wesentliche Voraussetzung für Leistung ist. Frauen verfügen über wichtige soziale Kompetenzen, die sie in der Familienarbeit erworben haben.

Diese Erkenntnisse sollte der Meister nutzen in der Führung seiner Mitarbeiter und Mitarbeiterinnen – aber auch bei der Zusammensetzung von Arbeitsgruppen.

03. In welcher Form sollte der Meister die Stellung älterer Mitarbeiter im Betrieb berücksichtigen?

Auch hier zunächst einige Fakten zu diesem Thema:

- *Bevölkerungsentwicklung:*
  - Man muss davon ausgehen, dass erstmals in den nächsten Jahren aufgrund der demografischen Entwicklung in der BRD mehr über 50-Jährige am Erwerbsleben teilnehmen als unter 30-Jährige.

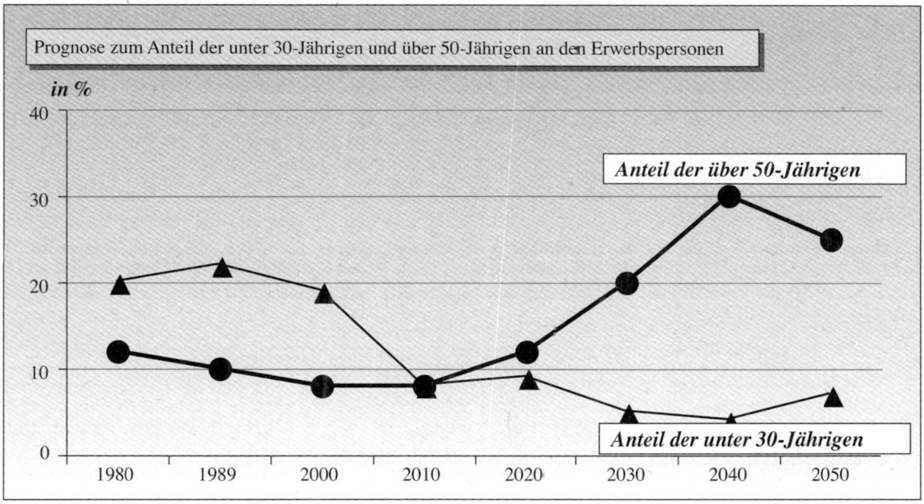

  - Wer zu den älteren Mitarbeitern im Betrieb gehört, lässt sich nicht eindeutig festlegen, *da der Alterungsprozess bei jedem Menschen individuell verläuft*. Befragungen bei Mitarbeitern kommen zu Altersangaben wie „ab 55 Jahre“. Die OECD zählt zu den älteren Mitarbeitern alle diejenigen, die „in der zweiten Hälfte ihres Berufslebens stehen“.

- Mit dem Alter *verringern sich tendenziell* u. a.:
  - die *geistige Wendigkeit* und Umstellungsfähigkeit, die *Wahrnehmungsgeschwindigkeit* sowie die Geschwindigkeit in der Informationsverarbeitung und damit das Reaktionsvermögen, besonders bei komplexer Aufgabenstellung
  - die Abstraktionsfähigkeit, das *Kurzzeitgedächtnis, die Lernfähigkeit, die Muskelkraft*
  - die Widerstandsfähigkeit gegenüber hoher psychischer und physischer Dauerbelastung, gegenüber wechselnden Belastungen und negativen Umwelteinflüssen
  - die Leistungsfähigkeit der Sinnesorgane, wie Sehvermögen, Gehör und Tastsinn

- *Mit dem Alter wachsen* in der Regel u. a.:
  - die Arbeits- und Berufs*erfahrung, die Urteilsfähigkeit, das Auffassungsvermögen*
  - *die Selbstständigkeit* und Fähigkeit zu dispositivem Denken
  - die Fähigkeit, mit Menschen umzugehen und mit Menschen zusammenzuarbeiten *(Sozialkompetenz)*
  - *die Gesprächsfähigkeit,* die Treffsicherheit bei Zuordnungs- und Konstruktionsaufgaben
  - die Geübtheit in geistigen und körperlichen Fähigkeiten
  - *Verantwortungsbewusstsein und Zuverlässigkeit*
  - *Ausgeglichenheit und Kontinuität*
  - *menschliche Reife* und positive Einstellung zur Arbeit
  - *das Streben nach Sicherheit*

Konsequenzen für die Führungspraxis:
Auf die Beschäftigung älterer Menschen kann nicht verzichtet werden. Ihr Leistungsbild ist gegenüber jüngeren Mitarbeitern nicht grundsätzlich geringwertiger, sondern in vielen Bereichen nur qualitativ anders. Für den Betriebserfolg sind die Qualitäten älterer Mitarbeiter ebenso wichtig wie die der jüngeren, für die Zusammenarbeit im Betrieb sind sie förderlich. Bei der Zusammenarbeit mit Älteren ist es wichtig, dass ihnen die *Angst vor der Verdrängung vom Arbeitsplatz genommen wird.* Über die heutige Praxis der Betriebe, Mitarbeiter in immer früherem Lebensalter „in Pension zu schicken" wird angesichts der Bevölkerungsentwicklung nachzudenken sein. Ein weiterer spezieller Punkt bei älteren Mitarbeitern ist der Umgang mit neuen Technologien: Ältere fühlen sich hier den Jüngeren oft unterlegen und befürchten auch Machtverlust. Der Meister sollte hier negativen Haltungen entgegenwirken: „Ältere können von Jüngeren lernen und umgekehrt!"

Für den Industriemeister ist es deshalb wichtig, sich von traditionellen Vorurteilen zu befreien und sich mehr an den neueren Forschungsergebnissen über Altersveränderungen zu orientieren, die nicht nur ein „Defizitmodell" vom älteren Menschen zeichnen, sondern auch aufzeigen, dass gewisse menschliche Fähigkeiten mit zunehmendem Lebensalter sogar wachsen.

04. Wie lässt sich die Integration behinderter Menschen fördern?

Zunächst ein Hinweis auf die rechtlichen Grundlagen für behinderte Menschen:

Das Schwerbehindertengesetz wurde im Sommer 2001 aufgehoben und in das *SGB IX* integriert (§§ 68 - 160). Zentrale Änderungen sind: statt von „Schwerbehinderten" wird jetzt von *„schwerbehinderten Menschen"* gesprochen; statt „Pflichtsatz" heißt es jetzt *„Pflichtquote"*; neu ist das ausdrückliche Benachteiligungsverbot für schwerbehinderte Menschen; die Bezeichnung „Hauptfürsorgestelle" wird ersetzt durch *„Integrationsamt"*. Die Ausgleichsabgabe je unbesetztem Pflichtplatz und Monat wurde heraufgesetzt: 105 EUR, 180 EUR, 260 EUR. Menschen sind schwerbehindert, wenn bei ihnen ein Grad der Behinderung von wenigstens 50 % vorliegt (§ 2 SGB IX).

Schwerbehinderte Menschen genießen einen besonderen Schutz im beruflichen und gesellschaftlichen Leben: Leistungen zur Teilhabe am Arbeitsleben, Prävention, besonderer Kündigungsschutz, Zusatzurlaub usw. (vgl. SGB IX, §§ 1 - 160).

Dem Industriemeister werden folgende *Empfehlungen* zur Integration behinderter Menschen gegeben:

- Die Beschäftigung behinderter Menschen kann im Einzelfall nicht nur Probleme der Anpassung bereiten, sondern birgt auch *unternehmerische Potenziale*: Behinderte Menschen sind bei richtiger Einarbeitung hoch motiviert und „betriebstreu". Sie sind bei richtiger Arbeitsplatzgestaltung und Einarbeitung zu hohen Leistungen fähig.

- Die Anpassung von Arbeitsplätzen, die Qualifizierung behinderter Menschen, die finanzielle Förderung der Eingliederung, die gesellschaftlich meist negative Bewertung von Behinderungen – all dies sind Herausforderungen, für die dem Meister i.d.R. die Erfahrung fehlt. Er sollte hier *professionelle Hilfe in Anspruch nehmen* und dabei soziale wie betriebswirtschaftliche Notwendigkeiten gleichermaßen einfordern: Arbeitsagentur, Integrationsamt, Krankenkasse, Berufsgenossenschaft, Rentenversicherung.

  Mittlerweile etablieren sich in Deutschland sog. *Integrationsfachdienste*; sie arbeiten zum Beispiel mit Instrumenten wie *Job-Carving* und *Job-Stripping*. Dahinter verbirgt sich die Vervollständigung von Arbeitsplätzen bzw. das Herauslösen von Teilaufgaben – ausgerichtet an der Leistungsmöglichkeit des behinderten Menschen.

- Bei der Zusammenarbeit mit behinderten Menschen, sollte der Meister darauf achten, dass Spott oder unangemessenes Mitleid fehl am Platz sind. *Behinderte wollen weitgehend wie „normale Mitarbeiter" behandelt und in ihrer Leistungsfähigkeit anerkannt werden.*

05. Wie lässt sich die Integration ausländischer Mitarbeiter fördern?

Ausländische Arbeitnehmer leisten einen unverzichtbaren Beitrag zu Wachstum und Wohlstand in Deutschland. Sie erwirtschaften in der BRD mehr als 10 % des Bruttoinlandsproduktes.

- *Konsequenzen für die Führungspraxis:*
  - Die *sprachliche Barriere* ist oft ein Hindernis: *Empfehlung:* betriebsinterne Sprachkurse, Förderung der Privatinitiative zum Erlernen der deutschen Sprache, Nutzen der vielfältigen Förderungsangebote der Bundesagentur für Arbeit u. Ä.
  - *Dolmetscher* im Betrieb und die *Übersetzung* wichtiger betriebstechnischer Informationen sowie der Unfallverhütungsvorschriften sollten selbstverständlich sein;
  - eine fremdsprachige Rubrik in der Werkszeitung könnte zur wirksamen Integration ein Übriges tun;
  - Veränderte Essgewohnheiten aufgrund der Kultur/des Glaubens können Schwierigkeiten bereiten; Empfehlung: Verständnis, Rücksicht, spezielles Angebot in der Kantine.
  - Weiterhin: sich mit der Kultur ausländischer Mitarbeiter vertraut machen und dies auch in der Arbeitsgruppe vermitteln; ausländischen Mitarbeitern betriebliche und gesetzliche Regelungen erläutern und Einsicht in die Einhaltung der Bestimmungen vermitteln;
  - Gleichbehandlung aller Mitarbeiter, auch der ausländischen.

4.2 Einflüsse von Arbeitsorganisation und Arbeitsplatz auf das Sozialverhalten und das Betriebsklima

4.2.1 Unternehmensphilosophie und Unternehmenskultur

01. Was bezeichnet man als „Unternehmensphilosophie"?

Mit Unternehmensphilosophie kann man die *Denk- und Entscheidungsmuster* eines Unternehmens bezeichnen. Sie kann z. B. aufgrund der Prägung durch den Firmengründer entstehen und sich im Laufe der Unternehmensentwicklung verändern – z. B. über Lernprozesse (Unternehmen/Markt).

Beispiel: Die Philosophie eines Unternehmens kann darin bestehen, dass Wachstumsprozesse umsichtig/vorsichtig geplant und realisiert werden. „Waghalsiges Agieren" am Markt wird vermieden. Der Eintritt in neue Märkte wird z. B. erst nach ausreichender Recherche und genügendem Informationsstand vorgenommen. Es wird - wie in diesem Fall – *die Philosophie des vorsichtigen, konservativen Verhaltens am Markt verfolgt.*

02. Was bezeichnet man als „Unternehmenskultur"?

Die *Gesamtheit von Werten, Normen, Verhaltensmustern und Einstellungen* nennt man Kultur – in diesem Falle die Kultur des Unternehmens (ähnlich: Landeskultur, Kultur des Individuums).

Die Unternehmenskultur kann z. B. darin bestehen, dass grundsätzlich versucht wird, nach dem Prinzip der Offenheit zu kommunizieren oder dass der Einzelne und seine Leistung im Mittelpunkt steht und nicht seine hierarchische Stellung.

Weitere Beispiele für „Grundtugenden erfolgreicher Unternehmen":

- Nähe zum Kunden
- Freiräume schaffen für unternehmerisches Handeln
- Produktivität der Mitarbeiter
- sichtbar vorgelebtes Wertesystem (z. B. Umgang mit älteren Mitarbeitern)
- einfache und flexible Organisation

03. Welcher Zusammenhang besteht zwischen der Unternehmensphilosophie und der Unternehmenskultur?

Die Abgrenzung von Unternehmensphilosophie und -kultur ist in der Literatur uneinheitlich. In der Regel wird die Auffassung vertreten, dass die *Unternehmenskultur eine Teilmenge der Unternehmensphilosophie ist* – und zwar der *werteorientierte Bestandteil.* Aus diesen beiden, relativ abstrakten Feldern werden *Unternehmensgrundsätze* abgeleitet, die wiederum die Basis für die Formulierung von *Zielen* sind.

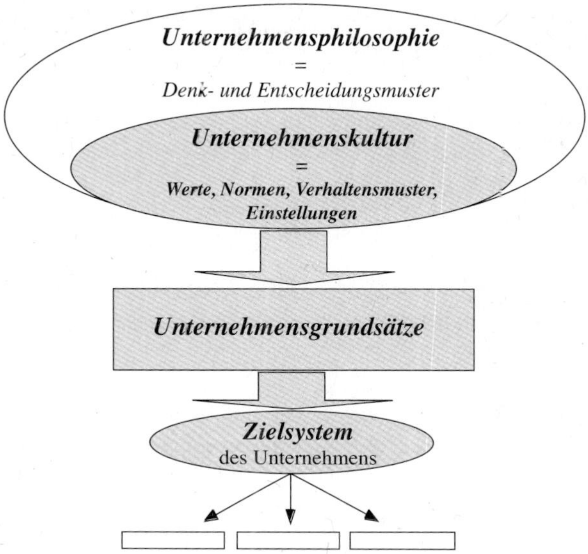

04. Wie kann der Meister die Gegebenheiten der Unternehmensphilosophie und der Unternehmenskultur umsetzen?

Philosophie und Kultur eines Unternehmens muss praktiziert und von den Führungskräften vorgelebt werden. Der Industriemeister hat die Aufgabe, sich mit den Entscheidungsmustern sowie den Werten und Normen seines Betriebes aktiv auseinander zu setzen und sie seinen Mitarbeitern zu vermitteln. Auf diese Weise wird eine positive Unternehmenskultur gestützt, entwickelt sich weiter und kann zum Erfolgsfaktor für die Bestandssicherung des Betriebes werden.

4.2.2 Auswirkungen industrieller Arbeit auf Einstellung und Verhalten des arbeitenden Menschen

01. Welche Faktoren bestimmen das Ergebnis menschlicher Arbeit?

Die Ergiebigkeit menschlicher Arbeit (das Leistungsergebnis) ist abhängig von dem Zusammenwirken drei zentraler Faktoren:

02. Wie wirken sich die Arbeitsbedingungen industrieller Arbeitsplätze auf die Arbeitsmotivation und die Arbeitsleistung aus? Welche Aspekte muss der Meister hier berücksichtigen?

Die Entwicklungen in der industriellen Fertigung waren und sind z. T. noch stark begleitet von hoher *Arbeitsteilung* und *Spezialisierung* – verbunden mit Gefahren, die den menschlichen Organismus negativ belasten können:

- Muskelverspannungen, Kopfschmerzen, Entzündungen aufgrund einseitiger Belastungen der Muskeln und des Skeletts,
- psychosomatische Erkrankungen durch Stress in den Arbeitsabläufen,
- Schädigungen der Augen, Ohren und anderer Organe durch Lärm, Staub, Hitze usw.

Abgesehen von der *Schädigung des menschlichen Organismus* beeinträchtigen diese Entwicklungen die unternehmerische Zielsetzung nach hoher Qualität und hoher Leistung und können damit das *Betriebsergebnis senken.* Eine der „Gegenbewegungen" zu diesem Trend trägt die Überschrift: „Ergonomische und humane Gestaltung" der Arbeitsplätze, der Maschinen und Werkzeuge, der Anlagen und Geräte, der Arbeitsmaterialien, der Arbeitsinhalte usw.

- *Ergonomie* ist die Lehre von der Erforschung der menschlichen Arbeit; untersucht werden die Eigenarten und Fähigkeiten des menschlichen Organismus (z. B.: Wann führt dauerndes Heben von Lasten zu gesundheitlichen Schäden?). Die Ergebnisse dienen dem Bestreben, die Arbeit dem Menschen anzupassen und die menschlichen Fähigkeiten wirtschaftlich einzusetzen.

- *Humanisierung der Arbeit* ist die umfassende Bezeichnung für alle Maßnahmen, die auf die Verbesserung der Arbeitsinhalte und der Arbeitsbedingungen gerichtet sind.

Im Zusammenhang mit der Gestaltung der Arbeitsplätze, der Arbeitsmittel und der Arbeitsumgebung sind die Unfallverhütungs- und Arbeitsschutzvorschriften der Berufsgenossenschaften sowie zahlreiche gesetzliche Auflagen zu beachten, z. B.:

- Gestaltung der Maschinen und Werkzeuge
- Elektrische Anlagen und Geräte (GS-Zeichen; Geprüfte Sicherheit)
- Gestaltung von Bildschirmarbeitsplätzen
  (z. B. Augenuntersuchung; keine Überbeanspruchung der Augen, des Rückens, der Nerven; vgl. Bildschirmarbeitsverordnung aus dem Jahr 2000)
- Arbeitsmaterialien (z. B. Heben und Tragen von Lasten)
- Umgang mit gefährlichen Stoffen (z. B. Gefahrstoffdatenblätter der Hersteller und Lieferanten; ggf. Einhaltung arbeitsmedizinischer Vorsorgeuntersuchungen)
- präventive Vermeidung von Berufskrankheiten (vgl. Arbeitsschutz)
- Vermeidung psychomentaler (nervlich-seelischer) Belastungen
- Ausgabe persönlicher Schutzausrüstungen (PSA)

Die Arbeitsgestaltung umfasst drei Bereiche:

Bereiche der Arbeitsgestaltung
- Ergonomie, Humanisierung der Arbeit -

↓ ↓ ↓

Arbeitsplatzgestaltung	**Gestaltung der Arbeitsumgebung**	**Gestaltung der Arbeitsmittel**

- Bei der *Arbeitsplatzgestaltung* sind u. a. zu berücksichtigen:
  - die Körpermaße des Mitarbeiters
  - der Raumbedarf - im Sitzen und im Stehen
  - die Arbeitsflächen, -sitze und -stühle
  - der Greifraum und der Sehbereich.

  Einzelheiten der dazu erforderlichen *Arbeitsanalyse* können der DIN 33407 entnommen werden. Die Kriterien der Arbeitsplatzgestaltung sind im Einzelfall umzusetzen auf die unterschiedlichen *Arten von Arbeitsplätzen* – wie:

  - Maschinenplätze,
  - Handarbeitsplätze (Werkbank),
  - Steuerstände,
  - Zusammenbauplätze (Montage),
  - Büroarbeitsplätze,
  - Transportarbeiten.

  Im konkreten Fall muss der Meister z. B. auf folgende *Punkte der Arbeitsplatzgestaltung* achten:

  - ausreichende Bewegungsfläche (mindestens 1,5 qm; nicht unter 1 m Breite)
  - Beachtung der Mindestflächen, des Mindestluftraums, Mindestraumhöhe von 2,5 m
  - Anordnung der Arbeitsplätze, sodass sozialer Kontakt möglich ist (psychische Erfordernisse, Sicherheitsaspekt bei Unfallgefährdung)
  - Vermeidung einseitiger Belastungen (dauerndes Stehen, einseitige Sitzhaltung, körperliche Zwangshaltungen)
  - Vermeidung von Stoßverletzungen (z. B. scharfe Kanten)
  - keine Leitungen und Kabel auf Verkehrswegen (Stolpergefahr)

  Der Meister kann sich auf diesen Gebieten sachkundig machen durch die Lektüre der einschlägigen Rechtsvorschriften bzw. er kann ggf. im Betrieb fachkompetente Beratung einholen (z. B. Betriebsarzt, Gewerbeaufsicht, Berufsgenossenschaft, Feuerwehr, Sicherheitsingenieur, Krankenkasse).

- Bei der *Gestaltung der Arbeitsumgebung* sind zu berücksichtigen:

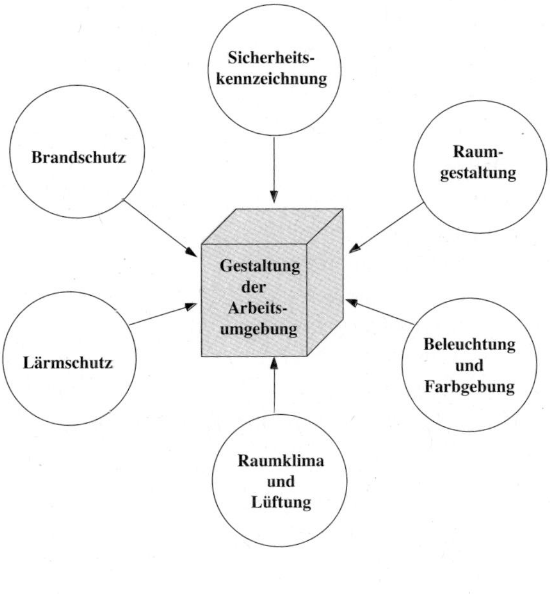

a) Wichtige Aspekte der *Raumgestaltung* sind:
- sicher begehbare Böden (Stichworte: leicht zu reinigen, keine Rutsch- oder Stolpergefahr)
- ausreichende Wärmedämmung
- Glaswände aus bruchsicherem Werkstoff
- Schutz gegen direkte Sonneneinstrahlung
- Türen mit Glasflächen müssen bruchsicheres Glas haben (Drahtfadenglas oder Sicherheitsglas)
- Pendeltüren müssen durchsichtig sein oder Glasausschnitte haben.

b) *Beleuchtung:*
Die richtige Beleuchtung und Farbgebung ist wichtig für die Sicherheit und die Leistungsfähigkeit der Mitarbeiter, u. a.:
- Tageslicht oder angemessene Beleuchtung in Abhängigkeit von der Tätigkeit oder der Funktion des Raumes z. B.

Lagerräume	50 Lux
Kantine	200 Lux
Großraumbüro	1.000 Lux

- bei älteren Mitarbeitern ggf. stärkere Beleuchtung
- regelmäßige Kontrolle der Beleuchtungskörper (Verschmutzung, Ausfall einzelner Lampen usw)

c) Richtige *Farbgebung*
ist keine „Spielerei in Sachen Geschmack“, sondern erfüllt wichtige Funktionen: Ordnung, Orientierung, Leitfunktion, Konzentration, Leistungsbereitschaft, betriebliches Image, Hinweis auf Gefahrenstellen, Kennzeichnung von Transportwegen, Rettungs-/Fluchtwege, Kennzeichnung von Etagen oder Gebäudebereichen; im Einzelnen:
- Kennfarben an Werkzeugen und Arbeitsgeräten zum Erkennen von Zugehörigkeiten zu Betriebsabteilungen verhindern Streit und Diebstahl;
- Die Aufstellung eines „Farbplanes“ für die im Betrieb verwendeten Farben (Fertigung, Verwaltung usw.) erleichtert spätere Anstriche;
- Wände und Decken von Arbeitsräumen sollten eher in ruhigen Farbtönen gehalten sein; bei sehr monotoner Arbeit können Farbakzente jedoch belebend wirken.

d) *Raumklima und Lüftung:*
Eine gute Arbeitsleistung ist vom Mitarbeiter auf Dauer nur zu erbringen, wenn das Raumklima der Tätigkeit angepasst ist und der Raum ausreichend belüftet wird. Die Raumluft soll vom Grundsatz her die gleiche Qualität haben wie die Außenluft. Weitere Einzelheiten:
- Einhaltung der Mindesttemperaturen je nach Tätigkeit; z. B. in Büroräumen 20 °C
- In allen Räumen keine höhere Temperatur als 26 °C;
- Zum Austausch der Innenluft ist eine bestimmte Luftbewegung erforderlich, die aber nicht als Zugluft empfunden werden darf;
- regelmäßige Wartung von Klimaanlagen (z. B. Filter, Luftbefeuchter, Vermeidung von Keimbildung in den Rohrleitungen);
- Das „Einheitsklima“ einer Klimaanlage kann in der Belegschaft zu Problemen führen.

e) *Lärmschutz:*
Lärm belastet, vermindert die Konzentration, macht krank und kann zur Schwerhörigkeit führen; weitere Einzelaspekte:

- die akustische Verständigung wird durch Lärm behindert
- Schreckreaktionen können zu Unfällen führen
- die kritische Grenze liegt bei 85 dB(A)
- ab 90 dB(A) sind Gehörschutzmittel zu verwenden; außerdem besteht die Verpflichtung zu Gehörvorsorgeuntersuchungen
- beim Neukauf von Anlagen: nur lärmarme Maschine
- Kontrolle, ob die Gehörschutzmittel getragen werden
- Einsatz von Schallschutzhauben.

f) *Brandschutz:*
Gewissenhafte Einhaltung der Brandschutzbestimmungen vermeidet, dass es zu längeren Produktionsstörungen kommen kann. Außerdem dokumentiert der Arbeitgeber damit u. a., wie wichtig ihm Leben, Gesundheit und Eigentum seiner Mitarbeiter ist (Fürsorgegedanke). Zum Brandschutz gehören Maßnahmen wie:

- Sichtbares Anbringen/Aufstellen von Feuerlöschern und Erstellen eines Alarmplanes („Was ist zu tun, wenn ..?")
- Zu empfehlen sind gelegentliche Übungen mit der Belegschaft
- Hinweise auf Rauchverbot und besondere Gefahrenquellen
- Unterweisung im Umgang mit Feuerlöschern

g) *Sicherheitskennzeichnung:*
Auf Gefahrenstellen und Gebote muss mit genormten Sicherheitschildern hingewiesen wird. Die Verwendung einer Farbfestlegung hat sich dabei bewährt:

Rot = Gefahr, Verbot, Brandschutz
Gelb = Warnung, Vorsicht
Blau = Gebot
Grün = Hilfe, Rettung

Der Meister sollte darauf achten, dass
- Verkehrs-/Transportwege mit gelb-schwarzer Markierung versehen sind,
- kleinere Baustellen o. Ä. eine rot-weiße Markierung haben,
- Rettungswege grüne Hinweisschilder erhalten,
- auf Brandschutzmittel in Rot hingewiesen wird.

- Bei der *Gestaltung der Arbeitsmittel* ist zu berücksichtigen:
Handwerkzeuge sollen ergonomisch geformte Griffmulden haben (Sicherheit und Kraftübertragung). Elektrowerkzeuge müssen ausreichend isoliert sein; Fußpedalen zur Bedienung von Anlagen müssen eine ausreichende Trittbreite haben und eine rutschfreie Oberfläche (z. B. Riffelung) aufweisen; Druckknöpfe und Drehknöpfe müssen durch farbliche Kennzeichnung leicht erkennbar sein und dürfen keine Ecken, Kanten oder Grate besitzen.

02. Wie wirken sich die Arbeitsanforderungen industrieller Arbeitsplätze auf die Arbeitsmotivation und die Arbeitsleistung aus? Welche Aspekte muss der Meister hier berücksichtigen?

Unter *Anforderungen* versteht man die Leistungsvoraussetzungen eines Stelleninhabers zur Erledigung einer bestimmten Aufgabe. Man unterscheidet dabei fachliche und persönliche Voraussetzungen. Bei der Zuweisung von Aufgaben muss der Meister das *Anforderungsprofil* einer

Stelle mit dem *Eignungsprofil* des Mitarbeiters vergleichen. Zu prüfen ist z. B., ob Defizite durch gründliche Einweisung ausgeglichen werden können oder nicht. Über- und Unterforderung sind zu vermeiden.

Maßvolles Fordern im Sinne von „Fördern heißt fordern" ist geeignet, die Qualifikation und Motivation der Mitarbeiter zu verbessern. Geeignete Maßnahmen der Arbeitsstrukturierung sind u. a. *Job-Rotation, Job-Enrichment, Job-Enlargement.*

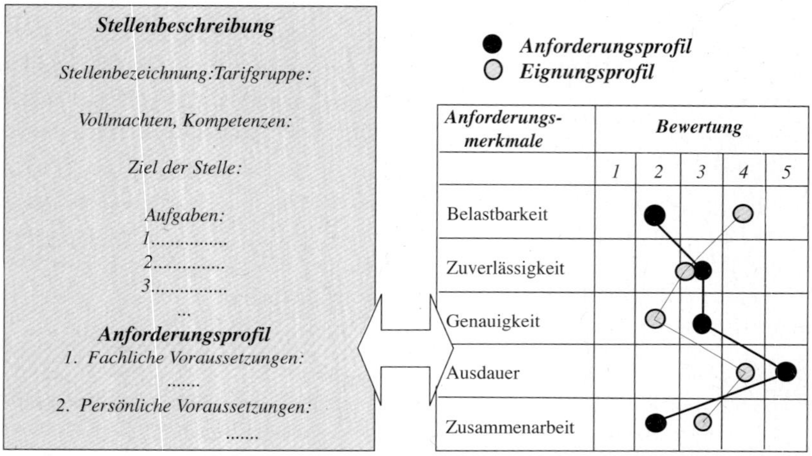

03. Wie kann durch Motivation das Leistungsverhalten des Mitarbeiters gefördert werden?

Von Motivation spricht man dann, wenn in konkreten Situationen aus dem Zusammenwirken verschieden aktivierter Motive ein bestimmtes Verhalten bewirkt wird. Das menschliche Verhalten wird jedoch nicht nur allein durch eine Summe von Motiven bestimmt. Wesentlich hinzu kommen als Antrieb die persönlichen Fähigkeiten und Fertigkeiten. Eine entscheidende Rolle für das menschliche Verhalten spielt auch die gegebene Situation. Bei konstanter Situation (beispielsweise am Arbeitsplatz) kann man sagen, dass sich *das Verhalten aus dem Zusammenwirken von Motivation mal Fähigkeiten plus Fertigkeiten ergibt.* Das Leistungsverhalten des Einzelnen kann durch Verbesserung der Fähigkeiten und Fertigkeiten bei hoher Motivation verbessert werden.

04. Wie unterscheidet sich die Manipulation von der Motivation?

Als Abgrenzung zur Motivation ist die Manipulation die bewusste Verhaltensbeeinflussung von Mitarbeitern durch den Vorgesetzten mit unlauteren und/oder egoistischen Zielen der Führungskraft.

05. Welche Aussagen liefert die Motivationstheorie von Maslow?

Maslow hat die menschlichen Bedürfnisse strukturiert und in eine hierarchische Ordnung gefasst; seine „Bedürfnispyramide" – unterteilt in *Wachstumsbedürfnisse* und *Defizitbedürfnisse* – war die Grundlage für eine Reihe von Theorien über Bedürfnisse und Motivation (z. B. ERG-Theorie; Zwei-Faktoren-Theorie nach Herzberg mit der Unterscheidung in Motivatoren und Hygienefaktoren) sowie den Motivationsbestrebungen in der Praxis:

Stufe 1 als Basis: • physiologische Grundbedürfnisse, wie Selbsterhaltung, Hunger, Durst, ...

Stufe 2 aufbauend: • Sicherheitsbedürfnisse, längerfristige Sicherung der Befriedigung der Grundbedürfnisse; hier: Mindesteinkommen, Pension, Versicherung usw.

Stufe 3: • soziale Bedürfnisse, wie Gruppeneinordnung, Kommunikation, Harmonie, ...

Stufe 4: • Statusbedürfnisse, wie Aufstieg, Titel, Anerkennung, Kompetenzen, Gruppenstellung,

Stufe 5: • Bedürfnis nach Bestätigung, Liebe, Kreativität, Persönlichkeitsentfaltung.

Hieraus können Hauptmotive der Arbeitnehmer abgeleitet werden:

- Geldmotiv
- Kontaktmotiv
- Statusmotiv
- Sicherheitsmotiv
- Kompetenzmotiv
- Leistungsmotiv.

06. Was kennzeichnet die 2-Faktoren-Theorie nach Herzberg?

Die Ergebnisse von Untersuchungen des amerikanischen Psychologen Frederick Herzberg wurden auch für den deutschen Sprachraum bestätigt. Nach Herzberg hat der Mensch ein zweidimensionales Bedürfnissystem:

Er hat
- *Entlastungsbedürfnisse* und
- *Entfaltungsbedürfnisse*.

Das heißt, er möchte alles vermeiden, was die Mühsal des Lebens ausmacht. Die zivilisatorischen Errungenschaften nimmt er als selbstverständlich hin. Sie sind für ihn *kein Grund zu besonderer Zufriedenheit*.

Dazu gehören auch die äußeren Arbeitsbedingungen wie z. B.

- die Organisationsstruktur
- das Entgelt
- die Arbeitsbedingungen.
- das Führungsklima
- die zwischenmenschlichen Beziehungen

Diese Faktoren werden nach Herzberg *Hygienefaktoren* genannt. Mit Hygienefaktoren kann man Mitarbeiter nicht zu einer besonderen Leistung motivieren. Sie sind aber für die positive Grundstimmung bei der Arbeit unerlässlich und bewirken, dass sich der Mitarbeiter gut in den Betrieb eingebettet fühlt. *Die Hygienefaktoren bilden somit die Grundlage für ein gesundes Betriebsklima.*

Für die Entfaltungsbedürfnisse bedeutet das, dass der einzelne Mitarbeiter sich als Person entfalten möchte. Werden diese Bedürfnisse befriedigt, entsteht echte und andauernde Zufriedenheit. Dazu gehört u. a. die Arbeit (an sich) wie z. B.

- das Gefühl, etwas zu schaffen
- Verantwortung
- sachliche Anerkennung
- Vorwärtskommen.

Diese Faktoren werden nach Herzberg *Motivatoren* genannt. Motivatoren sind mit Erwartungsspannung und Erfolgserlebnissen verknüpft. Sie regen zur Eigenaktivität an und führen zu echter Leistungsmotivation.

Zwei-Faktoren-Theorie nach Herzberg

Hygienefaktoren Unzufriedenheitsfaktoren dissatisfiers	**Motivatoren** Zufriedenheitsfaktoren satisfiers
Sie werden vom Mitarbeiten als selbstverständlich betrachtet. Fehlen sie, so bewirkt dies Unzufriedenheit	Nur sie können zu echter Leistungsentfaltung anregen (Arbeits-Zufriedenheit), wenn die Hygienefaktoren ausreichend befriedigt sind
↓ ***Nicht-Unzufriedenheit*** ⇔ ***Unzufriedenheit***	↓ ***Arbeits-Zufriedenheit*** ⇔ ***Nicht-Zufriedenheit***

Für den Vorgesetzten bedeutet das, einerseits dazu beizutragen, dass die Entlastungsbedürfnisse befriedigt werden, andererseits seine Führungsfähigkeiten so einzusetzen, dass die Entfaltungsbedürfnisse Anreize erfahren.

07. Welche Bedeutung hat „Information" im Führungsprozess?

Information ist eine der Grundvoraussetzungen für Leistung und Leistungsbereitschaft. Sie schafft Motivation, bedeutet Anerkennung und verhindert Gerüchte, Frustration sowie zeitliche Verzögerungen. Information ist „Chefsache" und gehört zu den tragenden Führungsinstrumenten: *Nur informierte Mitarbeiter sind wirklich gute Mitarbeiter.*

Die Information der Mitarbeiter muss umfassend, aktuell, unverzerrt und verständlich sein.

4.2.3 Gestaltung und Harmonisierung der Arbeitsorganisation und soziale Maßnahmen des Betriebes

01. Welche Maßnahmen der Arbeitsstrukturierung kann der Meister gezielt einsetzen?

- *Begriff:*
  Unter Arbeitsstrukturierung versteht man die zeitliche, örtliche und logische Anordnung/Zuordnung von Arbeitsvorgängen nach grundlegenden Prinzipien.

  Es gibt folgende Möglichkeiten, die auszuführende Arbeit anzuordnen und zu gliedern:

- *Arten:*
  - nach dem *Umfang der Delegation:*
    Aufteilung in ausführende und entscheidende Tätigkeit, vgl. Sie dazu z. B. unsere Stoffbearbeitung unten, Ziffer 4.3.
  - nach dem *Interaktionsspielraum*, den die Mitarbeiter haben:
    Einzelarbeitsplatz, Gruppenarbeitsplatz, Teamarbeit
  - nach der *Arbeitsfeldvergrößerung/-verkleinerung:*
    - Job-Enlargement
    - Job-Enrichment
    - Job-Rotation
    - teilautonome Gruppe
  - Prinzipien der *Art- und Mengenteilung:*
    - Arbeitsteilung
    - Arbeitszerlegung
    - Flussprinzip
    - Verrichtungsprinzip
    - Objektprinzip
  - Prinzip der *Bildung von Einheiten:*
    - soziale Einheiten
    - funktionale Einheiten

- *Beispiel:*
  Bei der Bildung von Fertigungsinseln sind z. B. folgende Prinzipien anzutreffen: Anstieg des Delegationsumfangs, falls es sich um eine Form der teilautonomen Gruppe handelt. Der Interaktionsspielraum ist hoch. Man bildet funktionale Einheiten und kann dabei soziale Faktoren (Wer kommt mit wem gut zurecht?) berücksichtigen.

02. Welche neueren Formen der Arbeitsorganisation lassen sich von traditionellen Ansätzen unterscheiden?

Formen der Arbeitsorganisation	
Traditionelle Ansätze	**Neuere Ansätze** in Verbindung mit Lean Production
→ Job-Rotation Job-Enrichment Job-Enlargement	- Teamarbeit - (Teil-)Autonome Gruppen
→ Problemlösegruppen Lernstattgruppen	
→ Werkstattgruppen: · Fertigungsinseln · Boxenfertigung · Sternfertigung	

03. Welche charakteristischen Merkmale weist die Teamarbeit auf?

Bereits die Werkstatt-Organisation der ersten Automobil-Hersteller und selbst die Handwerkszünfte des Mittelalters kannten bereits Gruppenarbeits-Modelle. Die heutigen Konzepte der Team- und Gruppenarbeit stammen aus den Vereinigten Staaten der 70er-Jahre.

Zur Unterscheidung:

- Teamarbeit bildet die *Außenstruktur* von Gruppen.
- Teilautonome Arbeitsgruppen sind spezifische, *teaminterne Struktur-Lösungen*.

Teams sind Gruppen, die sich vor allem nach außen hin abgrenzen (Außenskelett). Die Arbeitsteilung im Inneren bleibt offen. Zumeist wird allerdings in der Praxis der Qualifikationsbedarf erhöht, da die Mitarbeiter mehrere Arbeitsplätze zu beherrschen haben (Stellvertretung, Rotation). Im Extremfall tut jeder jeden Arbeitsgang im Teambereich. Dabei wird in der Regel das Lohnniveau für alle Team-Mitglieder gehoben, bis hin zur Höhe des am höchstem bewerteten Arbeitsplatzes im Teambereich. Da die Menschen natürlicherweise unterschiedlich beweglich, groß, schnell, geschicklich und qualifiziert sind, ist Rotation nur dort sinnvoll, wo das Gesamtergebnis nicht beeinträchtigt wird.

Oberster Zweck der Teamarbeit sind die Ermöglichung von Kommunikation vor Ort und die Verkürzung von Entscheidungsprozessen.

04. Welche Zielsetzung steht hinter den Maßnahmen betrieblicher Sozialpolitik?

Betriebliche Sozialpolitik verfolgt heute (ebenso wie andere Einzelpolitiken der Personalarbeit)

- wirtschaftliche und
- soziale Ziele.

Die Motivation der Unternehmer, Maßnahmen betrieblicher Sozialpolitik zu gestalten, ist unterschiedlich; es muss von einem Motivbündel bzw. Zielbündel ausgegangen werden. Im Einzelnen lassen sich u. a. folgende Ziele der betrieblichen Sozialpolitik nennen:

- höhere Arbeitsmotivation und Leistungsverbesserung,
- Stabilisierung der Leistungskraft der Mitarbeiter,
- Erarbeiten von Vorteilen am Arbeitsmarkt *(Beitrittsfunktion)*,
- stärkere Bindung der Mitarbeiter an das Unternehmen *(Bindungsfunktion)*,
- Förderung der Mitarbeiter *(Entwicklungsfunktion)*,
- Wahrnehmung von Steuer- und Finanzvorteilen,
- Ausgleich sozialer Härten,
- ethische Motivation (Fürsorgegedanke),
- Verbesserung des Unternehmensimage.

05. Welche Bedeutung hat betriebliche Sozialpolitik heute – aus Sicht der Arbeitgeber, der Arbeitnehmer sowie für die Gesellschaft?

Die Gestaltung betrieblicher Sozialpolitik vollzieht sich im Spannungsfeld von Unternehmen, Mitarbeitern und Gesellschaft.

- Im *Verhältnis Unternehmen/Gesellschaft* ist betriebliche Sozialpolitik
  - eine Ergänzung der staatlichen Sozialpolitik,
  - abhängig von den Einzelpolitiken des Staates wie z. B. Steuerpolitik, Strukturpolitik, Familienpolitik, Rentendiskussion,
  - eingebettet in den gesellschaftlichen und politischen Wandel (z. B. Wertewandel, gesetzliche Rahmenbedingungen),
  - abhängig von der allgemeinen wirtschaftlichen und konjunkturellen Lage.
- Im *Verhältnis Unternehmen/Mitarbeite*r ist betriebliche Sozialpolitik
  - eingebunden im Spannungsverhältnis von „Werteorientierung der Mitarbeiter" und „Ertragslage des Unternehmens",
  - getragen vom Leitgedanken des „Ausgleichs zwischen wirtschaftlichen und sozialen Zielen",
  - eine langfristige Form der Bildung von Unternehmenskultur und Vertrauensbasis zwischen Arbeitnehmer und Arbeitgeber.

Maßnahmen der betrieblichen Sozialpolitik hatten in der Vergangenheit die Tendenz zur Stagnation und Verkrustung. Die oben beschriebenen Funktionen (z. B. Ausgleichsfunktion, Motivationsfunktion) können auf Dauer nur realisiert werden, wenn zukünftig

- betriebliche Sozialpolitik bezahlbar bleibt und
- die Maßnahmen vom Mitarbeiter als „Wert" angenommen werden und damit eine Anreizwirkung entfalten können.

Ein Ansatz zur Lösung dieses Dilemmas kann in der Einführung von „*Cafeteria-Modellen*" gesehen werden. Der „betrieblichen Sozialpolitik per Gießkanne" wird damit der Rücken gekehrt.

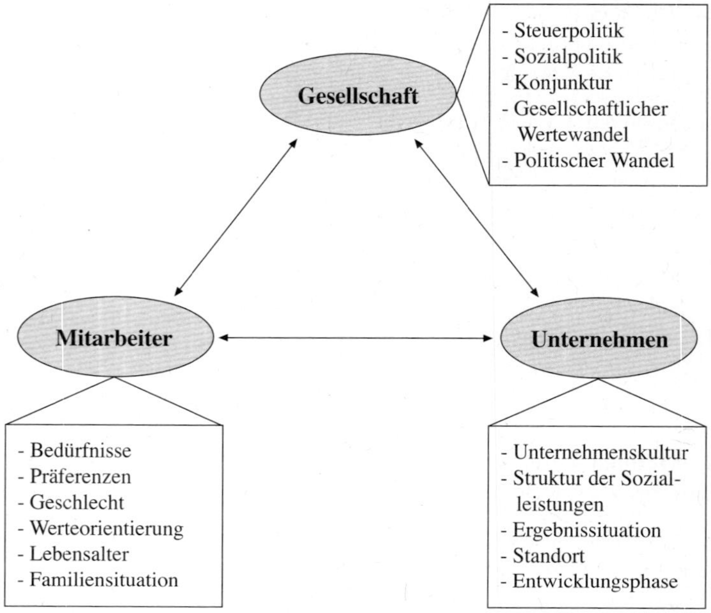

06. Wie ist die betriebliche Sozialpolitik strukturiert?

Die betriebliche Sozialpolitik „ruht auf vier Säulen“:

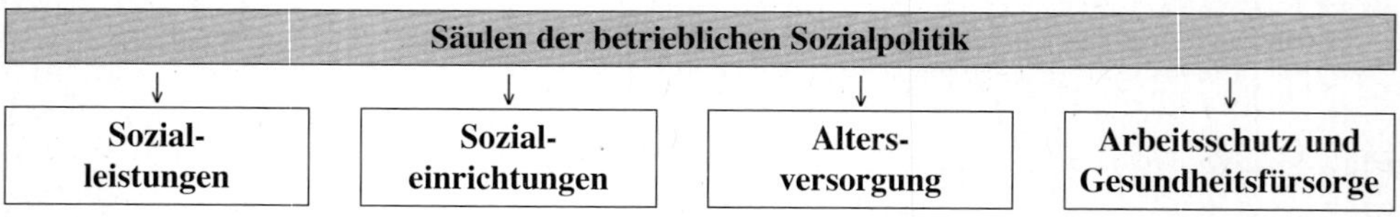

- Betriebliche *Sozialleistungen* kann der Mitarbeiter *direkt* in Anspruch nehmen; z. B.:

  - Arbeitskleidung,
  - Arbeitgeberbeiträge zur Sozialversicherung,
  - Darlehen für den Wohnungsbau,
  - Beihilfen bei Heirat, Geburten, im Todesfall,
  - erweiterte Lohnfortzahlung,
  - Fahrgeldzuschuss.

- Bei betrieblichen *Sozialeinrichtungen* entsteht die Wirkung für die Mitarbeiter *indirekt*, ist nicht personengebunden und i. d. R. *mit einer organisatorisch-räumlichen Einrichtung verbunden*; z. B.:

  - Mitarbeiterzeitschriften,
  - Erholungszentrum,
  - Kantine,
  - Psychologischer Dienst,
  - Werkswohnungen.

07. Welche Gestaltungsformen der betrieblichen Altersversorgung gibt es?

Man unterscheidet vier Arten der betrieblichen Altersversorgung:

Betriebliche Altersversorgung (1)

↓ **Direktzusage** | ↓ **Unterstützungskasse** | ↓ **Pensionskasse** | ↓ **Direktversicherung**

- Bei der *Direktzusage* erhalten die Arbeitnehmer einen Rechtsanspruch auf Versorgungsleistungen direkt gegenüber dem Arbeitgeber – vorausgesetzt, dass dieser entsprechende Rückstellungen in der Steuerbilanz vorgenommen hat (sonst nach Vereinbarung). Träger der Leistung ist das Unternehmen selbst. Eine Eigenbeteiligung der Arbeitnehmer ist ausgeschlossen.

- Die *Unterstützungskasse* gewährt unter bestimmten Voraussetzungen neben Renten meist auch Beihilfen unterschiedlichster Art. Es besteht kein Rechtsanspruch auf die Versorgungsleistung. Unterstützungskassen sind jedoch an den Grundsatz von Treu und Glauben gebunden, sodass eine Kürzung oder Beendigung der Leistungen nur bei Vorliegen sachlicher Gründe erfolgen kann. Träger der Unterstützungskasse ist das Unternehmen; dabei ist die Unterstützungskasse eine rechtlich selbstständige Einrichtung (e. V., GmbH).

- Die *Pensionskassen* (einzelner oder mehrerer Unternehmen) haben eine eigene Rechtspersönlichkeit (Versicherungsverein auf Gegenseitigkeit) und gewähren einen Rechtsanspruch auf die Versorgungsleistung. Die Pensionskassen unterliegen der Versicherungsaufsicht. Die Finanzierung der Beiträge erfolgt durch das Unternehmen. Eigenleistungen der Mitarbeiter sind jedoch möglich.

- Bei der *Direktversicherung* schließt der Arbeitgeber bei einer privaten Versicherungsgesellschaft einen Versicherungsvertrag (z. B. Lebensversicherung in Form einer Einzel- oder einer Gruppenversicherung) zu Gunsten des Arbeitnehmers ab. Die Leistungen werden ganz oder teilweise vom Arbeitgeber finanziert. Möglich ist jedoch auch eine Eigenbeteiligung der Mitarbeiter in Form einer Gehaltsumwandlung innerhalb der steuerlichen Höchstgrenzen. Die Gehaltsumwandlung bringt für den Arbeitnehmer den Vorteil der Pauschalversteuerung. Der Mitarbeiter erwirbt einen Rechtsanspruch.

Im Überblick:

Betriebliche Altersversorgung (2)

Merkmale:	*Arten:* Direktzusage	Unterstützungskasse	Pensionskasse	Direktversicherung
Rechtsanspruch	ja	nein	ja	
Träger	Unternehmen	Unternehmen + rechtlich selbstständige Einrichtung (e.V., GmbH)	eigene Rechtspersönlichkeit	Versicherungsunternehmen
Eigenbeteiligung der Arbeitnehmer	nein		möglich	
Versicherungsaufsicht	nein		ja	
Insolvenzsicherung	ja			i. d. R.: ja

08. Welche Mitbestimmungsrechte hat der Betriebsrat in Fragen der betrieblichen Sozialpolitik?

Bei der Mitbestimmung des Betriebsrates in Fragen der betrieblichen Sozialpolitik ist zu unterscheiden zwischen

- obligatorischer und
- freiwilliger Mitbestimmung.

- Nach § 87 Abs. 1 Nr. 8 BetrVG hat der Betriebsrat ein *obligatorisches Mitbestimmungsrecht* bei der Errichtung von Sozialeinrichtungen – und zwar bei der

  - Form — z. B. Rechtsform,
  - Ausgestaltung — z. B. Satzung, Organisation, Richtlinien und
  - Verwaltung — z. B. Leistungspläne, Durchführung von Einzelmaßnahmen.

  Dazu gehören z. B. Unterstützungskassen und Pensionskassen; sie sind demnach regelmäßig mitbestimmungspflichtige Sozialeinrichtungen. Die Errichtung einer Sozialeinrichtung kann vom Betriebsrat nicht erzwungen werden. Ob der Arbeitgeber beispielsweise eine betriebliche Altersversorgung einführt, ist folglich nicht mitbestimmungspflichtig.

  Das Mitbestimmungsrecht erstreckt sich *nicht*

  - auf die Höhe der finanziellen Zuwendungen an die Sozialeinrichtung und ebenso nicht
  - auf freiwillig gewährte (z. B. widerrufliche) Zuwendungen.

- *Freiwillige Mitbestimmung* bei sozialen Einrichtungen: Der Betriebsrat kann, wie bereits erwähnt, den Arbeitgeber nicht dazu zwingen, Investitionsmittel für Sozialeinrichtungen im freiwilligen Bereich zur Verfügung zu stellen. *Schafft der Arbeitgeber jedoch solche Einrichtungen, erwächst dem Betriebsrat ein Mitbestimmungsrecht.* Ist darüber eine Betriebsvereinbarung nach § 88 Nr. 2 BetrVG geschlossen worden, kann der Betrieb diese Einrichtung nicht einseitig aufheben; vielmehr ist eine Kündigung der Betriebsvereinbarung erforderlich. Im Falle des § 88 Nr.2 BetrVG besteht jedoch *keine Nachwirkung* der Betriebsvereinbarung.

09. Welcher Maßstab ist bei der Überprüfung und Anpassung der betrieblichen Sozialpolitik anzulegen?

Die Ansätze zur Überprüfung der betrieblichen Sozialpolitik sind:

- Überprüfung der Bedeutung, des Nutzens und der Kosten der Einzelmaßnahmen,
- Abbau überflüssiger Maßnahmen,
- Setzen neuer Akzente.

Dabei sind folgende Fragestellungen maßgebend:

- Welche Leistungen sind – gemessen am Nutzen – zu hoch?
- Welche Leistungen sind in Zeiten schlechter Ertragslage rückführbar?
  (z. B. Widerrufsvorbehalt, Verringerung der monetären Leistung bei Sozialeinrichtungen)
- Sind die Leistungen an die Ertragslage gekoppelt, sodass eine Rückführung in Zeiten sinkender Betriebsgewinne für die Mitarbeiter nachvollziehbar ist?
- Welche Außen- und Innenwirkung entfalten bestimmte Maßnahmen der Sozialpolitik?
- Sind die gewährten Leistungen noch zeitgemäß?
- Werden die Leistungen und die Modalitäten der Verteilung als gerecht empfunden?

4.2.4 Unterschiedliche Erscheinungsformen sozialen Verhaltens und ihre Auswirkungen auf das Betriebsklima

01. Was bezeichnet man als Betriebsklima?

Das Betriebsklima ist *Ausdruck für die soziale Atmosphäre*, die von den Mitarbeitern empfunden wird. Das Betriebsklima umfasst Faktoren, die mit der sozialen Struktur eines Betriebes zu tun haben, also zum Teil auch „außerhalb" des arbeitenden Menschens liegen, jedoch auf ihn einwirken, aber auch von ihm z. T. wiederum beeinflusst werden.

Faktoren des Betriebsklimas sind u. a.:
eine gute Betriebsorganisation, die Kommunikation der Mitarbeiter mit ihren Vorgesetzten und der Mitarbeiter untereinander; ferner Möglichkeiten der Mitbestimmung, direkte und indirekte Anerkennung, Gruppenbeziehungen, die Art der erlebten Führung durch den Vorgesetzten, letztendlich auch der Ton – wie man miteinander umgeht.

02. Was bezeichnet man als soziales Verhalten?

Das Sozialverhalten ist die *Reaktion* eines Menschen *auf die Aktion* eines anderen, die dann bei diesem wiederum zu einer Reaktion führt usw. Dabei agieren und reagieren Menschen über unterschiedliche Möglichkeiten (z. B. Sprache, Gesten, Gesichtsausdruck).

Beispiel:

Mitarbeiter:	„Finde ich gar nicht gut, wenn Huber mit seinem Material ständig den Durchgang versperrt."	(Aktion)
Meister:	„Gut, das Sie das ansprechen. Ich werde mit Huber reden."	(Reaktion 1)
Mitarbeiter:	„Wollen wir hoffen, dass das etwas nützt."	(Reaktion 2)

03. Welche Maßnahmen kann der Vorgesetzte zur Verbesserung des Sozialverhaltens der Mitarbeiter umsetzen?

Dazu einige Beispiele:

a) *Antipathie/Sympathie:*
Antipathie als Abneigung von Personen oder gegen bestimmte Verhaltensweisen ist ein Grundtatbestand menschlichen Lebens. In einer Reihe von Fällen beruht Antipathie auf mangelnder Kenntnis über den anderen (Antipathie als Ausdruck von Angst). Hier kann der Meister durch die *Verstärkung von Kontakten* helfen (man lernt sich kennen, man kann den anderen besser einschätzen und erkennt ggf. auch sympathische Seiten beim anderen).

Nicht jeder Mitarbeiter kann und muss dem anderen sympathisch sein. Trotzdem lässt sich in vielen Fällen eine Basis für eine effiziente Zusammenarbeit finden: Der Meister kann hier Hilfestellung für den Umgang miteinander geben; Kontrakte/Vereinbarungen schließen, sich trotz aller Unterschiede respektieren, sich in die „Schuhe des anderen stellen".

b) *Aggression*
ist eine Verhaltensweise, die auf die Verletzung (körperlich und/oder seelisch) des anderen zielt. Aggression kann auf Frustration und/oder anlagebedingter Aggressivität beruhen.

Zum Teil hat der Meister die Möglichkeit, die Ursachen mit den Beteiligten aufzuarbeiten, die Folgen aggressiven Verhaltens erkennen zu lassen und eine Verhaltensänderung über Einsicht zu erreichen.

c) *Mobbing:*
Der Begriff Mobbing, der sich von dem englischen Wort to mob = pöbeln, sich auf jemand stürzen, ableitet, ist die heute gebräuchliche Umschreibung eines Zustandes, der in vielen Betrieben festzustellen ist: Einzelne Mitarbeiter werden von Kollegen oder Vorgesetzten systematisch verfolgt, schikaniert, ausgegrenzt; Tricks, Intrigen und Gemeinheiten vergiften das Arbeitsleben. *Mobbing umschreibt eine negative kommunikative Handlung gegen eine Person über einen längeren Zeitraum*, die von einer oder mehreren Personen ausgeht.

Mobbing ist in fünf Spielarten anzutreffen:
- Angriffe auf die Möglichkeit, sich mitzuteilen: mündliche und schriftliche Drohungen, ständige Unterbrechungen des Opfers, ständige Kritik an der Arbeit oder am Privatleben;
- Angriffe auf soziale Beziehungen: das Opfer wird nicht mehr angesprochen oder wie Luft behandelt, die Kollegen lassen sich nicht ansprechen;
- Schädigung des sozialen Ansehens: Gerüchte werden verbreitet, das Opfer wird lächerlich gemacht oder verdächtigt, psychisch krank zu sein; seine Entscheidungen werden infrage gestellt, er wird belästigt;
- Angriffe auf die Qualität der Berufs- und Lebenssituation: das Opfer bekommt gar keine, sinnlose oder seine Qualifikation übersteigende Aufgaben;
- Angriffe auf die Gesundheit: Androhung körperlicher Gewalt am Arbeitsplatz.

Wer den täglichen Kränkungen und Gemeinheiten längere Zeit ausgesetzt ist, wird oft seelisch krank und kann die erwarteten Leistungen nicht mehr erbringen.

Sobald der Meister Kenntnis über zwischenmenschliche Probleme seiner Mitarbeiter erfährt, sollte er diese ernst nehmen und der Sache auf den Grund gehen. Wegzuhören und zu erwarten, dass die Mitarbeiter diese Sache unter sich ausmachen, führt meist zu sinkenden Leistungen, weil immer mehr Mitarbeiter in diese Mobbing-Probleme verwickelt werden und sich dann psychosomatische Stresssymptome, wie Niedergeschlagenheit, Schlafprobleme, Migräne oder Magenbeschwerden häufen.

Die Ursachen für Mobbing sind im Wesentlichen in der Organisation, der Aufgabengestaltung und der Leitung der Arbeit begründet; in wirtschaftlich schwierigen Zeiten erhöht sich die Anfälligkeit für Mobbing dann, wenn Arbeitsplätze in Gefahr sind, weil der Kleinkrieg am Arbeitsplatz zunimmt.

4.3 Einflüsse der Gruppenstruktur auf das Gruppenverhalten und die Zusammenarbeit

4.3.1 Wirkungen von Gruppen und Beziehungen auf das Sozialverhalten des Mitarbeiters sowie Einflussmöglichkeiten des Industriemeisters

01. Welche Merkmale sind für eine soziale Gruppe charakteristisch?

Eine soziale Gruppe sind mehrere Individuen mit einer bestimmten Ausprägung sozialer Integration. In diesem Sinne hat eine Gruppe folgende Merkmale:

- direkte Kontakte zwischen den Gruppenmitgliedern (Interaktion)
- physische Nähe
- Wir-Gefühl (Gruppenbewusstsein)
- gemeinsame Ziele, Werte, Normen
- Rollendifferenzierung, Statusverteilung
- gegenseitige Beeinflussung
- relativ langfristiges Überdauern des Zusammenseins.

02. Wie entstehen formelle und informelle Gruppen innerhalb und außerhalb des Betriebes?

- *Formelle Gruppen* werden im Hinblick auf die Realisierung betrieblicher Ziele geplant und zusammen gesetzt.
- *Informelle Gruppen* bilden sich aufgrund menschlicher Bedürfnisse meist ungeplant und spontan.

Im Einzelnen:

Gruppen

↓ ↓

Formelle Gruppen	**Informelle Gruppen**
- rational organisiert - bewusst geplant und eingesetzt - Verhaltensnormen extern vorgegeben - über längere Zeit oder befristet - Effizienz steht im Vordergrund	- spontan, meist ungeplant - innerhalb oder neben formellen Gruppen - eigenständige Ziele und Normen - i.d.R. abweichend von der formellen Gruppe - aufgrund der Bedürfnisse der Mitglieder
↓	↓
Beispiele: - Abteilungen, Stäbe - Projektgruppen - Arbeitsgruppen, Montagegruppen	*Beispiele:* - Fahrgemeinschaften, Sportgruppen - Hobbygruppen - Gesprächsgruppen (Mittagessen/Kantine)

03. Wie kann sich die Existenz informeller Gruppen auf das betriebliche Geschehen auswirken?

- *Positive Folgen* können z. B. sein:
  - informelle Gruppen schließen Lücken, die bei der Regelung von Arbeitsabläufen oft nicht vermieden werden können;
  - schnelle, unbürokratische Kommunikation innerhalb und zwischen Abteilungen;
  - Befriedigung von Bedürfnissen, die die formelle Gruppe nicht leistet (z. B. Anerkennung, Kontakt, Information/spezielle Information, gegenseitige Hilfe).
- *Negative Folgen* können z. B. sein:
  - von den Organisationszielen abweichende Gruppenziele und -normen;
  - Verbreitung von Gerüchten über informelle Kanäle;
  - Isolierung unbeliebter Mitarbeiter.

04. Welchen Sachverhalt kennzeichnet man mit den soziologischen Grundbegriffen Rolle, Status und Norm?

- Die *(soziale) Rolle* ist zum einen
  - die Summe der Erwartungen, die dem Inhaber einer Position entgegengebracht werden und zum anderen
  - ein gleichmäßiges und regelmäßiges Verhaltensmuster, das mit einer Position verbunden wird.

  Grundsätzlich erwartet die Gruppe, dass eine Rolle in etwa einem Status/einer Position entspricht. Wer seine „Rolle nicht spielt" – sprich dem Verhaltensmuster seiner Position nicht gerecht wird – muss mit dem Verlust dieser Position rechnen.
- *Status* bezeichnet den Platz (die Stellung), den ein Individuum in einem sozialen System einnimmt und an den bestimmte Rollenerwartungen geknüpft werden. Der formelle Status ergibt sich aus der Betriebshierarchie und ist oft mit Statussymbolen verbunden (weißer Kittel, eigener Parkplatz, eigene Toilette, Reisen in der Business-Class). Der informelle Status bildet sich ungeplant in der Gruppe heraus (z. B. Status „Außenseiter").
- *(Gruppen)Normen* sind inhaltlich festgelegte, relativ konstante und verbindliche Regeln für das Verhalten *der* Gruppe und das Verhalten *in der* Gruppe. Normen sind also Ausdruck für die Erwartungen einer Gruppe, wie in bestimmten Situationen zu handeln ist. Diese Erwartungen bedeuten zum einen Zwang, zum anderen aber auch Entlastung (in schwierigen Situationen „hält die Gruppennorm Verhaltensmuster bereit"). Das Einhalten bzw. das Verletzen von Normen wird von der Gruppe mit positiven bzw. negativen Sanktionen belegt (Lob, Anerkennung, Zuwendung bzw. Missachtung, „Schneiden" sowie auch „Mobbing").

05. Was versteht man unter Gruppendynamik und Gruppendruck?

- Mit *Gruppendynamik* bezeichnet man die Kräfte, durch die Veränderungen innerhalb einer Gruppe verursacht werden (z. B. Prozesse der Meinungs- und Entscheidungsbildung); andererseits meint dieser Begriff auch die Kräfte, die von einer Gruppe nach außen hin wirken (z. B. Ausübung von Macht nach außen aufgrund eines starken „Wir-Gefühls"). Daneben wird dieser Begriff zur Beschreibung von Trainingsmaßnahmen verwendet, die soziale Fertigkeiten fördern sollen (z. B. Selbsterfahrungsgruppen).

- *Gruppendruck:* Abweichende Ansichten, Argumente oder Arbeitsweisen werden offen oder latent durch den Erwartungsdruck anderer maßgeblicher Gruppenmitglieder unterdrückt – obwohl der Einzelne bewusst oder unbewusst eine andere Überzeugung hat. Ein bestimmtes Arbeitsverhalten kann dadurch verhindert, gezielt gesteuert oder auch positiv beeinflusst werden (Beispiel: Eine betriebliche Arbeitsgruppe „veranlasst" zwei Gruppenmitglieder zur Nachahmung eines bestimmten Arbeitsverhaltens.).

06. Welche Gruppengröße ist „ideal"?

Die *„ideale" Gruppengröße* ist abhängig von:

- der Aufgabenstellung
- der zur Verfügung stehenden Zeit
- den Arbeitsbedingungen
- der sozialen Kompetenz der Gruppenmitglieder

Es gibt keine allgemein gültige Faustregel für die effektivste Gruppengröße. Trotzdem bestätigt die betriebliche Erfahrung, dass eine „arbeitsfähige" Kleingruppe aus *mindestens 3-5 Mitgliedern* bestehen sollte. Die kritische Größe liegt im Allgemeinen bei 20-25 Gruppenmitgliedern. Sie ist dann erreicht, wenn keine persönlichen Kontakte mehr möglich sind und sich allmählich Untergruppen bilden.

07. Nach welchen (soziologischen) Regeln bilden sich Gruppen?

1. *Interaktionsregel*
   Im Allgemeinen gilt: Je häufiger Interaktionen zwischen den Gruppenmitgliedern stattfindet, umso mehr werden Kontakt, „Wir-Gefühl" und oft sogar Zuneigung/Freundschaft gefördert. Die räumliche Nähe beginnt an Bedeutung zu gewinnen.

2. *Angleichungsregel*
   Mit längerem Bestehen einer Gruppe gleichen sich Ansichten und Verhaltensweisen der Einzelnen an. Die Gruppen-Normen stehen im Vordergrund.

3. *Distanzierungsregel*
   Sie besagt, dass eine Gruppe sich nach außen hin abgrenzt – bis hin zur Feindseligkeit gegenüber anderen Gruppen (vgl. dazu die Verhaltensweisen von sog. Fußballfan-Gruppen). Zwischen dem „Wir-Gefühl" (Solidarität) und der Distanzierung besteht oft eine Wechselwirkung. „Wir-Gefühl" entsteht über die Abgrenzung zu anderen (z. B. „Wir nach dem Kriege, wir wussten noch ..., aber heute - die junge Generation ...").

08. Welche (soziologischen) Erkenntnisse gibt es über Gruppenbeziehungen?

- *Beziehungen zu anderen Gruppen*
  können sich positiv oder negativ gestalten. Die Unterschiede hinsichtlich der Normen und Verhaltensmuster können gravierend oder gering sein - bis hin zu Gemeinsamkeiten. Von Bedeutung ist auch die Stellung einer Gruppe innerhalb des Gesamtbetriebes (z. B. Gruppe der Leitenden). Im Allgemeinen beurteilen Menschen *das Verhalten der eigenen Gruppenmitglieder positiver als das fremder Gruppenmitglieder* (vgl. auch oben, „Distanzierung"). Auch die Leistung der Fremdgruppe wird im Allgemeinen geringer bewertet (z. B. Mitarbeiter

der Personalabteilung Angestellte versus Personalabteilung Arbeiter). Bedrohung der eigenen Sicherheit kann zu feindseligem Verhalten gegenüber der anderen Gruppe oder einzelnen Mitgliedern dieser Gruppe führen.

- *Beziehungen innerhalb der Gruppe:*
  Innerhalb einer Gruppe, die über längere Zeit existiert, entwickelt sich *neben der formellen Rangordnung* (z. B. Vorgesetzter-Mitarbeiter) *eine informelle Rangordnung* (z. B. informeller Führer). Die informelle Rangordnung ist geeignet, die formelle Rangordnung zu stören.

- *Störungen innerhalb der Gruppe:*
  Massive Störungen in der Gruppe (z. B. erkennbar an: häufige Beschwerden über andere Gruppenmitglieder, verbale Aggressionen, Cliquenbildung, Absonderung, Streit, Fehlzeiten) sollten vom Vorgesetzten bewusst wahrgenommen werden. Er muss die Störungsursache „diagnostizieren" und entgegenwirken. Zunehmende Störungen und nachlassender Zusammenhalt können zum *Zerfall einer Gruppe* führen.

09. Welche besonderen Rollen werden zum Teil von einzelnen Gruppenmitgliedern wahrgenommen? Welche Führungsstil ist jeweils angebracht?

Dazu einige Beispiele:

Rollenverhalten in Gruppen		
Rolle		*empfohlener Führungsstil*
Star	Der „Star" ist meist der informelle Führer der Gruppe und hat einen hohen Anteil an der Gruppenleistung.	Fördernder Führungsstil, Anerkennung, tragende Rolle des Gruppen„Stars" nutzen und einbinden in die eigene Führungsarbeit, Vorbildfunktion des Vorgesetzten ist wichtig.
Freche	Der „Freche": Es handelt sich hier meist um extrovertierte Menschen mit Verhaltenstendenzen wie Provozieren, Aufwiegeln, „Quertreiben", unangemessenen Herrschaftsansprüchen (Besserwisser, Angeber, Wichtigtuer usw.).	Sorgfältig beobachten, Grenzen setzen, mitunter auch Strenge und vor allem Konsequenz zeigen; Humor und Geduld nicht verlieren.
Intriganten	hintergehen andere.	Negatives Verhalten offen im Dialog ansprechen, bremsen und unterbinden, auch Sanktionen „androhen".
Problembeladene	machen sich zu viele Gedanken; haben private Sorgen u.Ä.	Ermutigen, unterstützen, Hilfe zur Selbsthilfe leisten, (auch kleine) Erfolge ermöglichen, Verständnis zeigen („Mitfühlen aber nicht mitleiden").
Drückeberger	scheuen die Arbeit; setzen sich nicht ein.	Fordern, Anspornen und Erfolge „erleben" lassen; zu viel Milde wird meist ausgenutzt.
Neulinge	sind erst seit kurzen Mitglied in der Gruppe.	Maßnahmen zur Integration, schrittweise einarbeiten, Orientierung geben durch klares Führungsverhalten, in der Anfangsphase mehr Aufmerksamkeit widmen und betreuen.
Außenseiter	sind nicht in die Gruppe integriert.	Versuchen, den Außenseiter mit Augenmaß und viel Geduld zu integrieren, es gibt keine Patentrezepte, mitunter ist das vorsichtige Aufspüren der Ursachen hilfreich.

4.3.2 Wirkung teilautonomer Arbeitsgruppen

01. Was sind teilautonome Gruppen?

- *Begriff:*
  Autonom heißt, unabhängig von Weisungen sein; nach eigenem Ermessen handeln können.

- *Teilautonome Gruppen:*
  Sie sind zum Teil weisungsungebunden, bleiben aber Bestandteil des Betriebes (im Gegensatz zu autonomen Gruppen).

Teilautonome Gruppen sind von daher ein mehrstufiges Team-Modell, das den Mitgliedern Entscheidungsfreiräume innerhalb bestimmter Bandbreiten zugesteht. Bekannte Autoren über die Ausgestaltung der Autonomie von Gruppen sind Gulowsen und Susman (*vgl.: Gulowsen. Aufsatz über Kriterien für die Autonomie von Gruppenarbeiten. 1972*).

- *Beispiele* für den Grad der Teilautonomie:
  - selbstständige Verrichtung, Einteilung und Verteilung von Aufgaben (inklusive Anwesenheitsplanung: Qualifizierung, Urlaub, Zeitausgleich usw.)
  - selbstständige Einrichtung, Wartung, teilweise Reparatur der Maschinen und Werkzeuge
  - selbstständige (Qualitäts-)Kontrolle der Arbeitsergebnisse.

- *Zweck:*
  Teilautonome Gruppen dienen vornehmlich der Entscheidungsfindung vor Ort und der Steigerung der Motivation. Daneben sollen selbstverständlich die Zielsetzungen der Teamarbeit realisiert werden.

4.4 Eigenes und fremdes Führungsverhalten, Umsetzen von Führungsgrundsätzen

4.4.1 Zusammenhänge der Führung

01. Was heißt „Mitarbeiter führen“?

- *Begriff:*

Führen heißt, das Verhalten der Mitarbeiter zielorientiert beeinflussen, sodass die betrieblichen Ziele erreicht werden – unter Beachtung der Ziele der Mitarbeiter.

- *Ziel* der Führungsarbeit ist:

  a) betrieblicher Aspekt (Zielerfolg)
  - Leistung zu erzeugen,
  - Leistung zu erhalten und
  - Leistung zu steigern.

  b) Mitarbeiteraspekt (Individualerfolg)
  - Erwartungen und Wünsche der Mitarbeiter zu berücksichtigen in Abhängigkeit von den betrieblichen Möglichkeiten
  - Mitarbeiter zu motivieren

02. Welche Grundsätze sind bei zielorientierter Führung zu beachten?

a) Die Leistung der Mitarbeiter muss sich stets *zielorientiert* entfalten, d. h., Führung hat die Aufgabe, alle Kräfte des Unternehmens zu bündeln und auf den Markt zu konzentrieren (Führung → Ziele → zielorientierte Aufgabenerfüllung → Leistung → Wertschöpfung → Zielerreichung).

b) Die Ziele des Unternehmens werden aus der *Wechselwirkung von Betrieb und Markt/Kunde* gewonnen. Sie werden „heruntergebrochen" in Zwischen- und Unterziele für nachgelagerte Führungsebenen (z. B. Meisterbereich).

c) Führung bildet dabei die Funktion der *Klammer, der Koordination und der Orientierung*.

d) Führung muss dabei den „Spagat" zwischen der Beachtung ökonomischer und sozialer Ziele herbeiführen:

e) Zielorientierte Führung schafft durch *geeignete Maßnahmen/Instrumente* die Voraussetzungen für Leistung: Fähigkeit, Bereitschaft, Möglichkeit.

f) Zielorientierte Führung orientiert sich am *Management-Regelkreis*:

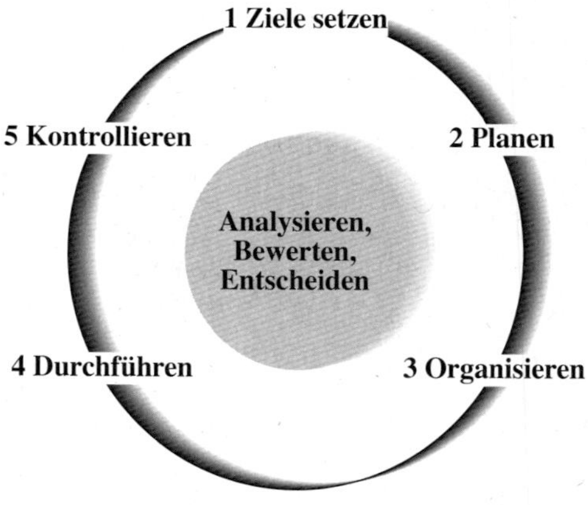

g) Ziele müssen *messbar* sein, d. h., sie müssen eine Festlegung enthalten in den Punkten:

Zielelement:	Beispiel:
- Inhalt:	„die Anzahl der Schichtmitarbeiter verringern“
- Ausmaß:	„um 6 Personen“
- Zeit:	„bis zum Ende dieses Quartals“

Die beiden nachfolgenden Seiten zeigen grafisch die vorstehend beschriebenen Zusammenhänge:

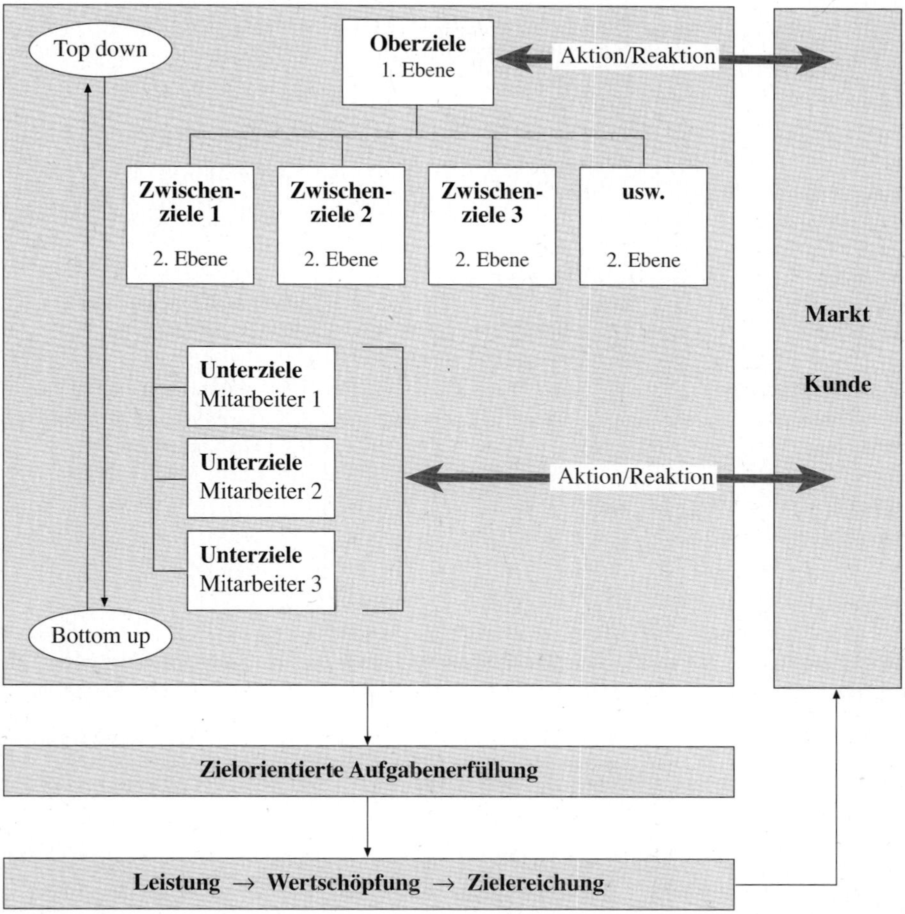

Das heißt also: Konzentration der Kräfte auf zielorientierte Leistung!

Dies bedeutet:
- Zielvereinbarungs-/Zielerreichungsgespräche
- Keine Widersprüche zwischen Zielen, Organisation, Ressourcenzuteilung, Mitarbeiteranforderung/-eignung

Die zielorientierte Aufgabenerfüllung verlangt ...
- Voraussetzungen, Maßnahmen, Instrumente -

Fähigkeiten der Mitarbeiter „Können“	Bereitschaft der Mitarbeiter „Wollen“	Möglichkeit der Mitarbeiter „Erlauben/Zulassen“
Seine Fähigkeiten - erkennen - bewerten - fördern - richtig einsetzen *Personalanpassung vornehmen durch* - Abbau - Beschaffung - Einsatz - Entwicklung *Gezielte Verhaltensbeeinflussung steuern durch* - Anerkennung - Kritik - Delegation - Grad der Zielerreichung	*Motive erkennen* und mit den Unternehmenszielen in Einklang bringen (soweit wie möglich). *Werteorientierte Anreize* schaffen. *Am Erfolg teilhaben lassen*: - Anerkennung - Geld - Beteiligung	*Einfache, klare Aufbau-/Ablauforganisation ohne Hemmnisse.* *Freiräume schaffen* - soweit wie möglich. *Ressourcenzuteilung* nach Zielen. *Arbeitsbedingungen/*-mittel müssen geeignet sein. *Maßstab des Handelns* ist die Zielerreichung und nicht der persönliche Egoismus/das persönliche Machtstreben.

Hinweis:

Bitte prägen Sie sich den Zusammenhang dieser beiden Abbildungen ein. Sie zeigen die zentralen Aufgaben des Industriemeisters vor dem Hintergrund der Unternehmenszielsetzung (= Wertschöpfung).

03. Zu welchen Ergebnissen sind der „Eigenschaftsansatz“ und der „Verhaltensansatz“ in der Führungsstillehre gekommen?

- Der *Eigenschaftsansatz* geht aus von den *Eigenschaften des Führers* (z. B. Antrieb, Energie, Durchsetzungsfähigkeit usw.). Es wurde daraus eine *Typologie der Führungskraft* entwickelt:

  - autokratischer Führer,
  - demokratischer Führer,
  - laissez faire Führer.

  Andere Erklärungsansätze nennen unter der Überschrift „Tradierte Führungsstile“ (= überlieferte Führungsstile):

- patriarchalisch (= väterlich)
- charismatisch (= Persönlichkeit mit besonderer Ausstrahlung)
- autokratisch (= selbstbestimmend)
- bürokratisch (= nach Regeln).

Der Eigenschaftsansatz impliziert, dass Führungserfolg von den Eigenschaften des Führers abhängt. Der Eigenschaftsansatz konnte empirisch nicht bestätigt werden.

- Der *Verhaltensansatz* basiert in seiner Erklärungsrichtung auf den *Verhaltensmustern der Führungskraft* innerhalb des Führungsprozesses. Im Mittelpunkt stehen z. B. Fragen: „Wie kann Führungsverhalten beschrieben werden?". Ergebnis dieser Forschungen sind die Führungsstile und Führungsmodelle mit ihren unterschiedlichen Orientierungsprinzipien, wie sie in der nachfolgenden Darstellung abgebildet sind:

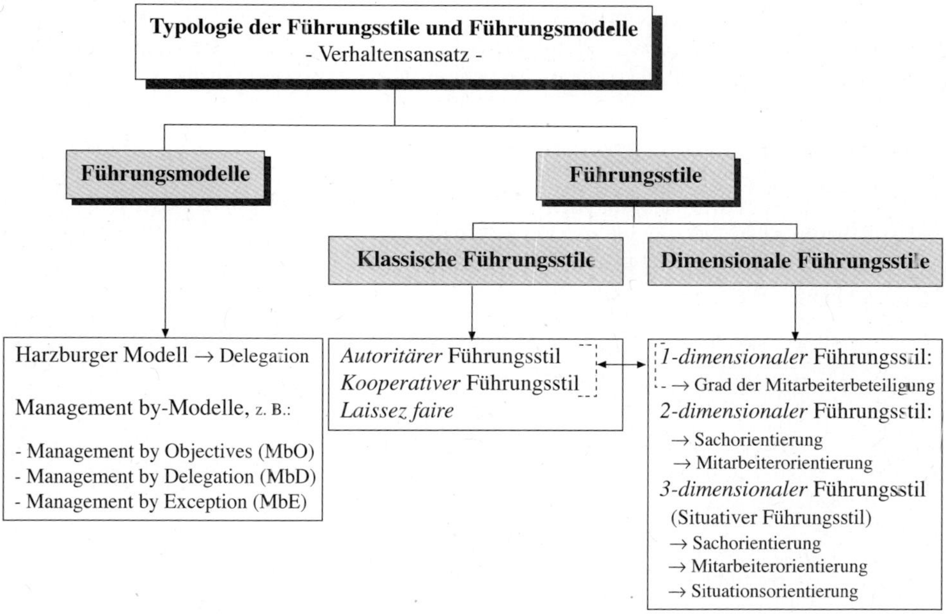

- Die *klassischen Führungsstile* können mit den 1-dimensionalen gleichgesetzt werden. Das Orientierungsprinzip (Unterscheidungs-) ist der *Grad der Mitarbeiterbeteiligung*.

  Ein Führungsstil ist eindimensional, wenn zur Beschreibung und Beurteilung von Führungsverhalten nur ein Kriterium herangezogen wird. Daher gehören „Klassische Führungsstile" typologisch zu den eindimensionalen. Bei den zwei- und mehrdimensionalen Führungsstilen ist der Erklärungsansatz von zwei oder mehr Kriterien (= Orientierungsprinzipien) geprägt.

- Das *2-dimensionale Verhaltensmodell* wählt „Sache" und „Mensch" als Orientierungsprinzipien (Grid-Konzept).

- Das *3-dimensionale Verhaltensmodell* wählt „Mitarbeiter", „Vorgesetzter" und „betriebliche Situation" als Orientierungsprinzipien.

- Die *managementorientierten Führungsmodelle* wählen ein spezifisches Führungsinstrument bzw. ein Element des Management-Regelkreises zum tragenden Kern eines mehr oder weniger geschlossenen Verhaltensmodells.

  Beispiele:

- MbO: Management by Objectives	„Kern":	Ziele vereinbaren
- MbD: Management by Delegation	„Kern":	Verantwortung delegieren
- Harzburger Modell	„Kern":	Allgemeine Führungsanweisung mit dem Kernprinzip Delegation.

04. Wie lässt sich das Grid-Konzept erklären?

Aus der Reihe der mehrdimensionalen Führungsstile hat der Ansatz von Blake/Mouton in der Praxis starke Bedeutung gefunden: Er zeigt, dass sich Führung grundsätzlich an den beiden Werten „Mensch/Person" bzw. „Aufgabe/Sache" orientieren kann. Daraus ergibt sich ein zweidimensionaler Erklärungsansatz:

- Ordinate des Koordinatensystems: Mitarbeiter
- Abszisse des Koordinatensystems: Sache

Teilt man beide Achsen des Koordinatensystems in jeweils neun „Intensitätsgrade" ein, so ergeben sich insgesamt 81 Ausprägungen des Führungsstils bzw. 81 Variationen von Sachorientierung und Menschorientierung. Die Koordinaten 1.1 („Überlebenstyp") bis 9.9 („Team") zeigen die fünf dominanten Führungsstile, die sich aus dem Verhaltensgitter ableiten lassen.

Kurz gesagt: Das Managerial Grid spiegelt die Überzeugung wider, dass der 9.9-Stil (hohe Sach- und Mensch-Orientierung) der effektivste ist.

Das zweidimensionale Verhaltensgitter (Managerial Grid) nach Blake/Mouton hat folgende Struktur:

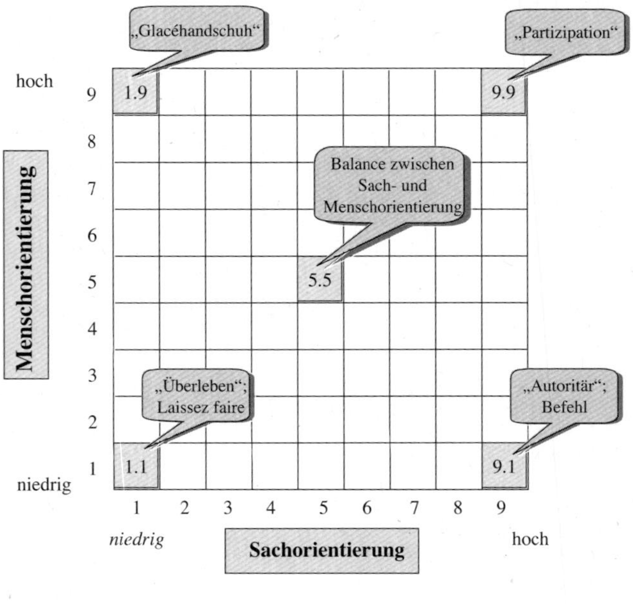

08. Was versteht man unter dem situativen Führungsstil?

Die Erklärungsansätze „1-dimensionaler und 2-dimensionaler Führungsstil" haben Lücken und führen zu Problemen:

- Zwischen Führungsstil und Führungsergebnis besteht nicht unbedingt ein lineares Ursache-Wirkungs-Verhältnis.
- Führungsstil und Mitarbeiter„typus" stehen miteinander in Wechselbeziehung. Andere Mitarbeiter können (müssen) zu einem veränderten Führungsverhalten bei ein und demselben Vorgesetzten führen.
- Die äußeren Bedingungen (die Führungssituation), unter denen sich Führung vollzieht, verändern sich und beeinflussen den Führungserfolg.

Diese Einschränkungen haben dazu geführt, dass heute Führung als das Zusammenwirken mehrerer Faktoren (im Regelfall werden drei genannt) betrachtet wird, die insgesamt ein „Spannungsfeld der Führung" ergeben:

- dem Führenden
- dem Mitarbeiter/der Gruppe
- der spezifischen Führungssituation.

Man bezeichnet diesen Ansatz als *situatives Führen*. Es ist Aufgabe der Führungskraft, die jeweils spezifische Führungssituation (Führungskultur, Zeitaspekte, Besonderheit der Aufgabe usw.) zu erfassen, die Wahl und Ausgestaltung der Führungsmittel auf die jeweilige Persönlichkeit des Mitarbeiters abzustellen (Erfahrung, Persönlichkeit, Motivstruktur, seine WEZs = Wünsche, Erwartungen, Ziele usw.) und dabei die Vorzüge/Stärken der eigenen Persönlichkeit (Entschlusskraft, Sensibilität, Systematik o. Ä.) einzubringen.

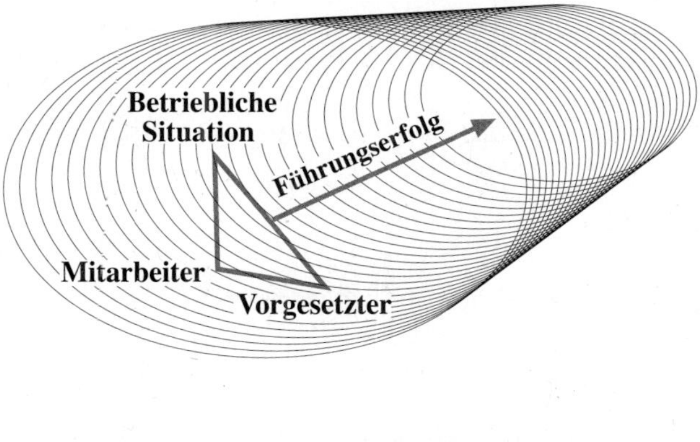

06. Nach welchen Grundsätzen wird kooperativ geführt und welche Vorteile bietet dieser Führungsstil?

- *Grundsätze und charakteristische Merkmale des kooperativen Führungsstils:*
  Kooperieren heißt, *zur Zusammenarbeit bereit sein.* Der kooperative Führungsstil bedeutet „Führen durch Zusammenarbeit". Charakteristisch sind folgende Grundsätze und Merkmale:

- Die betrieblichen *Aktivitäten werden* zwischen dem Vorgesetzten und den Mitarbeitern *abgestimmt.*
- Der kooperative Führungsstil ist *zielorientiert* (Ziele des Unternehmens und Erwartungen der Mitarbeiter).
- Der Vorgesetzte bezieht die Mitarbeiter in den *Entscheidungsprozess mit ein.*
- Die Zusammenarbeit ist geprägt von *Kontakt, Vertrauen, Einsicht und Verantwortung.*
- Formale *Machtausübung* tritt in den *Hintergrund.*
- Es gilt das Prinzip der *Delegation.*
- Fehler werden *nicht bestraft*, sondern es werden die Ursachen analysiert und behoben. Der Vorgesetzte gibt dabei Hilfestellung.
- Es werden die *Vorteile der Gruppenarbeit* genutzt.

• *Vorteile,* z. B.:
  - ausgewogene Entscheidungen auf Gruppenbasis;
  - Kompetenzen der Mitarbeiter werden genutzt;
  - Entlastung der Vorgesetzten;
  - Motivation und Förderung der Mitarbeiter.

07. Welchen Einflussfaktoren unterliegt das situative Führen?

Begriff „situatives Führen": Erfolgreiche Führung wird heute als das Zusammenwirken mehrerer Faktoren betrachtet, die insgesamt ein „Spannungsfeld der Führung" aus vier Hauptfaktoren ergeben. Man bezeichnet diesen Ansatz als „situatives Führen:

- Es ist Aufgabe der Führungskraft, die jeweils spezifische *Führungssituation* (Führungskultur, Zeitaspekte, Besonderheit der Aufgabe usw.) zu erfassen,
- die *Ziele* des Handels zu fixieren und transparent zu machen,
- die Wahl und Ausgestaltung der Führungsmittel auf die jeweiligen Persönlichkeiten der *Mitarbeiter/der Gruppe* abzustellen (Erfahrung, Persönlichkeit, Motivstruktur, WEZs = Wünsche, Erwartungen, Ziele usw.)
- und dabei die Vorzüge und Stärken *seiner eigenen Persönlichkeit* (Entschlusskraft, Sensibilität, Systematik o. Ä.) einzubringen.

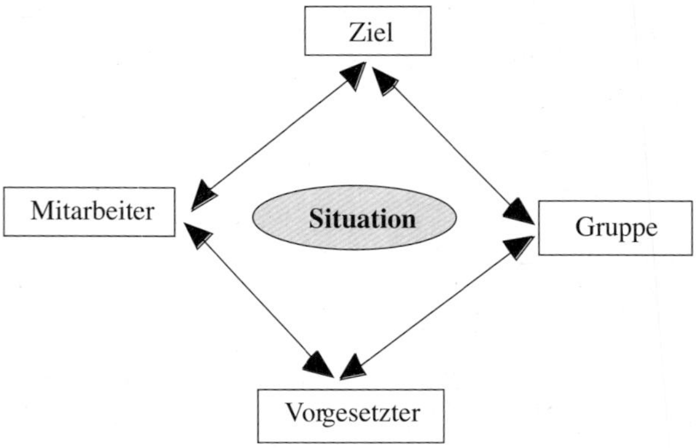

4.4.2 Stellung, Rolle, Funktion, Aufgaben, Anforderungen und Verantwortung des Industriemeisters

01. Welche Stellung und Funktion hat der Industriemeister im Prozess der betrieblichen Wertschöpfung?

Industriemeister stehen in der betrieblichen *Stellung zwischen* Unternehmensleitung und dem oberen Management einerseits und ausführenden Mitarbeitern andererseits. Industriemeister tragen daher eine besondere Verantwortung: Aus der *Schnittstellenposition* zwischen der oberen Führungsebene und der Ausführungsebene können konfliktträchtige Situationen entstehen, die hohe Anforderungen an den Meister stellen (Stichworte: „Zwischen-den-Stühlen-sitzen"; Gratwanderung zwischen „weißer Kittel" und „Blaumann").

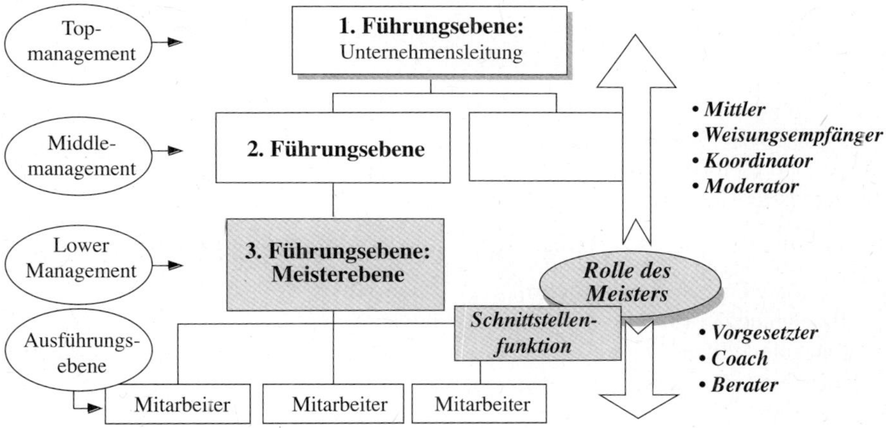

02. Welche Konsequenzen ergeben sich daraus für Rolle, Aufgaben und Verantwortung des Meisters?

Der Meister hat einerseits die von der Unternehmensleitung vorgegebenen Ziele und die damit verbundenen Aufgaben wahrzunehmen und gleichzeitig – im Rahmen dieser Ziele – die Erwartungen der Mitarbeiter zu berücksichtigen.

- Daraus erwächst seine *Rolle* als
  - Vorgesetzter,
  - Koordinator,
  - Mittler,
  - Coach und Berater seiner Mitarbeiter.

  Hinweis: vgl. dazu auch ausführlich unter Ziffer 4.6.4.

- *Aufgaben:*
  Die Führungsaufgaben des Meisters umfassen das gesamte Spektrum der Managementfunktionen und lassen sich grob einteilen in:
  - fachspezifische,
  - organisatorische und
  - personelle Aufgaben.

Im Betriebsalltag heißt das u. a. konkret:

- Die Arbeit planen, vorbereiten und an Mitarbeiter verteilen.
- Mitarbeiter anweisen und unterweisen.
- Die Durchführung der Arbeiten steuern und überwachen.
- Die Leistungsbereitschaft und Leistungsfähigkeit der Mitarbeiter fördern.
- Den Gruppenzusammenhalt fördern.
- Mitarbeiter beurteilen.
- Mitarbeiter ihren Fähigkeiten entsprechend einsetzen.
- Mitarbeiter über die Ziele des Unternehmens informieren.
- Sich für die Belange und Anliegen der Mitarbeiter einsetzen.

• *Verantwortung:*
Schlechte Mitarbeiterführung hat negative Folgen: Mitarbeiterverhalten ist stets auch eine Reaktion auf Führungsverhalten. In diesem Sinne ist der Industriemeister (mit)verantwortlich für negative Entwicklungen – wie z. B.:

- Fluktuation
- mangelhafte Koordination
- geringere Produktivität
- geringere Aktivität der Mitarbeiter
- Unzufriedenheit der Mitarbeiter
- Flucht der Mitarbeiter in die Krankheit
- seelische Probleme der Mitarbeiter (Alkoholismus)
- Einengung der Entscheidungsfreiheit der Mitarbeiter
- mangelnde Befriedigung zwischenmenschlicher Bedürfnisse
- mangelnder Wille zur Zusammenarbeit
- schlechtes Betriebsklima
- mangelnde/keine Identifikation der Mitarbeiter mit den betrieblichen Zielen
- Verunsicherung der Mitarbeiter
- nachlassendes Qualitätsbewusstsein
- Vernachlässigung von Umweltschutz, Arbeitssicherheit u. Ä.

4.4.3 Grundlagen der Autorität

01. Welche Bedeutung haben Macht und Autorität für den Führungserfolg?

• *Macht* ist eine Form der Einflussnahme, bei der eine Person oder Gruppe die Möglichkeit hat, Verhaltensänderungen bei anderen *auch gegen deren Willen durchzusetzen.*

• *Autorität* wird als eine Form der Macht bezeichnet, *die sich rechtfertigt;* Autorität setzt also ein gewisses Maß an Zustimmung des zu Beeinflussenden voraus. Autorität kann

- beruhen auf der Übernahme eines Amtes/einer Position und/oder
- in der Person begründet sein und/oder
- sich aus der fachlichen Kompetenz ergeben.

• *Echte Autorität* wird in der Praxis erlebt als Mischform von Amts-, Personal- und Fachautorität – mit unterschiedlichem Gewicht der einzelnen Komponenten. Echte Autorität drückt sich im Wesentlichen aus durch Konsequenz im Handeln, situationsgerechtes Reagieren, Durchsetzungsstärke und der Fähigkeit zur Kommunikation – auf der Basis innerer Sicherheit und Stabilität. Führungskräfte mit echter Autorität „sind sich selbst treu“, sind konsequent und damit „kalkulierbar“.

Echte Autorität

basiert auf innerer Sicherheit, Selbstvertrauen und innerer Stabilität

zeigt sich

durch **konsequentes Handeln**	⇐ ⇒	durch **situationsgerechtes Handeln**
in der **Durchsetzungsfähigkeit**	⇐ ⇒	in der **Kommunikationsfähigkeit**

- *Falsche Autorität,* die langfristig auch zum Führungs*misserfolg* führt, zeigt sich im Fehlen von personaler oder fachlicher Autorität („das Amt macht den Mann“ und nicht – richtigerweise – „der Mann macht das Amt“) oder im Fehlen jeglicher Autorität.

Falsche Autorität

zeigt sich in der Regel als

äußere Autorität		**fehlende Autorität**
Basiert überwiegend auf - Positionsmacht - Angst, Zwang, Härte - fehlender Sicherheit	⇐ ⇒	Äußert sich z. B. in - nicht konsequentem Handeln - gewähren lassen - fehlender Disziplin
↑		↑
Autoritäres Verhalten		***Antiautoritäres Verhalten***

Der Mitarbeiter erlebt falsche Autorität
- als Ausübung von (lediglich) Macht mit den Wirkungen Zwang, Angst, unbegründete Härte oder
- als Führungslosigkeit, Weichheit, Inkonsequenz, Maßstabslosigkeit, Ziellosigkeit.

02. Wie kann sich der Meister zu einem Vorgesetzten „mit „echter Autorität“ entwickeln?

Echte Autorität (vgl. oben) ist das Zusammenspiel von Amts-, Personal- und Fachautorität. Der Weg dahin ist für jede Führungskraft mit folgenden „Anstrengungen“ verbunden:

1. *Fachkompetenz:* Sich fachlich fit halten, sich weiterbilden, lernbereit sein, das Fachgebiet beherrschen.
2. *Methodenkompetenz:* Erlernen der notwendigen Methoden der Problemlösung, der Moderation, der Visualisierung, der Konfliktbearbeitung usw.

3. *Sozialkompetenz:* Beherrschen/Erlernen der Fähigkeit, mit anderen in einer Gemeinschaft zielorientiert, konstruktiv und aktiv zu arbeiten und dafür die Verantwortung zu übernehmen.

4. *Persönlichkeitsmerkmale:* Erkennen der eigenen Persönlichkeit und der Wirkung auf andere; Förderung der positiven Eigenschaften/Korrektur negativer Entwicklungen.

03. Welche Ansätze gibt es, um seine eigene Persönlichkeit und seinen eigenen Führungsstil zu erkennen und zu verbessern?

- Jede Führungskraft, die ernsthaft gewillt ist, Führung als Lernprozess zu begreifen, sollte die Bereitschaft und Fähigkeit entwickeln, ihren eigenen Führungsstil zu erkennen und zu trainieren. Die Schlüsselfragen lauten:
  - Wie bin ich?
  - Wie verhalte ich mich?
  - Wie wirke ich?

- Die Antworten darauf können durch
  - *Fremdbeobachtung* (z. B. Vorgesetzter, Mentor, Trainer),
  - *Eigenbeobachtung* (Eigenanalyse anhand eines Fragebogens oder durch Selbstaufschreibung)

  oder durch
  - *Feedback der Mitarbeiter* (z. B. Feedback-Gespräch oder auch generelle Mitarbeiterbefragung) gewonnen werden. Führungskräfte, die sich die Wirksamkeit ihres Führungsverhaltens bewusst gemacht haben, sind auch in der Lage, ihre Führung
  - *durch Training* zu verbessern.

- Führungskräfte sollten also
  - den eigenen Führungsstil erkennen,
  - sich bewusst machen, an welchen Prinzipien und Normen sie sich in ihrem Führungsverhalten orientieren,
  - reflektieren, welche positiven und negativen Wirkungen ihr Führungsstil entfaltet,
  - bereit sein, den eigenen Führungsstil kritisch aus der Sicht „Eigenbild" und „Fremdbild" zu betrachten sowie Stärken herauszubilden und Schwachstellen zu mildern.

04. Welchen Erwartungen der Unternehmensleitung und der Mitarbeiter muss der Industriemeister gerecht werden?

Eine Reihe von Konflikten erwachsen dem Industriemeister aus der zum Teil entgegengesetzten Erwartungshaltung der Mitarbeiter und der Unternehmensleitung an ihn. Dabei ist der Meister einerseits „Geführter" andererseits „Führender".

Bei widersprüchlichen oder zum Teil auch unvereinbaren Forderungen von Unternehmensleitung und Mitarbeitern (z. B. Überstunden contra freier Samstag oder Dienst contra Urlaub, unerfüllbare Lohn-/Gehaltsvorstellungen, Höhergruppierungen außer der Reihe) muss der Meister „seinen eignen Weg finden":

- *Der Industriemeister muss u. a.*
  - Spannungen „aushalten können" (Konfliktfähigkeit),
  - seinen Standpunkt klar, sachlich und überzeugend vertreten,
  - „nach oben" und „nach unten",
  - Lösungsmöglichkeiten anbieten, ohne sich dabei auf unsinnige „Sieg-und-Niederlage-Strategien" zurückzuziehen,
  - die Mitarbeiter einbeziehen (Motto: „Mache die Betroffenen zu Beteiligten!"),
  - mit eigenem gutem Beispiel vorangehen.

- Im Detail sind die *Erwartungen der Mitarbeiter* an den Meister außerordentlich umfangreich; er soll z. B.:
  - Fachlich qualifiziert sein und Zusagen einhalten,
  - klare Unterweisungen geben können
  - über Sicherheit am Arbeitsplatz aufklären,
  - „gerecht sein" (z. B. Arbeitsverteilung, Kritik, Anerkennung, Lohn)
  - über Menschenkenntnis, Einfühlungsvermögen und Urteilsvermögen verfügen

  sowie die Bereitschaft

  - zu kooperativer Arbeitsweise,
  - zur Übertragung von Verantwortung,
  - zum Informationsaustausch,
  - Probleme anzusprechen und
  - den Mitarbeitern Vertrauen entgegenbringen und ihre Belange ernst nehmen,

  entwickeln.

- *Die Unternehmensleitung erwartet* vom Meister vor allem:
  - Die Ziele und Aufgaben des Unternehmens wahrzunehmen, zu verfolgen und durchzusetzen.
  - Kostenbewusstes Denken und Handeln verwirklichen.
  - Organisatorische Fähigkeiten und entsprechende Flexibilität.
  - Menschenkenntnis und die Fähigkeit, Mitarbeiter nach deren Können einzusetzen.
  - Korrekte Behandlung der Mitarbeiter.
  - Motivation der Mitarbeiter.
  - Schaffung eines günstigen Betriebsklimas.
  - Persönliche Ausstrahlungskraft, Entscheidungsfreude im Rahmen des Entscheidungsspielraumes, Verantwortungsbewusstsein.

4.5 Führungsmethoden und -techniken zur Förderung der Leistungsbereitschaft und Zusammenarbeit der Mitarbeiter

4.5.1 Mitarbeitereinsatz und Delegation

01. Welche Kriterien muss der Meister bei einem effizienten Mitarbeitereinsatz berücksichtigen?

Der Meister kann den Personaleinsatz seiner Mitarbeiter nicht dem Zufall überlassen; er muss ihn *planen* – kurzfristig und auch mittelfristig. Seine Hauptverantwortung besteht darin, *eine Gesamtaufgabe zu erfüllen - mit der ihm zur Verfügung stehenden Gruppe*. Außerdem wird er seine *Mitarbeiter entsprechend ihrer Eignung einsetzen*. Dies vermeidet Über- und Unterforderung, verbessert die Motivation und beugt Fehlzeiten und Fluktuation vor.

Der effiziente *Mitarbeitereinsatz* muss sich an folgenden *Kriterien* orientieren:

a) *Quantitative Zuordnung:*
   - die täglich und wöchentlich anfallenden Arbeiten; *das Arbeitsvolumen im Verhältnis zur Anzahl der Mitarbeiter*

b) *Qualitative Zuordnung:*
   - die Anforderungen der einzelnen Arbeitsplätze *(Stellenbeschreibung und Anforderungsprofil)*
   - Eignung und Neigung der Mitarbeiter – „das Können und das Wollen" *(Eignungsprofil, Mitarbeiterbeurteilung)*.
   - Beim Eignungsprofil sind speziell zu prüfen:
     - *Allgemeine und persönliche Merkmale:*
       Alter, Geschlecht, Familienstand, körperliche Merkmale (Größe, Kraft, Motorik, Hören, Sehen, physische und psychische Belastbarkeit), Arbeitstempo, Selbstständigkeit, Teamfähigkeit, Sozialverhalten, Verhalten gegenüber Vorgesetzten
     - *Fachliche Merkmale:*
       Aus- und Fortbildung, Erfahrung, Wissen, Können

c) *Zeitlich-organisatorische Zuordnung:*
   - Zu welchen Terminen in welchen Arbeitsgruppen werden Mitarbeiter benötigt?
   - Müssen für den Einsatz Vorbereitungen geplant werden?

d) *Rechtliche Rahmenbedingungen:*
   - Einschränkungen des Weisungsrechts durch Betriebsvereinbarungen, Tarif oder Gesetz.
   - Bei Versetzungen/Umsetzungen bleibt die Vergütungsseite unberührt.
   - Enthält der Arbeitsvertrag eine Versetzungsklausel?
   - Grundsätzlich gilt: Je genauer die Tätigkeit des Mitarbeiters im Arbeitsvertrag vereinbart wurde, umso geringer ist der Spielraum für die Zuweisung anderer Tätigkeiten.
   - Die Mitbestimmung des Betriebsrates bei Versetzungen ist zu beachten (Ausnahme: betriebliche Notfallsituation).

Diese Merkmale sind nicht für jeden Arbeitsplatz gleich wichtig. Es empfiehlt sich daher, die *Kriterien je Arbeitsplatz zu gewichten* (z. B. Ausprägung: gering, mittel, hoch). Die ausgewogene und planmäßige Berücksichtigung dieser Merkmale bildet die Basis für einen optimalen Personaleinsatz nach dem Motto:

„Der richtige Mann am richtigen Platz!“

Dem Meister stehen beim flexiblen Einsatz seiner Mitarbeiter Instrumente zur Verfügung, die er unterschiedlich kombinieren kann, z. B.:

- flexible Handhabung der *Arbeitszeiten* wie z. B. Überstunden, kurzfristige Schichtänderungen u. Ä.
- *Leiharbeitnehmer*
- *Umsetzungen* und
- *Versetzungen*

Als Führungskraft kann er Maßnahmen des Personaleinsatzes gegenüber den Mitarbeitern anordnen; er hat das *Weisungsrecht*. Seine Grenzen findet das Weisungsrecht

- in den *individualrechtlichen Bestimmungen* des jeweiligen Arbeitsvertrages
- in den *kollektivrechtlichen Bestimmungen* (z. B. Mitbestimmung des Betriebsrates in den Fällen des § 87 BetrVG, Mitbestimmung bei Versetzungen, § 95 Abs. 3 BetrVG)
- in der Frage, wie die geplante Maßnahme unter dem *Aspekt der Führung* zu bewerten ist.

02. Wie wird richtig delegiert?

Delegation wird in der Praxis nicht immer richtig gehandhabt. Oft genug wird dem Mitarbeiter *lediglich Arbeit übertragen* – ohne klare Zielsetzung und ohne Entscheidungsrahmen (Kompetenz). Richtig delegieren heißt, dem Mitarbeiter ein (möglichst messbares und damit überprüfbares)

- *Ziel* zu setzen sowie ihm
- die *Aufgabe* und
- die *Kompetenz* zu übertragen.

Hinweis:
Der Begriff „Kompetenz“ hat einen doppelten Wortsinn:
a) Kompetenz im Sinne von Befähigung/eine Sache beherrschen (z. B. Führungskompetenz)
b) Kompetenz im Sinne von Befugnis/eine Sache entscheiden dürfen (z. B. die Kompetenz/Vollmacht zur Unterschrift)

Aus der Verbindung dieser *drei Bausteine der Delegation* erwächst für den Mitarbeiter die *Handlungsverantwortung* – nämlich seine Verantwortung für die Aufgabenerledigung im Sinne der Zielsetzung sowie die Nutzung der Kompetenz innerhalb des abgesteckten Rahmens. *Verantwortung übernehmen heißt, für die Folgen einer Handlung einstehen.*

Die Führungsverantwortung bleibt immer beim Vorgesetzten: Er trägt als Führungskraft immer die Verantwortung für Auswahl, Einarbeitung, Aus- und Fortbildung, Einsatz, Unterweisung, Kontrolle usw. des Mitarbeiters (*Voraussetzungen der Delegation*).

Diese Unterscheidung von Führungs- und Handlungsverantwortung ist insbesondere immer dann wichtig, wenn Aufgaben schlecht erfüllt wurden und die Frage zu beantworten ist: „Wer trägt für die Schlechterfüllung die Verantwortung? Der Vorgesetzte oder der Mitarbeiter ?“

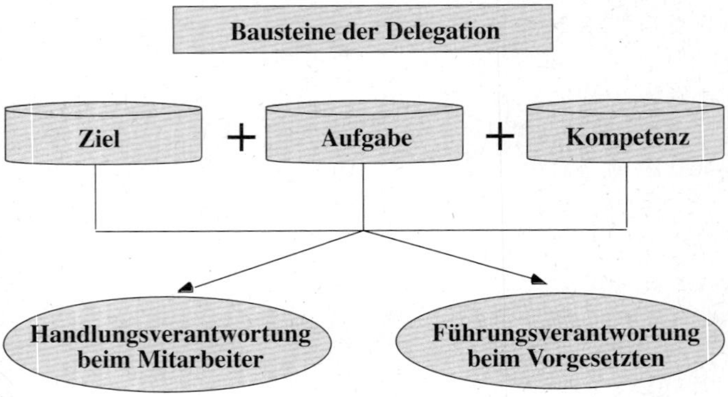

03. Welche Ziele werden mit der Delegation verbunden?

Ziele der Delegation (Beispiele)

Beim Vorgesetzten	Beim Mitarbeiter
- Entlastung - Prioritäten setzen - Know-how der Mitarbeiter nutzen	- Förderung der Fähigkeiten („Fördern heißt fordern!“) - Motivation/Arbeitszufriedenheit - Spezialisierung

04. Welche Grundsätze müssen bei der Delegation eingehalten werden?

a) Ziel, Aufgabe und Kompetenz müssen sich entsprechen (*Äquivalenzprinzip* der Delegation).

b) Der Vorgesetzte muss die *Voraussetzungen* schaffen:

- bei sich selbst: Bereitschaft zur Delegation, Vertrauen in die Leistung des Mitarbeiters
- beim Mitarbeiter: das Wollen (Motivation) + das Können (Beherrschen der Arbeit)
- beim Betrieb: organisatorische Voraussetzungen (Werkzeuge, Hilfsmittel, Information, dass der Mitarbeiter für diese Aufgabe zuständig ist)

c) *Keine Rückdelegation* zulassen!

d) Festlegen, *welche Aufgaben delegiert werden können* und welche nicht!
Hinweis: Führungsaufgaben können i.d.R. nicht delegiert werden.

e) *Hintergrund* der Aufgabenstellung erklären!

f) Formen der Kontrolle festlegen/vereinbaren (z. B. Zwischenkontrollen)!

g) Genaue Arbeitsanweisungen geben!

h) Die richtige Fehlerkultur praktizieren:
Fehler können vorkommen!
Aus Fehlern lernt man!
Einmal gemachte Fehler sind zu vermeiden!

05. Welche Handlungsspielräume kann der Meister seinen Mitarbeitern bei der Delegation einräumen?

Das Maß/den Umfang der Delegation kann der Meister unterschiedlich gestalten: Betrachtet man die „Bausteine der Delegation“ (vgl. oben), so ergeben sich für ihn folgende Möglichkeiten, das Maß der Delegation „eng zu gestalten“ oder „weit zu fassen“. Dementsprechend gering oder umfangreich sind die sich daraus ergebenden Handlungsspielräume für die Mitarbeiter:

a) Der Meister kann das Ziel

- vorgeben:	→	einseitige Festlegung: *Zielvorgabe, Arbeitsanweisung*
- mit dem Mitarbeiter vereinbaren:	→	Zielfestlegung im Dialog: *Zielvereinbarung*
b) Er kann den Umfang und die Art der delegierten Aufgabe unterschiedlich gestalten:	→	*Art + Umfang* der Aufgabe: leicht/schwer bzw. klein/groß
c) Er kann den Umfang der Kompetenzen weit fassen oder begrenzen	→	*Kompetenzumfang:* gering/umfassend

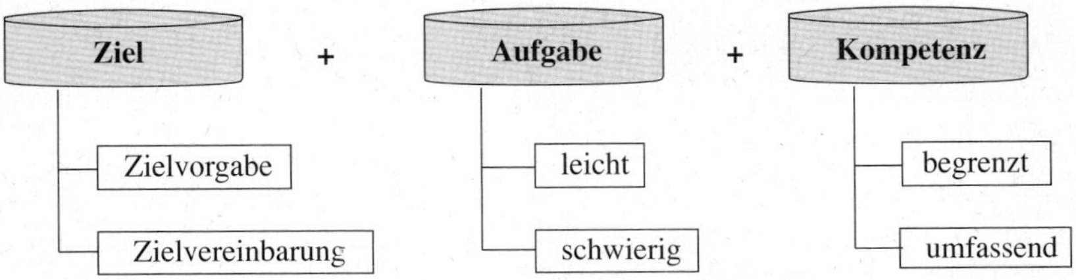

Welchen Handlungsspielraum der Vorgesetzte dem Mitarbeiter einräumt, muss im Einzelfall entschieden werden und hängt ab

- von der Erfahrung, der Kompetenz und der Bereitschaft des Mitarbeiters und
- von der betrieblichen Situation und der Bedeutung der Aufgabe (wichtig/weniger wichtig; dringlich/weniger dringlich; Folgen bei fehlerhafter Ausführung)

4.5.2 Qualifizierungsbedarf der Mitarbeiter und erforderliche Qualifizierungsmaßnahmen

Hinweis:
Es bestehen bei diesem Themenfeld inhaltlich starke Überschneidungen zu den Fachgebieten der AEVO („Planung und Durchführung der Ausbildung“).

01. Welche Aufgaben hat der Meister im Zusammenhang mit der Qualifizierung seiner Mitarbeiter?

- *Grundsätze:*
  „Die Förderung der Mitarbeiter ist die zentrale Aufgabe aller Führungskräfte!“

„Unterlassene Fortbildung und Potenzialunterdrückung ist eine Pflichtverletzung gegenüber dem Unternehmen!“

- Der Industriemeister hat die *Aufgabe,*
  - zu ermitteln, *wo und bei welchen Mitarbeitern* Qualifizierungsbedarf besteht, (Bedarfsermittlung)
  - zu entscheiden, welche Maßnahmen *er veranlassen kann* bzw. *muss* (Versetzung, Teilnahme an Schulungen, Kurse und Lehrgänge, Umschulungsmaßnahmen, Aufgabenerweiterung usw.),
  - zu planen, *welche Unterstützung er selbst geben muss* (sorgfältige Einarbeitung, methodisch erfahrene Unterweisung, Lernstattmodelle innerhalb der Arbeitsgruppe, Kenntnis inner- und überbetrieblicher Aus- und Weiterbildungsmaßnahmen, Coaching der Mitarbeiter, Prägen durch Vorbildfunktion, usw.) und *welche Verantwortung der Mitarbeiter übernehmen muss.*

02. Wie ist der Qualifizierungsbedarf zu ermitteln?

1. Schritt: Zunächst muss der Meister den *quantitativen Personalbedarf* ermitteln, d. h., *wie viele Mitarbeiter* werden für die kommende Planungsperiode an welchem Ort benötigt.

   Überwiegend steht hier zunächst der Bedarf aus betrieblicher Sicht im Vordergrund. Daneben ist der Bedarf aus der Sicht der Mitarbeiter zu berücksichtigen (Erwartungen, Wünsche, Karriereziele).

2. Schritt: Anschließend ist pro Stelle und pro Stelleninhaber der Vergleich zwischen dem Anforderungsprofil und dem Eignungsprofil zu ziehen. Aus dieser Profilvergleichsanalyse sind die ggf. vorhandenen Defizite abzuleiten und als Bildungsziele zu formulieren (= *qualitativer Personalbedarf).*

Die Bedarfsermittlung hat immer von den beiden Eckpfeiler auszugehen

- den „Stellen-Daten“ und
- den „Mitarbeiter-Daten“.

Für die Ermittlung des Qualifizierungsbedarfs gibt es eine Vielzahl von *Instrumenten* und *Informationsquellen:*

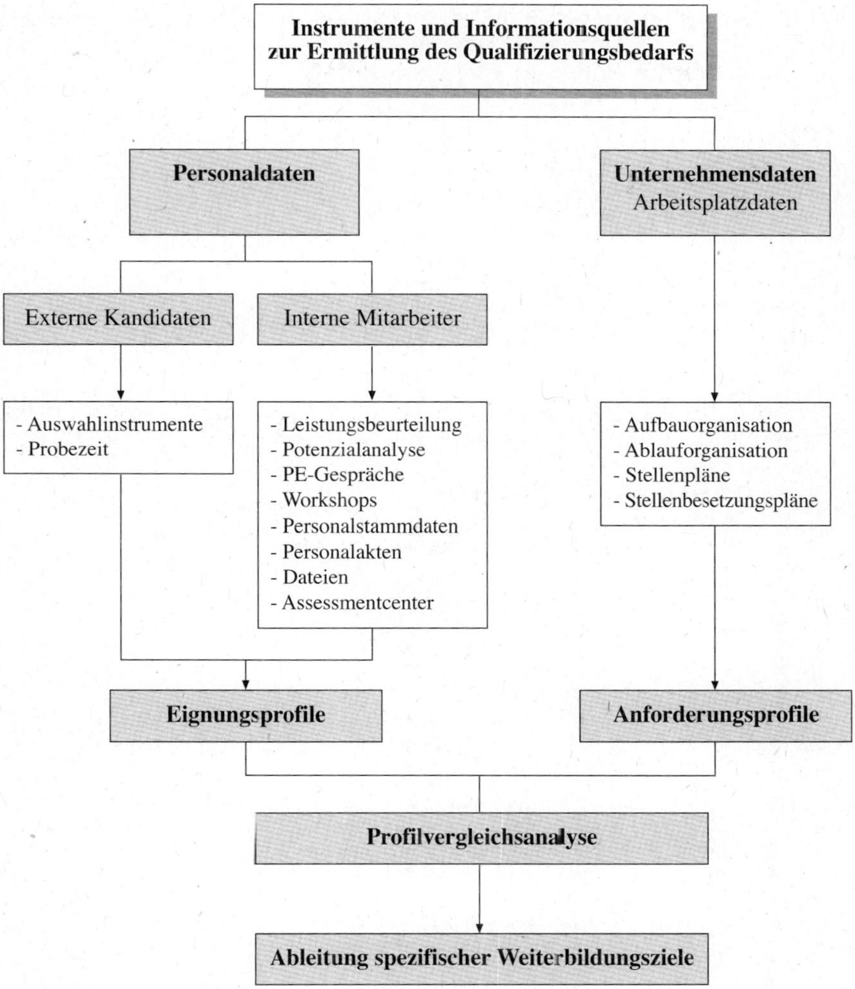

Der konkrete Qualifizierungsbedarf kann mithilfe folgender Maßnahmen ermittelt werden bzw. sich aufgrund spezieller Situationen ergeben:

- freie Abfrage im Gespräch,
- strukturierter Fragenkatalog,
- Bildungsworkshop,
- Personalentwicklungskonzept,
- Fördergespräche,
- gesetzliche Bestimmungen,
- Profilvergleichsanalysen (Anforderungs- und Eignungsprofile; siehe Abb. oben),
- Assessmentcenter,
- Investitionsprogramme.

03. Welche Ziele und Arten von Qualifizierungsmaßnahmen lassen sich unterscheiden?

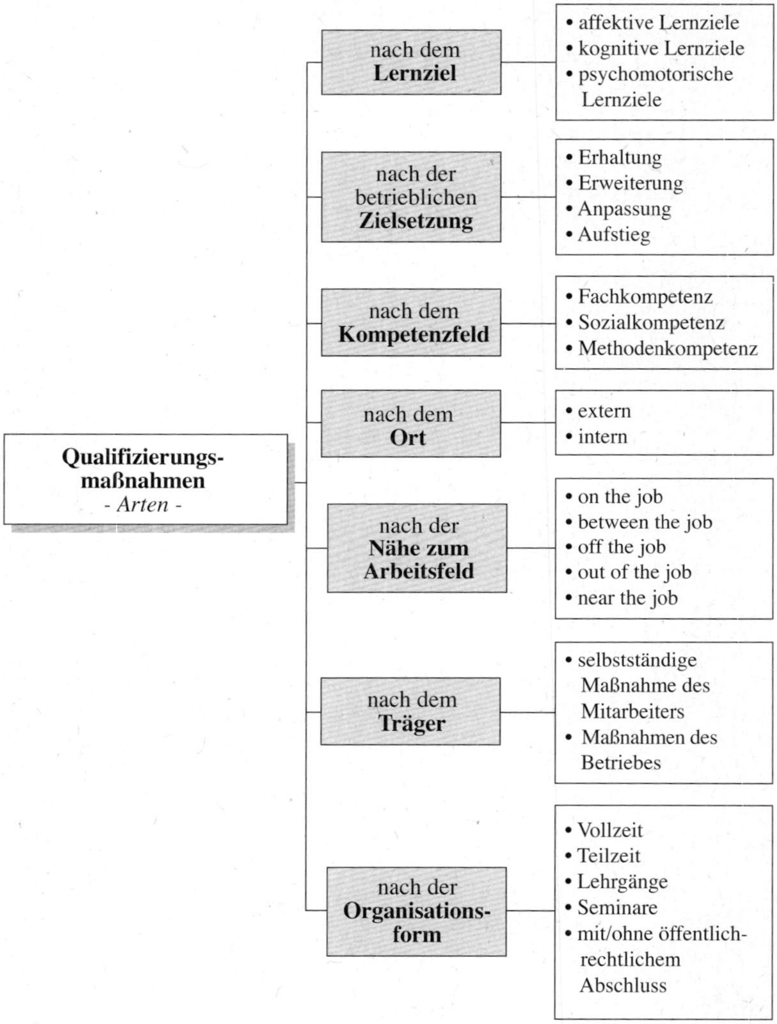

- *Die Erhaltungsqualifizierung* will
  mögliche Verluste von Kenntnissen und Fertigkeiten ausgleichen (z. B. Auffrischung von CNC-Kenntnissen, SPS-Kenntnissen, die über längere Zeit nicht eingesetzt werden konnten).

- *Die Erweiterungsqualifizierung* soll
  zusätzliche Berufsfähigkeiten vermitteln (z. B. Erwerb von „Elektronikzertifikaten" eines gelernten Elektrotechnikers).

- *Die Anpassungsfortbildung* hat zum Ziel
  eine Angleichung an veränderte Anforderungen am Arbeitsplatz sicherzustellen (z. B. Erwerb von Kenntnissen zur Maschinenbedienung beim Hersteller, wenn eine neue Maschinengeneration in Betrieb genommen wird).

- *Die Aufstiegsfortbildung* soll
  auf die Übernahme höherwertiger Aufgaben oder Führungsaufgaben vorbereiten (z. B. Beförderung zum Teamsprecher, zum Vorarbeiter, zum Einrichter usw.).

4. Warum spielt die Arbeitsunterweisung im Rahmen der Mitarbeiterqualifizierung eine zentrale Rolle?

Die Arbeitsunterweisung ist eine spezifische Maßnahme der Mitarbeiterqualifikation – *am Arbeitsplatz, durch den Vorgesetzten*. Sie ist die *gesteuerte Weitergabe* von Erfahrungen des Meisters an den Mitarbeiter.

- Bewährte Methode der Unterweisung ist die *4-Stufen-Methode:*

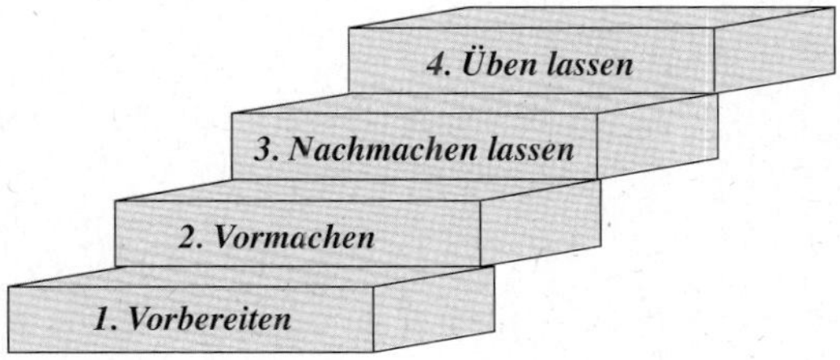

- *Vorteile/Bedeutung der Unterweisung:*
  - Kostengünstig,
  - praxisnah,
  - flexible Anpassung der Lerninhalte und -zeiten,
  - unmittelbare Kontrolle des Lernfortschritts,
  - der Meister wird zum Coach,
  - Förderung der Zusammenarbeit zwischen Meister und Mitarbeiter.

4.5.3 Arbeitskontrolle

01. Was ist Kontrolle? Welche Einzelaspekte enthält die Arbeitskontrolle?

Kontrolle ist ein wichtiges Element innerhalb der Führungsaufgaben des Meisters. Es ist sehr eng mit den Themen Anerkennung, Kritik und Beurteilung verknüpft. In allen Fällen muss ein brauchbarer *Maßstab* vorliegen und es sind *Formen der Rückmeldung* (Feedback-Maßnahmen).

Kontrolle ist der Vergleich eines Ist-Zustandes mit einem Soll-Zustand und ggf. die Ableitung erforderlicher (Korrektur-)Maßnahmen.

Insofern besteht der Vorgang der Kontrolle aus vier Schritten:

1. *Soll-Wert* festlegen/vereinbaren:

   Es muss ein *Soll-Wert*, d.h. ein Maßstab existieren; z. B. „Erledigung der Arbeit bis Do, 16:00 Uhr“ oder „Beherrschen der Maschine X innerhalb der Einarbeitungszeit von zwei Wochen“.

2. *Ist-Wert* ermitteln:

   Kontrolle setzt weiterhin voraus, dass ein *Ist-Wert* ermittelt wurde, d. h. der Meister muss das reale Leistungsverhalten des Mitarbeiters erfassen – und zwar möglichst wertfrei.

   Kontrolle umschließt notwendigerweise die Festlegung *korrigierender Maßnahmen aufgrund der Ursachen-Analyse.*

3. *Ursachen* analysieren

4. *Maßnahmen* treffen.

02. Warum ist Kontrolle notwendig?

Kontrolle ist erforderlich,

- um die *Zielerreichung* zu gewährleisten bzw. um eine Abweichung vom Ziel festzustellen,
- um dem Mitarbeiter ein *Feedback* über sein Leistungsverhalten zu geben,
- um Ursachen für Abweichungen zu ermitteln und zu beheben.

03. Welches Kontrollverfahren hat welche Wirkung?

• *Selbstkontrolle*:
  - hohe Motivationswirkung
  - wenn das Ergebnis dem Vorgesetzten nicht mitgeteilt wird: Korrektur kann nicht oder zu spät erfolgen

• *Fremdkontrolle:*
  - hoher Sicherheitsgrad
  - kann motivationshemmend wirken

• *Vollkontrolle:*
  - totale Sicherheit
  - wirkt demotivierend
  - Abweichungen sind sofort korrigierbar
  - hoher Aufwand
  - widerspricht dem Delegierungsprinzip

• *Stichprobenkontrolle:*
  - Abweichungen sind sofort korrigierbar
  - bewirkt unter Umständen Misstrauen

• *Ergebniskontrolle:*
  - hohe Motivationswirkung
  - bei Abweichungen kann nicht mehr korrigiert werden
  - kein Hinweis, mit welchen Mitteln das Ergebnis erreicht wurde

• *Zwischen- oder Tätigkeitskontrolle*:
  - laufende Einwirkungsmöglichkeiten
  - zeitaufwändig
  - i.d.R. geringe Motivationsbeeinträchtigung

Empfehlung:

Langfristig gesehen ist es besser, das *Maß der Eigenkontrolle* durch den Mitarbeiter zu *erweitern* und sich verstärkt auf die *Kontrolle von Ergebnissen* zu konzentrieren. Dies setzt bei Mitarbeiter einen hohen Ausbildungstand sowie einen gut entwickelten Reifegrad voraus; vgl. dazu die Ausführungen unter dem Stichwort „Delegation".

04. Welche Grundsätze sollten für ein angemessenes Kontrollverhalten berücksichtigt werden?

- Alles was delegiert wurde, muss auch kontrolliert werden!
- Aber: Das Maß der Kontrolle ist der Situation anzupassen!
- Regel „O-S-K-A-R":

***O** ffen*
***S** achlich*
***K** lar, kritisch*
***A** bgesprochen*
***R** ücksichtsvoll*

4.5.4 Anerkennung und Kritik

01. Was ist Anerkennung und welche Bedeutung hat sie als Führungsmittel?

Anerkennung ist die *Bestätigung positiver (erwünschter) Verhaltensweisen.* Da jeder Mensch nach Erfolg und Anerkennung durch seine Mitmenschen strebt, verschafft die Anerkennung dem Mitarbeiter ein Erfolgsgefühl und bewirkt eine Stabilisierung positiver Verhaltensmuster. Wichtig ist: Anerkennung und Kritik müssen sich die Waage halten; besser noch: häufiger richtiges Verhalten bestätigen, als (nur) falsches kritisieren.

Zur Unterscheidung:

Anerkennung bezieht sich auf die *Leistung*:
→ „Dieses Werkstück ist passgenau angefertigt. Danke!"

Nur in seltenen Fällen ist Lob angebracht.
Lob ist die Bestätigung der (ganzen) *Person*:
→ „Sie sind ein sehr guter Fachmann!"

Merke:
→ Mehrmaliger Erfolg führt zur Stabilisierung des Verhaltens.
→ Mehrmaliger Misserfolg führt zu einer Änderung des Verhaltens.

02. Welche Grundsätze sind bei der Anerkennung einzuhalten?

- *Auch* (scheinbare) *Selbstverständlichkeiten* bedürfen der Anerkennung. Der Grundsatz „Wenn ich nichts sage, war das schon o.k." ist falsch.
- Die beste Anerkennung kommt *aus der Arbeit selbst.* Arbeit und Leistung müssen *wichtig* sein und *Sinn* geben.

- Anerkennung muss *verdient* sein.
- Anerkennung soll
  - anlassbezogen,
  - sachlich,
  - konstruktiv,
  - zeitnah,
  - eindeutig,
  - konkret sein.
- Anerkennung muss sich an einem klaren Maßstab orientieren. (Was ist erwünscht/was ist unerwünscht?)
- Das *Maß der Anerkennung* muss sich am Zielerfolg und dessen Bedeutung orientieren (wichtige/weniger wichtige Aufgabe).
- Anerkennung *unter vier Augen* ist i.d.R. besser, als Anerkennung vor der Gruppe.
- Anerkennung und Kritik sollten sich auf lange Sicht die *Waage* halten.

03. Welche Formen der Anerkennung sind denkbar?

Dazu einige Beispiele:

- *Nonverbal* (ohne Worte): Kopfnicken, Zustimmung signalisieren, Daumen nach oben, „Hm, hm, ...
- *Verbal:*
  a) in *einzelnen Worten:*
  „Ja!", „Prima"!, „Klasse!", „Freut mich!
  b) *in (ganzen) Sätzen:*
  „Klasse, dass wir den Termin noch halten können!"
  „Scheint gut geklappt zu haben?"
- Unter *vier Augen*/vor der *Gruppe* (vgl. dazu oben)
- Anerkennung der *Einzel*leistung/der *Gruppen*leistung
- Anerkennung *verbunden mit einer materiellen/immateriellen Zuwendung:*
  Prämie, Geschenk, Sonderzahlung; Beförderung, Erweiterung des Aufgabengebietes u. Ä.

04. Was ist Kritik und welches Ziel wird damit verfolgt?

Kritik ist der Hinweis/das Besprechen *eines bestimmten fehlerhaften/unerwünschten Verhaltens.* Hauptziel der Kritik ist die *Überwindung des fehlerhaften Verhaltens des Mitarbeiters für die Zukunft.*

Um dieses Hauptziel zu erreichen, werden zwei *Unterziele* verfolgt:

- *Die Ursachen*
  des fehlerhaften Verhaltens werden im gemeinsamen 4-Augen-Gespräch sachlich und nüchtern besprochen. Dabei ist mit – oft heftigen – emotionalen Reaktionen auf beiden Seiten zu rechnen. Der Mitarbeiter wird zur Akzeptanz der Kritik nur dann bereit sein, wenn seine Gefühle vom Vorgesetzten ausreichend berücksichtigt werden und das Gespräch in einem allgemein ruhigen Rahmen verläuft.
- *Bewusstwerden* und *Einsicht*
  in das fehlerhafte Verhalten aufseiten des Mitarbeiters zu erreichen, ist das nächste Unterziel. Die besonders schwierige Führungsaufgabe im Kritikgespräch besteht in der Bewältigung der Affekte und der Erzielung von Einsicht in die notwendige Verhaltensänderung.

05. Welche Grundsätze müssen bei der Kritik eingehalten werden?

1. *Der Maßstab* für das kritisierte Verhalten *muss o.k. sein*, d. h.
   - er muss *existieren:* z. B.: Gleitzeitregelung aufgrund einer Betriebsvereinbarung
   - er muss *bekannt* sein: z. B.: dem Mitarbeiter wurde die Gleitzeitregelung ausgehändigt
   - er muss *akzeptiert* sein: z. B.: der Mitarbeiter erkennt die Notwendigkeit dieser Regelungen
   - die *Abweichung* ist eindeutig: z. B.: der Mitarbeiter verstößt nachweisbar gegen die Gleitzeitregelung (Zeugen, Zeiterfassungsgerät)
2. Kritik muss *mit Augenmaß* erfolgen (sachlich, angemessen, konstruktiv, zukunftsorientiert).
3. Das Kritikgespräch muss vorbereitet und strukturiert geführt werden.
4. Nicht belehren, sondern Einsicht erzeugen (fragen statt behaupten!).
5. Kritik
   - an der Sache/nicht an der Person
   - sprachlich einwandfrei (keine Beschimpfung)
   - nicht vor anderen
   - nicht über Dritte
   - nicht bei Abwesenheit des Kritisierten
   - nicht per Telefon
6. Die Wirkung des negativen Verhaltens aufzeigen.
7. Bei der Sache bleiben, nicht abschweifen! Keine ausufernde Kritik! Keine „Nebenkriegsschauplätze".

06. Welche Formen der Kritik sind denkbar?

Hier gelten analog die Ausführungen unter Frage 03. (bitte nochmals lesen). Zusätzlich ist wichtig:

- Nicht jede unerwünschte Verhaltensweise erfordert eine ausführliche Kritik in Verbindung mit einem Kritikgespräch. Oft wird die *Verhaltenskorrektur mit „einfachen Mitteln"* erreicht:

  „Bitte noch einmal überarbeiten!"; „Am Werkstück X ist die Toleranz zu groß!"; „An Ihrer Maschine fehlt die Sicherheitsvorrichtung. Bitte sofort korrigieren!"

- Sprachliche bzw. arbeitsrechtliche *Sonderformen* der Kritik sind: Ermahnung, Abmahnung, Verweis, Betriebsbuße (aufgrund einer Arbeitsordnung).

07. Wie sollte das Kritikgespräch geführt werden?

1. Phase: Der Vorgesetzte: *Kontakt/Begrüßung, Sachverhalt*

Sachlich-nüchterne, präzise Beschreibung des Gesprächs- und Kritikanlasses durch den Vorgesetzten. Dabei soll er auf eine klare, prägnante und ruhige Sprache achten.

2. Phase: Der Mitarbeiter: *Seine Sicht der Dinge.*

Der Mitarbeiter kommt zu Wort. Auch wenn die Sachlage scheinbar klar ist, der Mitarbeiter muss zu Wort kommen. Nur so lassen sich Vorverurteilungen und damit Beziehungsstörungen vermeiden. Diese Phase darf nicht vorschnell zu Ende kommen. Erst wenn die Argumente und Gefühle vom Mitarbeiter bekannt gemacht wurden, ist fortzufahren.

3. Phase: *Vorgesetzter/Mitarbeiter:* *Ursachen erforschen*

Gemeinsam die Ursachen des Fehlverhaltens feststellen - liegen sie in der Person des Mitarbeiters oder der des Vorgesetzten, oder in der betrieblichen Situation usw.

4. Phase: *Vorgesetzter/Mitarbeiter:* *Lösungen/Vereinbarungen für die Zukunft*

Wege zur zukünftigen Vermeidung des Fehlverhaltens vereinbaren. Erst jetzt erreicht das Gespräch seine produktive, zukunftsgerichtete Stufe. Auch hier gilt es, die Vorschläge des Mitarbeiters mit einzubeziehen.

4.5.5 Mitarbeiterbeurteilung und Arbeitszeugnis

01. Warum sind Mitarbeiterbeurteilungen notwendig? Welche Ziele werden damit verbunden?

- *Aus betrieblicher Sicht* hat die Mitarbeiterbeurteilung folgende Ziele/Notwendigkeiten:
  - Die Beurteilung soll zur *Objektivierung* beitragen. Durch systematische Beurteilungssysteme, Leistungsstandards, aus Festlegung von Leistungsmerkmalen und deren Ausprägung soll *ein klarer Maßstab* gewonnen werden, der die Vergleichbarkeit von Mitarbeiterleistungen ermöglicht.
  - Aufgrund von Mitarbeiterbeurteilungen sind Führungskräfte gehalten, sich mit Führungssituationen und Führungsergebnissen auseinander zu setzen. Dies kann *zur Verbesserung ihrer Führungsqualifika*tion beitragen.
  - Die Beurteilung von Mitarbeitern kann dazu beitragen, *Potenziale zu erkennen und sie zu nutzen.*
  - *Leistungsdefizite können erkannt werden* und durch individuelle und der Situation angemessene Fördermaßnahmen beseitigt werden. *Die Erhaltung und Steigerung der Mitarbeiterleistung ist dadurch tendenziell besser möglich.*
  - Beurteilungen sind häufig *Grundlage für* Entlohnungen, Beförderungen, Versetzungen, Eingruppierungen, Laufbahnüberlegungen, Disziplinarmaßnahmen.
  - Nach *§ 84 BetrVG* kann der Mitarbeiter eine Beurteilung verlangen (Hinweis: auch wenn kein Betriebsrat existiert; sog. individualrechtliche Norm des BetrVG).
- *Aus der Sicht der Mitarbeiter* hat die Beurteilung folgende Ziele/Notwendigkeiten:
  - Neben der Kritik als der mehr spontanen Reaktion des Vorgesetzten auf das Verhalten seiner Mitarbeiter gibt der Vorgesetzte in der Beurteilung eine Aussage über die Leistung der Mitarbeiter während eines größeren Zeitraums (z. B. 1 Jahr).

Die Beurteilung kann damit *Leistungsanreize* schaffen, sie bietet *Orientierungsmöglichkeiten* zur Veränderung und sie kann bei starken Leistungsdefiziten dem Mitarbeiter deutliche Hinweise geben, bevor es ggf. zu arbeitsrechtlichen Maßnahmen kommen muss (Abmahnungen, Kündigung).

- Sozusagen *als „Spiegelfunktion"* erhält der Mitarbeiter die Information, wie er in diesem Unternehmen gesehen wird.
- Ein systematisches Beurteilungsverfahren ist „ein gewisser Schutz vor subjektiver und willkürlicher Bewertung durch den Vorgesetzten".
- Verbesserung der eigenen Einschätzung durch *Fremdeinschätzung* und damit besseres Erkennen von Stärken und Schwächen im Verhalten.
- Verbesserte *Einschätzung realer Aufstiegsmöglichkeiten*; dadurch werden tendenziell überzogene Erwartungen und ggf. spätere Enttäuschungen vermieden.

02. Welche Arten/Formen bzw. Anlässe der Beurteilung lassen sich unterscheiden?

- *Planmäßige* (regelmäßige) *Beurteilungen* sind erforderlich:

- vor Ablauf der Probezeit,
- vor Beginn des Kündigungsschutzes (6-Monats-Frist; § 1 KSchG),
- im Rahmen der jährlichen Gehaltsüberprüfung,
- in bestimmten Zeitabständen (z. B. alle zwei Jahre – entsprechend dem Zeitraster im Beurteilungssystem).

- *Außerplanmäßige Beurteilungen* (im Einzelfall) können erforderlich werden:

- bei Versetzungen, Beförderungen oder Wechsel des Arbeitsplatzes,
- bei Wechsel des Vorgesetzten,
- bei Beförderungen,
- in Verbindung mit Fortbildungsmaßnahmen,
- auf besonderen Wunsch des Vorgesetzten oder des Mitarbeiters,
- bei außerplanmäßiger Entgeltanpassung,
- beim Austritt des Mitarbeiters.

Personalbeurteilung • Arten (auch: Anlässe)

Form	**Inhalt**	**Regelmäßigkeit**	**Kriterien**	**Merkmalsdifferenzierung**	**Personalumfang**
- freie - gebundene - teilweise gebundene	- Potenzialbeurteilung - Leistungsbeurteilung	- planmäßig - außerplanmäßig	- quantitative - qualitative	- summarisch - analytisch	- Einzelbeurteilung - Gesamtbeurteilung

03. Welche Phasen sind bei einem Beurteilungsvorgang einzuhalten?

Ein wirksamer Beurteilungsvorgang setzt die Trennung folgender Phasen voraus:

- *Phase 1: Beobachtung*
  = gleichmäßige Wahrnehmung der regelmäßigen Arbeitsleistung und des regelmäßigen Arbeitsverhaltens
- *Phase 2: Beschreibung*
  = möglichst wertfreie Wiedergabe und Systematisierung der Einzelbeobachtungen im Hinblick auf das vorliegende Beurteilungsschema
- *Phase 3: Bewertung*
  = Anlegen eines geeigneten Maßstabs an die systematisch beschriebenen Beobachtungen
- *Phase 4: Beurteilungsgespräch*
  = Zweier-Gespräch zwischen dem Vorgesetzten und dem Mitarbeiter über die durchgeführte Beurteilung
- *Phase 5: Gesprächsauswertung*
  = Initiierung erforderlicher Maßnahmen (Verhaltensänderung, Schulung, Aufstieg usw.)

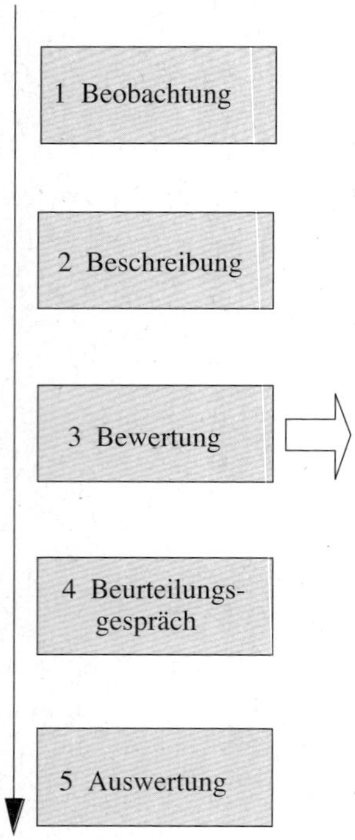

Phasen der Beurteilung

Strukturierter Beurteilungsbogen (Beispiel)						
Merkmale	Gewichtung	entspricht selten den Erwartungen	entspricht im Allgemeinen den Erwartungen	entspricht voll den Erwartungen	liegt über den Erwartungen	liegt weit über den Erwartungen
		1	2	3	4	5
Arbeitsquantität						
Arbeitsqualität						
Fachkenntnisse						
Arbeitskenntnisse						
Zusammenarbeit						
...						

04. Welche Elemente enthält ein strukturiertes Beurteilungssystem?

Jedes Beurteilungssystem/-verfahren enthält *mindestens drei Elemente* - unabhängig davon, in welchem Betrieb oder für welchen Mitarbeiterkreis es eingesetzt wird:

Beurteilungsverfahren		Merkmalsausprägungen/Bewertungsstufen			
Merkmalsgruppen	**Gewichtung**	*1*	*2*	*3*	*4*
Merkmal 1					
Merkmal 2					
....					

05. Welche Beurteilungsfehler sind in der Praxis anzutreffen?

Beurteilungsfehler (1) • Fehleinschätzungen in der Wahrnehmung	
Halo-Effekt	Beim Halo-Effekt wird von einer Eigenschaft auf andere Merkmale geschlossen.
Nikolaus-Effekt	Beim Nikolaus-Effekt basiert die Beurteilung speziell auf Verhaltensweisen, die erst in jüngster Zeit beobachtbar waren bzw. stattgefunden haben.
Selektions-Effekt	Beim Selektions-Effekt erkennt der Vorgesetzte nur bestimmte Verhaltensweisen, die ihm relevant erscheinen.
Vorurteile	Z. B. „Mitarbeiter mit langen Haaren und nachlässiger Kleidung sind auch in der Leistung schlampig".
Primacy-Effekt	Die zuerst erhaltenen Informationen und Eindrücke werden in der Beurteilung sehr viel stärker berücksichtigt als spätere Verhaltensweisen;
Kleber-Effekt	Mitarbeiter, die über einen längeren Zeitraum nicht befördert wurden, werden unbewusst unterschätzt und entsprechend schlechter beurteilt.
Hierarchie-Effekt	Mitarbeiter einer höheren Hierarchiebene werden besser beurteilt als Mitarbeiter der darunter liegenden Ebenen.
Lorbeer-Effekt	In der Vergangenheit erreichte Leistungen (Lorbeeren) werden unangemessen stark berücksichtigt, obwohl sie sich in der jüngeren Vergangenheit nicht mehr bestätigt haben.
Erster Eindruck	Voreilige Schlussfolgerungen werden nicht weiter überprüft.

<table>
<tr><th colspan="2">Beurteilungsfehler (2) • Fehlerquellen im Maßstab</th></tr>
<tr><td>Tendenz zur Mitte</td><td>Der Vorgesetzte scheut sich, die Extremwerte einer Skalierung anzuwenden.<table><tr><td>1
sehr gut</td><td>2</td><td>3</td><td>4</td><td>5</td><td>6</td><td>7
nicht ausreichend</td></tr><tr><td></td><td></td><td></td><td></td><td></td><td></td><td></td></tr></table></td></tr>
<tr><td>Tendenz zur Milde</td><td>Der Vorgesetze scheut sich, unzureichende Leistung mit „schlecht“ zu bewerten.<table><tr><td>1
sehr gut</td><td>2</td><td>3</td><td>4</td><td>5</td><td>6</td><td>7
nicht ausreichend</td></tr><tr><td></td><td></td><td></td><td></td><td></td><td></td><td></td></tr></table></td></tr>
<tr><td>Tendenz zur Strenge</td><td>Der Vorgesetzte legt als Maßstab der Bewertung ein zu hohes Niveau an.<table><tr><td>1
sehr gut</td><td>2</td><td>3</td><td>4</td><td>5</td><td>6</td><td>7
nicht ausreichend</td></tr><tr><td></td><td></td><td></td><td></td><td></td><td></td><td></td></tr></table></td></tr>
<tr><td>Sympathiefehler</td><td>Je nach dem, ob der Vorgesetzte den Mitarbeiter als sympathisch oder unsympathisch empfindet, wird seine Bewertung positiv oder negativ beeinflusst.</td></tr>
<tr><td>unangemessene Subjektivität</td><td>Der Vorgesetzte bewertet willkürlich bzw. legt unangemessen (nur) seinen eigenen (subjektiven) Maßstab zu Grunde.</td></tr>
<tr><td>Wegloben</td><td>Der Mitarbeiter wird überzogen positiv beurteilt</td></tr>
</table>

06. Wie ist ein Beurteilungsgespräch vorzubereiten?

Beurteilungsgespräche müssen, wenn sie erfolgreich verlaufen sollen, *sorgfältig vorbereitet werden*. Dazu empfiehlt sich für den Vorgesetzten, folgende Überlegungen anzustellen bzw. Maßnahmen zu treffen:

- Dem Mitarbeiter rechtzeitig den *Gesprächstermin* mitteilen und ihn bitten, sich ebenfalls vorzubereiten.

- Den *äußeren Rahmen* gewährleisten: Keine Störungen, ausreichend Zeit, keine Hektik, geeignete Räumlichkeit, unter „4-Augen“ usw.

- *Sammeln und Strukturieren der Informationen:*
  - Wann war die letzte Leistungsbeurteilung?
  - Mit welchem Ergebnis?
  - Was ist seitdem geschehen?
  - Welche positiven Aspekte?
  - Welche negativen Aspekte?
  - Sind dazu Unterlagen erforderlich?

- *Was ist das Gesprächsziel?* Mit welchen Argumenten? Was wird der Mitarbeiter vorbringen?

07. Wie ist das Beurteilungsgespräch durchzuführen?

Für ein erfolgreich verlaufendes Beurteilungsgespräch gibt es kein Patentrezept. Trotzdem ist es sinnvoll, dieses Gespräch in Phasen einzuteilen, das heißt, das Gespräch zu strukturieren und dabei eine Reihe von Hinweisen zu beachten, die sich in der Praxis bewährt haben:

1. *Eröffnung:*
   - sich auf den Gesprächspartner einstellen, eine zwanglose Atmosphäre schaffen
   - die Gesprächsbereitschaft des Mitarbeiters gewinnen, evtl. Hemmungen beseitigen
   - ggf. Verständnis für die Beurteilungssituation wecken

2. Konkrete Erörterung der *positiven Gesichtspunkte*:
   - nicht nach der Reihenfolge der Kriterien im Beurteilungsraster vorgehen
   - ggf. positive Veränderungen gegenüber der letzten Beurteilung hervorheben
   - Bewertungen konkret belegen
   - nur wesentliche Punkte ansprechen (weder „Peanuts" noch „olle Kamellen")
   - den Sachverhalt beurteilen, nicht die Person

3. Konkrete Erörterung der *negativen Gesichtspunkte:*
   - analog wie Ziffer 2
   - negative Punkte zukunftsorientiert darstellen (Förderungscharakter)

4. Bewertung der Fakten durch den *Mitarbeiter:*
   - den Mitarbeiter zu Wort kommen lassen, interessierter und aufmerksamer Zuhörer sein
   - aktives Zuhören, durch offene Fragen ggf. zu weiteren Äußerungen anregen
   - asymmetrische Gesprächsführung, d. h. in der Regel dem Mitarbeiter den größeren Anteil an Zeit/Worten überlassen
   - evtl. noch einmal einzelne Beurteilungspunkte genauer begründen
   - zeigen, dass die Argumente ernst genommen werden
   - eigene „Fehler" und betriebliche Pannen offen besprechen
   - in der Regel keine Gehaltsfragen diskutieren (keine Vermengung); falls notwendig, „abtrennen" und zu einem späteren Zeitpunkt fortführen.

5. Vorgesetzter und Mitarbeiter *diskutieren* alternative Strategien und *Maßnahmen* zur Vermeidung zukünftiger Fehler:
   - Hilfestellung nach dem Prinzip „Hilfe zur Selbsthilfe" („ihn selbst darauf kommen lassen")
   - ggf. konkrete Hinweise und Unterstützung (betriebliche Fortbildung, Fachleute usw.)
   - kein unangemessenes Eindringen in den Privatbereich
   - sich Notizen machen; den Mitarbeiter anregen, sich ebenfalls Notizen zu machen

6. *Positiver Gesprächsabschluss mit Aktionsplan:*
   - wesentliche Gesichtspunkte zusammenfassen
   - Gemeinsamkeiten und Unterschiede klarstellen
   - ggf. zeigen, dass die Beurteilung überdacht wird
   - gemeinsam festlegen:
   - Was unternimmt der Mitarbeiter?
   - Was unternimmt der Vorgesetzte?
   - ggf. Folgegespräch vereinbaren: Wann? Welche Hauptaufgaben/Ziele?
   - Zuversicht über den Erfolg von Leistungskorrekturen vermitteln
   - Dank für das Gespräch

08. Welche inhaltlichen Aspekte sind bei der Erstellung eines qualifizierten Zeugnisses zu beachten?

Das Arbeitsrecht unterscheidet zwei *Zeugnisarten*:

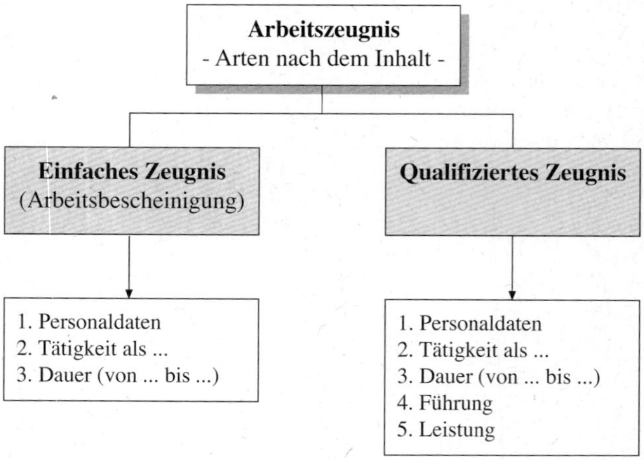

Das heißt also, dass das qualifizierte Zeugnis zusätzlich Angaben über die Führung und Leistung des Mitarbeiters enthält.

In der Praxis reicht für den Meister diese Unterscheidung noch nicht aus. Er muss bei dem Entwurf eines *qualifizierten Zeugnisses* inhaltlich insgesamt folgende *Einzelpunkte* beachten:

1. *Formale Aspekte:*
   DIN-A-4-Firmenbogen, fehlerfreie Rechtschreibung, keine Streichungen, keine Beschmutzung

2. *Überschrift:*
   Zeugnis, Zwischenzeugnis, Berufsausbildungszeugnis, Praktikumszeugnis

3. *Persönliche Angaben des Mitarbeiters; Stellenbezeichnung:*
   Name, Vorname (ggf. Geburtsname), Geburtsdatum, akademischer Titel, Positionsbezeichnung

4. *Dauer der Tätigkeit:*
   von ... bis ... (das Enddatum kann auch in der Schlussformulierung genannt werden)

5. *Tätigkeitsinhalte:*
   Komplexität, Umfang der Aufgaben, Anteil von Sach- und Führungsaufgaben, Vollmachten wie Prokura, Handlungsvollmacht

6. *Führung und Leistung:*

   - *Leistung:*
     Leistungsbereitschaft, Leistungsfähigkeit, Führungsfähigkeit (bei Vorgesetzten), besondere Leistungen, besonderen Eigenschaften wie Belastbarkeit, hohe Motivation, Arbeitseinsatz, besonderen Fähigkeiten

     Anwenden der Formulierungsskala („*Zeugniscode*"):
     - sehr gut: „... stets zur vollsten Zufriedenheit ..."
     - gut: „... stets zur vollen Zufriedenheit ..."
     - befriedigend: „... zur vollen Zufriedenheit ..."

- ausreichend: „... zur Zufriedenheit ..."
- mangelhaft: „... im Großen und Ganzen zur Zufriedenheit ..."
- ungenügend: „... hat sich bemüht ..."

Der Gebrauch von Spezialformulierungen ist in der Rechtsprechung umstritten und sollte vermieden werden:
„... war sehr tüchtig und wusste sich zu verkaufen ..." = war unangenehm, unbequem, u. Ä.

Bei negativer Beurteilung ist es weit verbreitet,
- unwichtige Eigenschaften und Merkmale unangemessen hervorzuheben sowie
- wichtige Aspekte zu verschweigen (weil negativ) - insbesondere Eigenschaften und Verhaltensweise, die bei einer bestimmten Tätigkeit von besonderem Interesse sind.

- *Führung:*
  Sozialverhalten des Mitarbeiters, Verhalten zu Vorgesetzten
  sehr gut: „... war stets vorbildlich ..."
  gut: „... war vorbildlich ..."; „... war ohne Beanstandungen ..."
  ungenügend: „... wurde als umgänglicher Kollege geschätzt ..."

7. *Grund der Beendigung:*
   Der Grund der Beendigung ist nur auf Verlangen des Mitarbeiters in das Zeugnis aufzunehmen:
   - überwiegend positiv, ggf. aber mit „Macken": „... auf eigenen Wunsch ..."
   - überwiegend negativ: „... in beiderseitigem Einvernehmen ..."
   - vorgeschobener Grund oder echter Grund: „... aus organisatorischen Gründen / aus Gründen der Reorganisation ..."

8. *Schlussformulierung (sog. Dankes-Bedauern-Zukunfts-Formel):*
   Bei der Schlussformulierung sind folgende Gestaltungen üblich:
   - Standard: „Wir wünschen Frau ... alles Gute für Ihre berufliche Entwicklung."
   - Mögliche Steigerungen:
     „... wünschen wir Herrn ... Erfolg bei seinem weiteren beruflichen Werdegang und danken ihm für die geleistete Arbeit.";
     „... bedauern seinen Entschluss ... (außerordentlich) ...";
     „... würden ihn jederzeit wieder einstellen ...";
     „... wünschen ihm auch zukünftig den Erfolg in seiner Arbeit, den er in unserem Unternehmen realisieren konnte ...";
     „... verlässt unser Unternehmen, um sich einer neuen beruflichen Aufgabe zu widmen ...".

9. *Ausstellungsdatum*:
   Muss mit dem Beendigungstermin übereinstimmen oder zwei bis drei Tage vorher.

10. *Unterschrift(en)*:
    Von ein oder zwei Zeichnungsberechtigten; rechts unterschreibt der unmittelbare Vorgesetzte oder dessen Fachvorgesetzter; links unterschreibt der nächst höhere Fachvorgesetzte oder ein Mitarbeiter der Personalabteilung.

ppa. Krause	i.A. Müller
Krause, Leiter Personal- und Sozialwesen	*Müller, Leiter Montage*

09. Welche Grundsätze sind bei der Zeugniserstellung zu beachten?

a) *Arbeitsrechtliche Bestimmungen:*
Der bisherige Arbeitgeber muss das Zeugnis *wahrheitsgemäß und wohlwollend* abfassen. Im Zweifelsfall gilt *„Wahrheit vor Wohlwollen"*.

b) *Umfang des Zeugnisses:*
Die Gesamtlänge des Zeugnisses muss der Position und der Dauer entsprechen (z. B. Facharbeiter/drei Jahre: → ca. ½ bis max. 1 Seite).

c) *Zeugnissprache:*
- konkrete Beschreibungen:
  nicht: „... hat sich immer engagiert ...", sondern: „Sein besonderes Engagement stellte er beim Projekt ... unter Beweis ..."
- Aktiv-Form statt Passiv-Form:
  nicht: „... wurde er ..."; sondern: „... er hat ...", „...ihm gelang es ..."
- offen und ehrlich; Verzicht auf „Geheimsprache"
- knapp, verständlich, vollständig

Das Erstellen von Zeugnissen bedarf einiger Übung; hier sollte sich der Meister Unterstützung von der Personalabteilung holen. Empfehlenswert sind auch neuere Formen der Zeugniserstellung: Mit dem Betriebsrat werden Textbausteine mit abgestuften Beurteilungsbeschreibungen vereinbart, die dann auf den konkreten Sachverhalt des zu beurteilenden Mitarbeiters bezogen werden; dies bedeutet: Standardisierung + Rationalisierung + Einzelfallbeschreibung + Vollständigkeit + Fehlervermeidung.

4.5.6 Personelle Maßnahmen

01. Was sind personelle Maßnahmen?

Personelle Maßnahmen sind *alle Handlungen einer Führungskraft, die seine Mitarbeiter direkt betreffen.* Der Meister trägt hier die Hauptverantwortung für die Führung der ihm unterstellten Mannschaft. Er muss seine Mitarbeiter

- einarbeiten,
- fördern und beraten,
- beurteilen,
- informieren,
- ggf. auch entlassen,
- beschaffen und auswählen,
- richtig einsetzen,
- kontrollieren,
- „gerecht" entlohnen,

um nur einige Beispiele zu nennen.

02. Mit welchen Stellen im Betrieb muss der Industriemeister bei personellen Maßnahmen zusammenarbeiten? Warum ist diese Zusammenarbeit erforderlich?

Bei personellen Maßnahmen muss der Industriemeister mit den im Betrieb zuständigen Stellen zusammenarbeiten: Er muss u.a. die *Fachkompetenz* dieser Abteilungen *nutzen,* personelle Maßnahmen veranlassen und abstimmen, Beteiligte *informieren und beraten* sowie die *Rechte des Betriebsrates* berücksichtigen. Vielfach wird der Meister (nur) „Auslöser" personeller Maßnahmen sein; die eigentliche Hauptarbeit übernimmt dann weiterführend z. B. die Personalabteilung, die ihn mit ihrem Know-how entlastet; Beispiele: Gehaltsüberprüfung ⇒ Schreiben der Gehaltsmitteilung, Information des Mitarbeiters, Ablage usw.

In der Fachliteratur nennt man die Stellen, die über personelle Maßnahmen zu entscheiden haben und die betriebliche Personalarbeit (mit)tragen, auch *„Träger der Personalarbeit"*. Es sind dies:
- der direkte Vorgesetzte (also der Meister)
- die nächsthöheren Vorgesetzten
- die Unternehmensleitung
- die Personalabteilung
- der Betriebsrat (soweit vorhanden)
- die zuständigen externen Stellen (z. B. die IHK in Fragen der Ausbildung)

In der Praxis ist dabei die Form der Zusammenarbeit zwischen dem Meister und den oben genannten Stellen unterschiedlich geregelt; mitunter kommt es auch bei der Frage der *„Kompetenzabgrenzung"* zu Konflikten.

In der Zusammenarbeit von „Fachabteilung" (der Meister) und „Personalabteilung" hat sich heute folgendes Prinzip durchgesetzt:

- Dort, wo *generelle Regelungen* erforderlich sind und die Fachkompetenz der Personalabteilung zwingend gebraucht wird, entscheidet vorrangig *das Personalwesen* allein, während der Meister als Fachmann der Abläufe vor Ort berät und unterstützt.

  Beispiele: Entgeltstrukturen, -abrechnung, Sozialwesen.

- *Personelle Maßnahmen im Einzelfall,* die eine genaue Regelung der speziellen Fakten vor Ort erfordern, entscheidet vorrangig der Fachvorgesetzte, also *der Meister*; natürlich im Rahmen der betrieblich geltenden Regelungen.

  Beispiele: Lohnüberprüfung, Urlaubsgewährung, Versetzung.

Heute ist in den meisten Unternehmen eine Aufgabenteilung und Kompetenzabgrenzung zwischen Personalabteilung und Fachabteilung (Meister) anzutreffen, die in etwa folgende Struktur aufweist:

Kompetenzabgrenzung • Personalabteilung ↔ Fachabteilung

← Extrem		*Extrem →*
Personalabteilung entscheidet allein	**Personal- und Fachabteilung entscheiden gemeinsam**	**Fachabteilung entscheidet allein**
Kompetenz: Berater, Dienstleister, Change-Manager		*Kompetenz:* kennt die Personalarbeit vor Ort
↓	*Beispiele:* ↓	↓
- Personalverwaltung - Personalcontrolling - Zusammenarbeit mit dem Betriebsrat	- Personalplanung - Personalauswahl - Personalabbau	- Mitarbeitereinsatz - Arbeitsstrukturen - Kommunikation - Führung - Personalentwicklung

03. Welche Planungsmittel kann der Meister bei personellen Maßnahmen einsetzen?

Personelle Maßnahmen sind kurz-, mittel- und langfristig zu treffen. Sie sind mit Mitarbeitern und zuständigen Stellen abzustimmen. Für eine bessere Entscheidungsfindung, zur Information und Dokumentation geplanter oder realisierter personeller Maßnahmen sollte der Meister geeignete Planungsmittel nutzen. Er verbessert damit die *Qualität* seiner Entscheidungen und behält die *Übersicht* über das, was er personell beabsichtigt.

Die nachfolgende Aufzählung gibt eine *Auswahl aus der Fülle geeigneter Planungsmittel,* die in der Praxis vorhanden sein können und meist eine spezielle Ausgestaltung haben – je nach Größe und Branche des Betriebes:

Personelle Maßnahmen	
Planungsinhalt:	**Beispiele für Planungsmittel:**
Personalplanung	Personalstatistiken des Betriebes, der Abteilung
	Urlaubspläne
	Vertretungspläne
	Formular Stellenanforderung
Personalauswahl	Stellenbeschreibungen
	Anforderungsprofile
	Arbeitsanweisungen
	Formular zur Gestaltung von Stellenanzeigen
	Formular für ein strukturiertes Interview
	Arbeitsvertragsmuster, -formular
Personaleinsatz	Arbeitseinsatzpläne
	Maschinenbelegungspläne
	Netzpläne
	Meilensteindiagramme
	Balkendiagramme
Personalfreisetzung	Beurteilungsbogen
	Bogen zur Erstellung eines Sozialplans

Diese Aufzählung ist nur ein kleiner Ausschnitt. Jedem Meister ist zu empfehlen, sich die im Betrieb vorhandenen Instrumente und Mittel der Personalarbeit zu beschaffen und damit zu arbeiten.

04. Welche Aspekte sind bei der Urlaubsplanung zu beachten?

Bestimmungsgrößen der Urlaubsplanung (Beispiele)				
Betrieb		**Arbeitnehmer**	**Externe Größen**	**Rechtliche Aspekte**
- Absatzlage - Krankenstand - Fluktuation - Branche	- Produktionsbedingungen - abteilungsinterne Zusammenarbeit - Kundenorientierung	- Familienstand: · ledig/verheiratet · mit/ohne Kinder - Alter	- Schulferien - Berufschulzeiten	- § 7 BUrlG - § 125 SGB IX

4.5.7 Einführung neuer Mitarbeiter

01. Was bezeichnet man als „Einführung neuer Mitarbeiter"?

Die Einführung neuer Mitarbeiter umfasst zum einen *formale Vorgänge* wie Übergabe der Arbeitspapiere an die Personalabteilung, Untersuchung durch den Werksarzt, Kontakt mit dem Betriebsrat und Aushändigen betrieblicher Unterlagen/Broschüren.

Daneben muss der neue Mitarbeiter mit seiner *Arbeitsumgebung, seinem Arbeitsplatz, den Kollegen und den zuständigen Vorgesetzten* bekannt gemacht werden. Diese Aufgabe ist Sache des Meisters oder seines Stellvertreters.

02. Warum muss die Einführung neuer Mitarbeiter für den Meister einen hohen Stellenwert haben?

Für den neuen Mitarbeiter sind die ersten Arbeitstage von großer Bedeutung. Die Eindrücke, die er hier gewinnt, *bestimmen nachhaltig seine Einstellung zu seiner Tätigkeit und zu dem Betrieb*. Er muss das Gefühl vermittelt bekommen, dass er wichtig ist, dass man ihn erwartet und sich um ihn kümmert.

Man weiß heute, dass eine nachlässige und fehlerhafte Einführung und Einarbeitung neuer Mitarbeiter ein häufiger Kündigungsgrund ist bzw. Ursache später auftretender Konflikte.

Im Einzelnen lassen sich folgende Aspekte nennen, die eine sorgfältige Einführung neuer Mitarbeiter begründen:

- Die Personalanwerbung neuer Mitarbeiter ist *teuer*.
- Nur eine erfolgreiche Integration des „Neuen" in die bestehende Arbeitsgruppe führt zu einem positiven *Klima* und damit zu einer stabilen *Leistung*.
- Eine gut vorbereitete und durchgeführte Einführung vermeidet *Ängste* beim neuen Mitarbeiter und kann ihm die *Zuversicht* vermitteln, dass er den Anforderungen und Erwartungen gerecht wird.
- Nach *§ 81 BetrVG hat der Mitarbeiter ein Recht* darauf, „über die Art seiner Tätigkeit und ihre Einordnung in den Arbeitsablauf des Betriebes" unterrichtet zu werden. Dieses Recht gehört zu den so genannten Individualrechten des Betriebsverfassungsgesetzes und gilt unabhängig davon, ob ein Betriebsrat existiert oder nicht.

03. Welche Grundsätze sollten bei der Einführung von Mitarbeitern gelten?

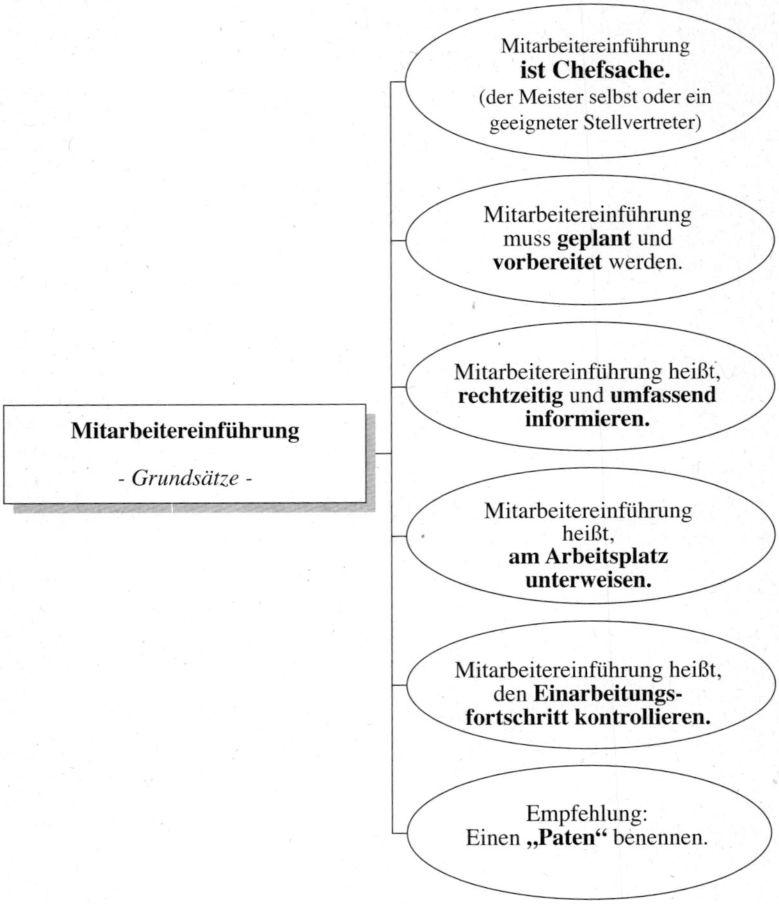

04. Welche Einzelschritte sind bei der Einführung und Integration neuer Mitarbeiter empfehlenswert?

1. *Vorbereiten*
   Sich persönlich auf den Neuen vorbereiten; Einführung und Einsatz planen und den Arbeitsplatz herrichten.

2. *Empfangen*
   Freundlich und persönlich begrüßen; zum Ausdruck bringen, dass man über die fachliche und persönliche Qualifikation des neuen Mitarbeiters im Bilde ist; ihm die Befangenheit nehmen, die er als „Neuer“ empfindet.

   Die Begrüßung ist wesentlich mitbestimmend für den ersten Eindruck vom neuen Betrieb, von der neuen Arbeitsgruppe und vom neuen Vorgesetzten.

3. *Bekanntmachen*
   Den neuen Mitarbeiter mit allen Betriebangehörigen persönlich bekannt machen, mit denen er es in erster Linie zu tun hat, auch mit Vorgesetzten und Betriebsrat - allerdings schrittweise, nicht unbedingt „alle und sofort“; ihm helfen, mit seinen Arbeitskollegen Kontakt zu finden; dafür sorgen, dass er alle wichtigen Betriebseinrichtungen und -gepflogenheiten kennen lernt.
4. *Informieren*
   Eine Vorstellung von der Organisation und der Arbeit des Betriebes vermitteln; die Funktion des neuen Mitarbeiters im Arbeitszusammenhang aufzeigen; ihm die wichtigsten Arbeitsregeln vermitteln.
5. *Einarbeiten, korrigieren und kontrollieren*
   Den neuen Mitarbeiter mit seiner Arbeit vertraut machen, sich in der ersten Zeit häufig um ihn kümmern, einschließlich periodischer Fortschrittskontrollen; ihm einen Kollegen als „Paten“ zur Seite geben; Einzelheiten im Arbeitszusammenhang erklären, vormachen und tun lassen.

4.5.8 Motivations- und Kreativitätsförderung

01. Was ist Motivation?

Das *Motiv ist der Beweggrund für ein bestimmtes Handeln und Denken.* Typisch menschliche Motive sind: Befriedigung existenzieller Bedürfnisse wie Durst, Hunger; Befriedigung sozialer Bedürfnisse wie Kontakt zu anderen, Befriedigung von Machtbedürfnissen.

Einzelheiten dazu wurden bereits unter Ziffer 4.2.2, Nr. 03. ff. (Stichwort: „Maslow/Herzberg“) behandelt.

Mitarbeiter motivieren bedeutet demnach, den Mitarbeitern konkrete Beweggründe für ein bestimmtes Handeln oder Denken geben, ihnen also *Handlungsanreize liefern.*

Vereinfacht gesagt kann man auch formulieren:
Mitarbeiter motivieren heißt, Mitarbeiter durch Anreize zu veranlassen, das zu tun, was sie tun sollen.

Man unterscheidet zwei Arten der Motivation:

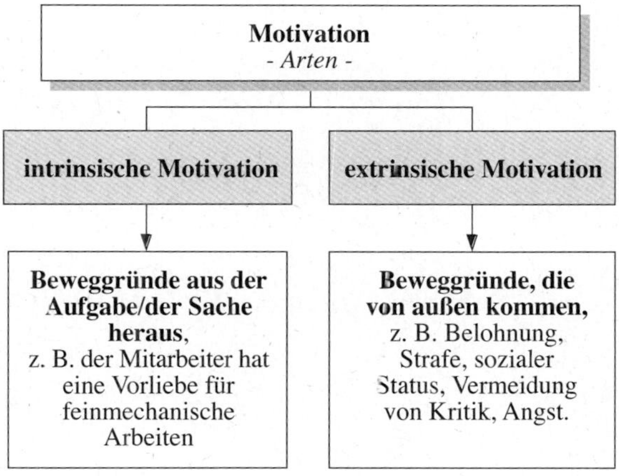

02. Was ist Kreativität?

Als Kreativität bezeichnet man die Fähigkeit eines Menschen, *neue Problemlösungen hervor zu bringen*. Voraussetzung dafür ist die Fähigkeit/Bereitschaft, *von alten Denkweisen abzurücken* und zwischen bestehenden Erkenntnissen neue Verbindungen herzustellen. Man unterscheidet zwei Arten der Kreativität:

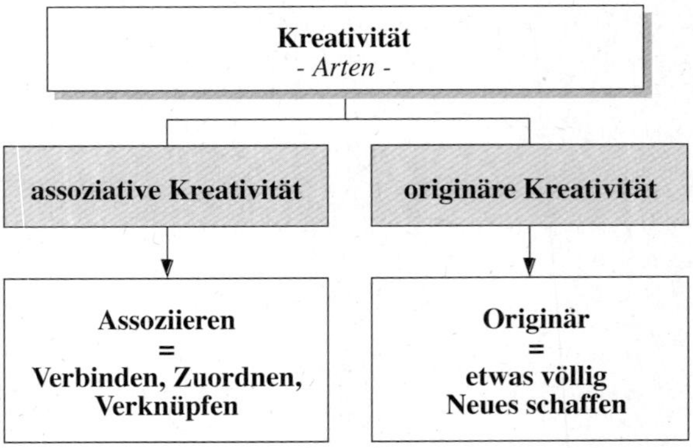

- Beispiel für *assoziative Kreativität:*
  Der Mitarbeiter verbessert den Ablauf bei der Motormontage und stützt sich dabei auf seine bisherige Erfahrung und betriebliche Erkenntnisse.

- Beispiel für *originäre Kreativität:*
  Der Mitarbeiter einer Druckerei entwickelt ein völlig neues Verfahren, um bei der Bearbeitung und dem Transport von Papierbögen die elektromagnetische Aufladung des Papiers zu verringern.

03. Welche Bedeutung haben Motivation und Kreativität für das Leistungsergebnis des Mitarbeiters?

Die Leistung eines Mitarbeiters, also sein Arbeitsergebnis in mengen- und qualitätsmäßiger Hinsicht, ergibt sich aus dem Zusammenwirken von drei Faktoren:

- der Leistungsbereitschaft, → dem „Wollen“,
- der Leistungsfähigkeit, → dem „Können“,
- der Leistungsmöglichkeit, → dem „Erlauben“.

- *Die Leistungsbereitschaft eines Mitarbeiters kann also durch Maßnahmen der Motivation verbessert werden.* Der Industriemeister kann durch gezielte Anreizmaßnahmen auf ein erwünschtes Verhalten der Mitarbeiter hinwirken. Dazu einige Beispiele:

erwünschtes Verhalten:	Anreize/Motivation, z. B.:
- Pünktlichkeit	Anerkennung, Lob, Prämie
- Sorgfalt in der Arbeitsausführung	Anerkennung, Lob, Prämie
- Übernahme neuer Aufgaben	Bestätigen, ermuntern, unterstützen

- *Die Leistungsfähigkeit eines Mitarbeiters kann durch kreativitätsfördernde Maßnahmen verbessert werden.* Der Industriemeister kann durch gezielte Maßnahmen zur Förderung der Kreativität die Leistungsfähigkeit des Mitarbeiters erhöhen, indem er Kreativitätstechniken einsetzt, vermittelt und neue Ideen der Mitarbeiter aufgreift und unterstützt.

  Kreativität im Sinne „sich mit neuen Ideen engagieren", „was könnte an meinem Arbeitsplatz besser gemacht werden" ist eine Quelle langfristiger Unternehmensicherung. Kreative Mitarbeiter zu gewinnen, zu fördern und zu erhalten muss ein Leitgedanke in der Führungsarbeit des Meisters sein.

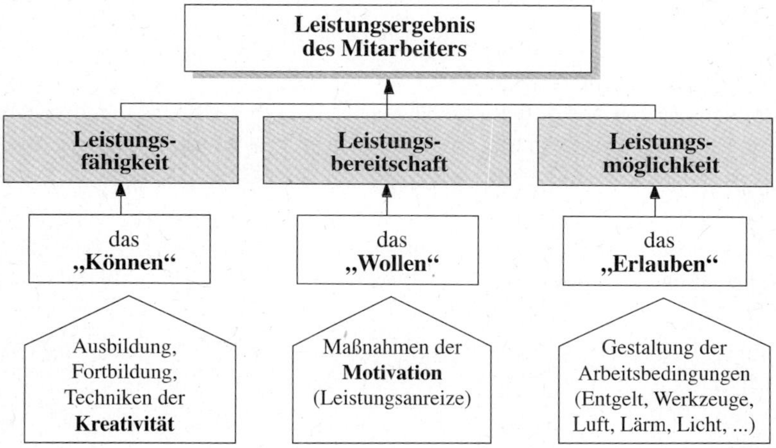

04. Welche kreativitätsfördernden Techniken und Maßnahmen kann der Industriemeister zur Verbesserung der Mitarbeiterleistung einsetzen?

- Beispiele für *Maßnahmen zur Förderung der Kreativität:*
  - Einführung des betrieblichen Vorschlagswesens (BVW)
  - kreativitätsfördernder Führungsstil: kooperativ, anerkennend, wertschätzend
  - Einrichtung von Qualitätszirkeln
  - Verbesserung der Teamarbeit
  - Einrichtung teilautonomer Gruppen
  - Prozess der kontinuierlichen Verbesserung (KVP)

- Beispiele für *Techniken zur Förderung der Kreativität:*

  Begriff: Kreative Techniken sind gekennzeichnet durch folgende Eigenschaften:
  - spontane Reaktionen von „Kopf" und „Bauch" (Verstand und Gefühl),
  - Betrachtung des Problems aus verschiedenen Blickwinkeln,
  - Herstellen von Analogien,
  - Assoziieren/Zuordnen.

  Aus der Fülle der Kreativitätstechniken werden hier einige Beispiele genannt:
  - *Ideenzettel:*
    Die Teilnehmer sammeln gezielt Informationen und Erfahrungen zum Thema.

- *Brainstorming/Brainwriting* (= „Gedankensturm"):
  Brainstorming bedeutet, einen freien, unzensierten Ideenfluss erzeugen. Dabei werden die Ideen gesammelt, geordnet, bewertet und später in Gruppenarbeit eingehender bearbeitet.

- *Synektik:*
  Durch geeignete Fragestellungen werden Analogien gebildet. Durch Verfremdung des Problems will man zu neuen Lösungsansätzen kommen. Beispiel: „Wie würde ich mich als Kolben in einem Dieselmotor fühlen?"

- *Bionik:*
  Ist die Übertragung von Gesetzen aus der Natur auf Problemlösungen. Beispiel: „Echo-Schall-System der Fledermaus ⇒ Entwicklung des Radarsystems".

- *Morphologischer Kasten:*
  Die Hauptfelder eines Problems werden in einer Matrix mit x Spalten und y Zeilen dargestellt. Zum Beispiel erhält man bei einer „4 x 4-Matrix" 16 grundsätzliche Lösungsfelder.

- *Wertanalyse:*
  Die Wertanalyse (WA) basiert auf folgender Grundüberlegung: Ein Produkt erfüllt bestimmte Funktionen und hat damit für den Verbraucher einen bestimmten Wert/Nutzen. Beispiel: Ein Feuerzeug erfüllt u. a. die Funktion Feuer, Wärme oder Licht zu spenden. Jede Funktion eines Produktes verursacht in der Herstellung spezifische Kosten. Die Wertanalyse verfolgt nun das Ziel, den vom Verbraucher erwarteten Wert eines Produkts mit den geringsten Kosten herzustellen. Die Vorgehensweise ist stark normiert und orientiert sich an quantifizierten Zielen (vgl. DIN 69910).

- *Assoziieren:*
  Einem Vorgang/einem Begriff werden einzeln oder in Gruppenarbeit weitere Vorgänge/Begriffe zugeordnet; z. B.: „Lampe": Licht, Schirm, Strom, Birne, Schalter, Fuß, Hitze.

4.5.9 Fluktuation und Fehlzeiten

01. Was versteht man unter „Fluktuation"?

Der Begriff ist nicht einheitlich definiert:

a) Fluktuation im weiteren Sinne: = *alle Formen von Personalabgängen.*

b) Fluktuation im engeren Sinne: = *freiwillige Personalabgänge der Mitarbeiter*

Überwiegend ist im Sprachgebrauch der Praxis die engere Begriffsfestlegung gemeint: Es geht um die Vermeidung unerwünschter Kündigungen durch Belegschaftsmitglieder, speziell um das Abwandern guter Mitarbeiter in andere Betriebe.

Als Fluktuationsquote eines Betriebsjahres wird meist folgender Quotient verwendet:

$$\text{Fluktuationsquote} = \frac{\text{Anzahl der (freiwilligen) Personalabgänge (pro Jahr)}}{\text{durchschnittlicher Personalbestand (pro Jahr)}} \cdot 100$$

02. Wie lassen sich die Fluktuationsursachen systematisieren?

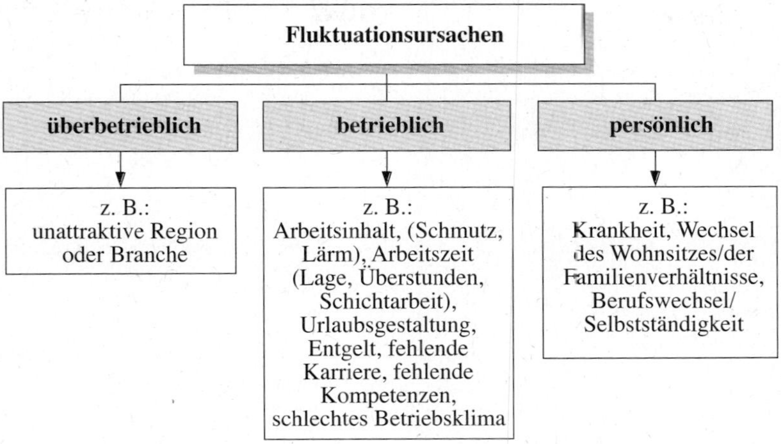

Ein Gespräch mit dem ausscheidenden Mitarbeiter kann Aufschluss über die Ursachen des Weggangs geben (sog. *Austrittsinterview*). Hierbei kommt es allerdings darauf an, dass es dem Meister gelingt, eine Vertrauensbasis herzustellen, sodass der Mitarbeiter sich überhaupt äußert und dabei die „wirklichen Gründe" für seine Kündigung nennt. Ursachen im persönlichen Bereich sind vom Betrieb nur selten beeinflussbar.

Bei den *betrieblichen* Fluktuationsursachen gibt es folgende „Spitzenreiter":

- fehlende *Karriere*,
- als ungerecht empfundene *Entlohnung*,
- nicht ausreichender *Freiraum*,
- Unzufriedenheit mit der *Arbeit* selbst,
- Unzufriedenheit mit dem *Führungsstil* und/oder der Person des Vorgesetzten.

03. Welche Änderungen im Verhalten eines Mitarbeiters können erste Anzeichen für eine „innere Kündigung" sein? Welche Ursachen lassen sich nennen?

Als „innere Kündigung" bezeichnet man den inneren Rückzug eines Mitarbeiters ohne dass eine formale Kündigung ausgeprochen wird. Die Haltung ist resignativ bis depressiv. Das Phänomen ist oft mit folgenden Verhaltenserscheinungen verbunden (die Auflistung ist beispielhaft):

Arbeitsverhalten	Anstieg der Fehlzeiten, übergenaues Einhalten der Vorschriften, Dienst nach Vorschrift, nachlassendes Engagement/Desinteresse, Ablehnung von Veränderungen und Weiterbildungsangeboten
Zusammenarbeit	Fehlendes Entgegenkommen, nachlassende Unterstützung der Kollegen, unangemessenes Verteidigen der eigenen Position

Ursachen können z. B. sein:

- Probleme im persönlichen Umfeld (Familie, Krankheit, Finanzen u. Ä.),

- Probleme im betrieblichen Umfeld (Verhalten des Vorgesetzten: Demotivation, fehlende Information/Anerkennung, verletzendes/ungerechtes Verhalten; Organisation: unklare Strukturen, fehlende Anreize/Entwicklungsmöglichkeiten u. Ä.).

04. Welche Folgen kann unerwünschte Fluktuation haben?

Folgen der Fluktuation

Direkte Folgen (Kosten)

- Einstellungskosten
- Einarbeitungskosten
- Aushilfen/Mehrarbeit
- Weiterbildungsaufwand steigt
- Gemeinkosten der beteiligten Fachabteilungen steigen

Indirekte Folgen (Kosten)

- erhöhte Unfallgefahr
- erhöhter Verschleiß von Werkzeugen

- Störungen/Unruhe in der Arbeitsgruppe
- Störungen des Betriebsklimas

05. Was bezeichnet man als „Fehlzeiten"?

Als Fehlzeiten bezeichnet man alle Abwesenheitstage eines Mitarbeiters, an denen er „normalerweise" arbeiten müsste (lt. Arbeitsvertrag, Betriebsvereinbarung, Tarifvertrag).

Man bezeichnet Fehlzeiten auch als *Ausfallzeiten* oder *Absentismus.*

06. Welche Arten/Ursachen von Fehlzeiten gibt es?

Fehlzeiten
- Arten/Ursachen -

motivationsbedingt	krankheitsbedingt	sonstige Ursachen
z. B.: Angst (vor der Arbeit, dem Vorgesetzten, den Kollegen), Unlust, Betriebsklima, Überforderung, fehlender Sinn in der Arbeit	z. B.: Physische/psychische Erkrankung, Stress, Überforderung, einseitige Belastung, Berufskrankheit	z. B.: Wehrübung, Weiterbildung, Sonderurlaub

07. Welche Möglichkeiten haben der Betrieb und der Meister, um Fluktuation und Fehlzeiten zu reduzieren?

Die Antwort auf diese Frage ergibt sich aus der Vermeidung der in Frage 2 und 6 (vgl. oben) dargestellten Ursachen. Fluktuation und Fehlzeiten sind – vereinfacht gesagt – u. a. dann geringer, wenn

- *der Meister*
  - klare Anweisungen gibt und Sinn in der Arbeit vermittelt,
  - Arbeitsgruppen „richtig" zusammensetzt,
  - Leistung anerkennt und zur Delegation bereit ist,
  - die Verbesserung der Arbeitsbedingungen unterstützt,
  - auftretende Probleme bespricht und Konflikte konstruktiv behandelt.

- *der Betrieb*
  - die Weiterbildungsvorstellungen der Mitarbeiter aufgreift,
  - für transparente Aufstiegsmöglichkeiten sorgt,
  - die Lohnpolitik „nachvollziehbar" gestaltet,
  - die Mitarbeiter rechtzeitig und umfassend informiert,
  - eine Unternehmenspolitik praktiziert, die mit den gesellschaftlichen Werten in Einklang steht (Familie, Gesundheit, Persönlichkeit, Umwelt).

08. Wie ist das Fehlzeitengespräch zu führen?

Das *Fehlzeitengespräch* (auch: *Rückkehrgespräch*) ist eines der Instrumente, um die Ursachen von Fehlzeiten zu analysieren und ihnen dort, wo es möglich ist, entgegen zu wirken. Der Meister sollte dabei weder den Krankenstand als unvermeidbare Entwicklung betrachten noch sollte er unterschwellig allen Arbeitnehmern pauschal eine sinkende Arbeitsmoral unterstellen.

Bei der Detailanalyse von Fehlzeiten gilt es festzustellen:

- Wann, → Zeitpunkt, Zeitraum
- Wo, → Arbeitsbereich/-gruppe
- bei wem, → Mitarbeiter
- in welchem Ausmaß → Häufigkeit, Dauer

traten Fehlzeiten auf und wie kann ihnen wirksam begegnet werden?

Der Meister kann dazu sog. *Rückkehrgespräche* mit Mitarbeitern führen, die länger bzw. häufiger erkrankt waren. Er sollte dabei keinen psychischen Druck ausüben, sondern dem Mitarbeiter das Gefühl vermitteln, dass Abwesenheitszeiten beachtet werden, man sich Gedanken über Abhilfen macht und dem Betrieb die Genesung des Mitarbeiters nicht gleichgültig ist.

Für die Durchführung des *„Rückkehrgespräches"* ist folgender *Leitfaden* hilfreich:

1. *Gesprächsvorbereitung:*
   Analyse der Fehlzeiten, ausreichend Zeit, richtiger Zeitpunkt, Gesprächsziel.

2. *Gesprächsdurchführung und -abschluss:*
   Begrüßung/Klima, Frage nach den Ursachen, Stellungnahme des Mitarbeiters, Lösungsansätze, Verhalten in der Zukunft, Unterstützungsmöglichkeiten (Betriebsarzt, Hausarzt), Gespräch positiv beenden. Der Gesprächsinhalt ist zu protokollieren.

Sonderfälle:
Ergibt die Fehlzeitenanalyse den Eindruck/Nachweis, dass die Abwesenheiten ganz oder teilweise vermeidbar gewesen wären, so ist die Kontrolle des zukünftigen Mitarbeiterverhaltens *besonders nachdrücklich* durchzuführen (ggf. 2. oder 3. Gespräch).

Beruht die Abwesenheit auf einem Fehlverhalten des Mitarbeiters sind *Sanktionen* erforderlich, z. B. Lohnabzug, Ermahnung, Abmahnung, Kündigung.

4.6 Förderung der Kommunikation und Kooperation

4.6.1 Mitarbeitergespräch

01. Was versteht man unter „Kommunikation"?

Kommunikation ist die Übermittlung von Reizen/Signalen vom Sender zum Empfänger. Man unterscheidet:

- die *verbale Kommunikation* (verbal = in Worten)
  (Unterhaltung, Bitte, Information, Anweisung, Dienstgespräch, Fachgespräch, Lehrgespräch, Diskussion, Debatte, Aussprache, vertrauliches Gespräch) und
- die *non-verbale* Kommunikation (non-verbal = ohne Worte)
  (Blickkontakt, Mimik, Gestik, Körperhaltung, Körperkontakt).

02. Welche Arten von Mitarbeitergesprächen sind für den Industriemeister von zentraler Bedeutung?

Grundsätzlich *gehört das Gespräch* mit dem einzelnen Mitarbeiter oder der Gruppe *zu den zentralen Führungsinstrumenten.* Mitarbeiter führen heißt, ihr Verhalten gezielt beeinflussen und dies bedeutet, „mit ihnen verbal oder nonverbal kommunizieren".

Merke: *„Der sprachlose Vorgesetzte führt nicht!"*

Für den Meister gibt es unterschiedliche Anlässe, mit den Mitarbeitern Gespräche zu führen. Diese sog. *Gesprächsarten* sind je nach Anlass und Einzelfall gezielt zur Förderung der Kommunikation und der Zusammenarbeit einzusetzen. Innerhalb der Fülle der Gesprächsarten sind vor allem folgende für die Prüfung relevant (vgl. Rahmenplan: 3.5.4, 3.6.2.5, 4.5.4, 4.5.5, 4.5.9):

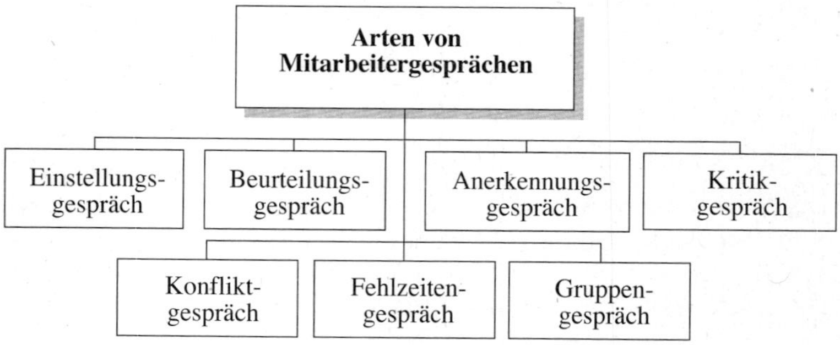

03. Welche Vorbereitungen und Rahmenbedingungen sind für einen erfolgreichen Gesprächsverlauf zu beachten?

Obwohl jedes Gespräch je nach Anlass Besonderheiten aufweist, gibt es doch allgemein gültige Regeln, die der Meister bei jedem Mitarbeitergespräch einhalten sollte (vgl. dazu auch Ziffer 4.5.9, Frage 07.):

1. *Vorbereitung/Rahmenbedingungen:*
   - Ziel festlegen, Fakten sammeln, ggf. Termin vereinbaren, Notizen anfertigen
   - geeigneten Gesprächsort und -termin wählen, Gesprächsdauer planen

2. *Gesprächsdurchführung/innere Bedingungen:*
   Vertrauen, Offenheit, Takt, Rücksichtnahme, Zuhören, Aufgeschlossenheit, persönliche Verfassung, Vorurteilsfreiheit, Fachkompetenz, Ausdrucksfähigkeit, sich Zeit nehmen;

   Zu vermeiden sind: Ablenkung, Zerstreutheit, Ermüdung, Überforderung, Misstrauen, Ängstlichkeit, Kontaktarmut, Vorurteile, Verallgemeinerungen i. S. von „immer, stets, niemals" usw.

Einzelempfehlungen:

- Jedes Mitarbeitergespräch sollte nach der ***B-A-R**-Regel* durchgeführt werden, das heißt, der Meister sollte
  - sich „**B**eteiligen",
  - **A**nteilnehmen,
  - den Mitarbeiter „**R**espektieren".

- Bei jedem Mitarbeitergespräch sollte die *Fragetechnik* gezielt eingesetzt werden:
  „Wer fragt, der führt!"
  „Fragen statt behaupten!"
  „Fragen stellen und den anderen darauf kommen lassen!"
  - *Offene Fragen* ermutigen den Gesprächspartner, über einen Beitrag nachzudenken und darüber zu sprechen, z. B.:
    - Was halten Sie davon?
      Wie denken Sie darüber?
  - *Geschlossene Fragen* sind nur mit „ja" oder „nein" zu beantworten und können ein Gespräch ersticken.
  - *Die wiederholenden Fragen* i. S. einer Wiederholung der Argumente des Gesprächspartners zeigen die Technik des „aktiven Zuhörens" und können z. B. lauten:
    - Sie meinen also, dass . . .
    - Sie haben also die Erfahrung gemacht, dass . . .
    - Sie sind also der Überzeugung, dass . . .
    - Habe ich Sie richtig verstanden, wenn ...
  - *Mit richtungsweisenden Fragen* werden im Gespräch Akzente gesetzt und der Gesprächsverlauf gesteuert, z. B.:
    - Sie sagten, Ihnen gefällt besonders . . .
    - Dann stimmen Sie also zu, dass . . .
    - Was würden Sie sagen, wenn . . .

04. Welches Gesprächsverhalten ist ziel- und adressatengerecht?

Der Meister kann Mitarbeitergespräche nur dann erfolgreich durchführen, wenn er sich

- *zielorientiert* und (Beachtung des Gesprächszieles)
- *adressatenorientiert* verhält. (sich auf den Mitarbeiter einstellen)

Dazu einige Leitgedanken:

- Sich auf den anderen einstellen!
  seine Gedanken, seine Wünsche, Erfahrungen, seine früheren „Verletzungen“
- Widerstände sind keine Kampfansagen, sondern Hinweise auf mögliche Konflikte!
- Worte und Erfahrungswelt des anderen benutzen!
  Für die Ohren des anderen argumentieren!
  seine Arbeitswelt, seine Sprache, seine Bedürfnisse
- Das Gesprächsziel schriftlich formulieren!
  Die Zielerreichung überprüfen und festhalten!
  Den anderen beim Wort nehmen!

4.6.2 Betriebliche Besprechungen

01. Welche Besprechungsarten stehen für den Industriemeister im Mittelpunkt?

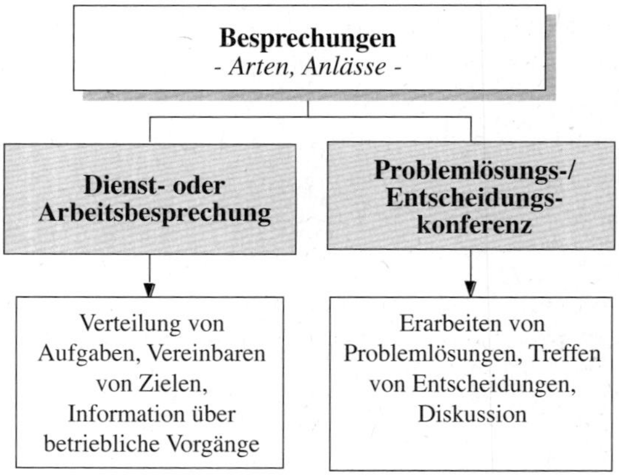

02. Welche Vorbereitungen und Rahmenbedingungen sind für erfolgreiche Besprechungen/Konferenzen erforderlich?

Besprechungen/Konferenzen sind nur dann erfolgreich, wenn sie *inhaltlich, personell* und *technisch* sorgfältig vorbereitet sind. Die nachfolgende *Checkliste* bietet dazu Hilfestellung:

Checkliste:	Vorbereiten einer Besprechung	*erledigt?*
A.	Inhaltliche Vorbereitung, z. B.:	
	• Ist die Besprechung notwendig?	√
	• Ist es eine Informations-, Koordinations- oder Entscheidungskonferenz?	√
	• Was ist Ziel der Besprechung?	√
	• Ist das Ziel messbar formuliert und damit überprüfbar?	√
	• Ist das Problem konkret formuliert?	√
B.	Personelle Vorbereitung, z. B.:	
	• Wer kann/will zu dem Problem etwas beitragen?	√
	• Wer ist ein „schwieriger" Teilnehmer?	√
	• Wer muss wann informiert werden?	√
	• Wer muss welche Vorarbeiten leisten?	√
	• Haben alle Teilnehmer zugesagt?	√
C.	Technische Vorbereitung, z. B.:	
	• Ort, Datum, Beginn und Ende der Besprechung	√
	• Art der Besprechung, Tagesordnung	√
	• Aufgabenverteilung: Leiter, Protokoll, Gäste ...	√
	• erforderliche Unterlagen	√
	• Raum reservieren	√
	• Visualisierungstechnik auswählen und prüfen	√

4.6.3 Zusammenarbeit und Verhaltensregeln im Unternehmen

01. Welche Verhaltensregeln im Betrieb sind zu beachten?

Eine geordnete Zusammenarbeit von Menschen im Betrieb ist nur möglich, wenn Regeln der Zusammenarbeit *existieren und* den Mitarbeitern *bekannt sind*. Der Meister muss auf die Einhaltung dieser Bestimmungen einwirken. Je größer ein Unternehmen ist, desto höher ist die Notwendigkeit, Fragen der Ordnung und des Verhaltens im Betrieb zu regeln.

In vielen Betrieben sind folgende Sachverhalte geregelt:

- Vereinbarungen über die Arbeitszeit (z. B. Flexibilisierungsmodelle),
- Regelung von Überstunden,
- Vorschriften über **S**icherheit, **O**rdnung und **S**auberkeit am Arbeitsplatz (z. B. durch zusätzliche Schilder „S-O-S"),
- Umgang mit Werkzeugen,
- Maßnahmen zum Unfallschutz,
- Unterschriftsregelungen,
- Grundsätze der Führung und Zusammenarbeit,
- Arbeitsordnungen (früher: Betriebsordnung) sind Betriebsvereinbarungen, die Regelungen des Arbeitsschutzes, der Berufsgenossenschaften usw. enthalten. Bei Verstößen kann gegenüber dem Mitarbeiter ein Bußgeld verhängt werden.

02. Welche Maßnahmen zur Einhaltung der Verhaltensregeln im Betrieb kann der Industriemeister anwenden?

Der Industriemeister hat die Aufgabe, seine Mitarbeiter über alle Fragen der Ordnung und des Verhaltens im Betrieb *zu informieren* und dabei *Einsicht zu erzeugen*, warum diese Regelungen existieren. Im Einzelfall kann dazu auch gehören, dass er sich bei der Betriebsleitung dafür einsetzt, dass überholte Regeln abgeschafft oder überarbeitet werden.

Dem Meister stehen gegenüber dem Mitarbeiter folgende disziplinarische und arbeitsrechtliche *Instrumente/Maßnahmen* zur Verfügung, die er je nach Sachverhalt wirksam einsetzen muss:

- Unterweisung, Sicherheitsbelehrung
- Ermahnung,
- Abmahnung,
- schriftliches Festhalten von Arbeitsverstößen,
- sofortige Ablösung am Arbeitsplatz,
- Bußgeld (auf der Basis einer Arbeitsordnung),
- Versetzung,
- ggf. Lohnabzug,
- Kündigung.

03. Welche Prinzipien sollten bei der Umsetzung von Verhaltensregelungen im Betrieb eingehalten werden?

1. Konsequente Handhabung und Umsetzung!
   (sonst wird die Ausnahme zur Regel)
2. Gleiches Recht und gleiche Pflichten für alle!
3. Appell und Einsicht sind wirksamer als Drohungen!
4. Anwendung einheitlicher Maßstäbe!
5. Nicht Unmögliches verlangen!

4.6.4 Bildung und Lenkung betrieblicher Arbeitsgruppen

01. Welche Arten betrieblicher Arbeitsgruppen lassen sich unterscheiden?

Betriebliche Arbeitsgruppen unterscheiden sich hinsichtlich ihrer *Größe*, *Zielsetzung* und *Struktur*. Möglich ist folgende Differenzierung; sie enthält Überschneidungen:

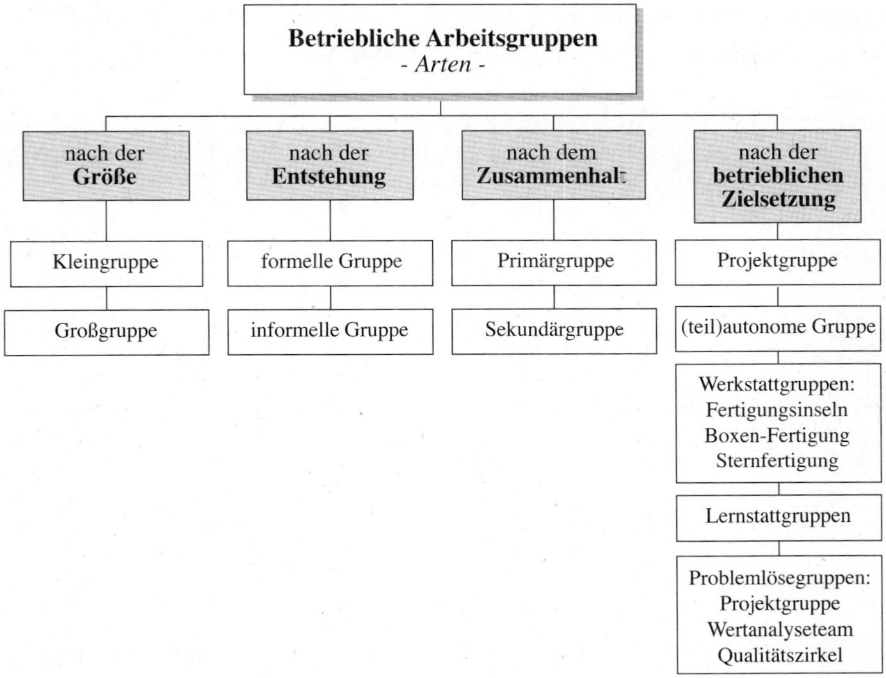

02. Welche Grundsätze sind bei der Zusammensetzung betrieblicher Arbeitsgruppen zu beachten?

Zunächst ist die Frage zu stellen, wann ist Gruppenarbeit erfolgreich? Wie lässt sich der „Erfolg“ von Gruppenarbeit definieren?

Die Antwort lautet:

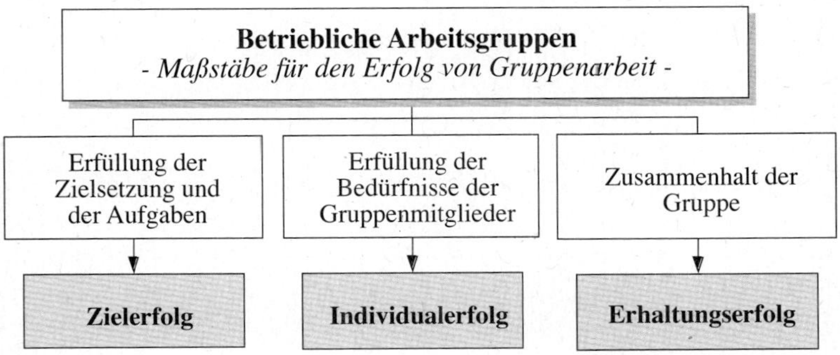

Damit also betriebliche Arbeitsgruppen erfolgreich sein können, müssen

1. die *Ziele* messbar formuliert sowie die *Aufgabenstellung* klar umrissen sein, z. B.
   - Kompetenz der Gruppe
   - Kompetenz der Gruppenmitglieder
   - ausgewogene fachliche Qualifikation der Gruppenmitglieder im Hinblick auf die Gesamtaufgabe (Alter, Geschlecht, Erfahrungshintergrund)
   - laufende Information über Veränderungen im Betriebsgeschehen

2. die *Bedürfnisse der Gruppenmitglieder* berücksichtigt werden, z. B.
   - Sympathie/Antipathie
   - bestehende informelle Strukturen berücksichtigen und nutzen
   - gegenseitiger Respekt und Anerkennung

3. Maßnahmen zum inneren *Zusammenhalt der Gruppe* gesteuert werden, z. B.
   - Größe der Gruppe (i.d.R. zwischen 6 und 12 Mitarbeiter)
   - Solidarität untereinander
   - Bekanntheit und Akzeptanz der Gruppe im Betrieb (Teamsprecher)
   - Arbeitsstrukturierung (Mehrfachqualifikation, Rotation, Springer)
   - Förderung der Lernbereitschaft und der Teamfähigkeit

03. Welches Sozialverhalten der Gruppenmitglieder ist für eine effiziente Zusammenarbeit erforderlich?

Vorab zur Klarstellung:

- *Effektiv* heißt, die richtigen Dinge tun! (Hebelwirkung)
- *Effizient* heißt, die Dinge richtig tun! (Qualität)

Eine formell gebildete Arbeitsgruppe ist nicht grundsätzlich „aus dem Stand heraus" effizient in ihrer Zusammenarbeit. *Teamarbeit entwickelt sich nicht von allein, sondern muss gefördert und erarbeitet werden.* Neben den notwendigen *Rahmenbedingungen* der Teamarbeit (Ziel, Aufgabe, Kompetenz, Arbeitsbedingungen) müssen die Mitglieder einer Arbeitsgruppe *Verhaltensweisen* beherrschen/erlernen, um zu einer echten Teamarbeit zu gelangen:

Jedes Teammitglied ...

a) muss nach dem *Grundsatz* handeln:
„Nicht jeder für sich allein, sondern alle gemeinsam und gleichberechtigt!"

b) muss die *Ausgewogenheit/Balance* zwischen dem Ziel der Arbeitsgruppe, der Einzelperson und der Gesamtgruppe anstreben!

Beispiel: Die Einzelperson darf in ihrer Persönlichkeit und ihren Bedürfnissen nicht in der Gruppe „untergehen". Störungen in der Gruppenarbeit, die ein Einzelner empfindet, müssen respektiert und geklärt werden.

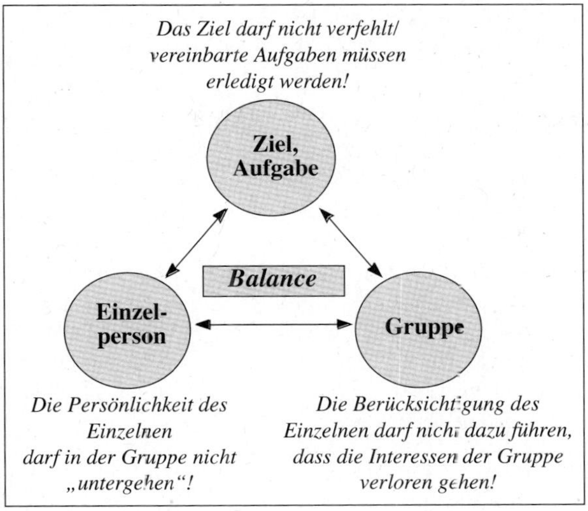

c) respektiert das andere Gruppenmitglied im Sinne von *„Ich bin o.k., du bist o.k.!“*

d) erarbeitet mit den anderen schrittweise *Regeln* der Zusammenarbeit und der Kommunikation, die eingehalten werden, solange sie gelten.

Beispiele:
- Vereinbarte Termine und Zusagen werden eingehalten!
- Jeder hat das Recht, auszureden!
- Jede Meinung ist gleichberechtigt!
- Kritik wird konstruktiv und in der Ich-Form vorgebracht!

e) verfügt über/erlernt die Bereitschaft/Fähigkeit, notwendige *Veränderungen mitzutragen.*

04. Welche unterschiedlichen Rollen muss der Industriemeister bei der Führung von Arbeitsgruppen berücksichtigen?

Der Meister ist wie jeder andere Vorgesetzte verantwortlich für die Erreichung der Ziele seiner Abteilung. An dieser grundlegenden Verantwortung hat auch die Veränderung des Führungsstils und der neueren Formen von Gruppenarbeit nichts geändert.

a) In dieser Rolle ist der Meister *Vorgesetzter* und gegenüber der Gruppe weisungs- und kontrollberechtigt. *„Die Gruppe braucht einen Chef!“*

Die zunehmende Demokratisierung der Arbeitsprozesse und Arbeitsstrukturen verbunden mit einer verstärkten Delegation von Aufgaben und Kompetenzen (z. B. teilautonome Gruppen) hat dazu geführt, dass der Meister auch andere Rollen wahrnehmen muss: An den Meister werden z. B. bei Opel Eisenach weniger fachliche und leitende Aufgabenansprüche gestellt. Dafür muss er stärker als früher über *soziale Kompetenz* verfügen:

b) Er dient als *Trainer und Coach* seinen Teams (z. B. Verbesserung der Kommunikationsfähigkeit, Vermittlung von Besprechungstechniken, Optimierung der Arbeitsabläufe).

c) Er *koordiniert* die Zusammenarbeit zwischen den einzelnen Teams und den benachbarten betrieblichen Abteilungen (z. B. Fragen der Aufgabenverteilung, der Materialversorgung, Terminkoordination).

d) Er ist *Moderator* (= „Steuermann") der Prozesse in der Gruppe und zwischen den Gruppen (z. B. Bewältigung von Konflikten und Veränderungsprozessen).

e) Für den einzelnen Mitarbeiter im Team sollte der Meister auch die Rolle eines *Beraters* wahrnehmen (z. B. persönliche Probleme, falls gewünscht; Fragen der Fortbildung und Karriere).

f) Da die „Personaldecke" heute in allen Betrieben äußerst knapp ist, kann es in Einzelfällen sogar vorkommen, dass der Meister bei personellen Engpässen kurzzeitig „zurück ins Glied muss", d. h. er muss für begrenzte Zeit im Produktionsablauf aushelfen. Wir können diese Rolle als *„Springerfunktion"* bezeichnen.

Fazit:
Der Meister im heutigen Leistungsprozess hat unterschiedliche Rollen gleichzeitig wahrzunehmen. Hinsichtlich der Sozialkompetenz und der moderatorischen Kompetenz sind die Anforderungen an ihn gestiegen:

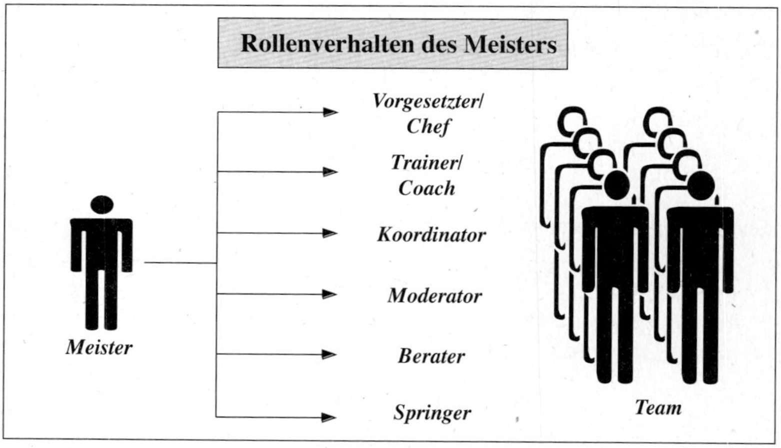

05. Was versteht man unter „Gruppendynamik"?

Mit Gruppendynamik bezeichnet man die *Kräfte innerhalb einer Gruppe, durch die Veränderungen verursacht werden.* Veränderungen können z. B. sein: verstärkter Gruppenzusammenhalt, Feindseligkeit zu anderen Gruppen, Isolierung einzelner Gruppenmitglieder, Entwicklung gemeinsamer Normen, Lernprozesse, Entwicklung einer informellen Rangordnung mit positiver oder negativer Wirkung.

06. Wie kann der Meister gruppendynamische Prozesse bewusst wahrnehmen und dabei versuchen, die Teamentwicklung zu stärken?

Gruppendynamische Prozesse können negative oder positive Wirkungen entfalten (Zusammenhalt oder innerer Zerfall einer Gruppe).

Der Meister muss positive Entwicklungen erkennen und fördern und negativen Tendenzen entgegenwirken. Negativ sind alle Entwicklungen zu bewerten, die die Erreichung der Ziele stören oder verhindern: Nichterreichen der betrieblichen Ziele, Stören der persönlichen Bedürfnisse der Gruppenmitglieder (vgl. dazu oben, Ziffer 4.6.4, Frage 02.).

Gruppendynamische Prozesse (Veränderungsprozesse) *kann der Meister über folgende Signale* der Mitarbeiter/der Gruppe *„diagnostizieren"* und damit bewusst in eine positive Richtung steuern:

- *Kontakt*
  - zwischen den einzelnen Gruppenmitgliedern
  - zu anderen Gruppen
- *Sympathie/Antipathie*
  - zwischen den einzelnen Gruppenmitgliedern
  - zu anderen Gruppen
- *Aktivität*
  - zwischen den einzelnen Gruppenmitgliedern
  - zu anderen Gruppen
- Entwicklung eines *informellen Führers* in der Gruppe
- *Beschwerden*
- *Konflikte*
- Veränderung
  - der *Gruppenleistung*
  - der *Leistung* einzelner Gruppenmitglieder
  - der Kommunikation (Art, Häufigkeit, Intensität)
- Entwicklung eigener *Gruppennormen* (konstruktive/destruktive)
- *Wettbewerb* untereinander (in der Gruppen/innerhalb von Gruppen)

Bei der Führung von Gruppen haben sich folgende Prinzipien bewährt:

- *„Nicht gegen die Gruppe arbeiten, sondern mit ihr"*.
- *„Die positiven Kräfte nutzen*
  (wie z. B. Gruppenzusammenhalt),
  den negativen entgegenwirken
  (wie z. B. Bildung informeller Normen, die sich destruktiv auswirken)".

4.6.5 Betriebliche Probleme und soziale Konflikte

01. Was sind Konflikte und welche Konfliktarten lassen sich unterscheiden?

- Konflikte sind *der Widerstreit gegensätzlicher Auffassungen*, Gefühle oder Normen von Personen oder Personengruppen.
- Konflikte gehören zum Alltag eines Betriebes. Sie sind normal, allgegenwärtig, Bestandteil der menschlichen Natur und nicht grundsätzlich negativ. Die Wirkung von Konflikten kann grundsätzlich *destruktiv* oder *konstruktiv* sein.

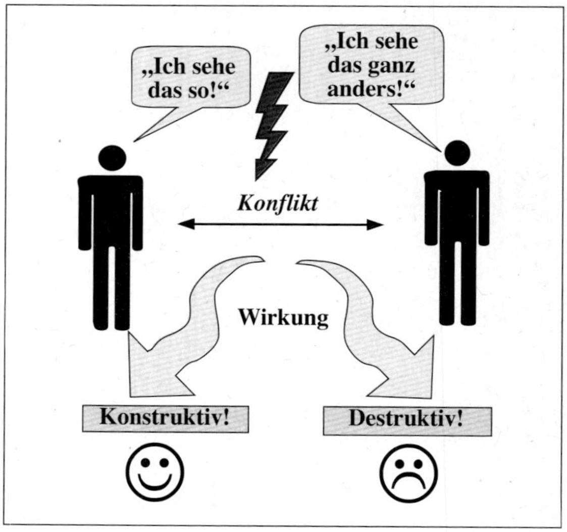

- Konflikte können *latenter Natur* (unterschwellig) oder auch *offensichtlich* sein. Sie gehören mit zur menschlichen Natur. Konflikte sind als Prozess zu sehen, der immer dann auftaucht, wenn zwei oder mehr Parteien in einer Sache/einer Auffassung nicht übereinstimmen.

- Konflikte können
  - innerhalb einer Person (innere Widersprüche; <u>intra</u>personeller Konflikt)
  - zwischen zwei Personen (<u>inter</u>personeller Konflikt)
  - zwischen einer Person (Moderator) und einer Gruppe
  - innerhalb einer Gruppe
  - zwischen mehreren Gruppen

  auftreten.

- Beim *Konfliktinhalt* werden drei Arten/Dimensionen unterschieden:
  - *Sachkonflikte:*
    Der Unterschied liegt in der Sache, z. B. unterschiedliche Ansichten darüber, welche Methode der Bearbeitung eines Werkstückes richtig ist.
  - *Emotionelle Konflikte (Beziehungskonflikte):*
    Es herrschen unterschiedliche Gefühle bei den Beteiligten: Antipathie, Hass, Misstrauen.

    Hinweis:
    Sachkonflikte und emotionelle Konflikte überlagern sich. Konflikte auf der Sachebene sind mitunter nur vorgeschoben; tatsächlich liegt ein Konflikt auf der Beziehungsebene vor. Beziehungskonflikte erschweren die Bearbeitung von Sachkonflikten.

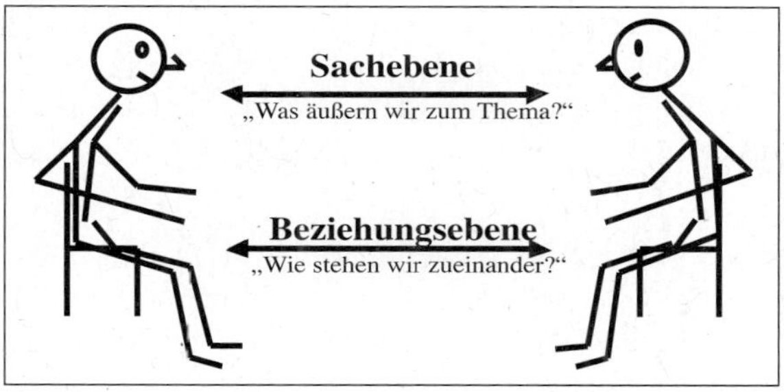

- *Wertekonflikte:*
  Der Unterschied liegt im Gegensatz von Normen; das Wertesystem der Beteiligten stimmt nicht überein.

  Beispiel (verkürzt): Der ältere Mitarbeiter ist der Auffassung: „Die Alten haben grundsätzlich Vorrang – bei der Arbeitseinteilung, der Urlaubsverteilung, der Werkzeugvergabe – und überhaupt."

Die Mehrzahl der Konflikte tragen Elemente aller drei Dimensionen (siehe oben) in sich und es bestehen *Wechselwirkungen.*

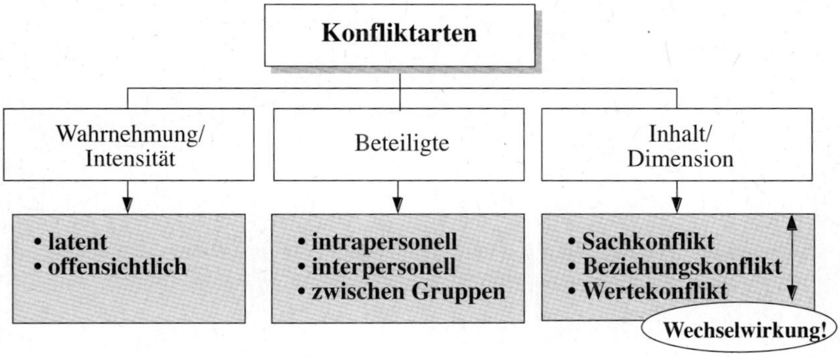

02. Wie lassen sich Konflikte bearbeiten/bewältigen?

Hinweis:
Der Rahmenplan formuliert an dieser Stelle: „Wie lassen sich Konflikte lösen?" Der Ausdruck „lösen" ist hier falsch. Ein Konflikt ist ein Gegensatz (s.o.), der sich nicht lösen lässt, sondern nur steuern oder bearbeiten. Es gibt dazu unterschiedliche Strategien mit unterschiedlicher Wirkung für die Beteiligten.

- *Ziel der Konfliktbearbeitung*

  ist es, durch offenes Ansprechen eine sachliche Problemlösung zu finden, aus der Situation gestärkt hervorzugehen und den vereinbarten Konsens gemeinsam zu tragen.

- *Konfliktstrategien:*

  Dazu bietet sich nach Blake/Mouton (1980) an, eine gleichmäßig hohe Gewichtung zwischen den *Interessen des Gegenübers* (Harmoniestreben) und *Eigeninteressen* (Macht) vorzunehmen: Konsens zu stiften. Fließen die Interessen beider Parteien nur halb ein, dann ist das

Ergebnis (nur) ein Kompromiss. Wird der Konflikt nur schwach oder gar nicht thematisiert (Flucht/Vermeidung/"unter den Teppich kehren"), ist nichts gewonnen. Dominiert der andere, ist ebenfalls wenig gewonnen, man gibt nach, verzichtet auf den konstruktiven Streit. Setzt man sich allein durch, ist das Resultat erzwungen und wird mit Sicherheit von der Gegenpartei nicht getragen.

Rein theoretisch sind folgende *Reaktionen der Konfliktparteien* denkbar (s. Abb.); der Meister sollte die Reaktionen fördern, die für eine Konfliktbearbeitung konstruktiv sind (siehe gerasterte Felder) bzw. Bedingungen im Vorfeld von Konflikten vermeiden, die eine konstruktive Bearbeitung unmöglich werden lassen:

	Konfliktreaktionen der Beteiligten		
Konflikt	*unvermeidbar; Ausgleich nicht möglich*	*vermeidbar; Ausgleich nicht möglich*	*vermeidbar; Ausgleich möglich*
Reaktion: aktiv	Kämpfe	Rückzug: „Eine Partei gibt auf"	**Problemlösung**
	Vermittlung, Schlichtung	Isolation	**tragfähiger Kompromiss**
Reaktion: passiv	zufälliges Ergebnis	Ignorieren des anderen	friedliche Koexistenz

Strategie der Konfliktvermeidung

- *Konfliktgespräch:*

Bei der Behandlung von Konflikten gilt für den Meister grundsätzlich:
Nicht Partei ergreifen, sondern die Konfliktbewältigung moderieren!

Dazu sollte er in folgenden Schritten vorgehen:

- *Was?* Den Sachverhalt (ruhig) ermitteln.
- *Warum?* Ursachen und Zusammenhänge erforschen.
  Sich ein Urteil bilden, aber keines fällen.
- *Wie?* Wege und Maßnahmen zur Behebung festlegen/vereinbaren.
- *Bis wann?*
  Von wem? Maßnahmen ausführen und kontrollieren.

Die Bearbeitung von Sachkonflikten ist auch über Anweisungen oder einseitige Regelungen (mit Begründung) durch den Meister möglich; z. B. Festlegung von Arbeitsplänen.

Bei Beziehungs- und Wertekonflikten führt dies nicht zum Ziel. Hier ist es als Vorstufe zur Konfliktregelung wirksam, dem anderen zu sagen, wie man die Dinge sieht oder empfindet. Man zeigt damit dem anderen seine eigene Haltung, ohne ihn zu bevormunden.

In der Psychologie bezeichnet man dies *als „Ich-Botschaften":*

- „Ich sehe es so";
- „Ich empfinde es so";

- „Auf mich wirkt das ...";
- „Mich ärgert, wenn Sie ...".

Destruktiv sind Formulierungen wie:

- „Sie haben immer ...";
- „Können Sie nicht endlich mal ...";
- „Kapieren Sie eigentlich gar nichts?"

Abgesehen vom Tonfall wird hier der andere auf „Verteidigungsposition" gehen, seinerseits seine „verbalen Waffen aufrüsten und zurückschießen", da er diese Aussagen als Bevormundung empfindet; sein Selbstwertgefühl ist gefährdet.

- *Wechselwirkung zwischen Sachebene und Beziehungsebene:*

  In vielen Fällen des Alltags beruht der Konflikt nicht in dem vermeintlichen Unterschied in der Sache, sondern in einer Störung der Beziehung:

  „Der andere sieht mich falsch, hat mich verletzt, hat mich geärgert ..."

  Der Meister muss hier zunächst die Beziehungsebene wieder tragfähig herstellen, bevor das eigentliche Sachthema erörtert wird. Sachkonflikte sind häufig Beziehungskonflikte (vgl. oben).

03. Welche Grundsätze gelten für die Behandlung von Beschwerden?

Konfliktsignale äußern sich häufig in Form von *Beschwerden*. Sie erfolgen aus einem Gefühl der Verärgerung oder aus berechtigtem, sachlichen Interesse.

Nach dem Betriebsverfassungsgesetz hat jeder Arbeitnehmer grundsätzlich ein Beschwerderecht (vgl. § 84 BetrVG; bitte lesen).

Für die Behandlung und den Umgang mit Beschwerden gibt es einige Hinweise, die der Industriemeister beachten sollte:

a) *Anhören:*
  - jede Beschwerde ernst nehmen
  - den Beschwerdeführer ausreden lassen
  - nicht sofort dazu Stellung nehmen
  - die eigenen Kompetenzen abschätzen

b) *Prüfen:*
  - durch sachliche Fragen die Ursachen feststellen, die zur Beschwerde führen
  - die Zusammenhänge klären
  - die Ansichten anderer Beteiligter hören.

c) *Aktiv werden:*
  - Maßnahmen ergreifen, die eine Abhilfe ermöglichen bzw. Lösungsvorschläge weiterleiten
  - wenn eine Abhilfe nicht möglich ist - die Gründe erklären und helfen, die Situation zu erleichtern.
  - sollte eine Beschwerde ungerechtfertigt sein – Einsicht erzeugen

d) *Kontrollieren:*
- ob das Handeln/die Maßnahme wirkt
- ob der Anlass, der zur Beschwerde geführt hat, ausgeräumt ist
- ob der Beschwerdeführer zufriedengestellt ist
- wie solche oder ähnliche Vorfälle künftig vermieden werden können.

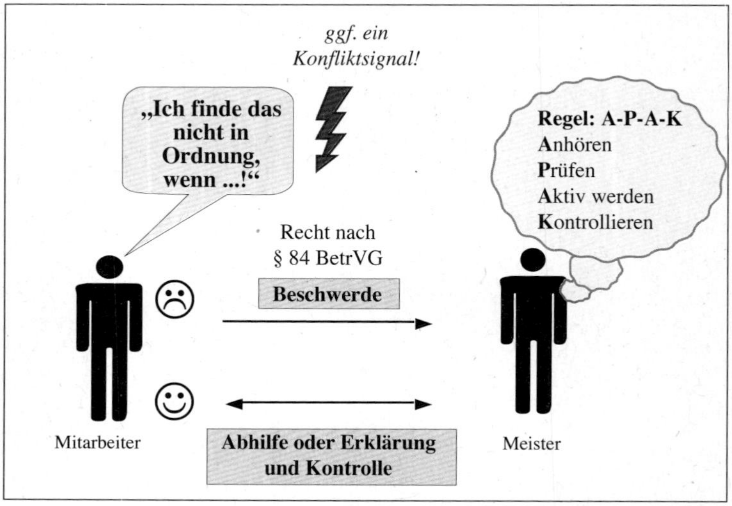

4.6.6 Moderationstechnik

01. Was versteht man unter „Moderation"?

Moderation kommt aus dem Lateinischen (= *moderatio*) und bedeutet, das *„rechte Maß finden, Harmonie herstellen*". Im betrieblichen Alltag bezeichnet man damit eine *Technik,* die hilft,

- Einzelgespräche,
- Besprechungen und
- Gruppenarbeiten (Lern- und Arbeitsgruppen)

so zu steuern, dass das Ziel erreicht wird.

02. Welche Aufgaben hat der Moderator?

Das Problem bei der Moderation liegt darin, dass die traditionellen Strukturen der Gruppenführung noch nachhaltig wirksam sind. Die Mitarbeiter sind es gewohnt, Anweisungen zu erhalten; die Vorgesetzten verstehen sich in der Regel als Leiter einer Gruppe mit hierarchischer Kompetenz und Anweisungsbefugnissen.

Bei der Moderation von Gruppengesprächen müssen diese traditionellen Rollen abgelegt werden:

- *Der Vorgesetzte als Moderator einer Besprechung steuert mit Methodenkompetenz den Prozess der Problemlösung in der Gruppe und nicht den Inhalt!*

- *Der Moderator ist der erste Diener der Gruppe!*

Der Meister als Moderator ist *kein „Oberlehrer“*, der alles besser weiß, sondern er ist *primus inter pares* (Erster unter Gleichen). Er beherrscht das „Wie“ der Kommunikation und kann Methoden der Problemlösung und der Visualisierung von Gesprächsergebnissen anwenden. In fachlicher Hinsicht muss er nicht alle Details beherrschen, sondern einen Überblick über Gesamtzusammenhänge haben.

Eine der schwierigsten Aufgaben für den Moderator ist die Fähigkeit zu erlangen, *seine eigenen Vorstellungen* zur Problemlösung denen der Gruppe *unterzuordnen*, sich selbst zurück zu nehmen und ein erforderliches Maß an *Neutralität* aufzubringen. Dies verlangt ein Umdenken im Rollenverständnis des Meisters.

Der Moderator hat somit folgende *Aufgaben:*

1. *Er steuert den Prozess und sorgt für eine Balance* zwischen Individuum, Gruppe und Thema!

   Ablauf der Besprechung, Kommunikation innerhalb der Gruppe, roter Faden der Problembearbeitung, Anregungen, Zusammenfassen, kein Abschweifen vom Thema, verschafft allen Gruppenmitgliedern Gehör.

2. *Er bestimmt das Ziel* und den Einsatz der *Methodik* und der *Techniken*!
   Die Gruppe bestimmt vorrangig die Inhalte und Lösungsansätze.

3. Er sorgt dafür, dass *Spannungen und Konflikte thematisiert* werden!
   Sachliche Behandlung.

4. Er *spielt sich nicht (inhaltlich) in den Vordergrund*!
   Zuhören, ausreden lassen, kein Besserwisser, Geduld haben.

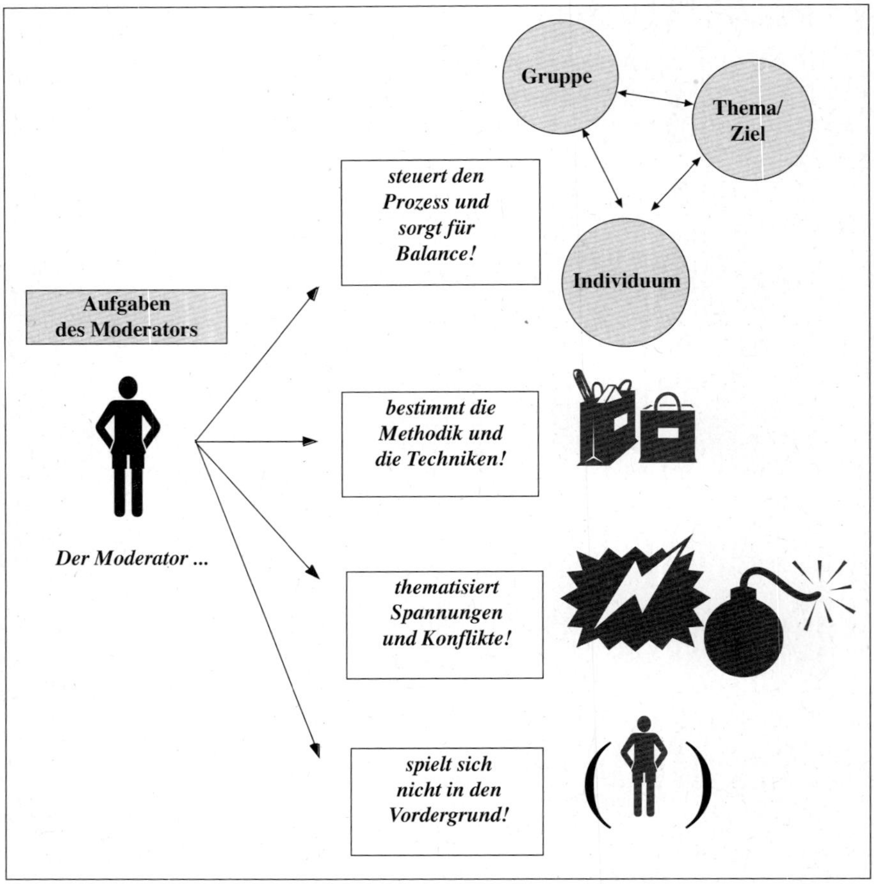

03. Welche Stellung und Rolle (= Funktion) hat der Moderator?

Moderation ist ein Handwerk und die Kunst zur Verbesserung der Kommunikation in betrieblichen Gruppenarbeiten.

Der Moderator hat von daher folgende *Stellung und Rolle* (= *Funktion*) innerhalb der Arbeits-/Besprechungsgruppe:

1. Er ist der erste *Diener* der Gruppe:
   Vorbereitung der Gruppenarbeit, Rahmenbedingungen schaffen

2. Er ist *Partner* der Gruppe:
   sich einfühlen, zusammenfassen, auf alle eingehen

3. Er ist *„Geburtshelfer"* der Problemlösung:
   zielorientierte Fragen vorbereiten, Hilfestellung bei der Formulierung, durch Fragen die „Gruppe selbst darauf kommen lassen" (Mäeutik = Hebammentechnik)

4. Er ist *Transformator und Change Agent*:
   Prozessbegleiter, Helfer bei Lernprozessen, Überwindung von Stockungen in der Gruppenarbeit

5. Er ist *„Gärtner" und Förderer*:
   „bereitet den Boden für die Problemlösung vor": ermuntern, ermutigen, Wissen bereitstellen, die Fähigkeiten der Gruppenmitglieder fördern

6. Er ist *„Steuermann auf der Brücke"*:
   hat den Überblick (Thema, Prozess, Gruppe, Gruppenmitglieder), setzt Prioritäten, erkennt „Sackgassen" der Problembearbeitung

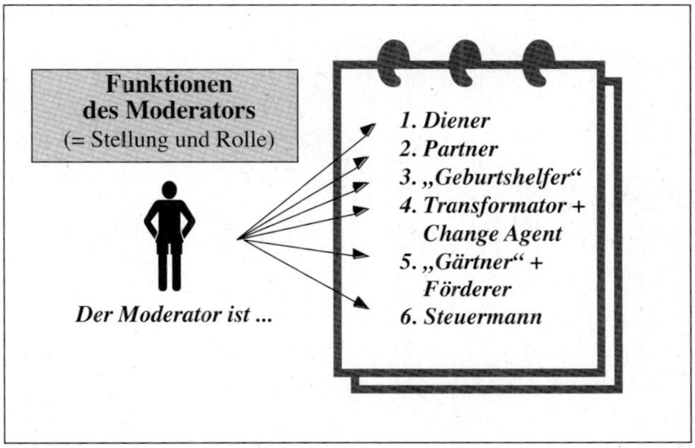

04. Welche Methoden und Techniken sollte der Moderator beherrschen?

1. *Grundregeln der Visualisierung:*
   - Konzentration auf das Wesentliche
   - Bilder, Worte, Diagramme
   - nicht mit Text überladen
   - Schriftgröße beachten
   - Hilfsmittel einsetzen:
     Flipchart, Tageslichtprojektor, Wandtafel, Diaprojektor, Pinnwand

2. *ABC- Analyse/Pareto Prinzip:*
   - Bewertung nach der Bedeutung (A = wichtig, B = weniger wichtig, ...)
   - basiert auf der 80:20-Regel nach Pareto
   - Voraussetzung: Sammlung von Daten
   - Beispiele: Fehleranalyse, Qualitätsprobleme

3. *Brainstorming, Brainwriting:*
   vgl. dazu oben, Ziffer 4.5.8, Frage 04. sowie unter Nr. 5.

4. *Methode 6 - 3 - 5:*
   6 Personen entwickeln **3** Lösungsvorschläge; jeder hat pro Lösungsvorschlag **5** Minuten Zeit.
   - Jeder trägt 3 Vorschläge in ein Formular ein.
   - Dafür hat er 5 Minuten Zeit.
   - Jeder gibt das Formular weiter.

- Jeder greift die Vorschläge seines Nachbarn auf, kombiniert und trägt drei weitere Vorschläge ein usw.
- In 30 Minuten kommen 108 Vorschläge zu Stande (= 6 Teilnehmer x 3 x 6).

Methode 6 - 3 - 5

5 Minuten Zeit

3 Lösungsvorschläge

6 Teilnehmer

= max. 108 Lösungsvorschläge

5. *Metaplan-Technik* (teilweise auch als Brainwriting bezeichnet):

   - *Äußerungsphase:*
     - bis zu 20 Teilnehmer
     - Ideen auf Karten
     - je Karte nur eine Idee
     - alle Ideen werden dokumentiert – keine Idee geht verloren
     - Dauer: 5-10 Minuten
     - während der Ideensammlung: kein Kommentar, keine Bewertung
     - es gibt keine Tabus, keine Grenzen, keine Normen.
   - Nach der Äußerungsphase kommt die *Ordnungsphase („Klumpen bilden“):*
     Die Ideen werden geordnet/gruppiert (dabei gilt: der Urheber entscheidet bei Nicht-Einigung in der Gruppe, in welche Ordnung seine Idee gehört; eventuell Karte doppeln).
   - Nach der Ordnungsphase folgt die *Bewertungsphase*:
     Die Ideen werden in der Gruppe bewertet (erst jetzt wird „Unsinniges“, Unrealistisches usw. beiseite gelegt). Alle Ideen werden besprochen, die Inhalte sind dann jedem einzelnen Gruppenmitglied bekannt.
   - *Vertiefungsphase:*
     In der Regel werden danach die interessierenden Themenfelder (sprich „Klumpen“) in Gruppenarbeiten im Detail *strukturiert* und inhaltlich aufbereitet.
   - *Schlussphase/Aktionsphase:*
     In der Schlussphase werden die gewonnenen Ergebnisse in Aktionen umformuliert, um so Eingang in die Praxis zu finden: Wer? Macht was? Wie? Bis wann?

6. *Mind-Mapping:*
   Dies ist eine Technik, um Informationen und Problemstellungen auf eine übersichtliche Art zu strukturieren und zu dokumentieren; ist geeignet für die Analyse von Problemen, aber auch die Gliederung von Lösungswegen. Das Problem wird in „Hauptäste“ und „Zweige“ zerlegt und grafisch veranschaulicht:

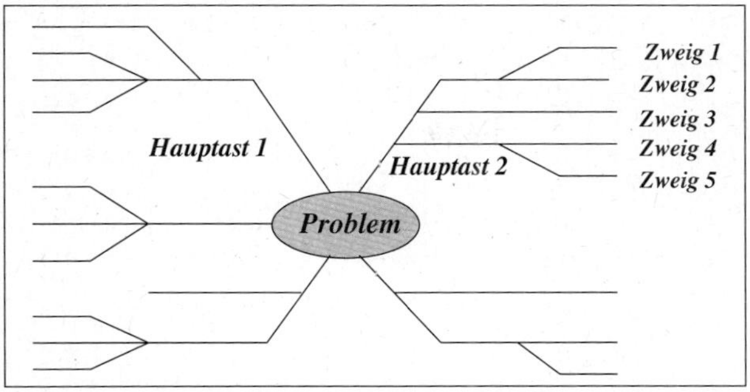

7. *Ishikawa-Diagramm (= Ursache-Wirkungs-Diagramm):*
Die Problemursachen werden nach Bereichen kategorisiert und in einer Grafik veranschaulicht. Die Einzelschritte sind:

→ Problem definieren
→ 4 Ursachenbereiche unterscheiden: - Mensch
- Maschine
- Material
- Methode
→ mögliche Ursachen je Bereich erkunden
→ grafisch darstellen

Beispiel (verkürzte Darstellung):

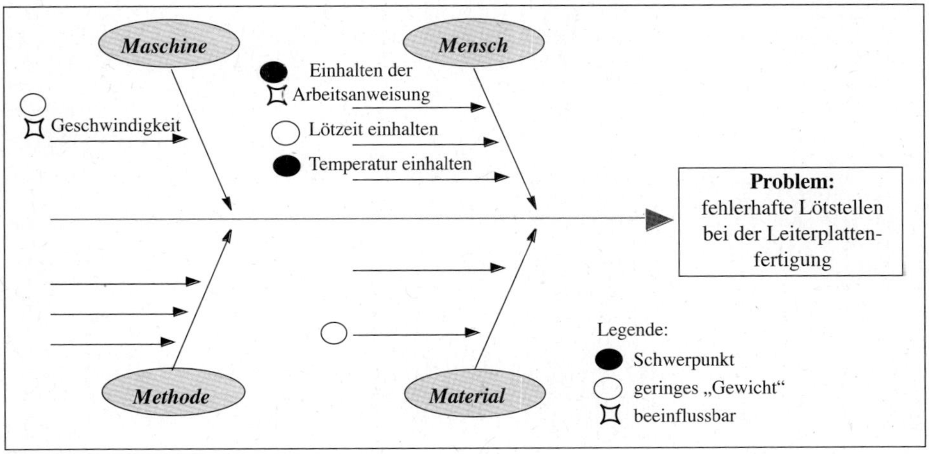

8. *Morphologischer Kasten:*
vgl. dazu Ziffer 4.5.8, Frage 04.

9. *Fragetechnik:*
vgl. dazu Ziffer 4.6.1, Frage 03.

10. *Spezielle Methoden der Moderation:*

- *Gruppenspiegel:*
Zum Anwärmen der Gruppenarbeit: Name, Funktion, „Das mag ich/das mag ich nicht" werden auf einer Metaplanwand festgehalten.

- *Erwartungsabfrage:*
  Zum Einstieg, zum Abbau von Vorbehalten und Ängsten, z. B. über folgende Fragen auf der Metaplanwand:

  „Was soll passieren?"
  „Was darf nicht passieren?"
  „Ich erwarte von dieser Sitzung ..."

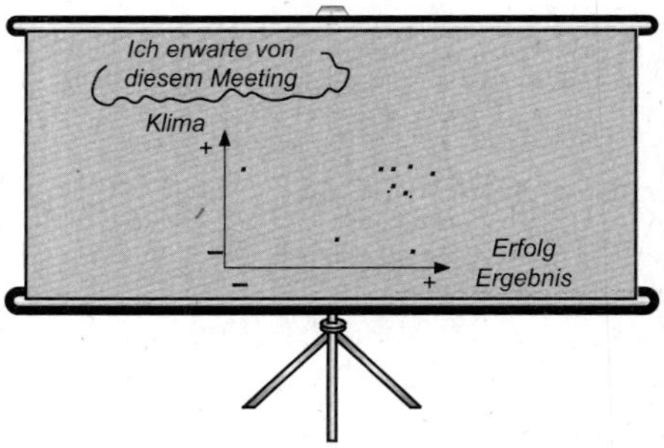

- *Themenspeicher:*
  Gefundene Ideen werden gesondert festgehalten; ebenso: noch zu bearbeitende Felder.

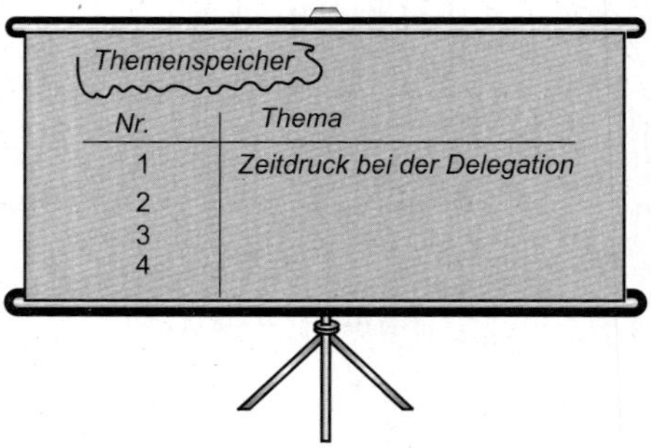

- *Punktabfrage:*
  Die Teilnehmer bewerten Fragen oder Lösungsansätze mit Punkten; z. B. kann jeder Teilnehmer bei acht Lösungen drei bis vier Punkte zur Vergabe erhalten.

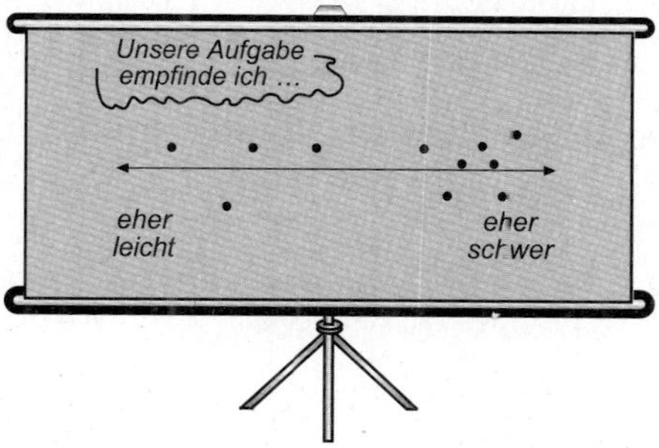

- *Fadenkreuz:*
  Der Moderator unterteilt eine bestimmte Fragestellung in vier Felder; z. B. Soll, Ist, Widerstände, Lösungsansätze.

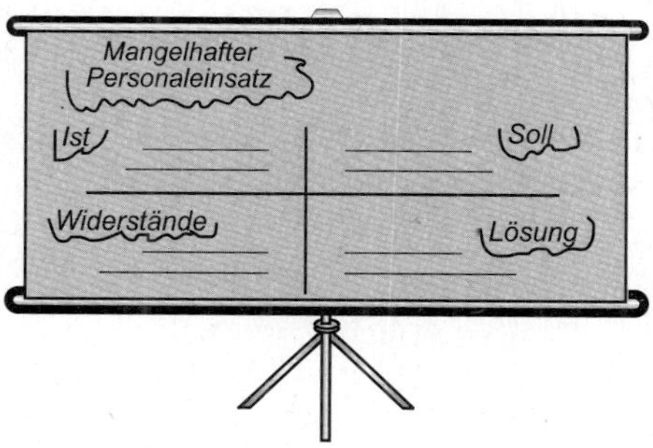

- *Maßnahmenplan:*
  Die gefundenen Lösungen werden als Einzelmaßnahme festgehalten mit den Spalten: Maßnahmen-Nr., Wer?, Mit wem?, Bis wann?

- *Stimmungsbarometer:*
  Auf einem Flipchart wird die Stimmungslage der Gruppe festgehalten, z. B. am Ende einer Sitzung.

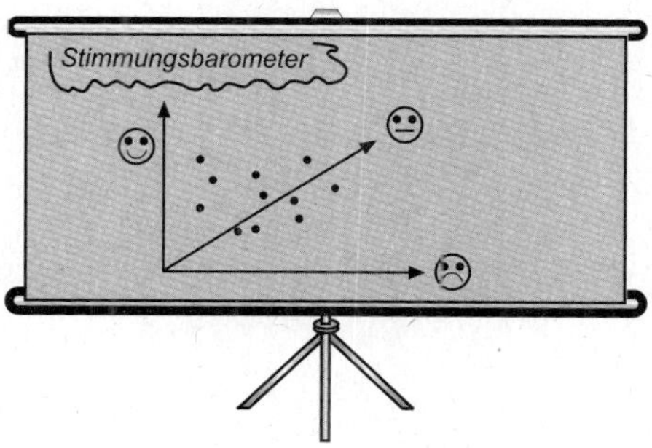

- *Blitzlicht:*
  Wird z .B. bei Störungen der Gruppenarbeit eingesetzt; erfolgt ohne Visualisierung. Die Gruppe verlässt das Sachthema und wechselt auf die Beziehungsebene. Jeder sagt so viel oder so wenig wie er möchte. Die Beiträge werden nicht kommentiert.

05. In welchen Phasen erfolgt der Ablauf der Moderation?

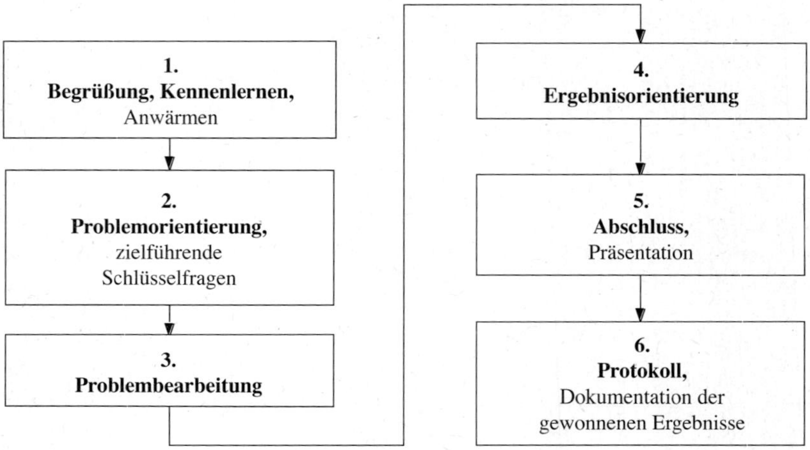

Exkurs: Stress

Hinweis:
Ein großer Prozentsatz der Mitarbeiter klagt über Stress am Arbeitsplatz und im privaten Bereich. Diese Situation wird durch die Zusatzbelastung des „angehenden Industriemeisters" sicherlich nicht gemildert. Stresserkennung und -bewältung ist eine persönliche Aufgabe zur Sicherung der eigenen Gesundheit und Lebensqualität sowie eine Führungsaufgabe. Aus diesem Grunde haben wir uns entschlossen, dieses Thema als Exkurs in das Buch aufzunehmen. Inhaltlich ist es der Ziffer 4.2.2, Auswirkungen industrieller Arbeit, zuzuordnen. Zahlreiche Ausführungen können auf die Aspekte „Arbeitszufriedenheit" und „Motivation" übertragen werden.

Was ist Stress?

Stress bedeutet, dass wir unter einem starken psychischen Druck stehen, weil schwer zu erbringende Leistungen oder Verhaltensweisen von uns gefordert werden und wir dies nicht vermeiden können. Dies beeinträchtigt auf die Dauer unsere Gesundheit und Leistungsfähigkeit. Stressfaktoren werden persönlich mit Stress bezahlt, betriebswirtschaftlich wird Produktivzeit vergeudet, volkswirtschaftlich nehmen die Folgekosten von Stress drastisch zu.

- ❐ Stress ist eine individuell unangenehm empfundene Spannungssituation.
- ❐ Menschen wollen im Gleichgewicht bleiben und unangenehme Spannungen vermeiden.
- ❐ Wenn die Möglichkeiten (Ressourcen) zur Vermeidung oder Veränderung einer unangenehmen Situation fehlen, entsteht Stress.
- ❐ Stress hat negative Auswirkungen auf die Gedanken, die Gefühle, das Verhalten und auf den Körper.
- ❐ Stress stört das Wohlbefinden und macht auf die Dauer krank.
- ❐ Damit bremst Stress auch die Leistungsfähigkeit und Produktivität.

Was sind Stressfaktoren?

- ❐ Stressfaktoren sind die Faktoren, die ein Mensch als Ursache für sein Stressempfinden erlebt.
- ❐ Stressfaktoren werfen Menschen aus dem Gleichgewicht.
- ❐ Stressfaktoren sind die Auslöser für Stress.
- ❐ Arbeitsbedingte Stressfaktoren sind Belastungen, die sich aus dem Arbeitsprozess ergeben.
- ❐ Arbeitsbedingte Stressfaktoren sind kein Einzelschicksal, weil die meisten Menschen darauf mit Stress reagieren.
- ❐ Stressfaktoren aus der Arbeitswelt können sehr verschiedene Gesichter haben.
- ❐ Stressfaktoren stören die Balance. Der Organismus des Menschen möchte im Gleichgewicht bleiben und wehrt sich gegen Stressfaktoren.
- ❐ Stressfaktoren lösen Stressreaktionen aus.
- ❐ Stressreaktionen sind „Allergiereaktionen der Psyche".
- ❐ Die Wirkung von Stressfaktoren auf den Menschen hängt von der Menge, der Art, der Intensität, der Dauer der Stressfaktoren und den verfügbaren Abwehr- und Kontrollmöglichkeiten (Ressourcen) ab.
- ❐ Stressfaktoren kosten Energie
- ❐ Stressfaktoren aktivieren den Organismus.
- ❐ Stressfaktoren lösen Reaktionen aus, die von „Bremsen" bis „Gas geben" reichen können.

- Stressfaktoren kosten deshalb immer Energie.
- Dieser Energieverbrauch stört das Wohlbefinden und die Produktivität.

Welche Stressfaktoren bei der Arbeit sind typisch?

- Wenig Handlungsspielraum (wenig Einfluss auf die Reihenfolge der Arbeitsschritte; wenig Einfluss auf die Zuteilung der Arbeit; wenig selbstständige Planung und Einteilung der Arbeit)
- Wenig Vielseitigkeit (wenig Lern- und Entwicklungsmöglichkeiten; Wissen und Können sind nicht voll einsetzbar; keine abwechslungsreichen Tätigkeiten;)
- Wenig Ganzheitlichkeit (keine Information von Vorgesetzten, Kolleginnen oder Kunden über die Qualität der eigenen Arbeit; keine Möglichkeit, eine Arbeit vom Anfang bis zum Ende selbst durchzuführen)
- Wenig soziale Rückendeckung (wenig Unterstützung durch Kolleginnen; wenig Unterstützung durch Vorgesetzte; wenig Verständnis, Zusammenhalt und Hilfe unter den Kolleginnen;)
- Wenig Zusammenarbeit (wenig Zusammenarbeit mit Kolleginnen; über berufliche und private Dinge kann mit Kolleginnen nicht gesprochen werden; es kann nicht um Rat gefragt werden; zu wenig Rückmeldungen von Kollegen über die eigene Arbeit)
- Inhaltliche Arbeitsbelastungen (die Arbeit ist meist zu kompliziert; die Arbeit erfordert dauernd zu viel Konzentration; für die Arbeit fehlt die notwendige Ausbildung;)
- Mengenmäßige Arbeitsbelastungen (die Arbeit findet meist unter Zeitdruck statt; meist gibt es zu viel Arbeit;)
- Arbeitsunterbrechungen (notwendige Informationen, Arbeitsmittel oder Materialien fehlen oft; bei der Arbeit gibt es oft Unterbrechungen; die Arbeit kann nicht planmäßig durchgeführt werden)
- Viele Umgebungsbelastungen (die Umgebung ist bezüglich Lärm, Klima, Staub, etc. ungünstig; Räume und Raumausstattung sind ungenügend)
- Wenig Information und Mitsprache (wenig Information über wichtige Vorgänge im Betrieb; wenig Mitsprachemöglichkeiten im Betrieb)
- Wenig Entwicklungsmöglichkeiten (wenig Weiterbildungsmöglichkeiten; wenig Aufstiegschancen)

Was sind Ressourcen?

- Ressourcen sind Stressbekämpfer.
- Ressourcen sind wie „Stoßdämpfer“ für Stressfaktoren.
- Ressourcen sind die verfügbaren Möglichkeiten oder Hilfsmittel eines Menschen, Stressfaktoren zu verhindern, zu verändern, zu mildern oder auszugleichen.

Äußere Ressourcen
Das sind die Bewältigungsmöglichkeiten eines Menschen, die ihm von seiner Umwelt angeboten werden. Dazu gehören z. B. Handlungsspielraum und Mitwirkungsmöglichkeiten am Arbeitsplatz, soziale Unterstützung, eine interessante Tätigkeit, Ausbildung, Aufstiegschancen, ein gutes Gesprächsklima mit dem Kollegenkreis und den Vorgesetzten, flexible Arbeitszeit usw.

Innere Ressourcen
Das sind die persönlichen Bewältigungsmöglichkeiten eines Menschen. Dazu gehören z. B. Fitness und Lebensstil, private Interessen und Beziehungen, positive Einstellungen, das Selbstwertgefühl, die Fähigkeit zu Entspannen usw.

Arbeitsbezogene Ressourcen	
Handlungs-Ressourcen	Damit können Stressfaktoren verhindert oder verändert werden. Wer Handlungsspielraum und Mitwirkungsmöglichkeiten bei der Arbeit und am Arbeitsplatz hat, ist Stressfaktoren nicht hilflos ausgesetzt. Handlungsspielraum gibt z. B. die Möglichkeit, die Reihenfolge der Arbeitsschritte selbst zu bestimmen, die erforderlichen Arbeitsmittel selbst auszuwählen, Zeit selbst einzuteilen, ausreichend Zeit für die notwendigen Arbeitsschritte zu haben, bestehende Probleme anzusprechen und die Bedingungen der Arbeit mitzugestalten.
Beziehungs-Ressourcen	Damit können Stressfaktoren gemildert werden. Wer sich auf seine Arbeitskolleginnen und -kollegen verlassen kann und ein funktionierendes privates Beziehungsleben hat, kommt mit Stressfaktoren viel besser zurecht. („Geteiltes Leid ist halbes Leid.“). Beziehungen sind wichtig, um miteinander reden zu können, um Verständnis und Unterstützung zu bekommen, um sich entspannen zu können.
Zufriedenheits-Ressourcen	Damit können Stressfaktoren gemildert oder ausgeglichen werden. Es sind Faktoren, die zu Freude, Glück und Zufriedenheit beitragen. Das reicht von beruflichen bis zu privaten Zufriedenheitsaspekten. Dazu gehören eine interessante Tätigkeit, der Stolz auf die eigene Arbeit, die Anerkennung durch Vorgesetzte und Kollegen, Abwechslung bei der Tätigkeit, Durchschaubarkeit und Planbarkeit der Tätigkeit, Information über die Firma, berufliche Entwicklung, ein angenehmes Arbeitsumfeld, gerechte Bezahlung, Entspannungsmöglichkeiten, Hobbys, Wohlbefinden usw.

Stressfolgen

Blutgefäße und Kreislauf
Ständig erhöhter Blutdruck schädigt die Elastitität der Blutgefäße und führt zu Mikroverletzungen. Weiße Blutkörperchen haften verstärkt an den Innenwänden (Entzündungsgefahr). Fett, Zucker und Blutplättchen verstopfen die Blutbahn (Arteriosklerose und Infarktgefahr).

Gehirn
Das Hormon Cortisol schädigt bei dauernder Stressbelastung die Gehirnzellen und damit auch die Leistungsfähigkeit des Gehirns.

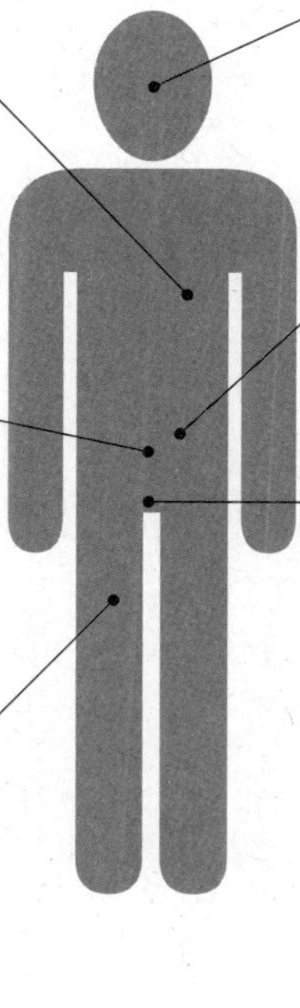

Leber
Gespeichertes Fett wird in Zucker umgewandelt, der Blutzuckerspiegel steigt (Diabetesgefahr).

Magen/Darm
Die Schleimhäute werden geringer durchblutet und sind anfälliger für Entzündungen und Geschwüre. Der Magen reagiert bei Stress auch empfindlicher auf die Magensäure (Schmerzen, Übelkeit).

Geschlechtsorgane
Cortisol hemmt über Umwege die sexuelle Lust und stört den Menstruationszyklus.

Muskeln
verbrennen verstärkt Fettsäuren und verbrauchen Muskeleiweiß. Dieses wird von der Leber in Zucker umgewandelt – die Muskeln schrumpfen. Chronischer Stress führt (oft im Bereich des Nackens) zu Muskelverspannungen und zu Rückenschmerzen.

Immunsystem
Die Stress-Aktivierung reduziert die Immunabwehrkräfte. Die Krankheitsanfälligkeit (insbesondere für Infektionen) nimmt zu; der Körper braucht länger, um wieder gesund zu werden. Müdigkeit und Depression nehmen zu.

Welche Folgen hat Stress?

Stress beeinflusst die Gedanken und Gefühle dahingehend, dass Anspannung, Angst, Ärger, Aggression, Gefühle der Ermüdung oder Monotonie, Unzufriedenheit, Depression, Versagensangst, nicht abschalten können, vermindertes Selbstwertgefühl, Selbstmordgedanken usw. auftreten können. Stress hat auch Auswirkungen auf den Körper: Hormonelle Reaktionen, Erhöhung des Blutdrucks, der Herzfrequenz, der Muskelspannung, Schlafstörungen, Erhöhung der Krankheitsanfälligkeit und -dauer, psychosomatische Erkrankungen (z. B. Verdauungssystem, Kreislaufsystem, Hautreaktionen) usw. sind mögliche Folgen.

Stress wirkt sich auch auf das Verhalten aus. So treten beispielsweise Konzentrationsprobleme, Leistungsschwankungen, höhere Fehlerhäufigkeit, erhöhtes Unfallrisiko, Zunahme von Medikamenten- oder Drogenkonsum (z.B. Schlaf-, Beruhigungs- und Aufputschmittel, Nikotin, Alkohol), Veränderungen im Ess- und Freizeitverhalten, Konflikte oder Rückzug, Zunahme von Fehlzeiten usw auf.

Dem Organismus ist es egal, ob Stressfaktoren aus dem beruflichen oder privaten Bereich kommen. Jeder Mensch ist in der Lage, sich an Stressfaktoren in einem gewissen Maße anzupassen. Allerdings gelingt das dann nicht mehr, wenn Stressfaktoren zu stark und zu lange wirken und die Energie zur Anpassung erschöpft ist.

Was ist akuter Stress?

Plötzliche und kurz dauernde Stress-Situationen (z. B. ein Unfall, ein Streit, eine Prüfung, Bungee-Jumping, Fallschirm-Springen, ...) kurbeln den Organismus an. Hauptsächlich wirkt hier das Hormon Adrenalin. Das Herz schlägt schneller, der Puls steigt, die Zunahme roter Blutkörperchen erhöht den Sauerstoff im Blut, die Atmung wird schneller, die Pupillen werden größer, die Verdauung wird unterbrochen usw. Diese Aktivierung hört aber rasch wieder auf, „wenn die Gefahr vorüber ist". Es handelt sich hier um eine „gesunde" Reaktion, deren Ziel es ist, genügend Energie für die Bewältigung der Stress-Situation bereitzustellen.

Was ist chronischer Stress?

Lang andauernde Stress-Situationen halten den Organismus in einer Daueranspannung und in ständiger Kampfbereitschaft. Dafür sorgt vor allem das Stress-Hormon Cortisol. Ständige Überaktivierung bringt das natürliche Gleichgewicht des Organismus durcheinander. Chronischer Stress führt daher mit der Zeit zu verschiedenen Störungen des Befindens und der Gesundheit.

Wie kann man Ressourcen (Anti-Stress-Maßnahmen) erkennen?

Die nachfolgende Auflistung zeigt Beispiele von positiven Arbeitsbedingungen, die alle dazu beitragen können, den Stress zu mindern. Je nach Unternehmen werden eher die einen oder anderen Anti-Stress-Maßnahmen zuerst in Angriff genommen werden können.

- ❒ Mehr Vielseitigkeit
- ❒ Mehr Lern- und Entwicklungsmöglichkeiten, Fortbildungsangebote, Wissen und Können mehr einsetzen können, passende Tätigkeiten für die richtige Qualifikation;
- ❒ Abwechslungsreiche Tätigkeiten – Vermeiden von Monotonie und Unterforderung, Eintönigkeit durch Umstrukturierung der Arbeit abbauen, Aufgaben kombinieren;

- Bei Beschäftigten, deren Arbeit ohnehin anstrengend ist und eine Vielfalt von anspruchsvollen Arbeitsaufgaben umfasst, könnte eine Arbeitsanreicherung allerdings zu Überreizung führen;
- Mehr Ganzheitlichkeit: Mehr Möglichkeit, eine Arbeit vom Anfang bis zum Ende selbst durchzuführen – von der Planung, über die Organisation und Ausführung, bis zur Kontrolle der eigenen Tätigkeit;
- Mehr Information und Feedback von Chef, Kollegen und Kunden über die Qualität der eigenen Arbeit. So ein Feedback sollte regelmäßig und strukturiert durchgeführt werden;
- Mehr soziale Rückendeckung: Mehr Unterstützung durch Vorgesetzte – regelmäßige Information und Gespräche mit Mitarbeitern;
- Mehr Unterstützung durch Kollegen: Zusammenarbeit, Kommunikation und Informationsaustausch fördern, Teams bilden, diesbezügliche Trainings und Seminare anbieten, regelmäßige Arbeitsbesprechungen;
- Mehr Zusammenarbeit: Klare Darstellung der Arbeitsabläufe und Aufgaben;
- Mehr Zusammenarbeit mit Kollegen: Kommunikation und Informationsaustausch fördern. Teams bilden;
- Mehr Gesprächsmöglichkeiten über berufliche und private Inhalte mit Kollegen zulassen.
- Mehr Rückmeldungen von Kollegen über die eigene Arbeit schaffen; regelmäßige Abstimmungsprozesse, gemeinsam Ziele bestimmen und erreichen;
- Passende mengenmäßige Arbeit: Weniger Arbeit unter Zeitdruck, Prozesse optimieren und vereinfachen, Abstimmen von Personal- und Zeitressourcen (Bedürfnisse aller Beteiligten berücksichtigen), bessere Vorinformation für alle Ausführenden kann da helfen;
- Geringe Umgebungsbelastungen: Die Umgebung ist bezüglich Lärm, Klima, Staub usw. wenig belastend; Räume und Raumausstattung sind für den Arbeitsprozess und die Personen, die Leistung erbringen, passend gestaltet (Lichtverhältnisse, Zugluft, ausreichend Bewegungsfreiheit);
- Die ergonomische Gestaltung der Arbeitsplätze ist optimiert: richtige Arbeitshöhe, ergonomische Gestaltung des Bildschirmarbeitsplatzes, körpergerechtes Heben und Tragen.

Welche persönlichen Anti-Stress-Maßnahmen sind geeignet?

- Beißen Sie sich nicht an jeder Problemstellung fest. Mit etwas Abstand zur Sache, indem z. B. andere Aufgaben vorgezogen werden, fallen Problemlösungen später oft leichter;
- Wer seine Arbeit weitgehend selbst einteilen kann, sollte auf Abwechslung achten. Unterschiedliche Arbeitsinhalte beugen Ermüdungserscheinungen vor; Phasen mit Tätigkeiten, die eine hohe Konzentration erfordern, sollten von anderen Tätigkeiten unterbrochen werden. z. B. Besprechungen und Routinearbeiten;
- Störquellen ausschalten: Wenn eine Arbeit Ihre besondere Konzentration verlangt, sorgen Sie für störungsfreies Arbeiten. Wählen Sie dazu z. B. die Zeiten aus, in denen Sie weniger gestört werden können. Signalisieren Sie den Kollegen, dass Sie nicht unterbrochen werden wollen und stellen Sie z. B. das Telefon nach Rücksprache auf andere um;
- Abstand gewinnen: Pausen von 2 bis 3 Minuten, in denen man sich entspannt, können beachtliche Leistungsverbesserungen bringen und das Wohlbefinden fördern;
- Den Stress besser bewältigen lernen: Die eigenen Stressquellen und Situationen, in denen man auftanken kann, erkennen und nutzen;
- Neue Verhaltensmuster planen und ausprobieren; von Rückschlägen nicht entmutigen lassen;

- Für Stresspuffer im Alltag sorgen: sich Zeit frei halten und die eigene Balance finden, Hobbys und Freunde pflegen, z. B. durch Bewegung „Dampf ablassen“ und Entspannungsübungen lernen;
- Ressourcen schaffen: Planen und organisieren Sie Ihre Arbeit systematisch;
- Bauen Sie Ihr Fachwissen und Ihre Fähigkeiten aus, um Situationen besser zu bewältigen;
- Pflegen Sie Ihre persönlichen und sozialen Beziehungen;
- Halten Sie sich außerdem mit körperlichen Aktivitäten und einer bewussten Lebensführung gesund und leistungsfähig.

Quelle: in Anlehnung an: Erkennen von Stressfaktoren und Optimieren von Ressourcen im Betrieb. Gefördert von der EU im Rahmen der Europäischen Woche für Sicherheit und Gesundheitsschutz am Arbeitsplatz im Oktober 2002; Hrsg: Wirtschaftskammer Österreich

5. Berücksichtigung naturwissenschaftlicher und technischer Gesetzmäßigkeiten

Prüfungsanforderungen:

Nachweis folgender Fähigkeiten:

- Der Teilnehmer soll nachweisen, dass er in der Lage ist, einschlägige naturwissenschaftliche und technische Gesetzmäßigkeiten zur Lösung technischer Probleme einzubeziehen.
- Er soll mathematische, physikalische, chemische und technische Kenntnisse und Fertigkeiten zur Lösung von Aufgaben aus der betrieblichen Praxis anwenden.

Qualifikationsschwerpunkte (Überblick)

5.1 Berücksichtigen der Auswirkungen naturwissenschaftlicher und technischer Gesetzmäßigkeiten auf Materialien, Maschinen und Prozesse sowie auf Mensch und Umwelt, z. B. bei Oxidations- und Reduktionsvorgängen, thermischen Einflüssen, galvanischen Prozessen, mechanischen Bewegungsvorgängen, elektrotechnischen, hydraulischen und pneumatischen Antriebs- und Steuerungsvorgängen

5.2 Verwenden unterschiedlicher Energieformen im Betrieb sowie Beachten der damit zusammenhängenden Auswirkungen auf Mensch und Umwelt

5.3 Berechnen betriebs- und fertigungstechnischer Größen bei Belastungen und Bewegungen

5.4 Anwenden von statistischen Verfahren und Durchführen von einfachen statistischen Berechnungen sowie ihre grafische Darstellung

5.1 Auswirkungen naturwissenschaftlicher und technischer Gesetzmäßigkeiten auf Materialien, Maschinen und Prozesse sowie auf Mensch und Umwelt

5.1.1 Auswirkungen von Oxidations- und Reduktionsvorgängen in Arbeitsprozessen

01. Welche Eigenschaften haben Sauerstoff und Wasserstoff? Wie werden sie verwendet und hergestellt?

	O_2 Sauerstoff	H_2 Wasserstoff
	Beispiele	
Eigenschaften	- gasförmig, - farb-, geruch-, geschmacklos - ist Bestandteil der Luft, - tritt chemisch gebunden als Bestandteil des Wassers und fast aller Gesteine auf - reaktionsfreudig - unterhält die Verbrennung, verbrennt aber nicht selbst - bildet mit anderen Elementen Oxide	- gasförmig, - farb-, geruch-, geschmacklos - ist das leichteste Gas mit der geringsten Dichte - reaktionsträge; in Wasser wenig löslich - hochentzündlich bzw. explosiv; Wasserstoff-Sauerstoff-Gemische reagieren bei Entzündung explosionsartig (Knallgas) - bildet mit anderen Elementen Hydride
Herstellung	- durch fraktionierte Destillation verflüssigter Luft (Stickstoff wird abgegeben, Sauerstoff bleibt übrig) - Elektrolyse des Wassers: $2H_20 \rightarrow 2H_2 + 0_2$	- durch Elektrolyse verdünnter Alkalilauge oder Schwefelsäure entsteht Wasserstoff als Nebenprodukt - Vergasung von Kohle mit Wasserdampf
Verwendung	- beim autogenen Schweißen - in Atemgeräten - als Bestandteil von Raketentreibstoffen - zur Stahlherstellung	- beim Raketenantrieb - in Wasserstoffmotoren (Energieträger der Zukunft) - beim autogenen Schweißen und Schneiden - bei Hydrierungsreaktionen (z. B. Fetthärtung) - zur Kühlung von Generatoren in Kraftwerken

02. Was ist trockene Luft?

Trockene Luft ist ein *Gasgemisch*, das Sauerstoff, Kohlendioxid, Stickstoff und Edelgase enthält. Unsere Erde ist von einer lebenswichtigen Lufthülle umgeben, die schädliche Strahlen absorbiert und extreme Temperaturen verhindert. Die Gase der Luft, die in der Industrie als Rohstoffe verwendet werden, lassen sich durch *fraktionierte Destillation* trennen.

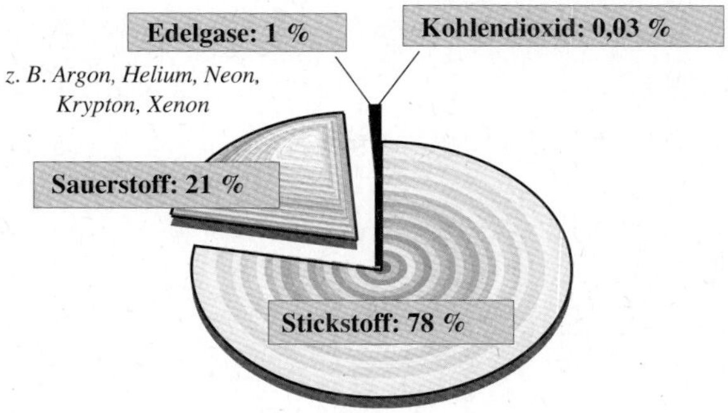

Zusammensetzung der Luft

03. Wie wird Luft verflüssigt und wozu wird flüssige Luft verwendet?

Flüssige Luft wird hergestellt, indem man sie komprimiert und die dabei freiwerdende Wärme abführt. Bei der nachfolgenden Expansion kühlt sich die Luft ab. Durch mehrfache Wiederholung mithilfe von Vorkühlung wird Luft bei etwa –190 °C flüssig. Frisch hergestellte flüssige Luft ist zunächst farblos, später blau, da der farblose Stickstoff bevorzugt verdampft und sich der blaue Sauerstoff im Rückstand anreichert. Flüssige Luft wird z. B. zur Kühlung, aber auch zur Gewinnung von Sauerstoff, Stickstoff und Edelgasen verwendet.

04. Was sind chemische Reaktionen?

Unter chemischen Reaktionen werden allgemein *stoffliche Prozesse* verstanden, bei denen *chemische Bindungen* (Spaltungen oder Neuausbildungen) *umgebaut werden.* Dabei *entstehen neue Stoffe mit neuen Eigenschaften*, aber keine neuen Elemente. Diese neuen Stoffe werden Reaktionsprodukte genannt.

Chemische Reaktionen sind stets mit physikalischen Vorgängen verbunden, z. B. mit der Abgabe oder Aufnahme von Energie (z. B. als Wärme), der Änderung des Aggregatzustandes oder der Farbe. Jede chemische Reaktion kann durch eine chemische Gleichung ausgedrückt werden, in der auf der linken Seite die Ausgangsstoffe und auf der rechten Seite die Reaktionsprodukte stehen.

05. Wodurch sind Oxidation und Reduktion gekennzeichnet?

- Im *engeren Sinn* ist

Beispiel:

Oxidation	eine chemische Reaktion, bei der sich *ein Stoff mit Sauerstoff zu einem Oxid verbindet.*	$2\,Mg + O_2 \rightarrow 2\,MgO$
Reduktion	eine chemische Reaktion, bei der *einem Oxid Sauerstoff entzogen wird.*	$2\,Ag_2O \rightarrow 4\,Ag + O_2$

- Im *erweiterten Sinn* beziehen sich die Begriffe

Oxidation	auf die *Abgabe* von Elektronen.
Reduktion	auf die *Aufnahme* von Elektronen.

06. Was ist eine Redoxreaktion?

- Als *Redoxreaktion* (im engeren Sinn) wird eine Reaktion bezeichnet, bei der *Reduktion und Oxidation* gleichzeitig ablaufen bzw. gekoppelt sind.

  Beispiel:

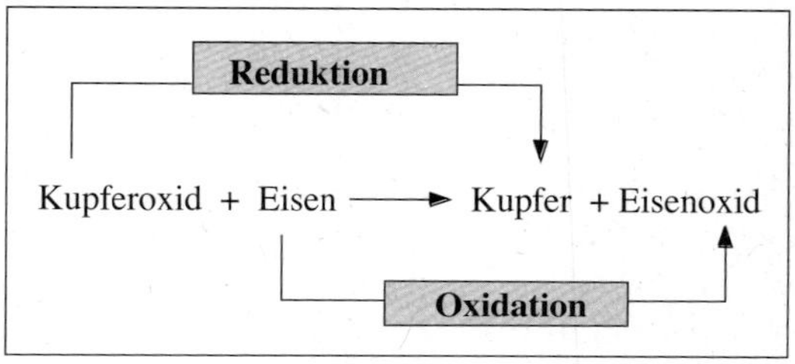

  Hierbei wird Kupferoxid zu Kupfer reduziert und Eisen nimmt Sauerstoff auf; es oxidiert.

- *Redoxreaktionen* (im erweiterten Sinn) sind Reaktionen, bei denen zwischen Teilchen der Ausgangsstoffe Elektronen übertragen werden. Oxidation und Reduktion werden hier als *Reaktionen mit Elektronenübergang* verstanden.

07. Was sind Oxidationsmittel und Reduktionsmittel?

Wenn man das o. g. Beispiel der Reaktion von Kupferoxid und Eisen genauer beschreibt, so ist festzustellen, dass

Kupferoxid	*Sauerstoff abgibt* und dadurch die Oxidation des Eisens ermöglicht. Das Kupferoxid ist das *Oxidationsmittel*, es wird selbst reduziert.
Eisen	*Sauerstoff aufnimmt* und dadurch die Reduktion des Kupferoxids ermöglicht. Das Eisen reduziert das Kupferoxid, es ist das *Reduktionsmittel* und wird selbst oxidiert.

Im erweiterten Sinn gibt das Reduktionsmittel Elektronen ab und das Oxidationsmittel nimmt Elektronen auf. Ob ein Stoff als Reduktions- oder als Oxidationsmittel wirkt, kann nur im Verhältnis zu einem bestimmten Reaktionspartner bestimmt werden.

08. Was bezeichnet man als Spannungsreihe der Metalle und was bedeutet Redoxpotenzial?

Ein Maß für das Reduktions- bzw. Oxidationsvermögen eines Stoffes ist sein Redoxpotenzial. Eine nach dem Wert des Redoxpotenzials geordnete Reihe ist die *Spannungsreihe*. Je höher das Redoxpotenzial ist, um so größer ist die Oxidationskraft eines Stoffes.

Da die Metalle so geordnet sind, dass die links stehenden die jeweils rechts davon stehenden Metalle ausfällen, bezeichnet man die Spannungsreihe auch als *Fällungsreihe.*

→ *Fällungsreaktion*:
Beim Vermischen von Lösungen zweier leicht löslicher Salze entsteht ein schwer lösliches Salz, das als Niederschlag aus der Lösung ausfällt.

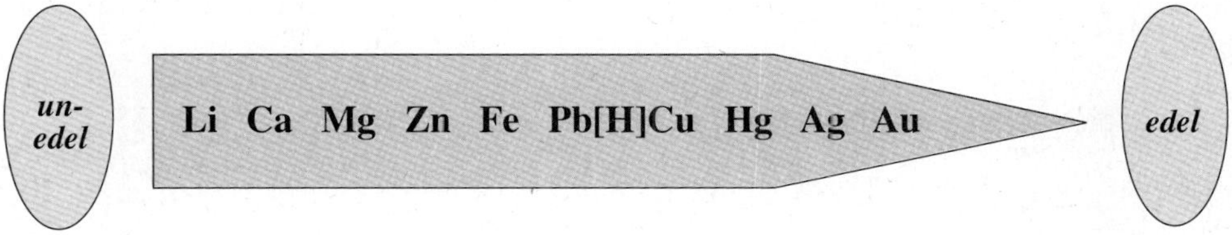

Der Wasserstoff wurde als Bezugsgröße mit in die Spannungsreihe aufgenommen. Ihm wird ein Standardpotenzial von 0 Volt zugeordnet. Alle links vom Wasserstoff stehenden Metalle wirken ihm gegenüber als Reduktionsmittel.

09. Was bezeichnet man als „galvanisches Element"?

Durch Kopplung von zwei verschiedenen Metallen in ihren Salzlösungen entsteht eine Redoxreaktion, bei der elektrischer Strom erzeugt wird.

Beispiel: $Zn + Cu^{2+} \rightarrow Zn^{2+} + Cu$

Je weiter die Metalle in der Spannungsreihe auseinander liegen, um so höher ist die Spannung des galvanischen Elements. Man erhält also hohe Spannungen, wenn man edle Metalle zusammen mit sehr unedlen verwendet.

Diese chemische Spannungsquelle wird in der Praxis beispielweise in Batterien und Akkumulatoren genutzt.

10. Was ist eine elektrochemische Reaktion?

Elektrochemische Reaktionen sind solche chemischen Reaktionen, *die unter Aufnahme oder Abgabe von elektrischer Energie ablaufen.* Es findet dabei eine wechselseitige Umwandlung von (in den Stoffen vorhandener) chemischer und elektrischer Energie statt.

11. Was sind exotherme und endotherme Reaktionen?

Damit Stoffe eine chemische Reaktion eingehen können, müssen sie meist zuvor aktiviert werden, d. h., es muss Energie (z. B. thermische) zugeführt werden. Diese Startenergie nennt man „*Aktivierungsenergie*".

Wird nun bei einer Reaktion

→*Wärme frei*	so heißt diese Reaktion *exotherm*. Dabei wird mehr Energie frei, als an Aktivierungsenergie zugeführt werden muss.
→*Wärme zugeführt*	so heißt diese Reaktion *endotherm*. Diese Reaktionen laufen nur bei ständiger Energiezufuhr ab.

12. Wie entsteht Korrosion?

Korrosion ist die Zerstörung eines Metalls von der Oberfläche her durch chemische Reaktionen, die durch Luft, Wasser, Säuren oder aggressive Gase verursacht werden. Eine häufige Form ist die *Sauerstoffkorrosion*, z. B. das Rosten von Eisen:

Auf der (beschädigten) Eisenoberfläche bildet sich im Kontakt mit feuchter Luft eine lockere Rostschicht, die porös und bröckelig ist. Wasser und Sauerstoff können diese Schicht durchdringen und tiefere Schichten angreifen; dadurch setzt sich das Rosten fort.

Zunächst bildet das Eisen in Verbindung mit Luftsauerstoff und Wasser das Eisen(II)-hydroxid:

$$4\,Fe(OH)_2 + O_2 \rightarrow 4\,FeO(OH) + 2H_2O$$

Dieses Eisen(II)-hydroxid bildet unter weiterem Sauerstoffeinfluss den eigentlichen Rost:

$$2\,Fe + 0_2 + H_2O \rightarrow 2\,Fe(OH)_2$$

13. Welchen Vorgang bezeichnet man als elektrochemische Korrosion?

Wenn zwei verschiedene Metalle zusammentreffen und an deren Berührungsstelle eine Elektrolytlösung (z. B. Wasser oder Salzlösung) gelangt, tritt eine elektrochemische Korrosion ein: Die beiden sich berührenden Metalle bilden zusammen mit der Elektrolytlösung ein *Lokalelement* (*galvanische Zelle*). Es wird dabei das jeweils edlere Metall auf Kosten des unedleren Metalls vor Korrosion geschützt, indem das unedlere Metall durch Oxidation zerstört wird.

14. Wie können Metalle vor Korrosion geschützt werden?

Alle Maßnahmen des Korrosionsschutzes zielen auf Verhinderung der Korrosion von metallischen Werkstoffen ab. Bereits bei der Auswahl der Werkstoffe kann die Korrosion beeinflusst werden, indem möglichst elektrochemisch ähnliche Metalle verwendet werden. Da die Zerstörung der Metalle in der Regel von der Oberfläche her erfolgt, muss diese besonders wirksam geschützt werden. Dadurch wird der Kontakt des Metalls mit Wasser, Luft, Säuren und Gasen verhindert.

Es gibt verschiedene Möglichkeiten des Korrosionsschutzes:

Korrosionsschutz		
Verfahren	*Beispiele*	
Metallische Überzüge	- Tauchen - Metallspritzen	- Plattieren - Galvanisieren
Nichtmetallische Überzüge	- Anstriche - Fetten und Ölen	- Emaillieren - Kunststoffbeschichten
Chemische Schutzschichten	- Phosphatieren - Aloxidieren	- Passivieren
Legieren	Herstellen von Werkstoffen aus Mischungen verschiedener Metalle	
Schutzanoden	Herstellen einer leitenden Verbindung zwischen dem zu schützenden Metall und einem unedleren Metall (z. B. Tanklager, Schiffswände, Brücken)	

5.1.2 Wasser, Säuren, Basen und Salze sowie deren industrielle Nutzung

01. Welche Bedeutung hat Wasser?

Wasser (H_2O) ist die *wichtigste Verbindung auf der Erde*. Täglich werden große Mengen Wasser in der Industrie und in den Haushalten verbraucht.

Wasser ist eine farblose, geschmacklose Flüssigkeit, die als natürliches Wasser stets verunreinigt vorkommt. Trinkwasser ist aufbereitetes natürliches Wasser, das klar, farb- und geruchlos sowie frei von krankheitserregenden Bakterien sein soll.

Wasser hat eine *sehr große Wärmekapazität*. Es benötigt beim Erwärmen sehr viel Energie und gibt beim Abkühlen auch viel Energie wieder ab. Für das Klima auf der Erde ist das eine entscheidende Eigenschaft. Annähernd ausgeglichene Temperaturen auf der Erde, die Leben erst ermöglichen, entstehen durch das große Wärmespeichervermögen der Ozeane. Alle Stoffe, die einen vergleichbaren Molekülaufbau wie Wasser haben, besitzen sehr viel niedrigere Schmelz- und Siedetemperaturen. Nur dadurch, dass Wasser in einem sehr großen Bereich (0 °C - 100 °C) flüssig ist, konnte sich einst Leben darin entwickeln.

02. Wie lassen sich die besonderen Eigenschaften des Wassers erklären?

Die Eigenschaften des Wassers entstehen aufgrund der Eigenschaften der Wassermoleküle. Durch eine Elektronenpaarbindung sind im Wassermolekül jeweils zwei Wasserstoffatome mit einem Sauerstoffatom verbunden. Dabei zieht das Sauerstoffatom die bindenden Elektronen etwas stärker an; es entsteht dort ein Überschuss an negativer Ladung. Entsprechend bilden sich an den Wasserstoffatomen Pluspole. Diese Ladungen gleichen sich aufgrund der gewinkelten Bauweise des Wassermoleküls nicht aus. Die Moleküle mit positiven und negativen Polen heißen *Dipolmoleküle*.

Zwischen den Dipolmolekülen wirken sehr starke Anziehungskräfte; deshalb schließen sich Wassermoleküle zu großen Molekülgruppen zusammen. Diese starke Anziehung zwischen den Wassermolekülen wird als *Wasserstoffbrückenbindung* bezeichnet; sie ist die Ursache für die besonderen Eigenschaften des Wassers:

- große Wärmekapazität,
- hohe Siede- und Schmelztemperatur,
- Dichteanomalie.

03. Was bezeichnet man als Dichteanomalie des Wassers?

Beim Gefrieren von Wasser entsteht durch die Wassermoleküle ein streng geordnetes, weiträumig aufgebautes Eisgitter, das ein größeres Volumen einnimmt als flüssiges Wasser. Diese Volumenzunahme von gefrorenem Wasser erzeugt eine große Sprengkraft (geplatzte Wasserrohre, Verwitterung ganzer Gebirge). Flüssiges Wasser hat bei 4 °C die größte Dichte und ist bei dieser Temperatur somit am schwersten. Deshalb schwimmt auch Eis auf Wasser.

04. Was ist „hartes Wasser"?

Sind im Wasser viele *Calzium- und Magnesiumsalze gelöst,* spricht man von „hartem Wasser":

Regenwasser enthält immer etwas Kohlenstoffdioxid aus der Luft und löst so neben anderen Salzen auf dem Weg durch den Boden auch Kalk (z. B. Kalkgebirge, kalk- und gipshaltige Böden):

$$CaCO_3 + CO_2 + H_2O \rightarrow Ca^{2+} + 2HCO_3^-$$

Aus schwer löslichem *Calziumcarbonat* entsteht das gut lösliche *Calziumhydrogencarbonat*, das jetzt in Wasser gelöst vorliegt (Grundwasser). Wird dieses harte Wasser erwärmt, zerfällt das Calziumhydrogencarbonat wieder in Kalk, Kohlendioxid und Wasser:

$$Ca^{2+} + 2HCO_3^- \rightarrow CaCO_3 + CO_2 + H_2O$$

Die Ablagerungen des Kalkes als „*Kesselstein*" sind unerwünscht. Sie stören die Funktionsfähigkeit von Wasserleitungen, Rohren, Kesseln und Heizstäben. Da die angesetzte Kalkschicht auch Wärme schlecht leitet, verbrauchen verkalkte Geräte mehr Energie.

05. Was bezeichnet man als Carbonathärte?

Die *Carbonathärte* wird auch als *vorübergehende Härte* bezeichnet. Sie ist durch Kochen weitgehend entfernbar. Wird hartes Wasser gekocht, so setzt sich Kalk ab; das Wasser wird weicher, da ein Teil der gelösten Salze entfernt sind.

06. Was versteht man unter Nichtcarbonathärte und Gesamthärte?

Die auch nach dem Abkochen noch vorhandene Resthärte wird als *Nichtcarbonathärte* oder *bleibende Härte* bezeichnet. Sie ist auch nach dem Abtrennen von Kalk noch vorhanden und lässt sich nicht durch Kochen entfernen. Sie wird verursacht durch gelöste Salze (z. B. Calziumsulfat, Magnesiumsulfat), die nach dem Abkochen an Säuren gebunden bleiben.

Die Gesamthärte des Wassers setzt sich wie folgt zusammen:

Gesamthärte	=	Carbonathärte (vorübergehende Härte)	+	Nichtcarbonathärte (bleibende Härte)

Wasser, das aus Urgesteinen oder anderen wenig verwitterten Silikaten entspringt, ist ebenso wie Regenwasser oder Kondenswasser industrieller Anlagen „weich"; es enthält weniger Calzium- und Magnesiumsalze.

07. Wie kann die Wasserhärte gemessen werden?

Die Angabe von Härtegraden des Wassers erfolgt heute durch die Angabe der Calzium- und Magnesiumkonzentration in Millimol pro Liter (mmol/l). Auch noch gebräuchlich ist die früher verwendete Angabe in Grad deutscher Härte (°dH). Ein Grad deutscher Härte bedeutet einen Gehalt von umgerechnet 10 mg CaO in 1 l Wasser. Das entspricht 7,19 mg Calzium bzw. 4,34 mg Magnesium je Liter (1 mmol/l = 5,6 °dH; 1 °dH = 0,18 mmol/l).

Jeweils sieben Härtegrade (in °dH) bilden einen Härtebereich:

Härtebereich	Härtegrade in mmol/l	Härtegrade in °dH
1 weich	< 1,3	< 7
2 mittelhart	1,3 bis 2,49	7 bis 14
3 hart	2,5 bis 3,8	15 bis 21
4 sehr hart	> 3,8	> 21

08. Welche Möglichkeiten gibt es, Wasser zu enthärten?

Für die technische Verwendung von Wasser wird möglichst weiches Wasser benötigt. Dazu ist es erforderlich, das vorhandene Wasser, das gelöste Salze enthält, zu enthärten oder zu entsalzen:

Möglichkeiten der Entsalzung bzw. Enthärtung von Wasser			
↓	↓	↓	↓
Erhitzen	Hinzufügen Niederschlag bildender **Chemikalien**	**Ionenaustauscher**	Zusatz von **Komplexbildnern**

- *Erhitzen*:
  Dabei wird nur die Carbonathärte beseitigt, die Nichtcarbonathärte ist weiter vorhanden.
- *Hinzufügen Niederschlag bildender Chemikalien*, z. B. Soda, Phosphate:
  Die Niederschläge werden filtriert (über Kies, Sand, Ton, Aktivkohle, Keramik) oder man lässt sie in Klärbecken absetzen.

- *Ionenaustauscher*:
  Das Wasser durchfließt ein Rohr, das mit Ionenaustauscher-Kunstharzen (Natriumwofatit, Natriumpermutit) gefüllt ist. Das mit Natrium angereicherte Austauscherharz besteht aus vielen kleinen Kunststoffkügelchen. Diese enthalten feinste Hohlräume, in denen an bestimmten Stellen H^+-Ionen und OH^--Ionen locker gebunden sind. Fließt nun Leitungswasser durch einen mit Kunstharzen gefüllten Behälter, kommt es zum Ionenaustausch: Positiv geladene Ionen (Calzium- oder Magnesiumionen) verdrängen die H^+-Ionen vom Austauscherharz und lagern sich dort an. Damit sind die Kationen aus dem Wasser entfernt.

  Negativ geladene Ionen (Chloridionen, Carbonationen) werden ebenfalls vom Austauscherharz gebunden; dafür werden OH^--Ionen freigesetzt. Die freigesetzten H^+- und OH^--Ionen verbinden sich zu Wassermolekülen.

- Zusatz von *Komplexbildnern*
  oder löslichen Ionen-Austausch-Chemikalien werden die Härtebildner (Calzium, Magnesium) gebunden und somit dem Wasser entzogen.

09. Warum ist Wasser das wichtigste Lösungsmittel?

Im Alltag, in der Industrie und der Natur ist Wasser das wichtigste Lösungsmittel. Aufgrund der Dipole wird Wasser auch als *polares Lösungsmittel* bezeichnet; es löst Salze besonders gut. Im Wasser werden die Wassermoleküle von den Ionen des Salzkristalls angezogen. Sie lagern sich an der Oberfläche des Kristalls an und ziehen nach und nach die Ionen aus dem Ionengitter heraus, die dabei vollständig von Wassermolekülen umhüllt werden (Hydrathülle). Dieser Vorgang beruht auf elektrostatischer Anziehung und wird Hydratation genannt. Durch die Hydrathüllen werden die Ionen in der Lösung voneinander abgeschirmt. Sie verteilen sich gleichmäßig und können sich nicht mehr gegenseitig anziehen:

Beispiel: Natriumchlorid wird in Wasser gelöst.

$$NaCl \xrightarrow{\text{in Wasser}} Na^+ + CL^-$$

Oft lassen sich beim Lösen Temperaturänderungen feststellen:

- Zum einen wird Energie frei, wenn sich um die Ionen Hydrathüllen bilden (Hydratationsenergie).
- Zum anderen wird Energie benötigt, um die Ionen aus dem Ionengitter herauszulösen (Gitterenergie).

Es entsteht dann Wärme, wenn die Hydratationsenergie größer ist als die Gitterenergie. Ist die Gitterenergie größer, kühlt sich die Lösung ab.

10. Wie gewinnt man Trinkwasser?

Das vorhandene Grundwasser reicht oft zur Trinkwassergewinnung nicht aus. Deshalb muss zusätzlich aus Flüssen und Seen Trinkwasser aufbereitet werden. Dazu wird dieses *Oberflächenwasser aufwändig gereinigt*:

1) *Gewinnung des Uferfiltrats:*
   In Flussnähe wird Wasser aus einem Brunnen entnommen.

2) *Versprühen des Uferfiltrats:*
   Dieses Uferfiltrat wird nach entsprechender Vorbehandlung in einem Wasserschutzgebiet in die Luft versprüht. Dabei löst sich im Wasser viel Sauerstoff.

3) *Versickern im Boden:*
   Wenn das Wasser wieder versickert, bleibt ein großer Teil der Verunreinigungen im Boden hängen. Dieser Weg des Wassers durch den Boden kann bis zu einem halben Jahr dauern. Mithilfe des im Wasser gelösten Sauerstoffs bauen Kleinstlebewesen im Boden weitere Verschmutzungen ab.

4) *Wassergewinnung und Filtration:*
   Wenn später das Wasser aus Brunnen wieder an die Oberfläche befördert wird, läuft es nochmals durch Reinigungsfilter; es wird „filtriert". Dadurch ist es möglich, Schwebestoffe und Mikroorganismen zu entfernen. Geringe Silberanteile in den Filterstoffen wirken gegen Bakterien.

5) *Desinfektion:*
   Das so gewonnene Trinkwasser wird vor seinem Weg durch viele Kilometer Rohrleitungen noch desinfiziert; es werden dadurch Keime und Bakterien abgetötet. Diese Desinfektion kann z. B. durch Einblasen von Chlorgas, durch Bestrahlung mit ultraviolettem Licht oder durch Zusatz von Ozon (Entfernung von Restozon notwendig) erfolgen.

11. Wie sind gewerbliche und industrielle Abwässer zu behandeln?

Im Verlauf von Produktionsprozessen entstehen verschiedenste gewerbliche und industrielle Abwässer. Beispielsweise sind Abwässer der lebensmittelverarbeitenden Industrie häufig mit *organischen Schmutzstoffen* belastet. Dagegen sind die Abwässer von metallverarbeitenden Betrieben oft mit *stark toxischen anorganischen Stoffen* wie Metall- oder Cyanid-Ionen vergiftet. Diese Abwässer können z. B. durch Oxidation, Reduktion, Fällung oder Filtration entgiftet werden.

Insgesamt verursacht die Industrie wesentlich mehr Abwässer als die privaten Haushalte. Da die Abwassergebühren ständig steigen und zahlreiche Gesetze zum Schutz der Gewässer den Firmen umfangreiche Auflagen erteilen (Wasserhaushaltsgesetz, Klärschlammverordnung, Abwasserabgabengesetz, Mindestanforderungen an das Einleiten von Abwasser in Gewässer), ergreifen viele Betriebe inzwischen eigene Maßnahmen, um die Abwassermengen und schädlichen Inhaltsstoffe zu reduzieren. Das wird z. B. durch Maßnahmen erreicht, wie:

- betriebsinterne Abwasserreinigung,
- Rückführung gereinigten Wassers in den Produktionskreislauf,
- Umstellung der Produktion auf abwasser-, schadstoff- und abfallarme Verfahren.

12. Was sind Säuren und Basen?

Auf der Grundlage der Ionentheorie von *Arrhenius* werden Säuren und Basen folgendermaßen erklärt:

- *Säuren*
  sind chemische Verbindungen, die in wässriger Lösung in positiv geladene Wasserstoffionen H^+ und negativ geladene Säurerestionen dissoziieren.

  Beispiel:

$$H_2SO_4 \rightleftharpoons 2H^+ + SO_4^{2-}$$

Säuremolekül ⇄ *Wasserstoffion* + *Säurerestion*

Es gibt

- *sauerstofffreie* Säuren, wie z. B. Chlorwasserstoff (HCL) oder Schwefelwasserstoff (H_2S) und
- *sauerstoffhaltige* Säuren, wie z. B. Schwefelsäure (H_2SO_4) oder Salpetersäure (HNO_3).

Die sauerstoffhaltigen Säuren entstehen durch Reaktion von Nichtmetalloxiden mit Wasser:

Nichtmetalloxid + Wasser → Säure
(Säureanhydrid)

z. B.: $SO_3 + H_2O \rightarrow H_2SO_4$

Dabei können Nichtmetalle, die mit mehreren Wertigkeiten auftreten, mehrere Säuren bilden.

- *Basen*
  sind chemische Verbindungen, die mit Säuren Salze bilden. Die typischen Eigenschaften von Basen werden von den Hydroxidionen OH^- verursacht. Alle Metalle können Basen (Metallhydroxide) bilden.

Basen entstehen aus folgenden Reaktionen:

(1) unedles Metall + Wasser → Base (*Metallhydroxid*) + Wasserstoff

z. B.: $2Na + 2H_2O \rightarrow 2NaOH + H_2$

(2) Metalloxid (*Basenanhydrid*) + Wasser → Base (*Metallhydroxid*)

z. B. $CaO + H_2O \rightarrow Ca(OH)_2$

Basen dissoziieren in der Schmelze und in wässriger Lösung in positive Metallionen und negative Hydroxidionen. Die wässrigen Lösungen von Basen werden im Allgemeinen auch als *Laugen* bezeichnet.

Bekannte Basen und deren Laugen sind z. B.:

- Natriumhydroxid (Ätznatron) NaOH → Natronlauge
- Kaliumhydroxid (Ätzkali) KOH → Kalilauge
- Calziumhydroxid (Ätzkalk) $Ca(OH)_2$ → Kalkwasser

Im Überblick:

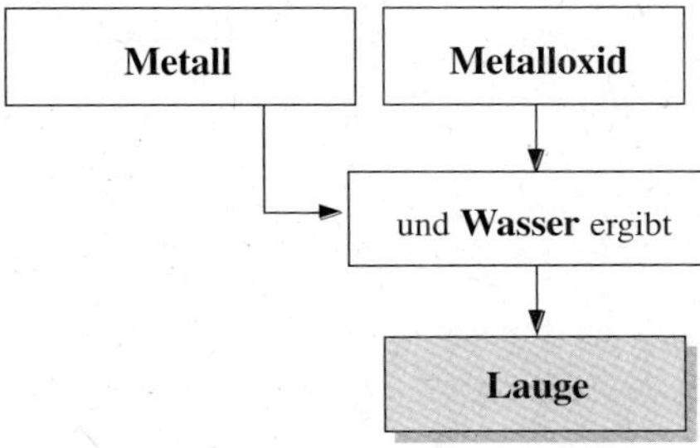

13. Welche typischen Eigenschaften haben Säuren?

Die typischen Eigenschaften der Säuren werden von hydratisierten Wasserstoffionen (Hydroniumionen H_3O^+) hervorgerufen. Alle Säuren sind potenzielle Elektrolyte.

Erst in wässriger Lösung werden unter dem Einfluss der Dipolmoleküle des Wassers Wasserstoffionen abgespalten, die sofort zu Hydroniumionen (H_3O^+) hydratisiert werden (vgl. oben, Hydratation):

$$H^+ \quad + \quad H_2O \quad \rightarrow \quad H_3O^+$$

[Wasserstoffionen H^+ sind in wässriger Lösung nicht existenzfähig. Dennoch wird der Einfachheit halber häufig von „Wasserstoffionen“ gesprochen.]

Beispiele für potenzielle Elektrolyte:

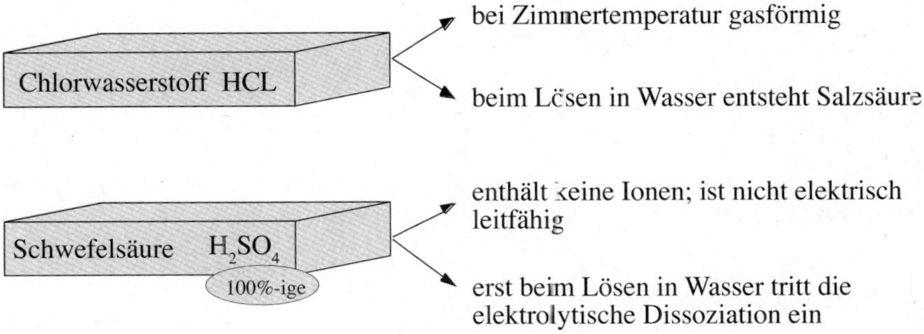

14. Wie wird die Säure-Base-Reaktion als Abgabe und Aufnahme von Protonen erklärt?

Eine zweite Definition der Säuren und Basen nach dem dänischen Chemiker *Brönsted* erklärt die Säure-Base-Reaktion als Abgabe und Aufnahme von Protonen. Danach sind

- *Säuren* Stoffe, die Protonen abgeben können und
- *Basen,* Stoffe, die Protonen aufnehmen können.

In diesem Sinne werden

- *Säuren* als *Protonendonatoren* (donator = Geber) und
- *Basen* als *Protonenakzeptoren* (acceptor = Empfänger)

bezeichnet.

Es entsteht so eine Analogie zu den Redoxreaktionen, bei denen eine Abgabe und Aufnahme von *Elektronen* stattfindet. Wie jedem Reduktionsmittel ein Oxidationsmittel entspricht, gibt es nach *Brönsted* zu jeder Säure eine entsprechende Base, die als „korrespondierendes Säure-Base-Paar“ bezeichnet wird. Allgemein gilt: Je leichter eine Säure (Base) ihr Proton abgibt (aufnimmt), desto stärker ist sie.

Stoffe, die sowohl als Säure als auch als Base auftreten können, werden *Ampholyte* genannt (z. B. Wasser, Ethanol, Eisessig). Säuren und Basen werden nach *Brönsted* unter dem Oberbegriff *Protolyte* zusammengefasst. Die auf einem Protonenübergang beruhenden Reaktionen werden allgemein als *protolytische Reaktionen* bzw. kurz *Protolysen* bezeichnet.

15. Was sind Salze?

Nach der Ionentheorie von *Arrhenius* sind *Salze* Verbindungen, die in der Schmelze und in wässrigen Lösungen *in positiv geladene Metallionen und negativ geladene Säurerestionen dissoziieren.*

$$\text{Salz} \rightleftharpoons \text{Basekation} + \text{Säureanion}$$

Beispiele:

$$K_2CO_3 \rightleftharpoons 2K^+ + CO_3^{2-}$$

$$Al_2(SO_4)_3 \rightleftharpoons 2Al^{3+} + 3SO_4^{2-}$$

Salze liegen schon im Kristallgitter in Form von Ionen vor. Sie sind *echte Elektrolyte*. An die Stelle von Metallionen kann auch das Ammoniumion NH_4^+ treten.

16. Welche Möglichkeiten der Salzbildung gibt es?

(1) **Neutralisation**

Base + Säure → Salz + Wasser

$2\ KOH + H_2SO_4 \rightarrow K_2SO_4 + 2\ H_2O$

Es entstehen Salze, wenn äquivalente Mengen einer starken Säure und einer starken Lauge miteinander gemischt werden. Die entstehende Lösung reagiert dann weder sauer noch basisch, sondern neutral. Diese Reaktion nennt man *Neutralisation*.

(2) **Neutralisation unter Beteiligung von Anhydriden**

A. Metalloxid + Säure → Salz + Wasser
Basenanhydrid

$CuO + H_2SO_4 \rightarrow CuSO_4 + H_2O$

B. Base + Nichtmetalloxid → Salz + Wasser
Säureanhydrid

$Ca(OH)_2 + CO_2 \rightarrow CaCO_3 + H_2O$

C. Metalloxid + Nichtmetalloxid → Salz
Basenanhydrid *Säureanhydrid*

$CaO + SiO_2 \rightarrow CaSiO_3$

(3) **Metall + Säure → Salz + Wasserstoff**

$Zn + 2\ HCl \rightarrow ZnCl_2 + H_2$

(4) **Metall + Nichtmetall → Salz**

$2\ Na + Cl_2 \rightarrow 2\ NaCl$

17. Was sagt der ph-Wert aus?

Der ph- Wert sagt aus, wie stark alkalisch oder sauer Wasser oder eine Lösung reagiert. Stoffe mit dem ph- Wert 7 reagieren weder sauer noch alkalisch, sondern neutral. Zur Angabe des ph-Wertes verwendet man eine Skala mit Zahlenwerten zwischen 0 und 14. Diese Werte beruhen auf einer Umrechnung des negativen dekadischen Logarithmus der Konzentration der Wasserstoffionen in eine reelle Zahl (ph = -log c(H+)) und sind damit übersichtlicher und besser vergleichbar:

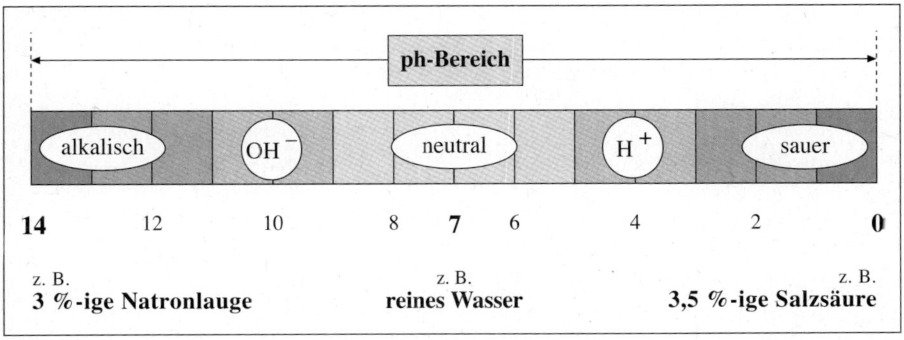

18. Was ist ein Indikator?

Indikatoren sind Verbindungen, die bei Anwesenheit einer Säure oder einer Base ihre Farbe ändern können und damit anzeigen, ob eine Lösung sauer, alkalisch oder neutral ist. Dieser Farbumschlag entsteht durch Veränderung der chemischen Struktur des Indikators (Aufnahme oder Abgabe eines Protons analog korrespondierendes Säure-Base-Paar). Indikatoren gibt es in Form einer Lösung oder eines getränkten Papiers.

Beispiele für die gebräuchlichsten Indikatoren:

- *Lackmus:* nimmt bei Anwesenheit einer Säure ein Proton auf und färbt sich rot; gibt in einer Base ein Proton ab und färbt sich blau;
- *Phenolphtalein:* bleibt farblos in neutralen und sauren Lösungen; färbt sich rot in basischen Lösungen;
- *Methylorange:* färbt sich rot in sauren Lösungen, gelb in neutralen und basischen Lösungen.

Die Umschlagsbereiche der jeweiligen Indikatoren sind in entsprechenden Tabellen der Fachliteratur zu finden.

19. Welchen Vorgang bezeichnet man als Hydrolyse?

Die Hydrolyse ist nach Arrhenius eine Zerlegung von Salzen mithilfe von Wasser in Säure und Base. Die Hydrolyse ist die Umkehrung der Neutralisation:

$$\text{Säure} + \text{Base} \underset{\textit{Neutralisation}}{\overset{\textit{Hydrolyse}}{\rightleftarrows}} \text{Salz} + \text{Wasser}$$

Die Hydrolyse findet nur bei solchen Salzen statt, die aus einer schwachen Säure oder einer schwachen Base aufgebaut sind. Salze aus einer starken Säure und einer starken Base unterliegen nicht der Hydrolyse. Ihre wässrigen Lösungen reagieren neutral.

20. Was ist ein Puffer?

Ein Puffer besteht aus einer *schwachen Säure oder Base und deren vollständig dissoziiertem neutralem Salz*. Charakteristisch für eine Pufferlösung ist, dass *ihr ph-Wert* auch nach Zugabe begrenzter Mengen einer Säure oder Base *annähernd stabil bleibt.*

Beispiele für Puffersysteme	ph-Bereich
- Essigsäure/Natriumacetat	sauer
- Citrat/Salzsäure	sauer
- Dihydrogenphosphat/Hydrogenphosphat	neutral
- Ammoniak/Ammoniumchlorid	basisch
- Carbonat/Hydrogencarbonat basisch	basisch

Die Gesamtwirkung des Puffereffekts entsteht z. B. beim Acetatpuffer (Essigsäure/Natriumacetat) dadurch, dass die von der Essigsäure stammenden Protonen auf geringe Mengen einer zugeführten Base reagieren, während die bei der basischen Hydrolyse von Natriumacetat entstandenen Hydroxidionen geringe Mengen einer zugeführten Säure abfangen.

21. Wie entsteht „saurer Regen" und welche Folgen für die Umwelt sind damit verbunden?

Brennstoffe wie Erdöl, Erdgas und Kohle enthalten als natürlichen Bestandteil immer Schwefel, der zu Schwefeldioxid verbrennt. Trotz Entschwefelung gelangen in die Umwelt immer noch große Mengen von Schwefeldioxid, das mit dem Wind teilweise über weite Entfernungen transportiert wird.

In der Luft wird das farblose, stechend riechende Gas oxidiert und verbindet sich mit der Luftfeuchtigkeit zu Säure. Diese Schwefelsäure ist Mitverursacher des sauren Regens und stellt eine Gefahr für Mensch und Umwelt dar. Die Natur wird von diesen Stoffen belastet, indem z.B. der Boden sauer wird und viele Pflanzen geschädigt werden. Beim Menschen wirkt Schwefeldioxid vor allem in Kombination mit Staub auf die Atemwege (Reizungen, Entzündungen).

Auch Fassaden, Betonbauten und Kunstdenkmäler werden angegriffen. Die aggressiven Säuren zersetzen die Baustoffe und führen zum Verfall der Bauwerke. Ebenso wird die Rostbildung von Eisen und Stahl beschleunigt; es entstehen erhebliche Schäden durch Korrosion. Regen in Gegenden, die von Schadstoffen unbelastet sind, hat einen ph-Wert von 5,6, ist also sehr schwach sauer. Dieser natürliche Wert hat sich, verursacht durch säurebildende Emissionen, in Nordamerika bis ph = 4,1 und in Mitteleuropa bis ph = 4,3 verändert.

22. Was ist Natronlauge und wozu kann sie verwendet werden?

Eine besonders wichtige Lauge in der Industrie ist die Natronlauge, die wässrige Lösung von Natriumhydroxid (NaOH, auch Ätznatron). Das NaOH kommt als eine feste, kristalline und stark ätzende Substanz in Form von Schuppen, Stangen oder Plätzchen in den Handel. Sie ist leicht löslich und muss immer verschlossen aufbewahrt werden. Konzentrierte Natronlauge greift Metalle, aber auch Glas durch Herauslösen von Kieselsäure stark an und sollte i.d.R. vor Gebrauch frisch hergestellt werden. Lösungen auf Vorrat werden in Kunststoffgefäßen aufbewahrt. Natronlauge wird in der Industrie vielfältig verwendet:

- zur Herstellung von Zellstoff für Papier und Verbandmaterial
- zur Reinigung von Pfandflaschen
- zur Herstellung von Aluminium und Seifen
- in Backbetrieben: Laugengebäck wird kurz vor dem Backen in 3%-ige Natronlauge getaucht.

23. Welche Bedeutung hat Salz in der Industrie?

Salz (Natriumchlorid) gibt es je nach Anwendung in verschiedenen Formen:

• Steinsalz (Industriesalz):	natürlicher Rohstoff
• Speisesalz (Tafelsalz, Siedesalz):	Gewinnung durch Eindampfen gereinigter Steinsalzlösungen
• Gewerbesalz:	zur Herstellung von Kältemischungen, Streusalz im Winter
• Viehsalz:	hat durch ca. 10 % Eisenoxidanteil eine braunrote Farbe (denaturiertes Salz)

Über 75 % der gesamten Salzproduktion wird als Industriesalz verwendet. Als ein sehr preiswerter Rohstoff ist Salz die Basis zur Herstellung verschiedenster Produkte:

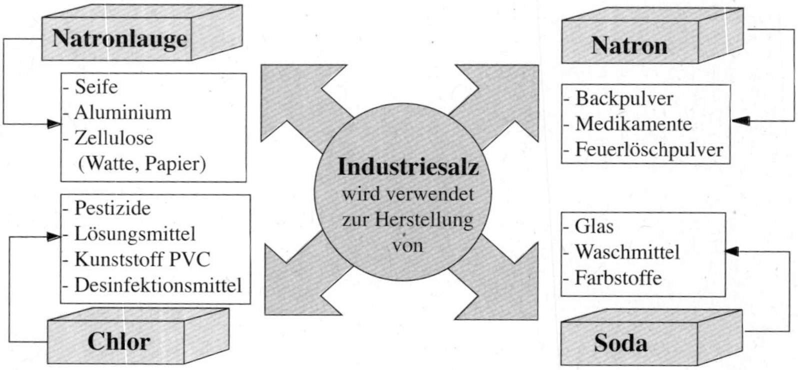

Außer Natriumchlorid wird in der Industrie Kaliumchlorid KCl als Ausgangsstoff für die Herstellung mineralischer Düngemittel verwendet. Es kommt als Kalisalz vor.

Calziumcarbonat $CaCO_3$, das als Marmor, Kalkstein oder Kreide vorkommt, wird als Baumaterial und als Ausgangsstoff für das Kalkbrennen verwendet (z. B. Herstellung von Mörtel und Zement).

5.1.3 Auswirkungen des Temperatureinflusses auf Material und Fertigungsprozess

01. Wie wird die Zustandsgröße „Temperatur" erklärt?

Die Temperatur beschreibt den Wärmezustand eines Körpers; sie kennzeichnet die mittlere kinetische Energie seiner Teilchen. Man unterscheidet zwischen *Kelvin-Temperatur* und *Celsius-Temperatur:*

	Kelvin-Temperatur	*Celcius-Temperatur*
Formelzeichen:	T	ϑ
Einheit:	1 K (Kelvin)	1 °C (Grad Celsius)

Temperaturdifferenzen werden in Kelvin (K) gemessen:

Beispiel: 100 °C - 20 °C = 80 K
173 K - 93 K = 80 K

Der Nullpunkt der Kelvin-Skala wird auch als *absoluter Nullpunkt* bezeichnet. Um die Einheit der Temperatur festzulegen, wird das „ideale Gas" benutzt (Gasthermometer). Das ideale Gas ist ein Modell, bei dem u.a. folgende Annahmen gemacht werden:

→ Die Moleküle des idealen Gases nehmen kein Volumen ein.
→ Die Moleküle des idealen Gases üben keine Anziehungskraft aufeinander aus.

Die Kelvin-Skala (thermodynamische Skala) entsteht, indem der Nullpunkt um 273,15 Skalenteile „nach unten" verschoben wird (absoluter Nullpunkt).

Demnach entspricht: -273 °C = 0 K

Mithilfe des „idealen Gases" wird der Volumenzuwachs des Gases zwischen Schmelztemperatur des Eises und Siedetemperatur des Wassers in 100 gleiche Teile geteilt. Dies wäre mit Flüssigkeiten nicht möglich, da sie sich nicht gleichmäßig ausdehnen. Jedem dieser 100 gleichen Teile wird die Temperaturdifferenz 1 Kelvin (K) zugeordnet.

02. Wie werden Temperaturen gemessen?

Die Messung von Temperaturen erfolgt mit Thermometern, wobei gesetzmäßige Zusammenhänge zwischen Temperaturänderungen und Änderung einer anderen physikalischen Größe ausgenutzt werden. In unterschiedlichen Temperaturbereichen werden verschiedene Messverfahren angewendet:

Temperaturmessverfahren			
Flüssigkeitsthermometer mit Quecksilber:	-30 °C	bis	280 °C
Flüssigkeitsthermometer mit Quecksilber und Gasfüllung:	-30 °C	bis	750 °C
Flüssigkeitsthermometer mit Alkohol:	-110 °C	bis	50 °C
Metalldehnungsthermometer, z. B. Bimetallthermometer:	-20 °C	bis	500 °C
Widerstandsthermometer:	-250 °C	bis	1.000 °C
Segerkegel (bzw. Schmelzkegel):	220 °C	bis	2.000 °C
Glühfarben:	500 °C	bis	3.000 °C
Gasthermometer:	-272 °C	bis	2.800 °C

03. Wie erklärt sich die Längenänderung fester Körper bei einer Änderung der Temperatur?

Wenn sich die Temperatur ändert, ändern Körper im Allgemeinen auch ihr Volumen. Bei Temperaturerhöhung dehnen sich die meisten Körper aus: Je höher die Temperatur eines Körpers ist, desto heftiger bewegen sich die Teilchen, die dadurch auch jeweils mehr Raum für sich beanspruchen. Damit nimmt auch der gesamte Körper ein größeres Volumen ein.

Besonders bei Körpern mit großer Länge wie Schienen, Trägern, Drähten, Stäben und Rohren bewirkt eine Erhöhung der Temperatur vor allem eine *Längenausdehnung*.

Für die Zunahme der Länge bei einer Temperaturerhöhung von 0 °C (Länge l_0) auf die Temperatur ϑ (Länge l) wird die Bezeichnung Δl geschrieben. Die Längenänderung Δl ist der Temperaturänderung $\Delta \vartheta$ proportional:

$$\Delta l = \alpha \cdot l_0 \cdot \Delta \vartheta$$

Den Proportionalitätsfaktor α nennt man den *Längenausdehnungskoeffizient*. Zur Ermittlung von α wurde die Länge l_0 bei 0 °C zu Grunde gelegt:

$$\alpha = \frac{\Delta l}{l_0 \cdot \Delta\vartheta}$$

α gibt die relative Längenänderung $\Delta l/l_0$ bei einer Temperaturänderung um 1 K an.

Die Einheit des Längenausdehnungskoeffizienten ist somit

$$\frac{1}{K} = K^{-1}$$

Jeder Stoff hat einen ganz bestimmten Ausdehnungskoeffizienten; α ist also materialabhängig. Die jeweiligen Werte für die Längenausdehnungskoeffizienten der Stoffe kann man in entsprechenden Tabellen der Fachliteratur finden. Der Längenausdehnungskoeffizient α ist zwar gering temperaturabhängig; im Bereich von 0 °C bis 100 °C gelten die Tabellenwerte aber mit genügender Genauigkeit. In anderen Temperaturbereichen ändern sich die Ausdehnungskoeffizienten für feste Stoffe. Bei Abkühlung ist $\Delta\vartheta$ negativ. Für Produkte, die extremen Temperaturänderungen standhalten müssen, verwendet man Stoffe mit besonders geringen Ausdehnungskoeffizienten wie z. B. besondere Legierungen oder auch Quarzglas.

04. Wie erklärt sich die Volumenänderung fester Körper bei Änderung der Temperatur?

Mit der Änderung der Abmessungen eines Körpers ist eine Änderung seines Volumens verbunden. Für die Volumenänderung ΔV eines festen Körpers mit dem Ausgangsvolumen V_0 gilt bei einer Temperaturerhöhung um $\Delta\vartheta$:

$$\Delta V = \gamma \cdot V_1 \cdot \Delta\vartheta$$

Die Volumenänderung ΔV ist der Temperaturänderung $\Delta\vartheta$ proportional. Hierbei ist γ der *Raumausdehnungskoeffizient*. Zwischen ihm und dem Längenausdehnungskoeffizient besteht der Zusammenhang:

$$\gamma = 3\alpha$$

Es ist deshalb nicht erforderlich, die Raumausdehnungskoeffizienten der festen Stoffe zu tabellieren.

Auch bei Hohlkörpern nimmt das Innenvolumen bei Erwärmung zu. Der Hohlkörper dehnt sich innen genausoviel aus wie ein fester Körper aus demselben Material, der diesen Innenraum ausfüllt.

05. Wie dehnen sich Flüssigkeiten aus?

Die Ausdehnung bei Flüssigkeiten erfolgt wie bei festen Stoffen nach allen Richtungen, ist aber wesentlich stärker. Bei Flüssigkeiten ist der Raumausdehnungskoeffizient γ stoffabhängig und gering temperaturabhängig. Bei Abkühlung ist $\Delta\vartheta$ negativ. Die Raumausdehnungskoeffizienten von Flüssigkeiten sind ebenfalls in den entsprechenden Tabellen zu finden.

Wasser bildet eine Ausnahme: Es dehnt sich beim Abkühlen im Temperaturbereich von 4 °C bis 0 °C aus und hat in diesem Bereich einen negativen Ausdehnungskoeffizienten (Anomalie des Wassers; vgl. dazu Ziffer 5.1.2, Frage 03.).

Vergleich der Ausdehnung verschiedener Stoffe bei Erwärmung um die gleiche Temperaturdifferenz:

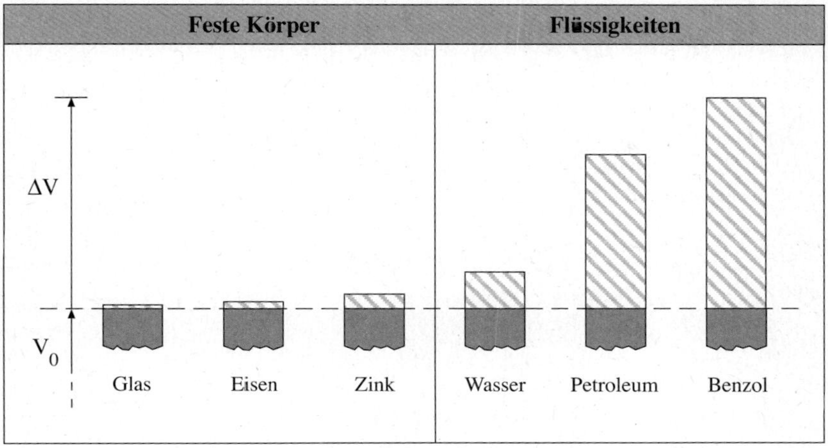

06. Wie verhalten sich Gase bei Temperaturänderung?

Die Ausdehnung der Gase bei Erwärmung ist bedeutend stärker als bei festen und flüssigen Stoffen. Alle Gase dehnen sich bei konstantem Druck bei Erwärmung um 1 K um 1/273 des Volumens aus, das sie bei 0 °C einnehmen. Gase verhalten sich nach folgenden Gesetzen:

- Allgemeines Gasgesetz:

$$\frac{p \cdot V}{T} = \text{konstant}$$

Dabei ist:
p Druck
V Volumen
T Temperatur

oder:

$$\frac{p_1 V_1}{T_1} = \frac{p_2 V_2}{T_2}$$

- bei konstantem Druck p: (isobare Zustandsänderung) $V \sim T$ $\frac{V}{T} = \text{konstant}$

  Beispiel: Ausdehnung des Dampfes bei der Dampfmaschine

- bei konstantem Volumen V: (isochore Zustandsänderung) $p \sim T$ $\frac{p}{T} = \text{konstant}$

  Beispiel: Erwärmen eines Gases in einem geschlossenen Behälter

- bei konstanter Temperatur T: (isotherme Zustandsänderung) $p \sim \frac{1}{V}$ $p \cdot V = \text{konstant}$

  Beispiel: Verbrennen von Kraftstoff im Strahltriebwerk

Die Gasgesetze haben nur eine begrenzte Gültigkeit:

reale Gase	*ideales Gas* (gedachtes Gas)
- Teilchen üben Kräfte aufeinander aus - Teilchen haben Eigenvolumen ⇓ Gasgesetze gelten umso genauer, je höher die Temperatur und je niedriger der Druck ist.	- Teilchen üben keine Kräfte aufeinander aus - Teilchen haben kein Eigenvolumen ⇓ Gasgesetze gelten

Beispiele für die Verflüssigungstemperatur verschiedener Gase bei normalem Druck (p_0 = 1013 mbar):

Helium	4 K	→	-269 °C	Sauerstoff	91 K	→	-182 °C
Wasserstoff	21 K	→	-253 °C	Kohlendioxid	194 K	→	-79 °C
Neon	27 K	→	-246 °C	Propan	228 K	→	-45 °C
Stickstoff	77 K	→	-196 °C	Butan	272,5 K	→	-0,5 °C

Der Raumausdehnungskoeffizient ist bei allen Gasen fast gleich. Bei Erwärmung unter konstantem Druck gilt für alle Gase der *genäherte Raumausdehnungskoeffizient des idealen Gases:*

$$\gamma = 0{,}003661 \text{ K}^{-1} = \frac{1}{273{,}15 \text{ K}}$$

Für Edelgase, Wasserstoff und Sauerstoff kann dieser Wert verwendet werden; bei anderen Gasen ergeben sich Abweichungen (siehe entsprechende Tabellen der Fachliteratur).

07. Wann treten Wärmespannungen auf und wie wirken sie sich aus?

Wärmespannungen treten auf, wenn ein fester Körper am Ausdehnen bzw. Zusammenziehen gehindert wird. Dadurch können sehr große Kräfte auftreten, die zu Zerstörungen führen, aber auch positiv genutzt werden können.

Beispiele:

(1) Manche Brücken sind z. B. nur auf einer Seite fest gelagert und haben auf der anderen Seite ein Rollenlager. Das ermöglicht, dass sich die Länge der Brücke bei Temperaturschwankungen ändern kann, ohne dass gefährliche Spannungen entstehen.

(2) Lange gerade Rohrleitungen erhalten Ausgleichsbögen, um die durch Temperaturänderungen bedingten Spannungen auszugleichen.

(3) Eisenbeton vereinigt in sich die günstigen Festigkeitseigenschaften von Eisen und Beton. Eisenbeton lässt sich nur deswegen herstellen, weil seine beiden Stoffe nahezu gleiche Ausdehnungskoeffizienten haben (Eisen: $12{,}2 \cdot 10^{-6}$/K; Beton: $12 \cdot 10^{-6}$/K).

(4) Durch festes Verbinden zweier Blechstreifen z. B. aus Messing und Eisen entsteht ein *Bimetallstreifen*. Beim Erwärmen biegt er sich von der Seite, an der sich das Metall mit dem größeren Ausdehnungskoeffizienten befindet, weg zur anderen Seite. In technischen Geräten wird diese Eigenschaft genutzt, z. B. beim Bimetallthermometer, Bimetallregler, Bimetallschalter (Thermostat).

(5) Beim Gießen von Metall muss auf eine gleichmäßige Wanddicke geachtet werden, damit das Werkstück gleichmäßig abkühlen kann. Bei unregelmäßiger Abkühlung würden erhebliche Spannungen und Hohlstellen (Lunker) am zuletzt abgekühlten Teil entstehen.

08. Was bezeichnet man als Wärmemenge?

Als Wärmemenge bezeichnet man die Wärmeenergie, die zwischen zwei oder mehreren Körpern ausgetauscht wird und zu einer Änderung der inneren Energie dieser Körper führt.

Meist ist die Änderung der inneren Energie mit einer Änderung der Temperatur verbunden, sie kann aber auch in einer Änderung des Aggregatzustandes sichtbar werden oder mit chemischen Prozessen verknüpft sein. Die Wärmemenge berechnet sich wie folgt:

$$Q = c \cdot m \cdot \Delta \vartheta \qquad [Q] = J$$

Dabei ist:
Q Wärmemenge
c spezifische Wärmekapazität
m Masse
$\Delta \vartheta$ Temperaturunterschied

Es gilt der *I. Hauptsatz der Wärmelehre:*

Die einem Körper zugeführte Wärmemenge Q ist gleich der Summe aus Änderung der inneren Energie des Körpers ΔE_i und der von ihm abgegebenen mechanischen Arbeit W.

$$Q = \Delta E_i + W$$

Ein Wärmeaustausch findet statt, wenn Körper verschiedener Temperaturen miteinander in Kontakt gebracht oder vermischt werden. Wenn dabei keine Wärme an die Umgebung abgegeben wird, nimmt der kältere Körper genau so viel Wärme auf, wie der wärmere Körper abgibt.

abgegebene Wärme Q_{ab} = aufgenommene Wärme Q_{auf}

09. Wie breitet sich Wärme aus?

Wärme kann auf verschiedene Art und Weise übertragen werden. Für alle Arten des Wärmetransports gilt der Grundsatz, dass die natürliche Transportrichtung der Wärmeenergie von der höheren zur niedrigeren Temperatur verläuft.

Arten der Wärmeausbreitung:

Wärmeströmung	Wärmeleitung	Wärmestrahlung
Wärmeströmung (Konvektion; Wärmemitführung) entsteht, indem stoffliche Teilchen ihre Lage verändern und dabei Wärme mit sich führen.	Der Körper bleibt in Ruhe. Seine sich schneller bewegenden Teilchen übertragen durch Stoß Energie an benachbarte Teilchen. Metalle sind gute Leiter; Glas und Gase sind schlechte Leiter.	Es besteht kein direkter Kontakt zwischen dem wärmeren und dem kälteren Körper; der warme Körper sendet elektromagnetische Wellen aus.
- Erwärmung von Wohnräumen (Öfen) - Zentralheizung - Winde - Meeresströmungen	- Kupferdraht - Kühlrippen - Isolierstoffe - Kleidung	- Sonnenstrahlung (Solarkonstante 1,395 KW/qm) - Infrarotstrahler - Sonnendach
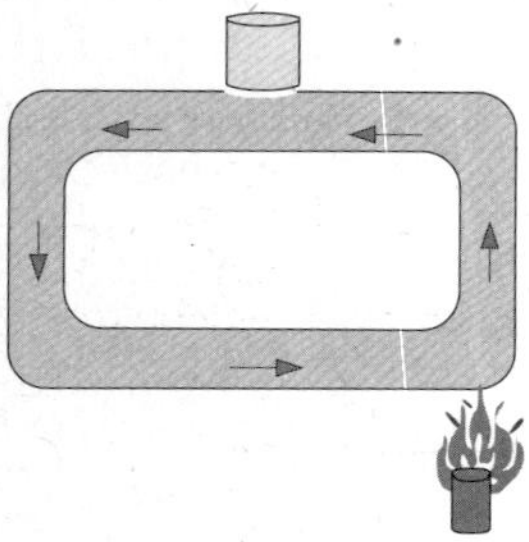	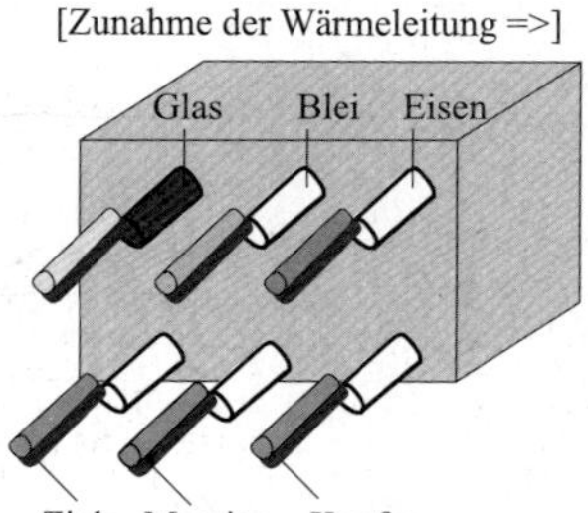 	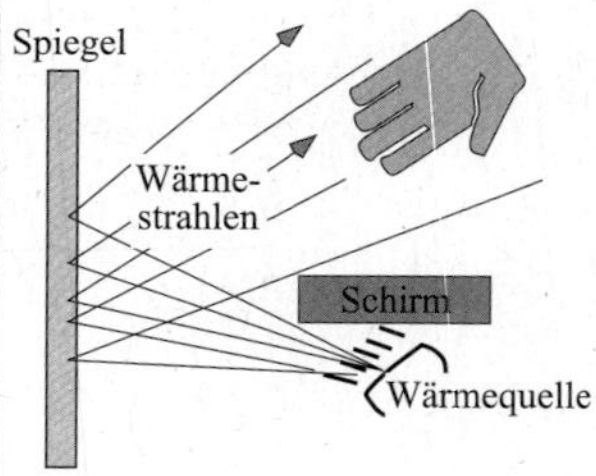

10. Was sagen die Wärmekapazität und die spezifische Wärmekapazität aus?

Die zur Temperaturerhöhung eines Körpers um 1 K erforderliche Wärmemenge nennt man *Wärmekapazität* C.

$$C = \frac{Q}{\Delta \vartheta} \qquad [C] = J/K$$

Die *spezifische Wärmekapazität* ist eine stoff- und temperaturabhängige Materialkonstante und gibt an, welche Wärme benötigt wird, um 1 g eines Stoffes um 1 K zu erwärmen.

$$c = \frac{Q}{m \cdot \Delta \vartheta} \qquad [c] = \frac{J}{g \cdot K} \quad \text{bzw.} \quad \frac{KJ}{kg \cdot K}$$

Die Wärmeeinheit 1 Joule ist eine sehr kleine Einheit. Deshalb verwendet man in der Praxis meist die größeren Einheiten 1 KJ = 1.000 J = 10^3 J und 1 MJ = 10^6 J. In manchen Bereichen der Technik verwendet man auch die Einheit Kilowattstunde: 1 KWh = $3{,}6 \cdot 10^6$ J = $3{,}6 \cdot 10^6$ Ws.

Beispiele für spezifische Wärmekapazität:

Stoff	c in KJ/kg · K
Wasser	4,19
Eis	2,09
Luft	1,01
Eisen	0,45
Blei	0,13

Wasser besitzt mit c = 4,19 KJ/Kg · K die größte spezifische Wärmekapazität aller Flüssigkeiten. Es eignet sich gut als Kühlmittel und Energiespeicher und beeinflusst deshalb auch entscheidend unser Klima.

11. Wie wird die Wärmeleitfähigkeit von Stoffen gemessen?

Die einem Körper zugeführte Wärme wird verschieden schnell weitergeleitet. Die Wärme wird unmittelbar von Molekül zu Molekül weitergegeben, ohne dass sich die Moleküle selbst dabei fortbewegen. Gute Wärmeleiter sind Metalle und Diamanten; schlechte Wärmeleiter sind Holz, Glas, Porzellan, Beton, Kunststoffe, Wasser und alle Gase. Die Wärmeleitfähigkeit λ ist eine Materialkonstante und in den entsprechenden Tabellen zu finden.

- Die *Wärmeleitfähigkeit* λ eines Stoffes gibt die Wärme in Joule an, die bei einem Temperaturunterschied von 1 K durch einen Querschnitt von 1 m^2 bei 1 m Schichtdicke in 1 s hindurchtritt; ihre Einheit ist W/m · K.
- Den Quotienten aus Wärme und Zeit (Q/t) bezeichnet man als den *Wärmestrom* φ. Seine Einheit ist Watt (W).
- Zwischen der Wärmeleitung und der elektrischen Leitung besteht eine formale Analogie: Der elektrische Widerstand und der *Wärmewiderstand* hängen von Länge, Querschnittsfläche und Material des Leiters ab. Der Wärmewiderstand R_{th} ist der Quotient aus Temperaturunterschied $\Delta\vartheta$ und Verlustleistung P_v:

$$R_{th} = \frac{\Delta\vartheta}{P_v} \qquad [R_{th}] = K/W$$

Der Wärmewiderstand kann sich aus mehreren Einzelwiderständen in Parallel- oder Reihenschaltung zusammensetzen. Die Berechnung des Gesamtwiderstandes erfolgt nach den in der Elektrik geltenden Gleichungen (z. B. Wärmewiderstand zwischen einem Kühlkörper und der Umgebung, zwischen einem Kühlkörper und dem Gehäuse, zwischen dem Gehäuse und einer Sperrschicht).

12. Wie nutzt man die unterschiedlichen Eigenschaften der Stoffe bei der Wärmeausbreitung für Maßnahmen der Wärmedämmung?

Die Übertragung von Wärmeenergie ist nicht immer von Vorteil; sie ist häufig sogar unerwünscht und erfordert eine Wärmedämmung. Unter *Wärmedämmung* werden alle Maßnahmen gefasst, die unerwünschte Wärmeleitung, Konvektion und Wärmestrahlung minimieren.

Die unterschiedliche Wärmeleitfähigkeit λ der Stoffe wird bei der Auswahl der Dämmstoffe ausgenutzt. So eignen sich zur *Verringerung von Wärmeleitung* besonders solche Materialien, die teilweise oder ganz aus schlechten Wärmeleitern bestehen. Dämmwolle und Styropor sowie doppelt verglaste Fenster wirken z. B. durch viele Lufteinschlüsse gut isolierend. Zur *Verminderung unerwünschter Konvektion* (Wärmeströmung) müssen z. B. Fenster und Türen gut abgedichtet werden. Die *Wärmestrahlung* kann durch Auswahl geeigneter Oberflächen verringert werden; so absorbieren (verschlucken) dunkle Oberflächen einen großen Teil der auffallenden Strahlung und helle, besonders glänzende Oberflächen, werfen sie zurück. Deshalb werden z. B. Kühltransporter häufig weiß glänzend beschichtet.

Um in der Technik das Wärmedämmverhalten zu beschreiben, nutzt man den K-Wert: Er gibt an, wie viel Energie pro Sekunde durch eine Fläche von 1 m^2 strömt bei einer Temperaturdifferenz zwischen beiden Seiten von 1 K.

13. Wie ändert sich die Zustandsform eines Stoffes bei Wärmezufuhr?

Stoffe können in verschiedenen *Aggregatzuständen* vorkommen: *fest, flüssig oder gasförmig*:

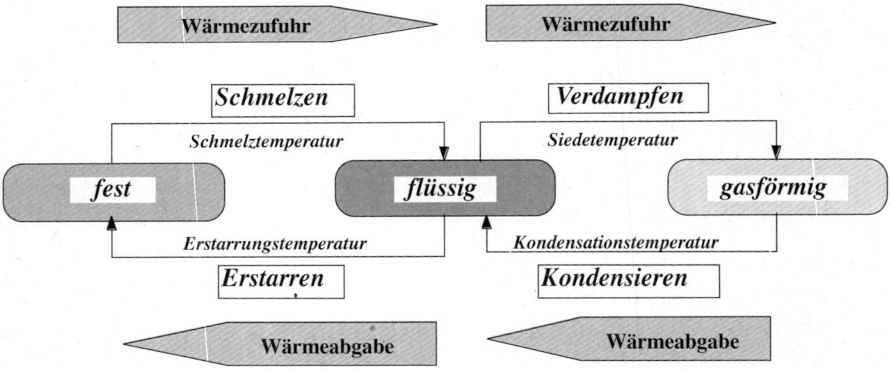

- *Schmelzen*
  ist der Übergang eines Stoffes vom festen in den flüssigen Aggregatzustand. Damit ein fester Körper schmilzt, muss ihm Energie zugeführt werden. Zuerst steigt die Temperatur des festen Körpers. Wenn dann die Schmelztemperatur ϑ_s erreicht ist (*Schmelzpunkt*), beginnt der Körper zu schmelzen. Solange bis der gesamte Stoff geschmolzen ist, bleibt seine Temperatur konstant; danach steigt sie weiter an.

  Schmelzwärme Q_s heißt diejenige Energie, die einem auf die Schmelztemperatur erhitzten Körper zugeführt werden muss, um ihn vollständig zu schmelzen.

  Die *spezifische Schmelzwärme* q_s eines Stoffes gibt an, wie viel Energie Q erforderlich ist, um 1 kg des Stoffes (m) zu schmelzen:

$$q_s = \frac{Q}{m} \qquad [q_s] = \frac{J}{g} \quad \text{bzw.} \quad \frac{KJ}{kg}$$

Die spezifische Schmelzwärme ist ein Materialwert und in entsprechenden Tabellen der Fachliteratur zu finden. Beim Erstarren wird die Schmelzwärme wieder frei; sie wird dann als *Erstarrungswärme* bezeichnet.

- *Verdampfen*
  ist der Übergang vom flüssigen in den gasförmigen Aggregatzustand. Führt man einem flüssigen Körper Wärme zu, so verdampft er in allen seinen Teilen bei einer bestimmten Temperatur. Diese Temperatur heißt *Siedetemperatur* und hängt vom Druck ab. Um eine Flüssigkeit vollständig zu verdampfen, muss die *Verdampfungswärme* Q_v zugeführt werden.

  Der Quotient aus der Verdampfungswärme Q_v und der Masse der Flüssigkeit m ist ein Materialwert und heißt *spezifische Verdampfungswärme* q_v:

  $$q_s = \frac{Q_v}{m} \qquad [q_v] = \frac{J}{g} \quad \text{bzw.} \quad \frac{KJ}{kg}$$

- *Verdunsten:*
  Den Übergang eines Stoffes in den gasförmigen Zustand an der Oberfläche der Flüssigkeit unterhalb der Siedetemperatur nennt man *Verdunsten.*

- *Kondensieren:*
  Wird einem gasförmigen Körper Wärme entzogen, so kondensiert er in allen seinen Teilen bei einer bestimmten Temperatur, der Kondensationstemperatur. Sie hängt vom Druck ab. Beim Kondensieren wird Kondensationswärme frei; sie ist gleich der Verdampfungswärme.

14. Wie unterscheiden sich Brennwert und Heizwert?

Natürliche Brennstoffe (Kohle, Erdöl, Erdgas) besitzen chemische Energie, die beim Verbrennen in Wärmeenergie umgewandelt wird. In den Brennstoffen ist immer Feuchtigkeit enthalten und es entsteht Wasser durch Verbrennen von Wasserstoff. Diese Feuchtigkeit geht während der Verbrennung in dampfförmigen Zustand über. Wird der Dampf nachträglich in Wasser umgewandelt, so wird Kondensationswärme frei und steht zur Verfügung.

Dementsprechend unterscheidet man:

• *Brennwert* Q_o	• *Heizwert* Q_u
= Anteile Wasser nach der Verbrennung in flüssiger Form	= Anteile Wasser nach der Verbrennung als Dampf (ist für technische Prozesse von Bedeutung)

• *spezifischer Brennwert* H_o	• *spezifischer Heizwert* H_u

(1) Für feste und flüssige Brennstoffe gilt:

H_o ist der Quotient aus Brennwert und Masse des Brennstoffs:	H_u ist der Quotient aus Heizwert und Masse des Brennstoffs:
$H_0 = \frac{Q_0}{m} \qquad [H_0] = KJ/kg$	$H_u = \frac{Q_u}{m}$

(2) Für Gase bezieht man Brennwert und Heizwert auf das Volumen im Normzustand:

$$H_0 = \frac{Q_0}{V} \qquad [H_0] = KJ/m^3 \qquad H_u = \frac{Q_u}{V}$$

5.1.4 Bewegungsvorgänge bei mechanischen Bauteilen

01. Was ist Bewegung und wie wird sie dargestellt?

- *Bewegung*
  ist jede Veränderung des Ortes oder der Lage eines Körpers gegenüber einem Bezugspunkt oder einem Bezugssystem.
- *Ruhe:*
  Der Körper verändert seinen Ort und seine Lage gegenüber dem Bezugspunkt *nicht.*

Es gibt zwei Teilgebiete der Physik, die Bewegungen beschreiben:

- Die *Kinematik*: Sie beschreibt Bewegungen, ohne dabei die Ursachen für Änderungen des Bewegungszustandes zu berücksichtigen und
- die *Dynamik*: Sie beschreibt Änderungen des Bewegungszustandes im Zusammenhang mit ihren Ursachen, den Kräften.

Die Bewegungslehre (Kinematik) unterscheidet Bewegungen:

- nach der Form der Bahnkurve des bewegten Körpers (*Bewegungsformen*)
- nach der zeitlichen Änderung der Geschwindigkeit (*Bewegungsarten*)

Für die Untersuchung einer Bewegung genügt es häufig, die Bewegung eines einzigen Punktes des Körpers zu beschreiben. Dazu denkt man sich die gesamte Masse des Körpers in diesem Punkt, dem *Massepunkt* (als einem Modell) vereinigt und vernachlässigt Form und Volumen. Meist wählt man den Schwerpunkt als Massepunkt. Alle Punkte, die auf der Bahn der fortschreitenden Bewegung eines Körpers liegen, bilden zusammen die *Bahnkurve.*

Es lassen sich folgende *Bewegungsformen* unterscheiden:

- *Geradlinige Bewegung*: (Translation) — Ein Körper bewegt sich entlang einer geraden Bahnkurve.
- *Kreisbewegung*: (Rotation) — Die Bahnkurve ist ein Kreis; ein starrer Körper bewegt sich um eine im Bezugssystem feste Achse.
- *Mechanische Schwingung*: — Die Bewegung erfolgt periodisch zwischen zwei Umkehrpunkten.

Folgende vektorielle Größen sind in der Bewegungslehre von Bedeutung:

- der Weg s, die Geschwindigkeit v, die Beschleunigung a,
- die Winkelgeschwindigkeit ω, die Winkelbeschleunigung α.

Die Beschreibung einer Bewegung kann allgemein in Form von Gleichungen oder Diagrammen erfolgen. Bei allen Translationsarten ist die Beziehung zwischen Geschwindigkeit, Weg und Zeit aus dem Geschwindigkeits-Zeit-Diagramm (v,t-Kurve) zu erkennen. Es werden außerdem das Weg-Zeit-Diagramm (s,t-Kurve) und das Beschleunigungs-Zeit-Diagramm (a,t-Kurve) benutzt, um die Beziehungen zwischen diesen Größen zu veranschaulichen.

02. Was sagen Geschwindigkeit und Beschleunigung aus und wie werden sie berechnet?

Bei der gleichförmigen Bewegung eines Massepunktes werden in beliebig wählbaren, gleichen Zeitabschnitten gleiche Wege auf gerader Bahn zurückgelegt: Der Graf im Weg-Zeit-Diagramm ist daher eine Gerade.

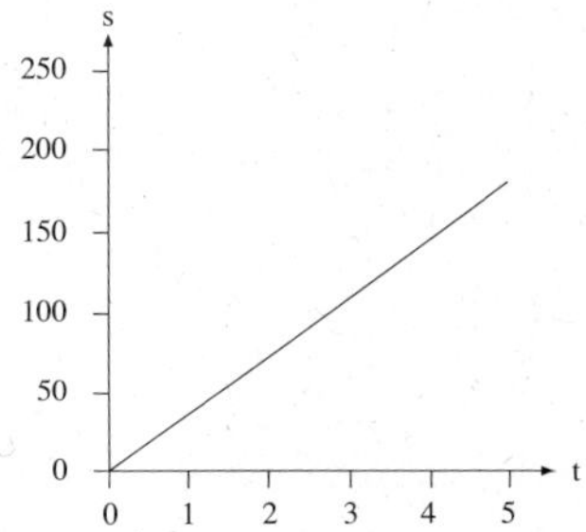

- Die *Geschwindigkeit* v bei gleichförmiger Bewegung ist der Quotient aus dem zurückgelegten Weg s und der dabei abgelaufenen Zeit t:

$$v = \frac{s}{t} \qquad [v] = \frac{m}{s}; \frac{km}{h}$$

Die verallgemeinerte Gleichung für die Geschwindigkeit lautet:

$$v = \frac{\Delta s}{\Delta t}$$

Dabei ist:

$\Delta s = s_1 - s_2$ Änderung der Ortskoordinate

$\Delta t = t_1 - t_2$ Zeitdauer dieser Änderung

Dabei braucht nicht mehr vorausgesetzt zu werden, dass sich der Massepunkt zur Zeit t = 0 an der Stelle s = 0 befindet. Die Größe s wird jetzt nicht mehr als Weg, sondern als Ortskoordinate betrachtet.

Bei ungleichförmigen Bewegungen wird die *Beschleunigung* als Größe eingeführt, um den zeitlichen Ablauf der Geschwindigkeitsänderung zu erfassen. Wenn in gleichen Zeitabschnitten jeweils gleich große Änderungen der Geschwindigkeit stattfinden, ist die Beschleunigung a der Quotient aus der Geschwindigkeitsänderung Δ v und deren Zeitdauer Δ t:

$$a = \frac{\Delta v}{\Delta t} \qquad [a] = \frac{m}{s^2}$$

Dabei bedeutet:

$a > 0$ eine Zunahme der Geschwindigkeit

$a < 0$ eine Abnahme der Geschwindigkeit

Die Beschleunigung ist ebenso wie die Geschwindigkeit eine Vektorgröße. Bei Bewegung auf gerader Bahn gibt das Vorzeichen der Beschleunigung Auskunft über die Orientierung des Beschleunigungsvektors in Bezug auf die s-Achse

03. Welche Bewegungsarten werden unterschieden?

In Abhängigkeit von der zeitlichen Änderung der Geschwindigkeit werden allgemein die folgenden *Bewegungsarten* unterschieden:

(1) *Geradlinige Bewegungen:*

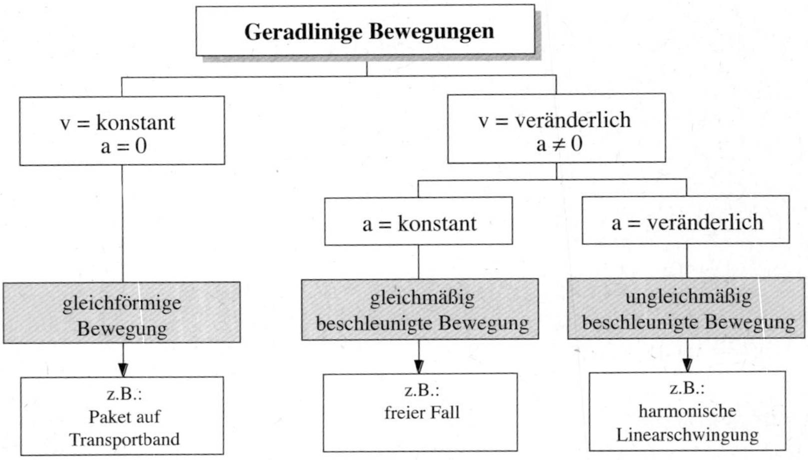

(2) *Fall und Wurf; zusammengesetzte Bewegungen:*

Der *freie Fall* ist ein Sonderfall der geradlinigen , gleichmäßig beschleunigten Bewegung ohne Anfangsgeschwindigkeit. Bei ihm ist die Beschleunigung gleich der Fallbeschleunigung (auch Erdbeschleunigung). Der Luftwiderstand ist dabei nicht berücksichtigt.

- *Weg-Zeit-Gesetz*: $s = \frac{g}{2} \cdot t^2$
- *Geschwindigkeit-Zeit-Gesetz*: $v = g \cdot t$
- *Geschwindigkeit-Weg-Gesetz*: $v = \sqrt{2 \cdot g \cdot s}$

Dabei ist:
v = Fallgeschwindigkeit nach Ablauf der Zeit t
g = Fallbeschleunigung
g = 9,81 m/s²
s = Weg (Fallhöhe)
t = Zeit, die für den Fall benötigt wird

Zusammengesetzte Bewegungen sind Bewegungen, die aus mehreren Teilbewegungen zusammengesetzt sind. Da Beschleunigung, Geschwindigkeit und Weg vektorielle Größen sind, können sie nach den Gesetzen der vektoriellen Addition zusammengesetzt werden.

Beispiele:
Gehende Personen in einem bewegten Fahrzeug; Fähre in einem Fluss, schräger Wurf; eine Person läuft auf einer fahrenden Rolltreppe.

- *Der Wurf* ist eine zusammengesetzte Bewegung aus
  - einer geradlinigen, gleichförmigen Bewegung (v_0 = konstant) und
  - aus dem freien Fall ($v_y = -g \cdot t$)

Es werden unterschieden:
- senkrechter Wurf
- waagerechter Wurf
- schräger Wurf

	Anfangsgeschwindigkeit	Weg-Zeit-Gesetz
senkrechter Wurf nach oben	$\vec{v}_0$ ↑	$sy = -g/2 \cdot t^2 + v_0 \cdot t$ $sx = 0$
senkrechter Wurf nach unten	$\vec{v}_0$ ↓	$y = -g/2 \cdot t^2 - v_0 \cdot t$ $x = 0$
waagerechter Wurf	$\vec{v}_0$ →	$y = -g/2 \cdot t^2$ $x = v_0 \cdot t$
schräger Wurf	$\vec{v}_0$ ↗	$y = -g/2 \cdot t^2 + v_0 \cdot t \cdot \sin \alpha$ $x = v_0 \cdot t \cdot \cos \alpha$

(3) Drehbewegung und Kreisbewegung:

Drehbewegung	Gleichförmige Kreisbewegung
Ein starrer Körper rotiert um eine feste Achse. Beispiel: Werkzeug am Revolverkopf.	Eine Punktmasse bewegt sich auf einer Kreisbahn. Beispiel: Schwerpunkt einer Gondel am Riesenrad.
Die Bahngeschwindigkeit ist für alle Teile des Körpers unterschiedlich.	Nur eine Bahngeschwindigkeit für die Punktmasse angebbar.
Die Radialkraft für Teile des Körpers ist unterschiedlich.	Nur eine Radialkraft für die Punktmasse angebbar.

Die für die Rotationsbewegung geltenden Gesetze sind denen der Translationsbewegung analog: Die Gleichungen der Rotation ergeben sich aus denen der Translation, wenn jeweils ersetzt wird:

- Weg s → Drehwinkel φ
  (wird im Bogenmaß gemessen; $\varphi = s/r$ rad)
- Geschwindigkeit v → Winkelgeschwindigkeit ω
- Beschleunigung a → Winkelbeschleunigung α

Folgende Berechnungen sind vor allem von Interesse:

- *Drehzahl* n (Zahl der Umdrehungen N im Zeitraum Δ t; auch als Drehfrequenz bezeichnet):

  $n = \frac{N}{\Delta t}$ $[n] = min^{-1}$; U/min

- *Umfangsgeschwindigkeit* v_U

  $v_U = \frac{s}{t}$

  Bei bekannter Drehzahl n ist die Umfangsgeschwindigkeit (auch Umlaufgeschwindigkeit):

  $v_U = d \cdot \pi \cdot n$ $[v_U] = m/min$

  In der Fertigung wird v_U meist als *Schnittgewindigkeit* in m/s angegeben.

- *Winkelgeschwindigkeit* ω (Änderung des Drehwinkels Δ φ pro Zeiteinheit Δ t):

  $\omega = \frac{\Delta \varphi}{\Delta t}$ $[\omega] = 1/s$

  Bei bekannter Drehzahl n ist

  $\omega = 2 \cdot \pi \cdot n$

  Die Beziehung zwischen Umfangsgeschwindigkeit und Winkelgeschwindigkeit ist:

  $v_U = \omega \cdot r$ mit r = Radius

04. Wie lautet die Grundgleichung der Dynamik?

Grundgleichung der Dynamik:

$F = m \cdot a$ [F] = Newton (N) = $kg \cdot m/s^2$

Dabei ist 1 N die Kraft, die einer Masse von 1 kg eine Beschleunigung von 1 m/s^2 erteilt.

05. Was ist Arbeit?

Werden die an einem Körper wirkenden Kräfte zusammen mit dem Weg betrachtet, den der Körper dabei zurücklegt, führt dies zur Größe *Arbeit*:

- Unter *Arbeit* W versteht man das Produkt aus Kraft und Weg:

  $W = F \cdot s$ [W] = Joule; 1 J = 1 Nm = 1 Ws

Demnach ist 1 Joule die Arbeit, die verrichtet wird, wenn ein Körper mit der Kraft 1 N längs eines Weges um 1 m verschoben wird. Folgende *Arten der Arbeit* werden unterschieden:

- *Hubarbeit* — F = konstant; v = konstant
  z. B.: ein Kran, der ein Bauteil anhebt.
- *Reibungsarbeit* — F = konstant; v = konstant
  z. B.: horizontal bewegter Schlitten.
- *Federspannarbeit* — auch: Verformungsarbeit; F ~ s; elastische Verformung
  z. B.: Spannen eines Expanders
- *Beschleunigungsarbeit* — F = konstant; v ≠ konstant
  z. B.: Anfahren eines Fahrzeugs

06. Was ist Leistung?

Durch die *Leistung* P wird erfasst, in welcher Zeit t eine bestimmte Arbeit verrichtet wird:

$$\text{Leistung} = \frac{\text{Arbeit}}{\text{benötigte Zeit}} = \frac{W}{t} \qquad [P] = W;\ 1\ W = 1\ J/s = 1\ Nm/s$$

Wenn in gleichen Zeitabschnitten $\Delta t = t_2 - t_1$ stets die gleiche Arbeit W verrichtet wird, dann ist die Leistung P erklärt als

$$P = \frac{W}{t}$$

In diesem Fall ist die *Leistung konstant.*

Allgemein wird bei Vorgängen in der Natur und in der Technik (Maschinen, Fahrzeuge u. Ä.) die Arbeit (zeitlich) ungleichmäßig verrichtet. Dann ist die *Leistung nicht konstant*:

- Die mittlere Leistung, auch *Durchschnittsleistung* P_D, für das Zeitintervall Δ t ist dann der Quotient

  $$P_D = \frac{W}{\Delta t}$$

- Die *Momentanleistung* P_M muss mittels Differenzialquotient bestimmt werden:

  $$P_M = \frac{dW}{dt}$$

  Umgeformt ergibt sich für die *Momentanleistung*:

  Momentanleistung = Momentankraft · Momentangeschwindigkeit

  $$P = F \cdot v$$

07. Was bezeichnet man als Wirkungsgrad?

Jede Maschine nimmt eine größere Leistung auf, als sie abgibt, da in ihr Verluste auftreten (Reibung, Luftwiderstand, Erwärmung usw.).

- Unter dem *Wirkungsgrad* η versteht man das Verhältnis der abgegebenen bzw. nutzbaren Leistung P_{ab} zur zugeführten Leistung P_{zu}:

  $$\eta = \frac{P_{ab}}{P_{zu}}$$

Es ist häufig zweckmäßiger, den Wirkungsgrad nicht als Verhältnis zweier Leistungen, sondern als Verhältnis zweier Arbeiten auszudrücken: Dann ist der Wirkungsgrad

$$\eta = \frac{\text{Nutzarbeit}}{\text{Gesamtarbeit}} = \frac{W_{ab}}{W_{zu}}$$

Da die von einer Maschine abgegebene Arbeit W_{ab} stets kleiner ist als die zugeführte Arbeit W_{zu}, ist der Wirkungsgrad η jeder Maschine immer kleiner als 1 [$0 < \eta < 1$]. Der Wirkungsgrad hat keine Einheit. Er wird als Dezimalbruch oder in Prozent angegeben.

- Bei mehrfacher Energieumsetzung bzw. -übertragung ist der Gesamtwirkungsgrad das Produkt der einzelnen Wirkungsgrade:

$$\eta = \eta_1 \cdot \eta_2 \cdot \ldots \cdot \eta_n$$

08. Was versteht man unter Energie und warum unterscheidet man potenzielle Energie und kinetische Energie?

Energie E erfasst die Fähigkeit eines Körpers bzw. eines physikalischen Systems, Arbeit zu verrichten. Sie ist eine Zustandsgröße. Zwischen mechanischer Arbeit und Energie besteht der Zusammenhang: $\Delta E = W$. Die Energie wird in den gleichen Einheiten gemessen wie die Arbeit (J; Nm; Ws).

In der Mechanik wird unterschieden zwischen *potenzieller Energie* (auch Lageenergie) und *kinetischer Energie* (Energie der Bewegung).

Die *potenzielle Energie* E_{pot} ist diejenige Energie, die ein ruhender Körper infolge von Krafteinwirkung (Arbeit) innerhalb eines Bezugssystems besitzt. Wird an einem Körper z. B. Hubarbeit verrichtet, steckt diese dann in Form von potenzieller Energie in dem Körper. Diese Energie entspricht nicht der gesamten potenziellen Energie, sondern nur dem Zuwachs an potenzieller Energie beim Heben um die Strecke h (Ausgangspunkt kann willkürlich gewählt werden). Wird der Körper um die Höhe h gesenkt, gibt er diese bestimmte Energie E_{pot} ab. Durchfällt ein Körper die Höhe h, so wandelt sich seine potenzielle Energie E_{pot} in kinetische Energie E_{kin} gleicher Größe um.

Auch die zur Verformung elastischer Körper aufzuwendende Verformungsarbeit W_F wird im Körper als potenzielle Energie gespeichert und als Spannungsarbeit bzw. Spannungsenergie bezeichnet:

$$E_{pot} = \frac{Ds^2}{2}$$

Dabei ist:

E_{pot}	potenzielle Energie (Spannenergie)
D	Federkonstante k
s	Federweg

Die Rückstellkraft bei Federschwingungen hat ihre Ursache in der Elastizität. Nach dem Hooke'schen Gesetz ist die verformende Kraft proportional der Verformung. Deshalb sind elastische Schwingungen harmonisch. Die Federkonstante k ist eine Richtgröße und berechnet sich $k = F/\Delta l$, wobei F die Kraft ist, die die Längenänderung Δl verursacht.

Kinetische Energie oder Energie der Bewegung ist dann in einem Körper vorhanden, wenn an ihm Arbeit verrichtet wird (Beschleunigungsarbeit). Die kinetische Energie berechnet sich nach der Gleichung:

$$E_{kin} = \frac{1}{2} mv^2$$

Dabei ist:

E_{kin} kinetische Energie
m Masse des Körpers
v Geschwindigkeit des Körpers

Eine Geschwindigkeitsänderung von v_1 auf v_2 hat demzufolge eine Änderung der kinetischen Energie zur Folge:

$$\Delta E_{kin} = \frac{m}{2} (v_2^2 - v_1^2)$$

09. Was sagt der „Satz von der Erhaltung der mechanischen Energie“ aus?

Entsprechend dem *allgemeinen Energieerhaltungssatz* kann Energie nicht erzeugt oder vernichtet, sondern nur übertragen oder umgewandelt werden: $\sum E$ = konstant. Bezogen auf das Teilgebiet der Mechanik bedeutet das:

In einem abgeschlossenen mechanischen System bleibt die Summe der mechanischen Energie (potenzielle und kinetische Energie) konstant: $E_{pot} + E_{kin}$ = konstant

10. Wie werden Reibungskräfte erklärt und berechnet?

In der Praxis gibt es keine rein mechanischen Vorgänge; bei Bewegungen treten Energieumwandlungen auf: Ein Teil der mechanischen Energie wird infolge der Reibung in Wärmeenergie umgewandelt.

Als *Reibung* wird ein Vorgang bezeichnet, bei dem zwischen einander berührenden und sich gegeneinander bewegenden Körpern Kräfte auftreten, die *Reibungskräfte*. Die am bewegten Körper auftretende Reibungskraft F_R ist der Bewegungskraft (Antriebskraft F_A) entgegengerichtet: Bei gleichförmiger Bewegung ist

$$F_R + F_A = 0$$

Die Reibungskraft F_R ist proportional der zwischen den Körpern wirkenden Normalkraft F_N.

Die Reibungszahl μ beschreibt die Abhängigkeit von der Art und Beschaffenheit der Berührungsflächen. Es wird unterschieden zwischen *Haftreibung*, *Gleitreibung* und *Rollreibung*:

- *Haftreibung* tritt auf, wenn ein Körper, der auf einem anderen Körper ruht, in Gleitbewegung versetzt werden soll. Haftreibung ist vorhanden, wenn die Antriebskraft F_A die Haftreibungskraft F_{HR} nicht übersteigt:

$$F_H = \mu_{HR} \cdot F_N$$

Dabei ist:

μ_{HR} Haftreibungszahl
F_N Normalkraft (mit der der Körper senkrecht auf die Unterlage drückt)

Beispiel: Schuhe auf Straßenbelag

- *Gleitreibung:*
  Wenn ein fester Körper auf einer Unterlage gleitet bzw. rutscht, wird diese Bewegung durch *Gleitreibung* behindert:

  $F_{GR} = \mu_{GR} \cdot F_N$

  Dabei ist:
  μ_{GR} Gleitreibungszahl
  F_N Normalkraft

  Beispiel: gleitende Maschinenteile

  Reibung verursacht neben Alterung, Verschleiß, Korrosion u.Ä. Schäden an Maschinenteilen. Zur Verminderung der Reibung dienen Schmierstoffe (Öle, Fette u. Ä.), die Unebenheiten zwischen gleitenden Körpern ausgleichen und die Gleiteigenschaften verbessern.

- *Rollreibung*:
  Wenn ein Körper auf einem anderen rollt, tritt Rollreibung auf:

  $F_{RR} = \mu_{RR} \cdot \frac{F_N}{r}$

  Dabei ist:
  μ_{RR} Rollreibungszahl
  r Radius des rollenden Körpers

  Beispiel: Kugellager

- *Allgemein gilt:*

  $F_{RR} < F_{GR} < F_{HR}$

5.1.5 Optimierung der Arbeitsprozesse durch Einsatz von Antriebs- und Steuerungstechnik

01. Wie entsteht Luftdruck und wie wird er gemessen?

Gase sind kompressibel, d. h., sie lassen sich zusammenpressen. Durch das fast völlige Fehlen von Kohäsion sind sie unbestimmt an Gestalt und Volumen und füllen daher jedes mögliche Volumen, das man ihnen bietet. Jedes Gas steht unter einem bestimmten Druck, der sich nach allen Seiten gleichmäßig fortpflanzt. Für den Druck eines Gases gilt das *Gesetz von Boyle-Mariotte*:

- Das Volumen eines eingeschlossenen Gases ist bei gleichbleibender Temperatur dem Kehrwert des Druckes proportional:

  $V \sim \frac{1}{p}$ bzw.

  Bei einem eingeschlossenen Gas gleichbleibender Temperatur sind Druck p und Dichte ρ einander proportional:

  $p \sim \rho$

  Es gilt:

  $\frac{p_1}{p_2} = \frac{V_1}{V_2}$ bzw. $p \cdot V = \text{konstant}$

  Dabei ist:
  p_1 Anfangsdruck des Gases
  p_2 Enddruck des Gases
  V_1 Anfangsvolumen des Gases
  V_2 Endvolumen des Gases

Bei kleiner werdendem Druck steigt das Volumen stark an, bei wachsendem Druck nimmt es ab. Hierbei ist immer mit dem absoluten Druck zu rechnen, nicht mit dem Überdruck.

- Unter dem *Überdruck* $p_Ü$ wird die Differenz zwischen dem Innendruck p und dem äußeren Luftdruck p_L verstanden:

$p_Ü = p - p_L$

$[p] = \text{Pa (Pascal)}$
$1\ \text{Pa} = 1\ \text{N/m}^2$
$1\ \text{hPa} = 1\ \text{mbar}$

Zum Messen des Gasdruckes dienen Manometer (offenes Manometer, geschlossenes Manometer, Metallmanometer).

Die als „absoluter Druck" bezeichnete Größe wird gegenüber dem Vakuum gemessen. Dieser Luftdruck, auch Schweredruck, entsteht durch das Eigengewicht der Lufthülle und wird mit zunehmendem Abstand von der Erdoberfläche kleiner; er nimmt exponentiell mit der Höhe ab. Der Luftdruck wird mit Barometern gemessen (Dosenbarometer, Quecksilberbarometer).

02. Wie wird die Wirkung des Luftdrucks in der Technik genutzt?

Aufgrund der oben beschriebenen Zusammenhänge findet Druckluft Anwendung in der Pneumatik: Mittels Luftdruck, der in einer entsprechenden Anlage (Kompressor, Druckluftspeicher) erzeugt und dann weitergeleitet wird, können Antriebs- und Steuerungssysteme betrieben werden. Die Luft wird durch den Kompressor verdichtet, dadurch kann wieder Druckluft an ein System abgegeben werden. Für pneumatische Systeme wird der Druck in bar (als Überdruck) angegeben.

03. Was sind Kolbendruck und Schweredruck?

Flüssigkeiten besitzen (aufgrund der Verschiebbarkeit der Moleküle) keine eigene Gestalt; ihr Volumen und ihre Form werden durch das Gefäß bestimmt. Flüssigkeiten sind im Gegensatz zu Gasen inkompressibel; sie lassen sich nicht (bzw. kaum und nur bei sehr großem Druck) zusammenpressen.

- *Kolbendruck*:
  Wenn von außen ein Druck auf eine eingeschlossene Flüssigkeit (oder ein eingeschlossenes Gas) über einen Kolben ausgeübt wird, entsteht der *Kolbendruck* p. Er ist im Behälter an allen Stellen gleich.

$$p = \frac{F}{A}$$

Dabei ist:
p Kolbendruck
F Druckkraft ($F \perp$ zu A)
A Fläche

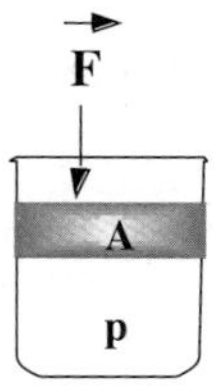

- Der *Schweredruck*
  ist der Druck, der durch die eigene Gewichtskraft der Flüssigkeit (oder des Gases) entsteht. Der Schweredruck p nimmt in einer Flüssigkeit linear mit der Tiefe h zu. Er ist von der Dichte ρ der Flüssigkeit abhängig:

$$p = \rho \cdot g \cdot h$$

04. Wie wird in hydraulischen Anlagen die Druckausbreitung von Flüssigkeiten genutzt?

Hydraulische Anlagen (hydraulische Bremsanlage, hydraulische Presse u. Ä.) nutzen die gleichmäßige und allseitige Ausbreitung des Druckes in Flüssigkeiten zur Übertragung und Umformung von Kräften. Zum Beispiel wirkt bei einer *hydraulischen Presse* auf alle Kolben der gleiche Druck. Auf die verschieden großen Kolbenflächen übt er aber unterschiedliche Kräfte aus:

- Die Kräfte verhalten sich wie die Kolbenflächen bzw. wie die Quadrate der Kolbendurchmesser:

$$p = \frac{F_1}{A_1} = \frac{F_2}{A_2} \quad \text{oder} \quad \frac{F_1}{F_2} = \frac{A_1}{A_2} = \frac{d_1^2}{d_2^2}$$

Dabei ist:

F_1 = Kraft am Arbeitskolben
F_2 = Kraft am Druckkolben
A_1 = Fläche am Arbeitskolben
A_2 = Fläche am Druckkolben
$[p]$ = Pa; N/m^2; bar
10^5 Pa = 1 bar

Die Druckausbreitung in einer eingeschlossenen Flüssigkeit (bzw. einem eingeschlossenen Gas) erfolgt nach allen Seiten gleichmäßig und ist an allen Stellen gleich (*Pascalsches Gesetz*). In verbundenen Gefäßen können durch Erzeugen eines Kolbendrucks Kräfte übertragen und dabei ihr Betrag und/oder ihre Richtung geändert werden.

05. Wie wirkt die Auftriebskraft?

Taucht man einen Körper in eine Flüssigkeit, verliert er scheinbar einen Teil seiner Gewichtskraft. Diese Kraft, die der Gewichtskraft des Körpers entgegen gerichtet ist, nennt man *Auftriebskraft* F_A. Die Ursache liegt darin, dass auf den Körper von oben ein kleinerer Schweredruck wirkt als von unten. Die nach oben gerichtete Auftriebskraft F_A ist dem Betrag nach gleich der Gewichtskraft F_G der vom Körper verdrängten Flüssigkeit:

$$F_A = F_G$$

Diese Gesetzmäßigkeit bezeichnet man als „*Archimedisches Prinzip*“. Je nach der Größe des Auftriebs gibt es drei Möglichkeiten:

(1) $F_G < F_A$ → Der Körper steigt zur Oberfläche, taucht nur teilweise ein und schwimmt.

(2) $F_G = F_A$ → Der Körper taucht vollkommen ein und schwebt.

(3) $F_G > F_A$ → Der Körper sinkt.

06. Was versteht man unter Strömungen und wie wird das Strömungsverhalten von Flüssigkeiten in der Hydraulik genutzt?

Unter einer *Strömung* versteht man die *Bewegung von Flüssigkeiten* (oder Gasen). Ursache von Strömungen sind u. a. Schwerkraft und Druckdifferenzen. Jedes Teilchen einer Strömung hat zu einem bestimmten Zeitpunkt eine in Betrag und Richtung bestimmte Geschwindigkeit. Zur Kennzeichnung der Geschwindigkeitsrichtung der Teilchen verwendet man *Stromlinien;* ein Modell zur Darstellung von stationären Strömungen. Die grafische Darstellung einer Strömung mittels Stromlinien heißt *Stromlinienbild*. Wenn die Bahnen der Teilchen mit den Stromlinien übereinstimmen, d. h., wenn die Stromlinien für eine längere Zeit ihre Form behalten, wird die Strömung als *stationäre Strömung* bezeichnet.

Wenn eine Flüssigkeit ein Rohr mit unterschiedlichen Querschnittsfunktionen durchströmt, muss durch jeden Querschnitt des Rohres in der gleichen Zeit t das gleiche Volumen V hindurchtreten, da die Flüssigkeit so gut wie nicht kompressibel ist. Durch kleinere Querschnitte strömt deshalb die Flüssigkeit schneller und umgekehrt.

Es gilt die *Kontinuitätsgleichung* für inkompressible Flüssigkeiten (auch Durchflussgesetz):

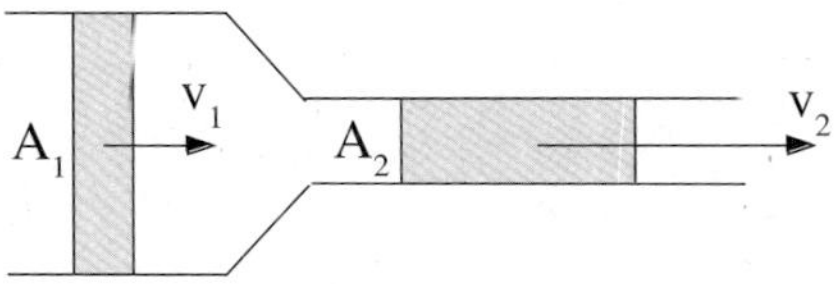

$$A_1 v_1 = A_2 v_2$$

$$A \cdot v = \text{konstant}$$

$$A \sim \frac{1}{v}$$

Dabei ist:
A durchströmte Querschnittsfläche
v Strömungsgeschwindigkeit

- Das Produkt $A \cdot v$ (Querschnitt und Strömungsgeschwindigkeit) wird als *Volumenstrom* Q bezeichnet; $[Q] = m^3/s$.

  Mithilfe dieser Größen lässt sich für hydraulische Systeme z. B. eine Kolbenkraft F oder die Kolbengeschwindigkeit v errechnen ($F = p \cdot A$; $Q = v_1 A_1 = v_2 A_2$).

  In stationären Strömungen bestehen gesetzmäßige Zusammenhänge zwischen der Geschwindigkeit der strömenden Flüssigkeit (oder des Gases), dem Druck und der Dichte des Stoffes.

- Der *statische Druck* p_s:
  Er ist der rechtwinklig zur Strömungsrichtung gemessene Druck; er nimmt mit zunehmender Strömungsgeschwindigkeit ab.

- Der *Schweredruck* p:
  Er ist eine Folge der Gravitation.

  $$p = \rho \cdot g \cdot h$$ mit: ρ = Dichte; h = Höhe

- Der *dynamische Druck* (auch Staudruck) p_w:
  Er ist eine Folge der Trägheit und nimmt mit zunehmender Dichte und mit zunehmender Strömungsgeschwindigkeit zu. Seine Druckkraft wirkt nur in Strömungsrichtung.

  $$p_w = \frac{1}{2} \rho \cdot v^2$$ mit: ρ = Dichte; v = Strömungsgeschwindigkeit

- Für den *Gesamtdruck* p_0 gilt die *Bernoulli´sche Gleichung*:

  $$p_0 = p_s + p + p_W$$

  Der Gesamtdruck ist die Summe aus statischem Druck, Schweredruck und Staudruck.

07. Wie kann die Druckmessung in Strömungen erfolgen?

- Der *statische Druck* wird mit einem rechtwinklig zur Strömungsrichtung angebrachten Manometer gemessen.
- Der *Gesamtdruck* wird mit einem in Strömungsrichtung angebrachten Manometer gemessen. Der Gesamtdruck ist um den Staudruck größer als der statische Druck.
- Der *Staudruck* Die Differenz aus Gesamtdruck und statischem Druck misst man mit einer Kombination der entsprechenden Geräte (Prandtl´sches Staurohr) und nutzt diese besonders zur Bestimmung der Strömungsgeschwindigkeit in Gasen.
- Die *Differenz zweier statischer Drücke* wird vor allem verwendet zur Bestimmung der Strömungsgeschwindigkeit in Flüssigkeiten (Venturi-Rohr). Dadurch ist es möglich, an zwei Stellen mit unterschiedlichem Querschnitt die statischen Drücke und deren Differenz zu messen, woraus die Strömungsgeschwindigkeit berechnet werden kann.

08. Was ist elektrischer Strom und woraus besteht ein elektrischer Stromkreis?

Elektrische Leitungsvorgänge ermöglichen (wie strömende Gase oder Flüssigkeiten) die Übertragung und Umwandlung von Energie. Damit können vielfältigste Vorgänge in Technik, Wissenschaft und Alltag elektrisch gesteuert und geregelt werden. Die Bewegung von Flüssigkeiten oder Gasen in Rohren bezeichnet man als Strömung. Analog dazu bilden bewegte Ladungsträger einen elektrischen Strom. Dazu wird in einem Leiter (einem leitenden Stoff) ein elektrisches Feld erzeugt. Im Raum um den stromdurchflossenen Leiter besteht ein magnetisches Feld.

Man unterscheidet:

- *Leiter*: Der Ladungstransport ist möglich, da frei bewegliche Ladungsträger vorhanden sind (z. B. Metall, Elektrolytlösung).
- *Halbleiter*: Es können Ladungsträger freigesetzt werden (Kristalle mit kovalenter Bindung).
- *Nichtleiter*: Der Ladungstransport ist nur in geringem Maße möglich, da sehr wenig frei bewegliche Ladungsträger vorhanden sind (z. B. Glas, Kunststoff).

Elektrischer Strom ist die gerichtete Bewegung von Ladungsträgern in einem elektrischen Feld. Dabei wird die Energie des elektrischen Feldes in kinetische Energie der Ladungsträger umgewandelt (und in damit verbundene magnetische Feldenergie). Die Art der Wirkung des elektrischen Stromes zeigt sich in der Energieform, in die die elektrische Energie umgewandelt wird:

Energieform	Wirkungsart	Beispiele für Energiewandler
thermische Energie	Wärmewirkung	Tauchsieder, Kochplatte
Lichtenergie	Lichtemission	Leuchtdiode, Leuchtstofflampe, Glühlampe
mechanische Energie	magnetische Wirkung	Elektromotor, Elektromagnet
chemische Energie	chemische Wirkung	Akkumulator, Elektrolyse

- Die *elektrische Stromstärke* I gibt an, wie viel elektrische Ladung Q in einer bestimmten Zeit t durch einen Leiterquerschnitt transportiert wird:

$$I = \frac{Q}{t} \qquad [I] = A \text{ (Ampere)}$$

- Die *elektrische Spannung* U ist die Ursache jedes elektrischen Stromes; sie besteht zwischen den Polen einer Spannungsquelle. Die elektrische Spannung U lässt sich über die Verschiebungsarbeit W an Ladungsträgern in elektrischen Feldern berechnen:

$$U = \frac{W}{Q} \qquad [U] = V \text{ (Volt)}$$

Dabei ist:
U Spannung
W Verschiebungsarbeit
Q elektrische Ladung

- Ein *elektrischer Stromkreis* besteht aus:
  - Spannungsquelle(n)
  - Leitung
  - Verbraucher(n)

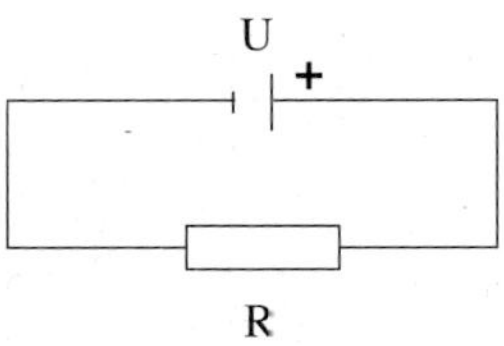

U Spannungsquelle
R Widerstand (Verbraucher)

Am Minuspol besteht ein Elektronenüberschuss, am Pluspol besteht ein Elektronenmangel; beides wird durch die Spannungsquelle erzeugt und aufrecht erhalten. Die Elektronen fließen außerhalb der Spannungsquelle vom Elektronenüberschuss zum Elektronenmangel, vom Minuspol zum Pluspol. Die *technische Stromrichtung ist eine Festlegung* und bezeichnet die allgemein gebräuchliche Stromrichtung vom Pluspol zum Minuspol.

In den Verbrauchern verlieren die Ladungsträger Energie: Diese Energie wird in andere Energieformen umgewandelt (z. B. Wärme, Licht, mechanische Arbeit).

09. Was sagt das Ohmsche Gesetz aus?

In einem Stromkreis ist die Stromstärke der Spannung proportional. Mithilfe eines Proportionalitätsfaktors kann die Gleichung

$$I = G \cdot U \qquad \text{bzw. } G = \frac{I}{U} \qquad [G] = A/V = S$$

gebildet werden. Der Proportionalitätsfaktor G bezeichnet den *Leitwert* des Verbrauchers; er gibt Auskunft über die Eigenschaft eines elektrischen Bauelements, einen größeren oder geringeren Stromfluss zu ermöglichen.

Der Kehrwert des Leitwertes ist der *elektrische Widerstand* R, der die Eigenschaft eines Leiters kennzeichnet, dem elektrischen Strom einen Widerstand entgegen zu setzen:

$$R = \frac{1}{G} = \frac{U}{I} \qquad [R] = V/A = \Omega$$

Der Widerstand R bestimmt also die Stärke des Stromes, der bei einer bestimmten Spannung durch den Stromkreis fließt. Die Stromstärke ist bei konstanter Spannung dem Widerstand umgekehrt proportional. Dieser Zusammenhang (R = U/I) wird als *Ohmsches Gesetz* bezeichnet. Verbraucher, für die dieses Gesetz gilt (lineare I; U-Kennlinie) werden als *Ohmsche Widerstände* bezeichnet.

10. Wie unterscheiden sich Gleichstrom und Wechselstrom?

- *Gleichstrom*:
  - Die Ladungsträger bewegen sich ständig in eine bestimmte Richtung.
  - Ein Stromkreis mit einer *Gleichspannungsquelle* (Akku, Dynamo) ist ein *Gleichstromkreis*.

- *Wechselstrom:*
  - Wechselstrom ist eine elektromagnetische Schwingung (die Größe des elektromagnetischen Feldes ändert sich zeitlich periodisch).
  - Kenngrößen: Wechselspannung u und Wechselstromstärke i als periodische Funktion der Zeit t: $u = f_1(t)$; $i = f_2(t)$
  - Unterschied zum Gleichstromkreis: Für die Kennzeichnung der Momentangrößen des Wechselstromkreises werden kleine Buchstaben verwendet.
  - Ein *Wechselstromkreis* ist ein Stromkreis mit einer *Wechselspannungsquelle*.
  - Mit einem Wechselstromgenerator wird durch elektromagnetische Induktion Wechselspannung erzeugt.
  - Die *Wechselstromfrequenz* f gibt die pro Zeiteinheit durchlaufende Anzahl von Schwingungen (Perioden) an:

$$f = \frac{n}{f}$$

Dabei ist:
f Wechselstromfrequenz
n Anzahl der Schwingungen von i bzw. u
t Zeit, in der die Schwingungen ablaufen

11. Welche Gesetzmäßigkeiten gelten für Stromkreise mit mehreren Widerständen?

Stromkreise aus mehreren Widerständen können entweder *in Reihe* (unverzweigter Stromkreis) oder *parallel* (verzweigter Stromkreis) geschaltet sein:

- *Unverzweigter Stromkreis* (Reihenschaltung):
  → die Energiewandler (Verbraucher) liegen in Reihe. Es gilt:

$U = U_1 + U_2$
$I = I_1 = I_2$
$R = R_1 + R_2$
$U_1 : U_2 = R_1 : R_2$

Reihenschaltung: Beispiel mit zwei Widerständen

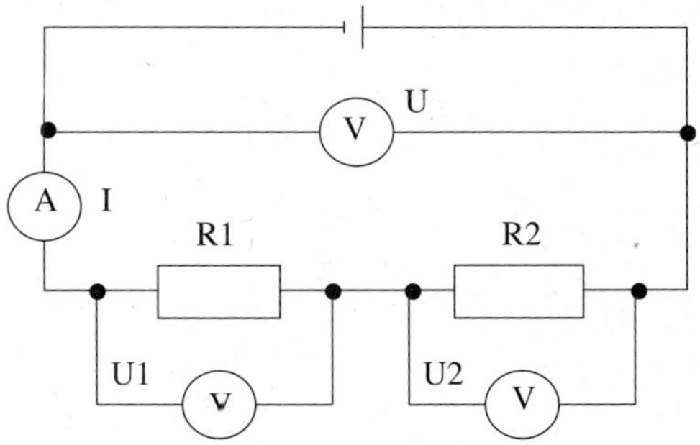

- *Verzweigter Stromkreis* (Parallelschaltung):
  → die Energiewandler (Verbraucher) liegen parallel. Es gilt:

$U = U_1 = U_2$
$I = I_1 + I_2$
$1 : R = 1 : R_1 + 1 : R_2$
$I_1 : I_2 = R_2 : R_1$

Parallelschaltung: Beispiel mit zwei Widerständen

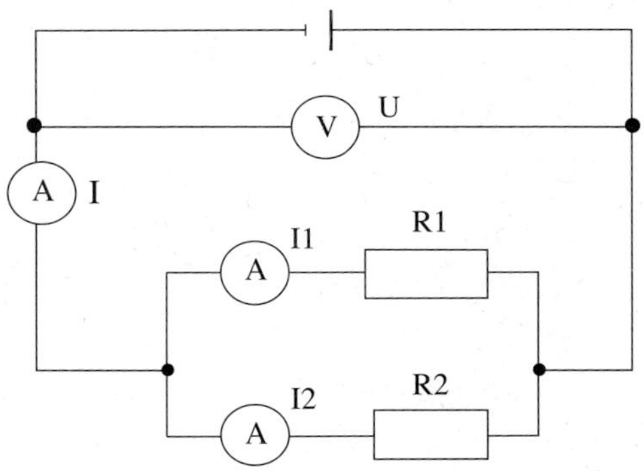

12. Was ist elektrische Leistung?

Wenn Strom benutzt wird, entnimmt man dem Stromnetz keine Ladung, sonden Energie, die sich in Wärme, Licht oder mechanische Arbeit umsetzt. Das Maß für die Arbeitsfähigkeit von Ladung ist die Spannung $U = W/Q$. Wird diese Gleichung nach der Arbeit W aufgelöst, so folgt mit $I = Q/t$:

$W = U \cdot Q$ $[W] = J$
$W = U \cdot I \cdot t$

- Die *elektrische Arbeit* W ist das Produkt aus Spannung U, Stromstärke I und Zeit t (gilt nur für Gleichstrom).

- *Elektrische Leistung*:
  Häufig ist auf elektrischen Geräten die *Leistung P* angegeben. Die elektrische Leistung P ergibt sich aus dem bekannten Quotienten:

$$P = \frac{W}{t} = \frac{U \cdot I \cdot t}{t} = U \cdot I$$

$[P] = Ws/s = W$
$1\ KW = 10^3\ W$; $1\ MW = 10^6\ W$

Einen inneren Zusammenhang zwischen allen Energieformen erkennt man in der Tatsache, dass Arbeit und Leistung im elektrischen Stromkreis mit den gleichen Einheiten verwendet werden wie in der Mechanik und Thermodynamik.

Als elektrische Arbeits- und Energieeinheit ist die Kilowattstunde KWh gebräuchlich. Sie ist das Produkt der Leistungseinheit 1 KW und der Zeiteinheit 1 h.

13. Wie können Strom und Spannung gemessen werden?

- *Elektrischer Strom*:
  - Messung mit *Amperemeter*; es werden verwendet:
    - Drehspulmesswerke (für Gleichstrom; Nutzung auch für Wechselstrom möglich bei Vorschalten eines Gleichrichters) und
    - Dreheisenmesswerke (für Gleich- und Wechselstrom)
  - Zur Messung der Stromstärke wird die Kraftwirkung des Magnetfeldes gemessen, das den Strom umgibt.
  - Strommesser müssen *im Hauptstromkreis in Reihe* mit einem Verbraucher geschaltet sein.
  - Damit die zu messende Größe nicht durch den Innenwiderstand R_i des Strommessers beeinflusst wird, erfolgt die Messbereichserweiterung durch Parallelschalten kleiner Widerstände im Gerät, der Ersatzwiderstand des Strommessers sinkt: $R_i << R$.
- *Elektrische Spannung*:
  - Messung mit *Voltmeter*; es werden Drehspulmesswerke, Dreheisenmesswerke und statische Spannungsmesser verwendet.
  - Zur Messung der elektrischen Spannung werden genutzt:
    - die Kraftwirkung zwischen ruhenden elektrischen Ladungen (statische Spannungsmessung) und
    - die magnetische Wirkung des elektrischen Stromes sowie die Proportionalität zwischen Spannung und Stromstärke.
  - Spannungsmesser werden *im Nebenstromkreis parallel* zum Verbraucher geschaltet.
  - Damit der Messstrom (durch das Messgerät) den tatsächlich zu messenden Strom nicht verfälscht, erweitert man den Messbereich eines Spannungsmessers durch Vorschalten großer Widerstände im Gerät, der Ersatzwiderstand des Spannungsmessers steigt: $R_i >> R$.

Elektrische Messgeräte werden aus sicherheitstechnischen und wirtschaftlichen Gründen nicht für hohe Stromstärken und hohe Spannungen gebaut. Wenn die zu messenden Größen (Spannungen und Stromstärken) die für die Messgeräte zulässigen Höchstgrenzen überschreiten, müssen die zu messenden Spannungen und Stromstärken geteilt werden: Unter Anwendung der Gesetze im unverzweigten und verzweigten Stromkreis (Maschensatz, Knotenpunktsatz) *wird der Messbereich der Messgeräte erweitert* durch Zuschalten entsprechender Widerstände.

14. Welche Funktion haben Sicherungen?

Um Schäden an Geräten oder auch Brände durch überhitzte Zuleitungen zu verhindern, ist

- ein genaues Beachten der Betriebsspannung,
- das Einhalten der vorgeschriebenen Leitungsquerschnitte, der Kabelarten und des Kabelaufbaus (DIN-Vorschriften) sowie
- der Einsatz von Sicherungen zur Kontrolle des Stromkreises

notwendig.

Sicherungen können im Stromkreis selbsttätig Kontrollaufgaben übernehmen. Kommt es zu einer Grenzwertüberschreitung, unterbrechen sie den Stromfluss.

Man unterscheidet:

- *Schmelzsicherungen*:
  Sie bestehen aus einer Porzellanpatrone mit einem dünnen Schmelzdraht, der bei einer bestimmten Stromstärke durchschmilzt. Ist das der Fall, muss die Schmelzsicherung ersetzt werden. Schmelzeinsätze gibt es für verschiedene Stromstärken und mit verschiedenem Auslöseverhalten (superflink, flink, mittelträge, träge, superträge; siehe dazu die entsprechenden DIN VDE).

- *Überstromschalter*:
  Sie arbeiten nach dem Prinzip der magnetischen Sicherung und werden auch als Sicherungsautomaten bezeichnet. Bei Grenzwertüberschreitung des Stromes wird mittels eines Elektromagneten ein Schalter betätigt und der Stromfluss unterbrochen. Nach Beseitigen der Störung kann der Stromkreis durch einen Schalter wieder geschlossen werden. Anwendungsbereiche und Baugrößen von Überstrom-Schutzschaltern sind in den DIN VDE aufgeführt.

15. Welche Schutzmaßnahmen müssen beim Umgang mit elektrischen Anlagen beachtet werden?

Die Arbeit an elektrischen Anlagen darf grundsätzlich nur von geschultem Fachpersonal ausgeführt werden. Beim Betreiben elektrischer Anlagen und Betriebsmittel ist die Einhaltung der entsprechenden Sicherheitsbestimmungen und Vorschriften zu gewährleisten (z. B. DIN VDE bzw. BGV):

1. Es gelten z. B. die „*Regeln für das Arbeiten in elektrischen Anlagen*“ (vgl. DIN VDE):
   → Die 5 Sicherheitsregeln vor Beginn der Arbeiten
   → Maßnahmen vor dem Wiedereinschalten nach beendeter Arbeit
   → Erste Hilfe bei Unfällen durch elektrischen Strom

2. Es ist der „*Schutz gegen gefährliche Körperströme*“ entsprechend der DIN VDE zu beachten:
   → Schutz sowohl gegen direktes als auch bei indirektem Berühren durch:
   Schutzkleinspannung bzw. Funktionskleinspannung
   → Schutz gegen direktes Berühren durch:
   Isolierung aktiver Teile, Abdeckungen und Umhüllungen, Hindernisse (z. B. Barrieren, Schranken), Abstand, Fehlerstrom-Schutzeinrichtungen
   → Schutz bei indirektem Berühren durch:
   Hauptpotenzialausgleich, nicht leitende Räume, Schutzisolierung, Schutztrennung, Schutzmaßnahmen im TN-, TT-, und IT-Netz

16. Wie sind die „5 Sicherheitsregeln" anzuwenden?

Die Arbeiten an aktiven Teilen können erst beginnen, wenn der spannungsfreie Zustand hergestellt ist. Der spannungsfreie Zustand gilt als hergestellt, wenn die „5 Sicherheitsregeln" angewendet sind.

Die 5 Sicherheitsregeln sind:

- ❑ Freischalten
- ❑ gegen Wiedereinschalten sichern
- ❑ Spannungsfreiheit feststellen
- ❑ Erden und Kurzschließen
- ❑ Benachbarte Teile, die unter Spannung stehen, abdecken oder abschranken.

5.2 Energieformen im Betrieb sowie Auswirkungen auf Mensch und Umwelt

5.2.1 Energieumwandlungen in Kraftmaschinen

01. Was bezeichnet man als Kraft?

Die Kraft F gibt an, wie stark Körper aufeinander wirken. Die Kraft kann eine *Verformung* (statische Kraftwirkung) und/oder eine *Änderung des Bewegungszustandes* (dynamische Kraftwirkung) hervorrufen.

02. Was sind Kraftmaschinen?

Kraftmaschinen wandeln Energie um in eine für den Menschen nutzbare Form. Meist erfolgt eine Umwandlung in mechanische Energie, um Körper zu verformen oder ihren Bewegungszustand zu verändern. Als *Arbeitsmedien* werden dafür genutzt: Wasserkraft, Windkraft, Sonneneinstrahlung, Erdwärme, Muskelkraft von Mensch und Tier, Gezeitenströmung, fossile Brennstoffe usw. Die *Endenergie* (= Energie am Ort der Verwendung = Ergebnis der Energieumwandlung) besteht aus *Nutzenergie* und *ungenutzte Energie*; bei jeder Energieumformung ist der Anteil der genutzten Energie < 100 % (Wirkungsgrad). *Primärenergie* ist die ursprüngliche Energieart (z. B. Steinkohle, Kernbrennstoff, Erdöl; *Sekundärenergie* ist umgewandelte Primärenergie (z. B. Strom, Koks, Fernwärme).

Die wichtigsten *Kraftmaschinen* sind:

- *Verbrennungskraftmaschinen* (chemische Energie → Bewegungsenergie), z. B. Gasturbine, Dieselmotor, Ottomotor
- *Elektromotoren* (elektrische Energie → Bewegungsenergie), z. B. als Antrieb für Pumpen, Hebewerkzeuge, Transportsysteme
- *Hydraulische und pneumatische Kraftmaschinen* (Strömungs-/Druckenergie → mechanische Energie), z. B. Hebe-/Schubvorrichtungen

Beispiele für Energieumwandlungen durch Kraftmaschinen:

Energieform	Kraftmaschine	Endenergie

= Energieumwandler

Beispiele

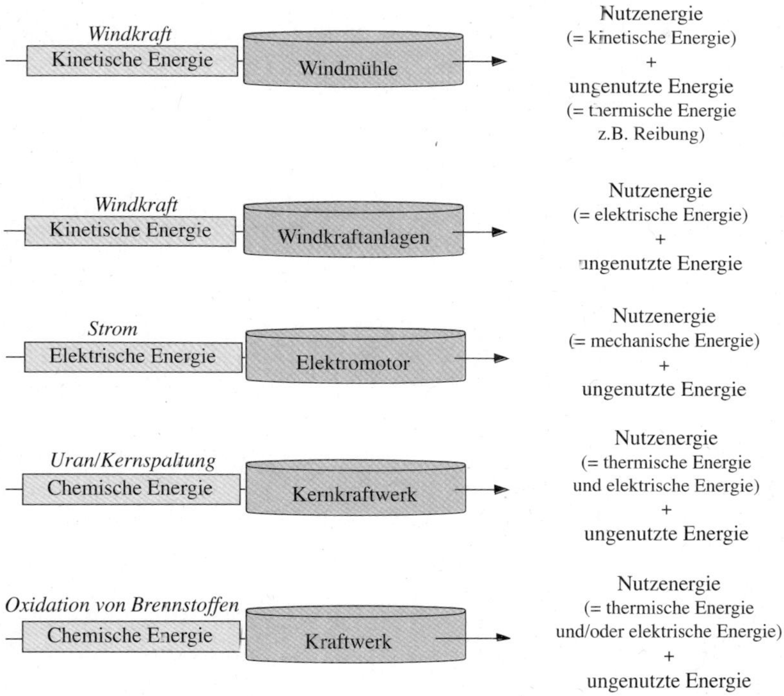

5.2.2 Wirkungsweise von Dampferzeugungsanlagen und nachgeschalteter Anlagen

01. Welche grundsätzlichen Vorgänge erfolgen bei der Dampferzeugung?

- *Wasser* wird aus einer Quelle entnommen (Fluss, Brunnen, öffentliches Versorgungsnetz usw.) und *aufbereitet* (z. B. Enthärtung).
- Das Wasser wird *vorgewärmt* und in den Dampferzeuger geleitet.
- Im *Dampferzeuger* (Dampfkessel = geschlossenes Gefäß) wird *Wasser* durch heiße *Feuerungsgase* erhitzt. Die für die Feuerung notwendige Verbrennungsluft wird ebenfalls vorgewärmt.
- Das Wasser verdampft: Es entsteht *Sattdampf*, der sich über dem siedenden Wasser bildet. Der Siedepunkt des Wassers ist abhängig vom Druckzustand im Inneren des Kessels.
- Der eingeschlossene Dampf hat *Druckenergie*, die umgewandelt werden kann.
- Bei weiter entwickelten Geräten wird der Sattdampf in einen *Überhitzer* geleitet: Es entsteht *Heißdampf* von mehreren 100 °C bei hohem Druckzustand.

Zur Unterscheidung:

- *Nassdampf:* Der Dampf enthält noch kleine Wasserteilchen.
- *Sattdampf:* Die Flüssigkeit ist völlig verdampft.
- *Heißdampf:* Wird dem Sattdampf weitere Wärme zugeführt (bei gleichbleibendem Druck), so entsteht Heißdampf bzw. *überhitzter Dampf*; er beträgt z.B. bei der Dampflokomotive 300 – 400 °C.

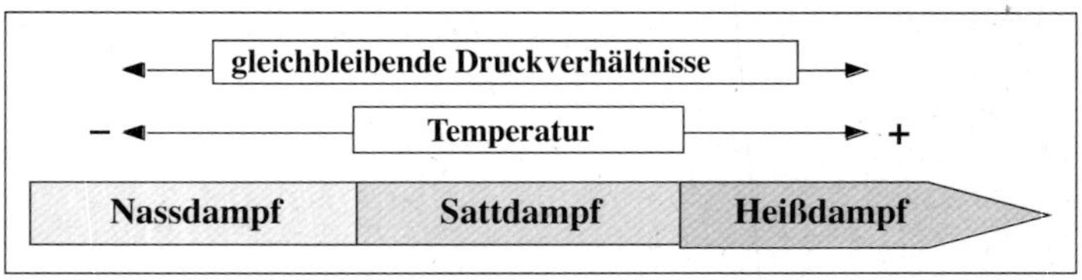

02. Aus welchen Teilen besteht eine Dampferzeugungsanlage?

Dampferzeugungsanlagen bestehen aus folgenden Teilen:

- Feuerung
- Dampferzeuger (Dampfkessel)
- Rauchgasabführung
- Dampferzeugerhilfsanlagen und Zusatzaggregate:
  - Wasservorwärmer
  - Wasseraufbereitungsanlage
  - Sicherheitsventile
  - Luftvorwärmer
  - Druckmanometer

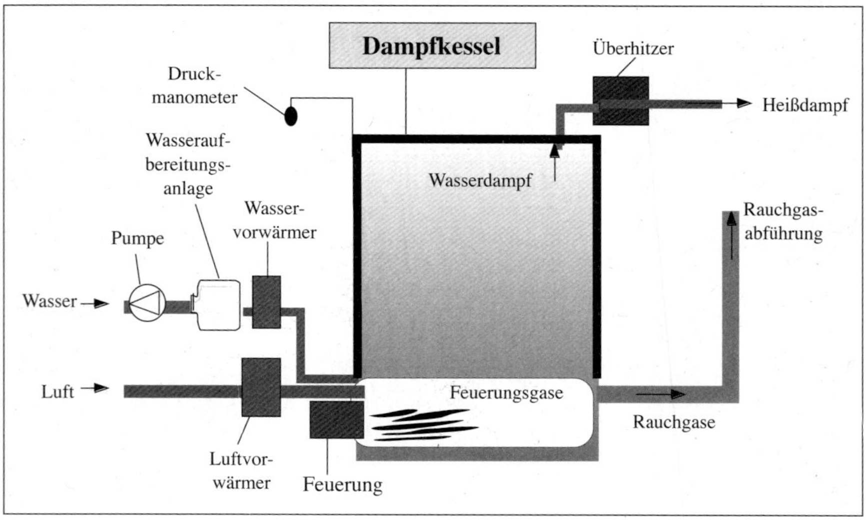

03. Welche Stoffe können zur Befeuerung von Dampferzeugungsanlagen eingesetzt werden?

- *Feste* Brennstoffe: Steinkohle, Braunkohle, Holz, Torf
- *Flüssige* Brennstoffe: Erdöl, Pflanzenöl
- *Gasförmige* Brennstoffe: Stadtgas, Erdgas

Bei der Verwendung *fester Brennstoffe* ist die *Befeuerung mit einem Rost ausgestattet*: Der Brennstoff kann mithilfe einer Fördereinrichtung in großen Mengen auf den Rost befördert werden. Die Rückstände (Asche) fallen durch den Rost und können entsorgt werden. Ein hoher Schornstein erbringt den für die Verbrennung notwendigen Zug. In Großanlagen wird der natürliche Zug des Schornsteins durch Gebläse- oder Sauganlagen erhöht. Bei der Verwendung *flüssiger Brennstoffe* gelangt das Öl zusammen mit der Verbrennungsluft über eine Düse fein zerstäubt in den Verbrennungsraum. *Gasfeuerungsanlagen* arbeiten z. B. mit atmosphärischen Brennern.

5.2.3 Wärmeerzeugung durch Kernspaltung

01. Wie lässt sich die Kernspaltung modellhaft beschreiben?

Ein *Uran-Kern* wird durch das *Eindringen eines Neutrons in Schwingungen* versetzt (Bild 1). Es erfolgt eine *Einschnürung*, sodass der Uran-Kern die Form einer Hantel erhält (Bild 2). Im Verlauf der weiteren Reaktion wird die Einschnürstelle so schmal, dass sich der Uran-Kern teilt, da die elektrische Abstoßung größer geworden ist als die anziehenden Kernkräfte. Bei dieser *Kernspaltung* (Bild 3) wird sehr viel Energie frei (1 g Uran 235 → ca. 23.000 kWh); man nutzt daher die Kernspaltung zur Energiegewinnung (sog. *Kernenergie*). Bei der Spaltung eines Uran-Kerns werden zwei bis drei schnelle Neutronen frei, die unter bestimmten Bedingungen weitere Uran-Kerne spalten. Es kommt zu einer *Kettenreaktion*:

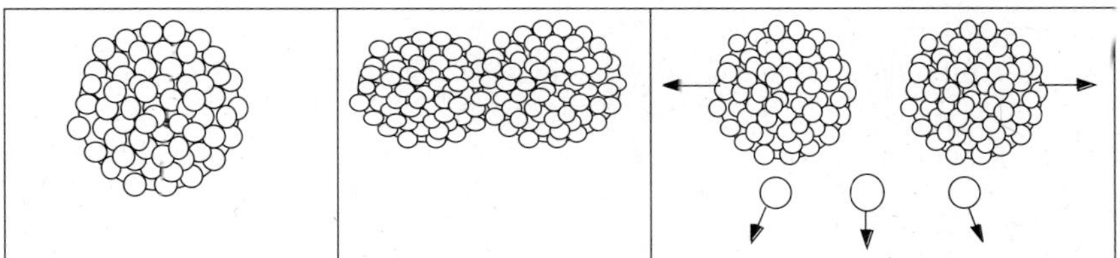

Bild 1: 1 Neutron dringt in den Kern ein und versetzt ihn in Schwingungen.	Bild 2: Es kommt zu einer Einschnürung (Hantelform).	Bild 3: Kernspaltung → 2-3 Neutronen werden frei.

- Bei der *kontrollierten Kettenreaktion*, wie man sie in *Kernkraftwerken* (KKW) einsetzt, werden die freiwerdenden Neutronen abgebremst und zum Teil eingefangen.

- Bei der *unkontrollierten Kettenreaktion* steigert sich die Zahl der Kernspaltungen explosionsartig und eine riesige Energiemenge wird frei. Dieser Ablauf wird beim Bau der *Atombombe* eingesetzt.

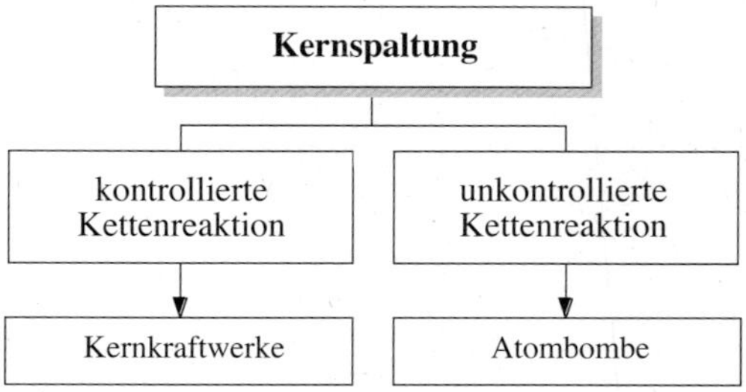

02. Wie arbeiten Kernkraftwerke?

In Kernkraftwerken (KKW) wird durch kontrollierte Kernspaltung Kernenergie in elektrische Energie umgewandelt. Als Kernbrennstoff wird angereichertes Uran eingesetzt. Dazu wird das in der Natur vorkommende Uran 238 *angereichert,* das heißt der Anteil von Uran 235 wird auf ca. 3 % angehoben. Dieser Vorgang ist sehr aufwändig.

Das angereicherte Uran wird in Tablettenform gepresst und in Metallrohre gefüllt, die aus einer speziellen Legierung des Metalls Zirkonium bestehen. Sind die Hüllrohre an beiden Enden gasdicht verschweißt, ist ein *Brennstab* entstanden. Aus der Verbindung mehrerer Brennstäbe fertigt man die *Brennelemente*. Sie befinden sich in einem Wasserbehälter. Das Wasser wirkt als *Moderator*; es übernimmt die Aufgabe, die bei der Kernspaltung frei werdenden schnelle *Neutronen abzubremsen* ohne sie zu absorbieren, sodass weitere Uran-Kerne gespalten werden können. Leichtes Wasser (H_2O) eignet sich deshalb gut als Moderator, weil die Wasserstoff-Kerne über etwa die gleiche Masse verfügen wie die Neutronen. Das Wasser hat außerdem die Funktion des Kühlmittels; es führt die entstandene Wärmeenergie aus dem Reaktorkern heraus.

Damit die Kernspaltung nicht unkontrolliert abläuft, werden *Steuerstäbe* eingesetzt. Sie sind aus Materialien hergestellt, die Neutronen gut einfangen können. Geeignet ist z. B. Cadmium. Die Steuerstäbe werden zwischen die einzelnen Brennstäbe gebracht. Je weiter nun die Steuerstäbe zwischen die Brennelemente geschoben werden, desto mehr freie Neutronen fangen sie ein und die Anzahl der Kernspaltungen geht zurück. Auf diese Weise kann die Anzahl der Kernspaltungen beim Betrieb eines KKW konstant gehalten werden.

Die bei der Kernspaltung entstehenden Bruchstücke enthalten *Bewegungsenergie*. Die Bruchstücke werden ebenfalls durch das Wasser abgebremst und geben dabei viel Wärme ab. Das stark erhitzte Wasser verlässt den Druckbehälter am oberen Rand und wird zur Erzeugung von Hochdruckdampf eingesetzt, der nun wie in einem herkömmlichen Wärmekraftwerk zum Antrieb der Turbinen dient.

Schematische Darstellung der kontrollierten Kettenreaktion:
Wasser als Moderator und Steuerstäbe zur Regelung

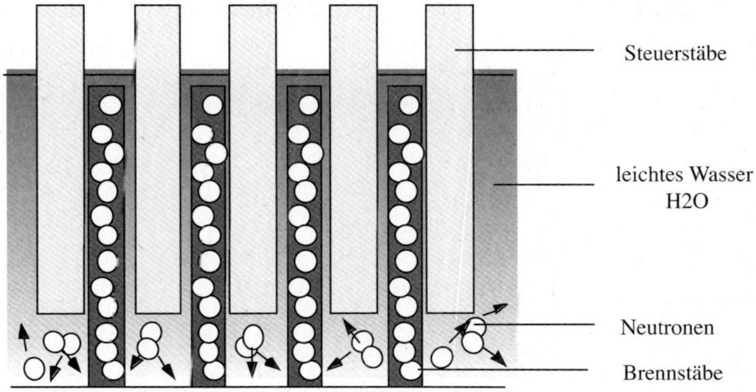

03. Welche Reaktortypen gibt es?

(1) *Leichtwasserreaktoren* verwenden leichtes Wasser H_2O als Moderator und als Kühlmittel. Man unterscheidet:

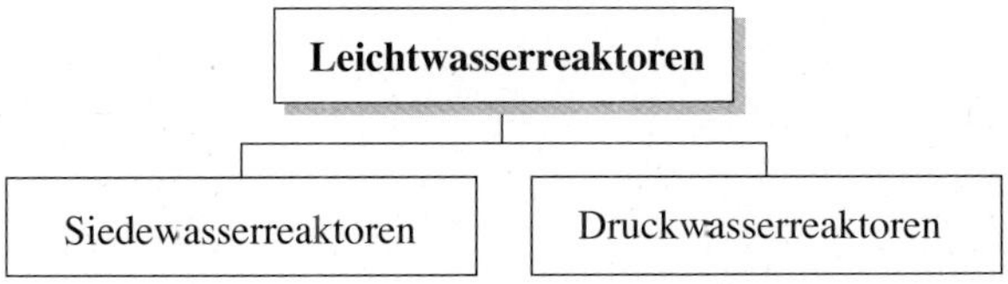

- Beim *Siedewasserreaktor*
  wird das Wasser im Reaktor direkt verdampft. Der Wasserdampf wird in einem geschlossenen Kreislauf auf die Turbine geleitet, die einen Generator zur Stromerzeugung antreibt. Anschließend wird der Wasserdampf mithilfe eines Kondensators wieder zu Wasser verdichtet, das in den Reaktor zurückgeleitet wird. Der Kondensator ist an einen äußeren Kühlkreislauf angeschlossen (Fluss + Kühlturm).

  Schematische Darstellung des Siedewasserreaktors:

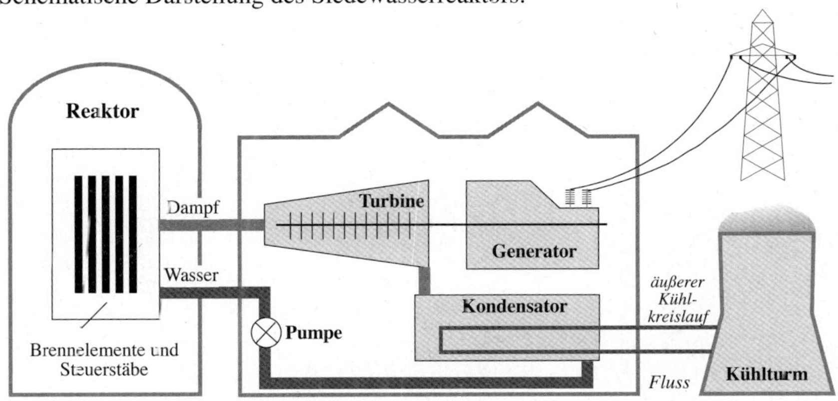

- Beim *Druckwasserreaktor*
wird das Reaktorwasser durch sehr hohen Druck am Sieden gehindert; es erreicht bis zu 300 °C. Das sehr heiße Wasser gelangt in einen Wärmetauscher (1. Kreislauf) und gibt dort die thermische Energie an einen zweiten (nicht radioaktiven) Wasserkreislauf ab. Im zweiten Kreislauf entsteht Wasserdampf, der wiederum auf die Turbine geleitet wird.

Schematische Darstellung des Druckwasserreaktors:

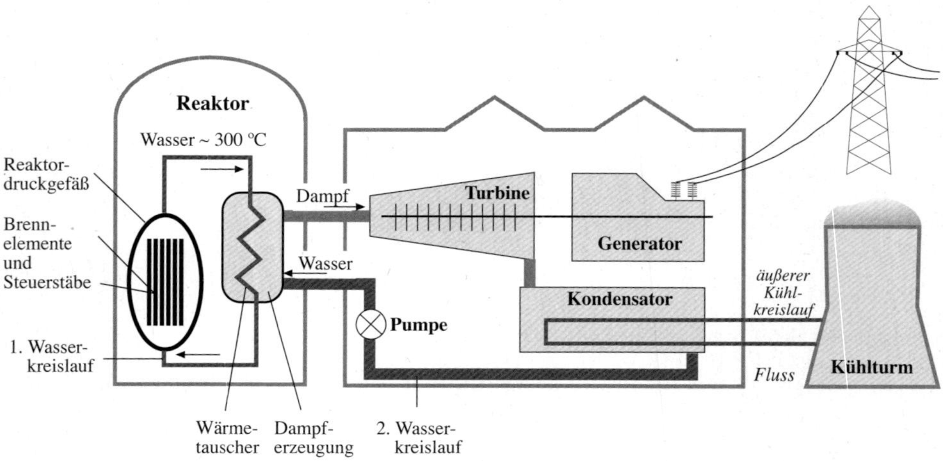

(2) *Hochtemperaturreaktoren (HTR)* verwenden Grafit als Moderator und Helium als Kühlmittel. Aus HTR können Wärmegrade bis annähernd 1.000 °C ausgekoppelt werden. Die technische Besonderheit liegt in den Brennelementen: Es sind tennisballgroße Kugeln aus einer Grafitmasse, die haufenförmig aufgeschüttet werden (*Kugelhaufenreaktor*). Die HTR-Technologie ermöglicht außer der Stromerzeugung weitere Anwendungen: So kann der erzeugte Dampf als sog. Prozessdampf eingesetzt werden, der z. B. für die Kohlevergasung oder andere chemische Prozesse benötigt wird.

(3) *Schnelle Brutreaktoren* (Schnelle Brüter, SBR):
Hier wird die Kernspaltung nicht durch abgebremste, sondern durch schnelle Neutronen bewirkt. Der Reaktorkern enthält nicht nur den Brennstoff für den Spaltprozess, sondern auch eine bestimmte Menge unspaltbaren Materials, aus dem durch Einfluss der schnellen Neutronen Spaltstoff „erbrütet“ wird. Als besonderes Kühlmittel dient Natrium, dessen Wärmeleitvermögen 100-mal höher ist, als das von Wasser.

5.2.4 Alternative Anlagen zur Energieerzeugung

01. Wie kann die Energie der Sonne (Solarenergie) genutzt werden?

(1) Die Sonnenenergie kann *direkt* – ohne Umwandlung in eine andere Energieform – genutzt werden: Man bezeichnet dies als *passive Maßnahme*. Die Architektur eines Gebäude wird dabei so gestaltet, dass die direkte Sonneneinstrahlung zur Erwärmung der Räume genutzt wird (sog. *Solararchitektur*; z. B. Integration von großzügigen Glasflächen in Gebäudeteile mit einem Neigungswinkel zur Sonne, Optimierung der Lage des Baukörpers in Abhängigkeit von Himmelsrichtung, Wind, Sonne und Regen, Kombination von Sonneneinflutung und Techniken der Verschattung).

(2) Als *aktive Nutzung* der Sonnenenergie bezeichnet man die Umwandlung der Solarenergie in Strom oder Wärme durch geeignete Technik.

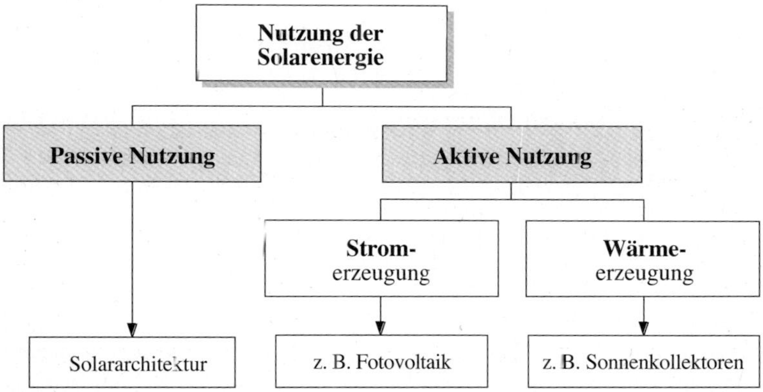

02. Wie wird die Solarenergie zur Wärmeerzeugung/Warmwasseraufbereitung genutzt?

Ablauf der Wärmeerzeugung durch thermische Solaranlagen (= *Solarthermie*):

- Eine Trägerflüssigkeit (meist Wasser versetzt mit Frostschutzmittel) wird in Kollektoren (auf dem Dach des Gebäudes) erhitzt.
- Die erhitzte Trägerflüssigkeit wird in einem geschlossenen Heizkreislauf zum Brauchwasserspeicher gepumpt. Dies erfolgt über eine temperaturgesteuerte Umwälzpumpe.
- Die Trägerflüssigkeit erwärmt im Speicher mithilfe von Rohrschlangen das für den Verbrauch vorgesehene Wasser.
- Aus dem Brauchwasserspeicher wird Warmwasser entnommen und je nach Verbrauch entsprechend kaltes Wasser wieder zugeführt.
- Je nach Witterung und Tageszeit wird über eine entsprechende Regelungstechnik die konventionelle Heizung zur Brauchwasseraufbereitung zugeschaltet.

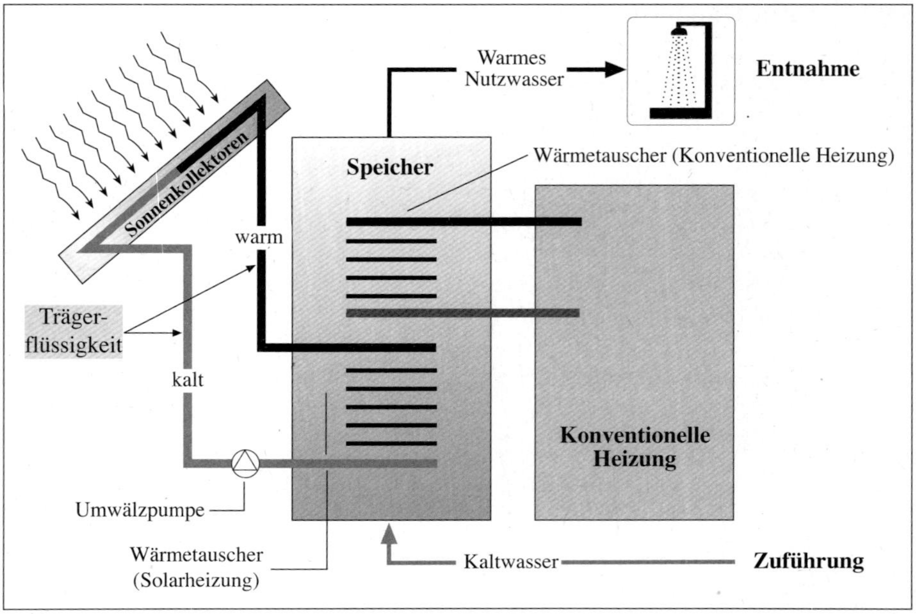

03. Wie wird die Solarenergie zur Stromerzeugung genutzt?

Ablauf der Stromerzeugung durch Fotovoltaikmodule:

- Die in der Sonnenstrahlung enthaltene Energie verursacht in Halbleitern, wie z. B. Silicium, *ein Fließen von Elektronen* (sog. Fotoeffekt bzw. fotovoltaischer Effekt), d.h. elektrischem Strom. Auf diese Weise wird Solarenergie in elektrische Energie umgewandelt. Solarzellen werden zu mehreren Fotovoltaikmodulen kombiniert.

- Der auf diese Weise erzeugte *Gleichstrom* wird über Wechselrichter in *Wechselstrom* umgewandelt. Er kann in Akkumulatoren gespeichert oder ins öffentliche Stromnetz eingespeist werden. Die *Stromerzeugung durch Solarenergie spielt* derzeit in Deutschland noch *eine untergeordnete Rolle* (vgl. Abb. unten). Obwohl die Stromerzeugung durch Wind- und Solarenergie in den letzten Jahren mit hohem finanziellen Aufwand und öffentlicher Förderung deutlich zunahm, bildet sie zusammen mit sonstigen erneuerbaren Energien (Biogas, Holzverbrennung) nur einen Anteil von 3,9 % an der Elektrizitätserzeugung:

Stromerzeugung nach Energieträgern in Deutschland 2007

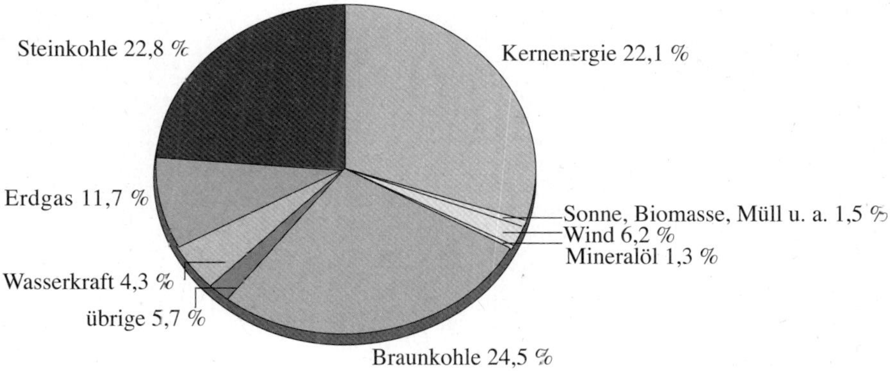

Quelle: Deutschland in Zahlen 2008

04. Welche Bedeutung hat Windenergie?

Windkraft ist eine der Energiearten, die vom Menschen bereits lange genutzt werden. Die bis Mitte des 19. Jahrhunderts weit verbreiteten Windmühlen wurden von Verbrennungsmotoren verdrängt. Im Zuge der Ölkrise 1973 erlebte die Nutzung der Windenergie eine Renaissance. Seit 1989 werden in Deutschland private Windkraftanlagen (WKA) staatlich gefördert. Im Jahr 2007 betrug die Stromerzeugung aus Windenergie 30,5 Mrd. kWh. Dies entspricht einem Anteil von 6,2 % der Stromerzeugung. Langfristig wird das Potenzial auf 10-20 % der heutigen Stromerzeugung geschätzt.

Stromerzeugung aus erneuerbaren Energien [in Mrd. kWh]					
	1991	*1995*	*2000*	*2006*	*2007*
Wasserkraft	19,2	25,2	29,4	27,9	27,5
Windkraft	0,1	1,5	9,5	30,5	39,5
Müll und Ähnliches	2,4	2,7	3,7	38,0	45,5
Σ	21,7	29,4	42,6	96,4	112,5

Quelle: Deutschland in Zahlen 2008

05. Wie wird die Windkraft zur Stromerzeugung genutzt?

Die Bewegungsenergie der Luft versetzt einen *Rotor* in Drehbewegungen und wird auf eine Antriebswelle übertragen. Der angeschlossene *Generator* erzeugt dadurch Strom. Durchgesetzt haben sich heute schnelllaufende *Rotoren* mit *horizontaler Achse*. Sie haben einen höheren Wirkungsgrad als *Rotoren mit vertikaler Achse*, werden jedoch elektrisch oder hydraulisch der Windrichtung nachgeführt, um die Leistungsaufnahme zu optimieren. Rotoren mit zwei Blättern erreichen eine höhere Drehzahl und damit eine höhere Leistung, sind jedoch aerodynamisch ungünstiger als Rotoren mit drei Blättern. Bei kleineren WKA wird auf die kostenintensive Verstellung und Ausrichtung der Rotorblätter verzichtet.

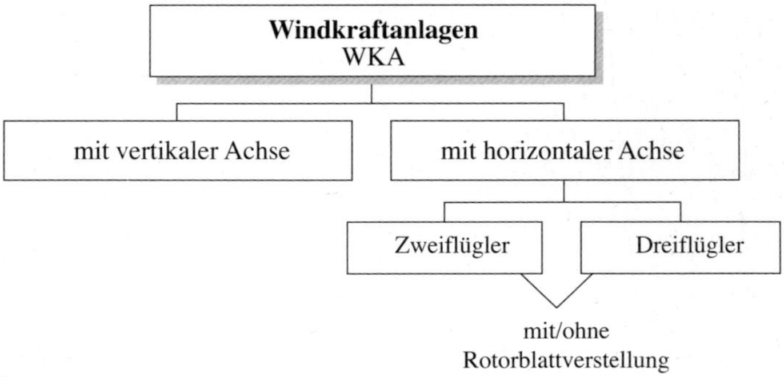

WKA erreichen heute einen Wirkungsgrad von rund 50 %. Wirtschaftlich ist die Investition nur in Regionen mit einer über das Jahr gemittelten Windgeschwindigkeit von ≥ 4 m/s. Bei der Errichtung von WKA müssen neben der durchschnittlichen Windgeschwindigkeit die Bau- und Naturschutzvorschriften des Bundes und der Kommunen beachtet werden. Windkraftanlagen zählen zu den umweltfreundlichen Arten der Energieerzeugung. Vergessen werden darf dabei jedoch nicht der Ressourcenverbrauch bei der Produktion von WKA und die spätere Entsorgung. Außerdem verursachen die Rotorblätter Geräusche; manche Menschen empfinden *Windparks* als Störung des Landschaftsbildes, teilweise sogar als bedrohlich.

5.2.5 Verbrennungskraftmaschinen

01. Was sind Verbrennungskraftmaschinen?

Verbrennungskraftmaschinen wandeln die durch Verbrennung entstehende Wärmeenergie direkt in mechanische Energie um.

Beispiele:
- Vergaser-Ottomotor, Ottomotor mit Saugrohreinspritzung, Einspritz-Ottomotor, Gas-Ottomotor
- Dieselmotor, Dieselmotor mit Direkteinspritzung

02. Wie unterscheiden sich die Verbrennungsverfahren beim Ottomotor und beim Dieselmotor?

Verbrennungsverfahren

- beim *Ottomotor* (Nikolaus Otto, 1832 – 1891; Weiterentwicklung durch: G. Daimler, 1834 –1900 und C. F. Benz, 1844 – 1929):

  Ein *Kraftstoff-Luftgemisch* wird angesaugt, verdichtet und durch einen *Hochspannungsfunken gezündet*. Man unterscheidet drei wesentliche *Arten der Gemischbildung:*

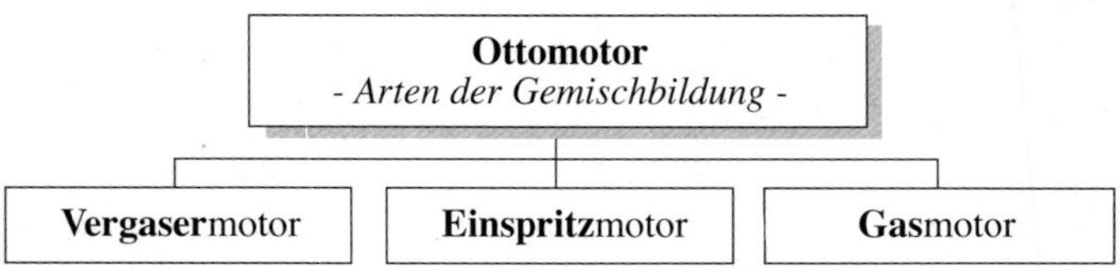

- beim *Dieselmotor* (Rudolf Diesel, 1858 – 1913):

  Reine Luft wird *angesaugt* und *verdichtet.* Im Gegensatz zum Ottomotor erfolgt eine viel höhere Verdichtung, sodass die verdichtete Luft eine Temperatur von ca. 600 °C erreicht. In die hoch verdichtete Luft wird mithilfe einer Zerstäuberdüse *Dieselöl unter hohem Druck eingesprüht und entzündet sich von selbst.*

03. Wie unterscheiden sich das Viertakt- und das Zweitaktverfahren?

Je nach der Art und Weise, wie das Kraftstoff-Luft-Gemisch hergestellt und die verbrannten Gase aus dem Zylinder entfernt werden, unterscheidet man zwischen Viertakt- und Zweitakt-Motoren:

- Der *Viertaktmotor* hat vier aufeinander folgende Arbeitsperioden (Takte); für einen Arbeitshub werden zwei volle Umdrehungen der Kurbelwelle (720°) benötigt.

1. Ansaugtakt:	- Das Einlassventil wird geöffnet. - Der Kolben bewegt sich nach unten. - Kraftstoff-Luftgemisch wird angesaugt.
2. Verdichtungstakt:	- Das Einlassventil ist geschlossen. - Der Kolben bewegt sich nach oben. - Das Kraftstoff-Luftgemisch wird verdichtet (Druck von 10 bis 12 bar; Temperatur im Zylinder von 300 bis 400 °C).
3. *Arbeitstakt:*	- Der Zündkerzenfunke entzündet das verdichtete Kraftstoff-Luftgemisch kurz vor Erreichen des Oberen Totpunktes OT (Druck von ca. 50 bis 70 bar; Temperatur im Zylinder von ca. 2.000 °C). - Der Verbrennungsdruck bewegt den Kolben nach unten.
4. Auspufftakt:	- Das Auslassventil wird am Unteren Totpunkt UT geöffnet. - Das verbrannte Gasgemisch wird von dem nach unten gehenden Kolben ausgedrückt (Auspuff).

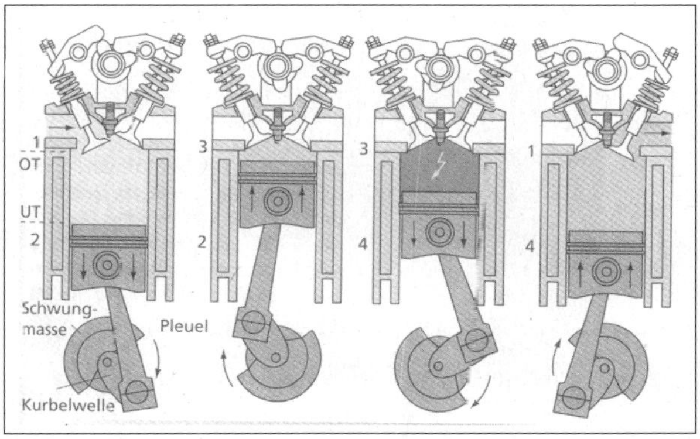

- Der *Zweitaktmotor* hat *keine* durch die Nockenwelle gesteuerten *Ventile*, sondern nur eine *Einlass- und eine Auslassöffnung* sowie einen *Überströmkanal* im Kurbelgehäuse. Im Gegensatz zum Viertaktmotor, bei dem die Arbeitsperioden „Ansaugen“ (1) und „Ausstoßen“ (4) einen eigenen Takt benötigen, erfolgen diese beiden Vorgänge beim „Zweitakter“ zwischen Arbeits- und Verdichtungstakt (es entfallen praktisch der erste und der vierte Takt); der Zweitaktmotor leistet bei jeder Umdrehung der Kurbelwelle einen Arbeitshub. Eine Nase am Kolben sorgt dafür, dass das Gas-Luftgemisch (auf seinem Weg vom Kurbelgehäuse in den Zylinder) nicht sofort durch die Auslassöffnung austreten kann.

1. Takt:
- Überströmkanal (zwischen Kurbelgehäuse und Zylinder) und Auslassöffnung sind geschlossen.
- Der Kolben geht nach oben.
- Das Kraftstoff-Luftgemisch wird verdichtet.
- Die Einlassöffnung ist geöffnet; Gas-Luftgemisch strömt in das Kurbelgehäuse.

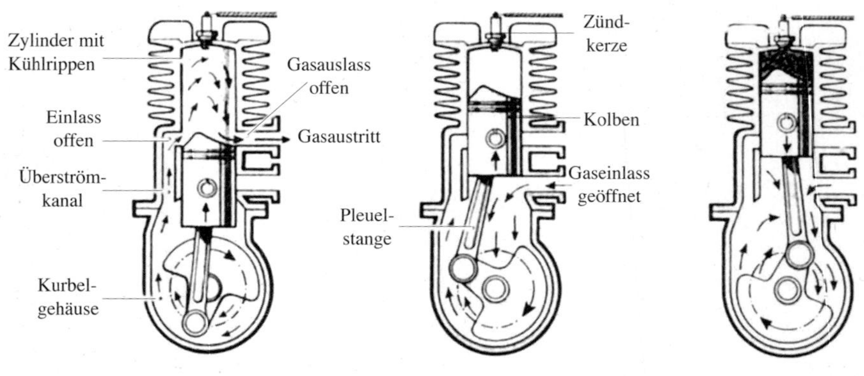

Beginn des 1. Taktes **1. Takt** **2. Takt** (= Arbeitstakt)

2. Takt (= Arbeitstakt):
- Der Zündkerzenfunke entzündet das verdichtete Kraftstoff-Luftgemisch.
- Der Verbrennungsdruck bewegt den Kolben nach unten.
- Die Einlassöffnung wird geschlossen.
- Gleichzeitig wird der Überströmkanal frei: das im Kurbelgehäuse vorverdichtete Gas-Luftgemisch gelangt in den Zylinder.
- Gleichzeitig wird die Auslassöffnung frei; die Verbrennungsgase entweichen.

04. Welche Anforderungen werden an Kraftstoffe für Verbrennungsmaschinen gestellt?

- *Allgemein:*
  - rückstandslose Verbrennung
  - hohes spezifisches Gewicht (und damit kleine Kraftstofftanks)
  - einfache und schnelle Gas-Luft-Gemischbildung und Zündung
  - Sicherheit beim Transport im Kfz

- *Speziell beim Ottomotor:*
  - hohe Klopffestigkeit gemessen in Oktan (Widerstandsfähigkeit gegen Selbstentzündung beim Verdichten im Verbrennungsraum)
- *Speziell bei Dieselmotor:*
  - hohe Zündwilligkeit gemessen in Cetan (Bereitschaft des Kraftstoffs zur Selbstentzündung beim Einspritzen in den Verbrennungsraum).

5.2.6 Energiearten und deren Verteilung im Betrieb

01. Wie erfolgt die Energieversorgung und -verteilung im Industriebetrieb?

Der Industriebetrieb benötigt unterschiedlichste Energiearten zur Herstellung und Veredlung seiner Produkte. Im Jahr 2007 betrug der gesamte deutsche Primärenergieverbrauch (Haushalte und Betriebe) 473,6 Mio. t SKE (= Steinkohleneinheiten). In den Vorjahren waren leichte Verbrauchsrückgänge zu verzeichnen. Verglichen mit dem Weltdurchschnitt liegt der Pro-Kopf-Verbrauch an Energie in Deutschland sehr hoch (5,8 t SKE gegenüber 2,1 t SKE). Die nachfolgende Grafik zeigt den Anteil der Energieträger am Primärenergieverbrauch in Deutschland 2007:

Energieträger in Deutschland 2007

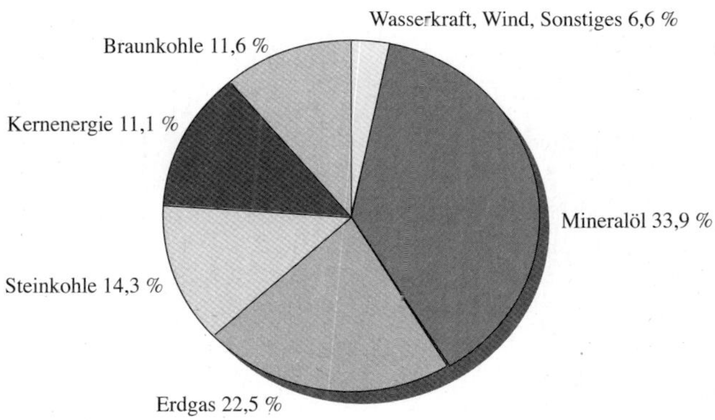

Quelle: Arbeitsgemeinschaft Energiebilanzen

Die folgende Abbildung zeigt schematisch die Versorgung des Industriebetriebes mit Energiearten unterschiedlichster Art und die Verteilung der Energie über die verschiedenen Leitungssysteme an die „Verwender“.

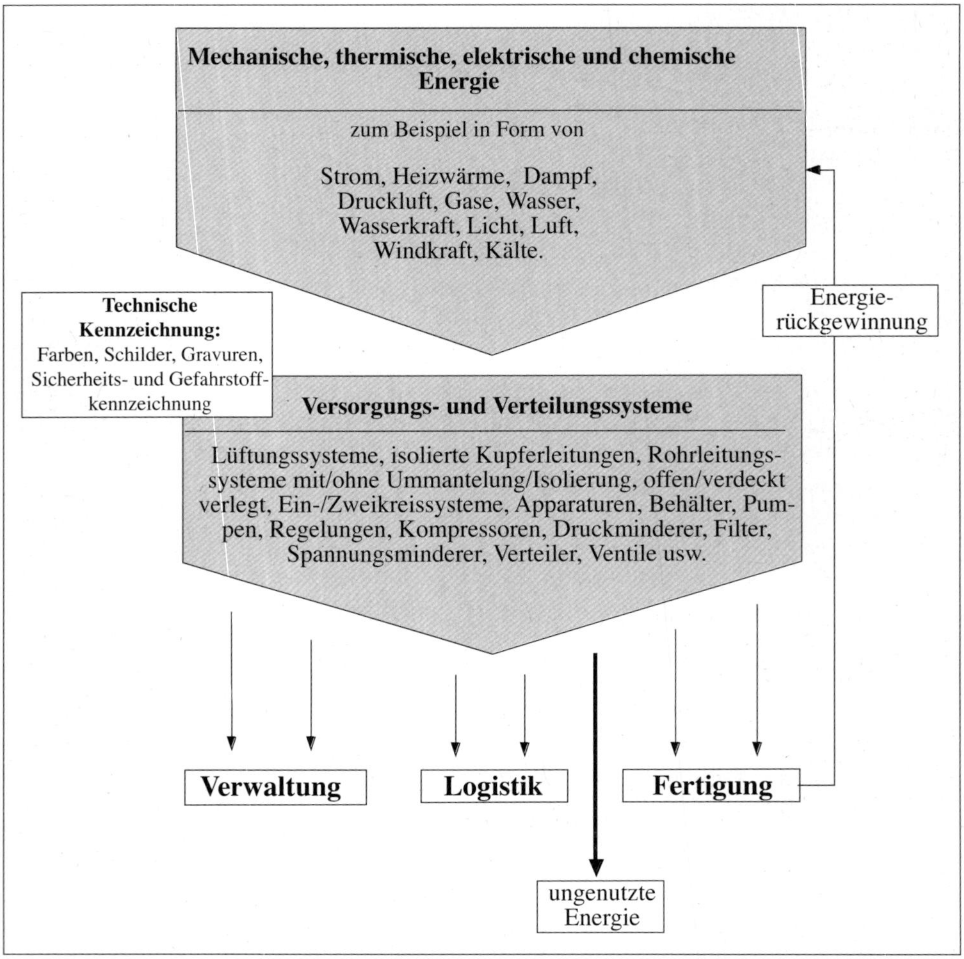

Der Einsatz von Anlagen und Energiearten mit *hohem Wirkungskrad*, die *effiziente Nutzung der Energie* sowie der Möglichkeiten ihrer *Rückgewinnung* sind in Deutschland bereits Realität. Der Primärenergieverbrauch in Mio. t SKE lag in Deutschland bei 473,6 im Jahr 2007.

02. Welche Anforderungen bestehen an Versorgungsnetze in Industriebetrieben?

- *Stromversorgung*
  - Strom ist kaum speicherbar und leitungsgebunden (Stromnetz);
  - auch kurzfristige Leistungsspitzen müssen i.d.R. abgedeckt werden;
  - Störungen müssen i.d.R. kompensiert werden können (Ersatzstromaggregate);
  - es gibt Niederspannungs-, Mittelspannungs-, Hochspannungs- und Höchstspannungssysteme;
  - Übertragungsmittel der Stromverteilung: Leitungsnetze, Transformatoren, Kabel, Umspannungs- und Übergabestationen usw.

- das Versorgungsnetz umfasst z. B.: Lichtstrom, Kraftstrom, Strom für besondere Anlagen, Anschlüsse für Sonderanlagen (≥ 440 V);
- Sicherheitsvorschriften sind zu beachten (z. B. VDE, DIN).

• *Wasserversorgung*
- Trinkwasser muss u.a. keimarm, kühl, geruchlos, geschmacklich einwandfrei sein;
- Versorgung: über Einzelversorgungsanlagen oder öffentliches Versorgungsnetz (direkt oder über Vorratsbehälter);
- für bestimmte Verwendungszwecke muss das Wasser aufbereitet werden (z. B. Enthärtung);
- beim Abwasser ist die Beschaffenheit zu beachten (Schmutz-, Regen-, Kühl-, Sickerwasser sowie kontaminiertes Wasser).

• *Versorgung mit Raumluft*
- Anforderungen: z. B. bestimmte Temperatur, Feuchte, Reinheit, Bewegung;
- einfache Belüftung oder vollautomatische: z. B. freie Lüftung, einfache Lüftungsanlagen, Anlagen mit kombinierter Luftbehandlung (Anwärmen/Kühlen, Befeuchten/Entfeuchten), Klimaanlagen
- in bestimmten Betrieben oder Abteilungen gelten besonders hohe Anforderungen an die Raumluft (z. B. EDV, Chipherstellung, Lackierbetrieb).

• *Versorgung mit Druckluft*
- zentrale/dezentrale Erzeugung und Speicherung;
- Erzeugung über Kompressoren (Verdichter): z. B. Kolben-/Turboverdichter;
- Anforderungen an Druckluftverteilungsnetze: z. B. Vermeidung von deutlichem Druckabfall, Einhaltung der Druckluftqualität (Wassergehalt, Reinheit);
- Leitungsverlegung: meist Ringleitungssystem mit Stichleitungen zu den Entnahmestellen.

• *Gasversorgung*
- Versorgung i.d.R. über das Leitungsnetz des örtlichen Energieversorgungsunternehmens (EVU);
- innerbetriebliche Verteilung über eine Anschlussleitung an das Netz des EVU (Erdverlegung oder oberirdisch) und Weiterleitung an die Verbraucher (Betriebe, Öfen, Brenner, Heizsysteme, Verwaltungs- und Sozialräume);
- Hilfsaggregate/Armaturen: Druckregel- und Messanlagen, Übergabestationen;
- das innerbetriebliche Gasversorgungsnetz muss in regelmäßigen Abständen überprüft werden (lt. DVGW Regelwerk): Dichtigkeit, Korrosion, Funktion der Armaturen.

03. Warum unterliegen Maschinen und Anlagen einem Verschleiß?

Anlagen unterliegen während ihrer gesamten Nutzungsdauer einem ständigen Verschleiß. Bewegliche Teile und sich berührende Teile werden im Laufe der Zeit in unterschiedlichem Maße abgenutzt.

Im Allgemeinen nimmt die Stör- und Reparaturanfälligkeit einer Anlage mit zunehmendem Alter progressiv zu und führt zu einem bestimmten Zeitpunkt zur völligen Unbrauchbarkeit. Der Verschleiß tritt aber sehr häufig auch bei nur geringer oder keiner Nutzung ein: Auch ein Stillstand der Anlage kann zur technischen Funktionsuntüchtigkeit führen (Rost, mangelnde Pflege, Dickflüssigkeit von Ölen/Fetten usw). Die Störanfälligkeit steigt meist mit der Kompliziertheit der Anlagen.

04. Welche Folgen können mit Betriebsmittelstörungen verbunden sein?

Betriebsmittelstörungen – insbesondere längerfristige – können zu nicht unerheblichen Folgen führen:

- nicht vorhandene Betriebsbereitschaft der Anlagen
- Rückgang der Kapazitätsauslastung/Verschlechterung der Kostensituation
- Unfallursachen
- Terminverzögerungen/Verärgerung des Kunden mit der evt. Folge von Konventionalstrafen
- Werkzeugschäden durch übermäßigen Verschleiß
- Einbußen in der Qualität

05. Wer ist im Betrieb für die Anlagenüberwachung zuständig?

Die Anlagenüberwachung kann vom „Technischen Dienst" verantwortlich übernommen werden (zentrale Organisation der Anlagenüberwachung). Er kann dabei Fremdleistungen heranziehen oder die gesamte Instandhaltung selbst durchführen (*Make-or-buy-Überlegung*).

Bei dezentraler Organisation der Anlagenüberwachung übernehmen *die Mitarbeiter in der Fertigung* die erforderlichen Arbeiten. Der Vorteil liegt in der Einbindung/Motivation der unmittelbar Betroffenen und der Chance zur laufenden Weiterqualifizierung.

In der Praxis existiert häufig eine Mischform: Instandsetzung und Inspektion übernimmt der technische Dienst; Wartung und Pflege werden vom Mitarbeiter der Fertigung durchgeführt. Eine Ausnahme bildet dabei selbstverständlich die Kontrolle, Wartung und ggf. Instandsetzung elektrischer Anlagen wegen des Gefährdungspotenzials und der existierenden Sicherheitsvorschriften; hier ist ausschließlich Fachpersonal einzusetzen.

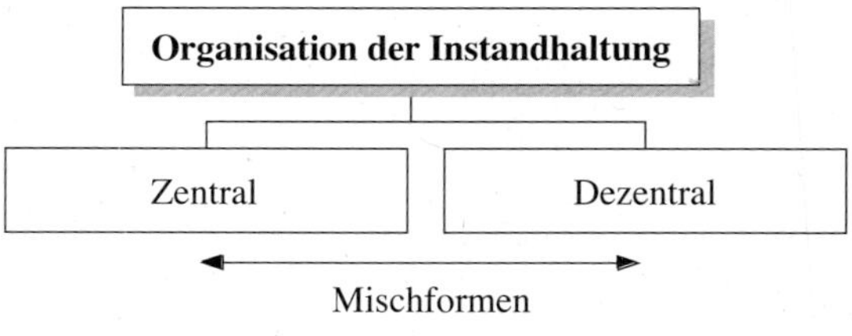

06. Welche Strategien der Instandhaltung gibt es?

Die Tatsache, dass maschinelle Anlagen einem permanenten Verschleiß unterliegen, begründet die Notwendigkeit der Instandhaltung. Im Mittelpunkt steht die Frage der *Instandhaltungsstrategie:*

Grundsätzlich möglich ist eine

- *Präventivstrategie* (= vorbeugender Austausch von Verschleißteilen) oder
- eine *störungsbedingte Instandhaltung* (= Austausch der Teile bei Funktionsuntüchtigkeit).

Die jeweils notwendige Strategie der Instandhaltung ergibt sich aus der Art der Anlagen, ihrem Alter, dem Nutzungsgrad, der betrieblichen Erfahrung usw.

In den meisten Betrieben ist heute eine vorbeugende Instandhaltung üblich, die zu festgelegten Intervallen durchgeführt wird, sich auf eine Wartung und Kontrolle der Funktionsfähigkeit der gesamten Anlage erstreckt und besondere Verschleißteile vorsorglich ersetzt.

Im Überblick:

Instandhaltungsmethoden (auch: Strategien, Konzepte)	
Störungsbedingte Instandhaltung	*Instandsetzung nach Ausfall* (Feuerwehrstrategie): Eine Instandsetzung nach Ausfall ist meist die ungünstigste Variante, da sofort nach Eintreten der Störung Ausfallzeiten und Kosten entstehen. Der Austausch der Verschleißteile erfolgt immer zu spät. Sollte nur dann angewendet werden, wenn die Funktion der Maschine/Anlage aus der Erfahrung her unkritisch ist.
	Vorteile: - die Lebensdauer der Bauteile wird vollständig genutzt - es entstehen keine Kosten für Kontrollmaßnahmen und Wartung
	Nachteile: - ungeplante Ausfallzeiten - Personaleinsatz und Ausweichen der Produktion nicht planbar - Instandsetzung unter Termindruck (Qualitätsproblem)
Zustandsabhängige Instandhaltung	Es erfolgt eine *vorbeugende Instandhaltungsstrategie,* die sich exakt am konkreten *Abnutzungsgrad des Instandhaltungsobjekts* orientiert. Sie lässt sich mithilfe von Einrichtungen zur Anlagenüberwachung und -diagnose für kritische Stellen durchführen (Anwendung der technischen Diagnostik, Condition Monitoring).
Zeitabhängige, periodische Instandhaltung	*Vorbeugende Instandhaltung mit den Varianten:*
	Präventiver Austausch einzelner Bauteile, wenn sich zum Beispiel Verschleißgeräusche Ermüdungserscheinungen oder Spielvergrößerungen zeigen.
	Vorbeugender Austausch von Bauteilen und Baugruppen basierend auf Erfahrungen, Schadensanalysen oder aufgrund von Herstellervorgaben bzw. gesetzlichen Auflagen u. Ä.; Nachteil: Austausch erfolgt zu früh oder ggf. zu spät.

07. Welche Definitionen enthält die DIN 31051? → DIN 31051

Instandhaltung (IH; Oberbegriff) umfasst alle Maßnahmen der Störungsvorbeugung und der Störungsbeseitigung. Nach der DIN 31051 versteht man darunter „alle Maßnahmen zur Bewahrung und Wiederherstellung des Soll-Zustandes sowie zur Feststellung und Beurteilung des Ist-Zustandes von technischen Mitteln eines Systems“. Die Instandhaltung wird in drei Teilbereiche gegliedert:

Maßnahmen der Instandhaltung nach DIN 31051

Inspektion	Wartung	Instandsetzung	Verbesserung
Tätigkeiten:			
- Reinigen - Schmieren - Nachstellen - Nachfüllen	- Planen - Messen - Prüfen - Diagnostizieren	- Austauschen - Ausbessern - Reparieren - Funktionsprüfung	- Verschleißfestigkeit erhöhen - Bauteilsubstitution

Inspektion	ist die „Feststellung des Ist-Zustandes von technischen Einrichtungen durch Sichten, Messen, Prüfen“. Inspektion ist die Überwachung der Anlagen durch periodisch regelmäßige Begehung und Überprüfung auf den äußeren Zustand, ihre Funktionsfähigkeit und Arbeitsweise sowie auf allgemeine Verschleißerscheinungen. Das Ergebnis wird in einem *Prüfbericht* niedergelegt. Aus dem Prüfbericht werden Prognosen über die weitere Verwendungsfähigkeit der jeweiligen Anlage abgeleitet.
Wartung	ist die „Bewahrung des Soll-Zustandes durch Reinigen, Schmieren, Auswechseln, Justieren“. Wartung umfasst routinemäßige Instandhaltungsarbeiten, die meistens vom Bedienungspersonal selbst durchgeführt werden und häufig in *Betriebsanweisungen* festgelegt sind und auf den *Wartungsplänen des Herstellers* basieren.
Instandsetzung (Reparatur)	ist die „Wiederherstellung des Soll-Zustandes durch Ausbessern und Ersetzen“. Instandsetzung umfasst die Wiederherstellung der Nutzungsfähigkeit einer Anlage durch Austausch bzw. Nacharbeit von Bauteilen oder Aggregaten.
Verbesserung	ist die Steigerung der Funktionssicherheit, ohne die geforderte Funktion zu verändern.
Störung	ist eine „unbeabsichtigte Unterbrechung oder Beeinträchtigung der Funktionserfüllung einer Betrachtungseinheit“.
Schaden	ist der „Zustand nach Überschreiten eines bestimmten (festzulegenden) Grenzwertes, der eine unzulässige Beeinträchtigung der Funktionsfähigkeit bedingt“.
Ausfall	ist die „unbeabsichtigte Unterbrechung der Funktionsfähigkeit einer Betrachtungseinheit“. Von Bedeutung sind Dauer und Häufigkeit der Ausfallzeit.

08. Wie erfolgt die Planung der Instandhaltung?

Die Planung der Instandhaltung muss sich an den *Kostenverläufen* orientieren. Sie muss sowohl *Schadensfolgekosten* durch Abschalten, Stillstand und Wiederanlauf als auch *Zusatzkosten* durch Verlagerung der Produktion auf andere Anlagen, Überstundenlöhne und andere Zusatzkosten berücksichtigen. Diesen Kosten sind die *Vorbeugekosten* durch entsprechende Wartung gegenüberzustellen.

Es müssen ferner die Ausfallursachen analysiert werden (*Schwachstellenanalyse*); sie müssen sich in einem Ablaufplan niederschlagen: Hier werden die für jede Anlage notwendigen *Überwachungszeiten* und der Umfang der auszuführenden Tätigkeiten festgelegt. Diese Zeiten müssen mit den Produktionsterminen und der jeweiligen Kapazitätsauslastung abgestimmt sein.

Spezielle *Wartungspläne* legen den Umfang der einzelnen Maßnahmen je Anlage fest, bestimmen die Termine und gewährleisten damit die notwendige Kontrolle. Parallel zum Ablauf der Instandhaltung müssen das erforderliche Instandhaltungsmaterial, die Personaldisposition der Mitarbeiter der Instandhaltung sowie die Betriebsmittel geplant werden. *Die Instandhaltungsplanung ist also eng mit der Betriebsmittelplanung verknüpft.* Die nachfolgende Abbildung zeigt die notwendigen Arbeiten im Rahmen der Instandhaltungsplanung:

Teilgebiete der Instandhaltungsplanung

Planung der Instandhaltungsstrategie	**Planung der Bereitstellung (Versorgung)**	**Planung der Arbeitsabläufe**
- vorbeugende Instandhaltung - störungsbedingte Instandhaltung	- Instandhaltungspersonal - Instandhaltungsbetriebsmittel - Instandhaltungsmaterial	- Wartungspläne - Termine, Zeiten - Abstimmung mit der Fertigungsplanung

Die Versorgung der Instandhaltung mit den erforderlichen Ressourcen ist planerisch zu gewährleisten:

1. Die *Personalbereitstellung* für IH-Aufgaben ist mit der Personaleinsatzplanung der Fertigung abzustimmen; das IH-Personal in nach erforderlicher Quantität und Qualifikation auszuwählen (z. B. notwendige spezifische Qualifikationen für bestimmte Anlagen, Qualifikation als Elektrofachkraft).

2. IH-Betriebsmittel und -material sind rechtzeitig zu disponieren bzw. der Lagerbestand von Ersatzteilen ist zu prüfen. Beschaffung und Transport der IH-Materialien/-Betriebsmittel sind in die Beschaffungslogistik zu integrieren.

09. Welche Möglichkeiten gibt es, den Energieverbrauch planmäßig zu steuern und ggf. zu senken?

Die permanente Beachtung und Steuerung des Energieverbrauchs ist heute aus *ökologischer* und *ökonomischer Sicht* eine Selbstverständlichkeit. Eine wichtige Voraussetzung ist dazu, dass *der Verbrauch* der unterschiedlichen Energiearten im Betrieb *mengen- und wertmäßig erfasst und dokumentiert wird.*

Die nachfolgende *Übersicht* zeigt Beispiele zur Steuerung und Senkung des Energieverbrauchs bzw. der Energiekosten:

Maßnahmen zur Steuerung des Energieverbrauchs

Maßnahme	Beispiele
Auswahl von Anlagen und Energiearten mit einem hohen **Wirkungsgrad**	z. B.: - fachgerechte Dimensionierung der Feuerungsanlage und des Kamins - Wahl der Energieart
Planmäßige **Instandhaltung** der Energieversorger (**Erhaltung des Wirkungsgrades**)	z. B.: - regelmäßige Wartung - Austausch von Verschleißteilen - Einstellung der Energieanlage
Vermeidung technisch bedingter Energieverluste	z. B.: - Maßnahmen zur Wärmerückgewinnung (aus Abwasser, Kühlwasser, Lüftung) - Vermeidung von Energieverlusten beim Transport (Isolierung der Rohrleitungen und Behälter usw.) - Vermeidung von Druckverlust/ Substanzverlust - Vermeidung einer diskontinuierlichen Energieabnahme - Wärmeschutz für Gebäude
Nutzung der **Energieeinsparmöglichkeiten**	z. B.: - bei Wasser, Strom, Wärme usw.
Nutzung **regenerativer Energien** in Verbindung mit staatlicher **Förderung**	z. B.: - Solarenergie, Wärmepumpe, Wärmetauscher
Vermeidung verhaltensbedingter Energieverluste (**Verschwendung**)	z. B.: - bewusster Umgang der Mitarbeiter mit Energiequellen - Nutzung der technischen Möglichkeiten (Aquastopp, Temperaturregelung, Ausschalten, sachgerechte Lüftung, Nutzung automatischer Regelungstechnik) - Verbesserungsvorschläge

10. Welche Schutzvorschriften für Energieversorgungsanlagen und Energieträger sind bei der Planung und Inbetriebnahme zu berücksichtigen?

Hinweis: Vgl. dazu auch im 1. Prüfungsfach, Rechtsbewusstes Handeln, Ziffer 1.4 f. (Arbeitsschutz- und arbeitssicherheitsrechtliche Vorschriften).

Dazu ausgewählte, zentrale Beispiele und Hinweise auf Gesetze des Arbeitsschutzes und Arbeitssicherheitsvorschriften, die der Industriemeister bei der Planung und Inbetriebnahme von Energieversorgungsanlagen berücksichtigen muss:

1. *Generelle Schutzvorschriften:*

- BGV A1	Allgemeine Vorschrift zur Unfallverhütung („Grundsätze zur Prävention")	
- ArbSchG	§ 1	„... dient dazu, Sicherheit und Gesundheitsschutz der Beschäftigten bei der Arbeit ... zu sichern und zu verbessern."
	§ 2	„Maßnahmen des Arbeitsschutzes ... sind ... Verhütung von Unfällen ..., arbeitsbedingte Gesundheitsgefahren ... Maßnahmen der menschengerechten Gestaltung der Arbeit."
	§§ 3 ff.	Allgemeine Grundsätze, Grundpflichten und besondere Pflichten des Arbeitgebers
	§ 5	Gefährdungsanalyse
	§ 10	Erste Hilfe i. V. m. BGV A1, BGR V A1 und DIN 13169, 13175 (Verbandkasten)
- ASiG	Betriebsärzte und Fachkräfte für Arbeitssicherheit i. V. m. BGV A2	
- BImSchG	Luftreinhaltung	
- BbodSchG	Bundes-Bodenschutzgesetz	
- WHG	Wasserhaushaltsgesetz i. V. m. Klärschlammverordnung und Abwasserabgabenverordnung	
- KrW-/AbfG	Kreislaufwirtschafts- und Abfallgesetz	
- ChemG	Chemikaliengesetz i.V.m. GefahrstoffR 67/548/EWG	
- WRMG	Gesetz über die Umweltverträglichkeit von Wasch- und Reinigungsmitteln	
- GPSG	Neu: Das Geräte- und Produktsicherheitsgesetz ist seit 2004 in Kraft; das Gerätesicherheitsgesetz (GSG) sowie das Produktsicherheitsgesetz (ProdSG) sind außer Kraft.	
- GefStoffV	Verordnung zum Schutz vor Gefahrstoffen	
- VerpackV	Verpackungsverordnung	
- StörfallV	Störfallverordnung	
- BetrSichV	Betriebssicherheitsverordnung	
- ArbStättV	Achtung: Die Arbeitsstättenverordnung wurde im Jahr 2004 völlig neu gefasst; u. a.:	
	§ 14	Schutz gegen Gase, Dämpfe, Nebel usw.
	§ 15	Lärmschutz
	§ 55	Kennzeichnung der Flucht- und Rettungswege
- TA Lärm	Technische Anleitung zum Schutz gegen Lärm i. V. m BGV B3 „Lärm"	
- TA Luft	Emissions-/Immissionsgrenzwerte	
- TA Abfall	Bestimmungen zur Abfallbehandlung	

- BGI 560	In Verbindung mit ArbStättV und ASR 13: Beschreibung von Feuerlöscheinrichtungen und Ausrüstung der Betriebe mit Feuerlöschern
- PSA-R	PSA-Richtlinie (Persönliche Schutzausrüstung)

2. *Gesetzliche Vorschriften zum Umgang mit elektrischem Strom:*

- VDE 0100	Bestimmungen für das Errichten von *Starkstromanlagen bis 1.000 V* (VDE = Verband der Elektrotechnik Elektronik Informationstechnik e.V.)
- VDE 0101	Errichtung von *Starkstromanlagen über 1.000 V*
- VDE 0105	Betrieb von Starkstromanlagen
- VDEW	Richtlinien für Planung, Errichtung und Betrieb von Anlagen mit Notstromaggregaten
- VDE 0132	Merkblatt für die *Bekämpfung von Bränden* in elektrischen Anlagen und deren Nähe
- VDE 0134	Anleitung zur *ersten Hilfe* bei Unfällen
- BGV A2 § 2/3	*Elektrofachkraft:* Der Unternehmer hat dafür zu sorgen, dass elektrische Anlagen und Betriebsmittel nur von einer Elektrofachkraft oder unter Leitung und Aufsicht einer Elektrofachkraft errichtet, geändert und instand gehalten werden. Die fachliche Qualifikation als Elektrofachkraft wird im Regelfall durch den Abschluss einer Ausbildung als Elektroingenieur, Elektrotechniker, Elektromeister oder Elektrogeselle nachgewiesen.
- BGV 4	UVV: Elektrische Anlagen

3. *Gesetzliche Vorschriften zur (Trink-)Wasserversorgung:*

- DIN 1988	Bau und Betrieb von Wasserversorgungsanlagen
- DIN 2000	Anforderungen an die Trinkwasserqualität
- TrinkwV	Anforderungen an Trinkwasser; die neue Bezeichnung für „Brauchwasser“ lautet „Nutzwasser“ entsprechend der TrinkwV vom 21.05.2001
- DIN 4049	Definition „Grundwasser“
- WHG	Regelungen zur Entnahme, Verwendung und Einleitung von Wasser
- WHG § 7 a	Bestimmungen über Abwasser

4. *Gesetzliche Vorschriften zur Lüftungs- und Klimatechnik:*

- DIN 1946	Blatt 1-5: Grundregeln für lüftungstechnische Anlagen
- DIN 1945	Raumlufttechnik

5. *Gesetzliche Vorschriften zur Versorgung mit Druckluft:*

- VDI	Richtlinie 2045 Bl. 2: Anforderungen an die Versorgung mit Druckluft

6. *Gesetzliche Vorschriften zur Gasversorgung:*

- DVGW	Arbeitsblatt G 260: Technische Regeln zur Gasversorgung (DVGW = Deutscher Verein des Gas- und Wasserfaches e.V.)
- DVGW	Arbeitsblatt G 600: Technische Regeln für Gasinstallation
- DVGW	Regelwerk: Prüfung der Gasanlagen in regelmäßigen Abständen durch Fachpersonal
- DVGW	Fachpersonal nach DVGW: Versicherte Personen, die aufgrund ihrer fachlichen Ausbildung, praktischen Tätigkeit und Erfahrung ausreichende Kenntnisse auf dem Gebiet der ihnen übertragenen Arbeitsaufgabe haben (z. B. für Gas- und Wasseranlagen).
- DVGW	Arbeitsblatt G 468/1: Die Überwachung und Wartung von Gasleitungen ist durch Fachpersonal oder durch Fachfirmen durchzuführen.
- DVGW	Arbeitsblatt G 462 i.V.m. DIN 2470-1: Anforderungen an Gasrohre und Rohrleitungsteile
- DVGW	Arbeitsblatt G 469: Dichtheitsprüfung von Gasleitungen nach Instandhaltungsmaßnahmen
- VBG 50	UVV: Arbeiten an Gasanlagen
- VBG 61	UVV: Gase
- Ex-RL	Richtlinien für die Vermeidung der Gefahren durch explosionsfähige Atmosphäre
- EnWG §§ 1-19	Energiewirtschaftsgesetz: Bestimmungen über Energieanlagen

7. *Spezielle Vorschriften* des Arbeitsschutzes, die auf Energieversorgungsanlagen und Energieträger anzuwenden sind:

- Bundes-Immissionsschutzgesetz (BImSchG), u. a.:
  Errichtung und Betrieb von Anlagen; speziell:
  - Verordnung über Kleinfeuerungsanlagen
  - Verordnung über Großfeuerungsanlagen
  - Verordnung über genehmigungsbedürftige Anlagen

- Sondervorschriften für „Überwachungsbedürftige Anlagen" u. a.:
  - Dampfkesselverordnung
  - Druckbehälter-Verordnung
  - Verordnung über Gashochdruckleitungen
  - Verordnung über elektrische Anlagen in explosionsgefährdeten Räumen
  - Verordnung über brennbare Flüssigkeiten

5.3 Berechnen betriebs- und fertigungstechnischer Größen bei Belastungen und Bewegungen

5.3.1 Beanspruchung von betriebs- und fertigungstechnischen Größen und deren Berechnung

01. Was sind mechanische Spannungen?

Voraussetzung für einen Umformvorgang ist das Wirken äußerer Kräfte und/oder Momente. Bei den unterschiedlichsten Umformvorgängen (mechanische Beanspruchung von Werkstoffen) entstehen unterschiedlichste Spannungszustände:

- *Lastspannungen* sind nach Art und Richtung der Beanspruchung definiert: Zug, Druck, Biegung, Scherung und Torsion.

- *Eigenspannungen* sind Spannungen in einem Bauteil nach inhomogener plastischer Verformung. Die inneren Kräfte und Momente stehen dabei im Gleichgewicht. Eigenspannung entsteht beim Urformen, Umformen, Fügen, Trennen, Wärmebehandeln und Beschichten.

  Je nach Art und Lage im Bauteil können Eigenspannungen die Festigkeit herabsetzen oder erhöhen (z. B. erhöhte Dauerfestigkeit bei Druckspannungen in Oberflächenbereichen).

Aus der in beliebiger Richtung wirkenden Kraft F ergibt sich die Komponente

F_n → in der normalen Richtung und
F_t → in tangentialer Richtung.

Bei gleichmäßiger Verteilung über die Gesamtfläche A ergibt sich die *Normalspannung* $\delta = F_n/A$ und die *Tangentialspannung* (Schubspannung) $\tau = F_t/A$. Die Einheit einer mechanischen Spannung ist das Pascal (Pa): $[\delta] = [\tau] = N/m^2 = Pa$

Diese Spannungen führen zu folgenden Formänderungen:

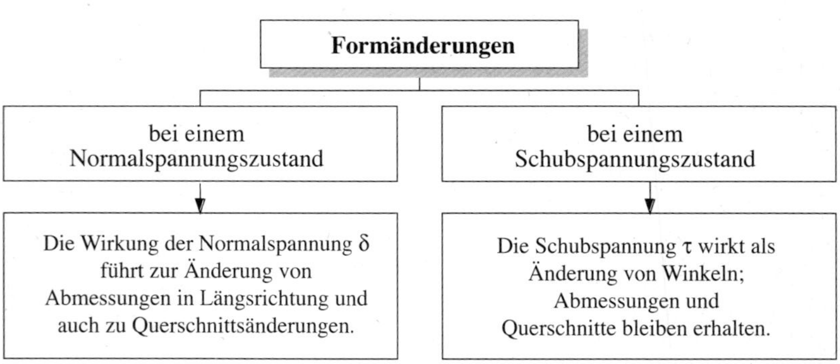

02. Was sagt das Hookesche Gesetz aus?

- *Dehnung*:
  Ein fester Körper wird nur in einer Richtung auf Zug oder Druck beansprucht; er wird gestaucht oder gedehnt. Die *Zug-* oder *Druckkraft* verursacht eine Längenänderung Δ l, deren Größe außer von den Abmessungen auch vom Material und von der Kraft abhängig ist.
  Es gilt das *Hookesche Gesetz*:

→ Spannung und Dehnung sind einander proportional.

$$\frac{F}{A} = E\,\frac{\Delta l}{l}$$

→ Der *Elastizitätsmodul* E ist das Verhältnis der erforderlichen Spannung δ zur relativen Längenänderung Δ l /l (Dehnung ε):

$$E = \frac{\delta}{\varepsilon} \quad \text{bzw.} \quad \delta = \varepsilon \cdot E$$

Der Elastizitätsmodul ist eine Materialkonstante und gilt nur innerhalb des *Elastizitätsbereiches* bzw. bis zu der Proportionalitätsgrenze δ_p; δ_p ist die Größe, bis zu der Spannung und Dehnung proportional bleiben (E = konstant).

→ Kraft und Längenänderung sind proportional: F ~ Δ l. Für die *Längenänderung* Δ l ergibt sich Δ l = l δ/E

→ Die *Volumenänderung* ist Δ V = –p V/K

$$\text{mit } p = \frac{F_n}{A}$$

$$F_n = F \cdot \sin \alpha$$

Dabei ist:

K	Kompressionsmodul (Verhältnis von Druck und relativer Volumenänderung)
F_n	Normalkraft
A	Fläche
p	Flächenpressung

Im technischen Gebrauch wird der Druck auch als *Flächenpressung* bezeichnet.

→ Bei *Druckkräften* ergibt sich eine Verkürzung: Spannung δ und Längenänderung Δ l sind negativ.

Zugspannung:	δ > 0
Druckspannung:	δ < 0

→ Außer der Längenänderung ändert sich durch eine mechanische Spannung auch die *Abmessung des Körpers quer zur Kraft*:

$$\frac{\Delta d}{d} = -\mu\,\frac{\Delta l}{l}$$

Dabei ist:

d	Querabmessung
Δ d	Änderung der Querabmessung
l	Länge
Δ l	Längenänderung
μ	Poisson-Zahl

Die Poisson-Zahl μ ist eine Materialkonstante und gibt das Verhältnis von relativer Änderung der Querabmessung zu relativer Längenänderung an. Die Zahlenwerte für die Poisson-Zahl liegen für alle Stoffe zwischen 0 und 0,5.

03. Was ist ein Spannungs-Dehnungs-Diagramm?

Es handelt sich hierbei um die grafische Aufzeichnung der Ergebnisse eines Zugversuches an definierten Probestäben (Prüfstäbe). Dabei werden die registrierten Kräfte auf den Ausgangsquerschnitt und die Verlängerungen der Stäbe auf die Anfangsmesslängen bezogen: Man erhält ein Spannungs-Dehnungs-Bild.

Außer dem Elastizitätsmodul E (s. oben) erhält man so

- → die *Streckgrenze* R_e als Grenzspannung zwischen elastischer und plastischer Verformung,
- → die *Zugfestigkeit* R_m als die höchste erreichbare Spannung,
- → die *Bruchdehnung* A als die auf die Ausgangslänge bezogene Längenänderung,
- → die *Brucheinschnürung* Z als Verhältnis der Querschnittsänderung an der Bruchstelle zum ursprünglichen Querschnitt.

04. Wie entsteht Scherung und wie wird sie berechnet?

Wenn die Kraft (Tangentialkraft) parallel zu zwei gegenüberliegenden Flächen eines Körpers wirkt, werden beide Flächen gegeneinander verschoben. Stellt man sich ein Modell vor, so entsteht die Verformung durch Verschiebung einzelner Schichten gegeneinander:

<u>Dabei ist:</u>
- F_t Tangentialkraft parallel zu A
- A Fläche (mitunter wird für die Scherfläche der Buchstabe S verwendet)
- τ Schubspannung
- γ Scherwinkel
- G Schubmodul

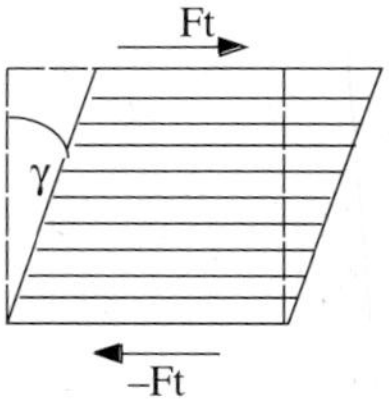

Diese Verformung wird *Schub* genannt. Ist der Abstand zwischen den Wirkungslinien der verschiedenen Kräfte Ft und -Ft sehr klein, spricht man von *Scherung* (z. B. bei Bolzen- oder Stiftverbindungen).

Die Schubspannung ($\tau = F_t/A$) erzeugt den Scherwinkel γ; es gilt entsprechend dem Hookeschen Gesetz:

$$\tau = \frac{F}{A} = G \cdot \gamma \qquad [G] = N/m^2 = Pa$$
$$[\gamma] = rad$$

Dabei ist G der *Schubmodul*, auch als Scherungs-, Gleit- oder Torsionsmodul bezeichnet. Der Schubmodul G ist ebenso wie der Elastizitätsmodul E und die Poisson-Zahl μ in entsprechenden Tabellen zu finden.

05. Was ist Torsion?

Die *Torsion* (auch Drillung) eines Zylinders (Radius r, Länge l) stellt einen Sonderfall des Schubs dar. Wenn durch tangentiale Kräfte am Zylinder ein Drehmoment M in Richtung der Zylinderachse erzeugt wird, werden dadurch die beiden Querschnitte um den Winkel φ gegeneinander verdreht. Durch Umrechnung aus $\gamma = 1/G \cdot \delta_t$ kann die Beziehung

$$M_t = \frac{\pi}{2} \; G \; \frac{r^4}{l} \cdot \varphi$$ mit M_t Torsionsmoment

abgeleitet werden (als spezielle Form des Hookeschen Gesetzes). Dabei ist eine starke Abhängigkeit der Torsion vom Radius des Zylinderquerschnitts festzustellen (4. Potenz).

Die Torsion spielt eine große Rolle bei der *Übertragung von Drehmomenten* durch Wellen im Maschinenbau; bei jeder drehenden Welle tritt eine *Drehspannung* τ_t bzw. Torsion auf.

Das *Drehmoment* M ist ein Kraftmoment, das eine Rotation herbeiführt. Die Drehwirkung der Kraft F hängt vom Abstand r ihrer Wirkungslinie von der Drehachse ab (die Wirkungslinie bildet mit r einen rechten Winkel):

$$M = F \cdot r \cdot \sin \alpha$$

<u>Dabei ist:</u>
- F angreifende Kraft
- r Abstand des Angriffspunktes von der Drehachse
- α Winkel zwischen Kraftrichtung und Abstand

Greifen an einem Körper mehrere Kräfte an, so werden die Drehmomente addiert.

5.3.2 Kreisförmige und geradlinige Bewegungsabläufe

Die Fragen zum Thema „Kreisförmige und geradlinige Bewegungsabläufe“ werden im Kapitel 5.1.4 „Bewegungsvorgänge bei mechanischen Bauteilen“ abgehandelt.

5.4 Statistische Verfahren, einfache statistische Berechnungen sowie deren grafische Darstellung

5.4.1 Statistische Methoden zur Überwachung, Sicherung und Steuerung von Prozessen

Hinweis:
Die Grundlagen der Statistik (Wesen, Aufgaben, Bedeutung, Datenerfassung und -aufbereitung, grafische und tabellarische Darstellungsformen) wurden lt. Rahmenplan bereits behandelt im 3. Prüfungsfach unter den Ziffern 3.1.6 (Frage 07.), 3.4.3 und 3.4.4. Bitte ggf. noch einmal kurz wiederholen.

01. Wie unterscheiden sich die beschreibende und die beurteilende Statistik (Einsatzbereiche statistischer Methoden)?

Einsatzbereiche statistischer Methoden

Beschreibende Statistik Deskriptive Statistik	**Beurteilende Statistik**
- Ordnen von Daten - Darstellen von Daten (Tabellen, Diagramme - Berechnen von Parametern (Mittelwerte, Streuungsmaße)	- Schließen von Stichproben auf die Grundgesamtheit - Formulieren und Prüfen von Hypothesen - Schätzen von Parametern

02. Welche Begriffe werden in der Fachsprache der Statistik verwendet?

Dazu eine Auswahl häufig verwendeter Begriffe:

		Beispiele:
Grundgesamtheit	Als Grundgesamtheit (= statistische Masse) bezeichnet man die Gesamtheit der statistisch erfassten gleichartigen Elemente.	alle gefertigten Teile für Auftrag X
Bestandsmassen	sind diejenigen Massen, die sich auf einen Zeitpunkt beziehen.	1.7. des Jahres
Bewegungsmassen	Bewegungsmassen beziehen sich auf einen bestimmten Zeitraum.	1.1. bis 30.6. d. J
Abgrenzung der Grundgesamtheit	Je nach Fragestellung ist die Grundgesamtheit abzugrenzen; vorherrschend sind folgende Abgrenzungsmerkmale:	
	- sachliche Abgrenzung. - örtliche Abgrenzung - zeitliche Abgrenzung	- Baugruppe Y - Montage I - im Monat Januar
Merkmal	Als Merkmal bezeichnet man die Eigenschaft, nach der in einer statistischen Erfassung gefragt wird.	- Alter, - gute Teile/schlechte Teile
Merkmals-ausprägungen	nennt man die Werte, die ein bestimmtes Merkmal haben kann.	- gut/schlecht - männlich/weiblich - 48, 50, 55 usw.

Diskrete Merkmale	können nur einen Wert annehmen.	- Anzahl der Kinder, - Anzahl fehlerhafte Stücke
Stetige Merkmale	können jeden Wert annehmen.	- Körpergröße - Durchmesser einer Welle
Qualitative Merkmale	erfassen Eigenschaften/Qualitäten eines Merkmalsträgers	- Geschlecht eines Mitarbeiters: · weiblich/männlich - Ergebnis der Leistungsbeurteilung: 2 - 4 - 6 - 8 usw.
Quantitative Merkmale	sind Merkmale, deren Ausprägungen in Zahlen angegeben werden – mit Benennung der Maßeinheit.	- 60 Stück - 7 kg - 20,00 Euro.
Ordinalskala	Erfolgt eine Festlegung der Rangfolge der Merkmalsausprägungen, so spricht man von Ordinalskalen	- gut - schlecht - unbrauchbar
Nominalskalen	ansonsten von Nominalskalen.	- männlich/weiblich - gelb/rot/grün
Häufigkeit	Anzahl der Messwerte einer Messreihe zu einem bestimmten Messwert x_i.	

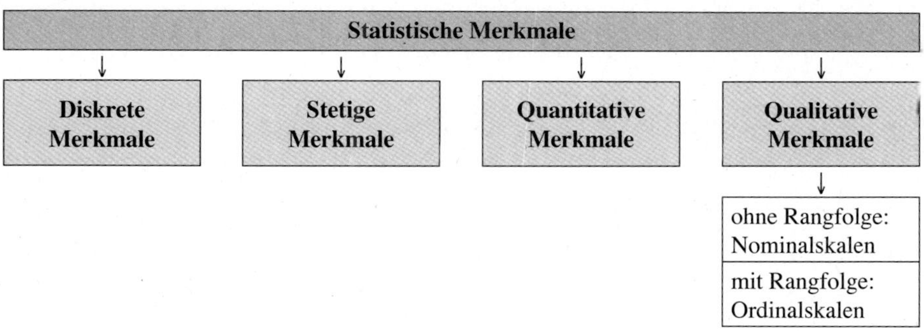

03. Zur Wiederholung: In welchen Schritten erfolgt die Lösung statistischer Fragestellungen?

Die Lösung statischer Fragestellungen erfolgt generell in vier Schritten:

1. *Analyse der Ausgangssituation*,
2. *Erfassen* des Zahlenmaterials,
3. *Aufbereitung*, d. h. Gruppierung und Auszählung der Daten und Fakten,
4. *Auswertung*, d. h. Analyse des Zahlenmaterials nach methodischen Gesichtspunkten.

04. Zur Wiederholung: Wie wird das statistische Zahlenmaterial aufbereitet?

Das Zahlenmaterial kann erst dann ausgewertet und analysiert werden, wenn es in aufbereiteter Form vorliegt. Dazu werden die Merkmalsausprägungen *geordnet* – z. B. nach Geschlecht, Alter, Beruf, Region, gut/schlecht, Länge, Materialart usw.).

Grundsätzliche Ordnungsprinzipien im Rahmen der Aufbereitung sind:

a) *Ordnen* des Zahlenmaterials *in einer Nominalskala* (qualitative Merkmale; x_i = gut, x_i = schlecht).

b) *Ordnen* des Zahlenmaterials *in einer Kardinalskala* ($x_1 = 1$, $x_2 = 5$, $x_3 = 7$ ...) oder einer *Ordinalskala* (x_i = nicht ausreichend, x_i = ausreichend, x_i = befriedigend, x_i = gut, ...).

c) Unterscheidung in *diskrete* und *stetige Merkmale.*

d) Ggf. Aufbereitung in Form einer *Klassenbildung* (bei stetigen Merkmalen; $x_i \leq 0$, $0 > x_i \leq 10$, $10 < x_i \leq 20$, ...).

e) Aufbereitung ungeordneter Reihen *in geordnete Reihen.*

f) Bildung absoluter und relativer Häufigkeiten (*Verteilungen*).

05. In welchen Arbeitsschritten geht die technische Statistik vor (Grundmodelle)?

1. Schritt: *Formulierung des Problems*

Beispiel: In einem stahlerzeugenden Unternehmen soll der angelieferte Koks auf seine Dichte hin überprüft werden. Der beauftragte Mitarbeiter erhält die Aufgabe, *die durchschnittliche Dichte* des gelieferten Kokses *zu bestimmen.*

2. Schritt: *Planung des Experiments*

Beispiel: Da die Dichte der einzelnen Koksbrocken unterschiedlich ist, müsste der Mitarbeiter – genau genommen – alle Koksbrocken untersuchen und ihre Dichte bestimmen. Diese Vorgehensweise ist jedoch aus Kosten- und Zeitgründen nicht akzeptabel. Man wählt daher in der Praxis folgenden Weg: Der Mitarbeiter soll *eine hinreichend große Anzahl von Koksbrocken zufällig auswählen und deren Dichte bestimmen (= Stichprobe).*

3. Schritt: *Durchführung des Experiments*

Beispiel: Der Mitarbeiter verfährt wie geplant. Diesen Vorgang des *Auswählens und Messens* der Koksbrocken nennt man in der Statistik ein *Zufallsexperiment* (kurz: Experiment). Die erhaltenen Messwerte werden als *Stichprobe aus der Grundgesamtheit* bezeichnet. Die Anzahl der ausgewählten und gemessenen Werte ist der *Umfang der Stichprobe.*

4. Schritt: *Aufbereitung des experimentellen Ergebnisses und Berechnung von Maßzahlen*

Beispiel: Bei umfangreichen Untersuchungen mit vielen Zahlenwerten ist es erforderlich, *die Ergebnisse tabellarisch und ggf. auch grafisch aufzubereiten* (vgl. dazu die Ausführungen im 3. Prüfungsfach unter 3.4.3 f). Außerdem werden *Maßzahlen* berechnet; diese sog. *Lageparameter* charakterisieren das Ergebnis einer statistischen Reihe. Vorwiegend berechnet man zwei Maßzahlen: das *arithmetische Mittel x und die Standardabweichung s.* Wir nehmen an, dass der Mitarbeiter im vorliegenden Fall eine durchschnittliche Dichte der Koksbrocken von 1,41 g/cm^3 und eine Standardabweichung von 0,02 g/cm^3 (gerundet) ermittelt.

5. Schritt: *Schluss von der Stichprobe auf die Grundgesamtheit*

Beispiel: Der Mitarbeiter kann den Schluss ziehen, dass die durchschnittliche Dichte der Koksbrocken in der Grundgesamtheit etwa den Wert 1,41 g/cm^3 hat; er kann weiterhin schließen, dass die tatsächliche (unbekannte) Dichte der Grundgesamtheit *mit rund 99 %iger Wahrscheinlichkeit im Intervall*

$$[-3s + x; x + 3s]$$
$$= [-3 \cdot 0{,}02 + 1{,}41; 1{,}41 + 3 \cdot 0{,}02]$$
$$= [1{,}35; 1{,}47]$$

liegt. Dieser Schluss ist möglich aufgrund der Aussagen, die aus der Normalverteilung abgeleitet werden können (zur Normalverteilung von Messfehlern vgl. Ziffer 5.4.2).

Es stellt sich weiterhin die Frage, ob das Ergebnis noch weiter verbessert werden könnte, ob also der Mitarbeiter durch eine weitere Stichprobe zu einem Intervall gelangen könnte, in dem die Werte näher beieinander liegen. Die Antwort lautet ja! Der Mitarbeiter könnte den Stichprobenumfang vergrößern (statt z. B. 10 Messwerte werden 30 ermittelt und die durchschnittliche Dichte $\overline{x}$ und die Standardabweichung s ermittelt). Es lässt sich mathematisch zeigen, dass mit größerem Stichprobenumfang die Genauigkeit der Schlüsse ansteigt. Gleichzeitig steigen damit aber auch der Zeitaufwand und die Kosten der Untersuchung. Genau diese Frage (Stichprobenumfang, Zeitaufwand, Kosten, statistische Genauigkeit) ist im 2. Schritt (vgl. vorstehend) zu klären. Man wird versuchen, bei gegebenem Aufwand an Zeit und Kosten den Informationsgehalt der Untersuchung zu maximieren Festzuhalten bleibt aber: einen vollkommen sicheren Schluss von einer Stichprobe auf die Grundgesamtheit gibt es nicht.

Abschließend hat der Mitarbeiter zu entscheiden, ob das Ergebnis seiner Stichprobe die Entscheidung zulässt, den angelieferten Koks anzunehmen oder abzulehnen. Im vorliegenden Fall hängt dies davon ab, ob der Sollwert der Dichte (festgelegt oder mit dem Lieferanten vereinbart) innerhalb des Intervalls liegt oder nicht.

06. Wie erfolgt die Erfassung und Verarbeitung technischer Messwerte?

Die Erfassung und Verarbeitung technischer Messwerte kann unterschiedlich komplex sein; folgende Arbeitsweisen können unterschieden werden:

(1) Die Erfassung der Daten erfolgt über eine *einfache Messeinrichtung* (z. B. Thermometer, Druckmesser); die *Prozesssteuerung* bzw. ggf. notwendige Eingriffe in den Prozess erfolgen *manuell.*

Beispiel: An einer Anlage wird die Temperatur mithilfe eines Thermometers gemessen; wird ein bestimmter Temperaturgrenzwert überschritten, erfolgt eine manuell eingeleitete Kühlung der Anlage durch den Mitarbeiter.

(2) Die Messwerte werden durch die Messeinrichtung erfasst, *innerhalb der Messeinrichtung verarbeitet* und der *Prozess wird „automatisch" gesteuert* (z. B. über Prozessrechner).

Beispiel: An der Anlage (vgl. oben) wird die Temperatur laufend von einem Prozessrechner erfasst. Bei Erreichen des Grenzwertes erfolgt ein Warnsignal und die Kühlung der Anlage wird ausgelöst.

(3) *Elementare Messwertverarbeitung:*
Die Verarbeitung der Messwerte erfolgt auf der Basis einfacher mathematischer Operationen (z.B. Summen-/Differenzenbildung in Verbindung mit elektrischer oder pneumatischer Analogtechnik).

(4) *Höhere Messwertverarbeitung:*
Die Verarbeitung der Messwerte erfolgt auf der Basis komplexer mathematischer Operationen (z. B. Integral-/Differenzialrechnung in Verbindung mit Digitalrechnern).

Hinsichtlich der *Form* der Datenverdichtung wird weiterhin unterschieden:

(5) *Signalanalyse:*
Es wird der Verlauf von Messsignalen untersucht (z. B. Verlauf von Schwingungen).

(6) *Messdatenverarbeitung:*
Aufbereitung, Verknüpfung, Prüfung und Verdichtung von Messdaten.

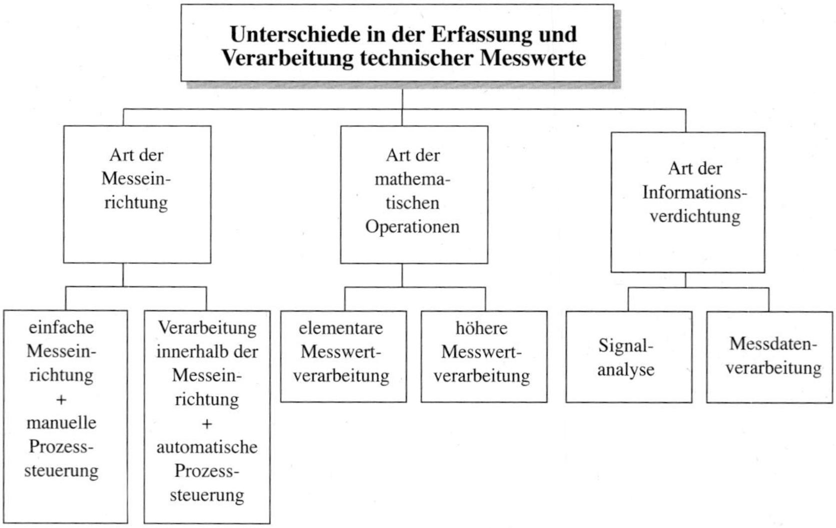

07. Lassen sich Fehler bei der Erfassung von Messwerten vermeiden?

In der Praxis ist jede Messung von Daten (vgl. oben das Beispiel „Dichte der Koksbrocken") *mit Fehlern behaftet*. Man unterscheidet zwischen *systematischen* und *zufälligen* Fehlern:

- *Systematische Fehler* sind *Fehler in der Messeinrichtung*, die sich gleichmäßig auf alle Messungen auswirken. Sie lassen sich durch eine verbesserte Messtechnik beheben.

  Beispiele: fehlerhafter Messstab, nicht ausreichende Justierung einer Waage usw.

- *Zufällige Fehler* entstehen durch unkontrollierbare Einflüsse während der Messung; sie sind bei jeder Messung verschieden und unvermeidbar.

Beispiele: Bei der Untersuchung von Wellen in der Eingangskontrolle stellt man fest, dass von 50 Stück drei fehlerhaft sind; die Wiederholung der Stichprobe kommt zu einem anderen Ergebnis, obwohl die Messverfahren gesichert sind und die Versuchsdurchführung nicht geändert wurde.

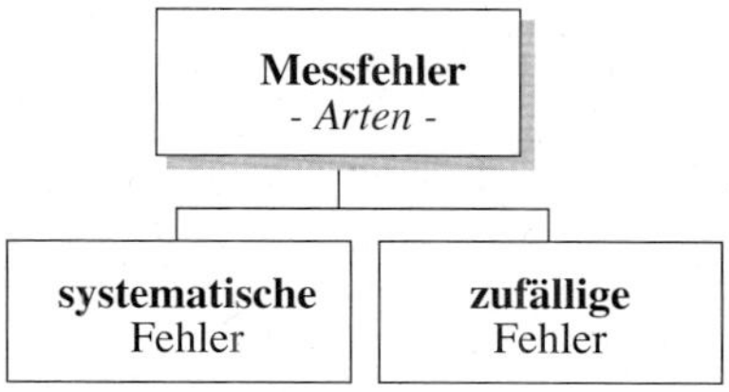

5.4.2 Stichprobenverfahren und Darstellung der Messwerte

01. Wie erfolgt die Aufbereitung von Messstichproben?

Mithilfe der Stichprobentheorie lässt sich von Teilgesamtheiten (z. B. einer Stichprobe) auf Grundgesamtheiten schließen. Die Verdichtung der Daten erfolgt durch die Berechnung von *Maßzahlen*. Entsprechend dem Rahmenstoffplan werden hier folgende *Parameter* behandelt:

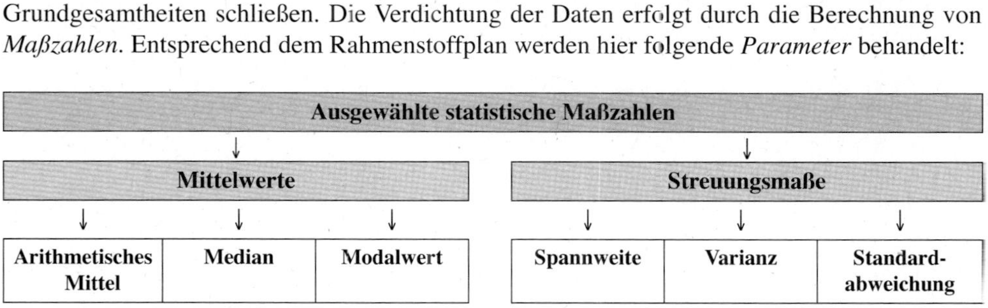

Bei der nachfolgenden Darstellung und Berechnung werden folgende allgemein üblichen Symbole und Zeichen verwendet (im Allgemeinen benutzt man bei der Kennzeichnung von Maßzahlen der Grundgesamtheit griechische und bei der Kennzeichnung von Maßzahlen der Stichprobe lateinische Buchstaben):

x_i = alle Messwerte/Merkmalsausprägungen der Urliste/Stichprobe (i = 1, ..., n)
x_j = die verschiedenen Messwerte/Merkmalsausprägungen der Urliste/Stichprobe (j = 1, ..., r)
μ = Mittelwert der Grundgesamtheit
M_z = Median (= Zentralwert)
M_o = Modalwert (= Modus = häufigster Wert)
R = Spannweite
$\overline{x}$ = Mittelwert der Stichprobe
N = Umfang der Grundgesamtheit

n = Umfang der Stichprobe
σ^2 = Varianz der Grundgesamtheit
s^2 = Varianz der Stichprobe
σ = Standardabweichung der Grundgesamtheit
s = Standardabweichung der Stichprobe
Σ = Summenzeichen

Die Beispielrechnungen gehen von folgender Messwertreihe aus:

4,35	4,80	3,75	4,95	4,20	5,10	4,65	6,00	4,05	5,25
5,10	4,50	3,15	5,25	4,65	3,45	5,85	4,50	5,55	4,80
6,45	4,05	3,00	4,20	5,10	3,15	5,40	4,65	5,10	4,50

Zu berechnen sind folgende Parameter der Messreihe:

a) das arithmetische Mittel
b) der Median
c) der Modalwert
d) die Spannweite
e) die Varianz
f) die Standardabweichung

A. *Berechnung von Maßzahlen der Grundgesamtheit:*

a) *Das arithmetische Mittel μ*
einer Häufigkeitsverteilung ist die Summe aller Merkmalsausprägungen dividiert durch die Anzahl der Beobachtungen:

- *μ, ungewogen:*

$$\mu = \frac{\Sigma x_i}{N} \qquad i = 1, 2, ..., N$$

- *μ, gewogen:*

$$\mu = \frac{\Sigma N_j x_j}{N} \qquad j = 1, 2, ..., r$$

(r = Anzahl der verschiedenen Merkmalsausprägungen)

Beispiel:

										Σ
4,35	4,80	3,75	4,95	4,20	5,10	4,65	6,00	4,05	5,25	47,10
5,10	4,50	3,15	5,25	4,65	3,45	5,85	4,50	5,55	4,80	46,80
6,45	4,05	3,00	4,20	5,10	3,15	5,40	4,65	5,10	4,50	45,60
Σ										139,50

$$\mu = \frac{139{,}5}{30} = 4{,}65$$

b) *Median M_z (= Zentralwert):*
Ordnet man die Werte einer Urliste der Größe nach, so ist der Median dadurch gekennzeichnet, dass 50 % der Merkmalsausprägungen kleiner/gleich und 50 % der Merkmalsausprägungen größer/gleich dem Zentralwert M_z sind. Der Median teilt also die der Größe nach geordneten Werte in zwei „gleiche Hälften“:

- *bei N = gerade*
  ist der Median das arithmetische Mittel der in der Mitte stehenden Werte:

  $$M_z = \frac{1}{2}\,(x_{N/2} + x_{N/2+1})$$

  Beispiel: Da N = 30 ist, wird das arithmetischen Mittel aus dem 15. und 16. Wert der (geordneten) Häufigkeitstabelle gebildet:

xj	3,00	3,15	3,45	3,75	4,05	4,20	4,35	4,50	**4,65** ↓	*Σ Nj*
Nj	1	2	1	1	2	2	1	3	3	*16*
xj	4,80	4,95	5,10	5,25	5,40	5,55	5,85	6,00	6,45	
Nj	2	1	4	2	1	1	1	1	1	*14*
Σ Nj										*30*
j = 1, ..., 18										

  $$M_z = \frac{1}{2}\,(x_{15} + x_{16}) = \frac{4{,}65 + 4{,}65}{2} = 4{,}65$$

- *bei N = ungerade*
  ist der Median der in der Mitte stehende Wert der geordneten Urliste:

  $$M_z = x_{(n+1)/2}$$

  Beispiel:
  Angenommen, man würde die vorliegende Messreihe von 30 Werten um den Wert $x_{31} = 6{,}55$ ergänzen, so erhält man als Median den Wert x_{16}:

  $$M_z = x_{(31+1)/2} = x_{16} = 4{,}65$$

  Da es sich beim Median um einen *relativ „groben“ Lageparameter* zur Charakterisierung einer Verteilung handelt, sollte er *nur bei einer kleinen Messreihe* ermittelt werden. Im vorliegenden Fall von 30 Urlistenwerten ist er eher nicht zu empfehlen.

c) Als *Modalwert* M_o (= dichtester Wert = Modus)
bezeichnet man innerhalb einer Häufigkeitsverteilung die Merkmalsausprägung mit *der größten Häufigkeit* (soweit vorhanden):

xj	3,00	3,15	3,45	3,75	4,05	4,20	4,35	4,50	4,65	*Σ Nj*
Nj	1	2	1	1	2	2	1	3	3	*16*
xj	4,80	4,95	**5,10**	5,25	5,40	5,55	5,85	6,00	6,45	
Nj	2	1	**4**	2	1	1	1	1	1	*14*
Σ Nj			↑							*30*
j = 1, ..., 18										

Beispiel: Aus der vorliegenden Häufigkeitstabelle lässt sich der Modalwert direkt ablesen: Es ist die Merkmalsausprägung mit der maximalen Häufigkeit

$N_j = 4$

$M_o = 5{,}10$

Mittelwerte, die die Lage einer Verteilung beschreiben, reichen allein nicht aus, um eine Häufigkeitsverteilung zu charakterisieren. Es wird nicht die Frage beantwortet, wie weit oder wie eng sich die Merkmalsausprägungen um den Mittelwert gruppieren.

Man berechnet daher so genannte *Streuungsmaße,* die kleine Werte annehmen, wenn die Merkmalsbeträge stark um den Mittelwert konzentriert sind bzw. große Werte bei weiter Streuung um den Mittelwert.

d) Die *Spannweite* R (= Range)
ist das *einfachste Streuungsmaß*. Sie wird als die *Differenz zwischen dem größten und dem kleinsten Wert* definiert. Die Aussagekraft der Spannweite ist sehr gering und sollte daher nur für eine kleine Anzahl von Messwerten berechnet werden (im vorliegenden Beispiel also eher nicht geeignet).

$R = x_{max} - x_{min}$ oder bei geordneter Urliste:

$R = x_N - x_1$

Beispiel: $R = x_{30} - x_1 = 6{,}45 - 3{,}00 = 3{,}45$

e) *Mittlere quadratische Abweichung* σ^2 (= Varianz):
Bei der Varianz σ^2 wird das jeweilige Quadrat der Abweichungen zwischen der Merkmalsausprägung x_i und dem Mittelwert x berechnet. Durch den Vorgang des Quadrierens erreicht man, dass große Abweichungen stärker und kleine Abweichungen weniger berücksichtigt werden. Die Summe der Quadrate wird durch N dividiert.

- σ^2, *ungewogen:*

$$\sigma^2 = \frac{\Sigma\,(x_i - \mu)^2}{N} \qquad i = 1, 2, ..., N$$

- σ^2, *gewogen:*

$$\sigma^2 = \frac{\Sigma\,(x_j - \mu)^2 \cdot N_j}{N} \qquad i = 1, 2, ..., r$$

Durch Umrechnung gelangt man zu folgender Formel; damit lässt sich die Varianz leichter berechnen:

$$\sigma^2 = \frac{1}{N}\,\Sigma\, N_j x_j^2 - \mu^2$$

Bei einer hohen Zahl von Messwerten empfiehlt sich eine Arbeitstabelle zur Berechnung der Varianz:

x_j	N_j	x_j^2	$N_jx_j^2$	$x_j - \mu$	$(x_j - \mu)^2$	$(x_j - \mu)^2 N_j$
3,00	1	9,00	9,00	– 1,65	2,72	2,72
3,15	2	9,92	19,84	– 1,50	2,25	4,50
3,45	1	11,90	11,90	– 1,20	1,44	1,44
3,75	1	14,06	14,06	– 0,90	0,81	0,81
4,05	2	16,40	32,80	– 0,60	0,36	0,72
4,20	2	17,64	35,28	– 0,45	0,20	0,40
4,35	1	18,92	18,92	– 0,30	0,09	0,09
4,50	3	20,25	60,75	– 0,15	0,02	0,06
4,65	3	21,62	64,87	0,00	0,00	0,00
4,80	2	23,04	46,08	0,15	0,02	0,04
4,95	1	24,50	24,50	0,3	0,09	0,09
5,10	4	26,01	104,04	0,45	0,20	0,80
5,25	2	27,56	55,12	0,60	0,36	0,72
5,40	1	29,16	29,16	0,75	0,56	0,56
5,55	1	30,80	30,80	0,90	0,81	0,81
5,85	1	34,22	34,22	1,20	1,44	1,44
6,00	1	36,00	36,00	1,,35	1,82	1,82
6,45	1	41,60	41,60	1,80	3,24	3,24
Σ	39		668,97			20,26

Beispiel:

$$\sigma^2 = \frac{\Sigma (x_j - \mu)^2 \cdot N_j}{N} = \frac{20{,}26}{30} = 0{,}68 \text{ (gerundet)}$$

bzw.

$$\sigma^2 = \frac{1}{N} \Sigma N_j x_j^2 - \mu^2 = \frac{668{,}97}{30} - 21{,}6225 = 0{,}68 \text{ (gerundet)}$$

f) Die *Standardabweichung* σ (kurz: „Streuung") ist die positive Wurzel aus der Varianz; sie ist das wichtigste Streuungsmaß:

$$\sigma = \sqrt{\sigma^2}$$

Beispiel:

$$\sigma = \sqrt{0{,}68} = 0{,}82$$

B. Berechnung von Maßzahlen der Stichprobe:

Die oben dargestellten Formeln zur Berechnung der Maßzahlen sind – bis auf die Berechnung der Varianz analog; zur Kennzeichnung von Stichprobenparametern wird $\overline{x}$ statt μ, n statt N, s^2 statt σ^2 und s statt σ verwendet; somit modifizieren sich die Formeln für den Mittelwert zu:

$$\overline{x} = \frac{\Sigma x_i}{n} \quad \text{bzw.} \quad \overline{x} = \frac{\Sigma x_j n_j}{n}$$

Bei der Berechnung der *Varianz einer Stichprobe* wird – genau genommen – keine mittlere quadratische Abweichung berechnet, sondern man verwendet die Formel

$$s^2 = \frac{\sum (x_i - \overline{x})^2}{n - 1}$$

Man dividiert also die Summe der Quadrate durch den um Eins verminderten Stichprobenumfang (= so genannte *empirische Varianz*). Für die Standardabweichung s gilt Entsprechendes. Es lässt sich mathematisch zeigen, dass diese Berechnungsweise notwendig ist, wenn von der Varianz der Stichprobe auf die Varianz der Grundgesamtheit geschlossen werden soll.

Hinweis für die Praxis:
Funktionsrechner und Statistik-Software verwenden häufig den Faktor $^1/_{n-1}$ anstatt $^1/_n$. Bitte beachten Sie dies bei der Berechnung von Varianzen, die <u>nicht</u> aus einer Stichprobe stammen.

02. Welche Prüfmethoden werden im Rahmen der Qualitätskontrolle eingesetzt?

Bei der Qualitätskontrolle bedient man sich vor allem der drei folgenden Methoden, die wiederum verschiedene Unterarten verzeichnen:

Prüfmethoden		
↓	↓	↓
Statistische Qualitätskontrolle	**Methoden der Betriebspraxis**	**Computergestützte Qualitätssicherung (CAQ)**

03. Wie erfolgt die statistische Qualitätskontrolle unter der Annahme der Normalverteilung?

Untersucht man eine große Anzahl von Einheiten eines gefertigten Produktes hinsichtlich der geforderten Qualitätseigenschaften (Stichprobe aus einem Los), so lässt sich mathematisch zeigen, dass die „schlechten Werte“ in einer bestimmten Verteilungsform vom Mittelwert (dem Sollwert) abweichen: Es entsteht bei hinreichend großer Anzahl von Prüfungen das Bild einer Gauss'schen Normalverteilung (so genannte symmetrische Glockenkurve):

Ausprägung der Qualitätseigenschaften bei großen Prüfzahlen (Gauss´sche Normalverteilung = „Glockenkurve“)

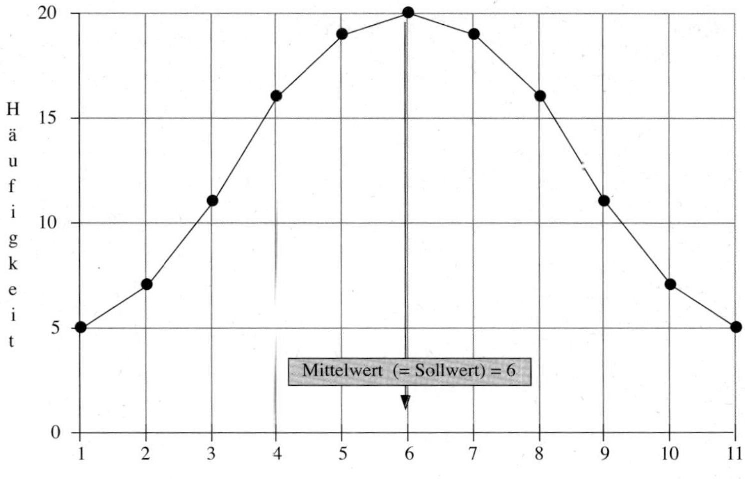

Es lässt sich nun mathematisch zeigen, dass – bei Vorliegen einer Normalverteilung der Qualitätseigenschaften –

- ungefähr **68,0 %** (68,26 %)
  aller Ausprägungen streuen im Bereich [Mittelwert +/- 1 · Standardabweichung]

- ungefähr **95,0 %** (95,44 %)
  aller Ausprägungen streuen im Bereich [Mittelwert +/- 2 · Standardabweichung]

- ungefähr **99,8 %** (99,73 %)
  aller Ausprägungen streuen im Bereich [Mittelwert +/- 3 · Standardabweichung]

Die nachfolgende Abbildung zeigt den dargestellten Zusammenhang:

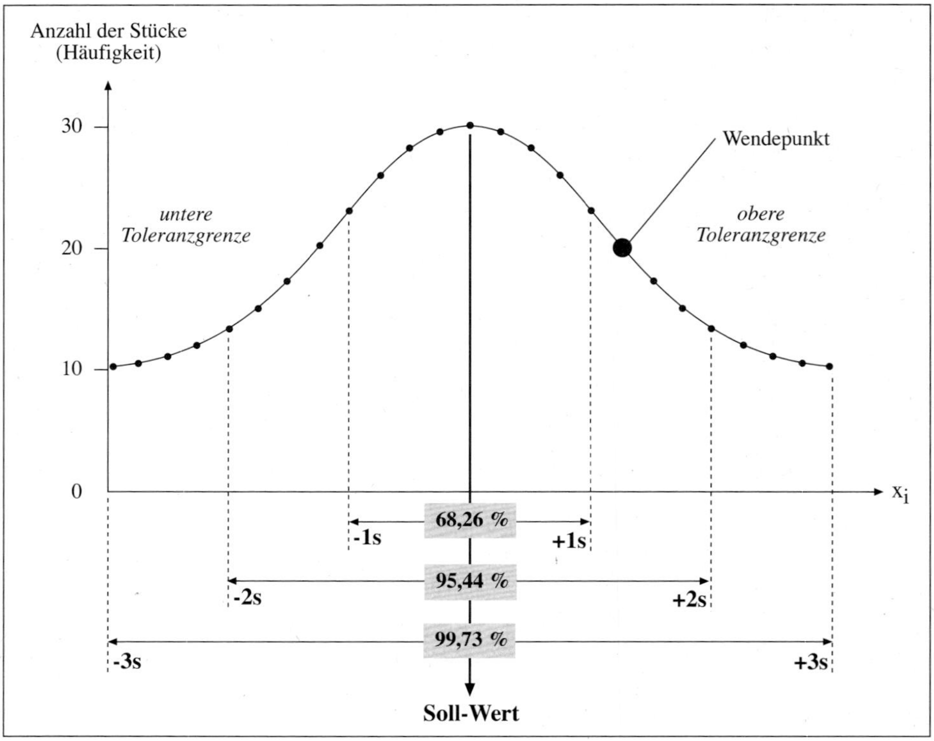

Diese Erkenntnis der Gauss'schen Normalverteilung (bei einer großen Anzahl von Untersuchungseinheiten) macht man sich bei der statistischen Qualitätskontrolle zu Nutze: Man „zieht" eine zufällig entnommene Stichprobe aus der produzierten Losgröße und schließt (vereinfacht gesagt) von der Zahl der „schlechten Stücke in der Stichprobe auf die Zahl der schlechten Stücke in der Grundgesamtheit" (gesamte Losgröße).

04. Welche (einfachen) Prüfmethoden werden außerdem in der Qualitätskontrolle eingesetzt?

Neben dem Verfahren der „Statistischen Qualitätskontrolle" gibt es in der Betriebspraxis noch einfache und doch sehr wirkungsvolle Prüfverfahren; drei dieser Methoden werden hier beispielhaft genauer behandelt:

(einfache) Prüfmethoden der Betriebspraxis

↓ ↓ ↓

Strichliste	**Kontrollkarte**	**Stichprobenpläne**

- Bei der *Strichliste*
  werden die Ergebnisse einer Prüfstichprobe auf einem Auswertungsblatt festgehalten: Dazu bildet man *Messwertklassen* und trägt pro Klasse ein, wie häufig ein bestimmter Messwert beobachtet wurde. Die Anzahl der Klassen sollte i.d.R. zwischen 5 und 20 liegen; die *Klassenbreite ist gleich groß* zu wählen.

  Beispiel:
  Angenommen, wir befinden uns in der Fertigung von Ritzeln für Kfz-Anlasser. Der Sollwert des Ritzeldurchmessers soll bei 250 mm liegen. Aus einer Losgröße von 1.000 Einheiten wird eine Stichprobe von 40 Einheiten gezogen, die folgendes Ergebnis zeigt:

Strichliste		Aufnahme am:	25.10.
Auftrag:	47 333	Losgröße:	1.000
Werkstück	Ritzel	Prüfmenge:	40
Messwertklassen [in mm]	Häufigkeit (absolut)		Häufigkeit in %
≤ 248,0	//	2	5,0
≤ 248,5	//	2	5,0
≤ 249,0	/////	5	12,5
≤ 249,5	///// //	7	17,5
≤ 250,0	///// ///// //	12	30,0
≤ 250,5	///// /	6	15,0
≤ 251,0	///	3	7,5
≤ 251,5	//	2	5,0
≤ 252,0	/	1	2,5
Σ		40	100,0

  Die Auswertung der Strichliste erfolgt dann wiederum mithilfe der „Statistischen Qualitätskontrolle“ (vgl. oben).

- *Stichprobenpläne*
  werden sehr häufig eingesetzt, wenn fremd beschaffte Teile geprüft werden. Der Stichprobenplan wird üblicherweise zwischen Käufer und Verkäufer *fest vereinbart. Dazu werden drei Größen eindeutig festgelegt:*

Festlegung von drei Kenngrößen im Stichprobenplan

Losgröße (N)	**Stichprobengröße (n)**	**Annahmezahl (C)**
bis 150	13	0
151 bis 1.200	50	1
1.201 bis 3.200	80	2
3.201 bis 10.000	125	3
usw.	usw.	usw.

Solange die Annahmezahl C ≤ dem angegebenen Grenzwert ist, wird die Lieferung angenommen. Man spricht davon, dass die Lieferung die *„annehmbare Qualitätslage* (*AQL* = acceptable quality level; = Fachbegriff) erfüllt. Zum Beispiel dürfen bei einer Lieferung von 2.000 Einheiten maximal zwei fehlerhafte Einheiten in der Stichprobe mit n = 80 sein.

- *Kontrollkarten* (auch: *Qualitätsregelkarten QRK bzw. kurz: Regelkarten; auch: „Statistische Prozessregelung“*)

werden in der industriellen Fertigung dafür benutzt, die Ergebnisse aufeinander folgender Prüfstichproben festzuhalten. Durch die Verwendung von Kontrollkarten *lassen sich Veränderungen des Qualitätsstandards im Zeitablauf beobachten*; z. B. kann frühzeitig erkannt werden, ob Toleranzen bestimmte Grenzwerte über- oder unterschreiten. Es gibt eine Vielzahl unterschiedlicher Qualitätsregelkarten (je nach Prüfmerkmal, Qualitätsanforderung und Messtechnik). Häufige Verwendung finden sog. zweispurige QRK, die gleichzeitig einen Lageparameter (Mittelwert oder Median) und einen Streuungsparameter (z. B. Standardabweichung oder Range) anzeigen (sog. $\overline{x}$/s-Regelkarte bzw. $\overline{x}$/R-Regelkarte).

Beispiel: Die nachfolgende Abbildung zeigt den Ausschnitt einer Kontrollkarte:

(1) Der *Fertigungsprozess ist sicher,* wenn die Prüfwerte innerhalb der oberen und unteren Warngrenze liegen.

(2) Werden die *Warngrenzen* überschritten, ist der Prozess „nicht mehr sicher“, *aber „fähig“*.

(3) Werden die *Eingriffgrenzen* erreicht, muss der Prozess wieder sicher gemacht werden (z .B. neues Werkzeug, Neujustierung, Fehlerquelle beheben).

(4) Erfolgt beim Erreichen der Eingriffsgrenzen *keine Korrekturmaßnahme*, so ist damit zu rechnen, dass es zur Produktion von „Nicht-in-Ordnung-Teilen“ (*NIO-Teile*) kommt.

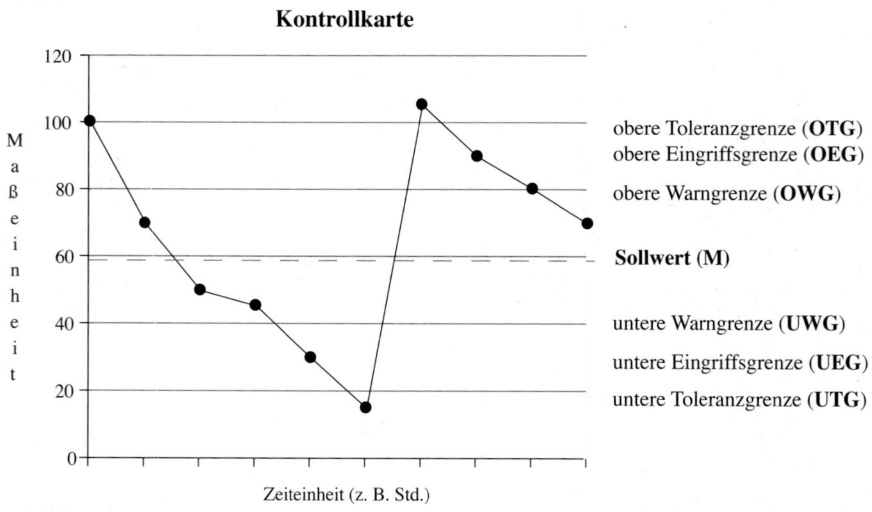

05. Wie sind Regelkarten zu interpretieren?

<table>
<tr><th>Prozessverlauf
- Grafische Darstellung -</th><th>Bezeichnung
- Erläuterung -</th><th>Bewertung
~› Maßnahmen</th></tr>
<tr><td>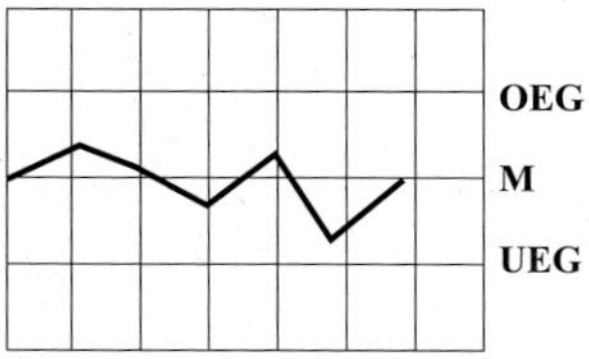</td><td>Natürlicher Verlauf
$^{2}/_{3}$ der Werte liegen im innerhalb des Bereichs ± s; OEG bzw. UEG werden nicht überschritten.</td><td>• Prozess: in Ordnung
~› Kein Eingriff erforderlich</td></tr>
<tr><td>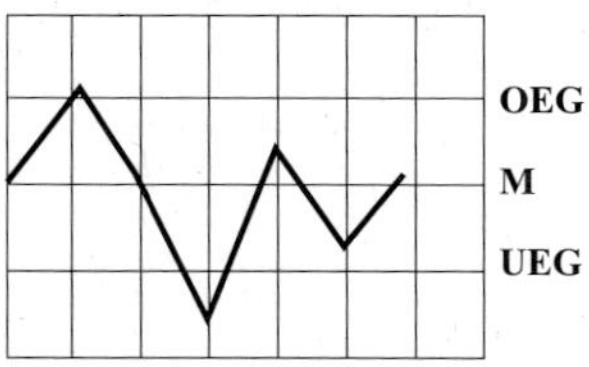</td><td>Überschreiten der Grenzen
Die obere und/oder untere Eingriffsgrenze ist überschritten.</td><td>• Prozess: nicht in Ordnung
~› Eingriff erforderlich; Ursachen ermitteln.</td></tr>
<tr><td>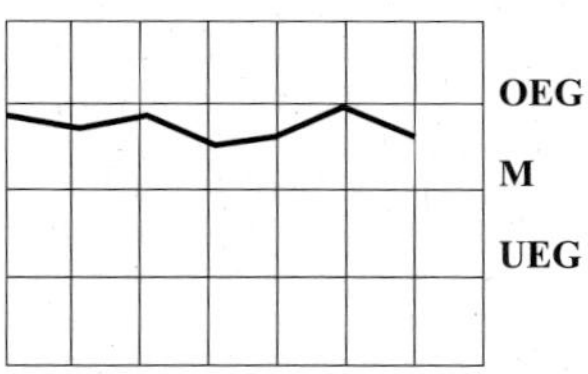</td><td>Run
Mehr als 6 Werte liegen in Folge über/unter M.</td><td>• Prozess: noch in Ordnung
~› Verschärfte Kontrolle; deutet auf systematischen Fehler hin, z. B. Werkzeugverschleiß.</td></tr>
<tr><td>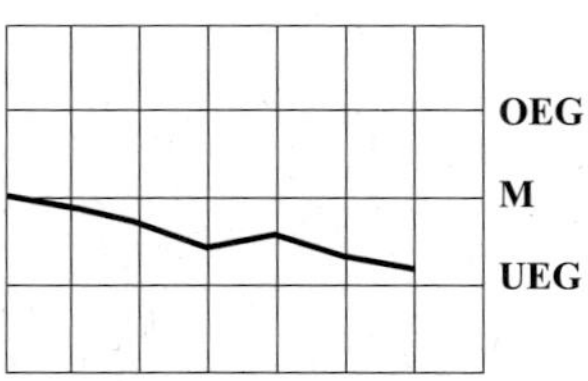</td><td>Trend
Mehr als sechs Werte in Folge zeigen eine fallende/steigende Tendenz.</td><td>• Prozess: nicht in Ordnung
~› Eingriff erforderlich; Ursachen ermitteln, z. B. Verschleiß: Werkzeuge/Vorrichtungen/Messgeräte.</td></tr>
<tr><td>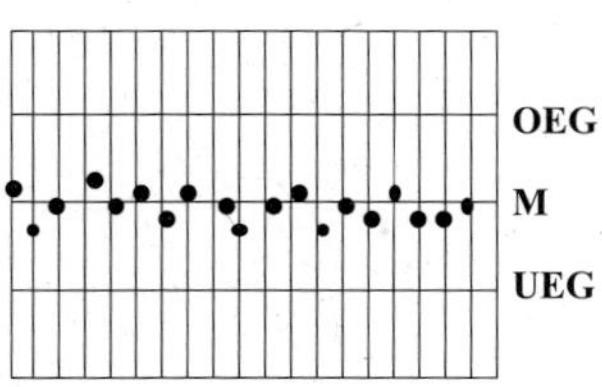</td><td>Middle Third
15 oder mehr Werte liegen in Folge innerhalb ± s (= im mittleren Drittel).</td><td>• Prozess: in Ordnung
~› Kein Eingriff erforderlich; aber: Ursachen für Prozessverbesserung ergründen bzw. Prüfergebnisse kontrollieren.</td></tr>
<tr><td></td><td>Perioden
Die Werte wechseln periodisch um den Wert M; es liegen mehr als $^{2}/_{3}$ der Werte außerhalb des miitleren Drittels zwischen OEG/UEG.</td><td>• Prozess: nicht in Ordnung
~› Eingriff erforderlich; es ist ein systematischer Fehler zu vermuten.</td></tr>
</table>

06. Wie wird der Fehleranteil im Prüflos und in der Grundgesamtheit berechnet?

Aus einem Losumfang (= Grundgesamtheit) von N wird eine hinreichend große Stichprobe mit dem Umfang n zufällig entnommen. Man erhält in der Stichprobe n_f fehlerhafte Stücke (= Überschreitung des zulässigen Toleranzbereichs):

- Der *Anteil der fehlerhaften Stücke* Δx_f *der Stichprobe* ist

$$\Delta x_f = \frac{n_f}{n} \qquad \text{oder in Prozent:} \quad = \frac{n_f}{n} \cdot 100$$

Beispiel: Es werden aus einem Losumfang von 4.000 Wellen 10 % überprüft. Die Messung ergibt 20 unbrauchbare Teile.

Es ergibt sich bei $n = 400$ und $n_f = 20$

$$\Delta x_f = \frac{n_f}{n} = \frac{20}{400} = 0{,}05 \quad \text{bzw. } 5\ \%$$

Bei hinreichend großem Stichprobenumfang und zufällig entnommenen Messwerten kann angenommen werden, dass der Anteil der fehlerhaften Stücke in der Grundgesamtheit N_f wahrscheinlich dem Anteil in der Stichprobe entspricht (Schluss von der Stichprobe auf die Grundgesamtheit); es wird also gleichgesetzt:

$$\frac{n_f}{n} \cdot 100 = \frac{N_f}{n} \cdot 100$$

Das heißt, es kann angenommen werden, dass die Zahl der fehlerhaften Wellen in der Grundgesamtheit 200 Stück beträgt (5 % von 4.000).

- Bezeichnet man die Anzahl der fehlerhaften Stücke als „NIO-Teile“ (= „Nicht-in-Ordnung-Teile“) so lässt sich in Worten folgender Schluss von der Stichprobe auf die Grundgesamtheit formulieren:

$$\frac{\text{NIO-Teile der Stichprobe}}{\text{Stichprobenumfang}} \longrightarrow \frac{\text{NIO-Teile der Grundgesamtheit}}{\text{Losumfang}}$$

5.4.3 Ermittlung verschiedener Fähigkeitskennwerte und ihre Bedeutung für Prozesse, Maschinen und Messgeräte

01. Was bezeichnet man als „Fähigkeit“ bzw. als „Beherrschung“ von Maschinen/Prozessen?

- Die *„Fähigkeit“* C einer Maschine/eines Prozesses ist ein Maß für die Güte – bezogen auf die Spezifikationsgrenzen. Eine Maschine/ein Prozess wird demnach als *„fähig“* bezeichnet, wenn die Einzelergebnisse *innerhalb der Spezifikationsgrenzen* liegen.

  → C = *Streuungskennwert*

- Eine Maschine/ein Prozess wird als „beherrscht“ bezeichnet, wenn die Ergebnismittelwerte in der Mittellage liegen.

  → C_k = *Lagekennwert*

In der Praxis wird sprachlich nicht immer zwischen Kennwerten der Streuung und der Beherrschung unterschieden; man verwendet meist generell den Ausdruck „Fähigkeitskennwert“ und unterscheidet durch den Index m bzw. p Maschinen- bzw. Prozessfähigkeiten sowie durch den Zusatz k die Kennzeichnung der Lage.

- Die Untersuchung der *Maschinenfähigkeit* C_m, C_{mk} ist eine Kurzzeituntersuchung.
- Die Untersuchung der *Prozessfähigkeit* C_p, C_{pk} ist eine Langzeituntersuchung.
- Beide Untersuchungen verwenden die gleichen Berechnungsformeln; es werden jedoch andere Formelzeichen verwendet; es gilt:

	Maschinenfähigkeit, MFU		**Prozessfähigkeit, PFU**	
Ziel	Erfassung des *kurzzeitigen* Streuverhaltens/des Bearbeitungsergebnisses einer Fertigungsmaschine *unter gleichen Randbedingungen*		Erfassung des *langfristigen* Streuverhaltens-/des Bearbeitungsergebnisses einer Fertigungsmaschine *unter realen Prozessbedingungen*	
Rahmenbedingungen	- betriebswarme Maschine - eine Rohteilcharge - keine oder minimierte Einflüsse - Abnahme i.d.R beim Maschinenhersteller		- reale Prozessbedingungen - reales Umfeld - Abnahme beim Maschinenhersteller gefordert und vor Ort verifiziert	
Vorgehensweise	- 50 Teile hintereinander gefertigt - Teile beschriften und sichern - Merkmale messen und auswerten - Fähigkeitindizes bestimmen		- über einen definierten Zeitraum ca. 25 Stichproben zu je 5 Teilen entnehmen - Teile beschriften und sichern - Merkmale messen - evt. Störeinflüsse in der Regelkarte eintragen - Fähigkeitindizes bestimmen	
Grenzwerte	**Streuung, C_m**	**Lage, C_{mk}**	**Streuung, C_p**	**Lage, C_{pk}**
	$C_m \geq 2{,}00$	**$C_{mk} \geq 1{,}66$**	**$C_p \geq 1{,}33$**	**$C_{pk} \geq 1{,}33$**
Hinweis: Einige Tabellenwerke enthalten zum Teil veraltete Grenzwerte!				

Anschauungsbeispiel
zur Unterscheidung des Streuungskennwertes C_m, C_p und des Lagekennwertes C_{mk}, C_{pk}:

Die Breite eines Garagentores sei stellvertretend für geforderte Toleranz: T = OTG – UTG. Die Breite des Pkws soll die Standardabweichung s darstellen; die gefahrene Spur des Pkws entspricht dem Mittelwert $\bar{x}$.

- *Beurteilung der Streuung/Fähigkeit des Prozesses:*
  Je kleiner s im Verhältnis zu T ist, desto größer wird der Fähigkeitskennwert C;
  Beispiel: „Bei C = 1 muss der Pkw sehr genau in die Garage gefahren werden, wenn keine Schrammen entstehen sollen."

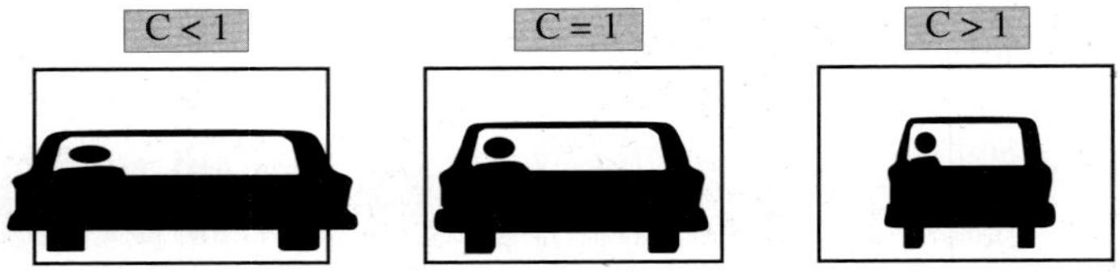

- *Beurteilung der Qualitätslage/Beherrschung des Prozesses:*
  Ist der Mittelwert $\bar{x}$ optimal („Spur des Pkws"), so ist $C = C_k$; bei einer Verschiebung des Mittelwertes (in Richtung OTG bzw. UTG) wird Ck kleiner, „man läuft also Gefahr, die linke oder rechte Seite des Garagentores zu berühren."

02. Welchen Voraussetzungen müssen für die Ermittlung von Fähigkeitskennwerten vorliegen?

Die Merkmalswerte müssen *normalverteilt* sein. Der Prozess muss demnach *frei von systematischen Fehlern* sein; Schwankungen in den Messergebnissen sind also *nur noch zufallsbedingt.*

Häufig hat man heute durch die stetig anwachsende Komplexität der Prozesse und Maschinen nicht unbedingt normalverteilte Prozesse. Um trotzdem die C-Kennzahlen berechnen zu können wird überwiegend eine Statistik-Software verwendet.

03. Wie werden Fähigkeitswerte ermittelt?

1. *Mittelwert* $\bar{x}$ und *Standardabweichung* s der Stichprobe werden berechnet (vgl. 5.4.2).

2. Der *Toleranzbereich* T (= OTG - UTG) wird ermittelt; er ist der Bauteilzeichnung zu entnehmen.

3. Der *Streuungskennwert* C_m bzw. C_p wird berechnet, indem der Toleranzwert T durch die 6-fache Standardabweichung (+/- 3s, also 6s) dividiert wird. Dies ergibt sich aus der Forderung, dass mit 99,73%-iger Wahrscheinlichkeit die Stichprobenteile innerhalb der geforderten Toleranzgrenzen liegen sollen.

$$C_m = \frac{T}{6s} = \frac{OTG - UTG}{6s} \quad \text{bzw.} \quad C_p = \frac{T}{6s}$$

4. Der *Lagekennwert* C_{mk} bzw. C_{pk} wird berechnet, indem Z_{krit} durch die 3-fache Standardabweichung s dividiert wird:

$$C_{mk} = \frac{Z_{krit}}{3s} \qquad C_{pk} = \frac{Z_{krit}}{3s}$$

Dabei ist Z_{krit} der kleinste Abstand zwischen dem Mittelwert und der oberen bzw. unteren Toleranzgrenze; d. h. es gilt:

$$Z_{krit} = \min(OTG - \bar{x};\ \bar{x} - UTG)!$$

also:

$$Z_{krit} = OTG - \bar{x} \quad \text{bzw.} \quad Z_{krit} = \bar{x} - UTG$$

04. Welche Grenzwerte gelten für Fähigkeitskennzahlen?

In der Industrie – insbesondere in der Automobilindustrie – gelten bei der Beurteilung der Fähigkeitskennzahlen folgende Grenzwerte:

Maschinenfähigkeit, MFU		**Prozessfähigkeit, PFU**	
Erfassung des *kurzzeitigen* Streuverhaltens/des Bearbeitungsergebnisses einer Fertigungsmaschine *unter gleichen Randbedingungen*		Erfassung des *langfristigen* Streuverhaltens-/des Bearbeitungsergebnisses einer Fertigungsmaschine *unter realen Prozessbedingungen*	
Streuung, C_m	**Lage, C_{mk}**	**Streuung, C_p**	**Lage, C_{pk}**
$C_m \geq 2{,}00$	**$C_{mk} \geq 1{,}66$**	**$C_p \geq 1{,}33$**	**$C_{pk} \geq 1{,}33$**
Hinweis: Einige Tabellenwerke enthalten zum Teil veraltete Grenzwerte!			

Beispiel 1: Die Stichprobe aus einem Los von Stahlteilen ergibt eine mittlere Zugfestigkeit von $\bar{x} = 400\ N/mm^2$ und eine Standardabweichung von $s = 14\ N/mm^2$. Es ist eine Toleranz von $160\ N/mm^2$ vorgegeben. Zu ermitteln ist, ob die eingesetzte Maschine „fähig" ist; dazu ist der Maschinenfähigkeitskennwert C_m zu berechnen:

$$C_m = \frac{T}{6s} = \frac{160\ N/mm^2}{6 \cdot 14\ N/mm^2} = 1{,}9048$$

Die Maschine ist nicht fähig, da $C_m < 2{,}00$[1].

[1] Hinweis: Es werden die aktuell gültigen Grenzwerte der Automobilindustrie verwendet. Achtung: Einige Tabellenwerke enthalten zum Teil veraltete Grenzwerte.

Beispiel 2: Für ein Fertigungsmaß gilt: $100 \pm 0{,}1 \quad \Rightarrow \quad T = 0{,}2$

Aus der Stichprobe ist bekannt: $s = 0{,}015$

$\bar{x} = 99{,}92$

Zu ermitteln sind C_m, C_{mk}:

$$C_m = \frac{T}{6s} = \frac{0{,}2}{0{,}09} = 2{,}22$$

Da $C_m \geq 2{,}0$ gilt: Die Maschine ist fähig; die Streuung liegt innerhalb der Toleranzgrenzen.

$$C_{mk} = \frac{Z_{krit}}{3s} = \frac{0{,}02}{0{,}045} = 0{,}44$$

$$\text{OTG} - \bar{x} = 100{,}1 - 99{,}92 = 0{,}18$$
$$\bar{x} - \text{UTG} = 99{,}92 - 99{,}9 = 0{,}02$$
$$Z_{krit} = \min(\text{OTG} - \bar{x};\ \bar{x} - \text{UTG})$$
$$\Rightarrow Z_{krit} = 0{,}02$$

Da $C_{mk} < 1{,}66$ gilt: Die Maschine ist nicht beherrscht; die Qualitätslage ist zu weit vom Mittelwert versetzt; die Einstellung der Maschine muss korrigiert werden.

05. Wie wird eine Annahme-Stichprobenprüfung durchgeführt?

Stichprobenpläne werden sehr häufig eingesetzt, wenn fremd beschaffte Teile geprüft werden. Der Stichprobenplan wird üblicherweise zwischen Käufer und Verkäufer *fest vereinbart. Dazu werden drei Größen eindeutig festgelegt:*

Festlegung von drei Kenngrößen im Stichprobenplan

Losgröße (N)	Stichprobengröße (n)	Annahmezahl (c)
bis 150	13	0
151 bis 1.200	50	1
1.201 bis 3.200	80	2
3.201 bis 10.000	125	3
usw.	usw.	usw.

Solange die Annahmezahl $c \leq$ dem angegebenen Grenzwert ist, wird die Lieferung angenommen. Man spricht davon, dass die Lieferung die *„Annehmbare Qualitätslage"* (AQL = Acceptable Quality Level) erfüllt. Zum Beispiel dürfen bei einer Lieferung von 2.000 Einheiten maximal zwei fehlerhafte Einheiten in der Stichprobe mit n = 80 sein (vgl. Tabelle oben).

In der Praxis werden so genannte *Leittabellen* verwendet, die entsprechende Stichprobenanweisungen enthalten; die relevanten Parameter sind: Losgröße N, Prüfschärfe (normal/verschärft), Annahmezahl c, Rückweisezahl d, AQL-Wert (z. B. 0,40).

Beispiel 1: Das Unternehmen erhält regelmäßig Bauteile in Lösgrößen von N = 250. Mit dem Lieferanten wurde eine Annahme-Stichprobenprüfung als Einfach-Stichprobe bei Prüfniveau II und einem AQL-Wert von 0,40 vereinbart (vgl. DIN ISO 2859-1).

1. *Ermittlung des Kennbuchstabens für den Stichprobenumfang;* nachfolgend ist ein Ausschnitt aus Tabelle I dargestellt:

Losumfang N			Besondere Prüfniveaus				Allgemeine Prüfniveaus		
			S-1	S-2	S-3	S-4	I	II	III
...	...	...							
51	bis	90	B	B	C	C	C	E	F
91	bis	150	B	B	C	D	D	F	G
151	bis	280	B	C	D	E	E	**G**	H
281	bis	500	B	C	D	E	F	H	J
501	bis	1200	C	C	E	F	G	J	K
...	...	...							

DIN ISO 2859-1

Für einen Losumfang von N = 250 und einem allgemeinen Prüfniveau II wird der Kennbuchstabe G ermittelt.

2. *Ermittlung des Stichprobenumfangs n und der Annahmezahl c* bei AQL 0,40 aus Tabelle II-A (Einfach-Stichproben für normale Prüfung; vgl. unten, Ausschnitt aus der Leittabelle):

Tabelle II-A Einfachstichprobenanweisung für normale Prüfung

Kenn-buch-stabe	n	Annehmbare Qualitätsgrenzlage (normale Prüfung) AQL									
...	...	...	0,10	0,15	0,25	0,40	0,65	1,00	1,50	2,50	...
...	...	...	*c d*	*c d*	*c d*	*c d*	*c d*	*c d*	*c d*	*c d*	...
...	...	...	...	...	...	...	...	...	...	...	...
D	8	...						↓	0 1	↑	...
E	13	...					↓	0 1	↑	↓	...
F	20	...				↓	0 1	↑	↓	1 2	...
G	32	...			↓	**0 1**	↑	↓	1 2	2 3	...
H	50	...		↓	0 1	↑	↓	1 2	2 3	3 4	...
J	80	...	↓	0 1	↑	↓	1 2	2 3	3 4	5 6	...
...	...	...	...	...	...	...	...	...	...	...	...

DIN ISO 2859-1

Ergebnis:
Bei G/Tabelle II-A ist n = 32, c = 0 und d = 1.

Das ergibt die Prüfanweisung:
Bei regelmäßigen Losgrößen von N = 250, Prüfniveau II und normaler Prüfung darf die Stichprobe vom Umfang n = 32 keine fehlerhaften Teile enthalten; ist c ≥ 1, wird die Lieferung zurück gewiesen.

Beispiel 2: Es wird für den o. g. Sachverhalt unterstellt, dass die achte und neunte Lieferung zurückgewiesen werden muss, da c ≥ 1. Die zehnte Lieferung ist verschärft zu prüfen. Wie verändert sich unter diesen Bedingungen die Prüfanweisung?

Es wird Tabelle II-B herangezogen (verschärfte Prüfung):

Tabelle II-B Einfachstichprobenanweisung für verschärfte Prüfung

Kennbuchstabe	n	Annehmbare Qualitätsgrenzlage (normale Prüfung) AQL									
...	...	...	0,10	0,15	0,25	0,40	0,65	1,00	1,50	2,50	...
...	...	...	*c d*	*c d*	*c d*	*c d*	*c d*	*c d*	*c d*	*c d*	...
...	...	...	...	...	...	...	...	...	...	...	...
D	8	...							↓	0 1	...
E	13	...						↓	0 1		...
F	20	...					↓	0 1		↓	...
G	32	...				↓	0 1		↓	1 2	...
H	50	...			↓	**0 1**		↓	1 2	2 3	...
J	80	...		↓	0 1		↓	1 2	2 3	3 4	...
...	...	...	↓ ...	...	...	↓ ...	...	...	...	...	...

DIN ISO 2859-1

Ergebnis:
Der Stichprobenumfang muss von n = 32 auf n = 50 erhöht werden; die Tabelle II-B zeigt: c = 0 und d ≥ 1, d. h. die Stichprobe bei verschärfter Prüfung vom Umfang n = 50 darf keine fehlerhaften Teile enthalten.

Klausurtypischer Teil

Klausurtypischer Teil

Die neue Rechtsverordnung „Geprüfter Industriemeister/Geprüfte Industriemeisterin“ vom 12. Dezember 1997 (geändert durch Verordnung vom 29. Juli 2002) sieht für die schriftliche Prüfung *im Prüfungsteil „Fachrichtungsübergreifende Basisqualifikationen“* je eine Aufsichtsarbeit (Klausur) in folgenden Fächern vor:

1. **Rechtsbewusstes Handeln**

2. **Betriebswirtschaftliches Handeln**

3. **Anwendung von Methoden der Information, Kommunikation und Planung**

4. **Zusammenarbeit im Betrieb**

5. **Berücksichtigung naturwissenschaftlicher und technischer Gesetzmäßigkeiten**

Ab Seite 869 finden Sie eine Musterprüfung für jedes Fach (mit Lösungen ab Seite 887).

1. Prüfungsfach: Rechtsbewusstes Handeln

1.1 Arbeitsrechtliche Vorschriften und Bestimmungen bei der Gestaltung individueller Arbeitsverhältnisse und bei Fehlverhalten von Mitarbeitern

01. Rechtsgrundlagen des Arbeitsvertrages

Nennen Sie sechs Rechtsgrundlagen, die bei der Gestaltung von Arbeitsverträgen zu berücksichtigen sind.

02. Arten des Arbeitsvertrages

Unterscheiden Sie die Arten des Arbeitsvertrages hinsichtlich der Dauer und der Tarifbindung und geben Sie jeweils zwei Beispiele.

03. Arbeitsvertrag und Formvorschriften

a) Ist die Wirksamkeit eines Arbeitsvertrages an eine bestimmte Form gebunden?

b) Nennen Sie die generelle Regelung und vier Ausnahmen.

c) Welche Tatbestände muss ein Arbeitsvertrag inhaltlich festlegen?

04. Anfechtung des Arbeitsvertrages, Elternzeit, Mutterschutz

a) Die Schwangere Luise Herrlich verschweigt auf Befragen des Arbeitgebers ihre Schwangerschaft im Rahmen des Einstellungsgesprächs. Man schließt einen Arbeitsvertrag. Als der Arbeitgeber nach einem Monat von der Schwangerschaft erfährt, ficht er den Arbeitsvertrag an und beruft sich auf § 123 BGB. Zu Recht?

b) Heinrich muss vier Wochen nach Arbeitsantritt eine längere Haftstrafe antreten, von der er bei der Einstellung wusste, aber nicht danach gefragt wurde. Was kann die Firma tun?

c) Sein Kollege Huber, der zum gleichen Zeitpunkt begonnen hat, beantragt Elternzeit wegen der Geburt seines Kindes. Kann die Firma kündigen?

05. Mängel des Arbeitsvertrages

Mit welchen rechtlichen Mängeln kann ein vereinbarter Arbeitsvertrag ggf. behaftet sein? Geben Sie drei Beispiele.

06. Abmahnung

a) Die Mitarbeiterin Frau Ortrud Spät, Abt. PLM, Personalnummer 34008 hat eine Regelarbeitszeit von 08:00 – 16:30 Uhr täglich. Im Oktober diesen Jahres kam sie an mehreren Tagen zu spät und wurde deshalb von ihrem Vorgesetzten, Herrn Huber, am 03.11. mündlich ermahnt. Trotzdem kommt Frau Ortrud Spät auch im November unpünktlich zur Arbeit. Die elektronische Zeiterfassung weist folgende Zeiten des Arbeitsbeginns aus:

08:07 Uhr	am 02.11.	08:18 Uhr	am 09.11.	08:22 Uhr	am 11.11.
08:13 Uhr	am 13.11.	08:09 Uhr	am 16.11.		

Herr Huber führt am 17.11. erneut ein Gespräch mit Ortrud Spät. Sie erklärt, dass sie an den genannten Tagen leider verschlafen hätte. Huber teilt ihr mit, dass das Folgen haben werde und bittet Sie eine Abmahnung zu verfassen. Außerdem möchte er bei dieser Gelegenheit „gleich einmal wissen, was denn eine rechtlich einwandfreie Abmahnung enthalten müsse“.

b) Welche Möglichkeiten hat ein Arbeitnehmer, gegen eine ungerechtfertigte Abmahnung vorzugehen?

07. Arbeitsordnung, Arbeitsunfähigkeitsbescheinigung (AU-Bescheinigung)

a) Nennen Sie sechs typische Inhalte einer Arbeitsordnung.

b) Die Geschäftsleitung ist verärgert, da ihr der Krankenstand zu hoch erscheint. In einem Rundschreiben teilt sie mit, dass ab sofort jeder Mitarbeiter seine AU-Bescheinigung bereits am ersten Tage der Erkrankung nachzuweisen habe. Zu Recht?

08. Direktionsrecht (Weisungsrecht)

Nennen Sie sechs Sachverhalte, die der Arbeitgeber aufgrund seines Direktionsrechts inhaltlich näher bestimmen kann.

09. Urlaub

a) A hat mit seinem Arbeitgeber im Arbeitsvertrag einen Jahresurlaub von 21 Werktagen vereinbart, der Tarifvertrag sieht 25 Werktage vor, während in der Betriebsvereinbarung 28 Werktage geregelt sind. Welchen Urlaubsanspruch hat A?

b) S. wird zur Bundeswehr einberufen. Aus dringenden betrieblichen Erfordernissen kann er seinen anteiligen, restlichen Jahresurlaub nicht mehr nehmen. Was ist zu tun?

c) Martin und Kemmer (beide sind Montagehilfsarbeiter und ledig) wollen gleichzeitig in der 1. und 2. Juni-Woche nach Lanzarote fliegen. Der Meister ordnet an, dass nur einer der beiden in Urlaub gehen kann und begründet dies mit der schwachen Personaldecke im Sommer. Zu Recht? (Ein Betriebsrat existiert nicht.)

d) Wie ist die Frage c) zu beantworten, wenn die Firma einen Betriebsrat hat?

e) Nachdem der Streit beigelegt ist, bucht Kemmer seinen Urlaub nach Lanzarote (1. und 2. Juni-Woche) und Martin leistet eine Anzahlung für eine Segeltour auf der Mecklenburgischen

Seenplatte Ende Juni. Im Mai erfasst eine schwere Grippe-Welle die Firma und führt in der Montage zu einer hohen Anzahl von Erkrankungen. Der Sonderauftrag des Großkunden Horezky ist gefährdet. Der Meister teilt daher Martin und Kemmer mit, dass sie ihren Urlaub verlegen müssen – voraussichtlich auf Ende Juli. Wie ist die Rechtslage?

f) N. kündigt sein seit mehreren Jahren bestehendes Arbeitsverhältnis zum 31.05. des Jahres. Der Arbeitsvertrag enthält keine Angaben zur Höhe des Urlaubs. Ermitteln Sie den Urlaubsanspruch und nennen Sie die Rechtsgrundlage. Wie ist die Frage zu beantworten, wenn N. zum 31.08. ausscheidet?

g) Unterscheiden Sie das Urlaubsgeld vom Urlaubsentgelt.

10. Entgeltfortzahlung

a) Luise Herbst ist bei der Stahl GmbH mit 10 Stunden pro Woche bei einem Stundenlohn von 7,00 EUR beschäftigt. Im letzten Monat war sie an zwei Arbeitstagen arbeitsunfähig erkrankt. Die Bescheinigung des behandelnden Arztes liegt dem Arbeitgeber vor. Luise Herbst verlangt Fortzahlung des Entgelts für die Zeit der Arbeitsunfähigkeit.

Die Stahl GmbH lehnt ihre Forderung ab mit dem Hinweis, dass für geringfügig Beschäftigte keine Entgeltfortzahlung zu leisten sei. Beurteilen Sie die Rechtslage.

b) Ihr Kollege Hans B. Kerner ist Montagehilfsarbeiter und erkrankt im April für drei Wochen an einer Magen-Darm-Grippe mit üblen Begleiterscheinungen. In der zweiten Mai-Woche kommt er wieder zur Arbeit – noch etwas wackelig auf den Beinen. Leider hat er seine AU-Bescheinigung für die erste Mai-Woche „verschlampt" – wie er sich ausdrückt. Erst im Juni findet Hans B. Kerner die zerknitterte AU-Bescheinigung zu Hause im Rahmen einer groß angelegten Aufräumaktion und reicht sie beim Arbeitgeber nach.

Hat Hans B. Kerner für die erste Mai-Woche Anspruch auf Fortzahlung des Entgelts?

c) Wie ist der Fall in Frage b) zu beantworten, wenn die Wohnung von Hans B. Kerner infolge einer defekten Elektroinstallation des Vermieters ausbrennt und dabei die AU-Bescheinigung verloren geht?

d) Am 27.06. überfällt Hans B. Kerner während der Arbeitszeit eine plötzliche Übelkeit. Er meldet sich beim Meister ab und ist für zwei Stunden bei seiner Hausärztin Frau Dr. Grausam. Hat er Anspruch auf Fortzahlung des Entgelts?

e) Die Studentin Martina Hellwig ist im Juli für sechs Wochen als Aushilfe in der Packerei angestellt. Nach fünf Tagen ihrer Arbeitstätigkeit verstaucht sie sich den Hüftknochen aufgrund eines übermäßig langen Disco-Besuchs und verlangt Entgeltfortzahlung. Zu Recht?

11. Beendigung des Arbeitsverhältnisses

a) Nennen Sie fünf Gründe, aus denen das Arbeitsverhältnis endet.

b) Nennen Sie fünf Pflichten des Arbeitgebers bei der Beendigung von Arbeitsverhältnissen.

12. Aufhebungsvertrag

a) Entwerfen Sie ein Muster für einen Aufhebungsvertrag.

b) Nennen Sie zwei Vorteile eines Aufhebungsvertrages aus der Sicht des Arbeitgebers.

13. Kündigungsschutz, soziale Auswahl

a) Die Firma kündigt dem langjährig beschäftigten Schwerbehinderten Karl Kaufmann am 08.02. zum 31.02. aus betrieblichen Gründen. Ist die Kündigung wirksam?

b) Was können „wichtige Gründe" für eine fristlose (außerordentliche) Kündigung durch den Arbeitgeber sein? Nennen Sie vier Beispiele.

c) Welche Kündigungsarten kennen Sie?

d) Geben Sie einen Überblick über die Kündigungsfristen bei ordentlicher Kündigung.

e) Ein Lagerhilfsarbeiter wird am 2. Februar d.J. eingestellt. Am 24. Juli wird ihm zum 8. August gekündigt. Der Arbeiter pocht auf das Kündigungsschutzgesetz. Mit Recht?

f) Stellen Sie den Ablauf dar, der bei einer ordentlichen Kündigung zur Beendigung eines Arbeitsverhältnisses führen kann.

g) Der Metall GmbH in Wegberg, die Rasenmäher für den einfachen und gehobenen Bedarf fertigt, geht es wirtschaftlich schlecht: Aufgrund der Ansiedlung eines Wettbewerbers aus Thüringen hat der Absatz des Typs „Elegance" hohe Einbußen hinnehmen müssen. Die Geschäftsleitung hat mit dem Betriebsrat verhandelt und erreicht, dass ein betriebsbedingter Personalabbau in der Fertigung um drei Mitarbeiter realisiert werden kann. Eine Weiterbeschäftigung an anderer Stelle im Betrieb ist nicht möglich. Der Betriebsleiter übergibt Ihnen folgende Personalliste und bittet Sie, die drei infrage kommenden Mitarbeiter zu notieren und dabei gleich die entsprechende Kündigungsfrist zu vermerken (die Standardverträge der Metall GmbH sehen eine einheitliche Kündigungsfrist von vier Wochen zum 15. oder zum Ende des Monats vor):

Mitarbeiter/in	Alter (Jahre)	Betriebszugehörigkeit (Jahre)	Qualifikation	Vermerke
Louise Mertens	19	1	Facharbeiterin	ledig
Rainer Gropp	45	8	Facharbeiter	schwerbehindert
Gerd Grausam	26	4	Facharbeiter	verheiratet, 3 Kinder
Martina Herrlich	28	1	angelernt	schwanger
Georg Huber	39	5	Facharbeiter	verheiratet, 1 Kind
Jens Kern	35	4	Einrichter für NC-Technik	verheiratet
Hans B. Kerner	42	2	Facharbeiter	verheiratet
Arabella Kieser	24	1	angelernt	Elternzeit beantragt

14. Kündigung von Langzeitkranken

Die in Ihrem Betrieb seit vier Jahren tätige, ältere Frau Z. ist langzeitkrank. Welche Fragen haben Sie zu prüfen, wenn Sie eine Kündigung in Betracht ziehen? Nennen Sie die Tatbestände nach Maßgabe der geltenden BAG-Rechtsprechung.

15. Rechte und Pflichten des Arbeitgebers und des Arbeitnehmers, JArbSchG

a) Nach Abschluss der Lehre bei der RIRA AG erhält Bodo Stichling einen unbefristeten Arbeitsvertrag ohne Probezeit. Letzte Woche flatterte ihm ein Einberufungsbescheid der Bundeswehr zum 01.10. auf den Tisch. Er fragt Sie, was aus seinem Arbeitsverhältnis wird? Sein Kollege Hubertus Stolz – er hat in der Arbeitsvorbereitung nur einen 3-Monats-Vertrag bekommen – muss ebenfalls zum Bund. Rechtslage?

b) Mit der 17-jährigen Bärbel Lempe wurden folgende Arbeitszeiten vereinbart:

Mo–Fr 09:00 -18:00 Uhr (Pausen: 20 Min. + 30 Min.)
Samstag frei

Werden die gesetzlichen Bestimmungen eingehalten?

16. Verdachtskündigung

Neben der Kündigung wegen eines erwiesenen Tatbestandes gibt es die Kündigung aufgrund von Verdachtsmomenten.

a) Was versteht man unter einer Verdachtskündigung? Geben Sie eine Erläuterung.

b) Nennen Sie fünf Tatbestände, die bei einer Verdachtskündigung vorliegen müssen.

c) Nennen Sie die möglichen Rechtsfolgen, die sich aus einem Freispruch des Beschuldigten im betreffenden Strafverfahren ergeben.

17. Kündigungsschutzklage

Herr Martin ist Mitarbeiter der Arbeitsvorbereitung. Wegen wiederholter nachweisbarer Verspätungen erhält er am 20.06. eine Abmahnung. Trotzdem kommt es in der Folgezeit erneut zu Verspätungen. Herr Martin erhält am 26.07. eine zweite Abmahnung von der Personalabteilung. Nachdem er am 27.07. erneut zu spät kommt, „platzt dem zuständigen Vorgesetzten der Kragen“. Auf sein Verlagen hin wird von der Personalabteilung die Abmahnung zurückgenommen und das Kündigungsverfahren mit Anhörung des Betriebsrates eingeleitet. Der Betriebsrat äußert sich innerhalb der Wochenfrist nicht. Als Herr Martin daraufhin die fristgerechte Kündigung erhält, reicht er Klage ein.

Hat die Klage Aussicht auf Erfolg? Begründen Sie Ihre Antwort.

18. Kündigungszugang

Die Kündigung ist eine einseitige empfangsbedürftige Willenserklärung. Wirksamkeitsvoraussetzung ist u.a., dass die Kündigung zugegangen ist.

Nennen Sie fünf Möglichkeiten, die der Arbeitgeber hat, um die Kündigung zuzustellen und beschreiben Sie die jeweils damit verbundenen Vor- und Nachteile.

19. Fristlose Kündigung eines Ausbildungsverhältnisses

Der Auszubildende B. Kerner lässt nach Ablauf der Probezeit ganz erheblich in seinen Leistungen nach – sowohl in der Berufsschule als auch im Betrieb. Weiterhin sind häufige Verspätungen an der Tagesordnung. Da mündliche Ermahnungen nicht helfen, spricht der Ausbildende eine Abmahnung aus. Kerner zeigt sich jedoch in seinem Verhalten unbeeindruckt von diesen Maßnahmen. Zwei Wochen nach Erteilung der Abmahnung kündigt der Betrieb das Ausbildungsverhältnis fristlos.

a) Erläutern Sie die Grundsätze, die bei einer außerordentlichen Kündigung von Ausbildungsverhältnissen zu berücksichtigen sind und nehmen Sie zum vorliegenden Fall Stellung.

b) Was kann Kerner gegen die fristlose Kündigung unternehmen?

20. Ausbildungsverhältnisse

In der kommenden Woche haben Sie wieder eine Unterweisung der Ausbildungsbeauftragten Ihres Betriebes.

a) Bereiten Sie eine Präsentation vor, in der Sie die unterschiedlichen Möglichkeiten der Beendigung von Ausbildungsverhältnissen erläutern.

b) Erklären Sie den Ausbildungsbeauftragten die Rechtssituation in dem folgenden Fall:

Der Auszubildende Herb legt am 10.06. d. J. seine Prüfung zum Mechatroniker mit Erfolg ab. Im Ausbildungsvertrag ist als Ende der Ausbildung der 30.06. d. J. genannt. In den zurückliegenden Wochen hat Herb im Betrieb bereits bewiesen, dass er die Arbeiten eines Facharbeiters beherrscht. Herb unterrichtet noch am 10.06. den Betrieb davon, dass er „bestanden" hat. In den folgenden Wochen arbeitet er wie bisher weiter im Betrieb. Zur Freude seines Meisters leistet er fachkundige Arbeit. Ärger taucht erst auf, als Herb Ende des Monats auf seine Gehaltsabrechnung schaut und feststellen muss, dass ihm für den gesamten Monat Juni „nur" seine Ausbildungsvergütung gezahlt wurde. Herb ist verärgert und droht mit Klage.

Kann er den Lohn eines Facharbeiters verlangen? Ab welchem Zeitpunkt?

c) Was ändert sich für die Ausbildungsbetriebe durch das neue Berufsbildungsgesetz?

d) Welchen Inhalt hat das Berufsbildungssicherungsgesetz bzw. der „Pakt für Ausbildung"?

21. Tarifgebundenheit

Die X-GmbH ist Mitglied des entsprechenden Arbeitgeberverbandes. Der Mitarbeiter Huber ist nicht Mitglied der entsprechenden Gewerkschaft. Sein Arbeitsvertrag enthält keine Klausel, nach der er Ansprüche auf tarifliche Leistungen einfordern kann. Trotzdem begehrt er von der X-GmbH tarifliche Leistungen und beruft sich dabei auf den Grundsatz der arbeitsrechtlichen Gleichbehandlung.

Nehmen Sie zum Sachverhalt der Tarifgebundenheit bei Inhaltsnormen ausführlich Stellung.

22. Verrechnung tariflicher Leistungen

Frau Luise Bracker schließt mit ihrem neuen Arbeitgeber einen Arbeitsvertrag, in dem u. a. 30 Tage Urlaub und ein Bruttogehalt von 2.000 EUR monatlich vereinbart werden. Der betreffende Tarifvertrag, an den beide Parteien gebunden sind, legt 26 Tage Urlaub fest sowie ein Tarifgehalt von 2.400 EUR. Die Öffnungsklausel im Tarifvertrag lässt ausdrücklich zu, dass andere Vereinbarungen getroffen werden können, wenn sie für den Arbeitnehmer günstiger sind. Frau Bracker stimmt der vertraglichen Regelung ausdrücklich zu, da ihr „ein Mehr an Urlaubstagen" wichtiger ist als das Gehalt.

Nach sieben Monaten Tätigkeit bei ihrem neuen Arbeitgeber erfährt Luise Bracker von ihrem neuen Freund, einem Gewerkschaftssekretär, dass „ihr Verzicht auf Gehalt zu Gunsten von Urlaub wohl nichtig sei". Frau Bracker fordert daher von ihrer Firma für die Zukunft ein Gehalt in Höhe von 2.400 EUR sowie die entsprechende Nachzahlung für den zurückliegenden Zeitraum. Die Firma weigert sich und verweist auf die einzelvertragliche Vereinbarung.

Nehmen Sie Stellung zum Sachverhalt.

23. Arbeitskampfrecht

Das Arbeitskampfrecht ist in seinen wesentlichen Grundzügen durch die Rechtsprechung des BAG ausgestaltet worden.

a) Nennen Sie vier Grundsätze, die bei einem rechtmäßigen Arbeitskampf lt. BAG-Rechtsprechung von den Parteien zu berücksichtigen sind.

b) Skizzieren Sie den Ablauf eines Arbeitskampfes vom Scheitern der Tarifverhandlungen bis hin zum Abschluss eines neuen Tarifvertrages.

24. Betriebsvereinbarung (1)

Erläutern Sie die Bedeutung der Betriebsvereinbarung. Gehen Sie dabei ausführlich auf folgende Aspekte ein:

- Begriff,
- Inhalt,
- Wirkung,
- erzwingbare und freiwillige Betriebsvereinbarung,
- Abgrenzung zum Tarifvertrag,
- Ende und Nachwirkung.

25. Betriebsvereinbarung (2)

Nennen Sie sechs Regelungstatbestände/Inhalte, die typischerweise in Betriebsvereinbarungen abgeschlossen werden.

1.2 Vorschriften des Betriebsverfassungsgesetzes

01. Bedeutung des Betriebsverfassungsgesetzes

Charakterisieren Sie in Stichworten Wesen und Bedeutung des Betriebsverfassungsgesetzes.

02. Gebot der vertrauensvollen Zusammenarbeit

Erläutern Sie das Gebot der vertrauensvollen Zusammenarbeit. Nennen Sie sechs weitere Grundsätze für die Zusammenarbeit im Betrieb.

03. Betriebsverfassungsrechtliche Organe

Geben Sie einen Überblick über die Organe der Arbeitnehmervertretung nach dem Betriebsverfassungsgesetz.

04. Wahl des Betriebsrates

Sie sind 36 Jahr, seit acht Monaten bei der Metall GmbH (360 Mitarbeiter) und haben sich gut eingearbeitet. Dazu beigetragen hat auch die kooperative Zusammenarbeit mit dem Betriebsrat. Sie planen, sich als Kandidat für die nächste Betriebsratswahl aufstellen zu lassen. Beantworten Sie folgende Fragen:

a) Zu welchem Zeitpunkt finden Betriebsratswahlen statt?

b) Sind Sie wählbar?

c) Wie hoch ist die Anzahl der Betriebsratsmitglieder bei der Metall GmbH?

05. Einigungsstelle

Erläutern Sie Funktion und Arbeitsweise der Einigungsstelle.

06. Wirtschaftsausschuss

Erläutern Sie Aufgaben und Funktion des Wirtschaftsausschusses.

07. Beteilungsrechte des Betriebsrates (Übersicht)

Erläutern Sie die Beteiligungsrechte des Betriebsrates. Unterscheiden Sie dabei personelle, soziale, wirtschaftliche und arbeitsorganisatorische Angelegenheiten und differenzieren Sie zwischen Mitwirkung und Mitbestimmung.

08. Beteiligungsrechte (Einzelfragen)

Sie sind inzwischen Betriebsratsmitglied bei der Metall GmbH und bereiten sich auf die nächste Besprechung mit der Geschäftsleitung vor. Es geht um verschiedene Regelungstatbestände, die demnächst im Unternehmen zu Veränderungen führen werden. Beantworten Sie für die nachfolgenden Sachverhalte, welches Beteiligungsrecht der Betriebsrat hat und nennen Sie die jeweilige Rechtsnorm:

(1) Einführung einer Arbeitsordnung
(2) Behandlung von Arbeitnehmerbeschwerden über den Fuhrparkleiter
(3) Bau einer neuen Montagehalle
(4) Untersuchung der Unfälle im Versand in Zusammenarbeit mit der zuständigen BG
(5) Entwicklung eines Personalfragebogens
(6) Einführung eines Schichtssystems an den CAD-Arbeitsplätzen
(7) Überwachung des Fertigteillagers mithilfe einer Videoanlage wegen der sich häufenden Diebstähle
(8) Umstellung der „alten Stempelkarten" auf ein elektronisches Zeiterfassungssystem
(9) Erweiterungsbau der Kantine
(10) Überprüfung der Vorgabezeiten im Fertigungsbereich 2
(11) Einführung der Gruppenarbeit in der Montage
(12) Auswahlrichtlinien über die Einstellung von Auszubildenden

09. Lohnpolitik und Mitbestimmung

Nennen Sie vier Gestaltungsbereiche der betrieblichen Lohnpolitik, in denen der Betriebsrat ein Mitbestimmungsrecht hat.

10. Abbau von Sozialleistungen

Bei anhaltend schlechter Ertragslage wird in Betrieben häufig über den Abbau betrieblicher Sozialleistungen nachgedacht.

a) Welche Wirkung entsteht tendenziell bei den Mitarbeitern, wenn
   - Erfolgsbeteiligungen und
   - betriebliche Weiterbildungseinrichtungen

   abgebaut werden sollen?

b) Welche Beteiligungsrechte hat der Betriebsrat in beiden Fällen?

11. Beurteilung und Mitbestimmung

In der letzten Woche war Ihr Mitarbeiter Ali Gynseng bei Ihnen mit der Bitte ihn zu beurteilen, da er jetzt seit über zwei Jahren in Ihrer Gruppe arbeitet. Sie haben diese Bitte freundlich, aber bestimmt abgelehnt mit dem Hinweis, der Betrieb habe kein Beurteilungssystem und im Übrigen gebe es auch keinen Betriebsrat. Zu Recht? Begründen Sie Ihre Antwort.

12. Mitbestimmung bei personellen Einzelmaßnahmen

Die Geschäftsleitung möchte von Ihnen wissen, ob in den nachfolgenden zwei Fällen die Mitbestimmung des Betriebsrates nach § 99 BetrVG anzuwenden ist:

a) Umwandlung eines befristeten Arbeitsverhältnisses in ein unbefristetes,

b) Übergang eines Probearbeitsverhältnisses in ein unbefristetes Arbeitsverhältnis (entsprechend der Vereinbarung mit dem Arbeitnehmer und gleichlautender Mitteilung an den Betriebsrat zum Zeitpunkt des Abschlusses des Probearbeitsverhältnisses).

13. Personalabbau und Mitbestimmung

Welche Beteiligungsrechte hat der Betriebsrat bei der Durchführung von Personalabbaumaßnahmen?

14. Versetzung und Mitbestimmung

Als zuständiger Meister betreuen Sie die beiden Tochtergesellschaften in Krefeld und Erkelenz. Beide Tochtergesellschaften sind rechtlich selbstständig, haben 80 bzw. 120 Mitarbeiter; es existiert in beiden Gesellschaften ein Betriebsrat. Sie haben die Aufgabe, die Versetzung von zwei Montagemitarbeitern von Krefeld nach Erkelenz durchzuführen. Welche kollektivrechtlichen Schritte müssen Sie einleiten?

15. Personalplanung und Mitbestimmung (1)

Erläutern Sie drei Beteiligungsrechte, die der Betriebsrat im Rahmen der Personalplanung hat.

16. Personalplanung und Mitbestimmung (2)

Sie sind für die Personalplanung der gewerblichen Mitarbeiter zuständig. Dazu gehört auch, dass Sie in diesen Fragen den Kontakt zum Betriebsrat halten. Den schriftlichen Planungsansatz für 2010 haben Sie bereits erstellt. Der Betriebsrat hat in der kommenden Woche eine Sitzung. Sie erhalten von ihm folgendes Schreiben:

Von: Betriebsrat
an: Meisterbereich 2, Herrn Neu
am: 22.05.2009

Personalplanung 2010

Wir bitten Sie, den Betriebsrat in der BR-Sitzung am 28.05.2009 über die Personalplanung zu informieren. Im Detail erwarten wir Aussagen zu folgenden Sachverhalten:

TOP 1: Unterrichtung über den Personalbedarf 2010 hinsichtlich der Auszubildenden, Arbeiter, Angestellten (inkl. der außertariflichen Angestellten)

TOP 2: Unterrichtung über die sich aus der Personalplanung ergebenden Maßnahmen (Entlassungen, Bildungsmaßnahmen usw.)

TOP 3: Überlassung geeigneter Informationsunterlagen (Stellenbesetzungspläne, Krankenstände usw.)

TOP 4: Nachweis, dass das vom BR vorgelegte Konzept zur Systematik der Personalplanung umgesetzt wurde.

Beurteilen Sie, ob dem Betriebsrat die in TOP 1 – 4 genannten Rechte zustehen.

17. Personalentwicklung und Mitbestimmung

a) Nennen Sie fünf Beteiligungsrechte des Betriebsrates in Fragen der Berufsbildung.

b) Neben den Fragen der Berufsbildung, in denen dem Betriebsrat ein Beteiligungsrecht zusteht, gibt es weitere Mitwirkungs- und Mitbestimmungsrechte in Fragen der Personalentwicklung, die dem Betriebsrat zustehen aufgrund der thematischen Verflechtung der Personalentwicklung mit anderen Teilbereichen des Personalwesens. Geben Sie hierzu fünf Beispiele.

1.3 Rechtliche Bestimmungen der Sozialversicherung, der Entgeltfindung sowie der Arbeitsförderung

01. Rentenarten

Die Leistungen der gesetzlichen Rentenversicherung bestehen u. a. in der Gewährung von Renten. Nennen Sie jeweils drei Beispiele für spezielle Rentenarten.

02. Arbeitsunfall

a) Entscheiden Sie in den nachfolgenden Fällen, ob ein Arbeitsunfall vorliegt. Geben Sie eine kurze Begründung je Fall. Nennen Sie außerdem die generellen vier Voraussetzungen, die erfüllt sein müssen um Ansprüche aus der Unfallversicherung herzuleiten. Welche Leistungen können im Versicherungsfall zum Tragen kommen?

- *Fall 1:* Der Mitarbeiter sägt nach Feierabend Brennholz und sägt sich dabei in den linken Daumen (offene Knochenfraktur).
- *Fall 2:* Der Mitarbeiter erstellt im Lager der Firma weisungsgemäß eine Versandpalette. Dabei sägt er sich in den linken Daumen (offene Knochenfraktur).
- *Fall 3:* Der Mitarbeiter erstellt im Lager der Firma weisungsgemäß eine Versandpalette. Ihm wird dabei körperlich unwohl, er fällt und gerät mit seinem linken Daumen in die Säge (offene Knochenfraktur).

b) Hansi ist ein erfahrener Gabelstaplerfahrer im Lager der Speditionsfirma Trans-Europa-Express. Am Montag Morgen – gleich nach Arbeitsbeginn – fährt er mit voller Wucht gegen ein Hochregallager, obwohl im Lager keine Behinderung erkennbar ist (vorgeschriebene Breite der Transportwege; freie Sicht usw.). Einige Paletten fallen herunter und verletzen Hansi schwer. Die von der Polizei angeordnete Blutprobe ergibt eine Alkoholkonzentration von 2,2 Promille. Hansi wird sofort in das nahegelegene St. Hubertinus-Krankenhaus in Rath-Anhoven eingeliefert und kann erst nach fünf Wochen die Arbeit wieder aufnehmen.

Handelt es sich im vorliegenden Fall um einen Arbeitsunfall? Hat Hansi Anspruch auf Entgeltfortzahlung? Geben Sie jeweils eine begründete Stellungnahme.

c) Meister Hartig sieht, dass eine Fördereinrichtung nicht richtig arbeitet und eine latente Unfallgefahr besteht. Er weist Huber an, vorerst eine andere Aufgabe zu übernehmen und entfernt sich in Richtung Instandhaltung. Huber teilt die Meinung seines Meisters nicht und arbeitet noch weiter an der Fördereinrichtung. Dabei erleidet er eine Schürfwunde und wird vom Betriebsarzt arbeitsunfähig geschrieben.

Liegt ein Arbeitsunfall vor? Kann die Berufsgenossenschaft Meister Hartig in Regress nehmen?

03. Arbeitsförderung

Mit dem Arbeitsförderungs-Reformgesetz vom 24.03.1997 wurde das Arbeitsförderungsrecht grundlegend überarbeitet. Das Dritte Buch Sozialgesetzbuch (SGB III) löst das Arbeitsförderungsgesetz (AFG) mit Wirkung vom 01.01.1998 ab.

a) Nennen Sie sechs wesentliche Änderungen der Arbeitsförderung aufgrund der Neufassung im SGB III.

b) Nennen Sie jeweils vier Beispiele für Leistungen der Arbeitsförderung an Arbeitgeber bzw. Arbeitnehmer.

04. Arbeitslosengeld, Abfindung, Sperrzeit

Bei der Metall GmbH, Mönchengladbach, ist ein drastischer Umsatzrückgang zu verzeichnen und ein nachhaltiger Personalabbau wird erforderlich. Der 55-jährige Hubert Gramlich aus Wegberg, der seit vier Jahren in der Montage beschäftigt ist, schließt mit der Firma einen Aufhebungsvertrag unter Einhaltung der ordentlichen Kündigungsfrist. Beantworten Sie die nachfolgenden Fragen mit ausführlicher Begründung.

a) Muss Gramlich wegen des Aufhebungsvertrages mit einer Sperrzeit rechnen?

b) Für welche Zeitdauer kann Gramlich Arbeitslosengeld beanspruchen?

c) Trotz intensiver privater Jobsuche findet Gramlich in den ersten sechs Monaten kein neues Beschäftigungsverhältnis. Schließlich vermittelt ihm das Arbeitsamt Mönchengladbach ein Bewerbungsgespräch bei der KALLE TECH OHG im Großraum Aachen. Der Personalleiter bietet Herrn Gramlich eine Tätigkeit in der Vormontage an: Arbeitsbeginn ist der 1. des folgenden Monats, bei täglich sechs Arbeitsstunden, allerdings verbunden mit einer Einkommenseinbuße von 15 % brutto; außerdem hat Gramlich nachgerechnet, dass er für Hin- und Rückfahrt ca. zwei Stunden und 20 Minuten täglich brauchen würde – wegen der schwierigen Verkehrsanbindung.

   Ist die Beschäftigung bei der KALLE TECH OHG für Hubert Gramlich zumutbar?

1.4 Arbeitsschutz- und arbeitssicherheitsrechtliche Vorschriften

01. Arbeitsschutz (Grundlagen)

In der nächsten Unterweisung für Auszubildende werden Sie das Thema Arbeitsschutz behandeln. Beantworten Sie dazu folgende Fragen:

a) Wer ist im Betrieb für den Arbeitsschutz verantwortlich?

b) Nennen Sie fünf Gesetze bzw. Verordnungen, die Bestimmungen zum Arbeitsschutz enthalten.

c) Welche Verpflichtungen hat der Arbeitgeber im Rahmen des Arbeitsschutzes?

d) Wer ist betrieblicher Beauftragter für den Arbeitsschutz? Nennen Sie vier Beispiele.

e) Welche Behörden bzw. Einrichtungen sind für die Aufsicht über den betrieblichen Arbeitsschutz zuständig?

f) Welche Rechte bzw. Pflichten hat der Betriebsrat im Rahmen des Arbeitsschutzes?

g) Mit welchen Maßnahmen muss der Arbeitgeber bei einem Verstoß gegen den betrieblichen Arbeitsschutz rechnen? Nennen Sie vier Beispiele.

02. Mutterschutz und Urlaub

Die Mitarbeiterin A ist schwanger und kündigt ihr Arbeitsverhältnis zum Ende der Schutzfrist nach § 6 MuSchG. Das Kind wird im Mai d.J. geboren. Da Frau A ihr Kind gut versorgt weiß, möchte sie möglichst bald wieder arbeiten und fragt bei ihrem früheren Arbeitgeber nach. Dieser stellt sie zum 1.10. des Jahres wieder ein. Im November d. J. beantragt Frau A Urlaub. Der Urlaubsantrag wird vom Arbeitgeber abgelehnt mit dem Hinweis, dass die Wartezeit nach dem BUrlG noch nicht erfüllt sei. Zulässig?

03. Mutterschutz

a) Welche Beschäftigungsverbote gelten für werdende Mütter bzw. Frauen nach der Entbindung? Geben Sie fünf Beispiele.

b) Erläutern Sie das relative und das absolute Beschäftigungsverbot nach dem Mutterschutzgesetz.

04. Schutz besonderer Personengruppen (Überblick)

Bestimmte Personengruppen genießen im Arbeitsrecht einen besonderen Schutz (z. B. Kündigungsschutz), da sie nach Meinung des Gesetzgebers aufgrund ihrer persönlichen Umstände anderen Arbeitnehmern gegenüber benachteiligt sind.

Nennen Sie acht dieser Personengruppen sowie die entsprechenden Schutzgesetze.

05. Zusatzurlaub für schwerbehinderte Menschen

Nach § 125 SGB IX haben schwerbehinderte Menschen Anspruch auf Zusatzurlaub. Entscheiden Sie in den nachfolgenden Fällen, ob der Anspruch auf Zusatzurlaub für das Jahr 2007 begründet ist und wenn ja, in welcher Höhe. Gehen Sie bei Ihrer Beantwortung von einer 5-Tage-Woche aus.

a) Der Arbeitnehmer X erhält am 15.11.2007 den Bescheid des Versorgungsamtes über seine Schwerbehinderung in Höhe von 50 v.H.

b) Der Schwerbehinderte Y (Behinderung 50 v.H.) wird zum 01.07.2007 eingestellt.

c) Wie ist der Fall a) zu beantworten, wenn im Jahre 2008 an sechs Tagen in der Woche gearbeitet wird?

d) Der Arbeitnehmer Z erhält im Januar 2008 seine Anerkennung als Schwerbehinderter – rückwirkend für das Jahr 2007. Er beantragt im Zusammenhang mit dem noch ausstehenden, restlichen Jahresurlaub für 2007 die Gewährung von fünf Tagen Zusatzurlaub.

06. Kündigung eines schwerbehinderten Menschen

Herbert S. ist schwerbehindert. Am 01.04. d. J. tritt S. seine Stelle als Aufsicht in einer Messwartenstation an. Die Probezeit beträgt sechs Monate – bei einer Kündigungsfrist von einem Monat zum Monatsende während dieser Zeit. Am 25.05. d. J. kündigt der Betrieb zum 30.06. d. J. – nach ordnungsgemäßer Anhörung des Betriebsrates.

Herbert S. ist erbost. Er meint, die Kündigung sei rechtswidrig, weil sie ohne Einschaltung des Integrationsamtes erfolgte.

Nehmen Sie zum Argument von Herbert S. Stellung und begründen Sie Ihre Antwort.

07. Jugendarbeitsschutz und Berufsschule

Hubertus Clausius ist 17 Jahre und bei der Spedition Transeuropa-Express als Arbeiter im Lager beschäftigt. Er ist berufschulpflichtig. Die Vergütung ist auf Stundenlohnbasis vereinbart.

Am Montag besucht Hubertus wie immer die Berufsschule um 8:00 Uhr. Zur Freude aller Schüler eröffnet die Schulleitung nach der zweiten Schulstunde, um 9:30 Uhr, dass der weitere Unterricht heute ausfallen müsse, da die Lehrkraft erkrankt sei. Ursprünglich wäre bis 14:30 Uhr Unterricht gewesen. Hubertus entschließt sich, in der nahegelegenen Freizeitanlage erst einmal auszuspannen, da das Wochenende infolge eines Diskothekenbesuchs recht anstrengend war. Seine Firma rechne heute ja sowieso nicht mehr mit ihm.

Umso erstaunter ist er, als er bei der folgenden Monatsabrechnung erkennen muss, dass ihm die Firma die am Montag versäumte Arbeitszeit vom Lohn abgezogen hat. Er beschwert sich bei Ihnen und verlangt den ausstehenden Lohn. Zu Recht?

08. Gesundheitliche Betreuung Jugendlicher

Jugendliche, die in das Berufsleben eintreten, dürfen nur beschäftigt werden, wenn die vorgeschriebenen Untersuchungen durchgeführt wurden. Stellen Sie dar, wann bestimmte Untersuchungen vorgeschrieben sind.

09. Elternzeit, Elterngeld (BEEG)

Stellen Sie dar, welche Rechte Arbeitnehmer/Arbeitnehmerinnen im Rahmen der Elternzeit beanspruchen können. Welche Bestimmungen gelten für das neue Elterngeld ab 1.1.2007?

10. Altersteilzeit

Das Gesetz zur Förderung eines gleitenden Übergangs in den Ruhestand, kurz Altersteilzeitgesetz genannt (AltTzG), trat am 23.07.1996 in Kraft.

a) Beschreiben Sie fünf Kerninhalte des Gesetzes.

b) Nennen Sie drei Teilpläne der Personalplanung (z. B. Personalbedarfsplanung) und beschreiben Sie, inwieweit die Inanspruchnahme von Altersteilzeit Auswirkungen auf diese Teilpläne haben kann.

11. Teilzeit

Ihr Unternehmen ist seit mehreren Jahren in Röbel ansässig und fertigt erfolgreich Bild- und Tonträger mit ca. 250 Mitarbeitern. Sie sind als Meister verantwortlich für die Produktion (ca. 70 Mitarbeiter).

a) Ihr Mitarbeiter G. Knopp bereitet Ihnen Sorgen: Er ist 54 Jahre und seit einiger Zeit ihr Stellvertreter. Laut Entscheidung der Geschäftsleitung wurden Sie beide vor einigen Monaten als leitende Mitarbeiter eingestuft. Herr Knopp hat Ihnen zunächst in einem vertraulichen Gespräch mitgeteilt, dass er „in Zukunft kürzer treten möchte, seine Gesundheit mache ihm zu schaffen und außerdem wolle er sich mehr um sein Haus kümmern". Vorgestern erhielten Sie den schriftlichen Antrag von Herrn Knopp über die Verkürzung seiner Arbeitszeit von 40 auf 30 Stunden pro Woche. Die Geschäftsleitung lehnt den Antrag von Herrn Knopp ab mit der Begründung, dass die Umsetzung von Teilzeitarbeit für Leitende die Arbeitsorganisation im Betrieb wesentlich beeinträchtigen würde.

   Beurteilen Sie die Entscheidung der Geschäftsleitung unter Hinweis auf zutreffende Gesetzesnormen.

b) In Ihrer Fertigungsgruppe 2 wurden erhebliche Rationalisierungsinvestitionen getätigt, sodass sich ein Personalüberhang ergeben hat. Die Geschäftsleitung möchte Entlassungen vermeiden. Stattdessen werden Sie gebeten, mit vier Mitarbeitern „nachdrückliche Gespräche zu führen mit dem Ziel einer Teilzeitvereinbarung". Der Mitarbeiter Hans B. Kerner lehnt jede Form einer Teilzeitvereinbarung ab, weil er eine Einkommenseinbuße „nicht verkraften könne". Was ist zu tun?

c) Frau Johanna Mischberger hat seit sechs Monaten einen Teilzeitarbeitsvertrag über 50 % der Regelarbeitszeit. Da Ihr Mann arbeitslos wurde, möchte sie umgehend wieder eine Vollzeittätigkeit in Ihrer Gruppe übernehmen. „Wir kommen sonst mit unserem Geld nicht hin" – so ihre Begründung. Welche Entscheidung werden Sie Frau Mischberger mitteilen.

d) Mitarbeiter Kerner ist der Meinung, dass die Befristung seines Arbeitsverhältnisses unwirksam ist. Was kann er tun?

12. JArbSchG

Die Personaleinsatzplanung jugendlicher Arbeitnehmer/Auszubildende ist durch gesetzliche Vorgaben eingeschränkt. Nennen Sie dazu sieben Beispiele.

1.5 Vorschriften des Umweltrechts

01. Umweltrecht (Rechtsgrundlagen)

Nennen Sie vier Rechtsgrundlagen des Umweltrechts und beschreiben Sie kurz, welche Zielsetzungen mit diesen Gesetzen bzw. Verordnungen verbunden sind.

02. Wasserhaushaltsgesetz (WHG)

Ihr Firmensitz befindet sich direkt an einem Fließgewässer. Sie beabsichtigen, in dieses Gewässer Ihr benutztes Kühlwasser einzuleiten.

a) Welche Voraussetzungen müssen Sie nach dem WHG erfüllen, um die Erlaubnis von der zuständigen Behörde für das Einleiten des Kühlwassers zu bekommen?

b) Kann diese Erlaubnis auch widerrufen werden?

03. Aufgaben des Immissionsschutzbeauftragten

Der Immissionsschutzbeauftragte Ihres Betriebes führt an, dass er Überschreitungen von vorgeschriebenen Grenzwerten der zuständigen Behörde anzeigen will. Beurteilen Sie diese Aussage.

04. Umweltmanagement/Firmenjubiläum

Ihr Unternehmen feiert demnächst ein Firmenjubiläum. Es sind mehrere hundert Gäste eingeladen. Beschreiben Sie einige Prinzipien für eine ökologische Durchführung der Feier.

05. Kooperationsprinzip

Im Umweltrecht ist u.a. der Begriff „Kooperationsprinzip" festgeschrieben. Beschreiben Sie allgemein, „wer mit wem kooperieren soll" und geben Sie zwei Beispiele für die praktische Umsetzung.

06. Betriebsbeauftragte

Nennen Sie vier Betriebsbeauftragte für Umweltschutz, die die Gesetzgebung benennt. Geben Sie jeweils das zu Grunde liegende Gesetz an.

07. Elektro- und Elektronikgerätegesetz (ElektroG)

Im März 2005 wurde das Elektro- und Elektronikgerätegesetz (ElektroG) verabschiedet. Beschreiben Sie kurz den Inhalt des Gesetzes.

08. Umweltschutz und Produktlebenszyklus

Im Rahmen der Marketingstrategie verfolgt Ihr Unternehmen die Verlängerung des Produktlebenszyklusses der Marke „Rasenmäher Elegance-Modell". Erläutern Sie die Gestaltung der Lebensdauer eines Produktes aus umweltpolitischer Sicht. Nennen Sie zwei Nachteile, die damit verbunden sein können.

09. Umwelt gefährdendes Handeln Ihrer Mitarbeiter

Sie sind seit drei Monaten leitender Mitarbeiter in einem Logistikzentrum. Ihnen fällt auf, dass Ihre Mitarbeiter umweltgefährdend arbeiten. Was können Sie tun um diesen Verhaltensweisen entgegenzuwirken? Nennen Sie fünf Handlungsempfehlungen.

10. Verpackungsverordnung

Seit Mitte 1991 ist die Verpackungsverordnung in Kraft. Verpackungen im Sinne dieser Verordnung sind folgende Verpackungsgruppen:

- Transportverpackungen,
- Umverpackungen und
- Verkaufsverpackungen.

Vervollständigen Sie die nachfolgende Tabelle:

	Verpackungsgruppen laut Verpackungsverordnung (VerpackV)		
	Transport-verpackungen	**Um-verpackungen**	**Verkaufs-verpackungen**
Pflichten: Handel, Industrie			
Pflichten: Lieferant, Vorstufe			
Entsorgungs-varianten			

11. Verpackungsverordnung („Dosenpfand")

Welche Bestimmungen enthält die neue Verpackungsverordnung hinsichtlich der Regelung zum Dosenpfand? Geben Sie eine kurze Beschreibung.

1.6 Wirtschaftsrechtliche Vorschriften und Bestimmungen

01. Produkthaftungsgesetz

Die Metall GmbH fertigt u.a. den Rasenmäher „Glattschnitt“, den sie an Baumärkte vertreibt. Im letzten Monat kam es zu Reklamationen in den Baumärkten: Kunden beschwerten sich über die Feststellvorrichtung. Aufgrund einer fehlerhaften Montage kam es bei einigen Kunden zu Quetschverletzungen, die ärztlich behandelt werden mussten.

a) Können die Kunden Schadensersatzansprüche gegen die Metall GmbH durchsetzen?

b) Welche Gewährleistungspflicht besteht im Rahmen des Kaufvertrages?

c) Welcher Unterschied besteht zwischen der Vertragshaftung (nach BGB) und der Produkthaftung?

02. Datenschutzkontrolle der Betriebsratsarbeit

An der letzten Betriebsratssitzung hat Ihr Chef zeitweise als Gast teilgenommen und die Grundzüge der neuen Personalplanung erläutert. Dabei kam es zu einer unterschiedlichen Auffassung darüber, ob die Arbeit des Betriebsrates der Datenschutzkontrolle unterliegt. Ihr Chef bejaht diese Fragestellung – ebenso der Datenschutzbeauftragte – und bittet Sie dazu ein kurzes Argumentationspapier zu erstellen.

03. Datenschutz

Personenbezogene Daten müssen besonders geschützt werden.

a) Nennen Sie vier Risiken, die mit der elektronischen Verarbeitung personenbezogener Daten verbunden sein können.

b) Geben Sie beispielhaft vier organisatorische und vier technische Maßnahmen an, die geeignet sind derartige Risiken zu vermeiden.

c) Welche Daten darf der Arbeitgeber über angestellte Mitarbeiter speichern? Geben Sie eine Beschreibung und drei Beispiele an.

04. Chemikaliengesetz REACH

Welchen Inhalt hat das Chemikaliengesetz REACH?

2. Prüfungsfach: Betriebswirtschaftliches Handeln

2.1 Ökonomische Handlungsprinzipien von Unternehmen

01. GmbH

Die Metall GmbH mit Sitz in Unterfeldhaus bei Düsseldorf fertigt Präzisionswerkzeugteile für den Weltmarkt. Aufgrund der guten Geschäftsentwicklung stehen Überlegungen an, ein Zweigwerk in der Nähe von München zu errichten. Die neue Firma soll die Rechtsform einer GmbH erhalten.

a) Welche Gründungsvoraussetzungen sind zu erfüllen?

b) Welche Argumente sprechen für die Rechtsform der GmbH?

c) Welche Organe hat eine GmbH und welche Aufgaben bestehen jeweils?

d) Im Zuge der Gründungsüberlegungen soll der Gesellschaftsvertrag vorbereitet werden. Grundsätzlich haben die Gesellschafter einer GmbH das Recht, eine Vollausschüttung des Gewinns zu verlangen.

   Erläutern Sie, ob die Möglichkeit besteht, im Gesellschaftsvertrag eine abweichende Regelung für die Gewinnausschüttung festzulegen.

   Hat die Art der Gewinnverwendung bei der GmbH Auswirkungen auf die Höhe der Besteuerung? Begründen Sie Ihre Antwort.

02. Funktionen des Industriebetriebes

Vor zwei Tagen fand ein Führungskräftetreffen statt. Gegenstand der Sitzung war u. a. die Unternehmensgesamtplanung für das kommende Jahr. Im Verlauf des Meetings kam es zu einer Kontroverse über die Bedeutung der einzelnen betrieblichen Funktionen im innerbetrieblichen Leistungsprozess. Nehmen Sie Stellung zu folgenden Fragen:

a) Warum ist der Bereich Produktionsplanung eng mit dem Funktionsbereich Absatz verbunden?

b) Warum wird die Personalwirtschaft auch als betriebliche Querschnittsfunktion bezeichnet?

c) Warum kann der Industriebetrieb als sozio-technisches System bezeichnet werden?

03. Arbeitssystem, Art-/Mengenteilung, Taktzeit, Arbeitsproduktivität, Leistungsgrad

Ihre Firma stellt Rasenmäher der Marke „Glattschnitt“ und „Luxus“ her. Das Modell „Glattschnitt“ wird in einer beheizten Halle an zwei Montagebändern (ohne Taktzeit) von jeweils fünf Mitarbeitern (Arbeitsgruppe) im Akkord gefertigt. Mitarbeiter 1 und 2 heben Motor und Rahmenteile auf die Werkbank und übernehmen eine Vorjustierung. Mitarbeiter 3 und 4 erledigen die Endmontage; dabei stehen Akkuschrauber und Drehmomentschlüssel zur Verfügung. Mitarbeiter 5 führt die Endkontrolle und die Verpackung durch. Der Ablauf beim Montageband 2 ist analog. Alle Teile werden zugekauft. Die Arbeitsgruppe kann über einen Tätigkeitswechsel innerhalb der Gruppe selbst entscheiden. Die Fertigungsdaten werden zu Wochenbeginn vom Meister mitgeteilt.

a) Beschreiben Sie die Elemente des Arbeitssystems anhand der Fertigung des Modells „Glattschnitt".

b) Welche Vorteile kann eine einheitliche „Beschreibung von Arbeitssystemen" bieten?

c) Welche Art- und Mengenteilung liegt bei der Montage des Modells „Glattschnitt" vor?

d) Es wird überlegt, den Montageablauf bei „Glattschnitt" zu ändern? Welche Vorteile stehen welchen Nachteilen bei der Artteilung bzw. der Mengenteilung gegenüber?

   Nennen Sie jeweils zwei Argumente.

e) Ihr neuer Betriebsleiter („frisch von der Fachhochschule") kommt mit dem Thema „Taktzeit": Er ist der Meinung, dass man bei der Montage von „Glattschnitt" die Taktzeit einführen sollte, um ... In der nächsten Arbeitsbesprechung soll das Thema auf den Tisch. Beantworten Sie daher folgende Fragen:

   e1) Was versteht man unter der Taktzeit?

   e2) Welche Ziele können mit der Einführung einer Taktzeit realisiert werden?

   e3) Warum ist bei der Montage von „Glattschnitt" die Einführung der Taktzeit ohne zusätzliche Voraussetzungen nicht möglich?

f) „In der nächsten Woche wollen wir bei Ihnen mal Produktivität und Leistungsgrad Ihrer Mitarbeiter unter die Lupe nehmen", meint der REFA-Fachmann Klarich als Sie mit ihm und dem Betriebsleiter beim Mittagessen zusammensitzen.

   Erläutern Sie die von Klarich verwendeten Begriffe anhand eines Zahlenbeispiels.

04. Investitionsformen

Für das kommende Jahr stehen in Ihrem Betrieb folgende Investitionen an:

(1) Bau einer neuen, zusätzlichen Fertigungsstraße

(2) Anschaffung von zwei Lkw gleichen Bautyps wie bisher aufgrund der Beendigung der Nutzungsdauer

(3) Finanzielle Beteiligung an einem Zulieferbetrieb zur Verbesserung und Typisierung der Materialversorgung

Tragen Sie die genannten Investitionsformen in die nachfolgende Tabelle ein (Markierung mit einem „X"):

	neue, zusätzliche Fertigungsstraße	**Lkw (Ende der Nutzungsdauer)**	**Finanzielle Beteiligung an**
Sachinvestition			
Finanzinvestition			
immaterielle Investition			
Nettoinvestition			
Ersatzinvestition			
Rationalisierungsinvestition			

05. Kapazität, Beschäftigungsgrad, Nettobedarf

Im Herbst letzten Jahres wurde eine neue Lackieranlage angeschafft. Eine Überprüfung der Kapazitätsauslastung ergab einen durchschnittlichen Beschäftigungsgrad der letzten drei Monate von 60 %. Die Kapazität der Anlage liegt monatlich bei einem 1-Schicht-Betrieb bei 160 Betriebsstunden.

a) Wie viel Betriebsstunden wurden auf der Lackieranlage in den letzten drei Monaten durchschnittlich gefahren?

b) Der Betriebsleiter kommt freudig erregt zu Ihnen: „Wir haben den Auftrag von Kunert bekommen: 1.000 Blechteile, grundiert. Wir müssen morgen damit beginnen. Rechnen Sie mal schnell aus, ob wir mit der Grundierung hinkommen oder ob wir noch bestellen müssen." Sie wissen, dass pro Blechteil 0,5 l Grundierung gebraucht werden und mit einem Farbverlust von rund 10 % zu rechnen ist. Laut EDV-Auszug sind von der Grundierung noch 300 l auf Lager und 150 l bestellt (mit Liefertermin morgen); außerdem sind 100 l reserviert für zwei andere Aufträge, die morgen erledigt werden; ein Sicherheitsbestand von 200 l muss grundsätzlich eingehalten werden.

2.2 Grundsätze der betrieblichen Aufbau- und Ablauforganisation

01. Organisationsformen

Vergleichen Sie in einer Gegenüberstellung die klassischen Organisationsstrukturen hinsichtlich folgender Merkmale: Einlinien-/Mehrlinienorganisation, Kompetenzgrad, Verrichtungs-/Objektorientierung.

02. Unterschiede und Gemeinsamkeiten der Aufbau- und Ablauforganisation

Charakterisieren Sie stichwortartig die Unterschiede und Gemeinsamkeiten der Aufbau- und Ablauforganisation.

03. Zentralisierung, Dezentralisierung

Die ROHR AG ist ein Unternehmen mit mehreren Sparten und hat ca. 5.000 Mitarbeiter. Der Sitz der Holding ist Köln. Daneben gibt es sechs Tochtergesellschaften (GmbH) an den Standorten Hamburg, Köln, Hannover, Berlin, Frankfurt a. M. und München. Eine der Sparten betreibt Heizungsbau für Klein- und Großkunden. Gegenwärtig wird über eine Veränderung der Aufbaugestaltung des „Einkaufs von Sanitär- und Heizungsartikeln" sowie der „Lagerhaltung" dieser Artikel nachgedacht.

a) Nennen Sie fünf Argumente, die für eine Dezentralisierung der Lagerhaltung sprechen.

b) Geben Sie vier Überlegungen an, die für eine teilweise Zentralisierung des Einkaufs sprechen.

c) Erklären Sie die nachfolgenden drei Zentralisierungsarten am Beispiel der ROHR AG:

- Verrichtungszentralisierung,
- Objektzentralisierung,
- regionale Zentralisierung.

04. Aufgabenanalyse, Arbeitsanalyse

Erläutern Sie den Unterschied zwischen der Aufgabenanalyse und der Arbeitsanalyse anhand eines selbst gewählten Beispiels – in Worten oder mithilfe einer Skizze.

05. Spartenorganisation

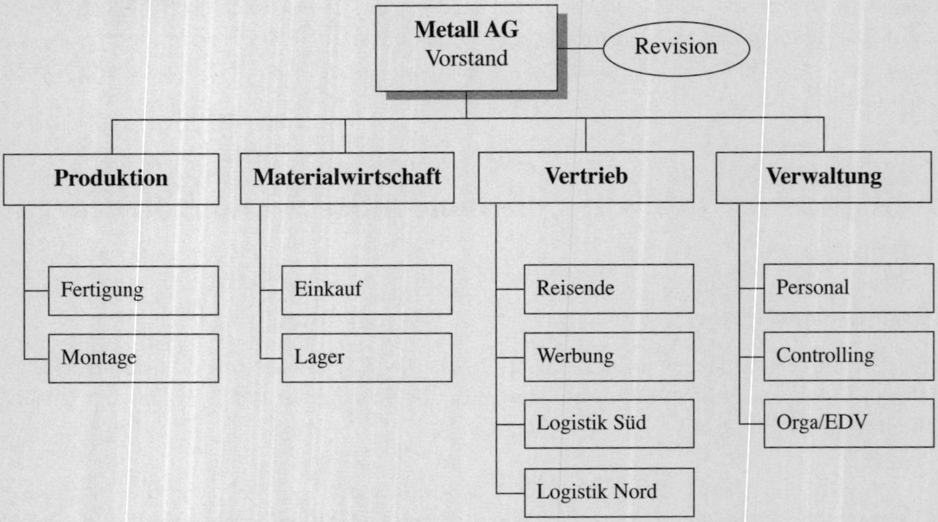

Die METALL GmbH stellt Elektroartikel her und vertreibt sie in Deutschland. Der Umsatz beträgt zurzeit 260 Mio. € – mit steigender Tendenz – bei ca. 900 Mitarbeitern. Der Firmensitz ist

Essen. Es gibt keine Filialen. Bei der Geschäftsführung bestehen Überlegungen zur Neustrukturierung der Aufbauorganisation. Derzeit existiert eine Stablinienorganisation entsprechend der oben dargestellten Abbildung.

a) Zeigen Sie jeweils an zwei Beispielen, nach welchen Gliederungsprinzipien die Aufbauorganisation der METALL GmbH strukturiert ist.

b) Entwerfen Sie für die Geschäftsleitung eine neue Organisation. Dabei bestehen folgende „Auflagen“:

- Die Produktpalette wird zukünftig in zwei Sparten gegliedert.
- Jede Sparte hat die Bereiche Materialwirtschaft, Vertrieb und Controlling.
- Die Revision bleibt als Stabsstelle bestehen.
- Die Abteilungen „Logistik Nord“ und „Logistik Süd“ werden zusammengefasst als Zentralbereich „Logistik“.
- Die Stellen „Personal“ und „Organisation/EDV“ werden als Zentralbereiche ausgewiesen.

c) Ergänzen Sie Ihre Vorlage durch eine kurze Bewertung der Spartenorganisation.

06. Profitcenter (ergebnisorientierte Organisationseinheit)

Ihr Betriebsleiter hat wieder eine neue Idee: Er möchte die Effektivität Ihrer Abteilung verbessern und schlägt vor, aus der Kostenstelle „neue Lackieranlage“ ein Profitcenter zu machen. Von der Geschäftsführung hat er bereits die Zustimmung, dass Sie pro Betriebsstunde (Lackieranlage) innerbetrieblich 165,00 EUR verrechnet bekommen. „Ich finde das ausreichend, rechnen Sie es mal durch. Ich denke, wir machen dabei einen guten Schnitt“, so seine Meinung.

a) Sie notieren auf einem Blatt die Ihnen bekannten monatlichen Kosten- und Leistungsdaten der Lackieranlage und erstellen ein Planbudget auf Monatsbasis:

- Kapazität:	150 Betriebsstunden
- durchschnittliche Auslastung der Anlage:	80 %
- Personalkosten für zwei Mitarbeiter:	6.500 EUR
- Sachkosten (durchschnittlich):	9.500 EUR
- Umlagekosten:	3.800 EUR
- durchschnittliche Kapitalbindung, mtl.:	12.500 EUR

b) Welchen innerbetrieblichen Verrechnungssatz (pro Betriebsstunde/Lackieranlage) müssen Sie durchsetzen, um bei gleicher Auslastung den von der Geschäftsleitung geforderten ROI von 12 % zu realisieren?

07. Auftragszeit

Sie sind Kalkulator eines mittelständischen Maschinenbauers. Für einen Kundenauftrag sollen Sie die *Auftragszeit* berechnen. Hierbei handelt es sich um eine *Kleinserie* von 200 Stück die auf einer Werkzeugmaschine zu bearbeiten ist. Der *Verteilzeitprozentsatz* beträgt 20 %. Erholungszeiten werden nicht gewährt. Ihnen stehen weiterhin folgende Eckdaten zur Verfügung:

Tätigkeit	Sollzeit in Minuten
- Auftrag und Zeichnung lesen	10,0
- Werkstück einspannen und Maschine in Betrieb setzen	1,0
- Maschinenbearbeitungszeit	5,0
- ausspannen und lagern	0,5

08. Personalbedarf, Personalbemessung

In Ihrem Unternehmen ist die Produktionskapazität zurzeit nicht ausgeschöpft. Aus diesem Grund nimmt die Geschäftsleitung einen Auftrag herein, von dem sie sich eine Auslastung der Kapazität verspricht. Der Auftrag soll einschichtig in rd. 22 Arbeitstagen gefertigt werden.

a) Sie sollen den Personalbedarf für diesen Auftrag ermitteln. Dazu erhalten Sie folgende Daten:

Anzahl der bestellten Bauteile	500 Stück
Rüstzeit	140 Stunden
Ausführungszeit je Bauteil	22 Stunden
Monatsarbeitszeit je Mitarbeiter	167 Stunden (≈ 7,5 Std. · 22,27 Arbeitstage/Monat)
durchschnittlicher Leistungsgrad	115 %

b) Welcher Personalbedarf ergibt sich, wenn mit einer durchschnittlichen Fehlzeit von 5 % gerechnet werden muss?

09. Verkürzung der Durchlaufzeit durch Losteilung

Sie sind in der Arbeitsvorbereitung eines großen Maschinenbauers tätig. Aufgrund von hohen Durchlaufzeiten sind in der Vergangenheit einige Kundenaufträge an Ihren Wettbewerber vergeben worden. Es ist erklärtes Ziel Ihrer Geschäftsführung, diese Zeiten erheblich zu verringern. Eine Möglichkeit hierzu ist die Losteilung.

a) Erstellen Sie eine Tabelle mit möglichen Losteilungsdivisoren für folgende Eckdaten:
   - Rüstzeit: 120 min.
   - Bearbeitungszeit: 700 min.

b) Berechnen Sie die Kosten, wenn für eine Belegungsstunde 65,- EUR anfallen.

10. Optimale Bestellmenge (1)

In Ihrem Unternehmen werden häufig bestimmte Kleinteile in größeren Mengen benötigt. Die Disposition erfolgt verbrauchsgesteuert unter Beachtung der Bestell- und Lagerkosten. Für das Material Z wurden folgende Abhängigkeiten der Bestellkosten und der Lagerkosten von der jeweils bestellten Menge ermittelt:

Bestellmenge	Bestellkosten in €	Lagerkosten in €
100	200	200
200	200	220
300	200	250
400	200	380
500	200	900

Ermitteln Sie die Menge, bei der die Gesamtkosten pro Einheit ein Minimum haben.

11. Optimale Bestellmenge (2)

In Ihrem Unternehmen beträgt der Jahresbedarf für Keramikscheiben 2.000 Stück, die Bestellkosten je Bestellung 50,00 €, der Einstandspreis je Stück 5,00 € sowie der Kostensatz der Lagerhaltung 20 % des durchschnittlichen Lagerbestandes. Der Disponent Herr Zahl disponiert die Keramikscheiben schon seit langem immer mit einer Stückzahl von 500 – dies sei optimal.

Überprüfen Sie die Behauptung von Herrn Zahl.

12. Auftragsmenge, Verbrauchsabweichung, Beschäftigungsgrad

Der PLASTE GmbH ist es gelungen, mit einem bekannten deutschen Automobilhersteller einen längerfristigen Liefervertrag über Griffschalen abzuschließen: Jeweils am letzten Tag eines Monats sind 4.000 Stück kostenfrei zu liefern. Die Fertigungsplanung ergibt, dass es für die PLASTE GmbH vorteilhafter ist, jeweils die Liefermenge von zwei Monaten in einer Losgröße herzustellen. Pro Stück werden 100 g Kunststoffgranulat benötigt. Weiterhin ist bekannt: Die ersten 100 Teile je Charge sind NIO-Teile; der zusätzliche, nicht vermeidbare Ausschuss beträgt durchschnittlich 5 %.

a) Ermitteln Sie die Auftragsmenge pro Fertigungsauftrag.

b) Wie viel kg Kunststoffgranulat müssen pro Fertigungsauftrag bereitgestellt werden?

c) Nach vier Monaten ergab die Kontrolle des Fertigungsprozesses, dass der tatsächliche Verbrauch an Kunststoffgranulat pro Fertigungsauftrag durchschnittlich 901 kg betrug.

   1) Wie hoch ist die Verbrauchsabweichung in Prozent?
   2) Nennen Sie drei mögliche Ursachen für die Verbrauchsabweichung.

d) Welche Auswirkungen hat die Entscheidung, die Liefermenge von zwei Monaten zu einer Losgröße zusammenzufassen? Stellen Sie jeweils drei Vor- und Nachteile gegenüber.

e) Die PLASTE GmbH fertigt den dargestellten Auftrag auf der Fertigungsstraße II, deren Kapazität bei 10.000 Stück/Zeiteinheit liegt.

   Ermitteln Sie den Beschäftigungsgrad der Fertigungsstraße II. Unterstellen Sie dabei eine Ist-Ausbringung von 8.500 Stück/Zeiteinheit.

13. Optimale Bestellmenge, Meldebestand, durchschnittlicher Lagerbestand, optimale Bestellhäufigkeit

In Ihrem Unternehmen sind die Beschaffungskosten eines häufig bezogenen Artikels zu hoch. Man möchte das Bestellwesen optimieren. Es liegen folgende Daten vor:

Jahresbedarf:	6.120 Stk.
Einstandspreis:	12,50 EUR/Stk.
Lieferzeit:	5 Tage
interne Prüfkontrolle:	1 Tag
Sicherheitsbestand:	680 Stk.
Bestellkosten:	150 EUR/Bestellung
Lagerhaltungskostensatz:	20 %

a) Berechnen Sie den Meldebestand.

b) Beschreiben Sie die Bestellmengenoptimierung nach Andler.

c) Errechnen Sie die optimale Bestellmenge.

d) Errechnen Sie den durchschnittlichen Lagerbestand.

e) Wie hoch ist die optimale Bestellhäufigkeit pro Jahr?

14. Lagerkennzahlen

Welcher Zusammenhang besteht zwischen folgenden Größen der Lagerwirtschaft:

- Lagerbestand,
- verfügbarer Bestand,
- Sicherheitsbestand,
- Höchstbestand,
- Wiederbeschaffungszeit
- Durchschnittsbestand,
- disponierter Bestand,
- Meldebestand,
- Lagerreichweite,

Erklären Sie die Kennzahlen und zeigen Sie die Zusammenhänge grafisch – bei kontinuierlich, gleichbleibende Warenentnahme.

15. Fertigungsversorgung

Sie sind dabei, einen größeren Auftrag der Fa. Kunze zu planen. Sie benötigen dafür 800 Bleche in den Maßen 250 mm x 150 mm x 2 mm. Das Material ist nicht auf Lager und muss bestellt werden. Ihr Lieferant teilt Ihnen mit, dass er Tafelbleche in den Maßen 1.500 mm x 2.000 mm x 2 mm in fünf Werktagen liefern könne.

Wie viele Tafelbleche müssen Sie bestellen?

2.3 Nutzen und Möglichkeiten der Organisationsentwicklung

01. Management-Philosophien

Vergleichen Sie die Management-Philosophien „Change-Management, Balanced-Scorecard, KVP, Kanban, Reengineering und Lean Management" hinsichtlich folgender Merkmale:

Zielsetzung, Kernelemente, Rolle des Vorgesetzten/der Mitarbeiter.

02. EFQM

Zeigen Sie in einem Schaubild Elemente und Regelkreis des EFQM-Ansatzes.

03. Lernende Organisation

Nennen Sie die Stufen und Kernelemente einer Organisationskultur im Sinne der „lernenden Organisation".

04. Maschinenbelegung

Ihrem Unternehmen liegen drei Aufträge (A1-A3) vor. Die Ausführung erfolgt an drei Maschinen (M1-M3) in unterschiedlicher Reihenfolge und Zeitdauer (Produktionsstufen P1-P3). Ermitteln Sie die optimale Maschinenbelegung mithilfe des Balkendiagramms (Plannet-Technik). Die Bedingungen: Es entstehen keine Umrüstzeiten. Die einzelnen Bearbeitungsvorgänge je Auftrag sind nicht teilbar.

	P 1	P 2	P 3
Auftrag 1	6 Std. M1	1 Std. M3	4 Std. M2
Auftrag 2	4 Std. M3	3 Std. M2	2 Std. M1
Auftrag 3	4 Std. M2	2 Std. M1	1 Std. M3

05. Flussdiagramm

In den Organisationsrichtlinien Ihres Betriebes heißt es u. a. zum Thema Personalbeschaffung: „Die Personalbeschaffung wird eingeleitet, indem der zuständige Abteilungsleiter die Personalanforderung dem zuständigen Hauptabteilungsleiter zur Unterschrift vorlegt. Dieser hat zu prüfen, ob die Stelle lt. Personalplanung genehmigt ist. Wenn ja, kann die Planung der Beschaffung erfolgen. Wenn nicht, ist die Personalanforderung an die Personalabteilung weiterzuleiten, die sie dem Vorstand zur „außerordentlichen Genehmigung" vorlegt. Lehnt der Vorstand die außerordentliche Genehmigung ab, erfolgt Ablage. Ansonsten ist zu prüfen, ob die Stelle – parallel zur externen Ausschreibung – auch intern ausgeschrieben werden muss. Nach Auswahl eines geeigneten Kandidaten kommt der Vorgang zu den Akten."

Stellen Sie den Vorgang als Flussdiagramm dar.

06. Netzplan

Sie sind Teammitglied in einem Projekt. Sie erhalten die nachfolgende Vorgangsliste:

Nr.	Vorgänger	Zeit in Tagen
1	–	3
9	3/7	1
4	1	3
13	11/12	3
3	1	4
6	2	6
10	8	5

Nr.	Vorgänger	Zeit in Tagen
7	2	4
2	1	2
12	10	1
5	1	1
8	4/5	3
11	6/9	5

Ordnen Sie die Vorgangsliste, zeichnen Sie die Netzstruktur, berechnen Sie alle Zeiten und kennzeichnen Sie den kritischen Weg.

07. Arbeitsablaufdiagramm

Die Aufschreibung des Arbeitsablaufs „Materialbereitstellung in der Montage" hat sechs Einzelverrichtungen ergeben:

- Sortieren der Bauteile nach Montagebereichen
- Lagern der Bauteile in vorgesehene Behälter an den Montage-Werkbänken
- Zwischenlagern der Bauteile in der Montagehalle
- Anliefern der Bauteile aus dem Zwischenlager
- Transport der Bauteile zu den jeweiligen Montage-Teams
- Stichprobenartige Kontrolle der Bauteile vor Transport zu den Montageteams

a) Stellen Sie den Arbeitsablauf in einem verrichtungsorientierten Arbeitsablaufdiagramm dar (vgl. Matrix, unten). Die Einzelverrichtungen sind vorher sachlogisch zu ordnen.

b) Nennen Sie Möglichkeiten der Ablaufoptimierung.

Lfd. Nr. der Verrichtung	Bearbeiten	Transport	Kontrolle	Lagern
	○	⇨	□	▽
	○	⇨	□	▽
	○	⇨	□	▽
	○	⇨	□	▽
	○	⇨	□	▽
	○	⇨	□	▽

08. Balkendiagramm, Netzplan

Ein Anruf vom Kunden Mertens: „Ich brauche überraschenderweise noch 100 Stück Anlasserritzel Typ M. Können Sie mir die Lieferung in zwei Tagen garantieren? Ich bitte um Rückruf in der nächsten halben Stunde." Es ist jetzt Dienstag, 15:30 Uhr.

Laut Arbeitsplan liegen für die Fertigung von Typ M folgende Daten vor:

Rüsten 1:	1 Std.
Fräsen:	3 min/Stk.
Rüsten 2:	2 Std.
Bohren:	2,4 min/Stk.
Reinigen:	1 Std.

Für die Fertigung steht pro Vorgang nur ein Halbautomat zur Verfügung; Paralleltätigkeiten sind nicht möglich. Nach jedem Maschinenwechsel ist eine Pufferzeit von einer Stunde zu berücksichtigen. Der Arbeitstag beträgt 8 Stunden bei 1-Schicht-Betrieb. Für Verpackung und Transport rechnen Sie mit fünf Stunden. Sie könnten mit der Arbeit morgen, bei Schichtbeginn anfangen. Durchlaufend wird eine Vollzeitkraft benötigt.

a) Stellen Sie grafisch den Arbeitsablauf mithilfe eines Balkendiagramms dar.

b) Können Sie die Ausführung des Auftrags - wie gewünscht - zusagen? Geben Sie eine begründete Antwort.

c) Könnten Sie die Aufgabe auch mithilfe der Netzplantechnik lösen? Nennen Sie in Ihrer Begründung vier Gemeinsamkeiten bzw. Unterschiede der beiden Planungstechniken.

2.4 Anwenden von Methoden der Entgeltfindung und der kontinuierlichen, betrieblichen Verbesserung

01. Ergonomie, Qualitätssicherung

Der Fall „Glattschnitt":
Die Montage des Rasenmähers Typ „Glattschnitt" bereitet Ihnen Sorgen. Bei Ihrer Erfassung der Arbeitsplatzgestaltung in Halle II haben Sie sich Folgendes notiert: Die zugekauften Motoren und Rahmenteile werden in Gitterboxen vom Zwischenlager per Hand nach Halle II gebracht. Je zwei Mann heben jeweils den Motor und die erforderlichen Rahmenteile auf die Montagebank. Es kommt häufiger vor, dass Teile fehlen. Die Montage erfolgt mit konventionellem Werkzeug (Maulschlüssel, Schraubendreher). Die Arbeiter stehen leicht gebückt am Montageband. Die veraltete Neonbeleuchtung wirft Schatten auf das Montageband und flackert gelegentlich. Manchmal beschweren sich Kunden, dass Schrauben zu fest oder zu lose sitzen. Der letzte Mitarbeiter am Montageband kontrolliert und verpackt die Rasenmäher in Kartons. Die Kartons werden auf Europaletten gestapelt und dann mit einem Hubwagen in das überdachte Freilager gebracht. In ca. acht Meter Entfernung ist eine Hallenpendeltür durch die sehr häufig Flurförderfahrzeuge ein- und ausfahren. Auf den benachbarten Arbeitsplätzen gibt es zwei Stanzen und eine Presse für die Blechbearbeitung. Der durchschnittliche Lärmpegel liegt bei 90 db (A). Die fünf Mitarbeiter am Montageband „maulen" und beklagen sich über die ihrer Meinung nach

„stupide Arbeitweise". Der Krankenstand liegt bei Ihnen über dem Durchschnitt. Platzmangel gibt es nicht in Halle 2.

Nennen Sie allgemein fünf Aspekte ergonomischer Arbeitsplatzgestaltung und schlagen Sie jeweils fallbezogene Lösungsansätze vor. Berücksichtigen Sie dabei Maßnahmen zur Qualitätssicherung.

02. Ziele der Arbeitsplatzgestaltung

Die Arbeitsplatzgestaltung versucht z. B. folgende Ziele zu realisieren:

- Bewegungsvereinfachung
- Bewegungsverdichtung
- Mechanisierung/Teilmechanisierung
- Aufgabenerweiterung
- Verbesserung
  · der Ergonomie
  · des Wirkungsgrades menschlicher Arbeit
  · der Sicherheit am Arbeitsplatz
  · der Motivation
- Vermeidung von Erkrankungen/Berufskrankheiten
- Reduzierung des Absentismus

Wählen Sie drei Ziele aus und bilden Sie dazu jeweils Beispiele.

03. Zeitlohn

Ein Arbeiter erhält eine Vergütung auf Zeitlohnbasis. Die tarifliche Arbeitszeit beträgt 167 Stunden pro Monat. Der Überstunden-Zuschlag ist 50 %, der Grundlohn beträgt 12,00 € pro Stunde. Ermitteln Sie den Monatslohn bei 205 Arbeitsstunden für den Monat September.

04. Zeitakkord

Ein Facharbeiter hat derzeit einen Tariflohn von 10,00 €/Std. Die tarifliche Arbeitszeit beträgt 35 Std. pro Woche. Bei der Umstellung auf Akkordentlohnung wird der Akkordrichtsatz auf 12,00 €/Std. und die Normalleistung auf 15 Stk./Std. festgelegt.

a) Berechnen Sie den Minutenfaktor.

b) Berechnen Sie den tatsächlichen Stundenlohn des Facharbeiters bei einer Ist-Leistung pro Std. von 17 Stück.

c) In der 39. und 40. Woche betrug der Bruttoverdienst des Facharbeiters zusammen 1.008,00 € (ohne Überstunden). Um wie viel % lag seine Ist-Leistung über der Normalleistung.

d) Welche Ist-Leistung pro Std. muss der Facharbeiter erbringen, um einen Bruttostundenlohn von 15,20 € zu erreichen?

05. Entgeltdifferenzierung

Im Rahmen der Entgeltbemessung („Lohnfindung") kann sich der Arbeitgeber u. a. an den nachfolgenden zwei Prinzipien orientieren:

- Anforderungsgerechtigkeit
- Leistungsgerechtigkeit

Erklären Sie den Unterschied, indem Sie die nachfolgende Tabelle vervollständigen:

	Bemessungsprinzipien	
	Anforderungsgerechtigkeit	**Leistungsgerichtigkeit**
Bemessungskriterien, z. B.		
Bemessungsobjekte		
Bemessungsverfahren		
Entgeltform, z. B.		

06. Prämienlohn

Beschreiben Sie fünf Merkmale, an denen sich die Gestaltung eines Prämienlohns orientieren kann.

07. Akkordlohn, Lohnstückkosten

Sie bereiten die nächste Unterweisung für Ihre vier Auszubildenden vor. Auf dem Themenplan steht der Akkordlohn. Zur Veranschaulichung wählen Sie eine Akkordentlohnung aus der Fertigung mit folgenden Eckdaten:

tariflicher Mindestlohn:	10,00 EUR/Std.
Akkordzuschlag:	20 %
Normalleistung:	100 Einheiten (E)/Std.
Akkordart:	Proportionalakkord

a) Unter welchen Voraussetzungen ist der Akkordlohn anwendbar?

b) Zeigen Sie grafisch die Entwicklung der Lohnkosten in Abhängigkeit von der Leistung und berücksichtigen Sie dabei die o. g. Eckdaten.

Tragen Sie außerdem in Ihre Grafik ein:
- die Normalleistung
- den tariflichen Mindestlohn
- den Akkordrichtsatz bzw. den Akkordzuschlag

c) Stellen Sie in einer zweiten Grafik die Entwicklung der Lohnstückkosten beim Proportionalakkord dar. Berücksichtigen Sie auch hier die o.g. Eckdaten.

2.5 Durchführen von Kostenarten-, Kostenstellen- und Kostenträgerzeitrechnungen sowie Kalkulationsverfahren

01. Betriebsergebnis, Unternehmensergebnis, Deckungsbeitrag

In einem Profitcenter Ihres Unternehmens liegen folgende Angaben vor:

produzierte und abgesetzte Menge/Jahr:	800.000 Einheiten
Fixkosten/Jahr:	1.200.000 EUR
variable Kosten pro Einheit:	4,50 EUR
innerbetrieblicher Verrechnungspreis:	6,50 EUR

Die anderen Betriebsteile erwirtschaften ein jährliches Betriebsergebnis von 500.000 EUR; außerdem fallen außerordentliche Verluste aus Anlagenverkäufen in Höhe von 30.000 EUR an.

a) Berechnen Sie das Unternehmensergebnis.

b) Ermitteln Sie für das Profitcenter den Deckungsbeitrag pro Einheit.

02. Betriebsabrechnungsbogen, Selbstkosten

Auf der Basis der nachfolgenden Angaben sind die Zuschlagssätze und die Selbstkosten zu ermitteln:

Gemeinkosten-arten	Zahlen der Buchhaltung		I	II	III	IV
		Verteilungsschlüssel	**Material**	**Fertigung**	**Verwaltung**	**Vertrieb**
GKM	9.600	3 : 6 : 2 : 1				
Hilfslöhne	36.000	2 : 14 : 5 : 3				
Sozialkosten	6.600	1 : 3 : 1,5 : 0,5				
Steuern	23.100	1 : 3 : 5 : 2				
Sonstige K.	7.000	2 : 4 : 5 : 3				
AfA	8.400	2 : 12 : 6 : 1				
Σ						
		Einzelkosten	83.200	40.000		
		Zuschlagssätze				

03. Zuschlagskalkulation

Auf einer NC-Maschine werden 25 Spezialwerkzeuge hergestellt. Die Bearbeitungsdauer beträgt 15 min/Stk.; für das Rüsten werden 2 Std. benötigt. Der Materialverbrauch liegt bei 160,00 EUR/Stk. Der anteilige Fertigungslohn für die Bearbeitung beträgt 200,00 EUR. Es sind Materialgemeinkosten von 30 % und Restgemeinkosten von 120 % zu berücksichtigen.

Der Maschinenstundensatz liegt bei 180 EUR/Std. Zu kalkulieren sind die Herstellkosten der Fertigung pro Stück.

04. Maschinenstundensatz

Für eine NC-Maschine existieren folgende Angaben:

- Anschaffungskosten der NC-Maschine:	200.000 EUR
- Wiederbeschaffungskosten der NC-Maschine:	240.000 EUR
- Nutzungsdauer der NC-Maschine:	10 Jahre
- kalkulatorische Abschreibung:	linear
- kalkulatorische Zinsen:	6 % vom halben Anschaffungswert
- Instandhaltungskosten:	6.000 EUR p.a.
- Raumkosten:	4.000 EUR p.a.
- Energiekosten:	
- Energieentnahme der NC-Maschine:	11 kWh
- Verbrauchskosten:	0,12 EUR/kWh
- Jahresgrundgebühr:	220 EUR
- Werkzeugkosten:	10.000 EUR p.a., Festbetrag
- Laufzeit der NC-Maschine:	2.000 Std. p.a.

a) Ermitteln Sie den Maschinenstundensatz.

b) Für eine weitere neue Anlage wurde ein Maschinenstundensatz von 50,00 EUR/Std. ermittelt. Die Laufzeit der Anlage war mit 1.600 Std. pro Jahr und die Nutzungsdauer mit 10 Jahren geplant. Für die kalkulatorische AfA ergab sich ein Stundensatz von 18,75 EUR/Std.

Um wie viel Prozent erhöht sich der Maschinenstundensatz, wenn aufgrund aktueller Erkenntnisse die Lebensdauer der Anlage auf sechs Jahre reduziert werden muss?

05. Deckungsbeitrag pro Stück, Break-even-Point

Sie sind kommissarischer Leiter einer Niederlassung, die hochwertige Werkzeugsätze herstellt. Die Verhandlungen mit dem Kunden Huber stehen kurz vor dem Abschluss: Er möchte bei Ihnen laufend die Ausführung „MKX24" bestellen. Aus der Buchhaltung haben Sie folgende Zahlen erhalten:

Materialkosten pro Stück:	100 EUR/Stk.
Lohnkosten pro Stück:	200 EUR/Stk.
Fixkosten pro Woche:	12.000 EUR
vorläufiger Verkaufspreis pro Stück:	600 EUR/Stk.

a) Bei welcher Stückzahl pro Woche ist die Gewinnschwelle erreicht?

b) Wie hoch ist der Deckungsbeitrag pro Stück?

06. Produktivität, Rentabilität, ROI

Aufgrund der Angaben aus dem Rechnungswesen ermitteln Sie für die letzten beiden Monate u. a. folgende Kennzahlen:

Monat	Ausbringung [Stk.]	Arbeitsstunden	Gesamtkapitalrentabilität [%]
Mai	50.000	2.000	12,5
Juni	42.000	1.400	12,5

a) Berechnen Sie die Veränderung der Arbeitsproduktivität in Prozent und nennen Sie zwei mögliche Ursachen für die Veränderung.

b) Erklären Sie anhand von drei Beispielen, warum sich bei einer Veränderung der Arbeitsproduktivität die Gesamtkapitalrentabilität des Unternehmens nicht zwangsläufig verändert.

c) Als Grundlage für Ihre Unternehmensplanung wird u. a. der Return on Investment (ROI) verwendet. Wie wird diese Kennzahl ermittelt?

d) Welcher Unterschied besteht zwischen dem ROI und der Rentabilität?

07. Kapitalbindung, Kapitalrückflusszeit

Die Betriebsleitung plant, einen neuen Rasenmäher Typ „Rasant" zu fertigen. Neben einer zusätzlichen Fertigungsanlage müsste eine entsprechende Halle errichtet werden. Aus der Buchhaltung bzw. dem Ein- und Verkauf tragen Sie folgende Plandaten zusammen:

Anschaffungspreis der neuen Anlage:	200.000 EUR
- geplanter Restwert:	20.000 EUR
Anschaffungspreis der neuen Halle:	60.000 EUR
- geplanter Restwert:	0,00 EUR
Transportkosten:	15.000 EUR
Kosten der Montage und Inbetriebnahme:	25.000 EUR
Abschreibungsdauer:	
- Anlage:	5 Jahre
- Halle:	10 Jahre
Materialkosten/Stk.:	20,00 EUR
Fertigungskosten/Stk.:	40,00 EUR
Gemeinkosten/Stk.:	5,00 EUR
geplante Fertigungsmenge/Tag:	100 Stk.
Fertigungstage pro Jahr:	200 Tage
Verkaufspreis/Stk.	70,00 EUR
Lieferantenziel:	30 Tage
Lagerdauer Rohstoffe:	20 Tage
Fertigungsdurchlaufzeit:	10 Tage
Lagerdauer Fertigerzeugnisse:	14 Tage
Kundenziel:	14 Tage

a) Ermitteln Sie den Kapitalbedarf für die Fertigung des neuen Rasenmähers Typ „Rasant“.

b) Berechnen Sie die Kapitalrückflusszeit in Jahren.

08. Operative Instrumente (Kennzahlen, Controlling) und Budgetkontrolle

Aus der Buchhaltung liegen Ihnen folgende Zahlen des Produktes X vor:

Jahr	Umsatz [EUR]	Absatz [Stk.]
2006	40.400	450
2007	45.200	460

Aus den Berichten über die Budgetgespräche wissen Sie, dass für 2007 ein Planumsatz von EUR 48.000, – bei einem Planabsatz von 450 Stück – festgeschrieben war.

a) Führen Sie einen innerbetrieblichen Vergleich durch. Unterscheiden Sie dabei
   - a1) Ist-Ist-Vergleich
   - a2) Soll-Ist-Vergleich und zeigen Sie jeweils die mengenmäßigen und wertmäßigen Veränderungen sowie die Veränderung der Erlöse pro Stück – ausgewiesen in Prozent – auf.

b) Präsentieren Sie die gewonnenen Ergebnisse der Geschäftsleitung in einer übersichtlichen Matrix bzw. einem Schaubild.

09. Analyse einer Geschäftsentwicklung

Sie analysieren die Geschäftsentwicklung Ihres Profitcenters. Betrachtet wird das zurückliegende Geschäftsjahr. Sie stellen fest:

- der Gewinn verzeichnet einen Rückgang um 1,5 %,
- der Absatz ist dramatisch „eingebrochen“ (um 25 %),
- der Umsatz ist annähernd konstant geblieben.

Was ist passiert? Erläutern Sie zwei Ursache-Wirkungszusammenhänge.

3. Prüfungsfach: Anwendung von Methoden der Information, Kommunikation und Planung

3.1 Erfassen, Analysieren und Aufbereiten von Prozess- und Produktionsdaten

01. Dokumentation von Prozessen

Warum müssen Prozesse dokumentiert werden und mit welchen Hilfsmitteln kann dies erfolgen. Geben Sie jeweils sechs Beispiele.

02. Daten eines Prozesses visualisieren

Im Rahmen der Auditierung sollen zukünftig zentrale Prozesse im Betrieb visualisiert werden.

In welcher Form kann dies geschehen?

03. Echtzeitbetriebssysteme

Erläutern Sie den Unterschied zwischen Real-time-Processing und Batch-Processing.

04. Übernahme bestehender Zeichnungen

Wie können bestehende Zeichnungen auf elektronischem Wege übernommen werden, um sie anschließend mit einem CAD-Programm weiterzuverarbeiten? Beschreiben Sie mögliche Vor- und Nachteile des Verfahrens.

05. Vorteile von CAD-Software

Welche Vorteile besitzen CAD-Programme im Vergleich zu herkömmlichem Zeichnen?

06. Funktionen von CAD-Software

Welche Funktionen bieten CAD-Programme einem technischen Zeichner?

07. CIM-Konzept

In einem Unternehmen soll CIM eingeführt werden. Welche Kriterien müssen für die Implementierung einer neuen Datenbank berücksichtigt werden, um das CIM-Konzept im Unternehmen erfüllen zu können?

08. Betriebsdatenerfassung

Die Betriebsdatenerfassung für Lohnscheine soll von Magnetstreifen auf Barcodes umgestellt werden. Worin liegen die Vorteile der BDE mittels Barcodes im Vergleich zur BDE mittels Magnetstreifen?

09. PPS-System

Welche Unterstützung kann ein PPS-System dem Vertrieb eines Unternehmens, das auftragsorientiert produziert, bieten?

10. Vergleich Standard-/Individual-Software

In Ihrer Firma soll eine neue Software zur Auftragsbearbeitung ausgewählt werden. Als grundsätzliche Fragestellung ergibt sich, ob diese Software eine Standard-Software sein kann oder ob es sinnvoller ist, eine Individual-Software entwickeln zu lassen. Welche Vorteile sprechen bei einer Auftragsbearbeitung für eine Standard-Software und welche Vorteile sprechen für eine Individual-Software?

11. Änderungen an Individual-Software

Welche Voraussetzungen müssen erfüllt sein, um Änderungen von Unternehmensabläufen in der eingesetzten Individual-Software auch viele Jahre nach der Entwicklung des Programms vornehmen zu können?

12. Auswahl von Software und Lieferanten

Für die Anschaffung einer neuen E-Mail-Software in einem Unternehmen soll ein Anbieter ausgesucht werden, der neben dem Verkauf der Software auch Installation und Service anbieten kann. Da die Firma keine eigene IT-Abteilung unterhält, ist die Auswahl des Anbieters eine wichtige Aufgabe. Als Vorgesetzter mit entsprechenden EDV-Kenntnissen sollen sie für die Einkaufsabteilung des Unternehmens Kriterien für eine Angebotsbewertung erstellen. Welche Kriterien sind für die Bewertung der unterschiedlichen Angebote auch in Bezug auf Installation und Service wichtig?

13. Höhere Programmiersprachen

Worin liegen die Vorteile von höheren Programmiersprachen?

14. Passwörter

Der Datenschutz in Ihrem Fertigungsbereich soll verbessert werden; dazu erhalten Sie von der Betriebsleitung den Auftrag, ein Informationsblatt zur Auswahl von Passwörtern für die Mitarbeiter zu erstellen. Welche Ratschläge sollte das Informationsblatt enthalten? Beschreiben Sie fünf Aspekte.

3.2 Planungstechniken und Analysemethoden sowie deren Anwendungsmöglichkeiten

01. Pareto-Prinzip

Am Jahresende sind Sie dabei, Ihre persönlichen und beruflichen Ziele für das kommende Jahr zu notieren.

a) Welche Bedeutung haben Ziele für das persönliche Zeitmanagement?

b) Eines Ihrer persönlichen, beruflichen Ziele für das nächste Jahr heißt: „Aufstieg innerhalb der Firma in eine höher bezahlte Tätigkeit mit mehr Gestaltungsfreiraum und mehr Führungsverantwortung“. Erstellen Sie eine Liste mit fünf geeigneten Aktionen zur Erreichung dieses Zieles. Erläutern Sie das Pareto-Prinzip und wenden Sie es auf Ihren Maßnahmenkatalog an.

02. Umgang mit anderen

Formulieren Sie als Führungskraft sechs Regeln für eine effektive Zeitverwendung „im Umgang mit anderen“.

03. Informationskanäle, Körbe-System

Nach Rückkehr von einer längeren Dienstreise finden Sie auf Ihrem Schreibtisch einen Postberg von ca. 25 cm vor. Der Postberg ist unsortiert und enthält alle Schriftstücke, wie Sie sie aus der Praxis kennen (Telefonnotizen mit Bitte um Rückruf, interne Post, externe Post, Werbung usw.).

a) Erläutern Sie das „3-Körbe-System“ sowie die „6 Informationskanäle“ und zeigen Sie, wie Sie damit die Post bearbeiten – anhand von sieben typischen Beispielen.

b) Nennen Sie sechs weitere Regeln im Umgang mit „Papier“.

04. Telefonmanagement

Formulieren Sie neun Regeln für ein effektives Telefonmanagement.

05. Zeitplanung

Nennen Sie fünf Vorteile der schriftlichen Zeitplanung.

06. Tagesplanung

Vor Ihnen liegt ein Auszug aus dem Terminkalender von Hubert Kernig, dem neuen Assistenten der Betriebsleitung, den Sie zurzeit als Mentor betreuen. Der Firmensitz ist Hilden (im Großraum Düsseldorf). Kernig ist verheiratet (ohne Kinder; seine Frau heißt Lisa) und bewohnt ein

Reihenhaus im Norden von Leverkusen (ca. 30 Min. Fahrtzeit zur Arbeit). Es folgen Hinweise zu einzelnen Vorgängen/Sachverhalten:

- Herr Grundlos ist ein neuer Mitarbeiter (Techniker); es geht um die Vermittlung von Einblicken in Betriebsabläufe; dafür sind mehrere Gespräche angesetzt.
- Herr Dr. Ohnesorge ist der technische Berater einer Consulting-Firma, der „auf der Durchreise" ist und sein neues Konzept „Transportautomatisierung" vortragen möchte. Herr Dr. Ohnesorge hatte Kernig vor drei Wochen bei einem Termin „versetzt".

Dienstag	**05. September**		**Hubert Kernig**
Zeit	Termine	erledigt	Notizen
7:00			- Tel. Müller & Co./Reklamation
8:00	Besprechung mit Dr. Ohnesorge, Werk, Raum 5		- Tel. Lisa/Geschenk Jochen
9:00	Meeting Projektgruppe K, ca. 2 bis 2,5 Std., Konferenzraum, Verwaltung		- Brief Fr. Strackmann/Mietminderung
10:00			- Tel. Dr. Zahl/EDV-Liste, Budget 08
11:00	Postbesprechung mit Sekretärin Fr. Knurr, ca. 30 Min.		- Auto abholen von Inspektion
12:00	Mittagessen mit Dr. Endres; neue Marketingstudie, neueste Verkaufszahlen		
13:00			
14:00	Präsentation für Verkaufsleitertagung am Mi. vorbereiten		
15:00	Einweisung von Herrn Grundlos		
16:00	Budgetplanung 2008, Vorbereitung der Unterlagen für Di.-Morgen, 9:00 bis 10:30 h		
17:00			
18:00			
19:00	Privat: Einweihungsfete bei Jochen in Ratingen		
20:00			
21:00			

a) Nennen Sie sieben Prinzipien der Tagesplanung, gegen die Kernig verstößt und geben Sie ein Beispiel für eine „kritische Terminplanung" (= vorhersehbare Verzögerung bzw. Unvereinbarkeit von Vorgängen bzw. Terminkollision).

b) Gestalten Sie eine neue Tagesplanung aufgrund der Ihnen vorliegenden Informationen, und berücksichtigen Sie dabei die in Frage a) geschilderten Prinzipien. Nennen Sie beispielhaft sechs markante Veränderungen Ihrer Wahl.

c) Übertragen Sie die Termine und Vorhaben von Hubert Kernig in die 4-Felder-Matrix nach Eisenhower.

07. Stärken-Schwächen-Analyse

Entwerfen Sie eine Matrix, um das Stärken-Schwächen-Profil Ihres Unternehmens darzustellen. Nennen Sie dabei die relevanten Wettbewerbspositionen, wählen Sie eine geeignete Skalierung und tragen Sie ein Beispiel Ihrer Wahl ein (z. B. Vergleich Ihrer Firma mit einem Wettbewerber).

08. Lorenzkurve

a) Erläutern Sie die Lorenzkurve (Konzentrationskurve) und geben Sie dazu zwei Beispiele an.

b) Ein Unternehmen möchte die Struktur der Umsätze vergleichen. Es liegen folgende Größenklassen vor:

Umsatzgrößenklasse von ... bis unter ... Mio. €	Anzahl der Unternehmen	Umsatz in Mio. €
0 – 1	176	95
1 – 2	94	141
2 – 5	87	162
5 – 10	38	160
10 – 25	24	316
25 – 50	7	145
50 – 1.000	4	341
	430	1.360

Erstellen Sie die Konzentrationskurve!

09. Arbeitsplan, Schlüsselfragen

Der Arbeitsplan der Wertanalyse beruht auf einer Reihe von Fragestellungen, zu denen Antworten gefunden werden müssen. Formulieren Sie fünf zielgerichtete Fragestellungen zur Erfassung der Funktion eines Produktes.

10. Funktionsarten

Erläutern Sie Hauptfunktion, Nebenfunktion und „unnötige Funktion" allgemein und am Beispiel des Produktes „Feuerzeug".

11. Systematik der Wertanalyse

Beschreiben Sie die Grundschritte des Arbeitsplans nach DIN 69910.

12. Strategische Planung, kritischer Weg, Modus, Sukzessivplanung

Erläutern Sie folgende Begriffe:

a) Strategische Planung
b) Kritischer Weg
c) Modus
d) Sukzessivplanung

13. Strategische Erfolgsfaktoren

Auf der letzten Betriebsversammlung hielt die Geschäftsleitung ein Grundsatzreferat über die Prinzipien der Unternehmensführung. Unter anderem wurde behauptet: „Strategische Erfolgsfaktoren beruhen wesentlich auf einem qualitativ hohen Stand der Unternehmensführung."

Nehmen Sie Stellung zu dieser Aussage.

14. Wirtschaftlichkeit der Planungsinstrumente

Auf derselben Betriebsversammlung fordert der Betriebsratsvorsitzende endlich Maßnahmen zu ergreifen, um die Ertragslage des Unternehmens zu verbessern: „Es kommt nicht primär darauf an, dass wir sofort prüfen, ob diese Maßnahmen Erfolg haben oder nicht, sondern wir müssen alle Maßnahmen berücksichtigen, die zielführend sein können; der Erfolg wird sich dann schon einstellen. Aber bitte, wir müssen etwas tun und nicht nur dauernd diskutieren."

Beurteilen Sie die Aussage des Betriebsratsvorsitzenden und nennen Sie vier Instrumente zur Kontrolle der Wirtschaftlichkeit der Unternehmensführung.

15. Operative Planung (Planung der Stromkosten)

Eine NC-Anlage hat eine monatliche Kapazität von 400 Stunden; die Leistungsaufnahme liegt bei 60 kWh, der geplante Verrechnungspreis beträgt 0,12 EUR/kWh bei einer monatlichen Zählermiete von 120 EUR. Auch bei Stillstand der Anlage fallen 5 % Stromkosten an.

a) Ermitteln Sie die fixen und variablen Stromkosten der NC-Anlage pro Monat bei 100 % Auslastung.

b) Welche variablen Stromkosten ergeben sich pro Monat bei einer 70-prozentigen Auslastung?

3.3 Anwenden von Präsentationstechniken

01. Präsentation: Übung

a) Im Rahmen Ihrer wöchentlich stattfindenden Routinebesprechung mit Ihren Vorarbeitern haben Sie die Aufgabe, in einer 4-minütigen Präsentation Ihren Mitarbeitern den Vorteil der „Führung durch Zielvereinbarung" zu vermitteln. Beim Hilfsmittel können Sie wählen zwischen Flipchart oder Overheadprojektor mit Folien.

b) Welche Bedeutung hat die Sprache bei der Präsentation? Präsentieren Sie Ihre Gedanken in vier Minuten mithilfe von Flipchart oder Overhead.

c) „Eine Präsentation ohne Visualisierung ist von geringerer Wirksamkeit!" Präsentieren Sie Ihre Gedanken zu dieser These in vier Minuten mithilfe von Flipchart oder Overhead.

Aufgabenstellung zu a) bis c):

Bereiten Sie die Präsentation inhaltlich vor und nennen Sie (kurzgefasst), welche Aspekte bei der Durchführung der Präsentation besonders zu beachten sind.

02. Moderation: Übung

a) Sie leiten eine Besprechung mit Ihren Mitarbeitern. Wählen Sie selbst ein geeignetes Thema aus Ihrer betrieblichen Praxis und führen Sie die Konferenz durch. Zur Vorbereitung des Themas haben Sie 15 Min. Zeit (Einzelarbeit). Welche Aspekte sind bei der Durchführung der Moderation besonders zu beachten?

b) Nehmen Sie Stellung zu folgenden Sachverhalten bzw. Fragen:

   b1) Sie nehmen als Gast an der Arbeitsbesprechung Ihres Vorarbeiters Wutke teil. Wie des Öfteren, so stellen Sie auch hier wieder fest, dass seine Mitarbeiter teilweise gar nicht verstehen, was er meint. Woran könnte das liegen? Was werden Sie unternehmen?

   b2) Welche häufigen „Todsünden" werden Ihrer Meinung nach in der Praxis bei der Durchführung von Besprechungen begangen?

   b3) Was heißt „Moderation" im Zusammenhang mit Konferenzen? Welche besondere Rolle hat dabei der Moderator/Konferenzleiter?

   b4) Bei der Moderation eines Zweiergespräches gibt es die Methode des „aktiven Zuhörens". Was halten Sie davon? Geben Sie eine Erläuterung.

   b5) Welche Bedeutung haben Fragetechniken für Sie bei der Moderation von Besprechungen?

   b6) Sollte nach Ihrer Meinung bei jeder Konferenz ein Protokoll geführt werden?

03. Visualisierung (1)

Für die kommende Besprechung aller Meisterbereiche haben Sie die Aufgabe übernommen, den Verlauf der Unfallhäufigkeit in der Fertigung sowie die Entwicklung der Kosten der neuen

Baugruppe Z im ersten Halbjahr zu präsentieren. Aus dem Rechnungswesen erhalten Sie folgendes Zahlenmaterial:

(1)Baugruppe Z:

Quartal	I	II.
Fixe Kosten pro Stück: Variable Kosten pro Stück:	40,– 200,–	45,– 180,–

(2)Entwicklung der Unfallzahlen in der Fertigung im 1. Halbjahr:

Monat:	1 2 3 4 5 6
Anzahl der Unfälle:	3 1 0 6 2 1

a) Welcher Diagrammtyp eignet sich für die jeweilige Darstellung?

b) Entwerfen Sie jeweils ein Diagramm als Folienvorlage.

04. Visualisierung (2)

Für zukünftige Präsentationen sollen Sie Ihre Visualisierungstechnik mithilfe von Diagrammen noch verbessern und daher eine Übersicht erstellen, welche Diagrammtypen für die Darstellung welcher Sachverhalte besonders geeignet sind:

Es soll dargestellt werden:

- die Häufigkeit von Merkmalsausprägungen,
- die Veränderung eines Merkmals im Zeitablauf,
- die Zusammensetzung der Belegschaft nach Altersgruppen
- den Energieverbrauch pro Halbjahr mithilfe geeigneter Symbole
- die Verteilung/die Orte der Servicestationen Ihres Unternehmens in Deutschland

05. Visualisierung (3)

Welche Medien eignen sich für die Visualisierung? Nennen Sie fünf Beispiele und gehen Sie dabei jeweils auf die Vor- und Nachteile ein.

06. Präsentation (1)

a) Beschreiben Sie, welche Aktivitäten Sie bei der Vorbereitung Ihrer Präsentation durchführen müssen.

b) Welche Sprech- und Redetechniken muss der Präsentator beherrschen? Nennen Sie zehn Aspekte.

07. Präsentation (2) und Kritikgespräch

Ihr Mitarbeiter Hubertus hat von Ihnen den Auftrag erhalten, für die nächste Abteilungsleiterbesprechung die Ausfallzeiten Ihres Meisterbereichs auszuwerten. Der Datenschutzbeauftragteist informiert und Hubertus (und nur er) hat Zugriffsberechtigung auf die Zeitsummenkonten Ihrer Mitarbeiter; der Zugang zu den Daten ist über Passwort geschützt. In der Bedienung der Software ist nur Hubertus unterwiesen.

Hubertus ist gerade dabei, die Stammdaten aufzurufen, die erste Bildschirmmaske erscheint, als der Pförtner anruft und ihm mitteilt: „Ihre Frau ist am Tor und muss Sie unbedingt sofort sprechen." Etwas in Sorge macht sich Hubertus auf den Weg zum Tor.

Kurz danach betreten Sie den Raum von Hubertus, weil Sie sich nach dem Stand der Arbeiten erkündigen wollen und sehen, dass der PC eingeschaltet und das Programm „Zeiterfassung und -auswertung" aufgerufen ist.

a) Was unternehmen Sie?

b) Sie nehmen den Vorfall zum Anlass, um generell mit Ihren Mitarbeitern im nächsten Meeting über diese Angelegenheit zu sprechen. Einleitend werden Sie dazu eine 5-Minuten-Präsentation zum Thema Datenschutz halten. Beantworten Sie im Zusammenhang damit folgende Fragen:

 b1) Wie bereiten Sie die Präsentation vor?

 b2) Welche Gliederungspunkte enthält Ihre Präsentation?

 b3) Welche Hilfsmittel/Unterlagen/Handouts bereiten Sie vor?

 b4) Wie gestalten Sie Ihre Stichwortkarten?

 b5) Wer kann Sie bei der anschließenden Diskussion unterstützen?

3.4 Erstellen von technischen Unterlagen, Entwürfen, Statistiken, Tabellen und Diagrammen

01. Mengenstückliste

Für ein Erzeugnis liegt folgende Struktur vor:

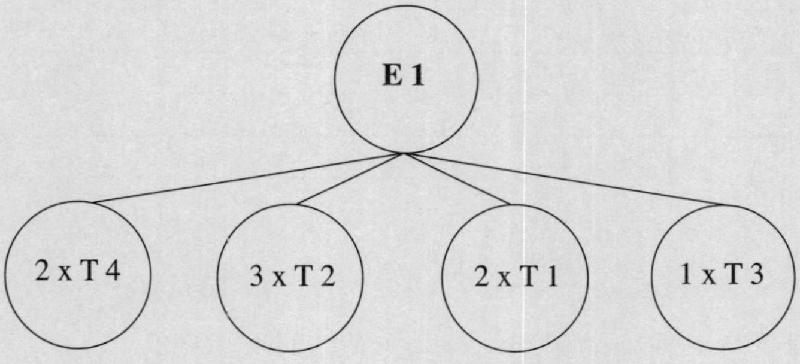

a) Erstellen Sie aus der vorgegebenen Erzeugnisstruktur eine einfache *Mengenstückliste*.

b) Errechnen Sie den *Sekundärbedarf* für alle Bauteile bei einem Primärbedarf von 1.700 Stück für das Erzeugnis E1.

02. Erzeugnisstruktur

Skizzieren Sie die Erzeugnisstruktur zu folgender Strukturstückliste:

Fertigungsstufe	Bauteil	Anzahl
1	G1	2
2	T1	1
2	T2	1
1	T3	1
1	G2	1
2	G3	2
3	T1	1
3	T2	2
2	T5	2
1	T4	2

03. Teileverwendungsnachweis

Erstellen Sie aus den unten aufgeführten Stücklisten *Teileverwendungsnachweise*.

Erzeugnis 1	
Bauteil	Anzahl
T3	4
T4	3
T5	1

Erzeugnis 2	
Bauteil	Anzahl
T1	1
T2	3
T5	2

Erzeugnis 3	
Bauteil	Anzahl
T5	2
T3	1
T4	2

04. Gliederungszahlen

Für Ihr Unternehmen liegen folgende Zahlenwerte vor:

Jahr	Anzahl der Arbeiter	Anzahl der Angestellten	Umsatz in Mio. EUR
2005	40	80	24
2006	30	70	20
2007	25	60	18

Berechnen Sie folgende Verhältniszahlen:

a) Anteil der Arbeiter zur Gesamtbelegschaft in Prozent der Jahre 2005 bis 2007

b) Entwicklung des Umsatzes pro Mitarbeiter von 2005 bis 2007

c) Anteil der Arbeiter zu den Angestellten der Jahre 2005 bis 2007

05. Mittelwerte (Vergleich)

Vergleichen Sie die nachfolgenden Mittelwerte hinsichtlich der Merkmale „Anwendung", „Vorteile" und „Nachteile":

- Arithmetisches Mittel,
- Modus,
- Median.

3.5 Projektmanagementmethoden

01. Fallbeispiel: Das Projekt der Motor OHG

Die Firma Motor OHG beschäftigt sich als mittelständisches Unternehmen mit der Herstellung von Motoren. Das Unternehmen besitzt bisher keine eigene EDV-Anlage. Die gesamte Datenverarbeitung wird von einem externen Rechenzentrum erledigt. Die Anschaffung einer eigenen EDV-Anlage wurde vor einiger Zeit von der Geschäftsleitung als strategisches Ziel definiert. Zur Realisierung dieses Zieles hat die Geschäftsleitung vor etwa einem halben Jahr die Stelle „Organisation" neu geschaffen. Die Stelle ist bis heute zwar nur mit einem einzigem Mitarbeiter besetzt, doch wird durch die Bezeichnung „Leiter Organisation" der strategischen Bedeutung der Stelle Rechnung getragen.

Bei der Besetzung der Stelle gab es neben Herrn Hubertus noch mehrere Bewerber. Wie Sie inzwischen erfahren haben, fiel damals die Wahl auf Herrn Hubertus wegen seiner guten EDV-Kenntnisse. Auch hat er die Geschäftsleitung beim Einstellungsgespräch durch sein Auftreten und seine Bereitschaft, an diesem strategischen Ziel mitzuarbeiten, überzeugt. Zu seinen bisherigen Tätigkeiten in der Firma Motor OHG gehörte u.a. die Koordination zwischen den einzelnen Fachabteilungen und dem externen Rechenzentrum. Dabei hat er bereits einige ausgewogene Entscheidungen getroffen. Es stellte sich allerdings im Laufe der Zeit heraus, dass sich der „Leiter Verwaltung" nicht gerade kooperativ verhält.

Herr Hubertus hat nunmehr aus eigener Initiative ein Konzept erarbeitet, wie das Ziel „eigene EDV-Anlage" umgesetzt werden soll. Nach diesem Konzept soll zunächst die Verwaltung und anschließend die Produktion auf die eigene EDV umgestellt werden. Die Geschäftsleitung ist mit diesem Konzept einverstanden, hat jedoch die Durchführung mit Auflagen versehen:

So darf die Unternehmensleitung nicht mit Detailentscheidungen belastet werden. Außerdem soll die laufende Aufgabenerfüllung in den Funktionsabteilungen weitgehend unberührt von der Durchführung des Projektes bleiben, da bereits wegen der knappen Personaldecke die Erfüllung der laufenden Aufgaben nur durch einen hohen Überstundenanteil der Mitarbeiter erreicht wird. Falls Neueinstellungen von zusätzlichen EDV- bzw. Organisationsmitarbeitern für die Dauer des Projektes notwendig sein sollten, sind diese zu berücksichtigen. Die Projektarbeit ist von abteilungs- bzw. ressortpolitischen Gesichtspunkten freizuhalten.

a) Begründen Sie, warum der dem Leiter der Organisation übertragene Auftrag die Kriterien für die Durchführung in Form einer Projektorganisation erfüllt.

b) Schlagen Sie die zu realisierende Form der Organisation des anstehenden Projektes vor. Begründen Sie den Vorschlag detailliert aufgrund der betriebsinternen Gegebenheiten und weisen Sie nach, dass die von der Unternehmensleitung gesetzten Restriktionen in Ihrer Organisationsform berücksichtigt wurden.

c) Legen Sie fest, wer die Projektleitung übernehmen soll und erläutern Sie anhand der Ausgangssituation, welche allgemeinen persönlichen Auswahlkriterien bei dieser Wahl erfüllt sein müssen.

d) Was sind die Merkmale einer hierarchiefreien Projektgruppe? Nennen Sie zwei wesentliche Aspekte im Zusammenhang mit dem Projektmanagement.

e) Obwohl bei der hierarchiefreien Projektgruppe alle Mitglieder gleich sein sollen, kann es dennoch vorkommen, dass sich eine informelle Hierarchie entwickelt. Nennen Sie drei Möglichkeiten dafür.

f) Wann empfiehlt sich der Einsatz einer hierarchiefreien Gruppe?

g) Der Kostenbericht der Arbeitspakete stellt einen wichtigen Teil des Berichtswesens eines Projektes dar. Entwerfen Sie ein Formular für einen solchen Kostenbericht mit den notwendigen Informationen und ordnen Sie diese Informationen in Ihrem Formular sinnvoll an.

h) Ein neues Projekt muss vor Beginn der Arbeiten sorgfältig geplant werden. Erstellen Sie die allgemeine chronologische Vorgehensweise bei einer Projektplanung.

i) Diskutieren Sie die Aussage: „Ein Standardstrukturplan steht im Widerspruch zu dem Begriff Projekt, aus diesem Grund sollte ein Standardstrukturplan bei der Projektplanung keine Verwendung finden."

j) Bei der Projektstrategie werden zwei Arten als Extreme unterschieden. Nennen Sie diese.

02. Ermittlung des Zeitbedarfs (PERT-Methode)

Im Rahmen der Durchführung des Projekts „Reorganisation des Lagers" ist der Zeitbedarf für das Teilprojekt „Bau und Logistik des neuen Zentrallagers" zu schätzen. Aufgrund ähnlicher Vorhaben der Vergangenheit liefert Ihnen Ihr REFA-Fachmann folgende Daten:

- optimistischer Zeitbedarf: 6 Monate
- pessimistischer Zeitbedarf: 12 Monate
- normaler Zeitbedarf: 8 Monate

Schätzen Sie mithilfe der PERT-Methode den Zeitbedarf für das Teilprojekt „Bau und Logistik des neuen Zentrallagers".

03. Auftragszeit, Personalbemessung

Ihr Unternehmen arbeitet einschichtig bei einer 5-Tage-Woche und 7,5 Arbeitsstunden täglich. Es liegen zwei Aufträge (T1, T2 vor):

Auftragszeit T_1 = 32.000 min
Auftragszeit $T_2 = t_r + t_e \cdot m$ mit: t_r = 300 min
t_e = 12 min
m = 1.800 Stk.

Beide Aufträge sollen in einem Monat fertig gestellt sein; der Monat ist durchschnittlich mit 22 Arbeitstagen anzusetzen. Außerdem ist ein Zuschlag von 11 % für Ausfallzeiten (Urlaub, Krankheit usw.) zu berücksichtigen.

Berechnen Sie die Anzahl der Mitarbeiter (auf Vollzeitbasis), die für die Erledigung beider Aufträge (in der vorgegebenen Zeit) erforderlich sind.

3.6 Informations-/Kommunikationsformen und -mittel

01. Schutzmaßnahmen (1)

Welche Maßnahmen können zum Schutz von Unternehmensdaten vor möglichen Gefahrenquellen getroffen werden?

02. Schutzmaßnahmen (2)

In der Forschungsabteilung eines Unternehmens werden alle Forschungsberichte und -protokolle mittels EDV erfasst und verwaltet.

a) Welche Möglichkeiten haben Industriespione, um an solche geheimen Daten zu gelangen?

b) Welche technischen und organisatorischen Maßnahmen können getroffen werden, um die für das Unternehmen wertvollen Daten vor Industriespionage zu schützen?

03. Datenschutz- und Datensicherheitskonzept

Beschreiben Sie technische und organisatorische Maßnahmen, die im Rahmen eines Datenschutz- und Datensicherheitskonzeptes realisiert werden sollen.

04. Virenschutzkonzept

Beschreiben Sie technische und organisatorische Maßnahmen, die im Rahmen eines Virenschutzkonzeptes realisiert werden sollen.

05. Kopplung zwischen Internet und Intranet

Wie können Internet und Intranet gekoppelt werden, damit Mitarbeiter innerhalb eines Unternehmens auf Informationen und Dienste des Internets zugreifen können und gleichzeitig Mitarbeiter im Außendienst oder in Heimarbeit zum Intranet des Unternehmens Zugang erhalten?

06. Datenschutzbeauftragter

In einem Unternehmen werden an verschiedenen Stellen personenbezogene Daten an Bildschirmarbeitsplätzen verarbeitet. Insgesamt sind 19 Mitarbeiter im Unternehmen unter anderem mit einer solchen Aufgabe betraut.

a) Welche Stelle muss in Bezug auf den Datenschutz auf jeden Fall vorhanden sein?

b) Wem ist diese Stelle im Unternehmen direkt unterstellt?

c) Welche Alternativen stehen der Unternehmensleitung bei der Besetzung dieser Stelle zur Auswahl?

d) Welche Aufgaben hat diese Stelle in Bezug auf den Datenschutz zu erfüllen?

07. Voraussetzungen eines Datenschutzbeauftragten

Welche Voraussetzungen sollte ein Beauftragter für den Datenschutz erfüllen?

08. Textverarbeitung

Welche Möglichkeiten bietet die moderne Textverarbeitung heute?

09. Prüfung einer Individualsoftware

Ihrem Unternehmen liegen verschiedene Angebote für eine Individual-Software vor. Die Anbieterfirmen nennen unterschiedliche Verkaufsargumente für ihre Software. Welche Vorteile bieten die folgenden Verkaufsargumente? Wählen Sie dazu sechs der genannten Argumente aus und geben Sie eine Erläuterung:

(1) einheitliche Benutzeroberfläche aller Software-Module
(2) integrierte Anwendungen in allen Unternehmensbereichen
(3) für alle gängigen Betriebssysteme verfügbar
(4) regelmäßige Updates zur Software
(5) Auslieferung im Quellcode
(6) Programmierung in einer höheren Programmiersprache
(7) Fernwartbarkeit der Software
(8) Support-Hotline

10. Projekt „Neue EDV“

Ihr Unternehmen verzeichnete in den letzten Jahren eine erfreuliche Geschäftsentwicklung. Die Zahl der Mitarbeiter ist von 140 auf fast 400 angestiegen. Aufgrund des überproportionalen Wachstums sind die im Betrieb vorhandenen EDV-Lösungen quantitativ und qualitativ zum Teil veraltet bzw. genügen nicht mehr den betrieblichen Anforderungen. Aus diesem Grunde hat die Geschäftsleitung das auf 1 ½ Jahre festgesetzte Projekt „Neue EDV“ installiert, dem Sie als Mitglied angehören. Zur Unterstützung der Projektbearbeitung wurde ein externes Beratungsunternehmen aus Neubrandenburg eingeschaltet. In der nächsten Teamsitzung sollen einige grundlegenden Entscheidungen getroffen werden. Bereiten Sie sich auf diese Sitzung vor, indem Sie folgende Sachverhalte stichwortartig beantworten:

a) In den Funktionsbereichen Fertigung, Rechnungswesen, Marketing, Einkauf und Verwaltung existieren bisher unterschiedliche Betriebssysteme und Softwarelösungen; die Verarbeitung der Daten erfolgt im Stapelbetrieb.

   Formulieren Sie fünf zentrale Fragen an das EDV-Beratungsunternehmen, über die hinsichtlich der neuen EDV-Konfiguration zu beraten ist.

b) Eine der Forderungen der Geschäftsleitung besteht darin, dass die Daten in der Produktion zukünftig im Echtzeitbetrieb verarbeitet werden sollen.

   b1) Welche Systemvoraussetzungen sind dafür erforderlich?

   b2) Welche Nachteile sind mit einer Echtzeitverarbeitung verbunden?

c) In Zusammenarbeit mit dem Betriebsrat und der Personalabteilung sollen zukünftig die Ausfallzeiten erfasst und ausgewertet werden. Unter anderem möchte das Rechnungswesen die Anzahl der bezahlten Arbeitsstunden den geleisteten Arbeitsstunden gegenüberstellen.

   Welche Daten über die Ausfallzeiten dürfen im Betrieb unter dem Aspekt „Datenschutz" veröffentlicht werden und welche nicht?

d) Die PC-Einzelarbeitsplätze sollen zukünftig vernetzt werden (LAN). Welche Vorteile und welche Risiken können damit verbunden sein?

e) Nennen Sie sechs Phasen in sachlogischer Reihenfolge, die bei der Auswahl und Einführung des neuen IT-Systems einzuhalten sind.

f) Beschreiben Sie den Unterschied zwischen einem Pflichten- und einem Lastenheft.

g) Die Geschäftsleitung fordert, dass das neue IT-System geeignet sein muss, die Papierflut zu reduzieren und die Kommunikation zu beschleunigen. Nennen Sie dazu fünf Verbesserungspotenziale.

4. Prüfungsfach: Zusammenarbeit im Betrieb

4.1 Beurteilen und Fördern der beruflichen Entwicklung des Einzelnen

01. Persönlichkeitsmerkmale

Entwickeln Sie beispielhaft einen Bogen zur Erfassung von Persönlichkeitsmerkmalen (Ist-Profil). Das Papier sollte geeignete Persönlichkeitsmerkmale und eine Skalierung enthalten.

02. Sozialisation und Instinkt

Erläutern Sie anhand eines Beispiels den Unterschied zwischen menschlichen Verhaltensreaktionen aufgrund des Sozialisationsprozesses und aufgrund instinktiver Verhaltensweisen.

03. Reife und Wachstum

Geben Sie ein anschauliches Beispiel für den Reife- und Wachstumsprozess Jugendlicher.

04. Selbstwertblock

Im Folgenden finden Sie zwei Beispiele aus der Erlebniswelt eines Kindes. Beurteilen Sie, wie sich das Verhalten des Vaters auf die Entwicklung des Selbstwertblocks eines Menschen auswirken kann und erläutern Sie, welche Bedeutung der Selbstwertblock für menschliche Verhaltensweisen hat.

Beispiel (1):
Ein Kind baut am Strand eine Burg. Der Vater ermutigt das Kind, lobt es und bestaunt das Ergebnis.

Beispiel (2):
Der Vater kommt missgelaunt nach Hause – wie immer – und findet keine Zeit, die Laubsägearbeit, die der 12-jährige Sohn im Werkunterricht gemacht hat, zu bestaunen.

05. Anlagen und Umwelteinflüsse

Sie sitzen in der Mittagspause mit Ihrem Chef, mit dem Sie sich gut verstehen, zusammen und diskutieren allgemein über Mitarbeiterführung und das Verhalten von Menschen. Ihr Chef meint in diesem Zusammenhang: „Ein Mensch ist so, wie er nun mal geboren wird. Er hat seine Anlagen und damit muss er zurechtkommen; ändern kann er daran nichts. Seine Erbanlagen bestimmen seinen Charakter und damit sein Handeln.“

Wie sehen Sie das? Teilen Sie die Meinung Ihres Chefs? Begründen Sie Ihre Antwort in wenigen Sätzen und geben Sie ein praktisches Beispiel.

06. Soziales Lernen

Der Vorgesetzte kann sein Führungsverhalten selbst positiv beeinflussen durch soziales Lernen. Erläutern Sie drei Beispiele für unterschiedliche Lernarten, die es einer Führungskraft ermöglichen, ihr Führungsverhalten zu verbessern.

07. Selbstwertgefühl und Abwehrmechanismen

Das Selbstwertgefühl bestimmt in weiten Strecken das Handeln von Menschen. Besteht die Gefahr, dass dieses Selbstwertgefühl angegriffen wird, „mobilisieren" Menschen Abwehrmechanismen. Formulieren Sie je ein betriebliches Beispiel für folgende Abwehrhaltungen:

- Kompensation
- Resignation

08. Sozialisation und imitatives Lernen

Beschreiben Sie mithilfe von Beispielen, welche Bedeutung imitatives Lernen für den Prozess der Sozialisation hat.

09. Verhaltensänderung

Beschreiben Sie mithilfe von Beispielen, wie der Meister beim Mitarbeiter angestrebte Verhaltensänderungen erreichen kann. Welche Handlungsempfehlungen lassen sich geben?

10. Lernmotivation

Welche Bedeutung hat die Lernmotivation für den Lernerfolg?

11. Lernwege (-Kanäle)

Welche Rolle spielt die Wahl der Lernwege (-kanäle) für den Lernerfolg?

12. Lernen im Sinne von Konditionieren

Beschreiben Sie, was man unter „Lernen im Sinne von Konditionieren" versteht und geben Sie vier Beispiele aus dem betrieblichen Alltag.

13. Gewohnheitsmäßiges Verhalten

Das Ergebnis von Lernprozessen zeigt sich u.a. in der Verinnerlichung von Verhaltensmustern. Gewohnheit hat positive, aber auch negative Aspekte. Bilden Sie dazu Beispiele und beschreiben Sie, was der Meister unternehmen kann, um „falsche Gewohnheiten" bei seinen Mitarbeitern zu ändern.

14. Einsatz älterer Mitarbeiter, Jugendliche

Im nächsten Monat werden Sie auf eigenen Wunsch hin in die Abteilung Qualitätssicherung versetzt. Der Anteil der älteren Mitarbeiter liegt dort deutlich über dem Durchschnitt. Außerdem werden Sie erstmalig Jugendliche im Ausbildungsverhältnis führen.

Im Rahmen Ihrer Vorbereitung auf die neue Aufgabe sollen Sie stichwortartig auflisten,

a) welche Aspekte beim Einsatz älterer Mitarbeiter zu berücksichtigen sind und

b) welche äußeren und inneren Veränderungen sich in der Pubertät beim Jugendlichen vollziehen sowie

c) welche Gesichtspunkte bei der Führung Jugendlicher zu beachten sind.

4.2 Einflüsse von Arbeitsorganisation und Arbeitsplatz auf das Sozialverhalten und das Betriebsklima

01. Auswirkungen industrieller Arbeit

Stellen Sie die Auswirkungen industrieller Arbeit auf die Mitarbeiter stichwortartig dar und nennen Sie Maßnahmen, um die Folgen zu mildern.

02. Auswirkungen von Arbeitsbedingungen auf Arbeitsmotivation und -leistung

Das Ergebnis Ihrer Führungsarbeit wird im Betrieb u.a. von einer Vielzahl von Faktoren positiv oder negativ beeinflusst. Geben Sie je zwei Beispiele aus dem Bereich der Betriebsorganisation und der Arbeitsplatzgestaltung für Bedingungen, die den Führungserfolg positiv bestimmen und die Sie beeinflussen können.

03. Arbeitsergebnis und Einflussfaktoren

Das Arbeitsergebnis Ihrer Gruppe wird unter anderem bestimmt von

- der Leistungsfähigkeit und -bereitschaft der Mitarbeiter,
- den Leistungsanforderungen des Arbeitsplatzes und den
- Leistungsmöglichkeiten (Rahmenbedingungen), die der Betrieb gestaltet.

Geben Sie zu jedem dieser Einflussfaktoren ein betriebliches Beispiel und nennen Sie je zwei Möglichkeiten, in welcher Form Sie diese drei Faktoren positiv gestalten können, um das Arbeitsergebnis Ihrer Gruppe zu steuern und zu verbessern.

04. Arbeitsstrukturierung

Als Instrumente zur Förderung der Mitarbeiter kennt man u. a. Maßnahmen wie

- Job-Enrichment und
- Job-Enlargement

Geben Sie je ein konkretes Beispiel aus Ihrem betrieblichen Alltag für jede dieser Fördermaßnahmen und erklären Sie dabei die begrifflichen Unterschiede.

05. Motivatoren, Hygienefaktoren

Die 2-Faktoren-Theorie nach Herzberg „spricht von Faktoren, die zu besonderer Arbeitszufriedenheit (= Motivatoren) bzw. zu besonderer Arbeitsunzufriedenheit (= Hygienefaktoren) bei Mitarbeitern führen können.

a) Nennen Sie je drei Beispiele aus Ihrem betrieblichen Alltag für „Positiv-“ bzw. „Negativ-Faktoren“.

b) Welche Konsequenzen können Sie - trotz mancher Kritik an diesem Modell - aus der Theorie von Herzberg für Ihre betriebliche Führungsarbeit ziehen? Schildern Sie drei Argumente.

06. Motivation, Maslow

Maslow hat die menschlichen Bedürfnisse strukturiert und in eine hierarchische Ordnung gefasst. In seiner Bedürfnispyramide unterteilt er Wachstumsbedürfnisse und Defizitbedürfnisse in insgesamt fünf Stufen:

1 physiologische Grundbedürfnisse (als Basis der Bedürfnispyramide),

2 Sicherheitsbedürfnisse (längerfristige Sicherung der Befriedigung der Grundbedürfnisse),

3 soziale Bedürfnisse,

4 Statusbedürfnisse,

5 Bedürfnis nach Bestätigung, Liebe, Kreativität, Persönlichkeitsentfaltung u. Ä.

a) Erläutern Sie die Begriffe Motiv und Motivation.

b) Mitunter wird in der Praxis eine vereinfachte Kausalkette beim Thema Motivation unterstellt, indem man meint, „ein bestimmtes Motiv führe immer zu einer bestimmten Handlung – und das bei jedem Mitarbeiter“. Erläutern Sie drei Kritikansätze zu dieser Auffassung.

c) Leiten Sie aus den Stufen der Bedürfnispyramide beispielhaft vier Motive ab, die Sie im Allgemeinen bei der Mehrzahl Ihrer Mitarbeiter unterstellen können und geben Sie jeweils ein konkretes Beispiel für die Verhaltensweise eines Mitarbeiters, in der die jeweiligen Motive zum Ausdruck kommen.

d) Maslow selbst hat dazu aufgefordert, seine Theorie der Bedürfnispyramide nicht unkritisch zu verallgemeinern. Erläutern Sie beispielhaft zwei Argumente zur Kritik an seiner Theorie.

e) Nennen Sie beispielhaft fünf konkrete Führungsmaßnahmen, die geeignet sind die nach Maslow bekannten Bedürfnisse zu befriedigen.

4.3 Einflüsse der Gruppenstruktur auf das Gruppenverhalten und die Zusammenarbeit

01. Formelle, informelle Gruppe

Sie führen eine Arbeitsgruppe von 12 Mitarbeitern. Vier dieser Mitarbeiter treffen sich regelmäßig beim Mittagessen in der Kantine.

a) Nennen Sie vier charakteristische Merkmale einer sozialen Gruppe.

b) Soziologisch unterscheidet man die beiden, oben beschriebenen Gruppen („ Arbeitsgruppe/ Gruppe beim Mittagessen“). Mit welchen Fachbegriffen bezeichnet man diese beiden Gruppen? Nennen Sie je zwei charakteristische Unterschiede.

c) Welche Bedeutung kann die „Gruppe beim Mittagessen“ für Ihren Führungserfolg in der Arbeitsgruppe haben? Erläutern Sie zwei Argumente.

02. Soziale Rolle

Welche Bedeutung hat die soziale Rolle, die ein Mensch innerhalb einer Gruppe wahrnimmt (wahrzunehmen hat)?

03. Normen

Welche Bedeutung haben Normen für den Gruppenprozess?

04. Rollen und Aufgaben des Team-Sprechers

Welche Rollen und Aufgaben übernimmt heute typischerweise ein Teamsprecher?

05. Informeller Führer

Geben Sie ein Beispiel dafür, wann sich innerhalb einer formalen Gruppe ein informeller Führer herausbilden wird, wodurch die formale Leitungsfunktion des Vorgesetzten gestört werden kann.

06. Gruppenstörungen

Geben Sie drei Beispiele für Ursachen, die zu massiven Gruppenstörungen bis hin zum Zerfall einer Gruppe führen können.

07. Regeln des Verhaltens sozialer Gruppen

Das Verhalten betrieblicher Arbeitsgruppen unterliegt meist verschiedenen Mustern (sog. Regeln des Verhaltens sozialer Gruppen), die vom Vorgesetzten in seiner Führungsarbeit zu beachten sind. Beispiele für derartige Regeln sind:

- die Interaktionsregel,
- die Angleichungsregel,
- die Distanzierungsregel.

Erläutern Sie zwei dieser Regeln.

08. Rollenverhalten, Delegation

Innerhalb Ihrer Gruppe gibt es einen Mitarbeiter, Herrn Schneider, der ausgesprochen ehrgeizig ist, oft gute Argumente hat und diese auch präzise vorzutragen weiß. Der Mitarbeiter dominiert und „weiß grundsätzlich alles besser". Die Gruppe ärgert sich mittlerweile recht massiv über sein Verhalten.

a) Was können Sie tun, um den Mitarbeiter wieder positiv in die Gruppe zu integrieren?

b) Da Herr Schneider ein schwieriger Mitarbeiter ist, bitten Sie Ihren Vorgesetzten, „mit Schneider mal ein ernstes Wort zu reden".

   Beurteilen Sie dieses Führungsverhalten.

4.4 Eigenes und fremdes Führungsverhalten, Umsetzen von Führungsgrundsätzen

01. Führungsstile

Sie haben vor einiger Zeit eine Abteilung mit vier Vorarbeitern übernommen. Der bisherige Chef der Abteilung hatte den „Ruf", recht autoritär zu führen. Sie wollen das ändern und auch Ihre Vorarbeiter für einen mehr kooperativen Führungsstil gewinnen, weil sie davon überzeugt sind, das dieser langfristig effektiver ist.

Bereiten Sie für das nächste Meeting mit Ihren Vorarbeitern stichwortartig einen Vergleich der beiden Führungsstile „autoritär" und „kooperativ" vor. Verwenden Sie bei diesem Vergleich vier Merkmale. Eines dieser Merkmale kann z. B. „Art der Kontrolle" sein.

02. Autorität, Ziel der Führungsarbeit

Sie haben vor kurzem eine Arbeitsgruppe als Meister übernommen. Im Gespräch mit Ihren „neuen" Mitarbeitern hören Sie die Aussage: „Der alte Chef – das war noch einer – so was gibt es heute kaum noch – eine echte Autorität, kann ich da nur sagen. Schade das er weg ist."

a) Was meinen Sie, was Ihre Mitarbeiter unter einer „echten Autorität" verstehen? Geben Sie drei Beschreibungen.

b) Nennen Sie zwei mögliche Konsequenzen, die sich aus der Meinung der Mitarbeiter über ihren „alten Chef" für Ihr Führungsverhalten ergeben.

c) Beschreiben Sie in wenigen Sätzen, welches Ziel Ihre betriebliche Führungsarbeit haben muss.

03. Situatives Führen

Von Ihrem Betriebsleiter haben Sie um 15:00 Uhr einen eiligen Kundenauftrag bekommen und auch angenommen, der heute noch bis 20:00 Uhr ausgeliefert werden muss. Ihre Firma macht 35 % des Ergebnisses mit diesem Kunden. Die Sache duldet keinen Aufschub.

Die reguläre Arbeitsschicht Ihrer Gruppe endet um 18:00 Uhr. Um 15:10 Uhr treffen Sie sich mit Ihrem Meister-Stellvertreter und den zwei Vorarbeitern (alles langjährige, erfahrene Mitarbeiter) und erklären:

„Also die Sache ist so, wir haben da noch einen Auftrag hereinbekommen. Ich finde es ja auch ärgerlich, – aber Sie kennen ja unseren Betriebsleiter. Er muss ja immer nach oben glänzen. An uns wird dabei ja nie gedacht. Wie dem auch sei, – machen Sie Ihren Leuten mal klar, dass sie bis 20:00 Uhr arbeiten müssen - auch wenn die maulen. Also, auf geht's, ich erwarte Ergebnisse. Um 19:30 Uhr komme ich mal' runter, und werd' sehen, ob die Sache geklappt hat."

In diesem Gespräch läuft Einiges falsch.

a) Beschreiben Sie jeweils in wenigen Sätzen konkret anhand der dargestellten Aussagen, was an diesem Gesprächsverhalten falsch oder zumindestens ungeschickt ist und gehen Sie dabei auf
   - die konkrete Situation,
   - die Mitarbeiter (Meister-Stellvertreter sowie zwei Vorarbeiter),
   - das Verhältnis zum Betriebsleiter sowie
   - das „Kontrollverhalten" des Meisters ein.

b) Geben Sie in wenigen Sätzen ein Beispiel in wörtlicher Rede, wie Sie die Sache Ihren drei Mitarbeitern tatsächlich erklärt hätten.

c) Charakterisieren Sie kurz den Führungsstil, der in dem Gesprächsverhalten zum Ausdruck kommt. Begründen Sie Ihre Antwort mit konkreten Hinweisen aus dem Sachverhalt.

04. Führungsgitter (Grid)

Das Grid-Konzept ist ein Modell mit zwei Dimensionen (Faktoren) zur Erklärung von Führungsverhalten. Bewerten Sie Ihr eigenes Führungsverhalten (bzw. – wenn Sie noch keine Mitarbeiter haben – Ihr vermutliches Führungsverhalten) anhand des Grid-Konzeptes.

Geben Sie dabei je ein anschauliches Beispiel für Ihr konkretes Führungsverhalten bezogen auf die beiden Dimensionen dieses Modells.

05. Führungsstile, Führungsmodelle

Erläutern Sie vier Erklärungsansätze, die geeignet sind, konkretes Führungsverhalten zu charakterisieren.

06. MbD, MbO

Vergleichen Sie die Führungstechniken „Management by Delegation“ und „Management by Objectives“ anhand der Kriterien:

- Voraussetzungen,
- Chancen,
- Risiken.

07. Führungsstile, Vergleich

Nennen Sie jeweils zwei Vor- und Nachteile des kooperativen, des autoritären und des Laissez-faire-Führungsstils.

08. Das Umfeld des Führungsprozesses

Der Erfolg der betrieblichen Führungsarbeit wird nachhaltig von einer Vielzahl von Faktoren beeinflusst, die untereinander in mehr oder weniger starker Wechselwirkung stehen. Sie werden auch als Rahmenbedingungen der Personalführung bezeichnet und lassen sich in

- interne und
- externe

Faktoren gliedern.

Innerhalb der internen Faktoren betrachtet man vor allem die Wirkungen auf den Erfolg der betrieblichen Personalführung, die

- vom Mitarbeiter und
- vom Vorgesetzten ausgehen sowie
- diejenigen, die sich aufgrund betriebsspezifischer Rahmenbedingungen ergeben.

Nennen Sie zu jedem der dargestellten Wirkungsfelder vier Beispiele für interne Faktoren, die den Erfolg der betrieblichen Führungsarbeit maßgeblich bestimmen.

09. Der neue Vorgesetzte

Nach bestandener Meisterprüfung werden Sie im nächsten Monat die Gruppe von Herrn Struck übernehmen, der nach langjähriger Tätigkeit in den Ruhestand geht.

a) Beschreiben Sie, wie Sie sich auf diese Aufgabe vorbereiten können.

b) Da Herr Struck in seiner Gruppe sehr beliebt war, könnte es sein, dass der Vorgesetztenwechsel Probleme mitsichbringt. Beschreiben Sie drei Verhaltensweisen der Gruppe bzw. einzelner Mitarbeiter, die als Reaktion auf diese Veränderung möglich sind, und nennen Sie jeweils Ihre eigene, angemessene Reaktion darauf.

4.5 Führungsmethoden und -techniken zur Förderung der Leistungsbereitschaft und Zusammenarbeit der Mitarbeiter

01. Führungsmittel

Führungsinstrumente (= Führungsmittel) sind Mittel und Verfahren zur Gestaltung des Führungsprozesses.

a) Geben Sie drei Beispiele für arbeitsrechtliche Führungsmittel, die der Vorgesetzte zur Gestaltung des Führungsprozesses einsetzen kann.

b) Nennen Sie jeweils zwei Beispiele für

- Anreizmittel,
- Kommunikationsmittel und
- Führungsstilmittel.

02. Zielvereinbarung

In einem Presseartikel lesen Sie folgende Auffassung zur Mitarbeiterführung:

„Wir brauchen einen neuen Mitarbeitertypus. Nicht mehr der „NvD“, der „Nicker vom Dienst“ ist gefragt, der Arbeitsanweisungen erledigt, sondern der eigenverantwortlich handelnde, gut ausgebildete Mitarbeiter ist die Leistungssäule der Zukunft. Nicht die Arbeitsweise des Einzelnen steht im Vordergrund der Betrachtung, sondern die Arbeitsergebnisse, die im Dialog mit ihm verabschiedet wurden. Aufgabe der Führungskräfte wird es primär sein, die Voraussetzungen für die angestrebten Ziele zu schaffen.“

a) Wie nennt man die im Presseartikel angesprochene Managementtechnik (Führungstechnik)?

b) Nennen Sie vier Voraussetzungen zur Einführung dieses Führungsprinzips.

03. Delegationsbereiche

Sie vereinbaren mit Ihren Mitarbeitern feste Delegationsbereiche. Welche der nachfolgenden Aufgaben

- müssen Sie selbst wahrnehmen? (Vorgesetzter)
- können Sie delegieren? (Mitarbeiter)
- müssen Sie mit Ihren Mitarbeitern gemeinsam wahrnehmen? (Vorgesetzter + Mitarbeiter)

Aufgaben:

(1) Entscheidungen im Aufgabengebiet des Mitarbeiters treffen.
(2) Für die richtige Information des Mitarbeiters sorgen.
(3) Das Arbeitsergebnis kontrollieren.
(4) Die Einzelaufgabe richtig ausführen.

Kennzeichnen Sie jede Aufgabe mit „Vorgesetzter“, „Mitarbeiter“ bzw. „Vorgesetzter + Mitarbeiter“ und geben Sie jeweils eine kurze Begründung für Ihre Entscheidung.

04. Motivationsprobleme und Handlungsempfehlungen

Es ist Freitag nachmittag und Sie sitzen mit Ihren drei Teamsprechern im wöchentlichen „Jour-fix“ zusammen. Zum wiederholten Mal steht die mangelnde Arbeitsmotivation einiger Mitarbeiter auf der Tagesordnung. Die Teamsprecher wollen von Ihnen konkrete Handlungsempfehlungen hören: „Was kann man tun, um bei unmotivierten Mitarbeitern die Leistungsbereitschaft zu verbessern?“

Bearbeiten Sie die Aufgabe stichwortartig.

05. Zielvereinbarung (MbO)

Ihr Unternehmen plant, MbO als Führungsprinzip einzuführen. Für die Informationsveranstaltung Ihrer Mitarbeiter erhalten Sie die Aufgabe, den Prozess der Zielvereinbarung prägnant zu beschreiben.

06. Kontrolle

Kontrolle wird oft als unangenehm empfunden – sowohl beim Vorgesetzten als auch beim Mitarbeiter. Machen Sie sich daher die Bedeutung der Kontrolle bewusst und nennen Sie acht Funktionen, die das Führungsinstrument „Kontrolle“ erfüllt.

07. Lob, Anerkennung

Ihr Vorarbeiter „tut sich sehr schwer“, gute Leistungen in der Gruppe anzuerkennen. In einem persönlichen Gespräch mit ihm wollen Sie helfen: Nennen Sie vier Grundregeln für Anerkennung und gehen Sie dabei auf den Unterschied zwischen Lob und Anerkennung ein.

08. Gesprächsführung im Rahmen der Beurteilung

Beurteilungsgespräche sind für den Vorgesetzten eine anspruchsvolle Aufgabe. Neben der Gestaltung der Gesprächsatmosphäre sind Wortwahl und Tonart mitentscheidend für den Erfolg.

a) Geben Sie jeweils ein Beispiel in wörtlicher Rede für

   (1) eine positive Gesprächseröffnung
   (2) eine richtig formulierte Beanstandung
   (3) die Überleitung des Gesprächs an den Mitarbeiter

   im Rahmen von Beurteilungsgesprächen.

b) Beurteilen Sie folgende Gesprächsbeobachtungen (im Rahmen von Beurteilungsgesprächen):

(1) „Sie arbeiten fehlerhaft und nachlässig."
„Ihre Bereitschaft, sich engagiert in die neu gebildete Gruppe einzubringen, lässt noch sehr zu wünschen übrig."

(2) „Sie sind doch wohl mit mir auch der Meinung, dass ...?"
„Ich glaube kaum, dass Sie behaupten können, dass ...!"

(3) „Das kann man so doch wohl nicht sehen!"

(4) Unangemessen langes Schweigen des Vorgesetzten (mit „Pokerface").

c) Beschreiben Sie acht Grundsätze für die Durchführung von Beurteilungsgesprächen.

09. Mitarbeiterbeurteilung

a) Nennen Sie fünf Phasen der Mitarbeiterbeurteilung.

b) Erläutern Sie zehn Beurteilungsfehler, die in der Praxis häufig gemacht werden.

c) Nennen Sie je vier Merkmale zur Beurteilung von Führungskräften bzw. gewerblichen Arbeitnehmern.

10. Beurteilungsgespräch

a) Am Donnerstag der nächsten Woche werden Sie das Beurteilungsgespräch mit Ihrem türkischen Mitarbeiter Ali Gynseng führen. Wie bereiten Sie dieses Gespräch vor? Gehen Sie auf zehn Aspekte ein und bringen Sie diese in eine sachlogische Struktur.

b) Für ein erfolgreich verlaufendes Beurteilungsgespräch gibt es kein Patentrezept. Trotzdem *ist es sinnvoll, dieses Gespräch in Phasen einzuteilen*, d. h. das Gespräch zu strukturieren und dabei eine Reihe von Hinweisen zu beachten, die sich in der Praxis bewährt haben. Nehmen Sie dazu ausführlich Stellung.

11. Beurteilung und Mitbestimmung

a) In der letzten Woche war Ihr Mitarbeiter Ali Gynseng bei Ihnen mit der Bitte, ihn zu beurteilen, da er jetzt seit über zwei Jahren in Ihrer Gruppe arbeitet. Sie haben diese Bitte freundlich aber bestimmt abgelehnt – mit dem Hinweis, der Betrieb habe kein Beurteilungssystem und im Übrigen gebe es auch keinen Betriebsrat. Zu Recht? Begründen Sie Ihre Antwort.

b) Sie sind u. a. Beauftragter für die Ausbildung der Industriekaufleute Ihres Betriebes. Sie erhalten die Aufgabe, das derzeit existierende Beurteilungsverfahren für Auszubildende „auf den neuesten Stand zu bringen". Müssen Sie bei dieser Überarbeitung den Betriebsrat einschalten? Begründen Sie Ihre Antwort.

12. Einführung neuer Mitarbeiter

Der Regelkreis der Führungsarbeit umfasst die Phasen:

- Ziele setzen
- Planen

- Organisieren
- Durchführen
- Kontrollieren

Sie führen eine Gruppe von 12 Montagemitarbeitern; darunter sind u. a. ein Vorarbeiter sowie drei „Altgediente, Erfahrene". Ab Montag der nächsten Woche werden zwei neue Mitarbeiter die Arbeit in Ihrer Gruppe aufnehmen. Erstellen Sie ein Einarbeitungsprogramm für die „Neuen" (konkret und situationsbezogen). Sagen Sie, was Sie tun werden und ordnen Sie die einzelnen Maßnahmen der jeweiligen „Phase des Regelkreises" zu.

13. Kreativität

Die Betriebsleitung veranstaltet einmal im Monat ein Meistertreffen. Ziel dabei ist es, einen Erfahrungsaustausch unter den Meistern herbeizuführen. Außerdem steht ein aktuelles Thema auf der Tagesordnung. Für die kommende Sitzung sollen Sie ein Referat vorbereiten mit dem Thema „Bedeutung der Kreativität der Mitarbeiter für den Unternehmenserfolg und Präsentation geeigneter Maßnahmen zur Förderung der Kreativität".

14. Personaleinsatzplanung

Auf der nächsten Abteilungsleitersitzung, zu der der Geschäftsführer geladen hat, sollen Sie die Notwendigkeit einer systematischen Personaleinsatzplanung präsentieren. Gehen Sie dabei auf folgende Fragestellungen ein:

a) Formulieren Sie die grundsätzliche Zielsetzung der Personaleinsatzplanung.

b) Nennen Sie ergänzend fünf Einzelziele, die mit einer systematischen Personaleinsatzplanung realisiert werden sollen.

c) Welche Maßnahmen/Instrumente stehen Ihnen innerbetrieblich bei der Personaleinsatzplanung zur Verfügung? Nennen Sie vier Beispiele.

d) Die Personaleinsatzplanung muss sich an Rahmenbedingungen wie z. B. „außerbetrieblichen Eckdaten" orientieren. Nennen Sie dazu vier konkrete Beispiele für Rahmenbedingungen.

15. Nachfolgeplanung

Ihr Betrieb hat mehr als 500 Mitarbeiter. Es existiert ein Betriebsrat. Vor Ihnen liegt ein Auszug des Organigramms von Herrn Morgan, Betriebsleiter.

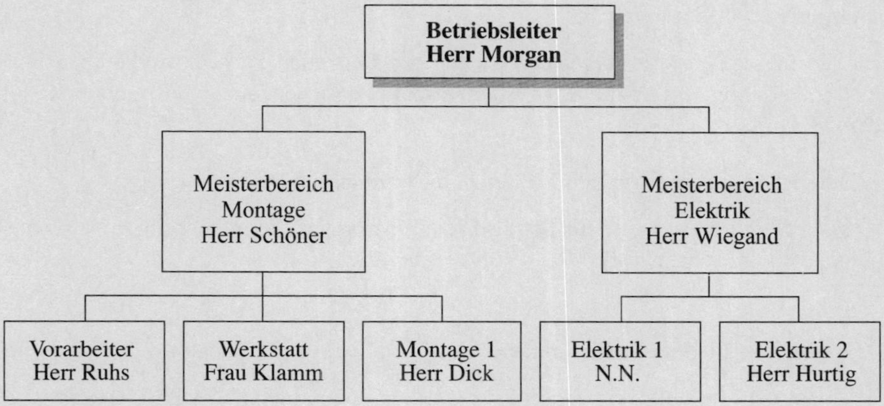

a) Für das kommende Planungsjahr ist eine positionsbezogene Nachfolgeplanung zu erstellen und in das nachfolgende Schema (Positionen/Monate) einzutragen:

Nachfolgeplan: BL/Morgan	*Monate*											
Positionen	J	F	M	A	M	J	J	A	S	O	N	D

Dazu liegen Ihnen folgende Angaben vor:
Herr Schöner, Meisterbereich Montage wird altersbedingt zum 30.06. ausscheiden und durch Herrn Ruhs ab dem 01.09. ersetzt; zur Vorbereitung auf die neue Position wird Herr Ruhs im Juli und August ein internes Trainingsprogramm durchlaufen. In diesen beiden Monaten wird Herr Morgan den Meisterbereich Montage kommissarisch leiten.

Der Vorarbeiter Herr Ruhs wird „nahtlos" durch Herrn Dick ersetzt. Die Stelle von Herrn Dick wird von Juli bis September von einem Leiharbeitnehmer und daran anschließend von Herrn Schnell besetzt, der zum 30.09. seine Lehre als Mechatroniker beendet.

Frau Klamm tritt zum 01.03. ihren Elternurlaub an. Als Nachfolge ist eine befristete externe Neueinstellung geplant.

Die Stelle Elektrik 1 ist derzeit vakant; sie soll zum 01.04. mit Herrn Rohr besetzt werden, der dann von der Bundeswehr zurück kehrt.

b) Beschreiben Sie am Beispiel „Frau Klamm/externe Nachfolge", sechs einzelne personelle Maßnahmen, die erforderlich sind.

c) Nennen Sie vier personelle Maßnahmen, die im Rahmen dieser Nachfolgeplanung durchzuführen sind sowie das jeweilige Beteiligungsrecht des Betriebsrates.

16. Schlüsselqualifikationen

Bei der Diskussion über die Personalentwicklungsmaßnahmen der kommenden Jahre hält Ihnen der Geschäftsführer vor: „Wir haben bisher versäumt, insbesondere Schlüsselqualifikationen zu fördern."

a) Erläutern Sie, was man unter einer Schlüsselqualifikation versteht.

b) Nennen Sie drei Beispiele für Schlüsselqualifikationen und beschreiben Sie jeweils eine geeignete Fördermaßnahme.

17. Formen von Weiterbildungsmaßnahmen

Im Rahmen der betrieblichen Fortbildung werden in der Praxis eine Fülle unterschiedlicher Methoden angewandt – z. B. Job-Rotation, Projektmanagement, Fallmethode und Planspiel.

a) Nennen Sie vier Inhalte eines Rotationsplanes.

b) Erläutern Sie an einem Beispiel, warum sich Fragestellungen innerhalb eines Projektes besonders gut zur Förderung von Führungsnachwuchskräften eignen.

c) Wie unterscheidet sich die Fallmethode vom Planspiel? Beschreiben Sie beides.

18. Förderung von Nachwuchskräften

Ihr Vorgesetzter bittet Sie, ein Konzept zur Förderung von Nachwuchskräften zu erstellen. Insbesondere werden Antworten auf folgende Fragen erwartet:

a) Welcher Mitarbeiterkreis ist mit „Nachwuchskräften" gemeint? Geben Sie eine Erläuterung.

b) Welche Schulungsmaßnahmen stehen inhaltlich bei der Nachwuchsförderung im Vordergrund? Geben Sie fünf Beispiele.

c) Nennen Sie beispielhaft sechs Methoden (PE-Instrumente), die sich besonders für die Förderung von Nachwuchskräften eignen.

d) Als ein weiteres Element dieses Konzeptes sollen Sie zusammen mit einem externen Berater ein Assessmentcenter (AC) zur Auswahl und Förderung von Nachwuchskräften vorschlagen. In Gesprächen mit den Ressortleitern Ihrer Firma werden Sie als ersten Schritt relevante Schlüsselqualifikationen für dieses AC herausarbeiten.

   d1) Erläutern Sie, was man unter einer Schlüsselqualifikation versteht.

   d2) Nennen Sie sechs Beispiele für Schlüsselqualifikationen.

   d3) Wählen Sie aufgrund Ihrer Praxiserfahrung eine Schlüsselqualifikation aus und beschreiben Sie zwei geeignete Fördermaßnahmen.

19. Job-Rotation

Am kommenden Montag sollen Sie Ihren Kollegen Auszüge aus der neuen Personalentwicklungskonzeption präsentieren. Unter anderem werden Sie auch über Job-Rotation sprechen.

a) Beschreiben Sie den Führungskräften Ihres Hauses Job-Rotation als Instrument der Personalentwicklung.

b) Beschreiben Sie vier Vorteile von Job-Rotation, um die Führungskräfte von der Notwendigkeit dieses Instruments zu überzeugen.

20. Weiterbildungsmaßnahmen (Überblick)

Unterscheiden Sie die Weiterbildungsmaßnahmen nach den Aspekten

- betriebliche, interne
- betriebliche, externe
- auf Eigeninitiative der Mitarbeiter

und geben Sie jeweils vier Beispiele.

21. Weiterbildungskonzept (-planung)

Sie haben vor kurzem eine Arbeitsgruppe von 28 Mitarbeitern übernommen. Da Ihr Vorgänger das Thema „Personalentwicklung" sehr stiefmütterlich behandelt hat, ist eine Ihrer ersten Aufgaben, die Weiterbildung für die Gruppe zu planen.

Beschreiben Sie mindestens fünf Phasen Ihrer Vorgehensweise in sachlogischer Reihenfolge.

22. Stellenbeschreibung (Arbeitsplatzbeschreibung)

Zur Vorbereitung Ihrer Weiterbildungsmaßnahmen sind Sie gehalten, die Stellenbeschreibungen für Ihre Arbeitsgruppe anzufertigen.

a) Nennen Sie beispielhaft sechs Inhalte einer Stellenbeschreibung (auch: Arbeitsplatzbeschreibung)

b) Beschreiben Sie den Unterschied zur Funktionsbeschreibung.

23. Zeugnisanalyse

Bei der Analyse eines Bewerberzeugnisses fällt Ihnen auf, dass im Text keine Aussagen über die Führungsqualifikation enthalten sind. Nach eigener Darstellung ist der Bewerber derzeit als Meister in einem kleinen Familienunternehmen tätig und hat eine Personalverantwortung für 25 gewerbliche Mitarbeiter. Wie ist dieser Sachverhalt zu werten? Begründen Sie Ihre Antwort.

24. Zeugniscodierung

Im Arbeitszeugnis eines Bewerbers lesen Sie u. a.: „Herr Kernig war tüchtig und wusste sich zu verkaufen .... Seine Leistungen stellten uns voll zufrieden." Das Zeugnis wurde von der Personalabteilung eines großen Unternehmens verfasst und gegengezeichnet. Wie sind diese Aussagen zu werten?

25. Analyse von Schulzeugnissen

Der 48-jährige Hubert Kernig ist derzeit als Meister tätig und bewirbt sich auf die Stelle des stellvertretenden Betriebsleiters. Sein Realschulzeugnis und das Zeugnis der Berufsschule zeigen überwiegend ausreichende Leistungen. Im Fach „Sport" und im Fach „Technik" hat er in beiden Zeugnissen die Note „gut". Welche Schlussfolgerungen sind zulässig?

26. Arbeitszeitflexibilisierung

a) Nennen Sie drei Grundmodelle der flexiblen Arbeitszeitgestaltung und geben Sie jeweils zwei Beispiele. Beschreiben Sie dabei grundsätzliche Formen des Flexibilisierungsausgleichs.

b) Die Rahmenbedingungen zur flexiblen Gestaltung der Arbeitszeit haben sich verändert. Nennen Sie jeweils zwei Veränderungstendenzen
   - im betrieblichen Sektor
   - aus der Sicht der Mitarbeiter
   - aus dem Bereich der gesetzgeberischen Aktivitäten.

4.6 Förderung der Kommunikation und Kooperation

01. Direktive/non-direktive Gesprächsführung

Jedes schwierige Mitarbeitergespräch muss gut vorbereitet werden, damit es erfolgreich verläuft. Dazu gehört auch die Wahl der Steuerungstechnik. Man unterscheidet zwei grundsätzliche Arten der Gesprächssteuerung: die direktive und die non-direktive Form der Gesprächsführung.

Erläutern Sie den Unterschied und verdeutlichen Sie, in welchen Fällen Sie die direktive bzw. die non-direktive Form der Gesprächsführung für geeignet halten.

02. Konferenz-/Besprechungsregeln

In den ersten Gruppenbesprechungen mit Ihrer Abteilung, die Sie vor kurzem übernommen haben, lässt sich sehr schnell feststellen, dass Ihre Mitarbeiter wenig Erfahrung haben, Gruppenbesprechungen themenzentriert und effektiv durchzuführen. Die Diskussion „geht wild durcheinander", einige Mitarbeiter kommen zu spät usw.

Entwerfen Sie zehn Regeln für effektive Besprechungen/Konferenzen, die Sie mit Ihren Mitarbeitern diskutieren werden.

03. Arbeit in Gruppen, Risiken teilautonomer Gruppen

Ihre Geschäftsleitung beabsichtigt, im nächsten Jahr die Gruppenarbeit in der Fertigung zu verstärken und erhofft sich dadurch eine Verbesserung der Produktivität und der Qualität. In einem Kick-Off-Meeting sollen Sie zusammen mit Ihren Meisterkollegen zu folgenden Fragestellungen referieren:

a) Welche Formen der betrieblichen Gruppenarbeit sind grundsätzlich denkbar?

b) Mit welchen Risiken für den Betrieb können speziell „teilautonome Gruppen" verbunden sein?

04. Konflikte in der Kargen GmbH

Hinweis:

Die nachfolgende Aufgabe ist komplex und anspruchsvoll in der Bearbeitung. Sie überschreitet von daher den Bearbeitungsumfang einer klausurtypischen Fragestellung in der Prüfung. Der Sinn dieser Aufgabenstellung liegt in dem hohen Praxisbezug und der breiteren Lernmöglichkeit zum Thema „Konflikte".

Ausgangslage:

Wir befinden uns in der Kargen GmbH, einem mittelständischen Hersteller eingelegter Konservenprodukte (süß-saure Gurken, Kürbis, Artischocken usw.) im Raum Mönchengladbach. Das Unternehmen ist in den zurückliegenden Jahren stark gewachsen und konnte sich erfreulich gegenüber dem Hauptkonkurrenten, der Firma Kühne, behaupten. In den letzten Monaten häuften sich jedoch die Probleme:

Es kommt zu Stockungen in der Materialversorgung; dies führt zu Stillstandszeiten der Verpackungsanlage. Die Belegschaft in der Fertigung beschwert sich zunehmend über ungerechte Vorgabezeiten. Terminüberschreitungen bei Kundenaufträgen häufen sich. Außerdem geht in der Belegschaft das Gerücht um, die Firmenleitung wolle den Standort nach Thüringen verlegen, weil dort bessere Produktionsbedingungen angeboten würden. Insgesamt hat sich die Ertragslage der Kargen GmbH verschlechtert.

Der Meisterbereich 1 wird seit sechs Jahren von Herrn Knabe geleitet; er berichtet an Herrn Kurz, Leiter der Fertigung. Herr Knabe ist ein erfahrener Meister. Aufgrund seiner betriebswirtschaftlichen Weiterbildung machte er sich bis vor kurzem Hoffnung, Nachfolger von Herrn Kurz zu werden, der im nächsten Jahr altersbedingt seine Tätigkeit beenden wird. Vor zwei Wochen hat die Geschäftsleitung entschieden, die Stelle extern zu besetzen. Herr Knabe erfuhr davon auf Umwegen.

Herrn Knabe sind unmittelbar vier Mitarbeiter unterstellt:
Frau Balsam ist Werkstattschreiberin und „Mädchen für Alles". Sie ist gutmütig und arbeitet pflichtbewusst. Leider gibt es häufiger „Zusammenstöße" mit dem Vorarbeiter, Herrn Merger, der wenig Kontakt mit den Kollegen pflegt; außerdem findet er, „dass Frauen in der Fertigung nichts zu suchen haben".

Herr Knabe wird vertreten durch Herrn Kern, der vor kurzen von außen eingestellt wurde; er befindet sich noch in der Probezeit und ist der zukünftige Schwiegersohn des Inhabers. Die Mitarbeiter in der Fertigung beschweren sich zunehmend über seinen rüden Umgangston; es zeichnen sich Führungsprobleme ab. Herr Kern scheint recht isoliert im Meisterbereich zu sein. Keiner „wird mit ihm richtig warm". Herr Hurtig ist ebenfalls Vorarbeiter. Von seiner bisher zügigen Art, auftretende Probleme anzupacken, ist kaum noch etwas zu merken; er vernachlässigt seine Arbeit und wälzt Aufgaben an Frau Balsam ab. Zwischen den Herren Hurtig und Merger klappt die Vertretung bei kurzzeitigen Abwesenheiten nicht.

Aufgabenstellung:

a) Zeichnen Sie das Organigramm der Kargen GmbH und tragen Sie alle personenbezogenen Angaben lt. Sachverhalt ein (Darstellung der formellen Strukturen).

b) Zeichnen Sie ansatzweise ein Soziogramm, das die Beziehungen/Konflikte im Meisterbereich 1 grafisch/verbal veranschaulicht (Darstellung der informellen Strukturen).

c) Erstellen Sie eine Übersicht (Matrix) mit allen Konfliktfeldern der Kargen GmbH. Unterscheiden Sie dabei,
   - welche Konflikte kurzfristig und welche langfristig gelöst werden können/müssen und
   - welche Konflikte tendenziell mehr „Sachkonflikte" und welche mehr „Beziehungskonflikte" sind.

d) Beschreiben Sie in Stichworten, wie die vorhandenen Konflikte zu bearbeiten sind (Ansätze zur Konfliktlösung).

05. Moderation

In ca. zwei Monaten werden Sie das Projekt „Qualitätsverbesserung in Montage 2" übernehmen. Ihre erste Aufgabe ist die Unterweisung der vier Teamleiter aus den Fachabteilungen in die Techniken der Moderation. Bearbeiten Sie dazu folgende Fragestellungen:

a) Welche Ziele lassen sich mit der Moderation realisieren?

b) Welche Rolle hat der Moderator wahrzunehmen? Über welche persönlichen Eigenschaften sollte er verfügen?

c) In welchen Fällen ist Moderation einsetzbar?

d) Wie ist der Ablauf der Moderation zu strukturieren?

5. Prüfungsfach: Berücksichtigung naturwissenschaftlicher und technischer Gesetzmäßigkeiten

5.1 Auswirkungen naturwissenschaftlicher und technischer Gesetzmäßigkeiten auf Materialien, Maschinen und Prozesse sowie auf Mensch und Umwelt

01. Atom und Periodensystem (1)

Wodurch ist die Stellung der Elemente im Periodensystem festgelegt?

02. Atom und Periodensystem (2)

Was sind Elektronen und Neutronen?

03. Chemische Reaktion

Woran erkennt man, dass es sich bei der Oxidation von Magnesium um eine chemische Reaktion handelt?

Beschreiben Sie die Reaktion in Form einer Wortgleichung und einer chemischen Gleichung.

04. Dissoziation

Wie lauten die Dissoziationsgleichungen für HCL, H_2SO_4, NaOH, $Mg(OH)_2$?

05. Elektrolyse

Welche Bedeutung hat die Elektrolyse in der technischen Anwendung?

Nennen Sie drei Beispiele.

06. Korrosionsformen

Korrosionserscheinungen können in vielfältiger Art und Weise auftreten.

Nennen Sie drei Erscheinungsformen von Korrosion und beschreiben Sie deren Merkmale.

07. Korrosion

Verkupfertes Eisenblech rostet schneller als Nägel oder Bleche aus verzinktem Eisen.

Beschreiben Sie die Unterschiede bei der elektrochemischen Korrosion eines verzinkten Eisenteils und eines verkupferten Eisenteils.

08. Löschen von Bränden

Welche Löschmittel werden beim Brand folgender Stoffe bzw. Gegenstände eingesetzt? Nennen Sie jeweils drei Beispiele.

a) Kleidung von Personen, Haare

b) mit Wasser mischbare Flüssigkeiten (z. B. Spiritus)

c) mit Wasser nicht mischbare Flüssigkeiten (z. B. Fett, Öl, Benzin)

d) elektrische Geräte, Leitungen, Anlagen

09. Treibhauseffekt

In der Atmosphäre ist CO_2 (Kohlenstoffdioxid) nur in einer äußerst geringen Konzentration vertreten. Bereits die geringste Änderung dieser Konzentration kann den Treibhauseffekt auf der Erde beeinflussen.

Beschreiben Sie, wie der Treibhauseffekt entsteht.

10. Säuren und Basen

Warum sind Laugen für die Haut meist gefährlicher als verdünnte Säuren?

11. Neutralisation

Erklären Sie die Neutralisation am Beispiel von Salzsäure (HCL) und Natronlauge (NaOH).

12. Eigenschaften von Metallen

Durch welche Eigenschaften zeichnen sich Metalle im Gegensatz zu Nichtmetallen aus?

13. Verbrennung und Schadstoffe

Welche Schadstoffe entstehen bei der Verbrennung von Benzin, Diesel und Kohle und durch welche Maßnahmen kann der Schadstoffausstoß verringert werden?

14. Temperaturänderung bei Gasen

Eine Sauerstoffflasche (40 l) wurde bei einer Temperatur von 17 °C unter einem Überdruck von 15,0 MPa gefüllt.

Welches Volumen nimmt dieser Sauerstoff bei einer Temperatur von 27 °C und einem Luftdruck 100 kPa ein?

15. Längenänderung fester Körper

Wie lang ist eine Freileitung aus Kupfer bei einer Temperatur von 35 °C, wenn sie bei 10 °C 300,0 m lang war? Der Längenausdehnungskoeffizient von Kupfer beträgt $\alpha = 16{,}5 \cdot 10^{-6}/K$.

16. Volumenänderung fester Körper

Erläutern Sie, warum beim Gießen von Metall die Schwindung berücksichtigt werden muss.

17. Beschleunigung

Ein Eisenbahnzug legt beim Anfahren aus dem Ruhezustand einen Weg von 1.120 m in 80 s gleichmäßig beschleunigt zurück.

Berechnen Sie die Endgeschwindigkeit und die Beschleunigung.

18. Arbeit

Ein Hubstapler hebt mit einer Kraft von 40 kN eine Last um 2 m.
Berechnen Sie die abgegebene Arbeit in Nm und in J.

19. Wirkungsgrad

Eine Kranwinde hebt eine Last von 5.000 kg in einer Minute 4,5 m hoch. Der Antriebsmotor gibt eine Leistung von 4,78 kW an die Winde ab.

Ermitteln Sie den Wirkungsgrad der Winde.

20. Elektrische Arbeit (1)

Eine elektrische Heizung besitzt eine Leistung von 8 kW.

Berechnen Sie, wie lange die Heizung betrieben werden kann, bis die Arbeit 70 kWh beträgt.

21. Elektrische Arbeit (2)

Ein Gleichstrommotor nimmt bei 440 V den Strom 9 A auf. Der Wirkungsgrad beträgt 0,8.

Ermitteln Sie, welche Arbeit der Motor in sechs Stunden abgibt.

22. Messbereichserweiterung

Spannungen zwischen 0 V und 500 V sollen mit einem Spannungsmesser gemessen werden, der für maximal 125 V ausgelegt ist. Der Innenwiderstand des Instruments beträgt 35 kΩ.

Berechnen Sie den Vorwiderstand für die Messbereichserweiterung.

23. Schweredruck

In einem Öltank steht Öl mit der Dichte 0,8 kg/dm^3 genau 2 m hoch.

Bestimmen Sie den Schweredruck am Boden des Tanks in bar.

5.2 Energieformen im Betrieb sowie Auswirkungen auf Mensch und Umwelt

01. Energieträger, Energienutzung

Die Mehrzahl der Primärenergieträger, die wir heute nutzen, sind auf der Erde nur in begrenztem Umfang vorhanden. Außerdem besteht die Gefahr, dass durch die extensive Energienutzung die natürlichen Lebensgrundlagen von Menschen, Tieren und Pflanzen zerstört werden.

Beschreiben Sie drei Möglichkeiten, wie die natürlichen Lebensgrundlagen erhalten bleiben und trotzdem ausreichend Energie nutzbar gemacht werden kann.

02. Primär- und Sekundärenergie

Was sind Primär- und Sekundärenergiequellen?

Erklären Sie den Unterschied und nennen Sie jeweils vier Beispiele.

5.3 Berechnen betriebs- und fertigungstechnischer Größen bei Belastungen und Bewegungen

01. Flächenpressung

Das Gleitlager einer Maschine erfährt eine Belastung F = 200 kN. Als Lagerwerkstoff findet Weißmetall mit einer zulässigen Flächenpressung von $p_{zul} = 25\ N/mm^2$ Verwendung. Wirksame Lagerlänge l und Wellendurchmesser d sollen im Verhältnis l/d = 1,6 zueinander stehen.[1)]

[1] Hinweis:
Die Druckspannung zwischen zwei sich berührenden Körpern bezeichnet man als Flächenpressung. Bei Lagern wird als tragende Fläche die Projektion, also ein Rechteck von der Größe $d \cdot l$ in Rechnung gesetzt.

a) Bestimmen Sie die Maße l und d des Stirnzapfens.

b) Weisen Sie nach, dass die tatsächlich vorhandene Flächenpressung p_{vorh} aufgrund der festgelegten Maße die zulässige Flächenpressung von $p_{zul} = 25\ N/mm^2$ nicht übersteigt.

02. Druckspannung

Mit welcher Kraft darf ein zylindrischer Eisenstab (Länge $l_0 = 0{,}80$ m; Durchmesser $d_0 = 3{,}0$ cm; Elastizitätsmodul E = 200 GPa) in Längsrichtung höchstens belastet werden, damit er sich nicht mehr als 0,50 mm verkürzt? Dabei ist die Querschnittsänderung zu vernachlässigen.

03. Winkelbeschleunigung

Ein Elektromotor braucht beim Anlaufen aus dem Ruhezustand sieben Sekunden, um in gleichförmig beschleunigter Drehbewegung 1.500 Umdrehungen pro Minute zu erreichen.

Berechnen Sie die Winkelbeschleunigung.

04. Drehzahl

Das Rad 1 eines Getriebes dreht sich mit der Drehzahl $n_1 = 60\ min^{-1}$. Es greift in das Rad 2 ein, welches mit dem Rad 2‘ starr verbunden ist und auf einer Welle sitzt. Rad 2‘ treibt Rad 3 (Skizze siehe unten). Die Wälzkreisdurchmesser sind gegeben: $d_1 = 30$ mm, $d_2 = 50$ mm, $d_{2'} = 20$ mm, $d_3 = 40$ mm.

Errechnen Sie die Drehzahl des Rades 3.

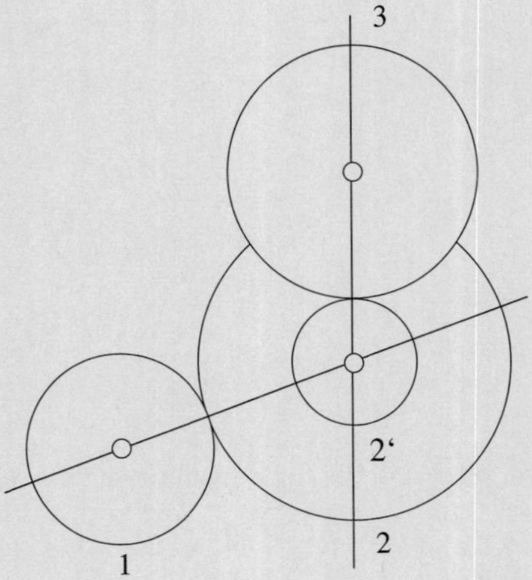

5.4 Statistische Verfahren, einfache statistische Berechnungen sowie deren grafische Darstellung

01. Maßnahmen zur Fehlerbehebung im Rahmen der Qualitätssicherung

Im Rahmen der Qualitätssicherung müssen erkannte Fehler behoben werden. Nennen Sie sechs Beispiele für geeignete Maßnahmen zur Fehlerbehebung.

02. Stichprobe (Voraussetzungen, Messfehler)

Sie haben die Aufgabe, die Fertigung von Edelstahlteilen zu überprüfen. Dazu sollen Sie eine Stichprobe aus dem Fertigungslos entnehmen.

a) Welche Voraussetzungen müssen für eine Stichprobenkontrolle erfüllt sein?

b) Die Erfassung der Stichprobendaten kann mit Fehlern behaftet sein. Unterscheiden Sie in diesem Zusammenhang systematische und zufällige Fehler und geben Sie jeweils ein Beispiel.

03. Erfassung und Verarbeitung technischer Messwerte

In Ihrem Betrieb läuft zurzeit das Projekt „Planung und Implementierung der Fertigungskontrolle an der neuen biaxialen Reckanlage zur Folienherstellung". In der nächsten Teamsitzung sollen unterschiedliche Verfahren zur Erfassung und Verarbeitung der Prozessdaten diskutiert werden. Nennen Sie dazu vier Beispiele.

04. Arithmetisches Mittel, Modalwert, Standardabweichung

In einer Hochdruckdampfanlage soll der Wirkungsgrad der Kessel untersucht werden. Die Stichprobe vom Umfang n = 8 führte zu folgendem Ergebnis (x_i in Prozent):

x_i	90,3	91,6	90,9	90,4	90,3	91,0	87,9	89,4

Ermitteln Sie folgende Werte der Stichprobe:

a) den durchschnittlichen Wirkungsgrad

b) die Standardabweichung

c) den häufigsten Wert

d) den absolut größten Fehler

05. Spannweite

Für die Stichprobe aus Aufgabe 04., oben soll die Spannweite ermittelt werden.

a) Berechnen Sie die Spannweite.

b) Welche Vor- und Nachteile hat der Parameter „Spannweite"?

06. Häufigkeitsverteilung

Stellen Sie die Häufigkeitsverteilung der Stichprobe aus Aufgabe 04. horizontal grafisch dar.

07. Normalverteilung

Sie stellen fest, dass die Häufigkeitsverteilung Ihrer Messreihe annähernd die Form einer Normalverteilung hat. Als Mittelwert $\overline{x}$ erhalten Sie 20, als Standardabweichung s = 0,6.

a) Stellen Sie grafisch den Verlauf einer annähernd normalverteilten Stichprobe dar und tragen Sie die wichtigsten Parameter der Normalverteilung ein.

b) Ermitteln Sie das Intervall (= Vertrauensbereich), das mit 99.73 % eingeschlossen wird.

08. Kontrollkarte (QRK = Qualitätsregelkarte)

Die nachfolgende Abbildung enthält den Ausschnitt einer Kontrollkarte:

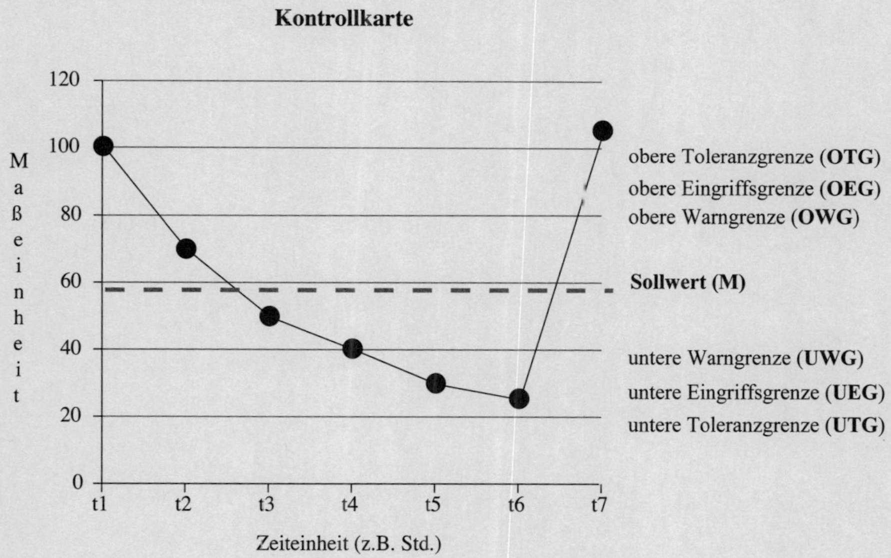

Interpretieren Sie die Kontrollkarte

a) zum Zeitpunkt t4,
b) zum Zeitpunkt t6
c) zum Zeitpunkt t7.

09. NIO-Teile

Auf einem Halbautomaten werden Anlasser gefräst. Aus einem Los von 500 Stück werden 8 % entnommen und auf die Einhaltung der Toleranz überprüft. Die Stichprobe ergibt 6 NIO-Teile.

Ermitteln Sie die Anzahl der wahrscheinlichen NIO-Teile des Loses in Prozent.

10. Maschinenfähigkeitsindex

Es werden Edelstahlwellen auf einer CNC-Maschine hergestellt. Die Stichprobe vom Umfang n = 30 aus einer Losgröße von N = 2.000 ergibt einen Mittelwert von $\bar{x}$ = 430 bei einer Standardabweichung von s = 12,4. Die Toleranz T wurde bei 120 festgelegt.

Beurteilen Sie, ob die Maschine fähig ist.

11. Maschinenfähigkeit, Prozessfähigkeit (Unterschiede)

Welche Einflussgrößen werden bei der Ermittlung der Maschinenfähigkeit und welche bei der Prozessfähigkeit betrachtet? Stellen Sie die Unterschiede dar.

Lösungen

1. Prüfungsfach: Rechtsbewusstes Handeln

1.1 Arbeitsrechtliche Vorschriften und Bestimmungen bei der Gestaltung individueller Arbeitsverhältnisse und bei Fehlverhalten von Mitarbeitern

01. Rechtsgrundlagen des Arbeitsvertrages

Als Rechtsgrundlagen beim Abschluss eines Arbeitsvertrages sind grundsätzlich zu berücksichtigen:

- zwingende gesetzliche Bestimmungen (z.B. GG; BGB, speziell die §§ 611-630; die Schutzgesetze wie z. B. JArbSchG, MuSchG, SGB, AGG usw.)
- zwingende tarifliche Bestimmungen (z.B. Lohn- und Urlaubsregelungen)
- zwingende Bestimmungen von Betriebsvereinbarungen sowie
- Regelungen aufgrund betrieblicher Übung (sog. Gewohnheitsrecht) sowie
- die Rechtsprechung der Arbeitsgerichte.
- Abweichend von diesen nationalen Rechtsquellen kann es sein, dass das Recht eines ausländischen Staates zur Geltung kommt, wenn das Arbeitsverhältnis seinen Schwerpunkt im Ausland hat (vgl. Gesetz zur Neuregelung des Internationalen Privatrechts; speziell § 27 EGBGB = Einführungsgesetz zum BGB).

02. Arten des Arbeitsvertrages

- Bezogen auf die *Dauer* kann der Arbeitsvertrag grundsätzlich als
  - unbefristeter oder
  - befristeter Vertrag

  geschlossen werden.

- *Der unbefristete Arbeitsvertrag* endet durch einseitige Erklärung (Kündigung) des Arbeitgebers oder des Arbeitnehmers oder durch eine vertragliche Aufhebung.

- *Der befristete Arbeitsvertrag* wird von vornherein für eine bestimmte Zeitdauer geschlossen und endet ohne eine bestimmte Erklärung entweder

  - unmittelbar mit Ablauf der Frist oder
  - mittelbar,

  indem z. B. auf das Ende eines Projekts bzw. auf die Rückkehr einer Mitarbeiterin aus dem Mutterschaftsurlaub abgestellt wird. In diesem Fall endet der Arbeitsvertrag mit der Projekterfüllung bzw. dem Wegfall des sog. sachlichen Grundes (Mutterschaft).

  Vom Grundsatz her dürfen *befristete Arbeitsverträge* nur abgeschlossen werden, wenn ein

  - *sachlicher Grund* vorliegt:
    - Aushilfe, Saisonarbeiten,
    - Probezeit,

- auf Wunsch des Arbeitnehmers,
- Vertretung (z. B. wegen Auslandseinsatz, Elternzeit, Mutterschutz u. Ä.),
- Fortbildung des Stelleninhabers,

- Unabhängig vom Vorliegen eines sachlichen Grundes bestimmt das *Teilzeit- und Befristungsgesetz* die Möglichkeit der höchstens dreimaligen Verlängerung eines befristeten Vertrages bis zur Gesamtdauer von 24 Monaten auch ohne Vorliegen eines sachlichen Grundes.

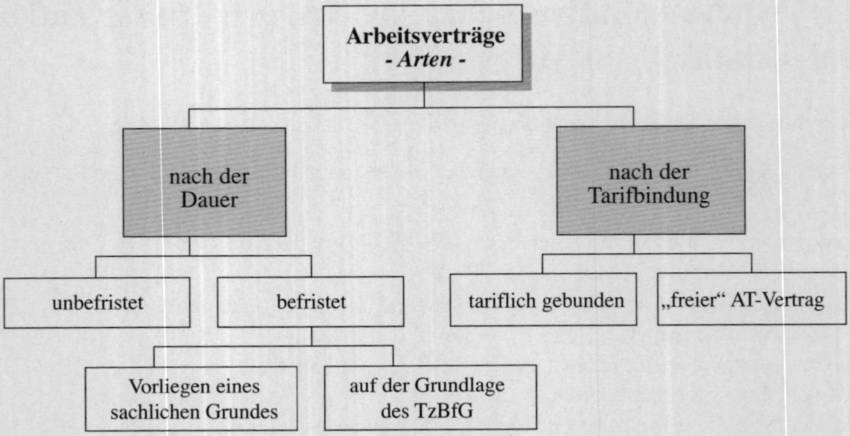

- Der Arbeitsvertrag kann abgeschlossen werden als

  - *tariflich gebundener Vertrag*:
    Er enthält in diesem Fall nur wesentliche Bestimmungen und weist im Übrigen ergänzend auf die Bestimmungen des einschlägigen Tarifvertrages hin. Speziell für Führungskräfte, die oberhalb der Gehaltsgruppierungen des entsprechenden Tarifvertrages liegen, kann ein

  - *sog. außertariflicher Vertrag*:
    (kurz: AT-Vertrag) geschlossen werden. Da diese Führungskräfte sich oberhalb der Mindestgehaltsnorm des Tarifvertrages befinden, können in diesem Fall vom Tarifvertrag abweichende Inhaltsbestandteile vereinbart werden.

03. Arbeitsvertrag und Formvorschriften

a) Grundsätzlich ist der Arbeitsvertrag an keine Form gebunden. Ein Arbeitsvertrag kann daher rechtswirksam zu Stande kommen, wenn er

- mündlich oder fernmündlich,
- schriftlich oder
- durch schlüssiges Handeln entsteht. Die Juristen sagen „konkludentes Handeln".

b) Zu dieser generellen Regelung gibt es Ausnahmen:

- Die sog. Konkurrenzklausel (Wettbewerbsverbot) nach § 74 Abs. 1 HGB bedarf der Schriftform.

- Daneben schreiben sehr viele Tarifverträge vor, dass Arbeitsverträge grundsätzlich schriftlich geschlossen werden müssen. Aber: Auch in diesem Fall kommt der Arbeitsvertrag bereits durch mündliche, übereinstimmende Erklärung zu Stande.

- § 11 BBiG schreibt vor, dass Ausbildungsverträge schriftlich nachvollzogen werden müssen. Auch hier führt die mündliche, übereinstimmende Erklärung beider Parteien bereits zum Abschluss des Vertrages.

- Daneben ist seit 1995 das Gesetz über den Nachweis der für ein Arbeitsverhältnis geltenden wesentlichen Bedingungen (NachwG vom 20.07.1995) zu beachten: Danach ist der Arbeitgeber spätestens einen Monat nach dem Beginn des Arbeitsverhältnisses verpflichtet die wesentlichen Vertragsbedingungen schriftlich niederzulegen; die Niederschrift ist zu unterzeichnen und dem Arbeitnehmer auszuhändigen. Diese Pflicht entfällt, soweit dem Arbeitnehmer bereits ein schriftlicher Arbeitsvertrag vorliegt, der die geforderten Angaben enthält.

c) Aufgrund des NachwG von 1995 sind folgende Angaben erforderlich:

1. der *Name* und die *Anschrift* der Vertragsparteien,
2. der Zeitpunkt des *Beginns* des Arbeitsverhältnisses,
3. bei befristeten Arbeitsverhältnissen: die vorhersehbare *Dauer*,
4. der Arbeitsort,
5. die Beschreibung der zu leistenden *Tätigkeit*,
6. die Zusammensetzung und die Höhe des *Arbeitsentgelts*,
7. die vereinbarte *Arbeitszeit*,
8. die Dauer des jährlichen *Erholungsurlaubs*,
9. die Fristen für die *Kündigung*,
10. ein in allgemeiner Form gehaltener *Hinweis* auf die Tarifverträge und Betriebsvereinbarungen, die auf dieses Arbeitsverhältnis anzuwenden sind.

Bei der inhaltlichen Ausgestaltung des Arbeitsvertrages macht es in der Praxis keinen Sinn sämtliche Bestimmungen, die zu regeln sind, im Arbeitsvertrag wiederzugeben. Im Allgemeinen wählen daher die Betriebe den Weg, Vertragsmuster oder Textdateien mit alternativen Textbausteinen zu verwenden. Oft werden derartige Standardverträge unterschieden nach Arbeitnehmergruppen.

04. Anfechtung des Arbeitsvertrages, Elternzeit, Mutterschutz

a) Nein! Eine Frage nach dem Bestehen einer Schwangerschaft im Rahmen der Einstellungsverhandlungen ist grundsätzlich unzulässig. Wird die Frage trotzdem unzulässigerweise gestellt, ist die unwahre Beantwortung erlaubt. Von daher kann der Arbeitsvertrag nicht angefochten werden (BAG-Urteil vom 15.10.1992). Etwas anderes gilt, wenn die Schwangerschaft zur Unmöglichkeit der Leistung führt (Mannequin, Sportlehrerin) und Frau Herrlich von der Schwangerschaft Kenntnis hatte.

b) Die Firma kann den Arbeitsvertrag anfechten nach § 123 BGB; auch ohne Befragen ist Heinrich zur Wahrheit verpflichtet, da die Haftstrafe für das Arbeitsverhältnis relevant ist (subjektive Unmöglichkeit der Leistung).

c) Nein! Huber hat Kündigungsschutz nach § 18 BEEG.

05. Mängel des Arbeitsvertrages

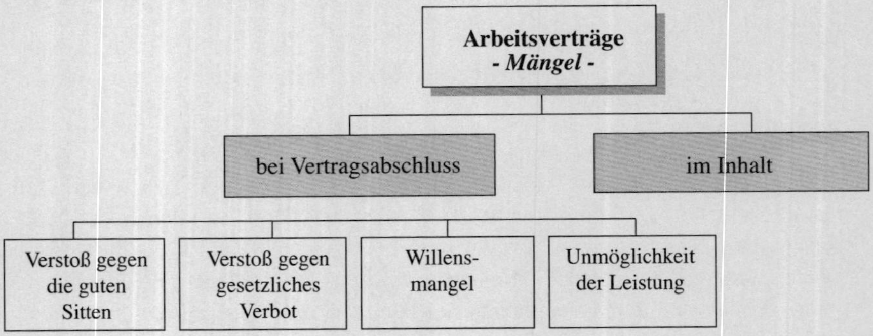

06. Abmahnung

a)

An: Frau Ortrud Spät *Kopie: BR* [1]
Abt.: PLM
PN: 34008

Von: PL3, Krause

am: 19.11. ....

Sehr geehrte Frau Spät,

leider sind Sie trotz der am 03.11. .... durch Ihren Vorgesetzten Herrn Huber erfolgten mündlichen Ermahnung in diesem Monat an folgenden Tagen erst zu den aufgeführten Uhrzeiten zur Arbeit erschienen - lt. elektronischem Zeitnachweis:

08:07 Uhr am 02.11.
08:18 Uhr am 09.11.
08:22 Uhr am 11.11.
08:13 Uhr am 13.11.
08:09 Uhr am 16.11. [2]

In dem am 17.11. .... mit Ihrem Vorgesetzten geführten Gespräch haben Sie erklärt, Sie hätten an den genannten Tagen verschlafen.

Es ist Ihnen bekannt, dass die Art Ihrer Tätigkeit absolute Pünktlichkeit erfordert. Durch Ihr Verhalten haben Sie gegen diese arbeitsvertragliche Verpflichtung verstoßen. [3] *Wir fordern Sie daher nachdrücklich auf zukünftig die für Sie geltenden Arbeitszeiten einzuhalten.* [4] *Sollten Sie erneut schuldhaft unpünktlich zur Arbeit erscheinen, sind wir zu unserem Bedauern gezwungen, das Arbeitsverhältnis zu kündigen.* [5]

Wir hoffen, dass Sie aus diesem Schreiben die notwendigen Schlüsse ziehen und sich die Maßnahme der Kündigung ersparen.

Bestandteile einer rechtswirksamen Abmahnung (→ kündigungsrechtliche Voraussetzung):

zu [1] Der Betriebsrat muss bei einer Abmahnung nicht informiert werden; es existiert kein Mitbestimmungsrecht. In der Praxis erfolgt häufig eine Mitteilung an den Betriebsrat um ein evtl. Kündigungsverfahren schon im Vorfeld vorzubereiten.

zu [2] Es ist exakt anzugeben, wann genau, in welcher Form gegen welche arbeitsrechtlichen Pflichten verstoßen wurde. Der Arbeitgeber hat die Soll-Ist-Abweichung zu belegen (Zeugen, Dokumente).

zu [3] Erneute Nennung der arbeitsrechtlichen Pflicht, gegen die verstoßen wurde.

zu [4] Aufforderung zur korrekten Erfüllung.

zu [5] Androhung der Kündigung; die pauschale Formulierung „... wird Ihr Verhalten arbeitsrechtliche Konsequenzen haben ...“ ist nicht ausreichend.

b) Der Arbeitnehmer hat folgende Möglichkeiten, gegen eine ungerechtfertigte Abmahnung vorzugehen:

- Beschwerde beim Betriebsrat nach § 84 Abs. 1 BetrVG;
- Gegendarstellung zur Abmahnung, die der Arbeitgeber in die Personalakte aufnehmen muss;
- Klage vor dem Arbeitsgericht auf Rücknahme der Abmahnung.

07. Arbeitsordnung, Arbeitsunfähigkeitsbescheinigung (AU-Bescheinigung)

a) Typische Inhalte einer Arbeitsordnung sind z. B.:

- Fragen der Ordnung im Betrieb (Torkontrolle, Rauchverbot, Alkoholverbot u. Ä.)
- Verhalten der Arbeitnehmer am Arbeitsplatz
- Rechte und Pflichten aus dem Arbeitsverhältnis
- Arbeitszeiten und Pausen
- Entgeltformen und Entlohnungsmethoden
- gesetzliche und tarifliche Bestimmungen
- Urlaubsregelungen
- Arbeitsschutz.

b) Die Forderung der Geschäftsleitung besteht zu Recht (§ 5 EFZG; bitte lesen).

08. Direktionsrecht (Weisungsrecht)

Z. B. Festlegung

- der Arbeitsinhalte (im Rahmen des vertraglich festgelegten Aufgabengebietes bzw. des Berufsbildes)
- der Arbeitsabläufe und Termine
- der eingesetzten Arbeitsmittel
- des Arbeitsplatzes
- von Maßnahmen des Arbeitseinsatzes

soweit anders lautende Schutzvorschriften dem nicht entgegenstehen (z. B. JArbSchG, MuSchG, tarifliche Rationalisierungsschutzabkommen, Mitbestimmungsrechte des BR).

09. Urlaub

a) Entsprechend dem Günstigkeitsprinzip stehen dem Arbeitnehmer 28 Tage Urlaub aufgrund der Betriebsvereinbarung zu.

b) Nach § 4 Abs. 2 ArbPlSchG hat der Arbeitgeber den Resturlaub nach dem Wehrdienst im laufenden oder im nächsten Urlaubsjahr zu gewähren. Ist dies nicht möglich (z. B. wegen der Beendigung des Arbeitsverhältnisses während des Wehrdienstes), so ist der Resturlaub abzugelten.

c) Die Anordnung des Meisters ist zulässig (§ 7 BUrlG).

d) Der Betriebsrat hat über den Urlaubsplan mitzubestimmen (§ 87 Abs. 1 Nr. 5 BetrVG).

e) Die Anordnung des Meisters ist aufgrund dringender betrieblicher Belange berechtigt (§ 7 Abs. 1 BUrlG). Die Firma muss jedoch evt. Stornokosten der Arbeitnehmer tragen.

f) N. hat die Wartezeit erfüllt (§ 4 BUrlG). Da der Arbeitsvertrag keine Angaben zum Urlaub enthält, richtet sich der Urlaubsanspruch nach § 5 Abs. 1 c BUrlG: 5/12 von 24 Werktagen = 10 Werktage.

   Wenn N. zum 31.08. ausscheidet, hat er Anspruch auf den vollen Jahresurlaub von 24 Werktagen (§ 4 BUrlG).

g) *Urlaubsgeld:* Zusätzliche Vergütung (neben dem Urlaubsentgelt) während der Urlaubszeit, um die höheren Ausgaben im Urlaub auszugleichen (nach Tarif oder aufgrund Einzelvereinbarung/betrieblicher Übung/Betriebsvereinbarung/freiwilliger Leistung).

   Urlaubsentgelt: Entgeltfortzahlung im Urlaub, das dem durchschnittlichen Arbeitsverdienst während der letzten 13 Wochen vor dem Urlaubsbeginn entspricht.

10. Entgeltfortzahlung

a) Die Forderung der Luise Herbst auf Entgeltfortzahlung besteht zu Recht. Eine Ausnahme von der Entgeltfortzahlungspflicht für geringfügig beschäftigte Arbeitnehmer besteht nach dem EFZG nicht mehr.

b) Zunächst kann die Firma die Fortzahlung des Entgelts für die erste Mai-Woche verweigern (§ 7 Abs. 1 EFZG). Der Mangel der Nachweispflicht wird jedoch im Juni geheilt, sodass der Arbeitgeber die Entgeltfortzahlung nachträglich leisten muss.

c) Hans B. Kerner hat Anspruch auf Fortzahlung des Entgelts für die erste Mai-Woche, da er die Verletzung der Nachweispflicht nicht zu vertreten hat (§ 7 Abs. 2 EFZG).

d) Hans B. Kerner verliert den Vergütungsanspruch nicht (§ 616 BGB).

e) Nein! Der Anspruch auf Entgeltfortzahlung entsteht erst nach vierwöchiger ununterbrochener Tätigkeit (§ 3 Abs. 3 EFZG).

11. Beendigung des Arbeitsverhältnisses

a) - Tod des Arbeitnehmers
   - Pensionierung (Erreichen der Altersgrenze)

- Kündigung (fristgerecht oder fristlos)
- Aufhebung des Vertrages
- Fristablauf (bei befristeten Verträgen)

b) Pflicht
- zur Zeugniserteilung
- zur Erstellung der Urlaubsbescheinigung
- Aushändigung der Arbeitspapiere (Lohnsteuerkarte usw.)
- Freistellung für Bewerbungen
- Gewährung noch ausstehender Leistungen (z. B. Resturlaub)

12. Aufhebungsvertrag

a)

Aufhebungsvertrag

zwischen ....
(im folgenden Firma genannt)

und

Herrn Franz Huber, geb. am ...., wohnhaft in ....

Die o. g. Parteien sind sich aufgrund der geführten Gespräche einig, dass das Arbeitsverhältnis zum .... endet.

Die Firma zahlt die Vergütung bis zum Ablauf dieser Frist.

Die Firma hat das Recht den Mitarbeiter mit sofortiger Wirkung von der Verpflichtung zur Arbeitsleistung freizustellen. Macht sie davon Gebrauch, so ist der noch verbleibende Resturlaub mit dieser Freistellung abgegolten.

Der Mitarbeiter erhält ein qualifiziertes Zeugnis.

Für den Verlust des Arbeitsplatzes verpflichtet sich die Firma zur Zahlung einer Abfindung in Höhe von EUR ....

Der Mitarbeiter verzichtet unwiderruflich auf sein Recht innerhalb von drei Wochen nach Beendigung des Arbeitsverhältnisses Kündigungsschutzklage zu erheben.

Der Mitarbeiter wurde über die steuerlichen und sozialversicherungsrechtlichen Bestimmungen bei Abfindungen informiert. Er wurde ferner darüber belehrt, dass ihm im Zusammenhang mit der Abfindungszahlung Nachteile bei der Gewährung von Arbeitslosengeld entstehen können.

gez. Firma gez. Franz Huber

b) Vorteile des Aufhebungsvertrages:
- Keine Mitwirkung/Mitbestimmung des Betriebsrates oder staatlicher Einrichtungen (z. B. Integrationsamt),
- Keine Gefahr einer Kündigungsschutzklage.

13. Kündigungsschutz, soziale Auswahl

a) Nein; nach § § 85 SGB IX bedarf die Kündigung eines Schwerbehinderten der vorherigen Zustimmung des Integrationsamtes; außerdem ist eine Kündigungsfrist von mindestens vier Wochen einzuhalten (§ 86 SGB IX).

b) - nachhaltige Arbeitsverweigerung
- Diebstahl, Betrug
- Ehrverletzung und Beleidigung vor anderen
- vorsätzliche Fahrlässigkeit

Zu beachten sind jedoch immer
- die Abwägung der Interessenslage und
- die Umstände des Einzelfalles.

c) Kündigungsarten:

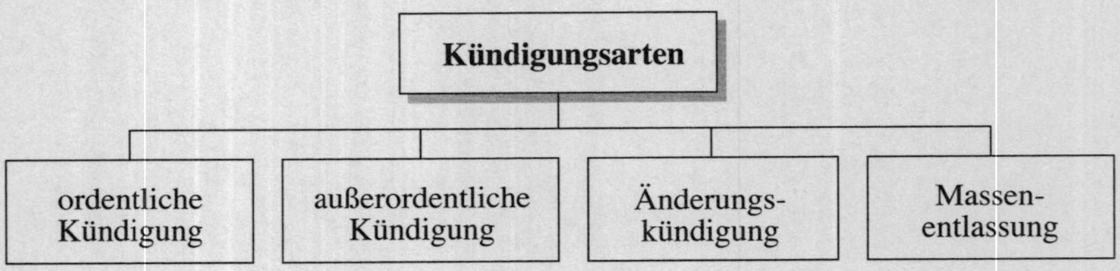

d)

Kündigungsfristen

→ **Probezeit:** i.d.R. bis zu 3 Monaten

→ im 1. Monat: 1 Woche
im 2. und 3. Monat: 2 Wochen

→ **Reguläre Kündigungsfristen**

→ 4 Wochen: zum 15. oder zum Monatsende

→ **Verlängerte Kündigungsfristen**

Betriebszugehörigkeit * (in Jahren)	Frist (zum Monatsende)
2	1 Monat
5	2 Monate
8	3 Monate
10	4 Monate
12	5 Monate
15	6 Monate
20	7 Monate

* gerechnet ab dem 25. Lebensjahr

e) Nein! Dauer des Arbeitsverhältnisses < 6 Monate; vgl. § 1 Abs. 1 KSchG.

f)

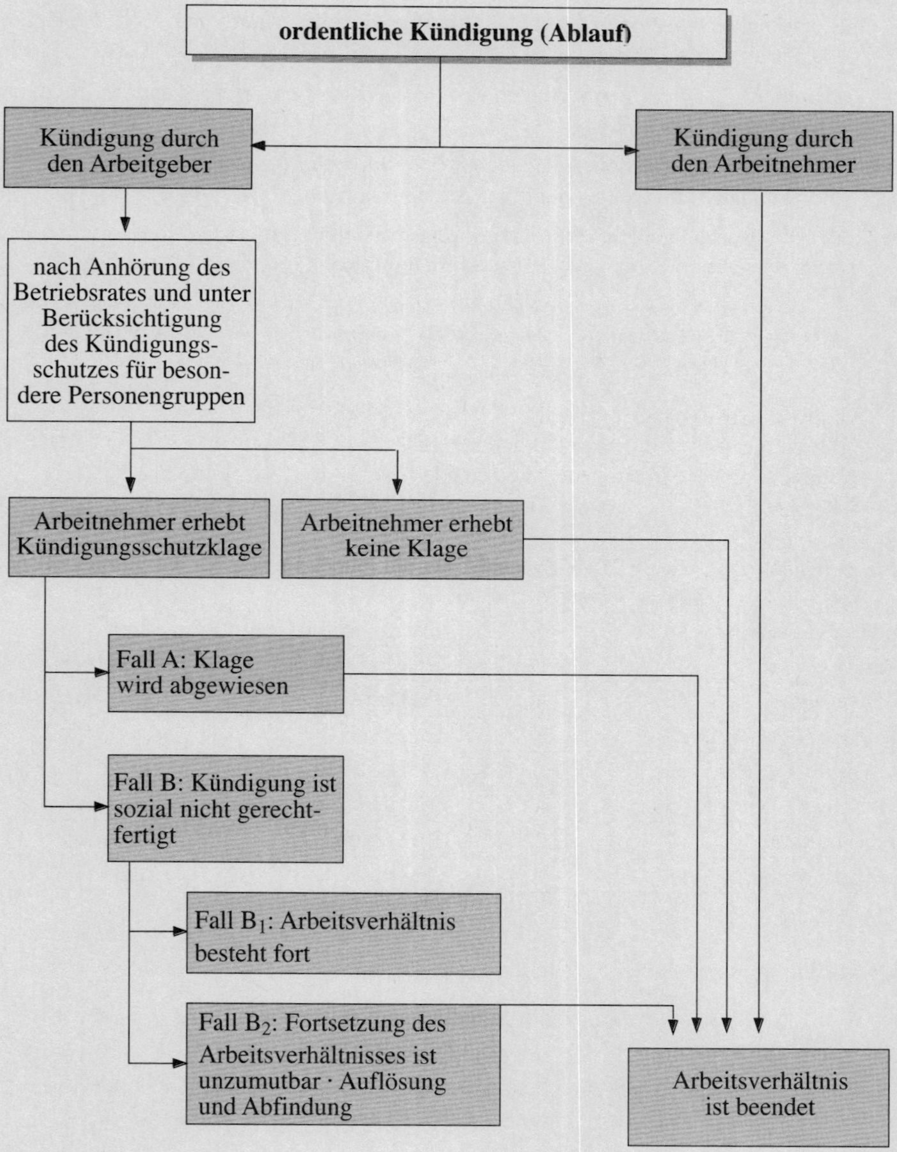
ordentliche Kündigung (Ablauf)
Kündigung durch den Arbeitgeber
Kündigung durch den Arbeitnehmer
nach Anhörung des Betriebsrates und unter Berücksichtigung des Kündigungsschutzes für besondere Personengruppen
Arbeitnehmer erhebt Kündigungsschutzklage
Arbeitnehmer erhebt keine Klage
Fall A: Klage wird abgewiesen
Fall B: Kündigung ist sozial nicht gerechtfertigt
Fall B_1: Arbeitsverhältnis besteht fort
Fall B_2: Fortsetzung des Arbeitsverhältnisses ist unzumutbar · Auflösung und Abfindung
Arbeitsverhältnis ist beendet

g) • Soziale Auswahl:
Für eine betriebsbedingte Kündigung kommen nur die Mitarbeiter Mertens, Huber und Kerner infrage. Begründung:

- *Gropp, Kieser und Herrlich* haben *besonderen Kündigungsschutz* und sind nicht ordentlich kündbar.
- *Kern* wird aufgrund der *„berechtigten betrieblichen Interessen“* (Einrichter ...) nicht in die Sozialauswahl einbezogen; dies ist zulässig nach § 1 Abs. 3 KSchG[1].
- Aus den verbleibenden Mitarbeitern werden Mertens, Huber und Kerner vorgeschlagen wegen der besonderen Unterhaltsverpflichtung von Grausam.

[1] *Neu: Ab 1.1.2004 ist die Sozialauswahl auf vier Merkmale beschränkt: Dauer der Betriebszugehörigkeit, Lebensalter, Unterhaltspflichten und eine evtl. Schwerbehinderteneigenschaft. Leistungsträger können davon ausgenommen werden (= Gesetz zu Reformen am Arbeitsmarkt).*

• Kündigungsfristen:
- Mertens: vier Wochen zum 15. oder zum Ende des Monats (§ 622 Abs. 1 BGB)
- Huber: zwei Monate zum Monatsende (§ 622 Abs. 2 Nr. 2 BGB)
- Kerner: einen Monat zum Monatsende (§ 622 Abs. 2 Nr. 1 BGB)

Mitarbeiter/in	**Alter (Jahre)**	**Betriebszugehörigkeit (Jahre)**	**Qualifikation**	**Vermerke**
• Louise Mertens	19	1	Facharbeiterin	ledig
Rainer Gropp	45	8	Facharbeiter	***schwerbehindert***
Gerd Grausam	26	4	Facharbeiter	***verheiratet, 3 Kinder***
Martina Herrlich	28	1	angelernt	***schwanger***
• Georg Huber	39	5	Facharbeiter	verheiratet, 1 Kind
Jens Kern	35	4	**Einrichter für NC-Technik**	verheiratet
• Hans B. Kerner	42	2	Facharbeiter	verheiratet
Arabella Kieser	24	1	angelernt	***Elternzeit beantragt***

14. Kündigung von Langzeitkranken

Die Rechtsprechung des BAG hat zur krankheitsbedingten Kündigung ein *dreistufiges Prüfungsschema* entwickelt:

1. Die *Negativprognose* muss ergeben, dass entweder noch mit einem längeren Andauern der Erkrankung oder mit wiederkehrenden Kurzerkrankungen zu rechnen ist.
2. Die Fehlzeiten (in der Vergangenheit und für die Zukunft) müssen zu einer *erheblichen Beeinträchtigung der betrieblichen Interessen* führen (z. B. zusätzliche Lohnkosten; zu beachten ist dabei die Betriebsgröße).
3. Eine *Abwägung der Interessen* ist vorzunehmen (z. B. Art der Erkrankung, Dauer der Betriebszugehörigkeit).

   Weiterhin ist im vorliegenden Fall („... seit 15 Jahren tätige, ältere Frau Z ...“) zu prüfen:
   - Liegt Schwerbehinderung vor?
   - Besteht besonderer Kündigungsschutz für ältere Mitarbeiter lt. Tarifvertrag?
   - Kann die Zuweisung eines anderen Arbeitsplatzes den Krankheitsverlauf positiv beeinflussen?

15. Rechte und Pflichten des Arbeitgebers und des Arbeitnehmers, JArbSchG

a) • *Bodo Stichling* hat einen unbefristeten Arbeitsvertrag ohne Probezeit. Nach § 1 Abs. 1 ArbPlSchG ruht sein Arbeitsverhältnis während des Wehrdienstes. Die ordentliche Kündigung während dieser Zeit ist ausgeschlossen (§ 2 ArbPlSchG). Ihm dürfen keine Nachteile in beruflicher und betrieblicher Hinsicht entstehen (§ 6 ArbPlSchG).

• *Hubertus Stolz* hat einen befristeten Vertrag. Nach § 1 Abs. 4 ArbPlSchG wird durch die Einberufung zum Grundwehrdienst ein befristetes Arbeitsverhältnis nicht verlängert.

b) Nein! Gemäß § 8 Abs. 1 JArbSchG dürfen Jugendliche nicht mehr als acht Stunden täglich und nicht mehr als 40 Stunden wöchentlich beschäftigt werden. Das wäre hier jedoch der Fall. Außerdem sind die Pausenzeiten nach § 11 Abs. 1 JArbSchG nicht eingehalten. Sie müssen mindestens 60 Minuten betragen.

16. Verdachtskündigung

a) In bestimmten Fällen kann eine Kündigung wegen des Verdachts einer strafbaren oder pflichtwidrigen Handlung zulässig sein, wenn der entstandene Verdacht geeignet ist, dem Arbeitsverhältnis die notwendige *Vertrauensgrundlage* zu entziehen.

b) Es müssen folgende objektive Tatbestände vorliegen:

- Dringlichkeit des Tatverdachts,
- Erheblichkeit des Tatverdachts,
- vorherige Anhörung des Arbeitnehmers,
- Grundsatz der Verhältnismäßigkeit der Mittel,
- Beurteilungszeitpunkt (der Arbeitgeber muss alle zumutbaren Anstrengungen zur Aufklärung des Sachverhalts unternommen haben).

c) Führt das entsprechende Strafverfahren zum Freispruch des Beschuldigten, so ergibt sich aus der Fürsorgepflicht des Arbeitgebers unter bestimmten Voraussetzungen ein Anspruch des gekündigten Arbeitnehmers auf Wiedereinstellung. Im Falle eines Freispruchs ist das Arbeitsgericht an dieses Urteil gebunden. Voraussetzungen für den Wiedereinstellungsanspruch des Arbeitnehmers sind, dass

- ein freier und geeigneter Arbeitsplatz existiert,
- der Arbeitnehmer nicht durch sein eigenes Verhalten erhebliche Verdachtsmomente schuldhaft geliefert hat,
- keine sonstigen gewichtigen Gründe gegen die Wiedereinstellung sprechen.

17. Kündigungsschutzklage

Ja, die Klage hat Aussicht auf Erfolg. Der Arbeitgeber hat im zweiten Fall eine weitere Abmahnung ausgesprochen und damit seine rechtlichen Möglichkeiten ausgeschöpft. Die Vertragsverletzung (= Zuspätkommen) kann nicht damit „geahndet“ werden, indem eine erfolgte Abmahnung zurückgezogen und durch eine Kündigung ersetzt wird. Es bleibt dem Arbeitgeber nichts anderes übrig, als auf eine neue kündigungsrechtlich relevante Vertragsverletzung des Mitarbeiters „zu warten“ und dann die Kündigung auszusprechen.

18. Kündigungszugang

Kündigungszugang • Arten		
	Vorteile, z. B.:	**Nachteile, z. B.:**
Persönliche Übergabe	- Übergabe ist flexibel - ist nachweisbar (Zeuge, Unterschrift)	- Befangenheit des Überbringers - ggf. Anweisungen an den Überbringer
Übergabe durch Boten	- Übergabe ist flexibel - ist nachweisbar (Zeuge, Unterschrift)	- zeitintensiv - Instruktion des Boten erforderlich
Zustellung durch Gerichtsvollzieher	- uneingeschränkte Beweissicherheit - zuverlässig	- Kosten - Zeitaufwand (ggf. Niederlegung) - Verwaltungsaufwand
Einschreiben	- Zeit der Übergabe beweisbar	- Beweisprobleme hinsichtlich des Inhalts - zeitlich nicht exakt zu beeinflussen
Einschreiben/ Rückschein	- Nachweis der Zustellung (Rückschein)	- Beweisprobleme hinsichtlich des Inhalts - zeitlich nicht exakt zu beeinflussen - Zugang erfolgt erst bei Abholung (!)

19. Fristlose Kündigung eines Ausbildungsverhältnisses

a) Die außerordentliche Kündigung (a. o. K.) von Ausbildungsverhältnissen ist nach § 22 Abs. 2 Nr. 1 BBiG möglich, wenn (analog zu der a. o. K. von Arbeitsverhältnissen) dem Kündigenden unter Abwägung aller Umstände des Einzelfalles die Fortführung des Ausbildungsverhältnisses nicht mehr zuzumuten ist. Bei der a. o. K. eines Ausbildungsverhältnisses kommt hinzu, dass der Ausbildende *die zusätzliche Pflicht hat alle Möglichkeiten der Erziehung und der Fürsorge auszuschöpfen* (z. B. Zusammenarbeit mit der Berufsschule, Einzelgespräche usw.), um dem Auszubildenden die Chance zu geben sein Verhalten zu bessern. Erst wenn alle Maßnahmen ausgeschöpft sind und keine Aussicht mehr besteht, dass das Ausbildungsziel erreicht wird, kann als „letztes Mittel" außerordentlich gekündigt werden. Gerade die „Ausschöpfung aller Möglichkeiten" seitens des Ausbildenden ist im vorliegenden Fall nicht erkennbar, sodass die a. o. K. unwirksam sein dürfte.

b) Nach § 111 Abs. 2 ArbGG können von der zuständigen Stelle sog. Schlichtungsausschüsse zur Beilegung von Streitigkeiten zwischen Ausbildenden und Auszubildenden gebildet werden. In der Regel sind diese in der Praxis auch vorhanden. Im vorliegenden Fall ist der Schlichtungsausschuss der betreffenden IHK zuständig. Der Auszubildende Kerner *muss* also vor Erhebung einer Klage beim Arbeitsgericht zunächst den Schlichtungsausschuss der Kammer einschalten (= unverzichtbare Prozessvoraussetzung). Die Erhebung der Klage ohne Einschaltung eines existierenden Ausschusses ist unzulässig. Eine Frist zur Einschaltung des Ausschusses existiert nicht. Eine unangemessene Dauer könnte jedoch zur Verwirkung des Rechts auf Einschaltung nach sich ziehen. Hat der Schlichtungsausschuss eine Entscheidung durch Spruch getroffen, so kann Kerner den Spruch *innerhalb einer Woche* anerkennen. Ist er mit dem Spruch des Ausschusses nicht einverstanden, so kann er binnen zwei Wochen nach ergangenem Spruch Klage beim Arbeitsgericht erheben.

20. Ausbildungsverhältnisse

Präsentieren heißt immer auch „visualisieren". Die Lösung ist daher in geeigneter Form optisch aufzubereiten, z. B.:

a)

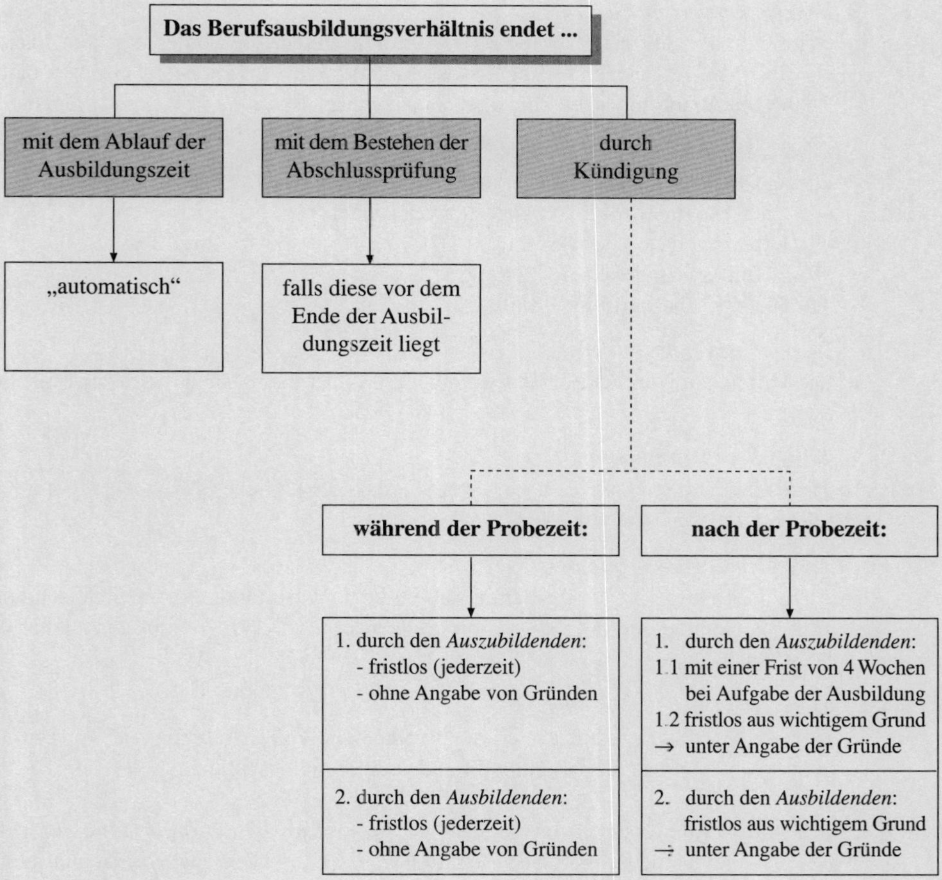

Hinweis:
Das Ausbildungsverhältnis endet mit dem Ablauf der Ausbildungszeit. Dieser Grundsatz gilt auch dann, wenn z. B. die Prüfung erst einige Wochen nach Ablauf der Ausbildungszeit abgelegt wird.

b) Nach § 24 BBiG ist im Fall des Auszubildenden Herb ein Arbeitsverhältnis auf unbestimmte Zeit begründet worden. Herb hat seine Arbeitskraft angeboten, der Meister hat nicht widersprochen. Da die Ausbildungszeit mit dem Bestehen der Prüfung endet, muss Herb vom 11.06. bis 30.06. anteilig den zutreffenden Tariflohn eines Facharbeiters erhalten.

c) Das seit dem 1. April 2005 geltende Berufsbildungsgesetz bringt im Wesentlichen folgende Veränderungen:

§ 20 *Probezeit:*
Die maximale Probezeit verlängert sich von drei auf vier Monate.

§ 2 *Auslandsaufenthalte:*
Auslandsaufenthalte können künftig Bestandteil der Ausbildung sein.

§ 45 *Praxisnachweis für Externe:*
Berufspraktiker, die als Externe zur IHK-Prüfung zugelassen werden möchten, müssen nur noch das 1,5-Fache der Regel-Ausbildungszeit als Praxis nachweisen; bei einer 3-jährigen Ausbildungszeit sind also „ersatzweise" 4,5 Jahre Praxis zu belegen.

§ 5 *Gestreckte Prüfung:*
Die „gestreckte Prüfung" soll in mehr Berufen angewandt werden:
- Die Abschlussprüfung erfolgt in zwei Teilen:
  1. Teil nach ca. zwei Jahren
  2. Teil: am Ende der Ausbildung
- Die Zwischenprüfung entfällt.

§ 10 *Verbundausbildung:*
Die Möglichkeit der Verbundausbildung wurde ausdrücklich in das Gesetz aufgenommen.

§ 8 *Teilzeitberufsausbildung:*
In Ausnahmefällen kann beantragt werden, dass die tägliche oder wöchentliche Ausbildungszeit verkürzt wird.

§ 7 *Anrechnung der Vorbildung:*
Ab 1. Juli 2006 wird die Anrechnung beruflicher Vorbildung länderspezifisch geregelt; bis dahin gelten noch die Verordnungen für die Berufsgrundbildungsjahre und Berufsfachschulen.

§ 43 *Zulassung zur IHK-Prüfung:*
Die IHKn müssen zukünftig auch Absolventen von Vollzeitschulen zur IHK-Prüfung zulassen, wenn dies die zuständige Landesregierung beschließt.

d) • Kern des Berufsbildungssicherungsgesetzes ist die sog. *Ausbildungsplatzabgabe* für den Fall, dass nicht genügend Lehrstellen geschaffen werden. Das Gesetz wird derzeit in seinem ursprünglichen Tenor nicht angewandt.

• Auf Vorschlag des Deutschen Industrie- und Handelskammertages wurde der sog. *„Pakt für Ausbildung"* in das Gesetz mit aufgenommen. Er legt fest, dass die Umlage dann nicht erhoben wird, wenn die Wirtschaft ausreichend Arbeitsplätze zur Verfügung stellt (im Jahresdurchschnitt 30.000 neue Lehrstellen). *Der Ausbildungspakt geht dem Gesetz also vor.*

21. Tarifgebundenheit

Im vorliegenden Fall ist nur eine Partei des Arbeitsvertrages tarifgebunden – die X-GmbH. Wegen § 3 TVG besteht keine gesetzliche Bindung des Arbeitsverhältnisses an die Inhaltsnormen des Tarifvertrages. Also hat Huber, da er nicht in der entsprechenden Gewerkschaft organisiert ist, keine Ansprüche auf tarifliche Leistungen. Nach der BAG-Rechtsprechung kann er sich auch nicht auf den Grundsatz der Gleichbehandlung gegenüber den organisierten Arbeitnehmern berufen.

Etwas anderes gilt, wenn tarifliche Leistungen zu gewähren sind

- aufgrund einzelvertraglicher Abrede oder
- aufgrund betrieblicher Übung.

Im vorliegenden Fall existiert keine einzelvertragliche Abrede; eine Betriebsübung ist im Sachverhalt nicht erwähnt. Einen Anspruch auf tarifliche Leistungen könnte Huber nur dann herleiten, wenn der betreffende Tarifvertrag eine sog. *Außenseiterklausel* enthält, nach der die nichtorganisierten Arbeitnehmer mit den organisierten gleichzubehandeln sind. Derartige Außenseiterklauseln sind zulässig.

22. Verrechnung tariflicher Leistungen

Enthält der Tarifvertrag – wie im vorliegenden Fall – eine Öffnungsklausel, so können auch abweichende Vereinbarungen getroffen werden, sofern sie dem Günstigkeitsprinzip entsprechen. Dabei sind *die Leistungen nach Sachgruppen zusammenzufassen und zu vergleichen.* Im Fall von Frau Bracker dienen jedoch Urlaub und Gehalt unterschiedlichen Zwecken, gehören damit *zu unterschiedlichen Sachthemen und können demzufolge nicht miteinander verrechnet werden.* Demzufolge ist ein Einzelvergleich zwischen einzelvertraglicher und tariflicher Festlegung durchzuführen. Er führt im „Aspekt Gehalt" dazu, dass die tarifliche Regelung für die Arbeitnehmerin günstiger ist. Somit hat Frau Bracker Anspruch auf 30 Tage Urlaub (aufgrund einzelvertraglicher Regelung) und auf ein Monatsgehalt von 2.400 EUR (aufgrund tarifvertraglicher Regelung).

23. Arbeitskampfrecht

a) Das BAG hat in seiner Rechtsprechung u.a. folgende Grundsätze für einen rechtmäßigen Arbeitskampf aufgestellt:

- die Parteien müssen *tariffähig* sein,
- das Ziel der Arbeitskampfmaßnahme kann nur durch *Abschluss eines Tarifvertrages* erreicht werden,
- alle denkbaren *Einigungsmöglichkeiten* wie z. B. Verhandlungen müssen vor Einleitung eines Arbeitskampfes *ausgeschöpft* werden; kurze Warnstreiks – z. B. während der Verhandlungen – sind jedoch zulässig,
- *Grundsatz der „Verhältnismäßigkeit"* und Fairness; die Maßnahmen des Arbeitskampfes und seine Ziele müssen einander entsprechen.

b)

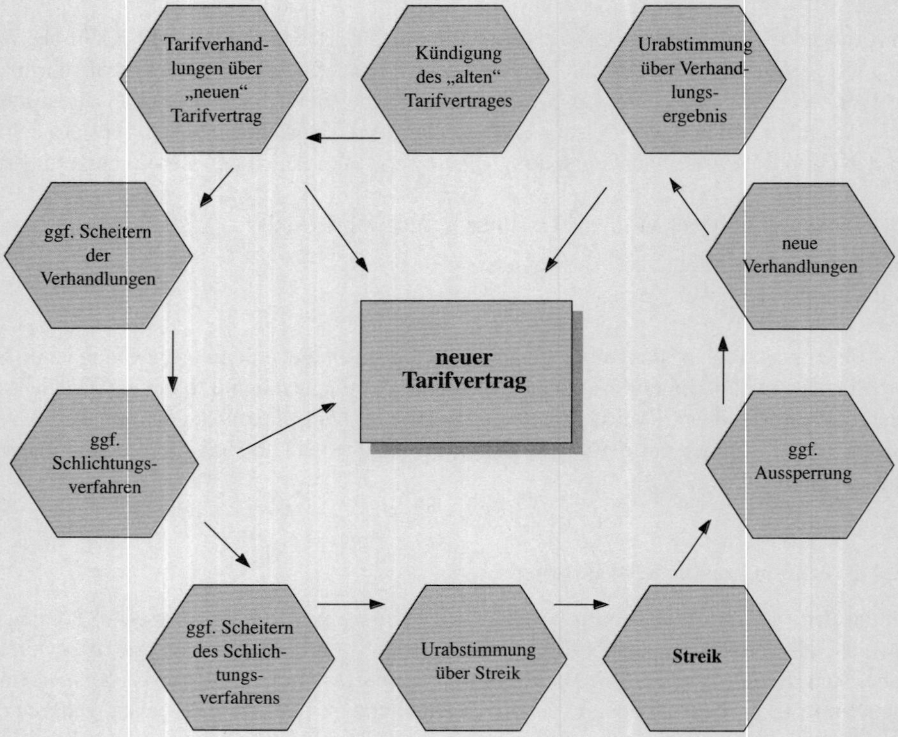

24. Betriebsvereinbarung (1)

Die Betriebsvereinbarung ist ein schriftlicher Vertrag zwischen Arbeitgeber und Betriebsrat über generelle Regelungen der betrieblichen Arbeitsverhältnisse oder der betrieblichen Ordnung (§ 77 BetrVG). Der Vertrag ist von beiden Seiten zu unterzeichnen und vom Arbeitgeber an geeigneter Stelle auszulegen (z. B.: eine Kopie am Schwarzen Brett genügt; geeigneter ist jedoch eine zusätzliche Kopie an relevante Leitungsebenen des Betriebes. Eine weitere Möglichkeit besteht auch in der Einsichtnahme beim Personalwesen). Die Unterzeichnung der Betriebsvereinbarung entfällt, soweit die Betriebsvereinbarung auf einem Spruch der Einigungsstelle beruht.

Die Betriebsvereinbarung als Vertrag setzt aufseiten des Betriebsrates einen Beschluss voraus. Es genügt also nicht, wenn sich der Arbeitgeber mit dem Betriebsrats-Vorsitzenden oder einem Ausschuss einigt.

Die Betriebsvereinbarung ist damit die bedeutendste und häufigste Form der Ausübung von Mitbestimmungsrechten. Sie ist sozusagen „der kleine Bruder des Tarifvertrages" auf der Betriebsebene. Eine Betriebsvereinbarung kann entweder durch freiwilligen Vertragsabschluss oder durch den Spruch der Einigungsstelle zu Stande kommen. Betriebsvereinbarungen über freiwillige Angelegenheiten (§ 88 BetrVG) wirken nicht nach (z. B. Vereinbarungen über freiwillige Leistungen des Arbeitgebers, u. a. freiwilliges Urlaubsgeld oder freiwillige Förderung der Vermögensbildung). Nach Ablauf einer freiwilligen Betriebsvereinbarung haben die Arbeitnehmer keinen Anspruch mehr auf die im Vertrag geregelten Leistungen.

Die Betriebsvereinbarung gilt zu Gunsten aller aktiven Arbeitnehmer eines Betriebes unmittelbar und zwingend – mit Ausnahme der leitenden Angestellten. Die Betriebsvereinbarung wirkt also als „Gesetz des Betriebes" auf die Arbeitsverhältnisse ein *ohne Bestandteil der Arbeitsverträge zu sein.* Der Verzicht aus Ansprüchen aus einer Betriebsvereinbarung ist nur mit Zustimmung des Betriebsrates statthaft. Die Abweichung von Normen einer Betriebsvereinbarung ist einzelvertraglich nur zu Gunsten des Arbeitnehmers möglich (Günstigkeitsprinzip). Die Durchführung der Betriebsvereinbarung liegt allein in der Hand des Arbeitgebers. Der Betriebsrat darf nicht durch einseitige Handlungen in die Leitung des Betriebes eingreifen.

Inhaltlich ist die Regelungszuständigkeit von Betriebsvereinbarungen begrenzt auf

- Zuständigkeiten des Betriebsrates (§ 80 BetrVG) sowie auf
- freiwillige Betriebsvereinbarungen (§ 88 BetrVG) – wie z. B. Arbeitsunfälle, Gesundheitsschädigungen, Sozialeinrichtungen, Förderung der Vermögensbildung.

Arbeitsentgelte oder sonstige Arbeitsbedingungen, die tarifvertraglich geregelt sind oder üblicherweise geregelt werden, können nicht Gegenstand einer Betriebsvereinbarung sein („Sperrwirkung des Tarifvertrages" bei tarifüblichen Regelungen), es sei denn, der Tarifvertrag enthält eine diesbezügliche Öffnungsklausel. Durch diese „subsidiäre Regelungskompetenz" der Betriebsvereinbarung soll die Tarifautonomie der Tarifpartner - insbesondere auf dem Gebiet der Lohnpolitik – geschützt werden.

Betriebsvereinbarungen haben das Grundgesetz, zwingende Gesetzesbestimmungen und die Grundsätze der Billigkeit (§ 75 BetrVG) zu berücksichtigen.

Von einer *erzwingbaren Betriebsvereinbarung* wird dann gesprochen, wenn sie notfalls – ausgehend vom Arbeitgeber oder vom Betriebsrat – über die Einigungsstelle durchgesetzt werden kann (Beispiel: Eine Betriebsvereinbarung über die Lage der Pausen – nach § 87 BetrVG – kann vom Betriebsrat erzwungen werden, ohne dass sich der Arbeitgeber diesem Bestreben entziehen kann).

Bei einer *freiwilligen Betriebsvereinbarung* hat keine der beiden Seiten einen Rechtsanspruch auf den Abschluss einer Vereinbarung (§ 88 BetrVG).

Die Betriebsvereinbarung endet – wie jede andere Vereinbarung auch:

- mit Ablauf der vereinbarten Zeit (z. B. von vornherein befristete Betriebsvereinbarungen),
- mit Zweckerreichung (z. B. Verlegung der Arbeitszeit im Rahmen eines Sonderprojektes),
- bei Kündigung der Vereinbarung (Hauptfall der Beendigung),
- durch Aufhebungsvertrag zwischen Arbeitgeber und Betriebsrat,
- durch endgültigen und dauernden Wegfall des Betriebsrates (z. B. weniger als 5 wahlberechtigte Arbeitnehmer),
- durch Stilllegung des Betriebes (mit Ausnahme von Betriebsvereinbarungen, die über die Stilllegung hinaus wirken; z. B. Interessenausgleich und Sozialplan),
- durch Abschluss einer neuen Betriebsvereinbarung über denselben Regelungstatbestand oder
- durch Abschluss eines Tarifvertrages über denselben Regelungstatbestand.

Die Kündigung kann von jeder Seite – soweit nichts anderes vereinbart wurde – mit einer Frist von drei Monaten erfolgen. Liegen besonders schwerwiegende Gründe vor, ist eine außerordentliche Kündigung möglich.

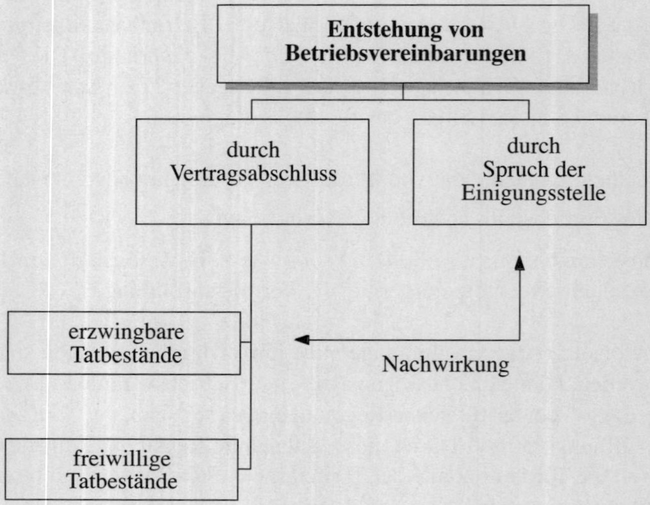

Betriebsvereinbarungen haben einen ähnlichen Charakter wie Tarifverträge. Aus diesem Grunde gelten die Bestimmungen nach Ablauf weiter, bis sie durch eine andere „Abmachung“ (gemeint ist eine neue „Betriebsvereinbarung“ oder ein „Tarifvertrag“) ersetzt werden. Diese Nachwirkung von Betriebsvereinbarungen gilt nur in den Angelegenheiten, in denen der Spruch der Einigungsstelle die Einigung zwischen Arbeitgeber und Betriebsrat ersetzt, also in den Fällen erzwingbarer Mitbestimmung.

Betriebsvereinbarungen über freiwillige Angelegenheiten wirken nicht nach. Nach Ablauf einer freiwilligen Betriebsvereinbarung haben die Arbeitnehmer keinen Anspruch mehr auf die im Vertrag geregelten Leistungen.

Zu beachten ist, dass in beiden Fällen einer Betriebsvereinbarung (erzwingbar oder freiwillig) die Bestimmungen einer „abgelaufenen“ Betriebsvereinbarung nicht mehr zwingend sind: Der Arbeitgeber hat also die Möglichkeit eine andere, einzelvertragliche Regelung zu gestalten.

25. Betriebsvereinbarung (2)

Regelungstatbestände/Inhalte von Betriebsvereinbarungen, z. B.:

Regelungen zur Arbeitszeit, Lohngestaltung, Ordnung des Betriebes, Mehrarbeit, Lage und Dauer der Pausen, Gestaltung des betrieblichen Vorschlagswesens u. Ä. (vgl. dazu die in § 87 BetrVG genannten Tatbestände).

1.2 Vorschriften des Betriebsverfassungsgesetzes

01. Bedeutung des Betriebsverfassungsgesetzes

- Das BetrVG schränkt das Direktionsrecht des Arbeitgebers ein. Dazu werden dem Betriebsrat als dem Repräsentanten der Arbeitnehmer verschiedene Beteiligungsrechte mit unterschiedlicher Qualität eingeräumt.
- Außerdem erhalten die Arbeitnehmer in den §§ 81-86 unmittelbare Rechte gegenüber dem Arbeitgeber - *unabhängig davon, ob ein Betriebsrat existiert oder nicht.*
- Das Betriebsverfassungsgesetz stammt von 1952, wurde 1972 wesentlich geändert und zuletzt geändert durch Gesetz vom 10.12.2001 (Novellierung). Es enthält acht Teile:

Betriebsverfassungsgesetz - Inhaltsübersicht -		
Teil	§§	Inhalt
1	1–6	Allgemeine Vorschriften
2	7–39	Betriebsrat, Betriebsversammlung, Gesamt- und Konzernbetriebsrat
3	60–73	Jugend- und Auszubildendenvertretung
4	74–113	Mitwirkung und Mitbestimmung der Arbeitnehmer
5	114–118	Besondere Vorschriften für einzelne Betriebsarten
6	119–121	Straf- und Bußgeldvorschriften
7	122–124	Änderung von Gesetzen
8	125–132	Übergangs- und Schlussvorschriften

02. Gebot der vertrauensvollen Zusammenarbeit

Nach dem Willen des Gesetzgebers ist der Leitgedanke des Betriebsverfassungsgesetzes das „Gebot der vertrauensvollen Zusammenarbeit" zwischen Arbeitgeber und Betriebsrat. Dieses Gebot ist als *Generalklausel* zu verstehen, die als unmittelbares Recht auf alle anderen Normen des Gesetzes wirkt.

Im Einzelnen heißt dies für beide Seiten:

- Offenheit und Ehrlichkeit,
- Ausgleich statt Konfrontation.

Nicht gemeint ist:

- Nachgeben um jeden Preis,
- Aufgeben gesicherter Rechtspositionen.

Als Konsequenz daraus kann man interpretieren: Der Arbeitgeber, die Geschäftsleitung, die betriebliche Führungskraft usw. sollten gegenüber dem Betriebsrat eine positive Grundhaltung einnehmen:

- Betriebsratsarbeit ist eine betriebliche Notwendigkeit,
- Betriebsratsarbeit nützt beiden Seiten.

- Die Friedenspflicht bedeutet für den Arbeitgeber:
  Im Streitfall mit dem Betriebsrat darf er *nicht aussperren.*

- Für den Betriebsrat bewirkt die Friedenspflicht:
  Er darf die Arbeitnehmer im Streitfall *nicht zum Streik aufrufen.*

Grundsätze für die Zusammenarbeit im Betrieb
• Gebot der vertrauensvollen Zusammenarbeit • Friedenspflicht • Verbot parteipolitischer Betätigung • Aufgabentrennung zwischen Betriebsrat und Gewerkschaft • Verbot der Benachteiligung/Bevorzugung von Betriebsratsmitgliedern • Besonderer Kündigungsschutz für Betriebsratsmitglieder • Einhaltung der Grundsätze von Recht und Billigkeit

03. Betriebsverfassungsrechtliche Organe

→ siehe Abb. nächste Seite

04. Wahl des Betriebsrates

a) Zeitpunkt der Betriebsratswahlen:
alle vier Jahre in der Zeit vom 1. März bis 31. Mai (§ 13 BetrVG)

b) Wählbarkeit:
Wählbar sind alle Wahlberechtigten (≥ 18 Jahre), die sechs Monate dem Betrieb angehören (§§ 7 f. BetrVG) ⇒ Sie sind wählbar.

c) Anzahl der Betriebsratsmitglieder bei der Metall GmbH:
350 Mitarbeiter ⇒ 9 Betriebsratsmitglieder (§ 9 BetrVG)

Hinweis zu a) - c): Aufgrund der Novellierung des Betriebsverfassungsgesetzes vom 5.7.2001 wurden u. a. folgende Änderungen beschlossen:

- Das Wahlverfahren wird entbürokratisiert: Die Trennung zwischen Arbeitern und Angestellten wird aufgehoben. In kleineren Betrieben (bis 50 Beschäftigte) ist es möglich, den Betriebsrat in *einer* Betriebsversammlung zu wählen.

- Frauen müssen entsprechend ihrem Anteil an der Belegschaft im Betriebsrat vertreten sein.

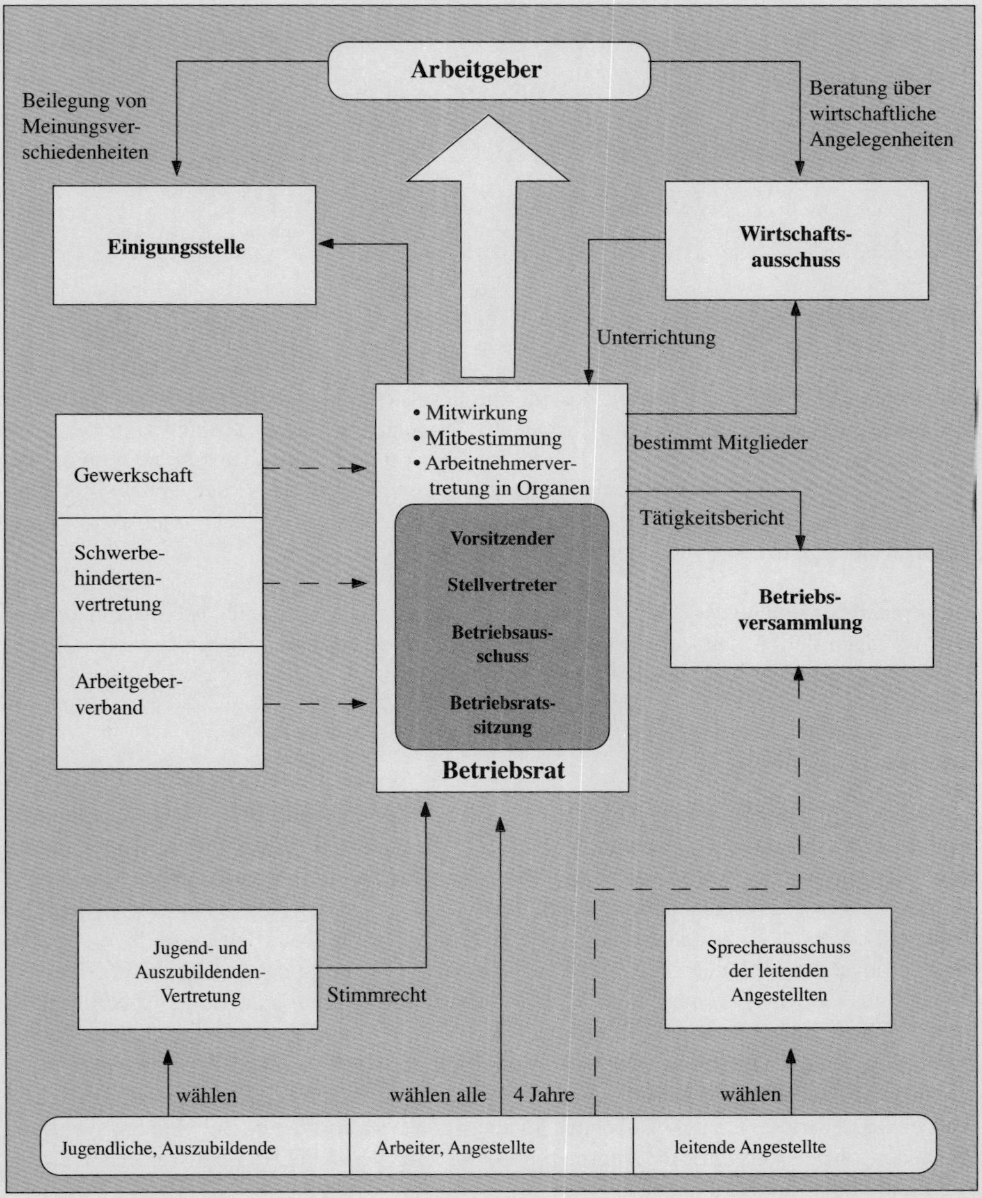

05. Die Einigungsstelle

Die Einigungsstelle (§ 76 BetrVG) ist ein Organ der Betriebsverfassung und wird auf Antrag einer Seite in den Fällen tätig, in denen der Betriebsrat ein echtes (erzwingbares) Mitbestimmungsrecht hat. Die Einigungsstelle ist nicht für die Entscheidung von Rechtsfragen, sondern grundsätzlich nur für *Regelungsstreitigkeiten* zuständig.

Zur Bildung der *Einigungsstelle* benennen Arbeitgeber und Betriebsrat jeweils eine gleiche Anzahl von Beisitzern (im Regelfall sind dies je zwei) und verständigen sich auf einen unparteiischen Vorsitzenden. Die Kosten trägt der Arbeitgeber.

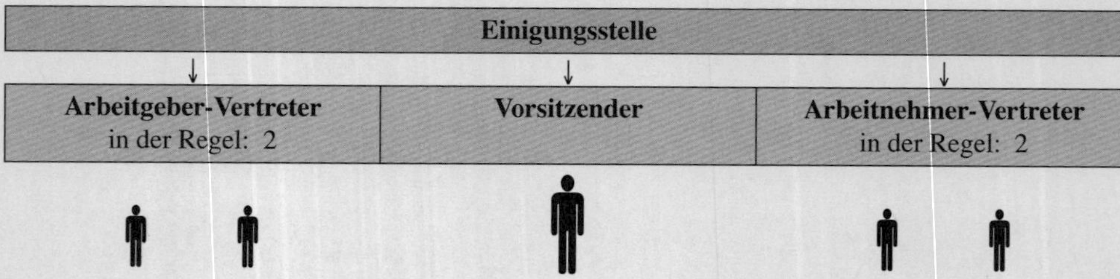

Nach mündlicher Beratung entscheidet die Einigungsstelle mit Stimmenmehrheit. Bei dieser ersten Abstimmung hat sich der Vorsitzende der Stimme zu enthalten. Kommt kein Beschluss zu Stande so ist erneut zu beraten und abzustimmen. An der zweiten Abstimmung nimmt der Vorsitzende teil. Gesetzlich vorgeschriebenes Kriterium dabei ist der Gesichtspunkt des „billigen Ermessens", d. h. die hinreichende Berücksichtigung der betrieblichen Interessen und der sozialen Belange der Arbeitnehmer.

Der Spruch der Einigungsstelle kann auf Antrag von jeder Seite innerhalb einer Ausschlussfrist von 14 Tagen vom Arbeitsgericht im Wege des Beschlussverfahrens überprüft werden. In der Sache selbst wird das Gericht keine Entscheidung treffen.

06. Wirtschaftsausschuss

Der Wirtschaftsausschuss ist ebenfalls ein Organ der Betriebsverfassung und in Unternehmen mit mehr als 100 (ständig) Beschäftigten *zu bilden*. Er wird stets für das Gesamt-Unternehmen gebildet. Der Wirtschaftsausschuss besteht aus mindestens drei und höchstens sieben Mitgliedern, die dem Unternehmen (nicht unbedingt dem Betriebsrat) angehören müssen. Prinzipiell kommen daher auch leitende Angestellte infrage. Die Mitglieder werden vom Betriebsrat bzw. dem Gesamtbetriebsrat bestellt und sind in ihrer Amtszeit an die Amtszeit des Betriebsrates gekoppelt. Mindestens ein Mitglied muss dem Betriebsrat angehören. Eine jederzeitige Abberufung ist möglich. In den monatlich stattfindenden Sitzungen hat der Arbeitgeber den Wirtschaftsausschuss rechtzeitig, umfassend und unter Vorlage der erforderlichen Unterlagen zu unterrichten (vgl. dazu die nicht abschließend aufgeführten Sachverhalte in §106 BetrVG). Der Wirtschaftsausschuss hat den Betriebsrat unverzüglich über den Sitzungsinhalt zu informieren. Bei Meinungsverschiedenheiten, ob beispielsweise die Information des Arbeitgebers den Erfordernissen entspricht, ist die Einigungsstelle zuständig.

07. Beteilungsrechte des Betriebsrates (Übersicht)

Die Beteiligungsrechte des Betriebsrates sind von unterschiedlicher Qualität – von schwach bis sehr stark ausgeprägt – und lassen sich in die beiden Felder

- Mitwirkung und
- Mitbestimmung

klassifizieren.

Dabei bedeutet:

- *Mitwirkungsrecht (MWR):*
  Die Entscheidungsbefugnis des Arbeitgebers bleibt unberührt.
- *Mitbestimmungsrecht (MBR):*
  Der Arbeitgeber kann eine Maßnahme nur im gemeinsamen Entscheidungsprozess mit dem Betriebsrat regeln.

Beteiligungsrechte des Betriebsrates

Mitwirkung	**Mitbestimmung**
Entscheidungsbefugnis des Arbeitsgebers bleibt unberührt	Keine Entscheidung des Arbeitgebers ohne den Betriebsrat
- Informationsrecht - Anhörungsrecht - Beratungsrecht - Einsichtsrecht - Teilnahmerecht	- Initiativrecht - Zustimmungsrecht - Widerspruchsrecht - Aufhebungsanspruch

- *Das Informationsrecht*
  ist das schwächste Recht des Betriebsrats. Es ist jedoch die unverzichtbare Voraussetzung für die Wahrnehmung aller Rechte und oft die Vorstufe zur Mitbestimmung. Neben einzelnen Fällen der Information formuliert das Gesetz in § 80 einen allgemeinen Anspruch des Betriebsrats auf „rechtzeitige und umfassende Information".
- *Das Beratungsrecht*
  ermöglicht dem Betriebsrat von sich aus Gedanken und Anregungen zu entwickeln. Der Arbeitgeber ist gehalten sich mit diesen Meinungen ernsthaft auseinander zu setzen.
- *Beim Recht auf Anhörung*
  ist der Arbeitgeber unbedingt verpflichtet vor seiner Entscheidung die Meinung des Betriebsrats einzuholen. Die Anhörung muss „ordnungsgemäß" sein. Im Fall der Kündigung führt eine Missachtung des Anhörungsrechts bereits aus formalrechtlichen Gründen zur Unwirksamkeit der Maßnahme.
- *Beim Vetorecht*
  kann der Betriebsrat die Maßnahme des Arbeitgebers verhindern bzw. bestimmte Rechtsfolgen einleiten (z. B. gerichtliche Ersetzung). Der Betriebsrat ist also nicht völlig gleichberechtigt am Entscheidungsprozess beteiligt, kann aber eine „Sperre" einlegen – aus den im Gesetz genannten Gründen.
- *Das Zustimmungsrecht*
  – auch als obligatorische Mitbestimmung bezeichnet – ist das qualitativ stärkste Recht. Der Arbeitgeber kann ohne die Zustimmung des Betriebsrats keine Entscheidung treffen. Bei fehlender Zustimmung kann er diese nicht gerichtlich ersetzen lassen, sondern muss den Weg über die Einigungsstelle gehen. Die Fälle der obligatorischen Mitbestimmung lassen sich im Gesetz leicht erkennen: Die jeweiligen Normen enthalten immer den Satz: „Der Spruch der Einigungsstelle ersetzt die Einigung zwischen Arbeitgeber und Betriebsrat".

- Schließlich ist das *Initiativrecht*
  im Mitbestimmungsrecht enthalten: Der Betriebsrat kann von sich aus in den Fällen der erzwingbaren Mitbestimmung vom Arbeitgeber die Regelung einer bestimmten Angelegenheit verlangen. Das Initiativrecht findet seine Grenzen in den Fällen, in denen es um den Kern der unternehmerischen Entscheidung geht (z. B. Produktpolitik, Standortpolitik u. Ä.).

08. Beteiligungsrechte (Einzelfragen)

Sachverhalt			Beteiligungsrecht	§§
(1)	Arbeitsordnung	→	Mitbestimmung	§ 87 Abs. 1 Nr. 1 BetrVG
(2)	Arbeitnehmerbeschwerden	→	Mitwirkung	§ 85 BetrVG
(3)	Bau/Montagehalle	→	Unterrichtung	§ 90 Abs. 1 Nr. 1 BetrVG
(4)	Untersuchung der Unfälle	→	Mitwirkung	§ 89 BetrVG
(5)	Personalfragebogens	→	Mitbestimmung	§ 94 BetrVG
(6)	Schichtssystem	→	Mitbestimmung	§ 87 Abs. 1 Nr. 2 BetrVG
(7)	Videoanlage	→	Mitbestimmung	§ 87 Abs. 1 Nr. 6 BetrVG
(8)	Zeiterfassungssystem	→	Mitbestimmung	§ 87 Abs. 1 Nr. 6 BetrVG
(9)	Erweiterungsbau/Kantine	→	Unterrichtung	§ 90 Abs. 1 Nr. 1 BetrVG
(10)	Vorgabezeiten	→	Mitbestimmung	§ 87 Abs. 1 Nr. 10 BetrVG
(11)	Gruppenarbeit	→	Mitbestimmung	§ 87 Abs. 1 Nr. 13 BetrVG
(12)	Auswahlrichtlinien	→	Mitbestimmung	§ 95 BetrVG

09. Lohnpolitik und Mitbestimmung

- *Nach 87 I Nr. 4 BetrVG* hat der Betriebsrat ein *Mitbestimmungsrecht* bei der Frage
  - der Zeit (z. B. Auszahlung des Gehaltes bis spätestens zum 3. Werktag des Folgemonats),
  - des Ortes (Bank oder Betrieb) und
  - der Art (bar oder bargeldlos)
    soweit
  - eine gesetzliche oder tarifliche Regelung nicht besteht oder
  - die betriebliche Regelung günstiger ist.
- *Nach 87 I Nr. 10 und 11 BetrVG* erstreckt sich das *Mitbestimmungsrecht* ferner auf
  - Fragen der betrieblichen Lohngestaltung,
  - die Aufstellung und Änderung von
    - Entlohnungsgrundsätzen,
    - Entlohnungsmethoden,
  - die Festsetzung von
    - Akkord- und Prämiensätzen,
    - vergleichbaren leistungsbezogenen Entgelten sowie
  - die Durchführung der Arbeitsbewertung.
- *Nach 87 I Nr. 6 BetrVG* existiert ein *Mitbestimmungsrecht* bei
  - der Einführung und Anwendung technischer Einrichtungen, die dazu geeignet sind, das Verhalten oder die Leistung der Arbeitnehmer zu überprüfen (z. B. Zeitmessschreiber, Mengenschreiber, elektronische Zeiterfassung, „Stempelkarte“ u. Ä.). Kommt eine Einigung über diese Fragen nicht zu Stande, so entscheidet die Einigungsstelle verbindlich.

- *§ 77 III BetrVG* schränkt die Zulässigkeit von Betriebsvereinbarungen über Arbeitsentgelte und sonstige Arbeitsbedingungen ein: Derartige Fragestellungen können über Betriebsvereinbarungen nur bei Vorliegen einer tariflichen Öffnungsklausel geregelt werden.

10. Abbau von Sozialleistungen

a)
- *Erfolgsbeteiligungen:*
  Beim Abbau oder der Streichung von Erfolgsbeteiligungen in wirtschaftlich schwachen Zeiten kann man davon ausgehen, dass die Gründe für die Mitarbeiter nachvollziehbar sind, weil ein unmittelbarer Kausalzusammenhang besteht. Bei rechtzeitiger und klarer Information durch die Unternehmensleitung kann mit weitgehender Akzeptanz der Mitarbeiter gerechnet werden.
- *Betriebliche Weiterbildungseinrichtungen:*
  Die Reduzierung betrieblicher Weiterbildungseinrichtungen wird von den Mitarbeitern wohl überwiegend als negativ bewertet werden. Es ist damit zu rechnen, dass die allgemeine Arbeitszufriedenheit sinkt und die Leistungsmotivation nachlässt. Längerfristig kann dies zu einem Absinken der Arbeitsproduktivität führen.

b)
- Im Fall der Erfolgsbeteiligung besteht kein Mitbestimmungsrecht des Betriebsrates – allenfalls ein Mitwirkungsrecht im Wege der Information und Beratung.
- In Fragen der Berufsbildung hat der Betriebsrat nach §§ 96-98 BetrVG Mitwirkungs- und Mitbestimmungsrechte. Im Einzelnen:

Beteiligungsrechte des Betriebsrates in Fragen der Berufsbildung			
	§§ BetrVG	**Mitwirkung**	**Mitbestimmung**
- Beschäftigungssicherung (neu!)	92a	x	
- Förderung der Berufsbildung	96	x	
- Ausstattung betrieblicher Einrichtungen zur Berufsbildung	97 Abs. 1	x	
- Einführung von Maßnahmen der Berufsbildung, die zu Änderungen der Arbeitnehmertätigkeit führen	97 Abs. 2		x
- Durchführung von Maßnahmen der Berufsbildung	98 Abs. 1		x
- Bestellung/Abberufung von Personal der Berufsbildung	98 Abs. 2		x
- Vorschläge für die Teilnahme bei betrieblich veranlassten Maßnahmen	98 Abs. 2		x

11. Beurteilung und Mitbestimmung

Sie haben die Bitte des Mitarbeiters auf eine Beurteilung zu Unrecht abgelehnt. Die §§ 81-86 des BetrVG enthalten sog. *individualrechtliche Normen* des einzelnen Arbeitnehmers. *Sie haben generelle Geltung, unabhängig davon, ob ein Betriebsrat existiert oder nicht.* Dazu gehört auch das Recht des Mitarbeiters auf die Beurteilung seiner Leistung (§ 82 Abs. 2 BetrVG). Daneben besteht nach § 83 BetrVG das *Einsichtsrecht in die eigene Personalakte*. Damit hat der Mitarbeiter die Möglichkeit auch eine Beurteilung, die nicht mit ihm besprochen wurde, in Erfahrung zu bringen.

12. Mitbestimmung bei personellen Einzelmaßnahmen

a) Bei der Umwandlung eines befristeten Arbeitsverhältnisses in ein unbefristetes ist der Betriebsrat *erneut zu beteiligen* – er muss der Umwandlung zustimmen. Begründung: Dem Betriebsrat steht das erneute Mitbestimmungsrecht zu, da seit der Zustimmung zum vorliegenden befristeten Arbeitsverhältnis geraume Zeit vergangen ist. Es ist bei der Umwandlung erneut zu prüfen, ob z. B. den beschäftigten Mitarbeitern Nachteile durch die Umwandlung erwachsen können.

b) Der Betriebsrat ist in diesem Fall *nicht erneut zu beteiligen*, da er bereits bei der Zustimmung zum Probearbeitsverhältnis erkennen konnte, dass der Arbeitgeber den Übergang in ein unbefristetes Arbeitsverhältnis beabsichtigte.

13. Personalabbau und Mitbestimmung

- Nach § 102 BetrVG
  - ist der Betriebsrat vor jeder Kündigung *zu hören*. Eine ohne Anhörung des Betriebsrates erfolgte Kündigung ist unwirksam;
  - kann der Betriebsrat der ordentlichen Kündigung *widersprechen* (spätestens innerhalb einer Woche; schriftlich) aufgrund der im Gesetz genannten Tatbestände.
  - kann der Betriebsrat einer außerordentlichen Kündigung widersprechen (unverzüglich, spätestens innerhalb von drei Tagen; schriftlich).
- Nach § 95 BetrVG

  bedürfen Auswahlrichtlinien (Einstellungen, Kündigungen usw.) der *Zustimmung* des Betriebsrates.

14. Versetzung und Mitbestimmung

- Es liegt eine mitbestimmungspflichtige Versetzung i. S. des § 95 Abs. 3 BetrVG vor.
- Der Betriebsrat in Krefeld muss der Versetzung nach § 99 Abs. 1 BetrVG zustimmen (abgebender Betrieb; Versetzung).
- Der Betriebsrat in Erkelenz muss der Einstellung nach § 99 Abs. 1 BetrVG zustimmen (aufnehmender Betrieb; Einstellung).

15. Personalplanung und Mitbestimmung (1)

Im Gegensatz zur Mitbestimmung bei personellen Einzelmaßnahmen hat der Betriebsrat im Rahmen der Personalplanung nur eingeschränkte Rechte:

- Nach *§ 92, Abs. 1 BetrVG* hat der Arbeitgeber „den Betriebsrat über die Personalplanung, insbesondere über den gegenwärtigen und künftigen Personalbedarf sowie über die sich daraus ergebenden personellen Maßnahmen und Maßnahmen der Berufsbildung anhand von Unterlagen rechtzeitig und umfassend *zu unterrichten*. Er hat mit dem Betriebsrat über Art und Umfang der erforderlichen Maßnahmen und über die Vermeidung von Härten *zu beraten*."
- Nach *§ 92, Abs. 2 BetrVG* kann der Betriebsrat „dem Arbeitgeber *Vorschläge* für die Einführung einer Personalplanung und ihre Durchführung *machen*."
- Im Einzelnen gilt also:
  - Der Betriebsrat hat *keine (erzwingbare) Mitbestimmung* bei der Personalplanung.
  - Seine Mitwirkung umfasst die Einzelrechte:
    - Unterrichtung
    - Beratung
    - Vorschlagsrecht.
  - Die Unterrichtung hat rechtzeitig, umfassend und anhand von Unterlagen zu erfolgen. Sie erstreckt sich auf die Personalplanung, auf die sich daraus ergebenden Maßnahmen (wie z. B. Einstellungen, Entlassungen und Bildungsmaßnahmen) sowie auf die Vermeidung von Härten.
  - Insbesondere ist vom Arbeitgeber der gegenwärtige und zukünftige Personalbedarf darzulegen.
  - Der Zeitpunkt der Unterrichtung ist in der Rechtsprechung streitig.
  - Nach überwiegender Meinung hat der Arbeitgeber dem Betriebsrat geeignete „Unterlagen" zu überlassen (z. B. Stellenbesetzungspläne, Statistiken, Krankenstände usw.).
  - Das Mitwirkungsrecht ist ohne Rücksicht auf die Betriebsgröße gegeben.

16. Personalplanung und Mitbestimmung (2)

TOP 1:	- Unterrichtung/Personalbedarf	ja	Unterichtungs- und Beratungsrecht
	- auch: außertarifliche Angestellte	ja	s.o.
	- nicht jedoch: Leitende;	nein	
	dies gilt auch für die Punkte TOP 2-4	nein	
	- problematisch: Herr Neu ist nur für die Personalplanung der Arbeiter zuständig; hier: Weiterleitung des BR-Schreibens an die zuständige Stelle.		
TOP 2:	- Unterrichtung/Maßnahmen	ja	s.o.
TOP 3:	- Überlassung von Unterlagen	ja	s.o.
TOP 4:	- Umsetzung des BR-Vorschlags	nein	Vorschlagsrecht: ja; jedoch keine (erzwingbare) Mitbestimmung

17. Personalentwicklung und Mitbestimmung

a) • Nach § 96 Abs. 1 BetrVG
- hat der Arbeitgeber auf Verlangen des Betriebsrates mit diesem über Fragen der Berufsbildung *zu beraten;*
- kann der Betriebsrat hierzu *Vorschläge machen.*

• Nach § 96 Abs. 2 BetrVG
- haben Arbeitgeber und Betriebsrat darauf zu achten, dass den Arbeitnehmern die Teilnahme an Maßnahmen der Berufsbildung ermöglicht wird – unter Berücksichtigung der betrieblichen Notwendigkeiten;
- haben beide in diesem Zusammenhang die *Belange älterer Arbeitnehmer zu berücksichtigen.*

• Nach § 97 BetrVG haben Arbeitgeber und Betriebsrat über
- die Errichtung und Ausstattung betrieblicher Einrichtungen zur Berufsbildung,
- die Einführung betrieblicher Bildungsmaßnahmen sowie
- die Teilnahme an außerbetrieblichen Berufsbildungsmaßnahmen

zu beraten.

• Dies bedeutet, dass der Betriebsrat in den Fällen der §§ 96, 97 BetrVG (Maßnahmen der Berufsbildung – *allgemein* – sowie speziell *Einrichtung* und *Einführung* von Berufsbildungsmaßnahmen) grundsätzlich ein *Mitwirkungsrecht* hat.

• Nach § 98 Abs. 1-6 BetrVG
- hat der Betriebsrat bei der *Durchführung* von Maßnahmen der betrieblichen Berufsbildung *mitzubestimmen;* im Streitfall entscheidet die Einigungsstelle;
- kann der Betriebsrat der Bestellung einer Person, die mit der Durchführung der betrieblichen Berufsbildung beauftragt ist (z. B. betrieblicher Ausbilder oder Leiter der Aus- und Fortbildung), *widersprechen* oder ihre Abberufung verlangen. Im Fall der Nicht-Einigung entscheidet das Arbeitsgericht auf Antrag des Betriebsrates;
- kann der Betriebsrat Vorschläge für die Teilnahme von Arbeitnehmern machen; im Fall der Nicht-Einigung entscheidet die Einigungsstelle.

• Das heißt also, dass der Betriebsrat in den Fällen des § 98 BetrVG (Durchführung, Teilnahme, Bestellung von Personen) ein *erzwingbares Mitbestimmungsrecht* hat (vgl.: § 98 Abs. 4 BetrVG: „... entscheidet die Einigungsstelle ...").

• Der Betriebsrat hat nach § 92a BetrVG
- ein *Initiativrecht* bei der Qualifizierung der Beschäftigten
- ein *Mitbestimmungsrecht* bei der Durchführung von Gruppenarbeit

b)

-	§ 87 I Nr. 6	Technische Einrichtungen hier: Einführung von Personal-informationssystemen	Mitbestimmung
-	§ 92 BetrVG	Personalplanung	Mitwirkung
-	§ 94 BetrVG	Beurteilungsgrundsätze	Mitbestimmung
-	§ 95 BetrVG	Auswahlrichtlinien	Mitbestimmung
-	§ 99 BetrVG	Versetzung	Mitbestimmung

1.3 Rechtliche Bestimmungen der Sozialversicherung, der Entgeltfindung sowie der Arbeitsförderung

01. Rentenarten

1. Renten wegen *Erwerbsminderung*

2. Renten wegen *Alters*:
   - Regelaltersrente
   - Altersrente für langjährige Versicherte
   - Altersrente für Frauen
   - Altersrente für schwerbehinderte Menschen
   - Altersrente wegen Arbeitslosigkeit oder nach Altersteilzeit
   - Altersrente für langjährig unter Tage Beschäftigte.

3. Renten wegen *Todes*:
   - Witwenrente/Witwerrente
   - Waisenrente
   - Erziehungsrente.

02. Arbeitsunfall

a) • *Fall 1:*
Der Mitarbeiter sägt nach Feierabend Brennholz und sägt sich dabei in den linken Daumen (offene Knochenfraktur).

→ kein Arbeitsunfall; private Handlung

• *Fall 2:*
Der Mitarbeiter erstellt im Lager der Firma weisungsgemäß eine Versandpalette. Dabei sägt er sich in den linken Daumen (offene Knochenfraktur).

→ Arbeitsunfall

• *Fall 3:*
Der Mitarbeiter erstellt im Lager der Firma weisungsgemäß eine Versandpalette. Ihm wird dabei körperlich unwohl, er fällt und gerät mit seinem linken Daumen in die Säge (offene Knochenfraktur).

→ kein Arbeitsunfall, da „innere Ursache"

- *Voraussetzungen für den Versicherungsfall:*
  - versicherte Person erleidet
  - eine körperliche Schädigung
  - während einer versicherten Tätigkeit (Arbeits- oder Wegezeit)
  - durch ein zeitlich begrenztes Ereignis, das sich nicht auf innere Ursachen begründet.

- *Mögliche Leistungen* (je nach Sachverhalt: und/oder):
  - Verletztengeld,
  - Übergangsgeld,
  - Übergangsleistungen (z. B. Reha-Maßnahmen),
  - Verletztenrente,
  - Pflegegeld.

- beim Todesfall:
  - Sterbegeld,
  - Witwen-/Witwerrente,
  - Waisen-/Elternrente.

b) • Nein, es liegt kein Arbeitsunfall vor: Das SGB VII legt in § 8 fest, dass bei einem Arbeitsunfall eine *doppelte Kausalität* vorliegen muss:
  - Zwischen der versicherten Tätigkeit und dem Unfallereignis sowie
  - zwischen dem Unfallereignis und dem Körperschaden muss eine kausale Beziehung bestehen.

  Im vorliegenden Fall kann die „erste Kausalität" nicht unterstellt werden, da anzunehmen ist, dass einem erfahrenen Gabelstaplerfahrer in nüchternem Zustand unter den gleichen Bedingungen dieser Unfall nicht passiert wäre. Von daher ist der Alkoholgenuss (und nicht die versicherte Tätigkeit) der allein wesentliche Grund für den Unfall. Dies führt zum Wegfall des Versicherungsschutzes.

  • Nein, Hansi hat keinen Anspruch auf Entgeltfortzahlung. Die Entgeltfortzahlung setzt voraus, dass kein Verschulden vorliegt. Hansi hat jedoch *grob fahrlässig gehandelt*: Er hätte wissen müssen, dass man in alkoholisiertem Zustand kein Flurförderfahrzeug bedienen darf.

c) Es liegt ein Arbeitsunfall vor, obwohl Huber entgegen der Anweisung gearbeitet hat (vgl. §§ 7 f. SGB VII). Nein, da Hartig weder vorsätzlich noch grob fahrlässig gehandelt hat.

03. Arbeitsförderung

a) Z. B.:
  - die Eigenverantwortlichkeit der Arbeitgeber und Arbeitnehmer in Fragen der Arbeitsförderung wird besonders herausgestellt,
  - Arbeitsmarktberatung für Arbeitgeber,
  - Zahlung von Arbeitslosengeld bzw. -hilfe bei Trainingsmaßnahmen für Arbeitslose,
  - Neugestaltung der Eingliederungszuschüsse,
  - Einstellungszuschuss bei Neugründungen,
  - Abschluss von Eingliederungsverträgen.

b) • Leistungen an Arbeitgeber, z. B.:
  - Eingliederungszuschüsse,
  - Einstellungszuschüsse bei Neugründungen,
  - Eingliederungsvertrag,
  - Beschäftigungshilfen für Langzeitarbeitslose,
  - Strukturanpassungsmaßnahmen Ost für Wirtschaftsunternehmen.

  • Leistungen an Arbeitnehmer, z. B.:
  - Unterstützung der Beratung und Vermittlung,
  - Trainingsmaßnahmen,
  - Mobilitätshilfen, Arbeitnehmerhilfen,
  - Förderung der Aufnahme einer selbstständigen Tätigkeit.

04. Arbeitslosengeld, Abfindung, Sperrzeit

a) Nein! Nach § 143 a SGB III entfällt eine Sperrzeit, da der Aufhebungsvertrag unter Einhaltung der ordentlichen Kündigungsfrist geschlossen wurde.

b) Der Tabelle von § 127 Abs. 2 SGB III ist zu entnehmen: Betriebszugehörigkeit ≥ 36 Monate + Vollendung des 55. Lebensjahres → 18 Monate Dauer des Anspruchs auf Arbeitslosengeld.

c) - Eine Minderung des Arbeitsentgeltes von 15 % ist zumutbar (§ 121 Abs. 3 SGB III).
- Eine Pendelzeit von mehr als zwei Stunden bei einer Arbeitszeit von sechs Stunden und weniger ist nicht zumutbar.
→ Im Ergebnis: Die Tätigkeit bei der KALLE TECH OHG ist für Gramlich nicht zumutbar (§ 121 SGB III; Rechtsstand: 2007).

1.4 Arbeitsschutz- und arbeitssicherheitsrechtliche Vorschriften

01. Arbeitsschutz (Grundlagen)

a) Verantwortung für den betrieblichen Arbeitsschutz:
→ der Arbeitgeber sowie die Führungskräfte

b) ArbSchG, GPSG, ASiG, Gefahrstoffverordnung, BImSchG, BGB, SGB VII, JArbSchG. MuSchG, BetrVG.

c) Pflichten des Arbeitgebers im Rahmen des Arbeitsschutzes, z. B.:
- alle erforderlichen Maßnahmen des Arbeitsschutzes zu treffen
- auf ihre Wirksamkeit hin zu überprüfen und ggf. anzupassen
- für eine geeignete Organisation zu sorgen
- Vorkehrungen zu treffen, dass die Maßnahmen bekannt sind und beachtet werden
- Übernahme der Kosten des Arbeitsschutzes
- Beurteilung der Gefährdung der Arbeitsbedingungen (sog. Gefährdungsanalyse)
- Dokumentationspflichten:
  · Ergebnis der Gefährdungsbeurteilung und erforderliche Maßnahmen
  · bestimmte Unfälle (bei Todesfolge und bei Arbeitsunfähigkeit > 3 Tage)
- Notfallmaßnahmen
- Verbindung zu außerbetrieblichen Stellen herstellen (Erste Hilfe, Notarzt)
- geeignetes Personal benennen
- regelmäßige Unterweisung der Beschäftigten

d) Beauftragte für den Arbeitsschutz, z. B.:
- Werksärztlicher Dienst
- Fachkraft für Arbeitssicherheit
- Beauftragte für Gefahrgut/Sicherheit/Brandschutz/Strahlenschutz

e) Gewerbeaufsichtsamt, Berufsgenossenschaften, Technische Überwachungsvereine

f) Der Betriebsrat hat
- die Maßnahmen des Arbeitsschutzes zu überwachen (§ 80 Abs. 1, Nr. 1 BetrVG)
- ein Mitbestimmungsrecht in Regelungsfragen über die Verhütung von Arbeitsunfällen (§ 87 Abs. 1, Nr. 7 BetrVG)
- sich für den Arbeitsschutz einzusetzen (§ 89 BetrVG)

g)
- Anordnungen der Aufsichtsbehörde
- Ordnungswidrigkeiten:
  → Geldstrafe
- bei Wiederholung oder Vorsatz:
  → Freiheitsstrafe bis zu einem Jahr oder Geldstrafe
- Entzug der Genehmigung zum Betreiben des Gewerbes

02. Mutterschutz und Urlaub

Die Ablehnung des Urlaubsantrags ist unzulässig und verstößt gegen § 10 Abs. MuSchG. Da Frau A innerhalb eines Jahres wieder eingestellt wurde, gilt ihr Arbeitsverhältnis hinsichtlich der Rechte, die von der Dauer der Betriebszugehörigkeit abhängen (hier: Wartezeit), als nicht unterbrochen.

03. Mutterschutz

a) Beschäftigungsverbote, z. B.:
- bei grundsätzlicher Gefährdung von Mutter oder Kind (§ 3 Abs. 1 MuSchG)
- sechs Wochen vor der Entbindung (§ 3 Abs. 2 MuSchG)
- keine schweren körperlichen Arbeiten (§ 4 MuSchG)
- bis zum Ablauf von acht Wochen nach der Entbindung
- keine Mehrarbeit, Nacht- und Sonntagsarbeit (§ 8 MuSchG)

b)
- *relatives Beschäftigungsverbot:*
  Nach § 3 Abs. 2 MuSchG dürfen *werdende Mütter* in den letzten sechs Wochen vor der Entbindung nicht beschäftigt werden. Dieses Verbot richtet sich in erster Linie an den Arbeitgeber. Für die Arbeitnehmerin lässt das Gesetz eine Ausnahme dann zu, wenn sie sich ausdrücklich zur Arbeitsleistung bereit erklärt.

- *absolutes Beschäftigungsverbot:*
  Nach § 6 Abs. 1 MuSchG besteht für *Wöchnerinnen* bis zum Ablauf von acht Wochen nach der Entbindung ein absolutes Beschäftigungsverbot. Das Gesetz lässt keine Ausnahmen zu. Auch bei Zustimmung der Arbeitnehmerin darf während dieser Schutzfrist nach der Entbindung keine Beschäftigung erfolgen.

04. Schutz besonderer Personengruppen (Überblick)

Personengruppe:	Schutzgesetze:
Jugendliche Arbeitnehmer Auszubildende	Jugendarbeitsschutzgesetz, JArbSchG
	Berufsbildungsgesetz, BBiG
Frauen bzw. andere Personengruppen	Grundgesetz, GG Art. 3, 6; §§ 611 f. BGB
	Allgemeines Gleichbehandlungsgesetz, AGG
	Mutterschutzgesetz, MuSchG
	Teilzeit- und Befristungsgesetz, TzBfG
Behinderte Menschen	Sozialgesetzbuch, SGB IX
Wehr-/Zivildienstleistende	Arbeitsplatzschutzgesetz, ArbPlSchG
Eltern, die ihr Kind selbst betreuen und erziehen	BErzGG; neu: Elterngeld ab 01.01.2007
Ältere Arbeitnehmer	Altersteilzeitgesetz, AltTzG
Mitglieder der Arbeitnehmervertretung	KSchG, BetrVG

05. Zusatzurlaub für schwerbehinderte Menschen

a) Dem Arbeitnehmer X steht für das Jahr 2007 ein Zusatzurlaub in Höhe von fünf Tagen zu, da § 125 SGB IX eine anteilige Berechnung des Zusatzurlaubs nicht vorsieht.

b) Dem Arbeitnehmer Y stehen nach § 125 SGB IX in Verbindung mit § 5 Abs. 1 BUrlG 3 Tage Zusatzurlaub zu.

c) Der Anspruch erhöht sich auf sechs Tage Zusatzurlaub (125 SGB IX).

d) Für 2007 besteht kein Anspruch auf Zusatzurlaub. Obwohl die Schwerbehinderteneigenschaft rückwirkend festgestellt wurde, hätte der Zusatzurlaub für 2007 im laufenden Urlaubsjahr (= dem Kalenderjahr 2007) beantragt werden müssen.

06. Kündigung eines schwerbehinderten Menschen

Die Auffassung von Herbert S. ist unrichtig. In § 90 SGB IX ist festgelegt, dass der besondere Kündigungsschutz für schwerbehinderte Menschen erst dann greift, wenn das Arbeitsverhältnis länger als sechs Monate besteht.

07. Jugendarbeitsschutz und Berufsschule

Nach § 9 JArbSchG hat die Firma den Jugendlichen Clausius für die Teilnahme am Berufsschulunterricht freizustellen. Nach Abs. 3 der Bestimmung darf durch den Besuch der Berufsschule kein Entgeltausfall eintreten. Diese Freistellung entfällt jedoch, falls der Unterricht nicht stattfindet. Da noch nicht der „Schwellenwert“ von mehr als fünf Unterrichtsstunden erreicht war (vgl. § 9 Abs. 1 Nr. 2 JArbSchG), war Hubertus verpflichtet unmittelbar nach der zweiten Unterrichtsstunde in der Firma zu erscheinen. Er hat dies schuldhaft unterlassen, sodass die anteilige Lohnkürzung zu Recht besteht.

08. Gesundheitliche Betreuung Jugendlicher

Die gesundheitliche Betreuung Jugendlicher, die in das Berufsleben eintreten, ist geregelt in den §§ 32 ff. JArbSchG. Danach sind vor allem folgende Untersuchungen erforderlich:

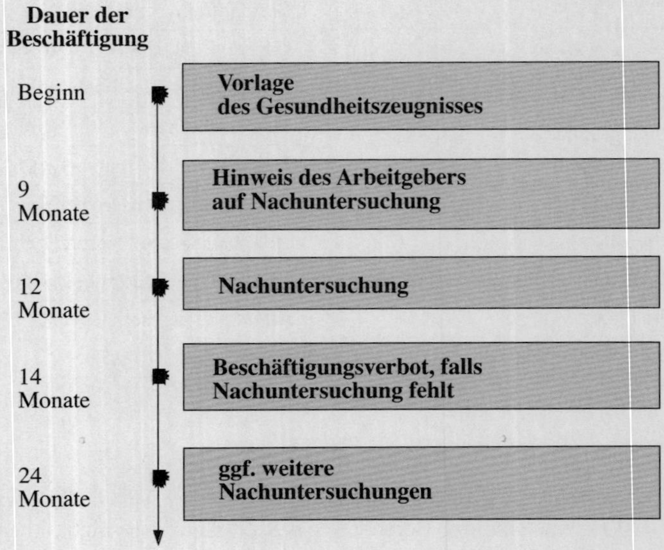

09. Elternzeit, Elterngeld (BEEG)

Elterngeld gibt es für Eltern, deren Kinder ab 1.1.2007 geboren werden. Das (alte) Bundeserziehungsgeldgesetz gilt weiterhin für Geburten vor dem Stichtag. Anspruch auf Elterngeld hat, wer in Deutschland wohnt, mit seinem Kind in einem Haushalt wohnt, sein Kind selbst betreut und erzieht sowie nicht mehr als 30 Stunden in der Woche arbeitet. Das Elterngeld beträgt 67 % des Durchschnitts-Nettoeinkommens, jedoch maximal 1.800 EUR monatlich. Weitere Einzelheiten und Ausnahmen vgl. z. B. www.presse@bjm.bund.de. Weitere Leistungen für Eltern: Mutterschaftsgeld, Kindergeld.

10. Altersteilzeit

a) • *Zweck:*
  Älteren Arbeitnehmern soll ein gleitender Übergang vom Erwerbsleben in den Ruhestand ermöglicht werden.

• *Anspruchsberechtigte:*
  Arbeitnehmer, die das 55. Lebensjahr vollendet haben und die innerhalb der letzten fünf Jahre vor Beginn der Altersteilzeit mindestens drei Jahre versicherungspflichtig beschäftigt waren.

• *Voraussetzung:*
  Vereinbarung zwischen Arbeitgeber und Arbeitnehmer über die Reduzierung der Arbeitszeit auf die Hälfte der tariflichen regelmäßigen wöchentlichen Arbeitszeit. Die Ausgestaltung der Arbeitszeit bleibt Arbeitgeber und Arbeitnehmer überlassen.

- *Förderung:*
  Voraussetzung für die Förderung durch das Arbeitsamt ist die Einstellung eines Arbeitslosen oder die Übernahme eines Auszubildenden auf den freigemachten Arbeitsplatz.

- *Neu:*
  Aufgrund der Novellierung ist auch für Teilzeitbeschäftigte die Möglichkeit gegeben in die Altersteilzeit zu wechseln.

b) Auswirkungen auf Teilgebiete der Personalplanung, z. B.:

- *Personalbedarfsplanung*, z. B.:
  - Ermittlung aller Mitarbeiter, die 55 Jahre und älter sind
  - Berechnung des Potenzials an gesamter „Altersteilzeit"
  - Berechnung des so gewonnenen Ersatzbedarfs

11. Teilzeit

a) Mitarbeiter G. Knopp:
- Nach § 6 TzBfG hat der Arbeitgeber Teilzeit auch für Leitende zu ermöglichen.
- Nach § 8 Abs. 4 TzBfG hat der Arbeitgeber einer Verringerung der Arbeitszeit zuzustimmen, soweit betriebliche Gründe (Organisation, Arbeitsablauf, Sicherheit im Betrieb, unverhältnismäßige Kosten) nicht entgegen stehen.
- Da der Meisterbereich „Produktion" eine Personalverantwortung von ca. 70 Mitarbeitern umfasst, dürfte es der Geschäftsleitung im Streitfall schwer gelingen, ihre Ablehnung mit „betrieblichen Gründen" zu beweisen. Es dürfte dem Unternehmen aufgrund seiner Größe zuzumuten sein, für Herrn Knopp ggf. eine entsprechende Nachfolgeregelung zu finden, falls die Position „Meisterstellvertreter" als Vollzeitstelle geführt werden muss.

b) Mitarbeiter Hans B. Kerner:
- Teilzeitarbeit kann vom Arbeitgeber nicht einseitig angeordnet werden.
- Die Geschäftsleitung könnte nur die Möglichkeit einer Kündigung oder Änderungskündigung des Vertragsverhältnisses mit Hans B. Kerner prüfen (vgl. u. a. § 11 TzBfG).

c) Nach § 9 TzBfG hat der Arbeitgeber den Wunsch von Frau Mischberger bevorzugt zu berücksichtigen („... bei gleicher Eignung ... es sei denn ..."). Sie können dem Wunsch von Frau Mischberger nachkommen, müssen dies aber nicht.

d) Mitarbeiter Kerner muss innerhalb von drei Wochen Klage erheben (§ 17 TzBfG; bitte lesen).

12. JArbSchG

- Höchstdauer der Arbeitszeit
- vorgeschriebene Ruhepausen
- Verbot der Nachtarbeit
- Einschränkungen bei bestimmten Arbeiten
- Pflicht zum Besuch der Berufsschule
- Pflicht zum Führen des Berichtsheftes
- Freistellung für Zwischen- und Abschlussprüfungen

1.5 Vorschriften des Umweltrechts

01. Umweltrecht (Rechtsgrundlagen)

- *Bundesimmissionsschutzgesetz*:
  - Schutz von Menschen, Tieren, Pflanzen, Boden, Wasser und Luft vor Immissionen
  - regelt den Betrieb genehmigungsbedürftiger Anlagen
  - regelt die Pflichten der Betreiber von nicht genehmigungsbedürftigen Anlagen.

- *Bundes-Bodenschutzgesetz:*
  - Sicherung der Beschaffenheit des Boden bzw. Wiederherstellung
  - Bodenverunreinigungen sind unter Strafe gestellt

- *Kreislaufwirtschafts-/Abfallgesetz:*
  - Förderung der Kreislaufwirtschaft
  - Vermeidung von Abfällen bzw. Sicherung der umweltverträglichen Verwertung

- *Wasserhaushaltsgesetz:*
  - Vermeidung von Schadstoffeinleitungen in Gewässer

02. Wasserhaushaltsgesetz (WHG)

a) Die Schadstofffracht des Kühlwassers muss so gering gehalten werden, wie dies bei Einhaltung der jeweils in Betracht kommenden Verfahren nach dem Stand der Technik möglich ist (§ 7a WHG).

b) Die Erlaubnis gewährt nur die widerrufliche Befugnis, ein Gewässer zu benutzen. Sie kann daher widerrufen werden (§ 7 WHG).

03. Aufgaben des Immissionsschutzbeauftragten

Der Immissionsschutzbeauftragte ist berechtigt und verpflichtet, die Einhaltung entsprechender Gesetze und Verordnungen sowie die Erfüllung erteilter Bedingungen und Auflagen zu überwachen. Er hat festgestellte Mängel und Maßnahmen zur Beseitigung darzulegen. Es handelt sich dabei aber um *keine hoheitliche, sondern um eine innerbetriebliche Überwachung*. Insofern entspricht die „Drohung" des Immissionsschutzbeauftragten nicht seinem Auftrag.

04. Umweltmanagement/Firmenjubiläum

- *Transport*, z. B.:
  - Beförderung der Gäste mit einem Zubringerdienst
  - Einladungskarte und ggf. Fahrkarte für die öffentlichen Verkehrsmittel auf chlorfrei gebleichtem Recyclingpapier drucken lassen

- *Versorgung,* z. B.:
  - Getränkeausgabe in Gläsern
  - für Speisen Mehrweggeschirr verwenden
  - Bierausschank vom Fass (statt Flaschenbier)
- *Entsorgung*, z. B.:
  - getrennte Abfallbehälter
  - ausreichend vorhandene sanitäre Einrichtungen
- *Öffentlichkeitsarbeit*, z. B.:
  - Pressemitteilung mit besonderem Hinweis auf die Einhaltung ökologischer Gesichtspunkte bei der Ausrichtung der Feier.

05. Kooperationsprinzip

- Das Kooperationsprinzip bezieht sich auf Betreiber, Behörden und die Öffentlichkeit (z. B. Anwohner).
- Umsetzung, z. B.: Zusammenarbeit von Betreiber, Behörde und Öffentlichkeit bei der Planung und Genehmigung neuer Anlagen (z. B. Nutzung der Fachkompetenz der Behördenmitarbeiter; Information der Anwohner über den Stand des Verfahrens sowie über Umweltschutzaktivitäten).

06. Betriebsbeauftragte

- Betriebsbeauftragter für Abfall
  → Kreislaufwirtschafts- und Abfallgesetz
- Betriebsbeauftragter für Gewässerschutz
  → Wasserhaushaltsgesetz
- Betriebsbeauftragter für Immissionsschutz
  → Bundesimmissionsschutzgesetz
- Betriebsbeauftragter für Gefahrgut
  → Gefahrgutgesetz
- Betriebsbeauftragter für Störfälle
  → Bundesimmissionsschutzgesetz

07. Elektro- und Elektronikgerätegesetz (ElektroG)

Hersteller und Importeure sind künftig für die Entsorgung der von ihnen verkauften Geräte verantwortlich: Private Haushalte können ihren Elektro-/Elektronikmüll kostenlos bei einer kommunalen Sammelstelle abgeben. Dort holen Hersteller/Importeure die Altgeräte auf eigene Kosten ab (entsprechend ihrem Marktanteil), um sie wieder zu verwenden, zu recyceln oder zu beseitigen. Die Koordination erfolgt durch die bundesweite Stiftung Elektroaltgeräteregister (EAR).

08. Umweltschutz und Produktlebenszyklus

- *Erläuterung:*
  Aus umweltpolitischen Erwägungen heraus sollte eine möglichst lange Lebensdauer eines Produktes angestrebt werden. Auf diese Weise kann die Entnahme von Ressourcen aus der Umwelt reduziert werden, bestehende Fertigungsverfahren können optimiert und die Entsorgung langfristig geprüft und umweltverträglich gestaltet werden.

- *Nachteile*, z. B.:
  Eine lange („überlange") Lebensdauer eines Produktes
  - kann Innovationen und damit auch die Verwendung neuer, umweltverträglicher Materialien verhindern (z. B. Vermeidung von Blei und Kupfer in Leitungssystemen),
  - führt in der Regel längerfristig zu sinkenden Gewinnen; damit wird die Eigenfinanzierung verbesserter (und umweltschonenderer) Fertigungsverfahren erschwert.

09. Umwelt gefährdendes Handeln Ihrer Mitarbeiter

- Zuerst sollten Sie sich genau darüber informieren:
  - Was wird falsch gemacht?
  - Welche Gefährdungen liegen vor?
  (Analyse des Ist-Zustandes über Umwelt gefährdendes Handeln)

- Erforschen der Gründe für das Handeln:
  - Ist es aus Nachlässigkeit, Bequemlichkeit?
  - Erfolgt es auf Anweisung? u. Ä.

- Gibt es im Betrieb schriftliche Verfahrensanweisungen?
  - Sind diese aktuell?
  - Welche müssen überarbeitet werden?

- Erarbeiten eines Maßnahmenplanes:
  - sicherheitstechnische Belehrung wiederholen,
  - über die Folgen der Nichtbeachtung ökologischer Vorschriften aufklären,
  - Vorteile herausarbeiten,
  - „Öko-Kampagne" initiieren,
  - das Thema Umweltschutz zum festen Bestandteil der Führungstreffen machen u. Ä.

- Gemeinsam mit den Ihnen unterstellten Vorgesetzten erarbeiten, in welcher Form die Wirksamkeit der Maßnahmen überprüft werden soll:
  - Eigen- und Fremdkontrolle,
  - Maßnahmen bei Verstößen,
  - evtl. Einführung eines Wettbewerbs/„Öko-Prämie" u. Ä.

10. Verpackungsverordnung

	Verpackungsgruppen laut Verpackungsverordnung (VerpackV)		
	Transport-verpackungen	**Um-verpackungen**	**Verkaufs-verpackungen**
Pflichten: Handel, Industrie	- Rückgabe - Wiederverwendung - Verwertung	- Entfernen oder - Sammelbehälter mit Hinweise	- Rücknahme und - Rückgabe oder - Wiederverwendung - Verwertung
Pflichten: Lieferant, Vorstufe	- Rücknahme - Wiederverwendung, - Verwertung	Keine	- Rücknahme und - Wiederverwendung, - Verwertung
Entsorgungs-varianten von Handel/Industrie	- Rückgabe bzw. - Entsorgung durch Privatbetriebe	- Entsorgung durch Privatbetriebe	Entsorgung durch das Duale System Deutschland GmbH (DSD)

11. Verpackungsverordnung („Dosenpfand“)

Seit dem 1.1.2003 gibt es in Deutschland ein Zwangs-Pfand für Einwegverpackungen von Getränken; das so genannte *Dosenpfand* betrifft alle Einweg-Glasflaschen, Einweg-PET-Flaschen und in seltenen Fällen auch Getränkekartons (Novellierung der Verpackungsverordnung).

Seit Mai 2005 gilt nun die 3. Änderungsverordnung zur Verpackungsverordnung, die den Vorgaben der EU entspricht: *Das Pfand für Einweg-Getränkeverpackungen von 0,1 bis 3 l beträgt jetzt einheitlich 25 Cent.* Ausnahmen gibt es nur für Kioske und kleine Läden (weniger als 200 m^2 Verkaufsfläche): Sie können die Rücknahmepflicht auf Verpackungen der Marken beschränken, die sie auch anbieten.

1.6 Wirtschaftsrechtliche Vorschriften und Bestimmungen

01. Produkthaftungsgesetz

a) Ja! Die Kunden können gegen die Metall GmbH Schadensersatz wegen eines erlittenen Personenschadens geltend machen, da diese eine Ware in den Verkehr gebracht hat, die nicht die zu erwartende Sicherheit geboten hat. Auf ein Verschulden der Metall GmbH kommt es dabei nicht an.

b) Die Kunden haben gegen den Baumarkt das Recht auf Gewährleistung:
- Recht auf Nacherfüllung (vorrangiges Recht):
  - Beseitigung des Mangels oder
  - Nachlieferung (einer mangelfreien Sache)
- Rücktritt oder Minderung (unter bestimmten Voraussetzungen)
- Schadensersatz oder Ersatz vergeblicher Aufwendungen (unter bestimmten Voraussetzungen)
- Die Gewährleistungsfrist beträgt bei neuen Sachen zwei Jahre; Einzelheiten vgl. §§ 433 ff. BGB (Reform des Schuldrechts).

c) • Vertragshaftung nach BGB:
→ Gewährleistungshaftung, positive Vertragsverletzung; *verschuldensabhängig*

• Produkthaftung nach ProdHaftG:
→ Haftung für Personen- und Sachschäden: *verschuldensunabhängig*

02. Datenschutzkontrolle der Betriebsratsarbeit

Wenn der Betriebsrat personenbezogene Daten verarbeitet (z. B. Lohn- und Gehaltslisten, Inkassomaßnahmen in Sachen Belegschaftsverkauf u. Ä.) *existiert ein Kontrollrecht* (eine Kontrollverpflichtung) nach dem Bundesdatenschutzgesetz. Im Einzelnen sind vom Arbeitgeber folgende Maßnahmen zu veranlassen:

- Verpflichtung der Mitglieder des Betriebsrates auf den Datenschutz
- der Datenschutzbeauftragte erhält einmal jährlich eine Aufstellung über die beim Betriebsrat verwendete Hard- und Software sowie über die verarbeiteten personenbezogenen Dateien
- der Datenschutzbeauftragte und der Betriebsrat treffen sich in regelmäßigen Abständen zum Informationsaustausch (vertrauensbildende Maßnahme).

03. Datenschutz

a)
- Datenzugriff durch unberechtigte Personen
- Verlust und Manipulation von Daten
- ungewollte Veränderung von Daten aufgrund fehlerhafter Bearbeitung.

b) • *Technische Maßnahmen:*
- Zugangskontrollen (Räume, PC), Zugriffbeschränkung (Passwort)
- Kopierschutz
- automatische Nutzungsdokumentation

• *Organisatorische Maßnahmen:*
- Instruktion der User
- Verpflichtung auf den Datenschutz
- Kontrolle der User
- Sicherungsroutinen

c) Nach dem Bundesdatenschutzgesetz darf der Arbeitgeber die Mitarbeiterdaten speichern, die zur Erfüllung seiner Vertragsverpflichtungen (Lohnzahlung, Urlaubsgewährung usw.) notwendig sind. Beispiele: Name, Vorname, Geburtsdatum, Anschrift, Beginn der Tätigkeit, Gehaltsdaten u. Ä.

04. Chemikaliengesetz REACH

Im Mai 2007 ist das Chemikaliengesetz REACH in Kraft getreten. Es führt zu einer Reform der Registrierung, Evaluierung und Autorisierung von Chemikalien. Nach dem Motto „No Data, no Market“, dürfen künftig Stoffe nur dann in Verkehr gebracht werden, zu denen ein umfangreicher Datensatz vorliegt; betroffen sind Hersteller, Händler und Anwender.

2. Prüfungsfach: Betriebswirtschaftliches Handeln

2.1 Ökonomische Handlungsprinzipien von Unternehmen

01. GmbH

a) Gründungsvoraussetzungen:
   - Stammkapital ≥ 25.000 EUR
   - Gesellschaftsvertrag: notarielle Beurkundung
   - Eintragung in das Handelsregister (Abteilung B)

b) Argumente für die Rechtsform der GmbH:
   - geringes Stammkapital
   - Beschränkung der Haftung auf das Gesellschaftsvermögen

c) GmbH-Organe und deren Aufgaben:
   - Geschäftsführer:
     - Vertretung nach außen und innen
   - Aufsichtsrat (nur bei > 500 Mitarbeiter gesetzlich vorgeschrieben)
     - Kontrolle der Geschäftsführung
     - Prüfung des Jahresabschlusses
     - Bericht an die Gesellschafterversammlung
   - Gesellschafterversammlung:
     - Feststellung des Jahresabschlusses und Ergebnisverwendung
     - Bestellung, Abberufung und Kontrolle der Geschäftsführung
     - Bestellung von Prokuristen und Generalbevollmächtigten

d) Gewinnausschüttung bei der GmbH:
   Grundsätzlich können die Gesellschafter einer GmbH die Vollausschüttung des Gewinns verlangen. Es ist jedoch möglich, im Gesellschaftsvertrag eine abweichende Regelung zu treffen:

   Entsprechend dem Beschluss der Gesellschafterversammlung (einfache Mehrheit) kann zum Beispiel auf eine Vollausschüttung des Gewinns verzichtet werden und alternativ können Teile des Gewinns in die Rücklagen eingestellt oder als Gewinnvortrag verwendet werden. Betriebswirtschaftlich ist diese Form der Gewinnverwendung vorzuziehen (Selbstfinanzierung).

   Unabhängig davon, ob die Gewinne ausgeschüttet werden oder nicht, unterliegt die GmbH als Kapitalgesellschaft der Körperschaftsteuer.

02. Funktionen des Industriebetriebes

a) Die Produktionsplanung muss in enger Abstimmung mit der Absatzplanung erfolgen. Nur durch den Absatz der Produkte ist ein Rückfluss der in der Produktion eingesetzten finanziellen Mittel mit möglichst hoher Rentabilität möglich.

b) Personalwirtschaftliche Fragestellungen betreffen alle betrieblichen Funktionsbereiche, in denen menschliche Tätigkeit gefordert ist. Deshalb wird die Personalwirtschaft auch als eine betriebliche Querschnittsfunktion bezeichnet.

c) Der Industriebetrieb ist sehr stark durch das Zusammenwirken von Mensch und Maschine (Mensch-Maschine-System) geprägt, da der Mensch im Fertigungsprozess in besonders hohem Maße Rohstoffe und Maschinen einsetzt. Der Begriff des sozio-technischen Systems bringt zum Ausdruck, dass Problemlösungen eine Berücksichtigung sowohl technischer als auch sozialer Komponenten erfordern.

03. Arbeitssystem, Art-/Mengenteilung, Taktzeit, Arbeitsproduktivität, Leistungsgrad

a) Um die Aufgabenstellung zu verdeutlichen, wird an dieser Stelle die Abbildung „Elemente des Arbeitssystems" nochmals dargestellt (vgl. im „Weißteil": Ziffer 2.1.3):

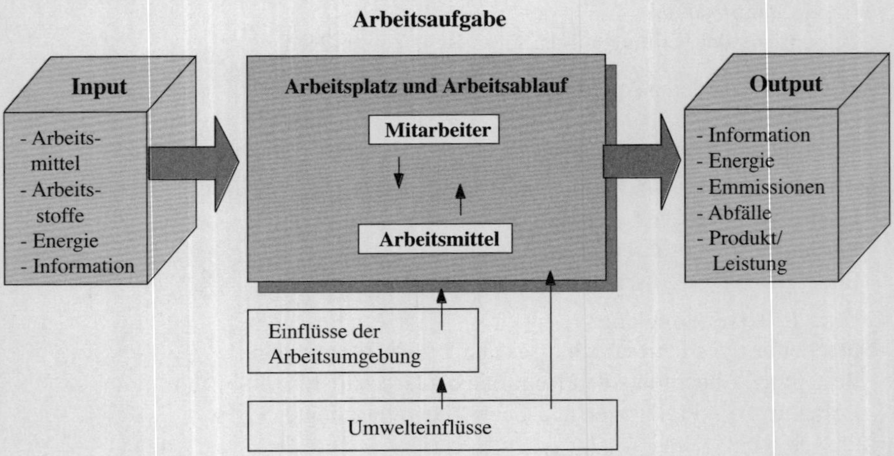

Elemente des Arbeitssystems:

- Input: alle zugekauften Teile, Arbeitsmittel (Akkuschrauber usw.), Verpackungsmaterial, Strom, Information (Fertigungsdaten zu Wochenbeginn)
- Arbeitsaufgabe: Montage des Modells „Glattschnitt"
- Mitarbeiter: 5 Mitarbeiter an jeweils zwei Montagebändern
- Arbeitsmittel: zwei Montagebändern, Hebevorrichtung, Akkuschrauber, Drehmomentschlüssel
- Arbeitsablauf:
  → Motor und Rahmenteile auf Werkbank heben
  → Vorjustierung
  → Endmontage
  → Endkontrolle
  → Verpackung
- Arbeitsumgebung,
  Umwelteinflüsse: beheizte Halle, ohne Taktzeit, im Akkord, teilautonome Arbeitsgruppe

- Output: fertig verpackte Rasenmäher des Modells „Glattschnitt“, ggf. Verpackungsabfälle, ggf. NIO-Teile, Wärme (Körperwärme und Wärme der Akkuschrauber), Geräusche

b) Vorteile der Arbeitssystembeschreibung, z. B.:

- Vergleichbarkeit unterschiedlicher Arbeitssysteme
- Grundlage für Stellenbeschreibung, Personalauswahl, -qualifizierung, und -entlohnung

c) Art- und Mengenteilung bei der Montage des Modells „Glattschnitt“:

- *Artteilung:* Jeder Mitarbeiter führt nur einen Teil der Gesamtarbeit aus.

  → Modell „Glattschnitt“:

Mitarbeiter 1 + 2	**Mitarbeiter 3 + 4**	**Mitarbeiter 5**
- Motor und Rahmenteile anheben	- Endmontage	- Endkontrolle
- Vorjustierung		- Verpackung

- *Mengenteilung:* Jeder Mitarbeiter erledigt den gesamten Arbeitsablauf und davon eine bestimmte Menge.

  → Modell „Glattschnitt“:
  Zwischen den Mitarbeitern liegt keine Mengenteilung vor. Zwischen beiden Arbeitsgruppen (Montageband 1 und 2) kann eine Mengenteilung von 50:50 unterstellt werden.

d)

	Vorteile	**Nachteile**
Artteilung	- Spezialisierung	- monotone Teilarbeit
	- Effizienz	- Zusammenhang geht verloren
	- reduzierte Qualifizierung	- Abhängigkeit zwischen den Einzeltätigkeiten der Mitarbeiter
Mengenteilung	- höhere Motivation	- i.d.R. zeitaufwändiger
	- Abwechslung	- höhere Qualifizierung der Mitarbeiter erforderlich
	- mehr Handlungsspielraum	- kostenaufwändiger

e1) Taktzeit = Zeit, die ein einzelner Arbeitsgang bei Taktfertigung benötigt.

e2) Ziele, z. B.:
- Minimierung der Durchlaufzeit
- ggf. Verbesserung der Produktivität und der Wirtschaftlichkeit
- verbesserte Auslastung der Kapazitäten

e3) Die Einführung der Taktzeit ist bei der Montage von „Glattschnitt“ unter den gegebenen Umständen nicht möglich. Mindestvoraussetzung wäre: eine weitere Zerlegung der Arbeitsinhalte und eine zeitliche Harmonisierung der Arbeitszeiten pro Arbeitsinhalt.

f) $\text{Produktivität} = \frac{\text{Arbeitsergebnis}}{\text{Zeit}} = \frac{\text{720 Stück pro 8-Std.-Schicht}}{\text{480 min}}$

$= \text{1,5 Stk./min}$

$\text{Leistungsgrad} = \frac{\text{Ist-Leistung} \cdot 100}{\text{Normalleistung}} = \frac{\text{864 Stück pro 8-Std.-Schicht}}{\text{720 Stück pro 8-Std.-Schicht}} \cdot 100$

$= 120\ \%$

Zu beachten ist: Der Leistungsgrad wird beurteilt/geschätzt.

04. Investitionsformen

	neue, zusätzliche Fertigungsstraße	**Lkw (Ende der Nutzungsdauer)**	**Finanzielle Beteiligung an**
Sachinvestition	X	X	
Finanzinvestition			X
immaterielle Investition			
Nettoinvestition	X		
Ersatzinvestition		X	
Rationalisierungsinvestition			X

05. Kapazität, Beschäftigungsgrad, Nettobedarf

a) $\text{Beschäftigungsgrad} = \frac{\text{Beschäftigung} \cdot 100}{\text{Kapazität}}$

$\Rightarrow \text{Beschäftigung} = \frac{\text{Beschäftigungsgrad} \cdot \text{Kapazität}}{100}$

$= \frac{60 \cdot 160}{100} = \text{96 Betriebsstunden/Mon.}$

b) Sekundärbedarf = 1.000 Blechteile · 0,5 l = 500 l Grundierung

		Angaben in l
	Sekundärbedarf	500
+	Zusatzbedarf (10 %)	50
=	Bruttobedarf	550
./.	Lagerbestände	– 300
./.	Bestellbestände	– 150
+	Vormerkbestände	100
+	Sicherheitsbestand	200
=	Nettobedarf	400

Der Nettobedarf beträgt 400 l Grundierung.

2.2 Grundsätze der betrieblichen Aufbau- und Ablauforganisation

01. Organisationsformen

	oder			oder	
	Einlinien-system	**Mehrlinien-system**	**Kompetenz-grad**	**Verrichtungs-orientierung**	**Objekt-orientierung**
Liniensystem/ Stabliniensystem	x		Vollkompetenz	x	
Mehrliniensystem nach Taylor		x	Vollkompetenz	x	x
Spartenorganisation/ Projektorganisation	x		Vollkompetenz		
Matrixorganisation		x	Vollkompetenz	x	x
Produktorganisation	x	x	Vollkompetenz oder Teilkompetenz		x
Organisation von Projektmanagement	x	x	Vollkompetenz oder Teilkompetenz oder Stab		x

02. Unterschiede und Gemeinsamkeiten der Aufbau- und Ablauforganisation

Die Sichtweisen und Unterschiede der Aufbau- und der Ablauforganisation lassen sich stichwortartig folgendermaßen charakterisieren:

Aufbauorganisation	Ablauforganisation
- statisch, zeitpunktbezogen - vertikal - hierarchische Struktur - Organigramm - orientiert am Unternehmensziel	- dynamisch, zeitraumbezogen - horizontal - leistungsorientiert - funktional oder objektbezogen - Ablaufpläne - orientiert am Unternehmensziel

03. Zentralisierung, Dezentralisierung

a) *Dezentralisierung*, z. B.:
- verbesserte Marktnähe (Sortiment auf den Kunden „zugeschnitten"),
- schnellere Entscheidungsprozesse und Reaktionen auf den Markt,
- regionale Spezialisierung möglich,
- höhere Motivation der Führungskräfte vor Ort („Freiräume"),
- Entlastung der Führungsspitze/Holding.

b) *Teilweise Zentralisierung*, z. B.:
- gebündeltes Fachwissen in der Holding – Abt. Einkauf,
- Synergie und Einkaufsmacht,
- Ressourcen werden nicht mehrfach vorgehalten; Kapazitäten werden besser genutzt,
- einheitliche Entscheidungen werden getroffen – z. B. bei strategisch wichtigen Sortimententscheidungen.

c) • *Verrichtungszentralisierung*
= Zusammenfassung gleicher Tätigkeiten (hier: Einkauf) im Zentraleinkauf der Holding

• *Objektzentralisierung*
= Zusammenfassung aller Tätigkeiten (meist unterschiedliche Funktionen bezogen auf ein Objekt; hier: Sparte Heizungsbau; z. B. Produktmanager oder Spartenvorstand)

• *Regionale Zentralisierung*
= Zusammenfassung von Tätigkeiten nach geografischen Gesichtspunkten; in der Praxis kombiniert mit Verrichtungs- oder Objektzentralisierung; z. B. Einrichtung eines „Zentraleinkaufs Nord" (in Hannover) und eines „Zentraleinkaufs Süd" (in Köln).

04. Aufgabenanalyse, Arbeitsanalyse

- *Aufgabenanalyse:* Die Aufgabenanalyse ist ein Instrument der Aufbauorganisation. Im Rahmen der Aufgabenanalyse wird die Gesamtaufgabe eines Unternehmens (z. B. Herstellung und Vertrieb von Textilmaschinen) in Hauptaufgaben, Teilaufgaben 1. Ordnung, Teilaufgaben 2. Ordnung usw. zerlegt – nach den Gesichtspunkten:

  - Gliederungsbreite/Gliederungstiefe,
  - sachliche Gliederungskriterien (Verrichtung, Objekt),
  - formale Gliederungskriterien (Rang, Phase, Zweckbeziehung).

- *Arbeitsanalyse:* Die Arbeitsanalyse ist ein Instrument der Ablauforganisation. Betrachtungsgegenstand ist die „Aufgabe niedrigster Ordnung"; vgl. oben. Sie wird hier als „Arbeitsgang" bezeichnet und in „Gangstufen" und „Gangelemente" zerlegt. Insofern ist die Arbeitsanalyse die logische Verlängerung der Aufgabenanalyse. Auch hier kann nach den o.g. sachlichen und formalen Gliederungsprinzipien strukturiert werden:

z. B.:

Arbeitsgang	Gangstufe	Gangelement
bearbeiten einer Bestellung	entgegennehmen	Brief öffnen Eingangsstempel weiterleiten
	prüfen der Bestellung	prüfen der Bestellung Prüfung OP-Liste
	prüfen der Bonität	Kreditvolumen o.k.
	Liefermöglichkeit	Lieferung: ja/nein Artikel auf Lager Artikel in Fertigung Liefertermin
	Auftragsbestätigung	schreiben versenden

05. Spartenorganisation

a) • *Verrichtungsprinzip* (= Funktionsprinzip), z. B.:
  - Materialwirtschaft
  - Vertrieb

• *Objektprinzip*, z. B.:
  - Logistik Süd
  - Logistik Nord

b)

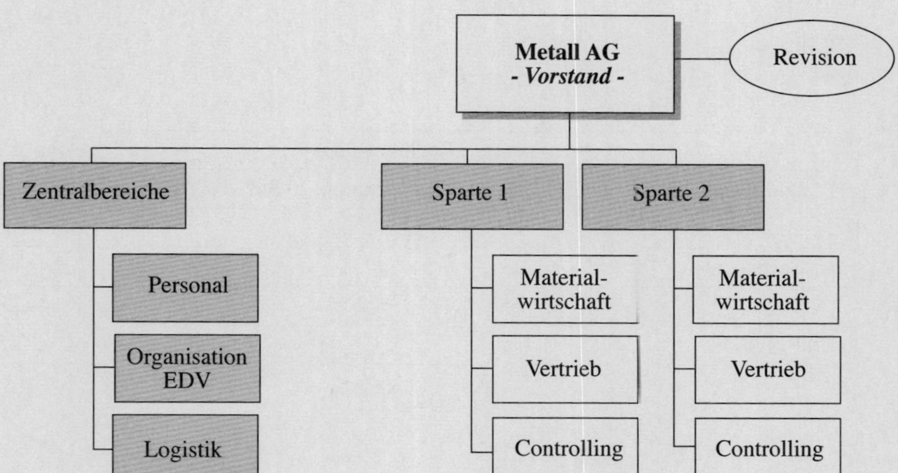

c) Bewertung der Spartenorganisation:

- Marktnähe, Arbeit vor Ort
- klare Umsatz-/Ergebnisverantwortung
- Förderung des unternehmerischen Denkens
- Spartenegoismus
- Abbau von Funktionsdenken
- Doppelarbeit
- ggf. mangelnder Wille zur Synergie zwischen den Sparten

06. Profitcenter (ergebnisorientierte Organisationseinheit)

a) Das Ergebnis Ihres Monatsbudgets ist unbefriedigend: Im Gegensatz zur Meinung des Betriebsleiters reicht der Verrechnungssatz von 165,– EUR/Betriebstunde nicht aus; es ergibt sich ein mtl. Betriebsergebnis von Null.

	Profitcenter „Lackieranlage"	[in EUR]
	innerbetriebliche Leistungen bei 80 % Auslastung: 120 Std. ·165,– EUR	19.800
./.	Personalkosten	– 6.500
./.	Sachkosten	– 9.500
./.	Umlage	– 3.800
=	**Ergebnis**	**0**

b) Es muss ein innerbetrieblicher Verrechnungssatz von 177,50 EUR realisiert werden.

Beweis:

120 Std. · 177,50 EUR	=	21.300 EUR
⇒ Ergebnis	=	1.500 EUR
⇒ ROI	=	12 % von 12.500 EUR
	=	1.500 EUR

	Profitcenter „Lackieranlage"	[in EUR]
	innerbetriebliche Leistungen bei 80 % Auslastung: 120 Std. ·177,50 EUR	21.300
./.	Personalkosten	– 6.500
./.	Sachkosten	– 9.500
./.	Umlage	– 3.800
=	**Ergebnis**	**1.500**

07. Auftragszeit

- *Ausführungszeit je Stück:*

$$1 + 5 + 0,5 + \frac{(1 + 5 + 0,5) \cdot 20}{100} = 7,8 \text{ min}$$

- *gesamte Ausführungszeit:* 7,8 · 200 = 1.560 min
- *Rüstzeit:*

$$10 + \frac{10 \cdot 20}{100} = 12 \text{ min}$$

- *Auftragszeit:* 1.560 + 12 = 1.572 Minuten

08. Personalbedarf, Personalbemessung

Bei der Methode der Personalbemessung wird der exakt ermittelte Arbeitsanfall (z. B. in Stunden) dem verfügbaren Arbeitspotenzial eines Mitarbeiters je Zeiteinheit (z. B. verfügbare Arbeitszeit je Mitarbeiter je Monat) gegenübergestellt:

$$\text{Personalbedarf} = \frac{\text{Zeitbedarf des Auftrags}}{\text{verfügbare Arbeitszeit je Mitarbeiter je Periode}}$$

a) Im vorliegenden Fall ergibt sich:

$$\text{Personalbedarf} = \frac{\text{Rüstzeit + (Ausführungszeit je Bauteil · Anzahl der Bauteile)}}{\text{Monatsarbeitszeit je Mitarbeiter}}$$

$$= \frac{140 + (500 \cdot 22)}{167 \cdot 1,15} = \frac{11.140}{192,05} = 58 \text{ Mitarbeiter}$$

b) 58 Mitarbeiter · 1,05 = 60,9 Mitarbeiter

09. Verkürzung der Durchlaufzeit durch Losteilung

a) Mögliche Losteilungsdivisoren:

Losteilungs-divisor	Rüstzeit in Minuten je Auftrag	Bearbeitungszeit in Minuten je Auftrag	Belegungszeit in Minuten je Auftrag
1	120	700	820
2	120	350	470
3	120	233,3	353,3
4	120	175	295
5	120	140	260

b) Gesamtkosten:

Losteilungs-divisor	Rüstzeit insgesamt	Bearbeitungszeit insgesamt	Belegungszeit insgesamt	Kosten
1	120	700	820	888,33
2	240	700	940	1.018,33
3	360	700	1.060	1.148,33
4	480	700	1.180	1,278,33
5	600	700	1.300	1.408,33

10. Optimale Bestellmenge (1)

Bestellmenge [E]	Summe der Kosten [EUR]	Kosten pro Einheit [EUR]
100	400	4,00
200	420	2,10
300	450	1,50
400	***580***	***1,45***
500	1.100	2,20

Die Gesamtkostenkurve hat ihr Minimum bei 400 Einheiten.

11. Optimale Bestellmenge (2)

$$x_{opt} = \sqrt{\frac{200 \cdot \text{Jahresbedarf} \cdot \text{Bestellkosten/Bestellung}}{\text{Lagerkostensatz} \cdot \text{Einstandspreis/ME}}}$$

$$= \sqrt{\frac{200 \cdot 2.000 \cdot 50}{20 \cdot 5}}$$

$$= 447{,}21$$

Vergleicht man die Bestellkosten in Abhängigkeit von der Bestellmenge, so ergibt sich bei

$x = 450$ Stück $\rightarrow$ $K = 447{,}00$ €
$x = 500$ Stück $\rightarrow$ $K = 450{,}00$ €

Andere Mengen ($500 < x < 450$) führen zu höheren Gesamtkosten. Mit anderen Worten: Herr Zahl disponiert im Bereich der „optimalen Losgröße“.

Beweis (für die Lösung nicht erforderlich):

Gesamtkosten (K) = Bestellkosten + Lagerhaltungskosten

Bei vier Bestellungen pro Jahr und einer Bestellmenge von $x = 500$ gilt:

$$K = 4 \cdot 50 € + 250 € = 450 €$$

Dabei sind die

Lagerhaltungskosten = ø im Lager gebundenes Kapital · Lagerhaltungskostensatz

= 1.250 € · 0,2= 250 €

und

das ø im Lager gebundene Kapital = Lagerbestand : 2 · Einstandspreis/Stk.

= 500 € : 2 · 5 €= 1.250 €

Analog ergibt sich bei x = 450 Stück:

K	= 447,–	= 4,44 · 50	+ 225
1.125 · 0,2	= 225,–		
450 : 2 · 5	= 1.225,–		

12. Auftragsmenge, Verbrauchsabweichung, Beschäftigungsgrad

a)

Nettomenge	=	4.000 Stk. · 2	= 8.000 Stk.
+ NIO-Teile beim Anlauf	=		100 Stk.
+ Ausschuss	=	5 % von 8.000	= 400 Stk.
= Auftragsmenge, brutto			= 8.500 Stk.

b) Kunststoffgranulat,
Sollmenge (= Sollverbrauch) = 0,1 kg · 8.500 = 850 kg
pro Fertigungsauftrag

c)

1) $$\text{Verbrauchsabweichung} = \frac{\text{Istverbrauch - Sollverbrauch}}{\text{Sollverbrauch}} \cdot 100$$

$$= \frac{901 - 850}{850} \cdot 100 = 6\ \%$$

2) Mögliche Ursachen für die Verbrauchsabweichung:
- Ist-Ausschuss > Plan-Ausschuss
- NIO-Teile beim Anlauf sind höher als geplant
- ggf. fehlerhafte Erfassung der Verbrauchsmengen

d) Vorteile, z. B.:
- Reduzierung der Rüstkosten
- geringere Qualitätsschwankungen
- Reduzierung der Anlaufverluste

Nachteile, z. B.:
- Anstieg der Lagerkosten
- Anstieg der Kapitalbindung
- ggf. Absatzprobleme, falls der Kunde kurzfristig technische Änderungen am Auftrag vornimmt (z. B. Notwendigkeit einer veränderten Rezeptur)

e) $\text{Beschäftigungsgrad} = \dfrac{\text{Beschäftigung/Zeiteinheit}}{\text{Kapazität /Zeiteinheit}} \cdot 100$

$$= \frac{8.500 \cdot 100}{10.000}$$

$$= 85\ \%$$

13. Optimale Bestellmenge, Meldebestand, durchschnittlicher Lagerbestand, optimale Bestellhäufigkeit

a) Meldebestand = täglicher Bedarf · Beschaffungszeit + Sicherheitsbestand

= (Jahresbedarf : 360) · Beschaffungszeit + Sicherheitsbestand

= (6.120 : 360) · (5 + 1) + 680

= 782 Stück

b) Es soll die optimale Bestellmenge bei verbrauchsgesteuerter Beschaffung ermittelt werden. Sie ist dann erreicht, wenn die Summe aus Bestellkosten und Lagerhaltungskosten ein Minimum ergeben.

c) $\text{optimale Bestellmenge} = \sqrt{\dfrac{200 \cdot \text{Jahresbedarf} \cdot \text{Bestellkosten/Bestellung}}{\text{Einstandspreis} \cdot \text{Lagerhaltungskostensatz}}}$

$$= \sqrt{\frac{200 \cdot 6.120 \cdot 150}{12{,}50 \cdot 20}}$$

$$= \sqrt{734.400}$$

$$= 857 \text{ Stück}$$

d) Der durchschnittliche Lagerbestand muss wie folgt berechnet werden:

$$\text{ø Lagerbestand} = \frac{\text{optimale Bestellmenge}}{2} + \text{Sicherheitsbestand}$$

$$= \frac{857}{2} + 680 = 1.109 \text{ Stück}$$

e) $\text{opt. Bestellhäufigkeit} = \dfrac{\text{Jahresbedarf}}{\text{optimale Bestellmenge}}$

$$= \frac{6.120}{857}$$

$$= 7 \text{ Bestellungen/Jahr}$$

14. Lagerkennzahlen

- *Lagerbestand* LB:
  Tatsächlich im Lager vorhandenes Material.

- *Durchschnittsbestand* ø LB:
  Durchschnittlicher Lagerbestand; Mittelwert über eine bestimmte Periode; Varianten:

  ø LB = (Anfangsbestand + Endbestand) : 2

  ø LB = (Anfangsbestand + 12 Monatsendbestände) : 13

  ø LB = (Anfangsbestand + 4 Quartalsendbestände) : 5

- *Verfügbarer Bestand* LB_v:
  Der Teil des Lagerbestandes, der zu einem bestimmten Zeitpunkt noch verfügbar ist; dabei werden offene Bestellungen und Materialreservierungen berücksichtigt.

  LB_v = Lagerbestand + offene Bestellungen – Reservierungen

- *Disponierter Bestand* LB_d:
  Der Teil des Lagerbestandes, über den aufgrund von Vormerkungen oder Reservierungen nicht mehr verfügt werden kann.

  LB_d = Reservierungen + Vormerkungen

- *Sicherheitsbestand* LB_s (auch: eiserner Bestand, Mindestbestand, Reservebestand):
  Der Sicherheitsbestand ist der Bestand an Materialien, der normalerweise nicht zur Disposition zur Verfügung steht. Er stellt einen Puffer dar, der die Leistungsbereitschaft des Unternehmens gewährleisten soll und dient zur Absicherung von Abweichungen verursacht – durch:
  - Verbrauchsschwankungen
  - Überschreitung der Beschaffungszeit, z. B.
    · Lieferengpass beim Lieferanten (Streik, Qualitätsprobleme)
    · externe Transportprobleme
  - quantitative Minderlieferung
  - qualitative Mengeneinschränkung
  - Fehler innerhalb der Bestandsführung

- *Meldebestand* LB_M (auch: Bestellpunkt):
  Der Lagerbestand, bei dem die Bestellung ausgelöst wird; er kann näherungsweise ermittelt werden:

  LB_M = ø Verbrauch je Periode · Beschaffungsdauer + Sicherheitsbestand

- *Höchstbestand* LB_H:
  Bestand der höchsten auf Lager genommen werden sollte (Raumkapazität, überhöhte Vorräte, Kapitalbindung).

- *Lagerreichweite*:
  Zeit vom Erreichen des Meldebestandes bis zum Nullbestand – bei durchschnittlicher Entnahme.

- *Wiederbeschaffungszeit*:
  Zeit zwischen dem Bestellzeitpunkt und dem Eintreffen des Materials; sie setzt sich aus dem Zeitbedarf für folgende Verrichtungen zusammen:
  Bestellvorgang + Auftragsannahme + Auftragsbearbeitung + Transport + Materialannahme

Der Zusammenhang ist in der nachfolgenden Grafik dargestellt; dabei ist eine kontinuierlich gleichbleibende Entnahme unterstellt:

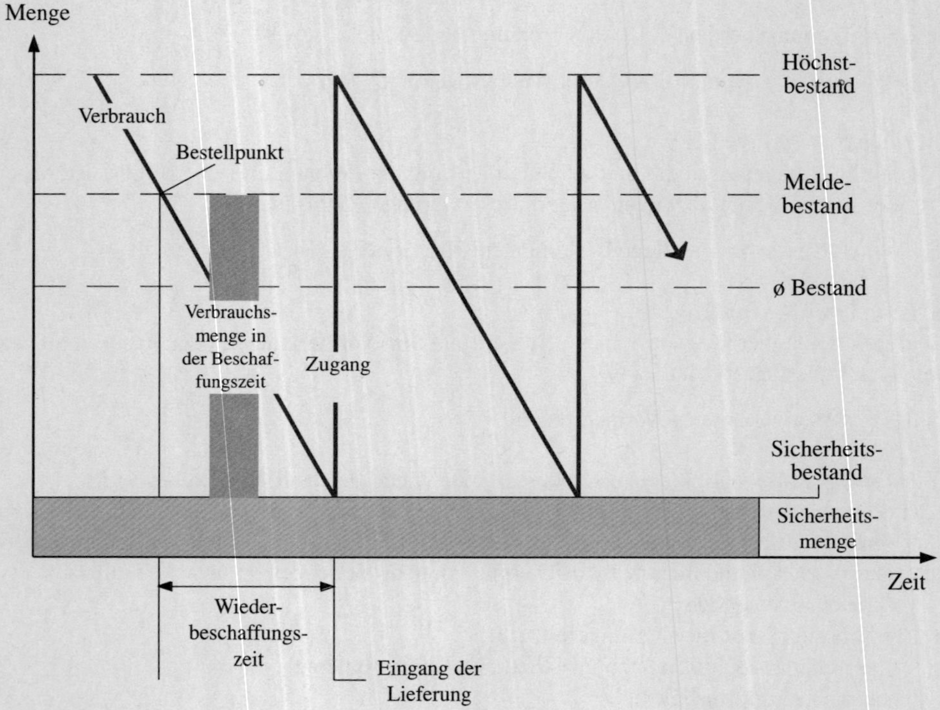

15. Fertigungsversorgung

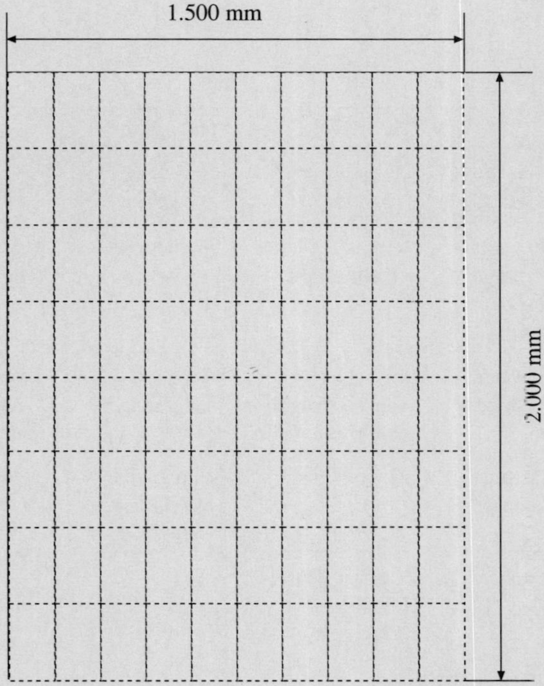

1.500 mm : 150 mm		=	10
2.000 mm : 250 mm		=	8
⇒ 1 Tafelblech ergibt 8 x 10		=	80 Bleche

Es müssen zehn Tafelbleche bestellt werden.

2.3 Nutzen und Möglichkeiten der Organisationsentwicklung

01. Management-Philosophien

Management-Philosophien:	*Betrachtete Merkmale:*			
	generelle Zielsetzung	**Kernelemente des Systems,** z. B.	**Rolle des Vorgesetzten**	**Rolle des Mitarbeiters**
Change-Management	bewusst geplante Veränderungen gemeinsam durchführen	lernende Organisation	Steuern der Prozesse	aktive Beteiligung
Balanced-Scorecard	Steigerung des Unternehmens-erfolgs	logisches System von Zielvorgaben und Messgrößen	Prozess-steuerung	aktiveigen-verant-wortlich
KVP	Verbesserung aller Prozesse	Moderator	aktiv, eigen-verantwortlich, kreativ	Zusammenarbeit in Gruppen
Kanban	Produktion auf Abruf	Kanban-Karte; Regelkreis (Erzeugung → Verbrauch)		
Reengineering	Gestaltung der wichtigsten Geschäfts-prozesse	(revolutionäre) Neugestaltung der Organisation		
Lean-Management	Konzentration auf die Wert-schöpfungs-prozesse	kundenorientierte, schlanke Hierarchien		

02. EFQM

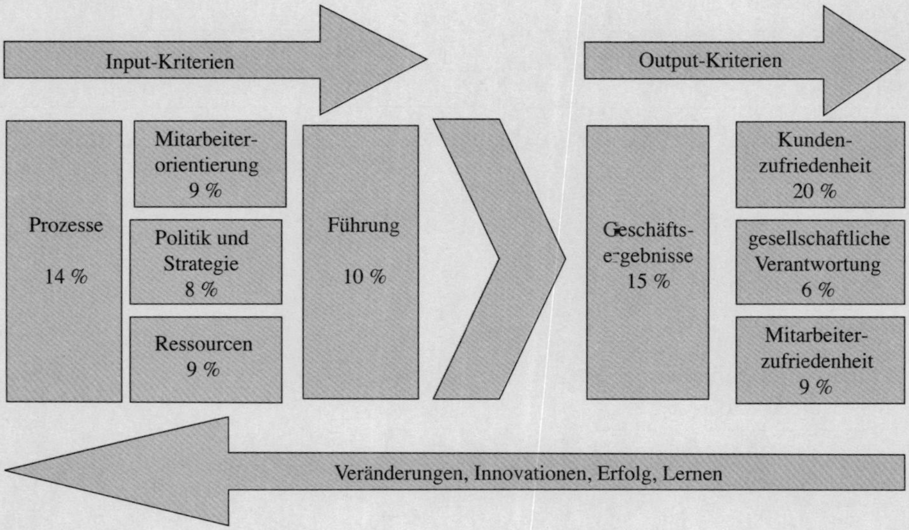

03. Lernende Organisation

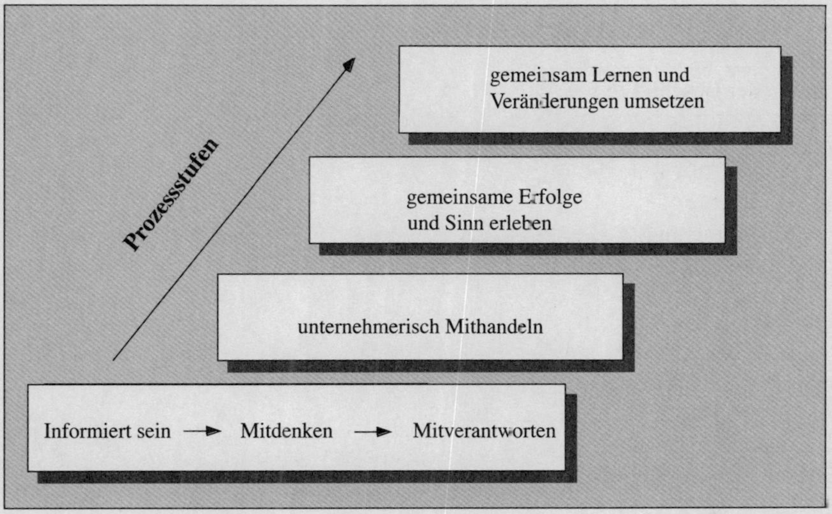

04. Maschinenbelegung

<table>
<tr><th>Std.</th><th>1</th><th>2</th><th>3</th><th>4</th><th>5</th><th>6</th><th>7</th><th>8</th><th>9</th><th>10</th><th>11</th><th>12</th><th>13</th></tr>
<tr><td>M 1</td><td colspan="6">A1</td><td colspan="2">A3</td><td colspan="2">A2</td><td colspan="3"></td></tr>
<tr><td>M 2</td><td colspan="4">A3</td><td colspan="3">A2</td><td colspan="4">A1</td><td colspan="2"></td></tr>
<tr><td>M 3</td><td colspan="4">A2</td><td colspan="2"></td><td>A1</td><td></td><td>A3</td><td colspan="4"></td></tr>
</table>

05. Flussdiagramm

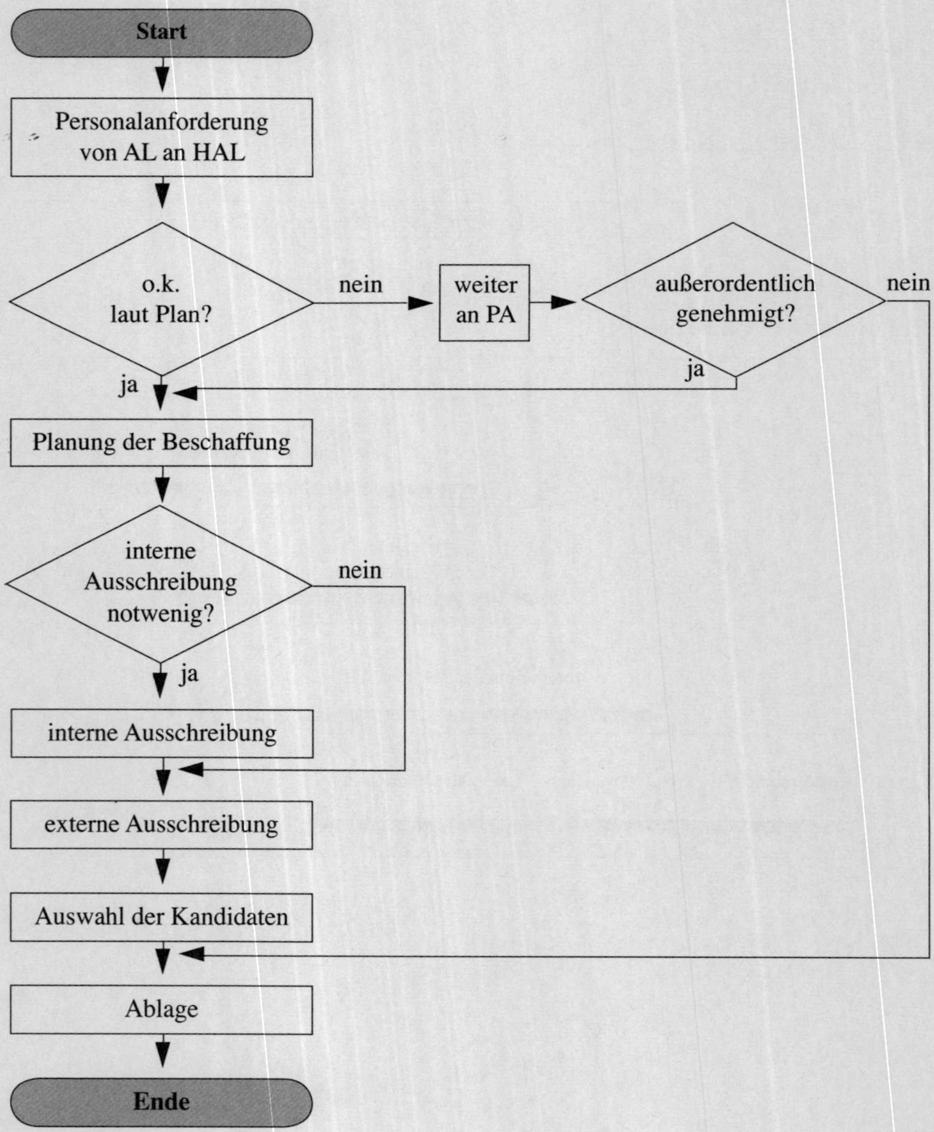

06. Netzplan

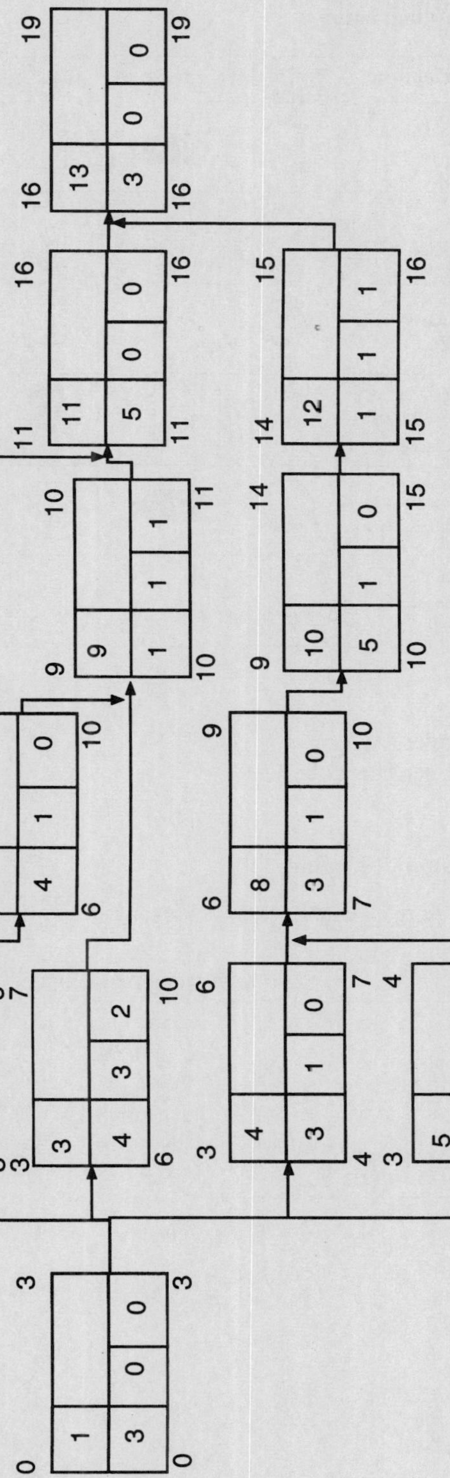

Kritischer Weg: 1, 2, 6, 11, 13

07. Arbeitsablaufdiagramm

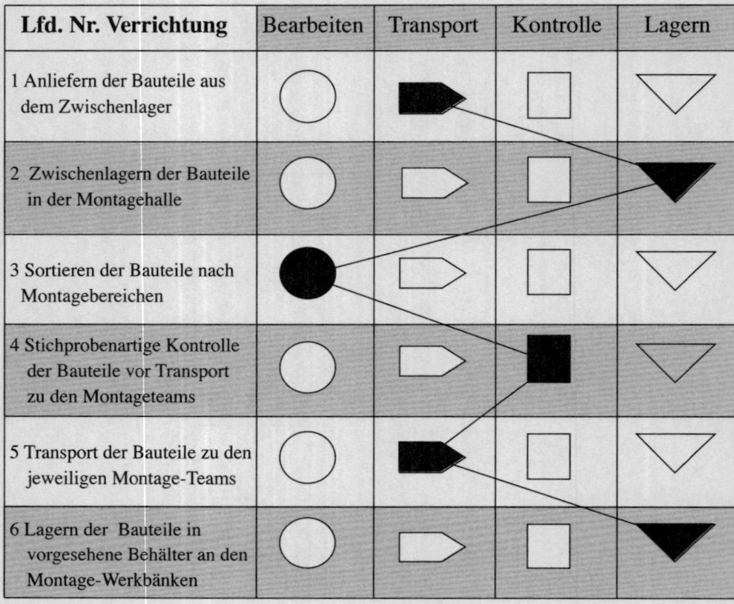

b) Z. B.:

- Reduzierung der Lagerzeiten
- Reduzierung der Transportzeiten

08. Balkendiagramm, Netzplan

a) Auflistung der Vorgänge und Zeiten je Vorgang:

	Zeit je Vorgang bzw. Einheit	Σ der Zeiten in Std.
Rüsten 1:	1 Std.	1,0
Fräsen:	3 min/Stk.	5,0
Rüsten 2:	2 Std.	2,0
Bohren:	2,4 min/Stk.	4,0
Reinigen:	1 Std.	1,0
Verpackung, Transport:	5 Std.	5,0

Grafische Darstellung des Arbeitsablaufs mithilfe des Balkendiagramms (Plannet-Technik):

Arbeitsgang		**Termin in Arbeitsstunden**																			
Nr.	Bezeichnung	1	2	3	4	5	6	7	8	9	10	11	12	13	14	15	16	17	18	19	20
10	Rüsten	■	■																		
20	Fräsen		■	■	■	■	■														
30	Puffer							■													
40	Rüsten 2								■	■											
50	Bohren										■	■	■	■							
60	Reinigen														■						
70	Verpacken, Transport															■	■	■	■	■	

b) Die Ausführung des Auftrags benötigt 19 Arbeitsstunden. Antwort an den Kunden: Der Auftrag kann innerhalb von zwei Werktagen ausgeführt werden, wenn am ersten Tag zwei Stunden und am zweiten Tag eine Stunde Mehrarbeit „gefahren" werden.

c) Vergleich: Balkendiagramm/Netzplantechnik (Beispiele)

- *Balkendiagramm*:
  - anschauliche Darstellung der Vorgangsdauer
  - Plannet-Technik: Darstellung von Abhängigkeiten zwischen den Vorgängen
  - Darstellung auch von Parallelvorgängen
  - unübersichtlich bei Großprojekten
- *Netzplantechnik*:
  - aufgrund der Grafenstruktur ist eine bessere Darstellung der Abhängigkeiten und Verzweigungen möglich
  - exakte manuelle oder dv-gestützte Berechnung der Zeiten und der kritischen Vorgänge möglich (Ermittlung der Pufferzeiten, Vorwärts-/Rückwärtsterminierung)
  - für Großprojekte besser geeignet

Im vorliegenden Fall wäre eine Darstellung mithilfe der Netzplantechnik auch möglich; da jedoch keine Paralleltätigkeiten zugelassen sind und nur sieben Vorgänge erfasst werden müssen, ist das Balkendiagramm hier anschaulicher.

2.4 Anwenden von Methoden der Entgeltfindung und der kontinuierlichen, betrieblichen Verbesserung

01. Ergonomie, Qualitätssicherung

Maßnahmen der ergonomischen Arbeitsplatzgestaltung	fallbezogene Lösungsansätze, z. B.:
• Anthropometrische:	„Mitarbeiter arbeiten leicht gebückt" → Beachtung der Körpermaße bei der Höhe des Montagebandes
• Physiologische:	„Mitarbeiter heben Motor und ..." → Hebevorrichtung

	„Mitarbeiter arbeiten mit konventionellem Werkzeug“ → Akkuschrauber, Pressluftschrauber, Drehmomentschlüssel „Mitarbeiter verpackt und stapelt ...“ → Verbindung von Paletten und Montageband über Fördereinrichtung (Rollenbänder o. Ä.) „... mit Hubwagen in das Freilager“ → Transport mit Flurförderfahrzeug; kein permanenter Wechsel von Halle und Freilager
• Psychologische, sicherheitstechnische:	„... Hallenpendeltür ... Flurförderfahrzeuge ... 90 db(A)“ → Montageband bautechnisch abgrenzen (Schallschutzwand in Leichtbauweise o. Ä.) „... Neonbeleuchtung ...“ → Austausch der Beleuchtungseinrichtung
• Organisatorische:	„... maulen ... stupide Arbeitsweise ...Krankenstand ...“ → Befragung der Mitarbeiter, Erarbeitung eines Konzeptes unter Beteiligung der Betroffenen: z. B. Job-Rotation; Teilautonomie; Prämienentlohnung; Verbesserung der Materialzuführung; keine Endkontrolle, sondern Sicherung der Qualität durch jeden einzelnen Mitarbeiter („Qualität fertigen“) usw. Die unterstrichenen Lösungsansätze können als Maßnahmen zur Qualitätssicherung getroffen werden.

02. Ziele der Arbeitsplatzgestaltung

Ziele:	Beispiele:
• Bewegungsvereinfachung:	- Materialanschläge - Vermeidung von Drehbewegungen - Verkürzen der Bewegung
• Bewegungsverdichtung:	- Zusammenlegung von Vorgängen - Kopplung von manueller Arbeit und mechanischer Unterstützung - Verbindung von Hand- und Fußarbeit
• Mechanisierung/Teilmechanisierung:	- Verwendung von druckluftunterstützten Werkzeugen - Fördervorrichtungen
• Aufgabenerweiterung:	- Zusammenlegung von ausführender und kontrollierender Tätigkeit

	- Aufnahme zusätzlicher Arbeiten mit erweiterter Kompetenzzuweisung
• Verbesserung der Ergonomie:	- vgl. dazu die Beispiele oben, Frage 01.
• Verbesserung des Wirkungsgrades menschlicher Arbeit:	- Hebe- und Biegevorrichtungen
• Verbesserung der Sicherheit am Arbeitsplatz:	- Überprüfung, ob die Sicherheitsvorschriften beachtet werden - Gefährdungsanalyse und Einleitung ggf. erforderlicher Maßnahmen
• Verbesserung der Motivation:	- Leistungslohn - Job-Enrichment/Job-Enlargement - Job-Rotation - Teilautonomie
• Vermeidung von Erkrankungen/ Berufskrankheiten:	- Gefährdungsanalyse - Begutachtung des werksärztlichen Dienstes - Beachtung der Fehlzeiten/Fluktuation - Mitteilungen der Berufsgenossenschaften
• Reduzierung des Absentismus:	- Kombination der o. g. Maßnahmen

03. Zeitlohn

Beim „Zeitlöhner" erfolgt die Entlohnung auf Stundenbasis (Anzahl der Stunden · Lohnsatz pro Stunde):

Grundlohn:	167 Std. · 12,00 €	= 2.004 €
Überstunden-Vergütung:	38 Std. · 12,00 € · 1,5	= 684 €

Der Gesamtlohn im Monat September beträgt 2.688 €.

04. Zeitakkord

a) $\text{Minutenfaktor} = \frac{12{,}00\ €}{60} = 0{,}20\ €/\text{min}$

b) $\text{tatsächlicher Stundenlohn} = \frac{0{,}20\ €/\text{min} \cdot 60}{15} \cdot 17 = 13{,}60\ €/\text{Std.}$

c) $\text{Bruttolohn bei Normalleistung} = 0{,}2 \cdot 4 \cdot 15 \cdot 35$
$= 420{,}00\ €/35\text{-Std.-Woche}$

$\text{Bruttolohn bei Ist-Leistung} = 504{,}00\ €/35\text{-Std.-Woche}$

$\text{Leistungsgrad} = \frac{504}{420} \cdot 100 = 120\ \%$

Die Leistung des Facharbeiters lag in der 39. und 40. Woche 20 % über der Normalleistung. (Hinweis: Es sind auch andere Berechnungswege möglich.)

d) Zeitakkord $= 0{,}2 \cdot 4 \cdot x = 15{,}20$
$\Rightarrow \quad x = 19$ Stk./Std.

05. Entgeltdifferenzierung

	Bemessungsprinzipien	
	Anforderungsgerechtigkeit	**Leistungsgerechtigkeit**
Bemessungs-kriterien	Anforderungsarten, z. B.: - Genfer Schema (4 Merkmale) - REFA-Schema (7 Merkmale)	Arbeitsergebnis, z. B.: - Arbeitsmenge - Arbeitsgüte
Bemessungsobjekt	Betrachtet wird der Arbeitsplatz	Betrachtet wird der Mitarbeiter
Bemessungs-verfahren	Arbeitsbewertung, z. B.: - summarisch - analytisch	Formen der Ergebnisbewertung, z.B.: - Leistungslohn - Provision
Entgeltformen	Zeitlohn Gehalt	Leistungslohn, z. B.: - Akkord-/Prämienlohn, Provision - Formen der Ergebnisbeteiligung

06. Prämienlohn

Merkmale, an denen sich die Gestaltung eines Prämienlohns orientieren kann, z. B.:

- Arbeitsqualität
- Arbeitsquantität
- Zeitverbrauch
- Termineinhaltung
- Verbrauch an Faktoreinsatzmengen (z. B. Materialverbrauch)
- Umweltverträglichkeit

07. Akkordlohn, Lohnstückkosten

a) 1. Voraussetzung: *Akkordfähigkeit*

Der Arbeitsablauf muss zeitlich und inhaltlich festgelegt und ergonomisch gestaltet sein. Der Mitarbeiter muss ihn aber noch beeinflussen können. Das Leistungsergebnis muss einfach und exakt gemessen werden können (z. B. Stückzahlen).

2. Voraussetzung: *Akkordreife*

Der Arbeitsablauf muss frei von Mängeln sein (z. B. gesicherter Materialfluss). Es müssen konstante Arbeitsbedingungen vorliegen und der Mitarbeiter muss in erforderlichem Maße geeignet, eingearbeitet und geübt sein.

b)

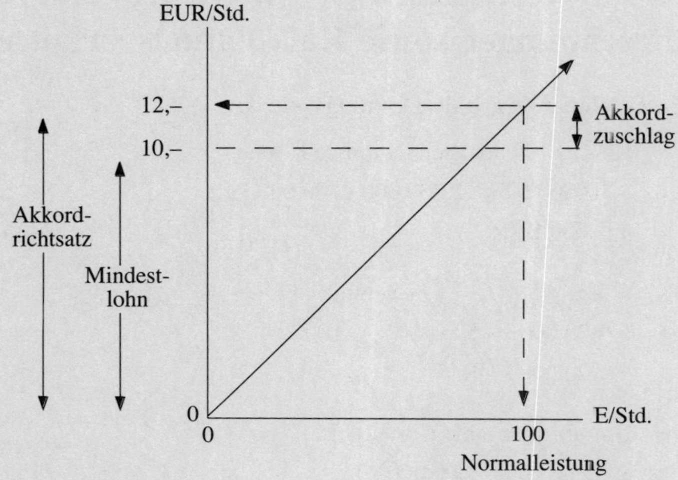

c) Lohnstückkosten:

Einheiten (E)	Lohn (L)	Lohnstückkosten (L:E)
100	12,00	0,12
120	14,40	0,12
130	15,60	0,12

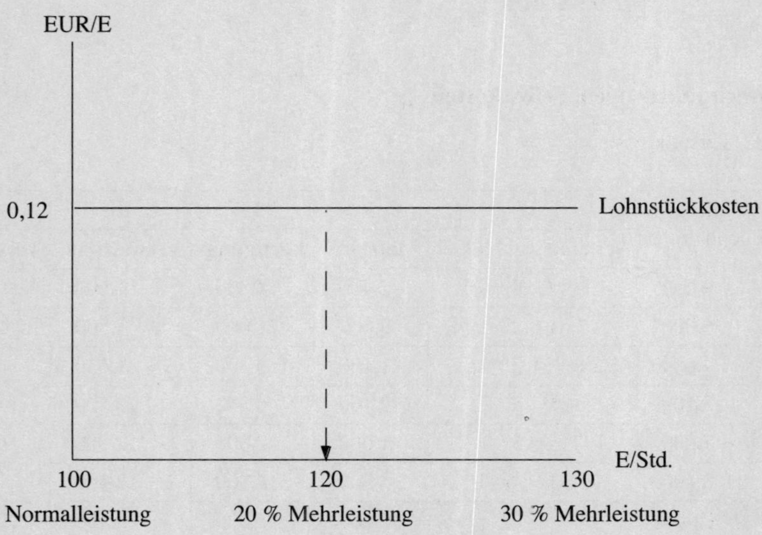

2.5 Durchführen von Kostenarten-, Kostenstellen- und Kostenträgerzeitrechnungen sowie Kalkulationsverfahren

01. Betriebsergebnis, Unternehmensergebnis, Deckungsbeitrag

a) $\text{Betriebsergebnis}_{(PC)}$ = Umsatz - Fixkosten - variable Kosten

= 800.000 · 6,5 - 1.200.000 - 800.000 · 4,5

$BE_{(PC)}$ = 400.000 EUR

Unternehmensergebnis = $BE_{(PC)} + BE_{(\text{übrige})}$ + neutrales Ergebnis

= 400.000 + 500.000 - 30.000

= 870.000 EUR

b) $\text{Deckungsbeitrag}_{(PC)}$ = Umsatz - variable Kosten

= 800.000 · 6,5 - 800.000 · 4,5

= 1.600.000 EUR

$$\text{Deckungsbeitrag}_{(PC)} \text{ pro Einheit} = \frac{\text{Deckungsbeitrag}_{(PC)}}{\sum \text{Einheiten}}$$

$$= \frac{1.600.000}{800.000}$$

= 2,00 EUR/E

02. Betriebsabrechnungsbogen, Selbstkosten

- Ermittlung der Zuschlagssätze:

Gemein. kostenarten	Zahlen der Buchhaltung		I	II	III	IV
		Verteilungsschlüssel	**Material**	**Fertigung**	**Verwaltung**	**Vertrieb**
GKM	9.600	3 : 6 : 2 : 1	2.400	4.800	1.600	800
Hilfslöhne	36.000	2 : 14 : 5 : 3	3.000	21.000	7.500	4.500
Sozialkosten	6.600	1 : 3 : 1,5 : 0,5	1.100	3.300	1.650	550
Steuern	23.100	1 : 3 : 5 : 2	2.100	6.300	10.500	4.200
Sonstige K.	7.000	2 : 4 : 5 : 3	1.000	2.000	2.500	1.500
AfA	8.400	2 : 12 : 6 : 1	800	4.800	2.400	400
Σ	90.700		10.400	42.200	26.150	11.950
		Einzelkosten	83.200	40.000	175.800	175.800
			FM	FL	HK	HK
		Zuschlagssätze	12,5 %	105,5 %	14,9 %	6,8 %

- Ermittlung der Selbstkosten:

	MEK	83.200,00	
+	MGK	10.400,00	
=	MK		93.600,00
	FEK	40.000,00	
+	FGK	42.200,00	
=	FK		82.200,00
	HK		175.800,00
+	VwGK		26.150,00
+	VtGK		11.950,00
=	SK		213.900,00

03. Zuschlagskalkulation

			[EUR/Stk.]
	Materialeinzelkosten		160,00
+	Materialgemeinkosten	30 %	48,00
=	Materialkosten		208,00
	Fertigungslöhne	200 : 25	8,00
+	Restgemeinkosten	120 %	9,60
+	Maschinenkosten	1)	59,40
=	Fertigungskosten		77,00
=	Herstellkosten der Fertigung pro Stück		285,00

1) Bearbeitungskosten = 15 min · 25 Stk. · 180 EUR/Std. : 60 min. = 1.125,00 EUR

Rüstkosten = 2 Std. · 180 EUR/Std. = 360,00 EUR

Maschinenkosten = 1.485,00 EUR

Maschinenkosten/Stk. = 1.485,00 EUR : 25 Stk. = 59,40 EUR/Stk.

04. Maschinenstundensatz

a)

1) kalkulatorische Zinsen $= \frac{200.000}{2} \cdot \frac{6}{100}$

$= 6.000$ EUR

2) kalkulatorische AfA $= \frac{240.000}{10}$

$= 24.000$ EUR

3) Raumkosten = 4.000 EUR

4) Energiekosten = 11 kWh · 0,12 EUR/kWh · 2.000 Std. p.a. + 220 EUR
= 2.860 EUR

5) Instandhaltungskosten = 6.000 EUR

6) Werkzeugkosten = 10.000 EUR

lfd. Nr.	maschinenabhängige Fertigungsgemeinkosten	EUR p.a.
1	kalk. Zinsen	6.000
2	kalk. Abschreibung	24.000
3	Raumkosten	4.000
4	Energiekosten	2.860
5	Instandhaltungskosten	6.000
6	Werkzeugkosten	10.000
	Σ	52.860
	Maschinenstundensatz	
	= 52.860 EUR : 2.000 Std. =	**26,43 EUR/Std.**

b)

kalkulatorische AfA $= \frac{300.000}{6}$ = 50.000 EUR p.a.

kalk. AfA/Std. = 50.000 : 1.600 = 31,25 EUR/Std.

	Maschinenstd.satz(alt)	= 50,– EUR/Std.
./.	kalk. AfA/Std.(alt)	= - 18,75 EUR/Std.
+	kalk. AfA/Std.(neu)	= 31,25 EUR/Std.
=	Maschinenstd.satz(neu)	= 62,50 EUR/Std.

Δ Maschinenstd.satz $= \frac{62{,}50 - 50{,}00}{50{,}00} \cdot 100$

= 25 %

05. Deckungsbeitrag pro Stück, Break-even-Point

a) Erlöse = Kosten

$$U = K$$

$$x \cdot p = K_f + x \cdot K_{v/Stk.}$$

$$\Rightarrow x = \frac{K_f}{p - K_{v/Stk.}}$$

$$= \frac{12.000}{600 - 300}$$

$$= 40 \text{ Stück}$$

b) $DB = U - K_v$

$$= x \cdot p - x \cdot K_{v/Stk.}$$

$$\frac{DB}{x} = db = \frac{1}{x}(x \cdot p - x \cdot K_{v/Stk.})$$

$$= p - K_{v/Stk}$$

$$= 600 - 300$$

$$= 300 \text{ EUR}$$

06. Produktivität, Rentabilität, ROI

a) Arbeitsproduktivität = Ausbringung : Arbeitsstunden

Monat Mai: 50.000 : 2.000 = 25 Stück pro Arbeitsstunde

Monat Juni: 42.000 : 1.400 = 30 Stück pro Arbeitsstunde

Veränderung: $\frac{30 - 25}{25} \cdot 100 = 20\ \%$

Die Arbeitsproduktivität ist um 20 % gestiegen. Als Ursachen kommen z. B. infrage:
- Rückgang von Störungen im Fertigungsablauf
- verbesserte Leistung der Mitarbeiter pro Zeiteinheit

b) Die Rentabilität misst die „Ergiebigkeit des Faktors Kapital". Insofern ist bei einer gestiegenen Arbeitsproduktivität eine Konstanz der Gesamtkapitalrentabilität möglich; folgende Fälle sind z. B. denkbar:

- die Ergiebigkeit des Einsatzes beim Faktor Kapital verändert sich mengenmäßig, z. B.
  - Maschinenausfall
  - Materialverbrauch
- das Ergebnis des Leistungsprozesses verändert sich wertmäßig, z. B.:
  - veränderte Materialkosten
  - veränderte Personalkosten
- die Struktur des Kapitaleinsatzes verändert sich (Verhältnis von Eigenkapital und Fremdkapital)

c) Z. B.:

$$ROI = \frac{\text{Gewinn}}{\text{Umsatz}} \cdot \frac{\text{Umsatz}}{\text{Kapitaleinsatz}} \cdot 100$$

Anstelle der Gewinngröße kann auch z. B. der Return verwendet werden.

d) Beispiele:

- die Rentabilität wird ermittelt als
  · Umsatzrentabilität und/oder als
  · Kapitalrentabilität und diese wiederum
- als Rentabilität des Eigenkapitals oder
- als Rentabilität des Fremdkapitals oder
- als Rentabilität des Gesamtkapitals

07. Kapitalbindung, Kapitalrückflusszeit

a) Gesamtkapitalbedarf = Anlagekapitalbedarf + Umlaufkapitalbedarf

Anlagekapitalbedarf =

	Anschaffungspreis der neuen Anlage	200.000 EUR
+	Anschaffungspreis der neuen Halle	60.000 EUR
+	Transportkosten	15.000 EUR
+	Kosten der Montage und Inbetriebnahme	25.000 EUR
=		300.000 EUR

Umlaufkapitalbedarf = (Kapitalbindungsdauer ./. Lieferantenziel) · ø tägliche Ausgaben
= (14 + 14 + 10 + 20 - 30) · (2.000 + 4.000 + 500)
= 182.000 EUR

Gesamtkapitalbedarf = 300.000 EUR + 182.000 EUR
= 482.000

b) $\text{Kapitalrückflusszeit} = \dfrac{\text{Anschaffungswert - Restwert}}{\text{Ø Gewinn + Abschreibungen p.a.}}$

1) Restwert_1 = 20.000

2) Restwert_2 = 0

3) Afa_1 = 240.000 EUR : 5 J. = 48.000 EUR/Jahr

4) AfA_2 = 60.000 EUR : 10 J. = 6.000 EUR/Jahr

5) $\text{Gewinn}_{(p.a.)}$ = $\text{Umsatz}_{(p.a.)}$ - $\text{Kosten}_{(p.a.)}$

6) $\text{Umsatz}_{(p.a.)}$ = 200 Tg. · 100 Stk. · 70,– EUR = 1.400.000 EUR

7) $\text{Kosten}_{(p.a.)}$ = (20 + 40 + 5) · 100 Stk. · 200 Tg. = 1.300.000 EUR

⇒ 8) Gewinn = 1.400.000 - 1.300.000 = 100.000 EUR

⇒

$$\text{Kapitalrückflusszeit} = \frac{\text{Anschaffungswert - Restwert}}{\text{Ø Gewinn + Abschreibungen p.a.}}$$

$$= \frac{300.000 - 20.000 - 0}{100.000 + 48.000 + 6.000}$$

$$= 1{,}82 \text{ Jahre}$$

Die Kapitalrückflusszeit beträgt rund zwei Jahre.

08. Operative Instrumente (Kennzahlen, Controlling) und Budgetkontrolle

a1) Ist-Ist-Vergleich:

- Ist-Ist-Vergleich: Aspekt „Menge“ (= Absatz):

  Absatz 2006: 450
  Absatz 2007: 460

  Die Änderungsrate (= Δx) lautet:

$$\Delta x = \frac{x_{2007} - x_{2006}}{x_{2006}} \cdot 100 = (460 - 450) : 450 \cdot 100 = 2{,}22\ \%$$

- Ist-Ist-Vergleich: Aspekt „Wert“ (= Umsatz):

  Die Berechnung erfolgt analog zu oben:

$$\Delta U = (45.200 - 40.400) : 40.400 \cdot 100 = 11{,}88\ \%$$

- Ist-Ist-Vergleich: Aspekt „Erlöse pro Stück“:

  2006: 40.400 : 450 = 89,78 EUR
  2007: 45.200 : 460 = 98,26 EUR

$$\Delta\ U/Stk. = (98{,}26 - 89{,}78) : 89{,}78 \cdot 100 = 9{,}45\ \%$$

a2) Soll-Ist-Vergleich:

- Soll-Ist-Vergleich: Aspekt „Menge“:

  die Änderungsrate lautet:

$$\Delta x = \frac{x_{Ist} - x_{Soll}}{x_{Soll}}$$

$$= (460 - 450) : 450 \cdot 100$$

$$= 2{,}22\ \%$$

- Soll-Ist-Vergleich: Aspekt „Wert“:

$$\Delta U = (45.200 - 48.000) : 48.000 \cdot 100 = -5{,}83\ \%$$

- Soll-Ist-Vergleich: Aspekt „Erlöse pro Stück“:

$$\Delta\ U/Stk = (98{,}26 - 106{,}67) : 106{,}67 \cdot 100 = -7{,}88\ \%$$

b) Die Präsentation könnte folgendermaßen aussehen:

Präsentation als Tabelle:

	Veränderungen gegenüber dem Vorjahr 2006/2007	Abweichungen vom Budget (Ist 2007 / Soll 2007)
Absatz	+ 2,22 %	+ 2,22 %
Umsatz	+ 11,88 %	– 5,83 %
Erlöse pro Stück	+ 9,45 %	– 7,88 %

Präsentation als Chart in Form eines Säulendiagramm

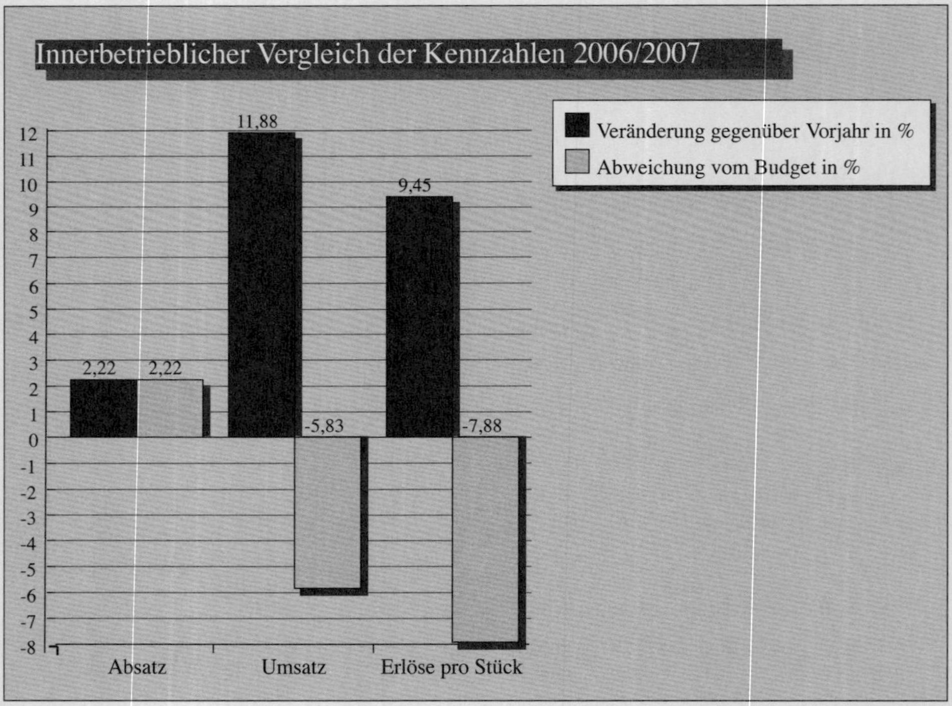

09. Analyse einer Geschäftsentwicklung

Es bedeutet:

x = Absatz	K_f = fixe Kosten
G = Gewinn	K_v = variable Kosten
U = Umsatz	$K_{v/Stk.}$ = variable Kosten pro Stück

- Die Ist-Analyse ergibt:

G	=	1,5 %	↓
x	=	25 %	↓
U	=	ca. konstant	→

- Die Zielfunktion lautet im Allgemeinen:

$$G = U - K$$
$$= x \cdot p - K_f - x \cdot K_{v/Stk.}$$
$$= x\,(p - K_{v/Stk.}) - K_f$$

Daraus ergibt sich:

$$\frac{G}{x\downarrow} = p - K_{v/Stk.} - \frac{K_f}{x\downarrow} \quad \text{sowie}$$

$$\overline{U} = x\downarrow \cdot p$$

- Als Ursache-Wirkungszusammenhänge kommen z. B. infrage:

(1) Wenn der Umsatz annähernd konstant geblieben ist, die Menge aber um 25 % rückläufig war, muss eine Erhöhung des durchschnittlichen Preises vorliegen.

(2) - Bei sinkendem Absatz haben sich die Fixkosten pro Stück erhöht.
- Bei annähernd konstantem Gewinn und sinkendem Absatz hat sich der Gewinn pro Stück erhöht.
- Unterstellt man kurzfristig unveränderte Produktionsbedingungen, so sind die variablen Kosten pro Stück konstant geblieben.
- Bei gestiegenen Stückgewinnen, konstanten variablen Stückkosten und gestiegenen fixen Stückkosten muss die Preiserhöhung (absolut) höher ausgefallen sein als der Anstieg der fixen Stückkosten (absolut).

$$\uparrow \frac{G}{x} = \uparrow p - \frac{K_v}{x} - \frac{K_f}{x} \uparrow$$

3. Prüfungsfach: Anwendung von Methoden der Information, Kommunikation und Planung

3.1 Erfassen, Analysieren und Aufbereiten von Prozess- und Produktionsdaten

01. Dokumentation von Prozessen

- *Gründe* für die Dokumentation von Prozessen, z. B.:
  a) interne: Fehleranalyse, Ursachenanalyse, TQM, Auditierung
  b) externe: Arbeitsschutz, Produkthaftung, Verbraucherschutz, Kundenanforderung
- *Hilfsmittel:* z.B. Listen, Dateiinhalt, Programmbeschreibungen, Kommunikationsnetze, Checklisten, Prüflisten, Quellenprogramme/Quellcodes

02. Daten eines Prozesses visualisieren

Formen/Hilfsmittel der Visualisierung von Prozessen/Prozessdaten, z. B.:

Die erfassten Daten eines Prozesses, die Form der Verarbeitung sowie edv-bezogene Zusammenhänge werden als Text, Formel oder Grafik dargestellt (Plotter, Drucker, Charts, Monitoring).

03. Echtzeitbetriebssysteme

Bei der Echtzeitverarbeitung (Real-time-Processing) werden die Daten vom Betriebssystem in einem engen zeitlichen Zusammenhang zur realen Entstehung verarbeitet (im Gegensatz zur Stapelverarbeitung; Batch-Processing); findet seine Anwendung hauptsächlich bei der Steuerung von technischen Prozessen.

04. Übernahme bestehender Zeichnungen

Zeichnungen können, auch in großen Formaten bis DIN-A0, mithilfe eines Scanners eingelesen (eingescannt) werden. Die eingescannte Zeichnung kann anschließend mittels Datenverarbeitung weiterbearbeitet werden. Ein Vorteil liegt in der Zeitersparnis für diese Art der Datenübernahme. Der Prozess des Einscannens erfolgt relativ schnell. Der Nachteil dieses Verfahrens liegt darin, dass über einen Scanner eingelesene Daten erst einmal im Pixelformat (als Bildpunkte) und nicht im Vektorformat (als Vektoren eines Koordinatensystems) vorliegen. Für eine effiziente Weiterverarbeitung mit einem CAD-Programm wäre eine Datenkonvertierung in ein Vektorformat sinnvoll.

05. Vorteile von CAD-Software

CAD-Programme bieten:

- einfache Übernahme bereits vorhandener Daten
- schnelle und einfache Änderungsmöglichkeiten
- Nutzung verschiedener Programmfunktionen wie Zoomen, Stauchen/Strecken etc.
- Möglichkeiten der Simulation und Visualisierung
- Weiterverarbeitung der erstellten Daten in anderen Unternehmensbereichen
- Platz sparende Verwaltung von erstellten Konstruktionsdaten
- schnelle und komfortable Suchmöglichkeiten vorhandener Zeichnungen
- einfache Datensicherung
- Datentransfer

06. Funktionen von CAD-Software

Die Beherrschung eines CAD-Programms ist für technische Zeichner heute ein absolutes Muss. Durch die folgenden Programmfunktionen ergeben sich sowohl bei 2D- wie auch erst recht bei 3D-Konstruktionen enorme Zeiteinsparungen:

- Zoomen (Vergrößern des Bildausschnittes)
- Löschen
- Drehen
- Stauchen/Strecken
- Objektfang
- unterschiedliche Ansichten
- Objektbibliotheken
- Kopieren von Objekten
- Spiegeln
- Verschieben
- Koordinatensysteme
- Layertechnik
- Simulationen

07. CIM-Konzept

Nach dem CIM-Konzept müssen alle auftrags- und produktionsrelevanten Unternehmensdaten zentral verwaltet werden und allen Bereichen des Unternehmens zur Verfügung stehen. Bei der Datenbank ist darüber hinaus darauf zu achten, dass Redundanzen vermieden werden und eine hohe Ausfallsicherheit gegeben ist.

08. Betriebsdatenerfassung

Die Vorteile liegen in den Kosten und in der Handhabung. Die Erstellung der Barcodes ist wesentlich kostengünstiger als die Erstellung von Magnetstreifen. Barcodes sind unempfindlicher gegenüber elektrischen Feldern von z. B. Motoren oder Magneten als Magnetstreifen.

09. PPS-System

Mithilfe eines PPS-Systems kann der Vertrieb

- bei der Angebotserstellung den Liefertermin bestimmen,
- offene Angebote verwalten,
- Aufträge aus der Angebotserstellung übernehmen,

- bei Kundenanfragen jederzeit den Auftragsstatus abrufen,
- bei der Reklamationsbearbeitung direkt auf alle relevanten Auftragsdaten zugreifen und
- Vertriebsstatistiken erstellen.

10. Vergleich Standard-/Individual-Software

- *Vorteile einer Standard-Software:*
  - geringer Preis
  - direkte Verfügbarkeit der Software
  - meist wird die Software weiterentwickelt und dann als Update preiswert angeboten
  - häufig ist Lernliteratur verfügbar, die Anwendungen über das Handbuch hinaus gut beschreibt
  - Angebot mehrerer Lieferanten
- *Vorteile einer Individual-Software:*
  - Leistungsumfang wird individuell definiert
  - Anpassung an betriebliche Gegebenheiten
  - direkter Kontakt zum Software-Hersteller
  - schnelle Reaktionsmöglichkeit im Falle einer Fehlerbehebung
  - Möglichkeit der nachträglichen Programmänderung

Abschließend kann man für eine Auftragsbearbeitung sicherlich nicht pauschal sagen, ob eine Standard- oder Individual-Software besser geeignet ist. Für diese Entscheidung sind weitere betriebliche Daten erforderlich.

11. Änderungen an Individual-Software

Individual-Software wird in der Regel durch eine Software-Firma oder durch eigene Programmierer eines Unternehmens entwickelt. Wenn diese Software auf Änderungen in Unternehmensabläufen angepasst werden muss, so müssen in beiden Fällen

- der Quellcode des Programms vorliegen,
- das Programm so dokumentiert sein, dass man den Programmablauf nachvollziehen und Änderungen vornehmen kann,
- Kenntnisse zur verwendeten Programmiersprache vorliegen und
- ein Compiler für die Übersetzung des Quellcodes verfügbar sein.

12. Auswahl von Software und Lieferanten

Folgende Kriterien sollten in die Bewertung der Angebote einfließen:

- *Bewertung der Anbieterfirma:*
  - Marktposition und Ruf des Anbieters
  - Größe des Anbieters (z. B. Umsatz, Anzahl Mitarbeiter, Anzahl Niederlassungen etc.)
  - Kerngeschäftsfeld(er) des Anbieters
  - Referenzen des Anbieters
  - ISO 9000:2000-Zertifizierung (Neu: ISO 9.000:2005)
  - Erfahrungen des Anbieters

- Ausbildung und Fachkompetenz der Mitarbeiter
- eigener subjektiver Eindruck von der Firma
- Akzeptanz des Anbieters im eigenen Unternehmen

• *Kosten:*
- Lizenzkosten der E-Mail-Software
- Installationskosten
- Kosten für Service-Leistungen
- Kosten für mögliche Updates
- weitere zu erwartende Folgekosten

• *Zeiten:*
- Lieferzeit
- Dauer der Installation
- möglicher Zeitpunkt für die Installation (außerhalb der üblichen Arbeitszeiten)
- zugesicherte Reaktionszeit im Service-Fall

• *Service-Leistungen:*
- Hotline (Zeiten, Kosten, Erreichbarkeit etc.)
- Vor-Ort-Service
- Fernwartung der Software

• *Dokumentation:*
- Qualität der Handbücher
- angebotene Sprachen der Handbücher (deutsch verfügbar?)
- Dokumentation auf Papier oder Datenträger
- Lernsoftware
- Online-Hilfe

• *Technische Kriterien:*
- Erfüllungsgrad des Pflichtenheftes
- Hardware-Mindestanforderungen
- Betriebssystem-Unterstützung
- Datensicherheit
- Performance des Gesamtsystems
- Reifegrad der E-Mail-Software
- Ergonomie der E-Mail-Software (intuitive Bedienung, grafische Benutzeroberfläche, betriebssystemkonforme Bedienung, Hilfe-Funktionen etc.)

Abschließend kann nach der Ermittlung der Kriterien zur Angebotsbewertung auch noch eine Gewichtung der einzelnen Kriterien erfolgen. Damit ließe sich schließlich für die Auswahl des Anbieters einer E-Mail-Software eine Entscheidungsmatrix erstellen.

13. Höhere Programmiersprachen

Höhere Programmiersprachen sind grundsätzlich für den Programmierer besser lesbar und ermöglichen den Einsatz von Programmiertechniken wie strukturierte Programmierung und objektorientierte Programmierung. Dadurch wird die Programmierung und insbesondere auch die Programmpflege erleichtert und somit kostengünstiger.

Höhere Programmiersprachen sind in der Regel prozessorunabhängig. Dies bedeutet, dass mit ihnen entwickelte Programme flexibel im Einsatz auf verschiedenen Prozessoren und Computern verwendet werden können und somit nicht individuelle Anpassungen im Programmcode vorgenommen werden müssen. Das ermöglicht erhebliche Kosteneinsparungen bei einer Umstellung auf andere Rechnersysteme.

14. Passwörter

Ein Informationsblatt zur Auswahl von Passwörtern sollte z. B. folgende Hinweise enthalten:

- Ein Passwort sollte grundsätzlich von Zeit zu Zeit geändert werden. Geeignete Zeiträume bewegen sich zwischen drei und sechs Monaten. Bei einem konkreten Verdacht, sollte unverzüglich ein neues Passwort gewählt werden.
- Das ausgewählte Passwort sollte nicht zu kompliziert sein.
- Wegen der unterschiedlich verwendeten Zeichensätze in Computern sollte ein Passwort keine nationalen Umlaute oder nationale Sonderzeichen beinhalten.
- Man sollte nicht überall dasselbe Passwort verwenden. Würde es anderen bekannt werden, wären somit alle Systeme, in denen sich jemand über ein und dasselbe Passwort authentifiziert, gefährdet.
- Das ausgewählte Passwort sollte kein vollständiges Wort sein, das man aus einem Duden oder Lexikon entnehmen kann. Solche Wörter können beim Versuch des Knackens von Passwörtern sehr einfach von Datenträgern wie CDs eingelesen werden.
- Passwörter sollten keine Namen von Personen oder Firmen darstellen.
- Auch Zahlen wie eigene oder bekannte andere Geburtstage sind als Passwort nicht zu verwenden.
- Ein Passwort sollte nicht zu kurz sein, es sollte mindestens acht Zeichen haben.
- Man sollte bei Passwörtern Sonderzeichen (z. B. Satzzeichen) an beliebigen Stellen einbauen.
- Vertauscht man in einem Passwort gewisse Stellen (z. B. den ersten mit dem letzten Buchstaben eines normalen Wortes) und fügt z. B. für Vokale Sonderzeichen oder Ziffern ein, so erhöht dies wesentlich den Passwortschutz und ist trotzdem leicht zu behalten.

3.2 Planungstechniken und Analysemethoden sowie deren Anwendungsmöglichkeiten

01. Pareto-Prinzip

a) Ziele bilden den Maßstab für menschliches Handeln.
Wer klar umrissene Ziele hat, weiß wohin er will.

b) Das Pareto-Prinzip (auch: 80:20-Regel) besagt u. a., dass 80 % des Zeiteinsatzes nur 20 % Ergebnisbeitrag bringen. Daraus folgt in der Umkehrung: In der Regel bringen 20 % des Kräfte- und Zeiteinsatzes bereits einen Ergebnisbeitrag von 80 %.

z. B.:
- Liste: - ....
  - ....
  (individuelle Lösung)

Im genannten Beispiel heißt dies, nicht einen zeit- und kräfteverzehrenden Aktionismus zu entfalten, sondern die 20 % der Maßnahmen herauszufiltern, die bereits 80 % Zielbeitrag ergeben. Beispiel: Man entscheidet sich aus der Fülle geeigneter Fortbildungsmaßnahmen zunächst nur für eine Veranstaltung „Konferenztechnik/Moderation von Gesprächen“, da man der Auffassung ist, dass man mit dem Erwerb dieser Schlüsselqualifikation den stärksten Zielerreichungsbeitrag gewinnt.

02. Umgang mit anderen

Z. B.:
- Ich lerne „Nein“ sagen.
- Ich stelle Fragen, statt permanent Antworten zu geben.
- Ich führe meine Mitarbeiter über Delegation und Zielvereinbarung.
- Ich nehme mir Zeit für Führungsgespräche.
- Ich setze mich nur dort ein, wo es sich lohnt (Einsparen gefühlsmäßiger und geistiger Energie).
- Ich diskutiere nicht über Behauptungen, sondern frage nach den Gründen.

03. Informationskanäle, Körbe-System

a) 3-Körbe-System:
- Eingangskorb
- Ausgangskorb
- Papierkorb (groß; ggf. zwei)

6 Informationskanäle:
- Kanal 1: lesen und vernichten
- Kanal 2: lesen und weiterleiten
- Kanal 3: lesen und delegieren
- Kanal 4: Wiedervorlage
- Kanal 5: laufende Vorgänge
- Kanal 6: sofort selbst erledigen

- Beispiele:

Lfd. Nr.	Vorgang	Kanal …	Korb …	Bemerkungen
1	unwichtige Werbung	ggf. K 1	Papierkorb	
2	interessante, wichtige Werbung	K 4, K 5		
3	Anrufe, mit der Bitte um Rückruf - wichtig und dringlich - wichtig, nicht dringlich - nicht wichtig, nicht dringlich	 K 6 K 6 K 2, K 3	 Ausgangskorb	
4	Einladung zum Meeting	K 4		Termin not.
5	interne Schreiben mit der Bitte um Stellungnahme	K 2, K 6	Ausgangskorb	
6	Fachzeitschriften (interner Umlauf)	K 2, K 3	Ausgangskorb	
7	interne Schreiben (zur Kenntnisnahme)	K 1	Papierkorb	

b) Regeln im Umgang mit Papier, z. B.:

- Der Papierkorb ist das wichtigste Arbeitsmittel – er ist „der Freund des Menschen".
- Auf dem Schreibtisch liegt nur der Vorgang, der gerade bearbeitet wird.
- Ich lese nur das, was mich meinen Zielsetzungen näher bringt.
- Beim Lesen verwende ich einen Textmarker.
- Meine Post bearbeite ich täglich, so entstehen keine „Berge".
- Leerlaufzeiten, Wartezeiten u. Ä. nutze ich für Notizen und Ideensammlungen für meine A-Ziele.

04. Telefonmanagement

Beispiele:

- Kein Telefonat ohne Vorbereitung (Ziele, Einzelpunkte, Unterlagen usw.).
- Ich nutze moderne Telefontechnik (Wahlwiederholung, Konferenzschaltung usw.).
- Ich verzichte beim Telefonieren auf Wiederholungen und Redundanzen (zeitbewusstes Telefonieren).
- Ich prüfe Alternativen zum Telefonieren (Telefax, Kurzbrief, E-Mail usw.).
- Ich bilde Telefon-Blockzeiten.
- Ich organisiere meine Rückruf-Aktionen.
- Falls notwendig, bilde ich „telefonlose" Zeiten (Umstellen zur Zentrale, zum Kollegen usw).
- Ich benutze immer die Durchwahl. Dies erspart Wartezeiten.
- Am Schluss: Ergebnisse zusammenfassen, Termine nennen, den anderen mit Namen verabschieden.

05. Zeitplanung

Vorteile der schriftlichen Zeitplanung, z. B.:

- entlastet den „Kopf",
- schafft Überblick,
- schafft Eigenmotivation,
- erlaubt eine Konzentration auf das Wesentliche,
- erlaubt einen permanenten Soll-Ist-Vergleich (erledigt?/unerledigt?),
- bildet in „gesammelter" Form eine Dokumentation der Ziel- und Maßnahmenpläne,
- erlaubt ein besseres Aufspüren von „Zeit- und Ressourcenverschwendern".

06. Tagesplanung

a) • *Sieben Prinzipien der Tagesplanung*, z. B.:

1. Nicht den ganzen Tag verplanen (50:50-Regel).
2. „Stille Minute" zum Arbeitsbeginn fehlt (Einstimmung und Tagesplan einprägen/überprüfen).
3. Termin mit Dr. Ohnesorge liegt ungünstig (8:00 Uhr!; z.B. Verspätung wegen Stau usw.).
4. Zum Teil keine Pufferzeiten (Termin Dr. Ohnesorge/Projektgruppe K).
5. Die einzelnen Aktivitäten haben keine Prioritäten-Kennzeichnung (A, B, C).

6. Keine Kennzeichnung von
   - Termine „mit mir selbst“,
   - Termine mit anderen.
7. Keine Kennzeichnung von Vorgängen, die an die Sekretärin, Frau Knurr delegiert werden können.

• *Kritische Terminplanung,* z. B.:
  - sehr später Beginn der Vorbereitung zur Budgetsitzung ‘08; ab 17:00 Uhr evtl. interne Ansprechpartner nicht mehr im Hause; A-Priorität für Di.-Morgen!
  - kaum Zeitpuffer zwischen 16:00 bis 19:00 Uhr
  - Vorbereitung Budget ‘08: Zeitbedarf?
  - Auto von der Inspektion abholen: Zeitbedarf?
  - Fahrt nach Hause: 30 Min.
  - Umziehen, Duschen: 30 Min.
  - Fahrt von Leverkusen nach Ratingen: ca. 30 Min

b)

Dienstag			**05. September**		**Hubert Kernig**
Zeit	A, B, C		Termine	erl.	Notizen
7:00					
8:00	B		Stille 15 Min. + Postbesprechung		
9:00	A		Meeting Projektgruppe K, ca. 2 - 2,5 Std., Konferenzraum, Verwaltung		
10:00					
11:00			Puffer		
12:00	A		Mittagessen mit Dr. Endress; neue Marketingstudie, neueste Verkaufszahlen		- Tel. Dr. Zahl/ EDV-Liste, Budget '08
13:00	B		Budgetplanung 2008, Vorbereitung der Unterlagen für Di.-Morgen, 9:00 bis 10:30 h		- Tel. Müller & Co. Reklamation
14:00	A				- Brief Fr. Strackmann Mietminderung!
15:00					- Tel. mit Autohaus + Lisa
16:00					
17:00					
18:00			(bis ca. 17:30/18:00 h)		
19:00					
20:00	C		Privat: Einweihungsfete bei Jochen in Ratingen; ab 20:00 h		
21:00					
22:00			(ca. 22:30 h: Rückfahrt)		
23:00			(Schlafen)		

Veränderungsvorschläge (z. B.):					
Lfd. Nr.			Aktion		Maßnahme
1	C		Besprechung mit Dr. Ohnesorg, Werk, Raum 5		vertagen oder delegieren
2	B		Postbesprechung Sekretärin Fr. Knurr, ca. 30 Min.		verlegen auf 8:15 h oder kurz vor dem Mittagessen
3	A		Präsentation für Verkaufsleitertagung am Mi. vorbereiten		verlegen auf Di. ab 14:00 h
4	C		Einweisung von Herrn Grundlos		vertagen oder delegieren
5	A		- Auto abholen von Inspektion		Tel. mit Autohaus: Auto bringen lassen, ggf. gegen Aufpreis
6	C		- Tel. mit Lisa/Geschenk Jochen		Lisa bitten, Geschenk zu besorgen und bei Jochen anrufen wegen evtl. Verspätung
Agenda:			Termin mit anderen		Termine mit mir selbst

c)

Eisenhower-Prinzip

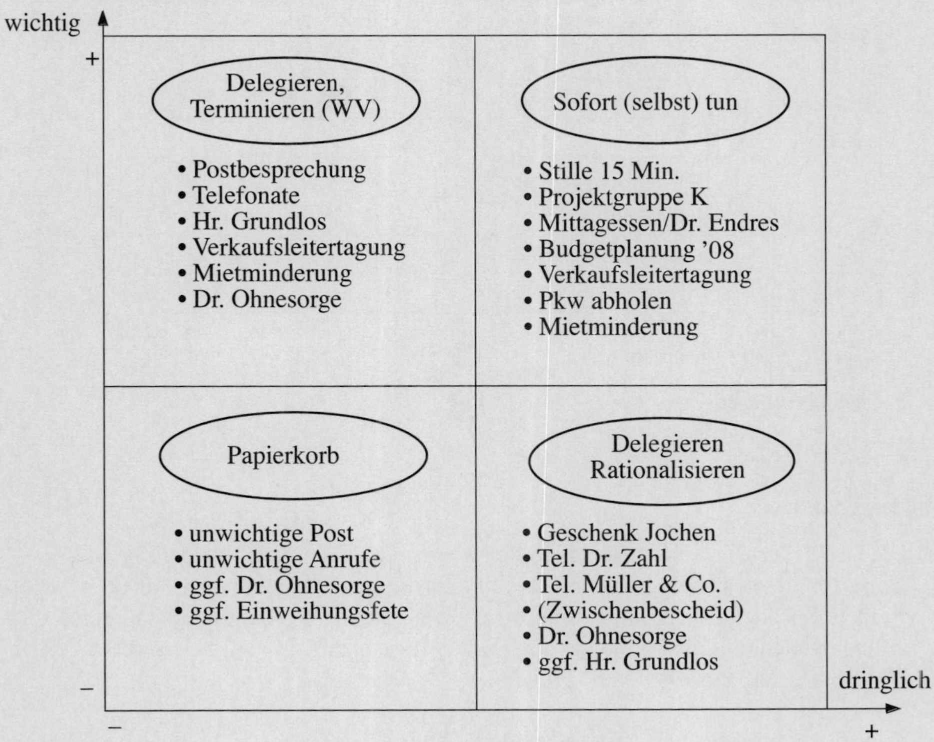

07. Stärken-Schwächen-Analyse

Dimensionen der Wettbewerbs-position, z.B.:	Indikatoren, Messgrößen, z.B.:	Skalierung				
		ungenügend		mittel		sehr gut
		1	2	3	4	5
Marktstellung	- Bekanntheitsgrad		○			●
	- Preis-/Leistungsverhältnis					
	- Vertriebswege					
	- Marketinginstrumente					
Finanzsituation	- Gewinn	●			○	
	- Umsatzrendite					
	- ROI					
	- Kapitalstruktur					
	- Investitionskraft					
	- Liquidität					
Management	- Produktivität		○	●		
Personal	- Wirtschaftlichkeit					
	- Qualifikationsniveau					
	- Unternehmertum					
Technik	- Innovationskraft		●		○	
Produkte	- Patente					
	- Entwicklungsgeschwindigkeit					
	- Imitation oder Innovation					
	- Lebenszyklus der Produkte					

Legende: eigenes Unternehmen ●

relevanter Wettbewerber ○

08. Lorenzkurve

a) Die Lorenzkurve ist ein spezielles Kurvendiagramm, in dem zwei statistische Massen (z. B. Umsatz und Anzahl der Unternehmen) mit ihren kumulierten relativen Häufigkeit dargestellt werden. Je stärker die Kurve gekrümmt – also von der Gleichverteilungsgeraden entfernt – ist, desto ungleicher ist die Verteilung der beiden Massen, z. B. 50 % des Umsatzes entfallen auf 80 % der Unternehmen.

Anwendungsgebiete, z. B.: Umsatzstruktur, ABC-Analyse.

b)

Anzahl der Unternehmen		
absolut	in %	kumuliert
176	40,9	40,9
94	21,9	62,8
87	20,2	83,0
38	8,8	91,8
24	5,6	97,4
7	1,6	99,0
4	1,0	100,0
430	**100,0**	

Umsätze in Mio. €		
absolut	in %	kumuliert
95	7,0	7,0
141	10,4	17,4
162	11,9	29,3
160	11,8	41,1
316	23,2	64,3
145	10,7	75,0
341	25,0	100,0
1.360	**100,0**	

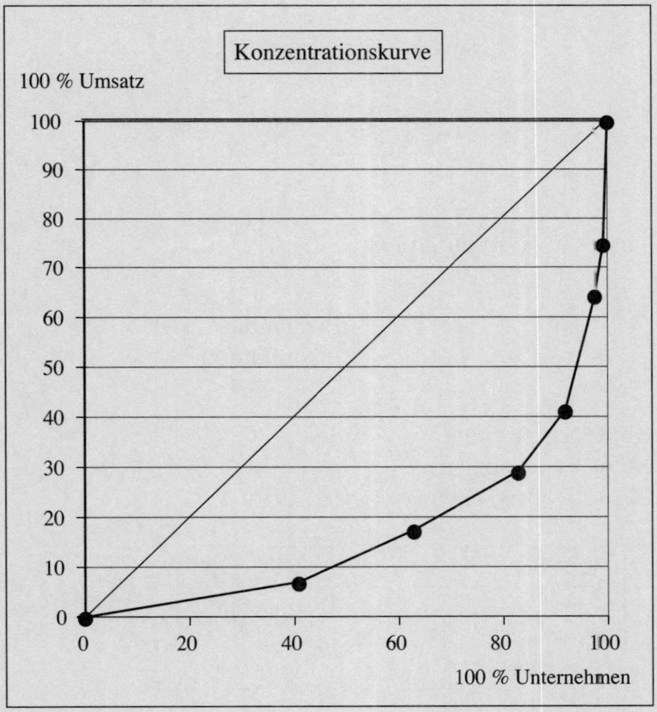

09. Arbeitsplan, Schlüsselfragen

- Was ist es?
- Was tut es? (Was ist seine Funktion?)
- Was kostet es?
- Was könnte die gleiche Funktion erfüllen?
- Was würde dies kosten?

10. Funktionsarten

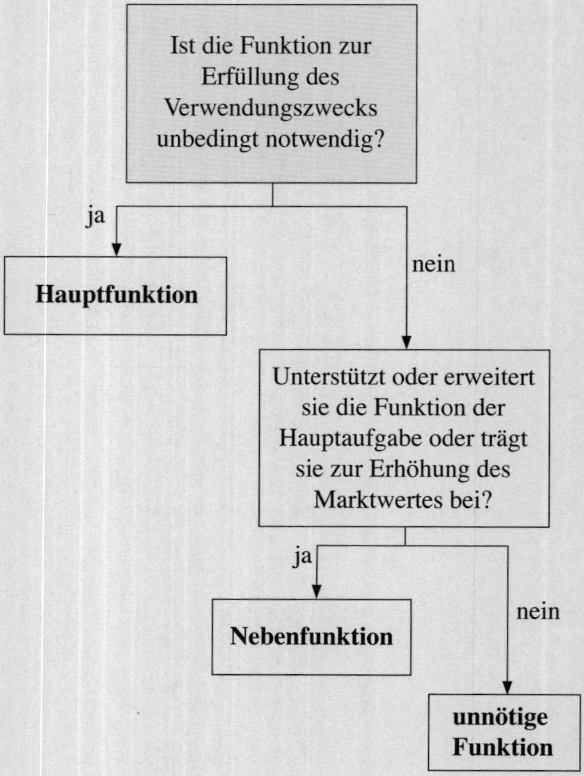

Beispiel „Feuerzeug“: HF = Hauptfunktion
NF = Nebenfunktion
UF = unnötige Funktion

Teil	Funktion	HF	NF	UF
Feuerzeug, gesamt	Wärme Zündung Feuer	x x x		
Gehäuse und Deckel	nimmt Teile auf löscht Flamme verhindert Verdunstung verleiht Prestige	 x 	 x x	x

usw.

11. Systematik der Wertanalyse

	Grundschritte	Beschreibung
1	Informationsphase	Funktionen definieren und bewerten
2	Kritikphase	Funktionen bewerten, Ist-Situation prüfen
3	schöpferische Phase	Alternativen suchen, Kreativitätstechniken einsetzen
4	Bewertungsphase	gefundene Alternativen untersuchen und bewerten
5	Planungsphase	Alternativen planen
6	Vorschlagsphase	Alternativen vorschlagen
7	Realisierungsphase	entscheiden und einführen

12. Strategische Planung, kritischer Weg, Modus, Sukzessivplanung

a) *Strategische Planung* = gedankliche Entwicklung von Unternehmenszielen mit langfristigem Planungshorizont in Form einer Grobplanung, die sich an zukünftigen Erfolgspotenzialen orientiert.

b) *Kritischer Weg*: Bezeichnet in der Netzplantechnik die Aneinanderreihung der Vorgänge, die „einen Gesamtpuffer = 0" haben. Eine Terminverzögerung der kritischen Vorgänge führt zu einer zeitlichen Verlängerung des Projekts.

c) *Modus* = Begriff aus der Statistik; sog. Lageparameter; bezeichnet den häufigsten Wert einer Urliste.d) *Sukzessivplanung*: Verfahren der Planung in Einzelschritten: Man beginnt mit dem dominanten Plan (z. B. dem Absatzplan), an den sich die weiteren Teilpläne je nach Priorität und Sachzusammenhang anreihen bis der Unternehmensgesamtplan erstellt ist.

13. Strategische Erfolgsfaktoren

Die Aussage ist einseitig und trifft so nicht zu: Eine hohe Qualität der Unternehmensführung ist zwar ein wichtiger Faktor für den Erfolg des Unternehmens und gehört zu den sog. internen Erfolgsfaktoren. Daneben gibt es jedoch noch weitere interne Faktoren wie z. B. Qualifikation der Mitarbeiter, Standort, Finanzausstattung, Kostenniveau und -struktur usw.; außerdem dürfen externe Faktoren nicht außer Acht gelassen werden, z. B.: Konjunkturentwicklung, politische Rahmenbedingungen, Weltwirtschaft usw.

14. Wirtschaftlichkeit der Planungsinstrumente

Die Aussage des Betriebsratsvorsitzenden ist nicht zutreffend: Abgesehen von Maßnahmen im Bereich der Routineaufgaben müssen die Instrumente zur Planung einer wirtschaftlichen Unternehmensführung selbst dem Prinzip der Wirtschaftlichkeit unterzogen werden: Aufwand und Ertrag (Kosten und Leistungen/Nutzen) müssen gerechtfertigt sein.

Als Instrumente zur Planung und Kontrolle einer wirtschaftlichen Unternehmensführung kommen z. B. in Betracht:

- die Break-even-Analyse,
- die Stärken-Schwächen-Analyse,
- die Wertanalyse,
- die Nutzenanalyse,
- die ABC-Analyse,
- die Investitionsrechnung,
- die Analyse relevanter Kennzahlen (z. B. Wirtschaftlichkeit, Produktivität, Liquidität, Rentabilität, ROI).

15. Operative Planung (Planung der Stromkosten)

a) Stromkosten gesamt, pro Monat bei 100 % Auslastung:
400 Std. · 60 kWh · 0,12 EUR/kWh = 2.880,– EUR

Davon Fixkosten:
120,– EUR + 144,– EUR = 264,– EUR

b) 70 % von 2.880,– EUR = 2.066,– EUR

3.3 Anwenden von Präsentationstechniken

01. Präsentation: Übung

- Inhaltliche Vorbereitung der Präsentation: individuelle Lösung (vgl. dazu auch den „Weißteil“ dieses Buches unter Ziffer 3.3).
- Zentrale Aspekte der Wirksamkeit einer Präsentation:
  1. persönliche Wirkung (Sprache, Körpersprache usw.),
  2. Thema, Inhalt, Struktur,
  3. Überzeugung, Nutzen, Verständlichkeit,
  4. Visualisierung.

02. Moderation: Übung

a) Generell ist die Wirksamkeit der Moderation von Besprechungen anhand folgender Aspekte zu bewerten:
   - Wird themenzentriert gesteuert?
   - Werden alle Mitarbeiter fragend einbezogen?
   - Wirkt der Moderator „mäßigend“, ausgleichend?
   - Wird ein Protokoll geführt?
   - Erfolgt eine Festlegung der Zeiten (Beginn, Ende, Pause)?
   - Werden wichtige Eckpunkte der Besprechung visualisiert?
   - Erfolgt eine Zusammenfassung nach bestimmten Themenabschnitten bzw. am Schluss?

b1) • *Ursachen*, z. B.:
   - undeutliche Sprechweise,
   - ungeeignete oder fehlende Fragestellungen,
   - keine Visualisierung usw.

- *Maßnahmen*, z.B.:
  - Coaching,
  - Seminarbesuch u.Ä.

b2) bis b6) Vgl. zur Lösung den entsprechenden Abschnitt im „Weißteil" des Buches unter Ziffer 3.3

03. Visualisierung (1)

a) Geeigneter Diagrammtyp:

- Kostenstruktur der Baugruppe Z: → Kreisdiagramme (mit oder ohne explodierendem Segment oder Struktogramme (mit oder ohne Normierung auf 100 %)
- Entwicklung der Unfallzahlen: → Balken-/Säulendiagramm oder Liniendiagramm

b1) Kostenstruktur der Baugruppe Z als „*Kreisdiagramm*" (mit explodierendem Segment):

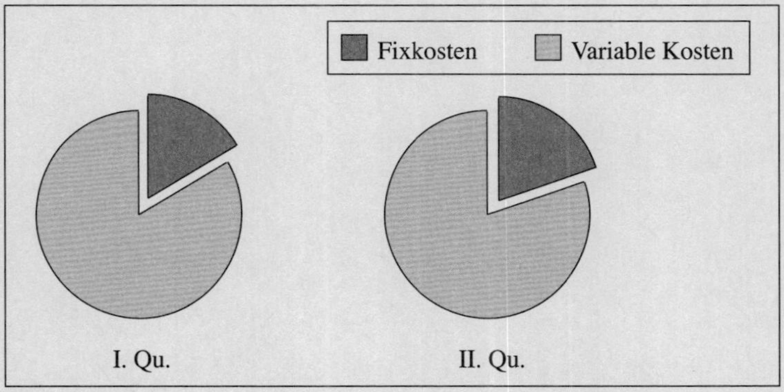

b2) Kostenstruktur der Baugruppe Z als „*Struktogramm*" (auf 100 % normiert):

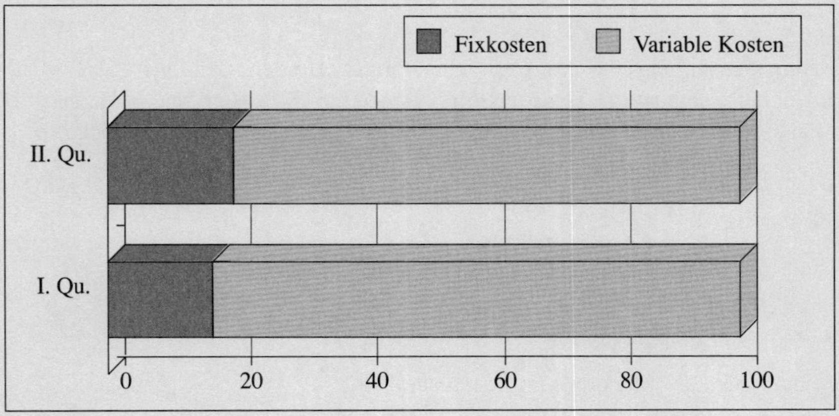

Entwicklung der Unfallzahlen als „Liniendiagramm“:

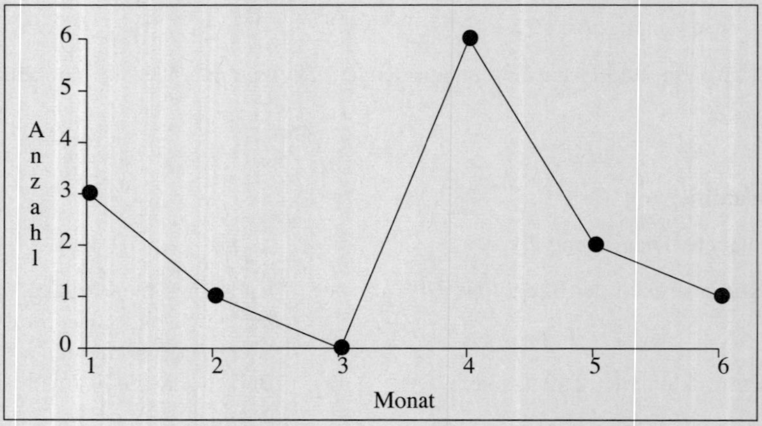

Entwicklung der Unfallzahlen als „Balkendiagramm“ (vertikal, 3-D-Darstellung):

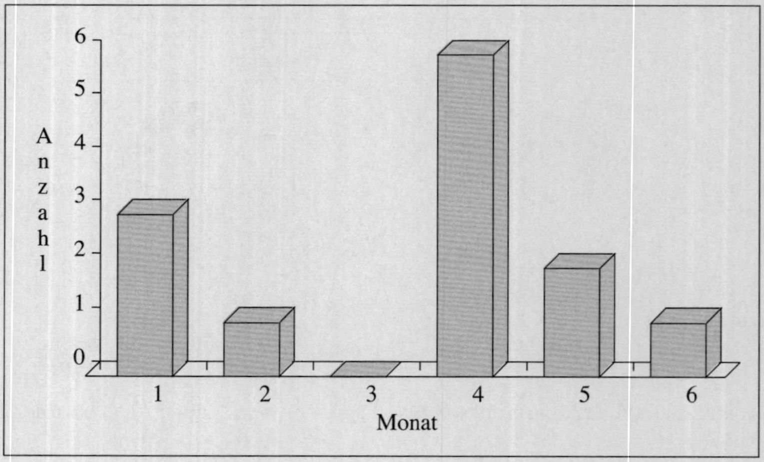

Hinweis:
Da die Aufgabenstellung eine Grafik als Folienvorlage erfordert, ist DIN-A4 als Formatgröße zu wählen; außerdem ist der Schriftgrad hinreichend groß zu gestalten (≥ 16; ca. 1 1/2 cm oder größer). Die Folie ist durch eine aussagefähige Überschrift (Titel) zu ergänzen.

04. Visualisierung (2)

Es soll dargestellt werden:

- die Häufigkeit von Merkmalsausprägungen:
  → *Balken- oder Säulendiagramm*
- die Veränderung eines Merkmals im Zeitablauf:
  → *Liniendiagramm*
- die Zusammensetzung der Belegschaft nach Altersgruppen:
  → *Struktogramm oder Kreisdiagramm*

- den Energieverbrauch pro Halbjahr mithilfe geeigneter Symbole:
  → *Bildstatistik* (ein wachsender Energieverbrauch wird mithilfe eines geeigneten Symbols dargestellt, z. B. „größer werdender Kanister Treibstoff je Zeitabschnitt"

- die Verteilung/die Orte der Servicestationen Ihres Unternehmens in Deutschland:
  → *Kartogramm*

05. Visualisierung (3)

Dazu einige ausgewählte Beispiele:

- *Flipchart:*
  - → Vorteile:
    - Aufzeichnungen bleiben erhalten (z. B. für Protokolle oder als Basis für weitere Bearbeitung)
    - die einzelnen Blätter können als Gesamtergebnis nebeneinander an die Wand geheftet werden (Szenerie)
    - das Gestell ist leicht zu bewegen (Kleingruppenarbeit)
    - das Arbeiten mit der Flipchart ist weitgehend problemlos
  - → Nachteile:
    - beim Schreiben und Visualisieren ist der Rücken zur Gruppe gewandt
    - Aufzeichnungen können nicht gelöscht werden (Unterschied zur Wandtafel)
  - → Hinweise:
    - Sind genügend Blätter vorhanden?
    - Sind es die richtigen Blätter (weiß, kariert, liniert)?
    - Haben die Blätter die passende Aufhänge-Perforation?
    - Sind Farbstifte vorhanden und sind diese funktionsfähig?
  - → geeignet: für Präsentationen, Notizen, Visualisierung, Ideenspeicher, Rechenwerke, Diskussionsprotokoll

- *Tageslichtprojektor:*
  - → Vorteile:
    - kein Abdunkeln erforderlich
    - beim Schreiben ist der Blick zum Publikum gewandt
    - Erstellen von Folien verhältnismäßig einfach (Fotokopier-Folien/Thermo-Folien),
    - Realaufnahmen möglich
    - der Referent sieht die Abbildung der nächsten Folie und kann sich textlich darauf einstellen
    - eine Änderung der Folien-Reihenfolge während des Vortrags ist möglich

- mehrere Folien können übereinandergelegt werden, dadurch kann eine Darstellung durch Hinzufügen weiterer Aspekte Schritt für Schritt weiterentwickelt werden
- Folien können während des Vortrages handschriftlich ergänzt und schriftlich kommentiert werden.
- Abdeckung der im Moment nicht gefragten Textteile (Abdecktechnik)

→ Nachteile:
- Projektionswand erforderlich
- Farbfolien sind teurer als Dias
- das abschließende Arbeitsergebnis kann nicht durch Nebeneinanderstellen der Einzelergebnisse dargestellt werden
- die dargestellte Information ist nur kurzzeitig präsent

→ Hinweise:
- Ist der Projektor funktionsfähig?
- Sind Verlängerungskabel und Ersatzbirne vorhanden?
- Stellen Sie das Gerät nicht auf den Tisch (gestörter Blickwinkel), sondern so, dass sich die Glasplatte mit Folie in Tischhöhe befindet.
- Achten Sie darauf, dass Sie nicht „im Bild“ stehen!
- Verschiedenfarbige Folienstifte und Leerfolien (Folienrolle) bereitlegen.
- Justieren Sie vorher das Bild auf Größe und Schärfe.
- Prüfen Sie, ob Spiegel und Glasplatte sauber sind.
- Demonstrieren Sie auf der Folie und nicht an der Leinwand (Rücken!)
- Folien nicht mit Informationen überladen („weniger ist mehr“).
- Kabel fixieren (Vorsicht Fußangel!)

→ geeignet: für Präsentationen, Visualisierungen

• *Wandtafel:*

→ Vorteile:
- relativ problemlos
- kostengünstig
- unmittelbare Aufzeichnungen
- Schreibfehler können sofort korrigiert werden

→ Nachteile:
- beim Schreiben/Visualisieren ist der Rücken zum Publikum gewandt
- Transport umständlich; oft fest installiert
- Ergebnisse werden weggewischt und stehen für Protokoll oder tiefergehende Arbeiten nicht mehr zur Verfügung
- erinnert an die Schule

→ Hinweise: Denken Sie an Kreide/Stifte und Schwamm (+ Wasser)

→ geeignet: für Visualisierung, Rechenwerke, Notizen

• *Pinnwand:*

→ Vorteile:
- verhältnismäßig große Fläche pro Wand
- mit Pinnwand-Karten können sehr schnell Ideen und Erfahrungssammlungen durchgeführt werden
- Karten können umgesteckt und neu geordnet werden
- Strukturierung der gesammelten Informationen sofort möglich
- die einzelnen Arbeitsergebnisse können in Form einer Szenerie (mehrere Pinnwände nebeneinander) zu einem Gesamtergebnis zusammengeführt werden

- verschiedene Gestaltungselemente möglich: Kreise, Pfeile, Rechtecke, Wolken usw. (kein starres Schema)
- alle Informationen bleiben präsent

→ Nachteile:
- beim Anpinnen der Karten oder beim Schreiben ist der Rücken zum Publikum gewandt (lassen Sie daher anpinnen bzw. schreiben!)
- die Wände sind sperrig beim Transport
- zur Pinnwand gehören bestimmte Utensilien
- aufwändige Archivierung und Dokumentation

→ Hinweise:
- Überlegen Sie vorher, wie viel Wände gebraucht werden (vollständiges Sortiment)
- Filzschreiber für jeden Teilnehmer
- auf Wandfläche Freiraum für Ergänzungen lassen
- Roter Faden für den gezielten Einsatz notwendig (Nummerierung; besonders bei mehreren Pinnwänden)

→ geeignet: für Präsentationen, Ideenspeicher, Visualisierung, Projektarbeit, Ideen-/Erfahrungssammlung

• *Diaprojektor:*

→ Vorteile:
- Dias sind kostengünstiger als Farbfolien
- Realaufnahmen (natürliche Darstellung) möglich

→ Nachteile:
- Der Vortragsraum muss abgedunkelt sein
- Projektionswand erforderlich
- Der Referent muss die Reihenfolge der Dias im Kopf oder auf Papier haben
- Handschriftliche Anmerkungen während des Vortrages sind nicht möglich
- Änderung der Dia-Reihenfolge während des Vortrages ist nur schwer möglich
- Verkehrtherum stehendes Dia kann während des Vortrags nur schwer korrigiert werden
- Die dargestellte Information ist nur kurzzeitig präsent

→ Hinweise:
- Prüfen Sie vorher, ob der Projektor funktionsfähig ist
- Sind Verlängerungskabel, Ersatzbirne, Leinwand und Fernbedienung vorhanden?
- Klären Sie, ob Ihre vorbereitete Kassette auch in den Projektor passt
- Achten Sie darauf, dass die Dias richtig (auf dem »Kopf stehend«) in die Kassette eingeordnet sind.
- Lassen Sie die Dias vorher noch einmal durchlaufen und prüfen Sie, ob alle richtig eingeordnet sind.
- Achten Sie darauf, dass Sie den Dia-Wechsel per Hand selbst vornehmen können (Fernbedienung).
- Prüfen Sie, ob die Linse sauber ist.
- Justieren Sie vorher das Bild auf Größe und Schärfe.
- Sprechen Sie nicht zur Leinwand, sondern zum Publikum.
- Nicht zu viele Dias zeigen (Ermüdung).
- Kabel fixieren (Fußangel)

→ geeignet: für Präsentationen, Lichtbilder-Vortrag

- *Videorecorder:*
  - → Vorteile:
    - Wiedergabe von Fernsehsendungen oder Lehrprogrammen
    - Aufzeichnung und Wiedergabe von Rollenspielen und Präsentationen
    - gezielte/sequenzielle Auswertung und Bearbeitung möglich
    - einfache Dokumentation und Archivierung
  - → Nachteile:
    - der Einsatz der Kamera verlangt Übung
    - ggf. Versagen der Technik
    - kostenintensiv
    - Transport (Kamera, Videorecorder, Fernsehgerät)
  - → Hinweise:
    - gute Vorbereitung erforderlich
    - vorher ausprobieren, ob Videorecorder und TV-Gerät abgestimmt sind
    - nicht zu lange Sequenzen zeigen (Spielfilm/Ermüdung)
  - → geeignet: für Präsentationen, Lehrprogramme, Verhaltenstraining

06. Präsentation (1)

a) Maßnahmen/Aktivitäten zur *Vorbereitung einer Präsentation*:

- Adressatenanalyse,
- fachliche/inhaltliche Vorbereitung,
- mentale Vorbereitung
- üben der Präsentationstechnik,
- Visualisierungsmittel vorbereiten.

b) *Sprech- und Redetechniken*, z. B.:

- Atmung, Artikulation, Resonanz,
- Sprechgestaltung: Lautstärke und Sprechtempo, Sprechpausen, Satzbildung, keine Redundanzen (Überflüssiges/Wiederholungen), keine überflüssigen Angewohnheiten, Hörerbezug,
- Körpersprache.
- Ist der *Ort* geeignet (ggf. Anreiseweg, gut zu finden usw.)?
- Ist der *Raum* rechtzeitig reserviert, groß genug (Teilnehmer, Medien)?
- Sind *Zeitpunkt und Dauer* richtig gewählt?
  (weniger geeignet z. B.: Freitag nachmittags, Anreise zu einer Zeit mit hoher Verkehrsdichte u. Ä.)

07. Präsentation (2) und Kritikgespräch

a) Ihre Maßnahmen:

1. Zum Schutz der Daten vor unbefugtem Zugriff schließen Sie den Raum von Hubertus ab. (Ein Eingriff in das Programm ist nicht zulässig – z. B. Herunterfahren des PC –, da Sie in der Bedienung der Software nicht unterwiesen sind.)
2. Sie führen mit Hubertus ein Kritikgespräch; Ziel: Pflichtverletzung verdeutlichen, Einsicht erzeugen, Maßnahmen vereinbaren zur zukünftigen Vermeidung derartiger Versäumnisse.

b1) Vorbereitung, u. a.:
geeigneter Raum, Zeit, Dauer, Information an die Mitarbeiter, Medieneinsatz usw.

b2) Gliederungspunkte, z. B.:
- Thema nennen und Behandlung begründen (Motivation/Interesse)
- Folgen schildern, Rechtsgrundlagen nennen
- abschließende Diskussion + Vereinbarung von Kontrakten

b3) Hilfsmittel/Unterlagen/Handouts, z. B.:
aktueller Gesetzestext des BDSG, Auszüge des Gesetzestextes als Handout bzw. in vergrößerter Form als Folie, ggf. betriebsinterne Richtlinien, ggf. Ansicht eines Zeitkontos mit „Schwärzen" der personenbezogenen Daten.

b4) Stichwortkarten (Gestaltung), z. B.:
- in Übereinstimmung mit den verwendeten Folien; Regieanweisungen/ggf. Merkpunkte auf der Rückseite; nummerieren; DIN-A-5-Karton;
- Anzahl der Karten begrenzen (Übersicht).

b5) Unterstützung durch den Mitarbeiter Hubertus, da er sich im Programm „Zeiterfassung" auskennt und durch den Datenschutzbeauftragten.

3.4 Erstellen von technischen Unterlagen, Entwürfen, Statistiken, Tabellen und Diagrammen

01. Mengenstückliste

a) Mengenstückliste für Erzeugnis E1:

Erzeugnis E1	
Bauteil	Anzahl
T1	2
T2	3
T3	1
T4	2

b) Sekundärbedarf für Erzeugnis E1:

Erzeugnis E1			
Bauteil	Anzahl	Primärbedarf	Sekundärbedarf
T1	2	1.700	3.400
T2	3	1.700	5.100
T3	1	1.700	1.700
T4	2	1.700	3.400

02. Erzeugnisstruktur:

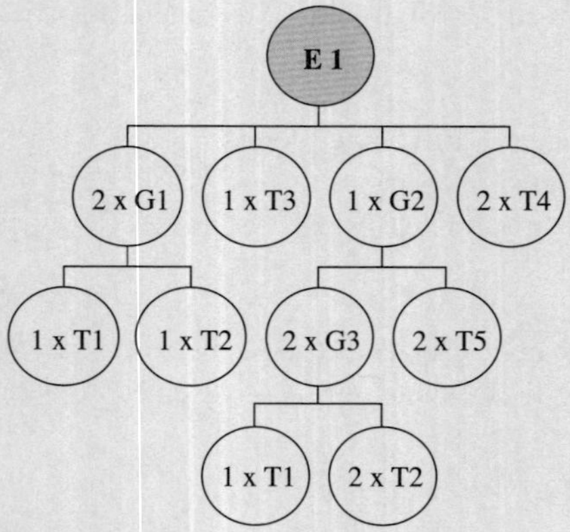

Hinweis: Bei der Fertigungsstufe 2 gibt es auch andere, richtige Lösungsvarianten.

03. Teileverwendungsnachweis

T1	
Bauteil	Anzahl
E2	1

T2	
Bauteil	Anzahl
E2	3

T3	
Bauteil	Anzahl
E1	4

T4	
Bauteil	Anzahl
E1	3
E3	2

T5	
Bauteil	Anzahl
E1	1
E2	2
E3	2

04. Gliederungszahlen

a) Gliederungszahlen:

$$\frac{\text{Arbeiter}}{\text{Gesamtbelegschaft}} \cdot 100 = \frac{40}{120} \cdot 100 = 33{,}3\ \%$$

b) Beziehungszahlen: Umsatz pro Mitarbeiter

$$\frac{24.000.000}{120} = 200 \text{ TEUR pro Mitarbeiter}$$

c) Messzahlen:

$$\frac{\text{Arbeiter}}{\text{Angestellter}} = \frac{40}{80} = 0{,}50$$

Insgesamt ergeben sich folgende Zahlenrelationen:

Jahr	Anzahl der Arbeiter in %	Umsatz pro Mitarbeiter in TEUR	Verhältnis Arbeiter/Angestellte
2005	33,3	200,00	0,50
2006	30,0	200,00	0,43
2007	29,4	211,80	0,42

05. Mittelwerte (Vergleich)

	Arithmetisches Mittel	Modus	Median
Anwendung	bei allen Verteilungen anwendbar	schnelle Berechnung eines Lageparameters bei wenigen Daten	bei wenigen Daten, wenn das arithmetische Mittel wegen vorliegender Extremwerte Verzerrungen liefert
Vorteile	eindeutig; einfache Berechnung; jeder Urlistenwert wird erfasst	ohne Berechnung erkennbar bei eindeutiger Häufung	einfache Berechnung; keine Verzerrung bei Extremwerten
Nachteile	Verzerrung bei Extremwerten; ist ein „theoretischer Wert"	problematisch bei Mehrfachhäufung	es wird nur die Rangfolge der Werte berücksichtigt; ergibt einen „theoretischen Wert" bei ungerader Anzahl der Werte

3.5 Projektmanagementmethoden

01. Fallbeispiel: Das Projekt der Motor OHG

a) Merkmale eines Projekts, z. B.:

Das Thema „eigene EDV“
- ist komplex, keine Routine,
- muss interdisziplinär gelöst werden,
- ist zeitlich begrenzt,
- soll unabhängig von ressortpolitischen Egoismen angegangen werden.

b) Organisatorische Einbindung des Projekts:

Im vorliegenden Fall ist die Festlegung als „reine Projektorganisation“ sinnvoll. „Einfluss-Projektorganisation“ bzw. „Matrix-Projektorganisation“ scheiden aus. Begründung u. a.:
- die laufende Aufgabenerfüllung der Fachabteilung darf nicht gestört werden,
- der Projektleiter benötigt Vollkompetenz gegenüber der Linie (Stichworte: Bedeutung des Projekts, ablehnende Haltung des Verwaltungsleiters),
- die Integration und Führung neuer, befristet eingestellter Mitarbeiter ist leichter,

- das Projekt hat strategische Bedeutung.

c) • Entscheidung: Als Projektleiter sollte der „Leiter der Organisation“ eingesetzt werden.

• Gründe/Auswahlkriterien, z. B.:
Fachliche Eignung: - fundierte Kenntnisse in Organisation und EDV
Persönliche Eignung: - Kompetenz als Moderator
- Initiative, Ausdauer
- Durchsetzungsfähigkeit

d) hierarchiefreie Projektgruppe:
- alle Teammitglieder sind gleichberechtigt,
- es gibt keinen (offiziell oder inoffiziell) legitimierten Leiter.

e) informelle Hierarchie:
- die Mitglieder des Teams rekrutieren sich aus unterschiedlichen Hierarchien des Betriebes;
- es können sich Fachautoritäten herausbilden (unterschiedlicher Wissensstand);
- die Teammitglieder verfügen über eine unterschiedlich hohe personale Autorität.

f) Einsatz einer hierarchiefreien Arbeitsgruppe:
Immer dann, wenn neue kreative Ansätze bei ausreichenden Zeitreserven angestrebt werden.

g)

Kostenbericht	**Monat ...**		**Arbeitspaket Nr. ...**		
Kostenart	**Plan**	**Ist**	**Plan ./. Ist**	**Kommentar**	**Plan neu**
Personal					
Material					
Fremdleistungen					
Fahrtkosten					
Kommunikationskosten					

h) Vorgehensweise bei der Projektplanung, z. B.:
- Planung der *Projektphasen*,
- Festlegung der *Projektstruktur* (Funktionen, Objekte, Teilprojekte, Arbeitspakete),
- Darstellung des *Projektstrukturplans* (Netzpläne, Meilensteindiagramme o. Ä.),
- *Termine* ermitteln,
- *Kosten* ermitteln,
- *Kapazitäten* ermitteln,
- *Projektcontrolling* sicherstellen.

i) Standardstrukturplan impliziert die Bedeutung von „generell", „allgemein", „für alle Fälle verwendbar". Dagegen haben Projekte den Charakter von „Einmaligkeit", „spezifischer Besonderheit". Von daher ergibt sich ein Widerspruch. Jedes Projekt ist einzeln und in seiner Besonderheit zu bearbeiten. Trotzdem können oft einzelne Elemente von Standardstrukturplänen (modifiziert) genutzt werden bzw. ihre Struktur kann zur Anfertigung jeweils spezifischer Projektstrukturen verwendet werden.

j)
- *Sequenzieller Projektfortschritt*: Bearbeitung der Arbeitspakete Schritt für Schritt hintereinander.
- *Paralleler Projektfortschritt*: ganz oder teilweise parallele Bearbeitung der Arbeitspakete.

02. Ermittlung des Zeitbedarfs (PERT-Methode)

$$\text{Zeitbedarf} = \frac{\text{optim. Zeit} + \text{pessim. Zeit} + 4 \cdot \text{Normalzeit}}{6}$$

$$= \frac{6 + 12 + 4 \cdot 8}{6} = 8{,}33 \text{ Monate} = 8 \text{ Monate} + 10 \text{ Tage}$$

03. Auftragszeit, Personalbemessung

$$T_1 = 32.000 \text{ min}$$
$$T_2 = t_r + t_e \cdot m$$
$$= 300 \text{ min} + 12 \text{ min} \cdot 1.800 \text{ Stk.}$$
$$= 21.900 \text{ min}$$
$$\Sigma T_i = 53.900 \text{ min} = 898{,}3 \text{ Std.}$$

Zur Verfügung stehende Personalkapazität (Normalbedarf):

22 Arb.tage · 7,5 Std./Tag = 165 Std.

⇒ Rechenweg 1:

898,3 Std. : 165 Std.	=	5,444 Mitarbeiter
+ 11 % Ausfallzeit	=	0,599 Mitarbeiter
Normal- + Zusatzbedarf	=	6,043 Mitarbeiter
	=	rd. 6 Mitarbeiter

⇒ Rechenweg 2:

111 %	⇔	165 Std.
100 %	⇔	x
x	=	148,648 Std.

898,3 Std. : 148,648 Std. = rd. 6 Mitarbeiter

3.6 Informations-/Kommunikationsformen und -mittel

01. Schutzmaßnahmen (1)

Folgende Maßnahmen können zum Schutz von Daten getroffen werden:

- Safes mit Schutz gegen Feuer und Wasser
- Feuermelder und Löschanlage
- Klimaanlage
- Alarmanlage
- unterbrechungsfreie Stromversorgung
- Videoüberwachung
- Zugangskontrollen
- Virenschutzkonzepte
- Firewall
- Kryptografie (Datenverschlüsselung)
- Schulung der Mitarbeiter
- kritische Mitarbeiterauswahl

02. Schutzmaßnahmen (2)

a) *Industriespionage* kann z. B. in folgender Art und Weise erfolgen:

1. Über einen möglichen Remote-Zugang oder eine WAN-Anbindung besteht grundsätzlich die Möglichkeit, eine physikalische Verbindung auf das LAN des Unternehmens zu erhalten und auf diesem Wege einzudringen.
2. Einbruch und Diebstahl von Datenträgern
3. Einschleusen eines spionierenden Mitarbeiters

b) Folgende *Maßnahmen* können ergriffen werden, um die Unternehmensdaten vor den beschriebenen Gefahren zu schützen:

1. Im Rahmen der *Benutzerkontrolle* sollten in einem LAN Benutzerprofile erstellt werden. Diese beschreiben, welcher Benutzer auf welchem Weg Zugriff auf welche Daten haben muss. Dies hat zur Folge, dass nur bestimmte Benutzer über einen Remote-Zugang oder eine WAN-Anbindung Zugang zum LAN erhalten. Darüber hinaus lassen sich Zugangsmechanismen wie Auswertung von ISDN-Rufnummern und Rückruf für den Remote-Zugang und die WAN-Anbindung sehr einfach einrichten.

2. Im Rahmen der *Zugangskontrolle* gilt es, Unbefugten den Zugang zu den geheimen Unternehmensdaten zu verwehren. Um Einbruch und Diebstahl zu verhindern, können mehrere bauliche Maßnahmen getroffen werden:
   - Alarmanlage
   - Videoüberwachung
   - EDV-Räume ohne Fenster und mit wenig Türen
   - Sicherheitsschlösser
   - Verwendung von Panzerglas-Safes

Weitere organisatorische und technische Maßnahmen erhöhen den Schutz:
- Zutrittsregelungen nur in speziellen Zeiträumen
- Mitarbeiterausweise
- Verwahrung von Datenträgern nur in Safes gestatten
- Codierung der Daten auf den Datenträgern (insb. externe Datenträger und Notebooks)

3. Hierzu müssen entsprechende personelle und organisatorische Maßnahmen getroffen werden:
   - kritische Mitarbeiterauswahl
   - Taschenkontrolle (werden Dokumente/Ausdrucke/Fotos oder sogar Datenträger entwendet?)
   - Protokollierung der Anwesenheit (wer ist von wann bis wann anwesend)
   - Protokollierung der Systemnutzung (wer, wann, welches Terminal, welches EDV-System)
   - Protokollierung der Datennutzung (wer, wann, welcher Datensatz, Lesen, Schreiben, Drucken etc.)

03. Datenschutz- und Datensicherheitskonzept

Die Auswahl der Maßnahmen für ein Datenschutz- und Datensicherheitskonzept liegt im Ermessen der speichernden Stelle. Dabei ist zu berücksichtigen, dass der Aufwand der Maßnahmen in einem angemessenen Verhältnis zum angestrebten Schutzzweck steht (BDSG § 9). Erst ein ganzheitliches Konzept kann Datenschutz und Datensicherheit erzielen. Die Anlage zu § 9 im Bundesdatenschutzgesetz (BDSG) gibt Maßnahmen vor, die zu treffen sind, um ein Datenschutz- und Datensicherheitskonzept zu realisieren, unabhängig davon, ob ausschließlich personenbezogene Daten oder auch nicht-personenbezogene Daten verarbeitet werden:

1. *Zugangskontrolle:*
   Es sind Maßnahmen zu treffen, die geeignet sind, Unbefugten den Zugang zu Datenverarbeitungsanlagen, mit denen personenbezogene Daten verarbeitet werden, zu verwehren.

2. *Datenträgerkontrolle:*
   Es sind Maßnahmen zu treffen, die geeignet sind zu verhindern, dass Datenträger unbefugt gelesen, kopiert, verändert oder entfernt werden können.

3. *Speicherkontrolle:*
   Es sind Maßnahmen zu treffen, die geeignet sind, die unbefugte Eingabe in den Speicher sowie die unbefugte Kenntnisnahme, Veränderung oder Löschung gespeicherter personenbezogener Daten zu verhindern.

4. *Benutzerkontrolle:*
   Es sind Maßnahmen zu treffen, die geeignet sind zu verhindern, dass Datenverarbeitungssysteme mithilfe von Einrichtungen zur Datenübertragung von Unbefugten genutzt werden können.

5. *Zugriffskontrolle:*
   Es sind Maßnahmen zu treffen, die geeignet sind zu gewährleisten, dass die zur Benutzung eines Datenverarbeitungssystems Berechtigten ausschließlich auf die ihrer Zugriffsberechtigung unterliegenden Daten zugreifen können.

6. *Übermittlungskontrolle:*
Es sind Maßnahmen zu treffen, die geeignet sind zu gewährleisten, dass überprüft und festgestellt werden kann, an welche Stellen personenbezogene Daten durch Einrichtungen zur Datenübertragung übermittelt werden können.

7. *Eingabekontrolle:*
Es sind Maßnahmen zu treffen, die geeignet sind zu gewährleisten, dass nachträglich überprüft und festgestellt werden kann, welche personenbezogenen Daten zu welcher Zeit von wem in Datenverarbeitungssysteme eingegeben worden sind.

8. *Auftragskontrolle:*
Es sind Maßnahmen zu treffen, die geeignet sind zu gewährleisten, dass personenbezogene Daten, die im Auftrag verarbeitet werden, nur entsprechend den Weisungen des Auftraggebers verarbeitet werden können.

9. *Transportkontrolle:*
Es sind Maßnahmen zu treffen, die geeignet sind zu verhindern, dass bei der Übertragung personenbezogener Datenträger die Daten unbefugt gelesen, kopiert, verändert oder gelöscht werden können.

10. *Organisationskontrolle:*
Die innerbehördliche oder innerbetriebliche Organisation ist so zu gestalten, dass sie den besonderen Anforderungen des Datenschutzes gerecht wird.

04. Virenschutzkonzept

Ein Virenschutzkonzept sollte Präventivmaßnahmen und Verfahrensanweisungen für den Fall des Virenbefalls beinhalten. Bei den Maßnahmen zur Vorsorge wie auch zur Schadensbehebung handelt es sich sowohl um technische wie auch um organisatorische Maßnahmen.

- *Mögliche Präventiv-Maßnahmen sind:*
  - PCs ohne Diskettenlaufwerke und ohne CD-ROM-Laufwerke
  - Verbot des Aufspielens von Software und des Einbringens von Datenträgern für PC-Benutzer
  - alle ein- und ausgehende Datenträger auf Virenbefall überprüfen
  - Datei-Downloads aus Online-Diensten oder dem Internet auf Virenbefall überprüfen
  - Datei-Anhänge von E-Mails auf Virenbefall überprüfen
  - Original-Software auf Virenbefall überprüfen
  - eingeschränktes Rechtesystem für PC-Anwender: nicht jeder darf und kann Software installieren und Daten aufspielen
  - regelmäßige Datensicherungen, sodass man auf den Datenbestand vor Virenbefall zurückgreifen kann
  - Rechner und Datenträger vor unbefugter Benutzung schützen
  - grundsätzlich bei Disketten den Schreibschutz aktivieren
  - bei CD-ROM-Laufwerken das „Autorun" (selbstständiger Programmstart nach dem Einlegen einer CD) deaktivieren
  - Erstellen von Notfalldisketten
  - Mitarbeiter durch Schulungen bezüglich Virengefahr sensibilisieren
  - Virenspezialisten ausbilden (lassen)

- *Verfahrensanweisungen und Möglichkeiten der Schadensbehebung sind:*
  - Richtlinie erstellen, dass bei Feststellen eines Virenbefalls direkt und unverzüglich ein Virenspezialist (Netzwerkadministrator oder PC-Betreuer) informiert werden muss
  - Einsatz eines residenten Anti-Viren-Programms, das im Hintergrund wacht
  - regelmäßiger Einsatz von Anti-Viren-Software in einer aktuellen Version, z. B. direkt nach dem Hochfahren eines Rechners

05. Kopplung zwischen Internet und Intranet

Aus Gründen der Datensicherheit ist auf jeden Fall eine Firewall zur Kopplung von Internet und Intranet einzusetzen. Diese gewährleistet jedoch auch gleichzeitig die physikalische Trennung dieser beiden Netze. Die Firewall ist definierter Übergangspunkt und kann nicht umgangen werden. Ein solches Konzept stellt sicher, dass nur zugangsberechtigte Benutzer über eine Identifizierung und Authentifizierung Zugang vom Internet auf entsprechend freigeschaltete Dienste des Intranets erhalten. Umgekehrt kann jeder Mitarbeiter mit entsprechenden Rechten aus dem Unternehmen heraus auf die Angebote des Internets zugreifen. Die Firewall bietet darüber hinaus auch die Möglichkeit, Zugänge in beiden Richtungen zu protokollieren.

06. Datenschutzbeauftragter

a) In diesem Unternehmen werden personenbezogene Daten automatisiert verarbeitet. Da in der Regel damit 19 (also mehr als mindestens fünf) Arbeitnehmer beschäftigt sind, muss ein Datenschutzbeauftragter existieren (spätestens innerhalb eines Monats nach Aufnahme der Unternehmenstätigkeiten) (§ 4 f BDSG).

b) Der Datenschutzbeauftragte ist dem Inhaber, dem Vorstand, dem Geschäftsführer oder dem sonstigen gesetzlichen oder nach der Verfassung des Unternehmens berufenen Leiter unmittelbar zu unterstellen (§ 4 f BDSG).

c) Bei der Auswahl eines Datenschutzbeauftragten kann die Unternehmensleitung entscheiden, ob sie einen externen Datenschutzbeauftragten oder einen Mitarbeiter des Unternehmens zum Datenschutzbeauftragten bestellt. Das Bundesdatenschutzgesetz schreibt in § 4 nicht vor, dass der Datenschutzbeauftragte eines Unternehmens ein Mitarbeiter sein muss.

d) Zu den Aufgaben eines Datenschutzbeauftragten gehören:
   - Überwachung der ordnungsgemäßen Anwendung der Datenverarbeitungsprogramme, mit deren Hilfe personenbezogene Daten verarbeitet werden sollen (§ 4 g BDSG),
   - Mitarbeiter, die personenbezogene Daten verarbeiten, durch geeignete Maßnahmen mit den Vorschriften des Bundesdatenschutzgesetzes sowie anderen Vorschriften über den Datenschutz vertraut zu machen (§ 4 g BDSG) und
   - bei der Auswahl dieser Mitarbeiter beratend mitzuwirken (§ 4 g BDSG).

07. Voraussetzungen eines Datenschutzbeauftragten

Das BDSG schreibt in § 4 f vor:

„Zum Beauftragten für den Datenschutz darf nur bestellt werden, wer die zur Erfüllung seiner Aufgaben erforderliche Fachkunde und Zuverlässigkeit besitzt."

„Der Beauftragte für den Datenschutz ist zur Verschwiegenheit über die Identität des Betroffenen sowie über Umstände, die Rückschlüsse auf den Betroffenen zulassen, verpflichtet, soweit er nicht davon durch den Betroffenen befreit wird."

Er sollte also verschwiegen, zuverlässig und fachkundig sein. Eine erforderliche Ausbildung oder das Absolvieren einer Prüfung ist nicht erforderlich. Aufgrund der Tätigkeit sollte ein Datenschutzbeauftragter

- Rechtsvorschriften anwenden können,
- über Kenntnisse über die Organisation seines Unternehmens verfügen,
- Fachwissen bezüglich Computer besitzen und
- gelernt haben, mit Konfliktsituationen umzugehen.

08. Textverarbeitung

Die Textverarbeitung hat sich im Laufe der letzten Jahre zu einer Dokumentenverarbeitung entwickelt. Software zur Textverarbeitung heißt heute Office-Software und bietet über die reine Textverarbeitung hinaus vielfache Möglichkeiten. Folgende Funktionen beziehen sich auf die reine Textverarbeitung:

- Markieren, Kopieren, Löschen, Einfügen, Suchen, Ersetzen, Rückgängig machen etc.
- Verwendung automatischer Nummerierungen
- automatische Generierung von Verzeichnissen (z. B. Index, Inhalts- und Abbildungsverzeichnis)
- Kopf- und Fußzeilen
- nahezu beliebige Text-, Absatz- und Seiten-Formatierungen
- umfangreiche Tabellengestaltungen
- Farbgestaltung
- Verwendung von Textbausteinen
- einfache Integration von Grafiken und Bildern
- Feldfunktionen für z. B. Datum, Uhrzeit und Dokumentinformationen
- Rechtschreibkorrekturen in verschiedenen Sprachen
- automatische Silbentrennung
- Erstellung von Serienbriefen (Mischen von Text und Adressen)

Über die hier aufgeführten Möglichkeiten hinaus bieten Office-Programme heute auch Funktionen zur

- Programmierung von Standardabläufen in der Dokumentverarbeitung (Makros),
- Datenbankverwaltung inklusive Im- und Export von Daten,
- Einbindung von Internet-Seiten (Links) und
- Erstellung von Internet-Dokumenten.

09. Prüfung einer Individualsoftware

Die aufgeführten Verkaufsargumente bieten bei einer Individual-Software folgende Vorteile:

(1) Es entsteht ein geringer Schulungsaufwand. Es ist eine schnelle Einarbeitung in die unterschiedlichen Software-Module möglich. Die Mitarbeiter können mit ihren Kenntnissen

zur Software-Bedienung flexibel für verschiedene Module in unterschiedlichen Bereichen eingesetzt werden.

(2) Daten müssen nur einmal erfasst werden und stehen zentral im ganzen Unternehmen zur Verfügung. Es erfolgt keine Doppelarbeit und es müssen keine redundanten Datenbestände gepflegt werden.

(3) Die einzelnen Arbeitsplatzrechner müssen nicht alle mit dem selben Betriebssystem eingesetzt werden.

(4) Korrekturen von Programmfehlern und Programmverbesserungen können schnell in die Software einfließen.

(5) Es besteht keine Abhängigkeit von der Entwicklerfirma der Individual-Software. Sollen zu einem späteren Zeitpunkt Änderungen bzw. Anpassungen in der Software vorgenommen werden, ist das Unternehmen nicht alleine auf den damaligen Anbieter angewiesen. Die Programmierung kann von eigenen Programmierern oder von einem anderen Anbieter vorgenommen werden.

(6) Software ist leichter zu ändern oder zu erweitern und somit kostengünstiger. Dies gilt besonders in Verbindung mit der Auslieferung des Quellcodes.

(7) Die Fernwartung ermöglicht auftretende Störungen beim Ablauf der Software aus der Ferne, z. B. über eine ISDN-Verbindung, zu analysieren. Konfigurationsänderungen oder das Aufspielen von Updates können über einen Fernzugriff vorgenommen werden und erfordern keinen Techniker-Einsatz vor Ort.

(8) Über eine Support-Hotline können die Mitarbeiter eines Unternehmens bei auftretenden Fragen zur Software schnell Unterstützung erhalten.

10. Projekt „Neue EDV"

a) Zentrale Fragen an das EDV-Beratungsunternehmen hinsichtlich der neuen EDV-Konfiguration, z. B.:

- Gibt es eine Software, die einheitlich (mit verschiedenen Modulen) für alle betrieblichen Funktionsbereiche angeschafft werden kann/muss?
- Kann die neue Software auf der bestehenden Hardwareausstattung betrieben werden? Welche Hardwareausstattung muss ggf. durch neue Komponenten ersetzt werden?
- Ist bei Einführung der neuen Lösungen an eine sequenzielle Vorgehensweise gedacht und ist ein Parallelbetrieb („Alt-/Neusystem") möglich?
- Ist ein LAN geplant bzw. notwendig? Welche Netzwerkkonfiguration (z. B. Bus- oder Ringnetz) ist zweckmäßig?
- Welche einheitlichen Standards sollen zukünftig für die Hard- und Software im Unternehmen gelten?
- Welche Kosten sind für neue Hard- und Software je Funktionsbereich zu erwarten?
- Welcher Schulungsbedarf und welche Schulungskosten bestehen?

b) Echtzeitverarbeitung:

b1) Systemvoraussetzungen, z. B.: Multiuser-/Multitasking-System; geeignetes Betriebssystem (Unix, OS/2 o. Ä.)

b2) Nachteile, z. B.: hohe Anschaffungs- und Wartungskosten, höhere Rechnerkapazitäten, Risiken beim Systemausfall

c) Ausfallzeiten/Datenschutz:

Vorbehaltlich der Mitbestimmung des Betriebsrates dürfen z. B. veröffentlicht werden: ø Ausfalltage pro Monat/pro Mitarbeiter/pro Funktionsbereich, Ausfallkosten in EUR, Ausfallart (Urlaub, Krankheit, Weiterbildung usw.) u. Ä. (→ anonyme Daten).

Nicht veröffentlicht werden dürfen personenbezogene Daten (Ausfallzeit eines namentlich genannten Mitarbeiters).

d) Einführung eines LAN:

- *Vorteile*, z. B.:
  Verbesserung und Beschleunigung der innerbetrieblichen Kommunikation, gemeinsame Nutzung bestimmter Peripheriegeräte
- *Risiken*, z. B.:
  erhöhte Risiken der Datensicherheit und des Datenschutzes (Diebstahl, Viren), Kontrolle ist aufwändiger

e) Phasen der Auswahl und Einführung neuer IT-Systeme:

Ist-Analyse → Schwachstellenanalyse → Soll-Konzept → Lastenheft
→ Ausschreibung → Vertragsverhandlung → Installation → Test/Inbetriebnahme
→ Dauerbetrieb/Wartung

f) Die DIN 69905 und VDA 6.1 definiert das *Lastenheft* als Beschreibung der „Gesamtheit der Forderungen an die Lieferungen und Leistungen eines Auftragnehmers".

Nach DIN 69905 und VDA 6.1 sind in einem *Pflichtenheft* die vom „Auftraggeber erarbeiteten Realisierungsvorgaben" niedergelegt. Es geht hierbei um die Beschreibung der „Umsetzung des vom Auftraggeber vorgegebenen Lastenhefts".

g) - Einsatz von Mobiltelefonen mit Verbindung zum Intranet (SMS, Multimedia-Nachrichten); Sprachübertragung über Internet/Intranet per Voice-over-IP

- intensive Nutzung elektronischer Post: E-Mails mit Anhängen, Adressbücher, Ablagen, Faxübertragung per PC, elektronische Formularverwaltung, Angebotserstellung und -verfolgung per Elektronic Data Interchange usw.

4. Prüfungsfach: Zusammenarbeit im Betrieb

4.1 Beurteilen und Fördern der beruflichen Entwicklung des Einzelnen

01. Persönlichkeitsmerkmale

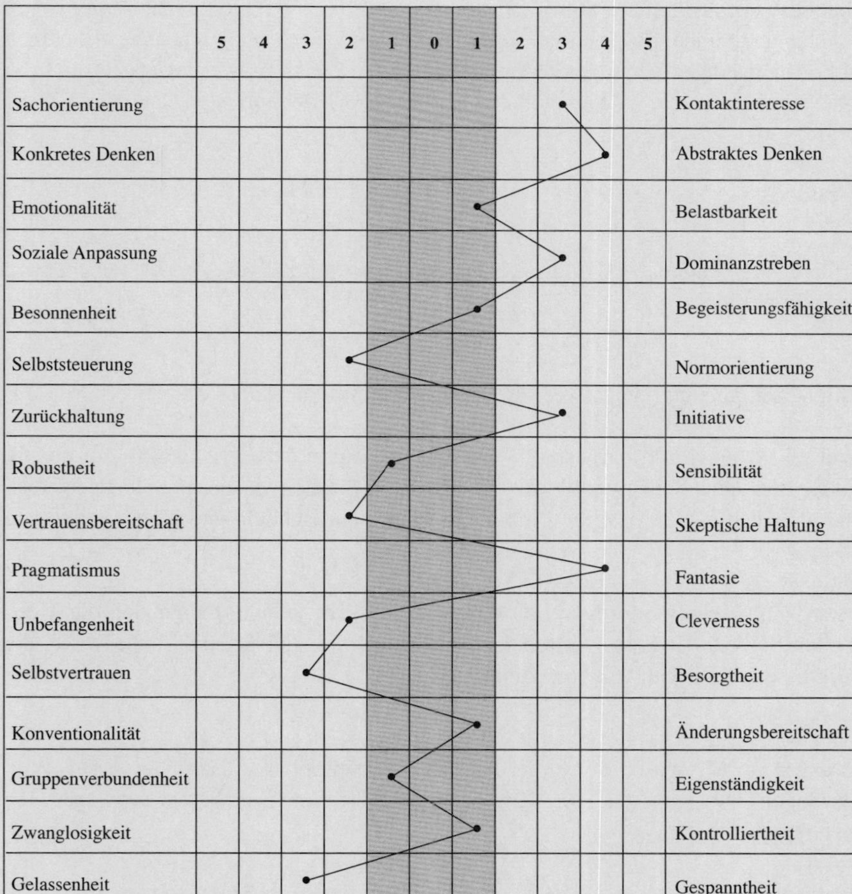

02. Sozialisation und Instinkt

Grundsätzlich reagieren Menschen auf der Basis

- *erlernter Verhaltensweisen* (in der Familie, in der Schule, im Betrieb usw.); man nennt diesen Lernprozess *„Sozialisation"* (verkürztes Beispiel: ein Mensch lernt und verinnerlicht Werte seiner Umgebung) sowie

- *instinktiver Verhaltensweisen*; Instinkt bedeutet die angeborene, nicht erlernte Reaktion auf bestimmte Reize (z. B.: Jemand riecht in der Küche den guten Bratenduft und ihm „läuft das Wasser im Munde zusammen".).

03. Reife und Wachstum

Beispiel:
Der Meister trifft auf den ehemaligen Auszubildenden Huber, der nach der Bundeswehrzeit seine Tätigkeit bei der Firma wieder aufnimmt (vgl. § 1 ArbPlSchG).

„Mensch, hast du dich entwickelt", meint Hartig als er Huber sieht. Aus dem ehemaligen Lehrling, der früher etwas schüchtern, mitunter schwankend in seinen Gefühlen, nicht immer sicher im Umgang mit anderen und teilweise noch ungeschickt bei der Bedienung mancher Maschinen war – ist ein kräftiger junger Mann geworden, der zielstrebig auf den Meister zugeht und ihn lachend fragt: „Wie ist es denn, wo kann ich denn bei Ihnen wieder anfangen?"

04. Selbstwertblock

Beispiel (1):
Das Kind erfährt Anerkennung. Es fühlt sich angenommen („positives Mosaiksteinchen im Puzzle des Selbstwertblocks").

Beispiel (2):
Das Kind fühlt sich abgelehnt („negatives Mosaiksteinchen im Puzzle des Selbstwertblocks").

Auf diese Weise – schematisch dargestellt – entsteht im Laufe der Entwicklung ein positiv oder ein negativ geprägter Selbstwertblock. Für den Erwachsenen ist dieser Selbstwertblock von elementarer Bedeutung. Er bestimmt in hohem Maße sein Handeln und ist nur schwer zu beeinflussen.

Der Erwachsene – mit seinem „fertigen Selbstwertblock" – hat jedoch tendenziell die Möglichkeit, seine Ich-Stärke, sein Selbstvertrauen zu beeinflussen, in der Art und Weise, wie er die aktuellen Ereignisse aus der Umwelt bewertet:

Beispiel:
Jemandem passiert ein Missgeschick bei der Arbeit. *Eine* Verhaltensweise wäre: Ärger, Wut, Gefühl des Versagens usw.; *eine andere*: „Hm, kann passieren, muss ich besser aufpassen. Ich konnte es doch sonst immer."

Bei den vielen Ereignissen des Tages besteht also die Kunst darin, die Dinge, die einem widerfahren, nicht einfach nur negativ auf sich zu beziehen, sondern die Realität klar zu prüfen: „Was ist passiert?" „Woran lag es?" „Wie kann ich es verändern?" „Warum habe ich einen inneren Konflikt?" usw.

Das Motto sollte lauten: *„Ein Fehler ist kein Fehler, sondern eine neue Erfahrung!"*

05. Anlagen und Umwelteinflüsse

- Neben den Erbanlagen bestimmen Umfeld-(Umwelt-)einflüsse das Handeln der Menschen. Diese Erkenntnis ist heute gesichert.
- Erbanlagen sind die Basis – ob Sie (positiv oder negativ) voll wirksam werden, hängt von der Förderung (oder Verhinderung) über Umweltbedingungen ab.
- Beispiel: psychomotorische Begabung wie z. B. handwerkliches Geschick, kommt nur bei entsprechender Förderung voll zur Wirkung.
- Führungsverhalten kann über soziales Lernen verbessert werden; u. Ä.

06. Soziales Lernen

- Lernen durch Imitation (z. B. von einem Vorgesetzten)
- Lernen durch Reflexion
- Lernen durch Feedback von anderen
- Lernen durch zufällige Erkenntnisse

  usw.

07. Selbstwertgefühl und Abwehrmechanismen

- *Beispiel für Kompensation*:
  „Der Mitarbeiter, der im Betrieb keine berufliche Anerkennung findet, engagiert sich verstärkt im privaten Bereich."
- *Beispiel für Resignation:*
  „Ein Mitarbeiter fällt beim ersten Mal durch die Meisterprüfung durch und findet nicht mehr den Mut zur Wiederholung."

08. Sozialisation und imitatives Lernen

Imitatives Lernen nimmt innerhalb der Sozialisation (soziales Lernen) einen sehr großen Raum ein:

- Kinder übernehmen die Verhaltensmuster ihrer Eltern (oft unbewusst),
- Mitarbeiter werden in ihrem Verhalten sehr stark von Vorgesetzten geprägt (positiv oder auch negativ). In Seminaren befragte Führungskräfte bestätigen, dass ihr aktueller Führungsstil sehr stark von den Vorgesetzten beeinflusst wurde, denen sie bisher unterstellt waren. Als positiv empfundene Merkmale wurden – bewusst oder unbewusst – übernommen (z. B. Termineinhaltung, gerechte Behandlung usw.); bei negativ registrierten Charakterzügen besteht meist die Absicht, diese zu vermeiden – „es als Führungskraft besser zu machen als der Chef".

09. Verhaltensänderung

Mitarbeiter reagieren im Allgemeinen auf ein und denselben „Verstärker" unterschiedlich: Für den einen ist Anerkennung und Status in der Gruppe wichtig, für den anderen Geld usw.

Handlungsempfehlungen:

- Verhaltensänderungen, die aufgrund von Einsicht erfolgen, sind mit einer eigenen Motivation „unterlegt". *Daher ist durch Einsicht Gelerntes relativ stabil und lässt sich auch auf analoge Sachverhalte übertragen.*

- Falsch ist jedoch der Versuch, die Grundstruktur eines Menschen völlig zu ändern. Dies gilt für die betriebliche Zusammenarbeit ebenso wie für die eheliche Gemeinschaft.

- Der Einstieg in Prozesse der Verhaltensänderung (soziales Lernen) ist nicht immer leicht, er ist jedoch möglich. Für den Meister kommt es darauf an, *beim Mitarbeiter und bei sich selbst richtige und erwünschte Verhaltensweisen zu verstärken und negative abzubauen.* Der Charakter eines Menschen ist nicht statisch, er verändert sich – in starker Abhängigkeit von den vollzogenen Erfahrungen.

10. Lernmotivation

Eine der Lerntechniken besteht darin, sich die Gründe zu verdeutlichen, aus denen man lernt. Beispiel: Es reicht nicht aus, an einer Qualifizierungsmaßnahme „nur so" oder „weil man geschickt wurde" teilzunehmen. Wichtig ist, dass man sich ein Ziel setzt („Ich will Spanisch lernen für meinen nächsten Urlaub") und sich die Vorteile und den Nutzen des eigenen Lernens vor Augen hält („Mit meinen Spanischkenntnissen kann ich mich verständigen und dadurch Land und Leute viel genauer kennen lernen"). Die Vorteile und der Nutzen beim Lernen können individuell sehr unterschiedlich sein.

Fazit:
Lernen darf nicht Selbstzweck sein. Es muss auf ein konkret formuliertes Ziel hinauslaufen. Je höher der *Nutzen* ist, den man durch sein Lernen erzielen will, desto größer ist die Motivation und desto höher ist der Lernerfolg.

11. Lernwege (-Kanäle)

Lernwege sind – grob gesprochen – die Kanäle, auf denen die Informationen in den Kopf kommen:

- Zuhören → Ohren
- Lesen und Anschauen → Augen
- Handeln und Tun → Hände, Körper

Entsprechend wurde früher in der Literatur ein großer Unterschied zwischen

- Visuellen (sehend Lernenden),
- Akustikern (hörend Lernenden) und
- Motorikern (tuend Lernenden)

gemacht.

Die Praxis zeigt jedoch, dass es solche „Lerntypen" in Reinkultur nicht gibt. Alle Menschen stellen eine Mischform dieser drei Typen dar, allerdings mit verschiedenen Schwerpunkten. Je mehr Lernwege man einsetzt, umso besser ist der Lerneffekt: Z. B. kann man eine Sprachlektion lernen durch „Lesen im Buch" (Lesen/Augen); anschließend verwendet man eine Sprachkassette (Hören/Augen) und spricht dann laut die Übungen dieser Lektion nach (Tun/Körper).

Fazit:
- Beim Lernen möglichst viele Lernwege einsetzen.
- Die Lernwege wechseln.
- Erkennen, ob ein bestimmter Lernweg bei einem selbst stärker ausgeprägt ist.

12. Lernen im Sinne von Konditionieren

Bei dieser Lernform wird zunächst *gezielt ein „Bedingungs-Reaktions-Zusammenhang" hergestellt*; z. B.: Der Meister weist immer wieder beim Betreten der Baustelle darauf hin, dass der Schutzhelm aufgesetzt wird. Durch ständiges Wiederholen wird dieser Bedingungs-Reaktions-Zusammenhang verinnerlicht: Der Mitarbeiter setzt automatisch den Helm auf vor Betreten der Baustelle, ohne dass der Meister noch einen Hinweis geben muss.

Weitere Beispiele:

Bedingung	Reaktion
• Transportwege in der Werkstatt sind versperrt:	→ gekennzeichnete Transportwege freiräumen
• Betreten der Baustelle:	→ Schutzhelm aufsetzen

Diese Lernform hat auch innerhalb des sozialen Lernens ihre Bedeutung; z. B.:

Bedingung	Reaktion
• Kritik:	→ immer als Vier-Augen-Gespräch
• Moderieren einer Konferenz	→ alle Mitarbeiter in die Diskussion einbeziehen

13. Gewohnheitsmäßiges Verhalten

- *Positive Aspekte von Gewohnheit*, z. B.:
  Gewohnheit gibt Verhaltenssicherheit und spart intellektuelle und psychische Energie ein.

  Beispiel:
  Der Mitarbeiter kennt beim Betreten der Firma die Wege, die Räumlichkeiten und die erforderlichen Handlungen (Zeiterfassung bedienen, Kollegen grüßen, Spind aufschließen, Arbeitsgeräte holen usw).

- *Negative Aspekte von Gewohnheit*, z. B.:
  Der an sich positive Effekt der Gewohnheiten verkehrt sich ins Gegenteil, wenn die verinnerlichten Verhaltensprogramme falsch sind – wenn sie z. B. den Betriebszielen oder den Erwartungen der Arbeitskollegen zuwiderlaufen.

  Beispiel:
  In einem Betrieb ist es üblich (es hat sich als falsche Gewohnheit herausgebildet), dass neue Mitarbeiter nicht gezielt eingearbeitet werden, sondern dass sie „Schwimmwesten erhalten, dass man sie ins kalte Wasser wirft und schaut, ob sie sich freischwimmen". Frei nach dem Motto: „Die Guten werden sich schon über Wasser halten".

- *Ansätze zur Korrektur „falscher Gewohnheiten"*, z. B:
  Es ist nicht einfach, falsche Verhaltensmuster, die auf Gewohnheit beruhen, zu verändern. Grund dafür sind eine Reihe von Lernhemmnissen, die auftreten können:

  - Die Abkehr von alten Gewohnheiten kann zu zeitweiligen *Orientierungsproblemen* führen.
  - Neue Verhaltensmuster führen *nicht immer sofort zum Erfolg.*
  - Gewohnheiten werden nicht bemerkt (Stichwort: *Blinder Fleck).*
  - *Abwehrhaltungen, Angst vor Misserfolg,* instabiles Selbstwertgefühl, mangelnde Lernmotivation, emotionale Widerstände u. Ä. sind Faktoren, die den Einstieg in neue Verhaltensweisen verhindern oder erschweren.

  Die Antwort liegt nicht in einem Patentrezept, sondern in dem bewussten Einsatz verschiedener Instrumente – einzeln oder kombiniert:

  - Sich selbst und andere exakt und möglichst *wertfrei beobachten.*
  - Über die Beobachtungen nachdenken, *reflektieren.*
  - Über *Feedback von anderen* nachdenken und daraus Schlüsse ziehen.
  - Sich die Wirkung der eigenen Verhaltensweisen *bewusst machen.*
  - Sich selbst und anderen für das Erlernen neuer Verhaltensmuster *Nutzen anbieten* (Stichwort: Lernmotivation), geeignete Lernformen wählen, ermutigen, *Erfolge erleben lassen,* positive Ansätze verstärken usw.
  - Kritik als „Chance zur positiven Veränderung" begreifen.
  - Entwickeln einer neuen „Fehlerkultur": „Ein Fehler ist kein Fehler, sondern eine neue Erfahrung" usw.

14. Einsatz älterer Mitarbeiter, Jugendliche

a) Beim Einsatz älterer Mitarbeiter sind zu berücksichtigen:

- *Die Arbeitsgestaltung:*
  - Sitzgelegenheiten
  - Beleuchtung
  - Farbgebung des Arbeitsraumes
  - Werkzeugkonstruktion
  - Arbeitsorganisation
  - Arbeitsschwierigkeiten verringern helfen

- *Die Arbeitszeit:*
  - Zusätzliche und längere Pausen
  - Vermeidung von Schichtarbeit und Überstunden
  - Nachtarbeit dagegen möglich, evtl. gleitende Arbeitszeit
  - Teilzeitbeschäftigung ermöglichen

- *Ein Arbeitsplatzwechsel*
  - muss – falls erforderlich – möglichst im bisherigen Arbeitsgebiet erfolgen
  - keine „Abstellgleise" und „Altenteile"
  - Die Erfahrung des älteren Mitarbeiters berücksichtigen und nutzen („mehr fragen und weniger belehren"; mehr die individuelle Leistungsfähigkeit berücksichtigen)
  - Umsetzung ohne Selbstwert- und Prestigeverlust gewährleisten (nicht „abschieben").

- *Die berufliche Anpassung:*
  - Bei notwendigen Umschulungs- und Einarbeitungsmaßnahmen der veränderten Lernfähigkeit und Aufnahmegeschwindigkeit Rechnung tragen.
  - Unangemessene Konkurrenzsituationen mit Jüngeren vermeiden.

b) Innere und äußere Veränderungen in der Pubertät beim Jugendlichen:

- *Äußere Vorgänge*:
  Zunächst spricht man von einem Wachstumsschub, der zuerst in die Länge der Extremitäten, dann in die Breite des Rumpfes geht. Der Jugendliche wirkt in seinen Bewegungen oft unharmonisch. Er ist in dieser Zeit mit seinem Äußeren meistens sehr unzufrieden. Seine Stimmung schwankt während der Pubertät oft sehr stark. Dazu kommt die Ausreifung der Geschlechtsorgane, die Entwicklung der Sexualität und damit die Orientierung hin zum andersgeschlechtlichen Partner. Der junge Mensch ist in diesem Stadium bereits zeugungsfähig bzw. empfängnisbereit. Das Ausleben seiner Sexualität, die feste Bindung an einen Freund/ Freundin ist ihm aber oft noch nicht möglich. Der Jugendliche ist zwar geschlechtsreif, aber er besitzt noch keine abgeschlossene soziale Reife.

- *Innere Vorgänge:*
  Beim Jugendlichen vollzieht sich schrittweise eine Ablösung vom Elternhaus. Dem Verhalten der Eltern steht der junge Mensch zunehmend kritisch gegenüber. Deutlicher als zuvor erkennt er, dass auch die Eltern Fehler machen und nicht alles können. Es entwickelt sich eine kritischere Einstellung gegenüber Autoritäten aus. Das Pochen auf Autorität aufgrund von Stellung und Rang beeindruckt den Jugendlichen immer weniger, es fordert nicht selten sogar seinen inneren Widerstand heraus. Der junge Mensch begnügt sich nicht mehr mit bloßen Anweisungen; er erwartet vielmehr eine einsichtige Begründung, weshalb er etwas tun und sich gegebenenfalls entsprechend verhalten soll. Der Jugendliche fühlt sich in dieser Zeit von den Erwachsenen weniger verstanden. Er sucht deshalb Verständnis bei Gleichaltrigen. Dahinter steht der Wunsch nach Selbstständigkeit, Selbstentfaltung und „Sich-selbst-finden".

  In dem Bemühen, über sich selbst zu bestimmen und sich eine eigene Wertewelt aufzubauen, schwankt er oft in seinen Anschauungen und Meinungen hin und her. In diesem inneren Spannungsverhältnis kommen die Jugendlichen in die Berufsausbildung oder als junge Mitarbeiter in den Betrieb. Verstärkend kommt hinzu, dass der Auszubildende mit dem Ausbilder/Meister mitunter die „Autorität Vater" verbindet. Dies kann zusätzliche Probleme erbringen.

c) *Gesichtspunkte bei der Führung Jugendlicher:*
Die Bestimmungen des Jugendarbeitsschutzgesetzes sind zu beachten (Gefahr der Überlastung, Arbeitsplatzgestaltung, begrenzte Arbeitszeiten, erhöhte Pausenzeiten, besondere Arbeitsschutzbestimmungen usw.); Arbeitsunterweisungen z. B. in Sachen Arbeitssicherheit müssen ggf. öfter wiederholt werden (Stichwort „jugendlicher Leichtsinn"). Die Formen der Arbeitsunterweisung sollen den Jugendlichen positiv unterstützen, ihn anregen und ihm Erfolge in seiner Entwicklung vermitteln. Aktivierende und motivierende Lehrmethoden sind zu bevorzugen.

4.2 Einflüsse von Arbeitsorganisation und Arbeitsplatz auf das Sozialverhalten und das Betriebsklima

01. Auswirkungen industrieller Arbeit

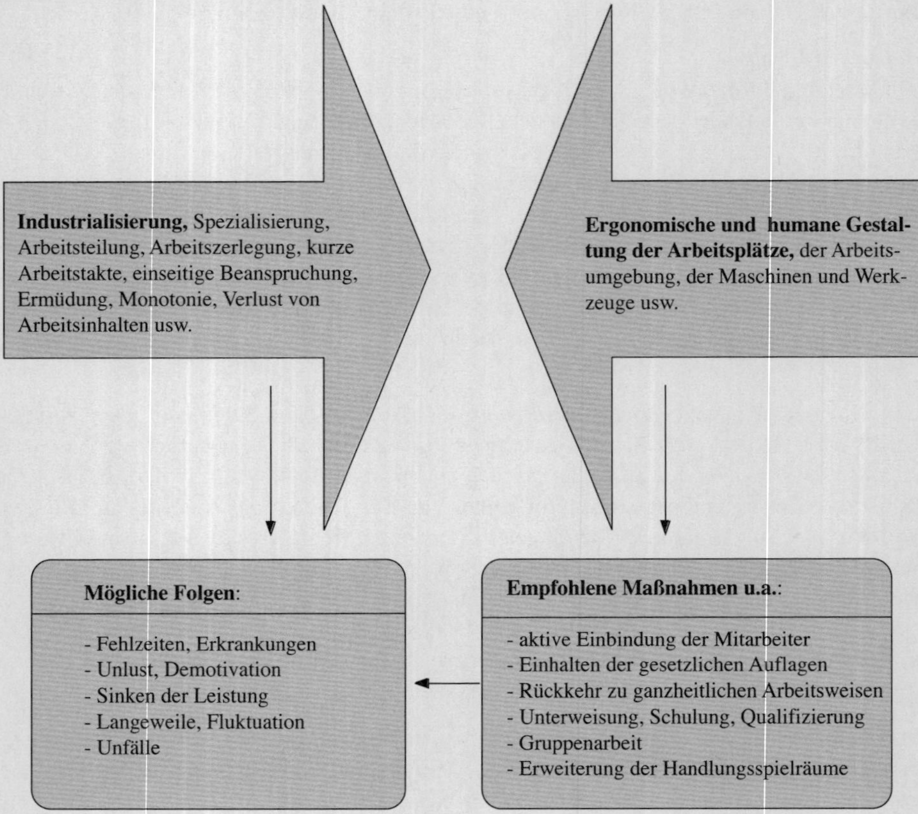

02. Auswirkungen von Arbeitsbedingungen auf Arbeitsmotivation und -leistung

- *Betriebsorganisation:*
  - klare Kompetenzen
  - gute Information
  - transparente Organisation usw.

- *Arbeitsplatzgestaltung:*
  - Arbeitsumgebung (Ergonomie, Licht, Luft, usw.)
  - Arbeitszeitgestaltung
  - Hilfsmittel

  usw.

03. Arbeitsergebnis und Einflussfaktoren

(1) *Leistungsfähigkeit und -bereitschaft:*

z. B. Fachkönnen und persönliche Eigenschaften fördern/verbessern durch:
- Unterweisung, Lehrgänge, Coaching usw.
- Kontrolle, Einarbeitung, Feedback usw.
- Motivation, Arbeitseinsatz nach Neigung

(2) *Leistungsanforderungen:*

Mit welchem Schwierigkeitsgrad ist die Arbeit verbunden? Fördern/verbessern durch:
- Anforderungen verdeutlichen
- Anforderungsgerechtigkeit schaffen (z. B. durch Arbeitsbewertung)

(3) *Leistungsmöglichkeiten:*

z. B. Ausstattung der Räume, Hilfsmittel usw. Fördern/verbessern durch:
- Arbeit gut organisieren
- entsprechend gute Hilfsmittel, Werkzeug usw.

04. Arbeitsstrukturierung

- *Job-Enrichment:*
  „Arbeitsanreicherung" = qualitativ höherwertige Aufgaben übertragen;
  z. B. Vorarbeiter übernimmt Ausbilderfunktionen

- *Job-Enlargement:*
  „Arbeitsvergrößerung" = mengenmäßige Erweiterung der Aufgaben;
  z. B. neuer Mitarbeiter übernimmt nach Einarbeitung weitere Aufgaben.

05. Motivatoren, Hygienefaktoren

a)
- Selbstbestätigung (+)
- Anerkennung
- Arbeitsinhalte

- schlechte Organisation (–)
- schlechtes Führungsverhalten
- schlechte Arbeitsbedingungen

b)
- Das effektive Führungsverhalten des Vorgesetzten ist eine wichtige Quelle für die Arbeitszufriedenheit der Mitarbeiter.
- Der Meister muss sich für angemessene Arbeitsbedingungen einsetzen.
- Er muss seinen Verantwortungsbereich klar und transparent organisieren.
  u. Ä.

06. Motivation, Maslow

a) Die Frage nach der Motivation ist die Frage nach den Beweggründen menschlichen Verhaltens und Erlebens. Man unterscheidet dabei das Motiv von der Motivation:

- *Von einem Motiv* spricht man immer dann, wenn man einen isolierten Beweggrund des Verhaltens erkennt.
- *Von Motivation* spricht man dann, wenn in konkreten Situationen aus dem Zusammenwirken verschiedener aktivierter Motive ein bestimmtes Verhalten entsteht.

b)
- Das menschliche Verhalten wird nicht nur durch eine Summe von Motiven allein bestimmt. Wesentliche Einflussfaktoren als Antrieb für eine bestimmte Verhaltensweise sind die persönlichen Fähigkeiten und Fertigkeiten.
- Eine entscheidende Rolle hinsichtlich des menschlichen Verhaltens spielt auch die gegebene Situation.
- Bei konstanter Situation (beispielsweise am Arbeitsplatz) kann man sagen, dass das Verhalten die Summe aus Motivation mal Fähigkeiten plus Fertigkeiten ist. Das Leistungsverhalten des Einzelnen kann durch Verbesserung der Fähigkeiten und Fertigkeiten bei hoher Motivation gesteigert werden.

Leitgedanke				
Verhalten	=	Motivation	x	(Fähigkeiten + Fertigkeiten)

- Ein bestimmtes Verhalten entsteht i.d.R. nicht allein aufgrund eines Motivs, sondern aufgrund eines *Bündels an Motiven.* Die Wertigkeit der Einzelmotive kann dabei je nach Situation wechseln.

  Beispiel: Der Mitarbeiter entschließt sich zu einer Versetzung aufgrund der Motive „Geld", Status", „Kontakt" u. Ä.

c) Aus den einzelnen Stufen der Bedürfnispyramide können beispielsweise folgende Motive abgeleitet werden:

- Geldmotiv, z. B.:
  der Mitarbeiter reagiert auf Lohnanreize mit einer höheren Leistungsbereitschaft;
- Sicherheitsmotiv, z. B.:
  der Mitarbeiter bittet um eine vertraglich abgesicherte Verlängerung der Kündigungsfrist;
- Kontaktmotiv, z. B.:
  der Mitarbeiter trifft sich in der Mittagspause regelmäßig mit einigen Kollegen;
- Kompetenzmotiv, z. B.:
  der Mitarbeiter möchte die Leitung einer Projektgruppe übernehmen.

d)
- Die Begriffe, die Maslow verwendet, sind teilweise nicht scharf zu trennen (z. B.: Was heißt für das einzelne Individuum „Selbstverwirklichung?").
- Die Bedingungen, „wann liegt ein bestimmtes Bedürfnis vor und wann wird es auf welche Art aktiviert", sind nicht beschrieben.

- Das Verhalten von Menschen wird i. d. R. von einem „Bedürfnis-(Motiv-)Bündel" bestimmt; die einzelnen Bedürfnisse beeinflussen und überlagern sich, und zwar in Abhängigkeit von der jeweiligen wirtschaftlichen und gesellschaftlichen Situation des Einzelnen.

e) Folgende konkrete Führungsmaßnahmen können geeignet sein, Motivanreize für die Bedürfnisstufen nach Maslow zu bilden:

Physiologische Bedürfnisse	• Beachtung des Tages-, Wochen- und Jahresrhythmus; z. B. Arbeitszeit, Pausen, Überstunden, Schichtarbeit, Freizeit
Sicherheitsbedürfnisse	• sicheres Einkommen • krisen- und unfallsicherer Arbeitsplatz • firmeneigene Altersversorgung • Kompetenzen (auch) im Alter • Betriebskrankenkasse • Mitwirkung bei Neuerungen • Kündigungsschutz
Soziale Bedürfnisse	• Konferenzen und Mitarbeitergespräche • Teamarbeit, Gruppenarbeit • Betriebsausflüge • Kollegentreffen • Werkszeitung • Verständigung am Arbeitsplatz • Weiterbildung • gleitende Arbeitszeit
Ich-bezogene Bedürfnisse	• übertragene Zuständigkeiten • Ehrentitel • Statussymbole • Einkommenshöhe • Art des Firmenfahrzeugs • Firmenparkplatz • Berufserfolg, Aufstiegsmöglichkeiten • Mitsprache
Bedürfnis nach Selbstverwirklichung	• Befriedigung durch spezielle, sehr verantwortliche Tätigkeit • Entscheidungsspielraum • Zielvereinbarungen • Vollmachten • Verantwortung • Unabhängigkeit

4.3 Einflüsse der Gruppenstruktur auf das Gruppenverhalten und die Zusammenarbeit

01. Formelle, informelle Gruppe

a) Charakteristische Merkmale einer sozialen Gruppe
- direkter Kontakt
- Wir-Gefühl
- gemeinsame Ziele, Normen
- relativ langfristige Dauer
- Verteilung von Rollen, Status
- gegenseitige Beeinflussung

b) (1) formelle bzw. informelle Gruppe

(2)
- formelle Gruppe:
  - bewusst geplant
  - rational organisiert
  - Effizienz steht im Vordergrund

  usw.
- informelle Gruppe:
  - spontan, eher ungeplant
  - Ziele, Normen weichen oft von der formellen Gruppe ab
  - entscheidend sind die Bedürfnisse der Mitglieder usw.

c)

- informelle Gruppen können Lücken schließen	(+)
- ... können die Meinungsbildung in der formellen Gruppe dominieren	(+/–)
- ... können andere isolieren	(–)
- ... können Informationen beeinflussen (z.B. Gerüchte, Intrigen, ...) usw.	(+/–)

02. Soziale Rolle

Grundsätzlich erwartet die Gruppe, dass eine Rolle in etwa dem Status/der Position entspricht:

Wer seine „Rolle nicht spielt", sprich dem Verhaltensmuster seiner Position nicht entspricht, muss mit dem Verlust dieser Position rechnen.

Das Konzept der (sozialen) Rolle dient somit dazu, das Verhalten eines Positionsinhabers relativ konkret zu umreißen und vorzuschreiben.

03. Normen

Normen sind Ausdruck für die *Erwartungen* einer Gruppe, wie in bestimmten Situationen zu handeln ist. Diese Erwartungen bedeuten einmal Zwang (Stichwort: „Gruppendruck") zum anderen aber auch Entlastung und Orientierung (in schwierigen Situationen „hält die Gruppennorm Verhaltensmuster bereit").

Das Einhalten bzw. das Verletzen von Normen wird von der Gruppe mit positiven bzw. negativen *Sanktionen* belegt (Lob, Anerkennung, Zuwendung bzw. Missachtung, „Schneiden", sowie auch „Mobbing").

Interessant am Phänomen der Gruppennorm ist folgende, häufig zu erkennende Erscheinung: In einer Gruppe mit hoher Gruppenkohäsion (= innerer Zusammenhalt) „verblassen" die individuellen Verhaltensmuster; es entsteht schrittweise ein gewissermaßen standardisiertes Verhalten der Mitglieder. Damit verbunden ist die Tendenz, dass die einzelne Norm nicht mehr hinterfragt wird.

Beispiel 1:
Innerhalb einer Gruppe von Montagemitarbeitern, die sich lange kennen, muss der „Neue" ungeliebte Arbeiten verrichten. Jeder der Mitarbeiter empfindet dies als „völlig normal und richtig".

Beispiel 2:
Eine Arbeitsgruppe arbeitet im Gruppenakkord. Die Arbeitsmenge entspricht im Durchschnitt genau der Normalleistung, obwohl die Arbeiter physisch in der Lage wären, mehr zu leisten. Wer (vorübergehend) mehr leistet, wird als „Sollbrecher" – wer weniger leistet als „Drückeberger" zurechtgewiesen (sanktioniert). Mit anderen Worten: Die Gruppe entwickelte *als Norm einen informellen Leistungsstandard.*

04. Rollen und Aufgaben des Team-Sprechers

An der Spitze eines Teams steht häufig ein Team-Sprecher. Seine Aufgaben und Rollenbestandteile sind vor allem:

- Herauslösung aus der Linientätigkeit
- Vertretung der Gruppeninteressen nach außen
- Beachtung der Einhaltung der Arbeitsstandards
- kontinuierlich Verbesserungen suchen
- Moderation der Team-Gespräche
- Organisation und Koordination der Arbeitsaufgaben innerhalb des Teams
- Ausgleich der Abwesenheit von Team-Mitgliedern (der Teamsprecher „muss zurück in die Linie")
- Verantwortung für die Flexibilität innerhalb des Teams; Führen der Flexibilitätslisten
- Organisation der Instandhaltung
- Einbindung in die Neu- und Änderungsplanungen, die seinen Team-Bereich betreffen
- Beschaffung von Werkzeugen
- Mitverantwortung für die Einhaltung des Budgets
- Verantwortung für Ordnung und Sauberkeit innerhalb des Team-Bereichs
- Anlernen neuer Team-Mitglieder

05. Informeller Führer

Beispiel:
Eine Führungskraft nimmt ihre Vorgesetztenrolle nur unzureichend wahr – mit dem Ergebnis, dass der informelle Führer die „eigentliche Lenkung" der Gruppe übernimmt. Konflikte werden vor allem dann entstehen, wenn der informelle Führer subjektive und egoistische Ziele verfolgt.

06. Gruppenstörungen

Ursachen für Gruppenstörungen können z.B. sein:

- *Über- oder Unterforderung* einer Gruppe durch den Vorgesetzten (es fehlt das gemeinsame Sachziel),
- unüberwindbare *Gegensätze* (z. B. Einstellungen von „Alt“ und „Jung“),
- gravierende *Führungsfehler* des Vorgesetzten (Fehler in der Kritik, mangelnder Kontakt, unangemessene Vertraulichkeit u. Ä.).

07. Regeln des Verhaltens sozialer Gruppen

- *Interaktionsregel*
  Im Allgemeinen gilt: Je häufiger Interaktionen zwischen den Gruppenmitgliedern stattfinden um so mehr werden Kontakt, „Wir-Gefühl“ und oft sogar Zuneigung/Freundschaft gefördert. Die räumliche Nähe beginnt an Bedeutung zu gewinnen.
- *Angleichungsregel*
  Mit längerem Bestehen einer Gruppe gleichen sich Ansichten und Verhaltensweisen der Einzelnen an. Die Gruppen-Normen dominieren.
- *Distanzierungsregel*
  Sie besagt, dass eine Gruppe sich nach außen hin abgrenzt – bis hin zur Feindseligkeit gegenüber anderen Gruppen. Zwischen dem „Wir-Gefühl“/Solidarität und der Distanzierung besteht oft eine Wechselwirkung.

08. Rollenverhalten, Delegation

a) Beispiele für Maßnahmen:
   - sein Fachwissen und seinen Ehrgeiz nutzen;
   - ggf. Job Enrichment;
   - dabei Schneider klarmachen, dass sein Verhalten nicht zu Lasten der Gruppe gehen darf;
   - ggf. Kritikgespräch mit Schneider;
   - Einsicht erzeugen, ohne ihn zu demotivieren.

b) Als Leiter der Gruppe müssen Sie das Gespräch mit Schneider selbst führen; ansonsten wäre dies Rückdelegation an Ihren Vorgesetzten.

4.4 Eigenes und fremdes Führungsverhalten, Umsetzen von Führungsgrundsätzen

01. Führungsstile

Vergleich des „autoritäten" und des „kooperativen" Führungsstils in Stichworten anhand geeigneter Merkmale:

Merkmal	**autoritärer Führungsstil**	**kooperativer Führungsstil**
	(die nachfolgenden Aussagen gelten im Sinne von „... tendenziell / in der Regel ..." und verstehen sich als Beispiele)	
• Entscheidung, Ausführung, Kontrolle:	- klare Trennung	- kaum Trennung
• Entscheidungs- und Anweisungs-kompetenz:	- Vorgesetzter allein	- aufgrund fachlicher Kompetenz; - Prinzip der Delegation
• Kontrolle:	- ohne Ankündigung - mehr Vollkontrolle	- Selbstkontrolle - mehr Ergebniskontrolle
• Machteinsatz:	- legitimierte Macht (Amt)	- Referenz- oder Expertenmacht
• allgemeine Merkmale:	- keine echte Delegation - wenig Kreativität	- hohe Identifikation mit Betriebszielen, - emanzipierter Mitarbeiter - indifferentes Verhältnis

02. Autorität, Ziel der Führungsarbeit

a) Merkmale „echter Autorität", z. B.:
  - handelt konsequent
  - handelt der Situation angemessen
  - kann sich angemessen durchsetzen
  - verfügt über Fachkompetenz und Autorität aus der Person heraus; auch möglich:
  - hat Selbstvertrauen und innere Sicherheit u. Ä.

b) Konsequenzen für das eigene Führungsverhalten:
  - Die Mitarbeiter werden Ihr Führungsverhalten noch lange am Beispiel des „alten Chef" messen (Maßstabsbildung).
  - Sie müssen Ihren „eigenen" Führungsstil konsequent und überzeugend prägen (z. B. den „alten Chef schlecht machen", wäre falsch).

c) Ziel der Führungsarbeit ist es,
  - Leistung zu erzeugen,
  - zu erhalten,
  - zu steigern (= wirtschaftliche Ziele)

  Dabei sind die „Belange der Mitarbeiter" zu berücksichtigen (= soziale Ziele).

03. Situatives Führen

a) (1) Situation: duldet keinen Aufschub; der Auftrag ist wichtig, muss angenommen werden (35 %); von daher „Notfall/Sondersituation";
Sie als Meister haben die Sache akzeptiert; insofern ist diese Haltung auch nach „unten" hin zu vertreten.

(2) Mitarbeiter: sind erfahren, kennen die Situation, sollten mit „Respekt" behandelt werden; nicht: „Machen Sie ihren Leuten ..."

(3) Betriebsleiter: es fehlt Loyalität; erforderlich weil: Meister hat akzeptiert und wegen der Notlage.

(4) Kontrollverhalten: die Sache ist wichtig und dringlich; daher ist Unterstützung und „mitlaufende Kontrolle" (Zwischenkontrolle) durch den Meister erforderlich.

b) „Also, ich komme gerade vom Betriebsleiter. Wir müssen heute bis 20:00 Uhr arbeiten. Da ist noch ein Auftrag vom Kunden X hereingekommen, den wir nicht ablehnen konnten. Sie wissen ja, mit Kunde X machen wir 35 % des Ergebnisses. Erläutern Sie bitte Ihrer Mannschaft die Sache so, dass alle mitziehen. Bitten Sie um Unterstützung und sagen Sie Ihnen, dass wir dafür in der nächsten Woche einen Ausgleich finden werden. Sie selbst kennen ja solche Situationen. Ich möchte in der nächsten Teamsitzung derartige Notfälle mal grundsätzlich auf die Tagesordnung bringen und Ihre Meinung dazu wissen. Wenn Sie mich brauchen, ich bin in dringenden Fällen bei der Konstruktion erreichbar." (oder ähnlich)

c) - autoritäre Elemente: „machen Sie mal ... klar"; „auf geht´s „ ; „ich erwarte ..." usw.
- nicht unterstützend: „... ich komme mal´ runter ..."
- unloyal, nicht überzeugend: „Wie dem auch sei ...
(und ähnlich)

04. Führungsgitter (Grid)

(1) z. B. „... bin mehr sachorientiert, weniger Mitarbeiter-orientiert"; „bin mehr 5.5 - Stil oder ähnlich, ... weil: ...

(2) es folgen:
- Beispiel für Sachorientierung bzw.
- Beispiel für Mitarbeiter-Orientierung bzw.
- Beispiel für „5.5-Stil"

05. Führungsstile, Führungsmodelle

1. *Erklärungsansatz: Eigenschaftsansatz, eindimensional*:
Es wird von den persönlichen Eigenschaften des Vorgesetzten ausgegangen; das konkrete Führungsverhalten wird dargestellt auf dem Kontinuum zwischen „autokratisch" und „demokratisch":

autokratisch		demokratisch
◄		►
= Selbstherrschaft	persönliche Eigenschaft (z. B.)	= Volksherrschaft

2. *Erklärungsansatz: Verhaltensansatz, eindimensional:*
   Es wird ausgegangen vom Verhalten des Vorgesetzten; das konkrete Führungsverhalten wird dargestellt auf dem Kontinuum zwischen „autoritär" und „kooperativ":

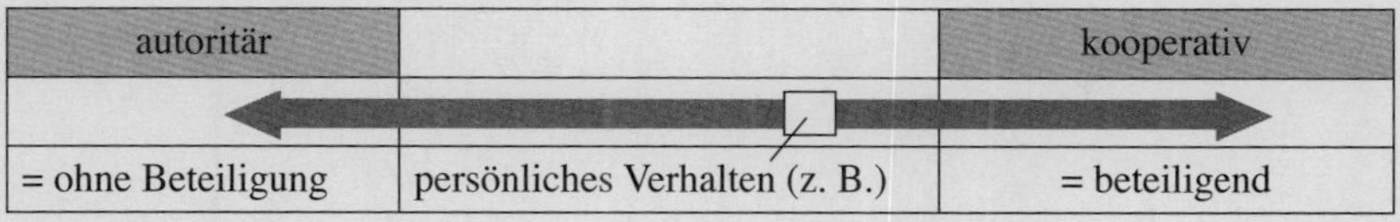

3. *Erklärungsansatz: Grid-Konzept, zweidimensional:*
   Im Grid-Konzept werden zwei Parameter zur Erklärung von Führungsverhalten herangezogen:
   - Sachorientierung und
   - Mensch(Mitarbeiter)-Orientierung.

   Das konkrete Führungsverhalten wird als xy-Koordinate im Verhaltensgitter dargestellt (Skalierung von 1 bis 9):

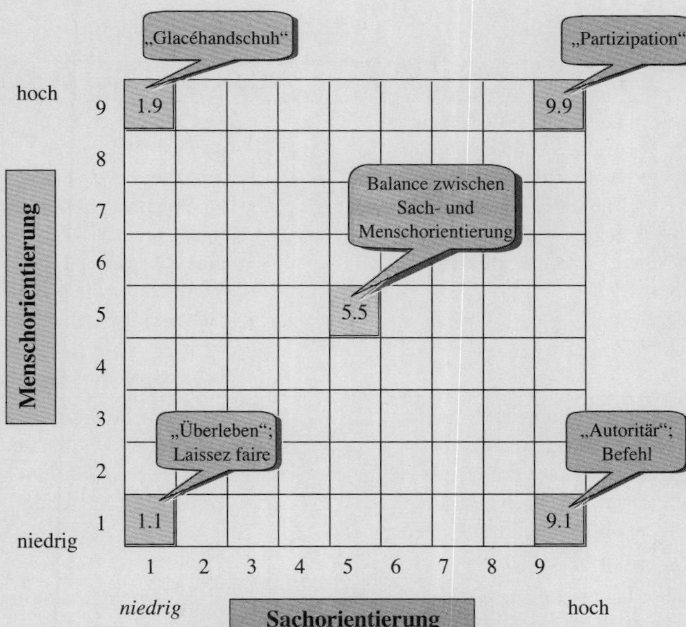

4. *Erklärungsansatz: Situatives Führen, dreidimensional:*
   Im Konzept „Situatives Führen" werden drei Parameter zur Erklärung von Führungsverhalten herangezogen:
   - Sachorientierung,
   - Mensch(Mitarbeiter)-Orientierung und
   - die spezifische Führungssituation.

Das konkrete Führungsverhalten wird als xyz-Koordinate im Verhaltensraum dargestellt:

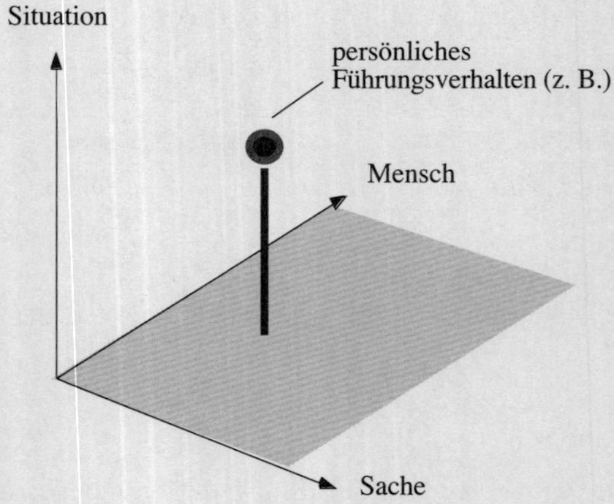

06. MbD, MbO

	Management by Objectives	Management by Delegation
Voraussetzungen	• messbare Ziele setzen • Aufgaben delegieren • Kompetenzen delegieren • Handlungsverantwortung über- • tragen • Zielsystem erarbeiten	• Ziele setzen • Aufgaben delegieren • Kompetenzen delegieren • Handlungsverantwortung übertragen • keine Rückdelegation • Mitarbeiter „willens und fähig" • machen (Motivation und Ausbildung) • Vertrauen an die Mitarbeiter
Chancen	• Entlastung der Vorgesetzten • verbesserte Identifikation • Beurteilung am Grad der Zielerreichung • unternehmerisches Denken und Handeln	• Entlastung der Vorgesetzten • verbesserte Identifikation • „Fordern heißt Fördern" • verbesserte Motivation
Risiken	• hoher Leistungsdruck • Problem bei unrealistischen Zielen • Problem bei fehlender Kongruenz der Einzelziele	• ggf. Delegation von wenig interessanten Aufgabenbereichen • ggf. fehlende Abgrenzung von Handlungs- und Führungsverantwortung

07. Führungsstile, Vergleich

- *Autoritärer Führungsstil:*
  - Die wesentlichen Vorteile des autoritären Führungsstils sind:
    - hohe Entscheidungsgeschwindigkeit sowie
    - effektiv bei Routinearbeiten.
  - Die wichtigsten Nachteile des autoritären Führungsstils sind:
    - i.d.R. schlechte Motivation der Mitarbeiter,
    - fehlende Selbstständigkeit der Mitarbeiter sowie
    - Risiko von „einsamen“ Entscheidungen.
- *Kooperativer Führungsstil:*
  - Die wesentlichen Vorteile des kooperativen Führungsstils sind:
    - hohe Motivation der Mitarbeiter,
    - keine „einsamen“ Entscheidungen des Führenden,
    - Entlastung der Führungskraft,
    - Förderung der Mitarbeiter.
  - Die wichtigsten Nachteile des kooperativen Führungsstils sind:
    - geringere Entscheidungsgeschwindigkeit,
    - bei geringem Reifegrad der Mitarbeiter nicht zu empfehlen.
- *Laissez-faire-Stil:*
  - Die wesentlichen Vorteile des Laissez-fair-Stils sind:
    - Dieser Stil (von frz.: faire = machen, laissez = lasst) ist durch den absoluten Freiheitsgrad,
    - die Selbstkontrolle sowie
    - die Selbstbestimmung der Mitarbeiter gekennzeichnet.
  - Die Nachteile dieses Stils überwiegen:
    - Ausnutzen der Situation durch unreife Mitarbeiter,
    - oft fehlerhafte Leistungen,
    - mangelnde Systematik, Synergie und Zielorientierung,
    - Gefahr der Heranbildung informeller Führer.

08. Das Umfeld des Führungsprozesses

- Als *externe Einflussfaktoren* (= gesellschaftliche, gesamtpolitische) lassen sich z. B. anführen:
  - Struktur der Absatz- und der Beschaffungsmärkte,
  - gesetzliche Eckdaten; Maßnahmen des Staates (z. B. Ordnungspolitik, Subventionen),
  - Bildungsniveau der betreffenden Region,
  - Wettbewerbssituation,
  - gesellschaftlicher Wertewandel.

- Als *interne Einflussfaktoren* lassen sich z. B. nennen:

Interne Einflussfaktoren der Führung		
Der Vorgesetzte	**Der Mitarbeiter**	**Die betrieblichen Rahmenbedingungen**
- Persönlichkeit - Autorität - Eigenschaften - Führungsstil - Erfahrung - Kompetenzen ...	- Persönlichkeit - Disziplin - Erwartungen - Erfahrung - Fähigkeiten - Alter, Geschlecht ...	- Organisation - Arbeitsklima - Technik - Abläufe - Arbeitsmittel - Betriebsphilosophie ...

Diese Auflistung kann nur unvollständig sein. Entscheidend dabei ist, dass diese Faktoren in gegenseitiger Abhängigkeit und Wirkung stehen. Maßgebend im betrieblichen Führungsprozess ist also nicht, ob beispielsweise kooperativ oder situativ geführt wird, sondern dass die Führungsmaßnahmen unter Beachtung der Rahmenbedingungen und der spezifischen Situation zum Erfolg führen.

09. Der neue Vorgesetzte

a) Zur Vorbereitung auf die neue Führungsaufgabe empfiehlt sich:
- Information über Aufgaben und Abläufe in dem Verantwortungsbereich
- Fachlich „Nacharbeit" über Teilaufgaben, die Ihnen nicht vertraut sind (z. B. Qualitätssicherung)
- Information über die einzelnen Mitarbeiter in der Gruppe (Alter, Geschlecht, Aufgaben, Besonderheiten, Erkrankung u. Ä.; z. B. anhand der Lektüre der Personalakten) – ohne jedoch Vorurteile aufgrund der „Aktenlage" zu entwickeln.

b)

Der neue Vorgesetzte	
Mögliche Reaktionen der Gruppe oder einzelner Mitarbeiter auf diese Veränderung:	**Ihre angemessene Reaktion:**
Die gesamte Gruppe blockiert und zeigt Widerstände gegenüber geplanten Veränderungen.	Verständnis für die neue Situation zeigen, Geduld aufbringen und in Gruppengesprächen den Wechsel des Vorgesetzten zum Thema machen. Die Fachkompetenz der Mitarbeiter nutzen und bei Veränderungen einbeziehen.
Sie erkennen, dass es in der Gruppe einen informellen Führer gibt, der Ihre formale Führungskompetenz infrage stellt.	Fördernder Führungsstil, Anerkennung, tragende Rolle des Gruppen„Stars" nutzen und einbinden in die eigene Führungsarbeit; Ihre Vorbildfunktion ist wichtig.
Einer der Mitarbeiter biedert sich an, weil er davon Vorteile erhofft.	Einzelgespräch mit dem Mitarbeiter führen und verdeutlichen, dass Sie sein Verhalten unangebracht ist. Dabei möglichst Einsicht erzeugen.

4.5 Führungsmethoden und -techniken zur Förderung der Leistungsbereitschaft und Zusammenarbeit der Mitarbeiter

01. Führungsmittel

a) Insbesondere aus dem Arbeitsvertrag ergeben sich für den Mitarbeiter u.a. Pflichten (Leistungspflicht, Gehorsamspflicht, Pflicht zur Vertraulichkeit, Schweigepflicht usw.). Aufseiten des Vorgesetzten stehen dem u. a. gegenüber:

- das Weisungsrecht,
- das Recht zur Anordnung und
- das Recht zum Festlegen von Richtlinien (z.B. im Bereich des Unfallschutzes).

Der Vorgesetzte kann diese *arbeitsrechtlichen Führungsmittel* gezielt zur Gestaltung des Führungsprozesses einsetzen (Anweisungen treffen, sich auf Richtlinien berufen, ermahnen, abmahnen usw.). Er kann sich dabei auf die unterschiedlichen, bekannten Rechtsquellen des Arbeitsrechts berufen.

b) • *Anreizmittel,* z. B.:
  - monetäre Anreize (Zulagen, leistungsorientierte Entlohnung),
  - Statusanreize (Ernennung zum leitenden Angestellten, zum „Direktor"),
  - Entwicklungsanreize (Aufzeigen von Entwicklungschancen).

• *Kommunikationsmittel,* z. B.:
  - informieren,
  - mit dem Mitarbeiter reden,
  - präsentieren.

• *Führungsstilmittel,* z. B.:
  - beteiligen,
  - wertschätzen,
  - motivieren,
  - fördern,
  - delegieren,
  - kontrollieren.

Im Ansatz und in der Wirkung gibt es oft Überschneidungen bei den einzelnen Führungsmitteln.

02. Zielvereinbarung

a) Management by Objectives (Führen durch Zielvereinbarung)

b) Voraussetzungen, z. B.:
- Vorliegen einer abgestimmten Zielhierarchie; Ableitung der Ressortziele aus dem Unternehmensgesamtziel,
- eindeutige Abgrenzung der Aufgabengebiete,
- Vereinbarung der Ziele im Dialog (kein Zieldiktat),
- Festlegung von messbaren Zielgrößen, d.h. Bestimmung von
  - Zielinhalt, z. B. „Fluktuation senken"
  - Zielausmaß, z. B. „um 5 %"
  - und zeitlicher Bezugsbasis, z. B. „innerhalb eines Jahres",
- gemeinsame Überprüfung der Zielerreichung.

03. Delegationsbereiche

(1) „Mitarbeiter":
Begründung: Entscheidungen innerhalb seines Delegationsbereichs trifft der Mitarbeiter selbst und kein anderer.

(2) „Vorgesetzter + Mitarbeiter":
Begründung: Informieren ist eine Holschuld (Mitarbeiter) und eine Bringschuld (Vorgesetzter).

(3) „Vorgesetzter + Mitarbeiter":
Begründung: Eigenkontrolle (Mitarbeiter) und Fremdkontrolle (Vorgesetzter).

(4) „Mitarbeiter":
Die Handlungsverantwortung liegt immer beim Mitarbeiter.

04. Motivationsprobleme und Handlungsempfehlungen

Handlungsempfehlungen zur Motivation der Mitarbeiter: Folgende Grundregeln können eine Orientierungshilfe sein:

Vorgehensweise	z. B. durch
1) Unbefriedigte Motive der Mitarbeiter kennen lernen	- Gespräch mit dem Mitarbeiter - Motive wecken - Anreize bieten
2) Erwünschtes Verhalten verstärken	- Bestätigung, Anerkennung, Kritik
3) unerwünschtes Verhalten vermeiden	- Beurteilung, Kritik
4) Hindernisse für positives Verhalten vermeiden	- Information, Arbeitsplatzgestaltung, - optimale Arbeitsmittel, Arbeitsabläufe
5) Gegensteuernde Motive verhindern	- Vertrauen durch Verständigung schaffen.

05. Zielvereinbarung (MbO)

Die Entscheidungsebenen arbeiten gemeinsam an der Zielfindung. Dabei legen Vorgesetzter und Mitarbeiter gemeinsam das Ziel fest, überprüfen es regelmäßig und passen das Ziel an. Da das Gesamtziel der Unternehmung und die daraus abgeleiteten Unterziele ständig am Markt orientiert sind, ist MbO durch kontinuierliche Zielpräzisierung ein Prozess. Die Wahl der einzusetzenden Mittel zur Zielerreichung bleibt den Mitarbeitern überlassen. Diese Methode wirkt Formalismus, Bürokratie, Unbeweglichkeit und Überbetonung der Verfahrenswege direkt entgegen. Kriterium sind Effektivität und Zweck. Die Zielerreichung ist der Erfolg. Die Leistung wird im Soll-Ist-Vergleich beurteilt. Beurteilungsverfahren, die sich am MbO-Prinzip orientieren, sind den klassischen, merkmalsorientierten Beurteilungssystemen überlegen.

06. Kontrolle

Funktionen der Kontrolle: Kontrolle ist/heißt ...

- ein Soll-Ist-Vergleich
- Ursachen erkennen
- eine Informationsquelle
- ein Koordinierungsinstrument
- ein Steuermittel zur Kurskorrektur
- ein Anlass zum Mitarbeitergespräch
- eine Beratungsmöglichkeit (= Hilfestellung für Mitarbeiter)
- eine Rückkopplung für den Mitarbeiter über seine Leistung
- Interesse bekunden für Arbeit der Mitarbeiter
- ein Hilfsmittel zum Erkennen + Trennen von „Dringlich + Wichtig“

07. Lob, Anerkennung

- Anerkennung ist (sprachlich) die schwächere Form.
- Lob und Anerkennung motivieren.
- Konkret sein und sich auf die Sache/Leistung beziehen (nicht auf die Person).
- Wichtig:
  - richtige Zeit (z. B. pädagogischer Anlass)
  - richtiger Ort
  - richtiges Maß
  - meist: unter vier Augen
- Ausgewogenheit von Anerkennung und Kritik.

08. Gesprächsführung im Rahmen der Beurteilung

a) (1) *Beispiel für eine positive Gesprächseröffnung:*
„Ich bin der Meinung, Sie haben sich in der Probzeit sehr engagiert und mit großem Interesse in das neue Aufgabengebiet eingearbeitet. Dafür möchte ich Ihnen danken".

Möglichst in der Ich-Form sprechen – ich als Vorgesetzter – und nicht in der Wir-Form - wir als Betrieb; die Wir-Form wirkt weniger verbindlich.

(2) *Beispiel für eine richtig formulierte Beanstandung:*

- „Ich sehe in Ihren Arbeitsergebnissen noch die Möglichkeit, sich in dem Gebiet .. X,Y ... zu verbessern, z. B. durch ..."
- „Mir ist aufgefallen, dass Ihnen bei folgenden Aufstellungen ... (konkret nennen) noch Fehler unterlaufen ..."
- „Ich musste feststellen, dass Sie im letzten Monat – wenn ich mir das Ergebnis ihrer Zeitsummenkarte betrachte – häufiger zu spät gekommen sind"; (nicht : „Sie kommen ständig zu spät." *Kritik an der Sache* - nicht an der Person).

(3) *Beispiel für die Überleitung des Gesprächs an den Mitarbeiter:*
„Ich habe Ihnen eine Reihe von Punkten genannt ..., mich interessiert, wie sehen Sie das?"

b) (1) „Sie arbeiten fehlerhaft und nachlässig."
„Ihre Bereitschaft, sich engagiert in die neu gebildete Gruppe einzubringen, lässt noch sehr zu wünschen übrig."

Bewertung: → fehlerhaft: *Die Person wird beanstandet.*

(2) „Sie sind doch wohl mit mir auch der Meinung, dass ...?"
„Ich glaube kaum, dass Sie behaupten können, dass ...!"

Bewertung: → fehlerhaft: *Suggestivfragen, Fangfragen werden verwendet.*

(3) „Das kann man so doch wohl nicht sehen!"

Bewertung: → fehlerhaft: Der Mitarbeiter wird durch *unangemessene Unmutsäußerungen* frustriert.

(4) Unangemessen langes Schweigen des Vorgesetzten (mit „Pokerface").

Bewertung: → fehlerhaft: Der Mitarbeiter wird frustriert, weil *Feedback fehlt.*

c) *Grundsätze für die Durchführung von Beurteilungsgesprächen:*

- Der Vorgesetzte sollte *nicht versuchen*, im Beurteilungsgespräch *zu viel zu erreichen.* Gegebenenfalls sollten sich beide Seiten mit Teilerfolgen zufrieden geben. Es kann unter Umständen notwendig sein, das Gespräch *zu vertagen*, weil eine Seite oder beide Gesprächsteilnehmer im Moment nicht über die Gelassenheit verfügen, um das Gespräch erfolgreich bearbeiten zu können.
- *Das abschließende Gesprächsergebnis* („Wie sehen beide die einzelnen Punkte, welche Vereinbarungen/Kontrakte werden getroffen?") sind der *Grundstein für das nächstfolgende Gespräch.*

- Der Sinn des Beurteilungsgesprächs wird völlig verfehlt, wenn durch die Art der Gesprächsführung die zukünftige emotionale Basis der Zusammenarbeit nachhaltig gestört wird. Es ist dann besser, abzubrechen und zu vertagen.
- Die objektive Dauer des Beurteilungsgesprächs ist weniger bedeutsam als di*e Vermittlung des subjektiven Gefühls „Zeit gehabt zu haben“.*
- Auch bei harten Auseinandersetzungen und bei massiven Meinungsverschiedenheiten hinsichtlich der Leistungsbeurteilung ist der *konstruktive Ausgang des Gesprächs anzustreben.*
- Ein unvorbereitetes Beurteilungsgespräch führt in der Regel zum Desaster. Dazu gehört auch, dem Mitarbeiter rechtzeitig den Gesprächstermin anzukündigen und ihn zu bitten, sich selbst darauf vorzubereiten.
- Ebenfalls zu *vermeiden ist eine einseitige Entscheidun*g des Vorgesetzten über notwendige Aktionen (Fortbildung, Nachholen von Einarbeitungsschritten u. Ä.).
- Ebenfalls fehlerhaft ist es*, neue Informationen*, die der Mitarbeiter bringt, in der Beurteilung einfac*h zu ignorieren.*
- Und „last but not least ist eine *versteckte Beurteilun*g“, die dem Mitarbeiter nicht bekannt ist bzw. nicht mit ihm besprochen wurde, *abzulehnen.*

09. Mitarbeiterbeurteilung

a) *Phasen:*
- Beobachten
- Beschreiben
- Bewerten
- Beurteilungsgespräch
- Auswertung

b) *Beurteilungsfehler*, z. B.:
- *Fehler in der Wahrnehmung:*
  - Halo-Effekt
  - Nikolaus-Effekt
  - Selektionseffekt
  - Vorurteile
  - Lorbeer-Effekt
  - Hierarchie-Effekt
  - voreilige Schlussfolgerungen
- *Fehler im Beurteilungsverfahren/im Maßstab:*
  - Tendenz zur Mitte
  - Tendenz zur Milde
  - Tendenz zur Strenge
  - Sympathiefehler

Hinweis: Es ist jeweils eine knappe Erläuterung zu geben.

c) • *Merkmale zur Beurteilung von Führungskräften:*
- Dynamik
- Flexibilität
- Führungsfähigkeit
- psychische Stabilität

• *Merkmale zur Beurteilung von gewerblichen Arbeitnehmern:*
- Arbeitsmenge
- Arbeitsqualität
- Sorgfalt
- Zusammenarbeit

10. Beurteilungsgespräch

a) Vorbereitung, z. B.:
- Dem Mitarbeiter rechtzeitig den *Gesprächstermin* mitteilen und ihn bitten, sich ebenfalls vorzubereiten;
- ggf. prüfen, ob ein Dolmetscher erforderlich ist;
- den *„äußeren Rahmen"* gewährleisten; keine Störungen, ausreichend Zeit, keine Hektik, geeignete Räumlichkeit, unter „vier Augen" u. Ä.
- *Sammeln und strukturieren der Informationen:*
  - ❍ Wann war die letzte Leistungsbeurteilung?
  - ❍ Mit welchem Ergebnis?
  - ❍ Was ist seitdem geschehen?
  - ❍ Welche positiven Aspekte?
  - ❍ Welche negativen Aspekte?
  - ❍ Sind dazu Unterlagen erforderlich?
- *Was ist das Gesprächsziel?*
  - ❍ Mit welchen Argumenten?
  - ❍ Was wird der Mitarbeiter vorbringen?

b) *(1) Eröffnung,* z. B.:
- sich auf den Gesprächspartner einstellen, eine zwanglose Atmosphäre schaffen;
- die Gesprächsbereitschaft des Mitarbeiters gewinnen, evtl. Hemmungen beseitigen;
- ggf. beim Mitarbeiter Verständnis für die Beurteilungssituation wecken.

(2) Konkrete Erörterung der positiven Gesichtspunkte, z. B.:
- nicht unbedingt nach der Reihenfolge der Kriterien im Beurteilungsrahmen vorgehen;
- ggf. positive Veränderungen gegenüber der letzten Beurteilung hervorheben;
- Bewertungen konkret belegen;
- nur wesentliche Punkte ansprechen (weder „Peanuts" noch „olle Kamellen");
- den Sachverhalt beurteilen, nicht die Person.

(3) *Konkrete Erörterung der negativen Gesichtspunkte*, z. B.:
- analog wie Ziffer 2;
- negative Punkte zukunftsorientiert darstellen (Förderungscharakter).

(4) *Bewertung der Fakten durch den Mitarbeiter*, z. B.:
- den Mitarbeiter zu Wort kommen lassen, interessierter und aufmerksamer Zuhörer sein;
- aktives Zuhören, durch offene Fragen ggf. zu weiteren Äußerungen anregen;
- asymmetrische Gesprächsführung, d. h. in der Regel dem Mitarbeiter den größeren Anteil an Zeit/Worten überlassen;
- evtl. noch einmal einzelne Beurteilungspunkte genauer begründen;
- zeigen, dass die Argumente ernst genommen werden;
- eigene „ Fehler“ und betriebliche Pannen offen darlegen;
- in der Regel keine Gehaltsfragen diskutieren (keine Vermengung); falls notwendig, „abtrennen“ und zu einem späteren Zeitpunkt fortführen;

(5) *Vorgesetzter und Mitarbeiter diskutieren alternative Strategien und Maßnahmen zur Vermeidung zukünftiger Fehler*, z. B.:
- Hilfestellung nach dem Prinzip „Hilfe zur Selbsthilfe“ („ihn selbst darauf kommen lassen“);
- ggf. konkrete Hinweise und Unterstützung (betriebliche Fortbildung, Fachleute usw.);
- kein unangemessenes Eindringen in den Privatbereich;
- sich Notizen machen; den Mitarbeiter anregen, sich ebenfalls Notizen zu machen.

(6) *Positiver Gesprächsabschluss mit Aktionsplan*, z. B.:
- wesentliche Gesichtspunkte zusammenfassen;
- Gemeinsamkeiten und Unterschiede klarstellen;
- ggf. zeigen, dass die Beurteilung überdacht wird;
- gemeinsam festlegen:
  - Was unternimmt der Mitarbeiter?
  - Was unternimmt der Vorgesetzte?
  - (Wer macht was? Wie? Bis wann?);
- ggf. Folgegespräch vereinbaren; Wann? Welche Hauptaufgaben?;
- Zuversicht über den Erfolg von Leistungskorrekturen vermitteln;
- Dank für das Gespräch.

11. Beurteilung und Mitbestimmung

a) Sie haben die Bitte des Mitarbeiters auf eine Beurteilung zu Unrecht abgelehnt. Die §§ 81-86 des BetrVG enthalten sog. individualrechtliche Normen des einzelnen Arbeitnehmers. Sie haben generelle Geltung – unabhängig davon, ob ein Betriebsrat existiert oder nicht. Dazu gehört auch das Recht des Mitarbeiters auf eine Beurteilung seiner Leistung (§ 82 Abs. 2 BetrVG).

Daneben besteht nach § 83 BetrVG das Einsichtsrecht in die eigene Personalakte. Damit hat der Mitarbeiter die Möglichkeit, auch eine Beurteilung, die nicht mit ihm besprochen wurde in Erfahrung zu bringen.

b) - Ja, der Betriebsrat muss eingeschaltet werden.
- Das vorliegende Beurteilungssystem dürfte den Tatbestand der „allgemeinen Beurteilungsgrundsätze“ nach § 94 Abs. 2 BetrVG erfüllen. Die Erstellung sowie die Überarbeitung eines Beurteilungssystems mit festgelegten Merkmalen, Merkmalsausprägungen usw. bedarf der Zustimmung des Betriebsrates.

12. Einführung neuer Mitarbeiter

(1) *Ziele setzen:*
→ Die Neuen sollen in einer Woche alle standardmäßigen Montagearbeiten beherrschen.

(2) *Planen:*
→ Was? Wer? Wann? In welcher Zeit? z. B. Ausbildungsinhalte, Vorarbeiter und/oder erfahrene Mitarbeiter usw.

(3) *Organisieren:*
→ Vorarbeiter informieren, Zeiten vorsehen, Vorkehrungen treffen, ... (o. Ä.)

(4) *Durchführen:*
→ Einarbeitungsplan mit den Neuen besprechen, „Tutoren“ zuweisen, Räumlichkeiten/Orte zeigen, Einarbeitung starten.

(5) *Kontrollieren*:
→ Eigenkontrolle der Mitarbeiter organisieren, Kontrolle der Lernabschnitte, „End“kontrolle und Abschlussgespräch, ... o. Ä.

Hinweis:
Bei Phase (2) – (4) kann es Überschneidungen geben; entscheidend ist, dass deutlich wird: Sie beherrschen das Thema „Einarbeitung“ und können nach dem Managementregelkreis vorgehen.

13. Kreativität

Langfristig wird ein Unternehmen nur existieren können, wenn die Mitarbeiter kritisch-kreativ und motiviert sind, wenn sie sich Gedanken über den Sinn von Regelungen machen und über den notwendigen Antrieb verfügen.

Kreativität im Sinne „sich mit Ideen engagieren“, „was könnte an meinem Arbeitsplatz besser gemacht werden“ ist eine Quelle langfristiger Unternehmensicherung. Mit „Ja-Sagern“ lässt sich der Markt nicht erobern.

Kreative und motivierte Mitarbeiter zu gewinnen, zu fördern und zu erhalten muss der *Leitgedanke* in der Führungsarbeit des Meisters sein. Er kann dazu die ihm bekannten Führungsstilmittel (Kooperation, Wertschätzung usw.), Techniken (Kreativitäts- und Moderationstechniken) einsetzen sowie betriebliche Einrichtungen und Gruppen dafür nutzen oder *anregen* (Betriebliches Vorschlagswesen, Prozess der kontinuierlichen Verbesserung, Qualitätszirkel, Lernstatt, Wertanalyse, Teamarbeit, Workshops „Wo drückt der Schuh“ usw.).

14. Personaleinsatzplanung

a) *Ziel* der Personaleinsatzplanung:
Durch die Personaleinsatzplanung ist die Personalressource (quantitativ und qualitativ) dem Arbeitsanfall anzupassen – kurz, mittel- und langfristig:

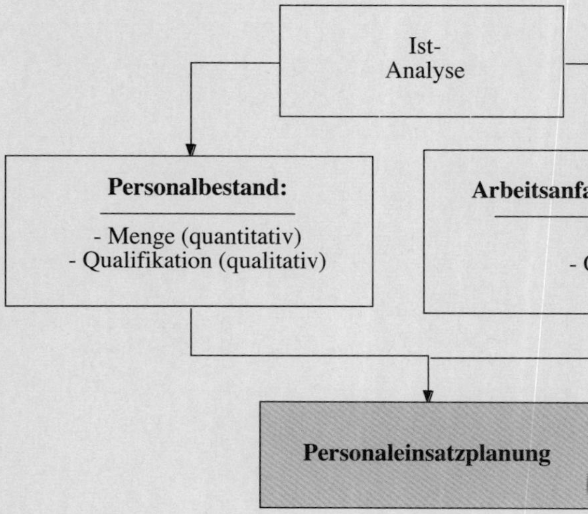

b) Mit der Personaleinsatzplanung werden z. B. folgende *Unterziele* verknüpft:

- Sicherung des Arbeits- und Gesundheitsschutzes
- Verbesserung der Motivation der Mitarbeiter
- Sicherung der Produktivität
- Senkung der Fluktuation
- Vermeidung von Vakanzen
- Senkung der Fehlzeiten

c)

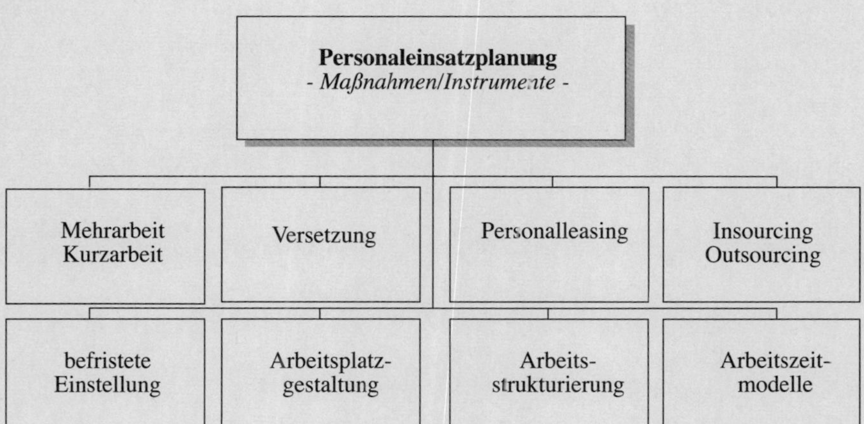

d)

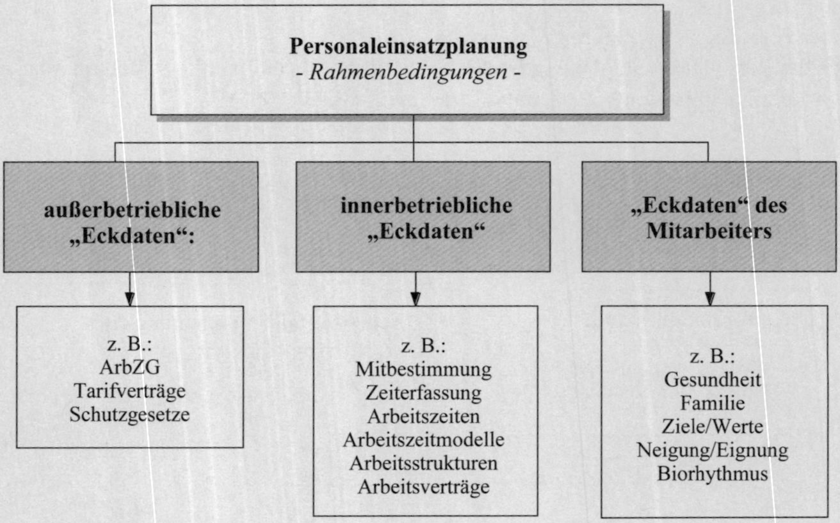

15. Nachfolgeplanung

a)

Nachfolgeplan: BL/Morgan	**Monate**											
Positionen	J	F	M	A	M	J	J	A	S	O	N	D
• Meisterbereich Montage	*Herr Schöner*						*Hr. Morgan*		*Herr Ruhs*			
• Vorarbeiter	*Herr Ruhs*								*Herr Dick*			
• Montage 1	*Herr Dick*						*Leiharbeiter*			*Herr Schnell*		
• Werkstatt	*Fr. Klamm*		*extern: befristete Einstellung*									
• Elektrik 1	*N.N.*			*Herr Rohr*								

b) Personelle Maßnahmen der Nachfolgeregelung/externe Besetzung:

Stellenbeschreibung und Anforderungsprofil erstellen bzw. überprüfen

↓

Stellenbeschreibung und Anforderungsprofil an Personalabteilung weiterleiten

↓

Interne Stellenausschreibung veranlassen

↓

Externe Stellenausschreibung ggf. veranlassen

↓

Externe Suchwege mit Personalabteilung beraten und entscheiden

↓

Mitarbeiterauswahl (gemeinsam mit Personalabteilung)

↓

Einstellung und Einarbeitung

c)

Personelle Maßnahme	Beteiligungsrechte des Betriebsrates	§§ BetrVG
• Personalplanung (allgemein)	Information, Beratung	§ 92
• Versetzung	Zustimmung	§ 99
• Neueinstellung	Zustimmung	§ 99
• Eingruppierung, Umgruppierung	Zustimmung	§ 99
• internes Trainingsprogramm	Information, Beratung	§ 96
	ggf. Mitbestimmung nach	§ 98

16. Schlüsselqualifikationen

a) Schlüsselqualifikationen lassen sich mit folgenden Stichworten umreißen:
- relativ positionsunabhängig
- berufs- und funktionsübergreifend
- langfristig verwertbar
- übergeordnete Bedeutung
- bilden häufig die Basis für den Erwerb spezieller Fachkompetenzen

b)

Schlüsselqualifikationen: *- Beispiele -*	geeignete Trainingsmaßnahmen:
	- Beispiele -
• Lernfähigkeit	- Einsatz in Projektgruppen - Teilnehmer aktivierende Methoden im Seminar
• Moderationsfähigkeit	- Erlernen und Anwenden der Moderationstechniken im Seminar - Coaching der Moderationskompetenz durch den Vorgesetzten
• Kommunikationsfähigkeit	- Erlernen von Regeln der Kommunikation im Seminar - Üben der Kommunikation unter Supervision

17. Formen von Weiterbildungsmaßnahmen

a) Z. B.:
- Einsatzdauer,
- Einsatzbereich,
- Entwicklungsziele,
- (flankierende) Lehrgänge und Trainingsmaßnahmen.

b) Die Übernahme zeitlich befristeter Fragestellungen innerhalb eines Projekts erfordert/fördert Qualifikationen, die innerhalb einer Linienposition eher seltener angesprochen werden können.

Beispiele:
- Einsatz und Beherrschung kreativer Methoden,
- Präsentationsfähigkeit,
- Moderationsfähigkeit,
- Entwicklung der Analysefähigkeit.

c) • *Das Planspiel* verläuft meist über mehrere Spielperioden. Der Teilnehmer ist gezwungen, im Team Entscheidungen zu verschiedenen Parametern abzugeben. Der weitere Spielverlauf zeigt ihm die Auswirkungen seiner Entscheidung. Lernen im Team und Denken in Zusammenhängen im Rahmen eines dynamischen Modells werden gefördert.

• *Die Fallmethode* bietet ähnliche Ansätze. Die Methode ist jedoch statisch angelegt und meist weniger komplex als ein Planspiel.

18. Förderung von Nachwuchskräften

a) Mit „Nachwuchskräften" wird i.d.R. der „Führungs"nachwuchs bezeichnet, d. h. es geht vorwiegend um die Vorbereitung von Mitarbeitern zur Übernahme von Führungspositionen im Unternehmen.

b) Im Vordergrund stehen die Vermittlung von
- Führungsfähigkeiten und
- Managementtechniken.

Daneben sind häufig unternehmensspezifische Gegebenheiten ein Thema innerbetrieblicher Schulungen für Nachwuchskräfte, z. B.:
- Betriebspolitik,
- Führungsprinzipien,
- Geschäftsprinzipien,
- Budgetierung und Ergebnisrechnung,
- Controlling.

c) Maßnahmen und Methoden der Nachwuchskräfteförderung sind in ein ganzheitliches Konzept einzubinden, damit die Instrumente sich gegenseitig ergänzen und ihre volle Wirkung entfalten können. Als Methoden bieten sich hier z. B. besonders an:
- Traineeausbildung (als Generalist oder Spezialist; Dauer: meist 6 Monate bis 2 Jahre),
- Übernahme von Sonderaufgaben,
- Auslandsentsendung,
- Leitung von Projekten und Qualitycircle,
- Stellvertretung; oft in Verbindung mit Job Rotation,
- Assistenten-Funktion,
- Leiter einer Junioren-Firma (Junior-Board).

d1) Schlüsselqualifikationen sind – vereinfacht gesagt – der „Schlüssel“ zur schnellen und systematischen Aneignung rasch wechselnden Spezialwissens sowie zur Anpassung an veränderte berufliche Situationen. Schlüsselqualifikationen sind relativ zeitunabhängig, langfristig verwertbar sowie überwiegend berufs- und funktionsübergreifend.

d2) Beispiele für Schlüsselqualifikationen:
- Kooperationsfähigkeit,
- Kommunikations- und Moderationsfähigkeit,
- Kompetenz zur Problemlösung,
- Einfühlungsvermögen und Belastbarkeit,
- Fähigkeit zum systematischen Lernen,
- Entscheidungsfähigkeit,
- Fähigkeit zur Delegation und Motivation.

d3) *Fähigkeit zum systematischen Lernen:* Geeignete Förderungsmaßnahmen können hier z. B. sein:
- Einsatz von Fallbeispielen,
- Vermittlung von Lern- und Denktechniken,
- Integration von Seminarteilnehmern in den Lernprozess durch Mitgestaltung der Lernstruktur und der Lehrmethoden,
- generell: Einsatz teilnehmeraktivierender Methoden (z. B. Gruppenarbeit, Leittexte, Lernprojekte).

19. Job-Rotation

a) *Job-Rotation* (= Arbeitsplatzringtausch) ist die systematisch gesteuerte Übernahme unterschiedlicher Aufgaben in Stab oder Linie bei vollgültiger Wahrnehmung der Verantwortung einer Stelle. Jedem Arbeitsplatzwechsel liegt eine Versetzung zu Grunde.

Entgegen der zum Teil häufig geübten Praxis ist also Job-Rotation nicht „das kurzfristige Hineinschnuppern in ein anderes Aufgabengebiet“, das „Über-die-Schulter-schauen“, sondern die vollwertige, zeitlich befristete Übernahme von Aufgaben und Verantwortung einer Stelle mit dem Ziel der Förderung bestimmter Qualifikationen.

b) *Vorteile von Job-Rotation*, z. B.:
- das Verständnis von Zusammenhängen im Unternehmen wird gefördert;
- der Mitarbeiter wird von Kollegen und unterschiedlichen Vorgesetzten „im Echtbetrieb“ erlebt; damit entstehen Grundlagen für fundierte Beurteilungen;
- Fach- und Führungswissen kann horizontal und vertikal verbreitert werden;
- die Einsatzmöglichkeiten des Mitarbeiters werden flexibler; für den Betrieb wird eine personelle Einsatzreserve geschaffen; „Monopolisierung von Wissen“ wird vermieden;
- Lernen und Arbeiten gehen Hand in Hand; „Produktion und Information“, d. h. die Bewältigung konkreter Aufgaben und die Aneignung neuer Inhalte sind eng verbunden.

20. Weiterbildungsmaßnahmen (Überblick)

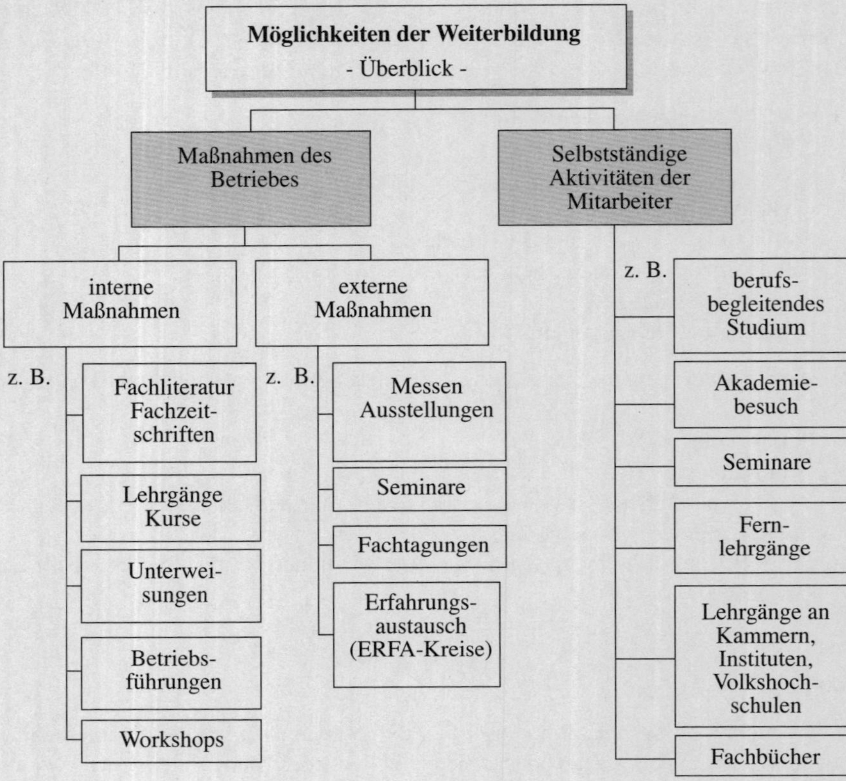

21. Weiterbildungskonzept (-planung)

Phase 1	**Analyse der Ist-Situation**
Jede Ermittlung des Bildungsbedarfs setzt die Erhebung eines Ist-Wertes und eines Soll-Zustandes voraus. Bildungsdefizite resultieren aus internen und/oder externen Einflussfaktoren (z. B. Veränderung der zukünftigen Anforderungen, neue Produkte u.Ä.)	

⇓

Phase 2	**Ermittlung des Bildungsbedarfs**
Der Bildungsbedarf kann einmalig oder kontinuierlich ermittelt werden; dabei muss entschieden werden über die Form der Bedarfsermittlung sowie die Art der Erhebung; es ist zu differenzieren nach dem Weiterbildungsbedarf - aus der Sicht des Unternehmens (Unternehmensziele) sowie - aus der Sicht der Mitarbeiter (persönlicher Weiterbildungsbedarf)	

⇓

Phase 3	Ermitteln der Aktionsfelder
Die Ergebnisse der Bedarfsermittlung sind zu verdichten und auf Zusammenhänge zu untersuchen. Aus der Analyse von Soll-Werten und dem Ist-Zustand ergeben sich die Weiterbildungsinhalte („Aktionsfelder"). Sie sind nach Prioritäten zu gewichten.	

⇓

Phase 4	Präsentation der Weiterbildungskonzeption
Eine Weiterbildungskonzeption ohne Akzeptanz im Unternehmen ist nicht das Geld wert, das die Maßnahmen kosten. Die Leitungsebene muss „hinter den geplanten Aktionen" stehen; ebenso ist der Betriebsrat zu beteiligen. Die Mitarbeiter andererseits müssen Sinn und Zweck der Weiterbildungsmaßnahmen kennen und bejahen. Ein auf das Unternehmen abgestimmtes Marketing der Weiterbildung ist unerlässlich.	

⇓

Phase 5	Durchführung des Weiterbildungskonzeptes
Bei der Umsetzung der Einzelaktivitäten einer Weiterbildungskonzeption ist u. a. über folgende Fragen zu entscheiden:	
- Lernziele? - Lernzielkontrollen? - intern oder extern?	- Methoden? Teilnehmer? - Kosten? usw.

⇓

Phase 6	Kontrolle, Transfer und Weiterentwicklung
Weiterbildungsarbeit hat langfristig nur Bestand, wenn sie erfolgreich ist, d. h. also, wenn „Gelerntes" – gemessen am formulierten Lernziel – in die Praxis transferiert wurde. Der Erfolg betrieblicher Bildungsarbeit ist selten präzise messbar. Außerdem muss das bestehende Weiterbildungskonzept kontinuierlich aktualisiert und weiterentwickelt werden.	

22. Stellenbeschreibung (Arbeitsplatzbeschreibung)

Zur Vorbereitung Ihrer Weiterbildungsmaßnahmen sind Sie gehalten, die Stellenbeschreibungen für Ihre Arbeitsgruppe anzufertigen.

a) Inhalte einer Stellenbeschreibung (auch: Arbeitsplatzbeschreibung); Beispiel

Firma	**Stellenbeschreibung**		Blatt 1
Stelleninhaber	Name	Vorname	Stellen-Nr.
Bezeichnung der Stelle Dienstrang			
Bereich Vorgesetzter Unterstellte Mitarbeiter Vertritt Wird vertreten von			
Ziel der Stelle			
Tritt in Kraft am	Nächste Überprüfung am		Verteiler
Unterschriften Stelleninhaber am	Vorgesetzter am	Bearbeiter am	Anzahl Seiten
Fachliche Aufgaben im Einzelnen: - Allgemeine Aufgaben - Fachaufgaben - Organisationsaufgaben - Planungsaufgaben - Personalaufgaben - Sonderbefugnisse Zusammenarbeit mit anderen Stellen Berichterstattung Mitarbeit im Kollegium Einzelauftrag			

b) Unterschied zur Funktionsbeschreibung:
Bei einer Funktionsbeschreibung werden nicht alle (einzelnen) Arbeitsplätze eines Verantwortungsbereichs erfasst sondern nur die vorhandenen Funktionen/Tätigkeiten.

Beispiele: Montagefacharbeiter, Prüfer, Mechaniker, Elektriker, Lagerarbeiter usw.

23. Zeugnisanalyse

Sind die Aussagen über den Mitarbeiter „wenig schmeichelhaft" bzw. will man direkt negative Aussagen vermeiden, so ist es weit verbreitet,

- unwichtige Eigenschaften und Merkmale unangemessen hervorzuheben sowie
- wichtige Aspekte zu verschweigen (weil negativ) – insbesondere Eigenschaften und Verhaltensweise, die bei einer bestimmten Tätigkeit von besonderem Interesse sind.

Im vorliegenden Fall liegt der Schluss nahe, dass entweder die Aussage über die Führungsqualifikation vergessen wurde (unprofessionelle Zeugniserstellung; kleines Familienunternehmen) oder dass der Bewerber bisher keine besonderen (positiven) Führungseigenschaften gezeigt hat.

24. Zeugniscodierung

Im vorliegenden Fall ist davon auszugehen, dass die Formulierungen bewusst gewählt wurden (Großunternehmen; Personalabteilung). Bei Herrn Kernig liegt der Schluss nahe, dass es sich um einen Mitarbeiter mit eher durchschnittlicher Leistung handelt, der weiß, wie man sich gut darstellt.

25. Analyse von Schulzeugnissen

Im vorliegenden Fall liegen die Schulnoten fast 30 Jahre zurück und sind daher bei der Analyse nicht mehr relevant. Im Vordergrund stehen beim Bewerber Kernig die Analyse der Arbeitszeugnisse, das Ergebnis der beruflichen Erstausbildung, die Meisterprüfung und ähnliche Qualifikationen.

26. Arbeitszeitflexibilisierung

a) Z. B.:

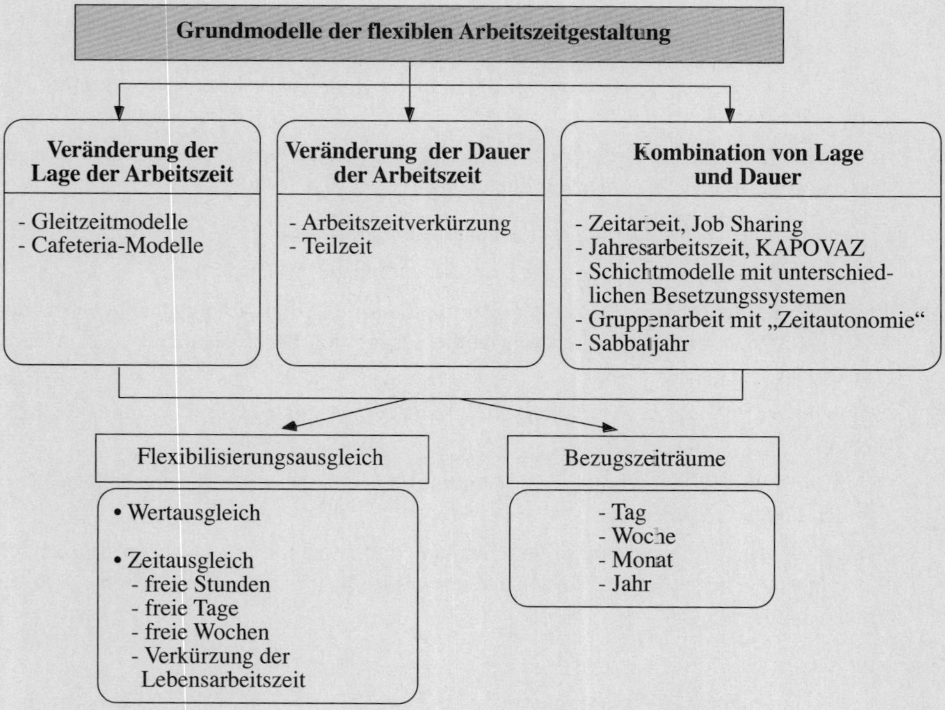

b) Beispiel:

• *die Betriebe*

- streben nach maximaler Maschinennutzungszeit bei kapitalintensiven Betrieben
- wollen eine optimale Anpassung des Arbeitskräftepotenzials an Schwankungen der Nachfrage

• die *Mitarbeiter*
- wünschen sich verstärkt eine flexiblere Gestaltung von Arbeitszeit und Arbeitsdauer
- suchen nach verbesserten Möglichkeiten der Vereinbarkeit von Beruf und Familie

• der *Gesetzgeber*
- verbessert tendenziell die Möglichkeiten zur Gestaltung der Arbeitszeitflexibilisierung z. B.: Arbeitszeitgesetz, Teilzeit- und Befristungsgesetz

4.6 Förderung der Kommunikation und Kooperation

01. Direktive/non-direktive Gesprächsführung

• Man kann die *direktive Gesprächsführung* mit einer Gesprächssteuerung umschreiben, die den Ablauf *in starkem Maße steuert.* Im Einzelnen ist die direktive Gesprächshaltung des Vorgesetzten gekennzeichnet durch
- Distanz, das heißt relativ geringer emotionaler Kontakt,
- Bewertung, das heißt, das Bemühen, objektiv zu prüfen und begründet zu beurteilen,
- geschlossene Fragestellungen, das heißt, der Mitarbeiter ist gezwungen, sich auf „ja-nein-Antworten" bzw. auf präzise Aussagen festzulegen,
- Kritik, das heißt, der Vorgesetzte wird klar auf Leistungsschwächen hinweisen und dafür Gründe belegen,
- dominante Gesprächssteuerung, das heißt, der Vorgesetzte wird versuchen, den Mitarbeiter auf das erwünschte Leistungsziel hinzuweisen.

• Die *non-direktive Gesprächshaltung* ist gekennzeichnet durch:
- Zuwendung, das heißt, emotionaler Kontakt zu dem Gesprächspartner,
- *Beratung*, das heißt, dem Mitarbeiter Informationen und Orientierungspunkte geben, damit er selbst Möglichkeiten zur Leistungsverbesserung und beruflichen Entwicklung finden kann,
- *offene Fragestellung*, das heißt, den Mitarbeiter seine Gedanken und Gefühle beschreiben lassen,
- *Hilfe zur Selbsthilfe*, das heißt, den Mitarbeiter eventuelle Leistungsschwächen selbst erkennen und beurteilen lassen,
- *Anreize geben*, das heißt, beim Mitarbeiter Motivation und Initiative wecken, um sich selbst Leistungsziele zu setzen und sie aus eigenem Antrieb zu erreichen versuchen – z. B. beim Beurteilungsgespräch.

• *Empfehlung:*

Es gibt kein Patentrezept, wann die nicht-direktive Gesprächsführung der direktiven vorzuziehen ist. Die Wahl der Gesprächsführung ist, wie im „Spannungsfeld der Führung", abhängig von der Person des Vorgesetzten, der Person des Mitarbeiters und der betreffenden Beurteilungssituation.

Eines soll klar gestellt werden: *Die nicht-direktive Gesprächshaltung bedeutet keineswegs „weiche Welle".* Im Gegenteil: Es kann für den Mitarbeiter *durchaus „schmerzhaft" sein,* wenn eine geschickte, einfühlsame Gesprächsführung ihn dazu führt, Versäumnisse oder Fehlverhalten zu nennen und *Vorschläge zur Korrektur selbst zu machen.*

Im Idealfall wird der Vorgesetzte in seinem Gesprächsverhalten flexibel auf die jeweilige Gesprächssituation und das Verhalten seines Mitarbeiters reagieren. Dabei können ohne weiteres direktive und nicht-direktive Gesprächshaltungen beim Vorgesetzten abwechseln.

Fazit:
Im Allgemeinen wird man der nicht-direktiven Gesprächsführung mehr den Vorzug geben als der direktiven – mit dem Ziel, die Bereitschaft und Fähigkeit des Mitarbeiters zur Selbstkritik und Selbststeuerung zu wecken und zu fördern.

02. Konferenz-/Besprechungsregeln

Gruppengespräche/Konferenzen dienen dem Informationsaustausch (Diskussionen) und der Behandlung wichtiger Themen, die einen größeren Personenkreis betreffen.

1. Es sind die *Grundsätze der Moderation* einzuhalten.

2. Weiterhin - die wichtigsten *Konferenzregeln*:
   - Tagesordnung festlegen und Themen vorbereiten,
   - richtigen Teilnehmerkreis wählen,
   - Einladung schreiben,
   - Raum- und Sitzordnung festlegen,
   - Zeit begrenzen,
   - pünktlich beginnen und aufhören,
   - Aktionen/Handlungen einleiten,
   - Ergebnisprotokoll anfertigen:
     · Wer? Macht was? Wie? Bis wann?
     · V: ... (verantwortlich)
     · T: ... (Termin)
   - Konferenz richtig steuern:
     · Aktivitäten in der Balance halten (z. B. alle Teilnehmer einbeziehen);
     · Fakten, Fragen, Visualisieren, beim Thema bleiben;
     · Rededisziplin, Teilnehmer stimulieren, keine Störungen;
     · Meinungen zusammenfassen, alle 45 Min. Pause.

03. Arbeit in Gruppen, Risiken teilautonomer Gruppen

a) *Formen betrieblicher Gruppenarbeit* (Überblick und Kurzbeschreibung):

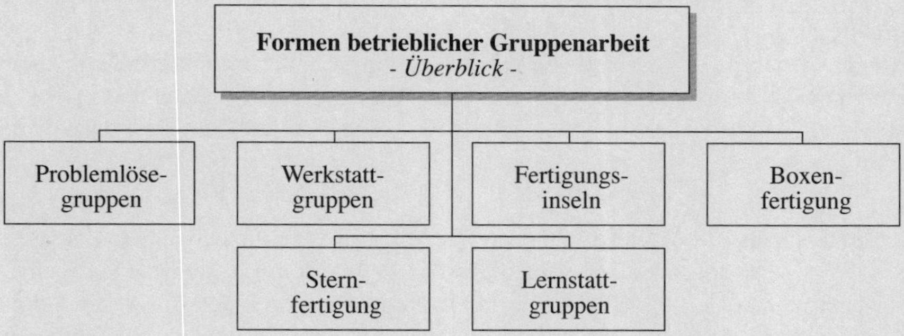

- *Problemlösegruppen*
  dienen der Problembewältigung (Aufgaben-Orientierung). Ihr Ziel ist das Aufzeigen von Lösungen und Verbesserungen sowie z. T. das Treffen von Entscheidungen.

  Beispiele:

- Projektgruppen	- Qualitätszirkel
- Wertanalysegruppen	- Werkstattzirkel
- Task Force	

- *Werkstattgruppen*
  dienen der Verbesserung der Arbeitsorganisation; im Vordergrund steht die technische Ablauforientierung. Es sollen die Nachteile der Fließfertigung vermieden werden. Zu den *Nachteilen der Fließfertigung* (mit Einzelarbeitsplätzen) zählen bekanntermaßen folgende Punkte:

  - hohe Fixkosten (Anlage- und Werkzeug-Installationen)
  - Monotonie:
    - Entfremdung
    - höhere Fehlzeiten (ergonomisch gesundheitsschädlicher, Motivations-Senkung)
    - unflexibles Personal
    - geringeres Qualifikationsniveau erforderlich.

  Geschichtlich entwickelte sich die industrielle Arbeit von der Werkstattfertigung (wie in der Automobil-Produktion heute noch bei Rolls Royce, Ferrari) über die Fließfertigung (Ford: „Tin-Lizzy", VW: „Käfer") mit ihren Nachteilen wieder hin zu den folgenden *neuen Formen der Werkstatt-Organisation:*

  - Fertigungsinseln
  - Boxen-Fertigung
  - Sternfertigung

  Ziel aller drei neuen Formen ist die Bereicherung der technischen Arbeiten um „menschliche" Aspekte:

  - höheres Qualifikationsniveau (Job-Enrichment)
  - höhere Löhne
  - flexibleres Personal
  - geringere Monotonie
  - weniger Entfremdung
  - geringere Fehlzeiten (ergonomisch gesundheits-unschädlicher, Motivation-Steigerungen)
  - höhere Arbeitszufriedenheit

- *Fertigungsinseln:*
  Bestimmte Arbeitspakete werden – ähnlich der ursprünglichen Werkstattfertigung – gebündelt. Dazu werden die notwendigen Maschinen und Werkzeuge zu so genannten Inseln zusammengefügt. Erst nach Abschluss mehrerer Arbeitsgänge verlässt das (Zwischen-)Erzeugnis die Fertigungsinsel.

  Zweck:
  In der Fertigungsinsel werden verschiedene Qualifikationen zusammengefasst. Entweder wird hier im Team gearbeitet oder an Einzelarbeitsplätzen. In jedem Fall kann die Fertigungsinsel-Mannschaft auch eine (teil-)autonome Arbeitsgruppe sein (vgl. unten). Da die Gruppe für die Stückzahl und die Qualität meist gemeinschaftlich verantwortlich ist, soll die Verantwor-

tungsbereitschaft und damit auch die Arbeitszufriedenheit gesteigert werden. Die Unternehmensleitung erhofft sich außerdem eine Senkung des Qualitätssicherungs-Aufwands.

- Bei der *Boxen-Fertigung*
  werden bestimmte Fertigungs- oder Montageschritte von einer Person oder mehreren Personen ähnlich der Fertigungsinsel räumlich zusammengefasst.

  Zweck:
  Typischerweise wird die Boxen-Fertigung bzw. -Montage bei der Erzeugung von Modulen/Baugruppen eingesetzt (z. B. in der Automobil-Produktion).

- Die *Sternfertigung*
  ist eine räumliche Besonderheit der Fertigungsinsel bzw. Boxen-Fertigung, bei der die verschiedenen Werkzeuge und Anlage nicht insel- oder boxen-förmig, sondern im Layout eines Sterns angeordnet werden.

  Zweck:
  Es gelten die gleichen Zwecke wie bei der Fertigungsinsel und der Boxen-Fertigung.

- *Lernstattgruppen*
  stellen noch stärker als die Problemlösegruppen (Aufgaben-Orientierung) und die Werkstattgruppen (technische Ablauforientierung) die Person und das Potenzial des Mitarbeiters in den Vordergrund. Sie sind ein Instrument der Personalentwicklung und lösen den Mitarbeiter für die Teilnahmezeiten ganz aus dem betrieblichen Pflichtenkreis heraus.

  Ziel der Lernstattgruppen ist die planvolle Höherqualifizierung von Mitarbeitern aller Hierarchiestufen zur Vorbereitung auf anspruchsvollere Aufgaben. Im Gegensatz zu Zirkel-Tätigkeiten stehen hier das Erlernen allgemeiner Analyse-, Problemlösungs- und Kommunikationsfähigkeiten sowie die sozio-kulturelle Persönlichkeitsentwicklung im Vordergrund.

b) *Risiken teilautonomer Gruppen*, z. B.:

Teilautonome Arbeitsgruppen sind kein universell einsetzbares Mittel der Arbeitsorganisation. In der industriellen Fertigung sind sie dann wirkungsvoll, wenn sie von klaren Rollen- und Aufgaben-Absprachen begleitet werden.

In anderen Branchen kann die geeignete Innenstruktur von Teams eine grundlegend andere sein: In einem Operations-Team eines Krankenhauses wirken zwar alle Beteiligten zusammen, aber sie vertreten sich nicht alle gegenseitig. Jedes Teammitglied macht nur eine genau definierte Teilarbeit im Rahmen des ganzheitlichen Auftrags, den Patienten zumindest gesünder aus dem OP-Raum zu entlassen, als er hereinkam. Störungen im Operationsverlauf durch mangelnde Absprache hätten für den Patienten empfindliche Konsequenzen. Also müssen alle präzise wissen, was von ihnen verlangt wird. Unterbleibt die vorbereitende Rollen- und Aufgaben-Klärung, kann es zu Katastrophen kommen.

Als weiterer Nachteil zählt der Umstand, dass teilautonome Gruppen dazu neigen, schwächere Mitarbeiter auszugrenzen. Und nicht zuletzt ist bei teilautonomen Gruppen in der Praxis von Nachteil, dass sie aufgrund ihrer höheren Selbstbestimmung in der Zukunft schwieriger zu Veränderungen zu bewegen sind, wenn eine erneute Umorganisation des Unternehmens geplant wird.

04. Konflikte in der Kargen GmbH

a) *Organigramm der Kargen GmbH:*

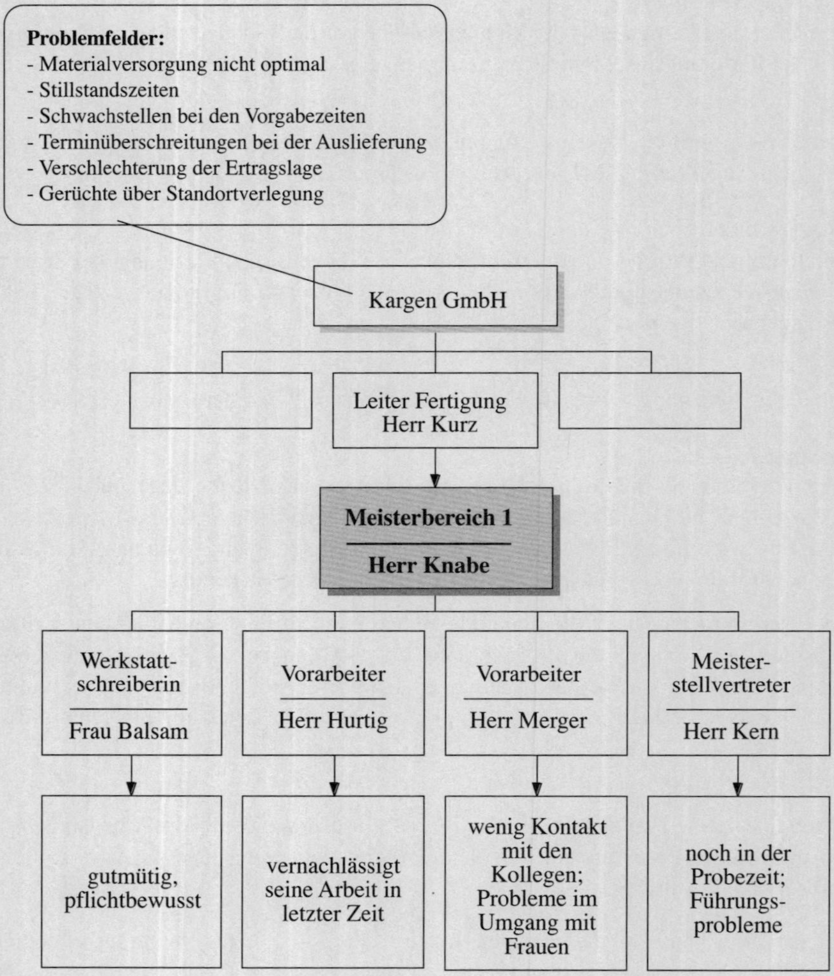

b) Soziogramm (ansatzweise):

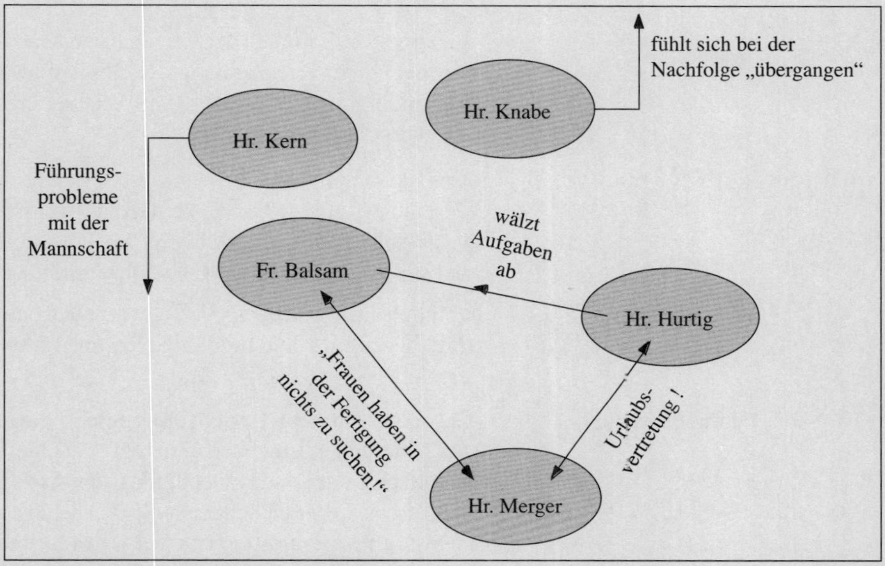

c)

Konfliktfelder	kurzfristig	längerfristig	Sachkonflikt	Beziehungs-konflikt
1) Materialversorgung?	x		x	
2) Stillstandszeiten?	x		x	
3) Vorgabezeiten?		x	x	
4) Terminüberschreitung/Auslieferung?	x		x	
5) Gerüchte über Standortverlegung?	x	x	x	x
6) Hr. Knabe: bei Nachfolge übergangen?	x		x	x?
7) Hr. Hurtig: Arbeitsweise/Abwälzen?		x	x	x?
7) Hr. Hurtig: Arbeitsweise/Abwälzen?		x		x
8) Hr. Kern: Führungsprobleme/Isolation?		x		x
9) Hr. Merger: Einstellung zu Frauen?	x		x	x?
10) Hurtig/Meyer: Urlaubsvertretung?				

d) *Lösungsansätze:*

1) bis 4) Materialversorgung:
- Meeting der Verantwortlichen (evt. Task Force)
- Suche nach Ursachen
- Lösung, Umsetzung
- Kontrolle der Wirksamkeit und Umsetzung

5) Gerüchte über Standortverlegung:
- kurzfristig: Mitteilung der Geschäftsleitung, ob eine Verlegung geplant ist
- langfristig: lfd. Information der Belegschaft über zentrale Aspekte des Betriebes;

	Information ist Sachinformation und Wertschätzung zugleich
6) Hr. Knabe: Nachfolge?	- kurzfristiges Gespräch der Herren Knabe und Kurz: Darlegung der Entscheidung der Geschäftsleitung, Aufarbeitung der „Verletzungen", Erneuerung einer stabilen Arbeitsbasis
7) + 10) Hr. Hurtig:	- Kritikgespräch: Knabe + Hurtig über „Abwälzen, „Urlaubsvertretung" und „Vernachlässigung"; ggf. zusätzliche Einzelgespräche mit Fr. Balsam („Abwälzen") und Hr. Merger („Urlaubsvertretung"). Möglich auch: Hurtig und Merger erhalten den Auftrag, bis zum ... eine tragfähige Lösung zu präsentieren.
8) Hr. Kern: Führungsprobleme?	- Gespräch: Knabe + Kern; Kern schildert die Dinge aus seiner Sicht; Ergebnis offen: ggf. Coaching, Unterstützung oder auch Beendigung des Arbeitsverhältnisses, falls gravierender Fehler bei der Personalauswahl; Problemlösung ist erschwert (angehender Schwiegersohn).
9) Hr. Merger: Haltung zu Frauen?	- Gespräch: Knabe + Merger; Einsicht erzeugen bei Merger, dass hier Vorurteile bestehen und wie diese wirken; ggf. Dreiergespräch: Knabe + Merger + Balsam; führt dies nicht zum Ergebnis: Ermahnung, Anordnung, ggf. Abmahnung bei frauenfeindlichen Äußerungen (vgl. BGB, Grundgesetz, EG-Gesetz)

05. Moderation

a) Moderation dient der
- Problemlösung,
- Themenbearbeitung und
- Zielerreichung

in

- Einzelgesprächen,
- Besprechungen und
- Gruppenarbeiten (Lern- und Arbeitsgruppen).

Der Grund für die Anwendung von Moderationstechniken in der Unternehmenspraxis liegt in den folgenden Überlegungen:

- Der Erfolg eines Unternehmens hängt entscheidend von der Kreativität der Mitarbeiter ab.
- Kreativität wächst durch Gespräche von Menschen.
- Moderierte Zusammenarbeit bildet die Triebfeder des Unternehmenserfolgs.

b) • An die *Rolle des Moderators* werden besondere Ansprüche gestellt:
   - „Übereifrige, Schnelle“ zu bremsen und „Langsame, Vorsichtige“ zu aktivieren,
   - „Spaltungen“ (sprich Gedanken/Ideen der Einzelnen) zu ermöglichen,
   - Spannungen zu entschärfen und
   - Konsens unter den Beteiligten im Rahmen der Zielsetzung herzustellen.

- Daraus ergibt sich, dass der *Moderator* über eine Reihe wichtiger *Eigenschaften* verfügen muss:
   - Ausgeglichenheit – Verkörperung von Einstellung und Verhalten (Glaubwürdigkeit, Vorbild)
   - Partizipation und Verantwortung
   - Ernst-nehmen und (aktiv) Zuhören
   - Offenheit für Menschen, Ideen und Entwicklungen
   - Verbundenheit mit Umfeld und Umwelt
   - Durchsetzungsstärke durch persönliche Akzeptanz.

- Umstritten ist, ob der Moderator sich selbst mit einbringen oder „nur“ gruppenaktivierende und -steuernde Funktionen übernehmen soll. Grundsätzlich gilt für Moderatoren die Regel: „Fragen, statt (selbst) sagen!“. In der Praxis hat es sich bewährt, wenn der Moderator selbst auch Ideen einbringt, je nach fachlicher Eignung für das Moderationsthema mehr oder weniger. Er muss allerdings darauf achten, die Gruppe nicht zu dominieren und seine exponierte Stellung nicht auszunutzen: Er hat auf der Sachebene auch nur eine Stimme (gleichberechtigt zu den anderen). Auf der Gruppenlenkungsebene (Zielverfolgung) ist er allerdings höher angesiedelt. Beides gilt es, stets auseinander zu halten. Es ist gleich, ob der Moderator Vorgesetzter, Coach, Prozessbegleiter oder Projektleiter ist – grundsätzlich ist er der Motor und Steuermann der Moderation.

c) Moderation wird bei Einzelgesprächen, Besprechungen und Gruppenarbeiten eingesetzt. Sie ist ein zentrales Instrument zur Gesprächssteuerung. Dabei nimmt der vom Moderator zu beherrschende Schwierigkeitsgrad – angefangen beim Einzelgespräch über Besprechungen bis hin zu Gruppenarbeiten – zu. Die höchsten Anforderungen werden an den Moderator bei der Projektleitung gestellt.

d) Eine Moderation sollte grundsätzlich nach folgendem Raster ablaufen:

- *Problemdefinition* (Anlass)
   - „Was ist der Anlass der Moderation?“
   - „Wo drückt der Schuh usw.?“

   Nach der Klärung des Problems ist zu berücksichtigen, ob ein Einzelgespräch, ein Gruppengespräch (z. B. Konferenz) oder Lern- und Arbeitsgruppen zu moderieren sind.

- *Zielsetzung:* Die wichtigste Regel der Moderation lautet:
   - Kein Gespräch, keine Moderation ohne Zielsetzung!

   Im Einzelgespräch kann die Zielsetzung heißen: „Welche Verhaltensänderung soll beim Mitarbeiter im Rahmen eines Kritikgesprächs bewirkt werden?“ In der Moderation eines Workshops erfolgt die Zielsetzung i.d.R. über abgestufte Schlüsselfragen: „Was behindert in unserer Firma den Erfolg unserer Arbeit?“ „Welcher dieser Faktoren hat davon die stärkste Wirkung?“ usw.

- *Vorbereitung der Moderation:* Im Rahmen der Vorbereitung sind folgende Felder zu planen:

  - Zeiten (Arbeitszeiten, Pausen, Gesamtdauer)
  - Raum und Gestaltung (nach Größe des Teilnehmerkreises, den erforderlichen Materialien und Medien)
  - Einladung (Personenkreis)
  - Rollenverteilung
  - Themen und Themenfolge
  - Materialien und Medien
  - Eröffnung (Moderationseinstieg).

  Empfehlenswert ist die frühzeitige Ausarbeitung einer persönlichen, detaillierten Checkliste zu diesen Punkten.

- *Durchführung:* Bei der Durchführung ist stets das Moderationsziel zu verfolgen. Dabei muss die angesprochene Balance zwischen Individuum, Thema und Gruppe erreicht werden. Der Moderator hat also seine Konzentration und seine Kraft auszurichten auf das *Thema*, die *Gruppe*, den *Prozess* und auf *sich selbst*. Eine Aufgabe, die Erfahrung verlangt und Kraft kostet. Bei der Durchführung können verschiedene Techniken der Ideensammlung, der Kreativität und der Problemlösung eingesetzt werden (z.B. Metaplan-Technik, Brainstorming, morphologischer Kasten usw.).

- *Abschluss (Präsentation):* Das erarbeitete Resultat der Moderation wird festgehalten und unter Berücksichtigung des betroffenen Personenkreises präsentiert (Flip-Chart, Folien, Metaplan-Wände, Szenario-Technik).

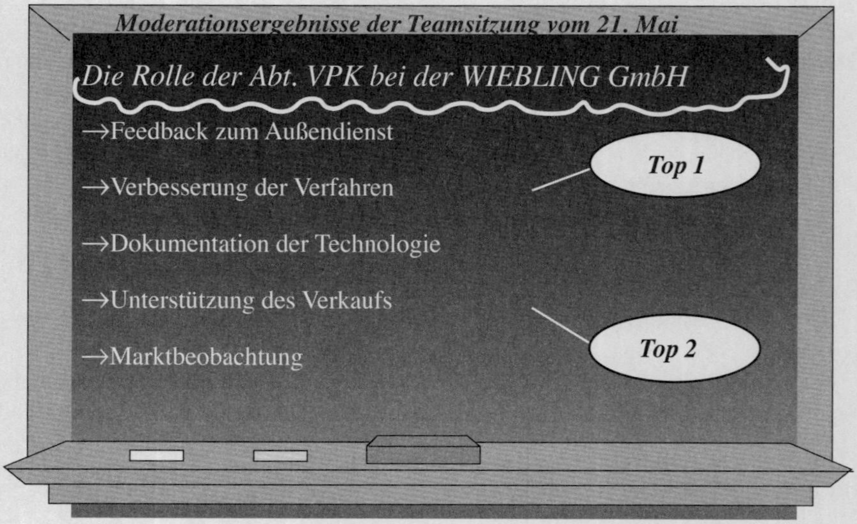

5. Prüfungsfach: Berücksichtigung naturwissenschaftlicher und technischer Gesetzmäßigkeiten

5.1 Auswirkungen naturwissenschaftlicher und technischer Gesetzmäßigkeiten auf Materialien, Maschinen und Prozesse sowie auf Mensch und Umwelt

01. Atom und Periodensystem (1)

Im *Periodensystem* sind die chemischen Elemente auf der Grundlage ihres Atombaus geordnet.
Das Periodensystem enthält die für jedes Element charakteristischen Angaben wie z. B. Name, Symbol, Ordnungszahl, Elektronegativität und relative Atommasse.

Die *Anzahl der Protonen* legt die Stellung der Elemente im Periodensystem fest. *Protonen* sind elektrisch positiv geladene Masseteilchen im Atomkern. Die Protonenzahl bestimmt die *Kernladungszahl*, die Anzahl der elektrisch positiven Ladungen. Die Protonenanzahl ist der Ordnungszahl gleich.

02. Atom und Periodensystem (2)

Neutronen sind elektrisch neutrale Masseteilchen mit etwa der gleichen Masse wie die Protonen. Sie befinden sich im Atomkern. Für Atome des gleichen Elements kann die Neutronenanzahl unterschiedlich sein.

Elektronen sind elektrisch negativ geladene Masseteilchen in der Atomhülle. Sie bewegen sich mit sehr großer Geschwindigkeit um den Atomkern. Die Anzahl der Elektronen ist gleich der Zahl der Protonen:

Protonenzahl = Kernladungszahl = Elektronenzahl = Ordnungszahl

03. Chemische Reaktion

$2Mg + O_2 \rightarrow 2MgO$

Magnesium + Sauerstoff → Magnesiumoxid

Bei einer chemischen Reaktion entstehen neue Stoffe mit neuen Eigenschaften. Magnesiumoxid ist ein weißes Pulver, ein neuer Stoff, der sich aus Magnesium und Sauerstoff unter Verbrennung gebildet hat.

04. Dissoziation

Salzsäure	HCL	$\rightleftharpoons$	$H^+ + CL^-$
Schwefelsäure	H_2SO_4	$\rightleftharpoons$	$2H^+ + SO_4^{2-}$
Natronlauge	NaOH	$\rightleftharpoons$	$Na^+ + OH^-$
Magnesiumhydroxid	$Mg(OH)_2$	$\leftrightharpoons$	$Mg^{2+} + 2OH^-$

05. Elektrolyse

Die Elektrolyse wird angewendet bei

1. der Herstellung metallischer Überzüge durch Galvanisieren, z. B. Verchromen, Verzinken, Verkupfern, Vernickeln;
2. der Reinigung von Rohmetallen (Kupfer, Aluminium, Blei);
3. der Herstellung von einigen Grundstoffen wie z. B. Natronlauge, Wasserstoff und Chlor durch Natriumchloridelektrolyse bzw. Magnesium und Aluminium durch Schmelzflusselektrolyse.

06. Korrosionsformen

1. Die *ebenmäßige Korrosion* ist die häufigste Form. Dabei erfolgt ein gleichmäßiger Angriff des Materials, der Werkstoff wird parallel zur Oberfläche abgetragen. Je rauher die Oberfläche ist, desto stärker ist die Korrosion.
2. Die *Lochfraßkorrosion* ist auf bestimmte lokale Stellen beschränkt. Besonders gefährlich sind kraterförmige, unterhöhlende und nadelstichartige Vertiefungen, die zur Durchlöcherung des Metalls führen.
3. *Kontaktkorrosion* erfolgt bei Berührung unterschiedlicher Metalle in Anwesenheit eines Elektrolyten.
4. Bei der *selektiven Korrosion* werden bestimmte Bezirke des Metalls bevorzugt angegriffen und herausgelöst. Die Korrosion wirkt auch im Inneren des Werkstoffes.

07. Korrosion

Schrauben, Nägel oder Bleche bestehen oft aus *verzinktem Eisen*. Da Zink unedler ist als Eisen, bleibt Eisen selbst bei einer beschädigten Zinkschicht noch vor Korrosion geschützt. Wenn Wasser an die beschädigte Stelle gelangt, löst sich zuerst nur die Zinkschicht langsam auf. Das Eisen bleibt solange erhalten, bis das unedlere Zink sich völlig aufgelöst hat.

Verkupfertes Eisenblech rostet dagegen schneller, wenn die Kupferschicht erst einmal beschädigt ist. Da Kupfer edler ist als Eisen, bleibt es erhalten, während das Eisen sich löst und Rost bildet.

- *Korrosion eines verzinkten Eisenteils*:

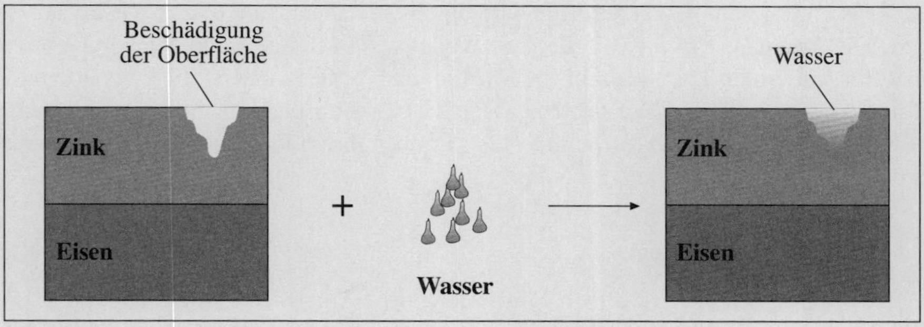

An der (beschädigten) Oberfläche eines verzinkten Eisenteils bildet sich zusammen mit Wasser ein galvanisches Element (Lokalelement).
Das *unedlere Zink* bildet entsprechend seiner Stellung in der Spannungsreihe den *Minuspol*.
Die Zinkatome geben Elektronen ab und bilden Zinkionen.
Das Eisen bildet den Pluspol; die Eisenatome geben keine Elektronen ab.
Das metallische Eisen bleibt erhalten.

- *Korrosion eines verkupferten Eisenteils*:

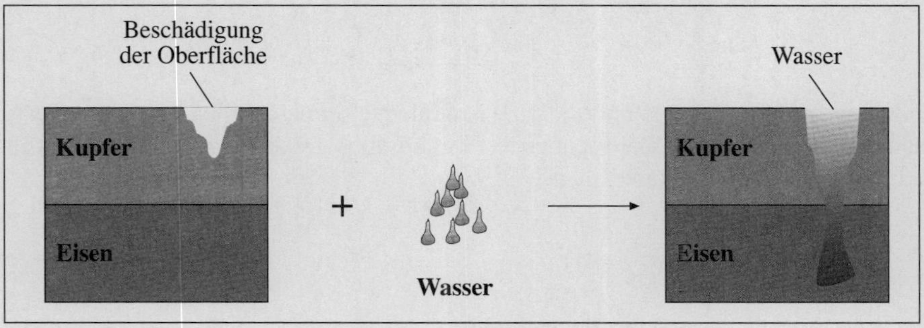

Bei einem verkupferten Eisenteil bildet das *unedlere Eisen* den *Minuspol* des Lokalelements. Die Eisenatome geben Elektronen ab und bilden Eisenionen. Das Eisen löst sich auf (verrostet).

08. Löschen von Bränden

Brandfall:		Löschmittel:
a) Kleidung von Personen, Haare	→	Wasser, feuchte Tücher, Löschdecken
b) mit Wasser mischbare Flüssigkeiten	→	Wasser, feuchte Tücher, Löschdecken, Feuerlöscher aller Art
c) mit Wasser nicht mischbare Flüssigkeiten	→	Sand, feuchte Tücher, Löschdecken, Trockenlöscher, Schaumlöscher
d) elektrische Geräte, Leitungen, Anlagen	→	Löschdecken, Trockenlöscher, Schaumlöscher (Nie mit Wasser löschen!)

09. Treibhauseffekt

Ein Teil der Wärmestrahlung von der Erde wird durch die Atmosphäre immer wieder zur Erde reflektiert. Die Reflexion erfolgt vor allem an Wolken, Wasserdampf und solchen Gasen wie Kohlenstoffdioxid, Methan, Ozon und FCKW (Fluorchlorkohlenwasserstoffe). Vor allem Kohlenstoffdioxid trägt zum Treibhauseffekt bei. Steigt die Co_2-Konzentration in der Atmosphäre an, wird der Treibhauseffekt verstärkt. Damit ist eine Temperaturerhöhung auf der Erde verbunden und demzufolge eine Veränderung des Klimas.

10. Säuren und Basen

Durch die Lauge werden die Zellen der obersten Hautschicht zersetzt; die Haut wird deshalb an der Oberfläche etwas schmierig. Dadurch wird der Säureschutzmantel der Haut (pH-Wert der Haut: 5,5) zerstört. Laugen zersetzen auch viele andere Materialien. Wegen dieser ätzenden Wirkung muss mit Laugen besonders vorsichtig umgegangen werden.

11. Neutralisation

Wenn bestimmte Mengen an Säure und Lauge zusammengebracht werden, entsteht eine neutrale Lösung; Säure und Lauge neutralisieren sich gegenseitig:

$$HCL + NaOH \rightarrow NaCL + H_2O$$

Säure + Base → Salz + Wasser

Aus Salzsäure und Natronlauge entsteht eine neutrale Natriumchloridlösung. Diese Reaktion zwischen einer Säure und einer Base nennt man Neutralisation. Dabei reagieren Wasserstoffionen mit Hydroxidionen zu Wassermolekülen.

12. Eigenschaften von Metallen

- relativ hohe Schmelz- und Siedetemperaturen
- Wärmeleitfähigkeit
- elektrische Leitfähigkeit
- Verformbarkeit
- metallischer Glanz

13. Verbrennung und Schadstoffe

Durch *Verbrennung eines Benzin-Luft-Gemisches* im Benzinmotor entstehen überwiegend Kohlenstoffdioxid und Wasserdampf. Auch wenn das Benzin optimal verbrennt, entstehen noch kleinere Mengen giftiger Stickoxide und Kohlenstoffmonoxid. Mit den Abgasen wird auch unverbranntes Benzin ausgestoßen.

In *Dieselmotoren* bildet sich bei der Verbrennung zusätzlich noch Ruß (feinverteilter Kohlenstoff). Kraftfahrzeuge werden deshalb heute mit *Abgaskatalysatoren* und *Rußfiltern* ausgerüstet.

In Kraftwerken werden vor allem bei der *Verbrennung von Kohle*, in der immer etwas Schwefel enthalten ist, riesige Mengen von Schwefeldioxid freigesetzt. So enthält z. B. 1 kg Braunkohle bis zu 30 g Schwefel, woraus sich bei der Verbrennung schon bis zu 20 l gasförmiges Schwefeldioxid bildet. Schwefeldioxid ist eine der Ursachen für den sauren Regen. Heute lassen sich in *Entschwefelungsanlagen* ca. 90 % des Schwefeldioxids entfernen. In *Entstaubungsanlagen* wird mit Elektrofiltern dem Rauchgas der Staub entzogen und in *Entstickungsanlagen* werden die bei Verbrennungen entstehenden giftigen Stickstoffoxide in Stickstoff und Wasser umgewandelt.

14. Temperaturänderung bei Gasen

Gegeben: Anfangszustand des Gases: Gesucht: V_2

$V_1 = 40\,l$

$T_1 = 290\,K \quad (= 273 + 17)$

$p_1 = 15{,}0\,MPa + 0{,}1\,MPa$

Zweiter Zustand des Gases:

$T_2 = 300\,K \quad (= 273 + 27)$

$p_2 = 0{,}1\,MPa$

$$\frac{p_1 \cdot V_1}{T_1} = \frac{p_2 \cdot V_2}{T_2}$$

$$\Rightarrow \quad V_2 = \frac{V_1 \cdot p_1 \cdot T_2}{p_2 \cdot T_1} = \frac{40\,l \cdot 15{,}1\,MPa \cdot 300\,K}{0{,}1\,MPa \cdot 290\,K} = 6{,}25\,m^3$$

Der Sauerstoff nimmt bei 27 °C und einem Luftdruck von 100 kPa ein Volumen von 6,25 m^3 ein.

15. Längenänderung fester Körper

Gegeben: $l_0 = 300{,}0\,m$ Gesucht: l_1

$\vartheta_1 = 10\,°C$

$\vartheta_2 = 35\,°C$

$\alpha = 16{,}5 \cdot 10^{-6}/K$

$\Delta l = l_1 - l_0 \quad \Rightarrow l_1 = \Delta l + l_0$

$\Delta l = \alpha \cdot l_0 \cdot \Delta\vartheta$

$\Delta\vartheta = \vartheta_2 - \vartheta_1 \quad = 25\,K$

$$\Delta l = \frac{16{,}5 \cdot 10^{-6} \cdot 1 \cdot 300{,}0\,m \cdot 25\,K}{K}$$

$= 0{,}124\,m$

$= \text{rd. } 0{,}13\,m$

$l_1 = \Delta l + l_0 = 0{,}13\,m + 300{,}0\,m = 300{,}13\,m$

Die Freileitung aus Kupfer hat bei 35 °C eine Länge von 300,13 m.

16. Volumenänderung fester Körper

Flüssiges Metall zieht sich bei Abkühlung zusammen. Deshalb wäre dann das kalte Werkstück um diesen als „Schwund" bezeichneten Unterschied kleiner, als die ursprüngliche Gussform. Darum muss die Gussform um das „Abkühlungsschwundmaß" größer gefertigt werden als das abgekühlte Werkstück.

Schwundmaße (in Prozent) bezogen auf die Ausgangsmodellmaße sind vom jeweiligen Gusswerkstoff abhängig (z. B. Guss, Zink, Legierungen) und liegen zwischen 0,5 % und 2,0 %.

17. Beschleunigung

Gegeben: $t = 80\ s$, $s = 1.120\ m$ Gesucht: v, a

Für Anfangsgeschwindigkeit $v_0 = 0$ gilt:

$$s = \frac{v}{2} \cdot t$$

$$\Rightarrow \quad v = \frac{2\,s}{t} = \frac{2 \cdot 1.120}{80} = 28\ m/s$$

Die Endgeschwindigkeit beträgt 28 m/s.

$$v = a \cdot t$$

$$\Rightarrow \quad a = \frac{v}{t} = \frac{28}{80} = 0{,}35\ m/s^2$$

Die Beschleunigung beträgt $0{,}35\ m/s^2$.

18. Arbeit

Gegeben: $F = 40\ kN$, $s = 2\ m$ Gesucht: W in Nm, J

$$W_{ab} = F \cdot s$$

$$W_{ab} = 40\ kN \cdot 2\ m$$

$$W_{ab} = 80\ kNm$$

$$W_{ab} = 80.000\ Nm = 80.000\ J$$

Der Hubstapler gibt die Arbeit von 80.000 Nm bzw. 80.000 J ab.

19. Wirkungsgrad

Gegeben: $F = 5.000\ \text{kg}$ Gesucht: η

$P_{zu} = 4{,}78\ \text{kW}$

$s = 4{,}5\ \text{m}$

$t = 1\ \text{min}$

$$P_{ab} = F \cdot v \qquad v = \frac{s}{t} = \frac{4{,}5\ \text{m}}{60\ \text{s}}$$

$$P_{ab} = \frac{5.000\ \text{kg} \cdot 4{,}5\ \text{m}}{60\ \text{s}}$$

$$P_{ab} = 375\ \text{kg} \cdot \text{m/s} \qquad 1\ \text{kW} = 102\ \text{kg} \cdot \text{m/s}$$

$$P_{ab} = 3{,}68\ \text{kW}$$

$$\Rightarrow \eta = \frac{P_{ab}}{P_{zu}} = \frac{3{,}68\ \text{kW}}{4{,}78\ \text{kW}} = 0{,}77$$

Der Wirkungsgrad beträgt 77 %, d. h., an der Last kommen 77 % der zugeführten Antriebsleistung nutzbar zur Wirkung; 23 % gehen durch Reibung verloren.

20. Elektrische Arbeit (1)

Gegeben: $W = 70\ \text{kWh}$ Gesucht: t

$P = 8\ \text{kW}$

Analog zur mechanischen Arbeit ist die elektrische Arbeit W das Produkt aus elektrischer Leistung und Zeit:

$$W = P \cdot t \qquad \Rightarrow \quad t = W : P$$

$$t = 70\ \text{kWh} : 8\ \text{kW} = 8{,}75\ \text{h}$$

Die Heizung kann 8,75 Stunden betrieben werden.

21. Elektrische Arbeit (2)

Gegeben: $U = 440\ \text{V}$ Gesucht: W_{ab}

$I = 9\ \text{A}$

$\eta = 0{,}8$

$t = 6\ \text{h}$

$$\frac{P_{ab}}{P_{zu}} = \frac{W_{ab}}{W_{zu}} = 0{,}8 \qquad \Rightarrow \quad W_{ab} = 0{,}8 \cdot W_{zu}$$

$$W = U \cdot I \cdot t$$

$$W_{zu} = 440\,V \cdot 9\,A \cdot 6\,h = 23.760\,Wh = 23{,}76\,kWh$$

$$W_{ab} = 0{,}8 \cdot W_{zu} = 19\,kWh$$

In sechs Stunden gibt der Motor die Arbeit von 19 kWh ab.

22. Messbereichserweiterung

Gegeben: $R_i = 35\,k\Omega$ Gesucht: R_v

$U_{i\,max} = 125\,V$

$U_{max} = 500\,V$

aus: $$\frac{R_v}{R_i} = \frac{U_{max} - U_{i\,max}}{U_{i\,max}}$$ Messbereichserweiterung für Spannungsmesser

folgt: $$R_v = R_i \frac{U_{max} - U_{i\,max}}{U_{i\,max}}$$

$$= 35\,k\Omega \frac{500\,V - 125\,V}{125\,V}$$

$$= 105\,k\Omega$$

Um diese Spannungen messen zu können, muss ein Vorwiderstand von 105 kΩ benutzt werden.

23. Schweredruck

Gegeben: $\underline{0}: \rho = 0{,}8\,kg/dm^3$ Gesucht: p

$h = 2\,m = 20\,dm$

$g = 9{,}81\,N/kg$

$$p = \rho \cdot g \cdot h$$

$$= 9.81\,N/kg \cdot 0{,}8\,kg/dm^3 \cdot 20\,dm$$

$$= 156{,}96\,N/dm^2 = 15.696\,N/m^2 = 1{,}57 \cdot 10^4\,Pa$$

$$= 0{,}157\,bar$$

Der Schweredruck am Boden des Öltanks beträgt 0,157 bar.

5.2 Energieformen im Betrieb sowie Auswirkungen auf Mensch und Umwelt

01. Energieträger, Energienutzung

1. *Stärkere Nutzung erneuerbarer bzw. regenerativer Energiequellen*: Sonnenstrahlung, Wasser, Wind, Biowärme, Gezeiten und Erdwärme.

   Zum Teil ist die Nutzung dieser Primärenergiequellen noch mit hohem technischen Aufwand und hohen Kosten verbunden; weitere Forschung ist deshalb notwendig.

2. *Rationeller und sparsamer Umgang mit der vorhandenen Energie*: Der gewünschte Nutzen soll mit einem möglichst geringen Energieaufwand erreicht werden; Energieverluste sollen gering gehalten werden. Das geschieht durch ständige Verbesserung des Wirkungsgrades von Anlagen und Geräten.

3. *Energierückgewinnung*: Die Nutzung der „Energieverluste" für andere Zwecke ist eine weitere wichtige Möglichkeit rationeller Energieanwendung.

02. Primär- und Sekundärenergie

Primärenergiequellen sind solche, die in der Natur unmittelbar vorhanden sind;

Beispiele:
Braunkohle, Steinkohle, Erdöl, Sonnenstrahlung, Wind, Holz, Erdgas, Uranerz, Erdwärme, fließendes oder gestautes Wasser.

Sekundärenergiequellen sind aus Primärenergiequellen umgewandelte Energieformen, wie z. B. Koks oder Briketts aus Braun- oder Steinkohle; Benzin, Heizöl und Dieselkraftstoff aus Erdöl; elektrischer Strom oder Fernwärme aus Kohle, Erdöl oder Erdgas.

5.3 Berechnen betriebs- und fertigungstechnischer Größen bei Belastungen und Bewegungen

01. Flächenpressung

a) Gegeben: $F = 200\ kN = 200.000\ N$, $p_{zul} = 25\ N/mm^2$ — Gesucht: l, d, p_{vorh}

$$p = \frac{F}{A} = \frac{F}{d \cdot l}$$ | vgl. Hinweis [1] in der Aufgabe | $d = l : 1{,}6$

$$\Rightarrow \quad l = \frac{F \cdot 1{,}6}{p \cdot l}$$

$$\Rightarrow \quad l^2 = \frac{1{,}6\,F}{p}$$

$$\Rightarrow \quad l = \sqrt{\frac{1{,}6\,F}{p}} = \sqrt{\frac{1{,}6 \cdot 200.000\ N}{25\ N/mm^2}} = \sqrt{12.800\ mm^2} = 113{,}1\ mm$$

$l = 113\ mm$ (ausgeführt, d. h., die Ergebnisse werden bei der endgültigen Festlegung der Ausmaße gerundet)

$d = l : 1{,}6 = 113{,}1 : 1{,}6 = 70{,}6\ mm$

$d = 71\ mm$ (ausgeführt)

Die ausgeführten Maße l und d des Stirnzapfens betragen l = 113 mm und d = 71 mm.

b) $$p_{vorh} = \frac{F}{A} = \frac{F}{d \cdot l} = \frac{200.000\ N}{113 \cdot 71 \cdot mm \cdot mm} = 24{,}93\ N/mm^2 < p_{zul}$$

Die vorhandene Flächenpressung $p_{vorh} = 24{,}93\ N/mm^2$ übersteigt die zulässige Flächenpressung $p_{zul} = 25\ N/mm^2$ nicht.

02. Druckspannung

Gegeben: $l_0 = 0{,}80\ m$; $d_0 = 3{,}0\ cm$; $E = 200\ GPa$; $\Delta l = 0{,}50\ mm$

Gesucht: F

$$E = \frac{\delta}{\varepsilon}\ ; \quad \varepsilon = \frac{\Delta l}{l} \qquad \Rightarrow E = \frac{\delta\, l}{\Delta l}$$

$$\Rightarrow \quad \frac{\Delta l}{l} = \frac{\delta}{E} = \delta \cdot \frac{1}{E} \qquad |\ \delta = \frac{F}{A}$$

$$\frac{\Delta l}{l} = -\frac{1}{E} \cdot \frac{F}{A} \qquad |\ A = \frac{\pi \cdot d_0^2}{4}$$

$$\Rightarrow \quad F = -\frac{\Delta l \cdot E \cdot \pi \cdot d_0^2}{4\, l_0} \qquad |\ \text{Verkürzung!}$$

$$F = \frac{-0{,}50\ mm \cdot 200\ GPa \cdot 3{,}14 \cdot 3{,}0^2\ cm^2}{4 \cdot 0{,}8\ m}$$

$$F = \frac{-0{,}50 \cdot 10^{-3}\ m \cdot 2 \cdot 10^{11}\ N \cdot 3{,}14 \cdot 9 \cdot 10^{-4}\ m^2}{4 \cdot 0{,}8\ m \cdot m^2} \qquad |\ 1\ Pa = 1\ N/m^2$$

$|\ 200\ GPa = 200 \cdot 10^9\ Pa = 2 \cdot 10^{11}\ Pa$

$$F = -8{,}83 \cdot 10^4 \text{ N}$$

$$F = -88{,}3 \text{ kN}$$

Der zylindrische Eisenstab darf mit einer Kraft von höchstens 88 kN belastet werden, wenn er sich nicht mehr als 0,50 mm verkürzen soll.

03. Winkelbeschleunigung

Gegeben: $t = 7 \text{ s}$, $n = 1.500 \text{ U/min}$ Gesucht: α

$$\alpha = \omega : t$$

$$\omega = 2\pi n = 2\pi \cdot 1.500 \text{ U/min} = \frac{2\pi \cdot 1.500}{60 \text{ s}} = 157 \ {}^1\!/\text{s}$$

$$\alpha = \frac{157}{7 \text{ s}^2} = 22{,}4 \ {}^1\!/\text{s}^2$$

Die Winkelbeschleunigung beträgt 22,4 $^1/\text{s}^2$.

04. Drehzahl

Gegeben: $n_1 = 60 \text{ min}^{-1}$; $d_1 = 30 \text{ mm}$; $d_2 = 50 \text{ mm}$; $d_{2'} = 20 \text{ mm}$; $d_3 = 40 \text{ mm}$ Gesucht: n_3

$$i = \frac{w_1}{w_2} = \frac{n_1}{n_2} = \frac{d_2}{d_1}$$

$$i = \frac{n_1}{n_3} = \frac{n_1}{n_2} \cdot \frac{n_2}{n_3} = \frac{d_2}{d_1} \cdot \frac{d_3}{d_{2'}}$$

$$\Rightarrow \quad n_3 = n_1 \cdot \frac{d_1 \cdot d_{2'}}{d_2 \cdot d_3} = 60 \text{ min}^{-1} \cdot \frac{30 \cdot 20}{40 \cdot 50} = 18 \text{ min}^{-1}$$

Die Drehzahl des Rades 3 beträgt 18 min^{-1}.

5.4 Statistische Verfahren, einfache statistische Berechnungen sowie deren grafische Darstellung

01. Maßnahmen zur Fehlerbehebung im Rahmen der Qualitätssicherung

Maßnahmen zur Fehlerbehebung:

- Korrigieren/Neueinrichten der Maschinen
- Ersatz/Nacharbeit der Werkzeuge
- Unterweisung/Kritik des Mitarbeiters bei fehlerhafter Arbeitsweise
- Änderung des Fertigungsverfahrens (z. B. Kombination Mensch + Maschine)
- verbesserte Wareneingangsprüfung
- Qualitätsmaßnahmen in Zusammenarbeit mit dem Lieferanten
- verbesserte Verpackung beim Transport/Versand

02. Stichprobe (Voraussetzungen, Messfehler)

a) Stichprobenkontrolle, Voraussetzungen:

- ausreichend große Grundgesamtheit
- ausreichend großer Stichprobenumfang
- zahlenmäßig abgegrenzte Beurteilungsmenge
- Zufälligkeit der Stichprobenentnahme

b)
- *Systematische Fehler* sind Fehler in der Messeinrichtung, die sich gleichmäßig auf alle Messungen auswirken.

  Beispiel:
  fehlerhafter Messstab o. Ä.

- *Zufällige Fehler* entstehen durch unkontrollierbare Einflüsse während der Messung; sie sind verschieden und unvermeidbar.

  Beispiel:
  Die erste Stichprobe von n = 30 ergibt zwei fehlerhafte Stücke; die zweite Stichprobe ergibt drei fehlerhafte Stücke, obwohl das Messverfahren gesichert ist und die Versuchsdurchführung (Experiment) nicht geändert wurde.

03. Erfassung und Verarbeitung technischer Messwerte

Beispiele zur Erfassung und Verarbeitung von Prozessdaten:

- *einfache Messeinrichtung*, z. B. Thermometer
- Erfassung und Verarbeitung über *Prozessrechner*
- *elementare Messwertverarbeitung:*
  Verarbeitung der Messwerte mithilfe einfacher mathematischer Operationen
- *höhere Messwertverarbeitung:*
  Verarbeitung der Messwerte mithilfe komplexer mathematischer Operationen

04. Arithmetisches Mittel, Modalwert, Standardabweichung

a) durchschnittlicher Wirkungsgrad:

x_i	90,3	91,6	90,9	90,4	90,3	91,0	87,9	89,4	Σx_i
									721,8

$$= \frac{\Sigma x_i}{n} = \frac{721,8}{8} = 90,225$$

b) Standardabweichung:

$$s^2 = \frac{\Sigma (x_i - \bar{x})^2}{n - 1} = \frac{9,075}{7} = 1,296$$

	x_i	$x_i - \bar{x}$	$(x_i - \bar{x})^2$
	90,3	– 0,075	0,0056250
	91,6	1,375	1,8906250
	90,9	0,675	0,4556250
	90,4	0,175	0,0306250
	90,3	– 0,075	0,0056250
	91,0	0,775	0,6006250
	87,9	– 2,325	5,4056250
	89,4	– 0,825	0,6806250
Σ	721,8		9,0750000

$$s = \sqrt{s^2} = \sqrt{1,296} = 1,14$$

c) häufigster Wert = Modalwert: → M_o = 90,3

d) Der absolut größte Fehler ist definiert als:

$\Delta x_{max} = \max |x_i - \bar{x}| = 2,325$

Arbeitstabelle:

$\|x_i - \bar{x}\|$	
0,075	
1,375	
0,675	
0,175	
0,075	
0,775	
2,325	← Δx_{max}
0,825	

05. Spannweite

a) die Spannweite:

$$R = x_{max} - x_{min} = 91{,}6 - 87{,}9 = 3{,}7$$

b) Die Spannweite ist einfach zu berechnen. Sie hat aber den Nachteil, dass sie nur durch zwei Stichprobenwerte bestimmt ist, während die übrigen Werte unberücksichtigt bleiben. Sie eignet sich daher nur bei kleinem Stichprobenumfang.

06. Häufigkeitsverteilung

Häufigkeitsverteilung der Stichprobe aus Aufgabe 04. (horizontales Balkendiagramm):

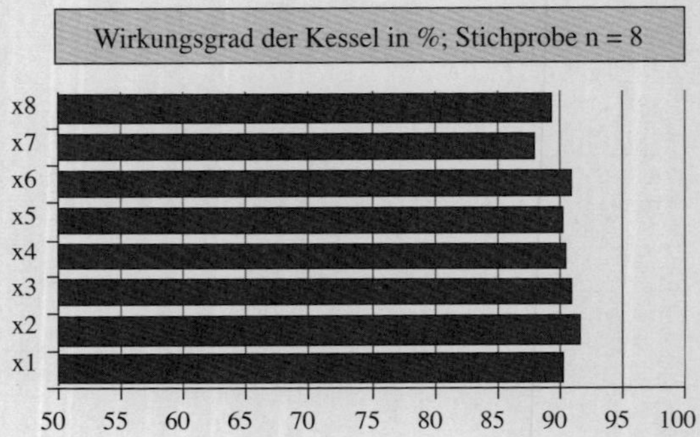

07. Normalverteilung

a)

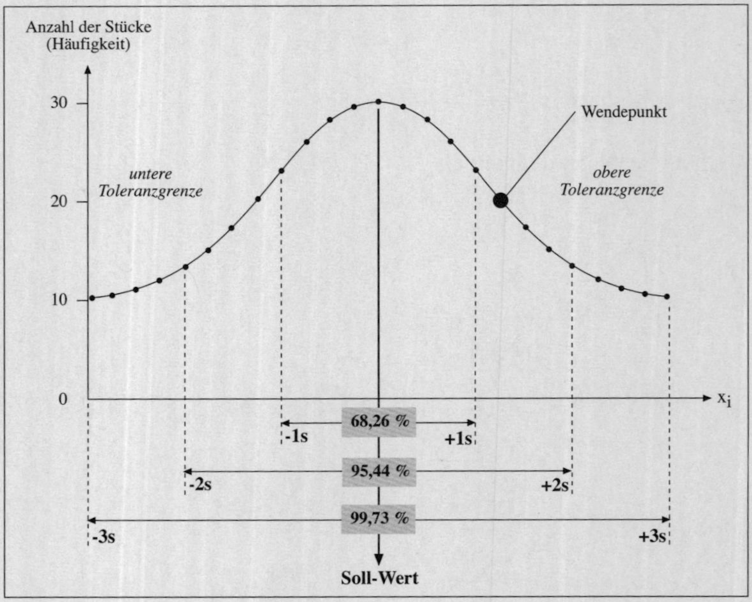

b) Vertrauensbereich mit 99,73%-iger Wahrscheinlichkeit:

$99{,}73\,\% \rightarrow [\bar{x} - 3s; \bar{x} + 3s]$

$\bar{x} - 3s = 20 - 1{,}8 = 18{,}2$

$\bar{x} + 3s = 20 + 1{,}8 = 21{,}8$

Das Intervall ist: [18,2; 21,8]

08. Kontrollkarte (QRK = Qualitätsregelkarte)

- Zeitpunkt t4: Wird die untere *Warngrenze* überschritten, ist der Prozess „nicht mehr sicher“, *aber „fähig“.*
- Zeitpunkt t6: Erfolgt beim Erreichen der unteren Eingriffsgrenze *keine Korrekturmaßnahme*, so ist damit zu rechnen, dass es zur *Produktion von NIO-Teilen* kommt.
- Zeitpunkt t7: Die obere Toleranzgrenze ist überschritten → NIO-Teil.

09. NIO-Teile

Es gilt:

$$\frac{\text{NIO-Teile der Stichprobe}}{\text{Stichprobenumfang}} \longrightarrow \frac{\text{NIO-Teile der Grundgesamtheit}}{\text{Losumfang}}$$

mit $N_f = ?$ $\quad N = 500$
$\quad n = 40$ $\quad n_f = 9$

Unter der Annahme einer normalverteilten Messwertreihe kann geschlossen werden:

$$\frac{n_f}{n} = \frac{N_f}{N} \quad \Rightarrow \quad N_f = \frac{n_f \cdot N}{n} = \frac{6 \cdot 500}{40} = 75$$

$$\Rightarrow \quad \frac{N_f}{N} \cdot 100 = \frac{75}{500} \cdot 100 = 15\,\%$$

In Worten: Der Anteil der NIO-Teile im Los beträgt 15 %.

10. Maschinenfähigkeitsindex

Es ist der Maschinenfähigkeitsindex C_m zu berechnen:

$$C_m = \frac{T}{6s} = \frac{OTG - UTG}{6s} = \frac{120}{74{,}4} = 1{,}613$$

Die Maschine ist nicht fähig, da $C_m < 2{,}00$ (Grenzwert der Automobilindustrie).

11. Maschinenfähigkeit, Prozessfähigkeit (Unterschiede)

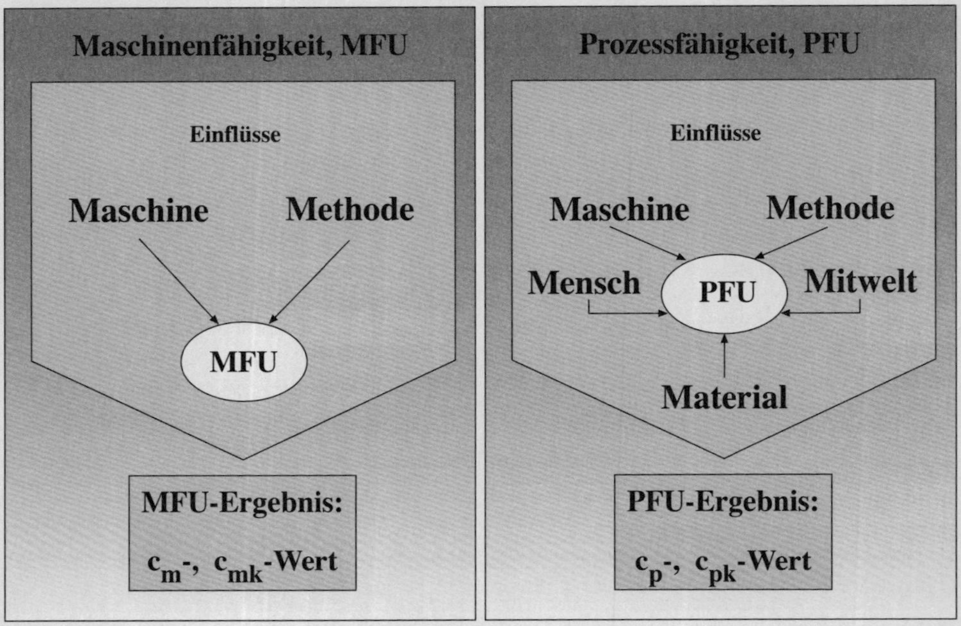

Musterklausuren

1. Prüfungsanforderungen der Industriemeister

Der Prüfung der Industriemeister (Metall) liegen bundeseinheitliche Rechtsvorschriften zu Grunde um sicherzustellen, dass in allen Industrie- und Handelskammern in gleicher Weise geprüft wird. Die von den Berufsbildungsausschüssen der einzelnen Industrie- und Handelskammern beschlossenen Prüfungen basieren auf dem derzeit gültigen Rahmenstoffplan vom März 1998 sowie der Verordnung über die Prüfung vom 18. Dezember 1997 (geändert durch Verordnung vom 29. Juli 2002).

1.1 Zulassungsvoraussetzungen

(1) Zur Prüfung im Prüfungsteil „*Fachrichtungsübergreifende Basisqualifikationen*“ ist zuzulassen (§ 3 der Rechtsverordnung), wer folgendes nachweist:

1. eine mit Erfolg abgelegte Abschlussprüfung in einem anerkannten Ausbildungsberuf, der den Metallberufen zugeordnet werden kann, und danach eine mindestens einjährige Berufspraxis oder
2. eine mit Erfolg abgelegte Abschlussprüfung in einem sonstigen anerkannten Ausbildungsberuf und danach eine mindestens dreijährige Berufspraxis oder
3. eine mindestens sechsjährige Berufspraxis

(2) Abweichend davon kann auch zugelassen werden, wer durch Vorlage von Zeugnissen oder
auf andere Weise glaubhaft macht, dass er berufspraktische Qualifikationen erworben hat, die die Zulassung zur Prüfung rechtfertigen.

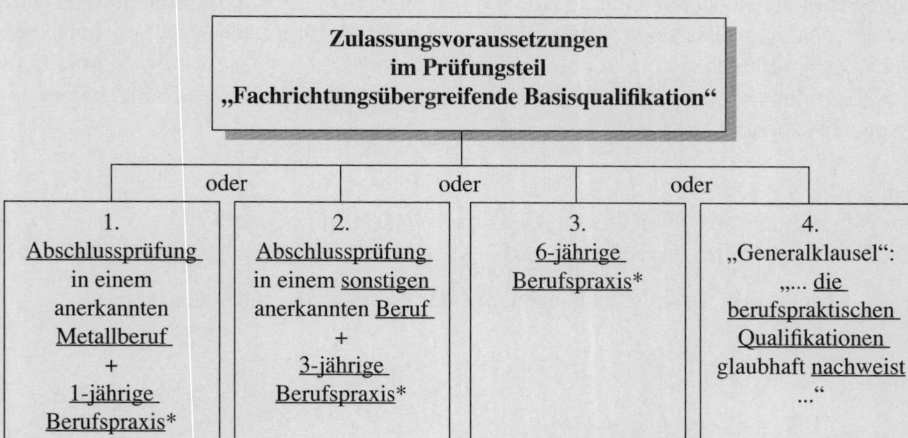

* Die Berufspraxis soll wesentliche Bezüge zu den Aufgaben eines Industriemeisters haben.

1.2 Prüfungsfächer und Gliederung der Prüfung

Die Qualifikation zum Industriemeister (Metall) umfasst *drei Prüfungsteile*:[1)]

1. Berufs- und arbeitspädagogische Qualifikationen (gemäß der Ausbilder-Eignungsverordnung; AEVO)
2. **Fachrichtungsübergreifende Basisqualifikationen**[2)]
3. Handlungsspezifische Qualifikationen

1.3 Ablauf der schriftlichen Prüfung im Prüfungsteil „Fachrichtungsübergreifende Basisqualifikationen"

Die schriftliche Prüfung besteht aus einer unter Aufsicht anzufertigenden Klausur in folgenden Prüfungsbereichen:

Prüfungsbereich	Bearbeitungszeit
1. Rechtsbewusstes Handeln	90 Minuten
2. Betriebswirtschaftliches Handeln	90 Minuten
3. Anwendung von Methoden der Information, Kommunikation und Planung	90 Minuten
4. Zusammenarbeit im Betrieb	90 Minuten
5. Berücksichtigung naturwissenschaftlicher und technischer Gesetzmäßigkeiten	60 Minuten

Entsprechend der Rechtsverordnung sind die Aufgabensätze der Klausuren bundeseinheitlich und werden von Arbeitskreisen (DIHK-Bildungs GmbH in Zusammenarbeit mit Fachexperten verschiedener Kammern) vorbereitet und vom Aufgabenerstellungsausschuss (paritätisch besetztes Gremium) verabschiedet. Pro Jahr gibt es zwei bundeseinheitliche Prüfungstermine (in der Regel: Mai und November).

- *Hilfsmittel:*
  Im Allgemeinen sind alle Hilfsmittel, mit Ausnahme elektronischer Geräte mit eigenem Betriebssystem, zugelassen (z. B. unkommentierte Gesetzestexte, Fachbücher, Tabellen usw.).

  Dies bedeutet z. B., dass dieses Fachbuch in der Prüfung verwendet werden darf.

---

1) In diesem Buch werden ausschließlich die *Inhalte des 2. Prüfungsteils* behandelt.

2) Der Inhalt der Basisqualifikationen ist mittlerweile für eine Vielzahl von Industriemeister-Fachrichtungen identisch (mit Ausnahme des 5. Faches) – so z. B. für den Industriemeister Chemie, Digital- und Printmedien und Elektrotechnik.

- *Freistellung* (Anrechnung anderer Prüfungsleistungen):
  Der Teilnehmer kann auf Antrag von der Prüfung im Prüfungsteil „Fachrichtungsübergreifende Basisqualifikationen" in einzelnen Prüfungsbereichen freigestellt werden (vgl. § 6 der Rechtsverordnung).

- Der *Punkteschlüssel der Kammern* hat folgende Verteilung:

100 –	92 Punkte	=	Note 1
91 –	81 Punkte	=	Note 2
80 –	67 Punkte	=	Note 3
66 –	50 Punkte	=	Note 4
49 –	30 Punkte	=	Note 5
29 –	00 Punkte	=	Note 6

1.4 Ablauf der mündlichen (Ergänzungs-)Prüfung im Prüfungsteil „Fachrichtungsübergreifende Basisqualifikationen"

In den Prüfungsbereichen 1 bis 5 *kann auf Antrag* des Prüfungsteilnehmers oder nach Ermessen des Prüfungsausschusses (Anmerkung: der letztere Fall ist eher selten) *eine mündliche Ergänzungsprüfung durchgeführt werden*, wenn sie für das Bestehen der Prüfung oder für die eindeutige Beurteilung der Prüfungsleistung von wesentlicher Bedeutung ist. Die Ergänzungsprüfung soll *anwendungsbezogen* durchgeführt werden und je Prüfungsbereich und Prüfungsteilnehmer *nicht länger als 20 Minuten dauern.*

Dazu das Beispiel (in Auszügen) einer anwendungsbezogenen Fragestellung, wie sie in der Ergänzungsprüfung gestellt werden könnte:

„Ihr Betrieb stellt Spezialmaschinen (o.Ä.) her und befindet sich wirtschaftlich in folgender Situation:

Der Umsatz ist erfreulich positiv, die Marktchancen gut. Der Kunde akzeptiert die Preise weitgehend. Trotzdem verzeichnet der Betrieb eine zunehmend schwache bis negative Tendenz in der Ertragslage. Welche Ursachen sind denkbar? Mit welchen Maßnahmen kann gegengesteuert werden?"

Im vorliegenden Fall bezieht sich die Fragestellung auf den Prüfungsbereich 2 („Betriebswirtschaftliches Handeln"); der Prüfungsteilnehmer sollte erkennen, dass die Ursachen im Sachverhalt „hausgemacht" sind, z. B. interne Kostenstruktur, speziell „ungünstige Entwicklung der variablen Stückkosten" oder speziell „Verschlechterung der Durchlaufzeiten" oder Ähnliches.

Im Anschluss an diese Fragestellung könnte der Prüfungsausschuss überleiten zu Inhalten wie z. B. Kalkulation, Deckungsbeitragsrechnung, Breakeven-Point usw.

- *Gewichtung der schriftlichen und der mündlichen (Ergänzungs-)Prüfung*

  Das Ergebnis der mündlichen (Ergänzungs-)Prüfung geht in die Bewertung der jeweiligen schriftlichen Prüfungsleistung ein (§ 4 Abs. 7 der Rechtsverordnung).

1.5 Bewerten der Prüfungsteile und Bestehen der Prüfung im Prüfungsteil „Fachrichtungsübergreifende Basisqualifikationen“

(1) Die Prüfungsteile „Fachrichtungsübergreifende Basisqualifikationen“ und „Handlungsspezifische Qualifikationen“ sind gesondert zu bewerten.

(2) Für den Prüfungsteil „Fachrichtungsübergreifende Basisqualifikationen“ gilt:

- Hat der Prüfungsteilnehmer *in nicht mehr als zwei der fünf Prüfungsbereiche eine* mangelhafte Leistung *(Note 5)* erbracht, ist ihm darin eine mündliche Ergänzungsprüfung anzubieten (vgl. oben, Ziffer 1.4).

  Die Bewertung der schriftlichen Prüfungsleistung und der mündlichen Ergänzungsprüfung werden zu einer Note zusammengefasst. Dabei wird die Bewertung der schriftlichen Prüfungsleistung doppelt gewichtet.

  Beispiel:

Ergebnis der schriftlichen Prüfung	=	40 Punkte
Ergebnis der mündlichen Ergänzungsprüfung	=	70 Punkte
40 Punkte · 2 + 70 Punkte · 1	=	150 Punkte
150 Punkte : 3	=	50 Punkte
⇒ Gesamtnote = ausreichend		

- *Bei* einer oder mehreren ungenügenden Prüfungsleistungen *(Note 6), besteht nicht die Möglichkeit, die Leistung durch eine mündliche Ergänzungsprüfung zu verbessern.* Der Teilnehmer hat in diesem Fall nicht bestanden.

(3) Die Prüfung ist insgesamt bestanden, wenn der Prüfungsteilnehmer in allen Prüfungsleistungen die Note 4 oder besser erbracht hat.

1.6 Wiederholung der Prüfung

- Jeder nicht bestandene *Prüfungsteil* kann zweimal wiederholt werden.

- Eine Befreiung von einzelnen *Prüfungsbereichen*, die zuvor bestanden wurden, ist möglich (Einzelheiten vgl. § 8 der Rechtsverordnung).

2. Tipps und Techniken zur Prüfungsvorbereitung

Über die Frage der optimalen Prüfungsvorbereitung lassen sich ganze Bücher schreiben. An dieser Stelle sollen nur einige Empfehlungen wieder ins Gedächtnis gerufen werden:

Vor der Prüfung:

- Sorgen Sie vor der Prüfung für ausreichend Schlaf. Stehen Sie rechtzeitig auf, sodass Sie „aufgeräumt" und ohne Stress beginnen können.

- Akzeptieren Sie eine gewisse Nervosität und beschäftigen Sie sich nicht permanent mit Ihren Stresssymptomen.

- Beginnen Sie frühzeitig mit der Vorbereitung. Portionieren Sie den Lernstoff und wiederholen Sie wichtige Lernabschnitte. Setzen Sie inhaltliche Schwerpunkte: Insbesondere sollten Sie die Gebiete des Rahmenstoffplans mit hoher Lernzieltaxonomie beherrschen. Es heißt dort u. a. „Wissen" (→ Kenntnisse), „Verstehen" (→ Zusammenhänge) und „Anwenden" (→ Handlungen). Lernen Sie nicht „bis zur letzten Minute vor der Prüfung". Dies führt meist nur zur „Konfusion im Kopf". Lenken Sie sich stattdessen vor der Prüfung ab und unternehmen Sie etwas, das Ihnen Freude bereitet.

Während der Prüfung:

- Lesen Sie jede Fragestellung konzentriert und in Ruhe durch – am besten zweimal. Beachten Sie die Fragestellung, die Punktgewichtung und die Anzahl der geforderten Argumente.

  Beispiel:
  - „*Nennen* Sie fünf Verfahren der Personalauswahl ...". Das bedeutet, dass Sie fünf (!) Argumente auflisten – am besten mit Spiegelstrichen – und ohne Erläuterung.
  - „*Erläutern* Sie zwei Verfahren der Produktionstechnik und geben Sie jeweils ein Beispiel" heißt, dass Sie zwei Verfahren nennen – jedes der Verfahren mit eigenen Worten beschreiben – (als Hinweis über den Umfang der erwarteten Antwort kann die Punktzahl nützlich sein) und zu jedem Argument ein eigenes Beispiel (keine Theorie) bilden.

- *Wenn Sie eine Fragestellung nicht verstehen*, bitten Sie die Prüfungsaufsicht um Erläuterung. Hilft Ihnen das nicht weiter, „definieren" Sie selbst, wie Sie die Frage verstehen; z. B.: „Personalplanung wird hier verstanden als abgeleitete Planung innerhalb der Unternehmensgesamtplanung ...". Es kann auch vorkommen, dass eine Fragestellung recht allgemein gehalten ist und Sie zu der Aufgabe keinen Zugang finden. „Klammern" Sie sich nicht an diese Aufgabe – Sie verlieren dadurch wertvolle Prüfungszeit – sondern bearbeiten Sie die anderen Fragen, die Ihnen leichter fallen.

- Hilfreich kann mitunter auch folgendes *Lösungsraster* sein – insbesondere bei Fragen mit „offenen Antwortmöglichkeiten“: Sie strukturieren die Antwort nach einem allgemeinen Raster, das für viele Antworten passend ist:

  - interne/externe Betrachtung (Faktoren)
  - kurzfristig/langfristig
  - hohe/geringe Bedeutung
  - Arbeitgeber-/Arbeitnehmersicht
  - Vorteile/Nachteile
  - sachlogische Reihenfolge nach dem „Management-Regelkreis“: Ziele setzen, planen, organisieren, durchführen, kontrollieren
  - Unterschiede/Gemeinsamkeiten.

- Beachten Sie die *Bearbeitungszeit*: Wenn z. B. für ein Fach 90 Minuten zur Verfügung stehen, ergibt sich ein Verhältnis von 0,9 Min. je Punkt; beispielsweise haben Sie für eine Fragestellung mit 8 Punkten ca. sieben Minuten Zeit.

- *Speziell für die mündliche Prüfung gilt*: Üben Sie zu Hause „laut“ die Beantwortung von Fragen. Bitten Sie Ihre Dozenten, die Prüfungssituation zu simulieren. Gehen Sie ausgeglichen in die mündliche Prüfung. Sorgen Sie für emotionale Stabilität, denn die Psyche ist die Plattform für eine angemessene Rhetorik. Kurz vor der Prüfung: „Sprechen Sie sich frei“ z. B. durch lautes „Frage und Antwort-Spiel“ im Auto auf dem Weg zur Prüfung. Damit werden die Stimmbänder aktiv und der Kopf übt sich in der Bildung von Argumentationsketten.

- Zum Schluss: Wenn Sie sich gezielt und rechtzeitig vorbereiten und einige dieser Tipps ausprobieren, ist ein zufriedenstellendes Prüfungsergebnis fast unvermeidbar.

Die nachfolgenden „Musterklausuren“ liefern dazu reichlich Stoff zum Üben.

Die Autoren wünschen Ihnen viel Erfolg bei der Vorbereitung sowie in der bevorstehenden Prüfung.

Aufgaben

1. Rechtsbewusstes Handeln

Bearbeitungszeit: *90 Minuten* **Punkte**

Hilfsmittel: *Alle Hilfsmittel, mit Ausnahme elektronischer Geräte mit eigenem Betriebssystem*

Aufgabe 1 8

Sie sind u. a. für die gewerbliche Ausbildung in Ihrer Abteilung zuständig. Sie erhalten die Aufgabe, das derzeit existierende Beurteilungsverfahren für Auszubildende auf den neuesten Stand zu bringen.

Müssen Sie bei dieser Überarbeitung den Betriebsrat einschalten? Begründen Sie Ihre Antwort.

Aufgabe 2 8

Das Betriebsratsmitglied Krause ist Mitarbeiter in Ihrer Abteilung. Krause fährt für drei Tage zur Gewerkschaftsschulung „Neueste Rechtsprechung zum Betriebsverfassungsgesetz" und verlangt anschließend Entgeltfortzahlung und Übernahme der Schulungskosten sowie der Spesen. Zu Recht?

Aufgabe 3 8

Der Montag Morgen „fängt gut an": Das Betriebsratsmitglied Hitzig, Mitarbeiter Ihrer Abteilung, gerät mit einem Kollegen in Streit. Dieser reizt Hitzig bis aufs Blut. Plötzlich schlägt Hitzig zu. Eine Schlägerei ist im Gange. Sie können gerade noch einschreiten, um Schlimmeres zu verhindern.

Am nächsten Tag wird Hitzig nach ordnungsgemäßer Anhörung des Betriebsrates fristlos gekündigt. Noch leicht angeschlagen äußert sich Hitzig in Anwesenheit seiner Sympathisanten gegenüber dem Chef: „Das könnte Ihnen so passen! Sie suchen ja nur nach einem Grund mich loszuwerden. Aber als Mitglied des Betriebsrats können Sie mir gar nicht kündigen!"

Sind Sie auch dieser Auffassung? Begründen Sie Ihre Antwort.

Aufgabe 4 8

Mit Ihrem Mitarbeiter Huber gab es während Ihres Urlaubs erhebliche Schwierigkeiten. Sie wurden während Ihrer Abwesenheit vom Vorarbeiter Kernig vertreten. Am ersten Arbeitstag überreicht Ihnen Kernig das Kündigungsschreiben an Huber, das er schon vorbereitet hat. Darin heißt es:

Sehr geehrter Herr Huber,
aufgrund der Ihnen bekannten Vorfälle sehen wir uns gezwungen das Arbeitsverhältnis fristgerecht zum 31.07. zu kündigen, wenn Sie nicht ab sofort die Termine besser einhalten und pünktlich Ihre Arbeit beginnen.
Mit freundlichen Grüßen

Ist dieses Kündigungsschreiben korrekt? Begründen Sie Ihre Antwort.

Aufgabe 5 8

In diesem Jahr war es besonders schwierig, geeignete Kandidaten für die drei Ausbildungsplätze in Ihrer Abteilung zu finden. Umso mehr sind Sie verärgert, als der Kandidat G. Mahnke seinen Ausbildungsvertrag noch vor Beginn der Ausbildung kündigt, weil er – wie er meint – ein besseres Lehrstellenangebot erhalten kann.

Ist die Kündigung von G. Mahnke wirksam? Begründen Sie Ihre Antwort.

Aufgabe 6 8

Ihr Betriebsleiter kündigt während Ihrer Abwesenheit das Ausbildungsverhältnis, das mit Rudi Rastlos seit zwei Monaten besteht, fristlos zum Ende der Woche.

Zu Recht? Beziehen Sie Stellung.

Aufgabe 7 12

Ihre Firma zahlte den Mitarbeitern in den letzten zehn Jahren neben dem tariflichen Urlaubsgeld einen „Urlaubszuschuss" in Höhe von 600,00 EUR. Aufgrund der verschlechterten Ertragslage ist geplant, diesen Urlaubszuschuss für das kommende Jahr nicht zu zahlen. Es ist unstrittig, dass es sich um eine betriebliche Übung handelt. Der Betriebsleiter erteilt Ihnen die Aufgabe zu prüfen, ob die Zahlung des Urlaubszuschusses rechtlich einwandfrei eingestellt werden kann. Im Einzelnen sollen Sie dabei auf folgende Aspekte eingehen:

- Kündigung der betrieblichen Übung,
- Abschluss einer Betriebsvereinbarung,
- sonstige Möglichkeiten.

Beziehen Sie ausführlich Stellung.

Aufgabe 8

Am kommenden Wochenende soll in Ihrer Abteilung Mehrarbeit durchgeführt werden, da die Kundennachfrage produktionstechnisch kaum noch bewältigt werden kann. Die regelmäßige tägliche Arbeitszeit beträgt acht Stunden bei einer 5-Tage-Woche. Der Betriebsrat lehnt den entsprechenden Antrag ab. Da sich aber genügend „Freiwillige" finden, wird am Wochenende gearbeitet; außerdem soll in der folgenden Woche an drei Tagen Mehrarbeit von drei Stunden täglich geleistet werden. Der Betriebsrat erhebt daraufhin Klage auf Unterlassung. Der Firmensitz ist Düsseldorf. In der Verhandlung äußert der zuständige Vertreter Ihrer Firma, dass ein „Eilfall vorgelegen hätte und wichtige Liefertermine gefährdet waren".

a) Hat die Klage Aussicht auf Erfolg? Begründen Sie Ihre Antwort. 10

b) Welches Gericht ist sachlich und örtlich zuständig? 2

c) Der Mitarbeiter Mertens weigert sich, die Mehrarbeit anzutreten. „In meinem Arbeitsvertrag steht nichts von Überstunden", so seine Antwort. Beurteilen Sie die Rechtslage. 8

d) Angenommen, Herr Mertens hätte die Überstunden geleistet, wäre dann Ihr Betrieb verpflichtet gewesen, die Mehrarbeit zu vergüten? Geben Sie eine begründete Antwort. 6

Aufgabe 9 7

Ein wichtiger Zulieferbetrieb Ihrer Firma wird bestreikt. Daraufhin kommt die Produktion auch bei Ihnen in der Fertigung II zum Erliegen. Beide Betriebe gehören zum Bereich der Metallindustrie NRW.

Beurteilen Sie die Vergütungsansprüche der Mitarbeiter beim Zulieferbetrieb und bei Ihnen in der Fertigung II.

Aufgabe 10

Ihr Betrieb möchte den Umweltschutz weiter voranbringen. Man erwägt die Einführung eines Öko-Audits. In der nächsten Besprechung mit Ihrem Betriebleiter sollen Sie über folgende Fragen Auskunft geben können?

a) Welchen Inhalt hat das Öko-Audit-System? 2

b) Nennen Sie zwei wirtschaftliche Vorteile, die mit der Einführung verbunden sein können. 2

c) Nennen Sie drei Umweltschutzgesetze bzw. -verordnungen, die von Ihnen zu beachten sind. 3

100

2. Betriebswirtschaftliches Handeln

Bearbeitungszeit: *90 Minuten*

Hilfsmittel: *Alle Hilfsmittel, mit Ausnahme elektronischer Geräte mit eigenem Betriebssystem*

Aufgabe 1 **Punkte**

Für die Fertigung eines Getriebeteiles liegt Ihnen folgende Umsatz- und Kostensituation vor:

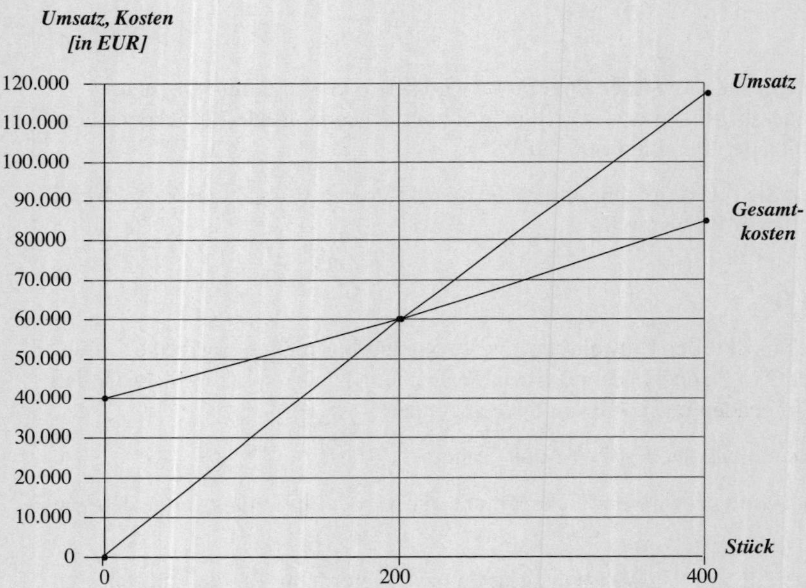

a) Ermitteln Sie im Break-even-Point 3

- den Umsatz U^*
- die Stückzahl x^*
- den Gewinn G^*

b) Ermitteln bzw. berechnen Sie 7

- die fixen Gesamtkosten K_f
- den Preis p pro Getriebeteil
- die variablen Gesamtkosten K_v
- die variablen Stückkosten $K_{v/Stk.}$

c) Berechnen Sie für einen Auftrag von 300 Stück 8

- den Umsatz U
- den Gewinn G

- den Deckungsbeitrag DB
- den Deckungsbeitrag pro Stück $DB_{Stk.}$

d) Zeigen Sie mithilfe der Angaben lt. Sachverhalt, dass im Break-even-Point gilt: 2

$$x^* = \frac{K_f}{db}$$

Aufgabe 2

Ihr Firma erhält einen Auftrag über 20 Stück eines Getriebeteiles. Nachfolgend ist die Erzeugnisgliederung des Getriebeteiles dargestellt:

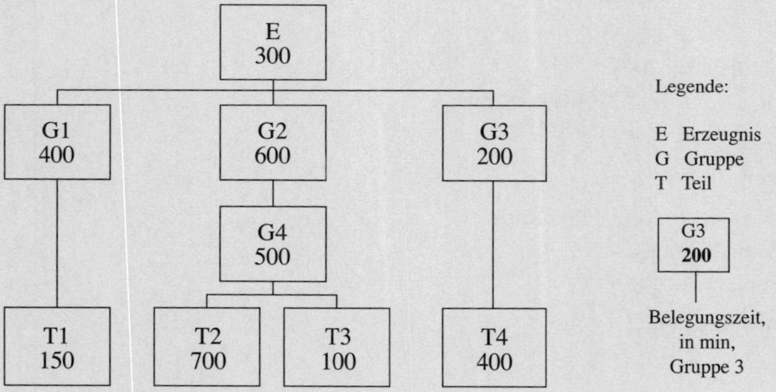

Hinweis zum Fertigungsablauf: Jede Fertigung erfolgt an unterschiedlichen Arbeitsplätzen. Nach jedem Fertigungsabschnitt (E, G, T) ist eine Übergangszeit (= Transport + Liegezeit) in Höhe von 20 % zur Belegungszeit zu berücksichtigen.

a) Stellen Sie grafisch oder tabellarisch dar, welche Fertigungsabschnitte auf dem kritischen Weg liegen. 6

b) Berechnen Sie die Durchlaufzeit des Auftrages. 3

c) Nennen Sie vier Maßnahmen, mit denen eine Verkürzung der Durchlaufzeit realisiert werden kann. 4

Aufgabe 3

Die Firma Hartig GmbH hat unterhalb der Geschäftsleitung die Funktionsbereiche Einkauf, Fertigung, Vertrieb, Personal, Verwaltung, Rechnungswesen. Es werden die zwei Produkte A und B hergestellt und vertrieben. Zeichnen Sie das Organigramm

a) einer Linienorganisation (1. und 2. Leitungsebene) 5

b) einer Spartenorganisation (1. bis 3. Leitungsebene) 5

c) einer Matrixorganisation (1. bis 3. Leitungsebene). 6

Aufgabe 4

a) An einem Anlassergehäuse sind 40 Bohrungen durchzuführen. Die Vorgabezeit je Leistungseinheit ist vier Minuten; die Rüstzeit beträgt 20 Minuten. Der Tariflohn liegt bei 10,00 € pro Stunde und der Akkordzuschlag bei 25 %. Zu berechnen sind: 8

- die gesamte Vorgabezeit für den Auftrag,
- der Akkordbruttolohn für den Auftrag,
- der Akkordbruttolohn pro Stunde sowie
- der Zeitgrad bei einer tatsächlichen Arbeitszeit für den Auftrag von 160 Minuten.

b) Es liegen folgende Angaben vor:

Zeitlohn	=	12,00 €/Stunde
Akkordzuschlag	=	20 %
Vorgabezeit	=	7,5 Min./Stück
Ist-Leistung	=	9 Stück/Std.

Zu berechnen sind:

b1) der Akkordbruttolohn pro Stunde 8
- auf Zeitakkordbasis
- auf Stückakkordbasis

b2) der Leistungsgrad. 2

Aufgabe 5 9

Für die zurückliegende Periode liegen Ihnen aus der Bilanz sowie der Gewinn- und Verlustrechnung folgende Zahlenwerte vor:

Kapital:	600 T€
Kosten:	1.900 T€
Maschinenstunden:	46.000 Std.
Arbeitsstunden:	30.000 Std.
Leistungen:	2.000 T€
Menge:	35.000 Einheiten (E)
Gewinn:	60.000 €

Berechnen Sie folgende Kennzahlen:

- Maschinenproduktivität
- Kapitalrentabilität
- Wirtschaftlichkeit

Aufgabe 6 12

Eine Werkstatt Ihres Betriebes fertigt vier Produktvarianten (x, y, w, z) auf den Maschinen I bis IV. Jede Variante durchläuft verschiedene Fertigungsstufen (A bis D) in unterschiedlicher Reihenfolge; Einzelheiten sind der folgenden Matrix zu entnehmen:

Fertigungsstufe				
Produktvariante	A	B	C	D
x	4/I	3/IV	6/II	4/III
w	3/III	4/II	4/I	—
y	2/II	4/I	1/III	—
z	3/IV	5/III	2/I	2/II

Dabei gilt: z. B. 4 / I = vier Stunden Fertigung auf Maschine I

Optimieren Sie den Maschinenbelegungsplan und unterstellen Sie dabei folgende Bedingungen:

- Es entstehen keine Zeiten für das Rüsten und Umrüsten.
- Die Einzeltätigkeiten sind nicht teilbar.

Verwenden Sie für die Darstellung der Maschinenbelegung das nachfolgende Balkendiagramm:

Stunden																	
Maschine	1	2	3	4	5	6	7	8	9	10	11	12	13	14	15	16	17
I																	
II																	
III																	
IV																	

Aufgabe 7 12

Auch wenn in einem Unternehmen alle Produktionsfaktoren in ausreichendem Maße vorhanden sind, kann es aufgrund einer mangelhaften Organisation dazu führen, dass die angestrebten Ziele nicht erreicht werden. Allgemein gilt die Erfahrung: „Eine schlechte Organisation (Aufbau- und Ablauforganisation) kann jedes noch so realistisch gesteckte Ziel unmöglich machen." Aus diesem Grunde müssen bei der Gestaltung des Organigramms und dem Zusammenwirken der Orga-Einheiten eine Reihe von zentralen Grundsätzen berücksichtigt werden.

Beschreiben Sie drei Grundsätze der Unternehmensorganisation und geben Sie jeweils ein Beispiel.

100

3. Methoden der Information, Kommunikation und Planung

Bearbeitungszeit: *90 Minuten*

Hilfsmittel: *Alle Hilfsmittel, mit Ausnahme elektronischer Geräte mit eigenem Betriebssystem*

Aufgabe 1 **Punkte**

Zur Vorbereitung von Rationalisierungsmaßnahmen soll das Zwischenlager der Fertigung mithilfe einer ABC-Analyse überprüft werden. Aus der Buchhaltung liegen Ihnen die folgenden durchschnittlichen Verbrauchswerte je Monat je Artikelgruppe vor:

Artikel-Gruppe	Verbrauch je Monat in Einheiten (E)	Preis je Einheit in EUR
900	1.000	0,70
979	4.000	0,20
105	3.000	3,80
113	6.000	1,00
121	1.000	7,00
129	16.000	0,50
137	9.000	0,10
189	400	3,00
194	600	2,00
215	4.000	0,20

a) Erstellen Sie die ABC-Analyse für das vorliegende Datenmaterial und beschreiben Sie kurz die einzelnen Arbeitsschritte. Berechnen Sie dabei die Anteilswerte auf zwei Stellen nach dem Komma. 14

b) Stellen Sie die Verteilung grafisch dar (Konzentrationskurve). 6

c) Klassifizieren Sie die Artikelgruppen nach A-, B- und C-Gruppen. Schlagen Sie jeweils zwei Rationalisierungsmaßnahmen für A- und B-Gruppen bzw. C-Gruppen vor. 6

Aufgabe 2

Im Fertigungsbereich II gab es seit längerem Qualitätsprobleme. Das nachfolgende Diagramm zeigt das repräsentative Ergebnis einer Stichprobe („alt") mit n = 60 vor drei Monaten:

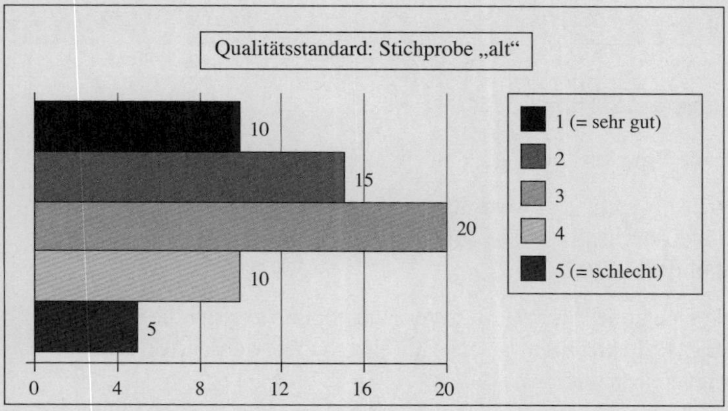

Aufgrund einer Analyse der GK-Consulting GmbH, Neustrelitz, wurden eine Reihe von Maßnahmen zur Qualitätssicherung durchgeführt. Die neuerliche Stichprobe („neu") vom Umfang n = 80 führte zu folgendem Ergebnis:

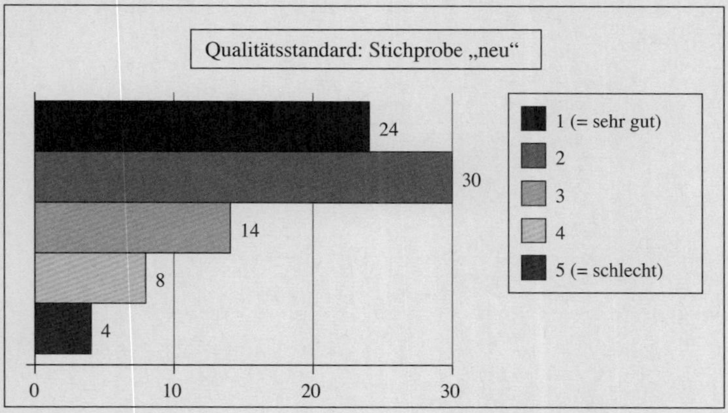

Da Sie Mitglied im Team Qualitätssicherung sind, erhalten Sie die Aufgabe, in einer Präsentation dazulegen, ob die durchgeführten Maßnahmen zu einer Qualitätsverbesserung geführt haben.

a) Stellen Sie das Ergebnis Ihrer Analyse in einem geeigneten Diagramm dar. 14

b) Zeigen Sie alternativ eine andere, ebenfalls geeignete Diagrammform und begründen Sie, welche Darstellungsvariante (a) oder (b) Ihnen wirksamer erscheint. 8

Aufgabe 3

Ihr Unternehmen startet in Kürze das Projekt „Reorganisation des Systems der Auftragsabwicklung". Die erste Grobstudie hat folgende Teilprojekte 1 bis 6 mit dem dazugehörigen Aufwand in Manntagen ergeben:

Teilprojekt	*1*	*2*	*3*	*4*	*5*	*6*	Σ
Aufwand in Manntagen	30	46	28	46	38	44	232
kalkulierter Ansatz in EUR/Manntag	1.200	1.500	1.300	1.400	1.500	1.700	

a) Ermitteln Sie die Projektkosten insgesamt. 4

b) Die kalkulierten Projektkosten sind der Geschäftsleitung zu hoch. Sie werden aufgefordert, bis zum nächsten Meeting drei Vorschläge zur Senkung der Projektkosten zu präsentieren. 6

c) Da das Projekt eine hohe Priorität im Unternehmen hat, erwartet die Geschäftsleitung, dass die Projektziele in jedem Fall eingehalten werden. Erläutern Sie dazu drei geeignete Maßnahmen. 6

Aufgabe 4

Innerhalb des Projektes „Reorganisation des Systems der Auftragsabwicklung" (vgl. oben, Aufgabe 3) beträgt der Aufwand 46 Manntage für das Teilprojekt 4; es besteht aus insgesamt 7 Arbeitspaketen. Nachfolgend ist die Ablaufstruktur des Teilprojektes 4 abgebildet:

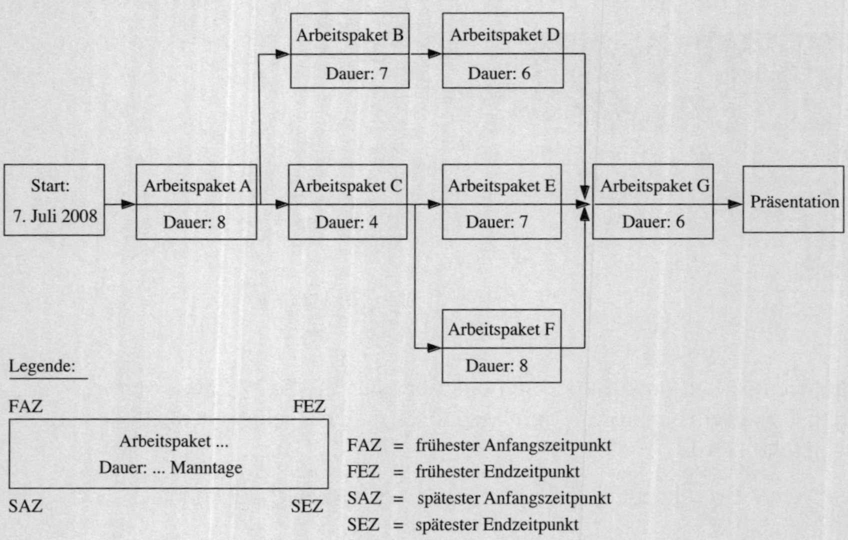

a) Entsprechend dem Projektauftrag ist vorgesehen, das Ergebnis jedes Teilprojektes vor der Geschäftsleitung zu präsentieren. Ermitteln Sie für das Teilprojekt 4 das früheste Datum der Präsentation. 8

Hinweis: An Samstagen und Sonntagen wird nicht gearbeitet. Feiertage sind nicht zu berücksichtigen. Starttermin für das Teilprojekt 4 ist Montag, der 7. Juli 2008.

Verwenden Sie den abgebildeten Kalender.

Juli					
M		07	14	21	28
D	01	08	15	22	29
M	02	09	16	23	30
D	03	10	17	24	31
F	04	11	18	25	
S	05	12	19	26	
S	06	13	20	27	

August					
M		04	11	18	25
D		05	12	19	26
M		06	13	20	27
D		07	14	21	28
F	01	08	15	22	29
S	02	09	16	23	30
S	03	10	17	24	31

b) Benennen Sie die Arbeitspakete, die auf dem kritischen Weg liegen. 6

c) Kurz nach Beginn der Arbeiten stellt sich heraus, dass sich das Arbeitspaket F um einen Manntag verlängert. Verändern sich dadurch der Präsentationstermin und der kritische Weg? 6

Geben Sie eine begründete Antwort.

Aufgabe 5

Auf Ihrem Betriebsgelände gibt es eine entfernt liegende Fertigungshalle. Hier wurde vor kurzem ein neues NC-Bearbeitungszentrum in Betrieb genommen, das bisher noch nicht an die zentrale Betriebsdatenerfassung angeschlossen wurde.

a) Nennen Sie vier Speichermedien zur Datensicherung und beschreiben Sie jeweils zwei Vor- und Nachteile dieser Medien. 12

b) Da in dieser Halle streng vertrauliche Versuche gefahren werden, soll der Hallenzugang dv-technisch gesichert werden. 2

Beschreiben Sie zwei geeignete Möglichkeiten.

c) Nennen Sie zwei geeignete Prüfverfahren bei der Dateneingabe am NC-Bearbeitungszentrum. 2

100

4. Zusammenarbeit im Betrieb

Bearbeitungszeit: *90 Minuten*

Hilfsmittel: *Alle Hilfsmittel, mit Ausnahme elektronischer Geräte mit eigenem Betriebssystem*

Ausgangssituation zu allen Aufgaben:

Punkte

Nach Abschluss Ihrer Meisterausbildung wechseln Sie zur KARGEN GmbH, einem mittelständischen Metallbaubetrieb im Großraum Düsseldorf. Ihre Firma fertigt Fahrzeugsitze nach dem Fließprinzip für Pkw und Lkw auf konventionellen Bearbeitungsmaschinen sowie CNC-Vollautomaten. Sie berichten an den Betriebsleiter, der seit 15 Jahren in der Firma ist. Ihnen sind 25 gelernte und angelernte Mitarbeiter sowie sechs Auszubildende unterstellt. Ihr Vorgänger wurde innerbetrieblich versetzt. Es existiert ein Betriebsrat. In Ihrer Führungsarbeit werden Sie von zwei Vorarbeitern unterstützt.

Aufgabe 1

In den ersten Wochen arbeiten Sie sich in Ihre neue Aufgabe gründlich ein. Sie stellen dabei fest, dass das Betriebsklima nicht nur in Ihrem Verantwortungsbereich, sondern in der Firma insgesamt nicht zufriedenstellend ist.

	Punkte
a) In der nächsten Besprechung mit Ihren Vorarbeitern steht das Thema „Betriebsklima in der Abteilung" an erster Stelle Ihrer Tagesordnung. Als Diskussionseinstieg werden Sie kurz präsentieren, welche negativen Auswirkungen ein schlechtes Betriebsklima auf innerbetriebliche Leistungskennzahlen haben kann. Nennen Sie dazu zehn Einzelpunkte.	10
b) Nach dieser grundsätzlichen Einführung wollen Sie mit Ihren Vorarbeitern diskutieren, wie man methodisch vorgehen sollte, um konkret die spezifischen Ursachen des schlechten Betriebsklimas in der KARGEN GmbH herauszufinden. Beschreiben und beurteilen Sie fünf methodische Ansätze.	20
c) Bevor Sie sich endgültig entscheiden, welchen methodischen Ansatz Sie wählen werden, wollen Sie generell überlegen, welche Führungsmaßnahmen des Vorgesetzten geeignet sind, das Betriebsklima positiv zu beeinflussen. Erstellen Sie dazu eine Checkliste mit zehn geeigneten Maßnahmen und gliedern Sie diese in: - Führungsstilmittel (wie z. B. Anerkennung), - Kommunikationsmittel (wie z. B. Mitarbeitergespräch), - Maßnahmen zur Gestaltung des Arbeitsplatzes (wie z. B. Kompetenzumfang). Beachten Sie weiterhin, dass Sie auf Fragen der materiellen Ausgestaltung der Arbeitsbedingungen (Lohn, Prämien, Zulagen usw.) keinen Einfluss haben.	10

Aufgabe 2 12

Bereits nach der ersten Arbeitswoche merken Sie, dass die Fülle Ihrer Aufgaben groß ist und Ihnen die „Arbeit langsam über den Kopf wächst": Teilnahme an Besprechungen, Projektmeetings, Arbeitseinteilung der Mitarbeiter, eigene Fachaufgaben, Zusammenarbeit mit anderen Abteilungen usw.

Nennen Sie sechs Maßnahmen, die Sie in der nächsten Zeit aktiv umsetzen werden, um Ihre eigene Arbeit und die Ihrer Mitarbeiter besser zu organisieren und um mehr Zeit für Wesentliches zu gewinnen.

Aufgabe 3 15

Es ist jetzt 15:00 Uhr. Sie kommen gerade aus der Besprechung mit Ihrem Chef. Er hat Ihnen eröffnet, dass ein wichtiger Kunde Ihrer Firma personelle Unterstützung in der Fertigung braucht. Sie sollen dazu eine Arbeitsgruppe von fünf Mitarbeitern zusammenstellen. Der Betrieb des Kunden liegt in Holland und der Einsatz der Mitarbeiter ist für drei Wochen geplant. Sie wissen, dass die Aufgabe anstrengend sein wird.

Was werden Sie tun? Der Betriebsleiter erwartet morgen eine personelle Aufstellung. Gehen Sie bei Ihrer Antwort auf Kriterien für die Mitarbeiterauswahl ein.

Aufgabe 4

Ihr Vorarbeiter Hurtig ist für den Fertigungsbereich „Pkw-Sitze" zuständig. In den zurückliegenden zwei Monaten häuften sich Reklamationen des Großkunden Z und führten zu kostenintensiver Nacharbeit.

a) Formulieren Sie für Ihren Mitarbeiter Hurtig eine geeignete Zielvereinbarung, um die Qualitätsprobleme „in den Griff zu bekommen"; berücksichtigen Sie dabei den Aspekt der Messbarkeit von Zielen. 5

b) Beschreiben Sie, wie der Prozess der Zielvereinbarung generell zu gestalten ist. 5

Aufgabe 5

Auf der letzten Betriebsversammlung wurde vom Betriebsrat das Thema „Fluktuation" aufgegriffen. Der Betriebsratsvorsitzender erklärte: „Es ist ein Skandal. Die Fluktuation bei der KARGEN GmbH steigt und steigt, trotz hoher Arbeitslosigkeit im Lande. Und worauf ist das zurückzuführen? Ich werde es Ihnen sagen: Ursache ist einzig und allein die mangelnde Führungsfähigkeit unserer Herren Vorgesetzten. Das muss sich ändern!"

a) Wie beurteilen Sie die Aussage des Betriebsratsvorsitzenden? Hat er Recht? Geben Sie eine begründete Antwort. 5

b) Kann der Vorgesetzte durch seinen eigenen Führungsstil dazu beitragen, dass die Fluktuationsquote möglichst niedrig bleibt? Wie muss ein derartiges Verhalten sein? Beschreiben Sie fünf Beispiele. 8

Aufgabe 6	10
Ihr Chef hat letzte Woche ein Seminar auf Usedom besucht. Thema war: „Alte und neue Formen der Arbeitsorganisation". Er ist immer noch sehr begeistert von den dargestellten Methoden. Besonders fühlt er sich bestätigt, die bewährten Instrumente „Job-Enrichment" und „Job-Enlargement" endlich bei der KARGEN GmbH stärker einzusetzen. Sie stimmen seiner Begeisterung nur teilweise zu und machen Bedenken geltend: „Beide Instrumente haben auch Risiken. Das sollte man bei einer Einführung berücksichtigen." So Ihre Aussage. Ihr Chef ist nicht überzeugt. Schließlich bittet er Sie – ein wenig enttäuscht – in der nächste Besprechung die Chancen und Risiken der beiden Methoden überzeugend vorzutragen.	
Beschreiben Sie jeweils zwei Chancen und Risiken, die mit der Einführung von Job-Enrichment und Job-Enlargement verbunden sein können.	
	100

5. Berücksichtigung naturwissenschaftlicher und technischer Gesetzmäßigkeiten

Bearbeitungszeit: *60 Minuten* — **Punkte**

Hilfsmittel: *Alle Hilfsmittel, mit Ausnahme elektronischer Geräte mit eigenem Betriebssystem*

Aufgabe 1 — 10

Bei einer Kraftmaschine wird die zugeführte Energie in folgenden Anteilen genutzt:

- Kühlwasserbeheizung 14 %
- ungenutzte Energie in Form von Reibung usw. 18 %
- Abgaswärme 28 %
- Bewegungsenergie 40 %

Zeichnen Sie ein Kreisdiagramm zur grafischen Darstellung der Energienutzung; dabei soll ein Segment in „explodierender Darstellung" gezeigt werden.

Aufgabe 2

In der nächsten Woche führen Sie eine der regelmäßigen Unterweisungen für Auszubildende durch. Das Thema lautet: Verwendung unterschiedlicher Energieformen im Betrieb".

a) Erläutern Sie Ihren Auszubildenden den Unterschied zwischen einer Kraftmaschine und einer Arbeitsmaschine. — 8

b) Geben zu jeder Maschine vier Beispiele. — 4

Aufgabe 3 9

Säuren bilden Salze mit unedlen Metallen, mit Metalloxiden oder mit Metallhydroxiden. Vervollständigen Sie die folgenden Salzbildungsreaktionen und nennen Sie die Bezeichnung des jeweiligen Salzes:

2 HCL + Mg; 2 HCL + MgO; HCL + KOH

Aufgabe 4 15

Metallteile sollen zum Schutz vor Korrosion galvanisiert werden. Beschreiben Sie stichwortartig, welche Arbeitsgänge erforderlich sind, damit auf einer Metalloberfläche ein gut haftender Chromüberzug entsteht.

Aufgabe 5 10

Ein Stein fällt mit der Anfangsgeschwindigkeit $v_0 = 0$ in einen 190 m tiefen Schacht. Mit welcher Geschwindigkeit und nach welcher Zeit trifft er am Boden auf?

Aufgabe 6 8

Ein Generator, der von einer Dampfturbine angetrieben wird, soll 15.000 kW an das Leitungsnetz abgeben. Sein Wirkungsgrad beträgt 95 %. Berechnen Sie die erforderliche Leistung der Dampfturbine (in kW).

Aufgabe 7 10

An einem Kranhaken wird eine Last mit der Masse 850 kg angehängt und angehoben. Berechnen Sie, um welche Länge das Seil des Kranes gedehnt wird, wenn die Federkonstante 3.200 N/cm beträgt.

Aufgabe 8 12

Drei Widerstände mit $R_1 = 65\ \Omega$, $R_2 = 80\ \Omega$ und $R_3 = 95\ \Omega$ sind in einer gemischten Schaltung folgendermaßen angeordnet:

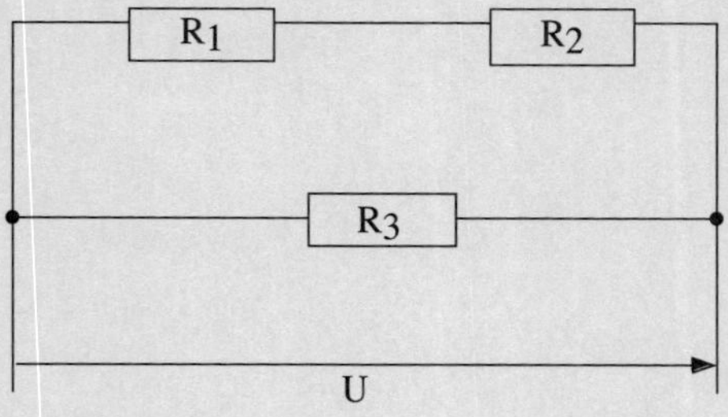

Berechnen Sie den Ersatzwiderstand.

Aufgabe 9	14
Eine Last F = 40.000 N wird gehoben. Dabei wird ein Befestigungsbolzen belastet. Berechnen Sie den Durchmesser d des Befestigungsbolzens bei einer zulässigen Zugspannung $\sigma_{zul} = 100\ N/mm^2$.	100

Lösungen

1. Rechtsbewusstes Handeln

	Punkte
Aufgabe 1	
Ja! Das vorliegende Beurteilungssystem dürfte den Tatbestand der allgemeinen Beurteilungsgrundsätze nach § 94 Abs. 2 BetrVG erfüllen. Die Erstellung sowie die Überarbeitung eines Beurteilungssystems mit festgelegten Merkmalen, Merkmalsausprägungen usw. bedarf der Zustimmung des Betriebsrates.	8
Aufgabe 2	8
Die Veranstaltung ist nach § 37 BetrVG zu behandeln; danach trägt der Arbeitgeber die Kosten der Entgeltfortzahlung, die Seminarkosten und die Spesen in angemessener Höhe.	
Aufgabe 3	8
Nein! Hitzig hat den Betriebsfrieden erheblich gestört. Die Schlägerei ist (im Regelfall) für den Arbeitgeber ein wichtiger Grund, der zur fristlosen Kündigung Anlass gibt; vgl. § 15 KSchG sowie § 103 BetrVG.	
Aufgabe 4	8
Nein! - Eine *bedingte* Kündigung ist unzulässig. - Es fehlt der Hinweis auf die erfolgte Anhörung des Betriebsrats.	
Aufgabe 5	8
Ja! Nach laufender Rechtsprechung ist die vorzeitige Kündigung eines Ausbildungsverhältnisses durch den Kandidaten zulässig; vgl. § 22 Abs. 1 BBiG.	
Aufgabe 6	8
Es kommt darauf an; der Sachverhalt enthält keine Information über die vereinbarte Probezeit (nach dem BBiG beträgt sie 1 - 4 Monate); eine fristlose Kündigung ist daher durch den Betriebsleiter nur möglich, - wenn sie innerhalb der Probezeit erfolgt oder - wenn ein wichtiger Grund nach § 22 Abs. 2 BBiG vorliegt.	
Aufgabe 7	12
• *Eine Kündigung der betrieblichen Übung* ist nicht möglich, da sie unmittelbarer Bestandteil der individuellen Arbeitsverträge wird – im Gegensatz zu Betriebsvereinbarungen, die einwirkenden Rechtscharakter haben.	

- *Der Abschluss einer Betriebsvereinbarung,* die einer betrieblichen Übung nachfolgt und diese verdrängen soll, ist nur dann möglich, wenn sie für den Arbeitnehmer günstiger ist. Im vorliegenden Fall soll aber gerade die Zahlung des Urlaubszuschusses eingestellt werden, sodass auch dieser Ansatz nicht zur angestrebten Lösung führt.

- *Sonstige Vorgehensweisen:* Die aufgrund der betrieblichen Übung vorliegenden einzelvertraglichen Ansprüche können nur im Wege der
  - Einigung mit den Arbeitnehmern (z. B. in Verbindung mit einer generellen Neugestaltung der Sozialleistungen) oder
  - durch Kündigung bzw. Änderungskündigung der Einzelarbeitsverträge aufgehoben werden.

Aufgabe 8

a) Ja, die Klage hat Aussicht auf Erfolg. Die Durchführung von Mehrarbeit ist mitbestimmungspflichtig nach § 87 Abs. 1 Nr. 3 BetrVG. Die fehlende Zustimmung kann durch den Spruch der Einigungsstelle ersetzt werden (§ 87 Abs. 2 BetrVG). Verstößt der AG gegen diese Regelung, so hat der Betriebsrat einen Unterlassungsanspruch gegen zukünftige Verstöße. Das Argument des AG („dass ein Eilfall vorgelegen hätte und wichtige Liefertermine gefährdet waren") greift nicht: Die Umgehung des Mitbestimmungsrechtes ist nur in absoluten Notsituationen möglich (z. B. Brandschäden). Termin- und Lieferprobleme sind durch Planung vermeidbar und gehören zum Risiko des Unternehmers. 10

b) Zuständig ist das Arbeitsgericht Düsseldorf (Sitz der Firma = Gerichtsstand). 2

c) Vom Grundsatz her muss Mertens keine Überstunden leisten, da eine einzelvertragliche Vereinbarung nicht vorliegt. Etwas anderes gilt, wenn die Überstunden aufgrund dringender betrieblicher Erfordernisse angeordnet werden; im vorliegenden Fall ist dies zu verneinen. Die Ablehnung von Mertens besteht also zu Recht. 8
Weiterhin ist zu beachten, dass die Anordnung „drei Überstunden zu leisten" gegen § 3 ArbZG verstößt und damit gesetzwidrig ist.

d) Nein! Die Vergütungspflicht besteht bei regulärer Mehrarbeit von zwei Stunden täglich nicht „automatisch"; der Arbeitgeber ist jedoch verpflichtet, innerhalb von sechs Kalendermonaten oder 24 Wochen einen Ausgleich zu schaffen, sodass die werktägliche Arbeitszeit im Durchschnitt acht Stunden nicht überschreitet (§ 3 ArbZG). 6

Aufgabe 9 7

- der Vergütungsanspruch der Mitarbeiter im Zulieferbetrieb *ruht* während des Streiks (Streikrecht!)
- die Mitarbeiter Ihrer Firma (dies gilt auch für Nichtorganisierte) verlieren für die Zeit des Streiks ebenfalls ihren Vergütungsanspruch gegen den Arbeitgeber (Sphärentheorie: die Betriebsstörung bei Ihnen ist der Sphäre der Arbeitnehmer zuzurechnen).

Aufgabe 10	
a) EU-Zertifikat: bescheinigt die Einhaltung der Umweltvorschriften gemäß der EU-Öko-Audit-Verordnung; ist freiwillig.	2
b) Langfristige Kostenvorteile: Imagebildung am Markt und Aufbau einer Präferenzstruktur beim Kunden, Vermeidung von Folgekosten bei Umweltgefährdungen u. Ä.	2
c) Bundesimmissionsschutzgesetz, Wasserhaushaltsgesetz, Gefahrstoffverordnung, TA Luft, TA Lärm, TA Abfall, Kreislaufwirtschafts-/Abfallgesetz u. Ä.	3
	100

2. Betriebswirtschaftliches Handeln

Aufgabe 1 — **Punkte**

a) Aus der Grafik lässt sich im Break-even-Point ablesen: 3

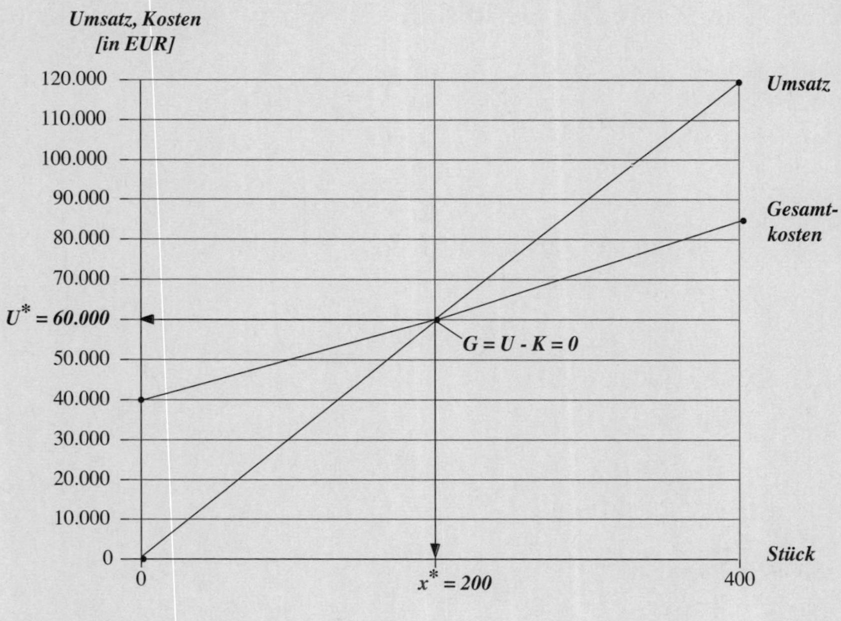

$U^* = 60.000$ EUR

$x^* = 200$ Stück

Definitionsgemäß ist im Break-even-Point:

$G^* = 0$

b) Aus der Grafik lässt sich ablesen: 7

$K_f = 40.000$ EUR

$p = ?$

$U = x \cdot p \Rightarrow p = U^* : x^*$

$= 60.000 : 200$

$= 300$ EUR

$K_v = ?$

$K^* = K_f + K_v \Rightarrow K_v = K^* - K_f$

$= 60.000 - 40.000$

$= 20.000$ EUR

$K_{v/Stk.} = ?$

$K_v = x^* \cdot K_{v/Stk.} \Rightarrow K_{v/Stk.} = K_v : x^*$

$= 20.000 : 200$

$= 100$ EUR

c) Berechnen Sie für einen Auftrag von 300 Stück: 8

$U = x \cdot p = 300 \cdot 300$

$= 90.000$ EUR

$G = U - K$

$= 90.000 - K_f - x \cdot K_{v/Stk.}$

$= 90.000 - 40.000 - 100 \cdot 300$

$= 20.000$ EUR

$DB = U - K_v = U - x \cdot K_{v/Stk.}$

$= 90.000 - 100 \cdot 300$

$= 60.000$ EUR

$DB_{Stk.} = DB : x = 60.000 : 300$

$= 200$ EUR

d) Im Break-even-Point gilt: 2

$$x^* = \frac{K_f}{db} = \frac{40.000}{200} = 200$$

Aufgabe 2

a) Kritischer Weg, grafische Darstellung: 6

Durchlaufzeit$_E$ = $1{,}2 \cdot 300$ = 360

Durchlaufzeit$_{G2}$ = $1{,}2 \cdot 600$ = 720

usw.

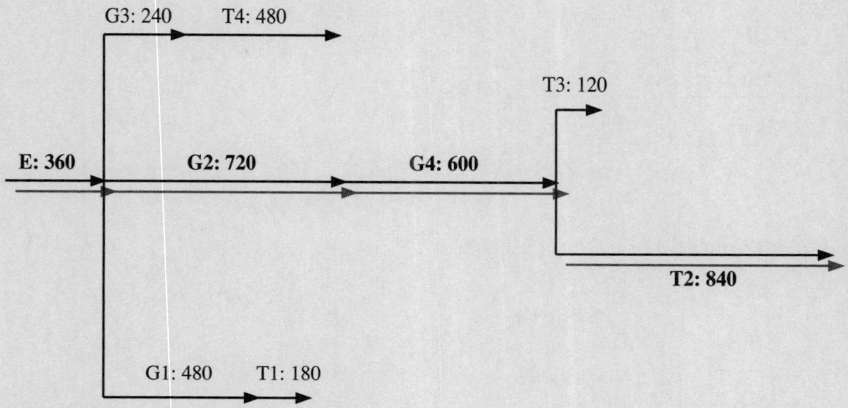

Kritischer Weg: E, G2, G4, T2

b) Durchlaufzeit des Auftrages = 20 (360 + 720 + 600 + 840) 3

= 50.400 min

c) Maßnahmen zur Verkürzung der Durchlaufzeit, z. B. 4
- Parallelfertigung
- Zusatzschichten
- Verringerung der Transportzeiten
- Überlappung von Arbeitsvorgängen

Aufgabe 3

a) Linienorganisation (1. und 2. Leitungsebene) 5

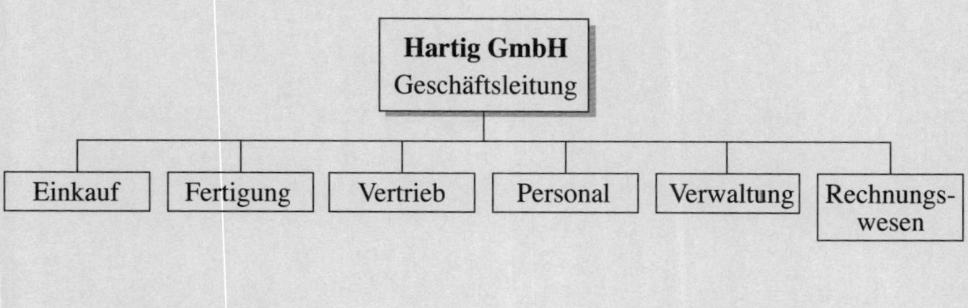

b) Spartenorganisation (1. bis 3. Leitungsebene) 5

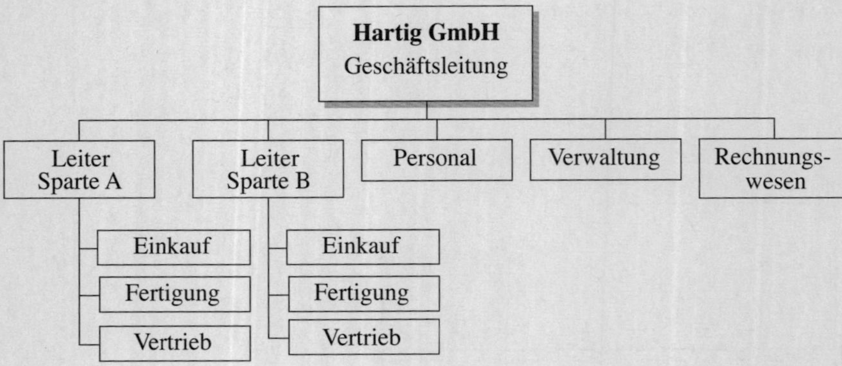

c) Matrixorganisation (1. bis 3. Leitungsebene) 6

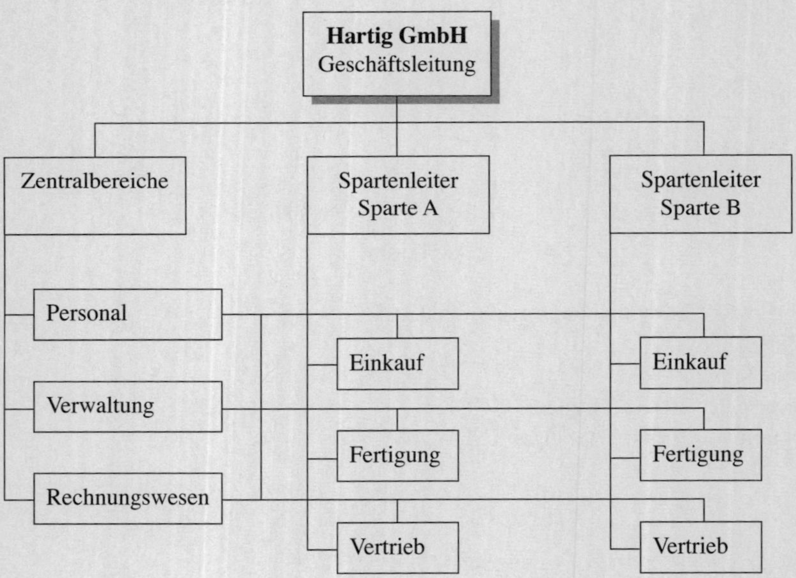

Aufgabe 4

a) Auftragszeit = Rüstzeit + Ausführungszeit pro Stück · Stückzahl 8

$T = t_r + t_e \cdot m$ $= 20 + 4 \cdot 40$

$= 180$ min

Akkordrichtsatz $= 10{,}00 \cdot 1{,}25$

$= 12{,}50$ €

Minutenfaktor = Akkordrichtsatz : 60

$= 0{,}2083$ €/min

Akkordbruttolohn	= 180 · 0,2083	
(des Auftrags)	= 37,49 €	
Akkordbruttolohn/Std.	= 37,49 : 160 · 60	
(Istzeit = 160)	= 14,06 €/Std.	
Zeitgrad	= Vorgabezeit : Istzeit · 100	
	= 180 : 160 · 100	
	= 112,50 %	

b1) Tariflohn	=	12,00 €	8
+ Akkordzuschlag	=	2,40 €	
= Akkordrichtsatz	=	14,40 €	

Zeitakkord:

Minutenfaktor	=	Akkordrichtsatz : 60	
	=	14,40 : 60	
	=	0,24	
Akkordlohn (pro Stunde)	=	0,24 · 7,5 · 9	
	=	16,20 €	

Stückakkord:

Normalleistung	=	60 min : 7,5 min pro Stk.	
	=	8	
Stückakkordsatz	=	Akkordrichtsatz : Normalleistung	
	=	14,40 : 8	
	=	1,8	
Stückakkord	=	Stückzahl · Stückakkordsatz	
Akkordlohn (pro Stunde)	=	9 · 1,8	
	=	16,20 €	
b2) *Leistungsgrad*	=	Istleistung : Normalleistung · 100	2
	=	9 : 8 · 100	
	=	112,50 %	

Aufgabe 5 9

$$\text{Maschinenproduktivität} = \frac{35.000 \text{ E}}{46.000 \text{ Masch.std.}} = 0{,}7609 \text{ E/Masch.std.}$$

$$\text{Kapitalrentabilität} = \frac{60.000 \cdot 100}{600.000} = 10\ \%$$

$$\text{Wirtschaftlichkeit} = \frac{2.000.000}{1.900.000} = 1{,}0526$$

Aufgabe 6 12

Stunden																	
Maschine	1	2	3	4	5	6	7	8	9	10	11	12	13	14	15	16	17
I	x	x	x	x	y	y	y	y	w	w	w	w	z	z			
II	y	y		w	w	w	w	x	x	x	x	x	x		z	z	
III	w	w	w	z	z	z	z	z	y					x	x	x	x
IV	z	z	z		x	x	x										

Aufgabe 7 12

Grundsätze der Unternehmensorganisation, z. B.:

Eine erfolgreiche Betriebsorganisation

(1) hat sich am Unternehmensziel zu orientieren.
Beispiel: Ein Unternehmen, dass erklärungsbedürftige Produkte mit einem hohen Standard in einem Nischenmarkt herstellt und vertreibt, muss im Organigramm die Funktionen „Forschung und Entwicklung" sowie „Marketing" stärken (hohe hierarchische Einbindung und Ressourcenausstattung).

(2) hat einfach (in Sprache und Bild), klar und transparent zu sein.
Beispiel: Das Organigramm muss so gestaltet sein, dass es von jedem Mitarbeiter verstanden wird und keine Widersprüche enthält. Die Unterstellungsverhältnisse und die Kompetenzzuordnungen müssen eindeutig und abgegrenzt sein.

(3) soll menschlich sein und von den Menschen im Unternehmen mitgetragen werden.
Beispiel: Vorrang hat nicht die Organisationsrichtlinie, sondern der Zweck, die im Unternehmen tätigen Menschen in ihrer Arbeit zu unterstützen.

100

3. Methoden der Information, Kommunikation und Planung

Aufgabe 1 | **Punkte**

a) Erstellen der ABC-Analyse und beschreiben der Arbeitsschritte: 14

1. Schritt: Ermittlung des wertmäßigen Monatsverbrauchs und Vergabe einer Rangzahl: Die Artikelgruppe mit dem höchsten wertmäßigen Verbrauch erhält die Rangzahl 1 usw.

Rangzahl	Artikel-Gruppe	Verbrauch je Monat in Einheiten (E)	Preis je Einheit in EUR	[Preis · Verbrauch] in EUR
10	900	1.000	0,70	700
8	979	4.000	0,20	800
1	105	3.000	3,80	11.400
4	113	6.000	1,00	6.000
3	121	1.000	7,00	7.000
2	129	16.000	0,50	8.000
7	137	9.000	0,10	900
5	189	400	3,00	1.200
6	194	600	2,00	1.200
9	215	4.000	0,20	800
	Σ			38.000

2. Schritt: Sortierung des Zahlenmaterials entsprechend der Rangzahl in fallender Reihenfolge.

Rangzahl	Artikel-Gruppe	Verbrauch je Monat in Einheiten (E)	Preis je Einheit in EUR	[Preis · Verbrauch] in EUR
1	105	3.000	3,80	11.400
2	129	16.000	0,50	8.000
3	121	1.000	7,00	7.000
4	113	6.000	1,00	6.000
5	189	400	3,00	1.200
6	194	600	2,00	1.200
7	137	9.000	0,10	900
8	979	4.000	3,00	800
9	215	4.000	0,20	800
10	900	1.000	0,70	700
	Σ			38.000

3. Schritt: - Ermittlung des wertmäßigen Monatsbedarfs in Prozent zum gesamten wertmäßigen Monatsbedarfs sowie kumuliert

- Anteil der Artikelgruppe in Prozent zur Gesamtzahl der Artikelgruppen sowie kumuliert

Rangzahl	Artikel-Gruppe	[Preis · Verbrauch] in EUR	%-Anteil Verbrauch	%-Anteil, Verbrauch kumuliert
1	105	11.400	30,00	30,00
2	129	8.000	21,05	51,05
3	121	7.000	18,42	69,47
4	113	6.000	15,78	85,25
5	189	1.200	3,16	88,41
6	194	1.200	3,16	91,57
7	137	900	2,37	93,94
8	979	800	2,11	96,05
9	215	800	2,11	98,16
10	900	700	1,84	100,00
	Σ	38.000	100,00	

Rangzahl	Artikel-Gruppe	%-Anteil, Anzahl	%-Anteil, Anzahl kumuliert
1	105	10	10
2	129	10	20
3	121	10	30
4	113	10	40
5	189	10	50
6	194	10	60
7	137	10	70
8	979	10	80
9	215	10	90
10	900	10	100
	Σ	100	

b) Grafische Darstellung der Verteilung: 6

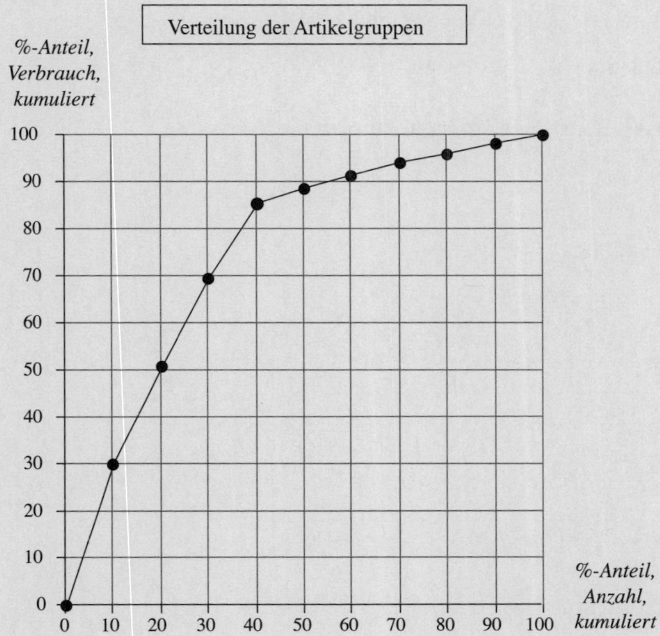

c) Klassifizierung: 6

Rang-zahl	Artikel-Gruppe	%-Anteil, Verbrauch kumuliert	%-Anteil, Anzahl kumuliert	Klassi-fikation
1	105	30,00	10	A
2	129	51,05	20	A
3	121	69,47	30	B
4	113	85,25	40	B
5	189	88,41	50	B
6	194	91,57	60	C
7	137	93,94	70	C
8	979	96,05	80	C
9	215	98,16	90	C
10	900	100,00	100	C

- Rationalisierungsmaßnahmen für A- und B-Gruppen, z. B.:
  - Wettbewerbsangebote einholen, Preisvergleiche anstellen
  - Überwachung der Lagerbestände mit dem Ziel der Bestandsminimierung
- Rationalisierungsmaßnahmen für C-Gruppen, z. B.:
  - Rahmenabkommen
  - Zusammenfassung der Bedarfe und Bestelloptimierung

Aufgabe 2

a) Analyse des Datenmaterials: 14

Qualitätsstandard	Stichprobe „alt" absolut	Stichprobe „alt" in %	Stichprobe „neu" absolut	Stichprobe „neu" in %
1	10	16,67	24	30,00
2	15	25,00	30	37,50
3	20	33,33	14	17,50
4	10	16,67	8	10,00
5	5	8,33	4	5,00
Σ	60	100,00	80	100,00

Darstellung als Balkendiagramm, vertikal:

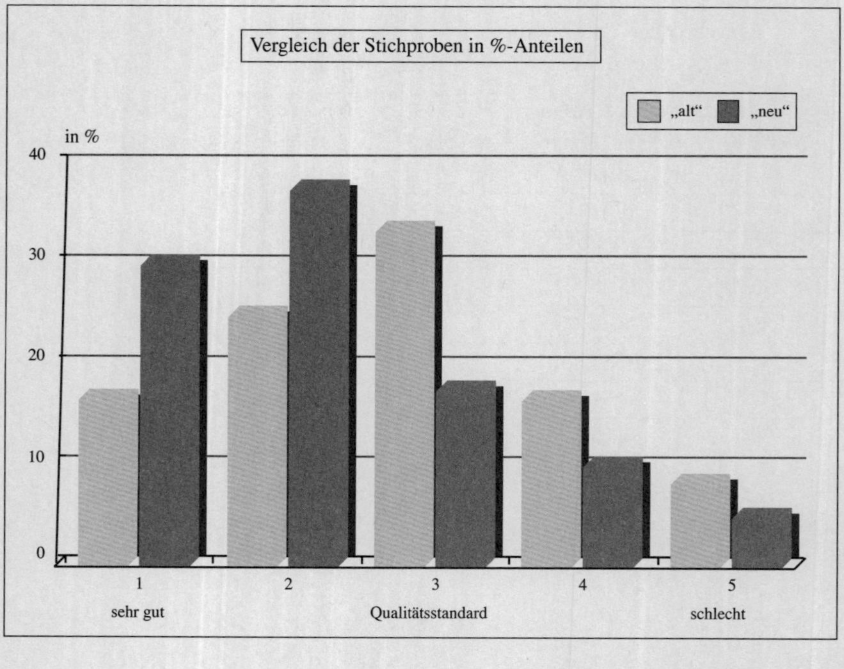

b) Alternativ: Darstellung als *Liniendiagramm* oder wie unten als *Flächendiagramm* 8

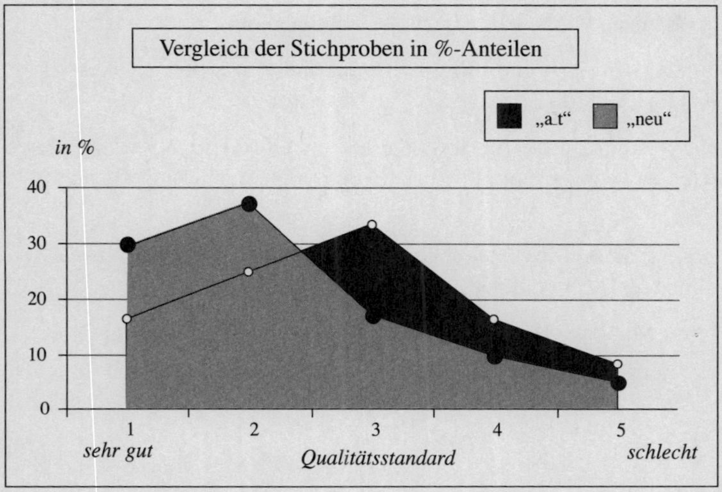

Vergleich: Die Darstellung als Linien- oder Flächendiagramm ist zwar geeignet; das Balkendiagramm zeigt jedoch die Unterschiede in der Veränderung deutlicher und ist für den Betrachter leichter zu erfassen.

Hinweis: Die Darstellung als Kreisdiagramm (= zwei Kreise mit vergleichenden Segmenten) ist nicht geeignet, da dem Betrachter der visuelle Vergleich der Segmente erschwert ist.

Aufgabe 3

a) Ermittlung der Projektkosten: 4

Teilprojekt	*1*	*2*	*3*	*4*	*5*	*6*	Σ
Aufwand in Manntagen	30	46	28	46	38	44	232
kalkulierter Ansatz in EUR/Manntag	1.200	1.500	1.300	1.400	1.500	1.700	
kalkulierte Kosten in 1.000 EUR	36,0	69,0	36,4	64,4	57,0	74,8	337,6

b) Vorschläge zur Senkung der Projektkosten: 6

- Verbesserung der Qualifikation/Auswahl/Arbeitsweise der Projektmitarbeiter; dadurch: Reduzierung der Manntage.
- Fremdvergabe von Teilprojekten und/oder Arbeitspaketen an Externe, wenn diese unter den intern kalkulierten Sätzen liegen.
- Verwertung von Teilerfolgen/Teilergebnissen des Projektes in der Linie; dadurch: Erzielung von Erlösen, die den Projektkosten gegenüber gestellt werden können.

c) Geeignete Maßnahmen zur Sicherung der Projektziele: 6
Generelle Ziele im Projektmanagement sind:
Einhaltung der Qualität, der Quantität, der Kosten- und Zeitvorgaben. Von daher eignen sich z. B. folgende Maßnahmen zur Absicherung des Projekterfolges:

- Einrichtung eines Projektcontrolling zur Steuerung der Zeit- und Kostenvorgaben sowie der Projektstruktur (= Systemkontrolle).
- Auswahl und Schulung der Projektmitarbeiter sowie sorgfältige Prüfung der Eignung externer Dienstleister zur Absicherung von Qualität und Quantität des Projektes.
- Systematische Planung des Projekts und klare Definition von Qualitätsstandards sowie realistische Zeitvorgaben (mit Pufferzeiten).
- Ausgewogenes Maß zwischen paralleler und sequenzieller Bearbeitung der Teilprojekte

Aufgabe 4

8

a) Netzplan:

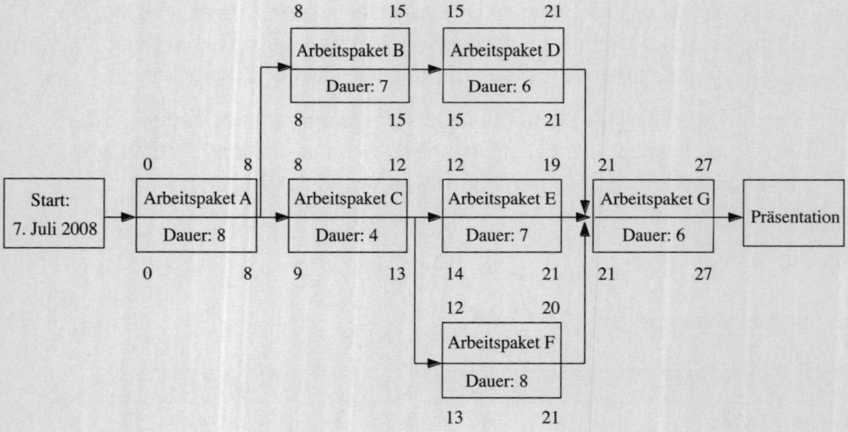

Der früheste Endzeitpunkt des Teilprojektes 4 ist der 27. Tag. Damit ist die Präsentation frühestens am Mittwoch, dem 13. August 2008 möglich.

Juli					
M		07	14	21	28
D	01	08	15	22	29
M	02	09	16	23	30
D	03	10	17	24	31
F	04	11	18	25	
S	05	12	19	26	
S	06	13	20	27	

August					
M		04	11	18	25
D		05	**12**	19	26
M		06	**13**	20	27
D		07	14	21	28
F	01	08	15	22	29
S	02	09	16	23	30
S	03	10	17	24	31

FEZ, Teilprojekt 4 (12. August)

Präsentation (13. August)

b) Folgende Arbeitspakete liegen auf dem kritischen Weg: 6
A, B, D, G

c) Die freie Pufferzeit (= FPZ = Pufferzeit zwischen zwei Vorgängen) zwischen Arbeitspaket F und G beträgt einen Manntag ($FPZ_F = FAZ_G - FEZ_F = 21 - 20 = 1$). Da die Zeitverzögerung für F der Größe des freien Puffers entspricht, ergibt sich für den Präsentationstermin keine Änderung. Das Arbeitspaket F wird kritisch; ebenso das Arbeitspaket C. Damit liegen alle Arbeitspakete – außer E – auf dem kritischen Weg. 6

Aufgabe 5

a) Speichermedien zur Datensicherung und deren Vor- und Nachteile, z. B.: 12

<table>
<tr><th>Speicher-medium</th><th>Zugriffs-zeit</th><th>Speicher-kapazität</th><th>Vorteile, Beispiele</th><th>Nachteile, Beispiele</th></tr>
<tr><td>Cache</td><td>3-20 ns</td><td>bis 2 MB</td><td>schnell</td><td>teuer</td></tr>
<tr><td>Festplatte</td><td>7-20 ms</td><td>60-180 GB</td><td>hohe Kapazität</td><td>anfällig</td></tr>
<tr><td>Diskette</td><td rowspan="3">100-200 ms</td><td>1,44 MB</td><td rowspan="2">preiswert, flexibel handhabbar, wiederverwendbar</td><td>langsam, anfällig</td></tr>
<tr><td>CD-ROM</td><td>750 MB</td><td rowspan="2">empfindlich</td></tr>
<tr><td>DVD</td><td>4,7-9,4 GB</td><td>hohe Kapazität</td></tr>
<tr><td>Magnetband</td><td>10 ms - 3 min</td><td>10-60 GB</td><td>preiswert</td><td>lange Zugriffszeit</td></tr>
</table>

b) Dv-technische Sicherung des Hallenzugangs, z. B.: - Tastatur und wechselnde Code-Nr. - Ausgabe einer Magnetkarte für einen fest definierten Benutzerkreis	2
c) Prüfverfahren bei der Dateneingabe, z. B.: - Prüfziffernkontrolle - Plausibilitätskontrolle	2
	100

4. Zusammenarbeit im Betrieb

Aufgabe 1	**Punkte**
a) Ein schlechtes Betriebsklima kann negative Auswirkungen auf folgende innerbetriebliche Leistungskennzahlen haben, z. B.: - rückläufige Produktionszahlen, - schlechte Auslastung der Kapazitäten, - schlechte Qualität, - hoher Ausschuss, - steigende Kosten, - steigende Gemeinkosten, - überdurchschnittlich hoher Krankenstand, - hohe Fluktuation, - schlechte Relation von „gefertigten Stunden zu bezahlten Stunden" - schlechtes Betriebsergebnis.	10
b) Methodische Ansätze zur Ermittlung der spezifischen Ursachen des schlechten Betriebsklimas in der KARGEN GmbH, z. B.: • *Gespräch mit Ihren Vorarbeitern* und deren Bewertung: → führt schnell zu Ergebnissen, die jedoch nur zwei Einzelmeinungen darstellen; • *Einzelgespräche mit allen Mitarbeiter:* → zeitintensiv, führt jedoch zu präzisen, differenzierten und verlässlichen Aussagen; • *Befragung/Meinung Ihres Vorgesetzten:* → führt schnell zu einem Ergebnis; langjährige Erfahrung des Betriebsleiters; Gefahr der einseitigen Sicht der Dinge (hierarchisch geprägt); • *Befragung/Meinung Ihres Vorgängers:* → führt schnell zu einem Ergebnis; Erfahrung; subjektive Einzelmeinung;	20

- *Schriftliche Befragung aller Mitarbeiter* der KARGEN GmbH:
  → liefert zuverlässige, repräsentative Ergebnisse; zeit- und kostenaufwendig; Fragebogen muss von einem Fachmann erarbeitet und ausgewertet werden; Zustimmung der Firmenleitung und des Betriebsrates.

c) Der Meister kann in seiner Funktion dazu beitragen, das Betriebsklima zu verbessern, indem *er auf folgende Führungsmaßnahmen Wert legt* (mit Ausnahme der materiellen Rahmenbedingungen): 10

- *Führungsstilmittel* (wie z. B. Anerkennung), z. B.:
  - Mitarbeiter durch angemessene Anerkennung oder auch Korrektur *fördern*, Mitarbeiter weiterbilden.
  - Bedenken, dass *Lob und Anerkennung* der erbrachten Leistungen Triebfedern zu neuen, noch besseren Leistungen sein können.
- *Kommunikationsmittel* (wie z. B. Mitarbeitergespräch), z. B.:
  - Mehr *Kontakt* zu den Mitarbeitern pflegen.
  - Jeden Mitarbeiter mit seinem *Namen anreden.*
  - Einen *Auftrag* oder eine Anordnung stets richtig, klar und *eindeutig übermitteln.*
  - Die Meinung der *Mitarbeiter anhören*, sie mitentscheiden lassen, sie informieren.
  - Nicht jede Äußerung eines Mitarbeiters gleich auf die Waagschale legen.
  - Mitarbeitern *nichts nachtragen*, wenn einmal etwas schiefgegangen ist.
  - Schwierigkeiten und *heiße Eisen* in aller Offenheit erörtern.
  - Als verantwortlicher Vorgesetzter Ruhe und S*elbstbeherrschung* ausstrahlen.
  - Stets *sachliche Entscheidungen* treffen unter angemessener Berücksichtigung emotionaler Einflüsse.
- Maßnahmen zur *Gestaltung des Arbeitsplatzes* (wie z. B. Kompetenzumfang), z. B.:
  - Dem richtigen Mitarbeiter *den richtigen Arbeitsplatz* zur richtigen Zeit *zuweisen.*
  - Zuständigkeiten und *Befugnisse* organisatorisch klar abgrenzen, und zwar auch für den Vertreter bei Abwesenheit des Vorgesetzten.
  - Auf die richtige *Zusammensetzung der Arbeitsgruppe* achten.
  - Psychologische Gesichtspunkte bei der Gestaltung der Arbeitsplätze, der Aufenthaltsräume und der Kantine beachten.

Aufgabe 2 12

Maßnahmen zur Verbesserung der eigenen Arbeitsorganisation sowie der Ihrer Mitarbeiter, z. B.:

- Delegation von Routinearbeit,
- Verbesserung der Mitarbeiterqualifikation und Übertragung von mehr Verantwortung an die Mitarbeiter,

- ggf. Einführung des MbO-Prinzips,
- Prioritäten setzen, z. B. nach dem Eisenhower-Prinzip oder dem Pareto-Prinzip,
- schriftliche Ziel-, Arbeits- und Terminplanung und Kontrolle der Realisierung,
- Zusammenarbeit mit innerbetrieblichen Stellen nach klaren „Spielregeln“ gestalten (Wer macht was wie bis wann?),
- ggf. eigene Weiterbildungsmaßnahme/Seminar mit dem Thema „Zeitmanagement und Arbeitsorganisation“.

Aufgabe 3 15

→ Ich informiere meine Vorarbeiter über das Projekt und veranlasse, dass (nach Ende der regulären Arbeitszeit) die gesamte Mannschaft zu einer Besprechung zusammenkommt.

→ Ich kläre vor der Besprechung mit der Personalabteilung, ob der Arbeitseinsatz in Holland eine Versetzung im Sinne des BetrVG ist; ggf. muss die Mitbestimmung des Betriebsrates berücksichtigt werden.

→ Ich informiere meine Mitarbeiter über alle Details und Anforderungen des Arbeitseinsatzes in Holland und berichte über Vor- und Nachteile für den Einzelnen. Ziel der Besprechung ist es, möglichst fünf geeignete Mitarbeiter zu finden, die von sich aus an der Aufgabe interessiert sind.

→ Ich wähle aus den „Freiwilligen“ die Mitarbeiter aus, die für die Aufgabe am besten geeignet sind. Dabei sind vor allem folgende Kriterien relevant:

- Qualifikation und berufliche Erfahrung,
- Alter, Familienstand und physische Belastbarkeit,
- Fähigkeit zur Zusammenarbeit und „Chemie“ zwischen den ausgewählten Mitarbeitern,
- Motivation und Engagement,
- ggf. holländische bzw. englische Sprachkenntnisse.

Aufgabe 4

a) Vorschlag für eine Zielvereinbarung zur Vermeidung von Qualitätsproblemen im Fertigungsbereich „Pkw-Sitze“: 5

„Der Anteil der Reklamationen ist innerhalb der nächsten drei Monate von ... % auf ... % zu senken. Dazu sind folgende Maßnahmen geeignet: ...

b) *Prozess der Zielvereinbarung*: 5

→ Vorbereitung des Gesprächs mit dem Mitarbeiter
→ Gesprächsdurchführung
→ Diskussion und Formulierung der Ziele
→ Bewerten der Zielerreichung
→ ggf. Planung von Fördermaßnahmen

Aufgabe 5

a) Die Aussage des Betriebsratsvorsitzenden ist falsch, da einseitig. Bei den betrieblichen Fluktuationsursachen gibt es folgende „Spitzenreiter“: 5

- fehlende Karriere,
- als ungerecht empfundene Entlohnung,
- nicht ausreichender Freiraum,
- Unzufriedenheit mit der Arbeit selbst,
- Unzufriedenheit mit dem Führungsstil und/oder der Person des Vorgesetzten.

8

b) Angemessener Führungsstil als Beitrag zur Senkung der Fluktuationsquote zeigt u. a. folgendes Verhalten (Beispiele):

- ausgewogene Beurteilung betrieblicher Situationen,
- personale und fachliche Autorität,
- präzise Arbeitsanweisungen, die auch verstanden werden,
- Förderung der Mitarbeiter (Personalentwicklung),
- gerecht empfundener Mitarbeitereinsatz,
- richtige Zusammensetzung der Arbeitsgruppen,
- kompetente Behandlung auftretender Konflikte.

10

Aufgabe 6

- *Job-Enrichment:*
  → *Chancen:*
    - flexibler Einsatz der Mitarbeiter
    - Abbau von einseitigen Belastungen und Monotonie
    - evtl. Qualitätssteigerung

  → *Risiken:*
    - höhere Lohn- und Anlernkosten
    - schwierige Verantwortungsabgrenzung
- *Job-Enlargement:*
  → *Chancen:*
    - evtl. körperlicher Belastungswechsel
    - Abnahme von Transportvorgängen
    - Personaleinsparung

  → *Risiken:*
    - erhöhte Lohn- und Anlernkosten
    - Mehrfachbereitstellung von Material und Werkzeug
    - Schwierigkeiten bei der Planung und Überwachung

100

5. Berücksichtigung naturwissenschaftlicher und technischer Gesetzmäßigkeiten

Aufgabe 1 — Punkte: 10

	100 %	→	360 °
	1 %	→	3,6 °
⇒	14 %	→	50,4 °
	18 %	→	64,8 °
	28 %	→	100,8 °
	40 %	→	144,0 °
	100 %	→	360 °

Anteile der Energienutzung in einer Kraftmaschine

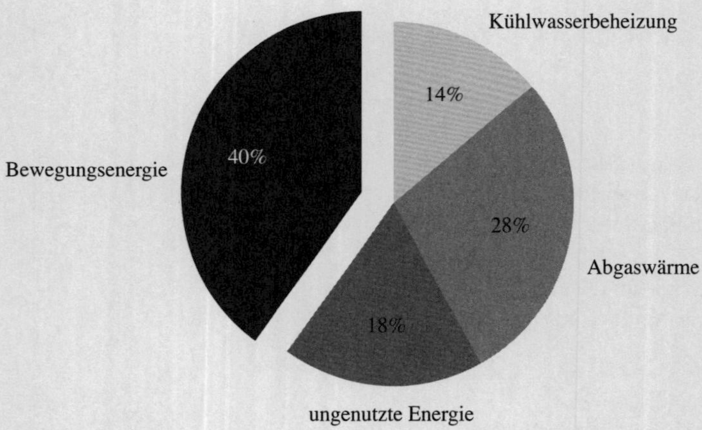

Aufgabe 2 — 8

a) und b) — 4

- *Kraftmaschinen* wandeln Energie um in eine für den Menschen nutzbare Form. Beispiele: Dieselmotor, Ottomotor, Elektromotor, Turbine.
- *Arbeitsmaschinen* sind stoffumsetzende Maschinen, d. h., sie bearbeiten Stoffe mit dem Ziel der Umformung. Beispiele: Stanze, Biegemaschine, Pumpe, Werkzeugmaschine.

Aufgabe 3 9

2 HCL + Mg	→	$MgCl_2 + H_2$	Magnesiumchlorid
2 HCL + MgO	→	$MgCl_2 + H_2O$	Magnesiumchlorid
HCL + KOH	→	$KCL + H_2O$	Kaliumchlorid

Aufgabe 4 15

1. Die Oberfläche des Metallgegenstandes wird zuerst gründlich gereinigt und poliert. Potenzielle Korrosionsherde müssen entfernt und kleinste Unebenheiten beseitigt werden.
2. Metallüberzüge haften nur auf fettfreien Oberflächen, deshalb ist eine Entfettung erforderlich (z. B. mit einem Lösemitteltauchbad).
3. Nun wird das Metallteil zunächst verkupfert (Kupfersalzlösung). Die Kupferionen scheiden sich aus der Salzlösung als Kupferatome auf dem Metall ab.
4. Anschließend wird das Metallteil vernickelt (Nickelsalzbad).
5. Zum Schluss wird die Metalloberfläche in einer Chromsalzlösung verchromt, gründlich gespült und getrocknet.

10

Aufgabe 5

Gegeben: $v_0 = 0$ Gesucht: v, t

$h = 190\ m$

$g = 9{,}81\ m/s^2$

$$v = \sqrt{2 \cdot g \cdot h}$$

$$v = \sqrt{2 \cdot 9{,}81 \cdot 190}$$

$$v = 61\ m/s$$

$$v = g \cdot t$$

$$\Rightarrow t = v : g$$

$$t = 61 : 9{,}81$$

$$t = 6{,}2\ s$$

Der Stein trifft mit einer Geschwindigkeit von 61 m/s nach 6,2 s auf dem Boden auf.

Aufgabe 6 8

Gegeben: $P_{ab} = 15.000\ kW$ Gesucht: P_{zu}

$\eta = 95\ \%$

$$\eta = \frac{P_{ab}}{P_{zu}}$$

$$\Rightarrow P_{zu} = \frac{P_{ab}}{\eta} = \frac{15.000\ kW}{0{,}95} = 15.789\ kW$$

$$P_{zu} = \text{rd. } 15.800\ kW$$

Die Dampfturbine muss über eine Leistung von 15.800 kW verfügen.

Aufgabe 7 10

Gegeben: $m = 850\ kg$ Gesucht: s

$D = 3.200\ N/cm$

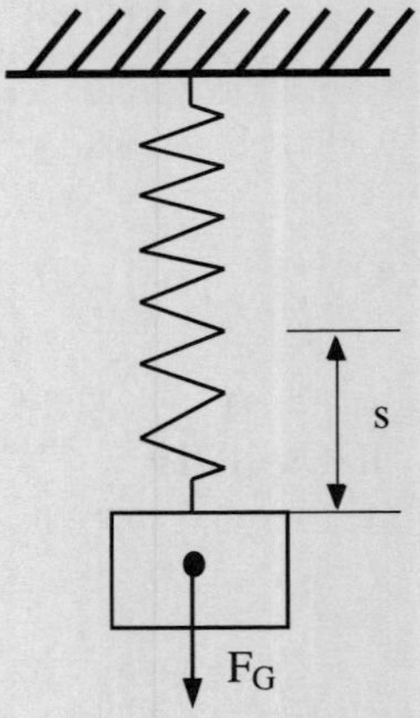

$F = D \cdot s$ → Gilt unter der Bedingung der ausschließlich elastischen Verformung.

$F_G \sim m$ → Die angreifende Kraft ist die Gewichtskraft der angehängten Last.

$F_G = 8.500\ N$ | 1 kg = 10 N; ⇒ 850 kg = 8.500 N

$$\Rightarrow s = \frac{8.500\ N \cdot cm}{3.200\ N}$$

$$s = 2{,}66\ cm$$

Das Seil des Kranes wird um rd. 2,7 cm verlängert.

Aufgabe 8 12

Gegeben: $R_1 = 65\ \Omega$, $R_2 = 80\ \Omega$, $R_3 = 95\ \Omega$

Gesucht: R

Reihenschaltung: $R_R = R_1 + R_2$

$R_R = 65\ \Omega + 80\ \Omega = 145\ \Omega$

Parallelschaltung:

$$R = \frac{R_R \cdot R_3}{R_R + R_3} = \frac{145\ \Omega \cdot 95\ \Omega}{145\ \Omega + 95\ \Omega}$$

$R = 57{,}4\ \Omega$

Die Größe des Ersatzwiderstandes beträgt 57,4 Ω.

Aufgabe 9 14

Gegeben: $F = 40.000\ N$, $\sigma_{zul} = 100\ N/mm^2$

Gesucht: d

$$\sigma = \frac{F}{A} = \frac{F}{\frac{\pi}{4} \cdot d^2} = \frac{4\,F}{\pi \cdot d^2}$$

$$\Rightarrow\ d^2 = \frac{4\,F}{\sigma \cdot \pi} \quad \Rightarrow\ d = \sqrt{\frac{4\,F}{\sigma \cdot \pi}} = \sqrt{\frac{4 \cdot 40.000 \cdot N \cdot mm^2}{3{,}14 \cdot 100 \cdot N}} = 22{,}57\ mm$$

$d = 23$ mm (ausgeführt)

Bei einer zulässigen Zugspannung $\sigma = 100\ N/mm^2$ muss der Befestigungsbolzen einen Durchmesser von d = 23 mm haben.

100

Literaturhinweise

Literaturhinweise

1. Rechtsbewusstes Handeln

Arbeitsgesetze, Beck-Texte, neueste Aufl., München 2009
Arbeitsrecht von A bis Z, Ratgeber für Mittelstand und Existenzgründer, DIHK (Hrsg.), von Rechtsanwalt Martin Bonelli, 5. Aufl., Berlin 2008
(Anm. der Autoren: sehr empfehlenswert und preiswert)
Hau, W.: Grundlagen der Rechtslehre, 7,. Aufl., Ludwigshafen 2006
Krause, G. /Krause, B.: Die Prüfung der Personalfachkaufleute, 7., Aufl., Ludwigshafen 2007
Prävention 2007/08, Arbeitssicherheit und Gesundheitsschutz, 2 CD, Vereinigung der Metall-Berufsgenossenschaften (Hrsg.), Düsseldorf, www.vmbg.de
Schaub, G.: Arbeitsrechts-Handbuch, 12. Aufl., München 2007
Sozialgesetzbuch, Beck-Texte, neueste Auflage, München 2009
Steckler, B.: Kompendium Wirtschaftsrecht, 7. Aufl., Ludwigshafen 2009
Voss, J. Ch.: Arbeitsschutz – leicht gemacht! - Heft 12, Bonn 2008

2. Betriebswirtschaftliches Handeln

Albert, G.: Betriebliche Personalwirtschaft, 9. Aufl., Ludwigshafen 2008
Arnolds, H./Heege, F./Tussing, W./Röh, C.: Materialwirtschaft und Einkauf, Praxisorientiertes Lehrbuch, 11. Aufl., Offenbach 2009
Däumler, K. D.: Grundlagen der Investitions- und Wirtschaftlichkeitsrechnung, 12. Aufl., Herne/Berlin 2007
Däumler, K. D./Grabe, J.: Kostenrechnung 1 – Grundlagen, 10. Aufl., Herne/Berlin 2008
Kostenrechnung 2 – Deckungsbeitragsrechnung, 9. Aufl., Herne/Berlin 2008
Kostenrechnung 3 – Plankostenrechnung und Kostenmanagement, 7. Aufl., Herne/Berlin 2004
Däumler, K. D./Grabe, J.: Kostenrechnungs- und Controllinglexikon, 2. Aufl., Herne/Berlin 1997
Ebel, B.: Produktionswirtschaft, 8. Aufl., Ludwigshafen 2003
Ebel, B.: Kompakt-Training Produktionswirtschaft, 2. Aufl., Ludwigshafen 2008
Ehrmann, H.: Unternehmensplanung, 5. Aufl., Ludwigshafen 2007
Ehrmann, H.: Logistik, 6. Aufl., Ludwigshafen 2008
Kotler, P./Bliemel, F.: Marketing-Management, 12. Aufl., Stuttgart 2007
Krause, G./Krause, B.: Die Prüfung der Industriefachwirte, 10. Aufl., Ludwigshafen 2007
Krause/Krause/Peters: Die Prüfung der Technischen Betriebswirte, 6. Aufl., Ludwigshafen 2009
Oechsler, W.: Personal und Arbeit, 8. Aufl., München 2006
Oeldorf, G./Olfert, K.: Materialwirtschaft, 12. Aufl., Ludwigshafen 2008
Olfert. K.: Personalwirtschaft, 13. Aufl., Ludwigshafen 2008
Olfert. K.: Lexikon Personalwirtschaft, Ludwigshafen 2008
Olfert, K.: Kostenrechnung, 15. Aufl., Ludwigshafen 2008
Olfert, K.: Finanzierung, 14. Aufl., Ludwigshafen 2008
Olfert, K.: Lexikon Finanzierung & Investition, Ludwigshafen 2008
Olfert, K.: Investition, 10. Aufl., Ludwigshafen 2006
Olfert, K./Rahn, H.-J.: Einführung in die Betriebswirtschaftslehre, 9. Aufl., Ludwigshafen 2008

Olfert, K./Rahn, H.-J.: Lexikon der Betriebswirtschaftslehre, 6. Aufl., Ludwigshafen 2008
Schmolke, S./u.a.: Industriebuchführung mit Kosten- und Leistungsrechnung IKR, Lehrbuch, 30. Aufl., Darmstadt 2008
Scholz, Ch.: Personalmanagement, 5. Aufl., München 2000
Schumacher, B.: Kosten- und Leistungsrechnung für Industrie und Handel, 6. Aufl., Ludwigshafen 2008
Vry, W.: Materialwirtschaft im Industriebetrieb, 8. Aufl., Ludwigshafen 2008
Wiezorek, B.: Lexikon der Industriebetriebslehre – Für Schule, Ausbildung und Beruf, 5. Aufl., Ludwigshafen 2003
Wöhe, G.: Einführung in die allgemeine Betriebswirtschaftslehre, 23. Aufl., München 2006
Ziegenbein, K.: Controlling, 9. Aufl., Ludwigshafen 2007

3. Anwendung von Methoden der Information, Kommunikation und Planung

Boy/Dudek/Kuschel: Projektmanagement, 11. Aufl., Offenbach 2003
Holey/Welter/Wiedemann: Wirtschaftsinformatik, 2. Aufl., Ludwigshafen 2007
Olfert, K.: Kompakt-Training Projektmanagement, 5. Aufl., Ludwigshafen 2007
REFA: Methodenlehre des Arbeitsstudiums, Bd. 1 - 6, 7. Aufl., München 1991
REFA: Methodenlehre der Planung und Steuerung, Bd. 1 - 5, 4. Aufl., München 1991
Seiwert, L.: Zeit gewinnen Tag für Tag, München 2009
Stroebe, R.W.: Arbeitsmethodik I – Grundeinstellung zum Zeit-Management, Zielbildung, Bewältigen der Aufgaben, Delegation von Aufgaben, 8. Aufl., Heidelberg 2000
Stroebe, R.W.: Arbeitsmethodik II – Zusammenarbeit, Persönliche Rationalisierung, Präsentationstechnik, Streß und Streßbewältigung, 6. Aufl., Heidelberg 1998
Vry, W.: Grundlagen der Statistik, 4. Aufl., Ludwigshafen 2002

4. Zusammenarbeit im Betrieb

Crisand, E./Crisand, M.: Psychologie der Gesprächsführung, 8. Aufl., Heidelberg 2007
Crisand, E.: Psychologie der Persönlichkeit – Eine Einführung, 8. Aufl., Heidelberg 2000
Correll, W.: Menschen durchschauen und richtig behandeln, 18. Aufl., München 2007
Fuchs/Klima/Lautmann/Rammstedt/Wienold: Lexikon zur Soziologie, 4. Aufl., Opladen 2007
Hunold, W.: Führungstraining für Meister und andere Vorgesetzte, 3. Aufl., Heidelberg 1996
Knebel, H.: Taschenbuch für Personalbeurteilung, 11. Aufl., Heidelberg 2004
Lampferhoff, H. G.: People make the difference, Erfolgsfaktor Personal, Ludwigshafen 2006
Rahn, H.J.: Unternehmensführung, 7. Aufl., Ludwigshafen 2008
Rahn, H.J.: Führung von Gruppen, Gruppenführung mit System, 5. Aufl., Heidelberg 2006
Rahn, H. J.: Gestaltung personalwirtschaftlicher Prozesse, Frankfurt a. M. 2005
Schulz von Thun, F.: Miteinander reden, 3 Bände, 46. Aufl., Hamburg 2008
Seiwert, L.J./Gay, F.: Das neue 1x1 (Einmaleins) der Persönlichkeit, 5. Aufl., Offenbach 2004
Staehle, W.H.: Management – Eine verhaltenswissenschaftliche Perspektive, 9. Aufl., München 2009
Stroebe, R.W./Stroebe, G.H.: Gezielte Verhaltensänderung – Anerkennung und Kritik, 4. Aufl., Heidelberg 2000
Stroebe, R.W./Stroebe, G.H.: Motivation, 9. Aufl., Heidelberg 2004
Stroebe, R.W.: Kommunikation I – Grundlagen, Gerüchte, schriftliche Kommunikation, 6. Aufl.,

Heidelberg 2001
Stroebe, R.W.: Kommunikation II – Verhalten und Techniken in Besprechungen, 8. Aufl., Heidelberg 2002
Weisbach, Ch.R.: Professionelle Gesprächsführung, 7. Aufl., München 2008

5. Berücksichtigung naturwissenschaftlicher und technischer Gesetzmäßigkeiten

Böge, A./Eichler: Physik für technische Berufe, Grundlagen, Versuche, Aufgaben, Lösungen, 10. Aufl., Wiesbaden 2008
Dietrich, E./Conrad, S.: Anwendung statistischer Qualitätsmethoden, 3. Aufl., Leipzig 2008
Drescher, K./u.a.: Arbeitsbuch Physik, 11. Aufl., Haan-Gruiten 2008
Fischer, U.: Tabellenbuch Metall XXL (mit Formelsammlung und CD), 44. Aufl., Haan-Gruiten 2008
Friedrich Tabellenbuch, Lipsmeier, A. (Hrsg.), Metall- und Maschinentechnik, 169. Aufl., Troisdorf 2008
Göbel, R.: Wissensspeicher Physik, Berlin 2001
Hädener, A./Kaufmann, H.: Grundlagen der allgemeinen und anorganischen Chemie, 14. Aufl., Basel 2006
Herr, H.: Kraft- und Arbeitsmaschinen, Lernmaterialien, 15. Aufl., Haan-Gruiten 2005
Hübschmann, U./Links, E.: Tabellen zur Chemie. In Ausbildung und Beruf, 10. Aufl., Hamburg 2007
Institut der deutschen Wirtschaft (Hrsg.): Deutschland in Zahlen, Ausgabe 2007, Köln 2007
Mortimer, C.E./Müller, U.: Chemie, Das Basiswissen der Chemie, 9. Aufl., Stuttgart 2007
Scharnbacher, K.: Statistik im Betrieb, 14. Aufl., Wiesbaden 2004
Schultheiß, P.: Prüfungsbuch Metall- und Maschinentechnik, 3. Aufl., Stuttgart 2006
Sommer/Wünsch/Zettler: Wissensspeicher Chemie, Berlin 1998
Vry, W.: Grundlagen der Statistik, 4. Aufl., Ludwigshafen 2002

Für die gezielte Prüfungsvorbereitung!

Die Prüfung der Industriemeister Elektrotechnik

NEU!

Handlungsspezifische Qualifikationen

Von Diplom-Sozialwirt Günter Krause und Diplom-Soziologin Bärbel Krause unter Mitarbeit zahleicher Experten aus der Praxis.
2008. 1.374 Seiten. € 82,-. ISBN 978-3-470-57691-6.

Dieses Buch bereitet Kursteilnehmer, die eine Weiterbildung zum Industriemeister in der Fachrichtung Elektrotechnik absolvieren, gezielt auf die IHK-Prüfung vor. Es behandelt alle „handlungsspezifischen Qualifikationen" und orientiert sich eng am neuen Rahmenplan des DIHK und an der Prüfungsordnung.

Das Werk gliedert sich methodisch in drei Teile: Der erste Abschnitt bereitet den kompletten Prüfungsstoff zur Wiederholung in Frage und Antwort auf. Grafiken und Schaubilder sowie mehr als 100 Praxisbeispiele erleichtern das Verständnis. Teil zwei erläutert ausführlich die Prüfungsanforderungen und vermittelt Tipps und Techniken zum Bestehen der schriftlichen und mündlichen Prüfung. Der dritte Abschnitt enthält komplexe Musterklausuren, wie sie nach der Rechtsverordnung vorgesehen sind. Hier testet der Leser seine Kenntnisse unter „echten Prüfungsbedingungen".

Leseproben finden Sie im Internet!

Aus dem Inhalt

Handlungsbereich Technik
- Infrastruktursysteme und Betriebstechnik
- Automatisierungstechnik und Informationstechnik

Handlungsbereich Organisation
- Betriebliches Kostenwesen
- Planungs-, Steuerungs- und Kommunikationssysteme
- Arbeits-, Umwelt- und Gesundheitsschutz

Handlungsbereich Führung und Personal
- Personalführung
- Personalentwicklung
- Qualitätsmanagement

kiehl

Kiehl Verlag · 67021 Ludwigshafen · www.kiehl.de

Bestellen Sie bitte per Telefon: [06 21] 635 02-0, per Fax: [06 21] 635 02-22, per E-Mail: bestellung@kiehl.de oder bei Ihrer Buchhandlung!

Preise inkl. MwSt. Buchbestellungen über den Verlag: bis zu einem Warenwert von € 30,- pauschal € 2,- Versandkosten, darüber hinaus € 4,50. Bestellungen über Internet: alle Lieferungen ab einem Warenwert von € 20,- versandkostenfrei.

Stichwortverzeichnis